リサイクル・廃棄物事典

「リサイクル・廃棄物事典」編集委員会 編

「リサイクル・廃棄物事典」編集委員会

編集委員長

中 村　　崇[※] 東北大学　多元物質科学研究所　サステナブル理工学研究センター　金属資源循環システム研究分野　教授

編集副委員長

大和田 秀二[※] 早稲田大学　理工学術院　大学院　創造理工学研究科　地球・環境資源理工学専攻　教授

編集委員（五十音順）

大 塚　　直　早稲田大学　法学学術院　大学院　法務研究科　教授

西 村　　修　東北大学　大学院　工学研究科　土木工学専攻　教授

細 田　衛 士　慶應義塾大学　経済学部　教授

村 上　進 亮[※] 東京大学　大学院　工学系研究科　システム創成学専攻　准教授

山 脇　　隆　(社)プラスチック処理促進協会　総合企画室　部長

吉 岡　敏 明[※] 東北大学　大学院　環境科学研究科　教授

※ 執筆兼任

執筆者（1～3編、5編）（五十音順）

赤間 美文	明星大学 理工学部 総合理工学科 環境生態学系 教授
秋元 正道	新潟工科大学 工学部 環境科学科 教授
阿部 敬悦	東北大学 未来科学技術共同研究センター 教授／同 大学院 農学研究科 生物産業創成科学専攻 教授
阿部 直樹	東北大学 大学院 農学研究科 生物産業創成科学専攻 助手
石田 秀輝	東北大学 大学院 環境科学研究科 教授
井須 紀文	(株)LIXIL 水まわり総合技術研究所 IBA推進室 室長
伊藤 真由美	北海道大学 大学院 工学研究院 環境循環システム部門 資源循環工学分野 資源再生工学研究室 准教授
稲森 悠平	福島大学 大学院 理工学研究科 教授
稲森 隆平	福島大学 大学院 理工学研究科 研究員
井上 勝利	佐賀大学 名誉教授
岩堀 恵祐	静岡県立大学 大学院 生活健康科学研究科 環境科学研究所 教授
植田 充美	京都大学 大学院 農学研究科 教授
上田 幹人	北海道大学 大学院 工学研究院 材料科学部門 准教授
上田 康	愛媛大学 大学院 理工学研究科 助教
蛯江 美孝	(独)国立環境研究所 資源循環・廃棄物研究センター 環境修復再生技術研究室 主任研究員
大石 哲雄	(独)産業技術総合研究所 環境管理技術研究部門 金属リサイクル研究グループ 研究員
大木 達也	(独)産業技術総合研究所 環境管理技術研究部門 リサイクル基盤技術研究グループ 研究グループ長
大竹 久夫	大阪大学 大学院 工学研究科 生命先端工学専攻 教授
大渡 啓介	佐賀大学 大学院 工学系研究科 循環物質化学専攻 教授／理工学部 機能物質化学科 機能分子システム工学講座 教授
岡島 いづみ	静岡大学 工学部 物質工学科 助教
岡島 麻衣子	北陸先端科学技術大学院大学 マテリアルサイエンス研究科 研究員
岡田 光正	放送大学 社会と産業コース 教授／広島大学 名誉教授
岡部 徹	東京大学 生産技術研究所 教授
奥田 哲士	広島大学 環境安全センター 助教
押谷 潤	岡山大学 大学院 自然科学研究科 准教授
葛西 栄輝	東北大学 大学院 環境科学研究科 教授
金子 達雄	北陸先端科学技術大学院大学 マテリアルサイエンス研究科 准教授
加茂 徹	(独)産業技術総合研究所 環境管理技術研究部門 吸着分解研究グループ 研究グループ長
川喜田 英孝	佐賀大学 大学院 工学系研究科 准教授
岸本 健	国士舘大学 大学院 工学研究科 教授
北村 信也	東北大学 多元物質科学研究所 基盤素材プロセッシング研究分野 教授
日下 英史	京都大学 大学院 エネルギー科学研究科 エネルギー応用科学専攻 資源エネルギー学講座 助教
久保田 富生子	九州大学 大学院 工学研究院 応化分子教室 助教
久保内 昌敏	東京工業大学 大学院 理工学研究科 化学工学専攻 教授
熊谷 将吾	東北大学 大学院 環境科学研究科 博士前期課程
後藤 雅宏	九州大学 大学院 工学研究院 応化分子教室 未来化学創造センター長 教授
小西 宏和	大阪大学 大学院 工学研究科 マテリアル生産科学専攻 助教
小西 康裕	大阪府立大学 大学院 工学研究科 物質・化学系専攻 化学工学分野 教授
古屋仲 茂樹	(独)産業技術総合研究所 環境管理技術研究部門 リサイクル基盤技術研究グループ 主任研究員

「リサイクル・廃棄物事典」編集委員会

小山 和也	(独) 産業技術総合研究所 環境管理技術研究部門 金属リサイクル研究グループ 主任研究員
小林 拓朗	(独) 国立環境研究所 資源循環・廃棄物研究センター 環境修復再生技術研究室 研究員
佐伯 暢人	芝浦工業大学 工学部 機械工学科 教授
坂口 芳輝	環境省 廃棄物・リサイクル対策部 廃棄物対策課 課長補佐
佐古 猛	静岡大学 大学院 創造科学技術研究部 エネルギーシステム部門 教授
笹井 亮	島根大学 総合理工学部 物質科学科 准教授
佐藤 利夫	島根大学 生物資源科学部 生態環境科学科 教授／産学連携センター地域産業共同研究部門長
佐貫 須美子	富山大学 大学院 理工学研究部 准教授
佐野 浩行	名古屋大学 大学院 工学研究科 マテリアル理工学専攻 材料工学分野 助教
鹿又 真	筑波大学 大学院 生命環境科学研究科
柴田 悦郎	東北大学 多元物質科学研究所 サステナブル理工学研究センター 金属資源循環システム研究分野 准教授
芝田 隼次	関西大学 環境都市工学部 エネルギー・環境工学科 教授
柴山 敦	秋田大学 大学院 工学資源学研究科 環境物質工学専攻 教授
白山 栄	株式会社IHI 航空宇宙事業本部 技術開発センター 材料技術部
杉村 佳寿	環境省 廃棄物・リサイクル対策部 企画課 リサイクル推進室 室長補佐
鈴木 裕麻	山口大学 大学院 理工学研究科 環境共生系専攻 助教
鈴木 康夫	JFEエンジニアリング株式会社 環境プラント事業部 主幹
醍醐 市朗	東京大学 大学院 工学系研究科 マテリアル工学専攻 特任准教授
高橋 徹	東北大学 未来科学技術共同研究センター 研究員
多賀谷 英幸	山形大学 大学院 理工学研究科 教授
武部 博倫	愛媛大学 大学院 理工学研究科 教授
多田 光宏	JFEエンジニアリング(株) 総合研究所 環境技術研究部
田中 幹也	(独) 産業技術総合研究所 環境管理技術研究部門 主幹研究員
袋布 昌幹	(独) 国立高等専門学校機構 富山高等専門学校 専攻科 准教授
田村 雅紀	工学院大学 建築学部 建築学科 准教授
寺門 修	名古屋大学 大学院 工学研究科 マテリアル理工学専攻 材料工学分野 助教
峠 和男	(株) サン・ビック＆(株) ジー・イーテクノス 執行役員
徐 開欽	(独) 国立環境研究所 資源循環・廃棄物研究センター 室長
中島 敏明	筑波大学 生命環境系 准教授
成田 弘一	(独) 産業技術総合研究所 環境管理技術研究部門 金属リサイクル研究グループ 主任研究員
成田 尚宣	芝浦工業大学 SIT総合研究所 レアメタルバイオリサーチセンター 研究員
新苗 正和	山口大学 大学院 理工学研究科 環境共生系専攻 教授
西川 宏	大阪大学 接合科学研究所 スマートプロセス研究センター 准教授
西嶋 渉	広島大学 環境安全センター 教授
西田 哲明	近畿大学 産業理工学部 生物環境化学科長・教授／分子工学研究所副所長・教授
西野 徳三	東北生活文化大学 家政学部 教授／東北大学 名誉教授
西浜 章平	北九州市立大学 国際環境工学部 准教授
沼田 正樹	環境省 廃棄物・リサイクル対策部 企画課 リサイクル推進室 室長補佐
野平 俊之	京都大学 大学院 エネルギー科学研究科 准教授

長谷川　浩	金沢大学　理工研究域 物質化学系　教授	
馬　場　由　成	宮崎大学　工学部 物質環境化学科　教授	
原　　一　広	九州大学　大学院　工学研究院 エネルギー量子工学部門　教授	
平　沢　　泉	早稲田大学　理工学術院 応用化学専攻　教授	
平　澤　政　廣	名古屋大学　大学院　工学研究科 マテリアル理工学専攻 材料工学分野　教授	
平　島　　剛	九州大学　大学院　工学研究院 地球資源システム工学部門　教授	
平　野　勝　巳	日本大学　理工学部　物質応用学科 教授	
平　本　泰　敏	JFEエンジニアリング株式会社 リサイクル本部　企画部　課長	
広　吉　直　樹	北海道大学　大学院 工学研究院　環境循環システム部門 資源循環工学分野 資源再生工学研究室　教授	
藤　澤　敏　治	名古屋大学　大学院　工学研究科 マテリアル理工学専攻 材料工学分野　教授	
藤　田　豊　久	東京大学　大学院　工学系研究科 システム創成学専攻　教授	
前　田　浩　孝	名古屋工業大学 若手研究イノベータ養成センター テニュア・トラック　助教	
松　田　仁　樹	名古屋大学　大学院　工学研究科 エネルギー理工学専攻　教授	
松　藤　康　司	福岡大学　工学部 社会デザイン工学科　教授	
丸　山　達　生	神戸大学　大学院　工学研究科 准教授	

水　谷　　聡	大阪市立大学　大学院 工学研究科　都市系専攻 都市リサイクル工学分野　准教授	
三　宅　通　博	岡山大学　大学院 環境学研究科　教授	
宮　田　直　幸	秋田県立大学　生物資源科学部 生物環境科学科　准教授	
村　山　憲　弘	関西大学　環境都市工学部 エネルギー・環境工学科　准教授	
森　口　祐　一	東京大学　大学院　工学系研究科 都市工学専攻　教授	
森　田　一　樹	東京大学　生産技術研究所　教授	
山　口　勉　功	岩手大学　工学部 マテリアル工学科　教授	
山　下　光　雄	芝浦工業大学　工学部 応用化学科　教授	
山　本　雅　資	富山大学　極東地域研究センター 准教授	
蒄　田　真　昭	宇都宮大学　工学研究科 物質環境化学専攻　准教授	
吉　塚　和　治	北九州市立大学 国際環境工学部　教授	
李　　玉　友	東北大学　大学院　環境科学研究科 都市・地域環境システム学分野 准教授	
劉　　予　宇	東北大学　大学院　環境科学研究科 都市・地域環境システム学分野 助教	
渡　辺　隆　行	東京工業大学　大学院 総合理工学研究科 化学環境学専攻　准教授	

4編　事例投稿企業等（五十音順）

（株）アール・アンド・イー　エンジニアリング事業部　設計部／アールインバーサテック（株）　営業部／（株）アイデックス　総務課／（株）アクアテック／（株）アルティス　プラント本部／石坂産業（株）　営業部／インテリアフロア工業会　事務局／（株）エーペックスジャパン　本社事業管理部　営業開発課／エコシステムリサイクリング（株）　東日本工場／（株）エコネコル／（株）エコリサイクル／塩化ビニル管・継手協会／（株）オオハシ　営業部／大水産業（株）／（株）オガワエコノス／鹿島選鉱（株）／神岡鉱業（株）　鉛リサイクル工場／加山興業（株）　企画部／北九州エコエナジー(株)　業務部／（株）ギプロ八潮リサイクルセンター／（株）グリーンループ／光和精鉱（株）　開発部／小坂製錬（株）　生産管理部／三機工業（株）　エネルギーソリューションセンター／JX金属環境（株）／JX金属敦賀リサイクル（株）／JX金属苫小牧ケミカル（株）／JX金属三日市リサイクル（株）／JX日鉱日石金属（株）　HMC工場／JFEスチール（株）　東日本製鉄所 京浜地区 資源リサイクル部／（株）照和樹脂　新規開発部／信越化学工業（株）　マグネット部レアアースG／（株）シンコーフレックス　開発部研究グループ／（株）伸生／新日本製鐵（株）　技術総括部／新日本製鐵(株)　君津製鐵所／住友大阪セメント（株）　環境事業部リサイクル営業グループ／住友金属工業（株）　和歌山製鉄所 環境部 リサイクル技術室／（株）青南商事　経営企画部／（株）関商店　企画開発部／仙台環境開発（株）　経営戦略本部／太平洋セメント（株）　環境事業部　営業企画グループ／田中石灰工業（株）／中部エコテクノロジー(株)／東京鉄鋼（株）　資源営業部／DOWAエコシステム（株）　環境技術研究所／東和ケミカル（株）　営業部／（株）トクヤマ　資源リサイクル営業グループ／（株）富山環境整備　営業本部 業務課／日軽エムシーアルミ（株）　開発室／日本エリーズマグネチックス（株）　営業部／（株）日本計画機構　研究開発コンサルティング部／日本ピージーエム／農業用フィルムリサイクル促進協会／野村興産(株)　営業部／（株）ハイパーサイクルシステムズ　製造技術部／八戸製錬（株）　八戸製錬所　製錬課／フルハシEPO（株）　人事総務／ベスト・ソーティング（株）　リサイクル事業部／ポニー工業（株）　営業本部 特技事業部／（株）前田製作所　環境管理グループ／（株）水口テクノス　事業統括部／（株）ミダックふじの宮／三井金属鉱業（株）　竹原製錬所　金属工場／三井金属鉱業（株）　レアメタル事業部 営業部／三井串木野鉱山(株)　営業部／三井串木野鉱山（株）　生産部／三池製錬（株）　熔錬工場／三菱アルミニウム（株）　鋳造部 鋳造二課／三菱マテリアル（株）　銅事業カンパニーリサイクル部／三菱マテリアル（株）　セメント事業カンパニー原燃料リサイクル統括部／（株）最上機工　環境事業部／（株）メイコー　環境推進室／山本商事(株)　奈良総合リサイクルセンター／（株）リーテム　サスティナビリティ・ソリューション部 調査研究グループ／リファインバース(株)／（株）リプロ　営業部

目 次

編集委員・執筆者 iii

『リサイクル・廃棄物事典』の発行に際して xxxii

リサイクル技術事例マトリクス xxxiv

1編　総論

1　リサイクルの基本的考え方

1　リサイクルとは 2
2　リサイクル技術と資源 5
3　リサイクル技術の基本的考え方 6
4　再度リサイクルと廃棄物処理 7

2　廃棄物処理の基本的考え方

1　有価物・無価物とリサイクル・廃棄物処理 9
2　廃棄物処理の歴史的経緯 9
3　廃棄物処理法の制定と改正 10
4　廃棄物の定義と区分 11
5　廃棄物処理における各主体の責務 11
　　1　国民の責務
　　2　事業者の責務
　　3　国及び地方公共団体の責務
6　廃棄物の処理過程 13
7　循環型社会のもとでの廃棄物処理 14

3　人工資源の賦存状況

1　マテリアルフロー分析と人工資源 15
　　1　マテリアルフロー分析とは
　　2　マテリアルフロー整理の手法
　　3　フローの推計に用いられるデータ
　　4　ストック推計の手法
　　5　個々の手法の特徴

2 マテリアルフロー・ストック分析の事例 23
   1 鉄鋼
   2 アルミニウム
   3 銅
   4 鉛
   5 亜鉛
   6 プラスチック
   7 インジウム
   8 使用済み製品に関するフロー：家電4品目
   9 これまでのフローの事例の整理

3 人口資源の賦存状況 33
   1 複数のマテリアルフローを統合する
   2 人工資源の賦存状況：欲しい物質から見た分析
   3 人工資源の賦存状況：使用済み製品、
      すなわち鉱床から見た状況

4 まとめと今後へ向けた課題 38

4 リサイクル・廃棄物の法制度

1 廃棄物の処理及び清掃に関する法律
   （廃棄物処理法） 41
   1 制定の目的
   2 制度の内容

2 資源の有効な利用の促進に関する法律
   （資源有効利用促進法） 45
   1 法制定の経緯
   2 制度の概要
      (1) 特定省資源業種／(2) 特定再利用業種／(3) 指定省資源化製品／
      (4) 指定再利用促進製品／(5) 指定表示製品／(6) 指定再資源化製
      品／(7) 指定副産物

3 容器包装に係る分別収集及び再商品化の促進等に
   関する法律（容器包装リサイクル法） 46
   1 法制定の経緯
   2 制度の概要
   3 容器包装リサイクル法の改正
   4 法の施行状況

4 特定家庭用機器再商品化法（家電リサイクル法） 48
1 法制定の経緯
2 制度の概要
3 施行状況
4 家電リサイクル法の改正

5 建設工事に係る資材の再資源化等に関する法律（建設リサイクル法） 50
1 法制定の背景
2 制度の概要

6 食品循環資源の再生利用等の促進に関する法律（食品リサイクル法） 51
1 法制定の経緯
2 制度の概要

7 使用済自動車の再資源化等に関する法律（自動車リサイクル法） 52
1 制定の経緯
2 制度の概要
3 施行状況

5 リサイクルの経済学

1 はじめに 54
2 廃棄物処理とリサイクルの経済的側面 54
1 概念および用語の説明
2 廃棄物処理とリサイクルの双対性
3 静脈市場の機能と制度的側面

3 現在の資源循環の問題点と課題 61
1 廃棄物の制度にかかわる問題
2 資源制約と環境制約
3 広域資源循環の必要性

4 おわりに 68

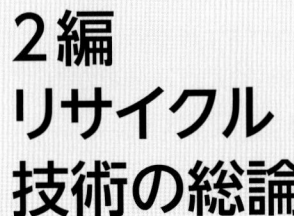

2編
リサイクル
技術の総論

1　廃棄物の収集

1　産業廃棄物 72
1　産業廃棄物の排出状況
(1) 全国総排出量／(2) 業種別排出量／(3) 種類別排出量／(4) 地域別排出量
2　産業廃棄物の処理状況
(1) 産業廃棄物の処理フロー／(2) 排出量、再生利用量、減量化量および最終処分量の推移／(3) 産業廃棄物の種類別の処理状況
3　産業廃棄物処理施設の設置状況等
(1) 中間処理施設／(2) 最終処分場
　ア．設置状況／イ．最終処分場の残余年数／ウ．最終処分場の設置数の変遷
(3) 産業廃棄物処理業
4　産業廃棄物の広域移動と収集運搬
(1) 産業廃棄物の広域移動の実態／(2) 広域移動の運搬方法
5　産業廃棄物の不法投棄の状況
(1) 不法投棄件数および投棄量の推移／(2) 不法投棄の内容

2　一般廃棄物：企業の対応 88
1　はじめに
2　一般廃棄物の収集費用最小化に向けた取り組み
3　収集運搬の新たな概念を構築

3　一般廃棄物：自治体の対応 93
1　収集・運搬に対して影響を与える外的な要素の整理
2　自治体が決定しなければならない項目
3　収集のパラメタが費用に与える影響
4　今後に向けて

2　生物系（バイオ）材料の処理技術

1　メタン発酵の前処理技術 99
1　発酵不適物の選別・除去
2　難分解性バイオマスの可溶化・発酵促進
(1) 検討されている前処理方法の種類およびその効果
　1) 機械的処理　2) 化学的処理　3) 生物処理
(2) 実稼働施設における前処理技術導入例／(3) トータルエネルギー収支の観点からの分解促進前処理技術導入効果の評価

2 発酵や生物の活動 106
1. 生物による資源循環
2. 発酵と腐敗
3. 地球上の生物の役割、物質循環
4. 生物を用いてのリサイクル技術
   (1) アルコール発酵／(2) メタン発酵／(3) 水素発酵／(4) 下水処理、廃水処理の活性汚泥／(5) 堆肥化技術
5. バイオレメディエーション、難分解性物質処理の微生物利用

3 プラスチック系材料の処理技術

1 プラスチックリサイクル全体の現状 111
2 マテリアルリサイクル 112
1. マテリアルリサイクルの現状
2. ペットボトルのマテリアルリサイクル
3. ペットボトル以外の熱可塑性プラスチックのマテリアルリサイクル
4. マテリアルリサイクルに適さないプラスチック

3 ケミカルリサイクル 116
1. ケミカルリサイクルの現状
2. 原料・モノマー化
3. 高炉原料化
4. コークス炉化学原料化
5. ガス化
6. 油化

4 サーマルリサイクル 118
1. サーマルリサイクルの現状
2. 固形燃料化
3. 熱利用焼却・廃棄物発電

4 金属系材料の処理技術

1 前処理 121
1. はじめに
2. 解体
3. 粉砕と分粒

(1) 粉砕・分粒の目的／(2) 粉砕機の種類および適用性／
(3) 単体分離促進のための粉砕技術
　　1) 自生・半自生粉砕　2) 表面粉砕　3) マイクロウェーブ照射
　　4) 水中爆破　5) 電気パルス粉砕
(4) 分粒機の種類および適用性
　　1) ふるい分け装置　2) 分級機　3) 粉砕機との組み合わせ
　4　選別
　　(1) 各種選別の適用粒度／(2) 乾式法と湿式法
　　　　1) 処理能力　2) 分離精度　3) 産物処理
　5　各種廃棄物の前処理事例
　　(1) 廃家電品の処理／(2) 廃自動車の処理
　6　おわりに

2　精製 134
　1　鉄
　2　アルミニウム
　3　銅、鉛、亜鉛
　4　レアメタル

5　無機系材料の処理技術

1　コンクリートのリサイクル 145
　1　はじめに
　2　コンクリートのリサイクルに関わる法制度
　　(1) 国際条約・国内法／(2) 法規類における解釈の変遷
　3　コンクリートを含む建設廃棄物の概況
　　(1) 世界の状況／(2) 国内の状況
　4　解体コンクリート塊の利用状況と課題
　　(1) 解体コンクリート塊の発生量予測／(2) 解体コンクリート塊の再資源化概況／(3) 再生骨材の品質基準と用途／
　　(4) 再生骨材の製造と利用
　　　　1) 処理装置の分類　2) 路盤材等としての再利用　3) 再生骨材コンクリートとしての再利用
　　(5) 完全リサイクルコンクリート／(6) 次世代型コンクリートのマテリアルフロー

2　建設廃棄物のリサイクル 158
　1　建設廃棄物（副産物）の種類
　　(1) 建設廃棄物と建設副産物および再生資源／(2) 建設副産物の種類
　2　建設廃棄物の排出とリサイクルの現状
　　(1) 建設廃棄物の排出状況と再資源化量等／(2) 種類別の建設廃棄物の再資源化率等

3 建設廃棄物の種類別リサイクルのための前処理
　　(1) リサイクルの前処理としての選別・分別／(2) 選別設備
　　　　ア．選別設備の要求機能／イ．選別施設の設備システム事例
4 建設廃棄物の種類別リサイクル技術
　　(1) 技術の紹介内容／(2) アスファルト・コンクリート塊
　　　　ア．アスファルト・コンクリートのリサイクルの現状／イ．再生施設におけるアスファルト・コンクリート合材の製造
　　(3) コンクリート塊
　　　　ア．コンクリート塊のリサイクルの現状／イ．再生砕石のリサイクル技術／ウ．再生コンクリート骨材
　　(4) 建設汚泥
　　　　ア．建設汚泥の定義／イ．建設汚泥のリサイクルの現状／ウ．建設汚泥の再生利用先／エ．建設汚泥のリサイクル技術（①脱水処理技術 ②安定処理技術 ③流動化処理）
　　(5) 木くず（建設発生木材）
　　　　ア．建設廃木材のリサイクル用途／イ．廃木材等の資源化利用の状況
　　(6) その他の建設廃棄物のリサイクルについて

3　セラミックスリサイクル ……………………………………… 178
1 はじめに
2 タイルの製造プロセス
3 タイルに用いられるリサイクル原料
4 リサイクル原料の組成安定化のための循環システム
5 水熱反応を用いたリサイクル技術
　　(1) 水熱固化技術／(2) 廃棄物を用いた機能化
6 おわりに

6　焼却溶融プロセス

1 焼却溶融プロセスの変遷 ……………………………………… 185
2 焼却溶融プロセスで処理される廃棄物 ……………………… 186
3 各種焼却溶融プロセス ………………………………………… 187
4 廃棄物発電（サーマルリサイクル） ………………………… 189
5 溶融プロセスにおけるマテリアルリサイクル ……………… 190
　　1 溶融飛灰の山元還元（マテリアルリサイクル）
　　2 スラグ利用（マテリアルリサイクル）

7　環境を考慮した最終処分

1　安全・安心な最終処分場に向けて 195
2　埋立構造と埋立地の内部環境 195
　　1　埋立構造の種類
　　　　(1) 嫌気性埋立構造／(2) 準好気性埋立構造／(3) 好気性埋立構造
　　2　好気性条件と嫌気性条件
　　　　(1) 好気性条件 (滞水していない状態・酸素がある状態)／(2) 嫌気性条件 (滞水している状態・酸素が無い状態)
　　3　水質及び発生ガスに与える影響
　　　　(1) 水質への影響／(2) ガス質への影響
3　埋立地の在るべき環境とその対応策 200
4　浸出水質の悪化原因 200
　　浸出水の悪化事例
5　水処理方法の基礎知識 202
　　1　処理方法の基本プロセス
　　　　(1) 物理処理／(2) 化学処理／(3) 生物処理
　　2　プロセスの組合せ
　　3　汚濁物質毎の処理方法
　　　　(1) 重金属類／(2) 有機合成化学物質／(3) BOD及びCOD／(4) 窒素／(5) 懸濁物質 (SS)
6　環境モニタリングとその対策 213
　　1　環境モニタリングの概要
　　　　(1) モニタリングの目的
　　　　　　1) 処分場周辺の環境保全の確保　2) 処分場の安定化と廃止基準の評価　3) 周辺住民との信頼関係の構築
　　　　(2) モニタリング項目
　　2　浸出水漏水のモニタリング手法
　　　　(1) 簡易なモニタリング手法 (下流側での漏水の確認)／(2) 汚染源が複数ある場合のモニタリング手法
　　　　　　1) ヘキサダイヤグラムの概要　2) 希釈率換算ヘキサダイヤグラム法の適用
　　　　(3) 地下水の採取と計測事例
　　　　　　1) 地下水の採取　2) 地下水の計測
　　3　漏水事例とその対策
7　最終処分場の廃止に向けた診断と跡地利用 219
　　1　廃止基準と適合要件
　　2　跡地利用
　　　　(1) 処分場施設の継続運転・改善／(2) 跡地利用のための安全対策
　　3　跡地利用計画

3編
リサイクル
技術の科学

1　生物処理のための科学

1 エネルギー利用 224
　1　メタン発酵
　　(1) メタン発酵の原理／(2) メタン発酵の化学量論／(3) 廃棄物系バイオマスからの燃料生産ポテンシャル／(4) メタン発酵の応用実績／(5) バイオガスの精製と利活用方法／(6) 消化液（発酵残さ）の有効利用の現状／(7) メタン発酵の基本的な処理フロー～生ごみを例として／(8) 湿式発酵、乾式発酵および無希釈発酵
　2　水素発酵
　　(1) 水素発酵の原理／(2) 水素発酵の原料／(3) 水素発酵リアクター／(4) 水素発酵で回収可能なエネルギー／(5) 水素メタン二段発酵プロセス
　3　微生物燃料電池
　　(1) 微生物による電極への電子伝達／(2) 排水処理と組み合わせた微生物燃料電池の仕組み／(3) 微生物燃料電池の化学量論／(4) 微生物燃料電池の性能

2 マテリアル利用 237
　1　堆肥化について
　　(1) 堆肥化とは／(2) 堆肥化の仕組みと微生物反応／(3) 堆肥化の温度と病原性微生物の死滅／(4) 堆肥化システムと装置構成／(5) 堆肥化の応用例
　2　ポリ乳酸生成による廃棄物系バイオマスからのプラスチック生産
　　(1) 工業的ポリ乳酸生成プロセス／(2) 乳酸発酵の原理および微生物／(3) 都市生ごみからのポリ乳酸生産プロセスにおける物質収支／(4) ポリ乳酸の分解とリサイクル

2　プラスチック分解のための科学

1 はじめに 249
2 プラスチックの分類 250
　1　性質としての分類
　2　用途としての分類
3 ケミカルリサイクル技術 250
　1　ポリエチレン(PE)・ポリプロピレン(PP)・ポリスチレン(PS)
　2　ポリ塩化ビニル(PVC)
　3　ポリエチレンテレフタレート(PET)
　4　ポリカーボネート(PC)

5 フェノール樹脂(PF)
6 ウレタン樹脂(PU)

3 固相分離のための科学

1 粉砕における単体分離の重要性 259
2 固相分離(選別)と液相分離 261
3 固相分離におけるバルク物性と表面物性 262
4 成分分離技術各論 263
  1 ソーティング
  2 形状選別
  3 比重選別
    (1) 湿式法／(2) 乾式法(風力選別)／(3) 重選／(4) 磁性流体選別／(5) ジグ選別／(6) 薄流選別
      1) ライケルト・コーン選別機　2) スパイラル選別機　3) テーブル選別機
  4 磁選
    (1) 磁選の原理／(2) 磁選機の分類
      1) 弱磁界ドラム型磁選機　2) 高勾配型磁選機　3) 超伝導磁選機
  5 渦電流選別
  6 静電選別
  7 浮選
    (1) 固体表面のぬれ性／(2) 浮選剤／(3) 浮選機
      1) 機械撹拌式浮選機　2) 空気吹き込み(カラム)式浮選機
5 分離結果の評価方法 284
  1 総合分離効率
  2 部分分離効率曲線

4 化学分離のための科学

  はじめに
1 化学反応を利用した分離 288
2 湿式分離の化学 289
3 乾式精製の科学 292

  1　エリンガム図
  2　ポテンシャル状態図
  3　多成分系の平衡計算
  4　焙焼プロセスの速度論
 4　付録：化学熱力学の基礎..296
  1　化学反応における自由エネルギーの意味
  2　化学ポテンシャル
  3　活量（activity）
   (1)反応性を表す尺度／(2)多成分系での活量／(3)気体の活量／(4)個体の活量／(5)液体の活量

4編 個別リサイクル技術事例

生物系の個別リサイクル

1　廃棄チップのリサイクル敷料製品化..304
2　生ごみのリサイクル..306
3　木質バイオマスの高度循環利用..307
4　バイオマスのガス化による水素・電気・熱製造（ブルータワー）.308

プラスチック系の個別リサイクル

1 廃プラスチックのリサイクル ... 309
2 使用済みプラスチック製容器のマテリアル・リサイクル ... 310
3 使用済み家電製品樹脂のリサイクル化（1） ... 311
4 使用済み家電製品樹脂のリサイクル化（2） ... 312
5 ポリカーボネート樹脂、PC／PETアロイ等のリサイクル ... 313
6 プラスチック製容器包装のマテリアルリサイクルにおける単一樹脂選別 ... 314
7 その他プラスチック製容器包装の単品選別と洗浄 ... 316
8 タイルカーペットのリサイクル ... 317
9 農業用塩ビフィルム（農ビ）のリサイクル ... 318
10 ビニル系床材のリサイクル ... 319
11 塩ビ壁紙の叩解分離方式によるリサイクル ... 320
12 使用済み硬質塩化ビニル管・継手のリサイクル ... 322
13 硬質塩ビのリサイクル ... 323
14 塩ビ管・継手のリサイクル ... 324
15 その他プラスチック製容器包装のパレット化 ... 325
16 医療系廃プラスチックの液化リサイクル ... 326
17 家電リサイクル樹脂の燃料化（断熱材ウレタン燃料化） ... 328
18 産業廃棄物由来の固形燃料（RPF）の生産・リサイクル ... 329
19 使用済みプラスチックの高炉でのリサイクル ... 330
20 小型プラスチック油化装置 ... 322
21 コークス炉化学原料化法によるプラスチックリサイクル ... 334
22 産業廃棄物の精密選別とRPFの製造 ... 335
23 RPFによるエネルギーリカバリー ... 336
24 セメント製造工程での廃プラスチック類のサーマル・マテリアル利用 ... 338
25 廃プラスチック類の燃料化リサイクル ... 340

金属系の個別リサイクル

1　廃電気・電子機器基板の減容化 ... 341
2　電子基板のリサイクル ... 342
3　廃家電基板の再資源化(1) ... 344
4　廃家電基板の再資源化(2) ... 345
5　シュレッダーダストの再資源化 ... 346
6　シュレッダーダスト、廃電子部品等の再資源化 ... 347
7　シュレッダーダストのリサイクル ... 348
8　銅製錬副産物などの再資源化 ... 349
9　鉛バッテリーのリサイクル ... 350
10　非鉄製錬プロセスにおけるリサイクル ... 352
11　製鋼煙灰と飛灰のリサイクル ... 353
12　亜鉛ダストのリサイクル ... 354
13　廃電線リサイクル ... 356
14　リチウムイオン二次電池のリサイクル ... 357
15　アルミニウムドロスの再資源化 ... 358
16　使用済み飲料アルミ缶一貫処理システム ... 360
17　鉄・亜鉛の再資源化 ... 361
18　回転炉床式還元炉(RHF)による製鉄ダスト再資源化 ... 362
19　アルミ再資源化 ... 363
20　鉛・銅・貴金属を中心とするマテリアルリサイクル ... 364
21　シアンを使用した貴金属のリサイクル ... 366
22　湿式法金回収・リサイクル ... 368
23　湿式法Ru回収・リサイクル ... 370
24　インプラントリサイクル ... 372
25　使用済み自動車触媒再資源化 ... 373
26　電子回路基板製造工程で発生する廃アルカリ・廃酸等の削減と資源回収 ... 374
27　使用済み蛍光灯のリサイクル ... 376
28　CCFL用蛍光体からのレアアース回収 ... 378
29　製鋼スラグ加圧式蒸気エージング設備 ... 379

無機系の個別リサイクル

1 下水汚泥のセメント資源化 380
2 都市ごみ焼却残渣のセメント資源システム 381
3 AK(アプライド・キルン)システム 382
4 エコセメントシステム 383
5 下水汚泥のセメント資源化システム 384
6 セメント燃料代替としての廃油系燃料化 385
7 ごみ焼却灰・煤塵のセメントリサイクル 386
8 廃石こうボードのリサイクル 388
9 アスベストのリサイクル 389
10 廃石膏ボードのリサイクル 390
11 下水汚泥焼却灰を原料とするりん酸肥料化(P−ACE) 392

その他のリサイクル

1 使用済み家電等からの資源回収 394
2 廃棄物の総合リサイクルシステム 396
3 電子電気機器類・情報機器のリサイクル 398
4 家電製品のリサイクル 400
5 ネットワークを活用した総合リサイクルシステム 401
6 産業廃棄物のリサイクル 402
7 硫化物法(NSプロセス)による重金属処理と有用金属回収 403
8 オールメタルソーティングシステム 404
9 蛍光X線(XRF)分析による選別 406
10 各種磁力選別・非鉄金属選別装置およびメタルソーター 408
11 垂直統合による一貫廃車処理システム 410
12 高効率ジグによる廃棄物の資源化・リサイクル 412
13 塩素含有廃棄物を利用したリサイクル 414
14 廃棄物焼却におけるサーマルリサイクル 415
15 シュレッダーダストのマテリアル・サーマルリサイクル 416

5編 近未来技術の開発と可能性

生物系を利用したリサイクル

1 微生物ゲノム科学を用いた生分解性プラスチックリサイクル 418
2 水熱反応（亜臨界水）による未利用バイオマスの資源化 420
3 生物物理化学的排水・汚泥処理におけるリン回収・有効利用 422
4 放線菌 Amycolatopsis sp. K104-1 株由来のポリ乳酸分解酵素を用いたポリ乳酸（PLA）リサイクル技術の構築 425
5 微生物酵素による生分解性プラスチックのモノマーリサイクル ... 426
6 バイオマス系分離剤と人工合成系分離剤の役割分担 428
7 藍藻由来巨大多糖類「サクラン」によるレアアースメタル回収 430
8 バイオボラタリゼーションによるセレンの回収 432
9 バイオマス廃棄物を用いた貴金属の回収 434
10 細胞表層工学によるレアメタル・レアアース選別・集積・回収バイオアーミング 435
11 微生物による金属酸化物形成を利用した資源金属の回収 438
12 インジウムのバイオ利用回収 440
13 小型廃電子機器からのレアメタル回収プロセスの構築を目指したバイオマス吸着素子の開発 442
14 キトサンコーティングフィルターによるインジウムの高選択的分離・回収の実用化 444
15 下水処理場からのリン資源回収 446
16 タンパク質を用いた貴金属リサイクル 448

プラスチック系の個別リサイクル

1 混合廃プラスチックの処理 450
2 静電選別法による混合プラスチックの分離 452

3 オゾンによる選択的表面酸化－浮遊選別による
　 ポリ塩化ビニルの分離..454
4 水を用いた廃プラスチック熱分解油中の塩素と窒素の除去..........456
5 ジグを用いた廃プラスチック混合物の高度選別....................458
6 リサイクルを目的としたアミン硬化エポキシ樹脂の硝酸による
　 分解..460
7 超臨界流体を用いるCFRPのリサイクル...........................462
8 廃ポリオレフィンから精密化学品生成............................464

金属系の個別リサイクル

1 リサイクル性の高い製品設計の促進方策..........................466
2 廃車シュレッダー処理で発生する非鉄金属スクラップの
　 自動ソーティング..468
3 あらゆる微粒体を分離できる超伝導を含めた磁力選別..............470
4 晶析技術による排水中の有価物イオンの回収......................472
5 テーラーメイド型新規分離剤の開発について......................475
6 高分子ゲルを用いた重金属の回収と再資源化......................476
7 資源リサイクルにおける流動層式乾式比重分離技術の適用..........478
8 イオン液体を用いる液膜分離法によるレアメタルのリサイクル......480
9 マイクロ～ナノ粒子の微粒子分離.................................482
10 アルミニウム合金分別...486
11 パラジウム、白金などのレアメタルの高付加価値化
　 バイオ回収..488
12 ネオジム磁石スクラップからの希土類元素のリサイクル...........490
13 マイクロ波処理による製鋼スラグの資源回収.....................492
14 リチウムイオン電池のリサイクル.................................494
15 キレート繊維による重金属、レアメタルの分離濃縮...............496
16 ナノ粒子からミクロ粒子混合物まで分離できる液液分離...........500
17 銅鉄スクラップからの銅と鉄の分離回収.........................501
18 使用済みナトリウム－硫黄二次電池からのナトリウム精製.........502
19 1価銅イオンを利用した湿式銅リサイクルプロセス................504
20 廃棄物からの乾式法による選択的インジウム回収プロセスの
　 研究..507
21 溶媒抽出法によるリチウムイオン二次電池からのコバルトと
　 リチウムの分離回収プロセス.....................................508
22 大気圧プラズマによる廃液晶からのインジウム回収...............510

23 キレート洗浄技術による廃棄物の資源化と有用金属の回収.........512
24 レアメタルの高効率リサイクルを目指した技術創成.........................514
25 溶融アルカリ浴による廃電子基板からのレアメタル回収：
　タンタルを例として..516
26 有価廃棄物からのレアメタルの分離回収プロセス.............................518
27 新規白金族分離精製プロセス構築のための高性能抽出剤の
　開発...520
28 炭酸アンモニウムを用いたEAFダストからの塩基性炭酸亜鉛の
　回収...522
29 産業排水の資源回収を目指した適切処理技術：
　水熱鉱化排水処理..526
30 溶融飛灰等に含まれる重金属の塩化揮発による
　乾式分離回収..528
31 溶媒抽出法による使用済み無電解ニッケルめっき液からの
　ニッケル回収..532
32 鉄鋼に添加された合金元素の行方...534
33 溶融塩電解および合金隔膜を用いた廃棄物からの希土類金属
　分離・回収プロセス..536

無機系の個別リサイクル

1 産業副産物および地域未利用資源を有効利用した
　資源循環型機能性コンクリートの開発...540
2 無機系固体廃棄物の再利用と有害物質の安定化原理・評価......543
3 無機層状イオン交換体による排水からのゼロエミッション型
　リン除去・回収システム...546
4 廃石膏ボードなどの建設廃棄物のリサイクルに必要な
　しくみ・技術..550
5 賦活・水熱処理による石炭灰の再資源化技術....................................552
6 石炭飛灰からの中空球形粒子の回収..554
7 石膏の還元分解で生成したCaSの金属廃液処理への適用.........556
8 セラミックス系資源の循環利用を考慮した高機能性材料の
　合成...560
9 石炭灰とガラス瓶のリサイクルにより作成した多孔質セラミックと
　水質浄化..562
10 アルミドロスを原料とする陰イオン交換体の製造.............................564
11 石炭ガス化発電スラグの溶融挙動の検討...566

12　アスベスト廃棄物の高効率溶融無害化処理法..................568
13　湿式ボールミル法による鉛ガラスの非加熱脱鉛処理..................570
14　リサイクルコンクリートによるカーボンニュートラル化..................572

その他

1　有機溶剤等 VOC 排出抑制、処理、回収、リサイクル、
　　エネルギー利用..................574
2　コリオリの力が拓くマルチチャンネル高精度粒子選別..................578
3　リサイクル型自己組織化反応によるナノハイブリッドの創製..................580
4　下水汚泥からのバイオマス資源セルロースの回収..................582
5　熱プラズマによるゴミからの水素製造..................584
6　有機性廃棄物への凍結乾燥処理の導入..................586

循環型社会の将来展望

1　家庭における排水・廃棄物の低炭素・適正処理と資源循環..................588
2　資源リサイクルと環境..................591
3　スマートリサイクル(情報技術を用いた資源管理)..................592
4　リン資源リサイクルの全体像..................594
5　人工資源の埋蔵量を増加させるシステム─分別・収集＝
　　都市鉱山採掘の効率化..................596
6　「Depo-Land」開発への挑戦..................598

リサイクル・廃棄物処理に役立つ各社の製品紹介編

情報　1〜54

『リサイクル・廃棄物事典』の発行に際して

編集委員長 　中村 崇
東北大学　多元物質科学研究所

　環境基本法（平成5年）の基本理念にのっとり、循環型社会の形成を目指して平成12年6月に循環型社会形成推進基本法が制定された。この法律でいう「循環型社会」とは、製品等が廃棄物等となることが抑制され、並びに製品等が循環資源となった場合においてはこれについて適正に循環的な利用が行われることが促進され、及び循環的な利用が行われない循環資源については適正な処分（廃棄物としての処分をいう）が確保され、もって天然資源の消費を抑制し、環境への負荷ができる限り低減される社会をいう。ここでいう「循環的な利用」とは再使用、再生利用、熱回収とされている。

　我が国で循環型社会形成推進基本法が整備された背景は、本質的に廃棄物処分場の逼迫がある。特に大型の不法投棄事件が相次ぎ、当時の日本経済の成長による廃棄物の排出増大がある意味で不法投棄やいいかげんな処理、処分を横行させることになり、最終的には税金で持って廃棄物処理をせざるを得ない状況になった。このような教訓から循環型社会形成推進基本法ならびに個別リサイクル法の整備がなされた。その政策は、それなりに功を奏し、廃棄物処分場については一時期に比較すると余裕がある状態になっている。もちろん、無制限に処分場ができるわけではないので、現在でも十分な注意が必要である。

　一方、今日では多くの生活に直結する分野で資源の有限性が現実問題として認識されてきた。このような課題は古くは、メドウスらが示した「成長の限界」でも示されてきたが、現実の課題として認識され始めたのは最近である。具体的にはBRICS諸国、発展途上国の目覚しい経済成長により、世界的な規模で資源の供給制約が発生し、企業、国として種々の資源確保に走っている。資源としては、エネルギー、食料、水ならびに鉱物資源が挙げられるが、長期的展望ではすべてにわたって供給制約が予想され、具体的にはそれらの資源価格の高騰に繋がっている。ここでは、これら資源のリサイクルについてすべてを網羅するわけでなく、我々が使用している人工物に使用されている物質を構成している一部の生物資源とプラスチック、金属を対象としている。

ところでリサイクルの対象となる廃棄物は、資源性を持つと同時に汚染性も示す。したがって、前述のような処理をベースにした環境保全と資源確保を目的とし、そのリサイクルは世界的な物質の流れの中で検討する必要性が生まれている。たとえば、e-scrap は各国間を資源性と汚染性、ならびに各国の人件費など社会的な状況に応じて世界を規模で移動しており、わが国でも"見えないフロー"として調査がなされている。

　3Rの促進は、天然資源の採取抑制の観点から当然、温暖化ガス発生抑制、しいては気候変動問題にも大きな貢献を与える。一方無制限なリサイクルは、却って温暖化ガス発生を促進することにも繋がり、真の環境対策、資源対策を考えた3Rの促進が望まれている。真の循環型社会形成を目指して、リデュース、リユース、リサイクルの3Rをめぐる状況は、これまで廃棄物処理対策で進めたものから大きく変わらざるを得ない状況になってきた。

　今回は、資源と環境問題の解決に資するために3Rの現状を法律、経済、技術について国内、国際的な視野から整理し、かつこれからの3Rの国際的な事業展開を図る上で重要な最新技術が具体的にどのように使用できるかをできるだけ"見える化"、するように努める図書を目指し、刊行を計画した。

　本の内容は、大きくリサイクルの社会システム、科学・技術に関する総論と具体的に最近展開されているリサイクルの各論、ならびに事例集からできている。最大の特徴は、対象廃棄物に関して定性的であるが、どのような物質が使用され、それがどのようにリサイクルされているかを検索できるようになっている点である。リサイクルの手法は、その対象物によって大きく異なり、廃製品のリサイクルの専門家でも他の廃製品のリサイクル事情はわからないことも多い。この本により、リサイクルの初心者はもちろん、専門家も他の事例が十分に把握でき、より総合的に俯瞰できるようになる目を養うことができると確信している。

リサイクル技術事例マトリクス（投入物×産出物）

		アルミニウム	プラスチック	鉄	製鉄原料	貴金属	鉛	非鉄全般	コバルト・リチウム・ニッケル	タンタル
容器リサイクル対象		金属系16 金属系19	プラ系6 プラ系7 プラ系15		プラ系19 プラ系21					
自動車リサイクル関係	触媒					金属系25		金属系5 金属系7 その他11		
	バッテリー						金属系9 金属系20			
	その他（ASR等）							金属系5 金属系7 その他11		
家電リサイクル関係	断熱材ウレタン									
	その他		プラ系3 プラ系4					金属系3 金属系4 金属系10 金属系20 その他1 その他3 その他4		
廃蛍光灯										
廃リチウムイオン電池									金属系14	
その他e-waste（製品）								金属系1 金属系2 金属系3 金属系7		金属系24
その他一般廃棄物										
医療系廃棄物										
建築系廃棄物			プラ系8 プラ系10 プラ系11 プラ系12 プラ系13 プラ系14							
農業系廃棄物			プラ系9							
汚泥							その他7			
その他産業廃棄物	加工屑					金属系21 金属系22 金属系23				
	その他		プラ系1 プラ系2 プラ系5		金属系15 金属系17 金属系18			金属系6 金属系8 金属系11 金属系12 金属系13 金属系26 その他15		

リサイクル技術事例マトリクス　　XXXV

(注) 4編「個別リサイクル技術事例」の収録事例を、縦軸に投入物、横軸に産出物とした一覧表
　　見方例)「プラ系10」→「プラスチック系の個別リサイクル10」P 319 参照

レアアース	水銀	燃料	エネルギー回収	セメント	堆肥	肥料	砕石	石膏	路盤材	再生バイオマス	RPF
		プラ系17									
	金属系27										
			その他14	無機系2 無機系3 無機系4 無機系7	生物系2						
		プラ系16		無機系8					無機系10		
						無機系11					
金属系28											
		生物系4 プラ系20					無機系9		金属系29	生物系1 生物系3	プラ系18 プラ系22 プラ系23 プラ系25

1編 総論

1 リサイクルの基本的考え方

1 リサイクルとは

「リサイクル」とは何であろうか？ リサイクルといえば多くの人があるイメージを抱くことが可能である。ただ、そのイメージが多様である。

ある人は市中の古物商が収集している姿をイメージし、ある人は新規の家電製品を購入する際にリサイクル券を購入する場面が浮かぶかもしれない。また、ある人は食品廃棄物をバイオマス利用することを考えるかもしれない。対象も紙、プラスチック、金属など多くの素材があり、かつ具体的な製品群を考えると我々が使用しているものすべてになる。その意味では、リサイクルという言葉の意味は非常に簡単でもあるが、難しいともいえる。多くの場合、少なくとも一度人間が使用した"もの"を何らかの形で再使用、場合によっては再利用することがイメージされる。

2000年に循環型社会形成推進基本法が成立した。個別リサイクル法を含めた上での法律の位置づけを図1に示す。全体を統括するこの法律は新法と改正法を含め6つの法律の基となる基本法である。概念として重要なのは、再生資源利用法と廃棄物処理法の合体であり、パラダイムの変換が

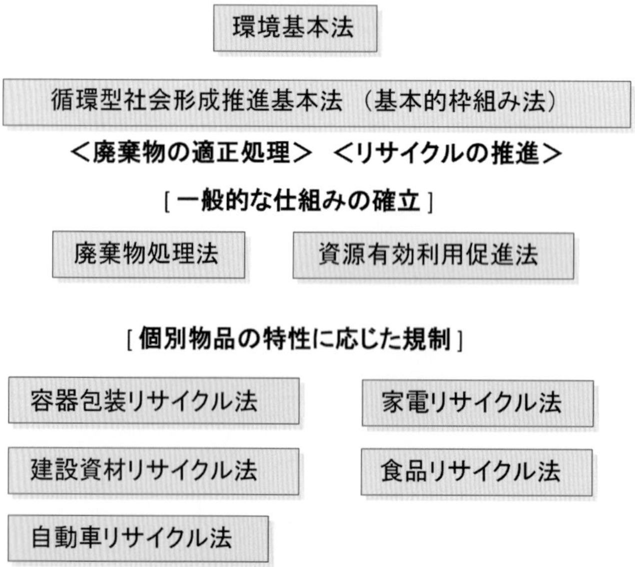

```
                    環境基本法
        循環型社会形成推進基本法（基本的枠組み法）
         ＜廃棄物の適正処理＞ ＜リサイクルの推進＞
              ［一般的な仕組みの確立］
          廃棄物処理法      資源有効利用促進法

              ［個別物品の特性に応じた規制］
        容器包装リサイクル法      家電リサイクル法
        建設資材リサイクル法      食品リサイクル法
        自動車リサイクル法
```

図1　我が国の循環型社会構築のための法体系

行なわれたことである。循環型社会を定義し、「廃棄物」と「循環資源」の概念を明確にし、現状市場での有価、無価に係わらず法の対象としている。廃棄物等のうち有用なものを「循環資源」と位置付け、その循環利用を促進することをうたっている。その点で従来の廃棄物処理法からのみ見た法体系と大きく異なる。また、処理の優先順位を法制化し、具体的には①発生抑制　②再使用　③再生使用　④熱回収　⑤適正処分としている。さらに、国、地方公共団体、事業者、国民の役割分担を明確にし、EPRの強化を図っている。加えてPRTR法が制定され、情報公開も積極的に行なわなくてはならない環境が整ったといえる。このことは、これまで多少不明確だった廃棄物の動きがより明確になり、その処理ならびにその中からの資源再生をより積極的に行なう必要があることを意味し、かつ環境リサイクル事業を行なうための境界条件を明確にする事になるといえる。その意味では、大きな進歩であった。しかしながら、本質的に「循環資源」は法律が無くても経済合理性で循環可能である。一方廃棄物は、①発生抑制　②再使用　③再生使用　④熱回収　⑤適正処分の順位付けが行なわれたが、要は廃棄物である。優先順位一番が発生抑制であることは、"もの"を"捨てる"ということが意識の下に眠っている。何を抑制するのかといえば"捨てるもの"いわゆる"ごみ"である。正確に言うと循環型社会形成推進基本法の下に廃棄物処理法と資源有効促進法の二つの法律が存在し、一方がごみ対策であり、一方が資源対策であるが、実際に多くの一般の方のイメージでは廃棄物処理（ごみ対策）のイメージが強いのでないかと思われる。当時の国の循環型社会構築の副題は、「ゴミゼロ社会」であり、本質的に廃棄物処理が中心であったことを表している。

ここで少し面倒だが、2001年に学術会議（当時の第4部、工学の中に設けられたリサイクル工学専門委員会）で行なった定義を下記に示す[1]。

"「リサイクル工学」とは，物やサービスの生産，流通，消費の過程で生じる発生物[(1)]を，経済，エネルギー消費，環境負荷の上から[(2)]合理的に循環利用する工学[(3)]である．"

〈注記〉

(1) 生産，流通，消費の過程で発生し，その時点では有価物と判断されないものすべてを対象とする．

(2) 持続可能な生産から消費の流れを目指して，評価の枠組みには，生産段階から最終的な処分までが含まれる．再生利用のための要素技術だけでなく，リサイクルの流れを取り扱うシステム技術も含まれる．

(3) 再生利用のための要素技術だけでなく，リサイクルの流れを取り扱うシステム技術も含まれる．例示的には①不要な発生物の減量やリサイクルに繋がる生産，②繰り返し利用，原材料資源や有用物への再生利用，他の生産・流通・消費へのカスケード利用に繋がる生産・流通・分離技術，③エネルギーなどの有用資源の回収を含む処理処分など．

この文章をまとめる際に最も苦労したのが対象物をどのように総称するかである。ここでは、"発生物"となっている。これを、簡単に"廃棄物"にしてしまうと資源性が弱くなり、すべてがリサイクルではなく、廃棄物処理になってしまい、本来の意味と異なる。しかしながら一方すべてが資源化可能な有価物ではなく、廃棄物からも当然リサイクルされなくてはならない。そのための言葉として"発生物"というなじみのない言葉を使用した。

この難しさは、循環型社会形成推進基本法が成立した今も続いている。その最大の理由は、くどいようであるが我が国における廃棄物の定義にある。我が国では、廃棄物かどうかは、本質的に有

償か逆有償かで判断される。それが、移動する際に発生者がお金を受け取れば、それは有償であり、廃棄物でない。一方、発生者がお金を出して"もの"を渡して処理する場合は、廃棄物である。したがって、社会条件（場所、時間）が異なれば同じ"もの"でも廃棄物であったり、そうでなかったりする。このことは、リサイクルを促進する場合概して障壁になりやすい。もし、廃棄物ならすべての業としての成り立ちを廃棄物処理法の下で行なわなくてはならず、有価物なら一般の産業における資源となり、廃棄物処理の免許は不要である。

ところで、リサイクル業と廃棄物処理業とは本質的に資金の流れが異なる。リサイクル業は、「循環資源」を購入し、それを処理して付加価値をつけて売却して初めて利益があがる。これは、一般の産業形態と同じ資金の流れである。一方廃棄物処理は、処分場を確保し、廃棄物を受け入れた時点で売り上げが上がる。したがって、廃棄物を受け入れた場合は、その後何もしないのがもっとも経済合理性がある。ここに不法投棄の問題が起る要素があり、それは本質的なものである。この資金の流れが異なる二つの業態を概念として循環型社会形成推進基本法の中に組み入れ、個々の問題は、個別リサイクル法で対応している。

本来、経済合理性がない"物、発生物"があるので、それを個別リサイクル法で廃棄物処理法の枠外にし、合理的にリサイクルを進めた。それはそれなりの効果が挙がり、はっきり言えば廃棄物処分場の延命には大変有効であったといえる。しかしながら現在の個別リサイクル法以外の"もの"でも廃棄物であり、現状の状態では経済合理性が無く、リサイクルされないが、資源的にはリサイクルが望まれているものは、現在の個別リサイクル法で規定されている"もの"以外でも多く存在する。代表的な例として、近年のレアメタル騒ぎで注目を浴びている小型電子機器などである。2011年現在、正式に国の中で議論されており、どのようになるか明確でないが、これも製品指定を行い、個別法で処理するのか、従来の通りまったく経済合理性の中で回るものだけを回すのかが、大きなポイントになると思われる。貴金属を含む廃OA機器や家電は収集さえ合理的に行な

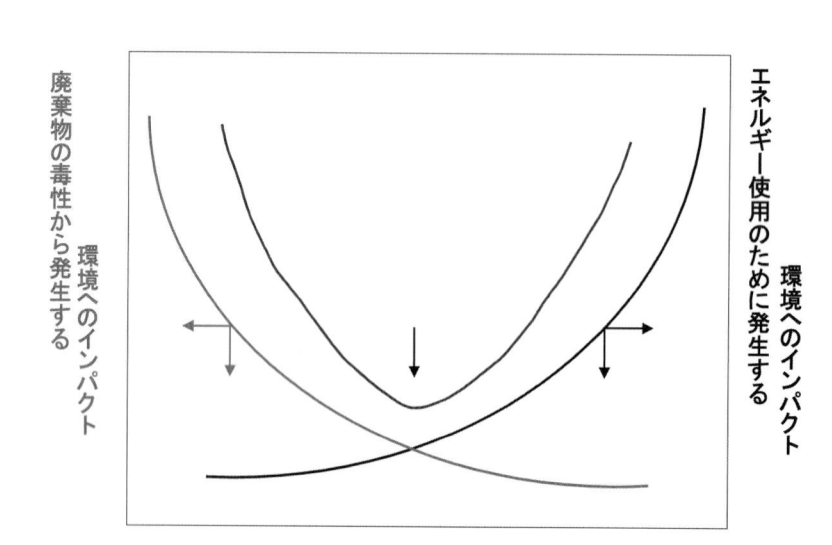

図2　環境負荷の低減とエネルギー消費のTrade offの関係

えば、非鉄製錬所で経済合理性に乗って処理可能である。

またリサイクルや廃棄物処理にはエネルギーが必要であり、無害化とエネルギー使用量はTrade offの関係が見られる[2]。その関係定性的な関係を図2に示す。減容化のための焼却、溶融に必要な熱エネルギーならびにダイオキシン等の非意図的有機系有害廃棄物の発生抑制などにもエネルギーが必要である。現在の地球環境問題の大きな要素は温暖化防止であるため、処理のために必要なエネルギーによる環境インパクトも問題とされ、この矛盾を解決しなければ具体的な改善は行われない。

静脈経済の問題点は、その制度・システムに経済性の観点から限界があること、したがって市場が未熟であり、静脈技術が顕在化しない。また、情報の非対象性などにある。このことは、この分野への資本、人材、技術の投入を遅らせる結果となっている。その結果不法処理の問題が出てくる。例えばこれまでは、中古の車、家電品、OA機器は中国など途上国に受け入れられてきたが、それらの国の経済成長に伴いこのような構造を解消する傾向があり、これから問題となることが予想される。

♻ 2 リサイクル技術と資源

ここでは、静脈技術を広義（いわゆる3R）のリサイクル技術と考える。

従来の素材生産技術とリサイクル技術の違いを資源の立場から考え、リサイクル技術開発の指針を示したい。本来素材製造とは、原材料から不純物を除き、目的の組成の素材を製造することである。例えば、製紙業においては、原材料の木材から紙を形成するために必要なパルプのみを抽出し、整形する。その際、木材に含まれる紙に不要な成分は、主にパルプ廃液として排出される。もちろん、現在ではそのパルプ廃液も種々の方法で活用されているが、基本は物質の分離・精製と成形である。見かけ上紙と大きく異なる金属はどうであろう。代表として鉄鋼製品を考える。鉄鋼も原材料である鉄鉱石（酸化鉄）から酸素を除き、その他の不純物（C,S,P,Si等）を除き、最後に成分長を行った後に、成形する。行われる反応や操作はまったく異なるが、不純物の分離・精製が中心であることは変わらない。

このことは古代から変わらない。ただ18世紀の産業革命以後、人類はそれまでの人力、畜力、水力、風力のほかに蒸気機関、内燃機関、電気モーター、原子力など大きなエネルギーを制御できるようになり、装置の大型化を進め、効率のよい生産技術の開発に成功し、現在のような大量生産技術を確立した。おかげで多くの人口を養うことが可能な食料を生産し、中世では一部の貴族しか行えなかった豊かな生活を営むことが可能となった。

この現在の素材の大量生産システムと技術の本質を支えているのは、現在の資源のあり方である。資源の一般的な定義は難しいが、素材資源に関しては「素材の元となる成分を高濃度に含み、不純物が一定しておりかつ一定箇所に一定量集中して存在すること。」と定義できる。このように現代は大きく二つの異なった性質を持たなくては資源と言えない。この二つとも重要であるが、大量生産を可能ならしめているのは、後半の「不純物が一定しておりかつ一定箇所に一定量集中して存在すること」にある。例えば銅鉱石の平均濃度は1～2％である。この濃度は決して高濃度とは言えないが、硫化鉱であることを利用し、浮遊選鉱で高濃度に濃縮する技術を開発した現代では、この濃度で資源足りうる。しかしながら不純物の濃度が一定し、量がまとまって存在することが必要である。特に不純物の種類や量が一定していることで始めて大量生産システムの中に投入することが可能となる。不純物の除去法は不純物の濃度に

表1 天然資源と人工資源の特性

特性	天然資源	人工資源
量	多い、ものによっては枯渇の不安がある	最近増加、枯渇性の資源ほど相対的には多い
存在の場所	集中しており機械力で効率よく採取できる	分散しており、収集に手間がかかる
必要成分品	人工資源に比較し低濃度	天然資源に比較し高濃度
不純物	人工資源に比較し、高濃度の場合もあるが、一定している	天然資源に比較し不安定

よって大きく異なる。不純物が一定していないということは、原料が変わる度にプロセスを変える事を意味し、このような製造システムは組み立て産業ならまだ対応可能であるが素材産業では不可能である。したがって、高濃度の鉱石でも不純物の種類や濃度が不安定で、集中して存在しない場合は、標本としての価値はあるが、資源としては無価値となる。この資源の意味は、リサイクルを考える際に重要である。表1に天然資源と人工資源の特性の比較を示す。

この表に示すように、天然資源は現在の経済原理の中で採取可能と判断されたものが資源とみなされるのであるから「天然資源がこのような特性を持っている」という言い方はおかしく、「このような特性をもったものを発見して天然資源とみなしている」のが現実である。一方、リサイクルの対象となる人工資源は、表1で示した特性を持った人工物である。よくリサイクルは経済合理性がないと指摘されるが、リサイクルが必ずしも経済合理性を持ったものを対象としていないからである。

3 リサイクル技術の基本的考え方

何が一体リサイクル技術であろうか？その本質は？その回答を出すためにリサイクルがどのように行われるか整理してみる必要がある。

その前に金属に限ってであるが、リサイクル過程と天然資源を用いた製造過程とあわせて図3に示す。具体的な内容についてはかなり異なる形式的には、ほぼ同じである。要は、収集と採取の違いのみである。基本として個々の素材製造の要素技術は、リサイクル技術に使用可能であることを十分に認識しておかなくてはならない。対象物は異なるが、技術開発の思考そのものがまったく新しいものを要求してのではない。

リサイクル： 収集⇒選別⇒洗浄（精製）⇒成形
一次原料からの素材製造： 採取⇒選別⇒洗浄（精製）⇒成形

図3 リサイクル過程と天然資源を用いた製造過程

次にリサイクルの形態を考えると、その程度によって大きく次の三つに分類される。

- ●アップグレードリサイクル：別のより有効な"もの"として再生。この場合純粋な素材としてのリサイクルではなく、直接製品として利用されるような場合
- ●クローズドリサイクル：素材として完全に元に戻る場合
- ●カスケードリサイクル：低質な素材として再生される場合

アップグレードリサイクルに関しては、まったく別の形、特に素材ではなく直接材料へ変換するわけであるので、それまでの素材製造に関する技術でない成形技術が必要となる。クローズドリサイクル、カスケードリサイクルについては、従来のその素材が持つ固有の精製（洗浄）、成形技術が多少の改良を伴いながら使用される場合が多い。特に金属素材の中でも、鉄、銅、亜鉛、鉛はまだ国内で素材の生産を行っていることからスクラップ原料を中間処理し、1次原料による生産ラインに戻すことが行われている。その場合でもまったく従来の技術というわけには行かないが、多少の改良で済ませることが多い。

したがって、大きく異なるのは収集に関する技術となる。これは製紙業のような森林の伐採、輸送、金属産業のような採掘、輸送とはかなり異なる技術が必要となる。特にスクラップや廃棄物の資源化を目指す場合収集個所が分散し、資源としてもっとも効率が悪い形で出てくることを考えると収集技術が重要となる。この場合当然であるがシステムと対応していなくてはまったく意味がなく、いわゆるリサイクルが戦略としてのシステム技術優先といわれるのはこのためである。

再度リサイクルと廃棄物処理

本来リサイクルと廃棄物処理は別である。本来のリサイクルは社会システムのサポートがなくても行われるべきものであろう。ところが、対象となるスクラップや副産物、もしくは廃棄物の収集が困難で天然資源を原料とした従来の生産システムに対抗するには苦しい状況である。しかし一方、国民の環境意識の高まりから廃棄物処理を適正に行うことが強く求められている。特に、旧来は処分として廃棄物処分場へ埋め立て処理を行うことで十分であったが、廃棄物処分場の逼迫、また不法投棄、廃棄物処理業者の計画倒産などが大きな社会問題として目立つようになり、従来なら処分されていた廃棄物をリサイクルしようとする意識が高まってきた。その結果、リサイクルと廃棄物処理が同時に考えられるようになっている。このこと事態はまったく問題がないが、基本として同じでないことを認識していないと技術開発に失敗する恐れがある。そこでその違いを明確にする。

表2にリサイクルと廃棄物処理の違いを示す。議論をはっきりさせるために多少極端な表現を

表2　リサイクルと廃棄物処理の違い

	リサイクル	廃棄物処理
促進させる原動力	利益（経済合理性）	公衆衛生管理、環境規制
目標	リサイクル率にはおのずから限界が存在（経済合理性の範囲）	法律で定める環境規制値
実行主体	民間、市民	自治体（税金）、市民

とっている。

　リサイクルは本来経済合理性の上に行うべきものである。日本においては、人件費が高いために収集コストやプロセスコストが高くなり、その結果世界経済の中では経済合理性を失うものが増えつつある。経済合理性の中で行う行為であるから当然リサイクル率には限界がある。分離工学の立場から100％の分離を行えばそのときに投入されるエネルギーは膨大なものになると言うことが知られている。経済合理性の上からもまた真の環境負荷に意味からもリサイクル率だけを問題にすることは、本来おかしいと思わなくてはならない。一方、廃棄物処理は、公衆衛生学を基に検討されつづけた歴史から税金を使用してもしなくてはならないものとの意識が強く、経済合理性では動かない。またこの部分の経済合理性を言い過ぎると適正な処分が不可能になり、目的を失う。ここで強調したいのは、このように両者は異なった概念であったことである。

　現実には、前述の廃プラスチックリサイクルのように資源的に見て経済合理性がないものを、ボランティアと税金で収集し、処理費を払ってリサイクルしている。このことはリサイクルと廃棄物処理が現実解として同時に行われていることを示す。最近のリサイクル法の制定は、主にこのリサイクルと廃棄物処理を合体させた概念によって行われている。

　従来リサイクルを行っていた企業にとっては、収集の部分は税金で行ってもらえるのだから大変楽になったかといえば必ずしもそうではない。その分責任も重くなり、簡単に経済情勢が変化したからとかプロセスを変更することができにくくなる。さらに通常の製造工程と廃棄物処理では法律が異なり、より管理が厳しい廃棄物と清掃に関する法律（いわゆる廃掃法）の適用を受け、工程管理に余計な費用もかかることになる。

　しかしながら、国や自治体の経済状況を考え、また国内の素材メーカーの存在意義を確認するためにも両者のいいところを利用したシステムと技術を利用しながらリサイクルを促進する方向はしばらく変わらないと思われる。

参考文献

1) 日本学術会議第18期　第4部リサイクル工学専門委員会報告書（2003）
2) T.Nakamura：A Role of Recycling in Sustainable Development, Proceedings of The Forth International Conference on Eco-materials. Gifu, Japan, 251(1999)

（中村崇）

2　廃棄物処理の基本的考え方

1　有価物・無価物とリサイクル・廃棄物処理

　わが国では、2000年の循環型社会形成推進基本法（循環基本法）の制定により、本事典の主題であるリサイクルに象徴される資源の有効利用と、廃棄物処理とを、統合的に扱う基本的な枠組みが示された。廃棄物の処理に関する従来からの法体系では、経済的価値のないものを廃棄物とする考え方が強く、売れるものがリサイクルの対象となる資源、売れないものが廃棄物とみなされがちであった。しかし、有価物と無価物との境界は市況に左右されるものであり、循環基本法の制定により、有価、無価にかかわらず、循環的利用の対象となるものを循環資源と名付ける考え方がとられるようになった。すなわち、廃棄物か資源かの二分法ではなく、無価の廃棄物にあたるものであっても、循環的利用が可能なものを資源としてとらえている。一方、古紙やくず鉄など、使用済みの物品であっても、専ら有価物として再生利用のために取引されるもの（「専ら物」とよばれ、品目指定されている）については、収集運搬の許可など、廃棄物処理の法規制の適用から除外されてきた。したがって、リサイクルの対象となるものが、廃棄物処理の法体系の適用を受けるか否かについては、依然として有価か無価かが重要な判断基準となっているが、有価で取引される物であっても、公衆衛生、環境保全上必要なものについては、廃棄物として扱うことが必要である。リサイクルとのこうした関係をふまえ、この項では廃棄物処理の基本的な考え方を示す。

2　廃棄物処理の歴史的経緯

　貝塚が古代の人類の廃棄物の捨て場と考えられているように、廃棄物処理という問題自身は長い歴史をもち、平安時代には既に廃棄物処理に携わる「掃部司（かもんのつかさ）」という官位が存在したとされている。江戸時代には、廃棄物の投棄場が指定されるようになった。それまで行われていた会所地（共有の空き地）へのごみの投棄が三代将軍家光の時代に禁じられ、四代将軍家綱の時代に深川永代浦がごみ投棄場に指定された。また、幕府の許可を受けた運搬・処理業者である「浮芥定浚組合」や、埋め立て処理の管理、不法投棄の監視にあたる芥改役（あくたあらためやく）が存在し、都市の外で廃棄物の処分を行うパターンがすでに確立していたと考えられている。なお、藁の肥料としての利用や、回収、修理、再生のための多くの専門業者の存在などから、江戸時代が循環型社会の一つの雛形ととらえる場合もある。

　わが国の今日の廃棄物処理制度の源となっているのは、1900年に公布された汚物掃除法と考えられており、これによってごみ処理は市や特定の町村の責任であることが規定された。その背景として、19世紀末のペストの大流行など、公衆衛生の維持があげられ、1911年には東京中心部のごみの市当局による直接収集、1921年には業者委託による東京市営の汲み取りが開始されている。

　また、今日の廃棄物処理の中核をなす焼却も同

時期にはじまり、東京の最初の施設として大崎塵芥焼却場が1921年に建設され、ついで深川塵芥処理工場が1929年に竣工した。第二次大戦後は農地改革と化学肥料普及に伴って、し尿処理が課題となり、1954年には清掃法が制定され、処理主体が全国の市町村へと拡大された。この法律でも「汚物を衛生的に処理し、生活環境を清潔にすることにより、公衆衛生の向上をはかること」を目的に掲げており、廃棄物処理の原点が公衆衛生、生活環境の向上にあることは明確である。その後、高度成長に伴って廃棄物の量が増加し、1963年には生活環境施設整備緊急措置法が制定され、焼却を基本として残渣を埋め立てることが示されたが、1960年代後半には、プラスチック類の増加によるごみの発熱量増加に焼却炉の対応が追いつかない状況もみられた。自区内のごみを処理する清掃工場建設に周辺住民が反対していた杉並区からのごみの受け入れを江東区が拒否する、いわゆる「東京ごみ戦争」（1971年）も見られた。

3 廃棄物処理法の制定と改正

1970年にはいわゆる公害国会で多くの公害防止関連の法律が制定され、清掃法をもとに廃棄物の処理及び清掃に関する法律（廃棄物処理法）が制定された。その第一条において、「この法律は、廃棄物の排出を抑制し、及び廃棄物の適正な分別、保管、収集、運搬、再生、処分等の処理をし、並びに生活環境を清潔にすることにより、生活環境の保全及び公衆衛生の向上を図ることを目的とする。」ことが定められている。この法律によって、一般廃棄物と産業廃棄物という区分が定義され、市町村の清掃事業による一般廃棄物の処理体系と、排出事業者の責任のもとでの産業廃棄物の処理体系が築かれることとなった。処理に関して適用すべき技術的基準や、不法投棄に対する罰則の適用なども当初から定められている。

廃棄物処理法は、その後生じたさまざまな問題に対処するために度々改正されている。1991年の大改正では、今日の3R（リデュース・リユース・リサイクル）につながるものとして、排出抑制、分別・再生を法律の目的に位置づけられ、主体ごとの責務に関して国民が排出抑制、廃棄物の分別、再生に協力すべきことなどが定められた。また、有害性の高い廃棄物を特別管理廃棄物として定め、特別な処理を義務付けた。一方、適正な処理が困難な一般廃棄物の処理について、製造者等の協力を得る制度が導入されたが、これはその後の容器包装リサイクル法や家電リサイクル法などにおける拡大生産者責任の議論につながるものといえよう。

1993年の改正では、「有害廃棄物の国境を越える移動及びその処分の規制に関するバーゼル条約」への加入のための国内法整備が行われ、国内処理を原則とし、輸出の確認制度、輸入の許可制度が整備された。近年、近隣諸国の経済成長とあいまって、リユースやリサイクルのための輸出入が盛んとなっており、バーゼル条約やその国内法の運用の重要性が増している。

1997年には、産業廃棄物の最終処分場の逼迫、施設設置をめぐる地域紛争の激化、不法投棄等の問題を踏まえ、廃棄物の減量化・リサイクルの推進、廃棄物処理の信頼性・安全性の向上、不法投棄対策を3つの柱とする総合的な対策を講じるための改正が行われた。また、廃棄物の減量化と再生利用を円滑に進めるため、一定の水準を満たす事業者が特定のリサイクル業務を行うことに対して許可が不必要になる制度（再生利用の認定による特例）や、産業廃棄物管理票（マニフェスト）制度も導入された。

2000年改正では循環基本法の制定にあわせた廃棄物の減量化の推進のほか、公的関与による産業廃棄物処理施設の整備の促進、廃棄物の適正処理のための規制強化（排出事業者責任の強化など）が盛り込まれた。一方、2003年改正では、リサ

イクルの促進のための規制緩和を求める声に応えるものとして、産業廃棄物広域認定制度が導入された。これにより、産業廃棄物の回収、リサイクルを行う事業者の処理能力が高度な水準と認められる場合、自治体ごとの許可を得ずに自治体をまたがって処理を行うことが認められるようになった。その後、廃棄物処理施設を巡る問題の解決や不法投棄、不適正処理への対応の強化などの改正が行われてきている。

4 廃棄物の定義と区分

廃棄物処理法第2条において、『「廃棄物」とは、ごみ、粗大ごみ、燃え殻、汚泥、ふん尿、廃油、廃酸、廃アルカリ、動物の死体その他の汚物又は不要物であって、固形状又は液状のもの（放射性物質及びこれによって汚染された物を除く。）をいう。』とされている。この括弧書きに関して、2011年3月の東日本大震災に伴う福島第一原子力発電所の事故により、放射性物質で汚染された物が大量に発生し、法で想定していなかった事態が発生した。

この法律で一般廃棄物と産業廃棄物という区分が設けられたことを先に記したが、廃棄物の区分を概観すると図1のようになる。

定義上は、産業廃棄物とは何であるかを具体的に定め、それ以外の廃棄物を一般廃棄物と定めている。産業廃棄物の区分を表1に示す。

5 廃棄物処理における各主体の責務

廃棄物処理における各主体の責務は、廃棄物処理の基本的考え方の中核をなすものであることから、責務について定めた廃棄物処理法第二条の三〜第四条の条文を主体ごとに示す。

1 国民の責務

国民は、廃棄物の排出を抑制し、再生品の使用等により廃棄物の再生利用を図り、廃棄物を分別して排出し、その生じた廃棄物をなるべく自ら処

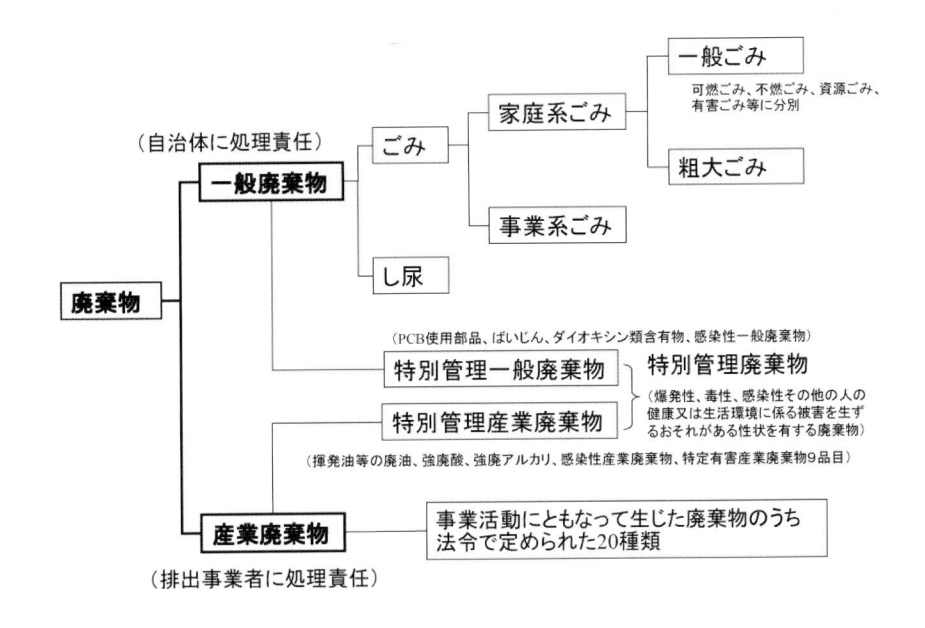

図1　廃棄物の分類

表1　産業廃棄物の種類

あらゆる事業活動に伴うもの	排出する業種が限定されるもの
(1) 燃え殻 (2) 汚泥 (3) 廃油 (4) 廃酸 (5) 廃アルカリ (6) 廃プラスチック類（〇） (7) ゴムくず（〇） (8) 金属くず（〇） (9) ガラス・コンクリート・陶磁器くず（〇） (10) 鉱さい (11) がれき類（〇） (12) ばいじん 〇：安定5品目	(13) 紙くず ［建設業（工作物の新築、改築または除去）、パルプ製造業、製紙業、紙加工品製造業、新聞業、出版業、製本業、印刷物加工業］ (14) 木くず ［建設業（範囲は紙くずと同じ）、木材・木製品製造業（家具製品製造業）、パルプ製造業、輸入木材の卸売業、物品賃貸業、貨物の流通のために使用したパレット等］ (15) 繊維くず ［建設業（範囲は紙くずと同じ）、衣服その他繊維製品製造業以外の繊維工業］ (16) 動物系固形不要物 ［食料品、医薬品、香料製造業］ (17) 動植物性残さ ［と畜場、食鳥処理場］ (18) 動物のふん尿 ［畜産農業］ (19) 動物の死体 ［畜産農業］
(20) 汚泥のコンクリート固形化物など、(1)～(19)の産業廃棄物を処分するために処理したもので、(1)～(19)に該当しないもの	

分すること等により、廃棄物の減量その他その適正処理に関し国及び地方公共団体の施策に協力しなければならない。

2　事業者の責務

事業者は、その事業活動に伴って生じた廃棄物を自らの責任において適正に処理しなければならない。

事業者は、その事業活動に伴って生じた廃棄物の再生利用等を行うことによりその減量に努めるとともに、物の製造、加工、販売等に際して、その製品、容器等が廃棄物となった場合における処理の困難性についてあらかじめ自ら評価し、適正な処理が困難にならないような製品、容器等の開発を行うこと、その製品、容器等に係る廃棄物の適正な処理の方法についての情報を提供すること等により、その製品、容器等が廃棄物となった場合においてその適正な処理が困難になることのないようにしなければならない。

事業者は、前二項に定めるもののほか、廃棄物の減量その他その適正な処理の確保等に関し国及び地方公共団体の施策に協力しなければならない。

3　国及び地方公共団体の責務

市町村は、その区域内における一般廃棄物の減量に関し住民の自主的な活動の促進を図り、及び一般廃棄物の適正な処理に必要な措置を講ずるよう努めるとともに、一般廃棄物の処理に関する事業の実施に当たっては、職員の資質の向上、施設の整備及び作業方法の改善を図る等その能率的な運営に努めなければならない。

都道府県は、市町村に対し、前項の責務が十分に果たされるように必要な技術的援助を与えることに努めるとともに、当該都道府県の区域内における産業廃棄物の状況をはあくし、産業廃棄物の適正な処理が行なわれるように必要な措置を講ずることに努めなければならない。

国は、廃棄物に関する情報の収集、整理及び活用並びに廃棄物の処理に関する技術開発の推進を図り、並びに国内における廃棄物の適正な処理に支障が生じないよう適切な措置を講ずるととも

に、市町村及び都道府県に対し、前二項の責務が十分に果たされるように必要な技術的及び財政的援助を与えること並びに広域的な見地からの調整を行うことに努めなければならない。

国、都道府県及び市町村は、廃棄物の排出を抑制し、及びその適正な処理を確保するため、これらに関する国民及び事業者の意識の啓発を図るよう努めなければならない。

6 廃棄物の処理過程

廃棄物の処理過程は、排出源からの収集・運搬、中間処理、最終処分に大別される。廃棄物として排出される前に、発生源における分別を徹底し、リサイクルが可能な資源を取り出すことは、処理すべき廃棄物の減量化の有効な手段である。3Rの最上位におかれるリデュースは、使い捨ての抑制、容器包装の簡素化など、廃棄物の発生抑制を指すのが一般的であり、発生源における分別は排出抑制、資源化の手段と捕らえられる。

排出源から収集、処理・処分施設への運搬には、廃棄物を圧縮する装置を備えたパッカー車、そのまま積み込む平ボディ車、コンテナ車、大型の廃棄物を積み込む装置を備えたパワーゲート車などが使われる。収集・運搬を営むためには、一般廃棄物、産業廃棄物の各々について許可が必要であり、産業廃棄物については、車両に表示が義務付けられている。このことは、リサイクルの対象となる物品を運搬する際に留意すべき点である。

中間処理とは、選別、破砕、焼却、脱水、中和などを指す。最終処分される廃棄物量を減らすことが主たる目的であるが、リサイクルの対象となるものを選り分ける過程でもある。図1は一般廃棄物および産業廃棄物の処理・処分の量的な流れを示したものである。一般廃棄物では再資源化量、産業廃棄物では再生利用量が「リサイクル量」に相当する。但し、産業廃棄物の場合、家畜のふん尿や汚泥など、大量の水分を含む廃棄物がここに含まれる。再生利用量とは、再生利用に向かった量を示しているのであって、実際に有効に資源として利用された量として読み取ると過大である。中間処理前に再生利用に向かう量と中間処理後に再生利用に向かう量とを比べると、一般廃棄物では前者が、産業廃棄物では後者がやや大きいが、いずれも桁でみると同程度である。

一般廃棄物の処理についてみると、わが国では焼却の比率が高いのが特徴である。歴史的経緯でも触れたとおり、公衆衛生が廃棄物処理の原点にあること、国土が狭小で埋立地の立地に制約が大きいことがその要因と考えられる。家庭から排出される大型の耐久消費財（いわゆる粗大ごみ）は、自治体において、破砕後ないしそのまま最終処分されてきたが、適正処理の観点からも資源回収の観点からも負担が大きく、このことが特定家庭用機器再商品化法（いわゆる家電リサイクル法）の制定につながった。昨今、おもに稀少資源の回収の観点から、小型の家電製品の回収が検討されているが、現在の家電リサイクル法は資源回収を重視しつつも、原点は適正処理困難物の生産者責任という意味合いが強く、性格がやや異なる。

最終処分とは、埋立処分とほぼ同義である。埋立処分場には、搬入される廃棄物の性状にあわせて、遮断型、管理型、安定型の三つの区分がある。遮断型は有害性の高い廃棄物の処分に、安定型は表1に示した性状の安定した廃棄物の処分に適用される。それら以外は浸出水による汚染を防止するための遮水工や浸出水の処理施設を備えた管理型処分場で処分される。立地からみると、山間部が多いが、島国であるわが国では、海面処分場が多いことが世界的にみても特徴的である。

なお、昨今、使用済みの電気電子機器等の蓄積を都市鉱山（Urban mining）と呼ぶことが多いが、埋立処分場からの資源を掘り起こすLandfill miningも都市鉱山と同様の概念である。

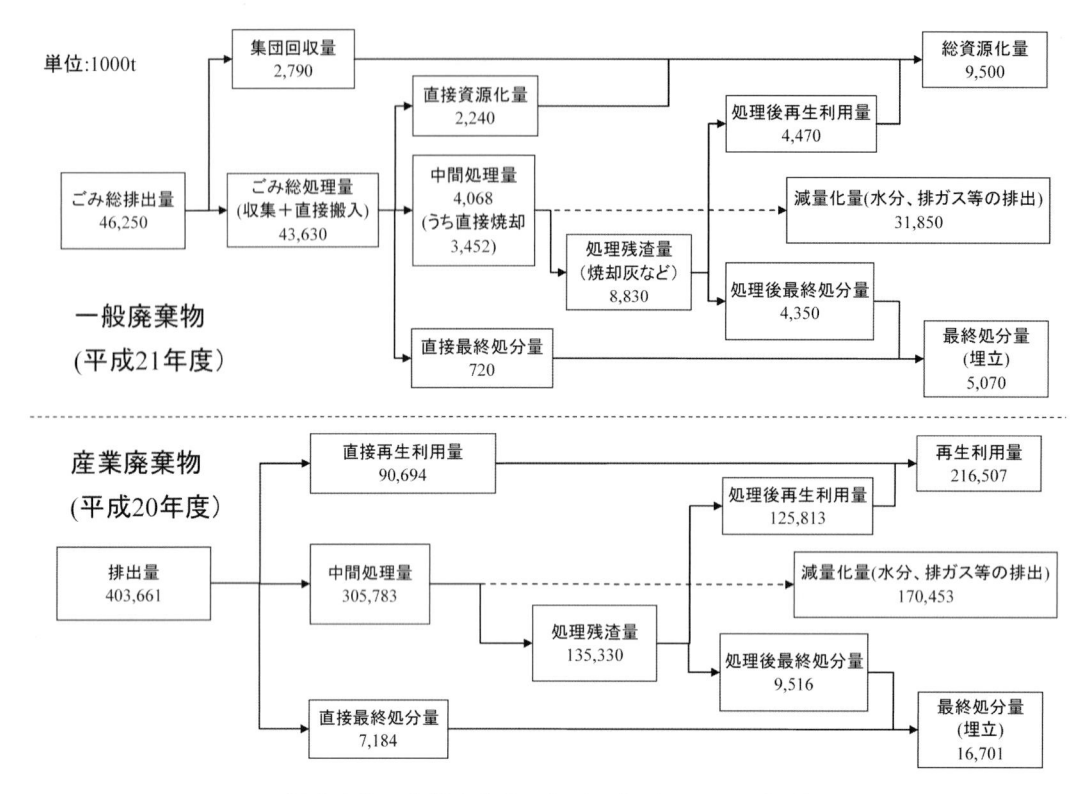

図2 一般廃棄物、産業廃棄物の処理、処分における物質フロー量

7 循環型社会のもとでの廃棄物処理

　以上、歴史的経緯も含めて述べたとおり、廃棄物の処理は、生活環境の保全及び公衆衛生の向上を目的としている。廃棄物の質や量は、経済、社会の変遷とともに大きく変化し、それとともに廃棄物処理上もさまざまな課題に直面してきた。その中核をなしてきたのは、発生し、排出された廃棄物を適正に処理するための制度や施設の整備であるが、近年では、資源として循環的に利用可能なものは極力分別するとともに、廃棄物の発生自身を抑制することにより、処理すべき廃棄物の量を減らそうとする、循環型社会形成推進基本法の理念に沿った方向性に進みつつある。

　一般廃棄物の発生量、処理量は既に減少に転じているが、循環的利用がさらに進んだとしても、廃棄物としての処理が必要なものは一定量存在し、また、質の面では、適正な管理の必要性のより高いものが廃棄物として処理されることになると考えられる。2011年の東日本大震災で発生した災害廃棄物の量は、全国の一般廃棄物の発生量の半年分余りにも相当すると推計されており、そうした不測の事態への対応も含めた、廃棄物処理能力の維持が、リサイクルの推進、循環型社会の構築を下支えするために不可欠である。

　なお、福島第一原子力発電所の事故により、放射能で汚染された廃棄物が大量に生じていることは、これまでの廃棄物処理制度で想定されていなかった事態である。従来の法体系を超えた特別の措置を講ずる必要がある。

　このため、放射性物質汚染対処特措法が2011年8月30日に公布され、2012年1月1日から全面施行される。

（森口祐一）

3 人工資源の賦存状況

マテリアルフロー分析と人工資源

1 マテリアルフロー分析とは

本章では、「人工資源の探査」について詳細に紹介する。つまり「どのような人工資源」が、「どのような形」で、「どこ」に「どれだけ」存在するか、を示す。本節ではその手法について簡単に紹介していく。ここで用いる手法がマテリアルフロー分析である。2.1 にて手法の概要を、2.2 に推計結果をいくつか紹介していく。

マテリアルフロー分析／勘定 (Material Flow Analysis / Accounting：以下 MFA) とは、学問として言えば Industrial Ecology（産業エコロジー）と呼ばれる比較的若い学際的な分野で行われているものである。この学分野の厳密な定義は難しいが、産業におけるエネルギーやモノの流れを定量的に把握し、そこに潜む問題を明らかにすること、また法制度をはじめとする社会の動きに伴ってこうしたフローがどのように変わっていくのかを考えること、などを目的とすることが多い。MFA の中にも、ものの種別は問わず、経済全体の「重さ」をはかることを目的とした economy-wide MFA や、逆に一つの物質について着目した Substance Flow Analysis (SFA) など様々なものがある。本稿ではバルクのマテリアル、すなわち鉄鋼であり銅であり、またプラスチックと言った素材に着目する整理が中心となる。これ以下では、こうしたマテリアルフロー分析をして単に MFA と呼ぶことにする。

時間的な定義は多様であるが、単純に MFA と呼ぶ場合には、とある地理的な対象地域における単年度のスナップショット的な流れを指し示すことが多い。しかしながら、先に述べた SFA などの場合、興味の対象が有害物質であることも多く、その場合はしばしばモデルは動学的に描かれる。その理由は、有害物質を検討する場合には、どのような形で蓄積がなされ、どのように環境へ排出されるのかが主たる興味であるからに他ならない。

本章では、金属資源を中心に、プラスチックも含めたマテリアルフロー分析とその拡張から得られる情報を整理していく。MFA を動的に拡張し、ストックに着目した研究をマテリアルストック分析／勘定（Material Stock Analysis / Accounting：以下 MSA）と称している。これらについては、未だ研究段階であり、すべての資源についての情報が得られるわけではない。先ほど、有害物質の SFA について紹介したように、動学的に MFA を拡張することで、蓄積や排出について知ることが出来る。また、(4) で詳しく述べるが、フロー情報を基に動学的なモデルを構築するのではなく、単にボトムアップ的にストック量を推計しようとするものもある。逆に MFA を拡張した場合には、我々が環境から採取した天然資源が、どのような素材になり、パーツになり、最終的な製品となるか、そしてこれがどのような所有者のものとなるのか、といった情報を明らかにすることが可能になる。最終的に、消費者がどれだけの

期間その製品を使用し、使用済みとして排出するか、と言う情報と組み合わせられるならば、「いつ」「どのような人工資源が」「どこから」現れるかの見通しを与えることになる。これが、MFAを動学的に拡張したMSAである。

各論に入る前に1点だけ重要な指摘をしておきたい。人工資源と天然資源との間には様々なアナロジーがあり、また違いもある。その違いの中でもっとも大きなものは、我々は人工資源の採取のタイミングを制御することが出来ないという点にある。消費者が製品の使用をやめ、使用済み製品となった瞬間に、これは人工資源として世の中に現れ、その時点で我々はその処理方法を、すなわちリサイクルするのか、廃棄物として処理するのかを決めねばならない。例えば金属について考えるとして、天然資源のように鉱山会社が生産計画を立てるわけにはいかず、あくまで排出されたものをその時点で処理しなければならない。これについては、中間処理だけを施したうえで、ストックすればよい等の提案もあるが（この提案については、法制度などとの関係で難しい点も多い。リサイクルの法制度については3章を参考にして頂きたい）、いずれにせよ時間的な意志決定について、我々はあまり多くのものを持っておらず、受け身の立場にいる、というのが現状である。よって、いわゆる都市鉱山と天然資源の鉱山を、例えばストックの規模について単純に比較することは望ましくない。可能であればフロー同士で、つまり、動学的なMFAモデルから得られる人工資源の年間発生量と、天然資源の鉱山の生産容量の合計などで比較すべきであろう。

本章では、金属資源とプラスチック類について整理を行う。都市鉱山という言葉が我が国で最初に用いられたのは1980年代に遡るが、昨今の資源ブームを背景とした都市鉱山ブームとも呼ぶべきリサイクル推進への気運の高まりが、こうした研究や調査の背景に存在することは事実である。次節で具体的にどのようにフローを整理していくのかを紹介する。

2　マテリアルフロー整理の手法

マテリアルフロー推計の手法は、難しいものではないが煩雑である。よってここではまずその結果のイメージを示した上で、次にしばしば用いられるデータの出典を紹介しながら簡単にその手法を紹介していく。まずは、フローの模式図を図1

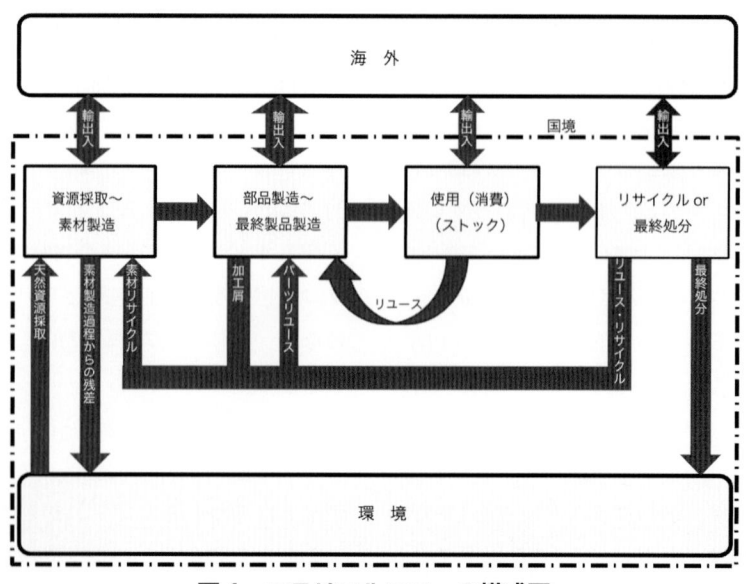

図1　マテリアルフローの模式図

に示す。

　ここに示した模式図は、金属のマテリアルフロー分析の研究において主導的な役割を果たしてきたイエール大学のグループがその論文の中で整理のために用いているものを筆者が翻訳・簡素化したものである。四角は技術プロセスないしは行為を示しており、矢印はその間の流れを示す。環境から我々の経済への入口は唯一資源採取のみであり、廃棄物や残渣は環境へ放出されるものと描かれる。これ以外については国外との貿易を含め、上のように簡単に整理を行うことができる。

　ただし、今我々が知りたい対象が、簡単に「素材」を定義することが出来るようなものであればよいが、昨今興味が高まりつつあるレアメタルなどについて考えるのであれば、ここまで整理を行ってしまうとそのシステムを理解することは難しくなってしまう。先の図には4つの四角があるが、当然ながら一つの四角の中に複数のプロセスが存在する。その途中の一部分のプロセスが海外に存在し、一度輸出した後に再度輸入されるとする。その場合には、この枠組みでは、推計の際にこれらの貿易が無視される可能性がある。これが整理した後の絵の中で起こることであれば表現上捨象されただけだが、そもそもこの枠組みにあわせてデータ収集を行うと完全に無視されかねないだけ

でなく、我が国に存在しない技術が存在することになってしまうことには注意が必要である。

　つまり、複数のマテリアルについて比較を行うために同じ枠組みを用いることは、有用かつ重要ではあるが、実際にはそれぞれの物質に適した図を用意しなければならない。また、我が国について考えるのであれば、本章で扱う金属やプラスチックの原料である天然資源の多くは海外から輸入されるものであり、最上流の四角は少なくとも二つに分割した方が理解しやすい。

　しかしながら模式図を適切に用いて複数の対象地域における違いを描くことは理解の助けとなる。上の模式図を用いて、資源を採掘し下流の産業をあまり持たないような国と、資源を輸入し最終製品を輸出する我が国のような国のフローを、極端に描くと図2のようになる。

　この図はあまりに単純化されているものの、それぞれの経済を対象物質の流れという視点で見た際に、非常に分かりやすいものと言える。それぞれが資源輸入国・輸出国であると言うだけではなく、輸出国側が素材産業を持たないと仮定すると、それが故にリサイクルも行いにくくなっているために結果としてスクラップも輸出されていることが分かる。逆に資源輸入国側は、天然資源を持たないが故に、またにもかかわらず素材産業を持つ

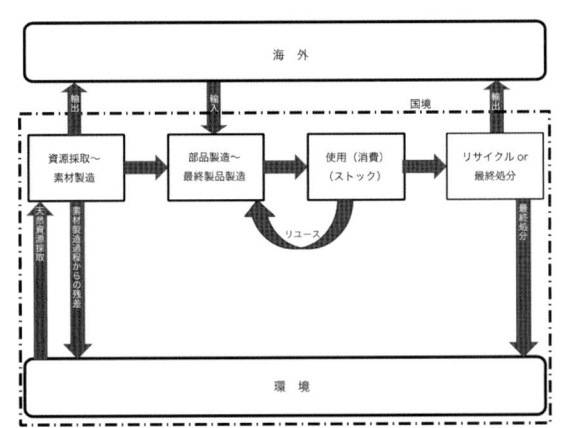

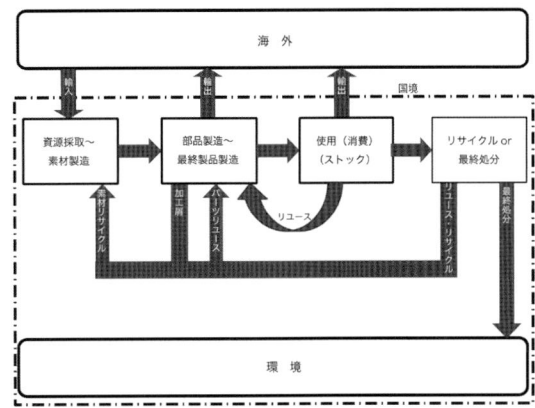

図2　資源輸出国・輸入国のマテリアルフロー上の違い

ために、リサイクルに非常に力を入れておりスクラップの輸出はあまりない、という結果を示していると考えられる。我が国が後者であることは想像に難くないが、具体的には2.2のデータを持ってみていく。

このように、フローを描くという作業は、その物質・素材を取り巻く状況をつかむ上で非常に有用なものである。他方で、図としては非常に単純化されてしまうことが多いにもかかわらず、その背景には非常に多くのデータや知識が必要となることも多く、繁雑な作業である。我が国では、JOGMEC（独立行政法人石油天然ガス・金属資源機構）が非常に単純化されたマテリアルフローを定期的に出版しており、一次情報として非常に貴重なものである。本章の次節以降で紹介する情報には、このJOGMECによるものを某かの形で利用した事例を多く含んでいる。また、それぞれの素材の業界がデータを収集し、マテリアルフローの図を作成している例もある。このように、マテリアルフローを把握する重要性は徐々に理解されつつある。しかしながら、これからストックの情報を作成することはさらに多くの労力を要する作業であり、未だに研究レベルにあるケースが非常に多い。

3 フローの推計に用いられるデータ

よく言われることであるが、我が国の統計データの整備状況は非常に優れている。まずはこうした公式な統計データに基づき可能な限りのデータを集めることになる。多くの場合、我々は素材の統計データから始めることになる。特に我が国の金属の事例で言えば、我々は天然資源の採掘現場をほぼ持たず、他方で非常に強力な素材産業を持つため、素材の生産量から始めることはその統計の正確性から考えても、またそもそものターゲットが素材であることを考えても理にかなっていると言えよう。金属で言えば、合金よりもその前の素材、つまり伸銅品よりも電気銅についてのデータを基本に据えた方が結果は安定するであろう。

ひとたび素材生産に関するデータが得られたならば、その輸出入を含めこれらの素材がどのような部品、ひいては製品の製造に用いられるのかを明らかにしなければならない。通常、公式な統計から得られる情報は、素材産業からの出荷に対する情報までであることが多い。例えば、製造された鉄鋼が自動車産業へ、そして建築へそれぞれ何トンずつ出荷されたか、という情報である。かつてここまでの情報をしてMFAの全てと考えていた場合も有ったようだが、これはそのMFAの目的が、素材の需要予測にあったために他ならず、本書の目的には不十分である。この素材産業の次にある産業の段階が最終製品製造業であるならば、これだけの情報でかなりのマテリアルフローが把握されることになるが、多くの場合はそうではなく、まず部品が製造されるなり、もしくはより高度な素材が生産されるなり、といった場合が多い。

こうした場合には、非常に多くの情報源に当たらねばならない。特に、マテリアルフローの中で徐々に下流へと行くに従って、つまり例えば銅地金が銅線へ、電子部品へ、そしてこれを使用する最終製品へと例えば姿を変えた場合、もはや電子部品から最終製品へ、といった流れをそこに含まれる銅量という単位で直接把握することはほぼ不可能であろう。このときに採るべきアプローチは二つあることになる。一つは、違う単位ではかられる出荷(消費)の情報を換算し続けることである。つまり、銅線の出荷量は例えば長さで測られるであろう。例えば日本の銅線産業が100トンの銅を消費し、100メートルの銅線を作ったとして、これがA産業へ50メートル、B産業へ30メートル、残りは輸出されたとするならば、この順に、50トン、30トン、20トン消費されたとするものである。言うまでもないが、銅線の太さの情報があるならば、この配分をより正確に行うことが出来る。しかしこの手法も下流に行けば行くほど

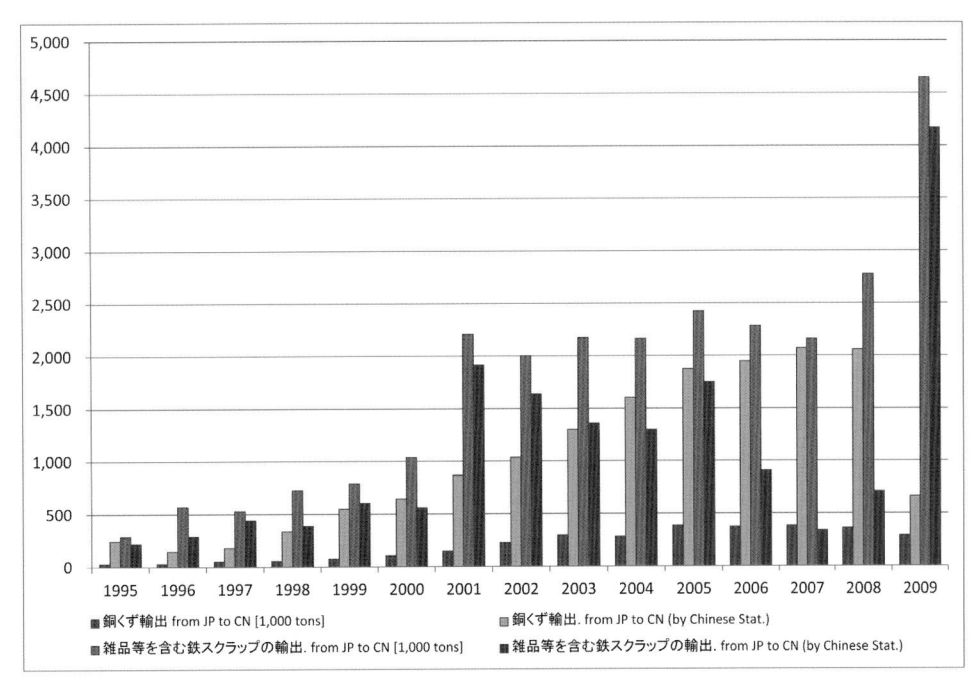

図3 貿易統計上のデータの差異

正確性を欠く。

　逆に、最終製品でのデータを正確に把握することが望ましいならば、試験等により各製品の物質含有量を知り、これを最終製品の台数に乗じることも出来る。実際には、両方のアプローチを用いてもっとも整合性のとれる結果を得ることが望ましいことは言うまでもない。また、前者の強力なツールとして、すべてが金銭単位であるが、経済のすべてのやりとりが記述されている産業連関表というツールが存在する。産業連関表から得られる金銭単位での取引の情報を物量単位に換算することでマテリアルフローを描こうとする試みは非常に多くなされている。

　最後に貿易に関する情報に触れる。特に我が国のように、天然資源を輸入し、これを加工して輸出する経済の場合には、天然資源の輸入や、製品の輸出という形で含有される物質の量は非常に大きい。貿易については、税関で補足される情報に基づく「貿易統計」と呼ばれる統計資料が非常に強力なものになる。しかしながら、これは統計の常であるが、集計されてしまうが故に、我々が欲している情報は必ずしも手に入らない。また、統計における製品の分類は、通関時につけられる製品分類によるが、時として実際と異なる製品名で通関している事例の存在も知られている。良くある事例として銅スクラップの輸出入統計を示す。我が国の銅スクラップの対中輸出統計量は、中国の通関統計によるそれよりも遙かに少ない。他方で、こうした銅スクラップが含まれていると考えられている雑品などを含む鉄スクラップの輸出量は、中国の通関統計による輸入量よりも多い。品目分類は、HS(Harmonization System) コードと呼ばれ、国際標準化されているにも関わらずこのような事例はしばしば起こる。この場合に限って単純に考えてしまえば、それぞれの差分が比較的近い場合が多いことから、これがいわゆる雑品の貿易量だと考えることも出来るが、これを検証する方法がない。また、いずれかの国において法制度の改変があればこれに伴い結果は変わることであろう。例えば図で注目して頂きたいのは、この

日中間の不整合の傾向が変わりつつあることである。2009年の図の鉄スクラップの輸出入量は、2008年までに較べると非常に接近したことが分かる。これには某かの理由があることは間違いないが、少なくとも差分をして雑品の貿易量とすることが難しくなっていることは分かる。

このように貿易統計の利用は不可避であるにもかかわらず、そのデータは非常に曖昧なものである。そもそもの統計量に不確実性があるにもかかわらず、そのデータに対してさらに当該物質含有量を乗じることになる。言うまでもなく含有量情報自体も不確実性を持つ。製品に含まれる形で輸出される物質量を間接輸出量などと呼ぶこともあるようだが、その推計は全体のフローの結果に大きな影響を与える。そして次節以降で紹介するストック推計に際して、これはさらに大きな影響を与えることになる。よって、MFAやMSAの結果を解釈する場合に、下流での輸出入が多いものに関する場合には特に、その結果が大きな不確実性を持っていることを念頭に置かなければならない。

こうした情報に基づき、それぞれの物質に関するマテリアルフローが把握されている。これが研究者によってなされている事例もあれば、時として業界団体などによる場合もある。それぞれのフローの推計結果を見る際に、その元々の目的に留意する必要がある。目的によっては先に述べたような間接輸出量の誤差は、それほど大きな問題にならない場合もある。ただしその前提で作られたフローの推計結果を、より詳細な分析に用いた場合には大きな問題が生じることになる。こうした点に注意しながら推計結果を見ることが必要である。

4 ストック推計の手法

(本節の説明は村上、橋本(2010)に多くをよっている)

ひとたびフローの情報が得られたとして、ストック量を推計する作業はさらに困難なものになる。実際には、物質ストック量の推計手法については、大きく分けてボトムアップ手法(以下、BU法)とトップダウン手法の2種類が存在する(Gerst and Graedel (2008))。

BU法とはとある時点のストック量を直接知ろうとするものである。例えば、銅のストック量を推計する時には、まず電線の存在量、家電製品の保有台数等を調査し、これにそれぞれの銅含有量を乗じることでストック量を推計することになる。これを数式で表せば以下のようになる。

$$S_t = \sum_i N_{it} m_i \tag{1}$$

ここで、S_tはt期における二次物質ストック量、N_{it}は製品iのt期における存在量、m_iは対象物質の製品iにおける含有量である。つまり、この場合はとある時点でのストック量を直接観測するものであり、フロー情報の積み上げではない。

この手法を用いる場合、とある製品の保有量といったデータが必要になる。例えば耐久消費財であれば、消費動向調査によって1世帯あたりの家電の保有台数を知ることが出来よう。また車であれば、我が国の非常にすぐれた車検制度の甲斐あって、自動車の登録台数のデータは非常に精緻に知ることが出来る。とは言え、すべての製品の保有台数、しかも消費財だけではなく資本財までを含めて知らねばならないことは難しい上、製品における物質含有量を知ることもまた非常に難しい。この手法のすぐれた点は、精緻なデータが得られた場合には圧倒的に精度の高い結果がもたらされる点にある。また、とある特定の財について、金属含有量なり、プラスチックの含有量なりを限定的に知ることが出来る点などがある。実際、非常に小さな地理的境界を設定し、例えば自治体ごとの調査を行うことが出来る。これは次に述べるトップダウン手法では逆に難しい。なぜならば、その地理的境界を越えて出入りする量が多すぎる

ためである。

では、トップダウン手法がどのような手法かを説明しよう。この手法は、過去における物質の投入量と排出量を何らかの手法で勘定し、その差分を積み上げることで現在のストックを推計する手法である。よって、

$$S_t = \sum_{T=t_0}^{t}(\text{inflow}_T - \text{outflow}_T) + S_0 \quad (2)$$

のように表される。ここで、inflow, outflow はそれぞれ社会にとっての投入と排出であり、多くの場合は、天然資源の新規採掘量と、最終処分量がこれに当たる。地理的な境界を考える場合には、これにさらに輸出入を考慮する必要がある。

また、t0 は積み上げの初年度であり、S0 は初期のストック量である。この時、t- t0 を充分に長く取り、その期間中に t0 に投入されたすべての物質が排出されてしまうと考えれば、ストック量の初期値である S0 を 0 と置くことも可能になる。

いずれにせよ、この手法のすぐれた点は、単純に言ってしまえば必要なデータが二つしかない点にある。輸出入を忘れることが出来る、例えばグローバルでの物質の総ストック量を考えるのであれば、新規の天然資源の採掘量と、最終処分されるゴミの中に含まれる金属含有量なり、プラスチックの総量なりが知られれば、その対象の物質の世界におけるストック量を知ることが出来る。リサイクルやリユースについては、取りあえず我々の社会のストックの中で循環していると考え、無視すればよい。

投入量のデータについては、マテリアルフロー分析が精緻になされているとすれば、最終製品として社会に滞留する各年の製品に含有量を乗じればよいことになる。ここで BU 法との違いを考えてみれば、含有量を乗じることには違いはなく、製品台数の捕捉が変わることになる。すなわち、製品の出荷台数 (もしくは消費量) を知ればよいトップダウン法と、ストック台数 (すなわち保有台数) を知らねばならない BU 法という点が大きな違いであり、前者の情報の方が一般的に得やすいことは言うまでもあるまい。

さらに式 (2) の排出量の推計手法によって、3 種類に分類することができる (醍醐ら 2009)。1 つは投入量とともに排出量を直接観測するものであり、この場合 (2) 式は、結果的にこの差分である蓄積純増 (以下 NAS (Net Addition to Stock)) を積み上げることから、NAS 法とでも呼ぶべき手法である。これに対して、残りの 2 種類は排出量をモデル化し、推計するものである。

このうちの 1 つは、物質の投入量に対して各製品の寿命を考慮することで排出量を計算する手法で、寿命モデル (lifespan model: 以下、LM 法) もしくは遅れモデル (delay model) などと呼ばれる手法である。これは、

$$\begin{aligned}S_t &= \sum_{T=t_0}^{t}(\text{inflow}_T - \text{outflow}_T) + S_0 \\ &= \sum_{T=t_0}^{t}(\text{inflow}_T - \sum_{\tau=t_0}^{T}\text{inflow}_\tau \cdot f(T-\tau)) + S_0\end{aligned}$$
(3)

のように表される。ここで、f(t) は対象物質の t 期間経過後の廃棄率である。なお、投入量の元になるデータが製品量の場合には、BU 法の式 (1) に示されている mi のような対象物質含有量の情報が必要になるとともに、f(t) を製品ごとに考慮して積み上げることが適切である。

もう 1 つの手法は、排出量が二次物質ストック量に依存するもので、しみ出しモデル (Leaching model: 以下、Le 法) などと呼ばれるものである。前期二次物質ストック量の一定率が廃棄されると仮定することで、以下のように計算することができる。

$$S_t = \sum_{T=t_0}^{t}(\text{inflow}_T - \text{outflow}_T) + S_0$$
$$= S_{t-1} + \text{inflow}_t - S_{t-1} \cdot l \qquad (4)$$

ここで、l は二次物質ストック量に対する廃棄率である。この場合も、LM 法と変わらず、投入量の元になるデータが製品量の場合には、対象物質含有量 mi の情報が必要になる。

5 個々の手法の特徴

(本節の説明は村上、橋本(2010)に多くをよっている)

先に述べた4つの手法についてそれぞれの特徴の整理しておく。

まず BU 法であるが、これは式(1)における製品の存在量 Nit のデータの入手可能性によって、その実行可能性が決定される。特に資本ストックについて、このデータの入手が容易でないことは既に述べた。非常に稀な例として、過去に国富調査と呼ばれる社会資本の全量調査が行われた例があるが、こうしたものを除けば、このデータはほぼ入手不能だと言えよう。物質含有量 mi のデータも当然必要になるが、これは先にも述べたとおり、LM 法や Le 法にも必要になるため、手法間の大きな違いとはならない。

逆に製品の存在量 Nit が非常に良い精度で入手可能である場合には非常に有効な手法である。例えば地理的な情報とあわせて入手可能である場合などは、GIS 上に物質ストックのマッピングを行うことなども可能であり、例えば、建築物・土木構造物の情報を地図情報と共に得ることが可能であれば、これに建材使用量などを乗じることで、建築物・土木構造物としての建材ストック量が地図上にマッピングされることになる (Tanikawa and Hashimoto (2009))。このようにして地理的に詳細な分析を行うことができる点にこの手法の優位性があると言える。

また、使用中の製品と退蔵中の製品と明確に区別できるなら、使用中の製品に関わる物質ストック量の推計もまた可能になる。逆に退蔵中の製品量が把握できるなら、その物質ストック量の推計も可能である。ただし、使用中の製品台数のデータを得ることは、保有中の製品台数のデータを得ることよりも難しい場合が多く、後者の場合は退蔵中の製品も含めたストック量が推計されることになる。

次に、NAS 法であるが、これは排出量の観測可能性にその実行可能性が左右される。多くの場合、リサイクルされたスクラップの量は観測可能である。(但し先述の通りここで、観測される排出量に「見えないフロー」が含まれていないと、ストック量を過大推計することになる。例えば、不法投棄されてしまった量が分からないとすれば、実際には不法投棄され社会から無くなっている製品に含まれる物質も物質ストック量となってしまう。

ここで、LM 法との比較を考える。LM 法においては、製品の寿命(使用期間)をモデル化することで排出量を計算する。そのため、これが見えるか見えないかではなく、寿命をどう定義するかに依存する。いずれにせよ、LM 法のモデルが正しい場合、NAS 法における排出量が LM 法より小さい可能性は高く、この差は、何らかの形の「見えないフロー」であると言える。また、寿命を定義する際に、使用期間を用いた場合と、保有期間を用いた場合の2通り計算すると、その差分は退蔵されている製品に含有されるストック量となり、今直ちに使用できる可能性のある人工資源の量を表すことになろう。

ただし、LM 法の実施可能性は、寿命に関するデータの入手可能性に大きく依存する。現在筆者らは、関係研究者と共に製品寿命データベースの構築を進めており、これを LiVES (Lifespan database for Vehicles, Equipment, and Structures) と名付け、web を通して公開

を行っている (Murakami et al. (2010): 現在 http://www.nies.go.jp/lifespan/index.html からアクセスが可能である)。このデータベースでは、情報の公開だけではなく収集も意図しており、関係研究者からの情報提供を強く望むところである。既存のMSA研究では、何らかの形のLM法を用いたものが多く、製品寿命に関する情報の蓄積は今後のMSA研究の進展に必要不可欠と考えられる。

最後に、Le法であるが、BU法、NAS法に必要なデータが得られない場合に、LM法と比較して要求されるデータが少ない点に優位性を持つ。ただし、有害物質の動学的なSFA(Substance Flow Analysis)などに用いられることが多い(Elshkaki et al. (2005) にLM法とLe法について詳しい記載がある)。

2 マテリアルフロー・ストック分析の事例

ここでは、現在入手可能なマテリアルフロー分析の例を順に紹介していく。ストック量の計算がある場合と無い場合があるが、まずは事例集として見て頂きたい。

1 鉄鋼

我が国の鉄鋼産業の把握している統計情報は非常に多い。これを用いて、業界としてマテリアルフローを補足する試みが継続的に行われてきている。図4(新日本製鐵株式会社 環境・社会報告書(2010)より)にその推計結果を示す。

この推計は個別の研究者によらないそれなりの頻度で更新される推計としては非常に詳細かつ優れたものである。その上、継続的に推計が続けら

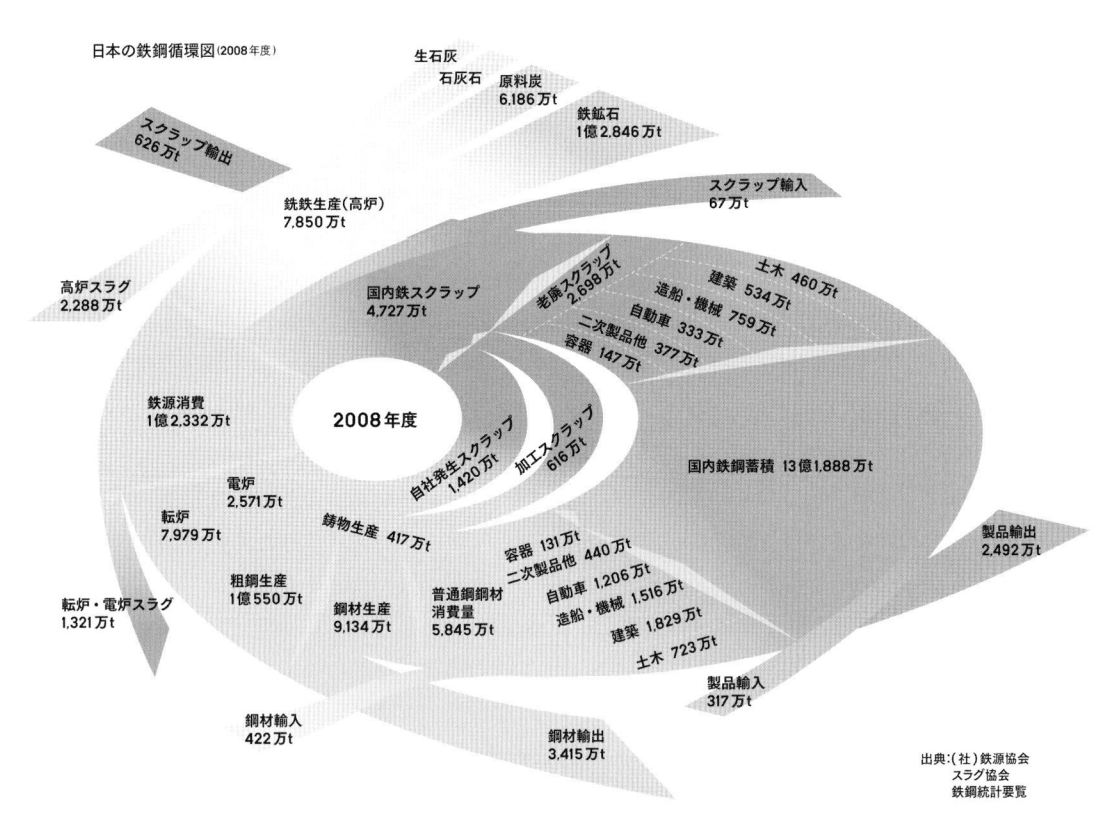

図4 鉄鋼循環図

れているという点は、単発の研究に終わりがちな研究者による推計と較べて非常にすぐれた点であると言える。

我が国の粗鋼生産が1億トン前後で推移してきたことはよく知られることであり、またその需要のうち3,400万トン強が鋼材として輸出されることもまた容易に知ることが出来る。しかしながらさらに2,500万トン弱が製品として輸出されており、結果的に国内消費に回る量はより少ないことは、ここまでの分析を行わねば知ることが出来ない。

また、これを過去から積み重ね製品寿命をあわせ考えることで、我が国の国内鉄鋼蓄積量が13億トンと算出されている。これが「鉄鋼」という人工資源の我が国における賦存量になる。図の右上部分に目を向けると、この年、この13億トンの鉄鋼蓄積からどのような最終製品由来の鉄スクラップが発生したかを知ることが出来る。また、こうした使用済み製品からの老廃スクラップとは別に、自家発生スクラップ、加工スクラップなどの発生もあることを知ることが出来る。

これらの「鉄鋼」という資源の中には、添加剤として用いられているレアメタルや、メッキとして用いられた亜鉛などが含まれている可能性もあるが、それらについては個別のマテリアルフロー分析によって知る必要がある。ここでは「鉄鋼」という非常に大きなくくりでの人工資源の賦存状況を知ることが出来たといえる。

2　アルミニウム

アルミニウムのフローの詳細な研究は、研究者間では比較的難しいものとして知られており、実際、研究事例もそう多くは存在しない。アルミニウムの天然資源はボーキサイトと呼ばれる赤褐色の鉱石であり、ここからアルミナ分を抽出、その後溶融氷晶石の中で電解されアルミニウム地金となる。良く知られるとおり、この過程では非常に多くの電力を消費するために、我が国には天然資源からアルミニウム精錬を行う事業はほぼ存在しない。他方で我が国はアルミニウムの消費量は非常に多く、結果的にスクラップ発生量も多いために、リサイクルは盛んに行われている。

フローの詳細な研究が難しいとは言え、素材製品の生産量や出荷量、貿易量に関わる統計は存在しており、またスクラップの回収等に関する状況もそれなりに把握されているところである。問題を難しくしている点は、自家発生スクラップ等、フローの中間にある部分の現状を把握することが難しいこと。またアルミを溶解する際に発生するアルミドロスが量的に少なくなく、さらにそこでの金属アルミニウム含有量が高いことなどが上げられる。こうした問題に対処しようとする研究もいくつか存在するが、恐らくそれは本書の範疇を超えるのでここでは紹介しないこととする。

逆に、フローをほどほどの精度で把握した上で、ストック量を把握しようとする研究も行われており、その結果をここでは紹介すべきであろう。我が国におけるその代表的なものとして畑山他(2008)がある。その分析によれば、我が国における2003年のストック量は3200万トンとされている。また、同時期の米国でのストック量は1億2000万トン、欧州で7200万トン、中国で3200万トンなどと報告されている。

また、建築と輸送機械におけるストック量が多いことが報告されているが、中でも日本の場合は建築、米国では輸送機械、欧州ではこの二つがほぼ同量、と若干の違いを見せることも報告されている。フローのレベルで見れば食品・容器包装類という用途も非常に大きなものであるが、ここでのストック量が大きくないのは、その製品寿命が短いからに他ならない。逆に我が国では建築向けよりも輸送機械向けの方がフロー量としては多い年度もあると考えられるが、特に自動車について、建築物と較べれば寿命が短い故、建築物としてのストック量が多いと評価される。

ここで、本章の趣旨に従って注意すべき点が分

かる。投入量の大小関係は多くの場合排出量の大小関係に通ずる。つまり、我が国のアルミニウムの最大のストックは建築物という形で存在する。その量は自動車という形のストック量よりも大きい。しかしながら、建築物の寿命は自動車と較べ倍以上長い。とすると、排出量はやはり自動車の方が多いことになる。資源の用語を用いるならば、アルミニウムの人工資源埋蔵量は、建築という名の都市鉱山のほうが、自動車という名の都市鉱山よりも大きい。にも関わらず年間生産量は自動車という都市鉱山の方が多いことになる。

ストック量をして都市鉱山の埋蔵量であるかのような解説を時折見かけるが、アルミニウムの都市鉱山の規模として、どちらが大きいと考えるべきか、非常に難しいことが分かるであろう。人工資源は、そこにあると分かっていても、そして経済的に、技術的に可能であるとしても、その製品が使用済みとならない限りは採掘できないのである。

3 銅

銅のマテリアルフロー・ストック分析事例は非常に多い。Gerst and Graedel (2008) によれば、もっとも推計値の多い金属は銅であり、世界中で34の推計値を確認している。この理由は、本書の読者であればおよそ察しのつくところであろうが、比較的高価でかつ使用量がそれなりに多い(いわゆる非鉄ベースメタルで言えば、アルミに次いで多い)ことが理由である。銅に関してはそのリサイクルも歴史は古く、この分野の研究事例としてかなり古典的な対象である。

銅は、銅鉱石として採掘された後、選鉱、製錬プロセスを経て銅地金となる。その後、電線や伸銅品、素形材などの中間製品へと加工され、最終製品に使用されることになる。我が国における銅のフローの規模は、地金レベルで150万トン前後であることが多い。しかしながら、その内訳は徐々に変化してきている。例えば1990年の日本の銅の需給を見ると、地金生産量は102万トンであり、66万トンを輸入していた。その需要の内訳は110万トン超が電線向け、51万トンが伸銅品であった。これに対して2005年には我が国は輸出国へと転じており、生産量は147万トンであった。需要は電線75万トン、伸銅品43万トン程度である。こうしたことから、我が国が好調な内需に支えられ銅製錬の規模を拡大してきたにも関わらず2000年以降国内需要が減少してきたために、地金レベルで見れば輸入国から輸出国へと転じたことが分かる。

銅の2大需要先である電線と伸銅品のさらなる需要先を見ると、そのどちらにとっても電気・機械産業が非常に大きい。電線についてはその他に自動車や建設部門が多く、またインフラとして用いられる電線の量も非常に大きなものである。これに対して伸銅品については、機械における消費量が非常に大きい。

若干不思議であるのは、内需の規模は落ちてきているにも関わらずそこに占める各産業の消費量の割合は余り変化がないことである。

さて、ストックに関する情報へと移ろう。銅に関する研究は豊富であるが、ここではもっとも新しいものの一つであるDaigoら (2009)、寺角ら (2009)、高橋ら (2008) の結果を用いて概説する。この3文献から数字を引用する理由は、同一グループによる異なる3手法の結果を比較するためでもある。まずトップダウン手法による奠らの結果によれば、2005年における銅の総蓄積量は1870万トンとされている。他方でBU法による寺角らの推計値では同素材の蓄積量が1500万トンとされている。但し後者においては、合金分の内のいくらかが含まれていないなど、その理由はいくつか挙げられることを考えれば整合性のある推計値だと言える。いずれにせよ、我が国では地金の生産量、すなわちフロー量が150万トン前後であることが多いが、国内に蓄積されている同量はその10倍から12倍程度であるということが分かる。

最後に高橋ら（2008）の結果にも触れておきたい。この研究の手法は非常に興味深いものであり、米国の軍事気象衛星 DMSP/OLS(Defense Meteorological Satellite Program / Operational Linescan System) より撮影された夜間の地球表面の観測光と人間の経済活動に密接な関係があることに注目したものである。これは、既存文献から銅の蓄積量のデータを入手し、これと光蓄積量との関係を見たものである。まずここで、国レベルでの数字を用いた分析では決定係数 0.99 という強い相関を見いだしている。オーストラリア国内での地域レベルのストック量と光蓄積量の間にも強い相関を見いだすことで、今後ストック量の研究・調査が困難な地域への援用が期待できるとしている。

4　鉛

鉛のマテリアルフロー分析は非常に多く行われてきた。これは、その消費量が非常に大きいことと、鉛という金属の有害性によると考えられる。つまり、循環資源としての興味と有害物質としての興味が共存する。

ここでは本書の趣旨に合わせ、循環資源としての興味を背景に行った著者らの研究事例（安藤ら（2010））を元に紹介しておく。金属について、鉄、アルミニウム、銅の次に鉛を取り上げる理由は、先述の有害性というものが背景の一つではあるが、より具体的に言えば、次々と減少する需要に直面しているという特異性にある。

我が国はじめ先進国では、鉛管の使用は 1980 年代を境に急速に減少している。これは、言うまでもなく水道水の鉛汚染を懸念してのものである。そのために、我が国内の鉛需要の大半は、自動車他向けの鉛蓄電池という状況になっている。また、もう一つの大きな需要先であるブラウン管テレビ等に使われる鉛ガラスの需要もまた急速に減少している。これまで、こうした管球ガラスは同じ用途へと水平リサイクルが可能であったが、昨今その需要が激減しているために、国内ではもはや処理されずに輸出されている。しかしながら、その輸出先の需要もいつまで続くかは分からない状況である。そこでその処理方法は大きな問題になっている。

こうした状況を考えれば、将来の予測を行うことは非常に重要な問題であり、そうした観点から鉛に関する研究は複数行われている。我が国における電気鉛の生産量は 20 万トンから 25 万トン程度の規模で推移してきている。これに再生鉛が 6 万トン前後加わることで、30 万トン弱程度の地金供給がなされている。筆者らの研究事例によれば、2007 年における日本国内での鉛のストック量は 150 万トン強であると推定されている。実際にはいくつか幅のある過程を持たせなければならない部分もあるために幅を持った推定結果を示しているが、その結果は 10 万トン以内には収まる。地金生産量に対しておおよそ 5 年分程度のストック量しかないことになるが、これは輸出が多いこともあるが、何よりも最大の需要である蓄電池の寿命は短く、例えば土木構造物等に用いられる素材と較べれば蓄積される量が多いことを考えれば妥当な結果である。

5　亜鉛

銅・鉛・亜鉛の 3 つの非鉄金属は、アルミニウムを別とすれば非鉄金属を代表する 3 つのベースメタルであると言える。ここでその 3 つを共に取り上げる理由は、それぞれが非常に分かりやすい特性を持つためである。

これまで述べてきたとおり、銅は比較的高価であり、リサイクルの歴史も長い。鉛に関して言えば、今後需要が減少する可能性を持っており、また有害物質である。但し現状でのリサイクル率は非常に高い。これらに対して亜鉛がどうかといえば、その消費量は少なくないにも関わらず、リサイクル率は余り高くない。

亜鉛も、銅や鉛と同じく、天然鉱石として採掘

された後、選鉱、製錬を経て地金となる。亜鉛が、その他の二つの非鉄ベースメタルと異なるのはこの先の用途である。亜鉛の最大の用途はめっきであり、我が国内における需要の比率で言えば、亜鉛めっき鋼板が4割、その他のめっきが15%前後の比率であることが多い。すなわち亜鉛を主体とする金属として使用される比率は少なくとも半分以下である。実際には伸銅品や、無機薬品と言ったようとも少なくないために、亜鉛をリサイクルするならば、比較的容易であろうことが想像される亜鉛の板やダイカストといった製品はそもそも需要が大きくない。

亜鉛めっき鋼板の需要先は自動車が多い。また溶融亜鉛めっきの用途は建材が多く、その他も土木構造物などが多い。亜鉛めっき鋼板をリサイクルするためには、まず鉄のリサイクルを行う電炉、そしてそこでのダスト回収設備と、さらにダストから亜鉛を回収するための亜鉛製錬という3つのインフラが必要になる。これが必ずしも揃っていない地域では、そのリサイクルが容易ではない。

さて、我が国の亜鉛地金の生産量は60万トン前後で推移している。ここには大きな変化はない。これに3～5万トン程度の再生亜鉛が加わる。蓄積量の推計については田林ら（2008）の結果を紹介する。結果としては2006年で330万トン程度が蓄積されているとの推計結果を得た。ただし、この推計は回収可能な蓄積量のみを計算しており、例えばメッキ用途で使用中に散逸してしまう量などはあらかじめ減じてある。鉛の場合と同様、地金生産量に対して5倍程度の蓄積量と推計された。ただし、この推計には回収不能なものは含まれていない。つまり、めっき用途が主であるがゆえに、散逸してしまう分が、減じられている。

6　プラスチック

プラスチックの蓄積量を計算した事例はほぼ無い。ここではフローについての紹介を主にする。また、2-1節で紹介した整理の方法は、金属資源

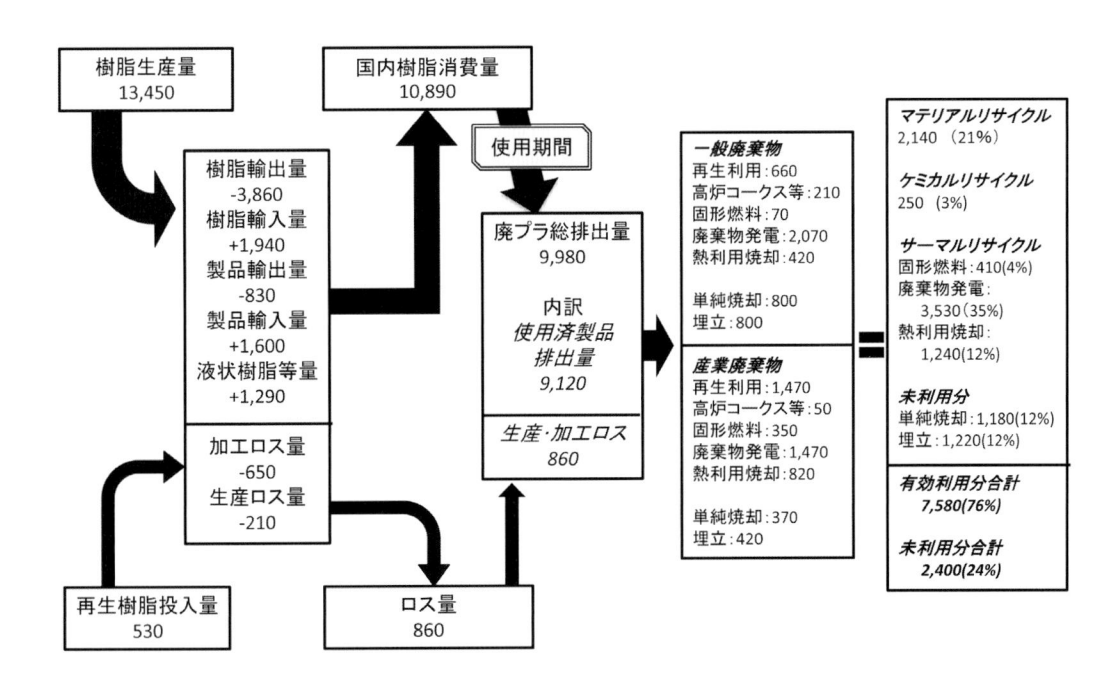

（プラスチック処理促進協会「プラスチック再資源化フロー図(2008年)」をもとに著者作成）

図5　2008年におけるプラスチックのマテリアルフロー

を念頭に置いており、プラスチックのフローの整理には適さない。よって異なったフロー図を示すが、幸運なことにプラスチックのリサイクルについては、業界団体等が積極的に調査を行っている。

まずプラスチック全体のフローについては、プラスチック処理促進協会がそのフローを間接輸出入量まで含めて調査している。図5は、その2008年のフローである。

生産側の状況はここ数年横ばいと言えなくもないが、2008年については景気の後退に影響され若干減少したようである。内需も同様に減少している。生産量で1300万トン強、内需が1100万トン弱といったところがそのおおよそであり、その内912万トンが使用済み製品として排出されている。但し加工ロスもあるので、廃プラとしてリサイクル資源となり得るものは1000万トン弱となる。その処理経路としては、一般廃棄物、産業廃棄物がおおよそ半々であり、これを再度集約すると76%は某かの形で再利用されているという整理になる。単純焼却と埋立が1/4という数字が多いか少ないかは難しいところであり、その製品形態等も考える必要があろう。但しこの3/4の再利用であるが、マテリアルリサイクル（ケミカルリサイクルも含め）されているものは1/4程度であり、全体の半量程度はサーマルリサイクルと言うことになる。

良く話題に上る、PETボトルについても見てみると、同様にPETボトルリサイクル推進協議会がその整理を行っている。それによると、我が国のPETボトルの販売量は2009年には56万トン余りであり、回収量は44万トンであった。ただし、PETボトルについては良く言われるように輸出入の問題がある。図6を見ていただければ分かるとおり、実質的な回収量は65万トン程度だと考えられるが、その半量以上が輸出されている。そこから再商品化されている量でみても26万トン程度は海外でのリサイクルであり、その詳細は捕捉できない。容器包装リサイクル協会を通る、法制度に基づくルートを通る分はPETくずの単価の下落に伴い増えてはいるものの、中国向けの輸出量は減少しておらず30万トン程度である。すなわち輸出のほとんどが中国向けであることが分かる。

ここで、プラスチック全体は別にして、PET

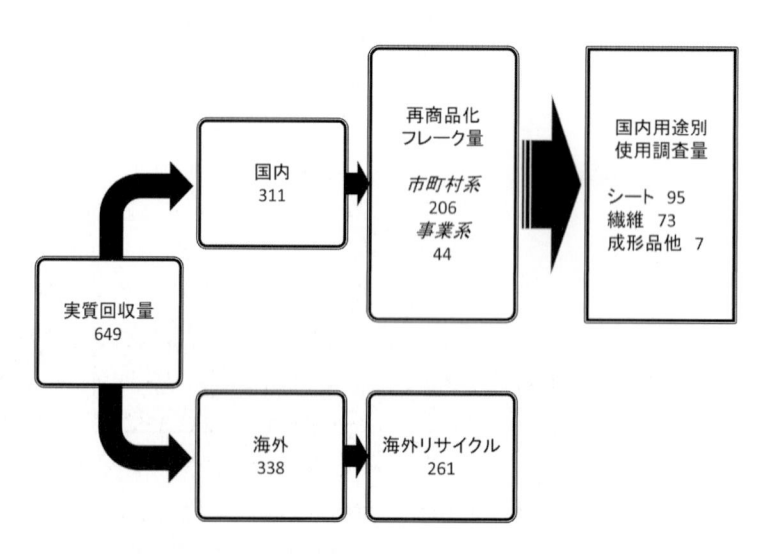

(PETボトルリサイクル推進協議会「PETボトルリサイクル年次報告書(2010年度版)」をもとに著者作成)

図6　PETボトルの海外リサイクル

3 人工資源の賦存状況

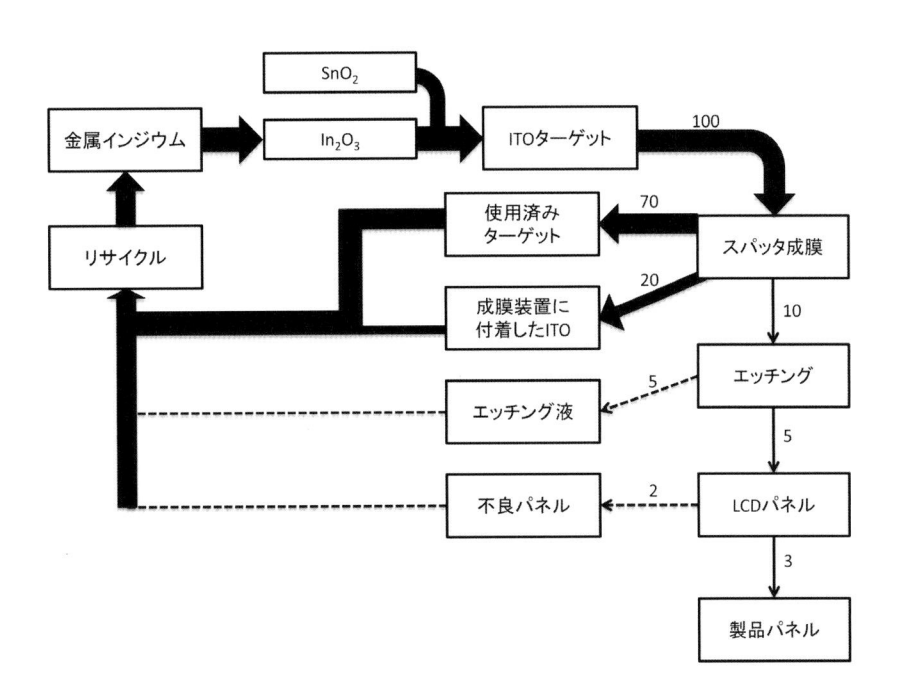

図7 インジウムの加工屑発生に関するフロー

ボトルについてはストック量の計算自体が必ずしも必要ではないことを指摘しておきたい。つまり、PETボトルに関しては耐久財ではなく、その寿命は非常に短い。よって国内に最終製品として投入された量は、短期間で排出されることになる。我々のそもそもの目的は人工資源のポテンシャルを知ることであり、この場合は投入量がそく回収可能量になるために、ストック量を知ること自体が必要のない行為であると言える。

7 インジウム

フローの事例紹介の最後にインジウムを取り上げておく。その理由は、比較的最近話題になったレアメタルであること、ただし急激な変化は収まりつつあり、比較的堅調な需要があること。そして、加工歩留まりが余りに悪く、人工資源と言ってもその大半は加工屑であることである。

非常に簡単に主に循環を中心にフローを描いたものが図7である。ITOターゲット以降に、数字が記載してあるが、これはターゲット材を100としたときのその後の流れのおおよその目安である。つまり、最終製品になるものは3%にすぎないとされている。技術向上によりこの歩留まりは向上しているようであるが、依然としてリサイクルのターゲットは加工屑だと考えられよう。つまりこの場合、最大の都市鉱山は、加工プロセスであって使用済み製品ではなくなる。こうした事例の存在にも注意が必要である。

インジウムのストック量については、筆者らの研究グループで試算を実施中であるが、我が国のフローを考えるとき、2008年のデータによれば、地金の消費量はおおよそ900トン前後であると考えられる。そして、最終製品としては10〜20トン程度が国内に投入されると考えられる。ストック量については余りに未知の数字が多く、正確な数字を知ることは叶わないが、恐らく2008年時点での我が国内におけるインジウムのストック量は100トンには満たない。つまり、圧倒的にフロー量の方が大きい。

よって、人工資源の賦存量という意味では、ス

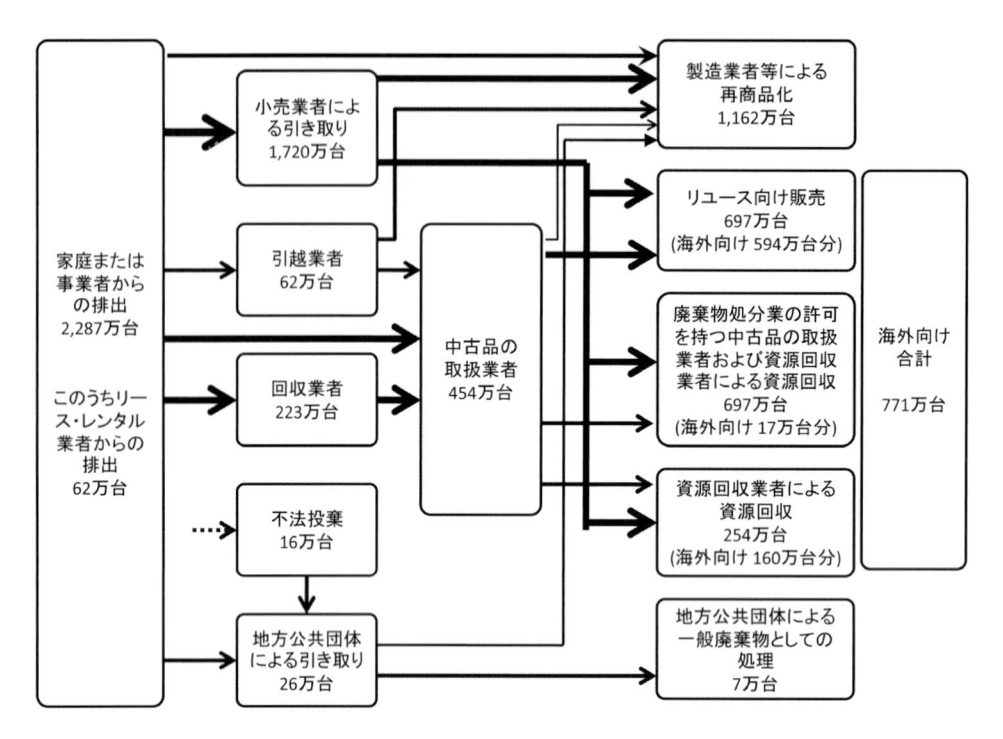

図8　2005年度排出された家電のフロー（審議会資料を一部簡素化）

トック量について考えるのではなく、フローの精緻化を行うことが先であるが、その理由は先のプラスチックのように製品寿命が長いからではなく、余りに加工屑が多いから、という理由である。これが本節でデータが不確実であるにも関わらずインジウムを取り上げた理由である。

8　使用済み製品に関するフロー：家電4品目

製品を製造していくまでの流れは、マテリアルフロー分析に必要不可欠であり、また静脈側の流れに比べれば把握しやすい。実は、マテリアルフロー分析の初期には、静脈側は余り把握しないものが多く見られた。これは当時のマテリアルフローの把握の目的が天然資源に対する需要予測であったことに起因すると思われる。

静脈の流れ、具体的には消費者の手元で排出されてから回収ルートに乗るなり、なにがしかの形で輸出されてしまうなりといった流れを捕捉することは、非常に難しい。

図8に示したものは、家電リサイクル法を評価する際に大きな話題となった「見えないフロー」いわゆる中古形態による輸出を調査した際の図である。この調査の際には、様々なステークホルダーに対する大規模な調査が行われたようだが、このような調査は一般にはほぼ不可能である。すなわち、複数の業界、消費者、ひいては自治体までに渡る調査を行うことは非常に難しい。

この結果を信じるのであれば、おおよそ2287万台程度の使用済み家電が発生したものの、家電リサイクル法に則ったいわゆる家電リサイクル工場へと到達したものは1162万台と言うことになる。

そして、データを紹介した際に述べたように、貿易量のデータは非常に難しいものであるが、この結果はその好例である。すなわち、ここでの輸出量に関しては、これを補足するべき品目分類はこの時点では存在しなかった。こうした調査の結

果として、その後中古家電を補足するための分類が我が国の貿易統計には用意された。このような結果をもたらすことがあることがあることはフロー分析の一つの社会貢献と言えよう。ただし、新設された分類での捕捉率が高いかどうか明らかではない。

本章の目的に際して言うならば、中古で輸出されてしまったものは、我が国のストックであったにも関わらず、我が国で循環資源として再生されないことになる。この点を見落としてしまった場合、我々は都市鉱山の規模を過大推計することになる。ここで言えば2287万台中771万台が何らかの形で輸出されたことになり、すなわち3分の1程度の推計誤差が生まれる可能性があったことになる。よって、こうした推計もまた重要なものとなる。

9 これまでのフローの事例の整理

8で紹介した家電製品を除けば、これまでのフローは以下表1のように整理することが出来た。

このように人工資源の賦存状況を知るとしても、ストック量を捕捉する必要があるもの、それとは別のものを考えるべきものがあることを知ることはまず重要である。

リサイクルターゲットを考える上で、マテリアルフロー分析から得られる金属資源の簡単な分類行うべく、表1を再構成した表2を見て頂きたい。

行側では、素材レベルでのマテリアルフローの特徴を捉えている。具体的には①：自らが主になるフローを持つ物質、②：①に随伴するような物質、③：②ではなく、単体で存在するレアメタル（量的な規模が小さいために①には含まれない）、④：貴金属類と分類した。これに加え列方向では、最終製品の寿命で分類しているが、A: そもそも加工屑が圧倒的に大きな人工資源であるもの、B: 老廃屑が多いもののうち、それなりの長さの寿命を持つ製品（耐久財）で使用されるようなもの、C: 老廃屑が多いが、主たる製品が耐久財ではないもの。基本的にはB列を縦方向に見れば良い場合が多いが、例えば先に示したインジウムのような例は③-Aに入る。逆にPET樹脂は、PETボトル用途がC列に入るためにそちらへ分類した。よって、鉄やアルミの飲料缶から発生する場合には同じく①-Cである。

また、家電製品のフローの例はそれまでの素材の議論とは異なった問題点を指し示している。すなわち、海外へ気付かないうちに流出してしまっているものの中にも資源が含まれている、という問題である。これについては、例えば家電のようにリサイクル制度が存在するものについては、法制度のカバレッジの問題として、また国家の資源

表1　金属フローとリサイクルのターゲット

		ターゲット	主用途の寿命
鉄		ストック+加工屑	長い
アルミニウム		ストック+加工屑	概ね長いが飲料缶は短い
銅		ストック+加工屑	長い
鉛		ストック	やや短い
亜鉛		ストック	長い
プラスチック		ストック+加工屑	ものによる
	PETボトル	ストックではない老廃	非常に短い
インジウム		加工屑	長い

表2 マテリアルフローからみた素材の分類

	A: 加工屑＞老廃屑であるもの	老廃屑も多く発生するもの B: 長寿命な製品からの発生が多いもの	老廃屑も多く発生するもの C: 寿命の短い製品が多いもの
① 自らがフローの主体である素材：		鉄、アルミ、銅、鉛、PET以外のプラスチック類（亜鉛以外のベースメタルとプラスチック）	PET樹脂
② ①に随伴するフロー、つまり合金添加剤やメッキとしての用途の多いもの		亜鉛、合金鉄向けのレアメタルなど	
③ ②に含まれないレアメタル	インジウムなど	タンタルなど	
④ 貴金属類		ほぼ全ての貴金属	

表3 資源パネルによる金属ストック量の推計

金属	単位	1人あたりストック量（世界全体）	1人あたりストック量（先進国）	1人あたりストック量（開発途上国）	1人あたりストック量（2.2で紹介した我が国の量）
アルミニウム	[kg]	80	350-500	35	251
銅	[kg]	35-55	140-300	30-40	146
鉄	[kg]	2,200	7,000-14,000	2,000	10,329
鉛	[kg]	8	20-150	1-4	12
ステンレス鋼	[kg]		80-180	15	
亜鉛	[kg]		80-200	20-40	26
金	[g]		35-90		
パラジウム	[g]		1-4		
白金	[g]		1-3		
銀	[g]	110*	13		
カドミウム	[g]	40*	80		
クロム	[kg]		7-50		
ニッケル	[kg]		2-4		
スズ	[kg]		3		

注）
- 先進国とは、オーストラリア、カナダ、EU15、ノルウェー、スイス、日本、ニュージーランド、アメリカ合衆国であり、開発途上国とはこれら以外の全ての国を指す。
- *をつけた銀ならびにカドミウムの世界全体のストック量の推計値については、報告書においてその信頼性を疑問視するような指摘がされているため、参考値としていただきたい。

戦略としては資源の流出の問題として、そしてより広範な意味でのグローバルな持続可能性の意味においては、資源回収技術の高い地域でのリサイクルを行うことで歩留まりが良くなる、また環境負荷の懸念が少ないなどの様々な観点から議論することが可能である。

　最後に、我が国以外を含めた量的な情報として、国連環境計画の資源パネル（持続可能な資源管理に関する国際パネル）の報告書としてまとめられている金属ストックの総量について紹介しておきたい。表3にはそこで報告されているものを抜粋した。抜粋する基準は、比較可能性と、推計値の信頼性を考え、引用文献が2つ以上ある鉱種とした。同報告書では、既存の論文等をレビューし、1人あたりの使用中のストック量を整理している。これを見れば分かるように、世界全体の量、先進国のみの量の双方が比較可能な金属はアルミニウム、銅、鉄、鉛、銀、カドミウムしかない。開発途上国の推計が存在する金属は、アルミニウム、銅、鉄、鉛、ステンレス、亜鉛の6鉱種である。まず3つの種類の推計値が揃う最初の4つの金属を見ると、そのすべてにおいて圧倒的に先進国の1人あたりストック量が大きい。また、同じ先進国と言ってもかなりの開きがあることにも注意が必要である。これは社会・産業構造にもよるであろうし、例えば鉄などについては建築物の構造などにも依存すると考えられる。貴金属の中で金のストック量が非常に大きい点も興味深い。また、銀について、世界全体の量が先進国の量を大きく上回っているが、これについては世界全体の推計がかなり不完全であることを報告書は指摘しているので、参考情報としていただきたい。

　この情報から分かることは、先進国の1人あたりの金属ストック量（使用中のもの）の平均値は10?15トンと言ったところであるが、鉄が大部分であり、これにアルミ、銅、亜鉛等を加えばその大部分は説明される。また推計値が1つしかないために表からは割愛したが、マンガンも1人あたり100kgとこれらに次ぎ多い。最後の列には、これまで本節で紹介してきた我が国のストック量情報を付け加えた。これらをその左列と比較すると、先進国の値としてはやや低めの数字が多いことが分かる。亜鉛の推計値は特に低い傾向があるが、これは亜鉛の項で説明したとおり、使用中のストック量という言葉の定義の問題であると考えられる。

　こうした整理を受けつつ、2-3節では様々な資源に対して、定量的な情報がないとしても、どのような場所に、どのような形で人工資源が存在しているのかの整理を行っていく。

人口資源の賦存状況

1　複数のマテリアルフローを統合する

　これまで、いくつかの素材・物質に関するマテリアルフローを個別に紹介してきた。しかしながら複数のマテリアルフローが、そのライフサイクルの複数の段階で結合し、また分離され、つながっていることは事実である。

　例えば金属について考えてみる。金属は天然資源として産出する場合には、ほとんどの場合において、鉱石中に低濃度に存在するものに、物理的・化学的処理を施すことで単体分離し、純度の高い素材が生産されることになる。その上で、必要に応じて合金を製造するなどのプロセスを踏み、いずれにせよほとんどの場合において、部品製造、最終製品製造といった過程を経ることになる。つまり、様々な物質を含む資源が、単体分離された後、再度様々な形で組み合わされて1つの製品となり、我々の手元でその機能を発揮する。

　さらに、本書のテーマであるリサイクルを考える場合には、この製品が、恐らく複数の製品が混

ざった形で排出されることも多かろう。よって、天然資源とは違う形で組み合わされた複数の物質を再度分離することがリサイクルであると定義できる。つまり、複数の物質を分けては組み合わせ、また分け、と我々は繰り返していることになる。

例えば、亜鉛は鉱山では多くの場合が鉛とともに、鉛・亜鉛鉱山で採掘される。その後、分離され亜鉛地金となるわけだが、既に見たように、亜鉛の主要な用途の一つにメッキがある。とすると、最終的には亜鉛は鉄鋼に随伴する形で現れることになる。この場合、例えば亜鉛メッキ鋼板を使用する最終製品を調査すればどこに亜鉛があるかを知ることが出来る。

複数のマテリアルについて、そのマテリアルフローを一括してシステマティックに描こうとする取り組みはいくつか行われてきた。その代表的なものとして、Nakamura et al. をはじめとする研究で用いられる WIO-MFA と呼ばれるモデルと、それに先立つ Murakami et al. に見られる物量投入産出表というものがある。この二つの研究に共通するのは、投入産出表と呼ばれる形式をとっていることであり、この手法の特徴は、いくつかの強い仮定が必要になるものの、その代わりとしていくつかの行列演算により、簡単に最終製品の組成を得ることができる点にある。

しかしながらこうした手法には難しい点がある。システマティックに多くの物質を含むマテリアルフローモデルを構築する時には、多くの場合、量的に少ない物質のフローは推計を誤ることがある。これは、モデルの中で扱われる産業や製品の分類を可能な限り詳細なものにすることで回避されうるが、そのようなモデルを作ることはあまり現実的ではない。また、こうしたモデルの多くは既存の産業連関表と呼ばれる金額単位の経済統計表を何かの形で拠り所としている。その場合、必然的にそこで用いられている分類に影響を受ける。しかしながら研究としては非常に重要なものであり、またその使用方法を誤らない限りは非常にパワフルなものであることを述べておく。

ここでモデルの詳細を紹介することは目的ではなく、ここではこうしたモデルから得られた情報のみならず、前節までに紹介したような個別の MFA から得られた情報も併せることで、最終的に我々がどのような人工資源を「どのような形」で、「どこ」に「どれだけ」持っているのか、という本章の本来の疑問へ答えていく。そのためには、複数の物質のマテリアルフロー・ストック情報を一括して知る必要があると言うことを理解して頂きたい。

2 人工資源の賦存状況：欲しい物質から見た分析

前節までの具体的な事例の紹介の中でいくつかの金属に関する定量的なデータを示してきた。また、PET ボトルなどについて、必ずしもストック量の推計が必要ではないことも合わせて示してきた。ここでは、量的な情報を伴うかどうかは別に、資源種（主として鉱物種）別にどこに存在するのかをまず整理する。

ここで一つ言葉を定義しておきたい。都市鉱山、人工資源など様々な言葉が用いられているが、人工資源が存在する場所として、次に上げる使用済み製品を人工鉱床と呼ぶことにする。

表4を見て頂きたい。行側に並ぶ使用済み製品が、人工鉱床のタイプと考えることが出来る。これに対して列側に並ぶ元素、物質名がその鉱床に含まれる、つまりそこから得ることの出来る金属やプラスチック類、と言うことになる。

列を中心に左から順に見ていく。「ベースメタルとマグネシウム」というグループがあるが、マグネシウムについてはアルミニウムへの添加用途が非常に多いために、ほぼアルミニウムに近い結果を得る。このグループで言うと、鉛だけが例外である。鉛は、特に先進国ではその有害性から蓄電池以外の用途は減少しつつあり、使用済みとしての発生量も既に減少傾向にある。これ以外で言

3 人工資源の賦存状況

表4 人工資源の賦存状況

		ベースメタル+Mg					貴金属類					レアメタル類								有害性懸念				プラスチック類				
		Fe	Al	Mg	Cu	Zn	Pb	Au	Ag	Pt	Pd	Ni	Cr	Co	Mo	Ga	Ta	Nb	Ti	Li	W	In	REE	As	Hg	S	Sb	PE	PP	PVC	PET	PS	ABS
建設・土木系	建築・土木廃棄物	◎	◎	△	○	◎	△↓					◎	○											◎		○		○		◎			
	家具(什器)	○	○	△	○	○																											
家電・電子機器系	家電6品目	◎	○	○	◎	○	△↓	○	○			◎																	○			○
	廃PC	○	○	○	○	○	△↓	○	○	○	○					○	○	○				○	○	◎								
	携帯電話	○	○	○	○	○		○	○	○	○					○	○	○				○	○	◎	◎							
	その他小型家電	○	○	○	○	○		○	○	○	○					○	△	△				○	○	○	○				○			○
	その他電子機器				△			★	★	★	★	★				△																
	特に基板(★>△)																															
電球・電池関係	電球・蛍光灯・LED他	○																							◎		△					
	廃一次電池					○	◎					○														◎							
	廃蓄電池(鉛)						◎																				○						
	廃蓄電池(Li)													◎						◎													
	廃蓄電池(Ni-OH)	○										◎												○									
容器包装類																													○	◎		○	
輸送機械	廃自動車	◎	◎	○	◎	◎				◎	◎	◎			◎			○							○	◎			○	○		◎	○
	廃自転車	◎	○		○	○																											
	廃船舶	◎	○		○	○																											
	廃航空機	○	◎		○	○					○							○							○								
その他機械	工作機械	◎			○	○									○						○												
	消耗品類	○			○	○			○						○						○												
	建設機械	◎	○		○	○					○										○				○								
	その他プラント																												○	○	◎	○	○
	特に触媒									◎	◎																						
その他	廃電線				◎																												
	農業用ビニールシート																														◎		
	ガラス研磨剤								○		○													◎									
	歯科用材料							○	○																								
	難燃助剤(プラスチックと共に出る)																											◎					
	無機薬品(顔料など)																		◎														
現状加工屋が主かで(★>△)								★	★	★	★					★			△	△	△	★										

図中の記号は重要度の順に ◎>○>△ である。また★については、△より重要であるが、◎か○を決定するものが難しいことを示す。

えば、建築・土木廃棄物にある鉛は水道管であり、その交換はかなり進んでいる。これらを別にすれば、その他我々が気にすべき鉛はブラウン管ガラスに含まれるものくらいであるが、(廃家電6品目と廃PCがこれにあたる)これも徐々に減って行くであろう。もっともわかりやすい例である鉛について、有望な人工鉱床は鉛蓄電池のみと言うことになる。

鉄、アルミ、亜鉛のベースメタルについては、どのような製品からでも発生するというのが端的な状況ではあるが、自動車が非常に重要な人工鉱床であると言える。これと共に、重要な位置を占めているのが、建築並びに土木構造物から発生すると考えられるものである。

銅についても、その3種と同じように様々な人工鉱床から発生するが、実際の発生形態は鉄やアルミニウムの場合とは異なっており、あくまで電線や基板などという形での発生となる。また、表中で特に廃電線と記しているものについては、主に電力用電線や通信用電線を想定しており、製品中の電線とは区別している。これらの電線については、我が国においては既に可能な範囲での回収はほぼ行われていることは言うまでもない。

貴金属類に移る。貴金属類の場合、その多くは、投資向け、宝飾品用、工業用途、歯科材料と言ったものが多い。実際表2を見てもこれが反映されているわけだが、投資向けや宝飾品用については、ここでは明記していない。主として電機製品の接点材料などの用途が多いが、その他に個別のものとしては、白金族の触媒(産業プラント用と自動車の排ガス触媒の両方が考えられる)があげられる。使用済み自動車排ガス触媒は、白金族類の主たる供給源の一つであることは明らかなのだが、残念ながらその全貌は余り明らかではない。そのほか、銀が硝酸銀として写真の感光材料に多く使われてきたが、その需要は写真のデジタル化によって減少しつつある。

さて、昨今良く話題に上るレアメタル類を見ていこう。ニッケルやクロムについては主としてステンレスの原料となることが多い。よって、建築・土木廃棄物から発生するものは、実際にはキッチンのシンク等であり、ステンレススクラップとして発生することになる。唯一異なるのが、ニッケルについては蓄電池への需要があるために、これが潜在的な人工鉱床たり得るという点である。

次にやや量の少ないものとしてコバルト、モリブデンに付いてみてみると、コバルトの場合、人工鉱床と呼べるものは蓄電池程度のようである。逆にモリブデンについては、工作機械等に用いられている場合と、触媒に用いられている場合が人工資源となる可能性がある。

ここからは一つずつ見ていくことになるが、ガリウムの使用済み品からのリサイクルは現状ではほぼ無い。潜在的に有り得るものとしては半導体関連とLEDである。次にタンタルについても、使用済み品からのリサイクルはそれほど多くないが、タンタルコンデンサについては、コンデンサ単体に分離することが出来る場合にはリサイクルの可能性があることが示唆されている。これらは携帯電話などから多く発生する。ニオブについては、タンタルと近いような用途がある一方、フェロニオブという合金鉄としての用途がある。この場合は、構造材料、自動車などから発生する。

チタンについては、金属としては航空機などへの需要が知られる一方、チタンの純分量としては酸化チタンが顔料などに用いられている用途が圧倒的に多い。稀に、飲料缶などの顔料として用いられる酸化チタンが回収されている例もあるが、余り多くはない。

タングステンについては超硬工具類、リチウムについては電池、インジウムについては液晶とほぼ用途は限定的であるが、そのリサイクルは加工屑を別にすれば余り進んでいないのが現状である。これはレアアース類についても同様である。レアアースの中でも昨今良く話題に上るものは、ネオジウム、ディスプロシウムと言った磁石用途

のもの、もしくはガラス研磨剤に用いるセリウムである。

次にレアメタルではないが有害性に懸念のあるような物質について考えてみる。砒素は・・・、水銀については電池、蛍光灯からの発生が多いが、これらは有害物として管理された上でリサイクルがなされる場合が多い。アンチモンについては鉛蓄電池を別にすればほぼプラスチックに対する難燃助剤としての需要であり、すなわちプラスチックと共に発生する。

そこで最後にプラスチック類を整理しよう。PVC, ABS を別にすれば、ここで上げたプラスチック類は、いずれも容器包装類が非常に多い。例外である PVC については、建材や農業用ビニルシートから、また ABS については様々な工業製品での需要が知られている。

3 人工資源の賦存状況：使用済み製品、すなわち鉱床から見た状況

2に引き続いて、今度は行方向に見ていこう。つまり、どのような使用済み製品＝鉱床を考える場合に、どのような資源を対象とすべきか、と言うことになる。

建築・土木廃棄物であるが、量の多いものが発生するケースが多い。よってベースメタルやステンレス中に含まれるニッケルといったところが、ターゲットになる。建築廃棄物については、建設リサイクル法の存在もあり、きちんと回収が進められていると考えられよう。ただし、工場内の産業機械などがあわせて発生した場合、また建物備え付けのエアコンがあわせて発生した場合などの回収には疑問が残ることは、家電製品のフローの項でみたとおりである。

家電6品目についても、家電リサイクル法の存在があることから、その回収は進んでいると考えられる。そこから得られるものは非常に多いが、構造材であるベースメタル類を中心に、電気機械類から発生すると考えられる貴金属類などが得られる。

廃 PC や携帯電話については、資源有効利用促進法の下での業界の自主的な努力によって回収されているが、表4を見て分かるように、家電6品目に較べると貴金属類やレアメタル類の含有が期待されることが分かる。逆に言えば、これらを上手く回収できれば、リサイクルは自然に進むはずだとも考えられる。しかし残念ながら使用済みのレアメタル類の内、表2の分類で言う③のグループに属するもののリサイクルは、余り進んでいないのが現状である。例えば、レアアース類の内、磁石に使われるものを考えるのであれば、磁石のままでリユースが可能になれば、それもまた人工資源であると言えよう。しかし現状では、製品ごとに微妙に違う仕様などの問題もあり、再利用は難しいようである。

その次の人工鉱床は、一次並びに二次電池と蛍光灯などである。これらについては、有害物質管理と資源回収双方の観点から回収が行われているところである。しかしながら、例えば製品に埋め込まれており、消費者には分類の難しい二次電池などの回収は難しい部分もあるようであり、課題と言えよう。

輸送機器類で言えば、圧倒的に多いのが自動車と言うことになる。自動車は高級な鋼材や、アルミ等が発生すると共に、特に昨今の自動車は高度に電化されているために、廃 PC 等と同様の資源回収が期待される。さらに、鉛の項で述べたように、自動車向け鉛蓄電池は、鉛の最大の人工鉱床でもある。数としては少ないが、航空機の場合には非常に多くの素材が使われておりその全てを把握することは難しいが、他方で管理されていないものは少なかろう。最後に自転車だが、その量は実は馬鹿にはならない。自転車協会の資料によれば、我が国の自転車保有台数は 2008 年で 7000 万台近い。また、電動アシスト自転車の 2009 年の国内出荷数は 35 万台を超えたようだが、これは電気機械であり二次電池使用製品である。こ

うしたものに対する注意は必要であろう。

　産業機械、特に工作機械を見ると、重量としては鉄が圧倒的に多く、その他のベースメタル類が発生することもその他の様々な製品と変わらない。ここで重要なものは、消耗品として、例えば工作機械に用いられるモリブデンなど、パーツレベルで一部のレアメタルを狙って回収することが出来る点が重要である。これらは、先のレアアース磁石などと変わらないが、現在のリサイクル技術で回収できる可能性に大きな差があり、現時点で重要な人工鉱床だと考えるべきである。また、プラントの中でも化学プラントで用いられる触媒が貴金属やモリブデンなどを多く含んでいることにも注意が必要だが、これらは既に回収されており、重要な人工鉱床として認識されている。

　最後に、表2の分類で言うA列、すなわちインジウムに代表されるような加工屑が大半であるものについては、工程そのものを人工鉱床と呼ぶべきかも知れない。いずれにせよ、こうした人工資源を考える際に、加工屑の存在を忘れてはならない。それは、リサイクルを考えた際に、その組成等が詳細に分かっているという、大きなアドバンテージを持っているためである。使用済み製品にどのような資源がどれだけ含まれているかは分析しない限りは分からない。しかしながら、自社で使っている素材からなる加工屑であれば、調べずとも分かる場合も多く、そう言った意味で価値の高い人工鉱床だと言える。

4 まとめと今後へ向けた課題

　鉛のマテリアルフローを紹介した際に述べたように、我々の社会の使用する物質のパターンは変化していく。現に、蓄電池以外の鉛の需要は減少しているわけである。これに同期するように増えてきたものとして、例えばブラウン管テレビが生産されなくなり、液晶へとシフトすればインジウムの使用量は増え、その人工資源としての賦存量も増加していくことになる。

　よって、常にその動向を見続けることが必要であり、可能であれば、製品製造段階からデータを蓄積することが望ましい。他方で、素材の組成は重要な技術データであるために、完全な公開は難しいこともまた事実である。

　とは言え、今後の我々の社会の持続可能性のためにも、こうした視座は非常に貴重なものである。とすれば、今後需要が増えそうな製品を予見し、そこに含まれるであろう物質の循環を先んじて考えておくことは必要である。

　そこで大きな鍵となるのが、地球温暖化対策技術である。例えば、鉛の需要のほとんどは蓄電池であり、その大部分が自動車であると述べた。しかしながら、これが電気自動車になってしまった場合に鉛蓄電池を使い続けるかは分かるまい。少なくともリチウムイオン電池などの需要が増加することは間違いのない事実である。

　この電気自動車によって需要が誘発されるものに磁石があり、そのためにレアアース類が良く話題に上る。とすれば当然これらの人工鉱床の規模は拡大の一途であり、これを適切に管理・循環させることは必要不可欠である。

　その他で言えば、太陽光発電を考えることも出来よう。実は家庭向け太陽光発電機器の古いものは使用済みとして排出され始める段階へきている。現状ではリサイクル技術は確立されておらず、その処理は問題である。太陽光発電技術自体も、今後シリコンを用いたものから、化合物を用いたものへのシフトが予想されており、例えば液晶の項で述べたインジウムは、この化合物系太陽電池で再び脚光を浴びることになろう。

　こうした大規模な需要の拡大が確実なものについての、人工鉱床の規模を知る術は残念ながらあまりない。それは、製品製造技術そのものが安定的でないために、どの程度の資源が必要になるかの予測が難しいからである。こうした意味でも我々

は絶えず人工鉱床の変化に目を配るべきであろう。

最後に、需要が減ってしまう物質について、再度鉛を事例に触れておきたい。我々は既にブラウン管ガラスで経験しているところであるが、そのリサイクル需要が存在しない場合、人工資源は突然処理困難物へと変化する恐れがある。ブラウン管ガラスで言えば、ブラウン管ガラスに戻すことがもっともたやすいリサイクル方法であり資源循環の効率という意味でも正しいと考えることが普通である。しかしながら、ブラウン管テレビやモニターの需要はなくなりつつあるために、その処理は大きな問題になった。これは、人工資源が資源でなくなっていく例である。天然資源とて、需要が無くなれば資源でなくなることに変わりはないが、その場合は採取を止めれば良いだけである。しかしながら、人工資源の場合は採取できなければ廃棄物として処理しなければならない。そこには最終処分場の問題もあろう。

こうした意味で、将来を考えた資源循環を考え、効率の良い物質利用を考えていく必要がある。その中で人工鉱床について考えることは非常に重要である。

データや文献の紹介

これまでにも多くの文献からの値の引用を行ってきてはいるが、本章の趣旨に照らし合わせて、参考になるような文献、データソース等を紹介しておく。

＜マテリアルフロー・ストック分析を実際に継続的に行っている事例＞
1) 鉄鋼のマテリアルフローを調査したもの
　日本鉄源協会：鉄源年報などにあるが、本書では新日本製鐵株式会社の環境報告書から引用させて頂いている
2) 非鉄金属資源のマテリアルフローを調査したもの
　JOGMEC(独立行政法人　石油天然ガス・金属鉱物資源機構)による鉱物資源マテリアルフロー　http://www.jogmec.go.jp/mric_web/jouhou/material_flow_frame.html
3) プラスチック全体のマテリアルフロー
　プラスチック処理促進協議会のホームページ http://www.pwmi.or.jp/ に「プラ再資源化フロー図」として掲載されている
4) PETボトルのマテリアルフロー
　PETボトルリサイクル推進協議会のホームページ http://www.petbottle-rec.gr.jp/ にあるPETボトルリサイクル年次報告書が詳しい

＜研究レベルでのマテリアルフロー・ストック分析＞
以下の2つの和文解説と1つの英文論文が、それぞれMFA/MSAを解説している。
5) 醍醐市朗　橋本征二 (2009)：廃棄物資源循環学会誌, 20(5), 254-263
6) 村上進亮　橋本征二 (2010)：日本LCA学会誌, 6 (2), 76-82
7) Gerst M., Graedel T. E. (2008): Environmental Science & Technology, 42 (19), 7038-7045
以下、本章で引用した事例研究
8) Tanikawa H., Hashimoto S. (2009): Building Research and Information, 37(5-6), 483-502
9) Elshkaki A., van der Voet E., Timmermans V., Van Holderbeke M. (2005): Energy, 30, 1353-1363
10) 畑山 博樹 他 (2008)：日本金属學會誌 72(10), 812-818
11) Daigo I. et al.(2009)：Resources, Conservation and Recycling 53(4), 208-217
12) 寺角 隆太郎 他 (2009)：日本金属學會誌 73(9), 713-719
13) 高橋 和枝 他 (2008)：日本金属學會誌 72(11), 852-855
14) 安藤志問 他 (2010): Journal of MMIJ, 126(8), 482-489
15) 田林 洋 他 (2008)：鐵と鋼：日本鐵鋼協會々誌 94(11), 562-568
16) International Panel for Sustainable Resource Management (2010): Metal Stocks in Society, United Nations Environmental Programme
17) Murakami S. et al.(2004)：Materials Transactions, Vol. 45 (11), 3184-3193
18) Nakamura S. et al. (2007)：Journal of Industrial Ecology, 11(4), 50-63

＜実際に自分で分析を行う際のデータ＞
1) 貿易のデータ：財務省貿易統計
　税関のホームページ http://www.customs.go.jp/toukei/info/index.htm から常に最新データが入手可能である。
2) 素材に関する統計
(ア) 経済産業省の生産動態統計調査
　http://www.meti.go.jp/statistics/tyo/seidou/index.html
(イ) 業界の自主的な調査(ここでは一例として鉄鋼に関するものを示す)
　社団法人　日本鉄鋼連盟のホームページ http://www.jisf.or.jp/ の統計・分析の項で得ることが出来る。

3) 製品寿命に関するデータ
オンライン製品使用年数データベース LiVES: http://www.nies.go.jp/lifespan/index.html
(使用下結果を公表する場合には
Murakami S.et al. (2010): Journal of Industrial Ecology, 14 (4), pp. 598?612
Oguchi M. et al. (2010): Journal of Industrial Ecology, 14 (4), pp. 613-626
を引用頂ければ幸いである。)

4) その他、研究論文を探す際のウェブサイト
CiNii：NII論文情報ナビゲータ　http://ci.nii.ac.jp/
国内の学術論文、学協会誌、大学の研究紀要を中心とした論文情報データベースです。

（村上進亮）

4 リサイクル・廃棄物の法制度

1 廃棄物の処理及び清掃に関する法律（廃棄物処理法）

1 制定の目的

廃棄物処理法は、高度成長期にあった昭和46（1971）年、産業廃棄物の排出量の増大、また、公害の顕在化が社会問題となっていたことを背景に、昭和29（1954）年制定の清掃法を全部改正する形で制定された。従来の生活衛生対策という視点に加え、環境保全対策としての廃棄物処理も担保するための措置が講じられることとなったものである。

廃棄物処理法は、その後数次にわたって改正がなされているが、平成3（1991）年の改正においては、廃棄物の適正処理のみならず、廃棄物の排出抑制や再資源化等が重要との認識から、これらが法律の目的に加えられた。

この結果、現行法の目的は、「廃棄物の排出を抑制し、及び廃棄物の適正な分別、保管、収集、運搬、再生、処分等の処理をし、並びに生活環境を清潔にすることにより、生活環境の保全及び公衆衛生の向上を図ること」（廃棄物処理法第1条）となっている。

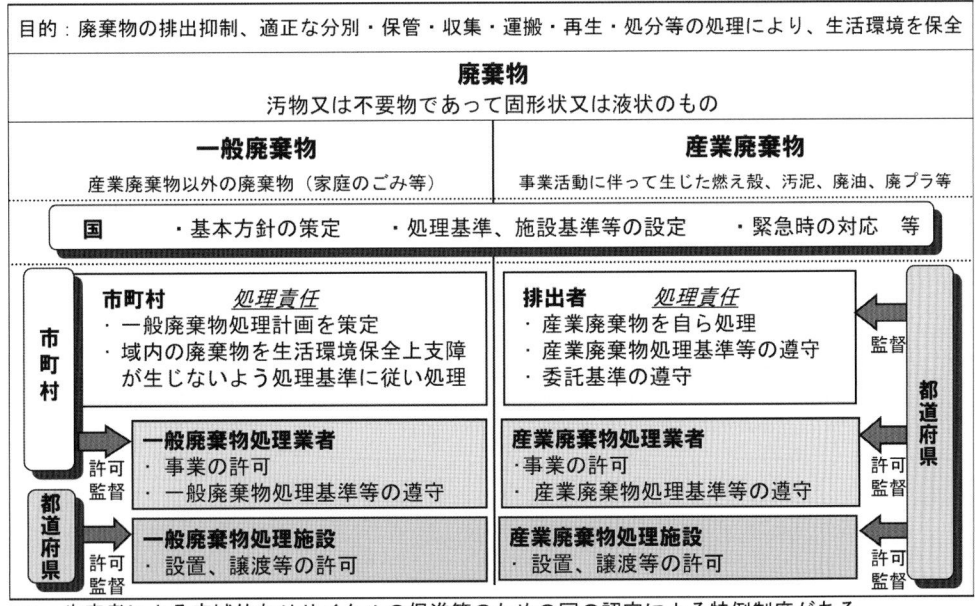

目的：廃棄物の排出抑制、適正な分別・保管・収集・運搬・再生・処分等の処理により、生活環境を保全
廃棄物 汚物又は不要物であって固形状又は液状のもの

一般廃棄物	産業廃棄物
産業廃棄物以外の廃棄物（家庭のごみ等）	事業活動に伴って生じた燃え殻、汚泥、廃油、廃プラ等

国　・基本方針の策定　・処理基準、施設基準等の設定　・緊急時の対応　等

市町村（許可・監督）
- 市町村　*処理責任*
  - 一般廃棄物処理計画を策定
  - 域内の廃棄物を生活環境保全上支障が生じないよう処理基準に従い処理
- 一般廃棄物処理業者
  - 事業の許可
  - 一般廃棄物処理基準等の遵守
- 一般廃棄物処理施設
  - 設置、譲渡等の許可

都道府県（監督・許可・監督）
- 排出者　*処理責任*
  - 産業廃棄物を自ら処理
  - 産業廃棄物処理基準等の遵守
  - 委託基準の遵守
- 産業廃棄物処理業者
  - 事業の許可
  - 産業廃棄物処理基準等の遵守
- 産業廃棄物処理施設
  - 設置、譲渡等の許可

＊ 生産者による広域的なリサイクルの促進等のための国の認定による特例制度がある

図1　廃棄物処理法の概要

2 制度の内容

廃棄物処理法では、「汚物又は不要物であって固形状又は液状のもの」と定義する廃棄物を一般廃棄物と産業廃棄物に分類し、それぞれ処理責任と適正な処理の方法について定め、これらが適切に担保されるよう、様々な措置を講じている。(図1、図2)

一般廃棄物は、「産業廃棄物以外の廃棄物」と定義され、具体的には、人の生活から排出されるごみやし尿、また、事業活動から生じるごみの一部(一般的には市町村の処理能力をもって対処可能なもの)を含む。一般廃棄物については市町村が、一般廃棄物処理計画を策定し、この計画に基づき処理する責任を負う。処理を行う際の技術的基準や、処理を市町村以外の者に委託する際の基準等も定められている。なお、市町村からの委託を受けて行う以外の場合で、一般廃棄物の処理を業として行う場合は、市町村長の許可を受けなければならない。また、一般廃棄物処理施設の設置に当たっては、都道府県知事の許可が必要となる。

産業廃棄物は、事業活動に伴って生じた燃え殻、汚泥、廃プラスチック等、法令で具体的に定義がなされている。産業廃棄物は、排出事業者に処理責任が課せられており、事業者は自ら、又は都道府県知事(又は政令市(政令指定都市及び中核市等)の長※)の許可を得た産業廃棄物処理業者への委託により、産業廃棄物処理基準に従って産業廃棄物の処理を行わなければならないこととされている。また、産業廃棄物の処理を委託する場合には、産業廃棄物管理票(マニフェスト)を発行し、当該廃棄物が処分されるまでの確認が義務付けられている。(図3)

※ 2010年改正で、産業廃棄物収集運搬業の許可に関しては、単一の政令市内のみで業を行う場合を除き、都道府県知事の許可を得ることにより、当該都道府県内全域で業が行えることとなった。

なお、上記の許可制度に関しては、製品の製造事業者等によるリサイクル等を促進するため、環境大臣の認定による特例制度が設けられている。(図4、図5)

また、廃棄物の国際間移動について、国内で発生した廃棄物はなるべく国内で適正に処理し、また、国外で発生した廃棄物についても、国内にお

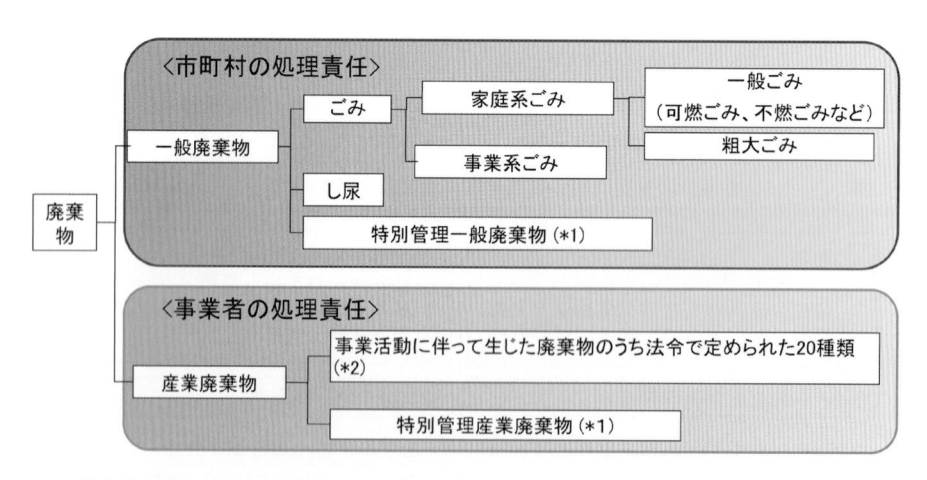

*1:爆発性、毒性、感染性その他の人の健康又は生活環境に係る被害を生ずるおそれがあるもの
*2:燃えがら、汚泥、廃油、廃酸、廃アルカリ、廃プラスチック類、紙くず、木くず、繊維くず、動植物性残さ、動物系固形廃棄物、ゴムくず、金属くず、ガラスくず、コンクリートくず及び陶磁器くず、鉱さい、がれき類、動物のふん尿、動物の死体、ばいじん、輸入したごみ、上記20種類の産業廃棄物を処分するため処理したもの

図2 廃棄物の区分について

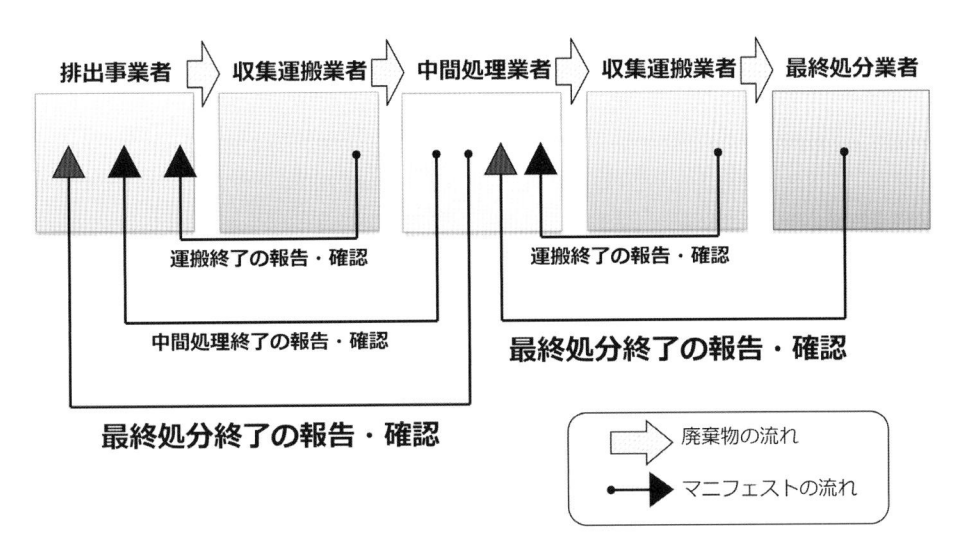

図3　産業廃棄物管理票（マニフェスト）による管理

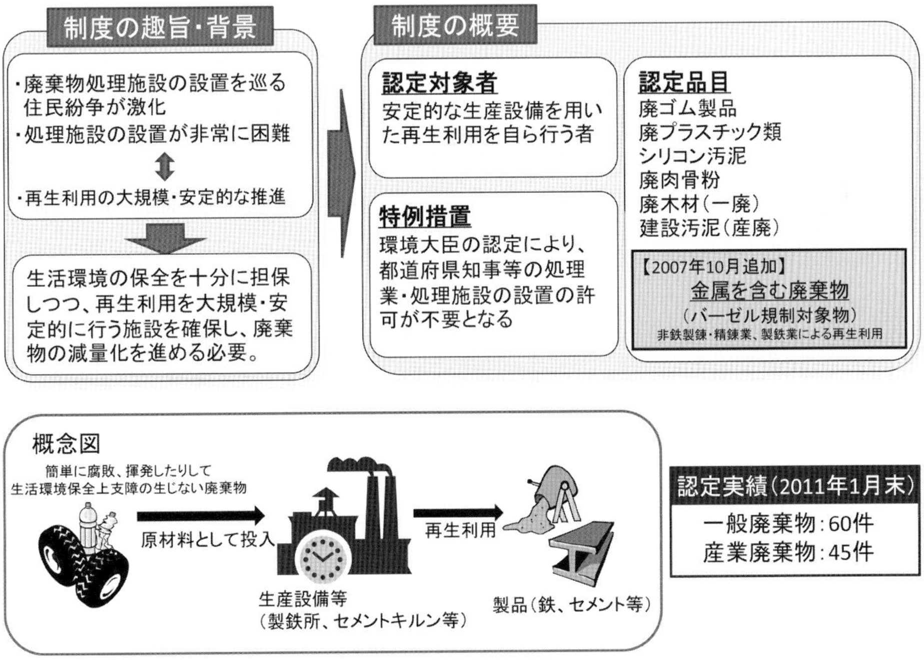

図4　再生利用認定制度

図5　広域認定制度

制度の趣旨・背景
- 製品が廃棄物となったものを処理する場合、当該製品の製造、加工、販売等を行うもの（製造事業者等）が当該廃棄物の処理を担うことは、製品の性状・構造等を熟知していることで、高度な再生処理等が期待できる等のメリットがある。
- 廃棄物を広域的に収集することにより、廃棄物の減量その他その適正な処理が推進される。

制度の概要（2007.12〜）

認定対象者
製造事業者等であって、当該製品が廃棄物となった場合にその処理を広域的に行う者

特例措置
環境大臣の認定により、都道府県知事等の処理業の許可が不要となる

認定品目
一般廃棄物：9品目を認定
廃パーソナルコンピュータ、廃二輪自動車、廃消火器 等

産業廃棄物：品目限定なし
情報処理機器、原動機付自転車・自動二輪車、建築用複合部材 等

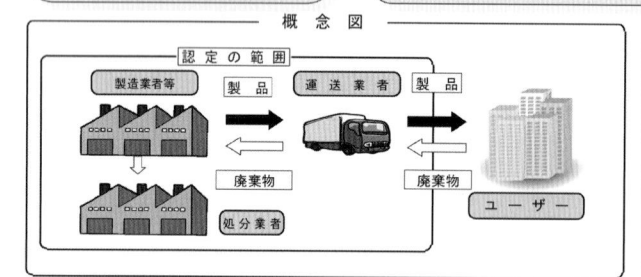

認定実績（2010年3月末）
一般廃棄物：65件
産業廃棄物：182件

処理実績（2007年度）
一般廃棄物：134.87t
産業廃棄物：142.44t

概念図：認定の範囲（製造業者等→製品→運送業者→製品→ユーザー、処分業者、廃棄物）

図6　廃棄物処理法の輸出入規制概要

国内の処理等の原則（法第2条の2）
1. 国内において生じた廃棄物は、なるべく国内において適正に処理されなければならない。
2. 国外において生じた廃棄物は、その輸入により国内における廃棄物の適正な処理に支障が生じないよう、その輸入が抑制されなければならない。

輸入許可（法15条の4の5）

許可の基準
- 国内における廃棄物の処理に関する設備及び技術に照らし、適正に処理されること
- 申請者がその国外廃棄物を自ら又は他人に委託して適正に処理することができると認められること
- 他人に委託して国外廃棄物を処理しようとする場合、その国外廃棄物を国内において処分することにつき相当の理由があると認められること

輸出確認（法第10条、法第15条の4の7）

確認の基準（①③④又は②③④）
① 国内における当該廃棄物の処理に関する設備及び技術に照らし適正な国内処理が困難であること
② 国内処理が困難な廃棄物以外については、輸出の相手国において再生利用されることが確実であること
③ 国内の処理基準を下回らない方法で処理されることが確実であること
④ 申請者が法的な処理責任を持った者（一般廃棄物：市町村、産業廃棄物：排出事業者等）であること

ける適正処理に支障がないよう、輸入が抑制されるべきとの観点から、廃棄物処理法では、廃棄物の輸出入について一定の規制措置を設けている。（図6）

資源の有効な利用の促進に関する法律（資源有効利用促進法）

1 法制定の経緯

資源有効利用促進法は平成3（1991）年4月に成立した法律であるが、平成12（2000）年6月に全面改正され、平成13（2001）年4月に施行された。本法は、1）事業者による製品の回収・リサイクルの実施などリサイクル対策を強化するとともに、2）製品の省資源化・長寿命化等による廃棄物の発生抑制（リデュース）対策や、3）回収した製品からの部品等の再使用（リユース）対策を新たに講じ、また産業廃棄物対策としても、副産物の発生抑制（リデュース）、リサイクルを促進することにより、循環型経済システムの構築を目指すものである。

2 制度の概要

平成13（2001）年4月より、以下の10業種・69品目（一般廃棄物及び産業廃棄物の約5割をカバー）を本法の対象業種・対象製品として、事業者に対して3R（リデュース・リユース・リサイクル）の取組を求めている。本法により、事業者に求められる取組の内容は以下のとおり。

(1) 特定省資源業種

以下に掲げる業種に属する事業者は、副産物の発生抑制等（原材料等の使用の合理化による副産物の発生の抑制及び副産物の再生資源としての利用の促進）に取り組むことが求められている。
・パルプ製造業及び紙製造業
・無機化学工業製品製造業（塩製造業を除く。）及び有機化学工業製品製造業
・製鉄業及び製鋼・製鋼圧延業
・銅第一次製錬・精製業
・自動車製造業（原動機付自転車の製造業を含む。）

(2) 特定再利用業種

以下に掲げる業種に属する事業者は、再生資源又は再生部品の利用に取り組むことが求められている。
・紙製造業
・ガラス容器製造業
・建設業
・硬質塩化ビニル製の管・管継手の製造業
・複写機製造業

(3) 指定省資源化製品

以下に掲げる製品の製造事業者（自動車については製造及び修理事業者）は、原材料等の使用の合理化、長期間の使用の促進その他の使用済物品等の発生抑制に取り組むことが求められている。
・自動車
・家電製品（テレビ、エアコン、冷蔵庫、洗濯機、電子レンジ、衣類乾燥機）
・パソコン
・ぱちんこ遊技機（回胴式遊技機を含む。）
・金属製家具（金属製の収納家具、棚、事務用机及び回転いす）
・ガス・石油機器（石油ストーブ、ガスグリル付こんろ、ガス瞬間湯沸器、ガスバーナー付ふろがま、石油給湯機）

(4) 指定再利用促進製品

以下に掲げる製品の製造事業者（自動車については製造及び修理事業者）は、再生資源又は再生部品の利用の促進（リユース又はリサイクルが容易な製品の設計・製造）に取り組むことが求められている。
・自動車

- 家電製品（テレビ、エアコン、冷蔵庫、洗濯機、電子レンジ、衣類乾燥機）
- パソコン
- ぱちんこ遊技機（回胴式遊技機を含む。）
- 複写機
- 金属製家具（金属製の収納家具、棚、事務用机及び回転いす）
- ガス・石油機器（石油ストーブ、ガスグリル付こんろ、ガス瞬間湯沸器、ガスバーナー付ふろがま、石油給湯機）
- 浴室ユニット、システムキッチン
- 小形二次電池使用機器（電動工具、コードレスホン等の28品目）

(5) 指定表示製品

以下に掲げる製品の製造事業者及び輸入事業者は、分別回収の促進のための表示を行うことが求められている。

- スチール製の缶、アルミニウム製の缶
- ペットボトル
- 小形二次電池（密閉形ニッケル・カドミウム蓄電池、密閉形ニッケル・水素蓄電池、リチウム二次電池、小形シール鉛蓄電池）
- 塩化ビニル製建設資材（硬質塩化ビニル製の管・雨どい・窓枠、塩化ビニル製の床材・壁紙）
- 紙製容器包装、プラスチック製容器包装

(6) 指定再資源化製品

以下に掲げる製品の製造事業者及び輸入事業者は、自主回収及び再資源化に取り組むことが求められている。ただし、小形二次電池については密閉形蓄電池を部品として使用している製品の製造事業者及び輸入事業者も、当該密閉形蓄電池の自主回収に取り組むことが求められている。

- パソコン（ブラウン管式・液晶式表示装置を含む。）
- 小形二次電池（密閉形ニッケル・カドミウム蓄電池、密閉形ニッケル・水素蓄電池、リチウム二次電池、小形シール鉛蓄電池）

(7) 指定副産物

以下に掲げる副産物に係る業種に属する事業者は、当該副産物の再生資源としての利用の促進に取り組むことが求められている。

- 電気業の石炭灰
- 建設業の土砂、コンクリートの塊、アスファルト・コンクリートの塊、木材

容器包装に係る分別収集及び再商品化の促進等に関する法律（容器包装リサイクル法）

1　法制定の経緯

容器包装リサイクル法は、家庭等から排出される一般廃棄物の最終処分場のひっ迫等の問題を踏まえ、一般廃棄物の中で、容積比で6割（法制定当時）という大きな割合を占め、かつ、再生資源としての利用が技術的に可能な容器包装のリサイクル制度を構築し、一般廃棄物の最終処分場へのフローの減量を効果的に図ることを目的として、平成7（1995）年6月に制定された。

2　制度の概要

容器包装リサイクル法は、一般廃棄物について、市町村が全面的に処理責任を担うという従来の考え方を改め、拡大生産者責任などの考え方の下、容器包装の利用事業者や容器の製造等事業者、消費者等にも一定の役割を担わせることとしている。

具体的には、家庭から排出されるスチール缶、アルミ缶、ガラスびん、段ボール、紙パック、紙袋等の紙製容器包装、ペットボトル及びレジ袋等のプラスチック製容器包装の8種類について、消費者の協力を得ながら市町村において分別収集を実施することとし、容器包装の利用事業者（飲料メーカー、スーパー等の小売業者等）及び製造

4 リサイクル・廃棄物の法制度

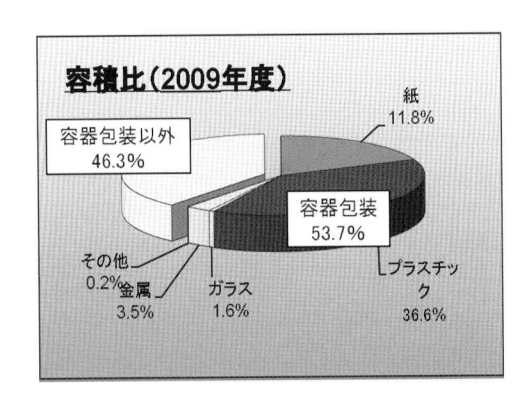

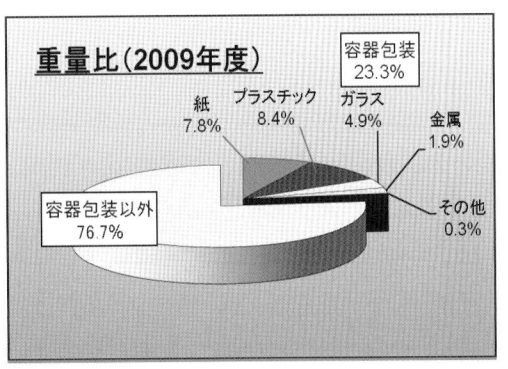

図7 一般廃棄物に占める容器包装廃棄物の比率

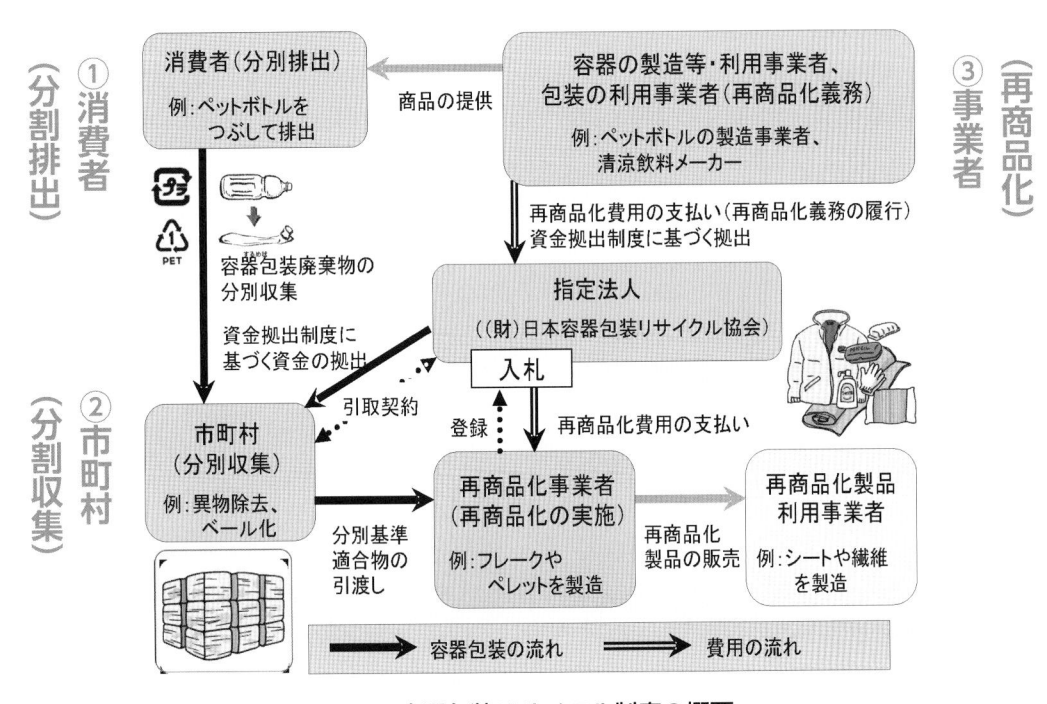

図8 容器包装リサイクル制度の概要

事業者（容器メーカー等）は、市町村によって収集された容器包装廃棄物を、個々の事業者が負担すべき量に応じて原料化や素材化等の再商品化（リサイクル）を行うこととしている（ただし、8種類のうち、アルミ缶、スチール缶、段ボール、紙パックは、市町村が分別収集した段階で有価物となるため、市町村の分別収集の対象にはなるが、再商品化義務の対象とはならない）。実際には、事業者は自ら再商品化を行うほか、自ら再商品化を行うことが困難な場合もあるため、容器包装リサイクル法に基づく指定法人（財団法人日本容器包装リサイクル協会）に再商品化を委託することによって、再商品化義務を履行することとなる。

図8は容器包装廃棄物の分別収集・再商品化の一般的な流れを示している。消費者が分別排出した容器包装廃棄物は、市町村によって分別収集

され、指定法人と契約している再商品化事業者に引き渡される。そしてこの再商品化事業者によりシートや繊維に再商品化され、再商品化製品利用事業者により、その利用が図られる。この再商品化に当たっての費用は再商品化の義務を負っている容器の製造等・利用事業者、包装の利用事業者が指定法人に支払うことにより、負担している。また、指定法人は、入札によって選定した再商品化事業者に再商品化費用を支払うことになる。

3　容器包装リサイクル法の改正

平成18（2006）年には施行から10年を経過した後の施行状況の検討結果を踏まえ、容器包装リサイクル法の一部を改正する法律が成立・公布された。この法改正では、主に以下のような措置が講じられている。
① 環境大臣が「容器包装廃棄物排出抑制推進員（3R推進マイスター）」を委嘱し、推進員は容器包装廃棄物の排出状況や排出抑制の取組の調査、消費者への指導・助言等を行う仕組みの創設
② 事業者による排出抑制（レジ袋の使用抑制等）を促進するため、小売業等について「事業者の判断基準となるべき事項」を主務大臣が定めるとともに、一定量以上の容器包装を利用する事業者に対し、取組状況の報告を義務付ける措置の導入
③ 質の高い分別収集・再商品化を推進するため、事業者が、再商品化の合理化に寄与した市町村に資金を拠出する仕組みの創設
④ 再商品化の義務を果たさないいわゆる「ただ乗り事業者」に対する罰則の強化

4　法の施行状況

一般廃棄物の処理は市町村の自治事務であるため、容器包装リサイクル法に基づく分別収集を実施するかどうかは各市町村の判断に委ねられている。品目ごとの分別収集実施市町村の推移及びは図9、図10に示したとおりであり、品目によって違いがあるが、プラスチック製容器包装を例に取ると法の施行以来、分別収集実施市町村の割合・分別収集量ともに増加傾向を示している。

特定家庭用機器再商品化法（家電リサイクル法）

1　法制定の経緯

家電製品は、従来、粗大ごみとして市町村が処理を行っていたが、製品重量が重く、他の廃棄物と一緒に処理し難いものや、非常に固い部分が含まれているため市町村の粗大ゴミ処理施設での破砕や焼却による減量が困難であった。また、処理についてもその大部分が埋め立て処分され、十分なリサイクルが行われていないこととともに、一般廃棄物の最終処分場のひっ迫の一因となっていた。このような状況を踏まえ、「特定家庭用機器再商品化法」（家電リサイクル法）が平成10（1998）年6月に制定され、平成13（2001）年4月から施行された。

2　制度の概要

家電リサイクル法では、関係者の役割分担が明確に定められており、小売業者には、排出者（消費者及び事業者）から廃家電を引き取り、これを製造業者等に引き渡す義務が課せられ、製造業者等には小売業者等から廃家電を引き取り、定められた水準以上のリサイクルを実施する義務が課せられている。また、家電製品を使用する消費者及び事業者は、家電製品をなるべく長期間使用することにより排出を抑制するよう努めるとともに、再商品化等が確実に実施されるよう廃家電を小売業者又は製造業者等に適切に引き渡し、収集運搬・再商品化等に関する料金の支払いに応ずる等、本法に定める措置に協力しなければならない。

対象品目はエアコン、テレビ（ブラウン管式、液晶式及びプラズマ式）、冷蔵庫・冷凍庫及び洗濯機・衣類乾燥機であり、法に定められたリサイ

4 リサイクル・廃棄物の法制度

品目	実施割合(%)
無色のガラス製容器	96.5
茶色のガラス製容器	96.5
その他のガラス製容器	96.3
紙製容器包装	36.4
ペットボトル	99.1
プラスチック製容器包装	73.5
（うち白色トレイ）	38.0
スチール製容器	99.9
アルミ製容器	99.9
段ボール製容器	92.6
飲料用紙製容器	77.3

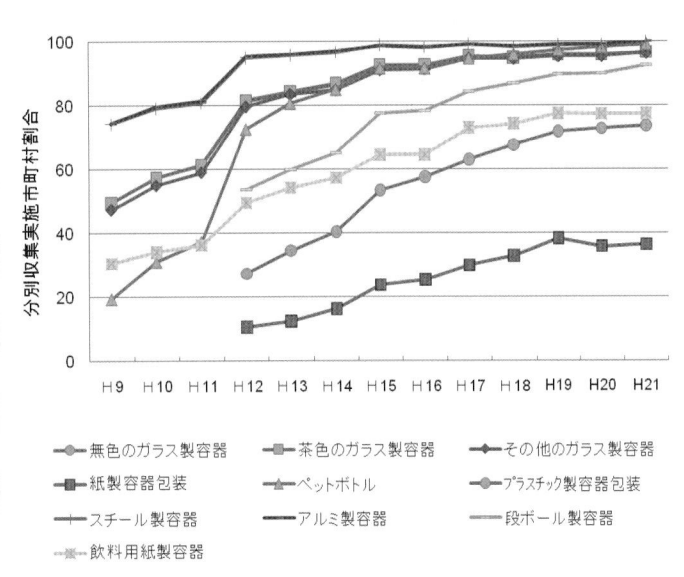

図9　全市町村に対する分別収集実施市町村の割合と推移（2009年度）

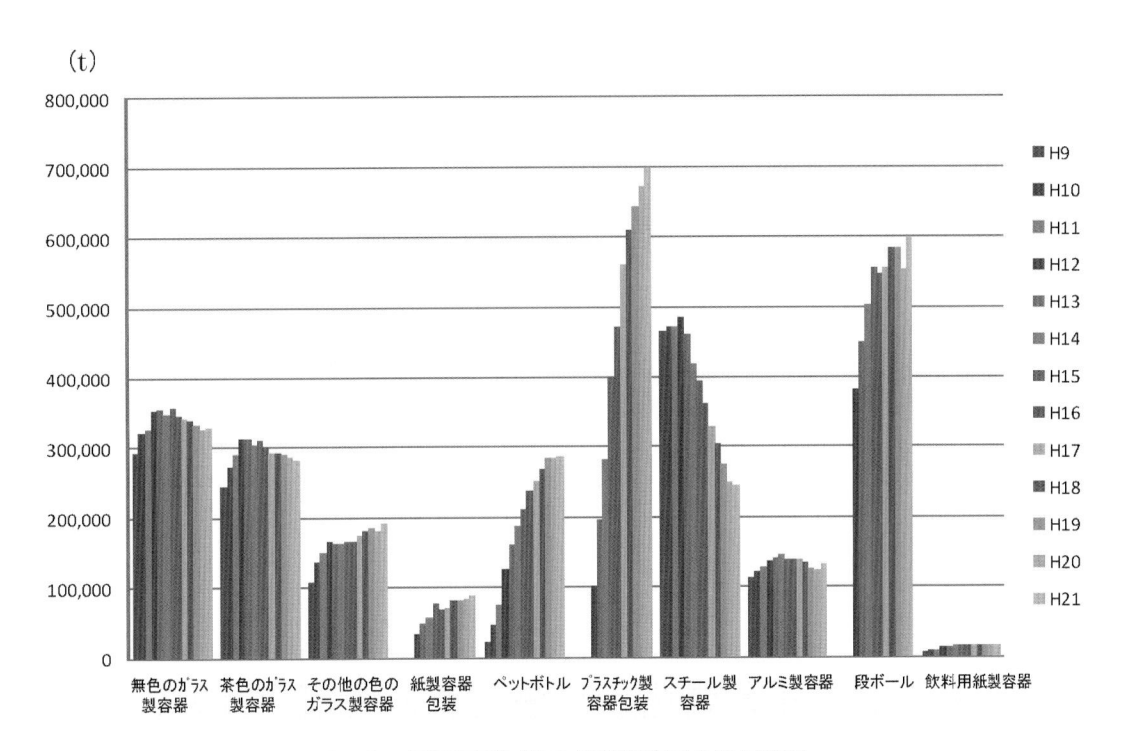

図10　各種容器包装の分別収集量の経年推移

クル目標である再商品化率は、総重量に対し、エアコン70％、ブラウン管式テレビ55％、液晶式・プラズマ式テレビ50％、冷蔵庫・冷凍庫60％、洗濯機・衣類乾燥機65％と定められている。

3 施行状況

家電リサイクル法の完全施行によって、廃棄物の減量化及びリサイクルの推進に加えて、製造段階から廃棄後の再商品化等を考えた製品設計、材料の選択などが行われており、全体としての環境への負荷の低減等が図られているところである。

平成21（2009）年度における製造業者等によるリサイクルプラントでの廃家電の引取台数は1,879万台（前年度比約45.8％増）であり、着実に回収されている。また、再商品化率は、エアコン88％、ブラウン管式テレビ86％、液晶式及びプラズマ式テレビ74％、冷蔵庫・冷凍庫75％、洗濯機・衣類乾燥機85％であり、上記の目標を上回る実績となっている。

4 家電リサイクル法の改正

家電リサイクル法については、平成18（2006）年4月に施行後5年が経過し、法で定める見直し時期を迎えたことから、同年6月より、産業構造審議会、中央環境審議会の合同会合において、見直しのための検討が行われ、平成20（2008）年2月に「家電リサイクル制度の施行状況の評価・検討に関する報告書」が取りまとめられた。これを受けて、対象品目の追加（液晶式・プラズマ式テレビ及び衣類乾燥機）、再商品化等基準の改定を柱とする、同法施行令の改正が行われた（平成21（2009）年4月施行）。

5 建設工事に係る資材の再資源化等に関する法律（建設リサイクル法）

1 法制定の背景

建設工事に伴って廃棄されるコンクリート塊、アスファルト・コンクリート塊、建設発生木材等の建設廃棄物は、産業廃棄物全体の排出量及び最終処分量に占める割合が高く、加えて、1960~70年代の建築物が更新期を迎えるに当たり、さらなる排出量の増大も予測される状況にあった。また、建設廃棄物は、産業廃棄物の不法投棄量に占める割合も高く、その適正処理を進める体制の構築が強く求められた。

最終処分場の残余容量のひっ迫が深刻化し、新規立地も困難となる中、上記の課題に対応するためには、建設廃棄物の有効利用を進めることが重要とされ、中でも、民間工事が主体であり、分別・リサイクルが必ずしも十分に進んでいない建築系建設廃棄物についても、その有効利用を推進する必要があった。

このため、平成12（2000）年5月、これら建設廃棄物の再資源化を進めるための制度として、建設工事に係る資材の再資源化等に関する法律（建設リサイクル法）が制定され、平成14（2002）年5月に完全施行された。

2 制度の概要

建設リサイクル法では、特定建設資材（コンクリート、コンクリート及び鉄から成る建設資材、木材、アスファルト・コンクリート）を用いた建築物等に係る解体工事又はその施工に特定建設資材を使用する新築工事等のうち、一定規模以上の建設工事（対象建設工事）について、その受注者等に対し、分別解体等を行い、また、発生した特定建設資材廃棄物の再資源化を行うことを義務付けている。なお、建設発生木材については、一定距離（半径50km）以内に再資源化施設がないな

ど再資源化が困難な場合には、適正な施設で縮減（焼却）を行えば足りることとしている。

この対象建設工事に該当する規模の基準は、以下のように定められている。
・建築物の解体工事：床面積 80m2 以上
・建築物の新築又は増築の工事：床面積 500m2 以上
・建築物の修繕・模様替え等の工事：請負代金が 1 億円以上
・建築物以外の工作物の解体工事又は新築工事等：請負代金が 500 万円以上

また、同法では、対象建設工事に関して、工事着手の 7 日前までに発注者から都道府県知事に対して分別解体等の計画等を届け出ることや、請負契約の締結に当たっては、解体工事に要する費用や再資源化等に要する費用を明記すること等も義務付けられた。

さらに、適正な解体工事の実施を確保する観点から、解体工事業を営もうとする者は都道府県知事への登録が義務付けられた。ただし、土木工事業、建築工事業及びとび・土工工事業に係る建設業の許可を受けた者はこの限りでない。

また、主務大臣（農林水産大臣、経済産業大臣、国土交通大臣及び環境大臣）は建設廃棄物のリサイクルを促進するため、基本方針を定めることとされている。これに基づき平成 13（2001）年 1 月 17 日に定められた基本方針では、特定建設資材に係る分別解体等及び特定建設資材廃棄物の再資源化等の促進に当たっての基本理念、関係者の役割、基本的方向などを定めるとともに、特定建設資材廃棄物の平成 22（2010）年度の再資源化等率を 95％とすること、国の直轄事業における特定建設資材廃棄物の最終処分量を平成 17（2005）年度までにゼロとすること等の目標を掲げている。

食品循環資源の再生利用等の促進に関する法律（食品リサイクル法）

1 法制定の経緯

平成 3（1991）年の資源有効利用促進法制定、また、平成 7（1995）年の容器包装リサイクル法以降の個別リサイクル法の制定等、各種リサイクル関連法が整備される中、食品関連業界においては、食品廃棄物等の発生量が増大し、これらは、衛生的管理の観点等から、主に焼却処理が行われてきた。しかし、その中には、飼料や肥料として活用できる有用なものがあり、こうした資源化を行う動きがみられ始めた。こうした取組や、食品廃棄物等のエネルギー利用を加速させ、循環型社会の形成の一端を担うように進めるべく、平成 12（2000）年に食品リサイクル法が制定、平成 13（2001）年に施行され、その取組をより一層促進するため、平成 19（2007）年に改正、平成 20（2008）年から施行されている。

2 制度の概要

食品リサイクル法は、食品循環資源（食品廃棄物等のうち、有用なもの）の再生利用や熱回収、食品廃棄物等の発生抑制や減量に関して基本的な事項を定めるとともに、食品関連事業者（食品製造業、食品小売業、食品卸売業、外食産業）に対し食品廃棄物等の再生利用等を求め、また、その促進策を講じた制度となっている。

まず、主務大臣は、食品循環資源の再生利用等の促進に関する基本方針を定める。この基本方針では、再生利用等の方法を含めた促進の基本的方向の他、再生利用等を実施すべき量に関する目標を業種別に定めている。ここで定める目標は、業種全体で達成することが見込まれるものであり、平成 24（2012）年度までの目標は、食品製造業で 85％、食品卸売業で 70％、食品小売業で 45％、外食産業で 40％ となっている。

また、上記目標を達成するために取り組むべき措置等について、食品関連事業者の判断の基準となるべき事項を省令で定めており、食品関連事業者は、この基準に従い、再生利用等に取り組むこととなる。当該省令では、再生利用等の実施の原則、食品循環資源の再生利用等の実施に関する目標（個々の食品関連事業者が取り組むべき目標値）、発生抑制の方法等について定めがある。

さらに、一定量以上の食品廃棄物等を発生させる食品関連事業者には、その発生量や再生利用の状況に関し、主務大臣に定期報告を行うことが義務付けられている。

これらに加え、再生利用を促進するための措置として、以下の措置が講じられている。

①再生利用事業者の登録制度

肥飼料化等を行う事業者を登録、委託による再生利用を促進。登録を受けた事業者には、廃棄物処理法の特例等（運搬先の収集運搬業許可不要等）及び肥料取締法・飼料安全法の特例（製造・販売の届出不要）が受けられる。

②再生利用事業計画の認定制度

食品関連事業者が、肥飼料等製造業者及び農林漁業者等と共同して、食品関連事業者による農畜水産物等の利用の確保まで（リサイクル・ループ）を含む計画を作成、認定を受けた場合は、廃棄物処理法の特例等（①の内容に加え、収集先の収集運搬許可不要）及び肥料取締法・飼料安全法の特例が受けられる。

使用済自動車の再資源化等に関する法律（自動車リサイクル法）

1 制定の経緯

使用済自動車は中古部品や金属回収の観点から価値が高く、法制定前から、自動車解体業者によって部品回収、残った廃車ガラは破砕業者によって破砕・金属回収されることにより、一台あたり重量ベースで80%以上が経済原理に則ってリユースまたはリサイクルされてきた。

しかし、破砕・金属回収後の残渣であるシュレッダーダスト（ASR）による環境汚染事件を発端に、平成7（1995）年にシュレッダーダストは管理型産業廃棄物としての処分が義務付けられ、その後、最終処分場の残余容量逼迫により、その処分費は高騰の一途をたどった。さらに、鉄スクラップ価格の低迷も追い打ちをかけ、これまで有価で流通していた使用済自動車の価値が低下、逆有償化の現象が生まれ、この結果、不法投棄が多発し、大きな社会問題となった。

こうした背景から、市況に左右されない安定したリサイクル体制構築のため、また、フロン類の回収・破壊や、エアバッグ類の適正処理という新たな環境問題にも対応するため、平成14（2002）年に自動車リサイクル法が制定され、平成17（2005）年1月から本格施行されている。

2 制度の概要

自動車リサイクル法は、シュレッダーダスト、エアバッグ類、フロン類の3品目について自動車メーカーに引き取り・リサイクルを義務付けることにより、従来のリサイクルの枠組みにおいて市場原理に基づくリサイクルが円滑に進むよう設計された法律である。排出者責任と拡大生産者責任の双方の考え方を取り入れ、以下のような役割分担を定めている。

・自動車の所有者：新車購入時にリサイクル料金を資金管理法人に預託。また、使用する自動車が使用済みとなったときは、これを引取業者に引き渡す。

・引取業者（登録制：ディーラー、自動車整備業者等。解体業者が兼務している例も多い）：使用済自動車を引き取り、装備確認の上、フロン類が装備されている場合はフロン回収業者へ、そうでない場合は解体業者へ引き渡す。

・フロン回収業者（登録制）：引き取った使用済

自動車からフロン類を回収し、自動車製造業者に引き渡す。フロン類回収済の使用済自動車は、解体業者に引き渡す。
- 解体業者（許可制）：引き取った使用済自動車からエアバッグ類を回収し、自動車製造業者に引き渡す。有用部品等を回収した後の廃車ガラは、破砕業者に引き渡す。
- 破砕業者（許可制）：引き取った廃車ガラを破砕し、金属回収を行った後の残渣であるシュレッダーダストを自動車製造業者に引き渡す。
- 自動車製造業者：シュレッダーダスト、エアバッグ類、フロン類を引き取り、資金管理法人から受け取ったリサイクル料金を用いて再資源化（フロン類は破壊または再資源化）を行う。

　また、使用済自動車の適正処理を確保し、不法投棄を防止するため、使用済自動車の流れを電子マニフェストシステムで厳格に管理し、リサイクル料金の流れや自動車の登録情報等とも連動させ、その実効性を強化している。

3　施行状況

　自動車製造業者に再資源化等が義務付けられているエアバッグ類及びシュレッダーダストについては、数値目標が期限をもって設定されているが、平成20（2008）年度において、全ての事業者が平成27（2015）年度目標を前倒し達成している。これに伴い、使用済自動車全体の循環的利用の割合も、平成12（2000）年当時と比較して約83％から約95％まで向上した。

　また、自動車リサイクル法施行前の平成16（2004）年9月末に218,359台存在した不法投棄車両は、平成22（2010）年3月末には1,445台まで大きく減少している。

（坂口芳輝・杉村佳寿・沼田正樹）

5 リサイクルの経済学

1 はじめに

　本章の目的は、廃棄物の処理およびリサイクルにかかわる諸事象を経済学的な観点から説明することである。従来、経済学ではおもに通常の財(すなわちグッズ)やサービスが分析の対象となっていた。しかしながら現在の廃棄物・リサイクルの問題も経済的な側面をもっており、問題解決のためにはこの領域でも経済学的分析が必要となってくる。経済学の基本的考え方は極めて柔軟で、グッズ以外(すなわちバッズ)の分析にも十分対応することができる。

　まず次の節では、基本概念や用語の説明を行い、経済学のいわゆる部分均衡分析を用いて廃棄物の特徴付けや、廃棄物の取引に関する分析を行う。グッズ(有価物)の分析をバッズ(逆有償物)にまで拡張して価格や取引量の決定を説明する。

　次に第3節では、第2節で解説した理論的基礎に加えて制度的な議論を展開することによって分析を拡張する。また現行の廃棄物取引およびリサイクルのあり方に関する問題点および課題を洗い出す。それとともに現行の廃棄物・リサイクルの法制度的側面や政策について批判的検討を与える。

　第4節では、環境制約および資源制約という2つの制約を考えつつ、今後の資源循環政策について展望する。従来型の廃棄物政策を脱却して新しい資源循環政策を打ち立てないと国境を越えた広域資源循環はおろか国内資源循環までもが大きな問題をはらみ得る可能性のあることを明らかにする。

　第5節をもってまとめとする。

2 廃棄物処理とリサイクルの経済的側面

1 概念および用語の説明

　この節を始めるにあたり、以下の議論をわかりやすくするために廃棄物処理およびリサイクルに関わる概念と用語の整理をしておく。なお、ここでの用語の定義や説明は普遍的なものではなく、研究者によっては別の使い方をする場合もあることを注意しておきたい。

　日常用いられる「リサイクル」には2通りの意味がある。広義のリサイクルは、使用済み製品・部品・素材を補修・修理したあと再び使うこと、あるいはそれらを一旦素材に戻して資源として再生することである。前者の行為を特定して言う場合、リユースとか再使用という用語を用いる。これに対して狭義のリサイクルは使用済み製品・部品・素材を新たな資源として再生することのみを意味する。この行為を特定して言う場合、再生利用とか再資源化という用語を用いる。

　日常では広義と狭義のリサイクルが混乱して用いられている。たとえば、リサイクルショップと呼ばれる店では、使用済みの洋服や小物が中古製品として売られている。これはリユースないし再使用であって狭義のリサイクルではない。他方、

リデュース・リユース・リサイクル（いわゆる3R）の「リサイクル」は狭義のリサイクルである。本節では原則「リサイクル」をおもに広義のリサイクルの意味で用いる。ただ、誤解が生じないことが明らかな文脈では、リサイクルが狭義のリサイクルを意味する場合もある。

経済の取引の対象となるものには、プラスの価格がつくもの（有価物、有償物）と価格がつかないもの（無価物）そしてマイナスの価格がつくもの（逆有償物）がある。それらをそれぞれグッズ、フリーグッズ、バッズと呼ぶ。後で説明するように、あるものがグッズになるかフリーグッズになるかバッズになるかは需給バランスによって決まるのであって、ものの物理的特性によって決まるわけではない。もちろん物理的特性は需給バランスに影響をあたえるから、間接的に以上の区分に影響を与えることはある。

グッズは価値あるものとして経済取引の対象となるので、それが直ちにそのまま廃棄されることはない。しかしフリーグッズやバッズの中には、リユース・リサイクルされることなく廃棄処分されるものがある。逆に、無価値あるいはマイナスの価値であっても廃棄処分されず、市場取引でリユース・リサイクルされるものもある。この場合、バッズは最終的にグッズに転換されるか、グッズの生産のための投入物として有用に利用される。そこで、そのようなフリーグッズおよびバッズを潜在的グッズと呼ぶことがある。

さて廃棄物という用語も広範な意味をもって用いられる。多くの場合、生産活動や消費活動から排出された残余物は廃棄物と呼ばれている。しかし、そのような廃棄物の中にはグッズもあればバッズもある。一見素人からみてバッズだと感じられるものも、ある分野のプロからするとグッズであることがある。事故で大破した自動車が有価で取引される場合がそのような例にあたる。逆にまだまだ使用可能に見える家具が粗大ごみ、すなわちバッズとして廃棄処分されてしまうような場合もある。

このように、一般に用いられる廃棄物という用語には多義的な意味合いがある。対して、法律上の廃棄物にはそうした意味での多義性はない。廃棄物の処理および清掃に関する法律（以下廃棄物処理法と呼ぶ）の下で規定された廃棄物とは、そのままでは使用に耐えないような逆有償物であって、総合的に判断されるべきものとされている。すなわち、廃棄物はバッズということになる（本章では廃棄物とバッズとを原則互換的に用いる。ただ、経済的側面での言及においてはバッズという言葉を、法制度的側面での言及では廃棄物という言葉を用いる。なお、廃棄物処理法上の「廃棄物」の説明については、3.1項を参照）。但し、この場合のバッズには潜在的なグッズも含まれていることに注意しなければならない。廃棄物であっても費用をかければグッズとして再生されるようなものもあるのである。本節で廃棄物と言った場合、原則廃棄物処理法上の廃棄物を意味する。

さて、消費活動であれ生産活動であれ、すべての経済活動から排出される残余物には、その後の処理のあり方によっては有効利用される資源が多かれ少なかれ存在している。たとえば、使用済みの電気・電子機器の制御基盤には金などの貴金属や銅などの非鉄金属が入っており、再資源化のプロセスでこうした資源が抽出されて市場に供給される。ただ、こうした資源が市場で実際に取引の対象になるかどうかは、当該使用済み製品の排出段階では明らかでない。つまり、使用済み製品内の資源性は潜在的なのである。こうした性質を潜在資源性と呼ぶ。

一方、同じ残余物には、処理の仕方いかんによって環境に付加を与える恐れのある物質が含まれていることがある。たとえば、生ごみであっても不適切に放置されれば腐敗し、悪臭が放たれ、悪い場合には疾病の感染源になる場合さえある。また、使用済み電気・電子機器には鉛やヒ素が入っていることがあり、これらが不適正に処理されれ

ば環境汚染になる。ただ、こうした性質は処理の仕方によっては顕在化しない。そこで以上述べたような環境負荷の性質を潜在汚染性と呼ぶことにする。

本節の最後に、動脈経済（動脈市場）と静脈経済（静脈市場）という用語を説明する。製品・部品・素材の設計・資源採取・生産・流通・販売・消費という連鎖（これを動脈連鎖と呼ぶ）にかかわる経済を動脈経済と呼び、動脈経済における市場を動脈市場と呼ぶ。これに対し、経済活動から排出された残余物を回収（収集）・運搬・保管・再使用・再生利用（再資源化）・中間処理・最終処分（埋立処分）する一連の連鎖（これを静脈連鎖と呼ぶ）にかかわる経済を静脈経済と呼ぶ。静脈経済における市場を静脈市場と呼ぶ。

もう少し簡素化したな表現をすると、新たに抽出された天然資源や新たに生産された製品・部品・素材にかかわる一連の取引が行われる場が動脈経済であり、経済活動から排出された残余物すなわち使用済み製品・部品・素材などにかかわる一連の取引が行われる場が静脈経済ということになる。残余物にはグッズもあればバッズもあるので、必ずしもグッズを扱うのが動脈経済、バッズを扱うのが静脈経済というわけではない。ただ、バッズの取引が行われる市場はほとんどの場合静脈市場である（グッズとバッズの分析の詳細については細田（1999）を参照）。

なぜ動脈経済（動脈市場）・静脈経済（静脈市場）といった区別をするかというと、以下の項で述べるように2つの経済（市場）では市場取引のあり方に大きな違いがあるからである。動脈市場取引と異なり、静脈市場における取引では、何らかの制度的制約を課さないと質の高い取引が保証されない。この点が静脈経済における制度設計の1つの鍵となる。

2　廃棄物処理とリサイクルの双対性

本項では廃棄物処理とリサイクルという活動を経済学的に検討する。現実の経済では、家庭の消費活動から排出される廃棄物と産業活動から排出される廃棄物とでは取引のされ方に違いがある。概ね2つのタイプの廃棄物はそれぞれ一般廃棄物・産業廃棄物という範疇に分類され、法制度の適用の仕方が異なる。このためそれぞれの取引にかかわる主体も制度的制約も異なるのである（厳密に言うと、産業活動から排出される廃棄物であっても産業廃棄物に分類されず一般廃棄物として処理されるものがある。木屑や動物性残渣などが代表例である）。

したがって廃棄物の経済分析を行う場合、本来一般廃棄物と産業廃棄物に分けて議論する必要がある。しかし、まずグッズとバッズの相対性を確認するためにあえて両者の区別をせずに議論を展開する。そして、徐々に両者の相違に着目しながら話を進めることにする。

経済取引の対象となるものにはすべて潜在資源性がある。そうでなければ取引の対象となるはずがない。しかしその資源性が現実の価値として顕在化するかどうかは、当該の対象物に備わった資源性を欲する主体がどれほど多くいるかによって決まる。そうした主体が少なければ資源性は潜在的なままだし、逆に多ければ資源性は顕在化する。

このことに留意しつつ、簡単な図を用いてグッズとバッズの相対性について検討する。以下の図は初級の経済学のテキストによくある財・サービスの均衡価格および取引量の決定を示す図を少し拡張して描いたものである。縦軸には価格が、横軸には数量がとってある。通常の図と異なるのは、第4象限で需要曲線と供給曲線が交わる可能性を排除していない点である。

需要曲線がD_1供給曲線がSのとき、均衡価格と均衡取引量はそれぞれp_1とq_1である。p_1はプラスの値であるからグッズである。当該物の資源性を欲する主体からの需要が十分大きいため、市場取引においてその資源性が顕在化する。こうして価格はプラスになるのである。

これに対し同じ供給曲線がSに対して需要曲線がD_2であるとしたとき、均衡価格および均衡取引量はどうなるだろうか。仮に廃棄という行為に費用が要らないのであれば、つまりただで残余物が捨てられるのであれば、均衡価格はゼロになる。OAに相当する量だけが経済において無料で用いられ、残りのABに相当する量はタダで捨てられる。しかしながら現実の経済では、費用をかけずにつまりタダで廃棄できるようなものは存在しない。そのようなことをしたら潜在汚染性が現実の汚染として顕在化してしまうからである。

そこで残余物は必ず費用をかけて処理しなければならないと想定してみよう。その場合、必ず経済主体によって引取られなければならない、すなわち需要されなければならないのである。それがD_2の需要曲線の第4象限の部分によって表されるとしよう。このときの均衡価格および均衡取引量はそれぞれp_2とq_2となる。p_2はマイナスであるので逆有償物すなわちバッズになる。

この簡単な考察からわかることは次のことである。需要曲線と供給曲線との位置関係によって、均衡における価格がプラスになるかマイナスになるかが決まる。つまり、あるもの（残余物）がグッズになるかバッズになるかは需要と供給の相対的な大きさいかんによる。十分大きな需要があれば、それはグッズになるし、逆に需要が小さければバッズになる。

そのような例は多く見出すことができるが、典型的な1つの例は使用済み鉛蓄電池（バッテリー）である。使用済み鉛蓄電池は、車検時や使用済み自動車の解体時などに排出される。鉛2次製錬から十分な需要があればそれはグッズとして取引される。だが、十分なる需要がない場合それはバッズすなわち廃棄物として処理される。それが仮に再資源化されて、鉛が採りだされたとしてもである。

動脈経済で素材としての鉛の需要が増加すると、その代替物である2次製錬の鉛の需要も増

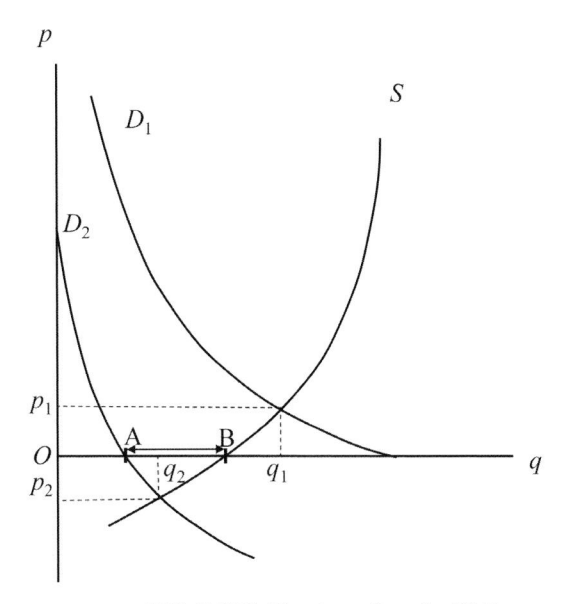

図1 部分均衡分析によるバッズの説明

加する。したがって天然資源の鉛の相場は、2次製錬の鉛の価格にも大きな影響を与えることになる。鉛の需要が増加して相場が上昇すれば、それは使用済み鉛蓄電池の需要曲線が上方にシフトしていることを意味し、同時に、それがバッズではなくグッズとして取引される可能性の高まっていることを意味しているのである。

あるもの（残余物）がグッズになるかバッズになるかは、概ね以上見たとおりである。ただし、バッズとして取引されたものは必ずしはすべてが不要物として処分されてしまうわけではない。バッズであってもリサイクルされてグッズに転換され、動脈経済で投入物として用いられることがままある。次にこのことを分析してみる。そのためには、もう少し廃棄物処理とリサイクルという経済行為を明示的に取り込んだモデル化が必要である。そこで以下の図を参照しながら考えることにする。なお、具体的なイメージをつかむため、古紙を代表例に取りながら説明する（もちろん古紙でなくても良い）。

家庭などから排出された古紙はリサイクルされる場合もあるし、廃棄物として処理される場合も

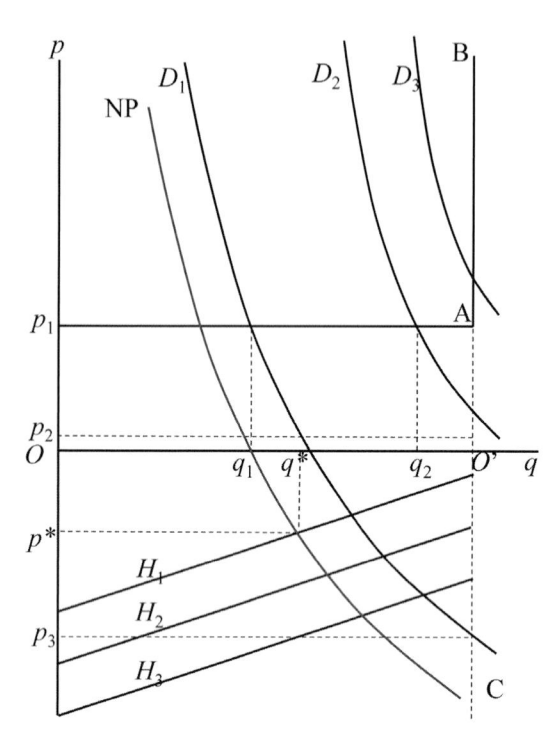

図2 廃棄物処理とリサイクルの双対性

ある。ここでは排出される古紙の量を一定であるとし、この量をOO'の長さで表すことにする。排出された古紙は、リサイクルされるか廃棄物処理されるかのどちらかであると想定しよう。そうすると、OO'の長さで表される古紙は、リサイクルされる部分と廃棄物処理される部分とに分かれる。

まずリサイクルの部分から考えよう。いま、1単位古紙を回収し再資源化工程に供給するのに必要な費用（正確には限界費用）が一定でその値がp_1であるとしよう。市中に存在する古紙は限られており、その最大量（実際の排出量）以上に回収することは不可能だからO'を超えたところで限界費用曲線は描けない。したがって、O'で限界費用曲線は垂直な線として描かれている。するとp_1ABがリサイクル用古紙の供給曲線を表すことになる。

一方、古紙を再資源化して製紙メーカーに原料として供給する業者の古紙への需要曲線がD_1、D_2、D_3などで表されている。より多く古紙を投入すると付加的な1単位当たりの生産性（限界生産力）は落ちるから、各曲線は右下がりで描かれている。あまり多く投入しすぎるとかえって質が悪くなって生産性にマイナスの影響を及ぼすから、この曲線は第4象限にいたることもある。

次に古紙の廃棄物処理の側面を考える。第4象限には廃棄物として処理される古紙の費用曲線が描かれている。廃棄物処理される古紙の量をO'から左に測ることにしよう。また、この象限では縦軸は廃棄物処理費用を表しており、下に行くほど費用が大きくなる。H_1、H_2、H_3などで描かれた線が廃棄物処理の費用を表す曲線である。処理量が多くなるにつれて単位費用が大きくなるように描かれているが、これは本質的ではない。スケールメリットを反映して、多く処理するほど単位費用が小さくなると考えても以下の議論は変わらない。また、市町村は無料で古紙を回収し廃棄処理するものとしよう（市町村によって分別回収されてリサイクルされるケースはこの段階では考えない）。

古紙への需要曲線がそれぞれD_1、D_2、D_3のとき、業者によって回収・リサイクルされる量はそれぞれq_1、q_2、O'である。回収業者によって回収されなかった古紙、たとえばq_1O'やq_2O'の部分は無料で市町村によって廃棄処理される。景気がよくて素材としての古紙に対する需要が大きい場合（たとえば需要曲線がD_3のようなとき）、古紙は全量回収されリサイクルされる。一方、素材としての古紙に対する需要が弱い場合（たとえば需要曲線がD_1のようなとき）、市中には回収されなかった古紙が残り廃棄処理されることになる。しかしいずれの場合でも古紙の価格はp_1で一定である。

しかし市町村が古紙を廃棄処理するのはもったいないという理由で、全量リサイクルするように指導したらどうなるだろうか。このとき全量リサ

イクル業者がすべての古紙をリサイクルしなければならないので、$BO'C$ の直線とたとえば需要曲線 D_1 との交点で古紙の価格が決まることになる。このとき古紙の価格 p_3 はマイナスでバッズになっている。たとえリサイクルされているとしてもバッズなのである。

景気が上向き素材としての古紙に対する需要が強まったとき、たとえば需要曲線が D_1、D_2 のようになったときどうなるだろうか。前者の場合価格はプラスであるが、p_1 より小さくなる。逆に後者の場合 p_1 より大きくなる。こうして需要曲線の位置によって古紙価格が変動し、ある場合にはマイナスになることがわかる。

それでは以上のように市場に任せたままでリサイクルを行えば良いかどうか考えてみよう。場合によっては市町村が古紙回収促進の旗ふりをする正当な理由があるのだろうか。このことを需要曲線が D_1 の場合に検討してみる。需要曲線はリサイクル業者の古紙への収益によって裏付けられた支払意志を表しているから、縦方向に D_1 から p_1A を引いて作った新しい曲線 NP は古紙リサイクルから得られる限界純収入を表している。

この場合、仮に廃棄処理費用を表す線が H_1 だとすると、最適リサイクル量は q^* になる。なぜならそれ以上リサイクルすると、追加的な1単位につき廃棄物処理より多くの費用をリサイクルに費やさなければならないからである。逆にそれより少なすぎても費用が余計にかかる。追加的な1単位について廃棄物処理する費用の方がリサイクル費用より高くなるからである。

社会的な費用という観点から考えた場合の最適リサイクル量は q^* であるが、市場に任せておいたのではこの量はリサイクルされない。純粋な市場でリサイクルされるのは q_1 だけでありこれは q^* より小さい。したがって市町村が何らかの措置をとってより回収を促進しなければならないのである。しかしながらその場合でも必ずしも全量リサイクルする必要のないこともわかる。

3 静脈市場の機能と制度的側面

以上極めて簡単な経済理論モデルで見たように、少なくとも社会全体の費用という観点からすると何らかの制度的措置がない場合、リサイクルは過小になる可能性がある。こうして、静脈経済では適切に設計された法律や行政制度あって初めて社会的費用が最小化されるということがわかるのである。しかしながら静脈経済においては、より根源的なところで法律や行政制度が必要とされるのであるが、以下その点について検討することにする。

そのことを検討するために、図1や2で暗黙的に想定した重要な事柄があることに注意しよう。それは、バッズもグッズと同様に市場で正当に取引されるという仮定である。2つの図とも第4象限で2つの曲線が交わった点で取引される、すなわち交換の対象物がバッズであってもうまく取引が進むと想定している。しかし実際はそうではない。

グッズの場合交換の対象物は価値あるものとして市場で評価されているので、誰でもそれを注意して扱い、ぞんざいに取り扱うことはない。しかしバッズの場合、市場の評価はマイナスなのだから、それを持っている主体はぞんざいに取り扱う恐れがある。十分注意を払わず不適切に扱うこともあるだろうし、意図して不適正に処分する可能性さえある。そのようなとき周辺環境は汚染され環境破壊が起きてしまうだろう。こうした事態が好ましくないことは明らかである。バッズの取引をグッズの取引と同じように考えては行けないわけがここにある。

この点をもう少し丁寧に検討してみよう。そのときに必要になるのは、取引に伴う情報量の問題である。比較をすることによってわかりやすくするためにまず動脈市場を取り上げて考える。動脈市場の特徴は、財・サービスなどの内容や履歴に関する情報が比較的早く広く伝わるということで

ある。多くの場合、財・サービスの良し悪しは直ちに市場内の主体によって共有される。すなわち、グッズの場合、売り手や買い手の間で取引対象物に関する情報が比較的対称になっており、市場に偏在していないのである。

もちろん、それは程度問題であって、動脈市場でも情報の非対称的な財・サービスは多く見いだせる。複雑な製品の情報は、買い手と売り手との間で非対称的であり、圧倒的に売り手に情報が偏っていることが多い。この情報の非対称性によって起きる問題（騙しや詐欺的行為による利潤の獲得）を防ぎ、買い手を保護するため、たとえば製造物責任（PL）などがあるのである。また食品の内容表示の義務も同様の理由からである。

しかしながら、静脈市場には情報の非対称性・偏在に由来する固有の問題があり、これがバッズの取引を難しいものにしているのである。ここでいう情報の非対称性とは次の２つの種類のものからなる。１つは、排出者が排出物の内容・組成情報を処理・リサイクルする主体に伝えないあるいは伝えられないことから生じる情報の非対称性である。もう１つは、当該対象物を処理・リサイクルした主体が処理・リサイクルの内容を排出主体に伝えないことから来る情報の非対称性である。まず前者から説明する。

バッズを排出するものが消費者の場合から考えよう。塵芥・厨芥などの組成・内容はほとんど変わることなく一定なので取引主体どうしの間での情報の非対称性はほとんどない。しかし、工業製品の場合はそうではない。内容・組成情報は生産者に偏って存在している。したがって、使用済み製品の場合、排出者である消費者が当該バッズの内容・組成情報を処理・リサイクルを行う主体に伝えることができない。また仮に知っているにしたとしても伝える動機はない。

バッズを排出する主体が企業の場合、事情は異なる。排出主体である企業は自分の排出するバッズの内容・組成情報を持っている場合が多い。しかし、こうした情報は企業秘密に属することがあり、情報を出したがらないのが現実である。内容・組成情報を伏せたまま処理・リサイクル主体に当該取引対象物を引き渡す排出主体が存在するのである。処理・リサイクル主体が費用をかけて内容・組成情報を得ることも考えられるが、それは費用の増加を意味し、競争的な静脈経済で実際に起きるとは考えにくい。

いずれの場合にせよ、処理・リサイクル主体は扱う対象物の内容・組成情報が不完全なまま処理・リサイクルせざるを得ない。当然、正しい内容・組成情報がある場合に比べて、著しく非効率な処理・リサイクルが行われてしまうことになる。これが第１の情報の非対称性（偏在）に基づく問題である。

他方、処理・リサイクル主体は処理・リサイクルの内容について排出主体に情報を出す動機がない。契約によって排出主体に情報を出すことを義務づけられている場合もあるが、その場合でさえ処理・リサイクル主体は正しい情報を出さないかもしれない。そうすることによって費用を節約し、利潤を拡大することができるからである。その典型的な例が不正処理・リサイクルや不法投棄である。

バッズの場合、取引対象物は定義によって逆有償であるから引き取ったものに貨幣と情報が残る。貨幣と情報が反対方向に流れるグッズの取引とこの点が大きく異なるのである。すると、処理・リサイクル主体は料金（貨幣）だけ受け取っておきながらおざなりの処理・リサイクルを行ったり、あるいは周辺環境に放棄したりして利潤を拡大する動機が生じるのである。これが第２の情報の非対称性（偏在）に基づく問題である。

他の処理・リサイクル主体がそのように行動することを前提とした場合、費用を不当に削減することによって処理・リサイクル料金を下げて、バッズを獲得しようという競争が起きてしまう。そうすると、適正に処理・リサイクルを行う主体は費

用面で不利になり、競争に敗れる可能性が高くなる。このような理由から、静脈経済には優良な主体が残りにくくなるのである。競争によって質の悪いものが市場に残る現象を逆選択という。

こうした状況に鑑み、廃棄物処理法や個別リサイクル法などを策定し、静脈市場における適正な取引や競争を担保することが図られている。まず、まずバッズ（廃棄物）の取引にかかわる主体は、行政（市町村や都道府県）から業や施設の許可を得なければならない。誰でもバッズの取引市場に参加できるわけではなく、市場へのアクセスが限定されているのである。

もちろんそれだけでは十分でないので、バッズの取引には様々な制約が課せられている。家庭系の廃棄物の場合、排出された市町村内部で処理・リサイクルされることが原則である。産業系の廃棄物の場合は、排出された都道府県内部で処理されることが概ね原則化されつつある。

また図2で見たような過小なリサイクルの状態を改善するために、個別アイテムにあった形での個別リサイクル法が施行されている。使用済みになった容器包装類・特定家電製品（テレビ・エアコン・冷蔵庫・洗濯機など）・自動車や建設廃棄物・食品廃棄物の取引や処理・リサイクルはこうした個別リサイクル法の対象物である。

さてバッズ取引に関する情報の問題を述べたときに、使用済み製品については消費者も処理・リサイクル主体も情報を持たない可能性について触れた。使用済み製品の内容・組成情報は生産者が最も大量に持っているはずであり、そうならば生産者は製品に関する情報を開示し、処理・リサイクル主体に情報発信することが望ましい。それだけではなく、自ら生産した製品には廃棄後の段階まで生産者が一定の責任を取るべきであるという考え方が受け入れられるようになった。作りっぱなしでだいじょうぶだと言うことになれば、廃棄やリサイクルの費用を無視した製品造りがなされ、これによって社会的費用が増加してしまうからである。このような責任を拡大生産者責任（Extended Producer Responsibility 略してEPR）と呼ぶ。日本の個別リサイクル法でも多かれ少なかれEPRの概念が取り入れられている。

EPRの目的の1つは環境配慮設計（Design for Environment 略してDfE）の促進である。製品を生産しようとする時、生産・消費・消費後のあらゆる段階での環境負荷がより小さくなるように設計時に配慮するというのがこの考え方である。生産者が使用済み製品の処理・リサイクルについて一定の責任を持てば設計段階から環境に配慮する動機が生じると考えられている。家電製品などについてはそのような状況が見られる（EPRの詳細については、細田（2003）、植田・山川（2010）などを参照）。

現在の資源循環の問題点と課題

1　廃棄物の制度にかかわる問題

廃棄物（バッズ）の処理・リサイクルあるいは資源循環においては、静脈経済に一定の制約を課す法制度や行政制度が必要であることを述べた。実際、日本には廃棄物処理法や資源有効利用促進法、それらを束ねる上位法の循環型社会形成推進基本法、そして下位には個別リサイクル法があり、廃棄物の取引・処理・リサイクルに一定の制約を課している（図3参照）。これらの法制度の御陰で静脈市場も徐々に整備され、適正な取引・処理・リサイクルが行われるようになった。しかしながら現行の法制度・行政制度には多くの克服すべき基本的な問題がある。以下、いくつかの重要な論点を説明する。

まず、廃棄物の定義にかかわる問題である。ここまでの議論では、廃棄物＝バッズ（逆有償物）として考えてきた。ここでの廃棄物とは廃棄物処理法上の廃棄物であることに注意しよう。廃棄物

3R政策の概要

```
                    環境基本法  H6.8完全施行   環境基本計画
         H13.1完全施行 ┃
              循環型社会形成推進基本法（基本的枠組み法）
              循環型社会形成推進基本計画：国の他の計画の基本

              ＜廃棄物の適正処理＞      ＜リサイクルの促進＞
  H16.12一部改正  廃棄物処理法  （一般的な仕組み  資源有効利用促進法  H13.4改正法施行
                              の確立）
                        （個別物品の特性に応じた規制）
```

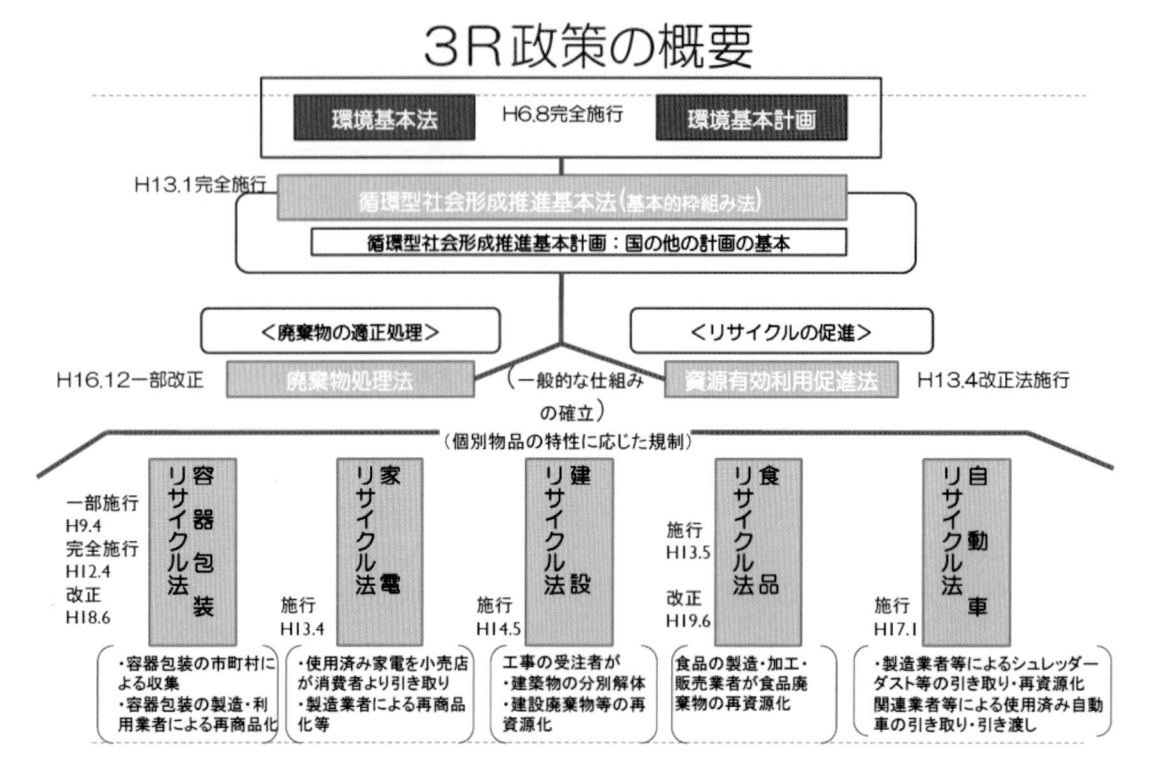

容器包装リサイクル法	家電リサイクル法	建設リサイクル法	食品リサイクル法	自動車リサイクル法
一部施行 H9.4 完全施行 H12.4 改正 H18.6	施行 H13.4	施行 H14.5	施行 H13.5 改正 H19.6	施行 H17.1
・容器包装の市町村による収集 ・容器包装の製造・利用業者による再商品化	・使用済み家電を小売店が消費者より引き取り ・製造業者による再商品化等	・工事の受注者が ・建築物の分別解体 ・建設廃棄物等の再資源化	・食品の製造・加工・販売業者が食品廃棄物の再資源化	・製造業者等によるシュレッダーダスト等の引き取り・再資源化 関連業者等による使用済み自動車の引き取り・引き渡し

図3　資源循環の法体系

をもう少しフォーマルに表現すると、次のようになる。

「廃棄物とは、占有者が自ら、利用し、又は他人に有償で売却することができないために不要になった物をいい、これらに該当するか否かは、占有者の意思、その性状等を総合的に勘案すべきものであって、排出された時点で客観的に廃棄物として観念できるものではない。」（厚生省環境衛生局環境整備課長通知、昭和46年10月25日）

これは総合判断節というもので、一般的に受け入れられている考え方である。しかし日々の静脈取引などで、上に挙げたような要件をすべて勘案していたのでは仕事にならない。行政もある残余物が廃棄物かどうかを判断するとき、とっさの判断が必要になる場合が多い。そこで実際には、残余物が逆有償物（すなわちバッズ）かどうかで判断するのが普通である。

しかしながら、バッズはバッズであり続けるのではなく、再資源化工程を経てグッズに転換されるものが多い。こうした潜在的なグッズと中間処理・埋立処分されるバッズを同じものとして規制の対象にするとさまざまな不都合が生じる。

たとえば、潜在的グッズではあってもバッズである限り廃棄物の移動には多くの規制が課せられている。原則、収集運搬するものは業の許可が必要だし、再資源化する施設には施設の許可が必要である。効率的にリサイクルできるからと言って、こうした業の許可や施設の許可を持たない主体が収集運搬したり、施設で再資源化したりすることは原則許されていない。

また既に理論モデルで見たように、残余物がグッズになるかバッズになるかは需給バランスに

よって変わってくることも問題を複雑にする。天然資源相場が上昇しているときは代替物である再生資源の価格も上がるから、それまでバッズであった残余物がグッズになる、あるいはそれと全く逆のことも十分考えられる。相場によってグッズ／バッズの関係が変わる可能性があるのに、あるときバッズであったからと言って法的規制が強すぎると効率的な取引・リサイクルが妨げられてしまう。

　こうしたことを示す例を上げる。かつては有償で使用済み木材を購入しリサイクルしていた業者が、相場の低下に伴い使用済み木材を逆有償で受け入れるようになった。しかしこの業者は業の許可を有していなかったにもかかわらず、使用済み木材を運搬しリサイクルしていた。検察当局は、廃棄物（産業廃棄物である木屑）を無許可で扱ったとしてこの業者を摘発した。しかし、裁判の結果この業者は無罪となった。逆有償で見た目はバッズであっても90％以上リサイクルされている使用済み木材はグッズと同等（潜在的グッズ）であり、廃棄物処理法上の廃棄物とは言えず、これを運搬した主体に業の許可は必要ないとしたのである。検察は控訴しなかったためこれは確定判決になった（これは2004年1月26日水戸地方裁判所で出された判決である。この経済学的解釈については細田（2005）を参照）。

　細田（2005）で示したようにこの判決は経済学的観点から支持できる。以前と同等なリサイクルをしていたにもかかわらず、相場の変動で一時的に逆有償になったからと言って使用済み木材の取引に廃棄物処理法上の制約をかけることは、効率的取引・リサイクルの遂行の妨げになる。しかしながら、潜在的グッズであっても逆有償である限り廃棄物であるとするのが規制当局の基本的な考え方である。

　ただし、規制当局のこうした考え方にも理由があることを述べておかなければならない。先の例はバッズといえどもその90％以上がグッズに転換される例であったから、廃棄物処理法上の規制をかける必要がなかった。しかし、潜在的グッズであっても限りなくバッズに近いものもあり、こうしたモノの取引・処理・再資源化を無制約で進めるわけにはいかない。不適正処理・不法投棄・不正輸出につながる恐れが大きいからである。実際潜在的グッズの取引や再資源化行為について規制を課すべきか、課すとしたらどのような規制を課したら良いのかについては多くの議論がある。

　さて、次の問題は一般廃棄物と産業廃棄物の区分の問題である。極めて粗く言うと家庭から排出される廃棄物が一般廃棄物であり、産業から排出されるのが産業廃棄物である。しかし、これは厳密な言い方ではない。廃棄物処理法には産業廃棄物の該当項目が列挙されており、これに該当しないのが一般廃棄物ということになっている。また産業廃棄物でも業種が指定されているものもあり、そのような廃棄物の場合、もし指定されていない業種から排出された場合には一般廃棄物ということになる。たとえば動植物性残渣という産業廃棄物には業種指定があるが、レストランなどはこの業種指定の対象になっていないためレストランなどからの食品残渣は一般廃棄物になる。

　一般廃棄物／産業廃棄物の区分が単なる区分だけのことならさしたる問題とはならない。問題なのは、この区分によって業の許可と施設の許可が異なってくる点である。産業廃棄物の業の許可を持っていても一般廃棄物の業の許可を持っていなければ、一般廃棄物の収集運搬はできない。したがって、家屋の解体に伴って排出された廃棄物でも、家屋を構成するものは産業廃棄物となるが、構成しない家財道具などは一般廃棄物ということになり、別々に収集運搬しなければならないと言った極めて非効率な事態が生じる。

　また全く同じ使用済み製品（たとえば使用済み電気・電子機器）であっても排出者が一般消費者であるか産業であるかによって一般廃棄物／産業廃棄物の区分が異なってしまう。全く性状が同じ

廃棄物であっても排出源の相違によって許可の異なった業者が扱わなければならないと言った非合理が生じる。廃棄物処理法にはこうした事態に対応する特例があるが、問題の根本的解決にはなっていない。

また見えないフローが存在し、このフローに流れ込んでゆく使用済み製品を抑制できない現行の体系には大きな問題がある。見えないフローとは、使用済み電気・電子製品などの使用済み製品が排出者から再資源化業者に行きつくまでの過程で流れが不透明あるいは不可視になり、どのような収集運搬がなされたのか、どのような処理・再資源化が行われたのか、またどのような残渣処理が行われたのかわからなくなるような取引フローのことを指す。

たとえば家電リサイクル法でも、おおよそ2000万台排出されると見られる特定使用済み家電製品のうち約半数は家電リサイクル法で規定されたリサイクルシステムに入り、透明な取引・再資源化が行われる。しかし、残りの半数、とりわけ海外に中古品として流れる使用済み家電製品がその後どのようなプロセスをたどるかよくわかっていない。確かに中古品として利用されるものもあるだろうが、リサイクルされるものもあると見られている。環境汚染することなくリサイクルされればよいが、発展途上国では適正処理・リサイクルは容易ではないし、それを確認することさえ難しいのである。

こうした見えないフローの存在は、使用済み製品をはじめとする潜在的グッズのコントロールの難しさをよく表している。先に述べたように資源性の高い潜在的グッズに廃棄物処理法上の強い規制をかけると、取引の流れが歪み、処理・リサイクルが非効率になってしまう。しかしだからと言って潜在的グッズである廃棄物の取引フローに対する規制を緩めてしまうとフローが透明でなくなり、不適正処理・不法投棄・不正輸出といった事態が生じやすくなる。

ここが静脈市場の大きな特徴である。取引や処理・再資源化行為に対する制約をきつくし過ぎてしまってもいけないが、制約を緩め過ぎてもいけない。また潜在的グッズの資源性の大きさによっても、その資源性の顕在化の度合いによっても制約のかけ方が異なる。現在の資源循環法体系は、まだまだこうした適正な資源循環のコントロールができていないのである。

2　資源制約と環境制約

前項では現行の資源循環（狭い意味では廃棄物の処理とリサイクル）のあり方にかかわる基本的な問題点について述べた。この節ではもう少し大きな視点から現行の資源循環体系の課題を見てみる。

図3で見たように、日本では資源循環の法体系を整備され、それとともにサイクル率は上昇の一途をたどった。また一般廃棄物・産業廃棄物ともに埋立処分量が減少した。法制度の整備は初期の目的を十分達成したと言えるだろう。しかし、前項で挙げた基本的問題を別としても、長い目で見たとき現行の資源循環体系にはいくつか課題が残されている。この課題を考えるために、日本が資源循環法体系を整備してきた背景についてまず考察する。

言うまでもなく、廃棄物処理・リサイクルにかかわる法整備の背景にあったのは廃棄物問題である。つまり、従来なかったようなプラスチック製品や機械製品が使用済みとなって廃棄物になり、市町村が処理の対応に追い付けなくなったのである。もともと市町村が一般廃棄物の処理に責任があったのは、家庭系の廃棄物の多くが塵芥・厨芥であって性状も一定しており、市町村が処理するのにそれなりの合理性があったからである。

しかし、プラスチックの容器包装が多用され、高度な加工プロセスによって生産された製品が多く消費されるようになると事態は急変する。こうしたものが使用済みになっても市町村は効率的に

処理することができないのである。特にリサイクルとなると市町村は然るべき効率的な施設を持たないし、また然るべきノウハウもない。市町村がこうした使用済み製品を効率的に適正処理・リサイクルするのは無理なのである。

仮に焼却などの中間処理をした後埋立処分するとしても問題がある。焼却残渣を埋め立てる最終処分場の枯渇という問題が避けられないからである。日本の国土は人口の割に狭く、また経済活動を営めるのがほぼ沖積平野に限られているから、最終的なバッズを埋め立てる場所も少ない。海面埋め立てという手もあるが非常に高くつく。

こうした問題を考えたとき、できる限りリデュースによってもともと廃棄物が発生しないようにし（発生抑制）、リユース・リサイクルによって廃棄物の排出抑制を行うことが合理的と考えられるようになった。だからこそ資源循環法の体系が整備されたのである。一言でまとめると、従来型の資源循環法体系の根底にあったのは「ごみ問題」なのである。あるいは表現を変えると、適正処理の必要性という環境から来る制約のために法体系を整備したとも言える。

もちろん、この考え方には十分な根拠があり、否定することはできない。しかし、環境制約に基づいた考え方だけでは今後の資源循環の問題に対応できない。以下、その理由を述べることにしよう。

バッズには多かれ少なかれ資源性という性質がある。もちろんバッズである限り資源性は実現していないから潜在的な性質にとどまっている。バッズを中間処理・埋立処分するということは潜在的な資源性を潜在的なまま自然環境中に放棄することを意味する。一方リサイクルによって当該資源性を顕在化することも可能である。どちらの方法をとるべきかは、経済学的には前者による社会的費用が後者による社会的費用を上回るか否かによって決まる。

さて、その時重要なことは最終処分場という資源は現在稀少化してきており、価格（処理料金）が上昇しているという事実である。一般廃棄物の埋立処分場の場合、取引が市場化されていないので価格は明らかになっていないが、産業廃棄物の処分場の場合、長期では価格（処理料金）が上昇している。

その一方で原油や鉄・非鉄・貴金属・稀少金属などの再生不可能資源は、長期的には枯渇の方向をたどっていて、ピークアウトした資源あるいは近くピークアウトすると見られる資源も多い。ピークアウトを迎える資源の稀少性は上がらざるを得ない。こうして長期的に多くの天然資源相場は上昇傾向にあると考えられるのである。

すなわち、埋立処分場という資源についても天然資源等の資源についても、ともに長期的には資源制約が強まる一方なのである。以上のような2つの資源制約双方に対応するという観点から資源循環政策を再編成する必要がある。埋立処分場のピークアウトあるいは枯渇への対応だけなら従来型の廃棄物・リサイクル政策のみで対応可能かもしれない。しかし、天然資源のピークアウトという現象の対応としては不十分なのである。

さて、経済学的には以下の条件が成立するとき、1単位の残余物を廃棄物処理するのではなくリサイクルした方がよい（細田2008）。

廃棄物処理費用＞[リサイクル費用]－[リサイクルによって得られた再生資源価格]

廃棄物処理費用とは概ね収集運搬費用に中間処理および埋立処分の費用を加えたものである。長期的には埋立処分場が枯渇するので、後者の価格は長期では上昇する。（図3で言えば、H線が$H_1 \rightarrow H_2 \rightarrow H_3$のようにシフトすることになる。）他方再生品価格は天然資源価格の上昇に伴って上昇する。したがって長期的にはリサイクルが廃棄物処理に対して優位に立つ。このように言うと、市場に任せておけば自動的にうまく資源が循環す

ると思われるかもしれないがそうではない。なぜだろうか。

答えは、先にも説明した静脈市場に特有な情報の非対称性ないし偏在にある。情報の非対称性ないし偏在という問題のために潜在的グッズの取引が見えないフロー化したり、非効率なリサイクルが行われたりするのである。こうした事態を防ぐには、動脈・静脈経済に渡る取引の連鎖をコントロールしなければならない。コントロールの成否の鍵は、拡大生産者責任、排出者責任と適正処理・リサイクル責任の接合の仕方にある。もとより、適正処理・リサイクル責任には静脈物流業者の責任も含まれることに注意しておく。

さて3つの責任がうまく接合されると、潜在的グッズの取引の流れは透明化されやすくなる。まず当該残余物の内容・組成情報が情報として発信される。またそれが誰によって誰に引き渡されたのか、どのような運搬・保管がなされたのか、またどのような処理・リサイクルがなされたのかが明らかになる。

だが、それだけではコントロールとしては不十分なのである。上で述べたフローのコントロールの考え方は、生産物連鎖を上流から下流に向かって流れを制御しようとする考え方である。資源制約が大きくなるにつれてシステム外からの需要が大きくなり、上流→下流方向のコントロールだけでは潜在資源性のある残余物（潜在的グッズ）がシステム外部へ流出してしまうという事態が生じやすくなる。潜在資源性を持った残余物を外部に流出させることなく適正な資源循環システムの内部に吸収し、上流にある動脈の生産拠点に戻すという観点からのコントロールが必要である。これは需要側から見たコントロールということができるだろう。

使用済み電気・電子機器の制御基板を例として取り上げ、説明してみよう。使用済み電気・電子機器の制御基板には金などの有用稀少金属が含まれているが、他方鉛などの有害物質も含まれている。これらが適正な静脈物流で収集運搬され、質の高いリサイクルプラントに持ち込まれれば、有用金属は抽出される一方、有害物質は適正に処理される。かくして使用済み電気・電子機器では潜在的であった資源性が現実の資源性として市場で実現し、他方汚染性は封じ込められる。これが可能になるためには、上に述べた意味で静脈のフローが需給の両面から適正にコントロールされていなければならない。

使用済み電気・電子機器などをはじめとする多くの使用済み製品には、金・銀などの貴金属や白金・パラジウム・ロジウムなどの稀少金属、そして鉄・銅などのベースメタルなどが入っている。いわば鉱石のようなもので、実際これらの潜在資源性を有した使用済み製品は都市鉱石、また潜在資源性を有したそうしたもののストックとしての総体は都市鉱山と呼ばれている。生産物連鎖上でのフローコントロールがなされて初めて資源性は実現し、汚染性は抑制されるのである。これは、使用済み製品・部品・素材を静脈資源としてみなすこと、すなわち資源政策的な観点からコントロールすることによって可能になるのであって、廃棄物政策の考え方からのみでは実現できない。

3　広域資源循環の必要性

前項では使用済み製品・部品・素材などの潜在資源性の側面に着目して資源循環のあり方を論じた。こうした考え方の必然性は、静脈資源が広域で、場合によっては国境を越えて循環する事実を見ると一層明らかになる。資源循環政策を国内で閉じたものとすることはもはや現実的ではないし効率的でもない。そればかりか、国際資源循環を前提として国内の資源循環政策あるいは廃棄物政策を考えないと、資源循環のあり方が大きく歪んでしまう。

使用済み製品・部品・素材等のいわゆる静脈資源の流れが国内で閉じなくなった背景には、皮肉なことだが国内リサイクルシステムの整備という

ことがある。前項でみたとおり、日本は廃棄物の適正処理という環境制約の観点から廃棄物政策を進め、法制度を整えてきた。つまり、原則残余物はバッズすなわち廃棄物処理法上の廃棄物という視点で政策を組み立ててきたのである。使用済みペットボトルなどの廃プラスチックがグッズになるとは考えずに個別リサイクル法を作って来た。

このような考え方に基づいたリサイクルシステムは、一旦バッズがグッズ化した時には非常に脆弱なものとなる。とりわけ発展途上国などからの静脈資源への需要が強くなったとき国内のリサイクルシステムは、集荷力の弱さという大きな問題を抱え込むことになった。国内で静脈資源の集荷システムを構築したことも災いし、国内で集荷された静脈資源が国外に流出し始めたのである。

国内静脈資源の海外流出の背景には、費用格差の問題がある。リサイクル、特にその前工程では手解体などの労働集約的な作業が必要になる。仮に輸送費用の面での不利を考慮に入れても、圧倒的に賃金の安い発展途上国でリサイクルした方が日本国内でリサイクルするよりも有利に立つことが多い。使用済みペットボトルなどを初めとする廃プラスチックや廃基板類が発展途上国に流出するのはこうした理由からである。

この流れを加速させるのが天然資源のピークアウトという資源制約の側面である。既に述べたとおり、原油や多くの金属資源が近くピークアウトする、ないしは既にピークアウトしたと考えられている。仮にピークアウトが遠くても資源採掘費用は上昇することが予想される。つまり資源制約という供給側の要因によって天然資源の価格は長期的に上昇傾向になる。供給側の要因とアジアの発展途上国やブラジル・ロシア・インドなど発展・成長を遂げる国からの需要増加が相俟って、資源相場は長期的には強含みで推移するとみてよいだろう。

以上のような状況では潜在資源性の大きな静脈資源から順次グッズ化してゆく。なぜなら、天然資源と代替的である静脈資源は一般的に価格が上昇するが、とりわけ潜在資源価値の大きな静脈資源は天然資源と競合的になり、需給バランスを反映して有価物となり易くなるからである。たとえば使用済みペットボトルはかつて逆有償物すなわちバッズとして取引されてきたが、原油価格の上昇に伴って現在（本原稿執筆時点）では有償取引されている。天然資源の需給がひっ迫するにつれて価格の上昇傾向は一層強まることになる。従来バッズであった静脈資源も次々とグッズ化する可能性がある。

既に経済の成熟化した先進国よりも、これから発展・成長を遂げる発展途上国からの静脈資源に対する需要が強まることは必然で、しかも人件費が相対的に安いことを考慮すると、広域における静脈資源のフローは先進国から途上国へという流れにならざるを得ない。

しかし注意しなければならないのだが、グッズ化した静脈資源であっても潜在汚染性の大きなものが多くある。使用済み電気電子機器や廃基板類はその代表例である。これらが無制約に国境を越えて広域循環すると従来潜在的であった汚染性が現実の汚染として顕在化する可能性が大きくなる。実際そのような事例が報告されている(Puckett and Smith (2002))。静脈連鎖が広域に拡張されればされるほど、追跡可能性・透明性・説明責任という要件が要求されるようになるゆえんである（細田 (2008)）

しかしながら以上の3つの要件を満足するフローのコントロールはそう簡単なことではない。取引に参加する主体の質が高くない場合、わざわざ費用をかけてそのようなコントロールを行おうとはしないだろう。制約のない静脈市場では費用を惜しんで取引する行為が普通なのである。したがって国境を越えた広域資源循環を質の高いものにするためには何らかのレジームが必要である。

そうしたレジームの1つが北九州市と天津市の間で行われた廃プラスチックリサイクルに関する

実証実験およびこの実証実験に基づいた広域資源循環ネットワークである（Hosoda and Hayashi (2010)）。このレジームでは、質の高い収集運搬業者およびリサイクル業者のみに資格が与えられ取引に参加することが許される。すべての取引プロセスはITなどを用いて追跡可能となっており、取引過程の透明性が担保される。加えて、第3者機関によって取引システムがチェックされていて、説明責任が果たされるようになっている。

当然レジームを構築して取引を行うことは付加的な費用がかかる。問題はその費用を負担してまで追跡可能性・透明性・説明責任遂行性の担保された取引を行い、リサイクルをする主体が存在するかどうかということである。静脈市場では「安ければ安いほどよい」という考え方は逆選択を導くことになる。そして潜在的であった汚染性が現実の汚染となってしまう可能性も高くなる。こうした事態を避けるためには、排出事業者がまず責任を持って質の高い取引相手を見つけることが必要である。そのために必要となる取引費用を小さくするには、以上に紹介したようなレジームを構築するのが有効な手段となる。手法はそれ以外にも色々あるだろうが、国境を越えた広域資源循環では何らかのレジームが必要であることは間違いない。

4 おわりに

本章では、廃棄物及びリサイクルという活動を経済学的に説明し、経済理論的な考え方に基づいて現行の廃棄物処理・リサイクル制度の問題点、課題を明らかにした。加えて、これからは従来型の考え方から抜け出して資源循環のコントロールを進めて行く必要のあることを説明した。経済活動から排出された残余物（未利用資源）は廃棄物であるという見方から脱却し、潜在資源性のある静脈資源という見方から政策を進めることが必要なのである。とりわけ原油などを初めとする天然資源のピークアウトする時代には、資源政策的な考え方で政策を進めない限り効率的で質の高い資源循環（あるいは廃棄物処理とリサイクル）は望めない。

拡大生産者責任、排出者責任そして適正処理・リサイクル責任が生産物連鎖上でスムーズに接合されたレジームをまず国内で作ることが必要である。適切なレジームがあってこそ追跡可能性・透明性・説明責任が担保される。実際、個別リサイクル法はここで紹介したような道筋をたどっているのである。

しかし、同時に静脈資源は国境を越えて広域で取引され循環するという点を忘れてはならない。国内資源循環だけに目を奪われてレジームを作ると、思わぬ障害に出会う。発展途上国からの静脈資源に対する強い需要は、日本国内で留め置かれればバッズであったものを広域取引ではグッズ化する。もちろんこれには良い面もあるが、悪い面もある。国内リサイクルは衰退する一方、汚染の顕在化の恐れのあるリサイクルを発展途上国で行わしめることにもなりかねない。広域資源循環の流れを効率的で質の高いものするためにも広域での資源循環レジームが必要である。

それとともに、静脈市場の担い手が大規模化し成熟化する必要がある。静脈経済で質の高いビジネスをするには、従来のような無手勝流のやり方ではだめで、優れた設備に加えて高度な知識とノウハウそして高い志が求められる。それには動脈経済と同様、メジャー化したビジネスを作り上げる必要がある。いわゆるリサイクルメジャーないし静脈メジャーを育成しなければならないのである。既に動きはアメリカやEUでは始まっている。日本でも大手の動脈事業者が静脈経済に参入するケースや従来型の静脈事業者が連携するケースが見られるようになってきた。静脈経済でのフローコントロールの可能性を考えたとき、これは望ましい事態である。今後の展開が大いに期待できる。

参考文献

1) 植田和弘・山川肇（編）(2010)『拡大生産者責任の経済学』昭和堂.
2) 西山孝 (2009)『レアメタル・資源-38元素の統計と展望』丸善株式会社.
3) 原田幸明・河西純一 (2010)『動き出したレアメタル代替戦略』日刊工業新聞社.
4) 細田衛士 (1999)『グッズとバッズの経済学』東洋経済新報社.
5) 細田衛士 (2003)「拡大生産者責任の経済学」（細田衛士・室田武（編）(2003)『循環型社会の制度と政策』岩波書店に所収.
6) 細田衛士 (2005)「逆有償物を『廃棄物』と定義する見解に対する経済学的検討 −水戸地方裁判所判決をめぐって−」『三田学会雑誌』98巻2号、pp. 141-155.
7) 細田衛士 (2008)『資源循環型社会 −制度設計と政策展望』慶應義塾大学出版社.
8) Hosoda, E. and T. Hayashi (2010) "A cross-border recycling system in Asia under the resource and environmental constraints: a challenging project by the city of Kitakyushu and the city of Tianjin" *Sustainability Science*, Vol. 5, No. 1, pp. 257-270.
9) Puckett, J and T. Smith (eds.) (2002) *Exporting Harm*. The Basel Action Network and Silicon Valley Toxics Coalition.

（細田衛士）

2編 リサイクル技術の総論

1 廃棄物の収集

産業廃棄物

1 産業廃棄物の排出状況

(1) 全国総排出量

近年の全国の産業廃棄物の排出量の総計を図1に示すが、平成20年度の全国の産業廃棄物の総排出量は約4億4百万トンであり、前年より約16百万トン減少している。最近10年間の傾向として総排出量は4億トンを前後して変動しており、ここ数年間は平成17年度の4億22百万トンをピークとし少量であるが減少の傾向である。

本稿では執筆時点で最も新しい平成20年度の統計をベースに記述する。循環型社会の形成に向かって産業廃棄物の最終処分量の減少や再生利用の促進が徐々に進んでいる。ここ数年は総排出量等の急激な変化は認められないが、法制度の変革やその時代の産業構造の状況および経済の変動に左右され変化するものであり、状況把握には継続した統計的調査が必要である。

(2) 業種別排出量

平成19年度および20年度の産業廃棄物の業種別排出量を図2に示すが、平成20年度の排出量は、ライフラインである電気・ガス・熱供給・上下水道業からの排出量が最も多く総排出量約4億400万トンの24%であり、次いで、農林業が約22%、建設業が約19%、パルプ・紙・紙加工

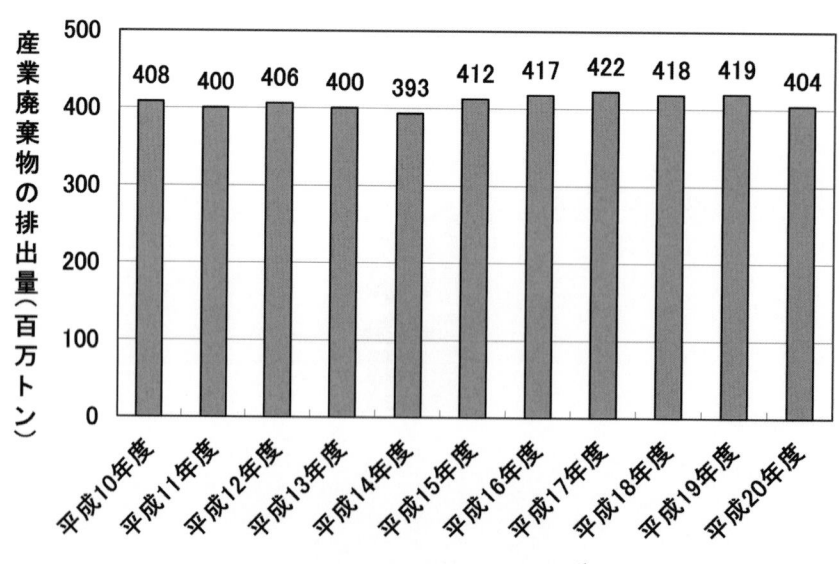

図1 産業廃棄物の排出の推移[1]

(平成10年度: 408、平成11年度: 400、平成12年度: 406、平成13年度: 400、平成14年度: 393、平成15年度: 412、平成16年度: 417、平成17年度: 422、平成18年度: 418、平成19年度: 419、平成20年度: 404 百万トン)

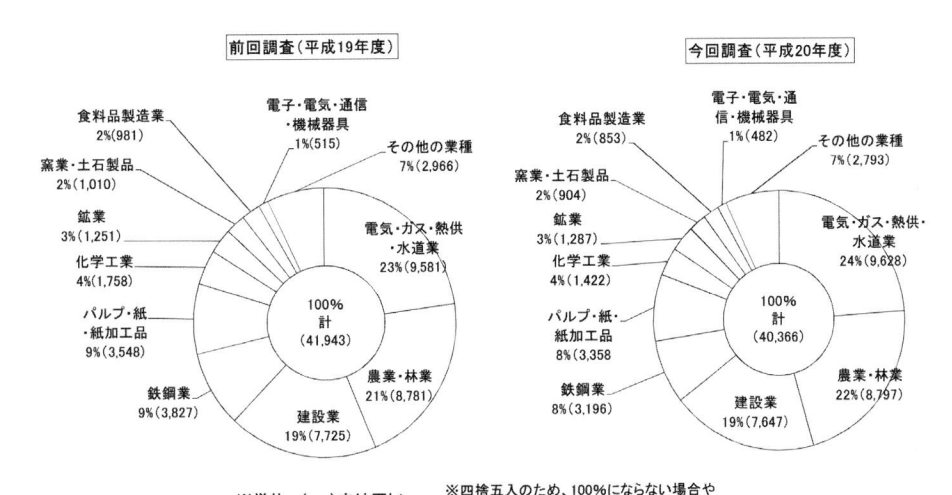

図2 産業廃棄物の業種別排出量[1]

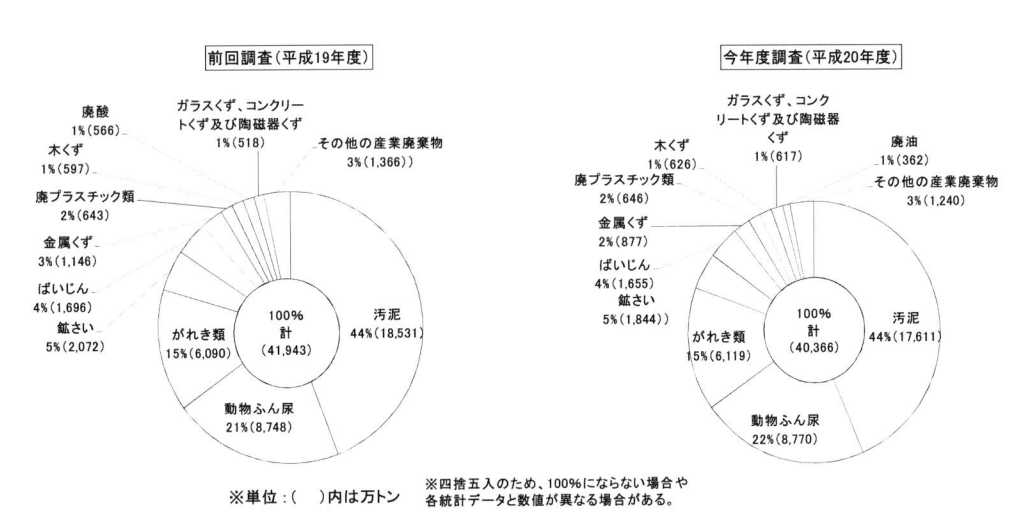

図3 産業廃棄物の種類別排出量[1]

業が約9％、製鋼業が約8％、化学工業が3.5％である。これらの6業種からの排出量が全体の約8割を占めるという傾向が長年にわたり続いている。

(3) 種類別排出量

平成19年度および平成20年度の産業廃棄物の種類別排出量を図3に示すが、平成20年度は汚泥の量が最も多く全体の約44％、次いで動物のふん尿が約22％、がれき類が約15％であった。これらの3種類の排出量が総排出量の約8割を占めている。また、種類別について増減をみると、ガラスくず・コンクリートくず及び陶磁器くず、木くず、がれき類が増加している。一方、汚泥、金属くず、鉱さいなどが減少している。これらの変化の理由は究明されていないが排出元である産業の変遷と推察される。

(4) 地域別排出量

平成19年度および20年度の産業廃棄物の地域別排出量を図4に示す。平成20年度は関東地方の排出量が最も多く、全体の約26％、次いで

前回調査（平成19年度）

中国 7%（3,122）
四国 4%（1,624）
北海道 9%（3,631）
東北 10%（4,020）
九州 13%（5,480）
近畿 14%（6,084）
中部 16%（6,256）
関東 27%（11,456）
100%計（41,943）

今回調査（平成20年度）

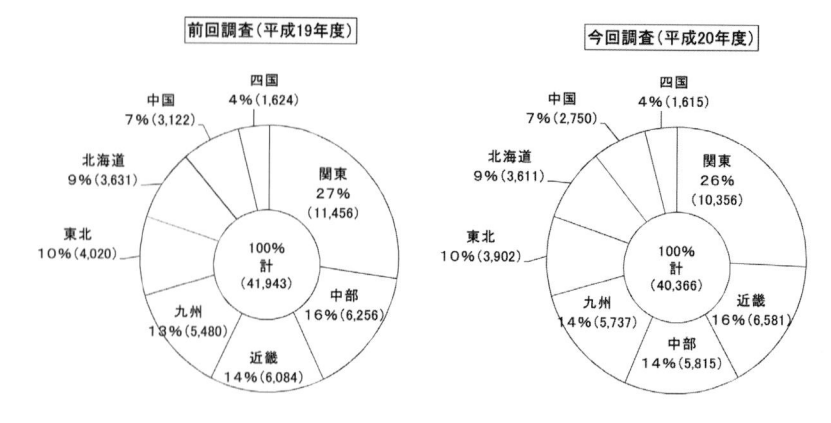

中国 7%（2,750）
四国 4%（1,615）
北海道 9%（3,611）
東北 10%（3,902）
九州 14%（5,737）
中部 14%（5,815）
近畿 16%（6,581）
関東 26%（10,356）
100%計（40,366）

※単位：（　）内は万トン　※四捨五入のため、100％にならない場合や各統計データと数値が異なる場合がある。

図4　産業廃棄物の地域別排出量[1]

近畿地域の約16％、中部地域の約14％、九州地域の約14％の順になっている。前年と比較すると、近畿地区の排出量の変化はないが、中部地域の排出量が減少したため、排出量割合の順番が近畿地方と中部地域で入れ替わっている。この変化について明確な理由は不明であるが、両地域の産業構造の相違に対して経済状況の与える影響が異なったことが考えられる。

2　産業廃棄物の処理状況

(1) 産業廃棄物の処理フロー

平成20年度の産業廃棄物の処理フローの実態を図5に示すが、総排出量4億366万トンのうち、中間処理されたものは約3億578万トン（総排出量の76％）、直接再生利用されたものは約9,069万トン（同22％）、直接処分されたものは約718万トン（同2％）である。

中間処理された産業廃棄物のうち、約1億7,045万トン（総排出量の42％）が減量化され、約1億2,581トン（同31％）が再生利用され、約952万トン（同2％）が最終処分されている。直接再生利用および最終処分された量を考慮すると、産業廃棄物の総排出量の54％（約2億1,651万トン）が再生利用され、4％（約1,670万トン）が最終処分されていることとなる。前年と比較すると、再生利用率が2ポイント上昇し、最終処分率は1ポイント減少しているが、この間の傾向変動はほとんどない。

(2) 排出量、再生利用量、減量化量および最終処分量の推移

産業廃棄物の総排出量に占める再生利用量、減量化量および最終処分量の推移を図6に示す。平成10年度から20年度の間、総排出量は大きく変化していないが、最終処分量が約5,800万トンから約1,700万トンまで大幅に縮小している。一方、再生利用量は約1億7,200万トンから約2億1,700万トンまで増加している。なお、減量化量は約1,700万トンから約1,800万トンの間で変動しており変化は少ない。

平成20年度と前年と比較すると、総排出量そのものが前年より減少した影響もあり、最終処分量、減量化量、再生利用量ともに減少している。

(3) 産業廃棄物の種類別の処理状況

平成20年度の産業廃棄物の種類別の再生利用率、減量化率及び最終処分率を図7に示すが、再生利用率が高いものは、動物のふん尿（96％）、がれき類（95％）、金属くず（95％）、鉱さい（87％）である。一方、再生利用率が低いものは、汚泥

1 廃棄物の収集

〔　〕内は平成19年度の数値

```
排出量
40,366 万トン
（ 100 % ）
〔 41,943 万トン 〕
〔 100 % 〕
```

直接再生利用量
9,069万トン
(22 %)

中間処理量
30,578万トン
(76 %)

処理残渣量
13,533万トン
(34 %)

減量化量
17,045万トン
(42 %)
〔 18,047 万トン 〕
〔 43 % 〕

処理後再生利用量
12,581万トン
(31 %)

処理後最終処分量
952万トン
(2 %)

再生利用量
21,651万トン
(54 %)
21,881万トン
(52 %)

〔 2,014万トン 〕
〔 5 % 〕

最終処分量
1,670万トン
(4 %)

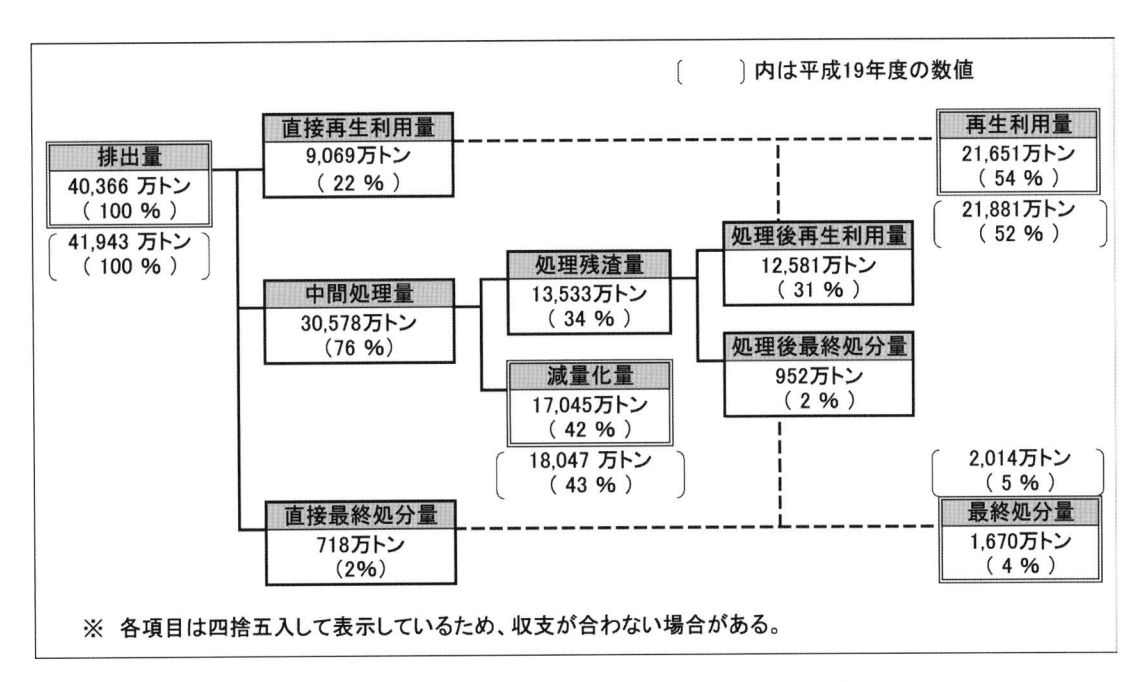

直接最終処分量
718万トン
(2%)

※　各項目は四捨五入して表示しているため、収支が合わない場合がある。

図 5　産業廃棄物の処理のフロー（平成 20 年度）[1]

□最終処分場量　□減量化量　□再利用量

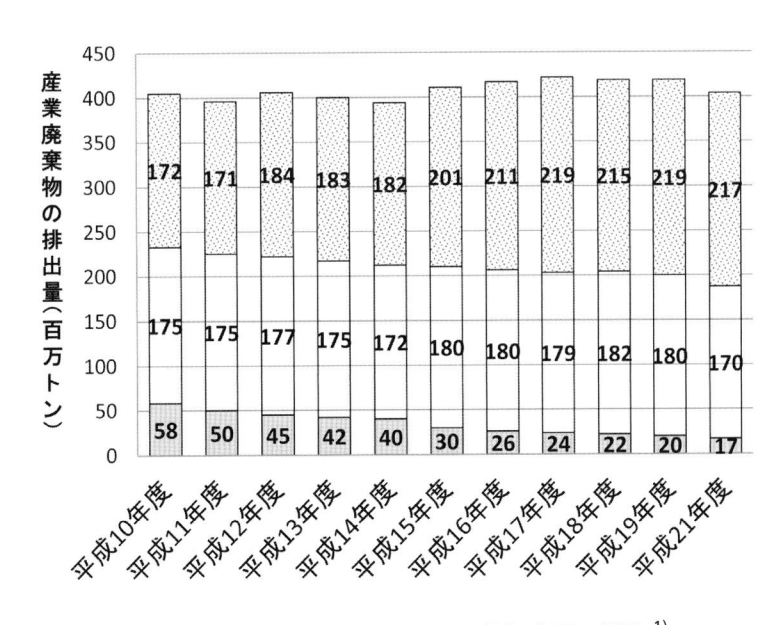

年度	再利用量	減量化量	最終処分量
平成10年度	172	175	58
平成11年度	171	175	50
平成12年度	184	177	45
平成13年度	183	175	42
平成14年度	182	172	40
平成15年度	201	180	30
平成16年度	211	180	26
平成17年度	219	179	24
平成18年度	215	182	22
平成19年度	219	180	20
平成21年度	217	170	17

図 6　再生利用、減量化量、最終処分量の推移[1]

図7 種類別の再生利用、減量化、最終処分の比率（平成20年度）[1]

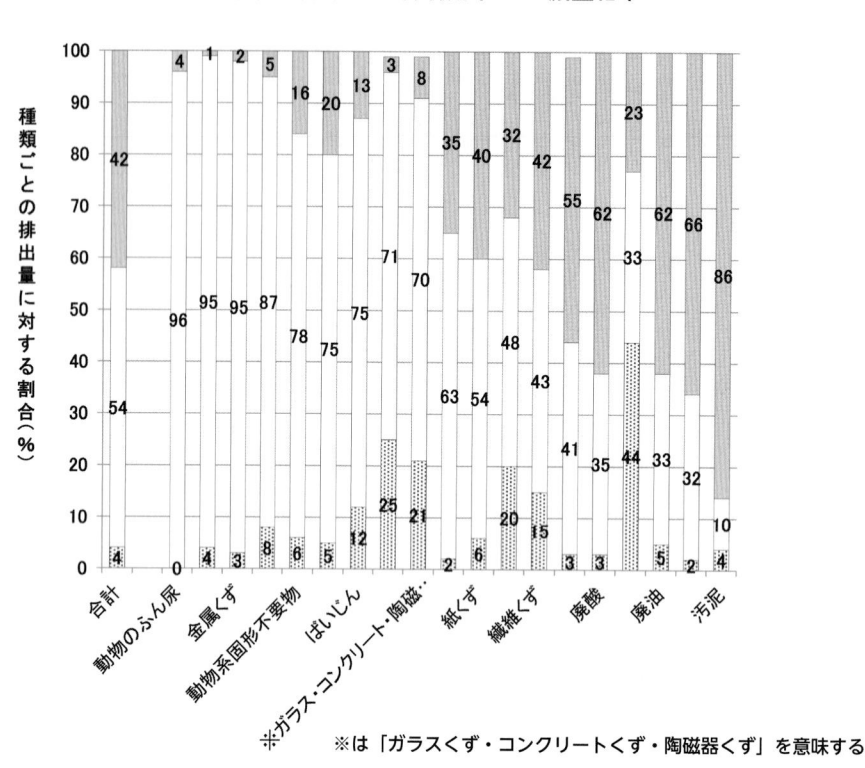

※は「ガラスくず・コンクリートくず・陶磁器くず」を意味する

(10%)、廃アルカリ（32%）、廃油、ゴムくず（各33%）であった。

最終処分の比率が低いものは、動物のふん尿(0%)、廃アルカリ、動植物性残さ（各2%）、廃酸、金属くず、動物の死体（各3%）、汚泥、がれき類（各4%）であった。一方、最終処分の比率が高いものは、ゴムくず（44%）、燃え殻（25%）、ガラスくず、コンクリートくず及び陶磁器くず（21%）、廃プラスチック類（20%）であった。

前年と比較して最終処分量が大きく減少した産業廃棄物は、汚泥（約118万トン減）、ばいじん（約66万トン減）、廃プラスチック（約48万トン減）などであった。

ア．再生利用
① 再生利用量
再生利用量は図5に示すように、総排出量約40,366万トンのうち54%であった。

種類別にみると、再生利用率が高い廃棄物は、動物のふん尿の96%、がれき類の95%、金属くずは95%であった。これらのうち動物のふん尿については直接再生利用率が高く、がれき類については中間処理後の再生利用率が高かった。一方、再生利用率が低い廃棄物は、汚泥の10%、廃アルカリの32%、廃油の33%、ゴムくずの33%であった（図8）。

また、再利用量をみると、全再利用量のうち動物のふん尿39%、がれき類27%、汚泥8%、鉱さい7%の順で多く、これらの4種類で再生利用量全体の約8割を占めている。

② 再生利用先
平成20年度において発生した廃棄物等の発生は579百万トンであり、そのうち、一般廃棄物のごみが48百万トン（8%）、一般廃棄物の「し尿・浄化槽汚泥」が23百万トン（4%）、産業廃棄物

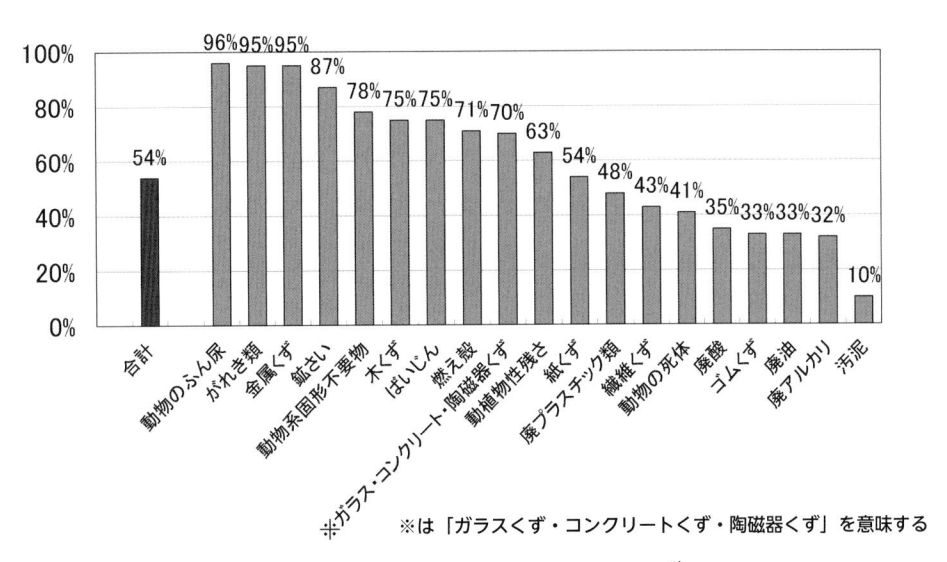

図8　種類別再生利用率（平成20年度）[1]

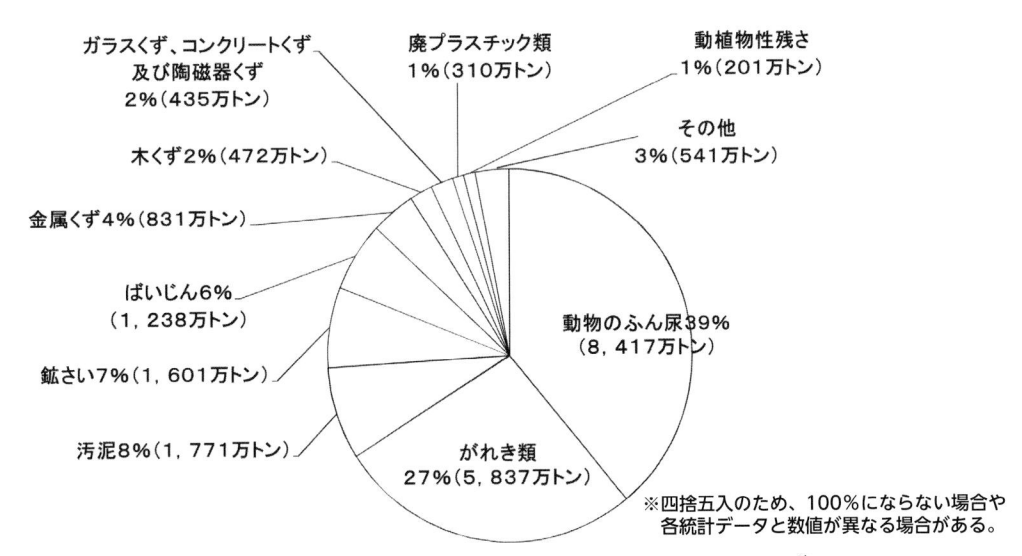

※は「ガラスくず・コンクリートくず・陶磁器くず」を意味する

図9　再生利用量全体に占める種類別の比率（平成20年度）[1]

※四捨五入のため、100％にならない場合や各統計データと数値が異なる場合がある。

が404百万トン（70％）、廃棄物統計以外の金属スクラップ、紙くず、稲わら、もみがら等が104百万トン（18％）となっている。これらの廃棄物等の総体について循環資源フロー（図10）が環境省により整理されている。フロー図によると、発生廃棄物等のうち無処理で利用できるものや中間処理や再生資源化処理により利用できる循環利用量が246百万トンである。それらの内訳をみると、部品（自動車部品等）・製品リユース（リターナルびん等）2百万トン（約1％）がリユースされている。熱源（木屑チップ燃料、燃料油等）として利用8百万トン（約3％）、製品として利用（セメント原料、鉄くず電気炉投入等）115百万トン（約47％）、その他利用（土壌改良、中和剤等）31百万トン（約13％）の合計244百万トン（99％）がマテリアルリサイクルされている。

マテリアルリサイクルのなかでセメント原料、鉄くず等の利用が45％と大きいが、石炭灰の

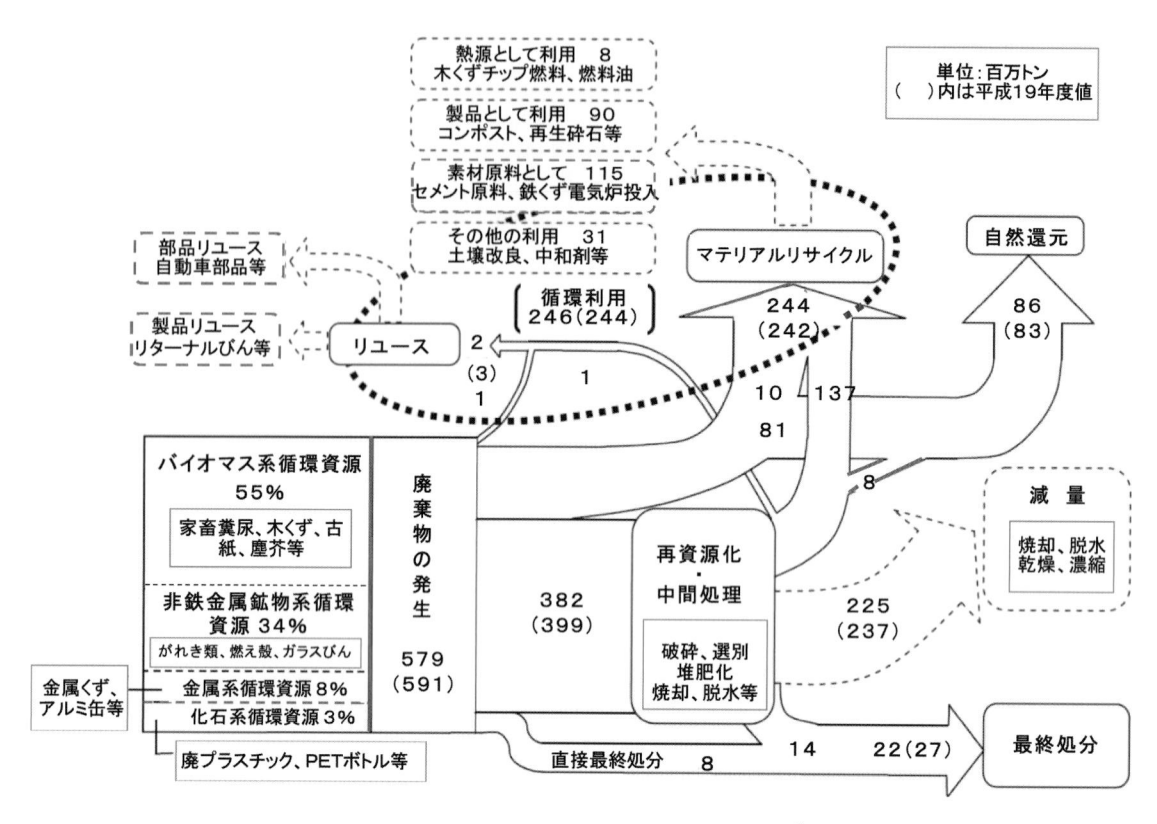

図10 循環資源フロー（平成20年度）[4]

60％、高炉スラグの37％、廃タイヤの12％がセメント用に利用されており、セメント工場へのリサイクルの依存度は非常に大きい[2]。

イ．減量化量

減量化量は産業廃棄物の処理のフロー（図5）に示すように、中間処理される産業廃棄物約30,578万トン（総排出量の76％）は、約13,533万トン（同34％）まで減量化され、その減量化量は約17,045万トン（同42％）であった。

種類別に見た減量化率の高い廃棄物は、汚泥86％、廃アルカリ66％、次いで廃油62％であり、減量化率の低い廃棄物は、がれき類1％、また、その他の廃棄物のうち金属くず2％、燃え殻3％であった。液状の廃棄物の減量化が大きく、固形物の減量化は小さい（図11）。また、種類別の減量化量は汚泥の約15,170万トン（全減量化量の89％）が飛び抜けて多く、その他の各種類についいては全体の約1～2％となっている（図12）。

ウ．最終処分量

産業廃棄物の最終処分量は産業廃棄物の処理フロー（図5）示すように総排出量40,366万トンのうち約1,670万トン（全体の4％）である。最終処分率を種類別にみると、高いもの順から、ゴムくず44％、燃え殻25％、コンクリートくず・ガラス・陶磁器くず21％となっている。一方、低い順からみると、動物のふん尿はほぼ0％、廃アルカリ2％、動植物性残さ2％となっている（図13）。また、最終処分量を種類別にみると、汚泥約670万トン（40％）、がれき類約225万トン（13％）、ばいじん203万トン（12％）、鉱さい約150万トン（9％）が多く、4種類の合計は最終処分量全体の7割余りを占めている（図14）。

1　廃棄物の収集

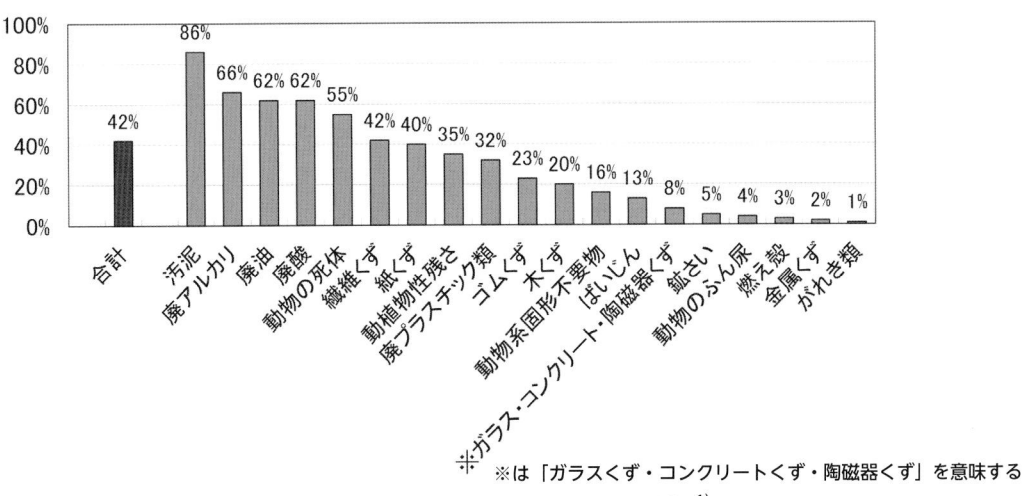

図11　種類別減量化率（平成20年度）[1]

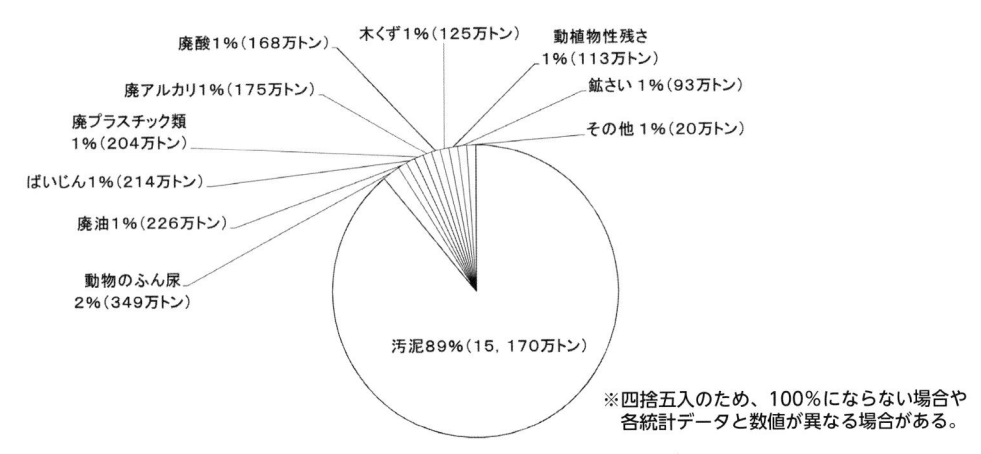

図12　種類別減量化量（平成20年度）[1]

※四捨五入のため、100%にならない場合や各統計データと数値が異なる場合がある。

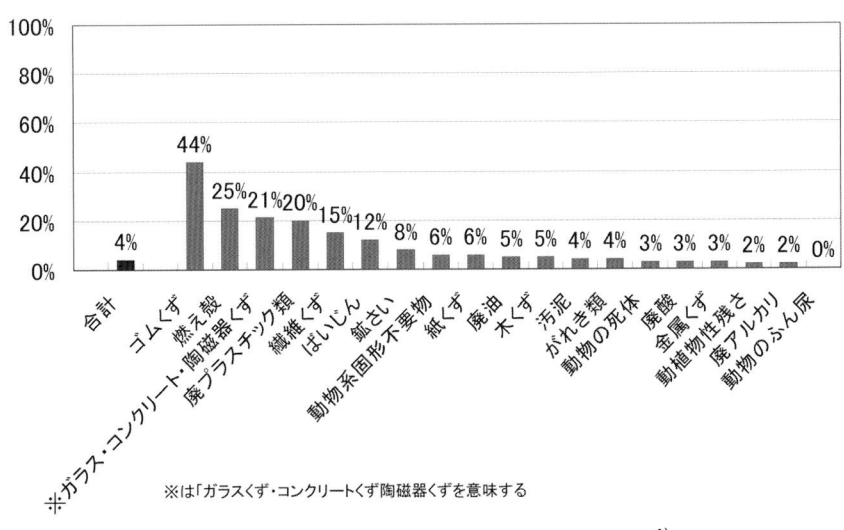

図13　種類別最終処分率（平成20年度）[1]

※は「ガラスくず・コンクリートくず陶磁器くずを意味する

図14　種類別の最終処分比率（平成20年度）[1]

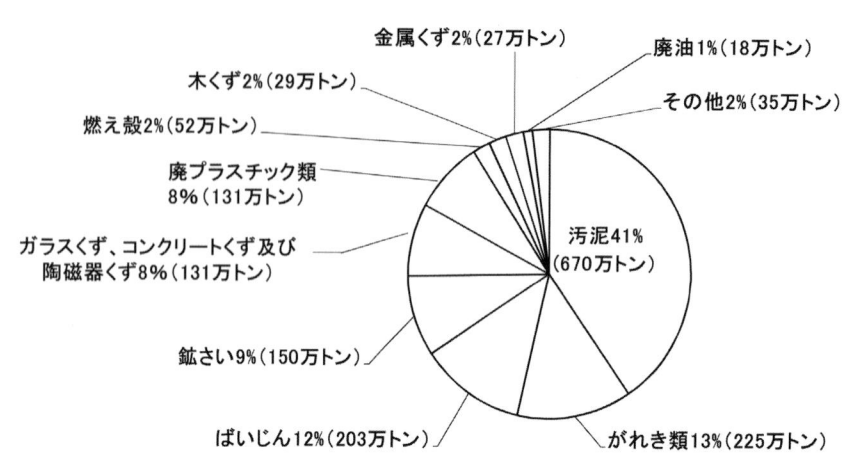

- 汚泥 41%（670万トン）
- がれき類 13%（225万トン）
- ばいじん 12%（203万トン）
- 鉱さい 9%（150万トン）
- ガラスくず、コンクリートくず及び陶磁器くず 8%（131万トン）
- 廃プラスチック類 8%（131万トン）
- 燃え殻 2%（52万トン）
- 木くず 2%（29万トン）
- 金属くず 2%（27万トン）
- 廃油 1%（18万トン）
- その他 2%（35万トン）

※四捨五入のため、100％にならない場合や各統計データと数値が異なる場合がある。

表1　中間処理施設、最終処分場の設置数の推移[3]

	平成12年度	平成13年度	平成14年度	平成15年度	平成16年度	平成17年度	平成18年度	平成19年度	平成20年度
中間処理施設	17,787	19,540	19,284	19,931	20,613	19,164	19,076	19,444	19,345
汚泥の脱水施設	6,715	6,708	6,646	6,690	6,666	4,810	4,221	3,935	3,774
汚泥の乾燥施設（機械）	234	232	242	236	238	242	248	245	244
汚泥の乾燥施設（天日）	88	82	84	82	78	73	74	71	70
汚泥の焼却施設	709	717	644	650	654	679	691	696	683
廃油の油水分離施設	264	271	261	264	265	256	253	258	260
廃油の焼却施設	646	646	629	639	635	639	668	691	699
廃酸・廃アルカリの中和施設	178	193	196	200	200	186	182	167	149
廃プラスチック類の破砕施設	617	703	832	958	1,161	1,286	1,411	1,575	1,649
廃プラスチック類の焼却施設	1,708	1,572	1,125	1,069	1,076	1,052	1,009	980	983
木くず又はがれき類の破砕施設	4,091	5,970	6,684	7,248	7,765	8,135	8,529	9,061	9,056
コンクリート固型化施設	47	46	44	44	43	40	37	36	36
水銀を含む汚泥のばい焼施設	7	7	6	7	8	8	8	8	8
シアン化合物の分解施設	245	235	230	225	216	194	182	177	161
廃石綿等又は石綿含有廃棄物の溶融施設	—	—	—	—	—	—	—	—	14
PCB廃棄物の焼却施設	0	0	0	0	0	0	0	0	0
PCB廃棄物の分解施設	5	10	13	15	18	16	17	20	19
PCB廃棄物の洗浄施設	0	3	5	7	13	16	13	13	11
その他の焼却施設	2,233	2,145	1,643	1,597	1,577	1,532	1,533	1,511	1,529
最終処分場	2,750	2,711	2,641	2,490	2,478	2,335	2,205	2,253	2,199
遮断型処分場	41	41	39	35	33	33	33	32	32
安定型処分場	1,674	1,651	1,632	1,494	1,484	1,413	1,382	1,361	1,326
管理型処分場	1,035	1,019	970	961	961	889	880	860	841
合計	20,537	22,251	21,925	22,421	23,091	21,499	21,281	21,697	21,544

3 産業廃棄物処理施設の設置状況等

平成21年4月1日現在において許可を受けている産業廃棄物処理施設の数は、全体で21,544施設（前年度21,697施設）となっており、前年度より153施設（前年度比約0.7%）減少している（表1）。

(1) 中間処理施設[3]

平成21年4月時点で許可を受けた中間処理施設の施設数は、全体で19,345施設となっており、前年度との比較では99施設（前年度比0.5%）の減少となっている。内訳は、木くず又はがれき類の破砕施設が46.8%、汚泥の脱水施設が19.5%、廃プラスチック類の破砕施設が8.5%を占めている（表1）。
平成20年度に新規に許可を受けた焼却施設は23施設であり、前年度と比べて23施設の減少となった（図15）。

中間処理施設の設置数の変遷について平成12年度と平成20年度を比較すると、施設数全体では1,558件の増加があるが、大きく減少した施設に汚泥の脱水施設（2,941施設の減少）、廃プラスチックの焼却施設（725施設の減少）、その他の焼却施設（704施設の減少）がある。一方、大幅に増加した施設に、木くず・がれき類の破砕施設（4,965施設の増加）、廃プラスチック類の破砕施設（1,032施設の増加）があげられる。これらの変遷は、法制度の変革、各廃棄物の排出量の変遷および再生利用品の価値の変化、再利用先などのニーズにより生じると考えられる。

(2) 最終処分場
ア．設置状況[3]

許可を受けた最終処分場の施設数は、全体で2,199施設となっており、前年度との比較では54施設の減少となっている。また、最終処分場の残存容量（平成21年4月1日現在）は約17,639万m3であり、前年度から約424万m3（約2.5%）増加した（表2）。平成20年度に新規に許可を受けた最終処分場は21施設であり、前年度と比べて21施設の減少となった（図16）。

表2 最終処分場の設置状況と残余埋立容量（平成21年4月現在）[3]

最終処分場の種類		施設数(箇所)	残存容量(m³)
遮断型処分場		32 (32)	16,085 (18,390)
安定型処分場		1,326 (1,361)	75,444,458 (75,674,296)
管理型処分場	総数	841 (860)	100,933,198 (96,458,760)
	うち海面埋立		21,770,898 (20,285,683)
計		2,199 (2,253)	176,393,741 (172,151,446)

( )は、前年度の調査結果である。

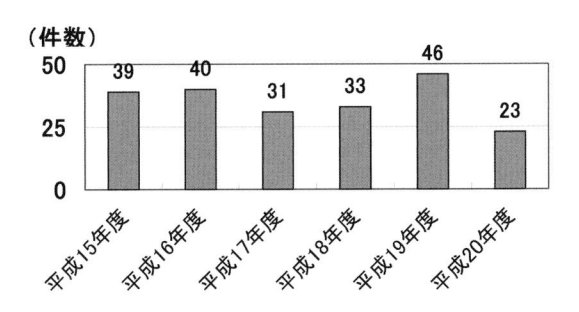

図15 焼却施設の新規許可件数の推移[3]

平成15年度	平成16年度	平成17年度	平成18年度	平成19年度	平成20年度
39	40	31	33	46	23

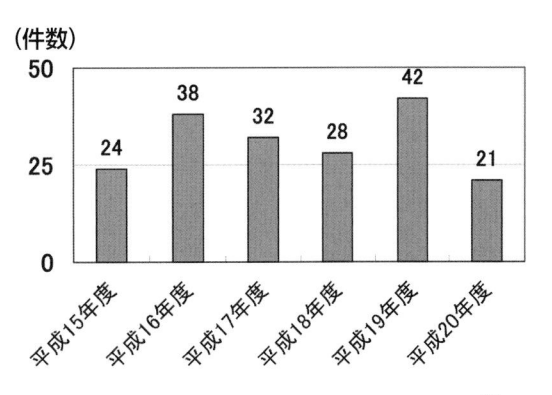

図16 最終処分場の新規許可件数の推移[3]

平成15年度	平成16年度	平成17年度	平成18年度	平成19年度	平成20年度
24	38	32	28	42	21

イ．最終処分場の残余年数（表3）[3]

平成20年度の最終処分量および平成21年4月1日現在の最終処分場の残存容量から最終処分場の残余年数（既存規模で需要に応じられる年数）を推計すると、全国では10.6年であるが、首都圏では4.7年と依然として厳しい状況にある。

ウ．最終処分場の設置数の変遷[3]

最終処分場の設置数の変遷ということで平成12年度と平成20年度を比較すると、施設数全体では551施設の減少がある。その内訳は安定型処分場（348施設の減少）、管理型処分場（194施設の減少）であり、遮断型処分場は9設の減少をしているが、平成16年度に33施設であったが平成20年度には32施設であり、施設数にほとんど変化がない（表1）。

(3) 産業廃棄物処理業[3]

平成21年4月1日現在における産業廃棄物処理業の許可件数は、前年度より16,012件増加し、315,905件となっている。そのうち、特別

表3　最終処分場の残余容量と残余年数（平成21年4月現在）[3]

区分	最終処分量(万トン／缶)	残存量(万m³)	残余年数(年)
全国	1,670 (2,014)	17,639 (17,215)	10.6 (8.5)
首都圏	436 (558)	2,028 (2,038)	4.7 (3.6)
近畿圏	241 (292)	1,750 (1,869)	7.3 (6.4)

注）1. 首都圏とは、茨城、栃木、群馬、千葉、神奈川、山梨の各県と東京都
　　2. 近畿圏とは、三重、滋賀、兵庫、奈良、和歌山の各県と京都府、大阪府
　　3. 残余年数＝残存容量/最終処分量(年間)、(トンとm³の換算比を1とする)
　　4. （　）内は全年度の調査結果である

表4　産業廃棄物処理業の許可件数の状況[3]

業の分類			平成21年4月現在	平成20年度	
大分類	中分類	小分類	許可件数	新規許可件数	更新許可件数
産業廃棄物処理業	取集運搬業	積替あり	10,046 (8,543)	271 (279)	14,477 (1,068)
		積替なし	261,176 (248,253)	19,791 (20,249)	34,146 (26,673)
		小計	271,222 (256,796)	20,062 (21,249)	35,623 (27,741)
	処分業	中間処理のみ	12,663 (12,273)	592 (607)	2,166 (1,668)
		最終処分のみ	428 (426)	13 (12)	69 (52)
		中間・最終	646 (669)	5 (2)	111 (74)
		小計	13,737 (13,368)	610 (621)	2,364 (1,794)
	合計		284,959 (270,164)	20,672 (21,870)	37,969 (29,535)
特別管理産業廃棄物処理業	取集運搬業	積替あり	1,280 (1,079)	62 (33)	450 (108)
		積替なし	28,784 (27,783)	1,925 (2,485)	8,137 (2,543)
		小計	30,064 (28,862)	1,987 (2,518)	8,587 (2,561)
	処分業	中間処理のみ	814 (797)	30 (39)	363 (87)
		最終処分のみ	45 (44)	2 (0)	14 (3)
		中間・最終	23 (26)	0 (0)	15 (3)
		小計	882 (867)	32 (39)	392 (93)
	合計		30,946 (29,729)	2,019 (2,557)	8,979 (7,744)
総合計			315,905 (299,893)	22,691 (24,427)	46,948 (37,279)

注）1. 許可件数は、複数の許可を持つ業者についてもそれぞれの項目で積算した延べ数である。
注）2. （　）内は、前年度の調査結果である。

管理産業廃棄物処理業の許可件数は、30,946 件であった。また、処理業者数は毎年増加しているが、処分業の増加は少なく、収運搬業のうち積替えなしの業者の増加が大半である（表 4）。

4 産業廃棄物の広域移動と収集運搬
（1）産業廃棄物の広域移動の実態[4]

平成 21 年度に中間処理又は最終処分目的で都道府県を越えて広域移動した産業廃棄物の量（都道府県外搬出量）の全国計は 3,670 万トンとなっている。地域ブロック別にみると、関東ブロックが 1,677 万トン（都道府県外移動総量に対する割合 45.7％）で最も多く、次いで、中部ブロックが 626 万トン（同 17.1％）、以下、近畿ブロックが 621 万トン（同 16.9％）、北海道・東北ブロックが 242 万トン（同 6.6％）となっている（表 5）。

全国を 7 地域として広域処理ブロックで産業廃棄物の広域移動をみると、関東ブロックから搬出

表 5 産業廃棄物の都道府県外移動量（平成 21 年度）[4]

（単位：千トン/年）

	都道府県外移動量	ブロック内移動	ブロック外移動
北海道・東北	2,415（6.6％）	1,443	972
関東	16,767（45.7％）	14,897	1,870
中部	6,261（17.1％）	3,056	3,205
近畿	6,210（16.9％）	4,067	2,143
中国	1,963（5.3％）	766	1,197
四国	1,049（2.9％）	287	762
九州・沖縄	2,031（5.5％）	1,711	260
合計	36,697（100.0％）	26,287	10,410

注）大阪湾広域臨海環境整備センターの実績を含まない

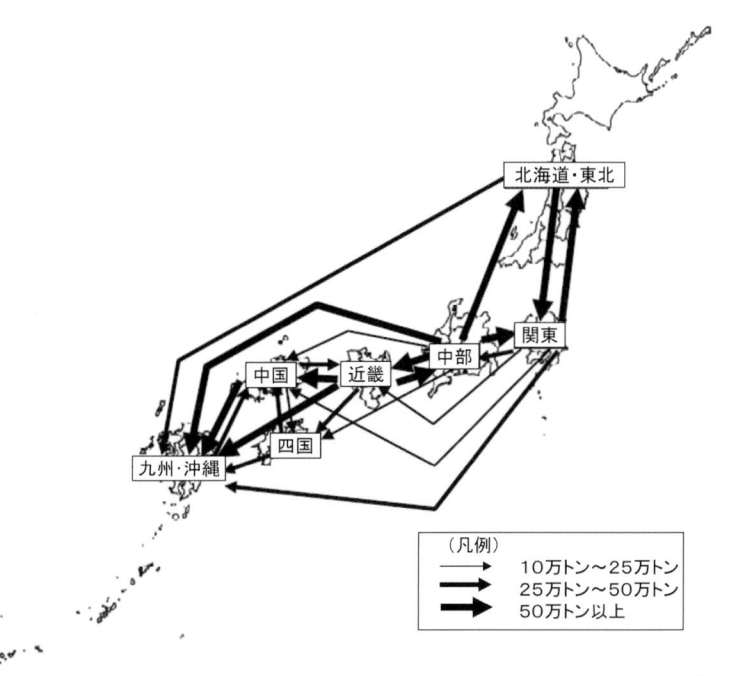

図 17 広域処理ブロックの産業廃棄物の移動量（平成 21 年度）[4]

単位：（ ）内は万トン／年

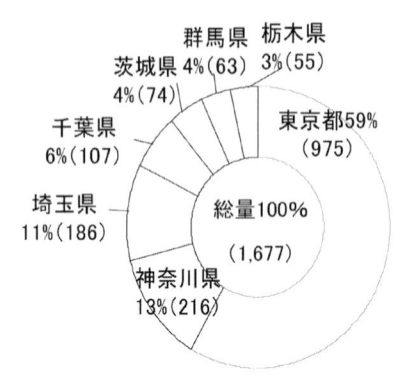

図18 関東ブロックの産業廃棄物広域移動[4]

※四捨五入のため、100％にならない場合や各統計データと数値が異なる場合がある。

された主なブロックは北海道・東北ブロック、中部ブロックとなっている。近畿ブロックから搬出された主なブロックは、中部ブロック、九州・沖縄ブロック、中国ブロックとなっている。

中部ブロックから搬出された主なブロックは、近畿ブロック、九州・沖縄ブロック、関東ブロック、北海道・東北ブロックとなっている（図17）。

例えば、産業廃棄物の排出量の大きい関東ブロックの広域移動量を都県別にみると、東京都からの都外搬出量が関東ブロック全体の広域移動量の58.2％で最も多く、次いで、神奈川県が12.9％、以下、埼玉県が11.1％、千葉県が6.4％となっている（図18）。

また、関東ブロック内での都県外への最終処分量は、東京都、神奈川県および埼玉県では最終処分量がほとんどなく、千葉県、群馬県、栃木県に集中している傾向がある。関東ブロック外の主な埋立処分先として東北・北海道ブロック、中国ブロックがあげられる。

(2) 広域移動の運搬方法[5]

リサイクルを行う工場や最終処分場が全国に分散している。そのための輸送にはトラックや貨車による陸上輸送が活用されているが、国土交通省港湾局では、循環型社会形成推進基本計画（平成15年3月閣議決定）において位置付けられている「港湾を核とした総合的な静脈物流システムの構築」の事業化に向けた取り組みを推進している。港湾には物流基盤や生産基盤・技術の集積、動脈物流で培った物流管理機能、リサイクル処理で生じた残さを処分できる廃棄物海面処分場など、高いポテンシャルを有しており、「静脈物流」（人の

表6 関東ブロックの都県外への最終処分量（平成21年度）[4]

処分先地域＼排出地域	計	茨城県	栃木県	群馬県	埼玉県	千葉県	東京都	神奈川県
茨城県	24	—	3	—	12	2	1	7
栃木県	68	3	—	—	25	16	14	10
群馬県	90	1	0	—	45	1	37	5
埼玉県	0	—	—	—	—	—	0	—
千葉県	103	3	0	0	12	—	70	18
東京都	—	—	—	—	—	—	—	—
神奈川県	1	—	0	—	—	1	0	—
ブロック内計	286	7	3	0	94	20	121	40
ブロック外計	497	25	20	38	135	23	133	122
北海道・東北	201	11	18	28	56	4	37	45
中部	45	—	20	10	6	0	11	17
近畿	13	—	0	0	8	0	37	2
中国	148	—	0	0	25	7	74	43
四国	—	—	—	—	—	—	—	—
九州・沖縄	91	14	0	0	41	12	8	15

注）0は500トン未満であり、—は該当無し

クルポート（総合静脈物流拠点港）」と指定し、「静脈物流拠点」として育成している。平成23年1月時点でリサイクルポートとして22港が指定されている（図19）。

5 産業廃棄物の不法投棄の状況

(1) 不法投棄件数および投棄量の推移[6]

平成21年度に新たに判明した不法投棄事案の件数は279件（前年度308件、▲29件の減少）、不法投棄量は5.7万トン（前年度20.3万トン、▲14.6万トンの減少）である。不法投棄の顕在件数は、平成10年度から平成13年度の1,000件を超える時期をピークとして急激に減少している。不法投棄量は、数年にわたり投棄された大規模案件を除くと平成9年度から平成12年度の40万トン超える時期をピークとして著しく減少している（図20）。ただし、平成21年度末における不法投棄等の残存件数として都道府県等から報告のあったものは、2,591件（前年度2,675件、▲84件の減少）、残存量の合計は1,730.5万トン（同1,726.0万トン、4.5万トンの増加）であり、処置しなければならない多くの案件と大量の投棄量がある。

図19 リサイクルポート指定港配置図
（平成23年1月現在）[5]

血管に例えて、動脈物流である製品系の輸送に対し、生産や消費活動で排出したものの輸送をこの様に表現している）の拠点化や低コストで環境負荷の小さい海上輸送を活用したネットワークの形成を図っている。その一環として、広域的なリサイクル施設の立地等に対応した静脈物流の拠点となる港湾を、港湾管理者の申請に基づき「リサイ

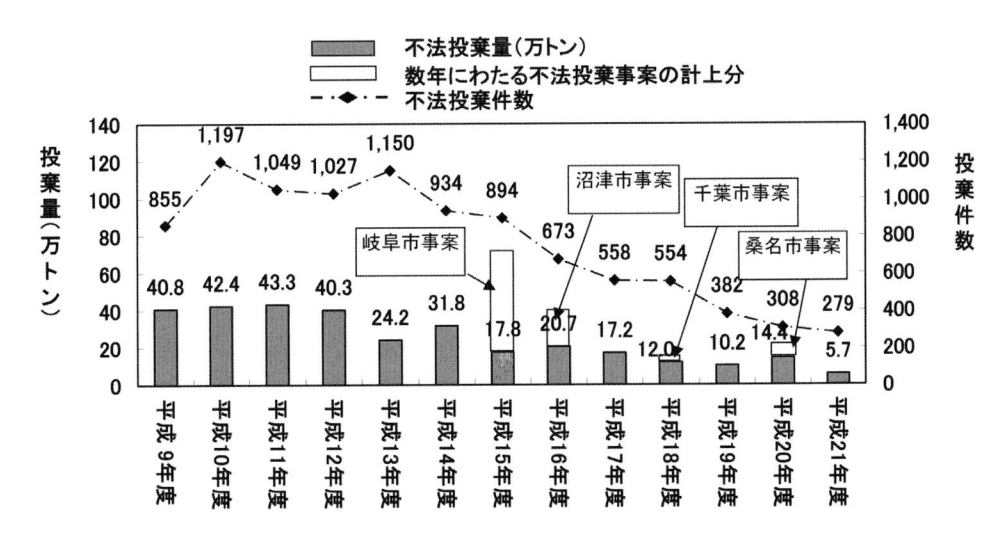

図20 不法投棄件数および投棄量の推移[5]

(2) 不法投棄の内容

ア．規模別不法投棄の状況[6]

規模別不法投棄件数の推移をみると、毎年50トン以下の案件が50％以上であり、5,000トン以上の大規模案件は1％前後である（図21）。また、規模別不法投棄量について平成18年度から21年度の傾向をみると、5,000トン以上の大規模案件が占める割合が20％〜60％の間で振れているが、量については大規模案件の影響が大きい（図22）。

平成21年度に、投棄量5,000トン以上の大規模事案として報告のあったものは2件であり、全件数（279件）の0.7％であった。

イ．不法投棄廃棄物の種類および量（新規判明事案）[6]

平成21年度に新たに判明した産業廃棄物の不法投棄廃棄物の種類のうち、建設系廃棄物よる件数が約7割を占めているが、前年もおおむね同様であった（図23）。また、投棄量については同様に建設系廃棄物が約7割を占めているが、前年は約9割近くであった（図24）。以上の実態から不法投棄防止のためには、建設廃棄物に着目して継続的に対応する重要なポイントといえる。

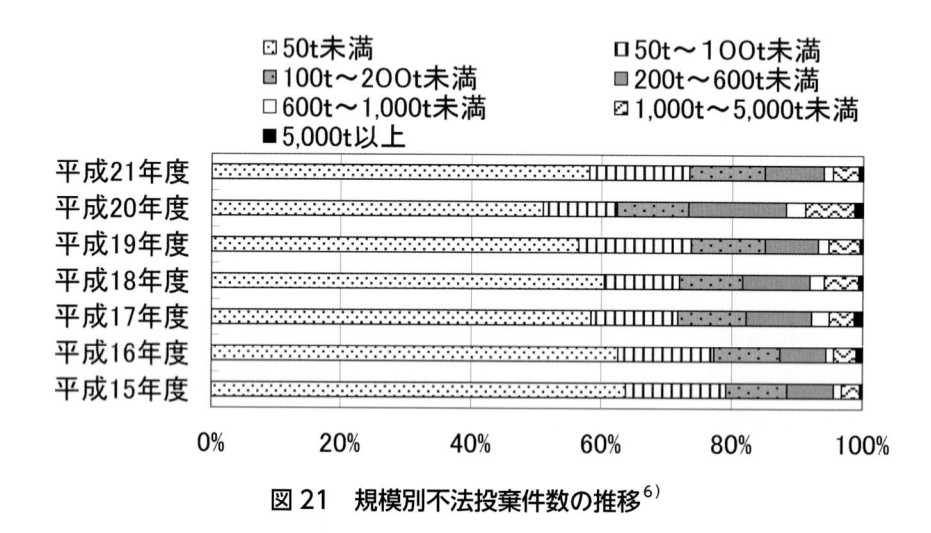

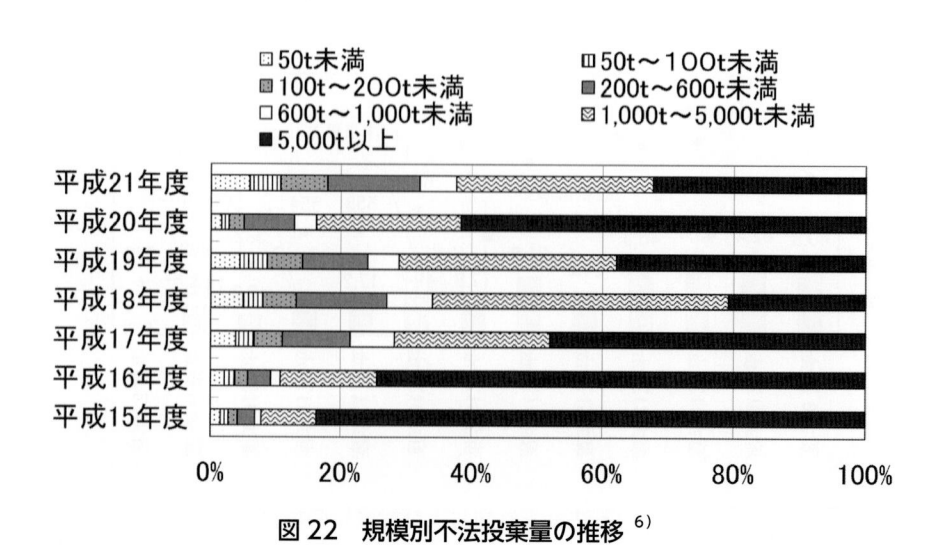

図21 規模別不法投棄件数の推移[6]

図22 規模別不法投棄量の推移[6]

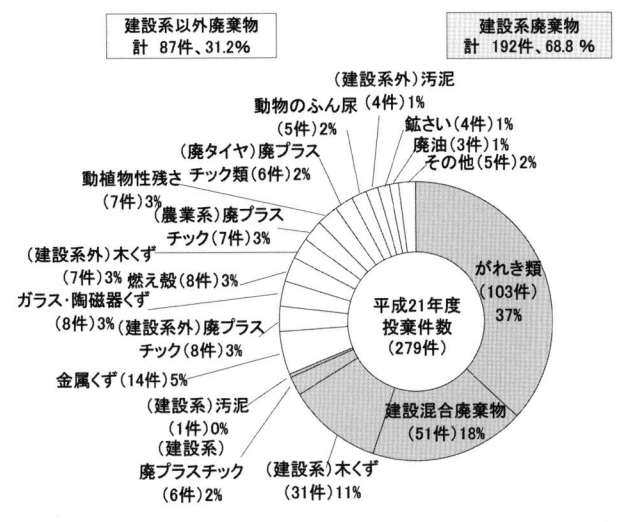

図23 廃棄物種類別の不法投棄件数（平成21年度）[6]

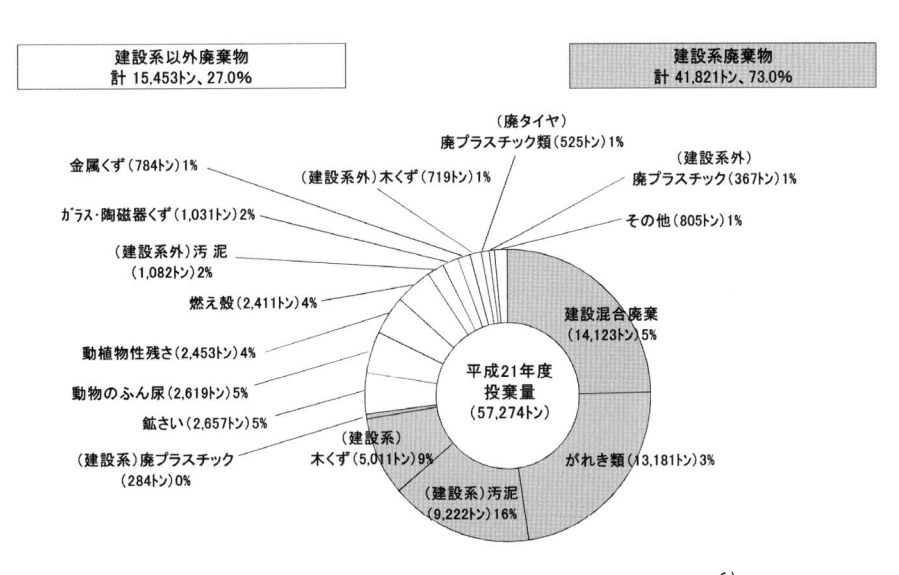

図24 廃棄物種類別の不法投棄量（平成21年度）[6]

参考文献

1) 「産業廃棄物排出・処理状況調査報告書、平成20年度実績(概要版) 平成23年3月」、環境省大臣官房廃棄物・リサイクル対策部、廃棄物処理に関する統計・状況、廃棄物・リサイクル対策、環境省ホームページ
2) 廃棄物・副産物の受入れ状況、セメント産業における環境対策、社団法セメントＨＰページ
3) 「産業廃棄物行政組織等調査報告書、平成20年度実績、平成22年3月」、環境省大臣官房廃棄物、廃棄物・リサイクル対策、廃棄物処理に関する統計・状況、環境省ホームページ
4) 「廃棄物の広域移動対策検討調査及び廃棄物等循環利用量実態調査報告書（広域移動状況編 平成21年度実績）」、平成23年3月、環境省大臣官房廃棄物・リサイクル対策部、環境省ホームページ
5) 総合静脈物流拠点港（リサイクルポート）の新規指定について（平成23年1月20日発表）、リサイクルポート（総合静脈物流拠点港）、国土交通用ホームページ
6) 「産業廃棄物の不法投棄等の状況（平成21年度）について」、平成22年12月27日、環境省大臣官房廃棄物・リサイクル対策部、産業廃棄物の不法投棄等の状況について、環境省ホームページ

(峠和男)

一般廃棄物：企業の対応

1 はじめに

本項では、一般廃棄物の収集のうち、企業の取り組みについて述べる。廃棄物の収集運搬事業者とはいわば物流事業者であるが、他の動脈経済の物流事業者と同様にライバル企業との競争が存在する。しかし、静脈物流が通常の物流と異なる点は、このライバル企業との競争に加えて、以下で述べるように「不法投棄との競争」に常にさらされている点である。

物流に限らず静脈経済から発生した廃棄物の取引が通常の有償取引と異なる点は、モノの流れと金の流れが同一になる逆有償取引となることである。細田（2008）によれば、逆有償取引には、2つの意味で情報の非対称性が存在する。ひとつは、排出事業者は処理事業者の処理内容に関する情報を正確に得ることが極めて困難であるという点である。通常の有償取引であれば、モノと金の流れが逆で手元にモノが残るため、その質を確認することができる。しかし、廃棄物のような逆有償取引では手元にモノは残らないため、排出事業者が、処理業者によって不法投棄等がなされていないかどうかを正確に把握しようとすれば莫大なコストがかかってしまうのである（こうした点からは、エコスタッフ・ジャパン株式会社のように優良廃棄物処理企業の認定やそのネットワーク化を行うような取り組みが今後重要となるであろう）。

二つ目は、処理事業者は排出事業者の協力なくして、処理する廃棄物の正確な組成を知ることが困難であるという点である。排出事業者によっては自社の廃棄物についての組成情報は「企業秘密」にあたるとして処理事業者にその内容を明らかにしない場合もあるという。このような場合、処理事業者は、不適正処理をする意思がなくても、情報が十分にないため、結果として不適正処理や不法投棄となってしまう可能性がある。

経済理論によれば、このような情報の非対称性が存在する場合、市場メカニズムは最適とはならないため、市場の外に法律などの何らかのレジームを構築する必要が出てくるのである。よって、市場メカニズムを効率的に機能させるという点からみても「廃棄物の処理及び清掃に関する法律」をはじめとした我が国の廃棄物ビジネスをとりまく各種レジームは必要な存在なのである。もちろん、その「強弱」については議論の余地もあろう。静脈物流に関して言えば、細田（2010）は、こうした各種レジームが規定するアクセスの自由度の高さに応じて、1) 完全オープンアクセス、2) 制約されたオープンアクセス、3) クローズドアクセス、の3種類に分類した。1) の完全オープンアクセスとは、有償取引される静脈資源を扱う場合であり、原則として各種レジームによる制約は存在しない。2) の制約されたオープンアクセスとは、産業廃棄物系の静脈資源を扱う場合をさす。産業廃棄物を扱う場合、業の許可は必要であるものの、要件を満たしていれば比較的容易にその許可を得ることができるためである。3) は一般廃棄物のビジネスに多くみられるものである。多くの市町村において、一般廃棄物の収集運搬の業の許可が新規に与えられることはほとんどないというのが一般的な認識である。参入がないことは結果として収集等の効率性を下げていると言われているが、各種法制度のもとで市町村による管理が行き届いていることから、不適正処理や不法投棄といった問題はほとんどないと考えられる。

本稿のテーマである一般廃棄物の収集運搬は、この3) に分類されるものである。そのため、現状の一般廃棄物の収集運搬については、不適正処理や不法投棄というよりはむしろその効率性の向上が課題である。環境省が毎年公表している「一般廃棄物処理実態調査」のデータをみてみると、平成20年の東京都の一般廃棄物処理費用のうち、約73％が収集運搬に係る費用となっている（一

般廃棄物処理実態調査の「処理及び維持管理費（組合分担金を除く）」のうち、人件費、処理費、委託費のうち収集運搬に係る費用を足したものに車両購入費を加えたものの占める割合を計算した）。収集運搬費用が廃棄物処理コストに占める割合は決して小さくないため、収集運搬の効率性を高めることは厳しい財政状況にある地方自治体にとっては極めて重要な政策課題である。

そこで以下では、一般廃棄物の収集運搬に従事している民間企業に焦点を絞り、収集運搬の効率性を高めるための先進的取り組みを紹介する。

2 一般廃棄物の収集費用最小化に向けた取り組み

家庭系一般廃棄物の収集運搬は、営業活動を通じて収集範囲を拡大することは制度的に不可能であるから、その効率性を高めるための対策としては、収集作業の徹底した管理と事故減少が主である。確かに現状のような厳しい参入制限のもとでは、費用削減の動機は乏しいかもしれないが、先進的な取り組みを行っている企業も少なからず存在する。一つの例は、アースサポート株式会社による取り組みである。島根県松江市に本拠を構えるアースサポート株式会社は、山陰地方最大規模の廃棄物処理施設を持ち、中間処理・リサイクルも行っているが、ここでは一般廃棄物の収集運搬についてその取り組みを紹介する。

アースサポート社では、作業状態の「見える化」が作業効率向上のカギであるとの考えから、収集車両のすべてにGPSとデジタルタコグラフを設置し、地図情報と連動させてリアルタイムで走行情報を記録している。このデータは車載のドライブレコーダーを通じて収集作業員ごとに割り振られたICカードに記録される仕組みとなっている。この記録には、車両に装備された4つのカメラによる車外、車内のビデオカメラによる撮影も含まれている。業務終了後には、事務所のパソコンでデータを読み取ることができ、図1のようにどのようなルートを走行したか、収集運搬時の停止時間、エンジン回転数などの情報がすべて、地図情報と連動して確認することができる仕組みとなっている。

この取り組みにより、走行ルートの無駄が減少し、作業効率の改善はもとより、燃費向上による環境負荷の低減も達成することができる。さらに、作業中の交通事故についてはドライブレコーダーの導入後、大幅に減少しており、経営効率及び収集運搬従事者の安全確保の観点からも大きな成果を挙げている。また、事業系一般廃棄物については不法投棄に敏感な顧客向けに、要望があればこうした情報をプリントアウトして提供するというサービスも行っており、顧客からの信頼獲得に大いに役立っているという。

アースサポート社がおこなっているもう一つの効率化への取り組みは、定期的な収集先にはバーコードを設置し、収集時に端末による読み取りを行い、どの収集員が何時に何個回収したかをデータで確認できる体制を整えている点である。これは、定期的な収集契約を結んでいる事業系一般廃棄物の顧客だけでなく、家庭系一般廃棄物のほぼ全ての収集ステーションにバーコードを取り付けている。収集ステーションでのバーコード情報は、現場での収集記録としてデータが残るため、収集ステーションの回収が一度終了してから搬入された、いわゆる「後だし」によるクレーム対応にも効果を発揮している。

筆者の知る範囲では、バーコードシステムによる現場管理とドライブレコーダーによる記録を行っている収集運搬事業社は全国的にも例がない。この二つのシステムに記録される情報を用いることでドライバーごとの収集運搬の効率が明確に把握できる。同社はこうした情報をドライバーの研修に積極的に利用し、全社での収集運搬効率の向上に役立てているという。また、作業効率の高い収集員を評価するなどして、社員のモチベーションを高める効果といった相乗効果をもたらし

図1 ドライブレコーダーの記録画面
(提供：アースサポート株式会社)

ている。

こうした先進的設備を導入する際の初期コストは企業側にとって大きな負担であるが、上述のような正の連鎖がみられることで企業経営の活力につながっていることは特筆すべき点であろう。

3 収集運搬の新たな概念を構築

前項では、既存の一般廃棄物の収集運搬の制度の中で、無駄を省き、効率的な運営を行っている企業の例を取り上げた。ここでは、これまでの一般廃棄物の収集運搬の概念そのものを変えようという取り組みについて紹介する。

自治会等による自発的な集団回収を除くと、これまで家庭系資源ごみは行政サービスとして、行政側が回収ステーション等に赴いて回収してきた。しかし、東京都足立区に本社を置く白井エコセンター株式会社では、「資源ごみ買取市」と称して、足立区において住民がリサイクル拠点に自ら資源を持ち込んだ場合、それを買い取るという仕組みを提案し、2008年から月に1度のペースで実施している。

白井エコセンターは長く収集運搬業に従事してきた企業であるが、その中で自治体の廃棄物処理の経費に占める収集運搬費用の割合が非常に高いことに問題意識をもっていた。これは、地方自治体の財政状況が悪化する中、一般廃棄物の処理費用を圧縮するためには、既に高い技術水準を誇っている廃棄物処理技術の高度化により中間処理の費用を削減することを推進するよりも、総廃棄物処理費用の約7割を占めている収集運搬の効率化を推し進めた方が効果が大きいとの考えに基づいたものである。

図2 資源ごみ買取市の宣伝ビラ

収集運搬のうち、最も費用がかかるのは各家庭から保管場所まで輸送する1次物流である。そのため、採算性の問題から各家庭に滞留している潜在的資源を回収できていない現状がある。「資源ごみ買取市」はこの1次物流のコストを各家庭に負担してもらうことによって削減し、その分、資源ごみの買取価格を通常よりも高く設定しよう

という取り組みである。この「資源ごみ買取市」のモデルは、米ロスアンゼルス市で住民がリサイクルセンターに自ら運ぶ「ドロップオフ」と言われる制度をモデルにしている。その特徴は、「現金買取」「価格公開」などが挙げられる。

現在、月に一度の開催で、平均的に180人の市民が資源ごみを持ち込み、約15トン搬入されるという。回収対象品目は、古新聞、古紙、PETボトル、カン、古着等であるが、重量ベースで最も多い搬入物は、古新聞・雑誌で全体の8割以上を占めている。また、搬入する住民の多くは半径約2kmの範囲に住んでおり、直近のリピーター率も8割以上となっている。資源ごみ買取市の課題としては、採算性の問題がある。表1のロスアンゼルスの例では回収拠点が122か所となっているが、これは三万人に一か所の割合で回収拠点がある計算である。現状の資源ごみ買取市は試行的な段階で回収拠点が1か所であるから、今後、回収拠点を拡大するにあたり、こうした取り組みが地方自治体の家庭系一般廃棄物処理費用の削減につながることを考慮すれば、その位置づけを自治体の一般廃棄物処理計画の中で総合的に検討がなされるべきであろう。

また、白井エコセンターでは、収集時の分別数を削減することは収集運搬費用の大幅な削減につながると考えている。現状では、PETボトルならPETボトル専用のトラックを、古紙であれば古紙専用のトラックをそれぞれ走らせている。こ

表1 資源ごみ買取市と米ロスアンゼルス市の例の比較

	資源ごみ買取市	米国ロスアンゼルスの例
拠点数	1か所	122か所（ロス市内のみ）
運営主体	民間企業	民間業者
許認可	特になし（古物営業許可）	行政からの営業許可
運営費用	業者負担	自治体が補助
支払原資	問屋やメーカーへの売却益	デポジット（CRV）
支払方法	現金／その場渡し	現金／その場渡し

出所：白井エコセンター資料

図3 新たな分別区分の提案

うした現状は、極端にいえば、1台の車両で済むところに分別の数に合わせて2台も3台も車両を投入しているとも考えることができる。そこで、白井エコセンターでは、図3のような最低限の分別数に統一し、その後の分別は中間処理施設で実施することを提案している。こうした方法は、米国などでも行われているものであり、我が国の中間処理施設においても分別されていない廃棄物を処理することを前提として設計されているプラントもあり、費用を必ずしも収集運搬以降に先送りすることにはならない。また、山本(2009)では、我が国の一般廃棄物の収集運搬の費用について規模の経済性があることを定量的な分析で示しているが、その結果とも整合的な考えである。

図3の第1の分別は、紙や生ごみなど従来の可燃ごみに近いものである。第2の分別はビン、カン、PETボトルなどの静脈資源であり、第3は、古紙である。このように分別数を絞り込むことによって、同一地域での収集車両の数を減らすことができ、一般廃棄物処理の総処理コストの削減につなげることができるであろう。我が国の一般廃棄物を取り巻く現状を勘案すると、家庭ごみについてこのような改善を行うには一定の時間を要すると考えられるが、事業系一般廃棄物については大きな障害もないと考えられるので、こうした先進的な取り組みが今後広く普及することを期待したい。

参考文献

1) 環境省(2010)『一般廃棄物処理実態調査』(http://www.env.go.jp/recycle/waste_tech/ippan/index.html).
2) 細田衛士(2010)「循環型社会における適正な静脈物流の構築」『廃棄物資源循環学会誌』, vol. 21, no.4, pp.205-214.
3) 細田衛士(2008)『資源循環型社会 - 制度設計と政策展望 -』, 慶應義塾大学出版会.
1) 山本雅資(2009)「一般廃棄物の収集運搬費用の経済分析」『環境経済・政策研究』, 第2巻1号, pp. 39-50.

(山本雅資)

3 一般廃棄物：自治体の対応

本項では、一般廃棄物収集の中でも自治体におけるそれについての整理を行う。①の企業の取り組みを紹介する項では、いくつかの事例について、それも先進的な取組について紹介を行った。その中で既に取り上げられているように、収集・運搬の費用は非常に大きなものであり、これを削減する取組は重要である一方、そもそも自治体の姿は多様であり、単純に重量あたりの単価の大小をもってその効率の比較を行うことは当然適わない。

そこで、本項では、前節とは逆に、敢えて先行的な事例を取り上げることはせず、様々な自治体の収集運搬に関わる姿を俯瞰的に整理する。技術そのものというよりは、収集・運搬システムに関する整理となる。

1 収集・運搬に対して影響を与える外的な要素の整理

自治体が収集・運搬システムを考える際に、どのような意志決定を行わねばならないのかを整理しておく。また、これと同じように自らの意志決定ではないものの、そこに大きな影響を与える外的な要素も整理しておく。まず、外的な要因として考えられるものは、その地理的な要素、つまり収集対象の面積（必ずしも自治体の面積ではなく、可住地面積の方が近い）、人口および人口密度、そして道路の状況であろう。さらに、廃棄物の排出原単位も、施策によって変化するものの収集・運搬計画を考える際には取りあえず外的な要素だと考えて良かろう。

これらを踏まえて自治体が決定しなければならないものには、分別区分・収集頻度・ステーション数という住民の「ゴミの捨て方」に影響を与える要素と、これらを全て踏まえてどのような車両でどのような経路を通り回収を行うか、と言った要素がある。

まず外的な要因を見てみる。例えば面積で言うと、もっとも大きな市町村が 2,178[km^2]、もっとも小さな市町村は 3[km^2] である。人口で言えば 357 万人から 214 人、人口密度では 2 万 [人/km^2] 弱から 2[人/km^2] までと非常に広く分布している。道路の状況を定量化することは難しいが、かなりの違いがあることは道路地図等からも明らかである。

これらともう一つ大きな影響を与えるものが廃棄物の発生量であろう。生活系ごみの排出原単位を環境省の調査から見ると平成 21 年度で最大の場合が 3,515[g/人/日] で最小は 192[g/人/日] であり、20 倍にも及ぶ。最大、最小値は極端であるとしても、例えば上位 10%、50%（つまり中央値）、90% にあたる自治体の原単位と平均値をそれぞれ見ると、844、684、509、689[g/人/日] となり、自治体による変化はかなり大きい。分布としては、やや低い値の自治体が多い、ただし非常に大きな値を取る自治体もあるような分布である。こうしたことからも様々な収集運搬システムの在り方が必要であることは間違いない。

2 自治体が決定しなければならない項目

では自治体が決定する項目を見る。まずは分別区分について簡単に整理しておく。図1を参照されたい。図1は横軸に分別区分数を取り、それを採用する自治体の数と区分数ごとの平均排出原単位を表したものである。10 以上の区分を持つ自治体についてはヒストグラムをまとめてしまっているために分かりにくいが、8区分から 10区分あたりを採用する場合が多いことが分かる。また、区分数と排出源単位の関係を見ると、2区分の場合については、サンプル数が少なすぎるために例外とすると、7区分あたりまでは区分数が増えるにつれ排出原単位が下がることが分かる。自治体ごとの特性もあり一概には言えないが、分別区分数の増加が住民の意識向上につながり、原単

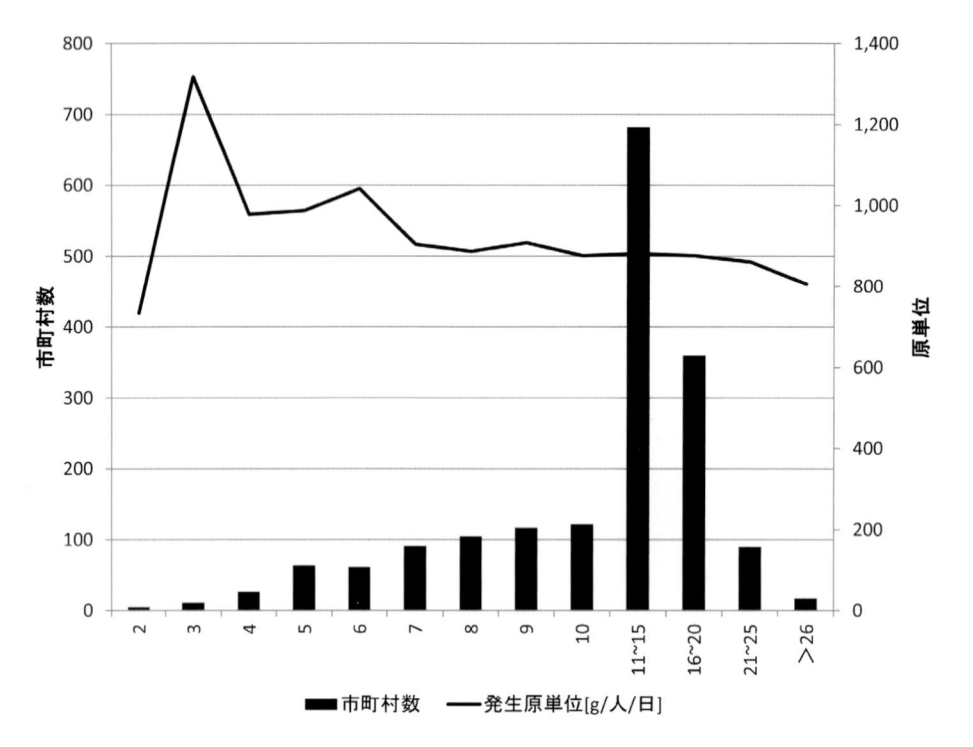

図1 分別区分と排出原単位(H21年度)

位の低下へつながった可能性は高い。

このように、先ほどは排出原単位を外的要因だとしたが、分別区分などとも全く関係がないわけではなく、自治体による施策の影響も存在する。

次に収集運搬に関する自治体の意志決定の中で大きいと考えられるものが、直営で行うか、委託かという、運営方式に関するものがある。図2ならびに3を見て頂きたい。まず図2は直営・委託、さらに許可業者による収集量の比率の推移を示している。ここからも分かるように直営の比率は下がり続けている。許可業者による収集量の比率は安定的にみえることからも、直営の減少分は全て自治体収集の委託分と言うことになる。そこで図3の機材の台数とその積載量を見て頂きたい。

まず機材台数と積載量に余り大きな違いがないことから、形態によって使用する機材の規模が異なる、と言ったことはあまりないようにみえる。強いて言えば直営の比率は機材が積載量よりも若干少ない傾向がみられるため、例えば小型の収集車などは直営の場合に多く用いられる可能性はある。

また、収集・運搬と言っても市民の排出したものを直接運搬するだけではなく、それをさらに次の施設へと運ぶための機材も必要である。これが、図3の運搬車であるが、収集車（市民から排出されたゴミをまず回収している段階に使われるもの）に較べると直営の比率が若干高いことなどが分かる。このように、段階別に直営・委託の意志決定をしなければならない。

機材について先に述べてしまったが、これに影響を与える要素として、ステーション数がある。ステーションとはつまりゴミ収集場所で、通常1ステーションで何世帯程度をカバーするかという数字を目安に設定がなされる場合が多い。排出量の多いごみについては例えば1ステーション当

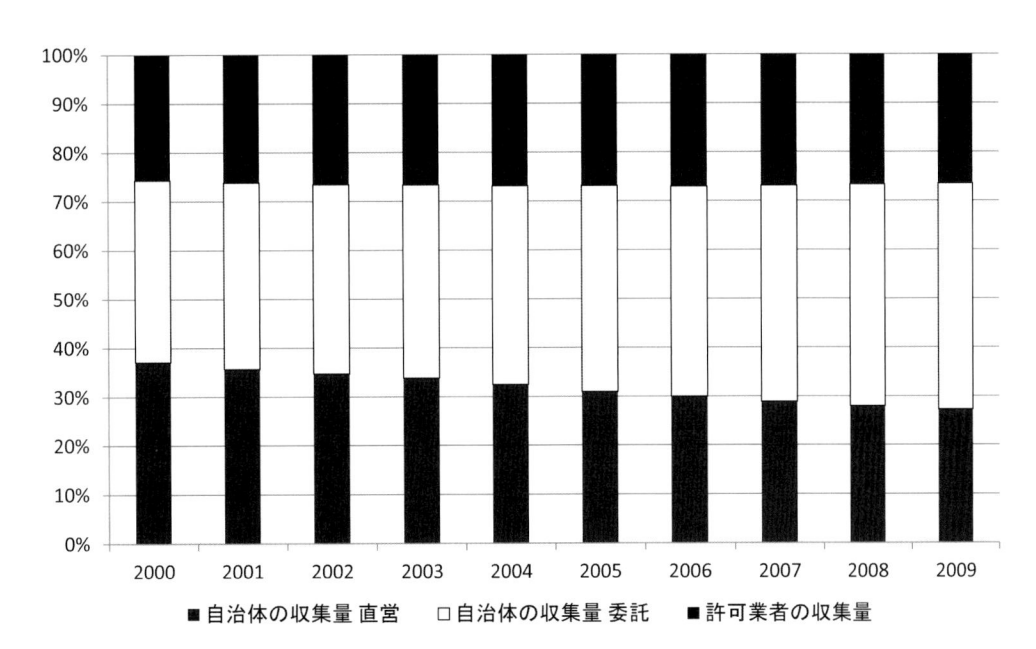

図2 形態別のゴミ収集量

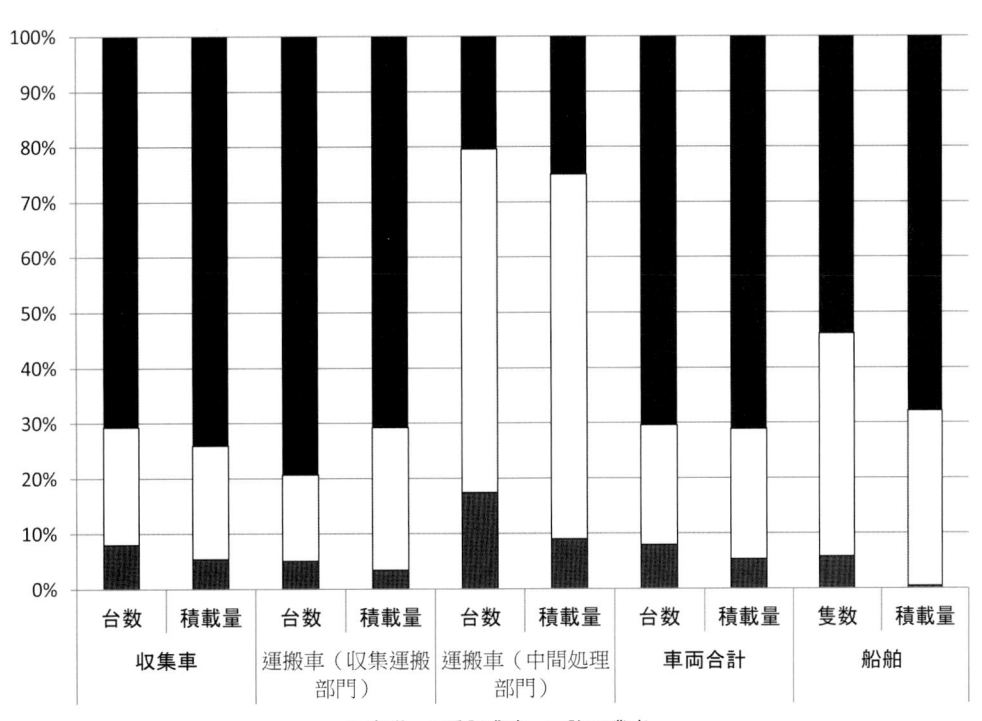

図3 形態別の収集機材(H21年度)

たり20世帯程度とし、資源ゴミの一部についてはこのうちの何カ所化のみを使う形で1ステーション当たり60世帯などとすることも有り得る。また、昨今見られるようになった各戸収集（戸別収集・ふれあい収集などと呼ぶ場合も有る）であればこの数字は1ステーション当たり1世帯と言うことになる。これに付随するやや詳細なものとしては、ステーション数が決定され、ステーションの位置が決定されると、収集ルートが設定されることになる。ルート設定までなされると、またそこで使用される機材との間に相互の影響が考えられるので、慎重に決定されていくことになる。

さらに自治体は収集頻度を設定しなければならない。収集頻度、ステーション数、分別区分の設定は相互に依存しており非常に難しい。この3つのパラメタはコストに直結するものだが、同時に住民サービスの程度にも直結する。例えば、生ゴミの収集頻度が少ないことは、これを長期にわたり家庭内で保管しなければならないことを意味する。ステーション数が少ない（1ステーション当たりの世帯数が多い）ことは、住民が遠くまでゴミを持って行かねばいけないことを意味する。さらに分別区分が多いことは、住民に分別の努力を要求する。こうした理由から、例えばゴミ有料化を実施する代わりに、戸別収集を行うなどの組み合わせがよく見られる。また、分別区分が増えると、それぞれの区分のゴミ排出原単位は下がるため、同一区分の収集頻度を減らせることがある。

この3つのパラメタを不適切に決定してしまうと、何が起こるかを整理しておく。例えば、収集頻度が無駄に多くなると、おそらく積載量の少ない状態で収集車が走行することとなり、コストの増加を招く。また、基本的には収集頻度の増加は排出機会の増加という意味で住民サービスの向上を意味するが、度を過ぎると逆効果となる。（通常、ステーションは町内会等が管理しており、その管理にも暗に住民は費用を払っていることになる。）ステーション数の増加も、住民にとっての意味は収集頻度とほぼ同様である。収集コストという意味で言えば、ステーション数の増加は明らかに費用増加を招く。ステーション数の増加は、多くの場合平均速度の低下を意味する。市街地などでは、収集車は走行したままで作業員が車から降りて走って収集を行う場合などもあるが、その場合においても平均速度は低下すると考えるのが普通である。分別区分についても、増加することは費用の増加を意味する。では、住民にとってはどうかというと、明らかに手間が増えるので費用の増加と言える。どちらにとっても費用の増加であればやる意味がないと言うことになるが、分別区分の増加は多くの場合がリサイクル等の目的で行われるものであり、社会的費用が減少したり、場合によっては自治体が循環資源の売り上げ収入を得たりする可能性はある。

3　収集のパラメタが費用に与える影響

全く同一の排出原単位を用い、自治体間比較や、分別区分数による比較を行うことは実際に不可能であるため、筆者らの研究グループが作成した収集・運搬シミュレーションモデルによって、実在の3つの自治体に対して、それぞれ4種類の分別区分を適用した場合にどのような違いが生じるかを図4に示した。適宜パラメタを与えることで絶対的な経費の金額を示してあるが、あくまで目安と考え、相対的な大小を見て頂きたい。ここで対象とした3つの自治体だが、A市とB市は同程度の人口規模を持つ。ただしA市の方が人口密度そのものは高く、よって面積は小さい。C市はさらに大きく、人口は半分程度だが、可住地面積率が非常に低く、よって実際の収集対象地域は少ない。これを踏まえて図4の結果を見て頂くと、まず自治体間での比較としては経費の少ない順にA<C<B市となる。自治体の特徴の説明から明らかであるが、C市の面積はB市の倍ほどあることから、単純な面積だけを見て考えてはいけないことがよく分かる。また、A市とB市の

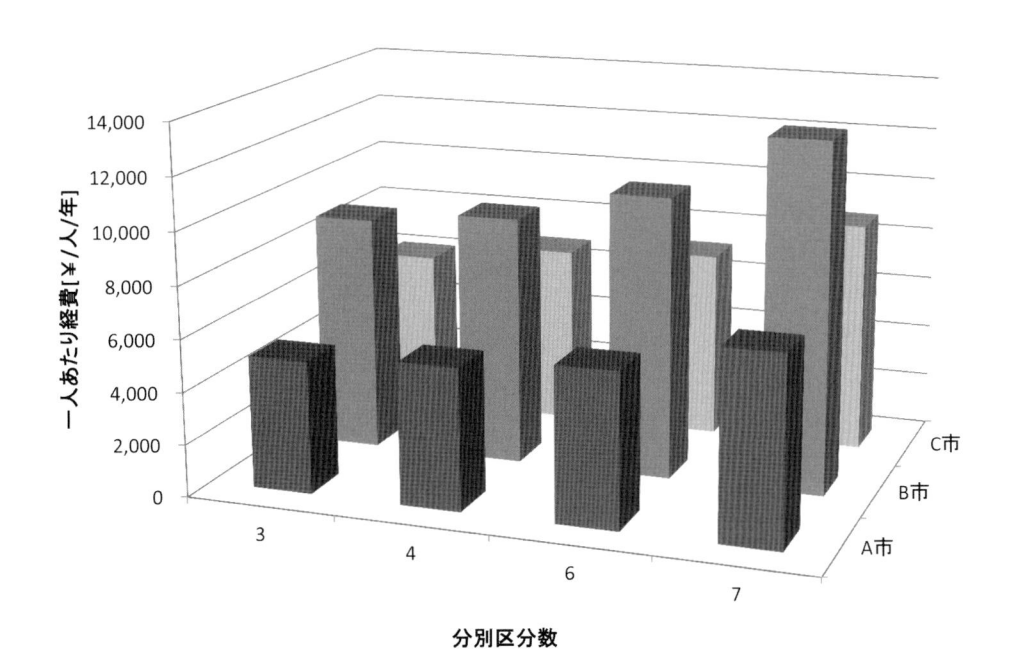

図4 分別区分による経費の違い

比較からは、可住地で考えた人口密度を比較することが出来れば、人口密度が高い方が収集の効率は高くなることが明らかになる。

分別区分数の影響であるが、区分が増えれば費用が高くなることが分かる。しかしながらその影響の現れ方が多少異なっているところが興味深い。これはケースバイケースであって一般化は出来ないが、例えばそれぞれの3区分の場合の費用と比較したときに、4区分での費用増加率が最も大きいのはC市であるが、7区分の場合はB市である。

ここで重要な点は、増加、減少のトレンドはある程度一般化できようが、これを別にすれば様々なパラメタについてそのもたらす変化はケースバイケースであるために、各自治体は他の自治体を参考にしつつも自らの責任でその収集計画を立てねばならないということである。ここで用いた筆者らの作成したモデルは、こうした意志決定を支援するためのものである。

4 今後に向けて

循環型社会への移行が進むにつれ、様々なリサイクル制度が整備され、これに伴い分別区分数は増加してきた。図1に分別区分数の平成21年度調査の結果を示したが、同じものを平成12年度について調べるともっとも自治体の数が多いのは5区分であり、ここから10区分へ向けて緩やかに減少する。分別区分数が増加してきたと書いたが、より正確に言えば分別区分数の多い自治体も増えてきた、と言う意味で多様化しているのが現状である。これに対応すべく費用がどうなったかを見てみると、収集運搬に関わるような項目で言うと、処理費、車両等購入費、委託費の順に、平成17年度は755億円,80億円,2689億円であったものが、平成21年には639億円,79億円,3005億円となっており、恐らく効率化のために委託を増やしているにもかかわらず総経費は増加しているように見える。少なくとも減少はしていない。言うまでもないが、1人あたりのゴミ排出

量は同じ機関で1,131から994[g/日]へと減少しているにもかかわらず、である。またそれぞれの合計が総事業経費に占める割合は、分母にあたる総経費が減少していることもあるが、17.7%から20.4%へと増加している。

　リサイクル・廃棄物処理における回収、最終処分技術は非常に重要なものである。しかしながら、住民の手から効率的にものを集めると言う段階は非常に重要であることは言うまでもない。例えばタンス・ケータイ然りである。携帯電話については、MRN（モバイル・リサイクル・ネットワーク）と呼ばれる事業者の積極的な自主取組によって、退蔵されていないものの回収率は高くなっていると考えられているが、そもそも排出されていないものはまだまだある。そして、政府による小型家電回収の社会実験の結果によれば、一部自治体においてはかなりの台数の携帯電話が回収されたという。つまり、どのような製品においても一般廃棄物に混入してしまう可能性はまだ残されており、自治体の収集システムにかかる期待は依然として大きいと言えよう。その中で、先に示した経費の割合なども考えれば、より効率的で持続可能な収集・運搬システムを考えていくことは必要不可欠であり、社会・技術両面からのますますの努力が求められている。

参考文献など

1) 環境省(2010): 一般廃棄物処理実態調査 (http://www.env.go.jp/recycle/waste_tech/ippan/index.html).
2) 村上（他）(2008): "地理的特性を考慮した収集・運搬費用算定モデル", 廃棄物学会論文誌 Vol. 19(3), pp.225-234
3) 使用済小型家電からのレアメタルの回収及び適正処理に関する研究会(2011): 使用済小型家電からのレアメタルの回収及び適正処理に関する研究会　とりまとめ, 環境省　経済産業省

　　　　　　　　　　　　　　（村上進亮）

2　生物系(バイオ)材料の処理技術

メタン発酵の前処理技術

1　発酵不適物の選別・除去

　収集された家庭生ごみ等のメタン発酵処理の前には、ビニール袋や金属といった発酵不適物の選別・除去および微生物反応促進のため、有機物の破砕・微細化を要する。通常、これらは機械的な処理によって行われる。図1には、生ごみのメタン発酵プラントにおける標準的な発酵不適物除去プロセスを、図2に生ごみ搬入の様子、図3に生ごみ受入槽ホッパの様子をそれぞれ示す。一般に、生ごみのメタン発酵における前処理設備とは、受入槽、破砕機、選別機、混合・調整槽から構成される。これらは収集生ごみの安全でスムーズな搬入、発酵不適物の効果的除去および発酵原料の微細化またはスラリー化を目的としたもので、いくつかの装置を組み合わせる。入江らの報告によると、前処理設備を通過することで、発酵原料の生ごみは98%以上の回収率が得られ、紙類およびプラ類はそれぞれ50%程度、30%程度除去されたとしている[1]。

2　難分解性バイオマスの可溶化・発酵促進

(1) 検討されている前処理方法の種類およびその効果

　メタン発酵へ供する様々なバイオマスの中でも、余剰活性汚泥やセルロース等は微生物による加水分解が律速となり、低いエネルギー回収率と低い処理速度が問題となる。こうした難分解性のバイオマスに対して、メタン発酵処理の前に物理化学的処理を行うことによって加水分解を進行させ(可溶化)、メタン発酵によるメタン変換率と処理速度を向上させる試みが盛んである。これま

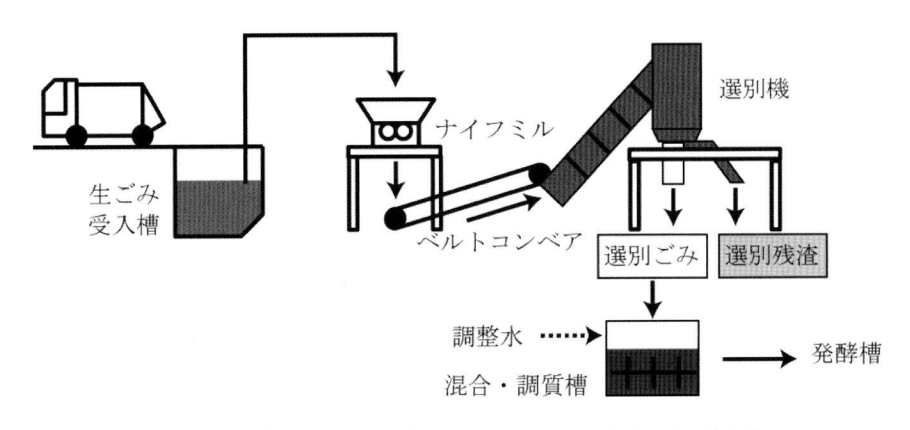

図1　生ごみ破砕・選別システムフロー (0.5-1.0 t/h)[1]

図2 生ごみ搬入の様子 (著者が撮影)

図3 受入槽ホッパ (著者が撮影)

でに、実に多様な処理手法が研究されているが、大まかに分類すると機械的処理、化学的処理、生物処理の3分野がある。以下にそれぞれの分野別に前処理技術の種類を解説する。

1）機械的処理

機械的処理として報告されているものには、超音波処理[2)-6)]、遠心濃縮[7),8)]、熱処理[9),10),11)]、高圧処理[12)-15)]、ミル破砕[16),17)]がある。超音波処理の研究例は多いが、汚泥処理では20-40 kHzの出力が効果的とされている。Chuらは、20 kHz、0.33 W/ml、20分の条件で活性汚泥を処理したところ、それの嫌気性消化において前処理無しの場合と比較して、メタン生成が143 g/Kg-TS addedから292 g/Kg-TS addedまで増大したことを報告している[2)]。この処理によるエネルギー投入量は大きく、バイオガス生成量が前処理無しの場合と比較して36-84%の大きな増大を報告している条件でのエネルギー投入量の範囲は、5000—108000 kJ/kg-TS[18)-21)]である。

熱処理は一般的に70～200°C程度の温度で行われるが、Stuckey et al. は175°C[9)]、Li et al. は170°Cと報告している[11)]。Li et al. は余剰活性汚泥を62°C、80°C、95°C、110°C、130°C、150°C、170°Cの7段階でそれぞれ30分間処理したところ、VS成分の可溶化率は前処理無しの場合と比較してそれぞれ27%、29%、23%、28%、33%、41%、46%増大したとしている[11)]。

圧力処理の例としては、Onyecheの報告によると、下水消化汚泥を150 barの高圧下で処理し、発酵槽へと返送したところ、高圧処理および返送なしの場合と比較してバイオガス生成量が30%増大した[14)]。ロサンゼルスの下水処理プラントでは、余剰活性汚泥を830 barの高圧処理後初沈汚泥と混合して発酵槽で処理することにより、混合汚泥の減量化率は高圧処理なしの場合と比較して50%から57%まで上昇したと報告されている[15)]。

Kopp et al. は、活性汚泥に対してミル破砕を球径0.35 mm、球速6 m/s、電力消費2000 kJ/kg-TSの条件で行い、完全混合メタン発酵槽の連続運転において前処理なしの場合と比較してVS減量化率を42%から47%まで上昇させた[17)]。

2）化学的処理

化学的処理として検討されているものとして、酸処理[22)]、アルカリ処理[23),24),25)]、オゾン処理[26),27),28),29)]が挙げられる。Rivero et al. はH_2O_2を用いて、2 gH_2O_2/g-VSS, 90°C, 24時間の条件で活性汚泥に対し酸処理を行うことによって、

完全混合メタン発酵槽による連続運転においてCOD$_{Cr}$減量化率を52.2%から70.1%まで向上させた[22]。

Kim et al.は7g-NaOH/L, 121℃, 30分の条件で活性汚泥に対してアルカリ処理を行うことで、前処理無しの場合と比較してバイオガス生成量を38%増大させたことを報告している[23]。また、Valo et al.は1.65 g-KOH, pH10, 130℃, 1時間の条件で活性汚泥にアルカリ処理を行ったところ、連続運転におけるメタン生成量を88 ml/g-COD addedから154 ml/g-COD addedまで上昇したとしている[24]。

Battimelli et al.は、活性汚泥の消化汚泥に対し0.16 g-O$_3$/g-TSSの条件でオゾン処理を行い発酵槽へと返送する運転を行ったところ、前処理なしの通常のプロセスと比較してCOD減量化率が38%から58%へ上昇したと報告している[28]。またYeom et al.は、余剰活性汚泥をオゾン前処理してメタン発酵するプロセスにおいて、オゾン反応率が0.2 g-O$_3$/g-SSの条件でメタンガス生成量が前処理なしの場合の約3倍に増大したことを示し、0.5 g-O$_3$/g-SSが効果の得られるオゾン反応率の上限であることを報告している[29]。

3) 生物処理

生物処理としては、酵素処理[30]、好気性可溶化処理[31]がある。永井らは、合成排水の余剰汚泥に0.01%の加水分解酵素（アミラーゼ、プロテアーゼ、リパーゼ）を添加処理することで、SS成分の可溶化率が酵素を添加しない場合と比較して、19.7%から24.4%へ増加することを報告した[30]。Hasegawa et al.は、余剰活性汚泥に対してBacillus stearothermophilusの培養液を容積比で5%添加した結果、VSS成分が50%可溶化することを示した[31]。

(2) 実稼働施設における前処理技術導入例

前節で紹介した前処理技術のうちのいくつかは、実際のメタン発酵プラントにおいても導入されている。図4には、Munchwilen下水処理場に導入されたBIOGEST社の超音波前処理システムのフロー図を、図5には超音波前処理装置を

図5　超音波前処理装置[32]

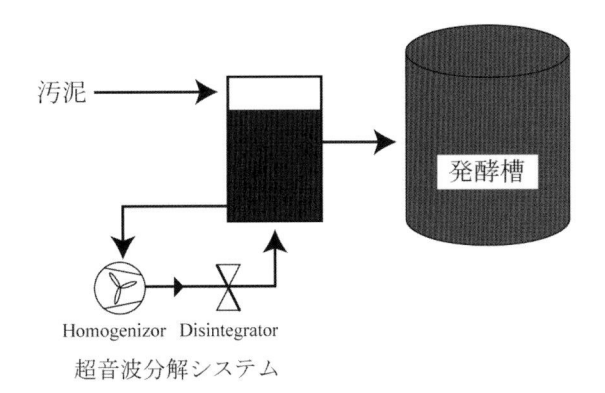

図4　汚泥の超音波前処理を行うBIOGEST CROWN disintegration systemのフロー[32]

示す。超音波前処理装置の処理規模は 4.0 m³/h、エネルギー消費は 1.85 kWh/m³-汚泥である。本システム導入により、バイオガス生成収率 (L/kg) は導入前と比較して 34% の増加が報告されている。

前熱処理技術の導入例として、図6には CAMBI 社の余剰活性汚泥前熱処理システム Cambi Thermal Hydrolysis Process (THP) の簡易フロー図を示す。97℃、1.5 時間および 165℃、6 bar、20 分の二段熱処理が行われる。通常は 40% 程度である余剰汚泥のメタン発酵における VS 分解率が、このプロセス導入によって 50-65% まで上昇するとされている。また、消化汚泥の脱水性も 50-100% 改善されるとしている。

(3) トータルエネルギー収支の観点からの分解促進前処理技術導入効果の評価

分解促進前処理技術を導入することによって、メタン発酵性能は上昇するものの、導入以前と比較してエネルギー消費が増大することは避けられない。従って、プロセスのトータルエネルギー収支の観点から、そうした技術導入効果を評価する必要がある。表1には、Carrere らが行った様々

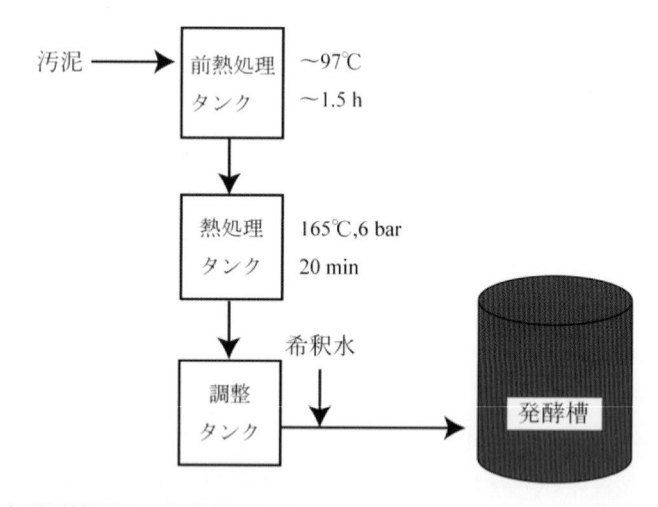

図6 余剰活性汚泥の前熱処理を行う CAMB 社 THP システム簡易フロー [33]

表1 前処理技術導入を行った汚泥処理メタン発酵プロセスのエネルギー解析 [34]

前処理	条件	基質濃度	VS 減量化	電力消費 (kWh/kg-VS fed)	熱消費 (kWh/kg-VS fed)	バイオガス生成 (kWh/kg-TS fed)	合計収支 (kWh/kg-VS fed)	文献
なし-中温発酵		6%	40%	0.04	0.5	1.9	0.98	35),36)
熱+生物	70℃, 9-48h	6%	50%	0.03	1.0	2.4	0.89	37),38),39)
熱	170℃,15-30 min	9%	60%	0.04	2.0	2.9	0.28	40),41),42),43),44)
超音波	100W, 16s, 30 kWm⁻³	6%	50%	0.37	0.5	2.4	1.05	45),46)
ミル破砕		6%	50%	1.04	0.5	2.4	0.38	46)
高圧	200 bar	6%	50%	0.33	1.0	2.6	0.75	47)

な前処理技術導入を行った汚泥処理メタン発酵プロセスのエネルギー解析結果をまとめた[34]。この表からわかるように、電力消費はミル破砕が最も大きく、熱処理が最も少ない。超音波と高圧処理はその中間である。一方、熱消費は熱処理において最も大きく、前処理なしおよび超音波、ミル破砕の4倍である。汚泥のVS/TSを0.8と仮定して、合計のエネルギー収支を計算すると、この解析によれば超音波＞前処理無し＞熱＋生物＞高圧＞ミル破砕＞熱の順に優位となる。しかし、この解析は、それぞれ別々に行われた実験結果を用いて実施されたものであり、単純に比較することには注意を要する。要するに、このような考え方が重要であって、今後、こうした観点から技術の選定を行っていく必要がある。

参考文献

1) 入江直樹、岩崎大介、久堀秦祐：乾式メタン発酵法に適したごみ選別システムの開発、タクマ技報、15(2)、175-185, 2007.
2) C.P. Chu, D.J. Lee, B.V. Chang, C.S. You, J.H. Tay, "Weak" ultrasonic pre-treatment on anaerobic digestion of flocculated activated biosolids, Water Res. 36 (11) (2002) 2681–2688.
3) M.R. Salsabil, A. Prorot, M. Casellas, C. Dagot, Pre-treatment of activated sludge: Effect of sonication on aerobic and anaerobic digestibility, Chem. Eng. J. 148 (2–3) (2009) 327–335.
4) H. Li, Y.Y. Jin, R.B. Mahar, Z.Y. Wang, Y.F. Nie, Effects of ultrasonic disintegration on sludge microbial activity and dewaterability, J. Hazard. Mater. 161 (2–3) (2009) 1421–1426.
5) K.-Y. Show, T. Mao, D.-J. Lee, Optimisation of sludge disruption by sonication, Water Res. 41 (20) (2007) 4741–4747.
6) A. Gronroos, H. Kyllonen, K. Korpijarvi, P. Pirkonen, T. Paavola, J. Jokela, J. Rintala, Ultrasound assisted method to increase soluble chemical oxygen demand (SCOD) of sewage sludge for digestion, Ultrason. Sonochem. 12 (1–2) (2005) 115–120.
7) M. Dohanyos, J. Zabranska, P. Jenicek, Enhancement of sludge anaerobic digestion by using of a special thickening centrifuge, Water Sci. Technol. 36 (11) (1997) 145–153.
8) J. Zabranska, M. Dohanyos, P. Jenicek, J. Kutil, Disintegration of excess activated sludge – evaluation and experience of full-scale applications, Water Sci. Technol. 53 (12) (2006) 229–236.
9) Stuckey, D.C. and McCarty, P.L (1984). The effect of thermal pretreatment on the anaerobic biodegradability and toxicity of waste activated sludge, Water Research, Vol.18, pp.1343-1353
10) 佐藤和明, 館山祐清 (1982). 熱処理汚泥の嫌気性消化に関する研究, 第18回衛生工学研究討論会講演集, Vol.18, pp.176-181
11) Li Y.-Y., Noike T. (1992). Upgrading of anaerobic digestion of waste activated sludge by thermal pretreatment, Water Science and Technology, Vol.26, No.3-4, pp.857-866
12) J. Muller, L. Pelletier, Désintégration mécanique des boues activées, L'eau, l'industrie, les nuisances (217) (1998) 61–66.
13) M. Engelhart, M. Krüger, J. Kopp, N. Dichtl, Effects of disintegration on anaerobic degradation of sewage sludge in downflow stationary fixed film digester, in: II International Symposium on Anaerobic Digestion of Solid Waste, Barcelona, 1999.
14) T.I. Onyeche, Economic benefits of low pressure sludge homogenization for wastewater treatment plants, in: IWA specialist conferences. Moving forward wastewater biosolids sustainability, Moncton, New Brunswick, Canada, 2007.
15) R.J. Stephenson, S. Laliberte, P.M. Hoy, D. Britch, Full scale and laboratory scale results from the trial of microsludge at the joint water pollution control plant at Los Angeles County, in: IWA Specialist Conferences. Moving Forward Wastewater Biosolids Sustainability, Moncton, New Brunswick, Canada, 2007.
16) U. Baier, P. Schmidheiny, Enhanced anaerobic degradation of mechanically disintegrated sludge, Water Sci. Technol. 36 (11) (1997) 137–143.
17) J. Kopp, J. Müller, N. Dichtl, J. Schwedes, Anaerobic digestion and dewatering characteristics of mechanically disintegrated sludge, Water Sci. Technol. 36 (11) (1997) 129–136.
18) M.R. Salsabil, A. Prorot, M. Casellas, C. Dagot, Pre-treatment of activated sludge: Effect of sonication on aerobic and anaerobic digestibility, Chem. Eng. J. 148 (2–3) (2009) 327–335.
19) C. Bougrier, H. Carrère, J.P. Delgenès, Solubilisation of waste-activated sludge by ultrasonic treatment, Chem. Eng. J. 106 (2) (2005) 163–169.
20) C.M. Braguglia, G. Mininni, A. Gianico, Is

sonication effective to improve biogas production and solids reduction in excess sludge digestion? Water Sci. Technol. 57 (4) (2008) 479–483.
21) G. Erden, A. Filibeli, Ultrasonic pre-treatment of biological sludge: consequences for disintegration, anaerobic biodegradability, and filterability, J. Chem. Technol. Biotechnol. 85 (1) (2009) 145–150.
22) J.A.C. Rivero, N. Madhavan, M.T. Suidan, P. Ginestet, J.M. Audic, Enhance- ment of anaerobic digestion of excess municipal sludge with thermal and/or oxidative treatment, J. Environ. Eng. -ASCE 132 (6) (2006) 638–644.
23) J. Kim, C. Park, T.H. Kim, M. Lee, S. Kim, S.W. Kim, J. Lee, Effects of various pretreatments for enhanced anaerobic digestion with waste activated sludge, J. Biosci. Bioeng. 95 (3) (2003) 271–275.
24) A. Valo, H. Carreère, J.P. Delgenès, Thermal, chemical and thermo-chemical pre- treatment of waste activated sludge for anaerobic digestion, J. Chem. Technol. Biotechnol. 79 (11) (2004) 1197–1203.
25) A.H. Mouneimne, H. Carrère, N. Bernet, J.P. Delgenès, Effect of saponification on the anaerobic digestion of solid fatty residues, Bioresour. Technol. 90 (1) (2003) 89–94.
26) M. Weemaes, H. Grootaerd, F. Simoens, W. Verstraete, Anaerobic digestion of ozonized biosolids, Water Res. 34 (8) (2000) 2330–2336.
27) I.T. Yeom, K.R. Lee, Y.H. Lee, K.H. Ahn, S.H. Lee, Effects of ozone treatment on the biodegradability of sludge from municipal wastewater treatment plants, Water Sci. Technol. 46 (4–5) (2002) 421–425.
28) A. Battimelli, C. Millet, J.P. Delgenès, R. Moletta, Anaerobic digestion of waste activated sludge combined with ozone post-treatment and recycling, Water Sci. Technol. 48 (4) (2003) 61–68.
29) I.T.Yeom, K.R.Lee, Y.H.Lee, K.H.Ahn and S.H.Lee (2002) Effect of ozone treatment on the biodegradability of sludge from municipal wastewater treatment plants, Water Science and Technology, Vol.46, No.4-5, pp.421-425
30) Miyagawa, Y., Okuno, N., Uriu, M. (1997). Evaluation of thermal sludge Solidification, Proceedings on IAWQ International Conference on sludge Management Part1, p.252
31) Hasegawa, S., Katsura. K. (1999). Solubilization of organic sludge by thermophilic aerobic bacteria as a pretreatment for anaerobic digestion, Proceedings of the International symposium on anaerobic digestion of solid waste（II ISAD-SW）, p.145-152
32) Biogest, 2011/05/19.Available from: http://www.biogest.com/.
33) Cambi, 2011/05/19.Available from: http://www.cambi.no/wip4/
34) Carrère H, Dumas C, Battimelli A, Batstone DJ, Delgenès JP, Steyer JP, Ferrer I. Pretreatment methods to improve sludge anaerobic degradability: a review. J. Hazard Mater. 2010 Nov 15;183(1-3):1-15
35) H.Q. Ge, P.D. Jensen, D.J. Batstone, Pre-treatment mechanisms during thermophilic-mesophilic temperature phased anaerobic digestion of primary sludge, Water Res. 44 (1) (2010) 123–130.
36) M. Weemaes, H. Grootaerd, F. Simoens, W. Verstraete, Anaerobic digestion of ozonized biosolids, Water Res. 34 (8) (2000) 2330–2336.
37) S.I. Perez-Elvira, P.N. Diez, F. Fernandez-Polanco, Sludge minimisation technologies, Rev. Environ. Sci. Bio/Technol. 5 (4) (2006) 375–398.
38) J.Q. Lu, H.N. Gavala, I.V. Skiadas, Z. Mladenovska, B.K. Ahring, Improving anaerobic sewage sludge digestion by implementation of a hyper-thermophilic prehydrolysis step, J. Environ. Manage. 88 (4) (2008) 881–889.
39) I. Ferrer, E. Serrano, S. Ponsa, F. Vazquez, X. Font, Enhancement of Thermophilic anaerobic sludge digestion by 70 ℃ pre-treatment: energy considerations, J. Residuals Sci. Technol. 6 (1) (2009) 11–18.
40) L. Appels, J. Baeyens, J. Degreve, R. Dewil, Principles and potential of the anaerobic digestion of waste-activated sludge, Prog. Energy Combust. Sci. 34 (6) (2008) 755–781.
41) U. Kepp, I. Machenbach, N. Weisz, O.E. Solheim, Enhanced stabilisation of sewage sludge through thermal hydrolysis – three years of experience with full scale plant, Water Sci. Technol. 42 (9) (2000) 89–96.
42) J. Zabranska, M. Dohanyos, P. Jenicek, J. Kutil, J. Cejka, Mechanical and rapid thermal disintegration methods of enhancement of biogas production- Full scale applications, in: IWA Specialized conference: Sustainable sludge management: state of the art, challenges and perspectives, Moscow, Russia, 2006.
43) F. Fernandez-Polanco, R. Velazquez, S.I. Perez-Elvira, C. Casas, D. del Barrio, F.J. Cantero, M. Fdz-Polanco, P. Rodriguez, L. Panizo, J. Serrat, P. Rouge, Continuous thermal hydrolysis and energy integration in sludge anaerobic digestion plants, Water Sci. Technol. 57 (8) (2008) 1221–1226.
44) C. Bougrier, J.P. Delgenes, H. Carrere, Impacts of thermal pre-treatments on the semi-continuous

anaerobic digestion of waste activated sludge, Biochem. Eng. J. 34 (1) (2007) 20–27.

45) S. Perez-Elvira, M. Fdz-Polanco, F.I. Plaza, G. Garralon, F. Fdz-Polanco, Ultrasound pre-treatment for anaerobic digestion improvement, Water Sci. Technol. 60 (6) (2009) 1525–1532.

46) M. Boehler, H. Siegrist, Potential of activated sludge disintegration, Water Sci. Technol. 53 (12) (2006) 207–216.

47) T.I. Onyeche, S. Schafer, Energy production and savings from sewage sludge treatment, in: Biosolids: Wastewater Sludge as a Resource, Trondheim (Norway), 2003.

（李玉友／小林拓朗／劉予宇）

2 発酵や生物の活動

1 生物による資源循環

　生きとし生きるものはすべからく食料（エサ）を摂取する必要がある。その食料を分解（異化代謝、カタボリズム）して代謝中間体や分解物を得ると同時に生体エネルギー物質であるアデノシン三リン酸（ATP）を生成する。ATPはいわゆるエネルギー代謝産物であり、"生体のエネルギー通貨"とも呼ばれている。一方、生物はそれらの代謝中間体や分解物をもとにして、得られた代謝エネルギー（ATP）を用いて自分自身の生命体を合成（同化代謝、アナボリズム）して個体を構築し、生命活動を維持している（図1）[1]。さらに、個体の維持ばかりではなく種を保存するために子孫を残す営みもその代謝機能の中で行なっている。

　生物は、このような生命活動を行う過程において同時に発生する（副生する）不要な代謝物（老廃物）や過剰な代謝物を体外（細胞外）に排出して生命活動を営んでいる。

　例えば、酵母菌はグルコースを原料（餌）とし、体内で嫌気的に、段階的に代謝してピルビン酸にした後にエチルアルコールと二酸化炭素を生成する。いわゆるアルコール発酵と呼ばれている反応であるが、その過程で酵母菌は1モルのグルコースから2モルのATPを獲得して生命活動のエネルギー源としている。この反応において代謝産物の一つであるアルコールは酵母においては不要なものであり、体外に廃棄されるが、この濃度がある一定以上になると酵母は自分自身が出した廃棄物（アルコール）による環境汚染によって死滅してしまう[2]。

　パンの製造に酵母菌を用いるのはもう片方の生成物である二酸化炭素がパン生地を膨らませるのに役立つからであるが、いずれも酵母から見たら廃棄物ということになる。

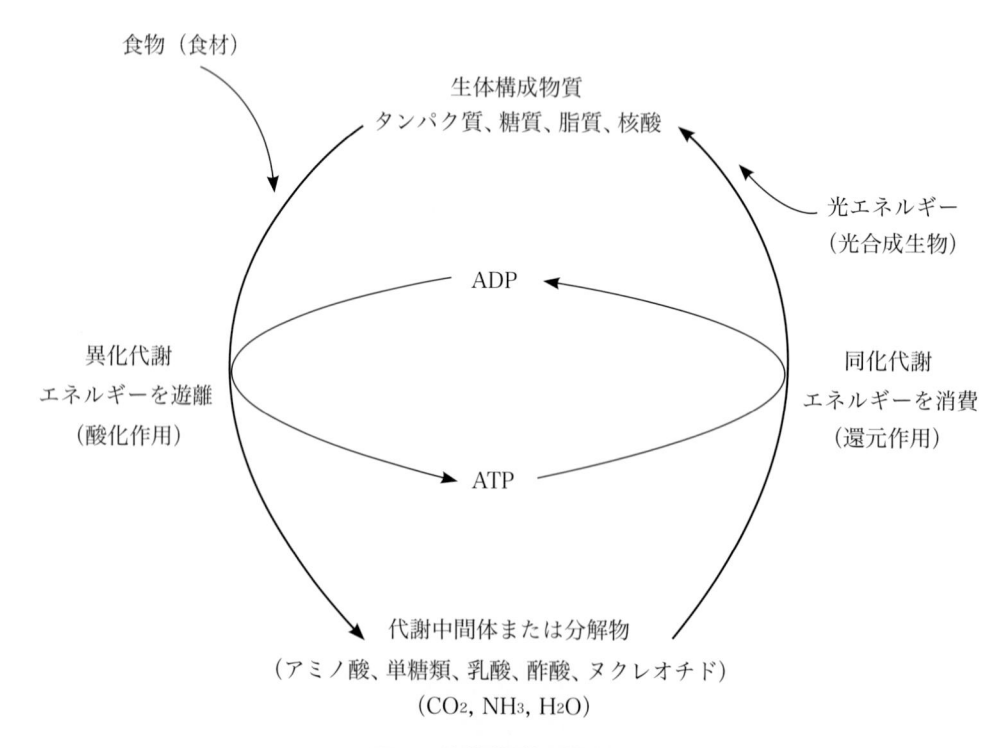

図1　生物代謝の概念図

2　発酵と腐敗

　微生物の種類によっては同様な嫌気的な条件でメタンや水素などが生成するものもあり、廃棄物のリサイクル手法として利用される。これらのメタンや水素も微生物から見たら廃棄物であるが、我々から見たら有用物であるため積極的にこの方式が利用されている。

　ところが、微生物の中にはたんぱく質をアンモニアやアミン、スカトールやメルカプタンさらに硫化水素などに代謝して排出するものも存在する。また、炭水化物や脂質を酪酸や吉草酸に分解して排出する微生物も存在し、結果として強い悪臭があったり、有害物質が発生したりするものがある。そのような状況を我々は腐敗と呼んでいる。

　このような腐敗は有機性廃棄物が嫌気的な条件になったときに発生しやすく、pHが酸性に傾くことが多いので酸敗という言葉でも呼ばれている。これらの物質もそれらの微生物が廃棄物として細胞外に廃棄した物質であり、結果として有機物は分解・減容化されたことになるが、リサイクル・処理という観点からは目的ではなく、結果としてこのような状況になることが多い。しかし、地球全体の物質循環にとっては重要な廃棄物処理としての意味合いが含まれている。

　発酵と腐敗の相違は、あくまでもヒトを中心に考えた結果であり、我々にとって有益な"物"を生産する過程あるいは好ましい現象は発酵と呼ばれ、悪臭や有害な物質を生成する場合は腐敗と呼ばれるだけのことである。微生物から見たらその微生物固有の生活（生命活動）を行なっているだけであり、ヒトの役に立つか否かは微生物にとっては預かり知らぬことである[3]。

3　地球上の生物の役割、物質循環

　地球上の生命は大きく分けて植物、動物、微生物に分類される。

　植物は太陽の光のエネルギーを利用して二酸化

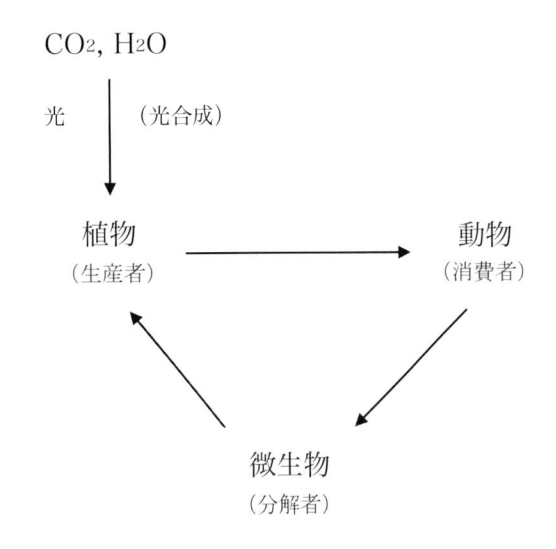

CO_2, H_2O

図2　食物連鎖の概念図

炭素を取り込み、還元してグルコースを合成し、デンプンやセルロースなどを生産する。いわゆる光合成（二酸化炭素固定）と呼ばれる反応であり、地球上の有機物の生産者としての役割を果たしている。

　動物は植物がこのようにして生産した作物を食料として摂取し、体内でそれらを代謝して生活を営んでいる。これらの動物はさらに多様な肉食動物によって捕食されてそれらの栄養となり、代謝物の一部や老廃物を尿尿や汗あるいは呼気等として体外に排出する。結果として動物は地球上で消費者としての役割を担っている。

　一方、微生物はそのような消費者の排出物や不要物、および動植物の死骸や枯死物・落葉などを分解する役割を担っている。炭素化合物は二酸化炭素と水に、窒素化合物の窒素分はアンモニアや窒素ガスなどに変換される。物質循環の観点からは微生物は有機物を無機物化して地中や空気中に戻す役割を担うと共に、分解の途中の物質やそれらの無機物は植物の肥料（餌）として利用される。これはつまるところ地球上の掃除屋とみなされ、微生物は排泄物、廃棄物、汚物の分解者、処理者であると考えることができる。

これら三者の作用によって、地球上の資源やエネルギーは循環していることになり、環境が浄化され、地球の恒常性が維持されている[4]。

4　生物を用いてのリサイクル技術

　生物を用いてのリサイクル技術は微生物を用いて廃棄物を有用物（バイオアルコールやバイオガス）に変換する方式や微生物の体内に取り込む方式であり、アルコール発酵、メタン発酵、水素発酵など、および廃水・下水処理などがあり、それぞれの特色を生かして実用化されている。

(1) アルコール発酵

　アルコール発酵の原料はグルコースであるが、種々雑多な廃棄物からそれを得るのはそれほど容易ではない。ブラジルでは大量に生産されるサトウキビが原料として用いられるが、アメリカでは主にとうもろこしのデンプンが用いられている。それらを大量あるいは過剰に生産できる両国とは異なり、我々にとっては、別の原料を考えざるを得ない。

　国内では廃棄物処理の観点から廃木材のセルロースを用いてグルコースを得る技術がかなり進んではいるが加水分解に費用がかかり、実用化は進んでいない。バイオアルコールの利用目的をエネルギー利用と考えると、未だに原油が相対的に安価であるため、そちらの方が流通していると見る考えもある。しかし、いずれ枯渇するといわれている化石燃料を使い続けるわけにもいかず、加水分解酵素の研究や処理能力の高い微生物の開発はさらに推進する必要がある。自然界に存在する枯れた植物を分解する菌や木材を腐食するシロアリの腸内細菌が作り出す多くの酵素の集合体などやセルロースを接着しているリグニンを加水分解する白色腐朽菌などの酵素などが研究対象となっているが、遺伝子組換えなどの新しい技術を駆使しての研究も行われている。

　ここでいう廃木材とは元をたどれば植物が光合成を行なって固定した光エネルギーの産物、あるいはエネルギーそのものと考えられる。地球上で年間 3×10^{21} ジュールものエネルギー、言い換えると、1.7×10^{11} トンもの乾燥重量の有機物が生じているが、このうちヒトが消費する食料は 1.5×10^{19} ジュール分であり、たったの 0.5% でしかない。世界の総消費エネルギーでさえその約 10% に過ぎず、計算上はかなりのバイオマスが毎年毎年無駄になっている計算となる[5]、[6]。

　地球上で固定されたバイオマスを如何に効率よく収集するかという大きな問題もネックとなっているので一概には言えないが、光合成反応によって高等植物やラン藻類が固定するバイオマスを有効にエタノールに変換できる技術ができればエネルギー問題もかなり解決する可能性はある。

(2) メタン発酵

　メタン発酵はメタン菌によって行われるが、この菌は真正細菌やカビと異なり、古細菌（始原菌）という分類に属する菌であり、多くの種類が存在する。しかし、種々の有機物を他の微生物によって前もって酢酸やギ酸などメタン菌が利用できる物質に分解する必要がある。

　有機性廃棄物を用いてのメタン発酵に関しては後章で示す。

(3) 水素発酵

　水素発酵も嫌気性微生物によって水素を得る技術であるが、効率よく水素を生産するためには、水素を消費する逆反応を抑制する必要があるなど、プラントとして稼働するためには種々の工夫や解決しなければならない問題点も多い。しかしながら、水素エネルギーの利用は燃料電池などにおいて今後ますます重要になると思われ、詳しくは後章にて述べる。

(4) 下水処理、廃水処理の活性汚泥法

　下水処理や廃水処理のように微生物機能を用い

て汚物や汚水を処理する技術も生物を用いてのリサイクル技術の一つであるが、微生物利用の観点から見たときには利用手法が異なる。

これまでの技術が微生物によって有用物質に変換されるのに対して、排水処理に関しては主として排水中に存在する汚物や汚泥、悪臭物質などを栄養物として細菌をはじめ種々の好気性生物（カビ、原生動物など）が取り込んで増殖し、菌体や生物体が増加するものである。好気性であるがために空気を供給する曝気という操作が必要となる。増加した菌や生物の固まりを活性汚泥と呼び、この方式は活性汚泥法と呼ばれる。このシステムの運転にはかなり技術的ノウハウが必要となる。また、このような汚物・汚水が処理されて増えた生物増殖体（増加分）は余剰汚泥と呼ばれ、別途処理する必要がある。

(5) 堆肥化技術

有機性廃棄物を堆肥化する技術も広義の発酵現象であり、別に詳しく述べられるが、古くから下肥として作物生産に使用されてきた技術の延長線上に存在する。

日本では奈良時代に仏教伝来と共に下肥を作り利用する技術が大陸から伝わり、第二次世界大戦が終了する頃まで行われてきた。また、台所から出る厨芥も畑や庭に穴をほって埋めるなどのリサイクルが行われてきた[7]、[8]。しかし、衛生的な面や、便利な化学肥料の普及などで生ごみなどの有機性廃棄物の処分は焼却・埋め立てが普及するようになった。

リサイクル思想のもと、いわゆる食品リサイクル法が平成13年に施行され、食品会社、小売り外食など食品を扱う全事業者に食品廃棄物の減量、リサイクルなどの促進を求め、当時17－18%だったリサイクル率を20%に上げる目標を掲げた。当初はその時点で発売されていた業務用生ごみ処理機を設置すれば事足りると思われ、購入した企業も多かったが、目標通りに稼働しない機器がほとんどであったり、爆発事故が起こったりしたことで使用されなくなり、実質的に稼働しているところは少なく、実効はほとんどなかった。従って平成19年に改正されたリサイクル法ではバイオガス化や熱回収もリサイクルの中に含まれるようになり、幅が広げられた。

さらに、家庭から出る生ごみの処理に関しては法律では不問としてきているが、家庭からの生ごみの発生量は多いにもかかわらず、リサイクル率は1%以下であり、今後家庭から出る生ごみに関してもリサイクル処理を進める必要があると思われる[7]、[8]。

結局これらの生物を用いてのリサイクル技術は何を処理するか、なんのために処理するか、処理したあとのメリットは何か等によって処理の方法が区別されている。しかし、基本的には微生物がそれらを代謝して別の廃棄物として排出するか、自分自身の生物体を構成するために体内に取り込んでしまうかなど、多様性のある微生物の機能を最大限に利用していることになる。

5 バイオレメディエーション、難分解性物質処理の微生物利用

リサイクルの意味を広げて考えると微生物の多様性の利点を生かしたバイオレメディエーションといわれる手法もある。主として石油系やハロゲン含有化合物などの難分解性汚染物質を処理・分解して浄化したり、塩素化合物の無害化などへの微生物処理技術であり、分解活性を持つプラスミドが微生物から微生物へ水平に移動する現象もバイオテクノロジーの技法を用いて解明されつつある。

安定で不活性な油脂として重宝されたポリ塩化ビフェニル（PCB）なども同様であり、安定であるが故に分解されず、いつまでも環境に残留してしまう問題が出てきて処理に困っている。これに対し、まず紫外線でPCBに化学的な傷を付け

（ニックを入れ）その後特殊な微生物で処理を行うプロセスが提案されている[9]。この方法も処理効率が悪く、電気のトランスの油として大量に使用してきた電力会社やJRでは現在厳重に保管しているより方法がないのが現状であるが、微生物の機能を増強することで解決も可能と思われる。

さらに、ナイロンをはじめとするプラスチック類は丈夫で長持ちし、劣化しないことが利点として広く我々の生活に溶け込んできた。しかし、破損したり、不要になった場合、ごみとして大量に廃棄されるようになった。しかし、そのような人工的分子はこれまで地球上に存在していた微生物にとっては異物であり、その分解代謝系を本来は持っていない。そのため、土の中に長年埋めたとしても分解されずいつまでも残ってしまう問題が浮上してきた。

これらの非常に安定な化合物を分解する能力を付与した微生物も現れるようになったが、微生物学的観点から見たら酵素の誘導現象が利用されている。酵素には構成酵素と誘導酵素があり、前者は常に生体に備わっている酵素であるが、後者は分解・資化すべき物質・基質が存在するときにそれらを分解・資化する為に誘導されてくる酵素である。人工基質の分解に関しては、さらに、構造的に類似した基質を分解する酵素が機能を拡大してくる現象も加味され、微生物を馴化することにより得られる現象を利用したものである。

しかし、現実問題としてはそれらの機能は強くはないのが一般的であり、かならずしも実用的ではないが、種々の改良が加えられつつある。

最近、微生物だけではなく植物の特色を利用するファイトレメディエーションという技術もある種の土壌汚染物の浄化に利用されており、バイオテクノロジーを駆使した手法も用いられている。

参考文献

1) 左右田健次編著、生化学――基礎と工学――、化学同人（2001年）
2) 竹田恒泰著、エコ・マインド、ベストブック（2006年）
3) 協和発酵工業（株）編、発酵の本、日刊工業新聞社(2008年)
4) 市川定夫著、環境学（第3版）、藤原書店（1999年）
5) 渡辺正、光合成が支える食料とエネルギー、化学と工業、61、22（2008）
6) 木谷収著、バイオマスは地球を救えるか、岩波ジュニア新書（2007年）
7) 西野徳三、生ごみリサイクルの堆肥化の現状と課題、月刊廃棄物、30（12）、20－26（2004）
8) 西野徳三、有機性資源の循環利用について――生ごみ処理の微生物学的研究――、日本下水道協会発行・下水汚泥資源利用協議会誌「再生と利用」27、10－19（2004）
9) 西野徳三、環境とバイオテクノロジー技術――より良く暮らす――、東北経済産業局月間広報誌「東北」2004年7月号―2005年1月号

（西野徳三）

3 プラスチック系材料の処理技術

1 プラスチックリサイクル全体の現状

　現代の私達の生活において、プラスチック製品の存在は必要不可欠である。プラスチックの持つ様々な特徴（軽量、透明性、耐腐食性、ガスバリア性、絶縁性等）を活かし、日常生活から最先端技術に至るまで、様々な局面で用いられる材料である。しかしその一方で、原料となる石油資源の枯渇や価格高騰による供給不足が懸念されている。限りある天然資源を節約し、持続可能な社会を構築していくために、廃プラスチックの適切な処理が必要となる。図1に2009年における廃プラスチックの処理方法の内訳を示す。（社）プラスチック処理促進協会の報告によると、2009年は1,121万トンのプラスチックが生産され、その一方で、一般系廃プラスチックと産業系廃プラスチックは合計で912万トン 排出された。そのうち、有効利用された廃プラスチックは79%の718万トン、残り21%の195万トンが有効利用されず、単純焼却および埋立処分された。容器包装リサイクル法（容リ法）が施行されたばかりの1995年の廃プラスチックの有効利用率がわずか26%であったことを考えれば、廃プラスチックの有効利用率は大幅に向上しているが、さらなる改善が必要である。

　廃プラスチックのリサイクルは、①マテリアルリサイクル、②ケミカルリサイクル、③サーマルリサイクル、の3つに大きく分類される。表1にプラスチックリサイクルの分類と主なリサイクル手法を示す。これまでに、数多くのリサイクル手法が開発・実用化されてきたが、それらはマテリアルリサイクル、ケミカルリサイクル、サーマルリサイクルの三つに分類される。マテリアルリサイクルは、廃プラスチックに破砕溶融などの処理を施し、元のプラスチックのまま樹脂を再生し、再商品化する方法である。ケミカルリサイクルは、廃プラスチックに化学的処理を施し、原料に戻してからリサイクルする方法である。サーマルリサイクルは、廃プラスチックの焼却の際に発生する熱エネルギーを回収する手法である。日本国

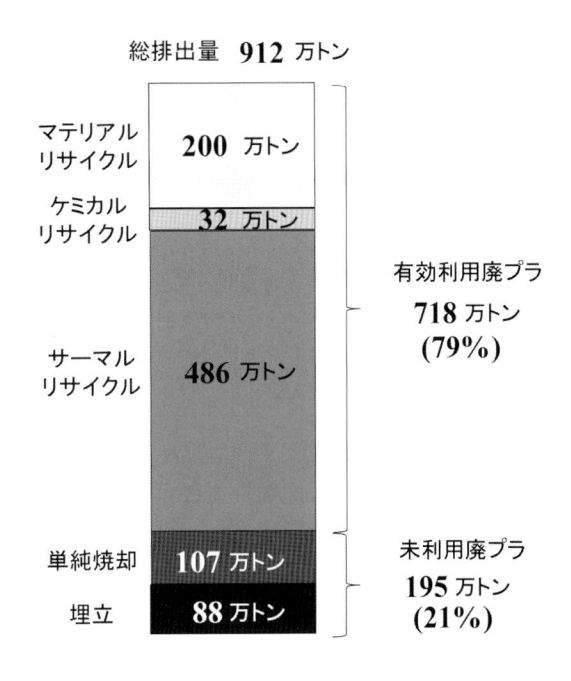

図1 廃プラスチックの処理方法の内訳（2009年）[1]
（"プラスチックのマテリアルフロー図"をもとに作成）

総排出量 912万トン

マテリアルリサイクル	200万トン
ケミカルリサイクル	32万トン
サーマルリサイクル	486万トン
単純焼却	107万トン
埋立	88万トン

有効利用廃プラ 718万トン (79%)
未利用廃プラ 195万トン (21%)

表1　プラスチックリサイクルの分類と主な手法

分類	リサイクル手法	ヨーロッパでの呼び方
マテリアルリサイクル（材料リサイクル）	再生利用	メカニカルリサイクル（Mechanical Recycle）
ケミカルリサイクル	原料・モノマー化	フィードストックリサイクル（Feedstock Recycle）
	高炉原料化	
	コークス炉化学原料化	
	ガス化	
	油化	
サーマルリサイクル（エネルギー回収）	固形燃料化	エネルギーリカバリー（Energy Recovery）
	熱利用焼却	
	廃棄物発電	

内では、特にサーマルリサイクルの割合が大きく、その割合は、図1に示す有効利用廃プラスチックの68%を占める。次いでマテリアルリサイクルが28%、ケミカルリサイクルが4%となっている。この数値の背景には、2000年に公布された循環型社会形成推進基本法の中で定められた処理の優先順位が大きく関係している。基本法では"発生抑制（Reduce）＞再使用（Reuse）＞再生利用（マテリアルリサイクル）＞熱回収（サーマルリサイクル）＞適性処分"の順に優先順位を法制化しており、マテリアルリサイクルによる処理の難しいものはサーマルリサイクルにより処理される。結果的にマテリアルリサイクルにより処理できないプラスチックの多くが、サーマルリサイクルにより処理されている。ケミカルリサイクルには、マテリアルリサイクルによる処理の困難なプラスチックにも対応できるなど、優れた技術が数多く存在する。しかし、処理コストや国内の社会システムとの適合性の観点から、なかなか成長できない現状がある。以降では、マテリアルリサイクル、ケミカルリサイクルおよびサーマルリサイクルの現状、そしてこれら3つに分類される種々のリサイクル手法について解説していく。

マテリアルリサイクル

1　マテリアルリサイクルの現状

　マテリアルリサイクルとは、廃プラスチックに破砕溶融などを施すことでフレークやペレットといった再生樹脂へとリサイクルし、再生樹脂をプラスチック原料として再商品化する手法である。再生樹脂の多くはヴァージン原料に一定の割合で混ぜ込んで使用される。マテリアルリサイクルに適したプラスチックとして、プラスチックの種類ごとに分別された熱可塑性プラスチック、汚れの少ないプラスチック、が挙げられる。これらを原料とした再生樹脂は品位が高く、再商品化された製品の品質の劣化も抑えられる。したがって、このシステムで最も重要な点は、再生樹脂へとリサイクルするまでに、できるだけ不純物を取り除くことである。図2に、2009年にマテリアルリサイクルされた一般系および産廃系プラスチックの内訳を示す。生産・加工ロス品、使用済品のうち約半分の64万トンが産廃系である。このことから、マテリアルリサイクルされる廃プラスチックは産廃系プラスチックが多いことが分

図2 マテリアルリサイクルされた一般系・産廃系プラスチックの内訳（2009年）[1]

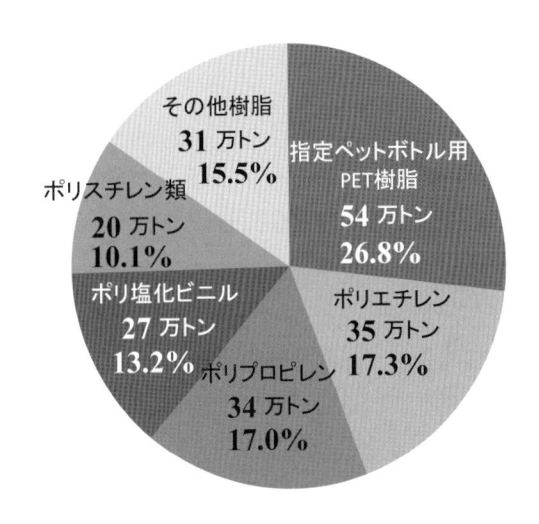

図3 マテリアルリサイクルされたプラスチック樹脂の内訳（2009年）[1]

かる。産廃系廃プラスチックはプラスチックの種類がはっきりと分かっており、汚れや異物が少ないため、マテリアルリサイクルに適している。一方、一般系プラスチックは、家庭から排出されるため様々なプラスチックが混ざり合い、さらに汚れが多い。したがって、マテリアルリサイクルに占める一般系廃プラスチックの割合が少なくなっている。

2 ペットボトルのマテリアルリサイクル

ペットボトルは極めてポリエチレンテレフタレート（PET）樹脂の純度が高く、マテリアルリサイクルに最も適しているプラスチックである。図3に2009年にマテリアルリサイクルされたプラスチック樹脂の内訳を示す。樹脂別に見ると、ペットボトルの割合が最も多い。このリサイクル量から、図2に示す使用済品の一般系廃プラスチックの大半がペットボトルであることが分かる。また、PETボトルリサイクル推進協議会の報告によれば、容器包装リサイクル法の施行により年々ペットボトルのリサイクル率は向上し、2009年度には90.6%を達成した[2]。

家庭から分別排出されたペットボトルのマテリアルリサイクルフローを図4に示す。まず、家庭から排出されたペットボトルは市町村ごとに分別収集され、手選別により異物を除去した後、圧縮梱包する。その後、再商品化事業者のもとへ運ばれ、塩ビボトルとカラーボトルの除去後、粉砕、洗浄を行なう。最後に、風力分離および比重分離によって異物・異樹脂の分離を行なう。ペットボトルはこれらの工程を経てPETフレーク（約8 mm角）となる。用途によってはPETフレークを一度溶融後、造粒し、ペレット化する。フレークは主に作業服、卵パックおよび成型品に、ペレットは主に繊維用に用いられる。表2にPETフレークおよびPETペレットを原料とした再生品の一覧を示す。ペットボトルは様々な商品へと生まれ変わるが、その多くがシート類や繊維類である。国内では衛生面を考慮して、飲料用ペットボトルへと再生されることはない。

3 ペットボトル以外の熱可塑性プラスチックのマテリアルリサイクル

図3の内訳より、PETに次いで、ポリエチレン（PE）、ポリプロピレン（PP）、ポリスチレン（PS）、ポリ塩化ビニル（PVC）の順にマテリア

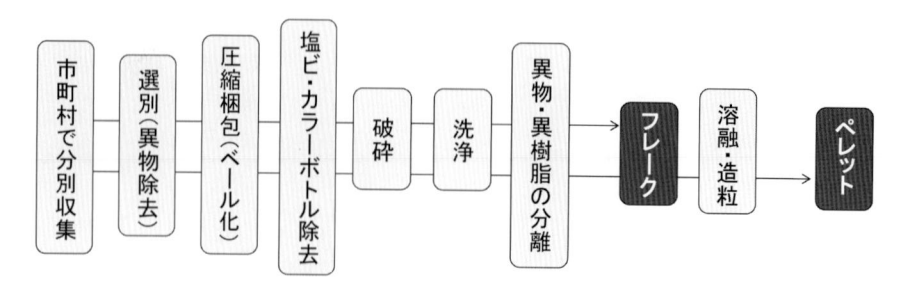

市町村で分別収集 → 選別（異物除去） → 圧縮梱包（ベール化） → 塩ビ・カラーボトル除去 → 破砕 → 洗浄 → 異物・異樹脂の分離 → **フレーク** → 溶融・造粒 → **ペレット**

図4　ペットボトルのマテリアルリサイクルフロー[2]
("PETボトル再商品化の流れ"をもとに作成)

表2　PETフレーク・ペレットを原料とした再生品（2009年度）[2]
("具体的製品例と使用量"をもとに作成)

	製品例	使用量[千トン]	割合[%]
シート	食品用トレイ（卵パック, 果物トレイ等）	67.4	54.3
	食品用中仕切（カップ麺トレイ, 中仕切）	5.5	
	ブリスターパック（日用品等ブリスター包装用）	12.1	
	その他（工業部品トレイ, 事務用品等）	10.0	
繊維	自動車関連（天井材や床材等内装材、吸音材）	29.0	41.6
	インテリア・寝装寝具（カーペット類, 布団等）	15.1	
	衣料（ユニフォーム, スポーツウェア等）	13.0	
	土木・建築資材（遮水, 防草, 吸音シート）	9.5	
	家庭用品（水切り袋, ハンドワイパー等）	4.1	
	その他（テント, 防球ネット, 作業手袋, エプロン）	2.0	
ボトル	非食品用ボトル	1.7	1.0
成型品	一般資材（結束バンド, 回収ボックス, 搬送ケース）	1.0	3.1
	土木・建築資材（排水管, 排水枡, 建築用材等）	1.9	
	その他（ごみ袋, 文房具, 衣料関連等）	2.4	
他	その他（添加剤, 塗料用, フィルム等）	0.2	

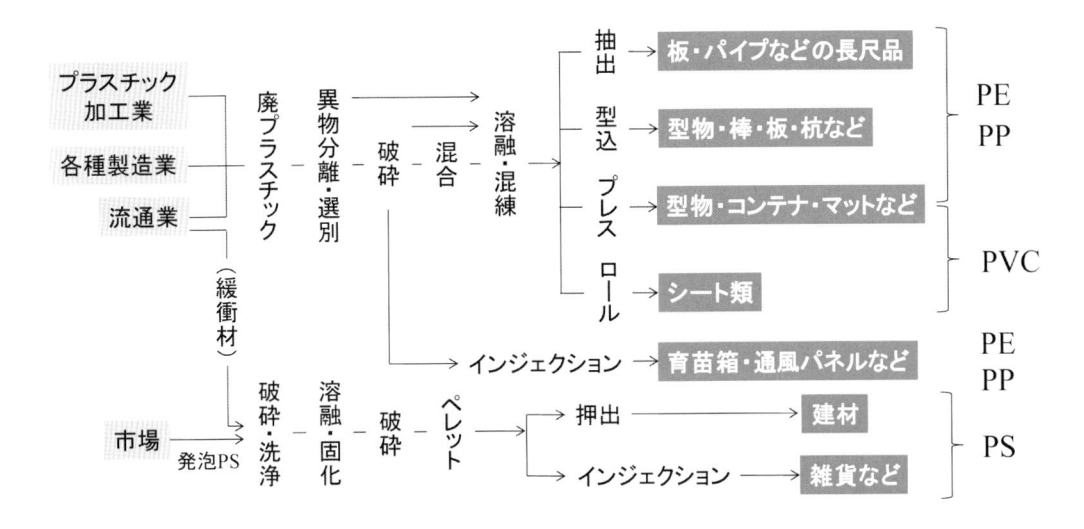

図5 主な熱可塑性プラスチックのマテリアルリサイクルフロー（PET除く）

ルリサイクルが多くなっている。これらは全て熱可塑性プラスチックである。熱可塑性プラスチックは、加熱することで軟化・溶融するため、マテリアルリサイクルに適したプラスチックといえる。主にマテリアルリサイクルされている使用済品として、包装用フィルム、家電・筐体等、発泡スチロール、農業用プラスチック、電線被覆、コンテナ類、自動車部品、パイプ等がある。これらのほとんどは図2に示す使用済品の産廃系プラスチックに含まれている。さらに、プラスチックの製造、あるいは加工工程で発生する生産・加工ロス品も産廃系プラスチックである。したがって、マテリアルリサイクルされているPET以外の樹脂のほとんどが産廃系プラスチックである。

これらプラスチックの再生利用には単純再生と複合再生の二つの形態がある。図5にPETを除く主な熱可塑性プラスチックのマテリアルリサイクルフローを示す。回収された廃プラスチックのうち、組成が比較的均一で、汚れが少なく、品質のよいものは再び製品加工工程に戻されて再利用（単純利用）される。一方、品質の低い廃プラスチックは多種類のプラスチックが混じりあっても影響

のない、特定の製品に溶融成形される（複合再生）。ペットボトルのマテリアルリサイクルと同様に、再生品の多くは非食品系のものである。

4 マテリアルリサイクルに適さないプラスチック

2および3で示したプラスチックは全て熱可塑性樹脂であり、加熱することで軟化・溶融しやすく、マテリアルリサイクルに適した樹脂といえる。一方、熱硬化性樹脂は成型加工が難しいため、マテリアルリサイクルには不向きである。また、プラスチックの種類別に分別することが困難なもの、金属等無機物と複合したプラスチックにおいても、マテリアルリサイクルは適していない。混入する異種プラスチックや金属が再生品の品質を劣化させてしまうためである。また、マテリアルリサイクルによる再生品を再びマテリアルリサイクルすることも、原理上は可能であるが、品質劣化の観点からあまり適していない。

ケミカルリサイクル

1 ケミカルリサイクルの現状

2009年の廃プラスチックの総排出量のおよそ3.5%がケミカルリサイクルにより処理されている[1]。廃プラスチック処理におけるケミカルリサイクルの割合はここ5年間3%前後の割合で推移しており、マテリアルリサイクルやサーマルリサイクルと比較すると、その割合は少ない。ケミカルリサイクルは廃プラスチックに対し、化学的処理を施し再資源化する方法である。その手法は主に、①原料・モノマー化、②高炉原料化、③コークス炉化学原料化、④ガス化、⑤油化の5つに分類できる。以降では、これら5つのリサイクル手法について解説していく。

2 原料・モノマー化

廃プラスチックを化学的に分解し、プラスチック原料やモノマーに戻し、再資源化する手法を原料・モノマー化と呼ぶ。現在、ペットボトルのモノマー化手法として、ボトルtoボトルが実用化されている。ペットボトルから再びペットボトルへとリサイクルする手法である。PETボトルは、マテリアルリサイクルにより繊維やシートにリサイクルされるが、衛生面を考慮し、飲料用PETボトルには再商品化されていない。しかし、モノマー単位までPETボトルを分解することで、石油から作るPET樹脂と同等の樹脂を合成し、再び飲料用のボトルへとリサイクルできる。図6にペットリファインテクノロジー(株)でおこなわれているPRT方式(アイエス法)のプロセス概略図を示す[4]。使用済PETボトルから金属を分離除去し、粉砕する。粉砕したPETをエチレングリコール(EG)により解重合し、不純物の除去とカラーペットボトルの脱色を行う。その後、ビス-(2-ヒドロキシエチル)テレフタレート(BHET)を晶析し、蒸留によって高純度のBHETを精製する。BHETを重合することで、PETボトル用樹脂を合成する。

3 高炉原料化

製鉄所における高炉設備では、鉄鉱石とコークスから銑鉄を製造する。鉄鉱石とコークスは高炉の上部から交互に挿入される。続いて、高炉下部の羽口から高温の熱風とともに微粉炭を吹き込むことにより、装入されたコークスと微粉炭をガス化し、この高温ガスで鉄鉱石を還元・溶融する。プラスチックは主に炭素と水素で構成されており、高温では一酸化炭素(CO)と水素(H_2)になる。これらの分解ガスは鉄鉱石の還元剤として働くため、廃プラスチックをコークスの代替品として利用することができる。また、廃プラスチックは高い発熱量を有するため、高炉内を高温にすることもできる。このように、コークスの代替品として廃プラスチックを用いる手法を高炉原料化という。工場や家庭から集めた廃プラスチック

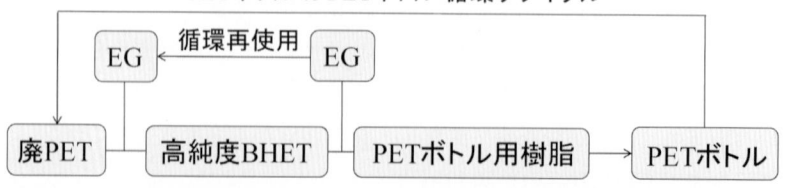

図6 PRT方式(アイエス法)のプロセス概略図 [4]
("日本で唯一の技術 PRT方式(アイエス法)"をもとに作成)

は不燃物や金属等の異物を取り除き、粉砕後、圧縮して粒状化する。PVCを含むプラスチックは、高温で塩化水素が発生し高炉を傷める原因となるため、事前に脱塩化水素処理を施す必要がある。脱塩化水素処理により発生した塩化水素は塩酸として回収し、製鉄所の熱延工程の酸洗いラインなどに使われる。JFEスチール(株)では、炉内から高温で排出される排ガスを、製鉄所内の加熱炉や発電プラントで有効利用しており、還元反応利用としてのケミカルリサイクルが60%、燃料としてのサーマルリサイクルが40%となっている[5]。

4 コークス炉化学原料化

石炭の乾留によって、炭化水素油、コークス、コークス炉ガスが生成する。石炭と同様に炭素と水素を多く含むプラスチックの熱分解によって、同様の生成物を得ることができる。したがって、石炭に廃プラスチックを混合し、コークス炉へ投入することで炭化水素油、コークス、コークス炉ガスを得る手法をコークス炉化学原料化という。廃プラスチックを粉砕して、金属等の不純物を除去後、石炭と混合してコークス炉の炭化室へと投入する。PVCはコークス炉を腐食する原因となるため、事前に脱塩化水素処理を行なう。投入されたプラスチックと石炭は、無酸素状態の炉内で熱分解される。新日本製鐵(株)では、炭化水素油を40%、コークスを20%、コークス炉ガスを40%の割合で回収している[6]。主に回収された、炭化水素油は化学原料として、コークスは高炉の還元剤として、コークス炉ガスは発電に用いられる。

5 ガス化

廃プラスチックを原料として合成ガスを回収するリサイクル手法をガス化とよぶ。図7にガス化プロセスの一つであるEUPプロセスのプロセス概略図を示す[7]。本プロセスは、廃プラスチックの中でもリサイクルの難しい熱硬化性樹脂やPVCを分別することなく適用できる。まず、様々な種類を含む廃プラスチックは、ペレット状に減容成型される。その後、低温ガス化炉(600～800 ℃)にてガス化される。低温ガス化炉は流動床となっており、酸素と蒸気を吹き込むことで部分酸化反応を行う。低温ガス化炉にて、廃プラスチックは一酸化炭素および水素を含むガスとなる。このとき、鉄や非鉄等の不燃物を回収し、スクラップとして利用する。続いて、高温ガス化炉(1300～1500 ℃)にて、低温ガス化炉同様に酸素と蒸気を吹き込み、一酸化炭素と水素主体のガスを生成する。高温ガス化炉の出口には、冷却設備が備わっており、ガスを200 ℃以下まで急冷することでダイオキシンの生成を防ぐ。また、このときスラグを回収し、セメント原料として再利用する。塩化ビニルから発生する塩化水素ガスは、塩化アンモニウムとして回収し、肥料として利用。最後に、ガス洗浄設備にて、脱塩化水素処理され、一酸化炭素と水素を中心とした組成のガスが回収される。このガスは、水素、メタノール、アンモニア、酢酸等の化学工業原料として利用される。

6 油化

プラスチックは石油が原料となっていることから、廃プラスチックの熱分解によって油分へと分解し、回収する手法を熱分解油化という。図8に廃プラスチックの熱分解油化プロセスのプロセス概略図を示す[8], [9]。前処理工程において、廃プラスチックの破砕・乾燥、混入する金属等の異物を除去する。その後、脱塩化水素分解工程において、廃プラスチック中に含まれるPVCの脱塩素処理を行う。このとき発生した塩化水素ガスは塩酸として回収される。溶融したプラスチックは400 ℃前後で熱分解される。プラスチックは熱分解されることにより、熱分解油と残渣を生成する。熱分解油は蒸留することで生成油として回収する。熱分解で生成する残渣は燃料として利用される。油化に適したプラスチックはPE、PPおよびPS

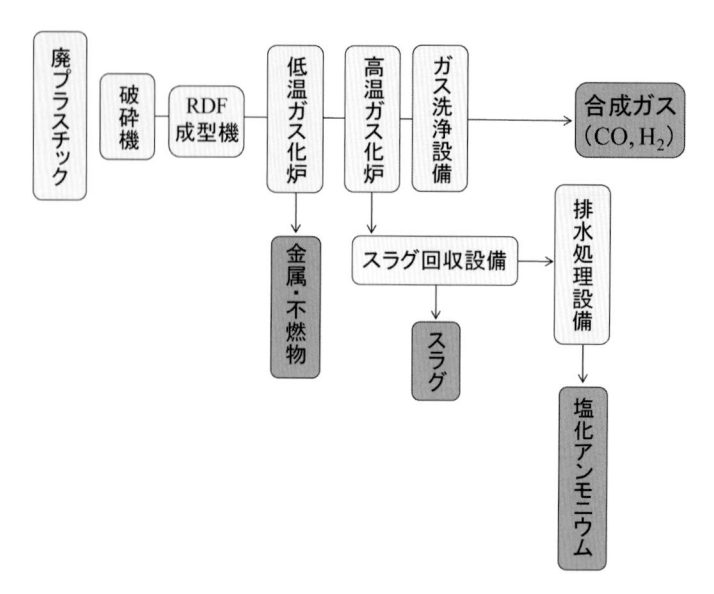

図7　EUP プロセスのプロセス概略図[7]
("廃プラスチックガス化施設（EUP）のフロー図"をもとに作成

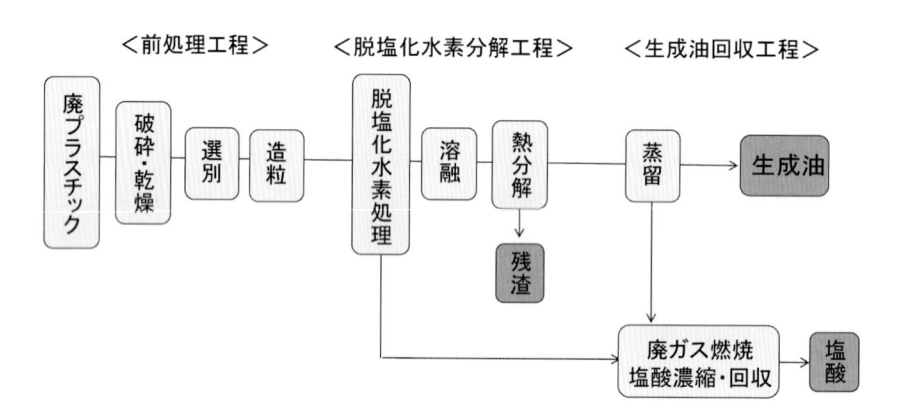

図8　熱分解プロセスのプロセス概略図[8],[9]
("廃プラスチック油化のプロセスフロー[8]"，"油化技術[9]"をもとに作成)

の3樹脂である。熱可塑性樹脂であれば、原理上油化は可能であるが、分子鎖中に芳香環を有するプラスチック（PET など）は、残渣生成量が多く、油化に適しているとは言えない。また、熱硬化性樹脂は熱分解油化には不向きであるため、前処理工程で分離しておく必要がある。

4 サーマルリサイクル

1　サーマルリサイクルの現状

　水は高い蒸発潜熱を有するため、生ゴミのような含水率の高い廃棄物の完全燃焼にはそれ相応のエネルギーが必要となる。それをまかなう役目を担っているのが廃プラスチックである。プラス

表3 主要プラスチックの発熱量[3]

材　料	発熱量　[kcal/kg]
軟質ポリエチレン（LDPE）	11140
硬質ポリエチレン（HDPE）	10965
ポリプロピレン（PP）	10506
ポリスチレン（PS）	9604
ABS樹脂	8424
ポリアミド（ナイロン）	7371
ポリエチレンテレフタレート（PET）	5500
塩化ビニル樹脂（PVC）	4315
ポリウレタン	4440
フェノール樹脂	3219
塩化ビニリデン	2600
木材	約4500
石炭	5000~7500
灯油	10500

チックは石油を原料としているため、燃焼時の発熱量が大きい。表3に主なプラスチックの発熱量の一覧を示す。特に、オレフィン系のプラスチックであるPEおよびPPはプラスチック中の炭素割合が多く、発熱量も大きい。プラスチックの持つ高い発熱量を利用し、焼却の際に発生する熱エネルギーを回収する手法がサーマルリサイクルである。サーマルリサイクルの対象となるプラスチックは幅広く、国内ではマテリアルリサイクルにより処理できないプラスチックの多くがサーマルリサイクルにより処理されている。その量は、2009年における廃プラスチックの総排出量のおよそ53%を占めている。

サーマルリサイクルは大別して、①ごみそのものを固形燃料化する方法（固形燃料化）、②焼却熱を回収して熱供給源（蒸気、温水、温風）として利用する方法（熱利用焼却）、③熱回収して得た蒸気から発電する方法（廃棄物発電）がある。図9に2009年のサーマルリサイクルにおけるこれら3つの手法の内訳を示す。熱利用焼却によ

る処理が最も多く67.5%、次いで廃棄物発電が23.9%、固形燃料化が8.6%となった。以降では、固形燃料化、熱利用焼却および廃棄物発電の3つのリサイクル手法について解説していく。

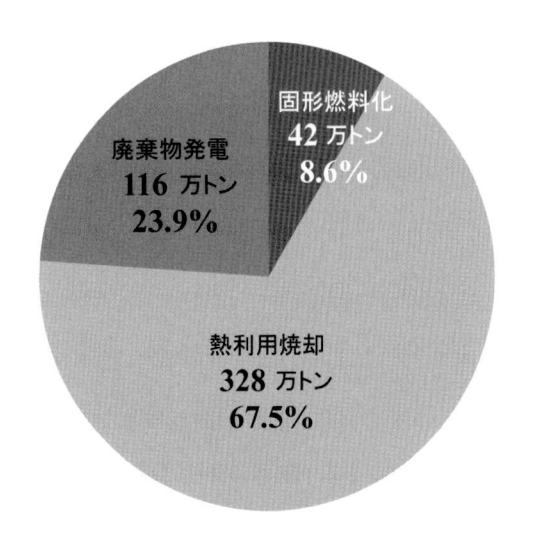

図9 サーマルリサイクルにおける各手法の内訳（2009年）[1]

（"プラスチックのマテリアルフロー図"をもとに作成）

2 固形燃料化

廃棄物に対し、粉砕、粒度調整、乾燥、成形、固化等の加工を施し、固形燃料を製造する手法を固形燃料化という。固形燃料に含まれる廃プラスチックには、発熱量を向上させる役割がある。固形燃料のうち、一般廃棄物を原料にした固形燃料を RDF（Refuse Derived Fuel）と呼ぶ。一般廃棄物を原料とするため分別に限界があり、厨芥類、不燃物、異物、塩ビ等が混入する。厨芥類の乾燥工程が必要となり、乾燥工程を経ても含水率が高く、発熱量を稼ぎにくい。また、PVC も含むため焼却の際に塩化水素ガスが発生し、焼却施設の腐食の原因となる。そこで、産業廃棄物を原料とした RPF(Refuse Paper and Plastic Fuel) が誕生した。産業廃棄物を原料とするため、一般廃棄物に比べ異物の混入が少なく、事前に塩ビや熱硬化性樹脂を除いた廃プラスチック類に成分を限定することができる。乾燥した原料が多く、プラスチックと紙類を主成分とすることで、安定して高い発熱量を得ることが可能となる。また、成分調整が容易であり、発熱量のコントロールも可能である。RPF は主に製紙会社にて石炭の代替燃料として利用される。

3 熱利用焼却・廃棄物発電

プラスチックの持つ高い発熱量を活かし、ただ単に焼却するだけでなく、焼却した際に発生する熱で水蒸気を発生させ、タービン発電を行なう。また、排熱は直接熱源として利用され、その利用方法として温水プールが有名である。国内の代表的な焼却設備として、ストーカー炉およびガス化溶融炉の2つが挙げられる。ストーカー炉は、金属棒を格子状に組み合わせ、下から空気を送りこむことのできるストーカーの上でごみを加熱・攪拌しながら焼却する。国内の焼却炉の中で最も利用されているタイプであり、処理能力が高い。しかし、発電効率やハロゲン系プラスチックの焼却によるダイオキシン問題を契機に、ガス化溶融炉への関心が高まった背景がある。ガス化溶融炉では、溶融工程において 1300～1400 ℃での高温燃焼により、ダイオキシン類を大幅に低減できる。高温でガス化されたプラスチックから発生する熱分解ガスや炭化物を燃料として蒸気タービンを回し発電する。

参考文献

1) (社)プラスチック処理促進協会，"2009年　プラスチック製品の生産・廃棄・再資源化・処理処分の状況".
2) PET ボトルリサイクル推進協議会，"PET ボトルリサイクル年次報告書　2010 年度版".
3) プラスチックリサイクル研究会，"プラスチックのリサイクル 100 の知識".
4) ペットリファインテクノロジー（株），"日本で唯一の技術　PRT 方式（アイエス法）"，(http://www.prt.jp/technical/prt.html).
5) (独)国立環境研究所資源循環・廃棄物研究センター，"プラスチックの処理・リサイクル技術　高炉原料化 [技術の概要]"，(http://www-cycle.nies.go.jp/precycle/kouro/about.html).
6) 新日本製鐵（株），"廃プラスチックのリサイクル"，(http://www.nsc.co.jp/eco/recycle/plastic.html).
7) (独)国立環境研究所資源循環・廃棄物研究センター，"プラスチックの処理・リサイクル技術　加圧二段ガス化（EUP 方式）[技術の概要]"，(http://www-cycle.nies.go.jp/precycle/kaatsu/about.html).
8) (社)プラスチック処理促進協会，"プラスチックリサイクルの基礎知識".
8) (独)国立環境研究所資源循環・廃棄物研究センター，"プラスチックの処理・リサイクル技術　油化 [技術の概要]"，(http://www-cycle.nies.go.jp/precycle/oil/about.html).

（吉岡敏明、熊谷将吾）

4 金属系材料の処理技術

1 前処理

1 はじめに

　各種製品に含有される金属類は、それらを鉄・非鉄製錬で処理することにより、鉱石原料からの素材と同様の高品質のものを製造することができる。この点は金属類の他素材に勝る特長であるが、廃棄物をそのまま製錬処理することは通常困難であり、各種廃棄物から金属類を濃縮し適切な品位とすることが求められる。これが、製錬の前処理の役割である。

　こうした前処理技術には、解体・粉砕（破砕を含む広義の用語）・分粒（ふるい分け・分級）・選別の4種類がある（図1参照）が、ここではまずそれらの目的と役割、主たる技術とその特徴を述べ、その後、代表的な対象物の処理事例を述べることとする。

2 解体

　解体は、対象物が最も大きな状態で分離される工程であり、現状ではその多くが人手によってなされている。したがって、対象物に損傷を与える可能性が最も少なく、各種廃棄物のまだ持つ機能を有効利用できる可能性を秘めている。素材リサイクリングに比べて機能リサイクリングは、価値を保って循環させるという意味で優先順位の高い概念であり、これを丁寧に行えば3R（Reduce, Reuse, Recycle）のReduce、Reuseを実現し得る貴重な操作となる。こうした解体技術を、その特長を維持しながら自動化してゆくことは、今後の技術開発の一つの大きな方向性と言うことができる。

　ただし、これを実現させるためには、設計段階での工夫が必要となることは論を俟たない。多くの容器や製品の筐体等は、プラスチック類、木材、金属等から成るが、それらはほぼ均一な素材

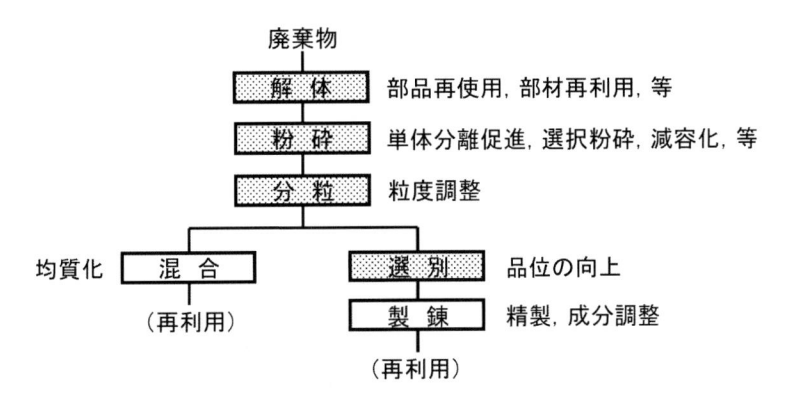

図1　廃棄物からの金属回収のための一般的技術フロー

で構成される場合が多く、成分分離という点からは、次項で述べる粉砕工程を経る必要のないものが多い。分離対象物を無闇に破壊するのはエネルギーの無駄遣いであるから、できることならこれらをそのまま他素材から分離できる設計段階での工夫が望まれ、それによって、その後の粉砕・選別での負荷を軽減させることができる。解体の容易さは、素材の統一化・均一化、結合・接着のための薬剤・方式の工夫等、いわゆる、易解体設計(Design for Disassembly)に直接関係するので、その進展が大いに期待されるところである。こうした設計思想が定着すれば、将来的には、易解体設計情報に基づいて自動的に作業を行う解体ロボットの出現も可能と思われる。

3　粉砕と分粒
(1) 粉砕・分粒の目的

各種固体廃棄物・天然資源から有価成分を回収する際、多くの場合、成分分離（選別）の事前処理として粉砕・分粒が行われる。その目的は様々であるが、次工程での選別の事前処理と考えれば、各種選別技術適用のための粒度調整、着目成分の他成分からの単体分離、着目成分と他成分分離のための選択粉砕、の三つが特に重要である。また、廃容器包装材などの輸送効率を高めるという意味では、対象物の減容化（空隙率の低下）も目的の一つとなる。

広義の粉砕(size reduction, comminution)は、「機械的・力学的な力によって固体状物質を細分化し、粒径の減少と固体表面積の増加を図る機械的単位操作」と定義されるが、その用語は、一般的に対象物の大きさ（大凡の平均値）によって以下のように分類される[1]。

① 破砕（粗砕、crushing, breaking）：1 m程度のものを数 cmに、あるいは数 10 cmのものを 1 cm程度にする操作。

② 中砕（英語は特になし）：数 cmあるいは 1 cm程度のものを数 mmにする操作。

③ 微粉砕（fine grinding）：数 mmのものを数 10 μm以下にする操作。

④ 超微粉砕（ultra-fine grinding）：数 10 μmのものを 1 μm以下にする操作。

また、一般的に中砕以下（②～④）を狭義の粉砕（grinding）と呼ぶこともある。因みに、広義の粉砕では主に、圧縮・衝撃・せん断・摩擦の 4つの力が対象物に掛かるが、破砕（①）では主として前 3者の力が作用する。なお、狭義の粉砕では摩擦力が支配的となることが多いが、現段階の廃棄物処理では、破砕（および中砕）が中心的であり、微粉砕・超微粉砕の実操業例は極端に少ない。ただし、各種粉砕段階において有害成分は微粒子に濃集することが徐々に分かりつつあり、今後、廃棄物処理においても微粒子処理の重要性が高まるものと推測される。

(2) 粉砕機の種類および適用性

各種破砕機は、支配的に作用する力の種類によって以下の 4つに分類することができる。

1) 圧縮式破砕：顎状の破砕板の往復運動で噛み砕くジョークラッシャ（図 2 参照）、垂直軸回りに偏心旋回運動する円錐と内壁との間に噛み込んで砕くジャイレートリークラッシャとコーンクラッシャ、および回転する 2つのロール間に挟み込んで破砕するロールクラッシャなどがある。破砕（粗砕）に分類されるものが多く、投入エネルギーに対する粉砕比（粉砕後粒度に対する粉砕前の比）は比較的高い。

2) 衝撃式破砕：インパクトクラッシャ（図 3 参照）が代表的である。砕料は高速回転するロータの打撃板により強力な衝撃を受け、さらに衝撃板に衝突・反発、またそれらが打撃板で反発されたものと室内で衝突するなど、多くの衝撃を繰り返し受けて破砕される。一般に圧縮型破砕機より粉砕比が大きく、また、装置サイズに対する処理量も大きい。防音・防振・防塵対策が必要となる場合が多い。

3) せん断式破砕：回転軸に取り付けられた刃によって切断する低速回転式破砕機（図4参照）と、往復移動刃と固定刃との間でせん断破砕する往復動式破砕機とに大別される。往復動式では、従来、金属スクラップ処理業で用いられていたギロチン切断機から発展したものが多い。一般的に処理量は小さいが、プラスチック類・タイヤ・ゴム等の靱性・延性に富んだ廃棄物あるいは建設廃木材・樹皮・樹木等の処理に適しており、特に一般廃棄物処理には必須の破砕機である。

4) 衝撃せん断式破砕：この種の破砕機は、基本的には衝撃破砕機を改良したものであるが、一般にはシュレッダー（図5参照）と呼ばれ、衝撃・せん断（・圧縮）の作用を組み合わせた複合型の破砕機である。回転軸の方向により縦型と横型がある．処理量が大きく、自動車、冷蔵庫・洗濯機等の家電製品、建設廃材、家具類、廃プラスチック、廃タイヤなど、多くの産業廃棄物の破砕に利用されている。防音・防振・防塵対策は勿論のこと、防爆対策も必要である。

5) 微粉砕機：主に摩擦力を利用して微粉砕を行う粉砕機である．ボールミル（図6参照）等の転動ミル、振動（遠心）ミル、ローラミル（図

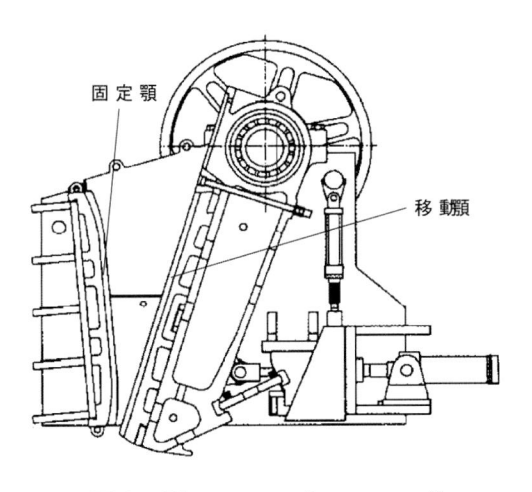

図2　ジョークラッシャフロー[2]

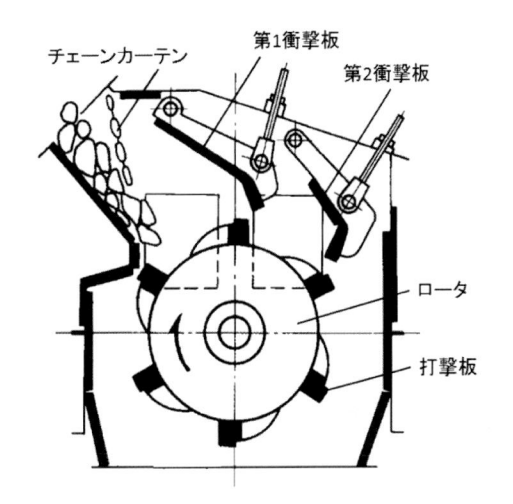

図3　インパクトクラッシャ[3]

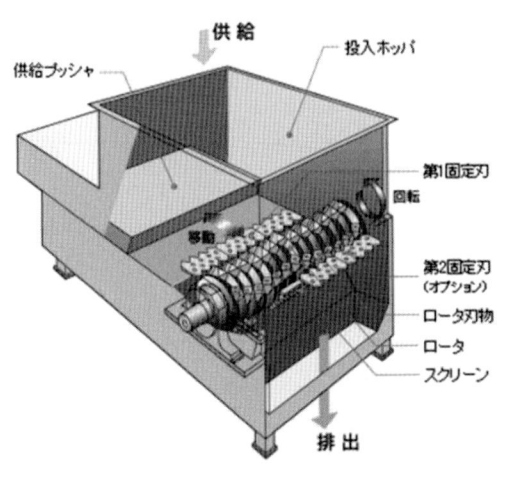

図4　一軸低速回転式破砕機[4]

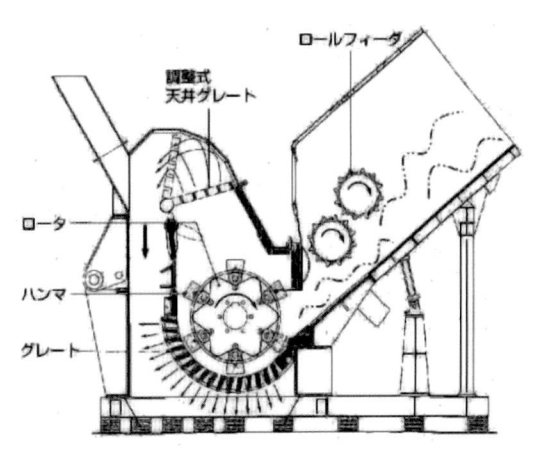

図5　シュレッダー[5]

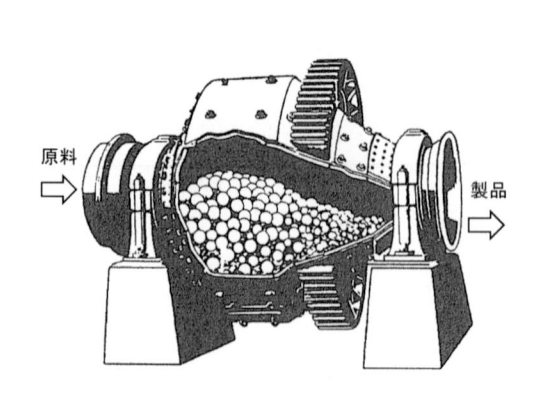

図6　ボールミル[6]

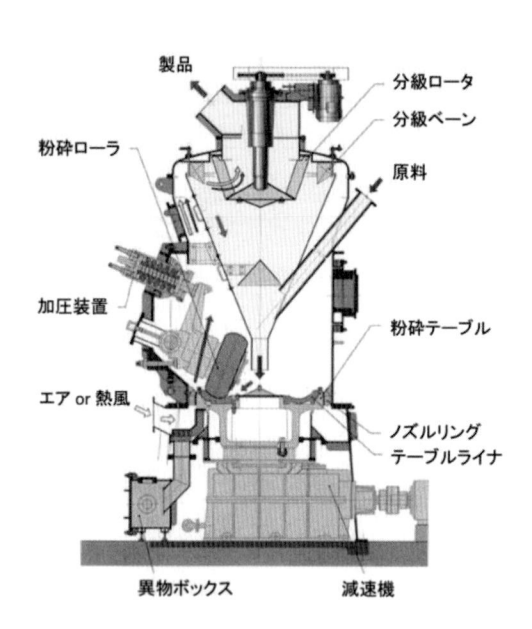

図7　ローラミル[7]

表1　一般的破砕・粉砕機の分類と特徴[1]

大分類	小分類	処理量 大	処理量 中	処理量 小	粉砕域 破砕	粉砕域 中砕	粉砕域 微粉砕	粉砕力 圧縮	粉砕力 衝撃	粉砕力 せん断	粉砕力 摩擦	粉砕システム 乾式	粉砕システム 湿式	粉砕システム 連続	粉砕システム 回分
圧縮式破砕機	ジョークラッシャ	○			○			○				○			
	ジャイレートリークラッシャ	○			○			○				○			
	コーンクラッシャ	○				○		○				○			
衝撃式破砕機	インパクトクラッシャ	○			○				○			○			
せん断式破砕機	往復動式破砕機		○	○						○		○			○
	低速回転式破砕機		○		○					○		○			
衝撃せん断式破砕機	シュレッダー	○			○				○	○		○			
微粉砕機	ボールミル	○	○	○		○			○		○	○	○	○	○
	振動ミル		○	○		○			○		○	○	○	○	○
	ローラミル	○	○			○		○	○		○	○		○	
	媒体撹拌式ミル			○			○				○	○	○		○
	気流式粉砕機(ジェットミル)			○			○		○		○	○		○	

7参照)、媒体撹拌式ミル、気流式粉砕機など、多種類の粉砕機があるが、廃棄物処理への応用例はまだ少ない。今後、廃棄物の微粒子および有害物の処理に当たって、この種の粉砕の適用も重要になるものと思われる。

最近では各種の破砕機に対して移動式のもの(分粒・磁選等の設備を含む)が製造されており、廃棄物(特に建築廃材等)の発生場所において効果的な処理が行われている。

各種破砕・粉砕機の特徴および破砕機の廃棄物に対する適用性を表1および表2に示した。

表2 破砕機の各種廃棄物への適用性[1]

廃棄物の種類	圧縮式	衝撃式	せん断式 往復動式	せん断式 低速回転式	衝撃せん断式
プラスチック類			○	○	○
木くず			○	○	○
繊維くず			○	○	
ゴムくず			○	○	○
コンクリート破片	○	○			
電気機器類		○		○	○
自動車				○	○
パチンコ台		○		○	○
金属くず			○	○	
ガラス類	○	○			
木製品（家具等）				○	○
畳・絨毯			○	○	

(3) 単体分離促進のための粉砕技術

選別（固相分離）の前処理として粉砕を考える場合、最優先の目的は構成成分の単体分促進となる。一粒子が単成分から成る場合（単体粒子）は、粒子分離（選別）を行えば同時に成分分離が達成されるが、一粒子中に複数成分が混在している（片刃粒子の）状態で粒子分離を行っても効果的な成分分離は達成されない（図8参照）。選別で得られる（着目成分）濃縮物と（不用成分）残渣に片刃粒子が入る場合、濃縮物としては着目成分品位の低下が起こり、残渣に入れば着目成分の損失となるからである。したがって、成分分離（選別）を目的とする粉砕においては、如何にこの単体分離性（定量的には、対象物を構成する着目成分全量に対する単体粒子として存在する量の比として単体分離度）を向上させるかが重要となる。

ある複合素材の各種構成成分の境界面は、通常、力学的弱部であることが多く、また、異種成分の物性の差や境界面自体の性質を上手く利用することにより、境界面にて選択的に破壊を起こすことが可能である。これまでにも、こうした観点から、異相境界面での優先破壊を積極的に起こす試みが数多く行われている。以下にその例を挙げる。なお、廃棄物は基本的に人工物であるから、上記のような異相境界面での破壊を容易にさせるような設計段階での工夫（Design for Recycling）はその効果が高いと考えられる。

1) 自生・半自生粉砕： AG（Autogenous Grinding）ミル・SAG（Semi-Autogenous Grinding）ミルは、粉砕媒体を使用しないあるいは少量だけ使用して、試料自体の媒体効果を最大限に引き出すように工夫された縦長の転動ミルである。これらのミルでは、ボールミルやロッドミルに比べてソフトな粉砕が起り、構成成分自身の硬さや脆さに比べて異相境界面が弱い試料では、粉砕産物の粒度は構成成分のグレインサイズや結晶サイズ程度となり、過粉砕が抑制できる。得られた産物の破断面は比較的スムーズで、その後の処理がしやすいことや、ボールの摩耗が少ないことなどが知られている[8]。最近の大型鉱物処理プラントの多くがAG・SAGミルを導

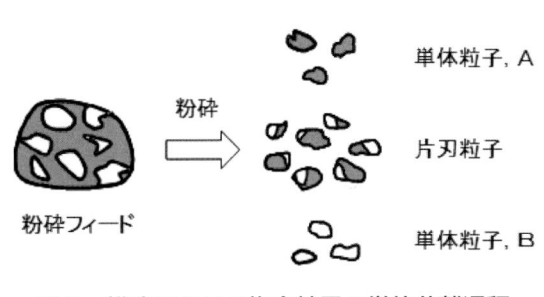

図8 粉砕における複合粒子の単体分離過程

入しており、コストの削減や後段の選別における選別性の高効率化が図られている。

2) 表面粉砕：　ある種のミキサー機能を持つ粉砕機等を利用して、固体粒子に比較的弱い応力をその流れの中で与えることにより、粒子表面層を剥離することが可能である。各種固体廃棄物や鉱石資源においては、その生成段階で表面に有価物相あるいは不純物相が層状に存在する場合もあり、表面物質の剥離・洗浄等のために、こうした技術の利用が期待される。回転羽等の媒体が容器中を撹拌する際に受けるトルクと表面物質剥離量との関係や粒子自体の粒度減少抑制の工夫、そして表面粉砕現象のシミュレーション等が行われており[9]、ボーキサイトに適用してアルミ製造に発生する赤泥量削減に寄与する[10]等の検討も行われている。

3) マイクロウェーブ照射：　マイクロウェーブを照射することにより選択的加熱膨張を利用する方法である。物質にはマイクロウェーブによって(1) 発熱しない（多くの珪酸塩、炭酸塩、硫酸塩鉱物）、(2) 発熱する（多くの硫化物、金属酸化物、砒化物）ものがあるが、(1)のマトリックス中に適度な大きさの(2)の粒子が分散して存在する場合に特に本法が適すると言われる。これはマイクロウェーブにより(2)の粒子が加熱膨張し(1)との境界相に亀裂が生成するためで、照射するエネルギー量が小さすぎると加熱に時間が掛かり熱伝導により(1)の相も暖められてしまうため、ある程度急激な加熱を起こす条件が必要である[11]。

4) 水中爆破：　水中で火薬の爆破により、水の絶縁破壊を引き起こし水中にて衝撃波を生じさせる。その衝撃波は固相に入ると異相境界面で反射波を生じ、これにより同境界面に引張り応力が発生して選択破壊が起こる[12]。水中爆破法は例えばタングステンカーバイド（WC）の粉砕などで実験されており、ボールミル粉砕に比べて大きな省エネルギーを達成できること、また、その後の各種浸出において通常の機械的粉砕産物よりも溶出性が向上することなどが報告されている[13]。

5) 電気パルス粉砕：　Electrical disintegration (ED) 法と呼ばれ、水中に置かれた不良導体試料に直接電気パルスを照射して試料自体に絶縁破壊を起こさせるものであり、異相境界面に選択的に瞬時に大電流が流れて発生するジュール熱による固体昇華の衝撃波と電気ひずみによって破壊が起こる現象で、各種構成物質の単体分離性の向上することが知られている。Andresら[14]によって様々な試料が試され、微化石の濃縮やダイアモンド・白金含有鉱物の選択的粉砕に用いられている。電気パルス法の石炭への適用についても検討が行われ、二号炭などではその後の比重選別により脱灰性が向上することなどが示されている[15]。最近では、各種素材の電気的物性（誘電率・導電率）と異相境界面での選択破壊の関連など、基本原理に関する研究[16]なども進んでおり、今後、構成成分の単体分離促進のための新技術として注目される。

(4) 分粒機の種類および適用性

分粒とは、ふるいを使用するふるい分けと流体中での粒子移動速度の差を利用する分級の総称である。粉砕産物は通常広い粒度分布を持つため、その後の選別に適する粒度に調整する、選択粉砕された有価成分・有害成分を濃縮することが必要である、この役割を果たすのが分粒である。

1) ふるい分け装置

ふるい分けには大別して、振幅が大きく振動数の小さい面内運動ふるい（シフター）と振幅が小さく振動数の大きい振動ふるいの2種類があり、原料の特性に合わせて使い分けられている。いずれのふるいにおいても、この振動が作り出す加速度が重力加速度以上である（フィードされた粒子がふるい網上でジャンプできる）ことが必要であり、その倍数をふるい分け指数、K と呼び、通常、

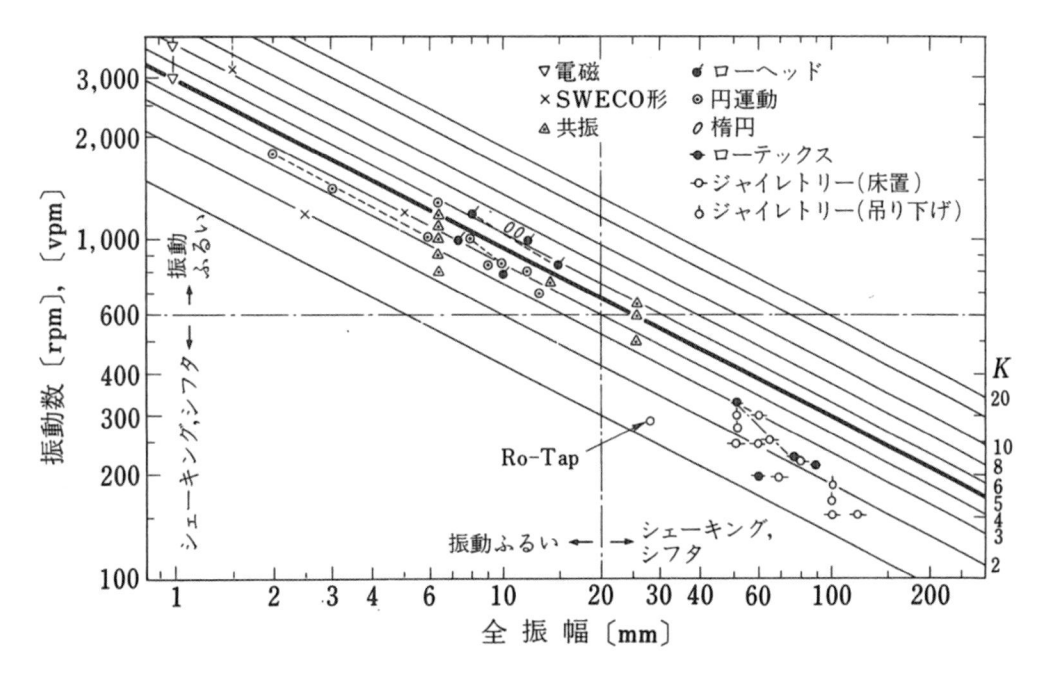

図9 実用ふるい分け装置の振幅，振動数，ふるい分け指数の関係[17]

この値が2～10程度の運転条件のものが多く用いられている（図9参照）。なお、最近では廃棄物専用に、3次元スクリーン等、ふるい網自体が3次元的に動く撹拌機構を持つものも多く製造されている。

2）分級機

分級とは、既述のように、流体中での粒子運動速度の差を利用してサイズ別に分離する操作である。したがって、基本的には粒子の沈降速度の差を利用するものが多く、相対的に、粗粒に対しては重力場にて、細粒（微粒）に対しては遠心力場にて分級が行われる。

重力沈降を利用する代表的な装置としては、スパイラル分級機（図10）が挙げられる。フィードされた懸濁液中の大（重）粒子はプールに沈降して、上向きに回転するスパイラルによって掻き上げられ粗粒排出口から回収される。一方、小（軽）粒子はプールから溢流して排出される。

湿式サイクロン（図11）は、基本的に円錐状の筒であり、上部より円筒内に接線方向にフィードされた懸濁液は自由渦を成して下方に向かうが、狭いスピゴットを通り抜けられるのは遠心力によって円錐筒内壁面付近にある大（重）粒子のみであり、そこで詰まった小（軽）粒子は円錐筒中心部を上部に逆流しボルテックスファインダから排出されて分級が行われる。

デカンタ（図12）は、遠心力分級機の代表例であり、外枠は基本的に円錐部と円筒部の組み合わせである。フィードは中心付近からなされ、粗粒は遠心力により壁面に堆積し、ボール回転速度とわずかに異なる速度で回転する螺旋状のスクリューコンベアにより円筒部から円錐部へと運ばれてアンダーフローとして系外に排出され、細粒はオーバーフローとして分離される。

3）粉砕機との組み合わせ

分粒機は粉砕機と組み合わせて、図13のような閉回路粉砕システムとして使用することが多い。分粒機後置き式が一般的であるが、事前に原料に細粒・微粉の多い場合は分粒機前置き式も用いられる。閉回路粉砕の特長は、過粉砕が防止で

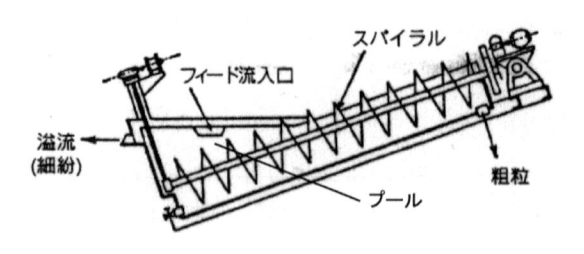

図10 エーキンス・スパイラル分級機[18]

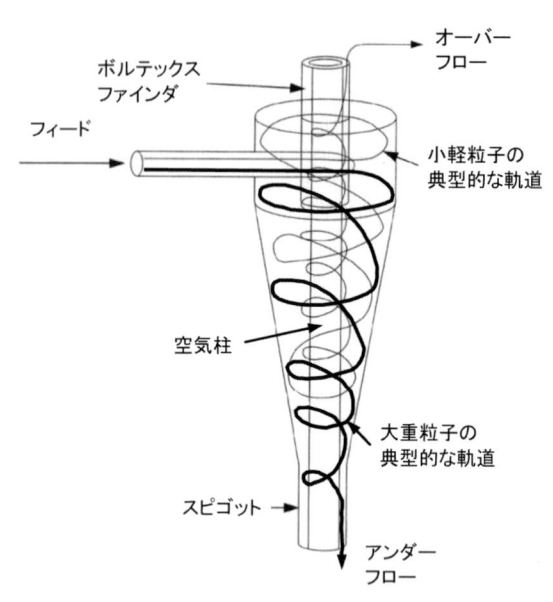

図11 湿式サイクロンおよび各種粒子の軌道[19]

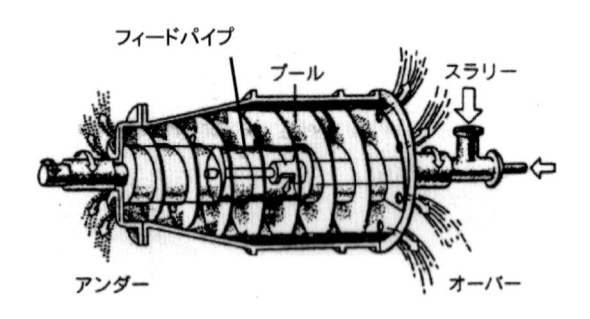

図12 デカンタ型遠心力分級機[20]

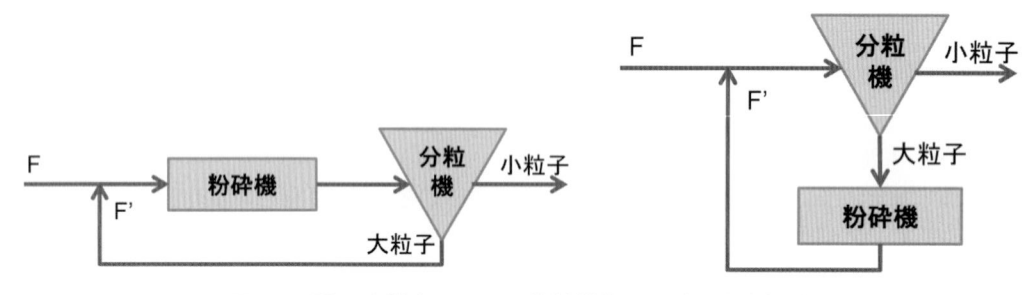

図13 閉回路粉砕における分粒機後置き式と前置き式

きる、産物粒度の分布が狭い、製品量当たりの消費動力が少ない、媒体・本体等の摩耗が少ない、粒度の調整・変更が容易である、等であるが、循環荷重（circulating load、$Cl = F'/F$）が大きすぎると処理能力が低下する、粉砕機が閉塞する、等の欠点もある。

なお、分粒機を使用しない場合を開回路粉砕と呼ぶ。

4 選別

(1) 各種選別の適用粒度

図14には、各種選別法の大凡の適用粒度範囲を示した。すべての粒度範囲に万能な方法は存在せず、利用する物性・装置・対象物によってその範囲が決まることに注意されたい。したがって、プラント設計においては、粉砕によって得られた粒度分布の広い産物をそのまま全量選別工程に供するのでなく、事前に、粒度分布の狭い産物を得るための粉砕条件・システム（閉回路粉砕等）の設定、あるいは粉砕産物の分粒による事前の粒度

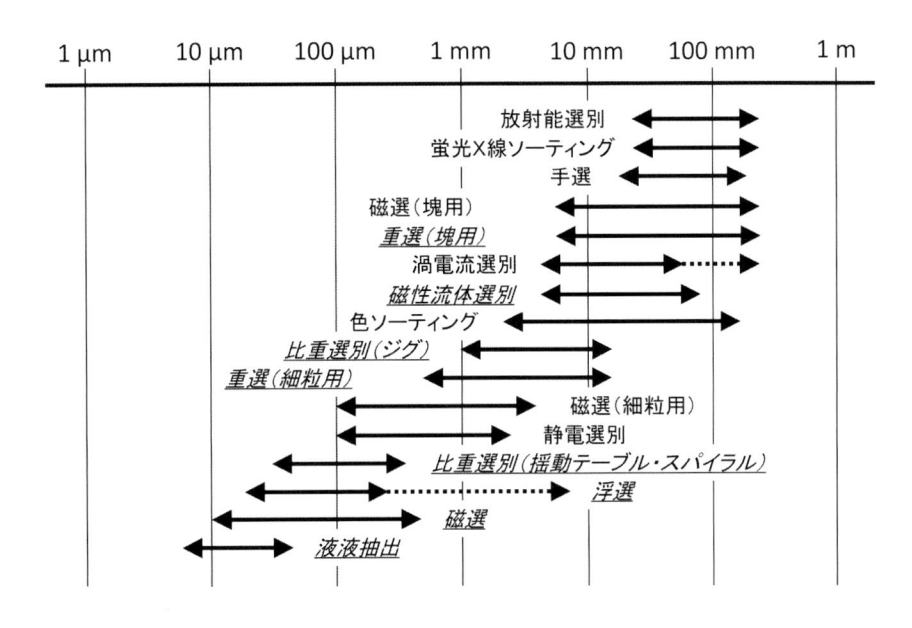

図14 各種選別技術の適用粒度

粒度範囲（概略）:
- 放射能選別: 10 mm～1 m以上
- 蛍光X線ソーティング: 10 mm～1 m
- 手選: 10 mm～1 m
- 磁選（塊用）: 1 mm～1 m
- 重選（塊用）: 1 mm～1 m
- 渦電流選別: 1 mm～100 mm（破線で拡張）
- 磁性流体選別: 1 mm～100 mm
- 色ソーティング: 1 mm～100 mm
- 比重選別（ジグ）: 100 μm～10 mm
- 重選（細粒用）: 100 μm～10 mm
- 磁選（細粒用）: 100 μm～10 mm
- 静電選別: 100 μm～10 mm
- 比重選別（揺動テーブル・スパイラル）: 10 μm～1 mm
- 浮選: 10 μm～1 mm（破線で拡張）
- 磁選: 1 μm～100 μm
- 液液抽出: 1 μm～10 μm

調整を行うことが不可欠である。図中、斜体・下線の選別法は湿式、それ以外は乾式である。なお、破線で示した粒度範囲は、廃棄物への適用にあたって近年その適用範囲が広がっているものである。渦電流選別では中空の缶類への適用により、また、浮選がプラスチック等軽比重物にも（研究段階ながら）適用可能となり、それぞれ粗粒側にサイズ範囲が広がったことなどがそれに当たる。

(2) 乾式法と湿式法

固体粒子の選別は乾式および湿式にて行われるが、それぞれの一般的な特徴を表5に示した。その概略を以下に述べる。

1) 処理能力: 基本的に処理能力は媒質中での固体粒子移動速度によって決まる。例えばStokes域での粒子沈降速度 u は

$$u = \frac{(\rho_p - \rho_m)gd^2}{18\mu_m}$$

と表されるので、室温での粘度を比べると空気は水の約1/53（空気は 1.8×10^{-5} Pa·s、水は 1.0×10^{-3} Pa·s）であるから、基本的に乾式の方が湿式よりも約53倍の沈降速度を持ち、その分処理能力も高いと考えてよい。なお、より細かく見ると、媒質の密度 ρ_m は空気が1.2 kg/m^3、水が1000 kg/m^3 であるから、例えば密度 ρ_p =3000 kg/m^3 の粒子の場合、その沈降速度は $(\rho_p - \rho_m)$ に比例するので、乾式では湿式の約1.5倍速く、処理能力もその分高いことになる。搬送能力は基本的に媒体の粘度あるいはその2乗に比例するので、湿式の場合のほうが高い。

2) 分離精度: 比較的粗粒（数100 μm以上）の場合、粒子の慣性力が大きいため、その相互分離において媒体の影響は比較的少ないが、微粒子の場合、その分離精度は媒体中での分散性等に大きく影響される。媒体の分子密度・分子間力が小さい空気中では粒子間には相互作用が直接作用するため微粒子同士は凝集しやすいが、それらの大きい水中では粒子間の相互作用が媒体によって打ち消され、媒体の状態を少量の試薬等で制御することにより分散状態を比較的容易に作ることができる。また、同様の理由

表3 固相分離技術における乾式・湿式処理の特徴

項目	乾式	湿式	備考
処理能力	○		移動速度の差
搬送能力		○	媒体の粘性係数，密度の差
分離精度		○	粒子分散性の差 媒体の分子間力の差 器壁への付着性の差
産物処理	○		湿式では，濃縮・脱水・乾燥，そして廃水処理の必要あり

により、微粒子の器壁などへの付着も湿式では小さいと言うことができ、分離精度は乾式に比べて湿式の方が高い。

3) 産物処理： 湿式処理の場合、懸濁液のままで製品となることは稀であるから、通常、濃縮・脱水・乾燥の固液分離工程を経て製品となる。すなわち、そのための設備・薬剤・その他のランニングコストが掛かることになる。また、それによって排出される廃水は、基準に従って適正処理後に放流する必要もある。多くの中間処理では、これを嫌って乾式処理のみで全工程を終了する傾向にあるが、今後、有害成分の管理基準が厳しくなるにつれて、微粒子に強い湿式処理への移行も考えられる。

誤解を恐れずに言えば、比較的粗粒に対してラフに大量処理したい場合には乾式処理が、比較的細粒に対して精度の高い分離を行いたい場合には湿式処理が推奨されることになる。現状の廃棄物処理においては、処理量を稼げる粗粒部分のみを対象とする場合が多いが、今後、有害成分の高度分離等の社会的要求が高まる可能性が高く、湿式処理の重要性が高まることも予想される。

5 各種廃棄物の前処理事例

廃棄物から金属回収を行う場合、前述のように、鉄・非鉄製錬の前に解体・粉砕・選別の前処理工程により各種金属分が濃縮される。ここでは、その代表的な例として、廃家電品と廃自動車の事例を挙げることとする。

(1) 廃家電品の処理

特定家庭用機器再商品化法、通称、家電リサイクル法が2001年に施行されて以来、廃冷蔵庫・廃洗濯機・廃エアコン・廃テレビの4品目は、大凡図15に示す処理法により適正にリサイクルすることになっている。

まずは廃テレビ以外の3品目について見てみよう。冷媒としてフロンを使用している冷蔵庫やエアコンはフロンの抜き取りが行われ、その他比較的大きな単一素材の構造体も手選によって事前に抜き取られ、再利用される。ただし、モータ・コンプレッサ等の一部の複合構造体は国内での素材分離にコストが掛かるため、人件費の廉価な国々に輸出される場合も多い。手選等で構造体が抜き取られた筐体はまとめて破砕機に送られるが、ここでの破砕では、冷蔵庫等に使用されている断熱材としてのフロンが解放されるため、通常、機内は密閉されており、フロンを回収後分解処理が行われる。その後、破砕物は風力選別・磁選・渦電流選別・比重選別等を組み合せて各種素材が選別される。なお、各工程では必要に応じて手選工程が組み込まれており、人手による精密な選別は未だ重要な操作となっている。得られた各種素材濃縮物はその後精製・加工工程に送られて再利用されるが、その一例を挙げれば、ウレタン・木・プラスチック類はRPF等の固形燃料、鉄は電炉原料、銅は銅製錬原料として再利用される。なお、濃縮物の品質要件として、各種原料素材品位の高いことはもちろんであるが、次工程の精製・加工

4 金属系材料の処理技術

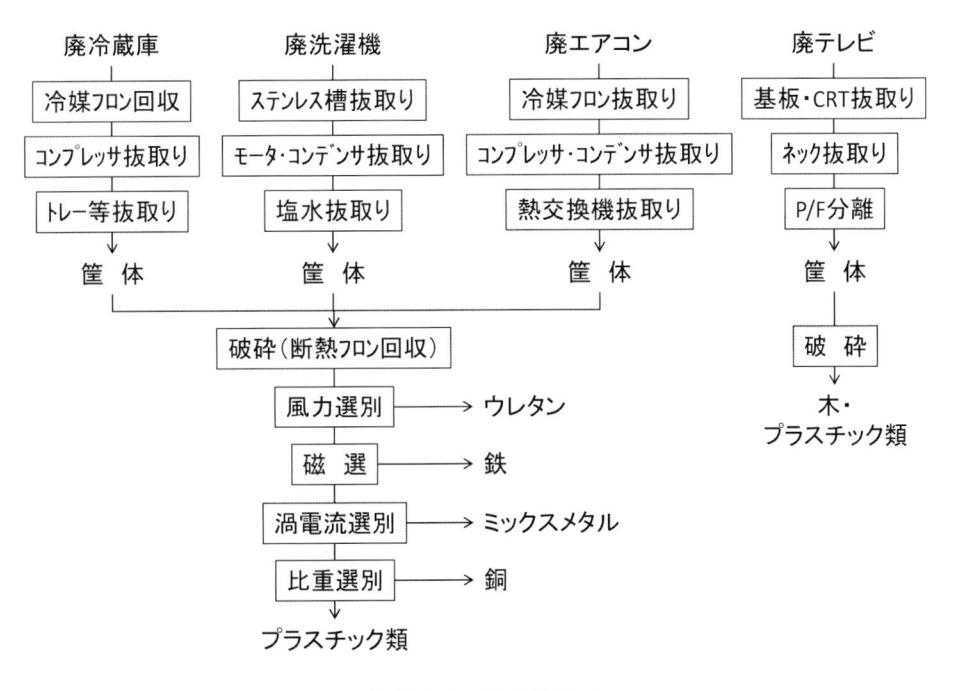

```
廃冷蔵庫              廃洗濯機              廃エアコン            廃テレビ
  ↓                    ↓                    ↓                    ↓
冷媒フロン回収        ステンレス槽抜取り    冷媒フロン抜取り      基板・CRT抜取り
  ↓                    ↓                    ↓                    ↓
コンプレッサ抜取り    モータ・コンデンサ抜取り  コンプレッサ・コンデンサ抜取り   ネック抜取り
  ↓                    ↓                    ↓                    ↓
トレー等抜取り        塩水抜取り            熱交換機抜取り        P/F分離
  ↓                    ↓                    ↓                    ↓
 筐体                 筐体                  筐体                 筐体
                        ↓                                         ↓
              破砕(断熱フロン回収)                              破砕
                        ↓                                         ↓
                    風力選別 → ウレタン                    木・プラスチック類
                        ↓
                     磁選 → 鉄
                        ↓
                   渦電流選別 → ミックスメタル
                        ↓
                   比重選別 → 銅
                        ↓
                  プラスチック類
```

図15　廃家電品の基本的処理フロー

に支障のある禁忌成分の混入の少ないことが重要となる。

廃テレビの処理工程は、ほとんどが手作業によるところが多い。まずは筐体から基板類・CRTやネックが抜き取られ、CRTについてはパネルガラスと鉛分を含むファネルガラスが、熱線巻き付けや赤外線照射による熱歪みの発生を利用して分離(P/F分離)され、それぞれ再利用される。残った筐体はほぼ同一素材でできているため、それらは粉砕されて再利用される。

(2) 廃自動車の処理

使用済自動車の再資源化等に関する法律、通称、自動車リサイクル法が2002年に施工されて以来、ほとんどの廃自動車は図16に示すようなフローにて処理されている。基本的には、エアバッグ展開、フロン抜き取り、そして後述のシュレッダーダスト処理が法的な追加項目である。破砕・選別の前に抜かれる燃料・オイルは再利用さ

れ、バッテリからはその後鉛が回収される。排ガス触媒中には白金族元素が含まれるため、これらは別途抜き取られて回収される。これらが抜き取られた車本体は破砕・選別工程に送られ、廃家電品と同様、風力選別・磁選・渦電流選別等が施されて各種素材濃縮物が回収される。渦電流選別で得られるミックスメタルには、各種の非鉄金属類が混入しており、比重の比較的低いアルミ類は他の重金属と重選(重液選別)やX線透過ソーティング等(図中には比重選別と記載)により分離可能であるが、重金属類の機械的相互分離は現状で困難な状況にあり、緻密な手選等が経済的に適用可能な国々に輸出されることが多い。この点は国内資源循環を考えた場合の一つの課題である。

6　おわりに

本稿では、固体廃棄物処理において、環境調和型資源循環プロセス構築のキーとなる粉砕・選別技術について、その目的と概要を記した。現状で

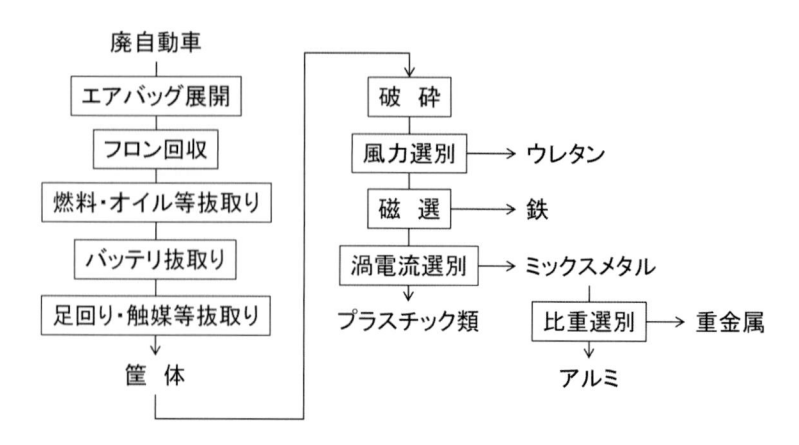

```
廃自動車
   ↓
エアバッグ展開        破砕
   ↓                ↓
フロン回収          風力選別 → ウレタン
   ↓                ↓
燃料・オイル等抜取り   磁選 → 鉄
   ↓                ↓
バッテリ抜取り       渦電流選別 → ミックスメタル
   ↓           プラスチック類  ↓
足回り・触媒等抜取り        比重選別 → 重金属
   ↓                        ↓
   筐体                    アルミ
```

図16 廃自動車の基本的処理フロー

は廃棄物の粉砕・選別プロセスでの分離効率は決して高いとは言えないが、ここでの有価成分の濃縮および有害成分の除去の度合いがその後の製錬工程での負荷を決定するので、この前処理段階のさらなる効率化が資源循環型社会構築のポイントと言って過言でない。具体的には、有価成分のより高効率・省エネルギー的回収プロセスの開発と、微粒子中に濃集することの多い有害成分の拡散防止・管理のための分離効率向上などが焦点である。現在、中間処理業界等において種々改善の取り組みが積極的に行われており、今後の発展が大いに期待される。

こうした選別技術は、鉱業分野における選鉱（鉱物処理）技術がオリジナルであるものが多く、長年の開発経験を持つ高度な選鉱技術に見習う点も多いが、鉱石に比べて廃棄物では、各種特性の不均一性・形状不規則性等により処理困難度が高く、独自の発展が期待される。廃棄物の単純焼却からマテリアルリサイクリングへ、そしてさらなる高度利用・有害物拡散防止を念頭に置いたプロセス構築は資源循環型社会における必須テーマであり、その中において粉砕・選別技術の果たす役割は大きく、環境調和型資源循環プロセス開発に向けて、そのさらなる高度化に期待したい。

参考文献

1) 大和田秀二（近藤次郎編）:「産業リサイクル事典」, 産業調査会事典出版センター, pp.470-473, (2000)
2) ㈱アーステクニカパンフレット：http://www.earthtechnica.co.jp/hasai/pdf/c1.pdf, Jul., (2011)
3) ㈱アーステクニカパンフレット：http://www.earthtechnica.co.jp/hasai/pdf/c54.pdf, Jul., (2011)
4) ㈱クボタ, パンフレット：http://env.kubota.co.jp/recycle/01recycle/hasai/has02.html, Jul., (2011)
5) ㈱アーステクニカパンフレット：http://www.earthtechnica.co.jp/recycling/k22/, Jul., (2011)
6) B.A.Wills and T.J.Napier-Munn: "Mineral Processing Technology", 7th Ed., Butterworth Heinemann, p.160, (2006)
7) ㈱アーステクニカパンフレット：http://www.earthtechnica.co.jp/crushing/c32/, Jul., (2011)
8) B.A.Wills and T.J.Napier-Munn: "Mineral Processing Technology", 7th Ed., Butterworth Heinemann, pp.161-165, (2006)
9) C.Tokoro, T.Yamashita, H.Kubota, and S.Owada: Application of DEM Simulation to an Intensive Mixer, Resources Processing, vol.56, no.3, pp.113-119, (2009)
10) S.Owada, D.Okajima, Y.Nakamura, and M.Ito: Two Approaches for Reducing Wasted "Red Mud": Possibility of Upgrading Bauxite and the "Red Mud", 7th International Alumina Quality Workshop, Perth, Australia, pp.205-209, 2005
11) S.W.Kingman, K.Jackson, A.Cumbane, S.M.Bradshaw, N.A.Rowson and R.Greenwood: Int.J.Min.Proc., vol.74, no.1-4, pp.71-83, (2004)
12) T.Fujita, K.Murata, G.Dodbiba, A.Shibayama, T.Shikazumi, and Y.Kato: Liberation of a large quantity of waste materials by the explosion in

water : a technique with a relatively low energy consumption, Global Symp. Recycling Waste Treatment, and Clean Technology (REWAS), Cancun, Mexico, pp.1279-1284, 2008

13) S.W.Baik, A.Shibayama, K.Murata, and T.Fujita: The Effect of Underwater Explosion on the Kinetics of Alkaline Leaching of Roasted Tungsten Carbide Scraps for Recycling, Int.J.Soc.Mater.Eng.Resour, vol.12, no.2, pp. 55-59, 2004

14) U. Andres: Electrical Disintegration of Rock, vol.14, pp.87-110, (1995).

15) S.Owada, M.Ito, T.Ota, T.Nishimura, T.Ando, T.Yamashita, and S.Shinozaki: Application of Electrical Disintegration to Coal, Proc.22nd Int.Min. Proc.Congr., Cape Town, pp.623-631, 2003

16) 林輪太郎, 大和田秀二： 電磁場解析における電気パルス粉砕での異相境界面選択破壊挙動の考察, 資源・素材学会春季大会, pp.45-46, (2011).

17) 粉体工学会編：「粉体工学便覧（第2版）」, 日刊工業新聞社, p.321, (1998)

18) 井伊谷鋼一, 三輪茂雄：化学工学通論II, 朝倉書店, p.102, (1986)

19) R.P.King: "Modeling & Simulation of Mineral Processing Systems", Butterworth Heinemann, p.112, (2001)

20) 日本粉体工業協会編：「分級装置技術便覧」, 産業技術センター, p.342-347, (1978)

（大和田秀二）

2 精製

精製とは、廃棄物やスクラップの固体選別後、さらに高純度化を目指して、主に溶融処理などを通して行なう操作を示す。その科学原理については、後述するので、ここでは代表的な金属素材について簡単に技術の紹介を行なう。

1 鉄

リサイクルの基本は電炉法で古くから行われている。鉄の一次製錬とリサイクルプロセスの流れを図1に示す。一部優良なスクラップは転炉にも戻されている。電炉法では基本的に溶解のみで精製はあまり行われないため、高級鋼の製造には向いていないが現在は薄板も生産されている。

電気炉におけるスクラップ溶解の流れと電気炉の模式図を図2に示す。最近はこのような直流アーク炉が主体である。基本的に電気炉では、取り立てて特殊な元素を意識した精製は行なわれない。溶解時にスラグが生成するので、その段階で硫黄などは除去可能のである。精製に関してそれほどの能力がないので、原料となるスクラップの分析値が重要であり、比較的良質な自家スクラップ、加工スクラップと市中スクラップを適正な成分になるようにうまく配合することが望ましい。当然であるが、ダストが発生し、その中には亜鉛が含まれるので、回収され、電気炉ダストとして亜鉛のリサイクルに回される。古い時代は、十分にリサイクルされていなかったが、現在は、ダイオキシンの問題と亜鉛価格の高騰によりリサイクルが進んでいる。

現在のスクラップ処理の技術課題を以下に示す。

①不純物の管理、除去　主にCu,Sn等のトランプエレメント
②エネルギー効率の良い炉の開発
③ダスト発生率の低減とダスト中のDXN類の生成防止
④ダスト処理　オンサイト型

①、②についてはかなり長い間検討され、現状でトランプエレメントの除去については技術的には可能だが、経済的に成立するプロセスの完成

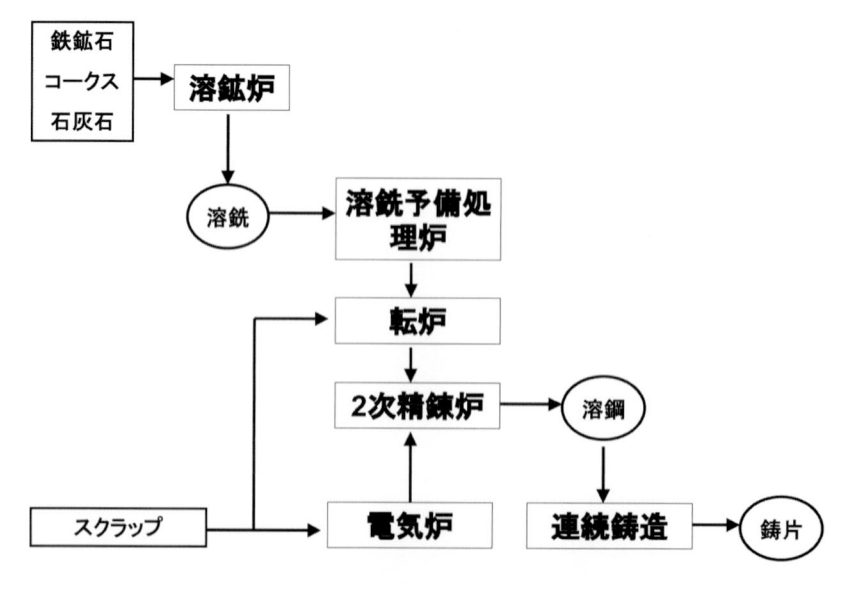

図1　鉄鋼製錬とリサイクルの流れ[1)]

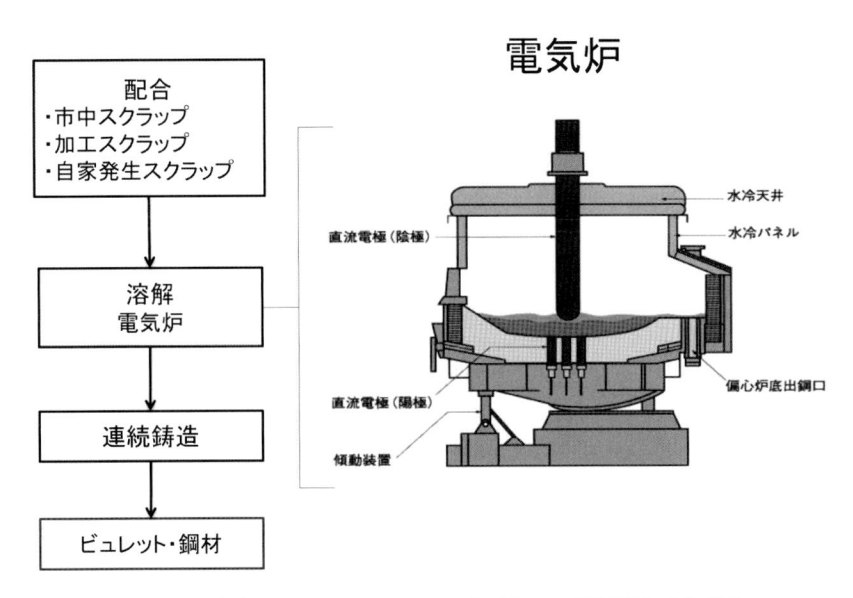

図2　電気炉におけるスクラップの流れと電気炉の模式図

表1　ロンダリング手法を用いた脱銅プロセス

プロセス名	方法・特徴
融点差利用法	雰囲気調整を行い、1200℃程度に加熱、鉄は固相として残し銅だけ溶融分解する。
溶融金属による抽出法	Pb, Al, Mg等鉄とは溶解度が小さく、銅とは親和力の強い溶融金属で洗う。Alも可能性が高い。
強酸化性酸による選択溶解法	硫酸・硝酸溶液を電位もしくは適当な酸化剤により、強酸化性に保持し、鉄を不導体化した状態で鉄を溶融する
アンモニア錯イオンによる選択溶解法	鉄はアルカリ側では溶融しないが、アンモニア錯イオンの存在で銅は溶解度を持つ。この原理を利用して選択溶解を行う。

はできていない。したがって、電気炉に投入する前に分別するのが主体である。いくつか検討された技術例を表1に示す。いずれもロンダリング手法（溶解時に化学反応を利用して分離せず、固体スクラップの時に固体選別や表面処理なども用いる手法を示す）を用いている。この中でパイロットプラントまで行われたのはアンモニア錯イオンによる選択溶解である。技術的な目標は達成されたが、経済的には未だ実現されていない。

そのほか、ダスト発生の抑制、発生したダストからの亜鉛の回収、また残渣の鉄源としての再利用などいくつかの課題もさらなる検討がなされている。この場合、単にダスト処理を考えるよりも、ダスト発生の電気炉での回収方法など工夫が必要と思われるが、ダスト発生側の電気炉メーカーとダスト処理企業との連携が十分ではなく、効果的な開発が進まない。

2 アルミニウム

アルミニウムは通常溶融塩電解（ホールエルー法）で99.99％の高純度アルミニウムを作り、アルミニウム電解の後にアルミニウムの精製は行われない。したがって、ホールエルー法で電解する前に不純物をバイヤー法で除去し、高純度のアルミナを用意する必要がある。前述の鉄とは大きく精製法が異なる。この違いはどこから来るのであろうか。それは、アルミニウムが活性金属であるため、上記の不純物を簡単に酸化法などを用いて除去できないためである。したがって、バイヤー法を用いて金属にする前の水酸化物の状態でSi,Fe,Tiなどの不純物を除去するのである。このような手法は、Tiやアルカリ金属、希土類金属などの活性金属の製錬で一般的に行われている。このことは、リサイクルの時に非常な意味を持つ。つまり、アルミナや後で記述するマグネシウムなどの活性金属は、一度合金化した後は、化学反応で除去するのが理論的に困難なために精製リサイクルプロセスが本質的になく、単なる再溶解であることが多い。ある意味では鉄も同じであるkが、化学的精製は鉄よりもさらに難しい。

アルミニウムのリサイクル率は、使用量に対してほぼ40％前後である。アルミニウムのリサイクルに必要なエネルギーはボーキサイトから製錬を行うエネルギーと比較するとオーダーが異なる[2]。それほどリサイクルが有利であるにも拘わらず、まだ40％弱のリサイクル率というのは、前述したようにリサイクルが容易でないことを意味している。日本でアルミニウムが使用される場合、高級な展伸材に使用される割合が6割を超えている。この展伸材は、制度のよい加工を行うために、不純物管理が厳しく、そのために不純物管理が甘くなる2次地金の使用ができないことがリサイクル率を高くできない原因になっている。鋳物の大半は自動車エンジンを中心とする自動車部品に使用することが多い。したがって、将来自動車の駆動が電気モーター中心となり、内燃機関の使用割合が低下するとアルミニウム鋳物の生産量の低下が予想され、そうなるとアルミニウムスクラップの展伸材への利用を真剣に検討する必要がある。アルミニウムリサイクルで優等生といわれるCan to Canのプロセスフローを図3に示す。

プレスされたアルミニウム缶を一度ばらばらにしてシュレッダーにかけ異物を取り除いて、溶解時の歩留まりを悪くする塗料を剥離し、再溶解を行う。日本においてアルミニウムの溶解炉は前床付き反射炉であることが多い。

前床付き反射炉の外観を図4に示す。写真の前方からアルミニウムスクラップを投入する。加熱は、LNGを使用する場合が多い。

アルミニウム缶の場合、蓋とボディで若干使用されている組成が異なり、ボディには強度を出すためにMnが添加されている。したがって、Can to Canリサイクルでも缶のボディ用に使用されている。プロセスとして異物を除去する工程が入っているのは当然であるが、アルミニウム缶の場合、特に水分が残っていると再溶解時に水蒸気爆発を起こす可能性があり、非常に危険である。したがって、水分は十分に除去しなくてはならない。

論理的にまったく化学プロセスが利用できないわけではない。いくつかの提案もなされている。例えば、Mgの塩化処理やZnの真空揮発、Tiの金属間化合物による除去などがある[3]。しかしながら、いずれも経済的に検討するとそのようなプロセスで除去するよりも初めから混ぜない工夫を行い、単に再溶解した方が合理的である。化学的方法として溶解時に行なわれるのは、酸素や水素のようなガス系不純物の除去で、この場合は、不活性ガスの吹き込みや真空脱ガスなどの方法が採用される。細かい手法については、大隈の総説を参考にされたい[4]。

リサイクルの溶解技術課題を以下にまとめる。

① 不純物の管理・除去：主にFe,Si,Cu,Zn,Ti

4 金属系材料の処理技術

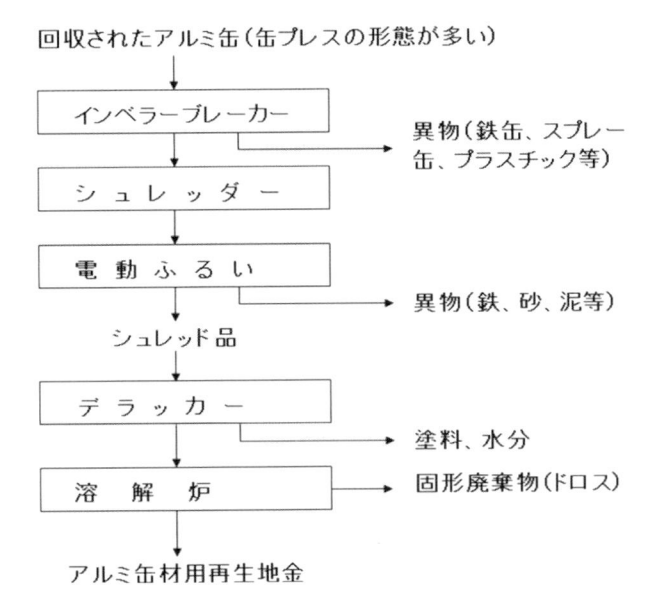

図3 アルミニウムの Can to Can のプロセスフロー

図4 アルミニウム溶解炉の外観 (提供三菱アルミニウム株式会社)

ならびにガス系不純物(H,O)
②精製時の脱塩素：腐食環境の改善およびDXNの発生抑制
③アルミドロスの処理

特にここで挙げたアルミドロスの処理は、長い間課題として検討されているが、まだ決定的な方法が確立されていない。当然ながらその時々のアルミニウムの価格に大きく依存して技術が採用される。特にどこまでドロスからアルミニウムを回収するかは、経済合理性に依存するので、アルミニウム地金の価格と残渣の廃棄物処理価格で決まる。

3 銅、鉛、亜鉛

　銅、鉛、亜鉛などは、電線や各種ケーブルなどのほか、メッキ用、合金製品の素材として多く使用されている。家庭用品から産業機械、ハイテク分野などの幅広い領域で盛んに用いられ、日本の産業にとって欠くことのできない重要な素材となっている。非鉄金属の中でも主要なベースメタルである銅、鉛、亜鉛がそれぞれどのように再資源化されるのかそのリサイクルプロセッシングの具体例を示す。

　まず、銅のリサイクルの流れを図5に示す。左側に記載されているのが銅鉱石からの一次原料のフローである。銅の場合、一次原料である銅精鉱からの製錬プロセスと組み合わせてあるのが、アルミニウムとは大きく異なる。質の高い工程内スクラップや電線屑は、そのまま再溶解で合金に戻される。また、少しレベルの落ちる銅スクラップは真鍮用の合金に戻ることもある。さらに低品位の銅含有廃棄物は、銅製錬所に送られるいわゆる山元処理である。ここでは、一次原料として使用可能なような前処理を行なう。この場合、この前処理でそれほど厳しい不純物処理を行なう必要はない。その理由は、一次原料と同じように処理できれば、最終的には電解精製が行なわれ、いわゆる電気銅として再生され、それは一次原料からの製品とまったく同じである。したがって、前処理とは、一次製錬に挿入できるレベルの濃度に濃縮する作業であり、一部は挿入しやすい形態に整える作業を行なうことである。ここが銅リサイクルの鉄、アルミニウムと本質的に異なるところである。

　特に注目されているのは、多くの電子機器に使用される電子基盤である。この場合は、さすがに直接銅製錬プロセスで処理できる量は限られており、多くの場合が前述の前処理が行なわれている。その前処理の多くは、基板中の有機物質を熱源にしてバイ焼が中心である。そのための炉の反射炉やキルン炉などが使用されている。この場合、重要なのは、同時にハロゲン処理も行なっていることである。電子基板には通常難燃性を付与するために臭素系難燃剤とその助剤であるアンチモンが添加されている。臭素はハロゲンであり、燃焼条件によって種々の金属元素と化合して一部は揮発する。これらの条件を抑えてバイ焼することが重要である。

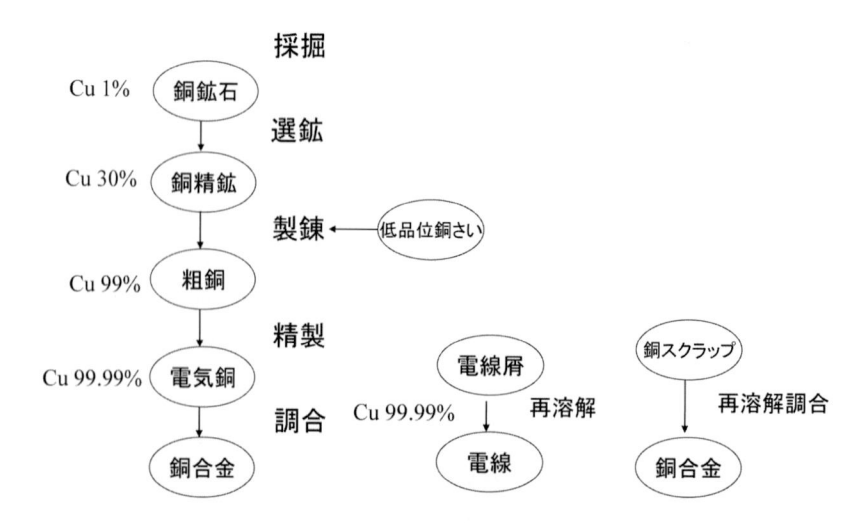

図5　銅の資源から素材までの流れとリサイクルの流れ

その他、廃自動者のシュレッダーダストなどにも銅がわずかであるが含有されている。この場合も流動床炉、キルン炉などを用いて、エネルギー回収を行いながら、残渣を銅製錬原料としている。もっともシュレッダー出すとを処理している小名浜製錬所では国内最大のシュレッダーダスト処理を反射炉を用いて行っている。反射炉は図6に示すようにバーナーの輻射熱を利用して銅鉱石を熔錬して銅マットを製造するプロセスである[5]。反射炉に銅鉱石とともにシュレッダーダストや廃電子基盤を投入して銅マットを製造することにより銅や貴金属を回収している。反射炉は、溶解炉としては能率がいい炉ではないが、燃焼ゾーンが広く取れるのでシュレッダーダストのような形状が不安定で燃焼しにくいものを処理するには適している。

現在は、前述の連続製銅法のS炉を導入し、鉱石の溶解はS炉で行い、シュレッダーダストは反射炉で行うようシステムに変更されている。

鉛の主なリサイクル原料は自動車などで使用される鉛バッテリーである。図7に溶鉱炉を用いた鉛バッテリーリサイクルフローの例を示す[6]。回収された鉛バッテリーは切断解体されて鉛電極が回収される。回収された鉛電極はコークスなどとともに鉛溶鉱炉に装入されて溶融粗鉛へ製錬される。鉛溶鉱炉ではリサイクル原料に含有される不純物はスラグや排ガス中に除去される。粗鉛は溶解されてアノード電極として鋳造された後、電解処理により高純度鉛として再生される。

ここでも最終的には鉱石製錬で行なわれていた鉛電解が精製として行なわれており、得られる電気鉛は非常に高純度である点が特徴である。

電気炉ダスト（EAFダスト）は、国内で年間約50万トン前後の発生量がある。処分場の逼迫と電気炉による鉄リサイクルプロセスがダイオキシン対策特別措置法の対象となったので実質上埋立て処分が困難な状況となっている。その処理は、電炉メーカーにとって大きな負担となりつつある。したがって、処理費の低減を目指し、多くのプロセスが開発され、まだひき続き開発が行われている。

まず、日本で行われているダスト処理プロセスの状況を表2に示す。国内で行われているプロセスはすべて乾式プロセスである。世界的には湿式プロセスも行われているが、国内では湿式プロセスで生じる残渣をそのまま電気炉原料として戻す以外に廃棄する方法が見当たらないため、湿式法は採用されにくい。もっとも多いのが製鉄所内のダスト処理にも採用されているウエルツ法である。大量に処理できる点が採用の大きな理由と考えられる。その他は電熱蒸留法（St.Joseph法）、MF法とバーナー溶解法である。

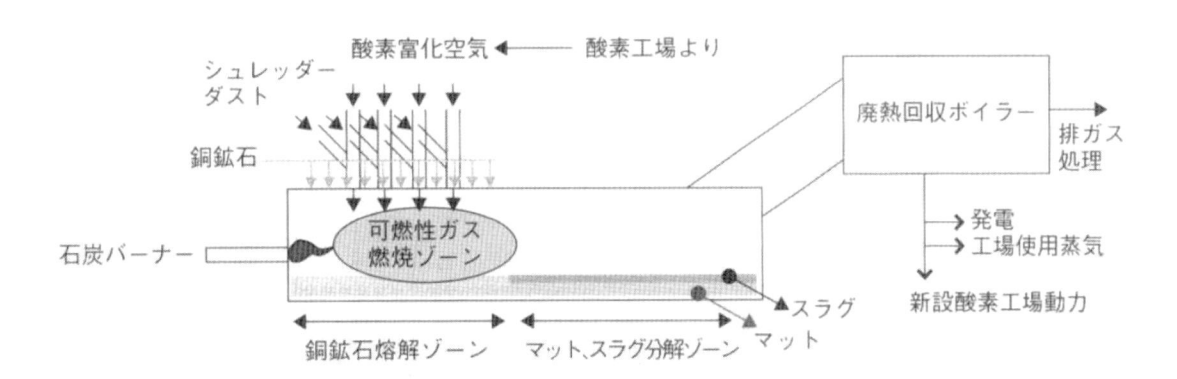

図6　小名浜製錬所における銅製錬ならびにシュレッダーリサイクル反射炉

(細倉金属鉱業 HP 引用)

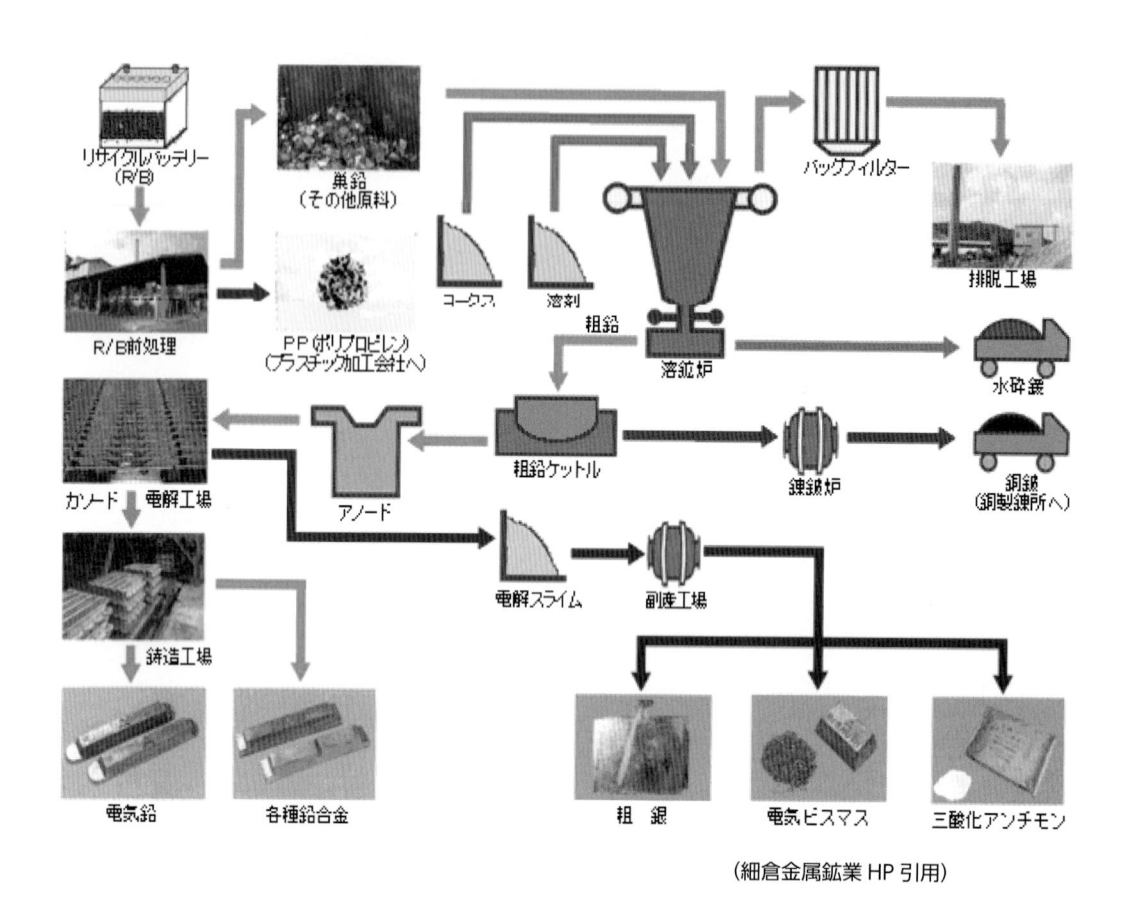

図7 鉛溶鉱炉を用いた鉛リサイクルプロセス

　それらの方法と特徴を表3に示す。バーナー溶解法については電気炉メーカーが独自に開発した方法であり、他社から発生した電気炉ダストを積極的に受け付けていないので表2には含めていない。

　ウエルツ法については前述のとおりである。電熱蒸留法は本来亜鉛製錬で行われてきた方法である。塊鉱化したダストとコークスを装入後、装入物に電流を流し、その抵抗で発熱する。内熱式であるが、熔鉱炉のように大量の酸素を送って加熱する必要がないため、排ガス量が少なく、基本的には揮発分だけを捕集できる。したがって、他のプロセスと異なり、直接商品化可能な酸化亜鉛を得ている。

　ただし、そのために前処理として塩化揮発によりハロゲンと鉛を除去している。MF法は小型半熔鉱炉を用い、粗酸化亜鉛を得ている。熔鉱炉法であるためダストを団鉱化しなくてはいけないが、団鉱化できればあまり原料を選ばない。他の方法と違うのは残渣が溶融されスラグとして得られることである。

　これは残渣を電気炉に戻せないことを意味するが、安定なスラグとして利用が可能となる。現在電気炉ダストの処理残渣をふたたび電気炉の鉄源として使用する例は少ないので、利点と考えられている。バーナー溶解法では特殊構造の重油バーナーにより、高温火炎中に直接ダストを吹き込み溶解し、スラグ化すると同時に亜鉛、鉛の還元揮発を行う。実プロセスの中ではもっとも新しく開発された方法である。小型でオンサイト処理が可

表2 現在日本国内で行われている電炉ダスト処理プロセスの状況

工場名	プロセス	EAFダスト処理量、t/y	原料中亜鉛回収量、%	粗酸化亜鉛回収量、t/y	コークス量 kg/t-dust	燃料:原料1t当たり	脱ハロゲン法
会津	ウエルツ	50,000	23	15,000	250	30リットル(重油)	粗塩化亜鉛の脱ハロゲン焙焼
小名浜	電熱蒸留	40,000	20-40	16.000(亜鉛華)	200	1,100kwh(電力)	原料の洗浄と焙焼
姫路	ウエルツ	47,000	15-25	11,500	60	35リットル(灯油)	他の工場で脱ハロゲン処理
四阪	ウエルツ	100,000	21	35,000	200	25リットル(重油)	粗酸化亜鉛をソーダ灰と水で洗浄後加熱
三池	溶鉱炉	90,000	20	22,000	180(石炭)	入熱の20%(可燃性廃棄物)	原料をCa(OH)$_2$水溶液による洗浄、粗酸化亜鉛の水溶液洗浄、加熱

表3 現在日本国内で行われている電炉ダスト処理プロセスの方法と特徴

プロセス名	装置・操業 熱源	生産物	原料柔軟性	脱Pb対策
ウエルツ法	大型・複雑 コークス 微粉炭 重油	粗ZnO スラグ(固)	少ない	塩化焙焼
電熱蒸留法	大型・複雑 電力	ZnO スラグ(固)	少ない	塩化焙焼
MF法	小型・簡単 コークス、重油	粗ZnO スラグ、マット	あり	特になし

能と考えられる。得られるのは他のプロセスと同じ、粗酸化亜鉛である。したがって、この粗酸化亜鉛は、ISP法もしくは、電解法で高純度亜鉛にしなくては市場価値が低い。

4 レアメタル

レアメタルは前述の鉄、銅、鉛、亜鉛、アルミニウムといったベースメタル以外の金属である。国としては、鉱業分科会レアメタル部会で31鉱種の定義がなされている。レアには、埋蔵量、生産量、使用量等のそれぞれでレアの意味があり、レアメタルのリサイクルにおいては以下の項目を考える必要がある。

1) 絶対的な資源量が少ない。
2) 生産量が偏在し、生産国の政策等により供給不安がある。
3) 他金属の副産物であり、生産量が影響を受ける。
4) 金属製造が高エネルギー消費型であり、省エネルギーの効果が大きい。
5) 価格が高く、回収、再利用コストがまかなえる。

1) の例としては、ロジウム、スカンジウム、2) は希土類、ビスマス、3) タンタル、ガリウム、4) はチタン、マグネシウム、5) 金、白金などがある。ここでは、すべてのレアメタルのリサイクルにおける精製法を網羅するわけには行かないので、一例としてNd-Fe-B系磁石について取り上げる。図8に典型的な湿式のNd-Fe-B系磁石研磨屑のリサイクルフローを示す[7]。

現在、廃製品からの回収システムならびに技術が開発中であり、現実にリサイクルが行なわれているのが、研磨屑や切削加工屑である。この場合、鉄と希土類元素を分離するのが始めである。そのために酸溶解を行なうが、ここで金属の状態であると溶解時に水素の発生が起り、危険であるので、あらかじめ酸化しておくことが望まれる。

また、この酸化の程度により、次の酸溶解工程の酸消費量、ならびにその後の鉄沈殿の生成量が

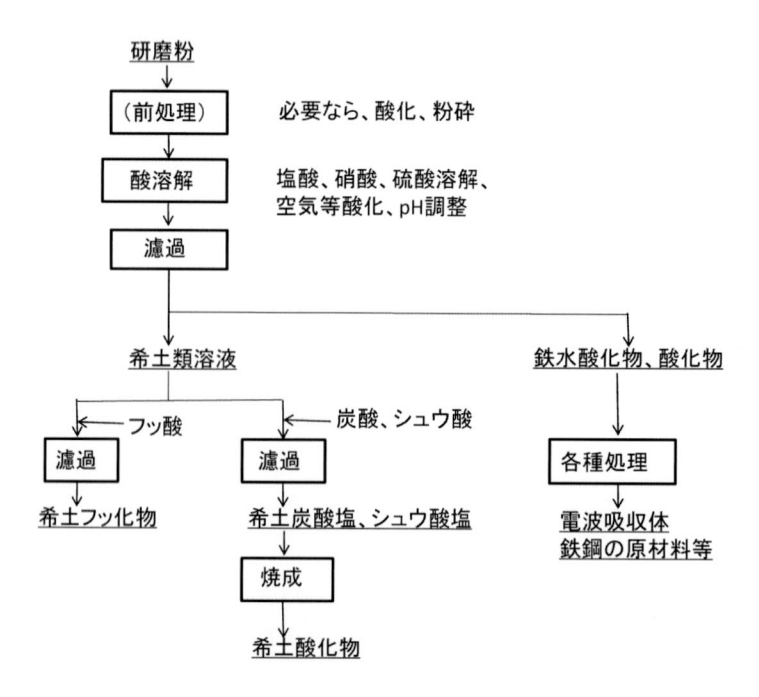

図8 湿式法によるNdFeB磁石研磨粉のリサイクル

大きく異なり、細かい制御が要求される。その後、鉄を沈殿除去する再にアルカリの消費量も少なく、かつ沈殿操作が容易になるようにするためにもできるだけ鉄は、酸溶解せず、希土類元素のみを酸溶解することが望まれる。このようにして分離した希土類元素は、溶媒抽出やイオン交換法で分離される。溶媒抽出の基本的な操作を図9に示す[8]。

抽出剤を有機相に溶解し、そちらに目的の元素、この場合だと希土類元素を選択的に溶解し、それを繰り返しながら濃縮する。どの程度多段で行なうかは、抽出剤の性能と条件で大きく異なる。表4に抽出剤と対象となる希土類に対する分離係数を示す[8]。

これから見てもわかるようにPC-88Aの分離係数が高い。したがって、希土類の分離にはPC-88Aが使用されることが多い。この抽出剤を利用すれば、NdとDyだけの分離ならそれほどの段数は必要ない。分離が困難なのは、分離係数が小さい1前後の元素である。この表には記載がないが、

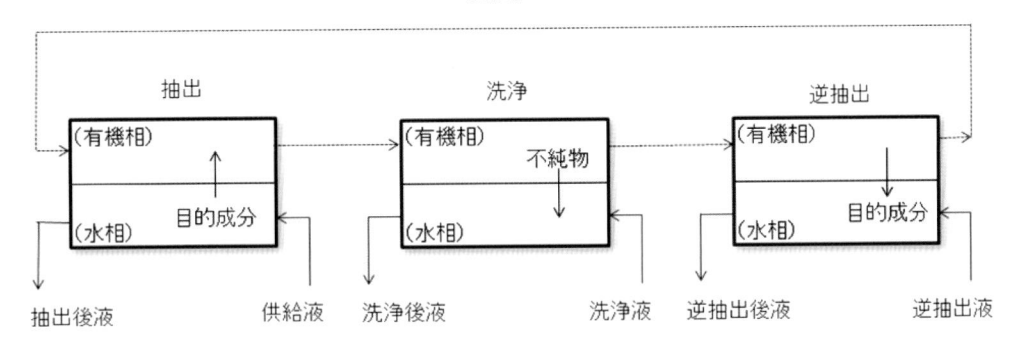

図9 溶媒抽出の基本操作

表4 主な抽出剤に対する希土類元素間の分離係数

抽出剤	TBP	D2EHPA		PC-88A	Versatic Acid 10®		Aliquat336®	
水相	NO_3^-	HCl	$HClO_4$	NHO_3	HCl	HNO_3	NO_3^-	NO_3^- +EDTA
Sm/Nd	2.3	5	6.8	9.6	1.5	1.5		
Gd/Sm	1	3.5	2.7	5.5	1.4	1.5		
Tb/Gd		3.2	5	6.5				
Dy/Gd	1.5	6.4	10.5	20.1	1.4	1.5		
Dy/Tb		2	2.1	3.1	1.4	1.5	0.95	0.64
Ho/Dy	0.9	2.1	1.9	1.9	1	1.2	0.87	0.54
Er/Ho	1	2.1	2.3	3.2	1	1.2		
Tm/Er		2.5	2.5	6				

NdとPrの分離は、PC-88Aを用いても容易ではない。

　Nd-Fe-B系磁石の場合、最終的には金属として回収することが要求される。希土類化合物の還元は、アルミニウムやマグネシウム同様活性金属であり、簡単に炭素還元できず、溶融塩還元もしくは溶融塩中でのCa還元法が採用されている。量が少量の場合、Ca還元法が採用されることが多い。どちらにしても非常にエネルギーを要し、かつ通常はフッ素系の溶融塩を利用することが多く、製錬時にHFの発生が起り、環境的にも大変面倒な方法をとらざるを得ない。

　その他のレアメタル例えばPGMやTa,Nbなどは多くの成書があるので、参照されたい[9]。多種、多様な精製技術が採用されている。一般論で言うとベースメタルは乾式が多く、PGMやレアメタルは湿式プロセスが多い、その最大の理由は処理量とコストの違いにある。一般に乾式は3次元反応器を利用するので、狭い場所でも大量生産が可能である。逆言えば大量生産しなくてはいけないので乾式を採用している、一方レアメタルは少量しか取り扱わないことも多く、その場合は湿式処理が適しているといえる。精製プロセスを選択する場合、どのような元素をどの程度処理しなくてはいけないかでプロセスの選択が必要である。

参考文献
1) 北村信也　中村崇編　サステナブル金属素材プロセス入門　アグネ(2009)
2) H.H.Kellog：Trans. AIME, 188(1950), 862
3) 中村　崇、まてりあ　55,10(1996),1290
4) 大隈研治、資源と素材　113,12(1997) ,982
5) 資料提供　小名浜製錬株式会社
6) 資料提供　細倉金属鉱業株式会社
7) 中村英次　監修　原田幸明、中村　崇　レアメタルの代替材料とリサイクル　(2008), p 300
8) 田中幹也　資源と素材
9) 貴金属・レアメタルのリサイクル技術集成　NTS出版(2007)

(中村崇)

5 無機系材料の処理技術

コンクリートのリサイクル

1 はじめに

コンクリートは、無機系材料を主原料として、セメントの水和により化学的に固化させた建設材料であり、世界中で多用されてきた。そのうち、代表的な生産物といえるコンクリート構造物は、他産業分野の耐久消費財とは異なり、天然資源を大量に使用し、数十年以上の長期に渡りエネルギー消費を伴いながら使用され、やがて解体・廃棄により大量の廃棄物を生じさせる可能性を有している。しかしその一方で、単に資源を消費して、環境に多大な負荷を与えてきたわけではなく、建築物や土木構造物などの社会基盤施設として重要な役割を担い、人間の社会経済活動に多くの利益をもたらしてきた。

コンクリートのリサイクルに関しては、これまで解体後に発生したコンクリート塊は、道路用路盤材や埋め戻し材料として有効に活用されてきた。しかし、近年は国内における道路建設需要の縮減や、環境配慮意識の高まりにより、解体コンクリート塊を再び新しいコンクリート材料に再利用するような技術開発が積極的に行われている[1-4]。また実務的な運用を可能とするために、規格類の整備も着実に進められてきた[5]。今後、高度経済成長期以降に建設されたコンクリート構造物が、解体に伴う膨大な廃棄物となる可能性を考えると、コンクリートおよび建設関連産業が中心となり、環境に配慮したコンクリートの合理的なリサイクルの仕組みを考え、将来の地球環境保全を前提とした社会形成に貢献することが強く求められている。

2 コンクリートのリサイクルに関わる法制度

(1) 国際条約・国内法

表1にコンクリートのリサイクルに関係する世界・国内の法規類の事例を示す。コンクリートのリサイクルは、量が膨大であることと、多量のエネルギーを要すことなどにより、様々な地理的・時間的な広がりを有する環境領域に対して、長期にわたり様々な影響を及ぼす可能性がある。従って、表に示すような法規類を遵守して、対応する必要がある。なお、法規類は随時更新されるものであるため、常に最新の情報を取得することが重要である。また、図1に、環境に配慮した建設活動を実行する場合の基盤となる制約条件・要求条件の階層構造[6]を示す。法規類に加え、それらに則って作成された指針・仕様書類の技術的な要件を満足しなければならない。それらの法制度の結果として、様々なタイプのコンクリート構造物が生みだされ、解体処理後、適切な形でリサイクルの過程を経るようになる。

(2) 法規類における解釈の変遷

表2にコンクリートのリサイクルに関係する法律用語の変遷を示す。過去において、コンクリートのリサイクルが一般化するまでに、様々な変遷

表1 コンクリートのリサイクルに関係する世界・国内の法規類の事例

(2010年現在)

環境影響		国際条約・宣言・議定書など地域法・国内法・施策・基準類など
世界	地球温暖化	気候変動に関する国際枠組条約（1992年採択）
	大気汚染	長距離越境大気汚染条約（1979年採択，1983年発効）
	水質汚濁	ロンドン条約（廃棄物その他の物の投棄による海洋汚染の防止に関する条約，1972年採択，1975年発効）
	最終処分	バーゼル条約（有害廃棄物の国境を越える移動及びその処分の規制に関するバーゼル条約，1989年採択，1992年発効）
国内	環境全般	循環型社会形成推進基本法（日本，1970年）
		環境基本法（1993年）
	大気汚染	大気汚染防止法（1968年，1999年）
	地球温暖化	地球温暖化対策の推進に関する法律（1998年）
	土壌汚染	土壌汚染対策法（2002年）
	水質汚濁	水質汚濁防止法（1968年）
	悪臭	悪臭防止法（1971年）
	化学物質	特定化学物質の環境への排出量の把握等及び管理の改善の促進に関する法律（PRTR法）（日本，1999年）
	最終処分・再資源化	廃棄物の処理及び清掃に関する法律（1970年）
		再生資源の利用の促進に関する法律（1991年）
		資源の有効な利用の促進に関する法律（1992年）
		建設工事に係る資材の再資源化等に関する法律（2000年）

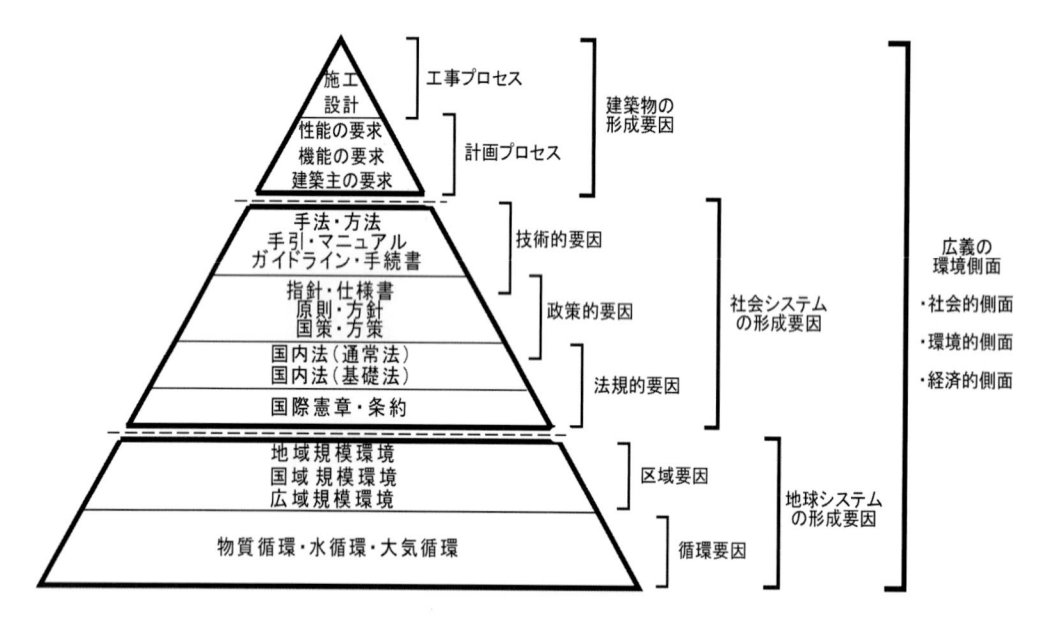

図1 環境に配慮した建設活動の階層[6]

があった。例えば、「廃棄物」の処理に関わる基本的な考え方を世に示した、「廃棄物の処理及び清掃に関する法律(1970年)」は、廃棄物の排出抑制等により「生活環境」や「公衆衛生」の保全を目的としていたため、リサイクルに関わる問題は強くは認識されていなかった。従って、不要になったコンクリート塊は、ほぼ全量が再使用・再生利用されることなく廃棄されていた。

その後、「資源の有効な利用の促進に関する法律(1992年)」が施行され、「再生資源」、「副産物」ならびに「再資源化」、という法律用語が整備されることにより、使用済み物品が、新たな生産物の原料の全体もしくはその一部として再生可能となる考え方が根付く、大きな転換期を迎えた。

5 無機系材料の処理技術

表2 コンクリートのリサイクルに関係する法律用語の変遷

用語	内容
廃棄物 一般廃棄物 産業廃棄物	この法律において「廃棄物」とは，ごみ，粗大ごみ，燃え殻，汚泥，ふん尿，廃油，廃酸，廃アルカリ，動物の死体その他の汚物又は不要物であって，固形状又は液状のもの（放射性物質及びこれによって汚染された物を除く。）をいう。 （廃棄物の処理及び清掃に関する法律，1970年）
	この法律において「一般廃棄物」とは，産業廃棄物以外の廃棄物をいう。（同上）
	この法律において「産業廃棄物」とは，次に掲げる廃棄物をいう。 一　事業活動に伴って生じた廃棄物のうち，燃え殻，汚泥，廃油，廃酸，廃アルカリ，廃プラスチック類その他政令で定める廃棄物 二　輸入された廃棄物（前号に掲げる廃棄物，船舶及び航空機の航行に伴い生ずる廃棄物（政令で定めるものに限る。第十五条の四の五第一項において「航行廃棄物」という。）並びに本邦に入国する者が携帯する廃棄物（政令で定めるものに限る。同項において「携帯廃棄物」という。）を除く。） （同上）
使用済物品等 再生資源 副産物 ↓ 再資源化	この法律において「使用済物品等」とは，一度使用され，又は使用されずに収集され，若しくは廃棄された物品（放射性物質及びこれによって汚染された物を除く。）をいう。　資源の有効な利用の促進に関する法律，1992年）
	この法律において「再生資源」とは，使用済物品等又は副産物のうち有用なものであって，原材料として利用することができるもの又はその可能性のあるものをいう（同上）
	この法律において「副産物」とは，製品の製造，加工，修理若しくは販売，エネルギーの供給又は土木建築に関する工事（以下「建設工事」という。）に伴い副次的に得られた物品をいう。（同上）
	この法律において「再資源化」とは，使用済物品等のうち有用なものの全部又は一部を再生資源又は再生部品として利用することができる状態にすることをいう。（同上）
循環資源 ↓ 再使用 再生利用	この法律において「循環資源」とは，廃棄物等のうち有用なものをいう。（循環型社会形成推進基本法，2000年）
	この法律において「再使用」とは，次に掲げる行為をいう。 一　循環資源を製品としてそのまま使用すること（修理を行ってこれを使用することを含む。）。 二　循環資源の全部又は一部を部品その他製品の一部として使用すること（同上）
	この法律において「再生利用」とは，循環資源の全部又は一部を原材料として利用することをいう。（同上）
建設資材 廃棄物 建設副産物 ↓ 再資源化	この法律において建設資材廃棄物について「再資源化」とは，次に掲げる行為であって，分別解体等に伴って生じた建設資材廃棄物の運搬又は処分（再生することを含む。）に該当するものをいう。 一　分別解体等に伴って生じた建設資材廃棄物について，資材又は原材料として利用すること（建設資材廃棄物をそのまま用いることを除く。）ができる状態にする行為 二　分別解体等に伴って生じた建設資材廃棄物であって燃焼の用に供することができるもの又はその可能性のあるものについて，熱を得ることに利用することができる状態にする行為 （建設工事に係る資材の再資源化等に関する法律，2000年）
	この法律において「建設資材廃棄物」とは，建設資材が廃棄物（廃棄物の処理及び清掃に関する法律（昭和四十五年法律第百三十七号）第二条第一項に規定する廃棄物をいう。）となったものをいう。（同上）
	建設工事に伴い副次的に得られたすべての物品であり，その種類としては，「工事現場外に搬出される建設発生土」，「コンクリート塊」，「アスファルト・コンクリート塊」，「建設発生木材」，「建設汚泥」，「紙くず」，「金属くず」，「ガラスくず・コンクリートくず（工作物の新築，改築又は除去に伴って生じたものを除く。）及び陶器くず」又はこれらのものが混合した「建設混合廃棄物」などがある。（国土交通省総合政策局，建設リサイクルの推進について，2003年）

その後、「循環型社会形成基本法(2000年)」において、廃棄物等のうち「有用である」と認識されたもの全てを「循環資源」として扱えるようになり、再生資源としての枠組みが更に拡大するとともに、建設リサイクル法(2000年)において、建設資材廃棄物における「熱源利用」を含めて原材料の「再資源化」を行うことが目的化されたため、バージン資源に依存した資源利用量を削減する動機も生じるようになった。このように、法規類による解釈の拡大により、コンクリートのリサイクルに関する研究・開発が盛んになっていった。

3 コンクリートを含む建設廃棄物の概況

(1) 世界の状況

図2に各国の建設廃棄物発生量を示す。一般に解体コンクリート塊は、建設廃棄物の主たる要因となっているが、各国・地域の建設廃棄物総発生量には大きな差があり、日本は年あたり、EUの2分の1程度、アメリカの3分の2程度の排出量を生じている。単位人口あたりの建設廃棄物発生量に換算すれば、日本の単位人口当たりの建設廃棄物発生量（669kg/人/年）はEUおよびア

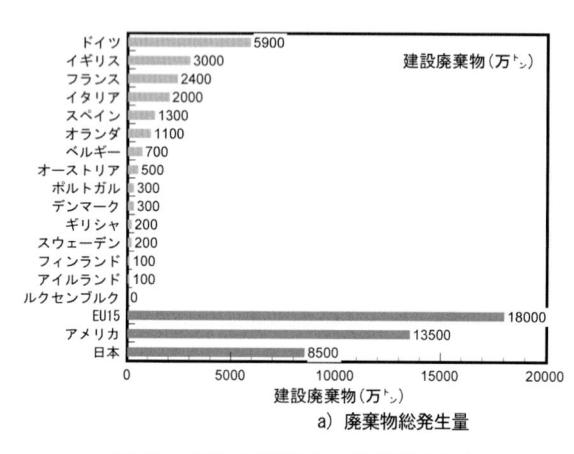

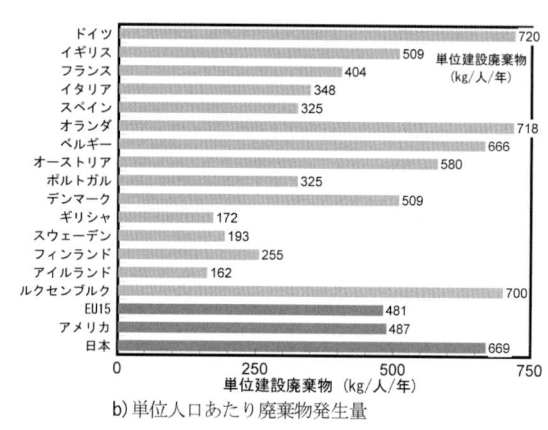

図2 各国の建設廃棄物発生量（アメリカ1998年、EU1999年、日本2000年）[3]

a) 廃棄物総発生量
b) 単位人口あたり廃棄物発生量

メリカの値を上回ることになり、世界的にも排出量が多い国民であるといえる。

(2) 国内の状況

国内では、1997年の地球温暖化防止京都会議（COP3）以来、温室効果ガスの排出量削減目標が具体的に示され、積極的なCO_2削減対策が求められている。国内の建設関連のCO_2排出量割合は日本全体の3分の1を占めることから、当該分野のCO_2排出量の削減は極めて重要であり、建設物の運用段階のみならず、製造・輸送ならびに施工段階におけるCO_2排出量もその対応が求められている。従って、コンクリートのリサイクルに関してもCO_2排出に関する十分な配慮が必要といえる。

図3に建設関連の総資源投入量、産業廃棄物排出量および最終処分量を示す。国内の総資源投入量20億t程度のうち約半分が建設材料として使用されており、その大部分はコンクリート用骨材であるといわれている[3]。そして、産業廃棄物排出量は1990年以降、年間4億t程度で推移しているが、建設業から生じる産業廃棄物は全体の20%程度を占め、最大排出産業のひとつとなっている。また、建設廃棄物は最終処分量全体の30%程度を占めている。

このようにコンクリート系材料を原料とした生産物は、延命化による発生抑制やコンクリートの再使用・再生利用などを通じて、最終処分廃棄物を抑制することが緊要となる。

4 解体コンクリート塊の利用状況と課題

(1) 解体コンクリート塊の発生量予測

コンクリートの生産量は、人口動態に合わせて変化する傾向がある。従って、2005年をピークに人口減少社会に進む国内においては、今後、構造物の新設工事は減少し、コンクリートの生産量も減少の一途をたどることが予想され、高度経済成長期に建設された既存のコンクリート構造物からは大量の解体コンクリート塊が発生することが予測されている[2]。

図4に解体コンクリート塊の発生量予測を示す。a)より、建築物と土木構造物を合わせた解体コンクリート塊の発生量は、2000年には1億t程度であるのに対し、2025年には3億t程度、2055～2060年には4億t程度となり、今後急激に増加する可能性がある。また b)より、鉄筋コンクリート建築物（RC造）由来の解体コンクリート塊の増加が顕著となる。なお、1995年の解体コンクリート塊排出量の推計値（建設省の総合技術開発プロジェクト報告）では7000万t程度であるのに対し、実際の実態統計量（国土交通

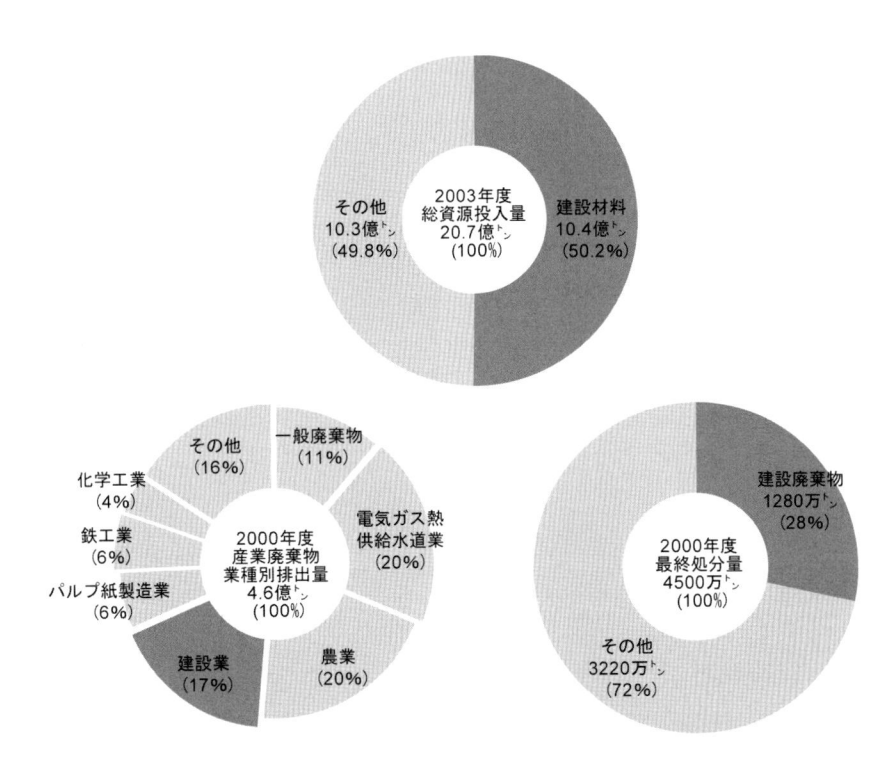

図3 建設関連の総資源投入量、産業廃棄物排出量および最終処分量（2000年～2003年）[3]

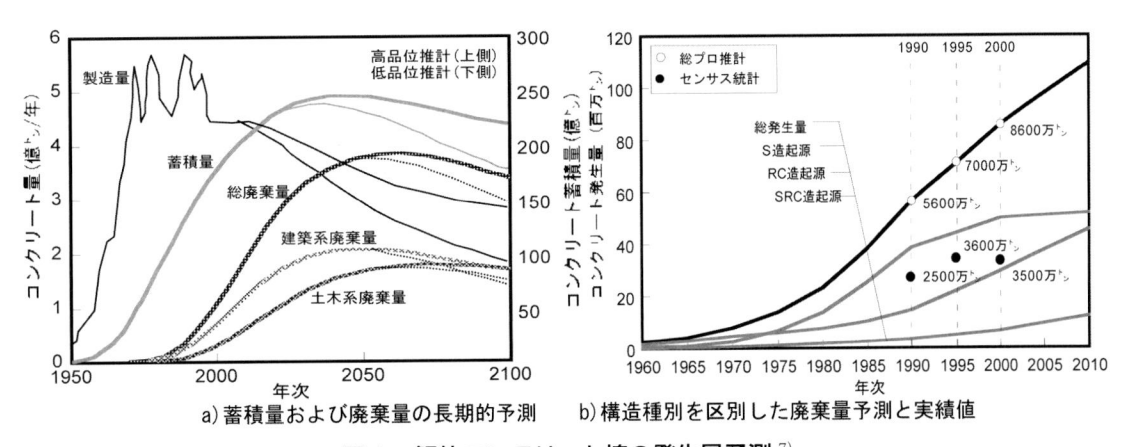

図4 解体コンクリート塊の発生量予測[7]

a) 蓄積量および廃棄量の長期的予測
b) 構造種別を区別した廃棄量予測と実績値

省センサス）では3600万t程度と推計値との相違が生じることも確認されており、処理実態の把握が重要である。

写真1にコンクリート構造物の解体状況を示す。都心部を中心に高度経済成長期以降に大量に建設されたコンクリート構造物が解体され、コンクリート塊を中心とした膨大な廃棄物が生じる可能性を考えると、環境に配慮したコンクリートのリサイクルのあり方を検討し、実践していくことが非常に重要である。

(2) 解体コンクリート塊の再資源化概況

図5に解体コンクリート塊の再資源化概況を示す。日本では、解体コンクリート塊の再利用研究が1970年代より実施されており[2]、1990年代になると、産学官協同で建設副産物全般の再利用

150　2編　リサイクル技術の総論

a) 都心部における解体工事　　b) 大量に発生する解体コンクリート塊

c) アスファルトコンクリート塊　　d) セメントコンクリート塊

写真1　コンクリート構造物の解体状況

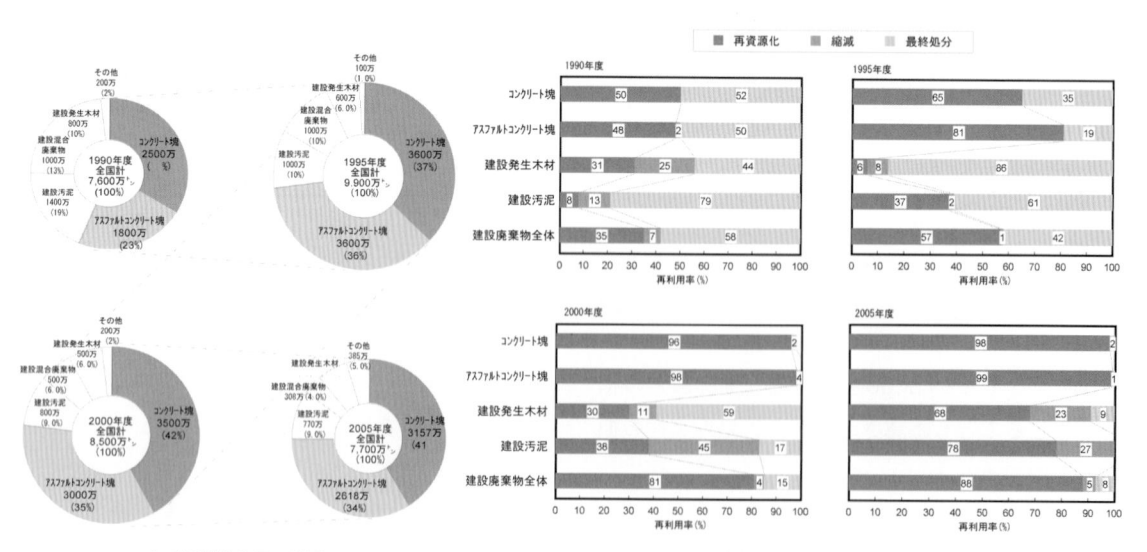

a) 実績排出量の推移　　b) 実績再資源化率等の推移

図5　解体コンクリート塊の再資源化概況（1990年〜2005年）[3]

の促進と最終処分量の削減に向けた先進的な取組みが実施されてきた。a）より、コンクリート塊およびアスファルト・コンクリート塊は、1990年代以後も最大の排出種目であることがわかる。また b)より、1990 年代後半において再資源化率が大幅に向上し、現在は最終処分量が非常に少ない状況になったことがわかる。しかしながら、それらの主たる再資源化の用途は、現在のところ路盤材や埋戻し材[8-9]であり、道路需要が減少する将来は、構造用コンクリートの原材料として再資源化が強く求められている[1-2]。

(3) 再生骨材の品質基準と用途

表3に再生骨材の品質基準策定の変遷を示す。解体コンクリート塊に関するコンクリート用再生骨材としての規格化に向けた検討は、1970 年代より実施されている。建築業協会・建設廃棄物処理再利用委員会における「再生骨材および再生コンクリートの使用規準（案）・同解説」（1977年）において、絶乾密度および吸水率などによる品質基準が具体的に示された後に、建設省総合技術開発プロジェクト（1981～1985 年、1992～1996 年）、東京都・世界都市博覧会用再生コンクリート基準（1994 年）、日本建築センター・建築構造用再生骨材認定基準（1999 年）などが示され、現在のコンクリート用再生骨材の JIS 規格群の成立（2005 年～2007 年）に至っている。これらにより、解体コンクリート塊を原料とした再生骨材製造技術も進展し、現在、技術的に天然骨材と同等の品質を有する再生骨材の製造・建築・土木構造用の再生骨材コンクリートの実施工が可能な状況となっている。

(4) 再生骨材の製造と利用

1）処理装置の分類

表4に再生骨材の製造方式と分類を示す。解体コンクリート塊の一般的な破砕処理工程は、解体現場で生じたコンクリート塊を 300～500mm 程度に粗割りにし、場外の定置式破砕設備で、a)～c) に代表される処理装置など、粗破砕、中破砕、細破砕および製砂機などを目的に合わせて選定し、再資源化処理を行うものが多い。そこで得られる再生骨材は、再生粗骨材、再生細骨材に分かれており、破砕機構、破砕頻度ならびに作用力などを勘案し、品質レベルに合わせて製造を行う。なお、d)～e) に示されるような高度処理を行わない場合は、一般にセメントモルタルが骨材の表面に多く付着することで、密度が小さく吸水率が

表3 再生骨材の品質基準策定の変遷

制定年	基準・規格策定機関	基準・規格名およびその他		粗骨材の主な品質*			細骨材の主な品質*		
				絶乾密度 (g/cm³)	吸水率 (%)	微粉量 (%)	絶乾密度 (g/cm³)	吸水率 (%)	微粉量 (%)
1994	建設省建設大臣官房技術調査室	コンクリート副産物の再利用に関する用途別暫定品質基準（案）	1種	—	3 以下	—	—	5 以下	—
			2種	—	5 以下	—	—	10 以下	—
			3種	—	7 以下	—	—	—	—
1999	日本建築センター	建築構造用再生骨材認定基準		2.5 以上	3.0 以下	1.0 以下	2.5 以上	3.5 以下	7.0 以下
2000	通商産業省	TR A0006（再生骨材を用いたコンクリート）		—	7.0 以下	2.0 以下	—	10.0 以下	10.0 以下
2005〜2007	日本コンクリート工学協会再生骨材標準化委員会	JIS A 5021（コンクリート用再生骨材 H）その他		2.5 以上	3.0 以下	1.0 以下	2.5 以上	3.5 以下	7.0 以下
				生コン JIS に用いられることを前提とし、構造物の種類・部位は限定しない 呼び強度 45 以下の一般用途コンクリート					
		JIS A 5022（再生骨材 M を用いたコンクリート）附属書 A(コンクリート用再生骨材M)、その他		—	5.0 以下	1.5 以下	—	7.0 以下	7.0 以下
				杭、耐圧板、基礎梁、鋼管充填コンクリートなど、乾燥収縮や凍結融解の作用を受けにくい部材に用いられる呼び強度 36 以下のコンクリート					
		JIS A 5023（再生骨材 L を用いたコンクリート）附属書 A(コンクリート用再生骨材L)、その他		—	7.0 以下	2.0 以下	—	13.0 以下	10.0 以下
				裏込・捨てコンクリート等、高い強度や耐久性が要求されない 呼び強度 18 以下のコンクリート					
参考：JIS A 5005（コンクリート用砕石・砕砂）				2.5 以上	3.0 以下	3.0 以下	2.5 以上	3.0 以下	9.0 以下
参考：JIS A 5308（レディーミクストコンクリート）附属書1表3砂利・砂				2.5 以上	3.0 以下	1.0 以下	2.5 以上	3.5 以下	3.0 以下

＊各基準・規格により、使用条件の緩和・規制措置がある

表4 再生骨材の製造方式と分類

処理レベル分類	製造レベル分類	頻度レベル分類	作用力分類	破砕機分類	破砕機構分類
破砕処理	粗破砕 (原料 2000-50mm) (製品 500-50mm)	1次破砕	圧縮力	ジョークラッシャ	シングルトグル型*a)
					ダブルトグル型
			圧縮力	ロールクラッシャー	シングルロール型
			旋動力（圧縮+衝撃）	ジャイレトリークラッシャー	一次用ジャイレトリークラッシャー
	中破砕 (原料 500-150mm) (製品 150-20mm)	2次破砕	圧縮力	ロールクラッシャー	ダブルロール型
			旋動力（圧縮+衝撃）	ジャイレトリークラッシャー	二次用ジャイレトリークラッシャー
			高速旋動力（圧縮+衝撃）	コーンクラッシャー	油圧式
					サイモンズ式
					製砂式
			衝撃力	インパクトクラッシャー	二次用横型ロータ式 *b)
					二次用立型ロータ式
				ハンマークラッシャー	横型ロータ式
					立型ロータ式
				ゲージミル	二次破砕用
磨砕処理	細破砕 (原料 150-20mm) (製品 20mm以下)	3次破砕	衝撃力	ハンマーミル	横型ロータ式
				ロッドミル	従来型ロッドミル
					ニューロッドミル
				インパクトクラッシャー	正逆回転型横型ロータ式
				ゲージミル	三次破砕用
	粒形改善および軟石付着モルタル除去 (原料 150-20mm)		骨材干渉衝撃力	インパクトクラッシャー	粒形改善用立型ロータ式
			骨材干渉すりもみ力	ポラウダー型磨鉱機	湿式
					乾式*c)
				スクリュー式高度処理機	湿式
					乾式
				円筒すりもみ式高度処理機	乾式機械式*d)
					湿式機械式
					全体加熱式*e)
	製砂 (原料 60-10mm)		機械式摩擦力	製砂機	立型ミル式

a) シングルトグル型ジョークラッシャ(圧壊式)
b) 横型インパクトクラッシャー(衝撃式)
c) ポラウダー(骨材干渉すりもみ式)
d) 偏心ロータ式機械擦り揉み装置
e) 加熱擦り揉み装置

大きい再生骨材となり、構造用コンクリートの再生骨材として使用することが困難となる。その場合、路盤材や埋め戻し材等の品質要求が低い再生砕石等としてリサイクルされる。

2）路盤材等としての再利用

写真2に再生砕石としての再利用状況を示す。アスファルト・コンクリート塊およびセメントコンクリート塊を原料に、粗破砕をして得られる再生砕石は、クラッシャーラン、再生アスファルト合材および粒度調整材として再利用されている。

図6にアスファルト舗装とセメントコンクリート舗装の構成図を示す。再生砕石を製造する再資

写真2　再生砕石としての再利用状況

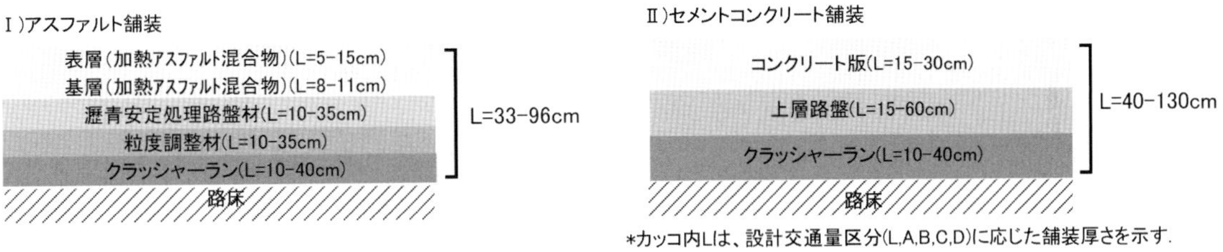

a) 集積された解体コンクリート塊
b) 埋戻し用再生砕石
c) 住宅用埋込み用再生砕石

図6　アスファルト舗装とセメントコンクリート舗装の構造

Ⅰ) アスファルト舗装
- 表層(加熱アスファルト混合物)(L=5-15cm)
- 基層(加熱アスファルト混合物)(L=8-11cm)
- 瀝青安定処理路盤材(L=10-35cm)
- 粒度調整材(L=10-35cm)
- クラッシャーラン(L=10-40cm)
- 路床

L=33-96cm

Ⅱ) セメントコンクリート舗装
- コンクリート版(L=15-30cm)
- 上層路盤(L=15-60cm)
- クラッシャーラン(L=10-40cm)
- 路床

L=40-130cm

*カッコ内Lは、設計交通量区分(L,A,B,C,D)に応じた舗装厚さを示す.

源化施設は、再生砕石プラントや再生アスファルトプラントとして、全国で合計917ヶ所程度(1997年)と多数が存在していた。従って、道路工事現場にて発生した再生砕石はコンクリート塊、アスファルトコンクリート塊は、現場より40km範囲内に再資源化施設がある場合、当該施設までの移送と、新規道路工事現場から40km範囲内に再資源化施設がある場合、経済性に関わらず当該現場に再生砕石を使用する義務があり、路盤材等として有効利用する仕組みが社会システムと合わせて整備されている。

　道路の舗装種別は、アスファルト舗装、セメントコンクリート舗装に区分されており、高規格幹線道路や都市高速道路から一般道路に至るまで、アスファルト舗装が大部分を占めるものの、セメントコンクリート舗装も一定量の需要がある。舗装厚さは設計交通量区分(5段階)と舗装の厚さによる路床強度指標により決まる。図では厚さの最大値と最小値が示されているが、道路構造の規格により、床板厚さが変化するため、再生砕石の投入可能量も変化するといえる。なお、道路用路盤材として使用される再生砕石の要求性能はさほど高いものではなく、圧壊によるジョークラッシャーや、衝撃によるインパクトクラッシャーにより容易に製品化が可能となる。

3) 再生骨材コンクリートとしての再利用

　アスファルト・コンクリート塊は主に路盤材の更新により生ずるといえる。一方、コンクリート塊は土木・建築物の解体により生じ、年間3,500万トンに近い膨大な量となっている。その再利用率は98%近くに達しているものの、路盤材及び埋戻し材等に限られ、コンクリート構造躯体に使用されない状況が続いていた。その後、JIS A5021（コンクリート用再生骨材 H）、JIS A5022(再生骨材 M を用いたコンクリート)ならびに、JIS A5023(再生骨材 L を用いたコンクリー

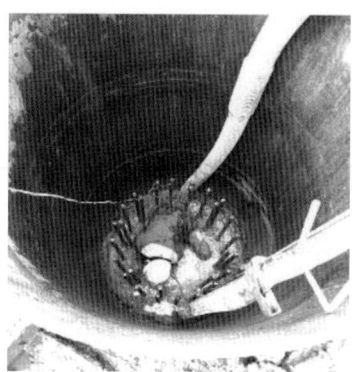

a) 再生骨材M　　b) アジテータ車からの再生骨材Mコンクリートの打設　　c) 現場打設杭のコンクリート打設状況

写真3　再生骨材コンクリートとしての再利用状況

ト)の日本工業規格が制定され、構造用コンクリートを含む、適材適所の利用を可能にした使用体系が確立した[5]。

構造用コンクリートとして使用が可能になる再生骨材は、一般に特殊な破砕処理システムを導入し、天然骨材と同程度の品質を確保することが求められる[1]。具体的には偏心ロータ式機械擦り揉み装置（表4のd））の場合、偏心回転する内筒と外筒の間に投入されたコンクリート塊を相互に擦り揉み、骨材表面に付着している不要なセメントペーストを除去する機構を有している。加熱擦り揉み装置（表4のe））の場合、40〜50mmに粗破砕されたコンクリート塊を300℃に加熱してセメントペーストを脆弱化した後、チューブミルで骨材とセメントペーストとを分離する機構を有しており、コンクリート用再生細骨材まで製造できる唯一の装置となっている。一方、再生骨材コンクリートMおよびLとなる再生骨材の製造は、既設のコンクリート塊処理装置の組み合わせで製造が可能であり[2]、一次破砕用としてシングルトグル型ジョークラッシャーが、二次・三次破砕用としてインパクトクラッシャーが主に用いられる。これらの場合、再生骨材の品質は処理回数の増加とともに改善されるものの、骨材自体も破砕され、結果、再生骨材の回収率の低下と副産微粉の増加を引き起こす可能性が高い。写真3に再生骨材コンクリートとしての再利用状況を示すが、これは再生骨材Mを用いたコンクリートの実施工例であり、モルタルやモルタル硬化体も含む再生骨材Mを用いて、乾燥収縮や凍結融解による影響が生じにくい現場打設杭のコンクリートとして実施工をしている。今後、このような適用例は増えることが必要であり、一般的な建設技術のひとつとして普及することが望まれている。

(5) 完全リサイクルコンクリート

表5に完全リサイクルコンクリートに使用可能な材料を、表6に完全リサイクルコンクリートの実証状況を示す。完全リサイクルコンクリート(Completely Recyclable Concrete, 以下CRC)とは、「セメントおよびセメント原料となる物質のみがコンクリートの結合材、混合材および骨材として用いられ、硬化後、再度全ての材料がセメント原料および再生骨材として利用可能であるコンクリート」と定義されており、1994年に提案された[10]。またCRCはその材料特性として大きく2系統に分類され、コンクリート構成材料に石灰石骨材を中心とするセメント系材料を優先的に用い、解体処理段階でその全量がセメント原料となる「セメント回収型」と、骨材表面に改質処理剤を予め塗布することで、，構造材料としての性能を大きく低下させることなく解体処理時に骨材

表5　各種産業廃棄物起源材料と完全リサイクルコンクリートに使用可能な材料[4]

分類	名称
細骨材	堆積岩系骨材，火成岩系骨材，変成岩系骨材，珪酸質岩石砕砂，珪砂，高炉スラグ細骨材，膨張頁岩系人工軽量骨材，フライアッシュ焼成細骨材，銅スラグ砕砂，フェロニッケルスラグ細骨材，溶融スラグ細骨材
粗骨材	堆積岩系骨材，火成岩系骨材，変成岩系骨材，珪酸質岩石の砕石または砂利，粘板岩の砕石または砂利，高炉スラグ粗骨材，溶融スラグ細骨材，膨張頁岩系人工軽量骨材，フライアッシュ焼成粗骨材，石炭灰人工軽量骨材
粉体	セメント，高炉スラグ微粉末，フライアッシュ，シリカ質微粉末，シリカヒューム，石灰石微粉末

表6　完全リサイクル住宅(SPRH)の工事概要

工事概要		
工事名称		完全リサイクル住宅(SPRH)新築工事
施工場所		北九州市若松区大字塩屋　北九州学術研究都市内
躯体工事概要	構造	鉄骨造　地上2階
	基礎形式	独立基礎
	種類	完全リサイクルコンクリート
	基礎寸法	1100×1100×632mm / 計10基(7.4 m³)
	養生方法	現場シート養生(散水による湿潤条件)

a) 完全リサイクルコンクリート独立基礎　　b) 完全リサイクル住宅

とセメントペーストとが容易に剥離し，高品位の再生骨材の回収が可能となる「骨材回収型」[11]がある。これらの新しい技術により，コンクリートのリサイクルの変革が期待されるとともに，構造物中に天然資源を貯蔵・保存する考え方の根拠をより具体化することができる。

2000年には，日本学術振興会の未来開拓学術研究推進事業の一環として，低環境負荷・資源循環型居住システムの社会工学的実験研究(代表早稲田大学尾島俊雄教授)が実施され，完全リサイクル住宅(SPRH)が実施工された[4]。SPRHは住宅における構成材料の80％以上をリサイクルすることが可能な設計施工システムを具体化しており，独立基礎の全量にCRCが適用され，世界初の完全リサイクルコンクリート実施工事例となった。

(6) 次世代型コンクリートのマテリアルフロー

表7に次世代型コンクリートのマテリアルフローを示す。コンクリートのリサイクルに関する問題は，資源の賦存量や廃棄物処理等の地域性が

関係することから、まずは当該地域における資源環境に着眼する必要がある。ここでは、コンクリート用骨材を中心とした資源利用量（Input）と最終処分場の残余容量（Output）に着眼し、InputとOutput双方の問題が同時に解決されるような仕組みの構築に資する必要があり、Outputで生じた廃棄物起源材料をInputの新規コンクリートの原材料として用いることが最終的には求められるといえよう。

上記を踏まえ、まず解体コンクリート塊のリサイクルの体系を示すと、路盤材となる再生砕石①，低品質再生骨材により設計強度の上限や用途制限が設けられる非構造用コンクリート②③④，高品質再生骨材を用いた構造用コンクリート⑤⑥などにより構成される。現在、コンクリート塊は主に①の用途として再資源化されており、②③④は一般的に使用には至っていないが、非構造用コンクリートとしてのニーズを捉えた適材適所の使用が期待される。⑤⑥は処理コストが増大する問題を解決する必要があるが、構造用コンクリートとして適用することは十分に可能であり、解体コンクリート廃棄物の発生抑制につながる技術といえ

表7　次世代型コンクリートのマテリアルフロー

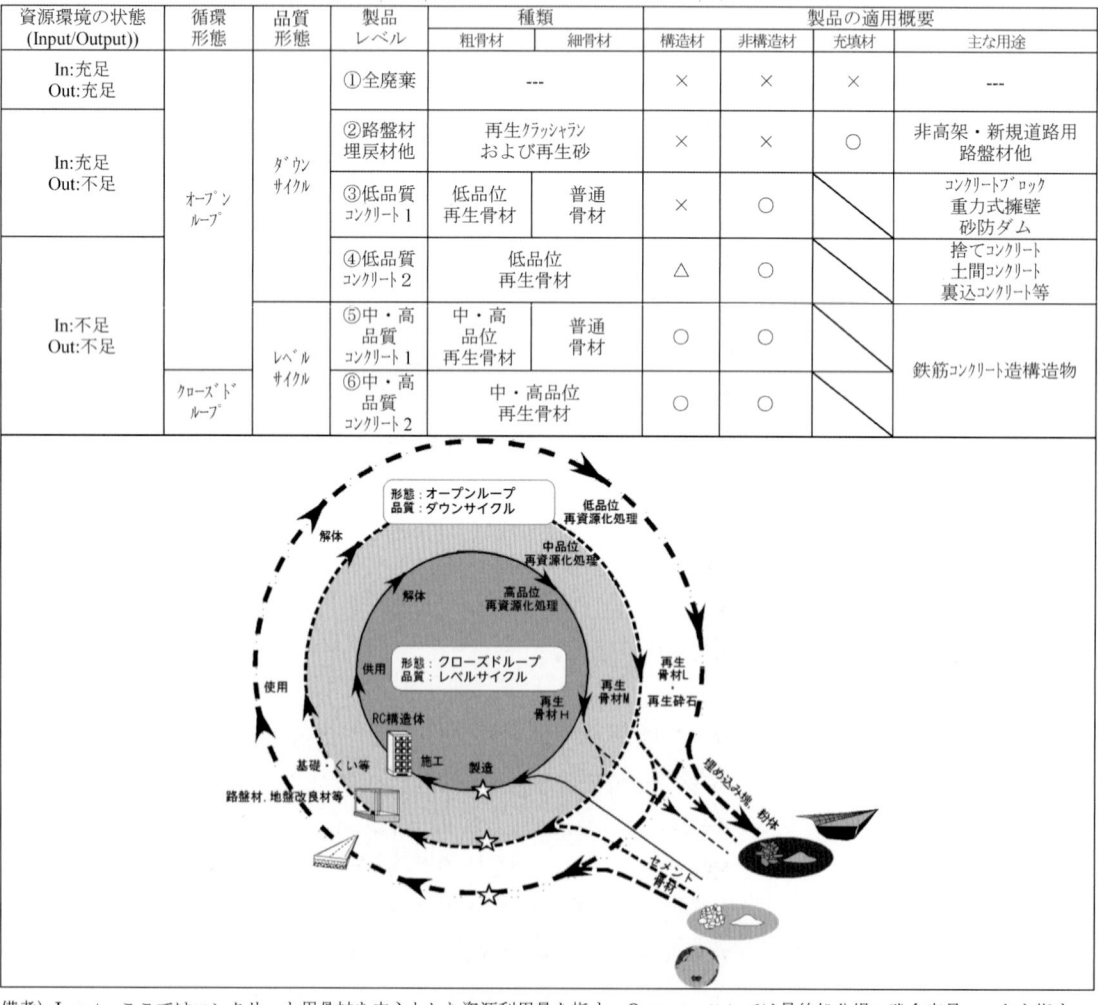

資源環境の状態 (Input/Output)	循環 形態	品質 形態	製品 レベル	種類（粗骨材）	種類（細骨材）	製品の適用概要（構造材）	製品の適用概要（非構造材）	製品の適用概要（充填材）	主な用途
In:充足 Out:充足			①全廃棄	---		×	×	×	---
In:充足 Out:不足	オープン ループ	ダウン サイクル	②路盤材 埋戻材他	再生クラッシャラン および再生砂		×	×	○	非高架・新規道路用 路盤材他
In:不足 Out:不足			③低品質 コンクリート1	低品位 再生骨材	普通 骨材	×	○		コンクリートブロック 重力式擁壁 砂防ダム
			④低品質 コンクリート2	低品位 再生骨材		△	○		捨てコンクリート 土間コンクリート 裏込コンクリート等
		レベル サイクル	⑤中・高 品質 コンクリート1	中・高 品位 再生骨材	普通 骨材	○	○		鉄筋コンクリート造構造物
	クローズド ループ		⑥中・高 品質 コンクリート2	中・高品位 再生骨材		○	○		

備考）Input：ここではコンクリート用骨材を中心とした資源利用量を指す　Output：ここでは最終処分場の残余容量のことを指す

る。

　これらの製品レベルに応じたマテリアルフローを考えると、循環形態と品質形態の区別に基づく三環状のフローが成立し、大きく「構造用コンクリート」、「非構造用コンクリート」、「充填材料」に区別することができる。「構造用コンクリート」は、コンクリート塊を新規コンクリートの原材料に利用でき、クローズドループによる循環形態の構築が期待されるが、現状では再生骨材製造にエネルギーを多く要する傾向にあり、CO_2排出量削減の観点からは、環境負荷の増加分を相殺するような取り組みが必要とされる。「非構造用コンクリート」は、品質低下を回避するため、普通骨材を混合使用する等の対処により、オープンループの循環形態となるが、特殊な再生骨材製造装置を用いる必要がないため、現状発展を可能にする普及型のシステムといえる。そして、「充填材料」は、一般的な処理方法が適用できるため比較的容易に製造が可能であるが、近年の需要減少に伴いOutputにおける問題を生じさせる循環形態となる。

参考文献

1) コンクリートリサイクルシステムの普及に向けての提言、コンクリート再生材高度利用研究会活動報告書、2005
2) 日本コンクリート工学協会：コンクリート用骨材の現状と有効活用技術、コンクリート工学、Vol. 46, No. 5、2008
3) 日本建築学会：鉄筋コンクリート造建築物の環境配慮型施工指針(案)・同解説、2008
4) 田村雅紀, 野口貴文, 友澤史紀, セメント回収型完全リサイクルコンクリートの完全リサイクル住宅への実施工検討, 日本建築学会技術報告集, 第21号, pp. 27-32、2005. 6
5) 経済産業省報道発表資料、コンクリート用再生骨材のＪＩＳ制定、コンクリート塊のリサイクル促進に向けて、2005
6) 田村雅紀、野口貴文、友澤史紀：コンクリート構造物における環境側面と社会ニーズ抽出手法に関する一考察、コンクリート工学年次論文報告集、Vol. 27 No. 1、pp. 1501-1506、2005
7) 田村雅紀：コンクリート構造物のライフサイクル設計における材料保存ストラテジー、東京大学学位論文, 2003
8) 国土交通省：平成17年度建設副産物実態調査結果について、2006
9) 日本コンクリート工学協会：建設廃棄物コンクリート塊の再資源化物に関する標準化調査研究成果報告書、2005
10) 友澤史紀, 野口貴文, 横田紀男, 本田優, 高橋茂：完全リサイクルコンクリート（エココクリート）の研究, 日本建築学会大会学術講演梗概集 ,pp.341-342,1994
11) 田村雅紀、友澤史紀、野口貴文：骨材回収型リサイクル指向コンクリートの開発、セメントコンクリート論文集、No.51, pp.494-499、1998

（田村雅紀）

建設廃棄物のリサイクル

建設廃棄物は、産業廃棄物全体の排出量の約20％を占めており、平成20年度調査では、全国で年間約6,380万トンとなっている。これは、東京ドームの約37個分に相当し膨大な量である[1]。

これらの建設廃棄物のリサイクル率は、全体でいうと90％を超えている。しかしながら循環型社会形成推進という社会の要請や新規の最終処分場建設が難しく、なお一層のリサイクル向上を目指す必要がある。さらに、産業廃棄物の不法投棄の90％以上は、建設廃棄物で占められており「建設リサイクル法」を遵守し、現場分別と再資源化を実効性のあるものとして推進することが重要である[1]。

建設廃棄物は都市再生や再開発に伴い、老築化建物解体や設備の更新に伴い排出されるが、コンクリート塊等に代表される多くの建設廃棄物が建設資材として再利用される。つまり、新たな建設工事がないとリサイクルが推進されないこととなり、排出と再利用までのミスマッチングが課題である。また、最近は、土壌汚染対策法で定める特定有害物質等が社会問題化しており、例えば、建設汚泥等では再生資源として利用にあたっての再生方法や利用用途について留意する必要がある。

建設廃棄物の将来排出量は、都市再生等や社会基盤の更新等の建設投資に連動するものであるが、建設投資は減少の一途をたどっている。それに応じて建設廃棄物の発生量は近年暫時減少しており、平成20年度は平17年度に比較して約20％減少している[2]。今後も、減少傾向が続くものと予測されるが、同時にリサイクル先も減少してくることから、そのリサイクルの推進とその基となるリサイクル技術の普及は循環型社会形成のための一つの課題である。

1 建設廃棄物（副産物）の種類[1]

(1) 建設廃棄物と建設副産物および再生資源

「建設副産物」は建設工事に伴い副次的に得られたすべての物品であり、「廃棄物」と「再生資源」に区分される。廃棄物のうち原材料として利用の可能性があるものは再生資源ともなり、原材料としての利用が不可能なものを廃棄物に分類する（図1　建設副産物の区分概要）。

(2) 建設副産物の種類

建設副産物の物品の種類は、「建設発生土」、「コンクリート塊」、「アスファルト・コンクリート塊」、「建設発生木材」、「建設汚泥」、「紙くず」、「金属くず」、「ガラスくず・コンクリートくずおよび陶磁器くず」またはこれらが混合した「建設混合廃

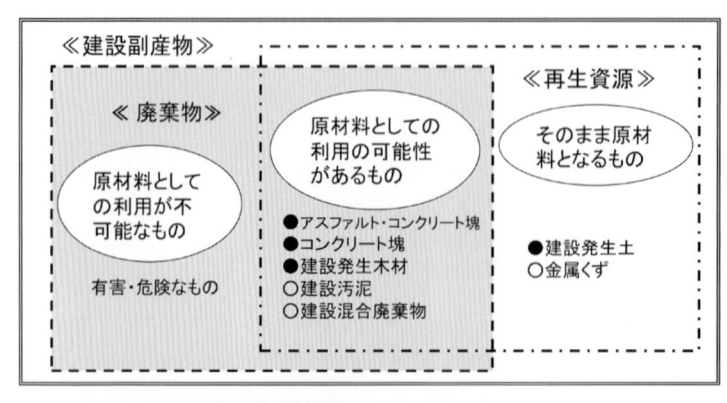

図1　建設副産物の区分概要[3]

5 無機系材料の処理技術

大分類	中分類	小分類	内容
	建設発生土		土砂及び専ら土地造成の目的となる土砂に準ずるもの
			港湾、河川等の浚渫に伴って生じる土砂その他これに類するもの
	有価物		スクラップ等他人に有償で売却できるもの
廃棄物	一般廃棄物	建設工事から排出される一般廃棄物の具体的内容（例）	現場事務所の生ごみ、新聞、雑誌など、河川堤防や道路の法面等の除草作業で発生する刈草、道路の植樹帯の管理で発生する剪定枝葉
	産業廃棄物	廃棄物処理法による産業廃棄物分類	工事から排出される産業廃棄物の具体的内容（例）
		がれき類	工作物の新築、改築、除去に伴って生じたコンクリートの破片、その他これに類する不要物：①コンクリート破片、②アスファルト・コンクート破片、③レンガ破片
		汚泥	含水率が高く微細な泥状の掘削物（掘削物を標準ダンプに山積みできず、またその上を人が歩けない状態のもの（コーン指数がおおむね200kg/m²以下又は一軸圧縮強度が50kg/Nm²以下）（具体的には場所打杭工法、泥水シールド工法等で生じる廃泥水）
		木くず	工作物の新築、改築、除去に伴って生じる木くず（具体的には、型枠、足場材等、内装、建具工事等の残材、伐根、伐採材、木造解体材）
		廃プラッチック類	発泡スチロール等梱包材、廃ビニール、合成ゴムくず、合成樹脂屋根材、廃タイヤ、廃シート類、廃塩化ビニール管類、ポリエチレン管類
		ガラスくず、コンクリートくず（工作物の新築、改築に伴い生じたものを除く）、陶磁器くず	ガラスくず、製品の製造過程で生じるコンクリートブロック、インターロッキングブロック、その他コンクリートプレキャスト製品、タイル衛生陶磁器くず、耐火レンガくず
		金属くず	鉄骨・鉄筋くず、金属加工くず、足場パイプ等
		紙くず	工作物の新築、改築、除去に伴って生じる紙くず（具体的には梱包材、ダンボール、壁紙くず）
		繊維くず	工作物の新築、改築又は除去に伴って生じる繊維くず（具体的には廃ウェス、縄、ロープ類）
		廃油	防水アスファルト（タールピッチ類）、アスファルト乳剤等の使用残渣さ
		ゴムくず	天然ゴムくず
		その他の産業廃棄物の種類	燃え殻、廃酸、廃アルカリ、鉱さい、動物性残さ、動物性固形不要物、動物のふん尿、動物の死体、ばいじん、産業廃棄物を処分するために処理したもの
	特別管理	廃油	揮発油、灯油類、経由類
		廃PCB、PCB汚染物	トランス、コンデンサー、蛍光灯安定器
		廃石綿	飛散性アスベスト廃棄物

対応：コンクリート／アスファルト・コンクリート → 建設副産物
建設汚泥／建設発生木 → 建設廃棄物

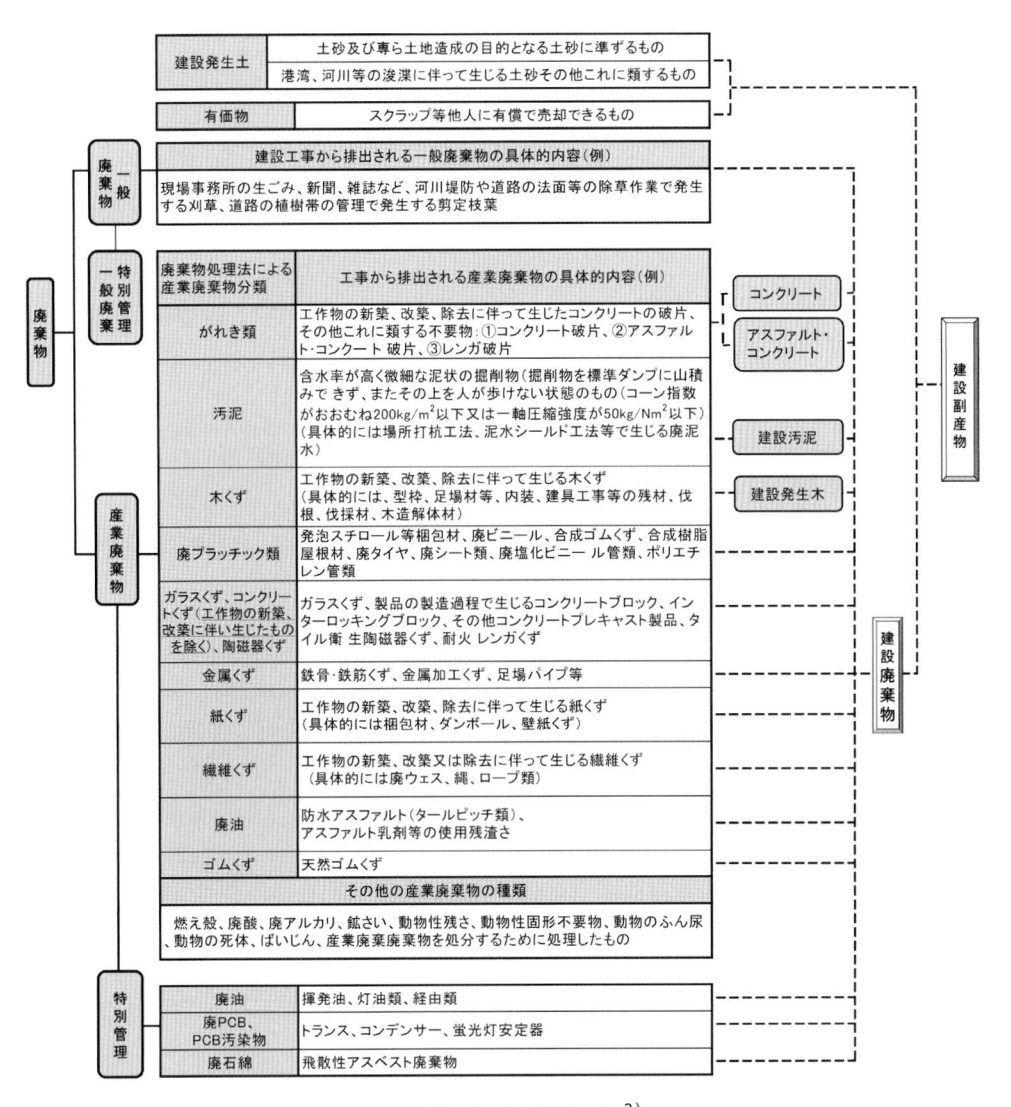

図2　建設副産物の種類[3]

棄物」などがある。

建設副産物のうち「建設発生土」は廃棄物処理法に規定する廃棄物には該当しないが、建設発生土と同様に掘削工事から生じる建設汚泥は廃棄物処理法上の産業廃棄物に該当する。そこで「建設発生土」と「建設汚泥」の両者の区分と取り扱いには十分な注意が必要である。

その他、特別管理産業廃棄物として、そこに資材として使用されていた飛散性アスベストや、設置設備から廃油や廃PCBなども排出される。（図2　建設副産物の種類）

このように、建設工事及び工作物（建造物）の解体になどに伴い、様々な素材の廃棄物が発生するが、国土交通省ではこれらの建設副産物の再生資源化を促進するため、平成12年に「建設リサイクル法」を公布した。その中で、建設工事に特徴的で大量に使用・排出されるコンクリート、コンクリートおよび鉄からなる資材、木材、アスファルト・コンクリートを特定建設資材と定め、その廃棄物を特定建設資材廃棄物と定めリサイクル化の促進等の指導に努めている。

2 建設廃棄物の排出とリサイクルの現状

(1) 建設廃棄物の排出状況と再資源化量等[3]

国土交通省による平成20年度副産物調査結果によると、建設廃棄物の排出量は、建設投資金額の減少とともに毎年減少傾向である。平成20年度の建設廃棄物排出量は6,380万トンであり、そのうち再資源量は5,841万トンであり、再資源化率は約92%である（図3 建設廃棄物の排出量等の変遷）。

種類別排出量の割合は、コンクリート塊49%、アスファルト・コンクリート塊31%、建設汚泥7%、建設発生木材6%、建設混合廃棄物4%、その他の順番となっている（図4 種類別建設廃棄物の排出量）。

(2) 種類別の建設廃棄物の再資源化率等[1]

建設廃棄物の再資源化率等は平成17年以降上昇傾向である。国土交通省策定の「建設リサイクル推進計画2008」おいて、平成22年の再生資源化率の達成目標をアスファルト・コンクリート塊は98%以上、コンクリート塊も98%以上、建設発生木材は75%以上、建設汚泥は80%以上

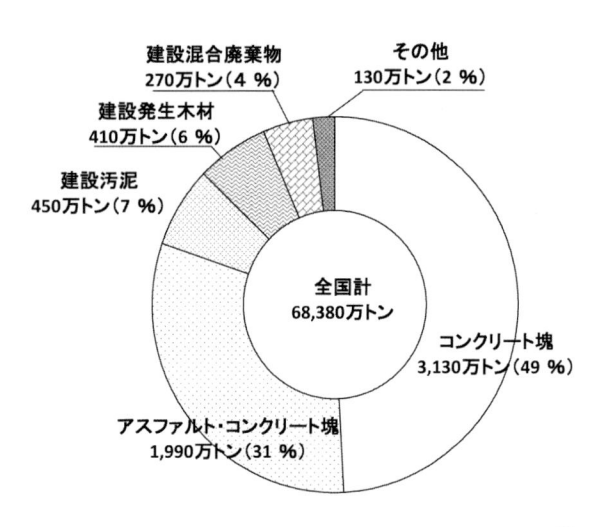

図4 平成20年度の種類別建設廃棄物の排出量[2]

としたが、平成20年度の実態調査の結果を平成24年度の目標値と比較した場合、おおむね総ての種類で目標を達成しているが、コンクリート塊の再資源化率が0.7%不足、建設発生木材の再生資源率等については5.6%が不足であった（表1 平成20年度のリサイクルの実績と「建設リサイクル推進計画2008立案目標」との比較）。

建設廃棄物排出は、今後も継続して続くこと、

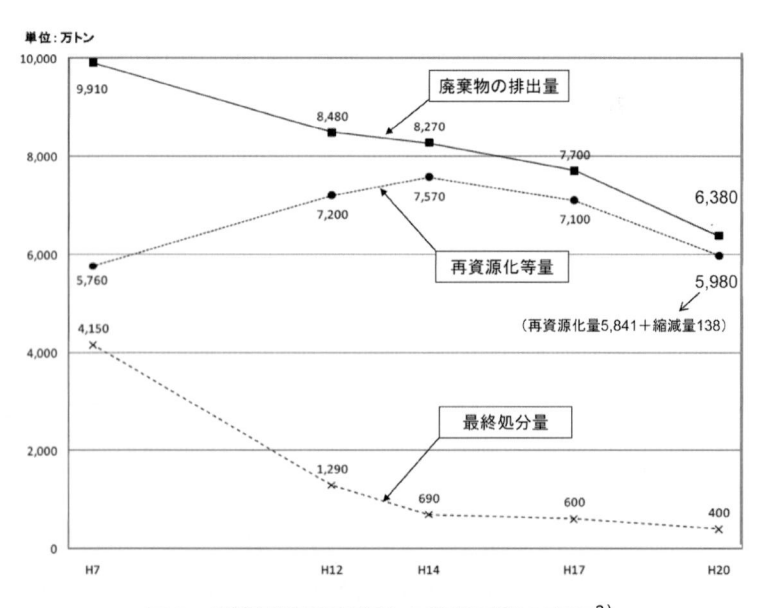

図3 種類別建設廃棄物の排出量等の変遷[2]

表1 平成20年度のリサイクルの実績と「建設リサイクル推進計画2008立案目標」との比較[1]

項目	平成20年(2008年)度実績	平成22年度目標値 2008年立案の目標値	平成22年度目標値 平成20年度の実績との比較	平成24年度目標値 2008年立案の目標値	平成24年度目標値 平成20年度実績との比較
アスファルト・コンクリート塊再資源化率	98%	98%以上	達成	98%以上	達成
コンクリート塊の再資源化率	97%	98%以上	0.7%不足	98%以上	0.7%不足
建設発生木材の再資源化率	80%	75%	達成	77%	達成
建設発生木材の再資源化等率	89%	95%	5.6%不足	95%以上	5.6%不足
建設汚泥の再資源化等率	85%	80%	達成	82%	達成
建設廃棄物の全体の再資源化等率	94%	93%	達成	94%	0.3%不足

注1）建設発生木材については、伐採材、除根等を含む数値である。
注2）再資源化率：建設廃棄物として排出された量に対する、再資源化された量と工事期間中に利用された量の合計の割合。
注3）再資源化率等：建設廃棄物として排出された量に対する、再資源化および縮減された量と工事期間中に利用された量との割合。

最終処分場の将来的不足や不法投棄問題を抱えていることなどから、理想的にはゼロエミッションが目標であり、排出廃棄物の縮減とリサイクルに向けてたゆまない努力が必要である。

3 建設廃棄物の種類別リサイクルのための前処理

(1) リサイクルの前処理としての選別・分別

建設廃棄物は建設工事や解体工事等から元請を排出事業者として排出される。分ければ再生資源となるが、混合して排出すれば分別手間がかかることや、分別できない状態などが生じ、再生資源化の推進が進まない。

そこで、最近ではリサイクルが推進されるように廃棄物の種類ごとに細かく分別排出している工事現場も普及してきており、直接に再生資源工場等へ搬出しリサイクルされる場合も増加している。また、建設廃棄物の排出が多い大都市近郊では選別処理施設を設置した廃棄物処理業が普及しており、そこで細かく選別仕分けされ、再生資源化工場等に搬出され、これ以上分別・選別できないものが最終処分場等で処分される。なお、有価で売却できるものは、できるだけ回収され販売される（図5 工事現場から最終処分および再生利用までの流れ）。

以下に、建設廃棄物のリサイクル技術を紹介するが、廃棄物の種類別に、再生資源化工場や資源利用工場の要求品質に適合するよう分別・選別する必要があるが、低コストで合理的に選別するために比重選別や風による選別を行うなど省力化の種々の工夫がなされている。

(2) 選別設備
ア．選別設備の要求機能

① 建設混合廃棄物はコンクリート破片や金属くずなど再生資源化できるものを多く含んでおり、これらのリサイクルを進めるためには効率的に選別する機能が要求される。

② 建設混合廃棄物には安定型産業廃棄物以外に木くずなどが混入しており、安定型処分場に処分するためには、熱しゃく減量を5%以下とした安定型産業廃棄物とそれ以外の廃棄物に選別する

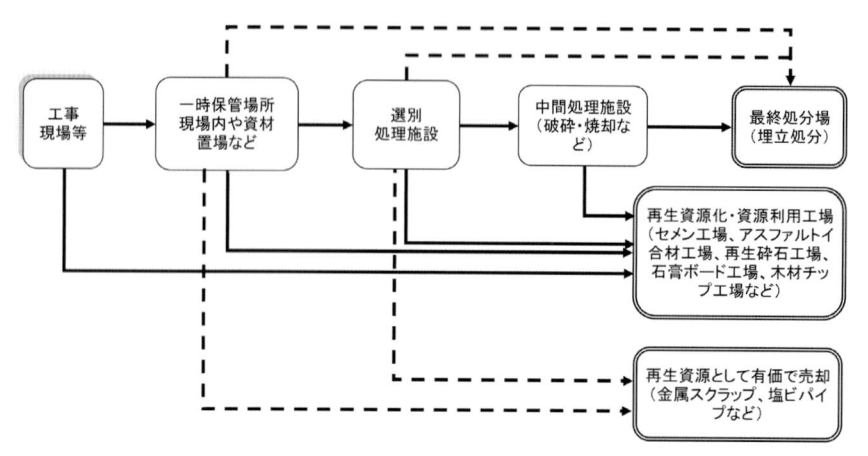

図5　現場から最終処分および再生利用までの流れ

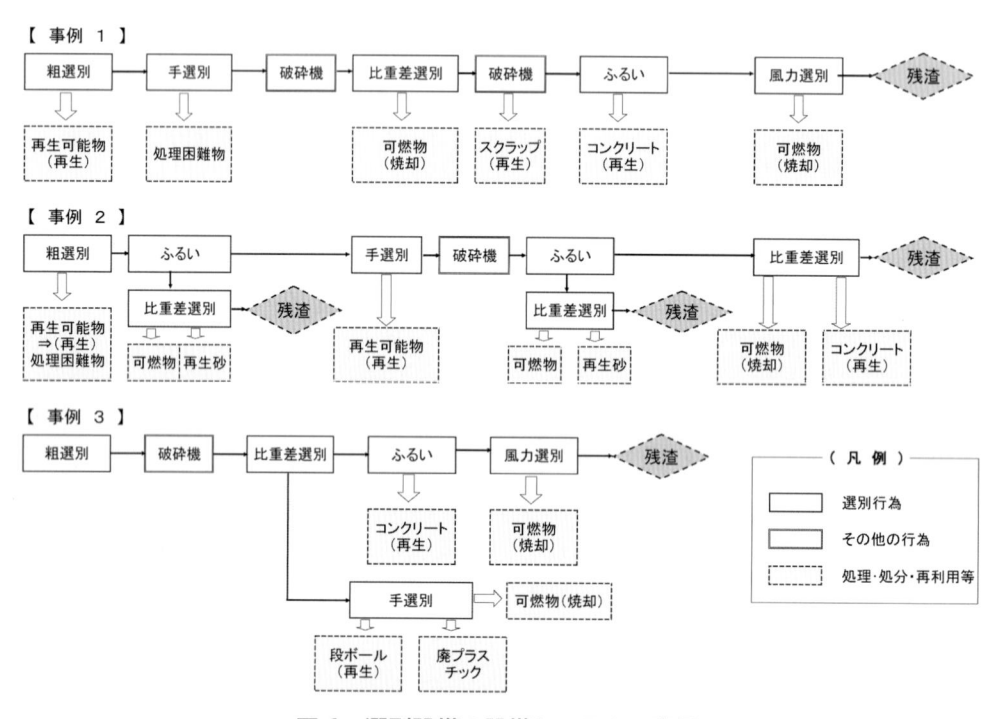

図6　選別設備の設備システムの事例

機能が要求される。

③ 建設混合廃棄物は可燃物と不燃物が混合しており、例えば、これを焼却するためには、可燃物だけを選別する必要があり、後工程に適合する品質に選別する機能が要求される。

イ．選別施設の設備システム事例

人手による建設混合廃棄物の選別は一つの方法であるが、それのみでは選別精度や施工性が十分とはいえない。また、労働環境も苛酷である。したがって選別設備として中間処理に位置づけられるためには、各種の選別機（ふるい、風力、磁力、電気等）、コンベア、破砕機等が組み合わされた施設で、人力による選別が補助的に行われている施設が普及してきている。図6に選別設備の設備システムの事例を示す。

4 建設廃棄物の種類別リサイクル技術

(1) 技術の紹介内容

「建設リサイクル法」ではリサイクル推進を特に行う必要がある廃棄物として、アスファルト・コンクリート塊、コンクリート塊、建設発生木材を特定建設資材の廃棄物として指定した。また、特定建設資材ではないが、建設工事の特徴でもある建設系汚泥は大量に排出され、さらなるリサイクルが求められている。ここでは上記にあげたものについてのリサイクル技術について紹介する。

なお、特定建設資材廃棄物である建設発生木材についてはリサイクル方法等について概説するが、そこでの個々のリサイクル技術や活用技術については、製紙や発電技術の内容であり本文では言及しない。また、同様に、その他の混合廃棄物から選別された廃プラスチックや金属スクラップ等のリサイクル技術については、選別されれば他産業から排出される廃棄物と同様にリサイクルや処理・処分されることから本文では言及しない。

(2) アスファルト・コンクリート塊

ア．アスファルト・コンクリートのリサイクルの現状

アスファルト・コンクリート塊のリサイクル率は98％以上に達しており、再生砕石に及び再生

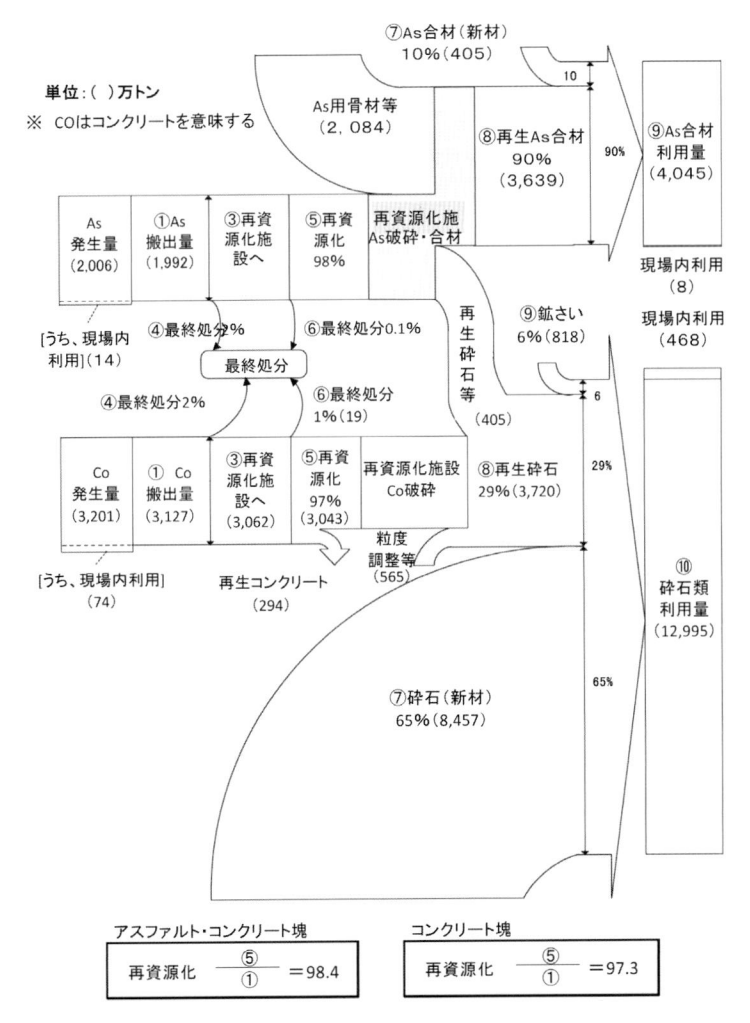

図7 アスファルト・コンクリート塊およびコンクリート塊のリサイクルフロー
(四捨五入のため数字に不一致がある)[2]

アスファルト合材にほぼ半々の割合で全量リサイクルされている。

平成20年度建設副産物実態調査結果から、建設廃棄物として排出されてからリサイクルまでのリサイクルフロー（図7）を示すが、再生アスファルト合材のリサイクルは、大部分が再生施設等に搬入・加工され出荷されている。なお、リサイクル全体からは非常に少ない割合となるが、発生現場において路上表層再生工法で舗装に再生される場合もある。

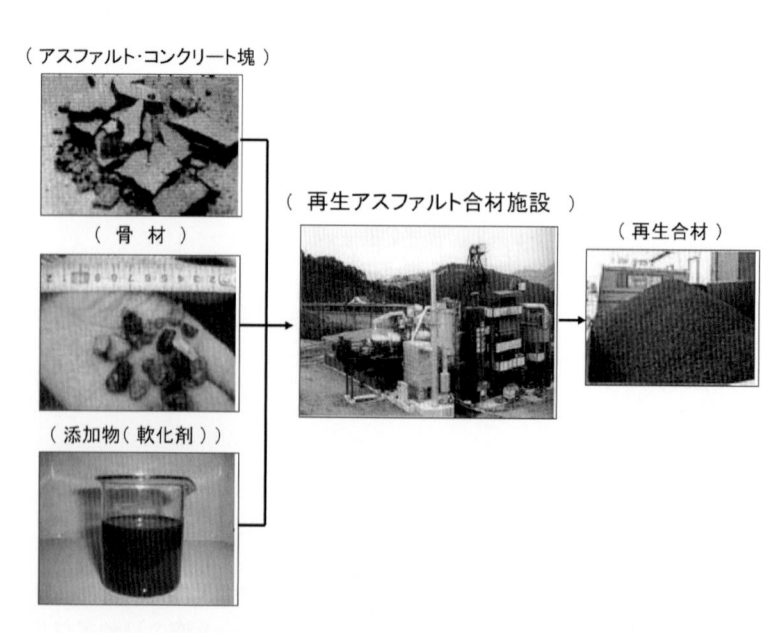

イ．再生施設におけるアスファルト・コンクリート合材の製造

アスファルト・コンクリート塊は、以下に示す3種類の施設等で製品に加工して再生合材として施工現場に出荷し再利用される。再生施設でのリサイクルの特徴は、廃材のストックを行い必要に応じて生産し出荷できることであり、既存の多くのアスファルト舗装のプラントが再生プラントを具備している。

① 再生骨材製造施設

解体・撤去された舗装から発生するアスファルト・コンクリート塊や路盤材等の集積置場、集積されたものの破砕・分級設備、再生骨材置場を備え、再生骨材を製造する施設。

② 再生路盤材混合調整施設

セメントコンクリート発生材、路盤発生材、アスファルト舗装発生材等から、再生路盤材を製造する施設。

③ 再生アスファルト合材製造施設（図8）

アスファルト・コンクリート再生骨材、新アスファルト及び補足材等から、再生アスファルト合材を製造し出荷する施設。

② 路上表層再生工法[5]

路上表層再生工法の特長は、現位置で再利用するため、舗装発生材の搬出等が少なく、新規アスファルト混合物の使用量が節約できる。また、舗装表面を切削して除去する切削工法に比較して、施工速度が速く工期短縮が図れ、コスト縮減にも繋がり、振動・騒音が少ない工法である。一方、施工機械の編成が50～100mとなるため作業帯が150～200m必要であること、改修舗装面をかきほぐす時にかきほぐし面以下の舗装も加熱され、交通開放温度までの温度低下が遅いこと、気温が5～10℃の低温下で施工する場合は温度対

図8　再生アスファルト・コンクリート合材の製造[4]

策が必要となるなど、施工上の留意点がある。
　路上表層再生工法の概要を下図に示すが、新規アスファルト混合物を添加する場面によりリミックス方式（図9）とリペーブ方式（図10）がある。

(3) コンクリート塊
ア．コンクリート塊のリサイクルの現状
　平成20年度建設副産物実態調査結果から、建設廃棄物として排出されてからリサイクルまでのリサイクルフロー（図7）を示すが、コンクリート塊のリサイクル率は97％以上に達している。

リサイクルの用途の大部分が路床材や路盤材等に利用する再生砕石であるが、用途に応じて大割りし裏込材や基礎栗石などに利用する場合もある。しかしながら、今後、公共工事等の減少によりコンクリート塊の需給バランスが崩れるなどして、供給過多となった場合、再生資源として新たな利用手法の一つとして、コンクリートの骨材に加工して利用することが考えられた。そのような時代背景から平成17年～19年にかけて、コンクリートの再生骨材に係るJISが制定され、コンクリート材料に再生コンクリート骨材が利用される事例

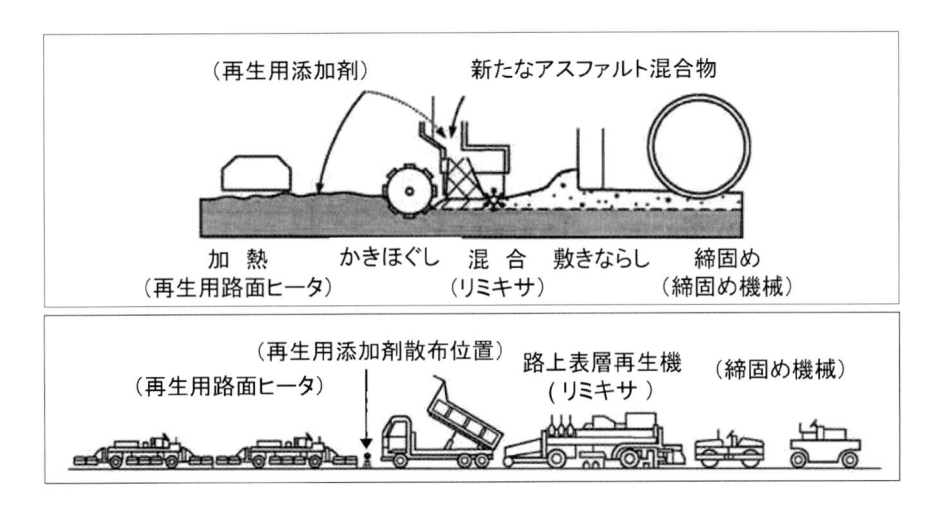

図9　リミックス方式[5]

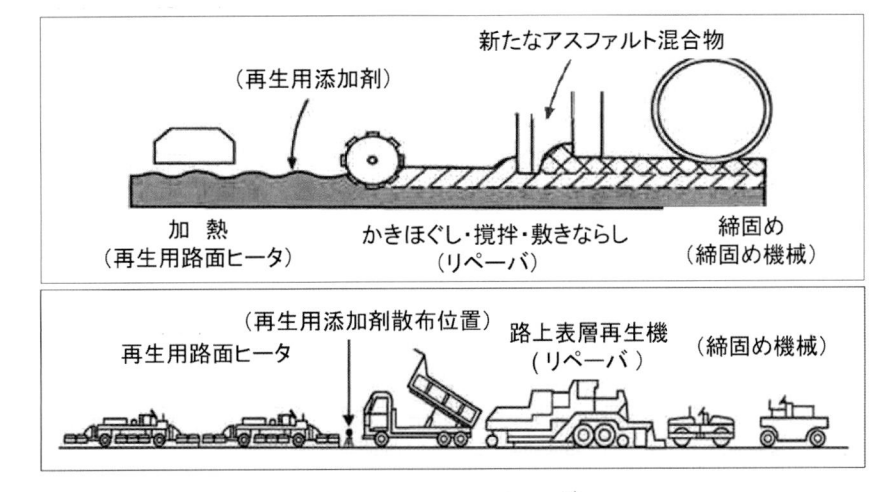

図10　リペーブ方式[5]

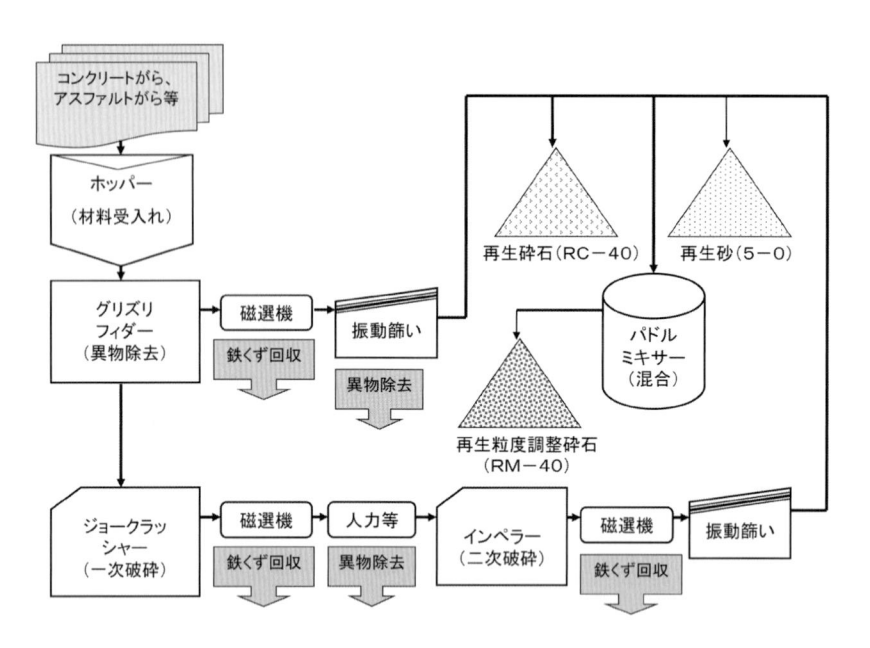

図11 再生砕石の製造システム事例

も顕在化してきているが、コンクリート塊のリサイクルフローによると、まだ同技術の採用割合は発生量の0.2%にも満たない[2]。

イ．再生砕石のリサイクル技術

コンクリート塊を再生砕石に加工する再生砕石施設は全国に1900箇所余りあり[6]、ほとんどが再生砕石処理施設で処理されている。また、発生現場内に移動式の破砕重機を持ち込み再生砕石に加工し現場内で利用する事例も多い。

① 再生砕石製造システム

図11に再生砕石の製造システム事例を示す。また、表2に再生砕石のうち事例として、再生粒度調整砕石RM-40と再生クラッシャーランRC-40の望ましい粒度範囲を示すが、これらの製品には、粒度配分以外に道路材として修正CBR(%)やすり減り減量値などの品質要求がある。詳細については、平成6年4月11日建設省技調発第88号「コンクリート副産物の再利用に関する用途別暫定品質基準(案)について」を参照すればよい。また、利用にあたって、再生砕石のアルカリ性の影響を懸念する場合は注意が必要である。また、最近では再生砕石が土壌中に混在することにより、セメントに含まれている六価クロムの影響で土壌汚染対策法の溶出量基準を超えることもあり留意する必要がある。

ウ．再生コンクリート骨材

再生骨材とは解体したコンクリート塊を破砕、粒度調整をして得られる骨材で、原骨材（解体したコンクリートが練られたときに使用された砂利や砕石をいう）とそれに付着したセメントペースト分(以下、付着モルタル等という。)からなるが、再生骨材に付着したモルタル品質と量は、練り上げられたコンクリートの品質に著しく影響を与える。そのため再生骨材の製造は、原骨材に付着するモルタル分を除去する方法となる。そのため、再生骨材の製造方法には、小割りしたコンクリート塊に対して、加熱もみすり法、偏心ローター法、スクリュー磨砕法やロッドスクラバーやボールミルなどを利用して付着モルタルを剥離する方法がある。

経済産業省は、平成17年に「コンクリート用再生骨材H」のJIS・A・5021を制定した。再生骨材Hは、ビルなどの解体によって発生するコン

表2 再生砕石の望ましい粒度範囲の事例[7]

種類 粒度範囲 （呼び名） ふるい目の開き	調整砕石再生粒度 40－0 （RM－40）	再生クラッシャーラン 40－0 （RC－40）
53 mm	100	100
37.5mm	95～100	95～100
31.5 mm	—	—
26.5 mm	—	—
19 mm	60～90	50～80
13.2 mm	—	—
4.75 mm	30～65	15～40
2.36 mm	20～50	5～25
425 μm	10～30	—
75 μm	2～10	—

（通過質量百分率（％））

クリート塊に破砕、磨砕、分級などの処理を行って製造したコンクリート用骨材であり、コンクリートの製造に用いられる通常の骨材と同等の品質がある再生骨材である。なお、骨材の化学的安定性に関する事項として、アルカリ骨材反応がある。再生骨材は原コンクリートが健全であれば、骨材そのものも化学的に安定である可能性が高いが、アルカリ骨材反応は配合等の条件によっては再生骨材コンクリートでも生じる可能性もあり、アルカリ骨材反応対応を行う必要がある。

再生骨材の品質及び用途の詳細については、JIS及び平成6年4月11日建設省技調発第88号「コンクリート副産物の再利用に関する用途別暫定品質基準（案）について」を参照すればよい。

(4) 建設汚泥
ア．建設汚泥の定義

建設汚泥のリサイクルを知るには、まず建設汚泥とは何かを知る必要がある。建設汚泥は「廃棄物処理法」および環境省からの「建設工事から生ずる廃棄物の適正処理について（通知）、環廃産第110329004」に次のように定義されている。『地下鉄工事等の建設工事に係る掘削工事に伴って排出されるもののうち、含水率が高く粒子が微細な泥状のものは無機性汚泥として取り扱う。また、粒子が直径74ミクロンを超える粒子をおおむね95％以上含む掘削物にあっては、容易に水を除去できるもので、ずり分離等をお行って泥状の状態でなく流動性を呈さなくなったものであって、かつ、生活環境の保全上支障のないものは土砂として取り扱うことができる。泥状の状態とは、標準仕様ダンプトラックに山積みできず、また、その上を人が歩けない状態をいい、この状態を土の強度を示す指標でいえば、コーン指数がおおむね200 kN/m^{2}以下又は一軸圧縮強度がおおむね50 kN/m^{2}以下である。しかし、掘削物を標準ダンプトラックに積込んだ時には泥状を呈していない掘削物であっても、運搬中練り返しにより泥状を呈するものもあるので、これらの掘削物は「汚泥」として取り扱う必要がある。なお、地山の掘削により生じる掘削物は土砂であり、土砂は廃棄物処理法の対象外である。この土砂か汚泥かの判断は、掘削工事に伴って排出される時点で行うものとしており、掘削工事から排出されるとは、水を利用し地山を掘削する工法においては、発生した掘削物を元の土砂と水に分離する工程までを掘削工事ととらえ、この一体となるシステムから排出される時点で判断することとなる。』[8] 参考に汚泥が排出される代表的掘削方法および汚泥の性状を図12～15に例示する。

2編　リサイクル技術の総論

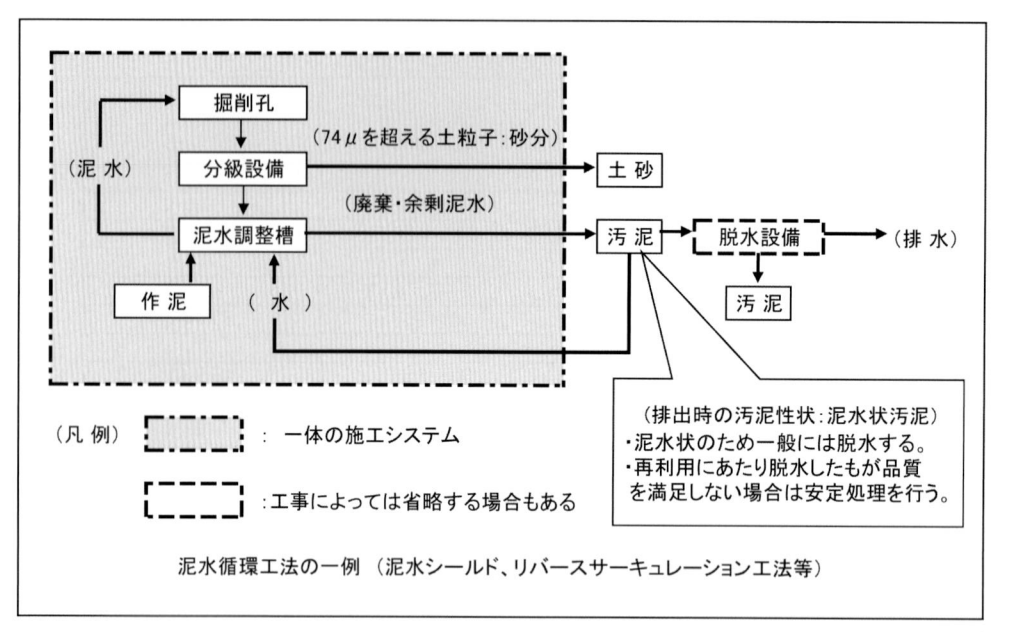

図12　泥水循環工法による掘削方法[8] 一部改定

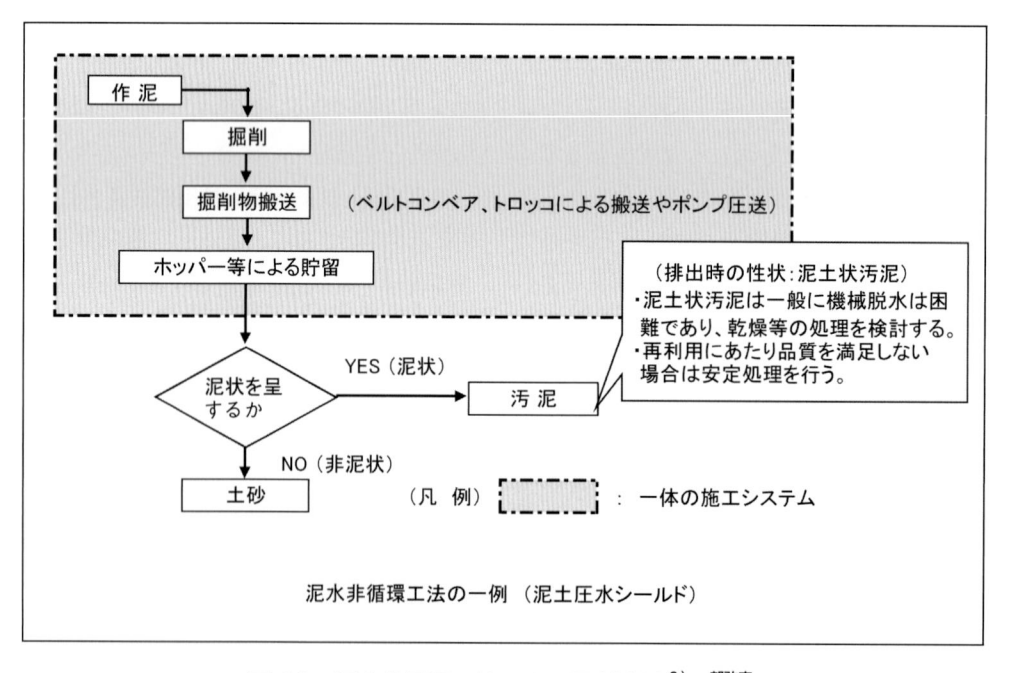

図13　泥水非循環工法による掘削方法[8] 一部改定

5　無機系材料の処理技術

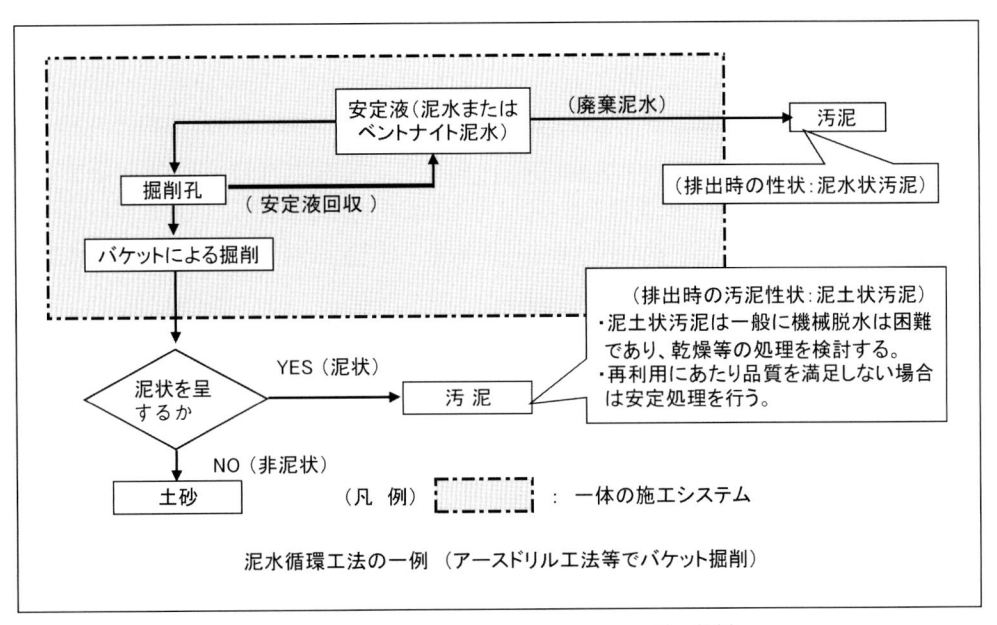

図14　泥水循環工法による掘削方法[8] 一部改定

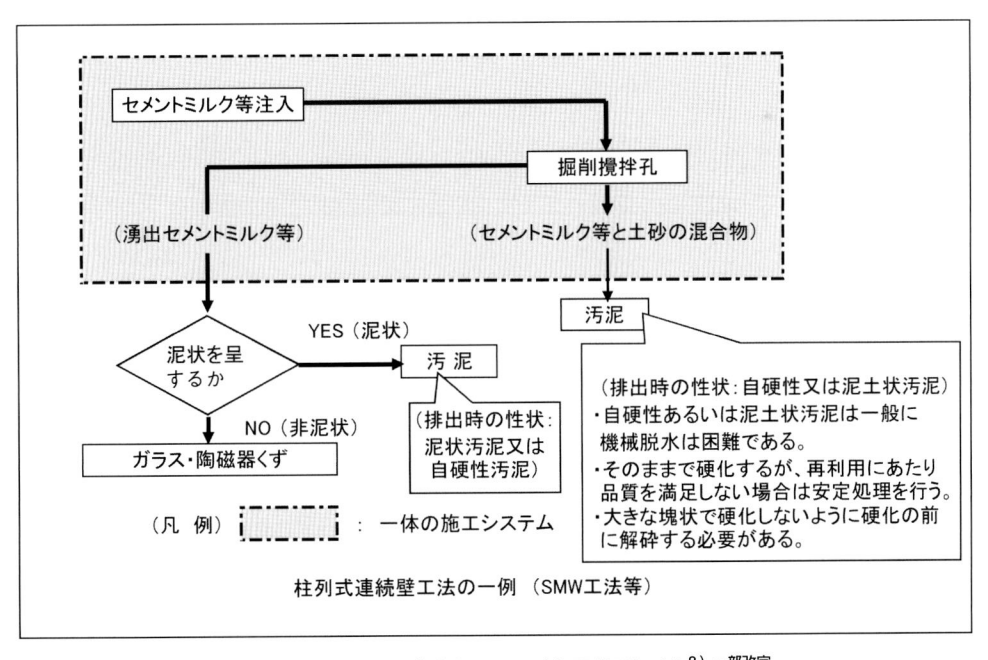

図15　建設汚泥が排出される地下柱列工法[8] 一部改定

なお、土砂も汚泥も掘削工事に伴い排出されるが、一般に、土に水を加えると泥状を呈し、水分を抜くと強度を増すこととなる。土の強度は水分の多寡により可逆的である。そのため、土砂と汚泥の区別は難しい場合があるが、ベントナイト等の人工資材の混合や掘削方法も判断基準となる。このように軟弱な土砂（泥土）と汚泥の性状は近似していることから、リサイクルにあたっての性状等改良の方法や利用先もおおむね同様となる。

イ．建設汚泥のリサイクルの現状

建設汚泥の再資源化率等（汚泥に特徴的である脱水などの減容なども考慮）は近年上昇傾向であり、平成20年度は約85％に達しており、「建設リサイクル推進計画2008」で平成22年度の目標とした80％は十分達成しているが、建設廃棄物の中での再資源化率等はまだ低く最終処分する量をさらに減少することが望まれる（図16　建設汚泥のリサイクルフロー）。国土交通省は、建設汚泥のリサイクル率が極めて低い時代であった平成17年度にリサイクルの推進を図るため、「建設汚泥再生利用指針検討委員会」を立ち上げた。その成果として、平成18年に「建設汚泥の再生利用に関する実施要領」、「建設汚泥処理土利用技術基準」、「建設汚泥の再生利用に関するガイドライン」を通知している。また、同時期に環境省からも「建設汚泥の再生利用指定制度の運用における考え方について」を通知している。これらの活動を基にして、平成20年に独立行政法人土木研究所の編集で「建設汚泥再利用マニュアル」が出版されており、建設汚泥のリサイクルを検討する際には参照されたい。

ウ．建設汚泥の再生利用先

建設汚泥の再利用先は、土砂代替材として工作物等の埋め戻し、道路や鉄道等の盛土材などがある。また、流動化処理土、路盤材や軽量骨材に加工して製品と販売される場合や、加工した骨材をインターブロッキング等のブロック製造に利用する用途がある。その他、セメント副原料である粘

単位:（　）万トン

①場外搬出量 100%（451）
②工事間利用 2%
③再資源化施設へ 89%（399）
④最終処分 10%（44）
⑤再資源化施設処理後再利用 68%（307）
⑥再資源化施設減量化量 15%（69）
⑦再資源化施設後最終処分 5%（23）

最終処分 15%（67）

再資源化等率 $\dfrac{(②+⑤+⑥)}{①}=89.4\%$

再資源化率 $\dfrac{(②+⑤)}{①}=80.3\%$

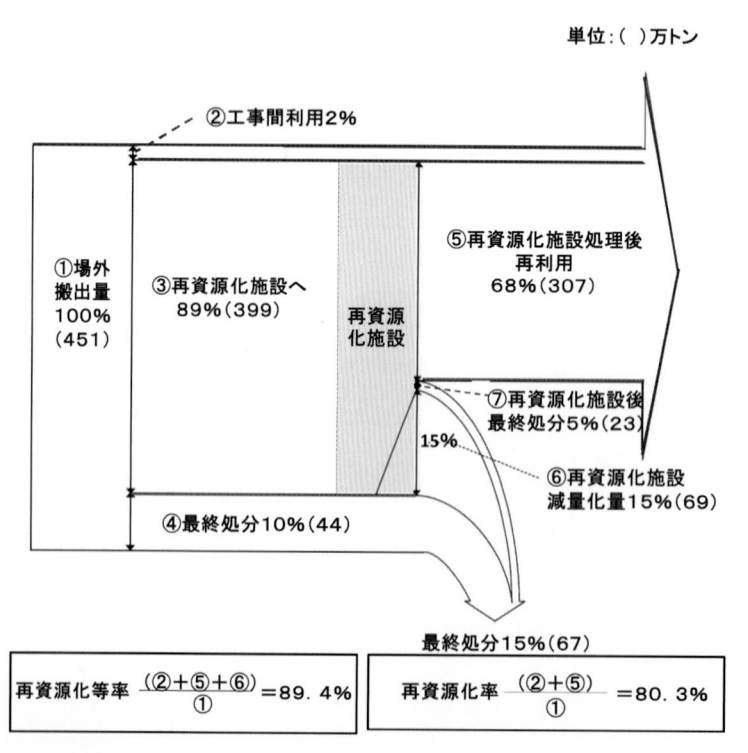

図16　建設汚泥のリサイクルフロー（四捨五入のため数字に不一致がある）[2]

5 無機系材料の処理技術

表3 建設汚泥の処理方法の区分と利用用途等[9]

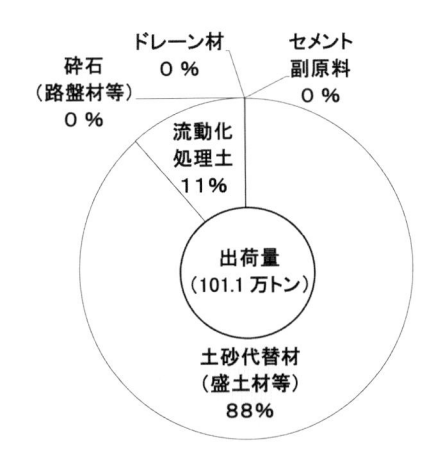

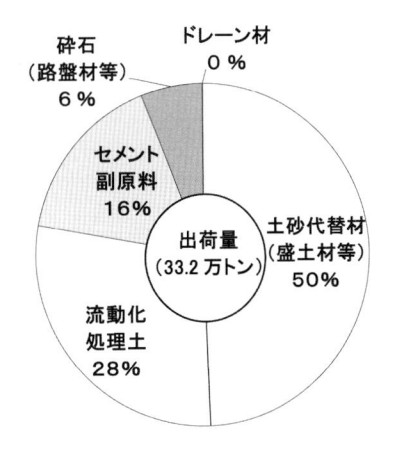

区分	製品名・利用用途
建設汚泥処理土	土砂代替品：①工作物の埋戻し、②建築物の埋戻し、③土木構造物の裏込、④道路用盛土、⑤河川堤防、⑥土地造成、⑦鉄道盛土、⑧空港盛土、⑨水面埋立
加工製品	⑩流動化処理土、⑪路盤材、⑫セメント副原料、⑬ブロック（主にインターブロッキングブロック）、⑭軽量骨材、⑮ドレーン材

関東の状況（1都3県）の建設汚泥再生品出荷状況
（平成13年度実績、アンケート回答8社）

出荷量（101.1万トン）
- 砕石（路盤材等）0％
- ドレーン材 0％
- セメント副原料 0％
- 流動化処理土 11％
- 土砂代替材（盛土材等）88％

近畿の状況（2府4県）の建設汚泥再生品出荷状況
（平成13年度実績、アンケート回答4社）

出荷量（33.2万トン）
- 砕石（路盤材等）6％
- ドレーン材 0％
- セメント副原料 16％
- 流動化処理土 28％
- 土砂代替材（盛土材等）50％

※ 上記の関東と近畿の実績の合計は、同年の全国の汚泥再生利用量のおおむね40％程度と推定できる

図17 建設汚泥再生品出荷状況（平成13年実績）[10]

土等の代替品として利用される場合も比較的多いが、実態は土砂代替材への利用が大部分である（表3 建設汚泥の再生品目と利用用途、図17 建設汚泥再生品出荷状況）。

土砂代替材として再利用するためには、用途に応じて要求される品質を満足しなければならないが、平成18年度に国土交通省が示した「建設汚泥処理土利用技術基準」に、建設汚泥の処理土の土質特性に応じた区分基準および各々の区分に応じた適用用途標準が示されている。ここでは表4および表5に同基準の概略を示すが、実施にあたっては同技術基準を参照すること。

エ．建設汚泥のリサイクル技術

建設汚泥をリサイクルするための主な処理技術は、処理前の汚泥の性状や処理後の用途に合わせて選定される。以下に、比較的多用される脱水処理、安定処理の各処理技術について解説する。なお、焼成処理および溶融処理は技術的には可能であるが、経済性の問題等から活用されていないのが実態であり、表6で言及することにとどめる。

① 脱水処理技術

脱水は、建設汚泥を減量化することを目的とするが、利用するための重要な要素技術でもある。脱水方法や再利用用途によっては、脱水することでそのまま再利用できる場合もある。主な機械式脱水方法の概要を表7に示すが、主に機械式脱水が用いられる。機械による脱水方法には真空脱水、遠心脱水、加圧脱水等があるが、加圧

表4　建設汚泥の処理土の区分と適用用途[11]

適用用途 / 区分	第1種処理土（焼成処理・高度安定処理）	第2種処理土 処理土	第2種処理土 改良土	第3種処理土 処理土	第3種処理土 改良土	第4種処理土 処理土	第4種処理土 改良土
工作物の埋戻し	◎	◎	◎	○	○	△	△
建築物の埋戻し	◎	◎	◎	◎	◎	○	○
土木構造物の裏込め	◎	◎	◎	◎	◎	△	△
道路用盛土　路床	◎	◎	◎	◎	◎	△	△
道路用盛土　路体	◎	◎	◎	◎	◎	◎	◎
河川堤防　高規格	◎	◎	◎	◎	◎	◎	◎
河川堤防　一般	○	◎	◎	◎	◎	◎	◎
土地造成　宅地	◎	◎	◎	◎	◎	◎	◎
土地造成　公園・緑地	◎	◎	◎	◎	◎	◎	◎
鉄道盛土	◎	◎	◎	○	○	△	△
空港盛土	◎	◎	◎	◎	◎	◎	◎
水面埋立	◎	◎	◎	◎	◎	◎	◎

【凡例】
◎ そのままで利用が可能なもの。
○ 適切な処理方法（含水比低下、粒度調整、安定処理等）を行えば使用可能なもの。
△ 評価が○ものに比較して、土質改良にコストおよび時間が必要なもの。
（処理土）：建設汚泥を処理したもの。
（改良土）：処理土のうち、安定処理を行ったもの。

表5　建設汚泥処理土の品質区分と品質基準値[11]

区分 / 基準値	コーン指数 q_c (kN/m²)	備考
第1種処理土	—	固結度が高く、礫、砂状
第2種処理土	800以上	
第3種処理土	400以上	
第4種処理土	200以上	

※コーン指数（q_c）は、土の強度を示す指標である。q_cが200 kN/m²以上あれば、人がその上を歩ける状態である。

脱水のうちフィルタープレスが利用されることが多い。フィルタープレスには、高圧で脱水し処理土の強度を高めることができるタイプのものもある。

② 安定処理技術

建設汚泥の大半は土砂代替材として再生利用される。土砂代替材として泥水状汚泥、泥土状汚泥、自硬性汚泥を再利用する場合、利用先の要求品質に応じて安定処理が行われる。安定処理は石灰やセメント等の固化材や無機系や高分子系の改良材を添加混合し、施工性の改善や強度増加を行う。

例えば、石灰は粉体で、セメント等は粉体やスラリーで汚泥に混合されるが、これらの安定処理物はほとんどの場合にアルカリ性を呈するため、処理時や施工時および施工後においてアルカリの流出に留意する必要がある。

安定化処理にあたって粉体の固化材等を混合する場合は、バックホウや専用の混合設備を使用する。図18に粉体でもスラリーでも応用できる安定処理設備の事例を示す。

③ 流動化処理[13]

建設汚泥は、流動化処理土として再利用するこ

5 無機系材料の処理技術

表6 主な処理技術と利用用途事例[12]

処理技術	概要	形状	主な用途
焼成処理	建設汚泥を利用目的に応じて形成したものを、1000℃程度の温度で焼成固化する処理技術。焼成材は、高強度・軽量性・保水性などの特長を有する。	粒状	ドレーン材 骨材 緑化基盤 園芸用土 ブロック
溶融処理	焼成処理よりも高温で固形分を溶融状態にした後、冷却し、固形物にする技術。固形物は塊り状であり、破砕して活用する。	粒状 塊状	砕石代替品 砂代替品 石材代替品
脱水処理	含水比の高い土から水を絞りだす技術。機械力を利用した機械脱水処理と重力などを利用した自然脱水処理に大別される	脱水ケーキ	盛土材 埋戻し材
乾燥処理	土から水を蒸発させることにより含水比を低下させ、強度を高める技術。天日乾燥などの自然乾燥や強風などによる機械式乾燥がある。	土状～紛体	盛土材
安定処理	軟弱な土にセメントや石灰等の固化材を添加混合し、施工性を改善すると同時に、強度の発現・増加を図る化学的処理技術。固化材の添加量によって強度の制御が可能である。	改良土	盛土材 埋戻し材

とが比較的多い[10]。流動化処理の技術は安定化処理の一種であるが、主材料である土砂等に、調整泥水（または水）とセメント等の固化材を混合して練ることにより流動化処理土とし、まだ固まらないコンクリートのようにポンプやアジテーター車などから流し込んで施工する工法である。この土砂等として建設汚泥を使用することもできる。

　流動化処理土は、高い流動性を持つので狭隘な空間でも容易に埋戻しや充填が可能となる。また、配合調整により任意の強度が得られるという特徴がある。流動化処理土は現場で練り製造する場合と、製造工場で練りアジテーター車で出荷する場合がある。図19に現場での流動化処理土の現場で製造・活用概念図、図20に流動化処理土の活用用途事例を示す。

(4) 木くず（建設発生木材）
　国土交通省策定の「建設リサイクル推進計画2008」において建設発生木材の平成24年度の再資源化率を77％としたが、中間目標として平成20年度建設副産物実態調査の調査結果の建設発生木材のリサイクルフロー（図21）を示すが、既に再資源化率が約80％に到達しており、その目標は十分達成している状況となっている。

　以下に建設発生木材のリサイクルについて概説するが、林業を中心に排出される木材と同じリサイクルとなるため利用用途等を紹介する記述するにとどめる。

ア．建設廃木材のリサイクル用途
　林業から排出される製品材、間伐材および工場廃材の木材と同様に利用される。木材のリサイクル利用先を図22に示すが、主なリサイクル先として、発生現場や専用の工場でチップ加工したものが、製紙材料、木質ボードや燃料等に納品され利用される。その他のリサイクル先として、燃料ペレット、堆肥、法面の緑化基材、木炭製造など

表7 主な機械式脱水工法の概要[13]

方式	名称		設備の特徴	脱水ケーキの含水比	設置面積	長所・短所	概要図
加圧脱水	フィルタープレス	従来タイプ	密閉のろ過室を縦または横に並べた機械で、各密閉室内に高圧ポンプ（（0.5～0.7MPa以上）で汚泥を圧入してろ過する。室内に脱水した汚泥がケーキ状に充填されたら、ろ過を停止し開枠してケーキを取り出す。	13～150%	大	脱水効果が大きく、汚泥の濃度変化に左右されず一定の含水比の脱水ケーキができる。汚泥の供給は連続でなくバッチ式であり、ケーキの排出は間欠となる。	
		高圧タイプ	従来のフィルタープレスを高圧に耐えられる構造とし、スクイズポンプやダイヤフラムポンプ等を使用して、高圧（1.5MPa以上）で汚泥をプレスし脱水する。	10～120%	中	従来のフィルタープレスの効果に加え、高圧で絞るため低含水比でより高強度のケーキとなり直接利用できる場合が多い。	
	ロールプレス		汚泥を90～120メッシュのろ布で挟むことにより、重力によるろ過と上部からロールによって圧搾圧を加え強制的に絞り脱水する。	100～400%	中	構造が簡単で処理能力が大きく連続処理が可能。ろ布は目が比較的粗いので、泥水中の微細粒子が通過してしまい、ろ液の再処理が必要となる場合がある。	
	ベルトプレス		ろ布上に汚泥を供給して重力でろ過下した後、2枚のろ布の間に挟みこみ上下からロールにより圧搾して脱水する。脱水ケーキはろ布反転により剥離する。	100～250%	中	構造が簡単で処理能力が大きく連続処理に処理できる。動力費が少なく、ケーキの含水比の低減化も可能である。	
真空脱水	ベルトフィーダー		真空圧0.03～0.06MPaの圧力でろ過、脱水する方式。ドラムの下部を汚泥に浸してこの区間でろ過し、ドラムを回転させて、ろ布に吸着した汚泥を脱水・乾燥し、再度汚泥槽に戻る前にろ布をドラムから引き出し、ケーキを剥離する。	150～400%	大	連続的に処理できるが、1台あたりの処理能力が小さく、ケーキ含水比も高い。	
遠心脱水	スクリューデカンタ		円形の外筒を高速回転することによって、円筒内に供給された汚泥から水分を遠心力で分離し、スクリューで供給された汚泥を移動させながら水を切る。	67～150%	中	場所をとらず無人運転が可能。1台あたりの処理能力は大きい。騒音、スクリューの摩耗などの欠点がある。	

図18 二軸パドルミキサー混練方式事例（セメント系、石灰系固化材で粉体やスラリー対応可能）[13]

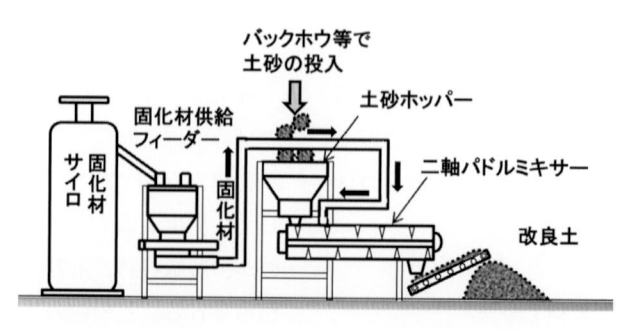

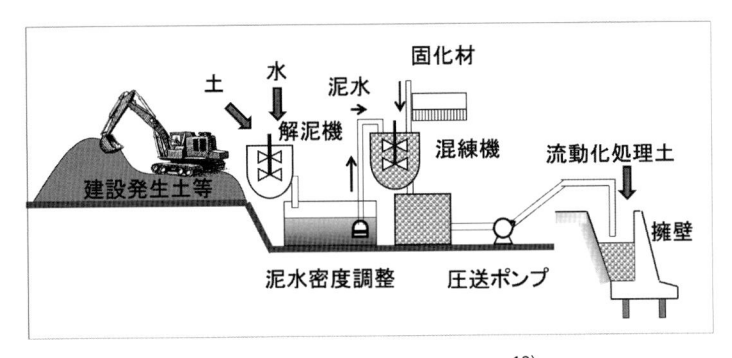

図19 流動化処理土の製造[13]

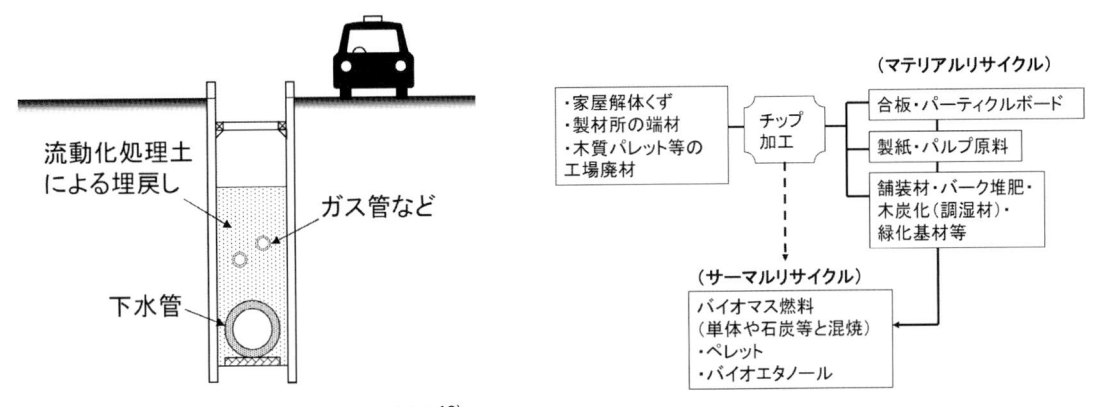

図20 流動化処理土の活用用途事例[13]

図22 廃棄木材等の段階的リサイクル利用

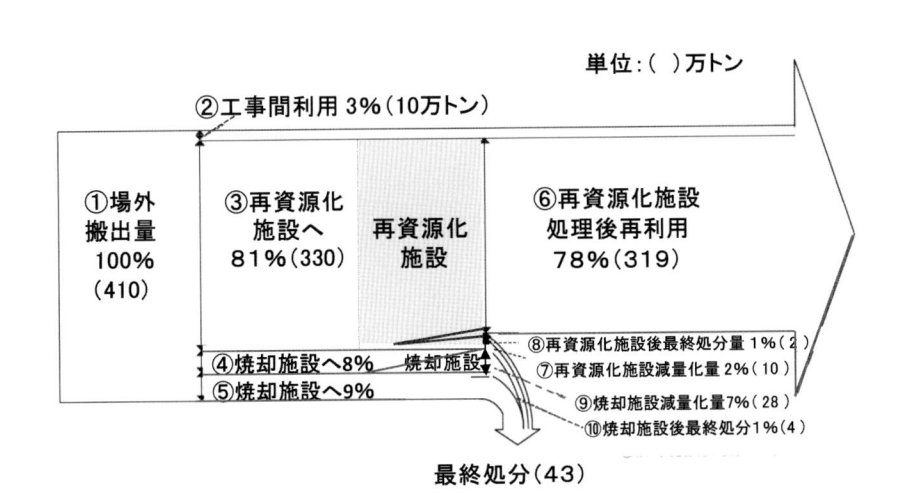

$$再資源化率 \frac{(②+⑥+⑦+⑨)}{①} = 89.4\%$$

$$再資源化率 \frac{(②+⑥)}{①} = 80.3\%$$

図21 建設発生木材のリサイクルフロー（四捨五入のため数字に不一致がある）[2]

表8 木質系バイオマス資源利用の現状[14]

木質系廃材の種類	年間発生量	再生利用率（2002年時点）	利用用途
製材工場等の残材	約610万トン	約90%	エネルギー源、肥料等
建設発生木材	約480万トン	約60%	製紙原料、ボード原料、家畜敷材料、エネルギー源
間伐材・林地残材等	約390万トン	ほとんどが未利用	────

があげられる。

特に、近年は地球温暖化の問題から再生可能エネルギー利用促進ということから、廃木材をサーマルリサイクルとして利用する発電等が非常に増加しており、燃料チップの需要も同様に増加している。また、廃木材からエタノールを抽出し燃料化する技術も実用化されている。

イ．廃木材等の資源化利用の状況

少し古い統計であるが、表8に木質バイオマスの資源化利用の状況を示すが、建設発生木材の大半が製紙原料、ボード原料、家畜敷材料、エネルギー源に利用されている。

(5) その他の建設廃棄物のリサイクルについて

建築物は多様な工業製品等の複合物であり、解体に伴い種々な廃棄物が排出されるが、プラスチックや石膏ボード等も再生資源となる。プラスチックでは塩ビ管や塩ビ壁紙など塩ビ製品が多用されており、サーマルリサイクルする場合は、脱塩素が必要になり分別する手法が課題である。

石膏ボードの石膏の再利用にあたっては、石膏ボード上の壁紙をボードから剥がす必要があり、需要に応えるため大都市近郊では幾つかの専門処理業が設置されている。また、最近では石膏ボードに砒素が含まれているものが確認されており、再生ボード材や土質改良材等に再利用する場合などは注意しなければならない[15]。

また、再生砕石にアスベスト含有建材の混入という事態も生じており、コンクリート塊のリサイクルにあたっても有害物の混入がないよう十分注意しなければならない[16]。

参考文献

1) 平成20年度建設副産物実態調査結果、国土交通省、平成23年3月31日
2) 平成20年度建設副産物実態調査結果参考資料、国土交通省、平成23年3月31日
3) 国土交通省リサイクルホームページ、「建設副産物の現状、建設副産物の定義」、閲覧日：平成23年7月
4) 国土交通省リサイクルホームページ、「建設副産物の現状、4．建設リサイクルに関する今後の方向性」、閲覧日：平成23年7月
5) 「日本道路協会舗装委員会、「舗装再生便覧について」、平成15年度地区講習会資料
6) 建設副産物リサイクル広報推進会議ホームページ、「建設副産物の概要、再資源化施設等の設置状況（平成14年度調査）」、閲覧日：平成23年7月
7) 建設省、「コンクリート副産物の再利用に関する用途別暫定品質基準（案）について、建設省技調発第88号」、平成6年4月11日
8) 環境省、「建設工事から生ずる廃棄物の適正処理について（通知）、環廃産第110329004」、平成23年3月30日
9) 国土交通省リサイクルホームページ、建設汚泥再生利用指針委員会、「建設汚泥対策、設汚泥再利用指針委員会報告書」、平成18年3月
10) 国土交通省、建設汚泥再生利用指針検討委員会作成、「建設汚泥再生利用指針検討委員会の報告書添付の参考資料4．建設汚泥の再利用の状況、平成13年社団法人全国産業廃棄物連合会アンケート結果」、平成18年3月27日

11) 国土交通省リサイクルホームページ、「通知基準マニュアル類、建設汚泥処理土利用技術基準」、平成18年6月
12) 一般社団法人泥土リサイクル協会ホームページ、「建設汚泥のリサイクル」、閲覧日：平成23年7月
13) 独立法人土木研究所、「建設汚泥再生利用マニュアル」、㈱大成出版平成、20年12月10日
14) 農林水産省・文部科学省・経済産業省・国土交通省・環境省、「バイオマス・ニッポン総合戦略」、2002年12月
15) 環境省報道発表資料、「石膏ボード製品の最終処分に伴う有害物質による水質汚濁の防止について」、平成9年5月29日
16) 国土交通省・環境省・厚生労働省、「再生砕石へのアスベスト含有建材の混入防止の徹底について、基安発0909第1号・国総建第112号・環廃産発第100909001号」、平成22年9月9日

(峠和男)

♳ セラミックスリサイクル

1 はじめに

　日本では産業廃棄物は年間約4億トン発生している。産業廃棄物の分類の中で、ガラスくず、コンクリートくず及び陶磁器くずの発生量は約5百万トン（発生量の約1％）である[1]。2000年に循環型社会形成推進基本法が制定されて以降、3Rに関する種々の取り組みが進められており、最終処分量は減少傾向にあるものの、新規な最終処分場を確保する事が難しく、その残余年数は産業廃棄物については7.5年（2006年度末時点）、一般廃棄物が18.0年（平成2008年度末時点）と深刻な状況が続いている[1]。

　陶磁器は高強度であるが故、粉砕には大きなエネルギーが必要となり、資源循環のためのリサイクルが、逆に製造時のエネルギー消費の増大やコストアップにつながりかねない。また、リサイクル原料は特に純度が不安定性であるため、焼結時の反応制御が難しいなどの問題を抱えている。そのため、日本は電子セラミックスの分野では世界のトップシェアを競っているものの、リサイクル原料を用いての最終製品の性能確保の難易度が高い。各種リサイクル原料を再利用する取組みはファインセラミックスよりも建材用途としてのタイルを中心として行われている。本節では主にタイルを中心としたセラミックスのリサイクル技術について述べる。

2 タイルの製造プロセス

　タイルは、粘土などの無機質原料を成形して高温で焼成した厚さ40mm未満の材料である。タイルの分類の一つとして、JIS A 5209では素地の吸水率によりⅠ類からⅢ類まで分類している（表1）。なお、2008年のJIS改訂によって、試験方法が自然吸水から強制吸水に変更にされており、それ以前は磁器質、せっき質、陶器質と呼ばれていた。また、タイル表面に釉薬を施釉されたものを施釉タイル、されていないものを無釉タイル呼ぶ。タイルは建築物の表層材として用いられており、使用部位によって要求される性能が異なる。外装タイルでは耐候性、耐摩耗性が重視されるため、吸水率が低いⅠ類やⅡ類（磁器質やせっ器質）が用いられる。内装タイルは耐環境性能よりも、意匠性や高い寸法精度が重視され、表面を施釉されたⅢ類（陶器質）タイルが主に使用される。

　タイルの製造工程を図1に示す。粘土、長石などの出発原料を調合し、水を分散媒として混合・微粉砕する。その後、目的とする形状により最適な方法を用いて成形し、乾燥工程で加えた水を除去し、必要に応じて釉薬をかけて焼成し製品となる。成形方法は、主に乾式プレス成形、真空押し出し成形、鋳込み成形があり、プレス成形ではその前の脱水工程で、スプレードライヤーによって顆粒化した原料を高圧プレス機の金型に充填し、板状に圧縮成形する。押出成形ではフィルタープレスした含水率が高い原料素地を押出成形機によって板状に押出し、所定の形状、寸法に切断す

表1　吸水率によるタイルの分類

区分 (JIS A 5209-2008)	吸水率 (強制吸水)
Ⅰ類	3.0％以下
Ⅱ類	10.0％以下
Ⅲ類	50.0％以下

区分 (JIS A 5209-1994)	吸水率 (自然吸水)
磁器質	1.0％以下
せっ器質	5.0％以下
陶器質	22.0％以下

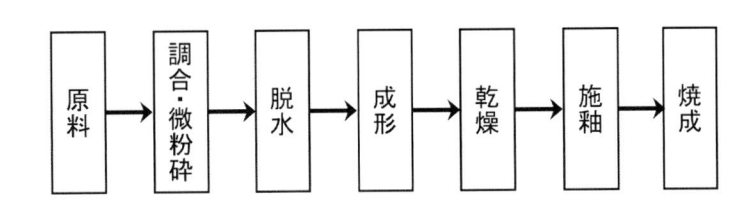

原料 → 調合・微粉砕 → 脱水 → 成形 → 乾燥 → 施釉 → 焼成

図1　タイルの製造プロセス

る。鋳込み成形では石膏型に泥漿を直接供給し、石膏に水分を吸収・移動させて、脱水と成形が同時に行われる。

3　タイルに用いられるリサイクル原料

　タイルの原料はほとんど天然原料であり、可塑性原料と非可塑性原料に大別できる。可塑性原料とは水を加えると粘りが出て、目的の形状を形成することができる原料のことで、その代表はカオリン、セリサイトを主とする粘土である。非可塑性原料は、成形性の調整と、乾燥や焼成した時の収縮によるひびや亀裂の防止の役割を果たし、ケイ石、ケイ砂、シャモット（粘土を焼いたもの）や長石などである。これらの原料に加えて、焼結温度を下げる目的として融剤の役割を持つ、長石、ドロマイト、リン酸カルシウムなどが添加され使用用途に合わせた調合が行われている。

　タイルに用いられている窯業系リサイクル原料の例を表2に示す。一般的にはこれらのリサイクル原料には可塑性がないため、非可塑性原料の代替材として用いられる。タイル大手メーカーでは2009年度に使用した原料は、天然原料が65％、再生原料が35％と、年間33,763tの再生原料が使用されている[2]。再生原料の約6割が社外からの受け入れであり、使用量の多いものは主に、採石廃土や窯業廃土、キラなどである。これらの再生資源を活用したリサイクル商品は、エコマーク商品やグリーン調達適合商品として販売されており、販売量の約6割に達する[2]。

4　リサイクル原料の組成安定化のための循環システム

　リサイクル原料の大きな問題の一つに組成の安定性があげられる。その解決策の一つとしてのベッティング法による循環システムについて述べる。タイルの製造工程では、成形時に発生する原料屑や不良品の他、工場排水をろ過した際に残る釉薬などの汚泥が発生する。発生汚泥の約2/3はそのまま再度原料として使用可能であるが、残り約1/3は着色剤や顔料に起因する呈色変動や成分変動により従来は埋め立て処分されていた。この汚泥を有効利用するためには、組成の安定化が必要であり、鉄鋼業で実績がある鉄鉱石のベッディングによる混合法が応用されている（図2）。タイルならびに衛生陶器工場から発生する汚泥は1カ所に集約され、計量後、天日乾燥と予備混合、本混合、ベッディングが行われている。再生処理の特徴は、設備に特殊なプラントが不要なことであり、コンクリート製の土間（乾燥、混合、ベッディング）、混合用のホイルローダー、ベッディング用のパワーショベル、保管用の屋根付き倉庫のみと、設備投資だけではなく再生処理のエネルギー消費も少ない。そのため、安価な再生原料を提供することが可能である。

　この再生処理により、全体としての組成は安定する。例えば、MgO成分についてみると、混合だけでは標準偏差が$s=0.4$であったが、ベッディング処理によって$s=0.19$と組成が安定化するとともに、製造ロット間でも天然原料並に組成が安定化し、再生原料としてタイル製造に用いること

表2 タイルに使用される窯業リサイクル原料

種類	概要
窯業廃土	タイル原料などを採取する際に発生する副産物の原料。従来は再度埋め戻されていたもの。
キラ	タイルやガラスの原料などに使用される「珪砂」採取時に副産物として発生する微小珪砂。
陶磁器屑	タイルなど焼き物の粉砕物。
採石廃土	原石から粉砕・分級工程により主としてコンクリート用骨材を製品化する際に最終微粉末として産出されるもの。
ガラス廃材	ジュースやワインなどに代表されるビンガラスや自動車のフロントガラスなどの廃材。
下水汚泥焼却灰	各地方自治体の下水処理場で発生する下水汚泥を焼却した灰。通常、焼却灰の多くは埋め立てられている。

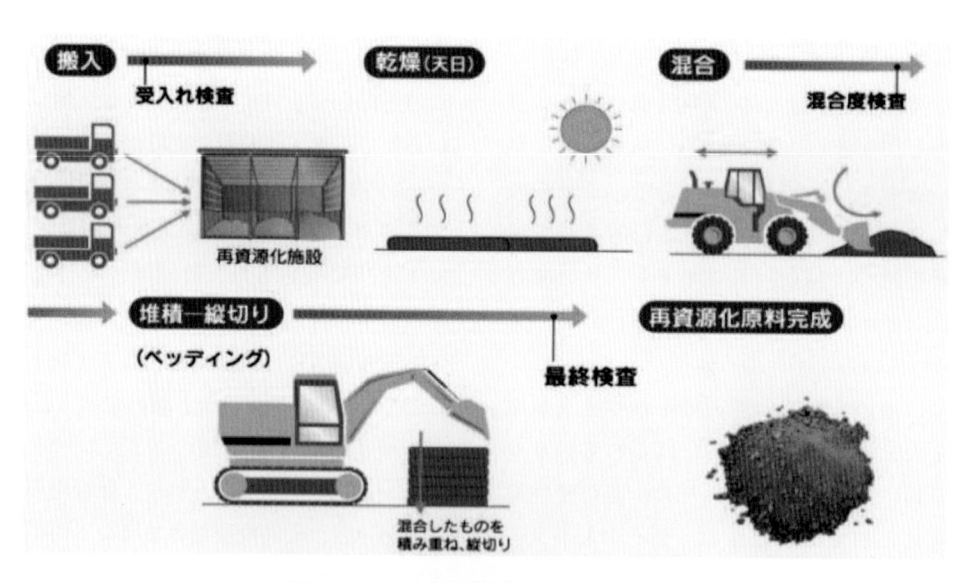

図2 タイル汚泥再資源化のフロー

表3 Z長石の化学組成

SiO_2	Al_2O_3	Fe_2O_3	CaO	MgO	K_2O	Na_2O	TiO_2	ZnO	ZrO_2	Ig-loss
61〜63	14〜15	0.8〜1.0	3.5〜4.5	4.5〜5.5	2.8〜3.3	1.8〜2.0	0.4〜0.6	1.1〜1.7	1.6〜2.0	5.5〜6.0

が可能となった。この再生処理法を汚泥の最後の再生方法と位置づけ、ここで得られた再生原料をZ長石と呼ばれている。Z長石の含水率は12～15％、平均粒径が4～6mmであり、その化学組成を表3に示す。組成の特徴は天然石に比較してK、Naのアルカリ金属に以外にCa、Mgのアルカリ土類金属を多く含有する事である。その結果、低温焼成が可能となるとともに、MgOの作用で急溶性が少ない広い焼成温度域を有することがわかった。

1999年から岐阜県に処理能力の汚泥再資源化施設が稼働されている[4]。この施設は産業廃棄物の中間処分業許認可施設で、処理能力は64m$_3$/日である。自社工場以外にも、協力工場から窯業系汚泥を受入れて再資源化し、タイル原料として、400t/月の生産能力を有している。

5 水熱反応を用いたリサイクル技術
(1) 水熱固化技術

従来のプロセスを用いてリサイクル原料を使用する場合、使用率は5割程度が限界である。リサイクル原料の使用率を上げるためには異なるプロセスを用いる必要がある。ここでは水熱固化技術を用いたリサイクル技術について述べる。

水熱反応は一般に処理温度が200℃以下でありエネルギー消費量が小さい。水熱反応による強度発現機構は反応生成物による空隙充填であると考えられる。反応前には成形体の出発原料粒子間に直径数μmの空隙が存在するが、水熱反応によって反応物が空隙を充填する結果、細孔が10nm程度まで小さくなる[5]。反応生成物をナノオーダーまで微細化する事ができれば固化体を高強度にする事ができる[6,7]。また、空隙充填で強度が発現するため、出発物質をすべて反応させる必要がない。廃棄物を出発物質に用いる場合に問題となる、低純度、組成の不安定性、を回避するためには非常に有利なプロセスである。

水熱固化体の製造プロセスを図3に示す。この技術は基本的にタイルの乾式プレス成形と同じであるが、高温焼成ではなく200℃以下の水熱反応を用いる点が異なる。エネルギー消費量はタイルなどのセラミックスの製造プロセスの約1/6と試算されている[8]。

この技術で使用可能なリサイクル原料は非常に幅広い。これは水熱反応の特徴の空隙充填反応により、出発物質をすべて反応させる必要がない事による。応用例の一つとして、砕石工場から発生する廃土（SiO$_2$=81.1％，Al$_2$O$_3$=8.5％）を80％用いた水熱固化体が検討されており、製造時の環境負荷を下げるだけでなく、生活に伴う消費エネルギーも削減可能である。これは、土が本来持っている蓄熱調湿性能が引き継がれており、木材と同程度の調湿性能を持つ事による。高気密高断熱集合住宅のリビングルームの床に施工したところ、室内温度、湿度ともに変動幅が小さくなり、生活に伴う消費エネルギー（電気、ガス、上水）

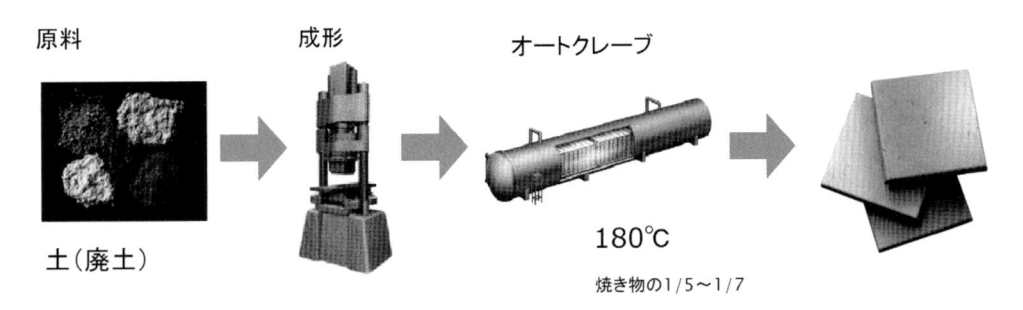

図3 水熱固化体の製造プロセス

図4 無機系廃棄物を使用した水熱固化体床タイルの施工写真（愛・地球博会場）

がCO_2換算で年間平均17%削減された[9]。また、都市ゴミ焼却灰，都市ゴミ焼却飛灰，下水汚泥焼却灰、コンクリートがら、建設汚泥の5種の無機系廃棄物の混合物（SiO_2=64%, Al_2O_3=15%）を85%用いた水熱固化が作製され、2005年に開催された愛・地球博に使用された（図4）[10]。

(2) 廃棄物を用いた機能化

水熱固化技術は廃棄物の利用率を上げることも可能であるが、機能を上げる可能性も持ち合わせており、浄水汚泥を用いた機能性水熱固化体について述べる。汚泥は産業廃棄物の中で排出量が44%（1.9億トン／年）と最も高い[1]。汚泥は一般的に石英や粘土鉱物などの細粒の粒子を含有するスラリーであり、純度が低いために原料としての再利用が難しい。汚泥から固体粒子を分離するため、一般にポリ塩化アルミニウム（PAC; poly aluminum chloride）などの凝集沈殿剤で処理され固形分と水は分離される。PACはその処理過程で非晶質水酸化アルミニウム（$Al(OH)_3$）として沈殿し、固形分とともに廃棄されている。しか

し、非晶質水酸化アルミニウムは水熱条件では反応性に富むため、水熱固化反応に利用できる可能性があり、水酸化アルミを選択的に水熱反応に用いることが検討された[11]。

PAC由来の非晶質水酸化アルミニウムが10〜15%程度含まれる浄水汚泥（SiO_2=45%, Al_2O_3=34%）を用い、消石灰を混合し、プレス成形を行い、220℃で水熱反応を行った。その結果、消石灰添加量には最適値があり、5%添加の時、すなわち廃棄物使用率95%の時に最大強度となり（図5）、極めて少ないバージン原料だけで高い強度の固化体が得られた。最高強度を示した水熱固化体には数十nmのナノサイズの粒状物質が多く観察された（図6）。分析電子顕微鏡による解析から、Al-Si-Fe-Ca系の非晶質水和物であり、その平均組成はAl/(Al+Si) = 0.48、Ca/(Al+Si) = 0.05、Fe/(Al+Si) = 0.03であった。水熱処理前の成形体に存在した直径約1μmの細孔は、この非晶質物質の生成によって、約0.01μmにシフトし、固化体の強度が高い程、細孔は小さくなる傾向があり、最高強度を示した水熱

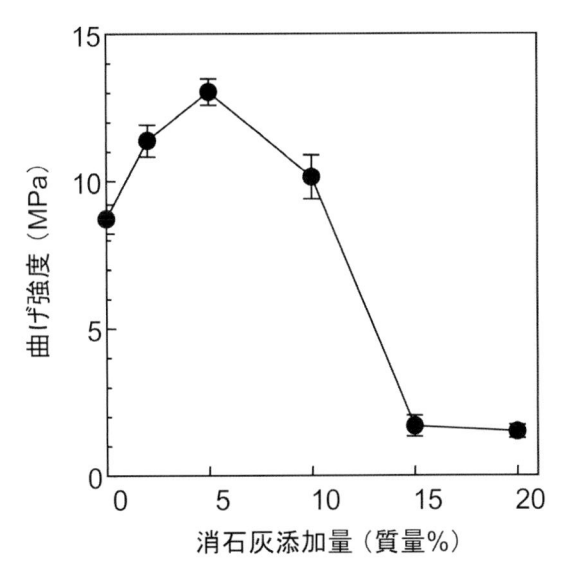

図5　浄水汚泥を用いた水熱固化体の曲げ強度

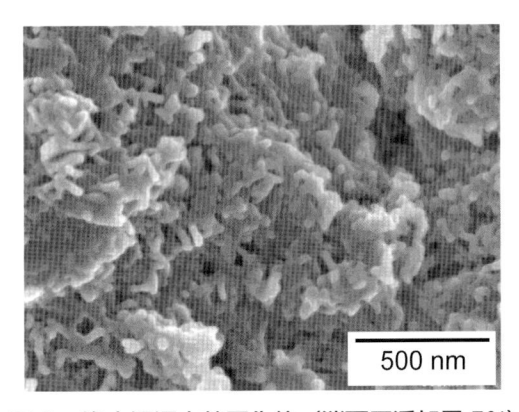

図6　浄水汚泥水熱固化体（消石灰添加量5%）のSEM写真

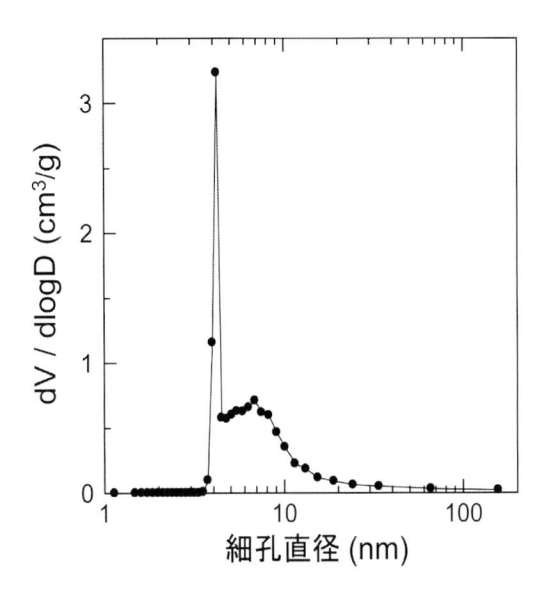

図7　浄水汚泥水熱固化体（消石灰添加量5%）のN2吸着法による細孔径分布

固化体の比表面積は157m²/gと非常に大きな値を示すとともに、窒素吸着による細孔径分布測定で4〜7nmにピークを持つことがわかった（図7）。その結果、このサイズの細孔は自律型調湿材料として適したものであり、調湿性能は木材の6〜7倍を示した。調湿材としての用途に加え、VOC等のガス吸着材料としての応用が期待出来る[11]。

6　おわりに

タイルを中心とした現状のリサイクル技術、廃棄物を多量に使用しても機能性を高める水熱技術の可能性について述べきた。現在する最古のタイルは、今から約4650年前のエジプト古王国時代ジェセル王時代のファイアンス・タイルであるといわれている。タイルは、本来、数千年の長期耐久性を持つ材料であるが、現在の日本の住宅の平均寿命は約26年であり、アメリカの約44年、イギリスの約75年に比べてライフサイクルが短い[12]。躯体に接着されたタイルを分離する事が難しいので、再利用されていないのが現状である。セラミックスの分野では、近年、セラミックス食器について、市民活動と連携して、破損や廃棄される器を回収し、再度粉砕によって再原料化し、もう一度器として再生するという消費者視点でのリサイクルの新しい取り組みが始まっている。タイルについても、本来の良さを追究し、長く使いたいタイルを製造し、リユースしやすい工法や接着剤の実現していく必要があると考えている。

参考文献

1) 平成22年版環境白書：http://www.env.go.jp/policy/hakusyo/h22/
2) LIXILホームページ：http://inax.lixil.co.jp/eco/production/reuse.html

3) 渡辺修・平岡泰典・石田秀輝, J. Ceram. Soc. Japan, 100, 1448-1452 (1993)
4) 川合和之, 鈴木基之監修, ゼロエミッション型産業をめざして, シーエムシー出版, 86-91 (2001)
5) T. Mitsuda, K. Sasaki and H. Ishida, J. Am. Ceram. Soc., 75, 1858-1863 (1992)
6) H. Maenami, O. Watanabe, H. Ishida and T. Mitsuda, J. Am. Ceram. Soc., 83, 1739-1744 (2000).
7) 井須紀文・石田秀輝, 廃棄物学会誌, 15, 196-202 (2004)
8) 進博人・久留島豊一, セラミックス, 32, 981-984 (1998).
9) 石田秀輝, セラミックデータブック 2001, 29, p.18-23 (2001)
10) 井須紀文・石田秀輝, セラミックス, Vol.40, 294-296 (2005)
11) N. Isu, H. Maenami and E.H. Ishida, J. Ceram. Soc. Japan, Suppl., 112, S1364-S1367 (2004).
12) 平成8年建設白書: http://www.mlit.go.jp/hakusyo/kensetu/

(井須紀文)

6　焼却溶融プロセス

1　焼却溶融プロセスの変遷

　廃棄物は大きく一般廃棄物と産業廃棄物に分類される。一般廃棄物は、産業廃棄物に分類されない、主に家庭から排出された廃棄物で、発生量は、2009年度では、994 g/(人・日)、全国の総排出量は4,625万t/年である。

　一般廃棄物を処理する焼却溶融プロセスは、焼却と溶融をそれぞれ別々に行うプロセスと、これらを一連のプロセスとして行うガス化溶融プロセスの二通りに分けられる。これらのプロセスには、それぞれ、焼却炉と灰溶融炉の組み合わせおよびガス化溶融炉が主要設備として対応している。焼却溶融プロセスによって廃棄物は、鉄やアルミニウムなどの金属材料、亜鉛を主とした非鉄製錬原料、および土木・建設用資材などにマテリアルリサイクルとして再利用が可能である他、サーマルリサイクルとして電気や熱の回収が可能である。

　焼却プロセスは、伝染病予防という公衆衛生の観点から、自治体や企業から排出される廃棄物の処理として採用されはじめ、1965年（昭和40年）頃からは、大都市で大規模な焼却施設が建設されてきた。中間処理方式のひとつである焼却プロセスによって、廃棄物は、自然環境において生態系に影響を与えないように、化学反応が抑制され、汚染の拡散が防止されるように適正に処理され、安定化・無害化がなされる。くわえて、焼却プロセスによって、廃棄物の容積は約10％まで減容化することが可能である。焼却プロセスには、その後、法律の整備に伴い、塩化水素、窒素酸化物、硫黄酸化物およびダイオキシン類などの有害物質を除去する公害防止機器が、備えられるようになってきた。また、ボイラーと蒸気タービンを備えることにより、廃棄物のエネルギーを回収して発電が行われるようになってきている。

　溶融プロセスとしては、まず灰溶融炉技術が、最終処分場の延命化、資源循環を目的に、埋め立て処分されていた焼却灰を、電気や燃料の熱を供給して溶融してスラグ（酸化物融液の凝固体、溶融固化物ともいう）にし、路盤材やコンクリート骨材などの土木・建設用資材へと活用する技術として開発された。灰溶融炉は、1990年代に技術開発が行われた後、1997年に厚生省（当時）より、ごみ焼却施設の新設に当っては、焼却灰・飛灰の溶融固化施設等を原則として設置すること、との通知が出され、焼却炉に加えて、地方自治体に採用されてきた。

　次に、焼却と灰溶融を別々に行うプロセスを、一連のプロセスとして行うガス化溶融プロセスが開発された。2000年代にガス化溶融プロセスは実用化され、焼却-灰溶融プロセスとともに、一般廃棄物の処理プロセスとして広まってきている。ガス化溶融プロセスにおいて廃棄物は、熱分解・ガス化され、生成したガスの一部もしくは全部が燃焼され、発生する熱で廃棄物中の灰分が溶融されてスラグとなる。

　一方、事業活動に伴って生じた廃棄物である産業廃棄物に関しては、幅広い分類によりさまざまな処理が行われているが、焼却処理が可能なもの

については、発電、溶融がみられるようになってきている状況である。以下、一般廃棄物を中心に話を進める。

② 焼却溶融プロセスで処理される廃棄物[1]

廃棄物の性状や燃焼性は、ごみの三成分、低位発熱量および元素分析などにより把握される。

ごみの三成分とは、廃棄物の水分、可燃分および灰分を測定して表示したものである。その測定方法は、一定量のごみを採取して縮分した後、乾燥（105℃、2時間）してその減少量を水分とし、更に、大気雰囲気下で完全燃焼させ、その減少量を可燃分、残った質量を灰分として質量パーセントで表示したものである。一般廃棄物では、水分は45〜60％、可燃は40〜55％、および灰分は5〜15％が一般的である。

一般廃棄物の水分は、その約半分を占めていて、厨芥に含まれる水分の影響が大きい。ごみ焼却施設で採取した一般廃棄物の種類別の三成分を表1に示す。厨芥の水分が高い他、紙や繊維も比較的高くなっている。これは排出された後、収集・運搬および貯留される過程で、吸湿性のある紙や繊維に水分が移行したためと考えられている。ごみの揮発分を測定し、可燃分中の揮発分と固定炭素分を表示すると、一般廃棄物の可燃分中の揮発分は約90％、固定炭素は約10％で、可燃分の多くが揮発分で固定炭素が少ない。これは、一般廃棄物を構成する紙類、厨芥類および草木類などでは、可燃分中の揮発分が85〜90％と多く、固定炭素が10〜15％であり、その他の主な構成要素であるプラスチック類でも、ほとんどが揮発分で固定炭素が少ないためである。焼却プロセスでは、廃棄物中の揮発分は、熱分解して揮発して炎燃焼し、固定炭素は、炉内に残留しておき燃焼する。

廃棄物の発熱量を把握することは、廃棄物の燃焼性の良否判断や、熱発生、排ガス冷却および熱回収などの過程における熱精算を行う上で重要である。国内の一般廃棄物の湿基準での低位発熱量は、おおむね4,000〜15,000 kJ/kgである。

ごみの低位発熱量を把握するため、熱量計によって実測する他、ごみ三成分や元素分析値から推定する方法、熱精算で計算する方法などが行われている。

ごみ三成分から低位発熱量を推定する場合、低位発熱量、H_Lは、例えば次式、

$$H_L = \alpha B - 25W \quad \alpha ≒ 190$$

α：可燃分の平均低位発熱量 (kJ/kg) を100で序した値，$\alpha = 190〜230$

B：可燃分 (%), W：水分 (%)

などが用いられる。

ごみの元素分析の測定値を表2に示す。廃棄物の燃焼は、可燃物を構成する可燃元素である炭素、水素および硫黄などの燃焼であり、これらの化学量論関係から発熱量の推定が行われている。また、これら元素分析値を用いて燃焼やガス化に必要な

表1　都市ごみ種類別組成の三成分値（湿基準）
（ごみ焼却施設で採取）

単位：湿ベース(%)

組成	水分	可燃分	灰分
紙	35.5	58.4	6.1
植物性厨芥	78.2	16.2	5.6
動物性厨芥	59.2	23.5	17.4
残飯	53.4	43.6	3.0
木・竹	30.1	65.9	4.0
繊維	28.3	66.9	4.8
皮革	22.3	67.7	10.0
ゴム	6.4	76.6	17.0
プラスチック	16.8	74.3	17.0
金属	7.8	0.0	92.2
陶磁器	3.0	0.0	97.0
ガラス	1.2	0.0	98.8
可燃性細塵	49.8	25.5	24.7
不燃性細塵	33.1	19.9	47.0

《「都市固形廃棄物の熱分解処理に関する基礎的研究（昭和60年）片柳健一」》

出典：（社）全国都市清掃会議（財）廃棄物研究財団、ごみ処理施設整備の計画・設計要領

表2 都市ごみの種類ごとの元素量および発熱量

（平成6～15年度の平均値） （乾ベース）

元素等	種類別組成	紙類	プラスチック類	厨芥類	繊維類	木竹類	その他
	可燃分(%)	89.31	95.12	86.84	97.86	93.75	67.78
可燃分中の元素(%)	炭素	42.23	71.87	45.31	50.92	47.69	35.86
	水素	6.22	10.97	605.00	6.56	6.04	4.61
	窒素	0.28	0.42	2.89	2.92	0.84	1.81
	硫黄	0.01	0.03	0.10	0.12	0.01	0.04
	塩素	0.17	2.66	0.25	0.45	0.18	0.22
	酸素	40.40	9.17	32.24	36.89	38.99	25.24
灰分(%)		10.69	4.88	13.16	2.14	6.25	32.22
乾物高位(kJ/kg)		17,079	37,687	18,653	20,813	19,231	14,425

《横浜市環境事業局》

（注1）その他は雑物、土砂のほかゴム、皮革、草・落葉を含み、金属、ガラス、石・陶器を含まない
（注2）数値は平成6年度～15年度までの平均値
（注3）平成7年10月より市内全域で缶・びん分別収集実施

出典：（社）全国都市清掃会議（財）廃棄物研究財団、ごみ処理施設整備の計画・設計要領

空気量や排ガス量が算定され、装置設計に活用されている。

操業においてはコンピューターにより、ごみ焼却量、燃焼温度、蒸気発生量、排ガス量および排ガス温度などの計量データをもとに熱精算を行って、発熱量を計算することが行われている。

3 各種焼却溶融プロセス

焼却施設の方式を図1に示す。焼却炉は、廃棄物を焼却した後、焼却灰として排出する従来からある方式で、ストーカ式、流動床式およびキルン式（回転式ともいう）がある。焼却灰をさらに溶融する場合、灰溶融炉を付帯設備として設置する。灰溶融炉の分類を図2に示す。灰溶融炉は、大きく分けて電気式と燃料燃焼式がある。電気式は焼却施設で発電を行う場合に併設されることが多く、燃料燃焼式は、重油、天然ガスもしくはコークスなどの外部熱源を用いる方式である。ガス化溶融施設とガス化改質施設では、焼却と溶融を一連のプロセスとして一つの施設で行っている。ガス化溶融施設のうち、廃棄物のガス化ならびに不燃物や金属の排出と発生した飛灰の溶融を分離する分離方式では、ごみを破砕する前処理装置が必要とされている。

一般廃棄物の焼却施設としては、大量のごみを破砕することなく安定して焼却するのに適したストーカ式焼却炉が広く適用され、RDF（ごみ固形化燃料）や汚泥などの均質な物を処理する場合には、流動床式焼却炉が用いられることがある。ガス化溶融施設には、シャフト炉式や流動床式が用いられることが多い。産業廃棄物の焼却施設では、液体廃棄物も処理ができ、受入れ可能な廃棄物の種類が多いキルン式焼却炉が、よく用いられてい

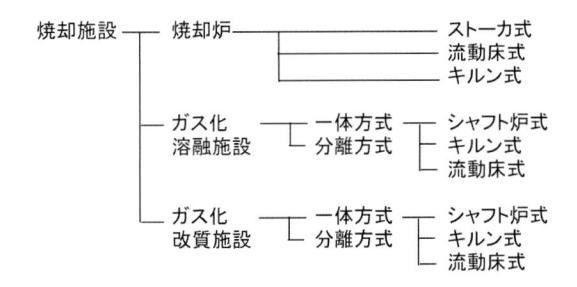

```
焼却施設 ─┬─ 焼却炉 ──────┬─ ストーカ式
          │                 ├─ 流動床式
          │                 └─ キルン式
          ├─ ガス化     ─┬─ 一体方式 ─┬─ シャフト炉式
          │  溶融施設    └─ 分離方式  ├─ キルン式
          │                             └─ 流動床式
          └─ ガス化     ─┬─ 一体方式 ─┬─ シャフト炉式
             改質施設    └─ 分離方式  ├─ キルン式
                                        └─ 流動床式
```

出典：（社）全国都市清掃会議（財）廃棄物研究財団、ごみ処理施設整備の計画・設計要領

図1 焼却施設の方式

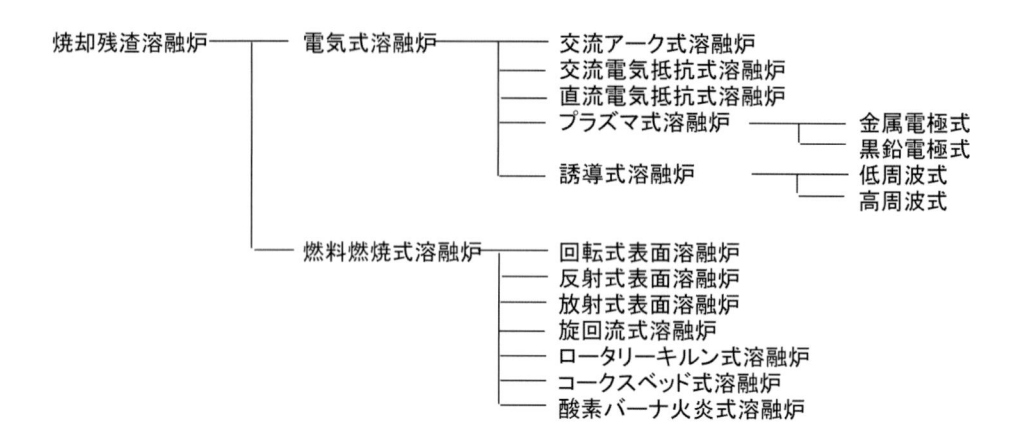

```
焼却残渣溶融炉 ─┬─ 電気式溶融炉 ─┬─ 交流アーク式溶融炉
                │                ├─ 交流電気抵抗式溶融炉
                │                ├─ 直流電気抵抗式溶融炉
                │                ├─ プラズマ式溶融炉 ─┬─ 金属電極式
                │                │                    └─ 黒鉛電極式
                │                └─ 誘導式溶融炉 ─┬─ 低周波式
                │                                  └─ 高周波式
                └─ 燃料燃焼式溶融炉 ─┬─ 回転式表面溶融炉
                                      ├─ 反射式表面溶融炉
                                      ├─ 放射式表面溶融炉
                                      ├─ 旋回流式溶融炉
                                      ├─ ロータリーキルン式溶融炉
                                      ├─ コークスベッド式溶融炉
                                      └─ 酸素バーナ火炎式溶融炉
```

出典：(社) 全国都市清掃会議 (財) 廃棄物研究財団、ごみ処理施設整備の計画・設計要領

図2 灰溶融炉の分類

る。

　ストーカ式焼却炉の一例を図3に示す。ストーカ炉は、火格子が設けられ、この火格子の空気の噴出孔から、空気を供給して、可動する火格子を用いてごみを炉の出口側に送る方式である。ストーカ炉によって、廃棄物は炉内で燃焼されて、排出される焼却灰（主灰）と排ガスと後段の排ガス集じん設備などで回収される飛灰となる。

　電気式溶融炉では、電気エネルギーをジュール熱、アークやプラズマなどの熱に変換して灰を溶融する。電気式溶融炉の一例として、電気抵抗式灰溶融炉を図4に示す。電気抵抗式灰溶融炉では、スラグに電極を浸漬して直接通電し、発生するジュール熱で効率的に灰が溶融される。

　図5にシャフト炉式ガス化溶融炉の一例を示す。廃棄物は、コークス、石灰石とともに炉に投入され、炉内でコークスベッドの充填層が形成される。炉の上部で廃棄物はガス化され、不燃分を含む残渣は下部に移行した後、廃棄物中の固定炭素とコークスの燃焼で発生した熱により、高温で還元溶融されてスラグやメタルとして排出される。一方、ガス化で生成したガスは、後段の燃焼室で燃焼され、ボイラーで熱回収し発電が行われる。

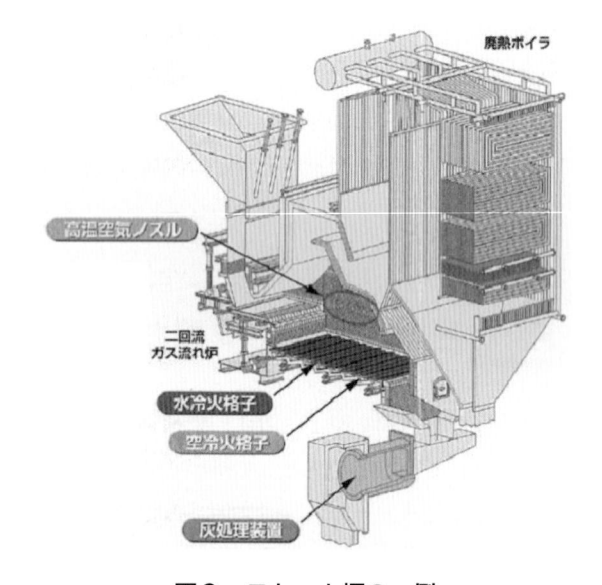

図3 ストーカ炉の一例

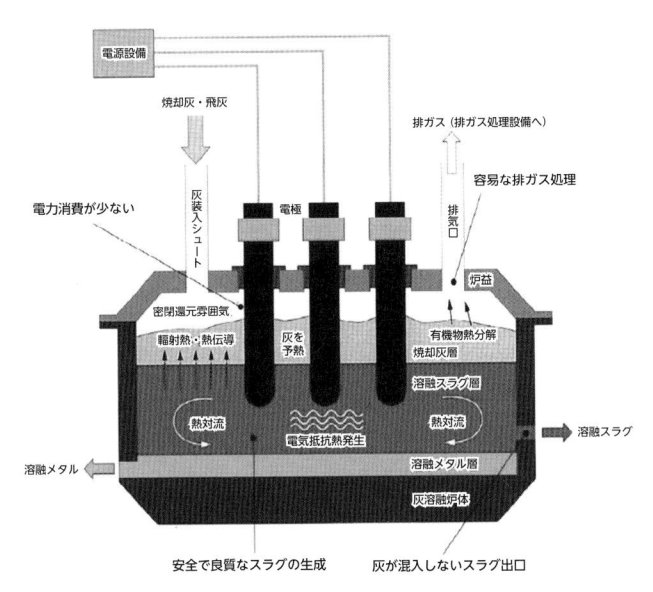

図4　電気抵抗式灰溶融炉

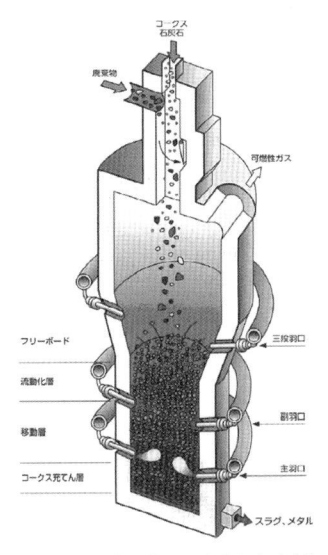

図5　シャフト炉式ガス化溶融炉

4 廃棄物発電（サーマルリサイクル）[2)3)]

図6に焼却施設の発電効率を、表3と表4にごみトンあたりの発電量と総発電量を示す。焼却施設において、炉から発生した排ガスの顕熱をボイラーで回収して、蒸気タービンで発電している。また、回収された熱の一部は余熱利用として、プールなどの温水として利用される例が多い。

長年、発電効率向上を目指し、ボイラーの高温高圧化が図られ、最近、排ガスの持去り顕熱を少なくする技術開発が行われ燃焼の低空気比化が図

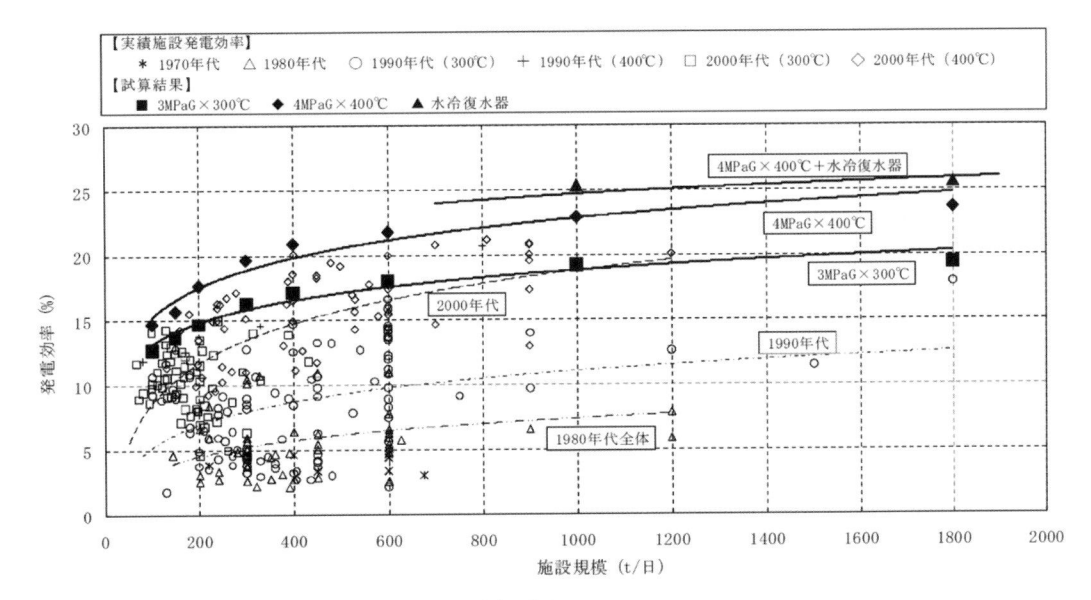

出典：環境浄化技術 2009.12, vol. 8, No. 12

図6　施設規模と発電効率

表3　ごみ発電つき施設規模ごとのごみtあたりの発電量と発電効率

	ごみtあたりの発電量(kWh/t)	発電効率(%)
全体	258	10.4
～100 t	213	9.3
100～199 t	262	10.5
200～299 t	225	9.5
300～399 t	204	8.3
400～499 t	268	10.4
500～599 t	303	12.2
600 t～	324	12.8

出典：環境浄化技術 2009.12, vol. 8, No. 12

表4　ごみ発電施設数と発電能力[4]

年度＼区分	発電施設数	総発電能力(MW)	発電効率(%)	総発電電力量
平成12年度	233	1,192	9.94	4,846
平成13年度	236	1,246	10.43	5,538
平成14年度	263	1,365	10.06	6,366
平成15年度	271	1,441	10.23	7,100
平成16年度	281	1,491	10.50	7,129
平成17年度	286	1,512	10.70	7,090
平成18年度	293	1,590	10.93	7,190
平成19年度	298	1,604	11.14	7,132
平成20年度	300	1,615	11.19	6,935
平成21年度	304	1,673	11.29	6,876
（民間）	50	288	14.30	1,036

注）・（民間）以外は市町村・事務組合が設置した施設で、当該年度に着工した施設及び休止施設を含み、廃止施設を除く。
・発電効率とは以下の式で示される。

$$発電効率[\%] = \frac{860[kcal/kWh] \times 総発電量[kWh/年]}{1,000[kg/t] \times ごみ焼却量[t/年] \times ごみ発熱量[kcal/kg]} \times 100$$

出典：環境浄化技術 2009.12, vol. 8, No. 12

られてきた。発電効率は施設規模が大きくなるほど比例して増加する傾向がある。

溶融プロセスにおけるマテリアルリサイクル[5]

灰溶融やガス化溶融といった溶融プロセスからは、スラグ以外に副生成物として、前処理残さ（金属類、夾雑物）、溶融飛灰、スラグの加工・改質残さおよびメタルが排出される。これら副生成物は図7に示すようなリサイクルが可能である。

スラグは、道路用骨材やコンクリート用骨材などの土木・建設用資材への使用が可能である。金属類に関しては、プロセスから二種類発生し、前処理で磁力選別した金属類は、製鉄業や非鉄業のスクラップとして再利用でき、また、溶融して排出されたメタルは、建設用機械のカウンターウエイト材などに再利用できる。溶融飛灰は、非鉄製錬原料として山元還元が可能である。

1　溶融飛灰の山元還元（マテリアルリサイクル）[5]

ガス化溶融炉や灰溶融炉から発生する溶融飛灰は、表5に示すように、方式により発生量に幅があるが、ガス化溶融炉で一般廃棄物トンあたり平均約37 kgで、灰溶融炉では、灰トンあた

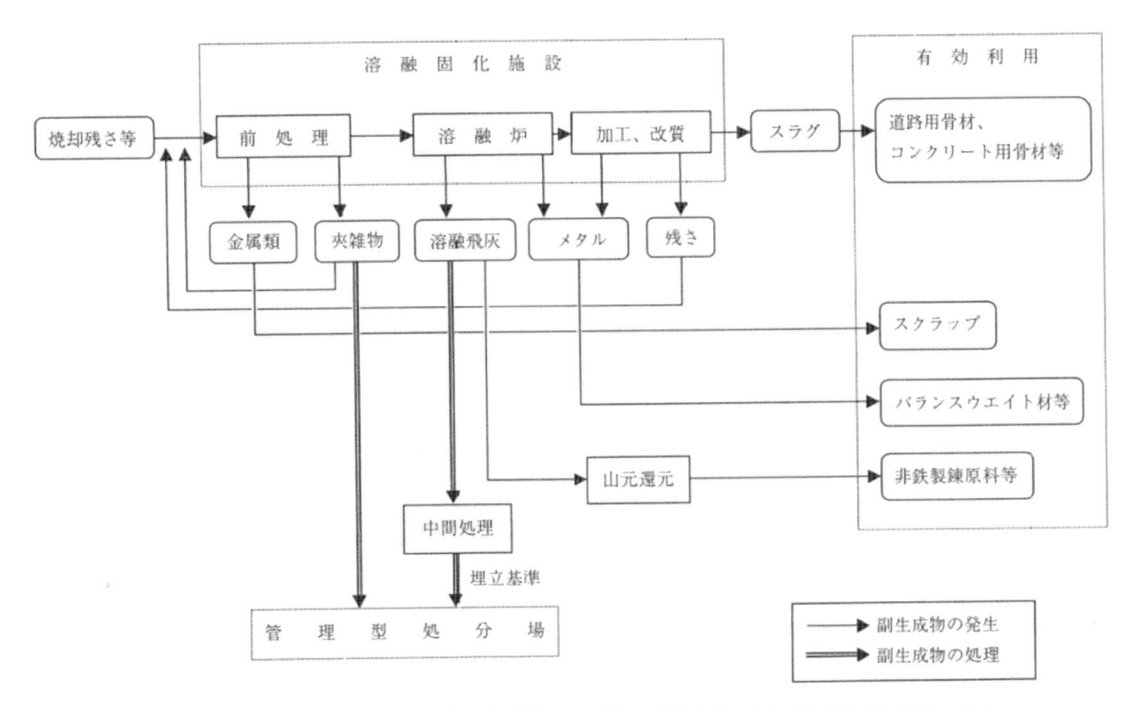

出典：財団法人　廃棄物研究財団，スラグの有効利用マニュアル

図7　副生成物の発生と処理過程

表5　溶融飛灰発生量と原単位[7]

（単位：kg溶融飛灰/t処理対象物）

		n	最小値	最大値	中央値	平均値	標準偏差
ガス化溶融		36	16.9	125.6	31.5	37.2	21.8
	シャフト	20	16.9	125.6	35.1	41.9	27.3
	流動床	11	20.1	35.3	29.2	28.8	4.9
	キルン	5	23.4	63.1	31.8	36.7	16.1
灰溶融		30	26.2	280.4	102.2	107.7	57.5
	表面溶融	12	27.6	226.9	106.7	116.3	57.1
	プラズマ	10	42.2	280.4	90.8	109.7	68.6
	その他	8	26.2	149.0	100.4	92.4	46.2

出典：第19回廃棄物資源循環学会研究発表会講演論文集(2008)、P2-C6-9

り平均約100 kgである。廃棄物中の亜鉛、鉛などの重金属元素は、溶融プロセスにおいて、塩化物のような、比較的低沸点の化合物を生成して揮発する他、灰分や不燃分が飛散し、排ガスに随伴して、後段のバグフィルターや電気集塵機などの除塵設備で捕集され、溶融飛灰として回収される。溶融飛灰中の元素濃度は溶融方式や廃棄物性状により大きな幅があるが、亜鉛は、20,000～200,000 mg/kg（2～20mass%）、鉛は、4,000～200,000 mg/kg（0.4～20mass%）含まれており（図8）、非鉄製錬会社にて亜鉛原料や鉛原料として活用すること、すなわち山元還元が可能である。一般的に鉱石の採掘品位は数mass%で、選鉱工程を経て50～60mass%に濃縮されて非鉄製錬原料となる。溶融飛灰を非鉄製錬原料として用いるには、前処理によって、亜鉛や鉛濃度は濃縮され、塩素などの製錬処理の妨げとなる不純物が除去されて利用される。2009年での非鉄製

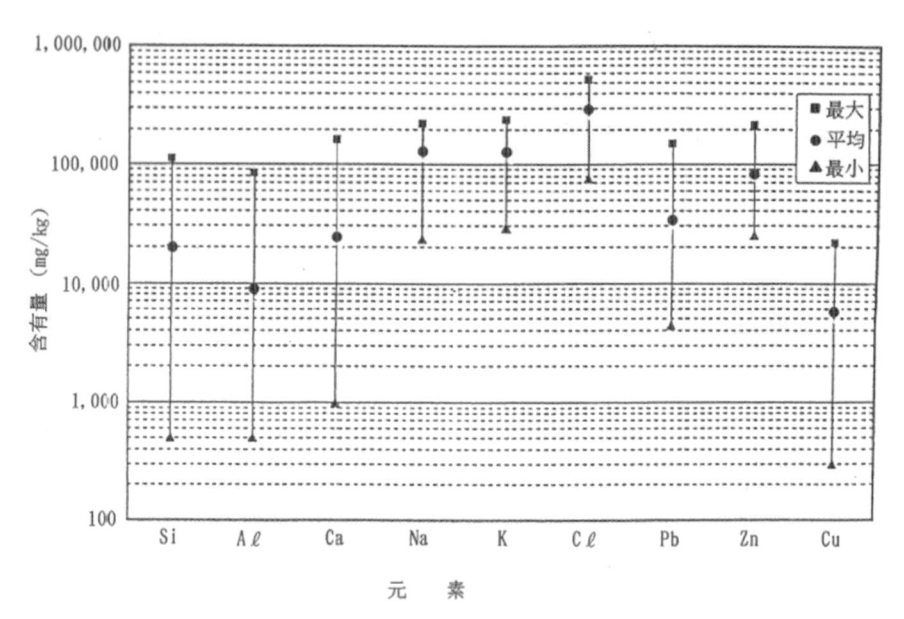

出典：東京都溶融飛灰資源化研究会　平成9年度報告書

図8　溶融飛灰中の元素含有率の分布

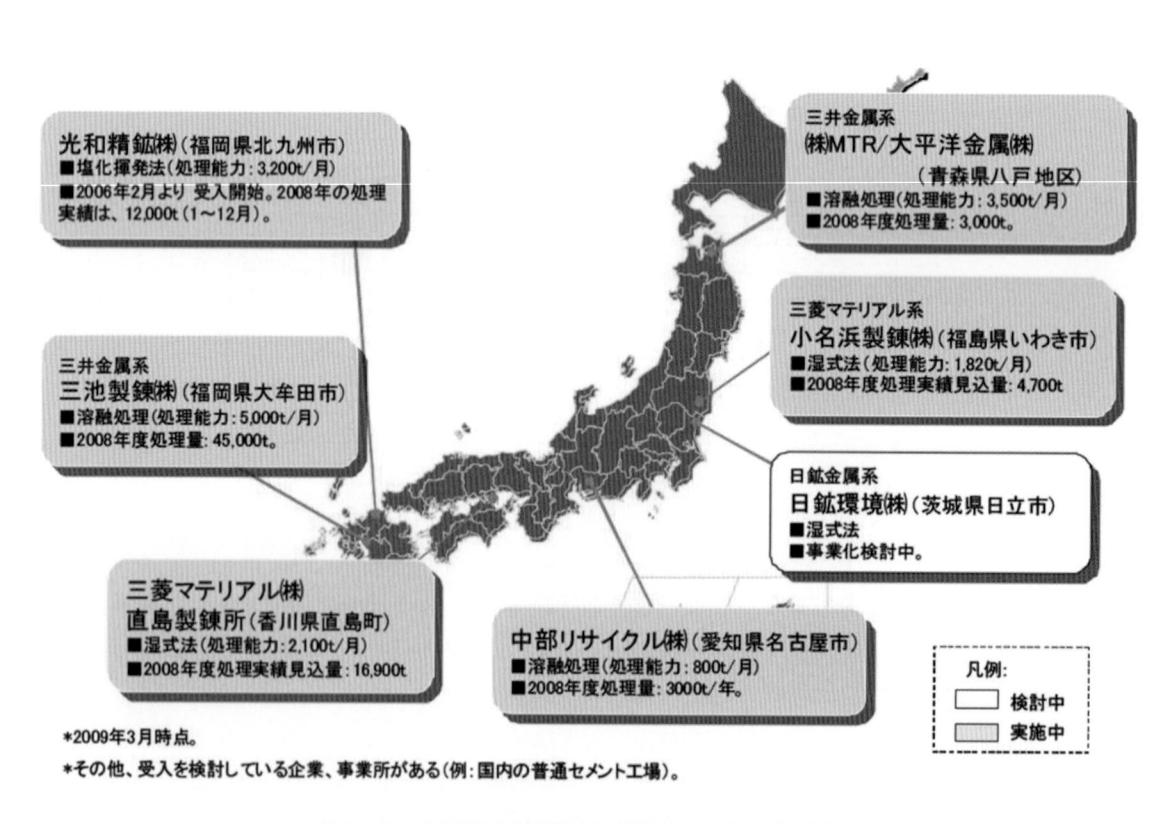

出典：第20回廃棄物資源循環学会研究発表会講演論文集(2009)、C4-10

図9　溶融飛灰の受入れの現状と意向[8]

錬の溶融飛灰の受入れ状況を図9に示す。しかし、輸送コストなどの問題もあり、大半の溶融飛灰は、埋立て処分されている。

山元還元の対象は溶融飛灰に限らず、一部の溶融メタルにおいても、銅や貴金属類が含まれることがあり、これらも山元還元されることがある。

2 スラグ利用（マテリアルリサイクル）[5), 6)]

廃棄物中の灰分や不燃物は、溶融プロセスで、スラグとして排出され、発生量は、一般廃棄物トンあたり、50～150 kg 排出される。焼却灰には主な成分として、SiO_2 が 25～55％、CaO が 15～45％、Al_2O_3 が 10～30％、Fe_2O_3 が 1～10％ 含まれ、これを溶融すると、CaO-Al_2O_3-SiO_2 系を主成分としたスラグとなる。スラグの融点は、1200～1500℃であり、灰溶融炉やガス化溶融炉の炉内では、スラグが溶融するため方式により異なるが、1200℃以上になっている。

スラグの成分は岩石に類似しており、スラグを土木・建設用資材に利用する技術の開発が進められ、2006年に JIS A 5301『一般廃棄物，下水汚泥又はそれらの焼却灰を溶融固化したコンクリート用溶融スラグ骨材』と JIS A 5032『一般廃棄物，下水汚泥又はそれらの焼却灰を溶融固化した道路用溶融スラグ』が制定され、2007年には環境省が定めた『一般廃棄物の溶融固化物の再利用に関する指針』(2009年一部改正) に基づき適正な再利用の促進が図られてきた。

溶融スラグは、環境安全性の観点から有害物質の含有量と溶出量に基準が設けられ、化学成分や物理的性質などが規定され、品質管理がなされた工業製品として扱われている。

ガス化溶融炉もしくは灰溶融炉から排出されたスラグ（エコスラグ）は、溶融炉の増加にともない、図10に示すように、生産量が年々増加している。2007年度において、一般廃棄物を中心に処理している灰溶融炉とガス化溶融炉で生産されるスラグは、年間 815,000 t で、下水汚泥焼却灰の溶融

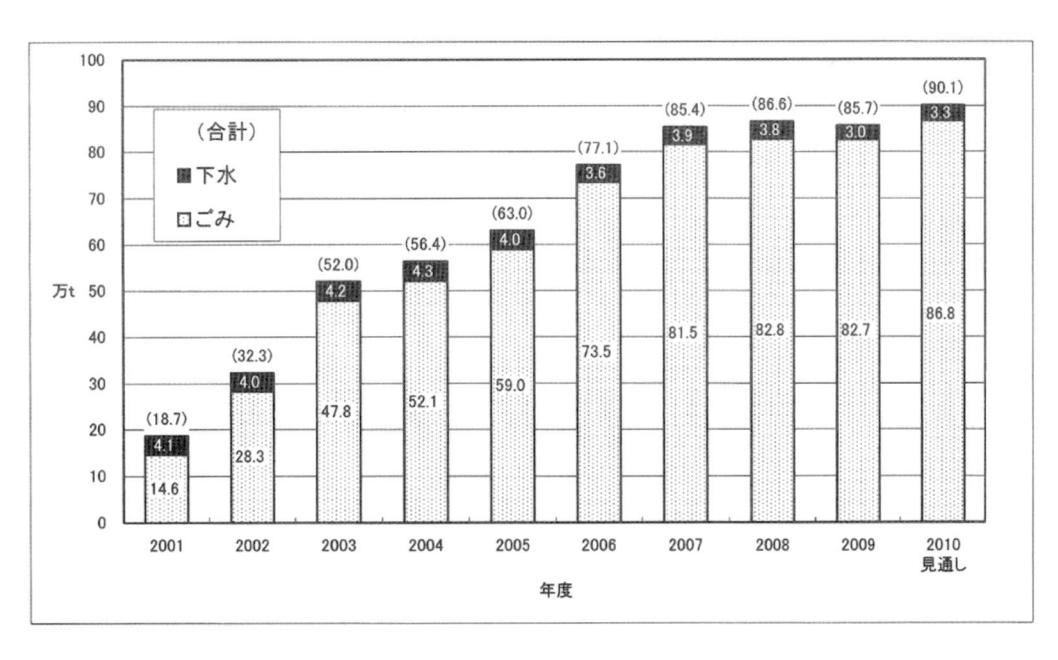

（エコスラグ利用普及委員会）

出典：（社）日本産業機械工業会 エコスラグ利用普及委員会、2010年度版 エコスラグ有効利用の現状とデータ集

図10 エコスラグ生産量

表6 エコスラグの用途別利用状況

品目 \ 摘要	2006年度 利用総量 t	利用の内	2007年度 利用総量 t	利用の内	2008年度 利用総量 t	利用の内	2009年度 利用総量 t	利用の内
道路用骨材	167,400	27.8	182,900	26.2	239,000	33.3	222,100	30.6
コンクリート用骨材	144,800	24.0	146,200	20.9	139,200	19.4	126,600	17.5
地盤・土質改良材	79,000	13.1	95,200	13.6	109,700	15.3	127,400	17.6
最終処分場の覆土	76,700	12.7	106,900	15.3	88,700	12.3	83,800	11.6
管渠基礎材等土木基礎材	51,400	8.5	38,800	5.6	43,100	6.0	39,100	5.4
埋戻、盛土など	38,800	6.4	82,100	11.8	57,200	8.0	88,000	12.1
凍上抑制材	3,600	0.6	5,200	0.7	5,300	0.7	7,600	1.0
その他	41,400	6.9	40,800	5.8	36,400	5.1	30,800	4.2
合計	603,100	100	698,100	100	718,600	100	725,400	100

出典:(社)日本産業機械工業会 エコスラグ利用普及委員会、2010年度版 エコスラグ有効利用の現状とデータ集

炉から生産されるスラグは、年間39,000 tにのぼり合計で年間854,000 t生産されている。スラグの用途としては、表6に示すようにアスファルト舗装などの道路用骨材とコンクリート用骨材への利用がほぼ半分を占め、環境省からの2007年の通知『一般廃棄物の溶融固化物の再生利用の実施の促進について(通知)』(2009年に一部改正)にそって、自治体が発注した公共工事について、無償でスラグを提供している自治体もあるが、有価物として有償で売却している自治体も多く有償利用率は2007年度では54%であった。

また、近年、焼却灰の処分方法として、焼却炉から排出された焼却灰をセメント原料として、リサイクルされることも行われている。こうして製造されたセメントは、JIS R 5214 エコセメントとして制定されている。

参考文献
1) 社団法人全国都市清掃会議・財団法人廃棄物研究財団、ごみ処理施設整備の計画・設計要領、環境産業新聞社 (1999)
2) 八木美雄、環境浄化技術 vol.8, No.12 (2009), 1
3) 角田芳忠、環境浄化技術 vol.8, No.12 (2009), 7
4) 環境省、日本の廃棄物
5) 財団法人 廃棄物研究財団、スラグの有効利用マニュアル (1999)
6) 社団法人 日本産業機械工業会、エコスラグ有効利用の現状とデータ集 (2008)
7) 肴倉宏史、鄭昌煥、大迫政浩、小野田弘士、永田勝也、溶融飛灰の処理・処分と資源化の現状に関するアンケート調査、第19回廃棄物学会研究発表会講演論文集 (2008)、P2-C6-9
8) 小西洋紀, 胡浩, 小野田弘士, 永田勝也, 溶融飛灰資源化の現状と展望, 第20回廃棄物資源循環学会研究発表会講演論文集 (2009)、C4-10

(平本泰敏、多田光宏、鈴木康夫)

7 環境を考慮した最終処分

安全・安心な最終処分場に向けて

　廃棄物処理の最後の砦として最終処分が必須であるが、依然として、その評価はあまり高くない。全国各地で建設反対の動きも多く、常に最終処分の当事者は苦慮している。反対の理由としては、情報の不足、管理の不徹底や法制度の不備、技術的な問題等々もあるが、こうした中でも最近では、最終処分に対しての研究及び技術開発も進み、適切な管理がなされている処分場も増加している。

　そこで、本章では、我国の最終処分として技術的に評価されている埋立構造、更には今後、求められる埋立地の機能について解説し、「環境を考慮した最終処分」言い換えると環境にも人にも「安全で安心な最終処分場」について考えてみる。

　廃棄物の最終処分場は、単なる「廃棄物の投棄のための容器」ではなく、廃棄物の「早期安定化機能」や、近年では、潜在資源のための「貯留保管備蓄機能」を有する新しいタイプの「再生利用な土地資源」としての機能を有するものへと変遷している。

　しかし、上記の要求される機能は増加の一途の反面、最終処分場に受け入れられる廃棄物の種類、性状は多岐に亘る傾向にある。これに見合う施設の構造・維持管理状況等は未だ必ずしも確立されておらず、このため埋立地から流出する浸出水（または浸透水）の発生量、水質そして埋立ガスの発生量やガス質等は大きく異なり、これを十分制御するための科学的な手法が求められている。この様な状況下においては、「安全で安心な最終処分場」を確保するためには、本来最終処分場に求められる施設構造を十分理解した上で、適切な施設建設やその維持管理が重要となる。

　本章では、安全・安心な最終処分場に向けての導入部として、埋立構造、浸出水や埋立ガスの特性を紹介すると共に、最終処分場の在るべき環境、適正な維持管理の在り方、そして、再生土地資源としての跡地利用の可能性について整理する。

埋立構造と埋立地の内部環境

　埋立地内部（埋立廃棄物）環境により、発生する浸出水・浸透水の水質や発生ガス質が大きく異なる。ここでは、基本的な事項として、埋立構造の分類、好気的条件と嫌気的条件の違い、また、それらの違いが水質や発生ガス質に与える影響について概説する。

1　埋立構造の種類

　最終処分場の構造は、廃棄物中の有機物分解の観点から、図1に示したように大きく3つに分類され、埋立地内部の環境は各々の埋立構造によって異なってくる。

　このうち、浸出水の水質や発生ガス等の良質化そして埋立地の早期安定化の観点からは、『好気性埋立構造』または『準好気性埋立構造』が適している。

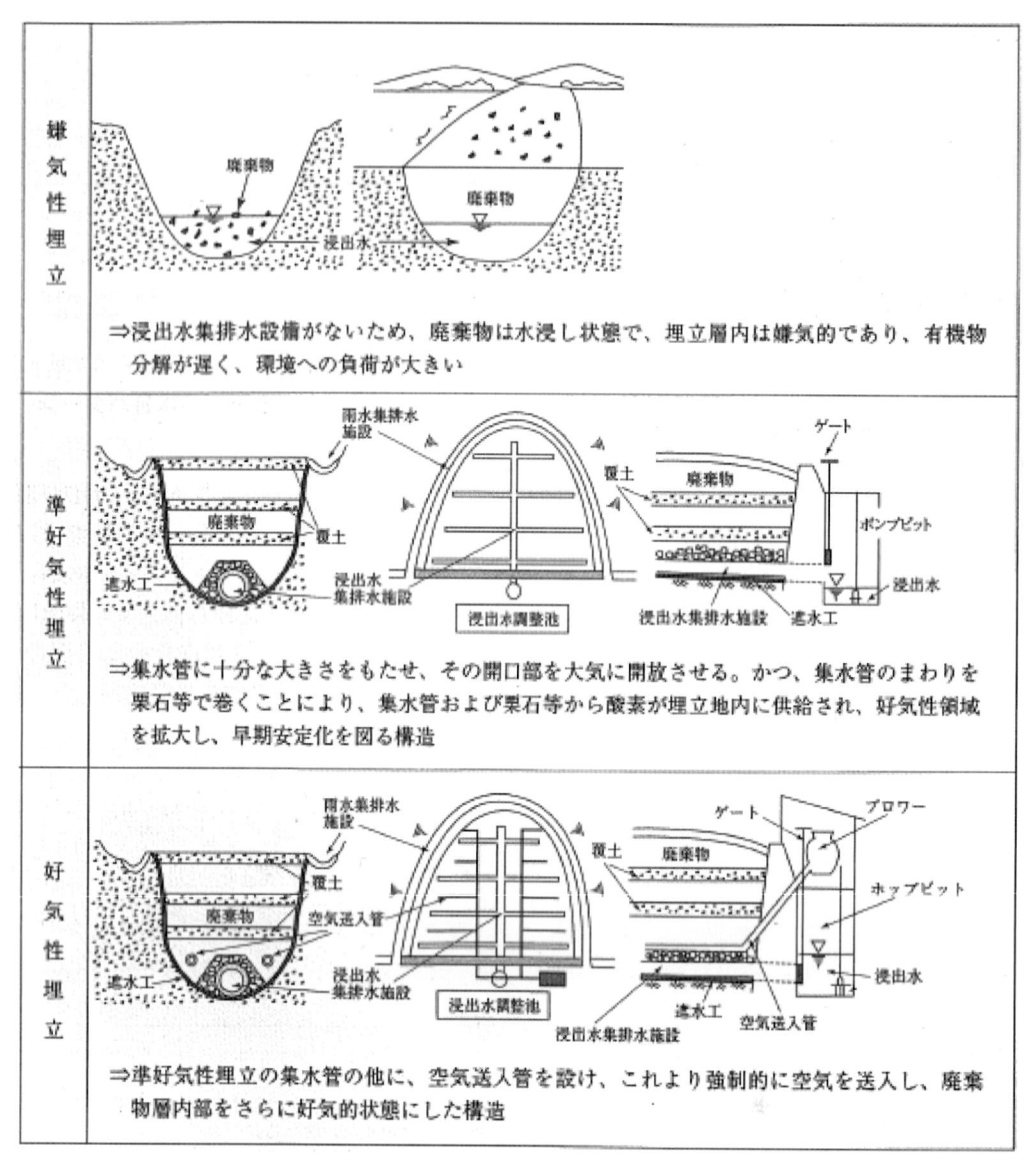

図1　埋立構造の種類

出典:「第3回日本廃棄物処理会議資料（昭和51年10月）」一部加筆修正

(1) 嫌気性埋立構造

浸出水を排除する設備や空気を流入させる設備等がない投棄型の埋立地で、廃棄物が常に浸出水に浸漬した状態となるため、水質が悪く、有害ガスや可燃ガスの発生が予想され、早期安定化が困難な構造である。

(2) 準好気性埋立構造

浸出水の排水方法によりいくつかのタイプがあるが、何れも自然通気により空気を流入させる構造であり、『好気性埋立構造』の浸出水水質と比較しても大差がなく（図5）、コスト面（建設費・維持管理費）で有利である。

(3) 好気性埋立構造

有機物の分解促進には効果的であるが、埋立層内に空気を強制的に送気するために、大容量の送風設備が必要となる。

2　好気性条件と嫌気性条件

(1) 好気性条件（滞水していない状態・酸素がある状態）

好気性条件下の埋立地モデルを図2に示す。廃棄物中の有機物は、空気（酸素）がある状態では、微生物による分解が積極的に進行し、これに伴い発酵熱が発生する。このため、埋立地内部の温度が50℃以上となり、埋立地内部と外部で温度差が生じる。そして、温度差によって熱対流が起こり、埋立地底部に敷設した底部集排水管を経由して、空気(酸素)が埋立地内に流入してくる(図3)。

この結果、埋立地内が好気的条件になって廃棄物中の有機物が分解（好気性分解）するため、浸出水の水質が良質化する。加えて、埋立地内に浸出水が滞水しない状態を維持することで、埋立地

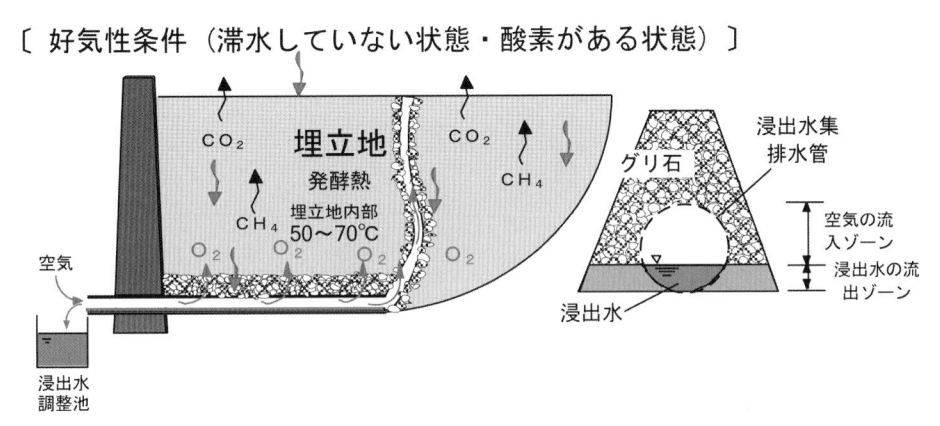

〔好気性条件（滞水していない状態・酸素がある状態）〕

出典：「福岡大学　水理衛生工学実験室」

図2　好気性条件下の埋立地モデル

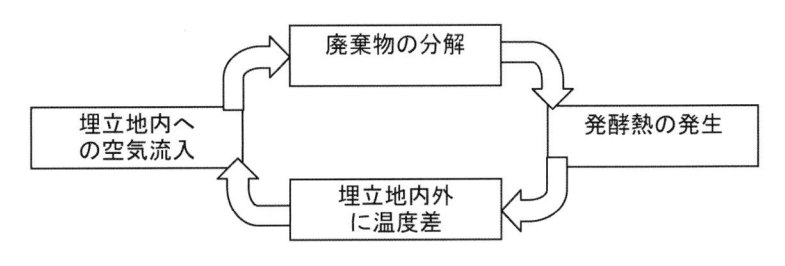

図3　好気性条件下における分解サイクル

外への漏水の危険性も低減する。

このような状態（好気性条件）を維持できる埋立地の概念が"準好気性埋立"であり、これを維持するには、底部集排水管の機能が十分に発揮できる構造で設計し、維持管理しなければならない。

なお、図2に示した写真は、浸出水が底部集排水管から流出している状況で、管径が30cm程度[左側・中央]、100cm程度[右側]と差はあるが、何れも浸出水の流出・空気の流入を基本とした"準好気性埋立構造"を確保している事例である。

なお、右側の写真は、空気の流入速度を調査している様子であり、夏場は0.2m/秒、冬場は2m/秒の速度で埋立地内へ空気が流入していた。

(2) 嫌気性条件（滞水している状態・酸素が無い状態）

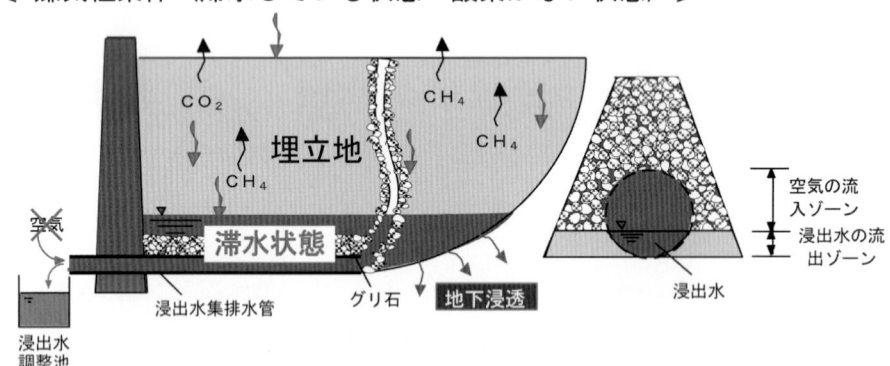

嫌気性条件下の埋立地モデルを図4に示す。覆土等による雨水排除が適切に行われない場合や、底部集排水管の構造が悪く、適切に浸出水を埋立地系外に排除できない場合は、廃棄物が浸出水に漬かった状態になる。

このため、滞水した部分は空気（酸素）が無いため、微生物による廃棄物中の有機物の分解が遅くなるとともに、廃棄物が浸漬状態になり、浸出水中に有機酸が生成されたり、廃棄物中の有機分が腐ったりするために水質が悪くなる。また、浸出水が滞水することで、埋立地底面に水圧がかかり、埋立地外への漏水の危険性も高くなる。

なお、図4に示した写真は、埋立地内部に浸出水が滞水している事例であり、底部集排水管による浸出水の排除機能が十分に働いていないことが想定される。

図4 嫌気性条件下の埋立地モデル

3 水質及び発生ガスに与える影響

(1) 水質への影響

可燃性ごみの埋立実験において、好気性条件下と嫌気性条件下で1.5年間に亘って流出してきた浸出水中のBOD濃度変化を図5に示す。

埋立開始直後のBODは、嫌気性埋立[▲印]、準好気性埋立[●印]、好気性埋立[○印]の3ケースとも50,000mg/l前後を示している。嫌気性埋立では、埋立半年後、1年後、1年半後も分解が進んでいないが、準好気性埋立と好気性埋立では、埋立半年後のBODが5,000mg/l前後まで低下し、微生物によって約90％の有機物が分解している。また、埋立1年後には浸出水中のBODが約50mg/lとなり、約99.9％が微生物によって分解されていることになる。

この結果、浸出水が滞水した嫌気性埋立では長期間に亘ったBODの処理が必要であるが、埋立地内部を好気的条件で管理した場合は、その処理期間を短縮することができ、処理コストの低減にも繋がる。

(2) ガス質への影響

微生物が廃棄物中の有機物を分解するためには酸素が必要となる。嫌気性埋立のように廃棄物が浸出水中に漬かった状態や酸素が少ない状態では、分解に要する酸素（O_2）が不足するため、浸出水中の水（H_2O）や、硫酸カルシウム（$CaSO_4$）が主成分である石膏ボードを分解し、分解後に残った水素（H_2）や硫黄（S）及び有機物（炭素=C）が反応し、メタン（CH_4）や硫化水素（H_2S）といったガスを生成する。メタンガスは可燃性を有し、濃度が5～15％で酸素と火種があれば爆発し、30％以上の濃度では燃焼する。また、硫化水素は悪臭物質であり人体への有害性が高い。一方、好気性埋立や準好気性埋立では、埋立地内部に空気（酸素）が存在するため、微生物は空気中の酸素を吸収しながら有機物を分解し、基本的には炭酸ガス（CO_2）を主体に発生する（表1）。

このように、埋立地内部の条件により、微生物による有機物の分解方法が異なり、その結果、浸出水の水質や発生ガス質は大きく異なってくる。浸出水の水質や発生ガス質を良質化するために

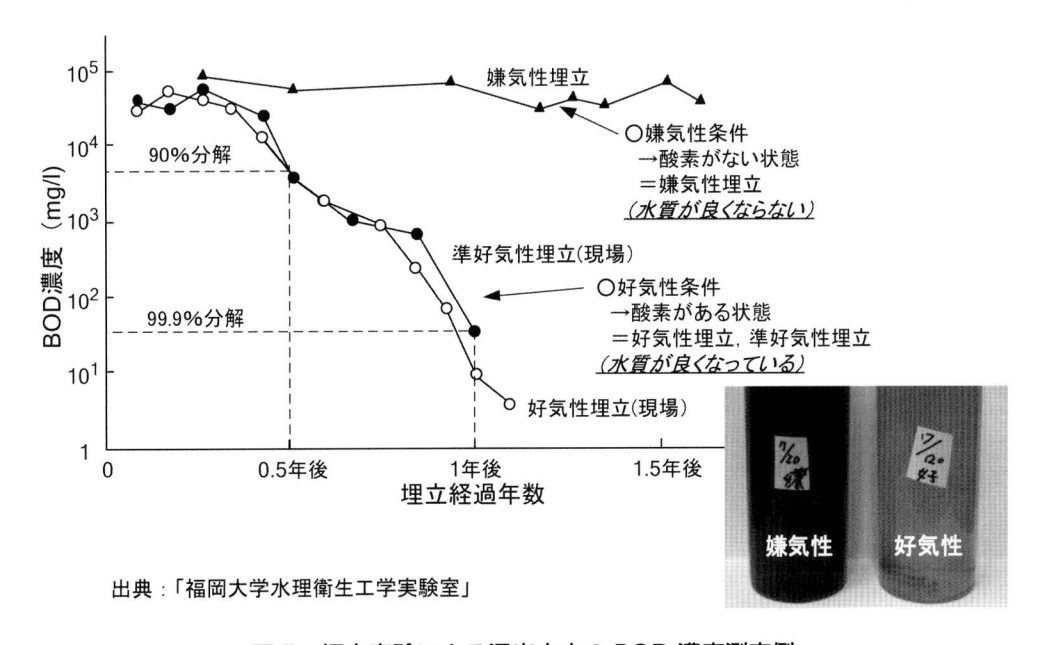

図5 埋立実験による浸出水中のBOD濃度測定例

表1　埋立地内部の条件の違いによるガス発生形態

埋立地内部の条件	分解状況	主な発生ガス
好気的	埋立地内の酸素(O_2)を消費	炭酸ガス(CO_2)
嫌気的	埋立地内の水(H_2O)や硫酸カルシウム($CaSO_4$)の酸素を消費	メタン(CH_4) 硫化水素(H_2S)

は、埋立地をより好気的条件の状態に維持することが可能な「準好気性埋立」や「好気性埋立」が適しているといえる。

3 埋立地の在るべき環境とその対応策

安全・安心な最終処分場を確保するということは、すなわち、廃棄物の適正処理と同時に、周辺環境への影響を最小限に留めることである。そのためには、前節までの事例において紹介したように、最終処分場の構造や維持管理の善し悪しによって、水質等が改善にも悪化にも繋がることを十分に理解する必要がある。また、施設の計画・設計・建設段階で対応すべき事項、及び、埋立開始後の維持管理期間中に対応すべき事項があるということにも留意する必要がある。

より具体的には、以下の3つの内容を実現する必要がある。

1　浸出水・浸透水の水質を良質化する
2　浸出水・浸透水の発生量を削減する
3　可燃ガス・有害ガス等の埋立ガスの発生を抑制する

これらを実現するためには、施設の構造及び維持管理上において、『埋立地内部をより好気的な環境にすること』が重要であり、これは"埋立地内部への滞水を防止"することであり、"準好気性埋立構造を維持する"ことである。

次に、これらを実施するための具体策としては、(1)施設の構造上の対策、(2)維持管理上の対策、の2つに大きく分けることができる。そして、これらの対策を実施することで、埋立地の早期安定化に結びつき、結果的に、周辺地域の住民はもとより、事業者自身にもメリットが大きい。

なお、周辺環境への汚染防止対策上、最も基本的な事項としては、上記した①〜③を実現しつつ、適切なモニタリングを実施することで、浸出水の漏水等による周辺環境への影響を防止することである。

上記の考え方を図6に示す。

4 浸出水質の悪化原因

最終処分場の維持管理の善し悪しによって、浸出水や浸透水の水質は大きな影響を受ける。ここでは、維持管理が要因となり水質が悪化したと思われる事例を紹介する。

浸出水の悪化事例

管理型最終処分場には、埋立地内の浸出水を排除する目的で底部集排水管が敷設されており、同時に、埋立地内部と外部の温度差を利用して、空気が埋立地の外から管を経由して流入する「準好気性埋立構造」が基本となっている。

図7に示した事例は、浸出水の適切な排除が出来ず、埋立地の内部水位(浸出水の水位)が底部集排水管よりも高くなり、廃棄物が浸出水に漬かった状態が1ヶ月間続いたために水質が悪化した事例である。

この事例は、埋立地内部に浸出水が滞水したため底部集排水管からの空気の流入が止まり、廃棄

7 環境を考慮した最終処分

```
          ┌─────────────────────────────┐
          │ 安全・安心な最終処分場の確保とは？ │
          └─────────────────────────────┘
                      ‖
          ┌─────────────────────────────┐
          │   周辺環境への影響を最小限化    │
          └─────────────────────────────┘

  （主な実現項目）        ⇩

          ① 浸出水・浸透水の水質の良質化
          ② 浸出水・浸透水の発生量の削減
          ③ 埋立ガス(有害ガス/可燃性ガス)の発生の抑制
          ④ 周辺環境への浸出水等の漏洩防止

  （基本原則）           ⇩

     『 埋立地内部を、より好気的な環境に維持すること！ 』
      （準好気性埋立構造の維持、埋立地内部の滞水防止、等）

                        ⇩
  具体的な対策とは？

  ┌────────────────────────────────────────────┐
  │ (1) 施設の構造上の対策                          │
  │                                              │
  │   ● 機能を十分に発揮する底部集排水管の構造の確保  │
  │     （十分な管径、目詰まりしない被覆材等の構造）   │
  │                                              │
  │   ● 埋立地内部への空気の流通部を多く確保         │
  │     （竪型ガス抜き管、横引きガス抜き管等の設置）   │
  │                                              │
  │ (2) 維持管理上の対策                            │
  │                                              │
  │   ● 徹底的な雨水排除による浸出水量・浸透水量の削減 │
  │     （雨水排除計画の作成・実行）                 │
  │                                              │
  │   ● 埋立廃棄物による水質特性の把握と影響の最小限化 │
  │     （水質が悪化しにくい埋立廃棄物の組合せ）       │
  │                                              │
  │   ● 浸出水処理施設以外における水質の改善         │
  │     （低コストによる改善策の検討・実施）          │
  └────────────────────────────────────────────┘
                        ⇩
          ┌─────────────────────────────┐
          │       早期安定化の実現         │
          │   （廃止への適合状況も要確認）    │
          └─────────────────────────────┘
```

図6　埋立地の在るべき環境とその対応策

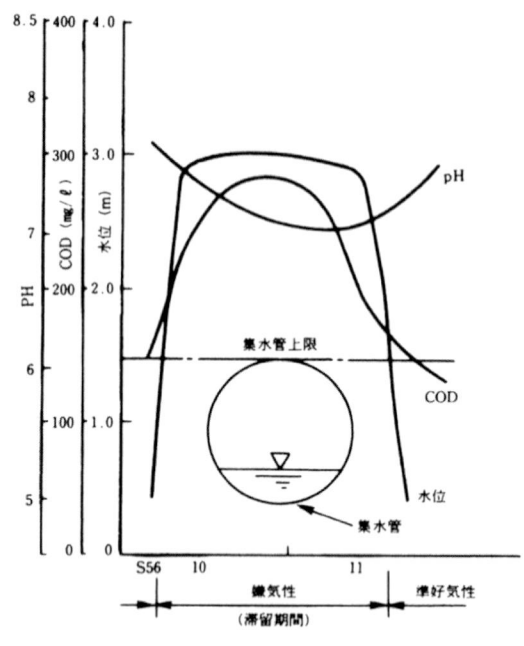

[水位と水質の関係]

水位 \ 項目	COD (mg/l)	PH (－)
低い	150 程度	7.6 程度
↓	↓	↓
高い	280 程度	7.0 程度
↓	↓	↓
低い	150 程度	7.5 程度

出典：「福岡大学 水理衛生工学実験室」

図7　浸出水の悪化事例（水位とCOD・pHの関係）

物層が嫌気的な条件（酸素がない状態）になった結果、pHが低下しCODが悪化したことを示している。しかし、浸出水の滞水がなくなり、底部集排水管から空気が流入（酸素がある状態）すると、pHが再び弱アルカリへ移行し、CODが低下した。

本事例より、水質を悪化させないためには、以下の対策が必要であることがわかる。これは管理型・安定型ともに必要な対策である。

1. 埋立地を滞水させない（浸出水／浸透水の発生量削減、徹底的な雨水排除）
2. 埋立地内を好気的な条件にする（底部集排水管とガス抜き管の適切な構造・配置）

5　水処理方法の基礎知識

水処理には様々な方法があり、浸出水の処理(施設の計画・設計、維持管理）を行う上では、それらについての幅広い知識が必要である。
そこで、浸出水水処理方法の基本的なプロセスを整理するとともに、汚濁物質毎の処理方法について具体的に紹介する。

1　処理方法の基本プロセス

汚染物質の除去は、自然界において一般に起きている現象であり、この現象は「自然浄化作用」または「自浄作用」と呼ばれる。自浄作用には、多量の水による希釈・拡散、揮発・沈降及び土壌によるろ過などの物理作用、環境中に存在する物質による酸化・還元及び凝集・吸着などの化学作用、そして環境中に生息する生物による分解など

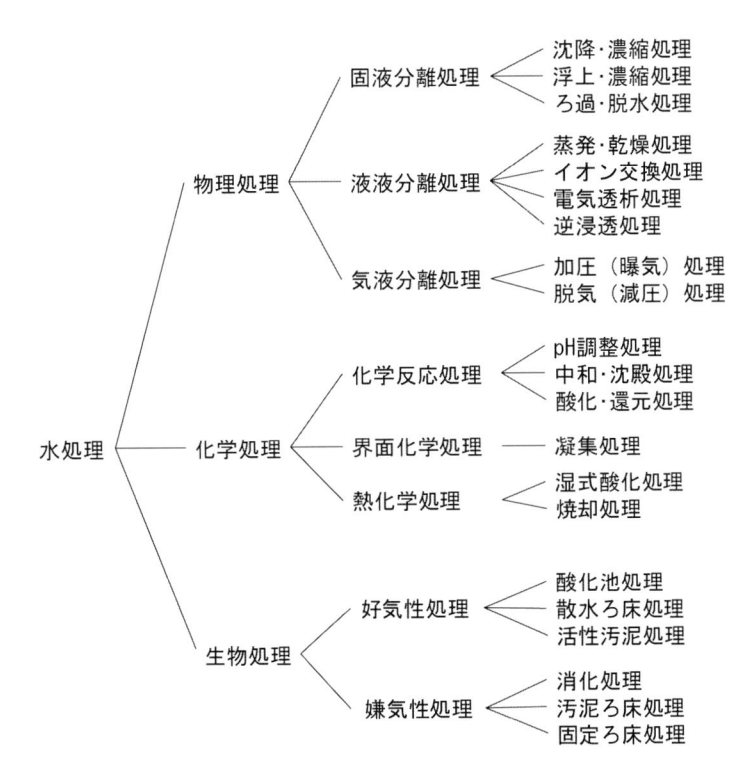

```
                                        ┌─ 沈降・濃縮処理
                        ┌─ 固液分離処理 ─┼─ 浮上・濃縮処理
                        │               └─ ろ過・脱水処理
                        │
                        │               ┌─ 蒸発・乾燥処理
            ┌─ 物理処理 ─┼─ 液液分離処理 ─┼─ イオン交換処理
            │           │               ├─ 電気透析処理
            │           │               └─ 逆浸透処理
            │           │
            │           └─ 気液分離処理 ─┬─ 加圧（曝気）処理
            │                           └─ 脱気（減圧）処理
            │
            │                           ┌─ pH調整処理
            │           ┌─ 化学反応処理 ─┼─ 中和・沈殿処理
   水処理 ──┼─ 化学処理 ─┤               └─ 酸化・還元処理
            │           ├─ 界面化学処理 ─── 凝集処理
            │           └─ 熱化学処理 ───┬─ 湿式酸化処理
            │                           └─ 焼却処理
            │
            │                           ┌─ 酸化池処理
            │           ┌─ 好気性処理 ───┼─ 散水ろ床処理
            └─ 生物処理 ─┤               └─ 活性汚泥処理
                        │
                        │               ┌─ 消化処理
                        └─ 嫌気性処理 ───┼─ 汚泥ろ床処理
                                        └─ 固定ろ床処理
```

図 8　物理・化学・生物作用を利用した水処理技術の概要

の生物作用の３つの作用が係わっているが、環境汚染の多くが分解性有機物に起因するため、自浄作用への生物作用の役割は大きい。

　この自然界で生じる物理・化学・生物作用をより効率的に機能させる技術が処理技術であり、水処理技術は処理対象物質の物理・化学特性及び処理の効率性に応じて、これら３つのプロセスのいずれか、あるいは、それらの組み合わせの技術が選択されている。作用ごとの処理技術を図８に示す。

(1) 物理処理

　水処理は、排水中に浮遊、懸濁、または溶解している物質を分離・除去することであり、汚染物質の物理特性、すなわち液体中に浮遊、または懸濁している物質（固体）か、溶解している物質（液体、気体）か、また、それらが無機物であるか、有機物であるかといった化学特性によって、その手法は異なる。

　固体を液体から分離することを「固液分離」、液体や気体を液体から分離することを「液液分離」及び「気液分離」といい、これらの物理処理は水処理の基本となる。

　物理処理の一つである固液分離は、さらに、沈降分離、浮上分離、ろ過などの機械的分離と、蒸発・蒸留、凍結・融解及び乾燥・焼却などの熱的処理の２つに大別される。また、液液分離は水中の溶解成分をイオン交換、逆浸透あるいは電気透析などによって分離・濃縮すること、気液分離は水中に溶解している成分を曝気、脱気などの加圧・減圧によって除去・分離する手法であり、アンモニアや揮発性有機塩素化合物の除去技術として用いられている。

(2) 化学処理

　排水中の汚染物質は多種多様であり、上記した

物理処理のみで完全に除去することは難しく、物理処理の適用範囲の拡大と効率化を目的とした化学処理は重要な手法である。たとえば、水に溶解している物質を化学的手法で不溶性の化合物に変換できれば、固液分離が可能となる。この化学反応処理の代表例が、アルカリ性物質の添加によって水中に溶解している金属イオンを不溶性の金属水酸化物として沈降分離する沈殿処理（水酸化物沈殿法）である。

また、水中に懸濁している固体物質のうち、大きさが1μm以下の物質（コロイド粒子）は沈降しにくく、通常の沈降・ろ過などの物理処理では除去が困難である。これら粒子サイズが小さなコロイド粒子を沈降しやすい粒子サイズにする方法が凝集であり、この反応を起こさせるために鉄塩やアルミニウム塩などの凝集剤が用いられる。これらも化学処理の一例である。

(3) 生物処理

自浄作用のところで述べたように、環境汚染の多くは生物分解性有機物に起因することから、生物処理も必要不可欠な手法である。

自然界に放出された有機物の多くは、大気中の酸素によって酸化され、その過程で様々な問題を引き起こすことを考えると、酸化処理は有機物の環境における変化を削減する手法であり、排水処理において合理的な手法と考えることができる。酸化処理には生物的酸化と化学的酸化があるが、高濃度の有機物を化学的に酸化するためには、多量の酸化剤を必要とすることから、排水処理においては生物的酸化処理（好気性処理）が主に採用され、化学的酸化処理であるオゾン酸化処理等は、生物的酸化によって残留した有害物質を分解する目的で後段に採用される。

なお、好気性処理には酸化池、散水ろ床、接触酸化、回転円板及び活性汚泥処理などがある。

2　プロセスの組合せ

一般的な浸出水処理のフローは、生物処理によってBOD成分を除去した後、分解されずに残ったCOD成分や有害重金属類を凝集沈殿処理などの化学処理やUF及びRO膜による物理処理（ろ過処理）を行うシステムが多い（図9）。

これは、化学処理や物理処理の場合、分離され

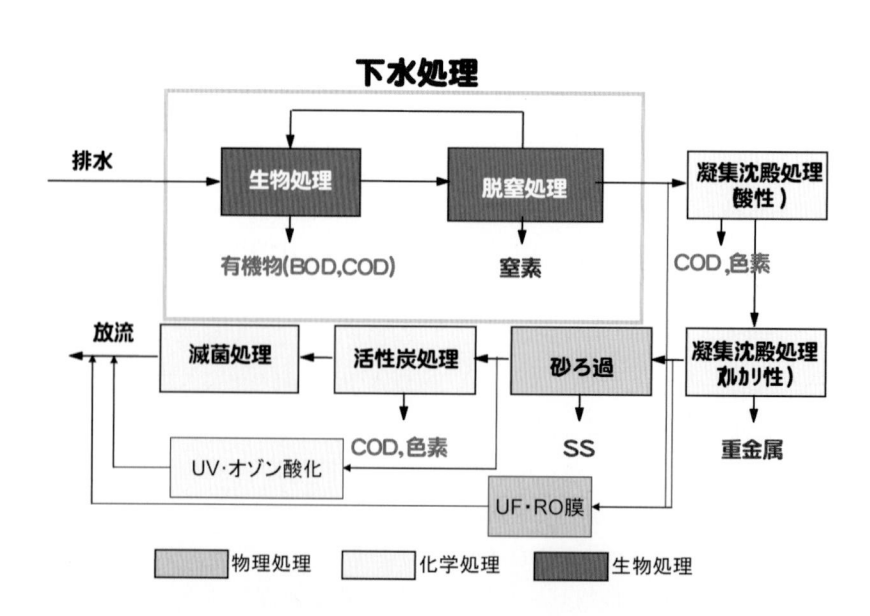

図9　浸出水の処理フローと下水の処理フローの比較例

た汚濁物、つまり、凝集沈殿処理の場合は凝集汚泥、膜ろ過の場合は膜上の汚泥や濃縮水などの処理が別途必要となるが、生物処理においては有機汚濁物の一部は分解されて二酸化炭素などのガス状成分として浸出水から除去されるため、物理化学処理の前段に生物処理を設置することにより、汚泥などの処理処分量が削減できるとともに、物理化学処理に使用される薬品や膜の使用量も削減されるためである。

また、浸出水の処理システムは、下水の処理システムに比べて複雑であり、かつ、高度である。これは、下水処理の場合、下水中に含まれる汚濁成分のほとんどが生物分解性物質であるため、処理システムとしては生物処理のみで十分に汚濁負荷を低減できるからである。

さらに、1991年の環境基準の強化及び1999年の『ダイオキシン類特措法』の制定によって、ダイオキシン類や有機塩素化合物、農薬類が基準項目に追加されて以降、その基準を満足させるために、UV・オゾン処理が設置されるケースも散見される。

しかし、ダイオキシン類を含む有機塩素化合物の多くが不溶性であり、凝集沈殿処理によりSS成分の低減によって除去される可能性が高いため、設置にあたっては現行処理システムにおけるダイオキシン類の低減効果を評価し、その必要性について検討を行うことが重要である。

3　汚濁物質毎の処理方法

汚濁物質の処理方法は、その物質の種類及びその粒子サイズによって異なる（図10）。汚濁物質が懸濁物質及びコロイド粒子である場合、凝集沈殿処理や膜ろ過処理によって除去が可能である。一方、溶解性物質の場合は、これら処理では除去されないため、逆浸透膜処理や電気透析などの物理化学処理が必要となる。これら物理化学処理は汚濁物質のサイズによって処理方法が異なるが、汚濁物質が有機物、無機物どちらであっても処理が可能である。

また、生物処理は溶解性有機物質を主に処理するために用いられるが、生物処理の主体である生物群集は原生動物を含む微生物の集団であり、懸濁物質及びコロイド粒子状の有機汚濁物の分解も可能である。

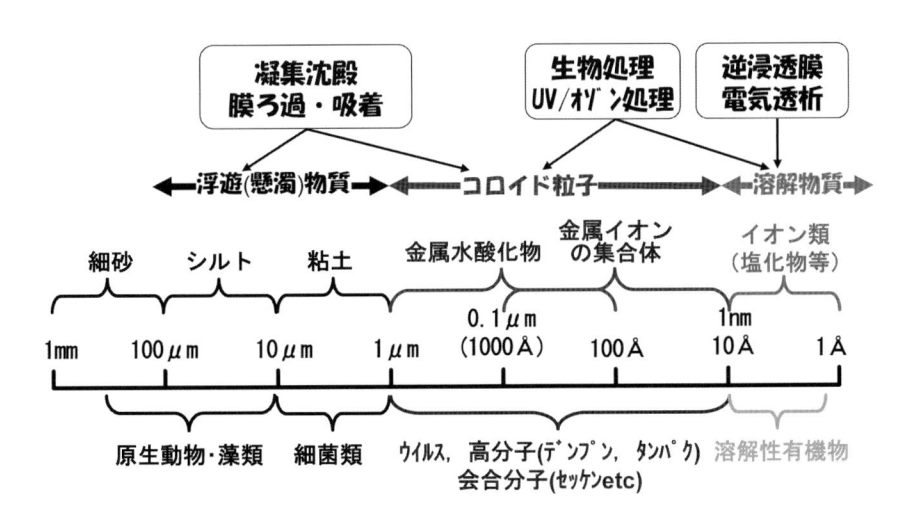

図10　浸出水の汚濁物質のサイズと処理技術

しかし、ダイオキシン類を含む残留性有機汚染物質（POPs）の処理に用いられるUV・オゾン処理は、懸濁物質やコロイド粒子に吸着されているPOPs類の除去効率が悪く、溶解性のPOPs類が主体である場合に用いられる。よって、不溶性のPOPs類の除去は、凝集沈殿や膜ろ過及び活性炭処理に委ねられることが多い。

（1）重金属類

金属の多くは、pHをアルカリ性にすると、金属水酸化物などの不溶性のコロイド粒子を生成する。このため、汚水のpHをアルカリ性領域に制御し、生成された金属水酸化物を適切な凝集補助剤（ポリマーなど）を用いて凝集、沈降分離させる、アルカリ凝集沈殿処理が一般的に用いられている（図11）。

また、六価クロムのように水酸化物をつくらない場合は、水酸化物を形成しやすい三価クロムに還元した後にアルカリ凝集沈殿処理をしたり、砒素やセレンのように水酸化物をつくり難い場合は、水酸化物を形成しやすい鉄塩やアルミニウム塩による共沈現象（図12）を利用した凝集処理を行う。

共沈とは、化学的性質がいくぶん似た溶質（溶解物質）が共存した溶液において、ある物質を沈殿させると本来沈殿しない物質が一緒に主要物質の沈殿物質に包み込まれて沈殿する現象をいう。

砒素の定量法であるモリブデン青法では、塩化第二鉄溶液及びアンモニア水（アルカリ剤）を添加し、鉄の水酸化物中に砒素を共沈させる方法が用いられている。浸出水中の砒素除去においては、このような砒素及び鉄塩の特性を利用するた

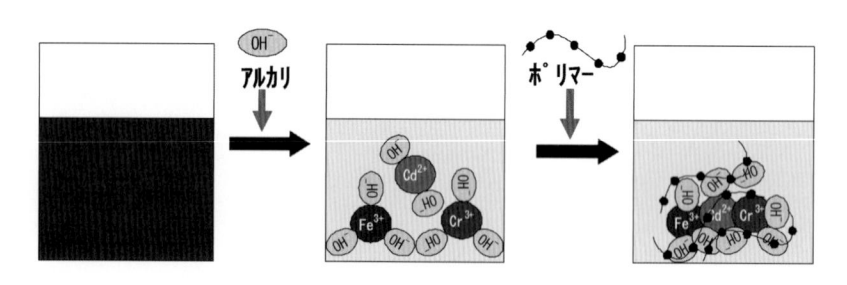

図11　アルカリ凝集沈殿処理（概念図）

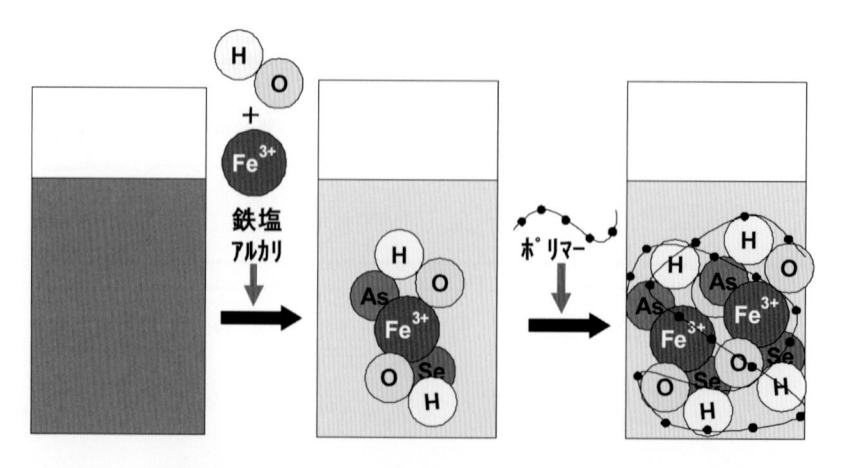

図12　共沈現象を利用した砒素及びセレン等の除去方法（概念図）

めに、凝集剤として塩化第二鉄が用いられる。

(2) 有機合成化学物質

トリクロロエチレンなどの揮発性有機化合物は、汚染媒体（水、土壌）のばっ気により揮発させた上で、活性炭に吸着させる方法が採用されている（図13）。

一方、ダイオキシン類のような残留性有機汚染物質の場合、オゾンの酸化力、オゾンと過酸化水素の反応によって生成されるOHラジカルやUVのエネルギーなどを利用して、化学的に分解する方法が採用されている（図14）。

また、最近ではこれら難分解性物質を分解する微生物が発見されたり、DNA改変技術の進歩等により、生物による分解処理技術も開発されており、低濃度汚染の場合、費用対効果の観点から、これらが採用されるケースも増えている。

ダイオキシン類の浸出水への溶出は、腐植等の有機物や有機溶剤の存在によって促進されるが、ダイオキシン類自体も有機汚濁物質であるため、低濃度の場合は、既存の化学凝集沈殿処理や活性炭処理によって除去される。このため、既存の処

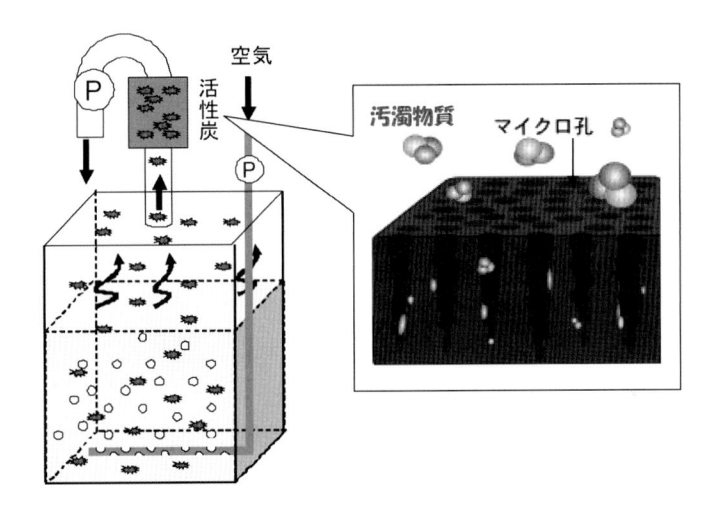

図13　揮発性有機化合物の除去方法（概念図）

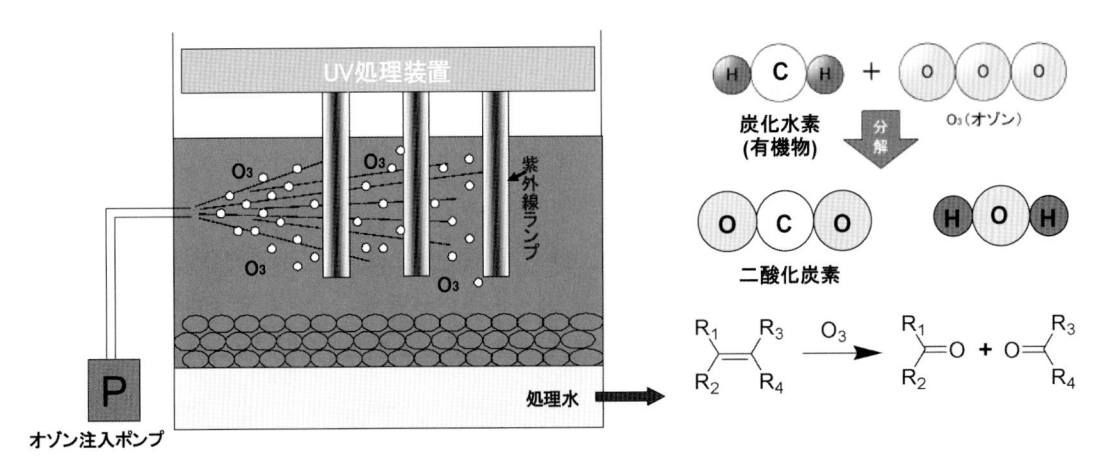

図14　オゾンによる有機化合物の分解プロセス（概念図）

理システムにおけるダイオキシン類の除去能を評価した上で、新規の処理設備の導入を検討・決定する必要がある。

(3) BOD及びCOD

BOD成分は生物によって生きるためのエネルギーや栄養源として利用され、その一部は生物体の増殖（同化）に使われ、残りは二酸化炭素などのガスへと変換（異化）される。すなわち、生物によるBOD成分の処理は、排水中のBOD成分が生物という固体へ移行することを意味しており、増殖した生物の分離と処理が必要となる。

しかし、一般に、活性汚泥法における排水から除去されたBODの生物体への転換率は30〜40％であり、排水中にあったBOD成分の約半分はガス体に変換され、排水から除去される。一方、物理化学処理は、排水中に溶解、または懸濁状のBOD成分を水から別の媒体（固体や濃縮水）へ移行させる、いわゆる分離技術であり、BOD成分の総量としては処理前後で変化せず、結果として、処理後に発生する副産物の処理負荷が大きくなる（図15）。

このため、BOD成分の処理においては、分解によってガス体へと変化する処理方法として、生物処理が主に採用されている（表2）。

生物処理法は、微生物の生育環境要因である酸

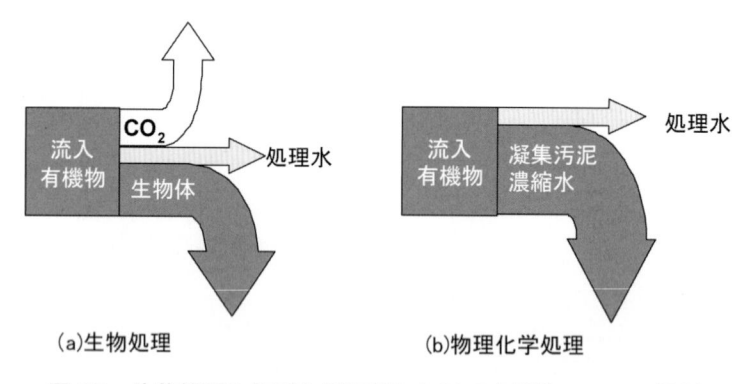

図15 生物処理と物理化学処理における有機物フローの比較

表2 浸出水中の汚濁成分の種類と各処理方式の適用性

	処理方式	BOD	COD	SS	T-N	色	重金属
生物処理	回転円板法	◎	○	△	△	△	△
	接触ばっ気法	◎	○	△	△	△	△
	活性汚泥法	◎	○	△	△	△	△
	生物ろ過法	◎	○	◎	△	△	△
	生物学的脱窒素法	◎	○	△	◎	△	△
化学	凝集沈殿	○	◎	◎	△	◎	○
物理	砂ろ過法	△	△	◎	×	△	×
	活性炭吸着法	◎	◎	○	△	◎	○
化学	オゾン酸化法	×	○	×	×	◎	×
	キレート吸着法	×	×	×	×	×	◎

注：適用性大 ← ◎ ○ △ → 小、適用不可 ×
出典：「廃棄物最終処分指針解説（平成元年）」一部加筆修正

素必要性の観点から、好気性処理及び嫌気性処理の2種に大きく分けられる。一般に、し尿のようにBODが高く、固形分を含む排水等や窒素除去を行う場合は嫌気性処理が用いられ、下水処理のように雑排水が混入し、比較的固形分が少ない排水では、好気性処理が用いられるケースが多い。

日本における浸出水中のBOD成分の処理は、下水同様に好気性処理が採用されているケースが多い。この理由の一つとして、降水量が多いことから処理すべき浸出水量も多くなり、これを短期間で効率よく処理するためには、嫌気性処理に比べて有機物の分解率が高い好気性処理が望ましいこと、また、準好気性埋立構造が採用されているケースが多いために、嫌気性埋立構造に比べて浸出水の汚濁が低いこと、などが考えられる。逆に、嫌気性埋立構造が多く採用されている欧米では、浸出水中のBOD等の有機汚濁成分濃度が高く、それらの除去方法として嫌気性処理の採用が多い。

また、近年、低炭素社会の構築が叫ばれており、嫌気性分解の最終生成物がメタンや水素であることから、し尿や有機性廃棄物からの再生可能エネルギーの産生のために嫌気性処理が採用されるケースが増えてきている。嫌気性処理は酸素供給の必要がないため、省資源及び省エネルギーな処理方法ではあるが、好気性分解に比べて分解速度が遅いため処理施設規模が大きくなること、また、嫌気性処理によって排水基準に適合できるレベルまで処理水のBOD濃度を低下させることは難しく、後段処理として好気性処理を併用する必要があること、有機酸やアンモニア、硫化水素等の悪臭成分が生成されるなどの問題点も多い。

さらに、どちらの処理の場合も、その立役者である微生物の存在形態によって、浮遊型と固着型に大別される（図16）。微生物の集団（フロック）が排水中に浮遊した状態で処理を行う方法が前者であり、微生物の棲家となる石やプラスチック製の接触材を排水中に浸漬したり、接触材が充填されたろ床に排水を散布して処理を行う方法が後者である。一般に、固着型は汚濁物の負荷変動に強く、浮遊型に比べて汚泥（フロック）の維持管理が容易であるため、降雨等の環境条件や埋立期間により汚濁物の負荷変動が大きいと予想される場合に多く採用されている。

次に、COD成分の除去方法について解説する。図17に示した通り、BOD成分もCODとして検出されるため、CODに占める易分解性物質の割合が高い場合は、上述した生物処理によりCODが低減される。

しかし、難分解性のCODは生物処理で低減することが困難であり、その主成分としては、動植物遺体が分解・再合成されてできた高分子のコロ

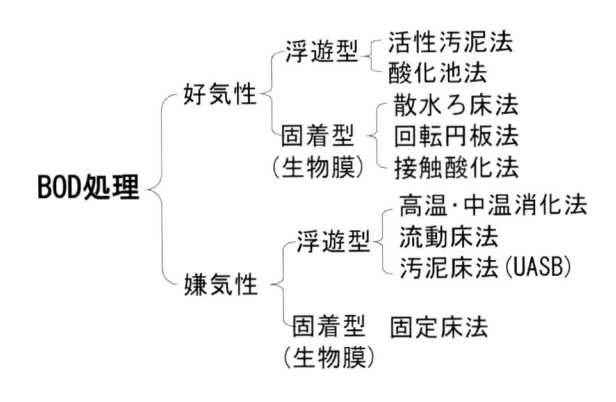

図16 BOD成分の生物処理法における分類

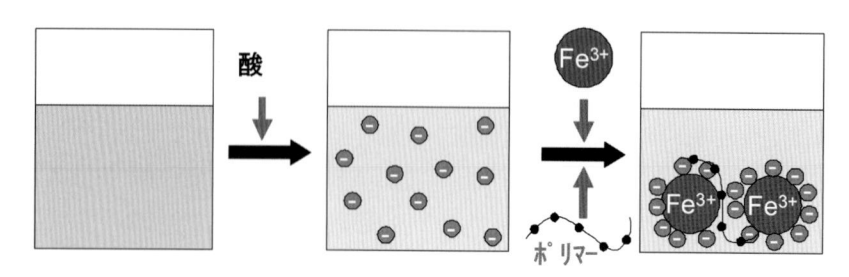

図17　腐食等のCOD成分の酸性凝集沈殿処理（概念図）

イド分子である腐植物質が挙げられる。これらは酸性・アルカリ性溶液中での溶解性の違いから、分子量が小さく酸性・アルカリ性溶液のどちらにも溶解するフルボ酸、アルカリ性溶液にのみ溶解する腐植酸、分子量が最も多くどちらの溶液にも溶解しないヒューミンの3種に分類される。

また、腐植物質は、カルボキシル基（-COOH）、フェノール性水酸基（Ph-OH）、アミノ基（-NH$_2$）等の官能基を有しており、無機成分と反応して、無機イオン錯体や無機粒子吸着体などの有機無機複合体を形成する場合が多い。このため、これら腐植物質等の除去方法としては、溶液のpHを酸性にして不溶性コロイド粒子を生成させ、鉄イオン等の無機イオンを添加して凝集させる酸性凝集沈殿法（図17）が多く採用されている。なお、この除去機構は、重金属類の除去方法であるアルカリ凝集沈殿処理法と同様である。

そして、活性炭吸着法もCOD成分の除去には有効な処理方法であるが、活性炭単独によるCOD成分の除去の場合、活性炭の交換・洗浄等による維持管理費が嵩む事例が多いため、凝集沈殿処理と活性炭吸着法を併用するケースが多い。

また、近年では、燃え殻等を主体に埋立処分された比較的小規模の最終処分場において、膜ろ過法、特に逆浸透膜法の採用が増えている。これは、浸出水の汚濁成分が下水と異なり多様であるため、汚濁成分全てを除去するためには図9に示すような物理・化学・生物処理の3つを組み合わせた多段の処理プロセスを採用する必要があるが、逆浸透膜法は浸透圧の違いを利用し、浸出水中の無機性及び有機性汚濁物質の性状に関係なく一括して処理が可能であり、維持管理面が容易になるためである。

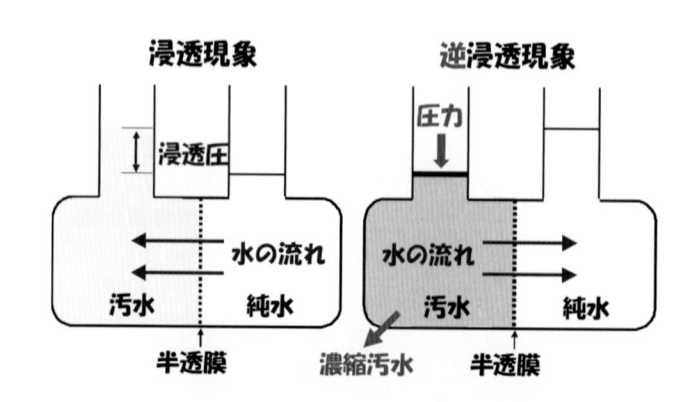

図18　逆浸透膜法における汚染物質の除去機構

しかし、逆浸透膜法は、浸透圧を利用して排水から清浄な水分を除くプロセス(図18)であるため、最終生成物として汚染濃度が高い濃縮水が残り、その処理が必要となる。そして、この処理費用を削減するために、濃縮水を最終処分場に返送することで、浸出水の水質悪化を招いているケースが見られる。

(4) 窒素

窒素の除去方法には生物学的脱窒法やアンモニア放散法（アンモニアストリッピング法）、選択的イオン交換法及び不連続点塩素処理法等の物理化学的脱窒法がある。

生物学的脱窒法はアンモニア、亜硝酸及び硝酸すべての無機性窒素の除去が可能であるが、後者の3種はアンモニアのみ除去可能である。また、アンモニア放散法及び選択イオン交換法は、アンモニアが浸出水から別の媒体、前者の場合大気、後者の場合固体（ゼオライト）へ移行するだけであり、前者の場合、降雨によって再び水環境の汚染を引き起こす可能性がある。これに対して、生物学的脱窒法及び不連続点塩素処理法の場合、処理後の最終的な窒素形態は窒素ガスになるため、環境への影響は小さい。

以上のように、生物学的脱窒法は、物理化学的手法に比べ、除去可能な窒素の種類が多様であることや環境負荷の小さい窒素ガスが最終生成物であることなど利点も多く、浸出水の窒素除去方法として多く採用されている。

しかし、この場合、酸素を必要とする好気性生物と酸素を必要としない嫌気性生物、さらに、有機物が必要な従属栄養性生物と有機物を必要としない独立栄養性生物といった、逆の環境を好む多種の生物が必要である（図19）。

独立栄養性好気性微生物が主体の硝化工程に入る前にはBOD等の有機性汚濁物の低減化を図る必要がある一方、後段の従属栄養性嫌気性微生物が主体の脱窒工程では、窒素源に比べて多量の新たなBOD源の付加が必要であり、それらの生物が生息可能な相矛盾する環境を作る必要があるなど、維持管理が複雑である。また、硝化菌（アンモニア酸化菌及び亜硝酸酸化菌）の生育速度は小さいため、滞留時間を大きくとる必要があり、一般に脱窒素槽やBOD酸化槽に比べて大きな硝化槽を設置する必要がある。

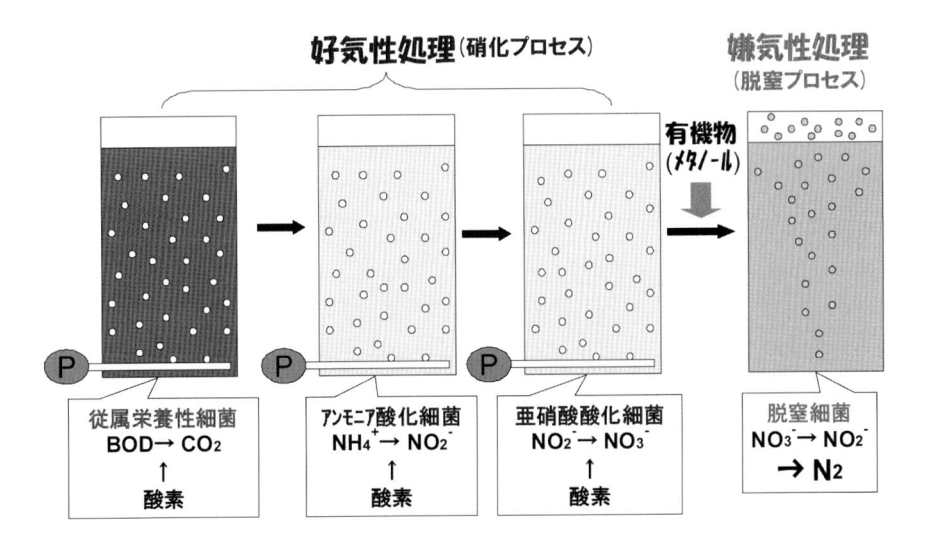

図19 生物学的脱窒法の概要

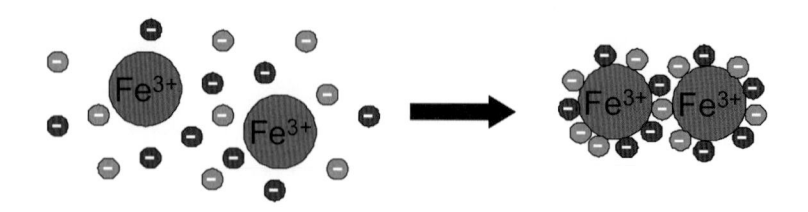

図20　粘土及びシルト等の浮遊粒子の凝集機構

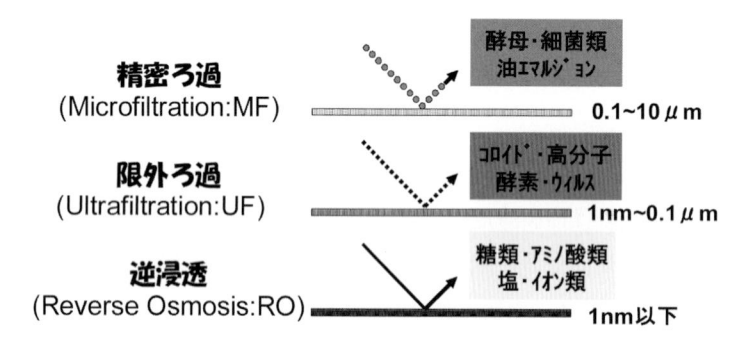

図21　懸濁物質の粒子径とろ過膜の関係

(5) 懸濁物質（SS）

懸濁物質である無機性の浮遊粒子の主体は、粒子面が負の電荷を有しているシルトや粘土粒子であり、これらは正に荷電している物質に吸着される（図20）。また、有機性の浮遊粒子の主体である藻類や細菌類もpH3以上で負の電荷を持つ傾向にあり、粘土やシルト同様に正荷電を有する物質に吸着される。そして、金属水酸化物やデンプン及びタンパク等の会合分子からなるコロイド粒子も電解質によって凝集する性質を有している。

このため、これらの除去方法としては、重金属や腐植物質の除去に用いられる凝集沈殿法、また、懸濁物質の粒子径より孔径が小さなろ過材（砂層や膜など）に浸出水を通過させることによって、液体である浸出水から物理的に分離・除去する方法がある。

また、ろ過材に砂層を用いる方法を砂ろ過法、膜を用いる方法を膜ろ過法といい、膜ろ過法は除去する物質の粒子径によって種類が分かれており、0.1μm以上の物質を除去する場合を精密ろ過法（MF）、1nm以上の物質の場合を限外ろ過法（UF）という（図21）。

しかし、浸出水処理の場合、処理対象の主体であるBODやCOD成分等を除去するシステムとして凝集沈殿施設が設置されることが多く、この方法によって懸濁物質もその多くは除去される。このため、凝集沈殿施設で除去されなかった、あるいは、凝集沈殿処理で新たに発生した懸濁物質を除去する目的で、懸濁物質の除去装置が後段に設置されるケースが多い。

MFやUFは除去可能対象物が多用であるため、その処理プロセスを簡便化することができるが、設置や維持管理面でコスト高であるため、現状としては、費用対効果を考慮して凝集沈殿法と砂ろ過法を組合せて処理されるケースが多い。

6 環境モニタリングとその対策

　最終処分場の安全性を確保するためには、その周辺環境への影響を正確にモニタリングすることが重要である。また、これらのモニタリングは埋立地の安定化・無害化、及び、廃止に係る参考資料にもなる。

　そこで、モニタリングの目的・項目の概要等を整理するとともに、特に重要である浸出水の漏水をモニタリングするための手法及び漏水事例等について紹介する。

1 環境モニタリングの概要

　ここでは、環境モニタリングの目的及び項目等の概要を示す。

(1) モニタリングの目的

　最終処分場における環境モニタリングの目的は、①処分場周辺の環境保全の確保、②処分場の安定化、廃止の可否判定に必要な資料等の収集及び評価、③周辺住民との信頼関係構築のための基礎情報の蓄積にある。

　そして、これらの調査結果を時系列に整理しながら、施設の維持管理や設備の正常運転及び適切な埋立作業などにフィードバックさせ、最終処分場の適正管理に寄与することが重要である。

１）処分場周辺の環境保全の確保

　最終処分場において廃棄物の適正処理・適正管理を実施するためには、周辺環境へ与える影響因子となる、埋立廃棄物の飛散や臭気の拡散、浸出水の漏水や放流水・地下水等の規制値の遵守、発生ガスによる臭気・悪臭等について調査し、時系列として把握しながら適切な対応を行なうことが、長期的に周辺環境を保全するための必須事項である。

２）処分場の安定化と廃止基準の評価

　最終処分場の環境管理を行う際に、埋立廃棄物の基礎情報（物理的情報や化学的情報など）、浸出水と処理水及び浸透水の水量・水温・水質等の定期的な調査、発生ガスのガス量とガス質等の定期調査などから、処分場の安定化状況を診断・評価し、環境保全や廃止のために必要な処分場の維持管理に逐次反映させていく必要がある。

３）周辺住民との信頼関係の構築

　最終処分場の埋立状況（埋立量や廃棄物に関する情報等）や、放流水と浸出水及び処分場周辺の地下水等の水質、発生ガスなど、処分場に係る環境保全上の情報等について、情報を定期的に開示し、これまでの「見えない処分場」から「見える処分場」に転換し、周辺住民との信頼関係を構築していく必要がある。

(2) モニタリング項目

　最終処分場において実施すべきモニタリング項目は多岐に亘る。埋立開始から廃止までの期間においては、『基準省令』の『維持管理基準』や『廃止基準』等の項目が基本となるが、必要に応じて、都道府県の条例・指導や地元協定等により対象項目が増えたり、基準値が厳しくなる可能性があることに留意する必要がある（表3）。

　なお、モニタリング項目は多岐に亘るものの、最終処分場における環境保全対策の最重要項目としては、"処分場内に発生した浸出水の漏水による、処分場周縁の地下水汚染防止"である。処分場周縁のモニタリングは、『維持管理基準』において、処分場の影響を受けない上流部（処分場周辺水質の基礎データ）と影響を監視する下流部など、周縁2ヶ所以上の地点で地下水等の水質調査を実施しなければならないこととなっている。なお、モニタリング地点は建設計画時に地下水の流れ（流向）や表流水の流れ方向等を調査した上で決定する必要がある。

2 浸出水漏水のモニタリング手法

　浸出水の漏水に係るモニタリング手法として

表3 環境モニタリングの対象項目

対象項目 \ 準用基準及び処分場の種類	維持管理基準 管理型	維持管理基準 安定型	廃止基準 管理型	廃止基準 安定型
① 放流水（浸出水処理水）	○	—	○	—
② 浸出水（浸出水原水）	△	—	○	—
③ 浸透水	—	○	—	○
④ 周縁地下水	○	○	○	○
⑤ 埋立ガス	○	△	○	△
⑥ 埋立地内部温度	△	△	○	○
⑦ 悪臭	○	○	○	○
⑧ 騒音・振動	△	△	△	△

【凡例】
○：基準により明確に対象となっている事項
△：自主管理・地元協定等必要に応じて管理が求められる事項。なお、都道府県等による条例・指導内容については対象外

出典：「産業廃棄物最終処分場維持管理マニュアル、(社)全国産業廃棄物連合会、平成18年11月」

は、近年、様々な漏水検知システムが開発・導入されているが、導入にあたっての費用の発生やシステムの維持管理等、事業者への負担も大きい。そこで、以下では、『維持管理基準』で定められている、周縁地下水の水質モニタリングの結果を活用することを前提に、①処分場上流側と下流側の地下水水質を比較検討しながら、漏水を確認するための簡易な調査手法と、②地下水汚染源が浸出水や他の要因など複数想定される場合に総合的な判定を実施するための調査手法について紹介する。なお、本手法は、管理型最終処分場だけでなく、安定型最終処分場にも適用可能である。

(1) 簡易なモニタリング手法（下流側での漏水の確認）

浸出水による地下水等への漏水を確認する調査手法としては、処分場の影響を受けない上流側と影響を受ける下流側のモニタリング地点（主に地下水）を対象に、表4に示した項目について4回/年程度の頻度で調査を実施することが望ましい（図22）。なお、浸出水の漏水の可能性が発生した場合は、重金属類等の法規制項目についても調査する必要がある。

本モニタリング手法における漏水の判定方法について以下に示す。なお、判定にあたっては、"水位"、"水質"の両面から評価する必要がある。

＜判定方法＞

水位による判定

埋立地内の浸出水水位と地下水の水位を測定し、両者の水位から標高（勾配）による浸出水の流出方向を判定する。

水質による判定

モニタリングの測定項目の中で、土壌と化学反応や吸着反応等が起きない Cl^- を、地下水の流れを確認するトレーサーとして利用する。最終処分場が多く設置されている山間部の地下水中の Cl^- 濃度は 50mg/l 以下に対し、浸出水中の Cl^- 濃度は数千～数万 mg/l であり、漏水の判定指標としては有効である。

EC（電気伝導度）は水中に溶解している無機塩類（陽イオンや陰イオン）の指標で、測定が簡単であるが、イオン類の具体的な種類が不明な点が難点である。

BODは浸出水中の濃度が低く、また、土壌中

表4　環境モニタリングの調査項目

	調 査 項 目
浸出水	埋立地内浸出水の水位、水質（Cl⁻、EC、COD）
地下水	地下水の水位、色、臭い、水質（Cl⁻、EC、COD）

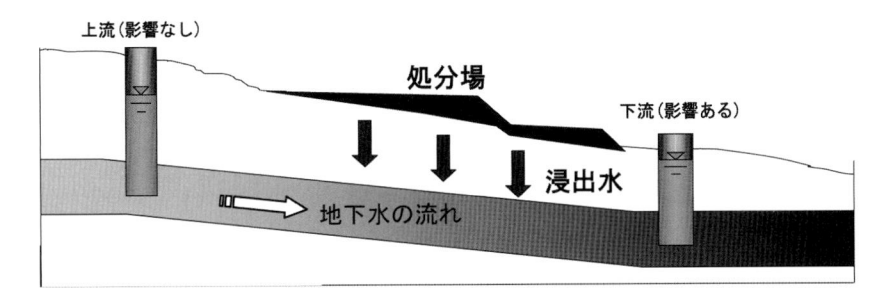

図22　モニタリング概念図

に吸着・ろ過されやすいため、CODを有機物の判定材料に使用する。

(2) 汚染源が複数ある場合のモニタリング手法
1）ヘキサダイヤグラムの概要

最終処分場の浸出水による地下水汚染の監視は、前述したように、処分場の下流側に位置するモニタリングを主な対象としている。しかし、処分場を取り巻く他の汚染源として、処分場上流部の地下水の影響や、周辺の農地や工場、道路等も汚染源になり得る。

前述の手法では、漏水を監視する指標としてCl⁻を主な対象としたが、Cl⁻は多くの物質に含まれており、浸出水以外の汚染の可能性がある場合はCl⁻単独での評価が難しい。

そのため、水に溶け込んでいる各種イオン濃度（meq/l）を用い、地下水等の水質の特徴を把握する手法として確立されている「ヘキサダイヤグラム」を用いて、複数にわたる汚染源の中から、浸出水による汚染の可能性を判定する手法がある。

「ヘキサダイヤグラム」は、浸出水やその他汚染水及び非汚染水中における以下の7項目を測定し、各々のヘキサダイヤグラムの形状が一致するかどうかで汚染源を特定する手法である（表5、図23）。

表5　ヘキサダイヤグラムの測定項目

	名称	化学式
陽イオン	ナトリウムイオン	Na⁺
	カリウムイオン	K⁺
	カルシウムイオン	Ca²⁺
	マグネシウムイオン	Mg²⁺
陰イオン	塩素イオン	Cl⁻
	重炭酸イオン	HCO₃⁻
	硫酸イオン	SO₄²⁻

図23　ヘキサダイヤグラムの例

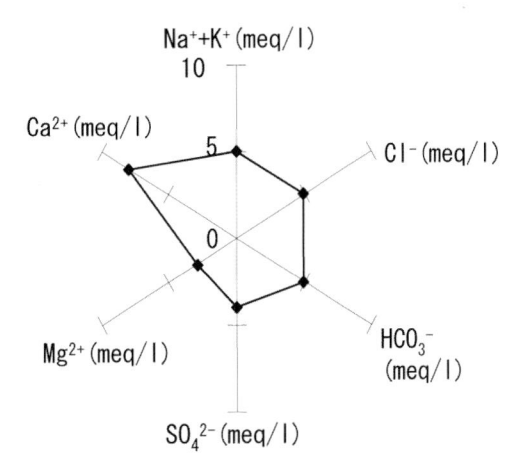

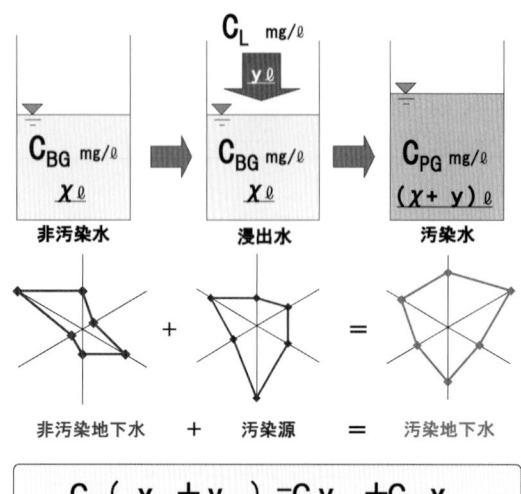

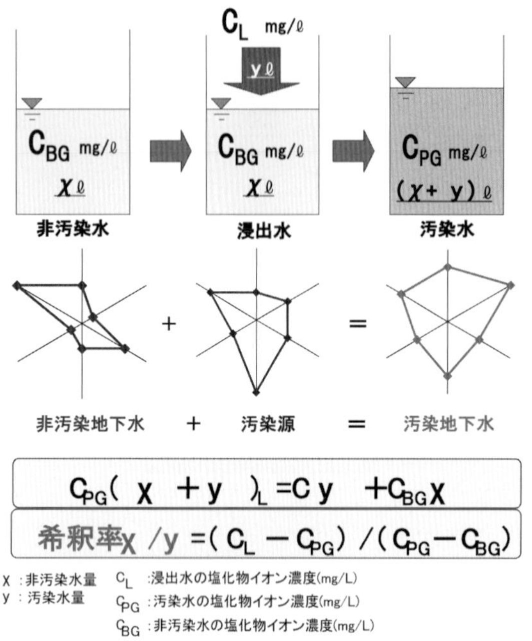

図24 希釈率ヘキサダイヤグラム法

$C_{PG}(x+y) = C_L y + C_{BG} x$

希釈率 $x/y = (C_L - C_{PG})/(C_{PG} - C_{BG})$

x：非汚染水量
y：汚染水量
C_L：浸出水の塩化物イオン濃度(mg/L)
C_{PG}：汚染水の塩化物イオン濃度(mg/L)
C_{BG}：非汚染水の塩化物イオン濃度(mg/L)

出典：「福岡大学 水理衛生工学実験室」

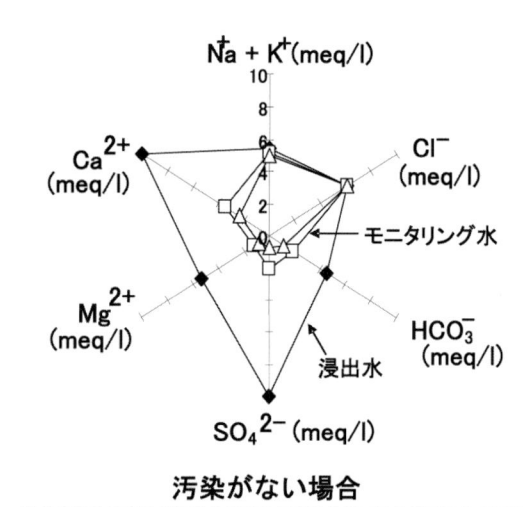

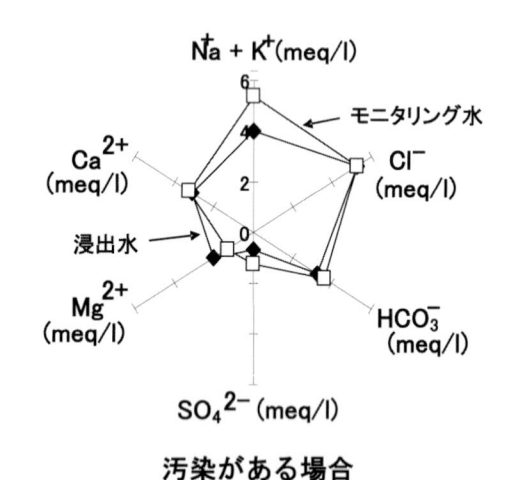

図25 汚染の判定例

2）希釈率換算ヘキサダイヤグラム法の適用

浸出水が漏水した場合、前述したヘキサダイヤグラムの形状が地下水・浸出水ともに形状が明らかに似ているものは、その濃度がオーダーレベルで差異があった場合においても、漏水の可能性が高いと判断できる。

しかし、現実的には、浸出水が漏水した場合は、浸出水が上流側の地下水などと混合された後で下流側の地下水となるため、浸出水の浸透量と水質によって、ヘキサダイヤグラムの形状による判定が難しい。

そこで、より具体的な評価を行う場合においては、「希釈率換算ヘキサダイヤグラム法」（福岡大学水理衛生工学実験室で開発研究中）を用いて、非汚染水と汚染源の可能性のある浸出水及び汚染水のCl-濃度から"希釈率（地下水と浸出水の混合割合）"を求め、前述した7項目へ適用して、汚染源を特定する（図24）。

なお、希釈率換算ヘキサグラムより浸出水を汚染源と仮定した事例を図25に示した。浸出水による汚染がない場合は浸出水と地下水のヘキサダイヤグラムが一致しないが、ほとんど一致する場合は浸出水による汚染の可能性が大きいと判定する。

（3）地下水の採取と計測事例
1）地下水の採取
　最終処分場の周縁地下水は、ボーリング孔や地下水集排水管出口等にて定期的に採取する。その際に、採水した地下水の臭気の確認や孔内水の水位及び水温等の計測が重要である。
2）地下水の計測
　ボーリング孔内の水位や水質は自動計測器を設置し、コンピュータによる管理が行われている事例や、採水器を用いて毎月採水した地下水を携帯用の測定器やパックテスト等による簡易試験により計測している事例がある。
　また、1年間に数回は環境計量事業所などの第三者機関で採水や測定を実施することも必要である。

3　漏水事例とその対策
　管理型最終処分場（遮水シートなし）において、処分場の下流側（貯留構造物から下流側へ約10m及び100m地点）に設置したモニタリング孔における地下水を定期的に調査（水位、水温、

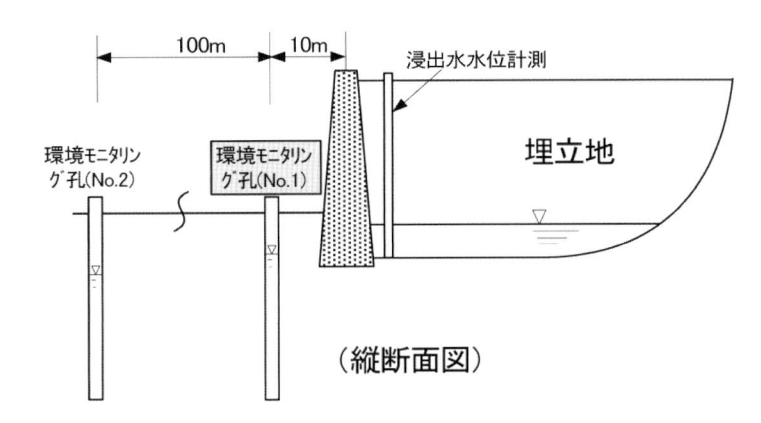

図26　モニタリング孔の設置位置

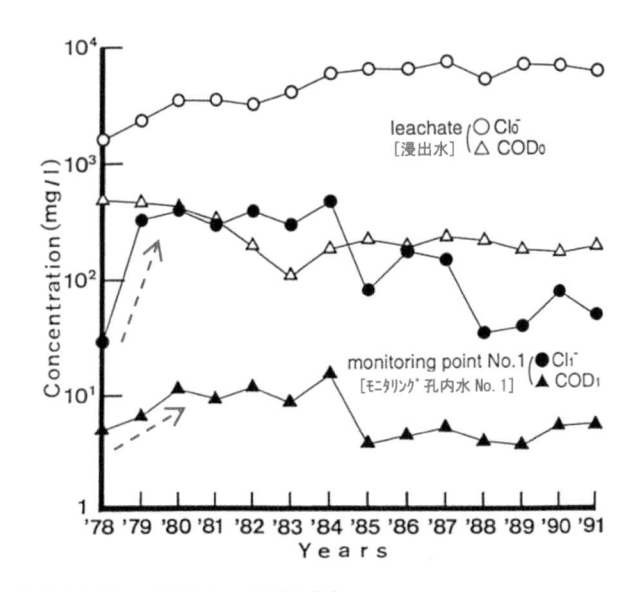

出典：「福岡大学　水理衛生工学実験室」
図27　浸出水とモニタリング孔内水（No.1）の水質経時変化（Cl⁻、COD）

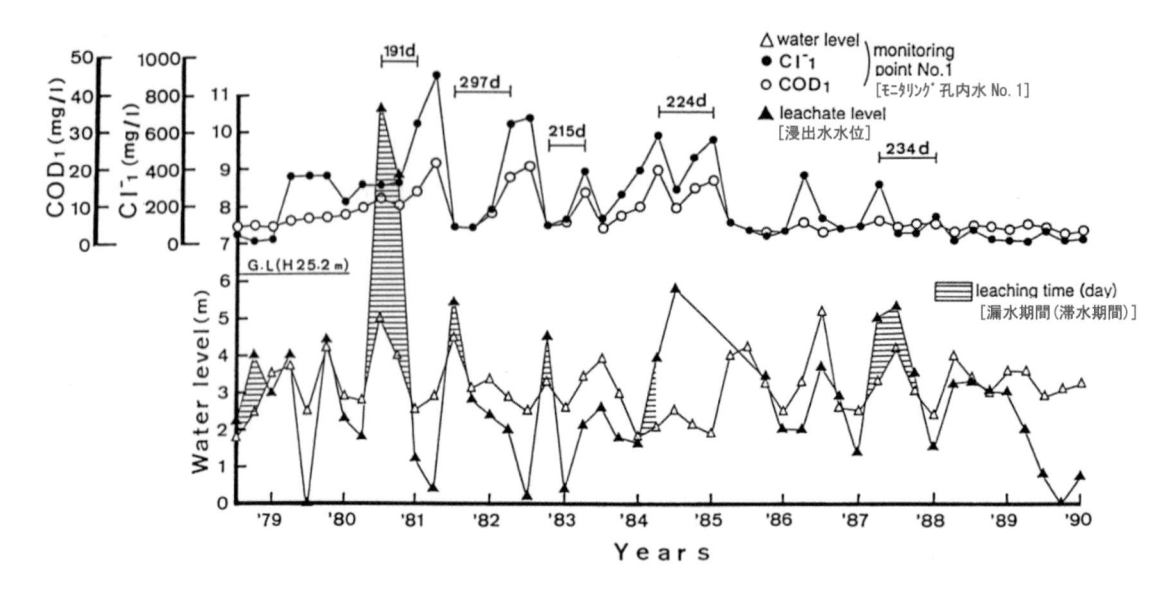

出典：「福岡大学 水理衛生工学実験室」
図28 浸出水の水位とモニタリング孔内水（No.1）の水位・水質の経時変

水質）し、浸出水の漏水対策を実施した事例を示す（図26）。

浸出水とモニタリング孔内水（No.1）のCl-とCOD（年平均値に換算）の経時変化（図27）より、モニタリング孔内水（No.1）のCl-[●印]が1978年に30mg/l程度検出されていたが（山間部における地下水中のCl-濃度と同程度）、1979年には約300mg/lと約10倍の濃度で検出された。その後も5年間に亘って300～400mg/lで検出され、COD[▲印]も5mg/l前後から10mg/l前後まで高く検出された。これに対し、浸出水中のCl-[○印]は5,000mg/l前後と高かったことから、浸出水の漏水が懸念された。

また、浸出水の処分場外への漏水は、処分場内の浸出水とモニタリング孔内水（No.1）の水位を計測し、浸出水水位のほうが高い場合は処分場内から処分場外へ漏水する危険性が高い。

そこで、処分場内の浸出水とモニタリング孔内水（No.1）の水位を比較し、同時に、Cl-の濃度変化を測定した結果を図28に示す。図より、モニタリング孔内水（No.1）の水位[△印]と浸出水の水位[▲印]から、浸出水の水位のほうが高い期間は処分場外へ浸出水が漏水する可能性が高い時期となる。同時に、モニタリング孔内水（No.1）の水質と比較すると、浸出水が漏水したと思われる時期から200日～300日後に、モニタリング孔内水（No.1）のCl-[●印]とCOD[○印]が高くなるパターンを示した。

このことから、処分場内に浸出水が滞水し水位が高くなると、浸出水が処分場外に漏水している可能性が高いことが判明した。そこで、浸出水の漏水防止対策として、浸出水が内部滞水しないように、浸出水の徹底した排除（ポンプアップ）を実施した。その結果、浸出水の漏水から7年後には、モニタリング孔内水（No.1）中のCl-やCODが低濃度化し、約10年程度を要して、漏水による影響がほぼ解消された。

以上のように、一旦浸出水の漏水が起きると、元に戻るためには長期間を要するため、処分場内に浸出水を滞水させないことが、漏水防止の基本といえる。

7 最終処分場の廃止に向けた診断と跡地利用

　最終処分場は埋立終了後に閉鎖し、環境モニタリングを継続しながら、埋立廃棄物が分解・安定化し、『廃止基準』を満たすまで管理する必要がある。

　そこで、処分場の閉鎖から廃止までの経緯、『廃止基準』の概要等を整理するとともに、廃止に向けて埋立地の安定化を評価する上で、調査・把握すべき事項等について提案する。

1 廃止基準と適合要件

　最終処分場の廃止に向けた手続き（流れ）を図29 に示す。廃止が確定するまでは『廃掃法』の適用を受ける形となり、埋立開始から埋立処分終了までは『維持管理基準』により適切な環境モニタリングを実施する必要があるが、埋立処分終了後においても、周辺環境の保全はもとより、『廃止基準』への適合を確認するために、環境モニタリングを継続する必要がある。

2 跡地利用

閉鎖処分場又は、廃止処分場は適正な対策が備じられた場合には、跡地利用として再生利用の土地資源として利用できる。特に廃止前に跡地利用する場合には以下の対策や管理が必要である。

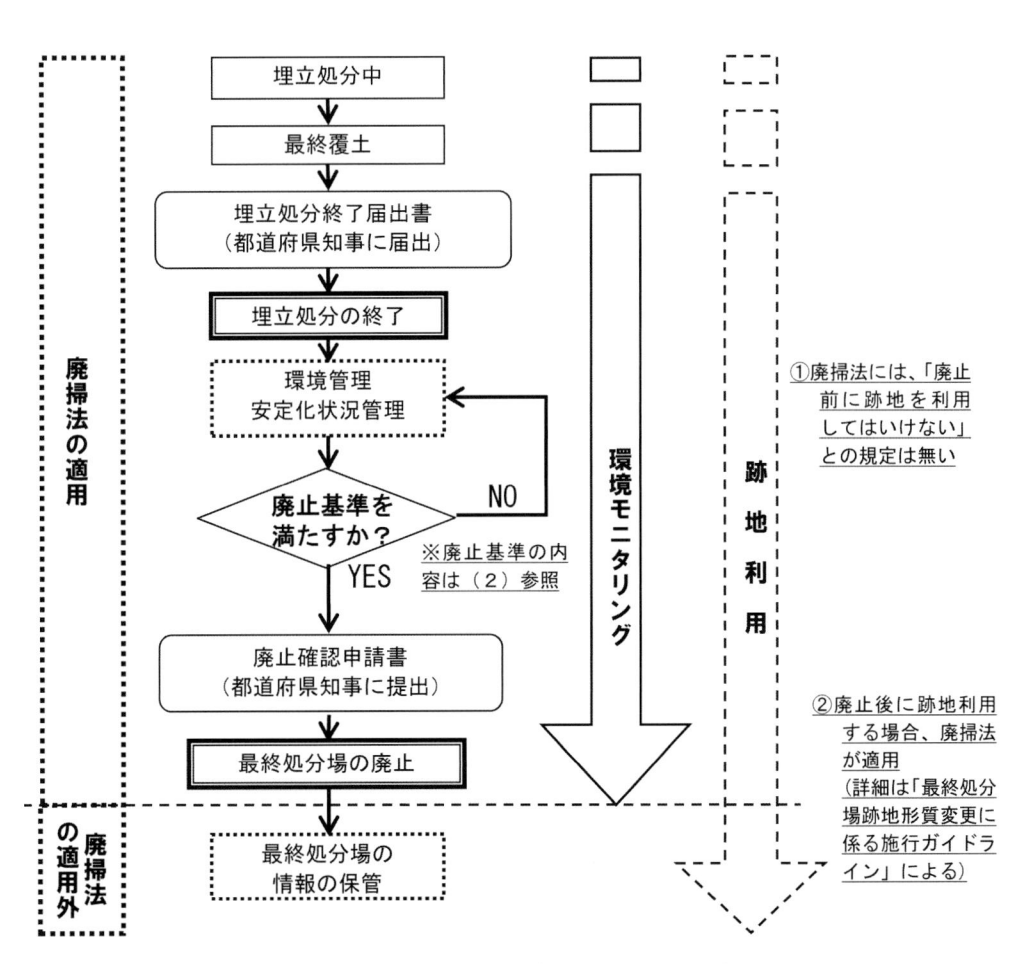

図 29　廃掃法に基づく廃止手続きの流

表6 安全対策項目

項目	内容
a. 地滑り・斜面崩落	定期的に法面の安定性を確認する必要がある。その重量により処分場に影響を及ぼす機会や設置についてもモニタリングする必要がある。
b. 火災・爆発	処分場ガスは可燃性ガスや爆発性ガスが混合している。メタンガスは空気中体積濃度が5%から15%の範囲で非常に爆発し易い。そのため、定期的に処分場ガス中のメタンガス濃度をモニタリングする必要がある。 また、爆発の可能性がある濃度に達しないように処分場ガスの移動経路を管理することも必要である。対策として、ガス排出口付近に防火施設を設置する必要がある。
c. 植生への影響	処分場ガスや特定の廃棄物は植生に影響を与える可能性がある。最終覆土層を十分に厚くし、埋立廃棄物が露出しないようにすることで、植物の成長や根を保護する必要がある。 処分場ガス(硫化水素、アンモニウム、エチレンなど)に影響を受ける植物がある。そのため、閉鎖処分場の植物の選定にあたっては、適応可能な植物を選定するよう注意する必要がある。
d. 処分場施設への影響	処分場ガス混合物には、処分増に設置されている金属やコンクリート構造物を腐食させる硫化水素やアンモニウムなどの腐食性ガスが含まれている。そのため、機材や施設の建設資材の選定には留意する必要がある。 地盤沈下もまた、ガス管、排水施設、搬入道路などに損害を与える可能性がある。
e. 化学反応による影響	分解中のごみ層には、アンモニウム(NH_4^+)などの危険化学物質が多く含まれている。アンモニウムは建設廃棄物に含まれるセメントや石灰石中のアルカリ化合物と反応する。予期せぬ化学反応により極めて有害なアンモニウムガス(NH_3)が発生する。この脱消化反応は【Ammonia Stripping】として知られている。

(1) 処分場施設の継続運転・改善

処分場施設は顕著な問題が発生していない状況においても、継続的に運転、維持管理する必要がある。また、処分場施設(ガス抜き施設や雨水排水施設など)が開発行為によって影響を受ける場合には、新たな場所に移動・再設置する必要がある。

(2) 跡地利用のための安全対策

跡地利用の安全対策には次の事項が含まれる(表6参照)。

まず閉鎖処分場における開発行為によって環境汚染や災害が引き起こされる可能性がある。開発工事はごみ層を露出させ、粉塵や悪臭を引き起こす可能性がある。また、道路舗装工事は表層へのガス移動を防げ、ガス爆発を引き起こす可能性もある。このようなことを防止するやめにも、適切な措置が講じられる必要がある。

跡地利用の開発工事は、既存の環境汚染対策工に影響を及ぼす、もしくは破損してしまう可能性がある。開発行為によって想定される影響は以下のとおりである(表7参照)。

次に閉鎖処分場の跡地利用により開発地内での居住人口、流入人口が増加する場合、処分場跡地に起因する影響に対する適切な防止措置を実施しなければならない。

そのような措置には、建物周辺へのガス対策工の設置などが含まれる。

3 跡地利用計画

跡地利用計画は、埋立地の安定化レベルによって区分されるが、一般には 1) 表層利用(スポー

表7　環境管理事項

事項	内容
a. 処分場ガスの移動	開発事業者が不浸透性の建物や道路を建設することによって、表面からのガス移動が妨げられる。これによって付近の土地や家にガスが移動し、損害や爆発が生じる可能性がある。
b. 浸出水の流出	開発工事によって、浸出水集排水システムや浸出水処理施設、覆土等の既存の処分場施設が損害を被る可能性がある。処分場でこうした工事を実施する場合には注意が必要である。
c. 地下水汚染	開発工事によって、不透水層である遮水シートが破損される可能性がある。不透水層が破損しないように注意を払い、開発工事後、定期的に地下水モニタリングを実施する必要がある。
d. ごみの掘り起こし	開発工事によって掘り起こされたごみは安全かつ適正な方法で処分し、露出させてはならない。
e. 遮水シート	遮水シートを敷設している閉鎖処分場においては、大規模な掘削及び造成を行う開発工事を許可してはならない。工事によってシートが破損される可能性があるためである。シート破損に対する対策を施す場合のみ、こうした工事を許可すべきである。こうした対策としては鉛直遮水工の設置があげられる。

埋立中　　　　跡地利用（古い埋立地が学校用地に再生）

図30　跡地利用の事例

ツグラウンド、農園等）　2) 中層利用 (中低層建物等)　3) 深層利用 (中高層コンドミニアム等) が考えられる。計画策定に当っては、周辺住民への社会配慮を十分に行うと共に、最低、①ガス対策　②地盤沈下対策　③杭等の腐食防止対策が必要である。また、最終処分場周辺の長期モニタリングデータの蓄積は「環境を考慮した最終処分」にとって最大の実績となる。写真に示す跡地利用の事例（図30）は、表層利用及び深層利用の事例（学校建設）であるが、長期モニタリングの実績があったため利用計画の評価に大きく役立った事例でもある。

(松藤康司)

3編 リサイクル技術の科学

1　生物処理のための科学

エネルギー利用

1　メタン発酵
(1) メタン発酵の原理
　湖沼、池および川の沈殿物（底泥）から嫌気性微生物群による代謝によりメタンを含む可燃性ガス（バイオガス）が生成することは古くから知られている。欧米の文献では1776年イタリアの物理学者 Alessandro Volta によって初めて報告されたとしている。また中国の文献では古くから「沼気」（もともと沼から発生するガスの意味）の記載があると言われている。自然生態系で行われている生物学的メタン生成と工学的メタン発酵は基本的に同じ生物学的反応である。

　メタン発酵は、複合系の嫌気性微生物群集が関与する多段階の有機物分解反応である。メタン発酵における生分解性有機物の分解過程をまとめたものが図1である[1),2)]。有機物は以下の5段階の反応を経てメタンまで変換される。①有機物の微細化（Disintegration）、②微細化された有機物から溶解性有機性単体（糖、アミノ酸及び高級脂肪酸）を生成する加水分解（Hydrolysis）、③加水分解生成物である溶解性単体から有機酸（酢酸、プロピオン酸、酪酸、吉草酸など）、アルコール類などを生成する酸生成（Acidogenesis）、④プロピオン酸や酪酸などのC3以上の揮発性脂肪酸から酢酸と水素を生成する酢酸生成（Acetogenesis）、⑤酢酸や水素などからメタンを生成するメタン生成（Methanogenesis）。排水・廃棄物工学の分野では、①と②と③の三つの段階を併せて酸生成相（Acidogenic phase）、④と⑤の二段階を併せてメタン生成相（Methanogenic phase）と呼ぶことが一般的である。それぞれの反応に関与する微生物群集は、その役割から3つのグループに分類される。①と②と③の反応を担うグループは酸生成細菌、④の反応を担うグループは水素生成性酢酸生成細菌、⑤の反応を担うグループはメタン生成古細菌と呼ばれる。こうした微生物群と反応群の均衡が保たれた状態において、良好なメタン発酵の運転が行われる。メタン発酵の結果、原料のバイオマスはメタンと二酸化炭素を主成分とするバイオガスと発酵残さである消化液に変換させる。

(2) メタン発酵の化学量論
　メタン発酵の原料となるバイオマスは、炭水化物、タンパク質、脂質および粗繊維といった成分を含み、その主な元素構成は炭素（C）、水素（H）、酸素（O）および窒素（N）である。バイオマスの元素構成を調べることで、メタン発酵における有機物のメタン変換反応は(1)式のような化学量論式で簡潔に表現できる[3),4)]。ここで、バイオマスは水分を含まない乾燥状態のものとして扱っている。

$$C_nH_aO_bN_c + [n-0.25a-0.5b+1.75c]H_2O$$
$$\rightarrow [0.5n+0.125a-0.25b-0.375c]CH_4 +$$
$$[0.5n-0.125a+0.25b-0.625c]CO_2 + cNH_4^+ +$$
$$cHCO_3^- \quad (1)$$

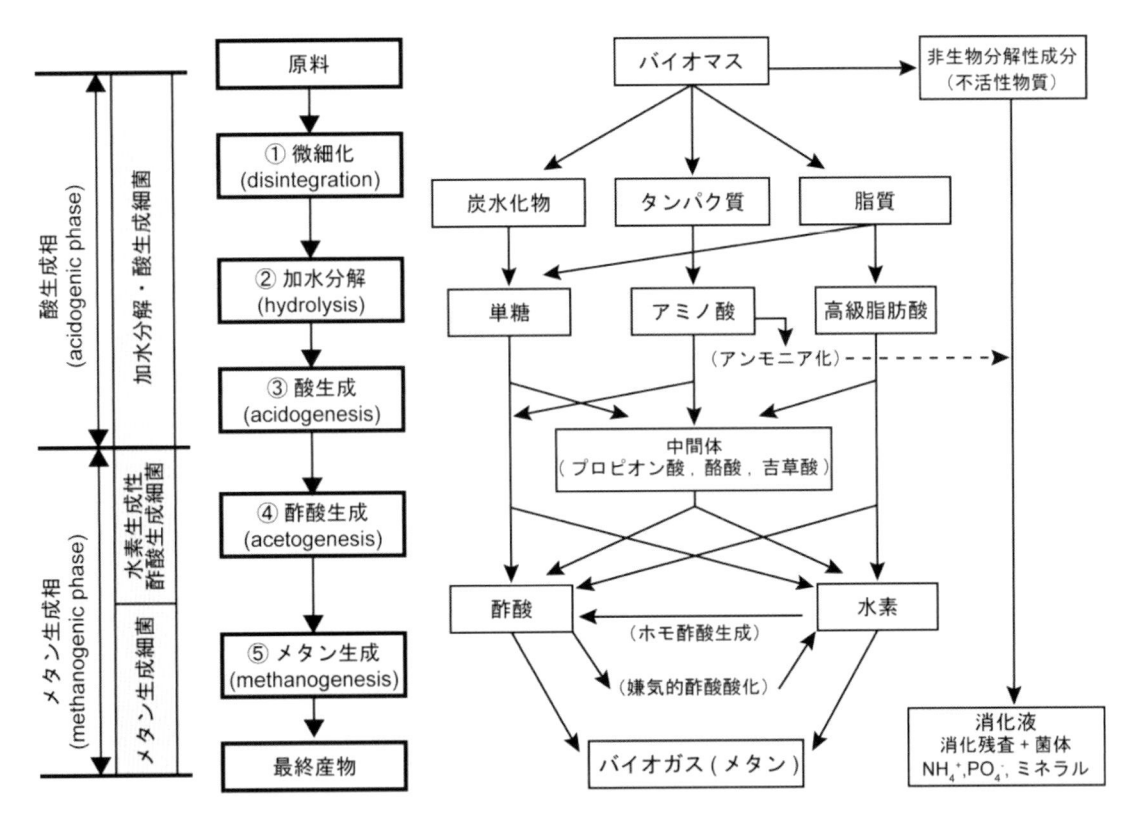

図1 メタン発酵プロセスにおける有機物の生物分解反応

表1 代表的有機物および廃棄物系バイオマスのメタン発酵プロセスに関する化学量論式とガス発生量の概算

有機固形物	メタン発酵プロセスにおける様々な有機固形物の化学量論 (菌体の増殖は考慮しない)	ガス発生倍率 Nm³/kg-分解VS	メタン濃度 %
炭水化物	$(C_6H_{10}O_5)_n + nH_2O \rightarrow 3nCH_4 + 3nCO_2$	0.830	50.0
タンパク質	$C_{16}H_{24}O_5N_4 + 14.5H_2O \rightarrow 8.25CH_4 + 3.75CO_2 + 4NH_4^+ + 4HCO_3^-$	0.764	68.8
脂質	$C_{50}H_{90}O_6 + 24.5H_2O \rightarrow 34.75CH_4 + 15.25CO_2$	1.425	69.5
調理くず	$C_{17}H_{29}O_{10}N + 6.5H_2O \rightarrow 9.25CH_4 + 6.75CO_2 + NH_4^+ + HCO_3^-$	0.881	57.8
乳牛排泄物	$C_{22}H_{31}O_{11}N + 10.5H_2O \rightarrow 11.75CH_4 + 9.25CO_2 + NH_4^+ + HCO_3^-$	0.970	56.0
生ごみ	$C_{46}H_{73}O_{31}N + 14H_2O \rightarrow 24CH_4 + 21CO_2 + NH_4^+ + HCO_3^-$	0.888	53.3
下水汚泥	$C_{10}H_{19}O_3N + 5.5H_2O \rightarrow 6.25CH_4 + 2.75CO_2 + NH_4^+ + HCO_3^-$	1.003	69.4

　メタン発酵における菌体増殖収率が小さいことから、この式では、微生物の増殖を無視して原料が全部メタンと二酸化炭素へ分解されると仮定している。この式から、有機物の単位乾燥重量あたりからの、メタン、二酸化炭素、アンモニア、重炭酸の生成量を予測することが可能である。これらの生成物はプロセスの評価において重要である。著者ら[4)-7)]は、この量論式を生ごみ、汚泥な ど幾つかのケースに適用してみた結果、ほとんどの場合、メタン発酵反応をよく表現できることを確認した。従ってこのような化学量論的計算は、処理対象のバイオマスからのエネルギー回収量をあらかじめ評価することができるため、プロセスの設計の際に有用である。ここで、文献に報告された擬似分子式を用いて代表的なメタン発酵を試算し、表1にまとめた。この計算より明らかな

ように、有機物の乾燥重量1g当たりのメタン生成ポテンシャル（＝ガス発生倍率×メタン濃度）は脂肪（0.998L）＞タンパク質（0.527L）＞炭水化物（0.415L）の順である。また、ガス組成に関しては、炭水化物の分解ではメタン含有率が50%であるのに対して、その他の3種類の物質はいずれ70%前後である。このようにメタン発酵の対象によって、バイオガス生成量およびメタン含有率は大きく異なる。著者らは、様々な成分組成を持つバイオマスからメタンおよび水素生成量ポテンシャルに関する調査を行い、各原単位をまとめて報告している[8]。

（3）廃棄物系バイオマスからの燃料生産ポテンシャル

メタン発酵の原料として、有機性工場廃水を始め、下水汚泥、食品廃棄物、家畜排泄物などが挙げられる。表2に主要な廃棄物系バイオマスのメタン発酵による燃料生産ポテンシャルを示す[9]。廃棄物系バイオマスの3大カテゴリである下水汚泥（年間7,500万トン）、食品廃棄物（年間約2,200万トン）、家畜排せつ物（年間約8,900万トン）から、最大年間395万kLの原油に相当するエネルギーを生産可能であり、中でも食品廃棄物の燃料生産ポテンシャルが最も高い。さらに、原料となる汚泥や生ごみを従来通りの焼却や処理をせずメタン発酵に回した場合、従来使用されていた化石燃料や薬品の削減が見込まれる[10]。このように廃棄物系バイオマスのメタン発酵は、資源・エネルギーの循環、節約技術として極めて有望である。

（4）メタン発酵の応用実績

工場廃水のメタン発酵（嫌気性処理）は古くから行われてきており、多くの実績がある。ビール排水、食品製造排水などの中高濃度有機性排水の処理においてUASBやEGSBプロセスが省エネルギー処理技術としてかなり普及され、日本国で300基以上のプラントが建設されている。また、下水汚泥処理においてメタン発酵は汚泥消化技術として活用され、全国約2,000個の下水処理場の内、約300箇所が嫌気性消化を採用しており、30箇所が消化ガス発電も行っている。汚泥消化では、汚泥中の有機物の約50%が分解され、消化ガス生成量は有機物1kg当たり500〜600NLであり、TS濃度3~5%の投入汚泥量に対して約10〜20倍の消化ガスが発生する。メタンの含有率は60〜65%程度である。

生ごみメタン発酵技術の実用化が日本では1990年代の後半から始まった。著者の統計によれば、生ごみまたは食品廃棄物の単独メタン発酵施設の建設状況は少なくとも計22件報告され、また汚泥などのその他のバイオマスとの混合発酵プラントまで含めると、43件以上報告されている[11]。また新エネルギー・産業技術総合研究機構（NEDO）の調査によれば、2010年度までに食品固形廃棄物のメタン発酵施設の導入件数は67カ所である[12]。図2に生ごみと家畜排せつ物

表2　廃棄物系バイオマスの燃料生産ポテンシャル

廃棄物系バイオマス	年間発生量 (万トン/年)	バイオガス発生原単位 (m³/トン)	メタン含有率 (%)	メタン生成量 (億m³/年)	原油換算* (万kL/年)
食品廃棄物	2,200	130	60	17.2	172
家畜排せつ物	8,900	30	60	16.0	160
下水汚泥	7,500	14	60	6.3	63
合計	18,600			39.5	395

*換算単位：1m³のメタンガス≒1L原油

図2　日本における生ごみと家畜排せつ物を対象としたメタン発酵施設設置状況

を対象としたメタン発酵施設設置状況を示す。生ゴミ処理メタン発酵施設の特徴として高濃度（投入 TS 濃度 10% 以上）、高温発酵を採用している事例が多い。一般的に生ごみの分解率は約 80%（±10% は可能）で、バイオガス生成量は生ごみ 1 トン（湿重量）当たり 100 〜 160m$_3$ と報告されており、その減量化、エネルギー生産効果が大きい。

家畜排せつ物のメタン発酵技術は古くから行われていたが、資源循環型技術としての関心から近年再び注目されることになり、2000 年以降新規の施設が建設されている。NEDO の調査では 2010 年度までに家畜排せつ物系バイオマスのメタン発酵施設の導入件数は 62 カ所である[12]。家畜排泄物のメタン発酵による分解率は典型的には 30–40% 程度であり、バイオガス生成量は湿重量 1 トン当たり 60 〜 100m$_3$ 程度である。このように家畜排せつ物のメタン発酵は、生ごみのそれと比較するとエネルギー回収効率が低いため、排水処理施設を設けてメタン発酵消化液の処理を行う場合、経済性が施設運営の障害になりやすい。地域資源循環技術センター（JARUS）の調査[10]によれば、年間消化液処理量を約 1 万 t と仮定して試算すると、消化液を処理する施設の維持管理費は年間約 2.5 千万円であるのに対し、消化液を全量液肥利用する施設のそれは年間約 2.0 千万円となる。また、施設の減価償却費を考慮すると、更新時には両施設の必要費用には最低 5 億円程度

の差が現われてくるとされている。加えて、液肥利用は農村の活性化にも寄与するものとして考えられている。このような理由から、家畜排泄物のメタン発酵施設普及推進のために、消化液の有効利用が近年では研究・推進されている。

(5) バイオガスの精製と利活用方法

メタン発酵により回収されたバイオガスの利活用方法は多彩である。従来の応用例は (1) ボイラーによる熱・空調利用 (発酵槽加温を含む)、(2) ガスエンジン発電、(3) 都市ガス利用、(4) 天然ガス自動車利用、(5) 燃料電池発電が上げられる。典型的にはバイオガスはメタンが 60% 程度、二酸化炭素が 40% 程度、硫化水素が数百～数千 ppm 含まれる。硫化水素は、ボイラーや発電機といった設備の腐食に寄与するため、一般的に除去が必要とされている。天然ガス自動車や燃料電池のような高度利用の場合には、さらに二酸化炭素を除去してメタン濃度を高めることが行われる。その他に、下水汚泥から生成するバイオガス中に含まれるシロキサンが除去対象となることもある。NEDO の調査によれば[12]、生ごみまたは家畜排せつ物を処理するメタン発酵施設の半数以上がガスエンジン発電とコージェネレーションによる熱利用を採用しており、残りの大半の施設はボイラーによる熱利用を採用している。

(6) 消化液（発酵残さ）の有効利用の現状

一般的にメタン発酵後の残さである消化液は、施設内の排水処理施設によって処理する場合と処理せずそのまま液肥として利用する場合の 2 通りの処置がある。JARUS の調査によれば、同機関でデータ収集、運営を行っている「バイオマス利活用技術情報提供システム Ver2.0」(http://www2.jarus.or.jp/) において、登録されている国内全 49 のメタン発酵施設のうち、消化液を処理する設備を有する施設は 32 施設、液肥利用している施設が 20 施設（重複は、両方を行っている施設）であり、液肥利用している 20 施設では、ほとんどの施設が北海道等の牧草地を中心とした農地への液肥利用であったとしている。一部、福岡や熊本で水田や畑での利用も行われているが、事例は少なく、今後研究や応用の蓄積が期待される。一方、消化液処理を採用している施設では水処理工程の後、河川放流を行っている。

(7) メタン発酵の基本的な処理フロー～生ごみを例として

生ごみのメタン発酵を例として、図3に処理フローを示す。生ごみをメタン発酵に適用する前には、プラスチック類やビニール袋、紙袋などの発酵不適物を除去する前処理が必要である。前処理方法として選別・破砕・調質があり、発酵不適物が除去されてからメタン発酵に供給される[13]。メタン発酵槽は密封型で加温装置を有しており、メタン発酵の最適温度条件である 35℃ または 55℃ で保温される。投入された生ごみは滞留時間 20-30 日程度の反応を経てメタンを 60% 程度含むバイオガスへと変換される。標準的には、発酵液はインペラを用いた機械的な方法やブロワーを用いてバイオガスを循環する方法等で撹拌が行われる。バイオガスは発酵槽から取り出され、精製設備等を経て発電やコージェネレーションに有効利用される。一方、残った消化液は脱水された後、固形物（脱水ケーキ）は堆肥化または焼却へと回され、ろ液は後に続く水処理工程で処理される。本処理では一般的に下水道または河川放流の水準を満たす処理が必要とされ、生物学的窒素除去プロセスや薬品添加を用いた浄化が行われる。

(8) 湿式発酵、乾式発酵および無希釈発酵

廃棄物系バイオマスのメタン発酵技術は一般的に投入原料の固形物濃度によって図4のように分類され、投入原料の TS 濃度が 15% 以下のものを湿式メタン発酵、25% 以上を乾式メタン発酵、その間を半乾式メタン発酵と呼ぶ。生ごみは

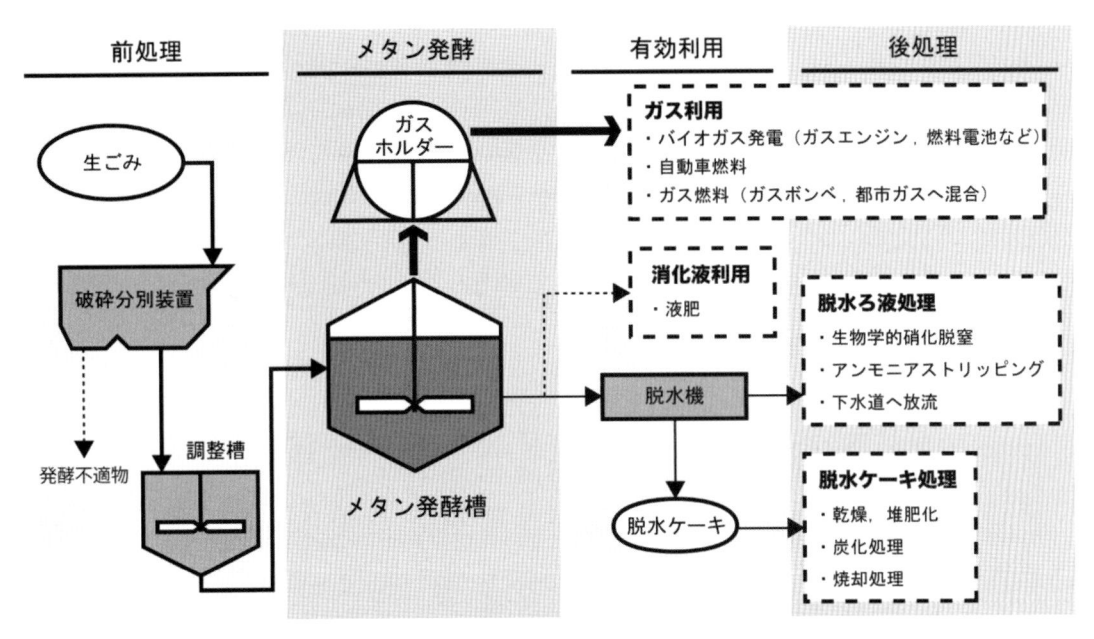

図3　生ごみメタン発酵の処理フロー

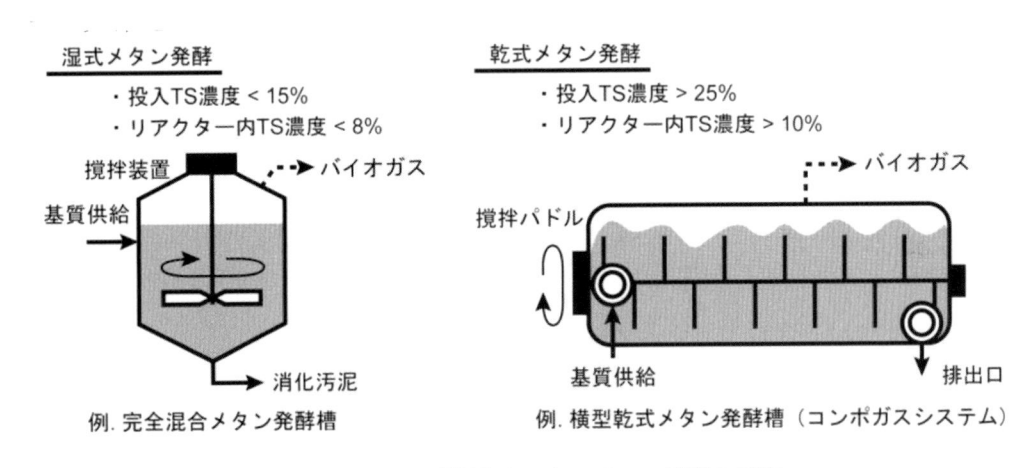

図4　投入固形物濃度によるメタン発酵の分類

TS 20%程度の固形廃棄物であるため湿式発酵の場合は水による希釈が必要である。しかし、多くの希釈水を使って処理すると、エネルギー回収効率が低下するだけでなく、処理が必要となる廃液も増大する。従って、効率の点から、近年は高濃度発酵が推奨されている。高濃度発酵の方式として、高濃度湿式メタン発酵や乾式メタン発酵が適用されている。しかしながら、原料のTS濃度が高く、タンパク質の含有率が高いほど、アンモニアが多く生成されるので、アンモニア阻害がプロセス破綻因子となる可能性が大きいことを留意しなければならない。また、栄養塩の不足が問題になる場合もあるので、鉄、コバルト、ニッケルといったメタン生成古細菌の生育に必須であるが枯渇しやすい微量の元素を生ごみとは別にプロセスへ添加する場合がある。

2　水素発酵
(1) 水素発酵の原理

　嫌気性細菌による水素発酵は、嫌気性細菌の基質特異性やエネルギー獲得のしやすさなどの理由から、基質として主に炭水化物が利用される。嫌気性発酵において炭水化物の高分子である各種糖、澱粉、セルロースなどは加水分解細菌、細胞外酵素によって低分子である単糖に加水分解される。嫌気性代謝において多くの細菌群は解糖系を利用して、単糖、主にグルコースからピルビン酸を生成し、ピルビン酸から様々な発酵産物を生成している。代表的な水素生成細菌として *Clostridium acetobutylicum* がよく知られている。この細菌によるグルコース代謝経路を図5に示す。

　図5に示すのは、グルコースからの取りうる全ての代謝経路であるが、このうち主要な経路であり水素発酵において重要なものは以下の二つである。

・酢酸発酵経路

　グルコース1 molから、酢酸を生成するときに最大の収率である4 molの水素が生成し、この酢酸発酵経路は次のように表される。

$C_6H_{12}O_6 + 2H_2O \rightarrow 4H_2 + 2CO_2 + 2CH_3COOH$ (ΔG^0 = -206 kJ/mol)

・酪酸発酵経路

　また、水素生成の重要な反応として酪酸発酵経路もある。これは次のように表される。1 molのグルコースから2 molの水素が生成する。

$C_6H_{12}O_6 \rightarrow 2H_2 + 2CO_2 + C_3H_7COOH$ (ΔG^0 = -254 kJ/mol)

　廃棄物系バイオマスからの水素発酵の場合、水素生成細菌である *Clostridium* 属細菌だけでなく、他の多様な嫌気性細菌群を含む複合系の微生物群集が形成される。従って、発酵槽の内部で起きる代謝も多様となる。グルコースからの複合系微生物群による水素発酵において、嫌気性細菌群による主要な発酵代謝産物は、蟻酸、酢酸、乳酸、プロピオン酸、酪酸、エタノールである。これらの発酵代謝産物と水素生成の関係についてグルコー

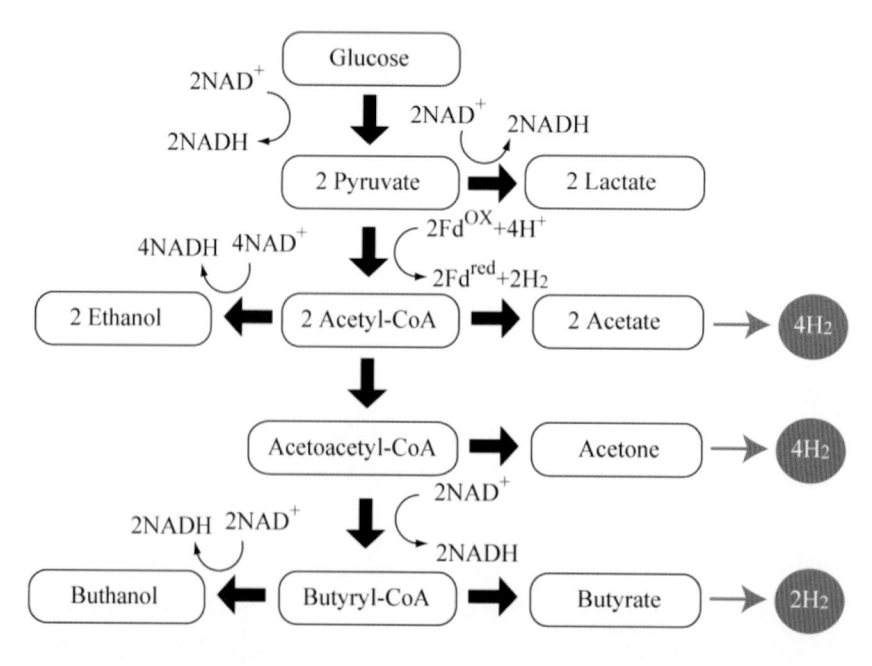

図5　C.acetobutylicum によるグルコースからの水素生成代謝経路[14]

表3 グルコース基質の発酵代謝産物と水素生成の理論式[15]

水素生成反応	
酢酸生成	$C_6H_{12}O_6 + 2H_2O \rightarrow 2CH_3COOH + 4H_2 + 2CO_2$
酪酸生成	$C_6H_{12}O_6 \rightarrow CH_3CH_2CH_2COOH + 2H_2 + 2CO_2$
水素消費反応	
プロピオン酸生成	$C_6H_{12}O_6 + 2H_2 \rightarrow 2CH_3CH_2COOH + 2H_2O$
非水素生成反応	
エタノール生成	$C_6H_{12}O_6 \rightarrow 2CH_3CH_2OH + 2CO_2$
ホモ乳酸生成	$C_6H_{12}O_6 \rightarrow 2CH_3CH(OH)COOH$
プロピオン酸・酢酸生成	$C_6H_{12}O_6 \rightarrow 4CH_3CH_2COOH + 2CH_3COOH + 2CO_2 + 2H_2O$
ホモ酢酸生成	$C_6H_{12}O_6 \rightarrow 3CH_3COOH$ $4H_2 + 2CO_2 \rightarrow CH_3COOH + 2H_2O$

スを基質とした場合の理論式を表3に示す。最大の水素収率は、酢酸生成を伴う場合の 4 mol-H_2/mol-glucose である。しかしながら、実際の水素発酵プロセスにおいて得られる収率は、環境条件によって大きく影響されることが知られている。大抵の環境条件では、微生物反応で生じる生成物は複雑になる場合が多いので、水素発酵に関与する細菌の群集構造や水素発酵条件等を適切に制御することは極めて重要である。

(2) 水素発酵の原料

　水素発酵に用いられている基質としては、グルコース、スクロース等の単糖を用いた研究が多いが、デンプン、セルロース等の高分子の炭水化物からも水素生成が可能である。また、実際の有機性排水としては製糖工場排水、醸造工場排水の例があり、いずれも炭水化物を主成分とする基質であり、水素生成細菌群により連続実験で高い水素収率が得られている。有機性廃棄物として食品を用いた水素発酵では、炭水化物が主体であるキャベツ、ニンジン、米、ジャガイモからは水素回収は可能だが、卵、肉の白身等の蛋白質が主体のものや、肉脂や鳥の皮等の脂質が主体のものからは水素の回収が非常に低い。また、炭水化物、蛋白質等を複合したドッグフードからの水素生成も可能であるが、それらの成分の内で、炭水化物が水素生成に寄与する以外に、生ごみと紙ごみの混合物、パン生地、賞味期限切れパンなど、炭水化物が主体の廃棄物も水素発酵の原料に用いられている。著者らは、様々な栄養成分を有する廃棄物系バイオマスからの水素生成ポテンシャルを調査し、その原単位をまとめた[8]。それによると、水素生成ポテンシャルは廃棄物系バイオマスの炭水化物含有率（g-炭水化物/g-有機物）に依存していることがわかっている。

(3) 水素発酵リアクター

　水素発酵は様々なタイプのリアクターにより運転が可能である。研究においてよく用いられるタイプは、完全混合式のCSTR（Completely Stirred Tank Reactor）である。CSTRは、水素生成細菌の生理学的な特徴（pH、HRT、温度など）の検討や動力学パラメータの解析に利用されてきた。CSTRによる既往の連続式水素発酵では、最大 2.8 mol-H_2/mol-glucose の水素が得られている。水素発酵では、HRTが比較的短く、酸性側のpHで制御されるので、CSTRを用いると、高濃度の菌体を保持することが難しい。この

ため、固形物のバイオマスを原料に利用する場合は、それを分解させやすくする工夫が課題である。近年、リアクターの効率を追求するため、膜分離反応槽[16]やUASB型反応槽[17]を用いた研究も報告されるようになった。これらの新型反応槽を用いると水素の生成速度を大きく向上できる。しかしながら、水素収率の大きな改善はまだ見られないようである。例えば、UASB型反応槽を用いた研究で報告されている水素収率は、条件により大きく異なっているものの、中温条件での研究では0.65-2.01 mol-H_2/mol-glucose程度、高温条件で2.14-2.47 mol-H_2/mol-glucoseに留まっている。

(4) 水素発酵で回収可能なエネルギー

水素発酵の最大特徴は、嫌気性細菌の発酵能力を利用して炭水化物系バイオマスから簡単に水素を生産できることである。ただし、その収率に限界があり、グルコースを基質とした場合でも最大で4 molの水素しか発生しない。細菌の増殖を含めない理想的な反応では、生成の水素エネルギーは、原料バイオマスの約40%である。また、原料バイオマスのCOD（電子，H）は、最大で33%が水素に変化し、残りの67%は酢酸になる。このことは下の式のように表現される。従って、水素発酵には、原料バイオマスに含まれるエネルギーの1/3程度しか水素に変換されなく、変換効率が低いという問題点がある。生成される有機酸の応用も課題となる。

$C_6H_{12}O_6 + 2H_2O \rightarrow 2CH_3COOH + 2CO_2 + 4H_2$
熱エネルギー：2,673 kJ/mol（糖）→ 1,144 kJ/mol（水素）
COD（電子，H）：196 g/mol（糖）→ 64 g/mol（水素）

(5) 水素メタン二段発酵プロセス

水素発酵では、多量の有機酸が生成するので、エネルギー変換効率を改善するためには、水素発酵槽の後段にメタン発酵槽を設置して有機酸をメタンとしてエネルギーに転換する必要がある[18]-[20]。この二相式水素・メタン発酵の発端は、メタン発酵の律速過程である加水分解を促進するために、酸生成細菌とメタン生成細菌それぞれの最適な増殖条件が異なることを利用して酸生成槽をメタン発酵槽の前段に分離したことである。酸発酵槽からは多量に水素が生成することは知られていたが、その水素の回収に着目するようになったのは、近年になってからのことである。ここで、モデルとしてグルコースからの「単独のメタン発酵」と「水素・メタン二相発酵」の二つのケースを考えてみる。

* 単独のメタン発酵反応
  $C_6H_{12}O_6 \rightarrow 3CH_4 + 3CO_2$
  （生成物の高位発熱量 = 2,673 kJ）
* 水素・メタン発酵二相発酵
  水素発酵：$C_6H_{12}O_6 + 2H_2O \rightarrow 2CH_3COOH + 2CO_2 + 4H_2$
  酢酸からのメタン発酵：$2CH_3COOH \rightarrow 2CH_4 + 2CO_2$
  全体：$C_6H_{12}O_6 + 2H_2O \rightarrow 4H_2 + 2CH_4 + 4CO_2$
  （生成物の高位発熱量 = 2,926 kJ）

理論的には、水素・メタン二相発酵プロセスは、高位発熱量として得られるエネルギーはメタン発酵単独のプロセスと比べて1.09倍ほど高いだけである。ところで、燃料電池は水素を電力源に用いるので、メタンガスを原料にする場合には、あらかじめ改質器でメタンを水素に変える必要がある。この効率はおよそ70%に留まるので、実際の運転では、全量のメタンを改質器で処理しなければならないメタン発酵プロセスよりも、水素・メタン二相発酵プロセスの方が効率ははるかに優れることになる。このことを模式的に図6に示した。また、このプロセスは、メタン発酵プロセスよりも高速化が期待できることも利点の一つである。水素・メタン二相発酵プロセスは、異なる微

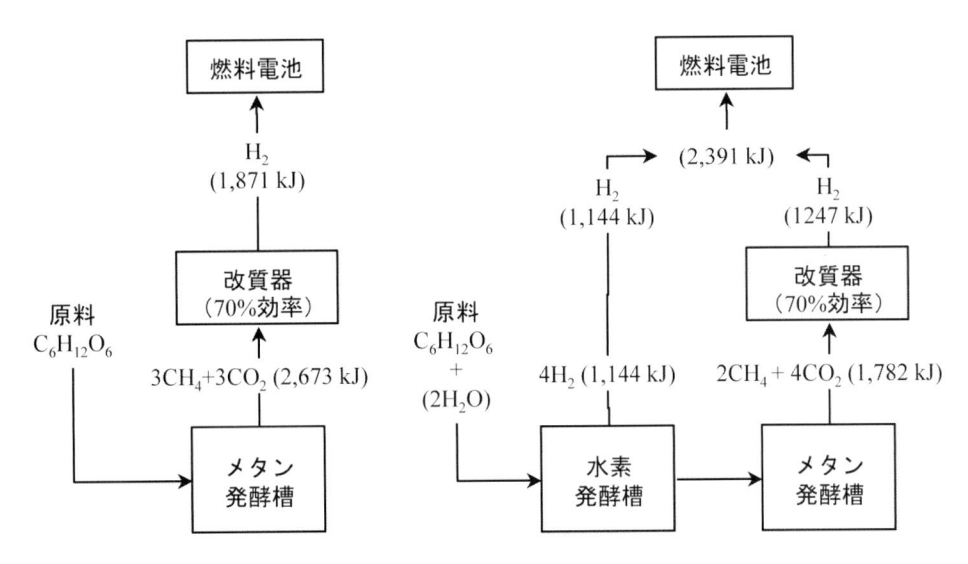

(左：単独のメタン発酵プロセス，右：水素・メタン二相発酵プロセス)
図6　水素・メタン二相発酵プロセスの優位性[2),20)]

生物を組み合わせることで、水素とメタンという市場価値の高い資源へ合理的に転換する技術である。

3　微生物燃料電池
(1) 微生物による電極への電子伝達

微生物燃料電池 (MFC) は、微生物による有機物の嫌気的酸化の際に発生する還元力を電気として取り出す技術である．混合系微生物群による有機物の嫌気性分解は、メタン発酵や水素発酵において広く有機性排水・廃棄物処理に用いられている．近年は、こうした有機性排水・廃棄物の嫌気性処理と微生物燃料電池を組み合わせることにより、電力を直接生産するプロセスを開発しようとする試みが行われている．

嫌気性の有機物分解に関与する微生物の中で、金属還元細菌と呼ばれるグループが存在する。これらの細菌は、Fe (III) などの金属を電子受容体(つまり有機物の嫌気的酸化の際に発生する電子を受け渡す媒体)として利用して、自らの生育に必要なエネルギーを獲得している。これらの細菌は、金属で構成される電極をも電子受容体として利用できることが知られている。従って、金属還元細菌が持つ電極への電子伝達機能が微生物燃料電池においてキーとなっている。こうした発電細菌による電子伝達方法は図7に示す3つの方法に分類されている[21)]。(1) は微生物によって生成されるナノワイヤーによって、電子を電極に受け渡す方法である。このような機構は *Geobacter sulfurreducens* PCA, *Shewanella oneidensis* MR-1, *Synechocystis* PCC6803, *Pelotomaculum thermopropionicum* といった細菌で発見されている[22),23)]。(2) はメディエーターとよばれる電子授

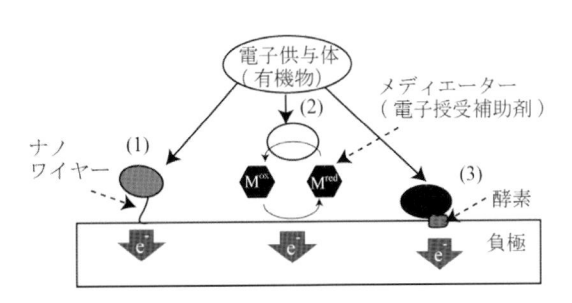

図7　微生物による電極への電子伝達方法

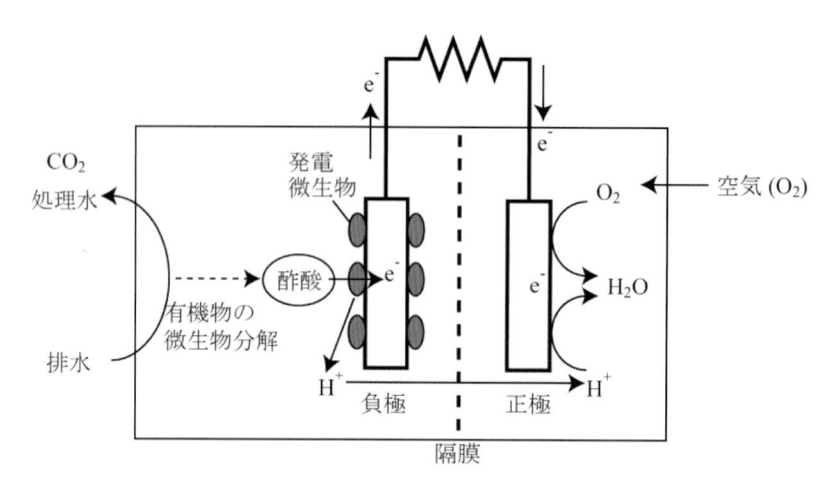

図8 微生物燃料電池の原理

受補助剤を通して、電極の還元が行われ、電子が伝達される方法である。これは菌体と電極の直接的な接触の必要がなく、効率的な電子伝達方法であるものの、プロセスに対してメディエーターの人為的添加が必要である。(3) は *Shewanella putrefaciens*、*G.sulfurreducens* 等の細菌が分泌するシトクロムcといった細胞外酵素の働きにより菌体から電極へ直接的に電子が伝達される方法である[24),25)]。

(2) 排水処理と組み合わせた微生物燃料電池の仕組み

図8には、二槽式微生物燃料電池を応用した排水からの電力回収装置の模式図を示している。負極槽側では、まず排水の流入によって供給される有機物を嫌気性微生物群の代謝作用によって発電細菌が利用する低分子物質まで分解する。これまでの研究では、有機物の嫌気性分解によって生成する酢酸を始めとする有機酸が代表的な発電細菌の電子供与体であると考えられている。発電細菌に渡された電子供与体は、酸化の過程で電子を放出するため、上に述べた原理によって電極へと電子が伝達される。負極側電極の素材としては炭素が最も一般的である。一方、正極槽では、空気の曝気により槽内に供給された酸素によって正極側の槽から隔膜を通して供給されるプロトンが還元される。正極の素材は炭素が一般的だが、酸素によるプロトン還元反応が律速になることが報告されており[26)]、触媒作用を持つPtを電極に加えることがある。

(3) 微生物燃料電池の化学量論

ここで、微生物燃料電池における反応を化学量論の観点で考える。グルコースを負極における電子供与体、酸素を正極における電子受容体とすると、電極における反応は以下のように記述される。

負極　$C_6H_{12}O_6 + 6H_2O \rightarrow 6CO_2 + 24H^+ + 24e^-$
正極　$O_2 + 4H^+ + 4e^- \rightarrow 2H_2O$

全体の反応は以下のようになる。

$C_6H_{12}O_6 + 6O_2 \rightarrow 6CO_2 + 6H_2O$

エネルギーの損失がない理想的な状態を考えると、電力 W(J) は電極で起きる反応におけるギブズの自由エネルギー変化に等しい。

$W = nFE_{emf} = -\Delta G_r = -\Delta G_r^0 - RT\ln Q$

ここで n は伝達される電子量 (mol)、F はファラデー定数 (96485 C/mol)、E_{emf} は電池の起電力 (V)、G_r^0(J) は標準状態におけるギブズの自由エネルギー、Q は反応商である。上の式を変形して、

$$E_{emf} = E^0_{emf} - RT/nF \ln Q$$

のように表現できる。E^0_{emf} は標準状態における起電力である。微生物燃料電池における負極の反応から、負極の起電力は次のように記述できる。

$$E_{anode} = E^0_{anode} - \frac{RT}{24F} \ln\left(\frac{[C_6H_{12}O_6]}{[CO_2]^6[H^+_{anode}]^{24}}\right)$$

一方正極の起電力は、次のようになる。

$$E_{cathode} = E^0_{cathode} - \frac{RT}{4F} \ln\left(\frac{1}{[O_2][H^+_{cathode}]^4}\right)$$

電池の起電力 E_{emf} は $E_{cathode}$ から E_{anode} を差し引くことで算出される。または、次のように表現される。

$$E_{emf} = E^0 - \left\{\frac{RT}{4F}\ln\left(\frac{1}{[O_2][H^+_{cathode}]^4}\right) - \frac{RT}{24F}\ln\left(\frac{[C_6H_{12}O_6]}{[CO_2]^6[H^+_{anode}]^{24}}\right)\right\}$$

ここで $E^0=E^0_{cathode}-E^0_{anode}$ は、標準状態における起電力である。この微生物燃料電池の場合、$E^0 = 1.23 - (-0.01) = 1.24$ V である。これは理論的に得られる最大の起電力であるが、実際には様々な環境条件に影響され、このような起電力が得られることはない。上の式からわかるように、起電力は、グルコースや酸素濃度よりも両電極のpHに特に大きく依存している。

(4) 微生物燃料電池の性能

微生物燃料電池の性能は、有機物から取り出される電荷量を示すクーロン効率 η（＝流れた電流の積算値／処理有機物量から推定される電荷量の理論値×100%）と電極の表面積あたり発電量を示す電力密度（mW/m²）の２点で評価される。表4に微生物燃料電池を用いた排水からの電力回収事例を示す。この表のように、酢酸やグルコースのような純粋な基質と比較すると実排水の処理ではクーロン効率、電力密度ともに劣ることが認められている。複雑な有機物を処理する場合、発電細菌は電子供与体を巡ってメタン生成古細菌や硫酸塩還元細菌等と競合することも知られており、高収率を達成するためのさらなる研究開発が必要である。また、本来の機能である排水処理の性能も既存の技術水準を満たす性能と電力回収との両立もまた求められている。

参考文献

1) Batstone DJ, Keller J, Angelidaki I, Kalyuzhnyi SV, Pavlostathis SG, Rozzi A, Sanders WT, Siegrist H, Vavilin VA.: The IWA Anaerobic Digestion Model No 1 (ADM1), Water Science and Technology, Vol.45, No.10, pp.65-73, 2002
2) 野池達也, メタン発酵, 技法堂出版, 2009
3) 須藤隆一編著, 水環境保全のための生物学, 産業用水調査会, 2004
4) 李玉友:"メタン回収技術の応用現状と展望", 水環境学会誌, Vol.27, No.10, pp.622-626, 2004
5) 李玉友:"汚泥・生ごみなどの有機廃棄物の高温メタン発酵", 水環境学会誌, Vol.21, No.10, pp.644-649, 1998
6) 李玉友, 張岩, 野池達也:"メタン発酵を用いた下水汚泥の減量化・エネルギー回収システム", ECO INDUSTRY, Vol.9, No.9, pp.5-19, 2004

表4 様々な微生物燃料電池を用いた排水からの電力回収事例

MFCタイプ	基質	クーロン効率(%)	電力密度(mW/m²)	COD除去率(%)	文献
2槽連続式	酢酸	75	90 W/m³		27
2槽連続式	グルコース	89	3600		28
1槽連続式	生活排水	20	26	40-80	29
2槽バッチ式	食品工場廃水	27-41	81	95	30
1槽バッチ式	豚舎排水	8	261	86	31
2槽連続式	化学工場廃水		129.4	62.9	32

7) 櫻井国宣，李玉友，野池達也："高濃度牛ふん尿のメタン発酵特性"，廃棄物学会論文誌，Vol.16, No.1, pp.65-73, 2005
8) 小林拓朗，李東烈，徐開欽，李玉友，稲森悠平：生ごみ嫌気発酵によるメタンおよび水素生成ポテンシャル―食品標準成分に基づく分類と特性評価―，環境技術，40(3)，159-166, 2011
9) 野池達也："バイオマスが地球を救う"，用水と廃水，Vol.50, No.2, pp.40, 2007
10) 岩下幸司，岩田将英：地域資源循環技術シリーズ5 メタン発酵消化液肥の液肥利用マニュアル，188pp., 地域資源循環技術センター，2010
11) 李玉友，西村修："メタン発酵法による廃棄物系バイオマスの循環利用"，混相流，Vol.21, No.1, pp.29-38, 2007
12) 新エネルギー・産業技術総合研究機構，バイオマスエネルギー導入ガイドブック第3版，2010 (http://www.nedo.go.jp/content/100079692.pdf)
13) 谷川昇，古市徹："特集 動き出した家庭系生ごみのバイオガス化"，資源環境対策，Vol.40, No.2, pp.42-79, 2004
14) Chin, H.L., Chen, Z.S. and Chou, C.P. : Fedbatch operation using Clostridium acetobutylicum suspension culture as biocatalyst for enhancing hydrogen production, Biotechnol. Prog., 19, 383-388, 2003
15) 河野孝志，李玉友，野池達也，嫌気性水素発酵の基礎既往研究と展望（Ⅰ），用水と廃水，Vol.47, No.9, 777-783, 2005
16) Dong-Yeol Lee, Yu-You Li, Tatsuya Noike, Continuous H2 production by anaerobic mixed microflora in membrane bioreactor, Bioresource Technology, Vol.100, 690-695, 2009
17) Yohei AKUTSU, Dong-Yeol Lee, Yong-Zhi CHI, Yu-You LI, Hideki HARADA and Han-Qing YU, Thermophilic fermentative hydrogen production from starch-wastewater with bio-granules, International Journal of Hydrogen Energy, 34, 5061-5071, 2009
18) 大羽美香，李玉友，野池達也："二相循環プロセスによるジャガイモ加工廃棄物の無希釈水素・メタン発酵の特性"，水環境学会誌，Vol.28, No.10, pp.629-636, 2005
19) 大羽美香，李玉友，野池達也，二相循環式水素・メタン発酵プロセスにおける微生物群集の構造解析，水環境学会誌，Vol.29, No.7, 399-406, 2006
20) 河野孝志，李玉友，野池達也："嫌気性水素発酵の基礎既往研究と展望（Ⅱ）"，用水と廃水，Vol.47, No.11, pp.961-969, 2005
21) Liu, H. : Microbial fuel cell: Novel anaerobic biotechnology for energy generation from wastewater, Khanal, S.K. 編 著, Anaerobic biotechnology for bioenergy production, Wiley-Blackwell, 2008
22) Gorby, Y. A., Yanina, S., McLean, J. S., Rosso, K. M., Moyles, D., Dohnalkova, A., Beveridge, T. J., Chang, I. S., Kim, B. H., Kim, K. S., Culley, D. E., Reed, S. B., Romine, M. F., Saffarini, D. A., Hill, E. A., Shi, L., Elias, D. A., Kennedy, D. W., Pinchuk, G., Watanabe, K., Ishii, S., Logan, B., Nealson, K. H. and Fredrickson, J. K. : "Electrically conductive bacterial nanowires produced by Shewanella oneidensis strain MR-1 and other microorganisms", Proceedings of the National Academy of Sciences of the United States of America, 103, 30: 11358-11363, 2006
23) Reguera G, McCarthy KD, Mehta T, Nicoll JS, Tuominen MT, Lovley DR. : Extracellular electron transfer via microbial nanowires. Nature 435: 1098–1101, 2005
24) Magnuson, T. S., N. Isoyama, A. L. Hodges-Myerson, G. Davidson, M. J. Maroney, G. G. Geesey, and D. R. Lovley. : Isolation, characterization and gene sequence analysis of a membrane-associated 89 kDa Fe(III) reducing cytochrome c from Geobacter sulfurreducens. Biochem. J. 359:147-15, 2001
25) Myers, J.M. and Myers, C.R. : Role for outer membrane cytochromes OmcA and OmcB of Shewanella putrefaciens MR-1 in reduction of manganese dioxide. Appl. Environ. Microbiol., 67, 260–269, 2001
26) Rismani Yazdi H., Carver S.M., Christy A.D., Tuovinen O.H., Cathodic limitations in microbial fuel cells: An overview, Journal of Power Sources, 180 (2), pp. 683-694, 2008
27) Rabaey, K., Clauwaert, P., Aelterman, P. and W. Verstraete. : Tubular microbial fuel cells for efficient energy generation. Environmental Science and Technology. 39(20): 8077-8082, 2005
28) Rabaey, K., G. Lissens, S. D. Siciliano, and W. Verstraete. : A microbial fuel cell capable of converting glucose to electricity at high rate and efficiency. Biotechnology Letters 25:1531-1535, 2003
29) Liu, H.; Logan, B. E. Electricity generation using an air-cathode single chamber microbial fuel cell in the presence and absence of a proton exchange membrane. Environ. Sci. Technol. 38, 4040-4046, 2004
30) Oh SE, Logan BE. Hydrogen and electricity production from a food processing wastewater using fermentation and microbial fuel cell technologies. Water Res., 39(19):4673-82, 2005

31) Min, B., Cheng, S., Logan, B.E., "Electricity generation using membrane and salt bridge microbial fuel cells", Water Res., 39,1675-1686, 2005
32) Huang, L. and Logan, B.E. Electricity generation and treatment of paper recycling wastewater using a microbial fuel cell, Appl. Microbiol. Biotechnol. 80, pp. 349–355, 2008

マテリアル利用

1 堆肥化について

(1) 堆肥化とは

堆肥化は、表1にまとめる有機性廃棄物を原料として、微生物の代謝作用により有機成分を分解するとともにその過程で発生する反応熱により廃棄物を加熱することで、原料廃棄物に含まれる病原体・植物種子を死滅させ、最終的に農作物成長に必要な成分(ミネラル、腐植物など)が豊富で、土壌改良ができる有機性肥料を作る生物学的安定化プロセスであり、コンポスト化とも呼ばれている。

堆肥化は好気式と嫌気式に分けられる。好気式堆肥化は酸素(空気)存在の条件で有機性廃棄物を分解する過程であり、主要な代謝産物は二酸化炭素、水および熱である。一方、嫌気性堆肥化は酸素(空気)のない条件における有機性廃棄物の分解過程であり、代表的な代謝産物はメタン、二酸化炭素、有機酸などである。嫌気性堆肥化で生成した反応熱は好気式堆肥化の方より遥かに少ないため、温度が上昇せず、農作物成長に妨害する有機性廃棄物中有害成分(雑草種子、病原菌など)を十分死滅させることができないだけでなく、有機酸などの中間代謝物が悪臭の原因にもなる。したがって実用化されている堆肥プラントはほとんど好気式である。

(2) 堆肥化の仕組みと微生物反応

図1に好気式堆肥化の仕組みをまとめている。堆肥化過程は反応速度や温度変化により一次発酵と二次発酵によく分けられる。一般的に好気性堆肥化における生物反応は以下の式で簡単に表現できる。

有機性廃棄物 + 好気性微生物 + 酸素 + 水 →
二酸化炭素 + 水(蒸気) + 硝酸塩 + 硫酸塩 +
酸化物 + 熱

厳密に考えると、この反応は好気性酸化であり、いわゆる「発酵」ではないが、実務において習慣的に堆肥化を好気性発酵と呼ぶことが多い。堆肥化に関わる主な微生物は細菌、放線菌、真菌類など数種類がある。表2に好気性堆肥化に関与する微生物の構成と濃度を示す。これらの微生物の構成は発酵段階と温度によって変化する。

堆肥化の一次発酵の初期に、好気性中温細菌や真菌類が糖類、蛋白質、脂肪など易分解有機性成分を分解して熱を発生し、堆肥温度が65℃以上に上昇する。最も簡単な反応はグルコースの分解で、$C_6H_{12}O_6 + O_2 \rightarrow 6CO_2 + 6H_2O$ (= -677kcal/mol)のように酸素を消費して多くの反応熱を生成する。高温になった後、中温性の細菌や真菌類は活性が失い、好熱性細菌と放線菌がセルロース

有機性汚泥類	下水汚泥、し尿系汚泥、食品産業排水汚泥など
畜産廃棄物	乳用牛ふん、肉用牛ふん、豚ふん、鶏ふん
生活ごみ	厨芥類、都市収集可燃ごみ、事業系生ごみ
食品加工残渣	畜産加工残渣、籾がら、茶かすなど
林業残渣・植物残渣	おがくず、剪定枝葉など

表1 堆肥化に用いられる有機性廃棄物の種類

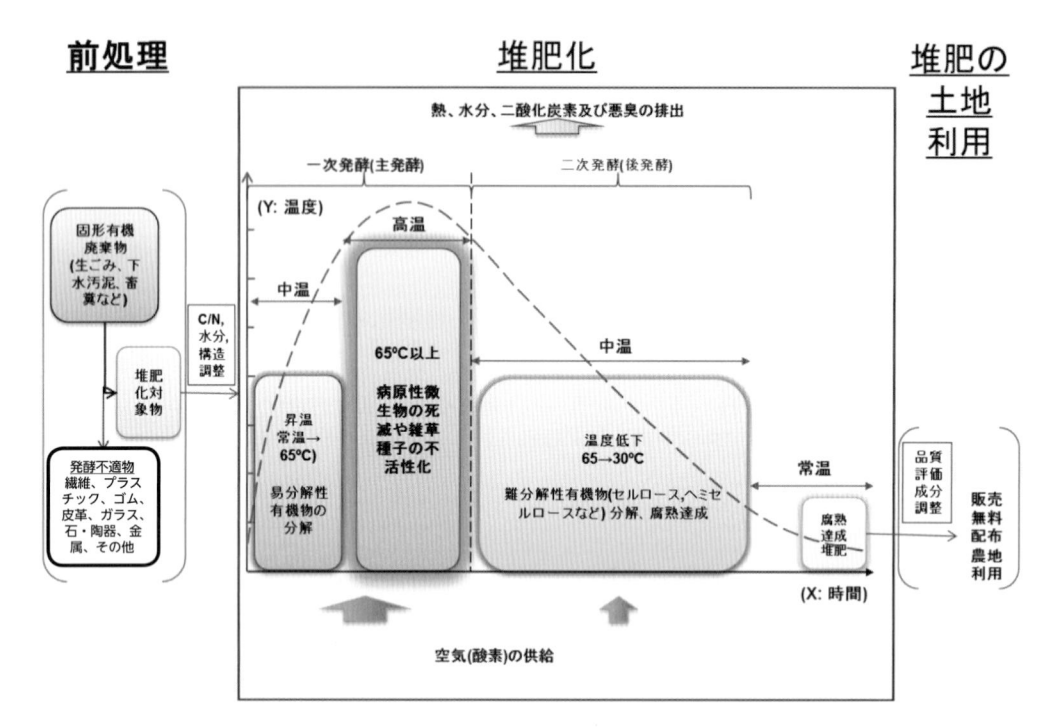

図1　有機廃棄物堆肥化の仕組み

表2　好気性堆肥化に関与する微生物の構成と濃度[1]

微生物種類	中温、初期温度 <40℃	高温 40~70℃	中温 70℃~室温	特定種数
中温性細菌 (Mesophilic bacteria)	10^8	10^6	10^{11}	6
好熱性細菌 (Thermophilic bacteria)	10^4	10^9	10^7	1
好熱性放線菌 (Thermophilic actinomyces)	10^4	10^8	10^5	14
中温真菌 (Mesophilic fungi)	10^6	10^3	10^5	18
好熱性真菌 (Thermophilic fungi)	10^3	10^7	10^6	16

とヘミセルロースなどの難分解性有機物を分解し続ける。よく保温すれば、堆肥温度が80℃の超高温まで上昇する場合もある。有機物の分解がかなり進んだ後、反応速度が低下して温度も下がりはじめる。ここで主発酵(一次発酵)が終了し、後発酵(二次発酵)に移る。二次発酵においては難分解性有機物が徐々に分解されるが、好気性酸化反応により生成する熱が段々少なくなり、堆肥の温度が常温まで下がっていく。このような一連の反応により、完熟度の高い堆肥製品が得られる(図1)。

堆肥化ができるpH範囲は5~9である。また、堆肥化過程に活躍する微生物にとって十分な酸素と水の存在が重要である。含水率は50~60%が適度である[2]。水分が多すぎると、堆肥中の空隙が減り、酸素の移動が困難になる。更に、炭素と窒素の割合(C/N比)が微生物活性に影響を与えるので、C/N比10~30が望ましい。

表3　各種材料の水分とC/N比[3]

	水分、%w.b.	C/N比、-
豚ふん(生)	72~74	8~10
牛ふん(生)	80~84	14~16
鶏ふん	74~78	6~8
分別生ごみ	78~84	10~14
汚泥	71~80	7~20

　堆肥化を効率よく行うために、堆肥化の前に、原料の水分・構造調整、エネルギー源となる有機物量の調整が必要である。また微生物反応のために、C/N比やミネラルの影響も考慮する必要がある。表3によく使われる有機性廃棄物の水分率とC/N比を示す。多くの場合、水分とC/N比の調整が必要である。従って、これらの廃棄物の堆肥化においておがくず、もみ殻、剪定枝などを添加して性状調整を行うことが必要である。

(3) 堆肥化の温度と病原性微生物の死滅

　堆肥の品質評価項目において病原菌微生物は最も重要である。図2および表4に示す通り、病原性微生物の死滅状況は温度と加熱時間に大きく影響される。高温条件で多くの病原性微生物は60分以内で死滅するが、植物種の影響を考慮すると、安全な堆肥を得るために、65℃以上で2日以上維持することが望ましい。45℃以下の温度では安全な堆肥を得ることは難しい。

(4) 堆肥化システムと装置構成

　堆肥化は簡易方式（正式な反応槽がない）とプラント化方式に大別される。

　簡易方式はまた静置堆積法と積上げ法に分けられる。静置堆積法は最も古いものであり、有機性廃棄物がバック材と混合した後、堆積されるだけで、通風・撹拌を行わない。積上げ法は混合有機性廃棄物が順次に静置され、ロータリー、スクープなどで定期撹拌と空気酸素供給を行う。積上げ法は静置堆積法より必要な時間が短い。二つの簡易方式はともに処理時間が長い、副資材が必要、などの問題があるが、農家や農場の農畜ふん尿の堆肥化処理によく採用される。

　プラント化堆肥化システムの代表的なフローを図3に示す。プラント化方式の発酵槽は主に縦式処理と横式処理装置を使う。縦式処理装置は通常円形槽となり、内部が仕切棚によって独立した発酵室に仕切られる。有機性廃棄物は重力によって上段より下段へと移送され、また撹拌装置に

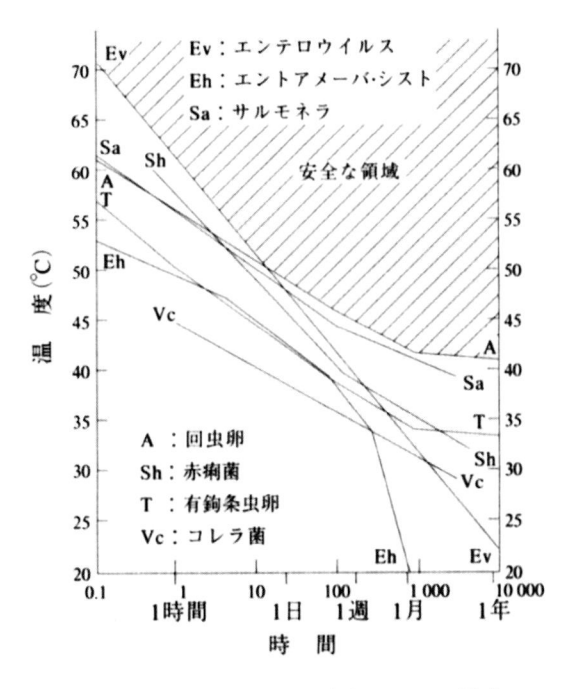

図2　温度と病原菌死滅時間との関係[4]

表4　下水汚泥中の病原体の死滅させる必要な温度・時間 [5),6)]

微生物	消滅の暴露時間(分)					
	45℃	50℃	55℃	60℃	65℃	70℃
アメリカ鉤虫 (Necator americanus)	50					
赤痢アメーバの嚢胞 (Cysts of Entamoeba histolytica)		5				
ミクロコッカス化膿 (Micrococcus pyogenes)		10				
化膿連鎖球菌 (Streptococcus pyogenes)		10				
回虫の卵 (Eggs of Ascatis lumbricoides)		60	7			
腸チフス菌 (Salmonella typhosa)			30	20		
ジフテリア菌 (Corynebacterium diphtheriae)			45			4
バング菌 (Brucella abortus)			60		3	
赤痢菌属 (Shigella sp.)			60			
サルモネラ属 (Salmonella sp.)			60	15-20		
大腸菌 (Escherichia coli)			60	15-20		
チフス菌 (Salmonella typhi)				30		4
大腸菌 (Escherichia coli)				60		5
ミクロコッカス化膿 (Micrococcus pyogenes)						20
ヒト結核菌 (Mycobacterium tuberculosis)						20
ウイルス (Viruses)						25

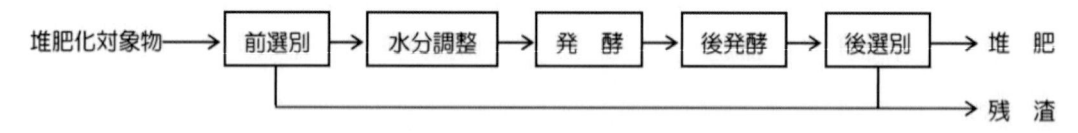

図3　堆肥化処理方式の代表的なフロー [7)]

堆肥化対象物 → 前選別 → 水分調整 → 発酵 → 後発酵 → 後選別 → 堆肥／残渣

よって横方向へ移送される。縦型方式はまた縦型多段式と縦型サイロ式に分けられ、代表的な装置はレーキ式、パドル式、ゲート式がある(図4)。

よく使われる横式処理装置は回転円筒型反応器と横型平面式発酵槽がある。回転円筒型反応器は密閉システムであるため、運転の際に空気酸素の提供が不可欠である(図5)。代表的な横型平面式発酵槽はスクープ式、パドル式、円形スクープ式がある(図6)。

プラント化方式は簡易方式より処理能力が小さいが、処理時間が短く、悪臭排出問題が少ないなどの利点があるので、現在下水汚泥ケーキの堆肥化処理に広く採用されている。

(5) 堆肥化の応用例

・牛ふんの堆肥化システム(甲南町堆肥生産利用組合、滋賀県甲賀郡甲南町新治)

同堆肥生産利用組合が1999年7月立ち上げたものである。年間生牛糞尿処理能力が5,000t程度、堆肥生産能力が2,000t程度である。エネルギー源として(生牛糞尿量の15%の)廃白土が添加された。一次発酵は縦型密閉式発酵装置内の強制発酵で、二次発酵は堆積方式で、ショベルローダによって2ヵ月間程度撹拌を行なう(図7)。堆肥化製品は生産利用組合及び地域外へ販売し、野菜(南瓜など)の栽培に施用されている。

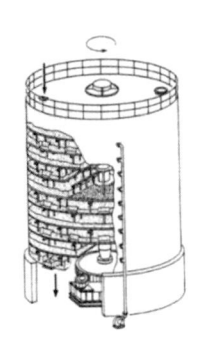

図4　代表的な縦型多段式発酵槽
（レーキ式 → パドル式）[7]

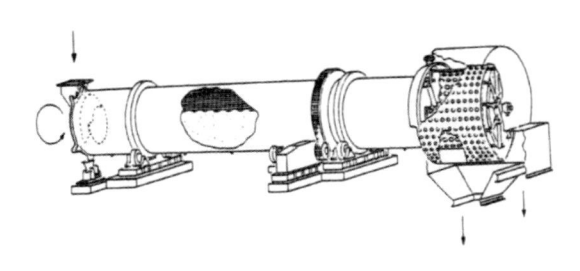

図5　回転型円筒式発酵槽[7]

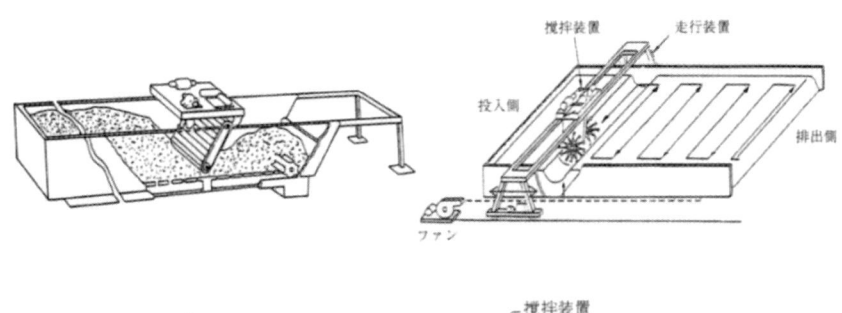

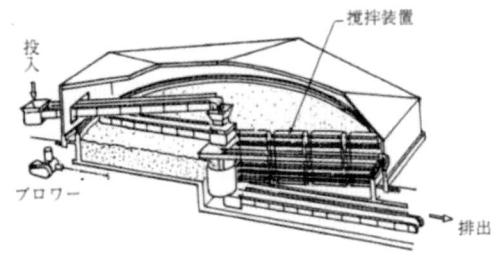

図6　横型平面式発酵槽（スクープ式 → パドル式 ↓ 円形スクープ式）[7]

（縦型密閉式発酵装置→二次発酵→袋詰用に堆肥をふるいにかける）

図7　甲南町堆肥生産利用組合の牛ふん肥料製造システム[8]

・生ごみの堆肥化プラント（野木資源化センター、栃木県下都賀郡野木町大字南赤塚1513-2）

同資源化センターは1992年12月より稼働し、家庭・事業生ごみの堆肥化と燃料化を同時に行っている。水の切られた生ごみを新聞紙で包み、指定の紙製袋に入れて収集する。センターで、堆肥化不適物を手選別し、1tの生ごみに1m³のおがくず及び生ごみ量0.02%の発酵菌を加え、撹拌混合しながら、70℃まで加熱する。3時間程度加熱後、堆肥が発酵箱に充填される（図8）。好気性菌の発酵を効果的に行なうと同時に発酵中の臭気を抑えることができる。混合撹拌と加熱を行い、続いて静置箱発酵させ、発酵過程で発生する臭気を上下の堆肥で脱臭することが野木方式の特徴である。現在、堆肥は周辺地域の住民に限り無料配布中である。

・消化汚泥の堆肥化（山形市前明石ケーキ処理場、山形県山形市大字前明石字林川原730番地）

同施設は1980年から稼働している。処理方法は無添加平面発酵方式(横型ショベル式)(図9)

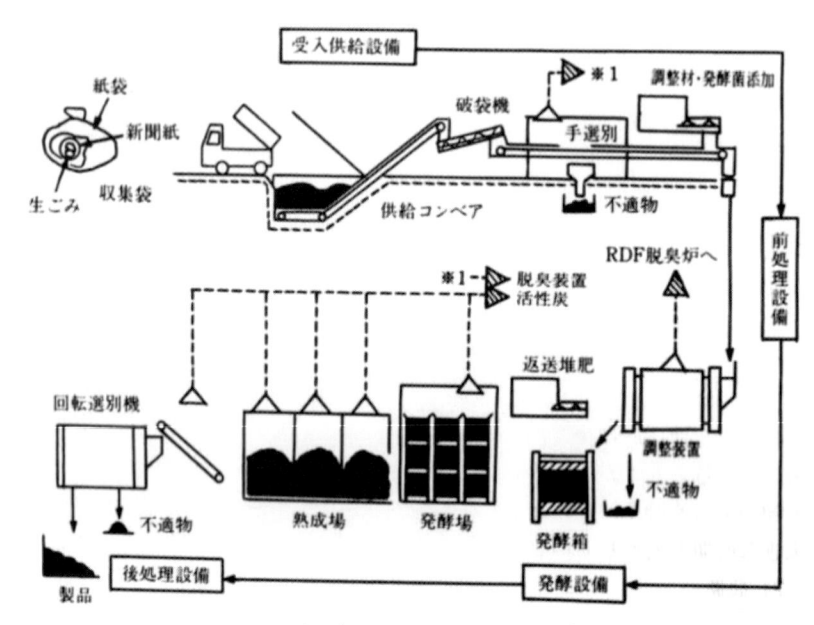

図8　生ごみの堆肥製造フロー[9]

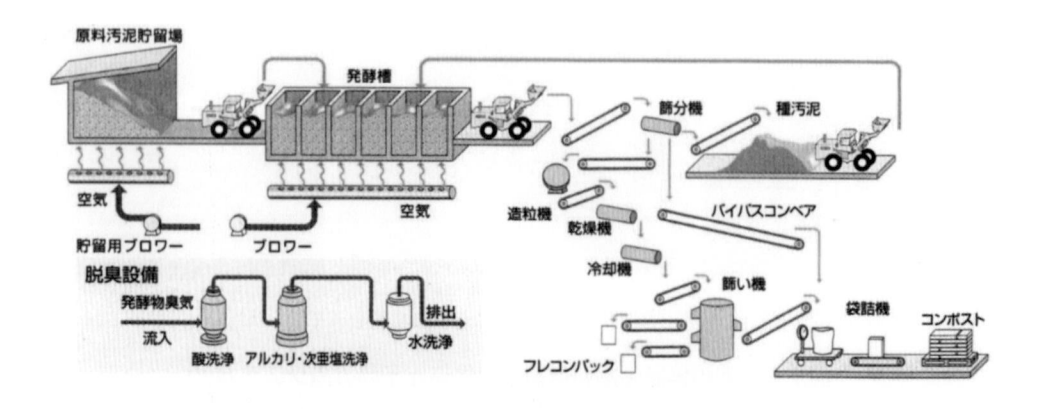

図9　山形市前明石ケーキ処理場の流れ[10]

図10 新見市哲多町堆肥供給センターの堆肥利用（発酵槽→養生槽→農地散布）[11],[12]

を採用している。下水汚泥の消化汚泥ケーキに空気を供給して、80℃まで上昇して14日間発酵させる。コンポスト製品に水を加えて、粒状にさせた後、乾燥・冷却する。得たコンポスト製品を0~3mm、3~7mm、7mm以上のサイズに分類して、機械で袋詰めを行なう。毎日に14.3tの（含水率65%）消化汚泥ケーキを処理して5tの（含水率30%）コンポストを生産している。

・家畜排泄物の混合堆肥化（（有）哲多町堆肥センター、岡山県新見市哲多町田淵1626番地）

施設は1998年に建設された。2009年の実績処理量は畜産農家から収集した牛糞4800t、豚糞840t、鶏糞1600tであった。含水率60~65%程度に調整した牛糞、豚糞、鶏糞の三者混合糞尿をスクープ式発酵槽に移し、20日間毎日攪拌スクープ式＋強制通気方式で発酵する。その後、養生槽に4日毎攪拌を行い、二次発酵を行う。そして堆積式完熟槽に3ヵ月間発酵する（図10）。堆肥時間は5ヵ月間である。毎年5,400t、（含水率34%、窒素2.5%、リン酸5%、カリウム3%）の堆肥完成品を農家へ提供している。

参考文献

1) Haug T. Roger.：The Practical Handbook of Compost Engineering. LEWIS PUBLISHERS, 1993
2) Zavala MAL, Funamizu N.：Effect of moisture content on the composting process in a biotoilet system. Compost Science & Utilization, 13(3), 208-216, 2005
3) 木村 俊範：コンポスト化技術による資源循環の実現．シーエムシー出版, 2009
4) 藤田 賢二：コンポスト化技術—廃棄物有効利用のテクノロジー．技報堂, 1995
5) GotassHB：Composting - Sanitary Disposal and Reclamation of Organic Wastes. No.31. World Health Organisation Monograph, 1956
6) RoedigerHJ：The technique of sewage-sludge pasteurization: actual results obtained in existing plants economy. International Research Group on Refuse Disposal Information, (now International Solid Wastes Association). Bulletin, 1964
7) 社団法人全国都市清掃会議/財団法人廃棄物研究財団．(1999). ごみ処理施設整備の計画・設計要領
8) 財団法人畜産環境整備機構 畜産環境技術研究所ホームページ．http://www.chikusan-kankyo.jp/kkk/enquete/si001_00l.html
9) 有機質資源化推進会議．(1997). 有機廃棄物資源化大事典．農文協．
10) 山形市下水道部．(2011). 平成22年度版 上下水道事業年報 H22.4.1～H23.3.31.
11) 備中県民局畜産第二班．(2010).〔堆肥施設の紹介コーナー〕新見市哲多町堆肥供給センターの紹介．社団法人岡山県畜産協会岡山畜産便り2010年10号．
12) 財団法人畜産環境整備機構ホームページ．堆肥センター優良事例（2）．岡山県における循環型農業．－新見市哲多町堆肥供給センターの事例－ http://www.leio.or.jp/pdf/90/tcd19_p5.pdf．

2 ポリ乳酸生成による廃棄物系バイオマスからのプラスチック生産

(1) 工業的ポリ乳酸生成プロセス

ポリ乳酸（PLA）は、食品包装等に使用されるバイオマス由来のプラスチック（バイオプラスチック）の一つである。古くからトウモロコシや

3編 リサイクル技術の科学

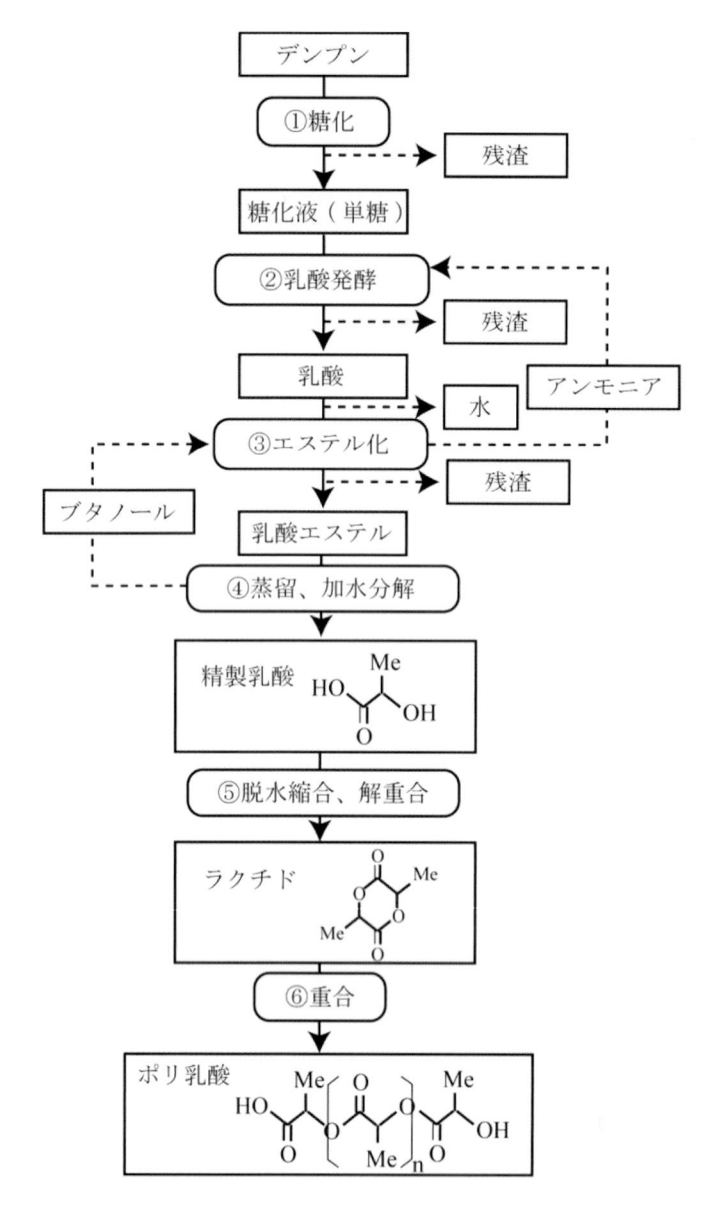

図11 ポリ乳酸の生産プロセス

　サトウキビ等の資源作物を材料とした生産が行われてきたが、近年は生ごみから乳酸発酵によって乳酸を生成する手法や、農業残さ中のセルロースを糖化し、乳酸に変換する手法が検討されてきている。

　ポリ乳酸の生産プロセスを図11に示す。まず、デンプンあるいは生ごみ中の炭水化物成分の加水分解・糖化を行い、モノマーの糖へと変換する。次いで、これらの糖を資化する乳酸菌の働きによって、嫌気発酵において糖を乳酸へと変換する。この段階の乳酸は不純物を多量に含むため、ブタノールを用いてエステル化したのち、蒸留して精製した乳酸エステルを加水分解して再び乳酸に戻す。精製した乳酸を用いて、まず低分子量のポリマーを生成し、これを解重合してラクチドへと変換する。ラクチドを重合することにより、高分子

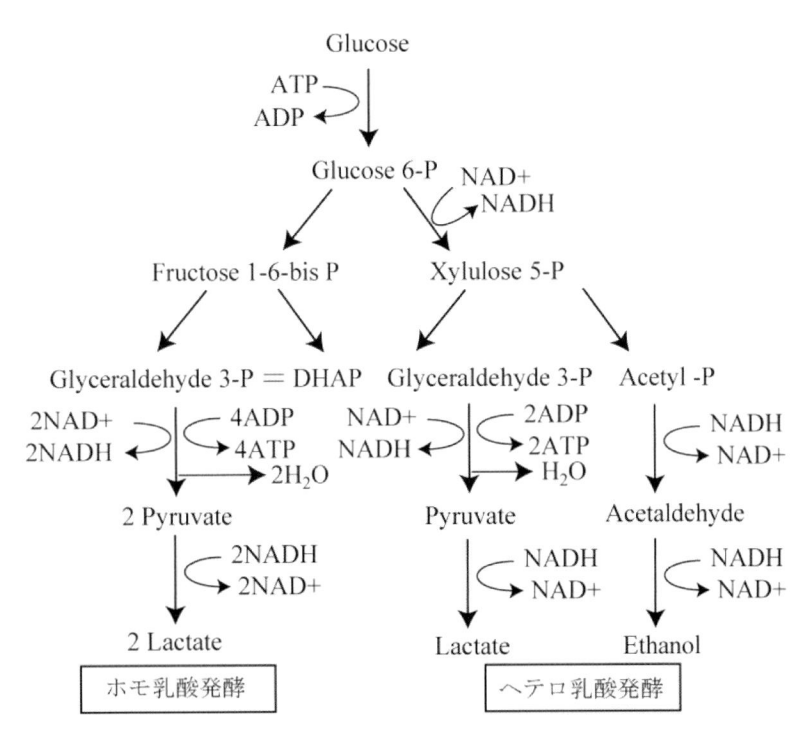

図12 乳酸発酵の代謝

量のポリ乳酸を得ることができる。

上記プロセスにおいて、コストアップ要因になるのは単糖からの乳酸生成である。乳酸菌による発酵効率を高めるため、リアクターの工夫や高い能力を持つ菌株の利用、あるいは遺伝子組み換え微生物の構築等による開発研究が進められている[1)-8)]。

(2) 乳酸発酵の原理および微生物

乳酸発酵における代謝様式を図12に示す。図のように乳酸発酵には乳酸のみを生成するホモ乳酸発酵とエタノールの生成を伴うヘテロ乳酸発酵がある。ホモ乳酸発酵の場合の化学量論式は次式のように示される。

$$C_6H_{12}O_6 \rightarrow 2CH_3CH(OH)COOH$$

菌体合成を考慮しないとすれば、理論的な最大の収率は2 mol-lactate/mol-glucose (1g-lactate/g-glucose) である。また、乳酸には光学異性体であるD体とL体が存在し、乳酸発酵においてもD-乳酸を生成するケースとL-乳酸を生成するケースがある。ポリ乳酸生成にとって必要なのはL-乳酸であるため、L-乳酸を特異的に生産する細菌の利用あるいは代謝の制御が必要となる。バイオマスからの乳酸発酵において利用されている代表的乳酸菌とその収率を表5に示す。このように、糖化を経て、純粋系の微生物を用いた場合、バイオマスからの収率として理論値である1 g/gに近い高い収率が得られている。これらの研究において、培養は中性のpH、30-40℃付近の中温条件で行われている。一方、生ごみ等の廃棄物系バイオマスを直接複合系微生物群によって乳酸を行う場合もある[13),14)]。このような場合には雑菌の混入による乳酸発酵阻害を防ぐため、pHは中性であるが55℃の高温条件での培養が行われている。純粋系での研究結果と比較してやや低いものの、約0.5 g/g-炭水化物[13),14)]という高いL-乳酸収率が得られている。

表5 代表的乳酸菌を用いた純粋系乳酸発酵における収率

微生物	炭素源	添加窒素源	乳酸収率 (g/g)	文献
Lactobacillus delbrueckii subsp. bulgaricus	小麦粉加水分解物	-	0.11	9
		イーストエキス	0.18	
L.delbrueckii subsp. delbrueckii	小麦粉加水分解物		0.82	
		イーストエキス	0.91	
L.delbrueckii subsp. lactis	ジャガイモ加水分解物	-	1.0	10
		トウモロコシ浸出液	0.78	
L.paracasei	スイートソルガム	-	0.79	11
		イーストエキス+ペプトン	0.91	
L.delbrueckii subsp. delbrueckii	糖蜜	-	0.81	12
		イーストエキス+ペプトン	0.70	

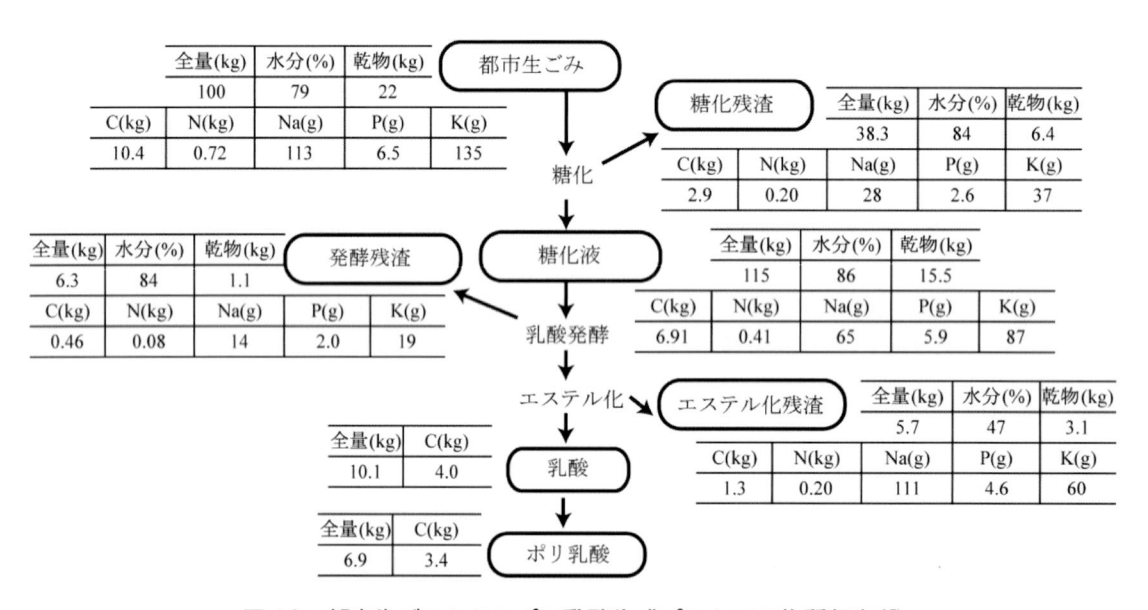

図13 都市生ごみからのポリ乳酸生成プロセスの物質収支 [15]

(3) 都市生ごみからのポリ乳酸生産プロセスにおける物質収支

森らは、都市生ごみからのポリ乳酸生産プロセスの物質収支を調査しており、詳細は図13のようになっている[15]。都市生ごみは、半重量の加水後、糖化処理を行い、115kgの糖化液と38.3kgの残さとに変換された。糖化前後でC/Nには変化はなかった。以後、乳酸発酵、エステル化、蒸留等のステップを経て、10.1kgの乳酸に変換され、最終的に6.9kgのポリ乳酸が回収された。都市生ごみからの炭素回収率としては32.7%であった。この過程で発酵残さが6.3kg、エステル化残さが5.7kg派生した。発酵残さには乳酸菌体が含まれ、これらは家畜飼料添加物として利用

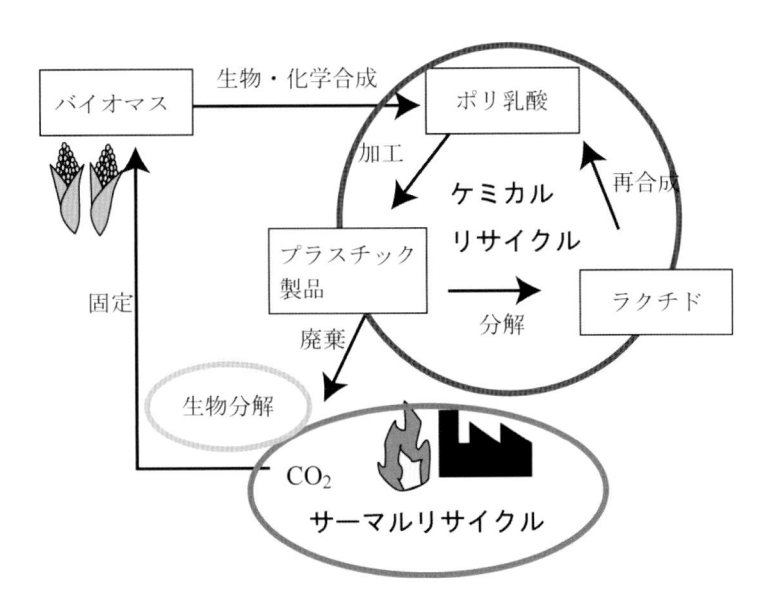

図14　生分解性プラスチックのリサイクル[21]

することで、宿主動物の脂質代謝を改善する効果が期待されている[16]。一方、エステル化残さは都市生ごみと比較すると肥料成分である窒素、リン酸、カリウムがそれぞれ約2.0倍、5.0倍、3.2倍に濃縮され、粉末肥料としての利用に有利と考えられた。糖化残さに関してコンポスト化が検討されており、肥料成分としては生ごみを直接コンポスト化した場合と同等であった。

(4) ポリ乳酸の分解とリサイクル

従来は、埋立処分場において化石資源を利用した非分解性のプラスチック蓄積が問題であったが、生物分解可能なPLAは埋立処分場等でも分解が進行することが期待されている。PLAは熱や酵素等による分解が可能であることは、以前から知られていたが、環境中の微生物によっても分解可能であることが明らかとなってきている。Pranamudaらが分離した放線菌(Amycolatopsis属)は、30°Cにおいてポリ乳酸フィルムを14日間で60%分解するとともに、残さも微細化が進行したことを報告している[17]。また、Jarerat らは、Saccharothrix waywayandensis により、PLAフィルムの95%を分解できたことを報告している[18]。一方、環境中においても、Urayamaらの報告によると、異なる分子量のPLAフィルムを用いた実験で、土中において20ヶ月間で20–75%が減量化されたとしている[19]。著者らも、80°Cの熱処理を行ったPLA容器が55°Cの高温メタン発酵においてよく分解されたことを実験で確認している。また、最近は一度製品化されたポリ乳酸プラスチック製品から前駆体であるラクチドへの分解、ポリ乳酸への再合成を通じたケミカルリサイクルが研究されている(図14)[20,21]。

参考文献

1) Park EY, Anh PN, Okuda N. Bioconversion of waste office paper to L(+)-lactic acid by the filamentous fungus Rhizopus oryzae. Bioresour Technol. 93(1):77-83, 2004
2) Rojan P. John, K. Madhavan Nampoothiri, Ashok Pandey,,Solid-state fermentation for l-lactic acid production from agro wastes using Lactobacillus delbrueckii, Process Biochemistry, Volume 41, Issue 4, April, Pages 759-763, 2006

3) Demirci A, Pometto AL III, Johnson KE (1993a) Evaluation of biofilm reactor solid support for mixed culture lactic acid production. Appl Microbiol Biotechnol 38:728–733

4) Demirci A, Pometto AL III, Johnson KE (1993b) Lactic acid production in a mixed culture biofilm reactor. Appl EnvironMicrobiol 59:203–207

5) Ho K-LG, Pometto AL III, Hinz PN, Dickson JS, Demirci A (1997c) Ingredients selection for plastic composite support for L-(+)-lactic acid biofilm fermentation by Lactobacillus casei subsp. Rhamnosus Appl Environ Microbiol 63:2516–2523

6) Hong Li, Roberta Mustacchi, Christopher J Knowles, Wolfgang Skibar, Garry Sunderland, Ian Dalrymple, Simon A Jackman, An electrokinetic bioreactor: using direct electric current for enhanced lactic acid fermentation and product recovery, Tetrahedron, 60(3), 655-661, 2004

7) N. Ishida, S. Saitoh, T. Onishi, K. Tokuhiro, E. Nagamori, K. Kitamoto & H. Takahashi : The Effect of Pyruvate Decarboxylase Gene Knockout in Saccharomyces cerevisiae on L-Lactic Acid Production, Biosci. Bio- technol. Biochem., 70, 1148-1153, 2006

8) N. Ishida, T. Suzuki, K. Tokuhiro, E. Nagamori, T. Onishi, S. Saitoh, K. Kitamoto & H. Takahashi : D-Lactic Acid Production by Metabolically Engineered Saccharomyces cerevisiae, J. Biosci. Bioeng., 101, 172-177, 2006

9) Hofvendahl K, Hahn-H?gerdal B : L-Lactic acid production from whole wheat flour hydrolysate using strains of Lactobacilli and Lactococci. Enzyme Microb Technol 20:301–307, 1997

10) Tsai TS, Millard CS : Improved pretreatment process for lactic acid production. PCT International Applied Patent WO 94/13826: PCT/US93/11759, 1994

11) Richter K, Trager A : L(+) Lactic acid from sweet sorghum by submerged and solid state fermentations. Acta Biotechnol, 14:367–378, 1994

12) Aksu Z, Kutsal T : Lactic acid production from molasses utilizing Lactobacillus delbrueckii and invertase together. Biotechnol Lett 8:157–160, 1986

13) Akao S, Tsuno H, Horie T, Mori S. Effects of pH and temperature on products and bacterial community in L-lactate batch fermentation of garbage under unsterile condition. Water Res. Jun;41(12):2636-42, 2007

14) 赤尾聡史、津野洋、堀江匠：非滅菌模擬生ごみを原料とする高温 L- 乳酸発酵の半連続式培養への適用、土木学会論文集 G, 63(1), 68-76, 2007

15) 森正嗣、栗林真理、中村正和、西村恭彦、白井義人、酒井謙二：都市生ごみを原料としたポリ乳酸生産プロセスの物質収支と副生成物のコンポスト肥料としての稲作への利用、廃棄物学会論文誌, Vol. 19, No. 6, pp. 400-408, 2008

16) M. Umeki, K. Oue, S. Mochizuki, Y. Shirai and K. Sakai : Effect of Lactobacillus rhamnosus KY-3 and Cellobiose as Synbiotics on Lipid Metabolism in Rats, Journal of Nutritional Science and Vitaminology Vol. 50, No. 5, pp.330 - 334, 2004

17) Pranamuda H, Tokiwa Y, Tanaka H. Polylactide Degradation by an Amycolatopsis sp. Appl Environ Microbiol. Apr;63(4):1637-40, 1997

18) Jarerat A, Tokiwa Y. Poly(L-lactide) degradation by Saccharothrix waywayandensis. Biotechnol Lett. Mar;25(5):401-404, 2003

19) Urayama H, Kanamori T, Kimura Y : Properties and biodegrad- ability of polymer blends of poly(l-lactide)s with different optical purity of the lactate units. Macromol Mater Eng 287:116–121, 2002

20) Fan, Y, Nishida, H. Shirai Y. and Endo T., Control of racemization for feedstock recycling of PLLA, Green Chem., 5, 575-579, 2003

21) 西田治男：ポリ乳酸の分解特性とケミカルリサイクル (< 特集 > 循環型社会を支えるラクテートインダストリーの新たな研究潮流), 生物工学会誌 , 86(7), 3449-351, 2008

（李玉友／小林拓朗／劉予宇）

2　プラスチック分解のための科学

はじめに

　プラスチックの起源は、ニトロセルロースと樟脳から合成されたセルロイドであり、国内では1908年に初めて工業化された。それ以降、多種多様なプラスチックが世の中に送り出されてきた。この間、プラスチックの有する様々な特性(軽量性、耐腐食性、透明性、絶縁性、ガスバリア性等)を活かし、日常生活から最先端技術に至るまで、様々な局面で用いられ、産業界で必要不可欠の基幹的素材へと成長してきた。

　(社)プラスチック処理促進協会が経済産業省経済産業政策局の統計データをもとに集計した、2009年の国内樹脂生産比率を図1に示す[1]。ポリエチレン(PE)、ポリプロピレン(PP)が樹脂生産量の約半分を占め、次いで塩化ビニル(PVC)、ポリスチレン(PS)、ポリエチレンテレフタレート(PET)の順に生産量が多い。全体としては、熱可塑性樹脂が9割を占め、残りの約1割が熱硬化性樹脂となっている。

　このように、様々な樹脂が多方面にわたり消費される一方で、石油資源の枯渇や価格急騰による供給不足が懸念されており、廃プラスチックをリサイクルする必要性が増加している。日本国内では、マテリアルリサイクルにより処理できるものはマテリアルリサイクルにより処理され、マテリアルリサイクルのできないプラスチックはサー

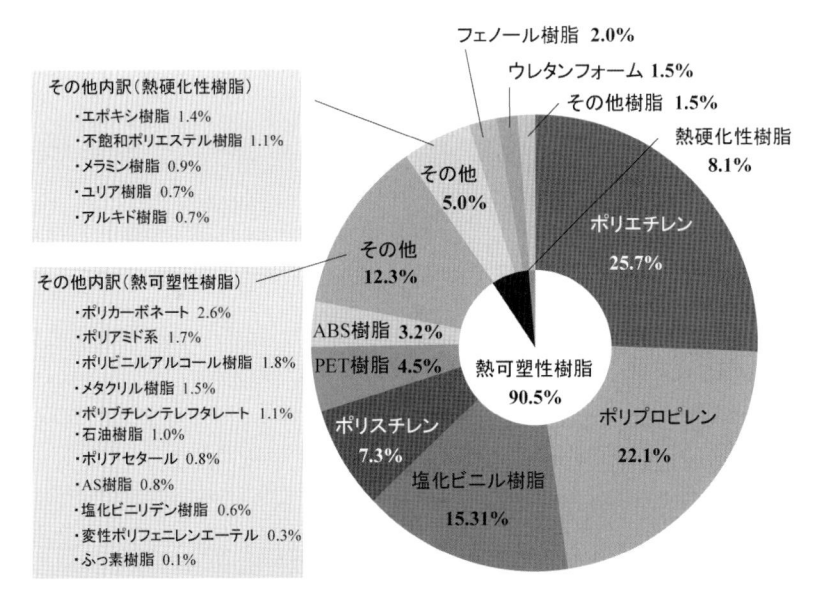

図1　国内における樹脂別生産比率（2009年）[1]

マルリサイクルにより処理される割合が多い。ケミカルリサイクルの割合はまだまだ少ないものの、マテリアルリサイクルにより処理できないプラスチックの処理を可能とする技術、個々のプラスチックの有する特性を活かした技術と多種多様である。したがってここでは、汎用プラスチックから、国内樹脂生産割合の大きいポリエチレン（PE）、ポリプロピレン（PP）、ポリスチレン（PS）、ポリ塩化ビニル（PVC）およびポリエチレンテレフタレート（PET）の上位5樹脂、さらに汎用エンジニアリングプラスチックから、最も消費量の多いポリカーボネート（PC）、熱硬化性樹脂から、消費量の多いフェノール樹脂（PF）とウレタン樹脂（PU）のケミカルリサイクル技術、特に有機原料およびモノマー回収技術に重点を置き紹介する。

2 プラスチックの分類

1 性質としての分類

プラスチックは熱可塑性と熱硬化性のどちらかの性質を有する。熱可塑性樹脂は、加熱することで軟化・溶融し、冷却することで固化する。再加熱すると再び軟化・溶融する。このように、熱可塑性樹脂は溶融・固化が可逆的に起こり、低分子化合物が一次元的に連なった線状構造を有するポリマーである。一方、熱硬化性プラスチックも熱可塑性プラスチックと同様に加熱することで流動を示す。しかし、次第に反応性のプレポリマー（100〜200℃で溶融する化合物）の働きによって、三次元的に架橋反応を起こしながら高分子化し、不溶融な網目状構造を有するポリマーとなる。したがって、再度加熱しても溶融しない。熱可塑性樹脂は、モノマーの化学構造や組み合わせ等により、多彩な性質を有し、加工性も良いことから、樹脂生産量のおよそ9割を占めている。

2 用途としての分類

熱可塑性樹脂は、日常的なプラスチック製品に用いられる汎用プラスチック、工業用部品に主として用いられる汎用エンジニアリングプラスチック、スーパーエンジニアリングプラスチックに分類される。汎用エンプラには、「100 ℃以上でも常温での寸法安定性と、大部分の機械的物性を保持」という定義があり[2]、それ以上の耐熱性能を有するエンプラをスーパーエンプラと呼ぶ。樹脂別生産量の8割以上が汎用プラであり、エンプラの割合は1割にも満たない。しかし、軽量でありながら高耐熱性や高強度を有するため、金属材料の代替品として注目を浴びている。

3 ケミカルリサイクル技術

1 ポリエチレン（PE）・ポリプロピレン（PP）・ポリスチレン（PS）

国内樹脂生産量の最上位に位置するPE、PEの水素の一部にメチル基を有するPP、フェニル基を有するPSは生産量・消費量ともに多い代表的な汎用プラスチックである（図2）。

ポリエチレンはラミネート、コンテナー、電線被覆材等に用いられ、ポリプロピレンは食品・薬用容器や自動車のバンパー等、ポリスチレンは発泡スチロール等に用いられている。

これらプラスチックは、熱分解反応が容易に進行することから、熱分解油化による有機原料の回収に関して数多く報告されている。Williamsら[4]

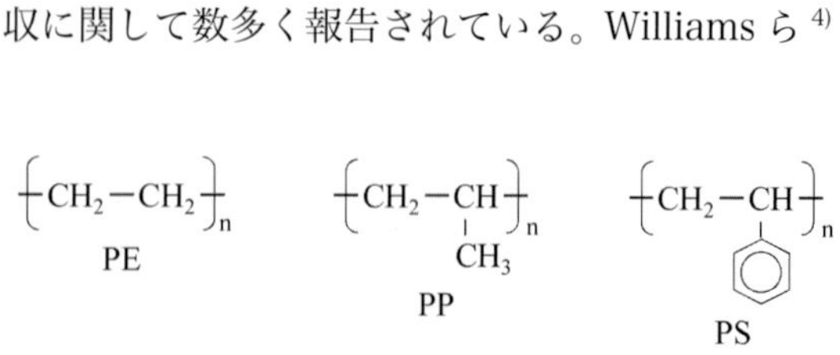

$$\{CH_2-CH_2\}_n \quad \{CH_2-CH\}_n \quad \{CH_2-CH\}_n$$
$$\text{PE} \qquad \quad \overset{|}{CH_3} \qquad \quad \overset{|}{\bigcirc}$$
$$\qquad \qquad \qquad \text{PP} \qquad \qquad \text{PS}$$

図2　PE, PPおよびPSの構造式

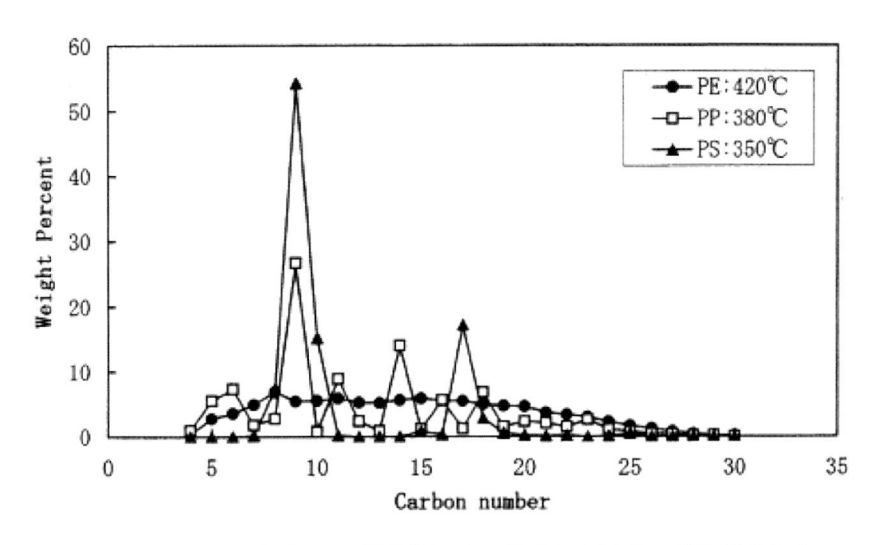

図3 PE, PP および PS の熱分解により生成した油分の炭素数分布[6]

はPE、PPおよびPSをそれぞれ700 ℃で熱分解し、約80%を油分として回収している。Murataら[5]はPE、PPおよびPSのそれぞれのプラスチックの熱分解で生成した油分の炭素数分布を報告している（図3）。このときの平均分子量はPEが188、PPが162、PSが109となり、ガソリン（平均分子量：100）と灯油（平均分子量：212）の中間の分子量を持つ燃料として利用できることを示している。中でも、PSは油化率が最も高く、熱分解油化に最も適したプラスチックといえる。

一方、熱分解ガス化による合成ガスの回収も報告されている。Heら[6]は、水蒸気雰囲気下において、NiO/γ-Al$_2$O$_3$を触媒に用いてPEのガス化を行ない、64.35 mol%の合成ガス（H2:36.98 mol%, CO:27.37 mol%）を回収したことを報告している。また、Wuら[7]は、水蒸気雰囲気下において、Ni-Mg-Al-CaOを触媒に用いてPPをガス化し、理論収率に対して約70%の水素ガスを含む合成ガスを回収した。回収した合成ガスは、C1化学の原料として、メタノールや酢酸といった有機化学原料へと利用されることが期待される。

2 ポリ塩化ビニル（PVC）

国内樹脂生産量の約15%を占めるPVCは、ポリエチレンの一部が塩素に置換された構造を有する（図4）。

主にパイプや農業用フィルム、医療用プラスチック等に利用されている。しかし、PVCに含まれる塩素は、ケミカルリサイクルによる生成物の品位を低下させ、190 ℃以上で発生する塩化水素ガス（HCl）がプラント配管の腐食をもたらすなど、プロセスの弊害となる場合が多い。しかし、塩素の有効利用も考慮したプロセス設計も数多く存在する。

JFE環境（株）[8]では廃プラスチックの高炉原料化を行なっており、このとき含まれるPVCの熱分解によって発生する塩化水素は塩酸として回収している。光和精鉱（株）[9]では、高炉用ペレットの製造と同時に、塩化揮発法により、塩化

$$\mathrm{-(CH_2-CH)_n-}$$
$$\mathrm{\quad\quad\quad |}$$
$$\mathrm{\quad\quad\quad Cl}$$

PVC

図4 PVCの構造式

$$PbO(l) + CaCl_2(l) \longrightarrow PbCl_2(g) + CaO(s) \quad (1)$$
$$ZnO(l) + CaCl_2(l) \longrightarrow ZnCl_2(g) + CaO(s) \quad (2)$$

カルシウム（$CaCl_2$）を塩素化剤として用いて製鉄発生ダストや産業廃棄物の煤焼焼鉱からの鉛（式(1)）、亜鉛（式(2)）などの非鉄金属の回収を行なっている（図5）。金属塩化物は、金属単体や金属酸化物と比べて比較的沸点の低いものが多いため、1000℃以下でも気体となる。この塩化カルシウムの塩素源がPVCであり、塩素の有効利用と高炉原料化を同時に実現している。また、PVCを含む混合プラスチックの熱分解油化においては、残渣量が増加し、油化率の減少を招くことが報告されており[10]、また芳香族系化合物を含むプラスチックと混合して熱分解した際に塩素系有機化合物が生成し[11]、生成油の品位を低下させる原因となる。したがって、PVCを含むプラスチックの熱分解油化には、前処理とし脱塩化水素工程を設け、塩酸として回収されている。

3　ポリエチレンテレフタレート（PET）

PETは付加重合系プラスチックであるPE、PP、PSおよびPVCとは異なり、縮合系プラスチックである。PETは透明性、耐熱性、耐薬品性、ガスバリア性といった優れた機能を有するため、繊維、フィルム、ボトル等の広い分野で使用されている。PETはテレフタル酸（TPA）ユニットとエチレングリコール（EG）ユニットのエステル結合による繰り返し構造（図6）であることから、加水分解によりTPAとEGに解重合する。

図6　PETの構造式

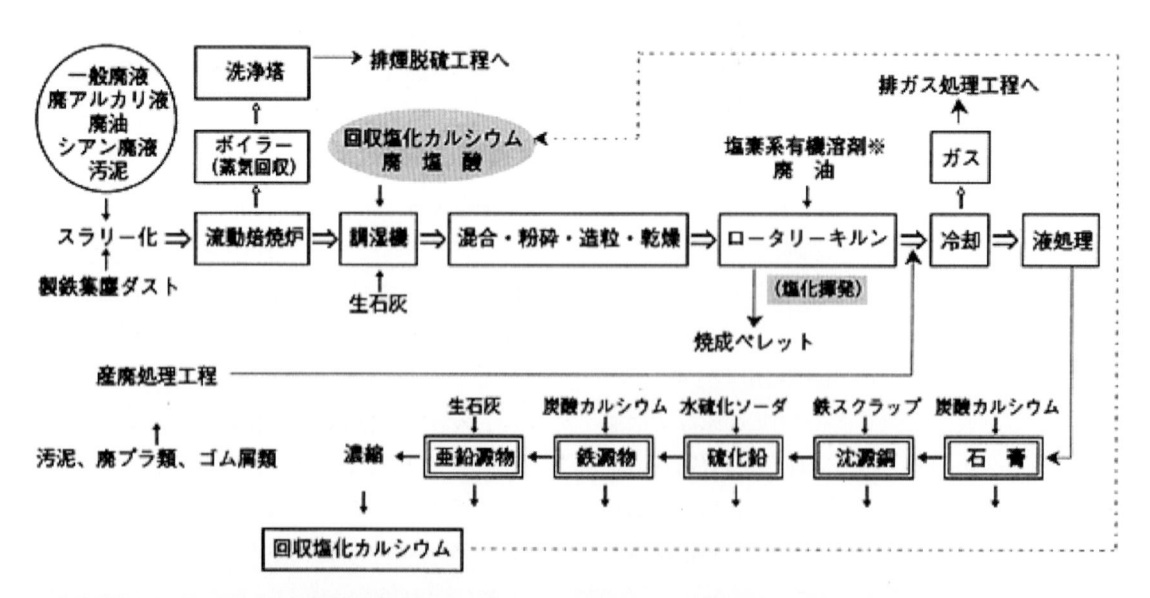

図5　高炉用ペレットの製造工程と塩化揮発法による金属回収フロー[9]

$$-\underset{O}{C}-\underset{}{\bigcirc}-\underset{O}{C}-O-CH_2CH_2-O- + H_2O \longrightarrow -O-\underset{O}{C}-\underset{}{\bigcirc}-\underset{O}{C}-OH + HOCH_2CH_2-O- \quad (3)$$

$$\left[\underset{O}{C}-\underset{}{\bigcirc}-\underset{O}{C}-O-CH_2CH_2-O\right]_n \xrightarrow[H_2O]{H_2SO_4} n\ HO-\underset{O}{C}-\underset{}{\bigcirc}-\underset{O}{C}-OH + n\ HOCH_2CH_2OH \quad (4)$$
$$\text{TPA} \qquad \text{EG}$$

$$\left[\underset{O}{C}-\underset{}{\bigcirc}-\underset{O}{C}-O-CH_2CH_2-O\right]_n \xrightarrow[H_2O]{KOH} n\ KO-\underset{O}{C}-\underset{}{\bigcirc}-\underset{O}{C}-OK \xrightarrow{H^+} n\ HO-\underset{O}{C}-\underset{}{\bigcirc}-\underset{O}{C}-OH$$
$$\text{PET} \qquad\qquad + \qquad\qquad \text{TPA}$$
$$n\ HOCH_2CH_2OH$$
$$\text{EG} \qquad (5)$$

$$\left[\underset{O}{C}-\underset{}{\bigcirc}-\underset{O}{C}-O-CH_2CH_2-O\right]_n \xrightarrow{CH_3OH} n\ H_3CO-\underset{O}{C}-\underset{}{\bigcirc}-\underset{O}{C}-OCH_3 + n\ HOCH_2CH_2OH$$
$$\text{PET} \qquad\qquad \text{DMT} \qquad\qquad \text{EG} \quad (6)$$

$$\left[\underset{O}{C}-\underset{}{\bigcirc}-\underset{O}{C}-O-CH_2CH_2-O\right]_n \xrightarrow{EG} n\ HOCH_2CH_2O-\underset{O}{C}-\underset{}{\bigcirc}-\underset{O}{C}-OCH_2CH_2OH$$
$$\text{PET} \qquad\qquad \text{BHET}$$

$$\xrightarrow{CH_3OH} n\ H_3CO-\underset{O}{C}-\underset{}{\bigcirc}-\underset{O}{C}-OCH_3 \xrightarrow{H_2O} n\ HO-\underset{O}{C}-\underset{}{\bigcirc}-\underset{O}{C}-OH$$
$$\text{DMT} \qquad\qquad \text{TPA}$$
$$+$$
$$n\ HOCH_2CH_2OH$$
$$\text{EG} \qquad (7)$$

Campanelli ら[12]は加圧反応器にて加水分解（式(3)）を行なった。また、反応速度を上げるため、著者ら[13]は酸触媒として硫酸（式(4)）、Kumar ら[14]は塩基触媒として水酸化カリウムを添加している（式(5)）。

また、メタノリシス（式(6)）とグリコリシス（式(7)）による、モノマー化技術もある。国内では現在、ペットリファインテクノロジー（株）[15]がペットボトルを対象として PRT 方式（アイエス法）によるボトル to ボトルのプラントを稼働している（図7）。アイエス法では、樹脂の解重合を TPA もしくはジメチルテレフタレート（DMT）と EG まで戻すのではなく、グリコリシスの中間原料であるビス-(2-ヒドロキシエチル)テレフタレート（BHET）の段階で止め、分子蒸留工程を経て精製を行なっている。

また、PET の熱分解油化に関する研究も多く数多く報告されている。PET の熱分解による油化効率は PE、PP および PS 等と比較して低く[4]、PVC と同様に、PET を含む混合プラスチックの残渣を増加させ、油収率の減少を引き起こす事が報告されている[10]。さらに、PET は熱分解によって昇華性物質である TPA や安息香酸（BA）を生成し、リサイクルプラントの配管に析出し閉塞をもたらすと同時に、酸であるため配管の腐食を引き起こす原因とされてきた。しかし、申請者らは PET の熱分解の際に消石灰（$Ca(OH)_2$）および生石灰（CaO）を添加することで TPA や BA の析出を完全に抑制すると同時に、選択的に有機工業化学において有用なベンゼンへと選択的に分解す

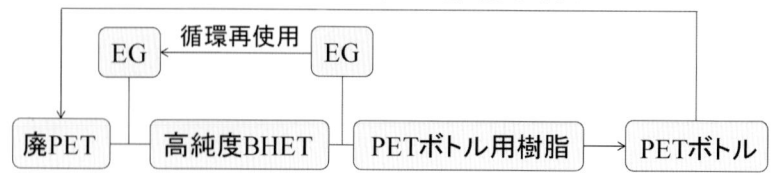

図7　PRT方式（アイエス法）のプロセス概略図 [15]
("日本で唯一の技術　PRT方式（アイエス法）"をもとに作成)

ることを報告した [16),17)]。生成したTPAが、CaO存在下でテレフタル酸カルシウムを形成し、さらに脱炭酸反応が進行することにより、ベンゼンが生成する（式(8)）[18)]。また、Masudaら [19)] は触媒にFeOOHを用いることでアセトフェノンを主成分とする油分を生成することを報告している。また、Chiuら [20)] は残渣減少に$CuCl_2$が有効であることを報告している。

4　ポリカーボネート（PC）

PCは透明性や耐衝撃性を活かし、光メディアや電子機器のハウジング等に広く用いられている。エステル結合を有する縮合系プラスチック（図8）であり、常用耐熱温度が120〜130℃であることから、汎用エンプラに分類される [1)]。

PETと同様に、酸素のようなヘテロ原子や芳香環構造を多く含んでいるため、エステル結合部分は、共鳴安定化や電子の偏りにより結合力が弱く、比較的切断しやすい部位であるといえる。したがって、加溶媒分解または熱分解によってエステル結合を切断するモノマー回収技術が多く報告されている。

Okuらは、PC樹脂を60〜90℃の室温条件で加メタノール分解（式(9)）[21)]、あるいは加アミン分解（式(10)）[22)] することにより、PCのモ

図8　PCの構造式

$$\text{Terephthalic acid} + CaO \longrightarrow \text{Calcium terephthalate} \longrightarrow \text{Benzene} + 2CO_2 + CaO \tag{8}$$

$$PC \xrightarrow[60℃, 30\,min, 5\%NaOH]{MeOH/toluene} n\,\text{HO-BPA-OH} + (CH_3O)_2CO \tag{9}$$
BPA 96%　　DMC 100% (dimethyl carbonate)

$$PC + MeHN\text{-}DMDEA\text{-}NHMe \xrightarrow[90℃, 1\,h, in\,DMI]{with/without\,catalysts} BPA\,95\% + DMI\,95\% \tag{10}$$
DMDEA (N,N'-dimethyl-1,2-diaminoethane)
DMI 95% (1,3-dimethyl-2-imidazolidinone)

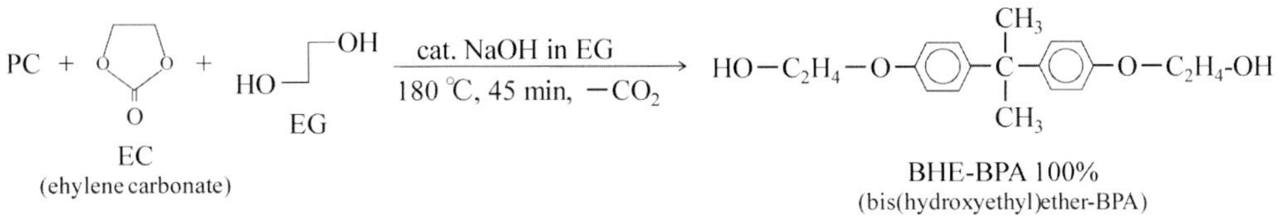

$$PC + \underset{\underset{EC}{\underset{(ehylene\ carbonate)}{}}}{\bigcirc\!\!\!=\!\!\!O} + HO-\text{EG}-OH \xrightarrow[180\ ^\circ C,\ 45\ min,\ -CO_2]{cat.\ NaOH\ in\ EG} HO-C_2H_4-O-\!\!\bigcirc\!\!-\underset{CH_3}{\overset{CH_3}{C}}-\!\!\bigcirc\!\!-O-C_2H_4-OH$$

$$\text{BHE-BPA 100\%}$$
$$\text{(bis(hydroxyethyl)ether-BPA)}$$
(11)

ノマーであるビスフェノール A（BPA）を 95% 以上の高収率で回収できることを報告している。

さらにこのとき、エステル結合部分も二酸化炭素として放出せずに炭酸ジメチル（DMC）や 1,3-ジメチル-2-イミダゾリジノン（DMI）などの利用価値の高いものとして回収している。また、PC 樹脂を EG と反応させ、BPA より化学的安定性に優れたビスヒドロキシエチルエーテル BPA（BHE-BPA）を回収した報告もある（式(11)）[23]。

一方、熱分解法によるモノマー回収も報告されている。著者ら[24)-26)]は水蒸気雰囲気下において、触媒に $Ca(OH)_2$、$Mg(OH)_2$、CaO および MgO を用いて PC および PC を含む WEEE（Waste Electrical and Electronic Equipment）試料の熱分解を行なった。その結果、300℃で触媒に MgO を用いた場合に PC と WEEE 試料からそれぞれ収率 78%、91% の BPA を回収した。Tagaya ら[27)]は 230～430 ℃の超臨界条件で PC の分熱解を試み、フェノール、BPA、p-イソプロペニルフェノールおよび p-イソプロピルフェノールを回収している。このとき、炭酸ナトリウムを加えると分解反応はさらに進行し、300 ℃、24 h では回収率が 67% に達する事を報告している。また、Chiu ら[28)]は、PC の熱分解残渣の減少に $ZnCl_2$ が有効である事を報告している。

5　フェノール樹脂（PF）

フェノール樹脂はフェノール類とアルデヒド類との付加縮合反応によって作られる。フェノールとホルムアルデヒドから作られるものが多く、フェノール環がメチレン基により架橋された三次元構造を有する(図9)。一般的な PF は、セルロース、無機粉末、ガラス繊維といった充填剤および強化剤が添加されている。用途としては、成型品として車輌部品等の強度を有する部分に用いられることが多い。

PF は、熱可塑性樹脂とは異なり、高温に加熱することで三次元的な架橋構造を形成して硬化するため、熱分解油化等のプロセスは適しておらず、加溶媒分解によりモノマー回収を試みた研究が多い。Tagaya ら[30)]は、通常の加熱条件では PF の分解が困難である 440 ℃において、水素供与性溶剤を用いて PF のプレポリマーが分解することを報告した。そのとき得られたフェノールの収率は最大で 13.7% となった。また、この分解メカニズムを式(12)～式(15)で説明している。開始反応は熱開裂による式(12)、または、式(13)で生成した溶剤由来のラジカルが PF を攻撃して式(14)を誘発すると考えている。また、式(15)で生成するフェノキシラジカルは水素引き抜きに

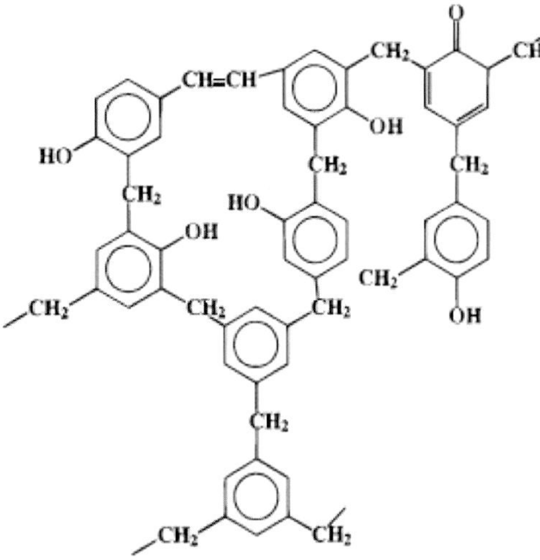

図9　PF の一般的な構造[29)]

$$-(\text{phenol})\text{CH}_2(\text{phenol})- \rightarrow -(\text{phenol})\text{CH}_2\cdot + \cdot(\text{phenol})- \quad (12)$$

$$\text{R}-\text{R'} \rightarrow \text{R}\cdot + \text{R'}\cdot \quad (\text{R}-\text{R'は溶剤}) \quad (13)$$

$$-(\text{phenol})\text{CH}_2(\text{phenol})- + \text{R}\cdot(\text{or R'}\cdot) \rightarrow -(\text{phenol})\text{R} +\cdot\text{CH}_2(\text{phenol})- \quad (14)$$

$$-(\text{phenol})\text{R} \rightarrow -(\text{phenol})\cdot + \text{R}\cdot \quad (15)$$

よって安定化し、フェノールを生成する。

Suzuki らは、250 ℃〜 430 ℃において超臨界水中で PF のプレポリマーの分解を行なった[29]。その結果、溶剤無しでも分解し、その構成成分であるフェノールやクレゾールを生成することを見出した。さらに、少量の Na_2CO_3 を添加することにより、モノマー回収率が 90% 以上となることを報告している。Ozaki ら[31] は、300 〜 420 ℃にて超臨界メタノールを用いた場合、420 ℃で PF の反応率が最大の 94% となることを報告し、さらに、400 ℃で反応を行なうことにより液体生成物が最大となり、フェノールやメチル基を含むフェノール化合物を生成することを明らかとした。

6 ウレタン樹脂（PU）

ウレタン樹脂は分子中にウレタン結合を有するもので、主にジイソシアネート類とポリオールとの重付加反応によるものである（図 10）。PU は主に、家電製品、自動車、建材等の断熱材やクッション材などとしての利用が多い。PU も PF と同様に熱硬化性樹脂であるため、熱分解油化等によるモノマー回収は困難である。

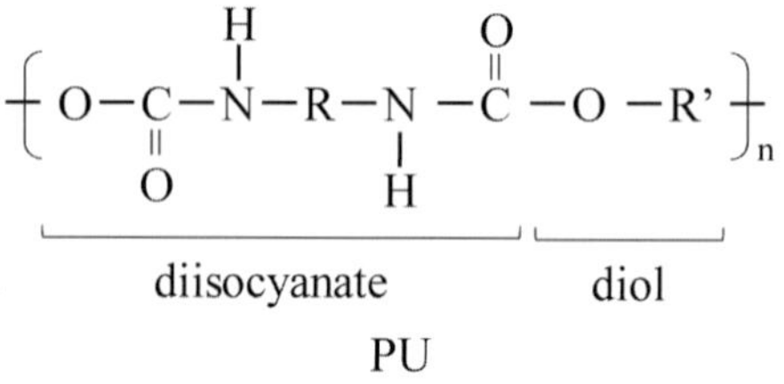

図 10　ポリウレタンの構造式

長瀬ら[32] は、超臨界水を用いたウレタンフォーム（ポリウレタンの発泡体）の加水分解を行ない、ウレタンフォームは 250 ℃付近で完全に分解し、ジアミンおよびポリオールを 270 〜 320 ℃の範囲でほぼ完全に回収したことを報告している（式(16)）。

また、Asahi ら[33] は、ウレタン樹脂のモデル物質として、ポリ[エチレン＝メチレンビス(4-フェニルカーバメート)] を用い、160 〜 260 ℃で 2 h、超臨界メタノールにより分解した。その結果、200 ℃以上で完全に分解し、4,4'- メチレンジフェニルジイソシアネート（MDI）およびメチルカーバメート化合物が定量的に生成することを報告した（図 11、図 12）。

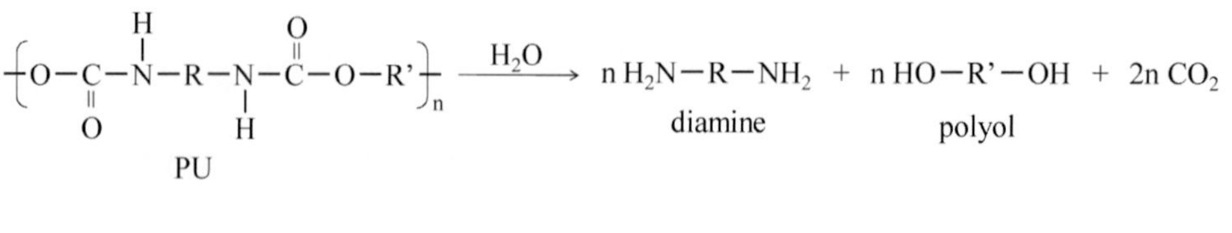

(16)

図11 モデル物質の超臨界メタノールによる分解

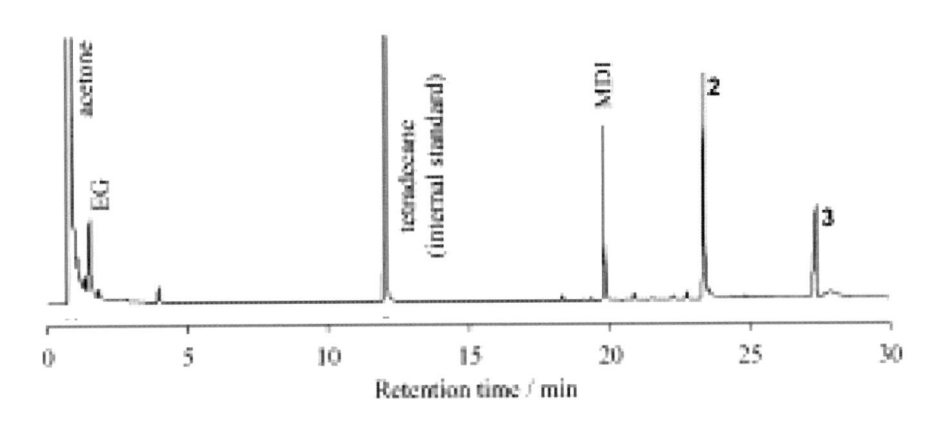

図12 メタノリシス後の生成物を含む抽出液の GC-FID クロマトグラム

参考文献

1) (社) プラスチック処理促進協会, "プラスチックリサイクルの基礎知識".
2) プラスチック大辞典編集委員会編, "プラスチック大辞典".
3) プラスチックリサイクル研究会, "プラスチックのリサイクル100の知識".
4) E. A. Williams and P. T. Williams, J. Chem. Tech. Biotechnol., 70, 9 (1997).
5) K. Murata, Y. Hirano, Y. Sakata and M. A. Uddin, J. Anal. Appl. Pyro., 65, 71 (2002).
6) M. He, B. Xiao, Z. Hu, S. Liu, X. Guo and S. Luo, Int. J. Hydro. Energ., 34, 1342 (2009).
7) C. Wu and P. T. Williams, Fuel, 89, 1435 (2010).
8) JFE環境 (株), "プラスチックのリサイクル", (http://www.jfe-kankyo.co.jp/nkc02/fnkc02.html).
9) 塩化ビニル環境対策協議会, "PVC news No.18 福岡県・光和精鉱 (株) に見る塩素利用技術", (http://www.pvc.or.jp/news_ind/18-4.html).
10) E. A. Williams and P. T. Williams, Energy & Fuels, 13, 188 (1999).
11) T. Bhaskar, J. Kaneko, A. Muto, Y. Sakata, E. Jakab, T. Matsui and M. A. Uddin. J. Anal. Appl. Pyro., 72, 27 (2004).
12) J. R. Campanelli, M. R. Kamal and D. G. Cooper, J. Appl. Polym. Sci., 48, 443 (1993).
13) T. Yoshioka, T. Motoki and A. Okuwaki. Ind. Eng. Chem. Res., 40, 75 (2001).
14) S. Kumar and C. Guria. J. Macro. Sci., 42, 237 (2005).
15) ペットリファインテクノロジー (株), "日本で唯一の技術 PRT方式 (アイエス法)", (http://www.prt.jp/technical/prt.html).
16) T. Yoshioka, E. Kitagawa, T. Mizoguchi and A. Okuwaki Chem. Lett., 33, 282 (2003).
17) G. Grause, T. Handa, T. Kameda, T. Mizoguchi and T. Yoshioka. Chem. Eng. J., 166, 523 (2011).
18) S. Kumagai, G. Grause, T. Kameda, T. Takano, H. Horiuchi and T. Yoshioka. Ind. Eng. Chem. Res., 50, 1831 (2011).

19) T. Masuda, Y. Miwa, A. Tamagawa, S. R. Mukai, K. Hashimoto and Y. Ikeda. Polym. Degrad. Stab., 58, 315 (1997).
20) S. J. Chiu and W. H. Cheng. Polym. Degrad. Stab., 63, 407 (1999).
21) L. C. Hu, A. Oku and E. Yamada. Polymer, 39, 3841 (1998).
22) S. Hata, H. Goto, E. Yamada and A. Oku. Polymer, 43, 2109 (2002).
23) A. Oku, Tanaka. S and S. Hata. Polymer, 41, 6749 (2000).
24) T. Yoshioka, K. Sugawara, T. Mizoguchi and A. Okuwaki. Chem. Lett., 34, 282 (2005).
25) G. Grause, K. Sugawara, T. Mizoguchi and T. Yoshioka. Polym. Degrad. Stab., 94, 1119 (2009).
26) G. Grause, N. Tsukada, W. J. Hall, T. Kameda, P. T. Williams and T. Yoshioka. Polym. J., 42, 438 (2010).
27) H. Tagaya, K. Katoh, J. Kadokawa and K. Chiba. Polym. Degrad Stab., 64, 289 (1999).
28) S. J. Chiu, S. H. Chen and C. T. Tsai. Waste Management, 26, 252 (2006).
39) Y. Suzuki, H. Tagaya, T. Asou, J. Kadokawa and K. Chiba. Ind. Eng. Chem. Res., 38, 1391 (1999).
30) H. Tagaya, T. Ono and K. Chiba. Ind. Eng. Chem. Res., 27, 895 (1988).
31) J. Ozaki, I. D. Subagijo and A. Oya. Ind. Eng. Chem. Res., 39, 245 (2000).
32) 長瀬佳之, 山形昌弘, 福里隆一, R&D 神戸製鋼技報, 47, 43 (1997).
33) N. Asahi, K. Sakai, N. Kumagai, T. Nakanishi, K. Hata, S. Katoh and T. Moriyoshi. Polym. Degrad. Stab., 86, 147 (2004).

(吉岡敏明、熊谷将吾)

3 固相分離のための科学
（粉砕や各種選別法の科学の簡単な基礎）

粉砕における単体分離の重要性

　成分分離（選別）の前処理として粉砕を考える場合、最優先の目的は、構成成分間の単体分離である。一粒子が単成分から成る（単体粒子）場合は、粒子分離（選別）を行えば同時に成分分離が達成されるが、複数成分が混在している（片刃粒子）状態（図1参照）で粒子分離を行っても効果的な成分分離は達成されない。したがって、式(1)に示される単体分離度 L_B が重要となる。この定義はその実測にあたって若干の問題もあるが、古くより使用されており、粉砕に要するエネルギー等各種項目がこの指標との関係として示されている。

　粉砕が進行して粒径が小さくなれば、単体分離度は当然増加するが、粉砕中に起こる粒子破壊が如何に単体分離性の向上に繋がるか、すなわち如何に異相境界面で破壊できるかが重要である。いま、ある粒子が2成分によって構成される場合、L_B は、粉砕比（粉砕フィード粒径の粉砕産物粒径に対する比）k と異相境界面での優先破壊率 e

$$L_B = \frac{W_{B-free}}{\sum_i W_{Bi}} \cdots\cdots(1)$$

$$L_B = \frac{(n+1)}{k^3}\left[\{k(1+e)-1\}^3\left(\frac{1}{n+1}\right) + 3\{k(1+e)-1\}^2(1-ke)\left(\frac{1}{n+1}\right)^2 \right.$$
$$\left. + 3\{k(1+e)-1\}(1-ke)^2\left(\frac{1}{n+1}\right)^4 + (1-ke)^3\left(\frac{1}{n+1}\right)^8\right]\cdots\cdots(2)$$

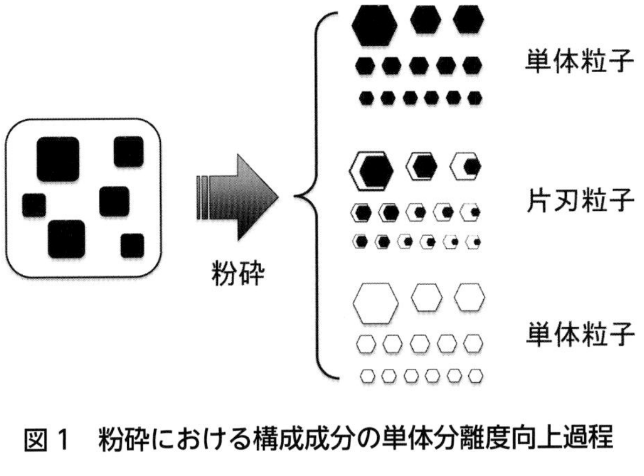

図1　粉砕における構成成分の単体分離度向上過程

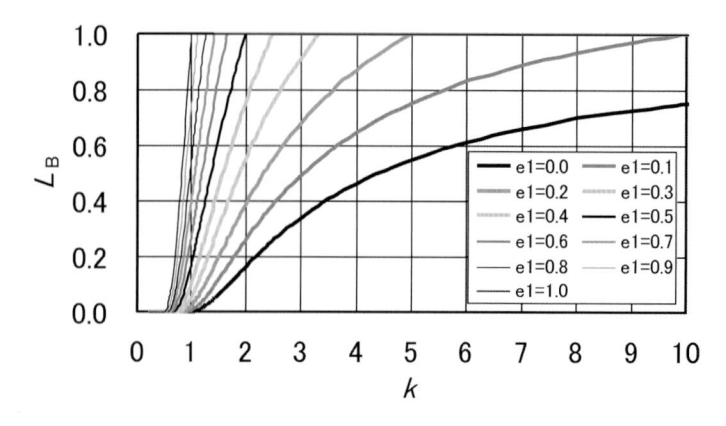

図2 単体分離度（L_B）と粉砕比（k）の関係（$n=10.0$の場合）[1]

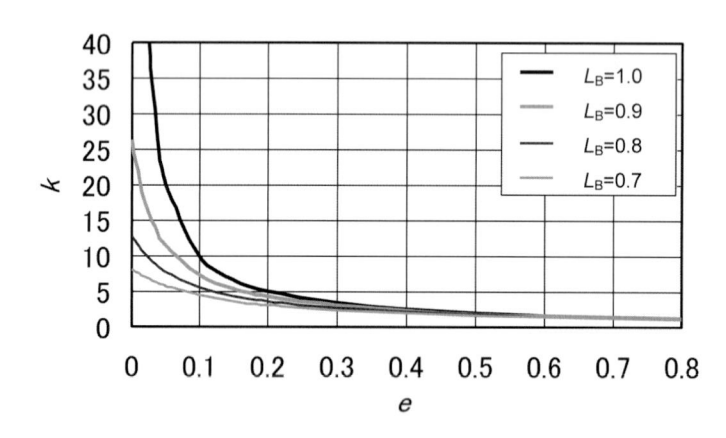

図3 ある単体分離度を得るために要する粉砕エネルギー（kに比例）と異相境界面優先破壊率（e）の関係（$n=10.0$の場合）[1]

の関数として記述すると、式(2)のようになる[1]。

ここに、n：全試料中での非着目成分の着目成分（B成分）に対する体積比である。

式(2)におけるL_Bとkの関係をeをパラメータとして表すと図2のようである。$e=0$つまり異相境界面での優先破壊が起こらない（破壊が全くランダムに起こる）場合[4]は、kがかなり大きく（粉砕後の粒径が小さく）ならないとL_Bは上昇しないが、eが大きくなると、小さなkでも（粉砕後の粒径が大きくても）L_Bが上昇することが分かる。また、kは粉砕比であるから、粉砕による比表面積の増加倍数であり、その粒径まで粉砕するに要するエネルギーにほぼ比例する値である。したがって、例えば、$L_B=0.6$の産物を得るのに必要なエネルギー（k）を考えると、全くランダムな破壊（$e=0$）の場合は$k=5.8$であるのに対し、$e=0.1$、0.2、0.3と異相境界面での優先破壊率が高くなるに従って、$k=3.6$、2.6、2.2と減少することが分かる。

このkとeの関係をL_Bをパラメータとして表すと図3のようである。すなわち、e（異相境界面優先破壊）の僅かな増加により、より大きな粒径でつまりより少ないエネルギー消費で、同程度の単体分離度を得られることが分かる。この傾向は、L_Bの高い（大きな単体分離度を得る）場合により顕著となることも理解される。

異相境界面には潜在的なクラックが存在していることが多く、また、異種成分の物性の差や境界面の性質を上手く利用すると効果的に境界で破壊を起こすことができる。この例は、本書 2-4-1 に記した。

固相分離（選別）と液相分離

古くより「分ければ資源、混ぜればゴミ」と言われるように、資源循環における成分分離の重要性は言うまでもない。分離技術は本質的に、固相分離（選別）と液相分離の 2 種に大別することができる。両者の主たる特徴を表 1 に示した。前者は、固体を構成する原子・分子配列から発現する各種物性を利用して固体粒子の相互分離を行う技術であり、これを準静的に行えば理論上はエネルギーを必要としないため、環境負荷の低いプロセスと言うことができる。しかし、現実の固体粒子には 2 つと同じものは存在しない（基本的に不均一系での分離となる）ので、その分離は確率的となり、分離の信頼性は一般的に低いと言わざるを得ない。しかし、近年、コンピュータシミュレーション（離散要素法等）技術の大幅な進展により、分離の状況を精緻に模擬することが可能となり、その信頼性も次第に高まってきている。一方、液相分離は、熱あるいは溶剤により固相を液相状態に変換し、分子・原子レベルで成分分離を行う技術であり、金属については製錬と呼ぶことができるが、その他有機物を含む各種成分に共通する呼び名はない。この相転移には理論的に活性化エネルギーが必要であり、また、成分分離にあたっては更なる相転移が起きるので、必然的にこの分離法はエネルギー消費の高いプロセスとなる。ただ、分子・原子レベルでは各対象物は基本的に均一と扱うことができるので、理論的な整備が進んでおり、分離の信頼性も高いと言える。

なお、分離対象物に有害成分が含まれる場合、固相分離では分離後もそれらはそのままの状態であるが、液相分離では適切に相転移を行うことにより、分離後にはそれらを無害化することが可能である。ただ、逆に無害な物質を有害化してしまう可能性もあるので、その条件設定には注意が必要である。

固相・液相の両分離技術にはそれぞれの特徴があり、その長所をうまく組み合わせることにより、各種資源の効率的な回収・除去を省エネルギー的・環境調和的に行うことができる。

以下に、両分離技術の代表的な例を示した。

(1) 固相分離技術： 手選、形状選別、ソーティング（色彩選別、近赤外線選別、透過 X 線選別、蛍光 X 線選別、等）、重選（重液選別とも言う）、比重選別（風力選別、薄流選別、ジグ選別、テーブル選別、スパイラル選別、MGS（マルチ比重選別）等）、磁選（磁力選別とも言う）、渦電流選別、静電選別、浮選（浮遊選別）、液液抽出、放射能選別、等

(2) 液相分離技術： 焙焼（酸化・塩化・硫化等）、

表 1 資源循環のための 2 種類の分離技術の特徴[2]

特徴	固相分離（選別）	液相分離
定義	分子配列を壊さず固体物性の差を利用して分離	分子配列を壊して（相転移させて）原子・分子レベルで分離
環境負荷	低 い	高 い
理論的背景	各操作に関する基礎理論のみ存在	各操作に対して大凡の理論が存在
対象物特性	不均一（2 つと同じ粒子はない）	ほぼ均一
信頼性	低 い（確率的分離）	高 い
有害物	そのままで不変	無害化（有害化）の可能性あり

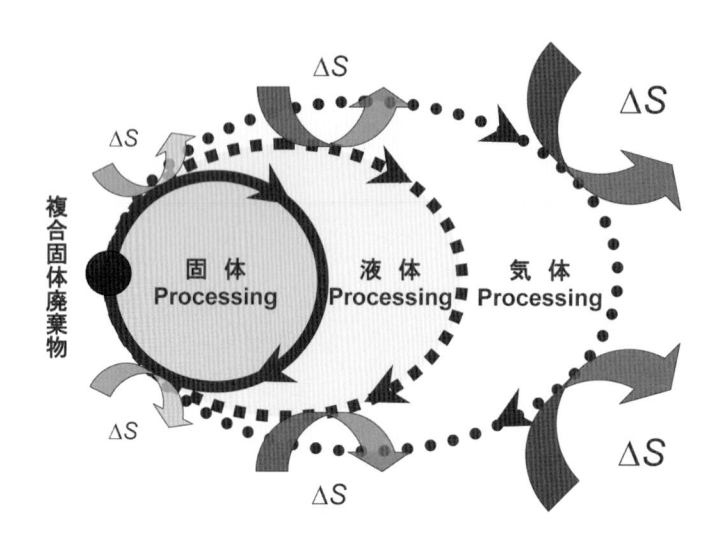

図4 複合固体廃棄物処理の基本概念[2]

セグレゲーション、熱分解、熔融、還元、溶解、浸出、沈殿（水酸化物・硫化物・等）、晶析、セメンテーション、溶媒抽出、イオン交換、等

図4に、固体複合廃棄物処理の基本的な概念を示した。物質としての分子密度の高さは固体＞液体＞気体の順であるから、これを処理する場合、固体をその状態のままで処理すればその間に必要なエネルギーは理論的には最少ですむ。一方、固相を液相・気相に転換して処理する場合は、その間に分子密度の低下が起こるので、それを今一度固体として利用するならば、その相転移に大きなエネルギー投入が必要となり、プロセス全体として質の低下（エントロピーの増大）が進むことになる。固体処理プロセスにおいては、物質はなるべく質の高い状態（固相）のままで循環・処理すべきであり、一度低い状態を経由するとその回復にはより多くのエネルギーが必要となる（環境負荷が放出される）ことを理解することが重要である。前処理（固相分離）技術の重要性の基本はまさにここにある。

固相分離におけるバルク物性と表面物性

固体粒子にはバルクと表面の二つの顔があり、そのそれぞれの物性を利用する選別法がある。バルク物性には、形状、密度、電磁波反射性、磁化特性、バルク導電性、放射性等が、表面物性には、色・光沢・質感、電磁波透過性、表面導電性、水に対するぬれ性等があり、それぞれに既述の固相分離技術が存在する。

一般に、バルク物性と表面物性を利用する選別技術を比較すると表2のようである。バルク物

表2 バルク物性と表面物性を利用する固相分離技術の特徴[2]

特　性	バルク物性利用技術	表面物性利用技術
適用粒度	大きい	小さい
安定性	高い	低い
可変性	低い	高い

性の大きさは基本的に粒子体積（粒子径の3乗）に比例するから、それを利用する技術の適用粒度は相対的に大きく、表面物性の大きさは粒子比表面積（粒子径の1/2乗）に比例するから、その適用粒度は小さいと言ってよい。また、バルク物性は、それを変えるには粒子全体の分子配列を変えねばならないので、安定性が高く可変性が低い。一方、表面物性は比較的容易に変えることができるので、安定性は低いが可変性が高いと言うことができる。したがって、大きな粒子を安定的に選別するにはバルク物性を利用することが、小さな粒子を制御された環境の中で精密に選別するには表面物性を利用することが推奨される。

4 成分分離技術各論

1 ソーティング

物質はある電磁波を照射されると、その波長に応じて様々な特徴的な応答を示す。種々の電磁波の透過、反射、あるいは物質内部でのある種の励起等によって生ずる変化を検知することによって特定粒子を他のものと分離することができる。このように粒子一つ一つを識別して選別する操作を総称してソーティング（欧米ではSensor based sorting）と呼ぶ。

一般にこの選別に利用される電磁波特性は、照射される電磁波と検知される電磁波の波長に大きな変化はなく、その種類によって分離操作は、色彩選別（可視光線利用）、X選選別（X選利用）、放射能選別（放射線利用）などと呼ばれる。この例外としては、X線照射による可視光線および蛍光X線の検知等が挙げられる。これらの場合、一般的には照射される電磁波の名前で呼ぶことが多いが、現在のところ厳密な名称の定義はされておらず、上記選別法については、前者をX線選別、後者を蛍光X線選別と呼ぶ。

人間が判断して分離までを行う操作を手選というが、基本的にソーティングはこれを自動化したものと考えてよく、その基本概念は手選とまったく同様である。すなわち、一つずつ独立にフィードされた粒子を、（目で）検知し、（頭脳で）識別し、それを（手で）分離するという4つの基本システム（フィード、検知、識別、分離）からなる。これらシステムの関わり合いを図5に示した。検知すべき情報には、対象粒子の大きさ、形状、運動速度等の力学的要素と、反射・透過に関わる各種電磁波特性の着目成分識別のための要素の2とおりがあり、前者はフィードシステムから、後者は検知システムからの情報として識別システムに、通常、電気信号として送られる。識別システムではその電気信号に各種処理を行って一般的にある閾値との大小関係によって分離を行うか否かの決定がなされ、それを基に実際の分離が行われる。

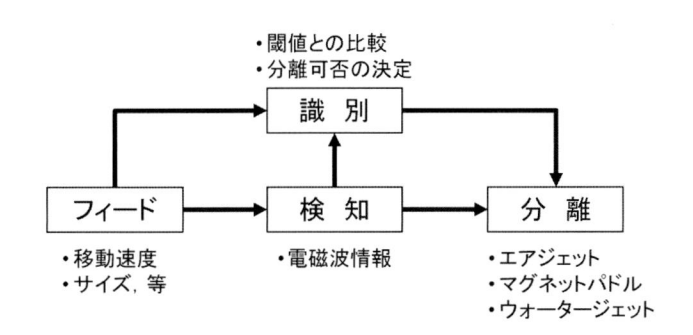

図5　ソーティングにおけるフィード・検知・識別・分離システム

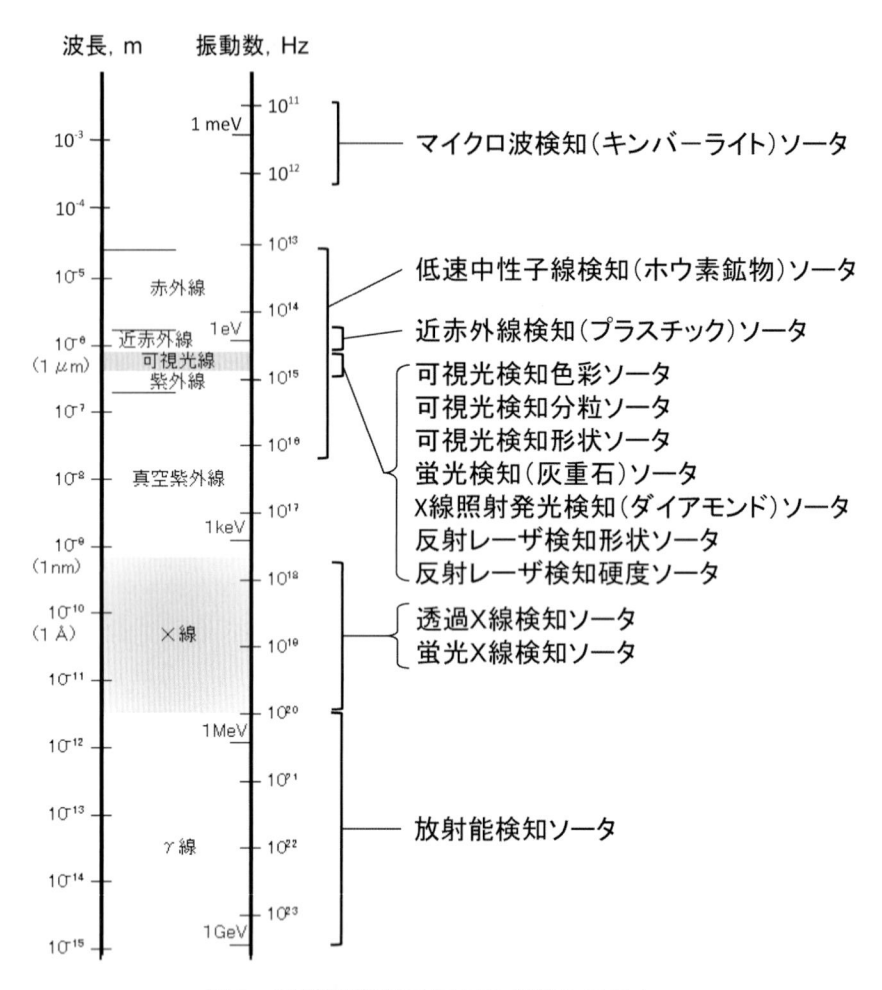

図6 各種電磁波に対応する検知システム

　この選別法は、粒子1個ずつを検知・識別して分離を行うため、粒度の大きいものを処理しなければ処理能力を増大させることができず、原則として粗粒状態で単体分離性の高いものへの適用が好ましい。一定密度の相似形粒子を仮定すれば、一定処理能力を確保するために処理すべき粒子個数は粒子径の3乗に反比例する。

　図6に、種々の電磁波に対応する検知システムを示した。なお、これらとは別に、後述の渦電流選別と同様の原理にて、導電性粒子中に生成される渦電流を検知して分離するソータ（渦電流検知ソータ）もある。最新のソータで特筆すべきものとしては、物質の密度を精緻にとらえる透過X線ソータと重元素の化学分析が可能である蛍光X線ソータ（図7）が挙げられ、この両者を利用してこれまでは選別不能であった各種合金類の相互分離の可能性なども示されている[3]。現状では、数mm以下の細粒に対する選別は困難であるが、近年の各種センサ、ICTの進展に伴って、粒子特性の精度の高い検知システムを構築することができ、また各種センサを組み合わせることでより精度の高い検知が可能となるため、今後、固相分離における革新技術の一つとして進展が大いに期待される。

3 固相分離のための科学　265

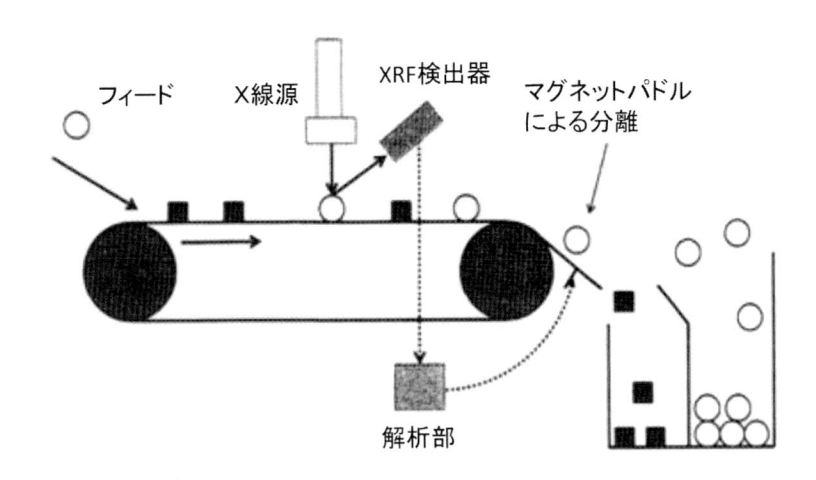

図7　蛍光X線ソータの原理図

2　形状選別

　基本的には、粒子とそれが置かれた板面との摩擦力が形状によって異なることを利用する方法が多い。固体の滑り摩擦角より大きい角度で傾斜した静止平板上では、球状粒子は不規則形状粒子に比べてその転がり速度が大きいことを利用するものである。現在までに考案されている方法は、おもに重力場での運動速度の差を利用するものであり、その適用粒度はほとんどの場合 10 mm 以上に限られている。

　図8に傾斜振動板式の装置の一例を示す。傾斜板に対してある角度方向に振動を与え、それにより粒子の移動方向を変化させて選別を行う方法である．この場合の振動は、試料が上方へ運ばれるように設定されている。試料は振動板中央付近にフィードされ、転がり速度の大きい球形粒子は振動板下端方向に落下するが、同速度の小さい非球形粒子は振動の影響をより大きく受けて振動板上端より回収される。フィード量が多くなり非球形粒子が球形粒子の下方への転がりを妨害するようになると分離効率が低下するが、振動条件や振動板材質を適切に選定すれば、効果的な分離が期

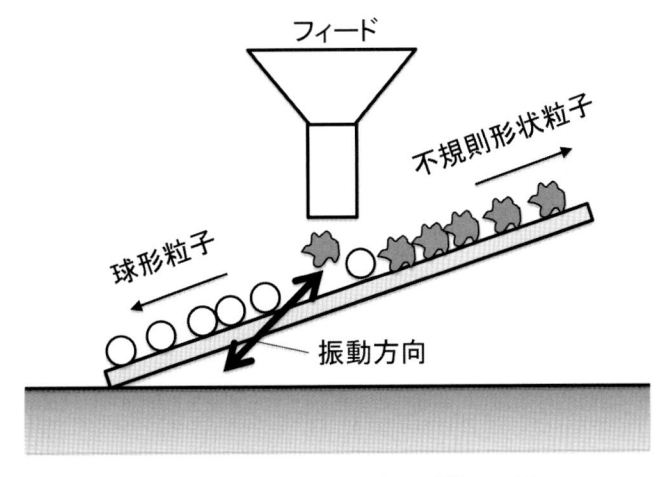

図8　傾斜振動板式形状選別機の一例

待できる[4]。

ほかに、静止傾斜板法、傾斜回転円板法、傾斜回転円筒法などの方法もある[5]が、最近では画像処理技術の発達により、個々の形状を画像上で識別して特徴的なものを他と分離するソーティングシステムなども考案されている。廃棄物は鉱石、石炭などと比べて形状の大幅に異なる固体の集合体であり、今後この種の選別法の本格的な適用も期待される。

3 比重選別
(1) 湿式法

この選別の基礎は、鉛直上方へ向かう水流の速度とその中に置かれた粒子の沈降速度との大小関係にあり、前者が大きければ粒子は浮上し、小さければ沈降する。各粒子の形状を球と仮定すると、粒子の終末沈降速度は次式により与えられる。
Stokes 域（層流域、粒子 Reynolds 数 R_{ep} が $10^{-4} < R_{ep} < 2$ の場合）では、

$$u = \frac{g(\rho_p - \rho)D_p^2}{18\eta} \cdots (1)$$

Allen 域（中間域、$2 < R_{ep} < 500$）では、

$$u = \left\{ \frac{4}{225} \frac{g^2(\rho_p - \rho)^2}{\rho \eta} \right\}^{\frac{1}{3}} D_p \cdots (2)$$

Newton 域（乱流域、$500 < R_{ep} < 10^5$）では、

$$u = \left\{ \frac{3.03 g(\rho_p - \rho)D_p}{\rho} \right\}^{\frac{1}{2}} \cdots (3)$$

ここに、u：粒子の終末沈降速度、D_p：粒子径、ρ_p：粒子の密度、ρ：流体の密度、g：重力加速度、η：流体の粘性係数、である。

以上の式からも分かるように、この種の選別には、試料の大きさと密度の両方が関与する。このため、厳密に比重差により選別を行いたい場合には事前に粒度調整を行い、粒度別に選別を行うことが望まれる。なお、比重差の少ないものに対しては粒度によって分離が行われるのでこの方法を分級と呼ぶ場合も多い。また、特にこの方法では試料の形状がその挙動に大きく影響するため、事前に形状を揃えるなどの前処理を検討する必要もある。遠心力場を利用する選別では、近似的には上記式中の g を $r\omega^2$（r は回転半径、ω は回転の角速度）と置き換えればよい。

後述の乾式法に比べると、水分子の分子間力が空気のそれに比べてはるかに大きいため粒子間の相互作用は相対的に小さくなり、分離の精度は乾式の風力選別等に比べて高い。また、各種薬剤を系内に添加することにより当該粒子の凝集・分散性その他の性質を制御することができる点でも有利である。一方、粘性係数 η は空気に比べて水では 53 倍大きいため、式 (1) からも明らかなように、Stokes 域の場合は粒子の沈降速度は約 53 分の 1 へと低下し、その分処理能力も大幅に低下する。そして水を使用するため、製品として出荷するためには、通常、脱水・乾燥工程が必要であり、さらに廃水処理のための付帯設備も必要となるなどの欠点も有する。

前述したように、粒子の沈降速度は粒子径と密度の両者が関与し、特にこの方法においては、異なる密度の混合物を分離するという立場から見ると、各種粒子が等速で沈降する際の粒子径の比（等速沈降比）が重要となる。いま、密度 ρ_A, ρ_B（$\rho_A < \rho_B$）の 2 種類の粒子 A, B を考えると、等速沈降比は (1), (2), (3) 式より次の一般式にて与えられ、この値の大きい場合ほど密度差による分離の精度が高いことになる。

$$\frac{D_A}{D_B} = \left(\frac{\rho_B - \rho}{\rho_A - \rho} \right)^n \cdots (4)$$

ここに、n の値は Stokes 域で 1/2、Allen 域で 2/3、Newton 域で 1 である。媒体が空気の場合は $\rho \fallingdotseq 0$、水の場合は $\rho \fallingdotseq 1$ であるから、等速沈降比は湿式の方が大きく分離精度の高いことがこの式からも分かる。

重力選別（分級）機の例として図 9 に挙げたのは、スピッツカステンと呼ばれ、粒子沈降速度と水平流速との関係から分級が行われるものである。適応粒度は 40～600 mm である。カローコー

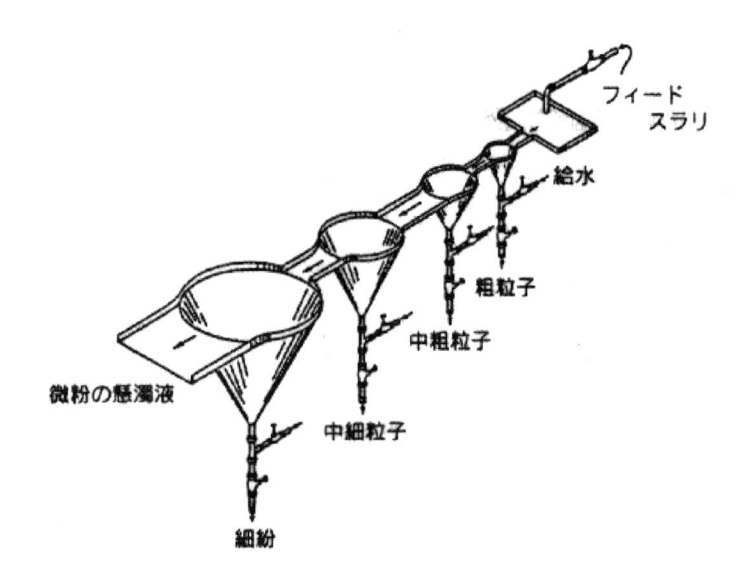

図9 スピッツカーステン[6]

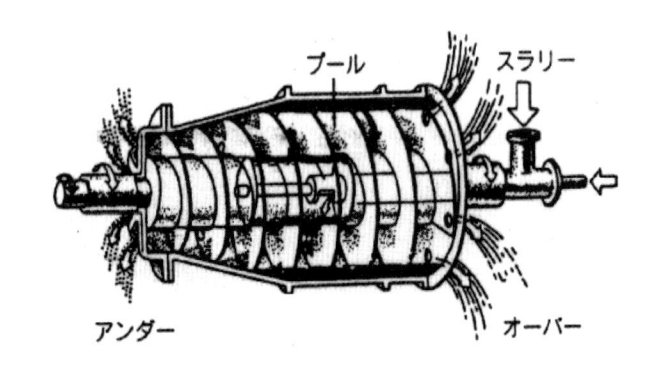

図10 デカンタ型遠心力分級機[6]

ン、カルデコットコーン等も原理的には同様の選別（分級）機である。

さらに細粒用としては、重力の数百から数千倍の加速度をもたらす遠心力選別（分級）機がある。図10にはデカンタ型遠心力選別（分級）機を示した。ボールの形状は円錐部と円筒部の組み合わせである。フィードはフィードパイプにより中心付近からなされ、高比重粒子（粗粒）は遠心力により壁面に堆積し、ボール回転速度とわずかに異なる速度で回転する螺旋状のスクリューコンベアにより円筒部から円錐部へと運ばれてアンダーフローとして系外に排出される。低比重粒子（細粒）はオーバーフローとして分離される。これら遠心力式のものは、通常、脱水機として用いられることが多いが、プラスチック破片の相互分離および微粒子の分級にもその効果は大きい。いずれにしても、この種の選別では、粒度と密度の両方が分離成績に関与することを認識することが重要である。

(2) 乾式法（風力選別）

この方法の基本原理は前項の湿式法とほぼ同様

であり、媒体としての水が空気と入れ替わっただけであるが、空気の場合は流体抵抗がほぼゼロと考えてよいので、沈降速度 u は

$$u = \left(1 - \frac{\rho_0}{\rho}\right) g \cdot t \cdots\cdots (5)$$

と近似することができる。すなわち沈降速度は密度のみに関係し、粒径とは無関係ということになり、原理的には分級でなく比重選別が確実に達成される。ただし、実際の廃棄物は様々な非球形状をしているので、実際にはこの不均一性により粒子は異なる空気抵抗を受けることになる。

従来、風力選別の対象粒度は数 μm から 250 μm 程度とされてきたが、廃棄物処理に関しては数 mm ときには数 cm 以上のものに対しても適用されている。この方法の利点としては、装置本体に運動部分が少なく設置場所の制約が少ない、防塵を兼ねた閉じた系としてプロセスが組める、分離比重が可変である、等が挙げられる。また欠点としては、大量の空気を必要とするため送風、集塵のための配管を含む付帯設備が大きい、水分を含むあるいは付着性が強い試料に対しては分離効率が低い、等が挙げられる。通常、管内での気体の流速は一定でなく分布を持っているため、選別精度の低下が起こる。これを防ぐために、気流入口に整流格子を取り付ける、処理を多段で行う等の工夫がなされている。

重力式選別（分級）機としては、水平流型、垂直流型およびジグザグ型がある（図11参照）。ジグザグ選別機は、管壁への衝突や渦流による粒子の再分散により分級精度を高めるもので、都市ゴミの選別等にも応用されている。

慣性力式選別（分級）機には、図12に示すように直線型、曲線型およびルーバー型があるが、直線型では分離室入口部での粒子速度が粒度により異なるため精度の高い比重選別は困難である。曲線型の一つとしてエルボージェット[8]と呼ばれる装置がある（図13参照）。その原理は、曲率の大きい曲面上を高速で気流と粒子を通過させると、微粒子はCoanda効果によって急激に曲がる気流と行動をともにするが、粗粒子はその慣

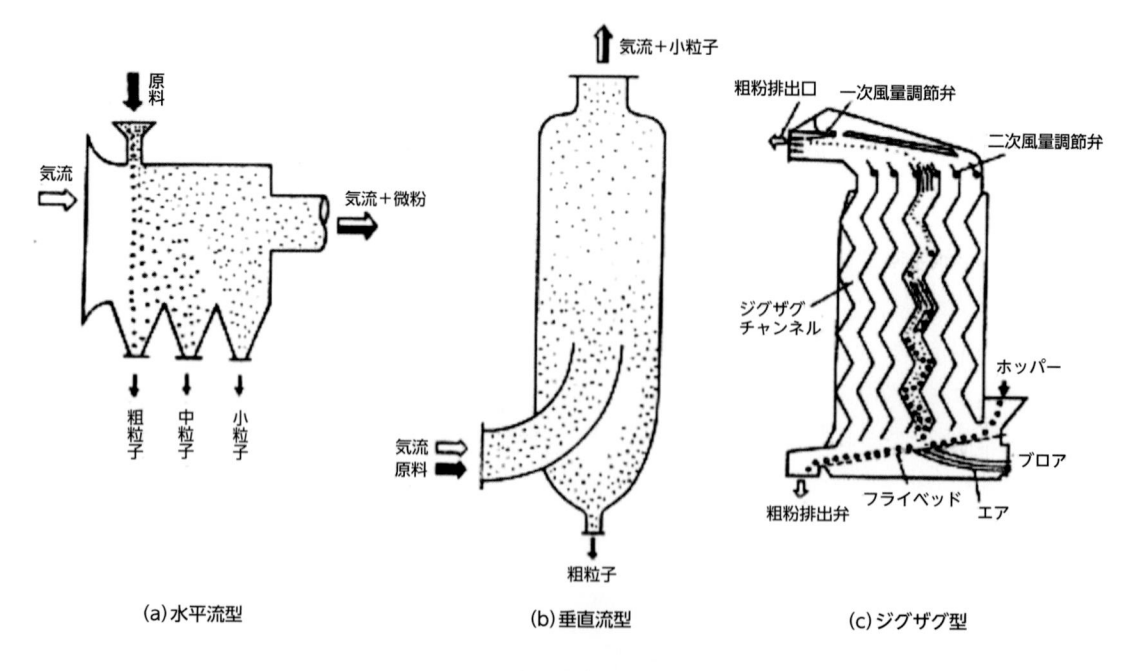

図11 重力式風力選別機[7]

(a)直線型　(b)曲線型　(c)ルーバー型

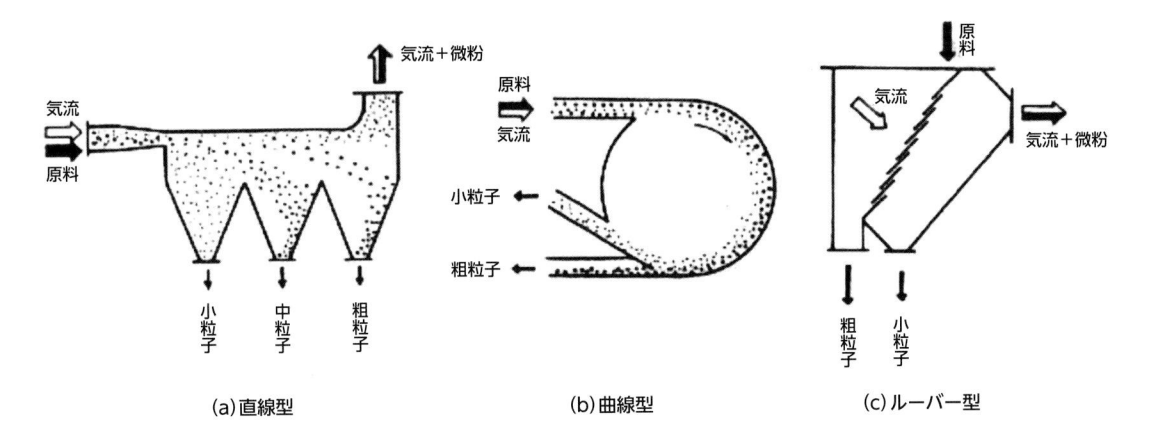

図12　慣性力式風力選別機[7]

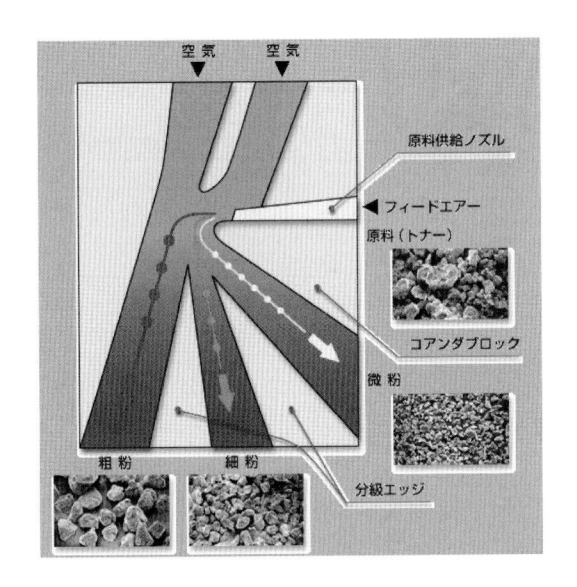

図13　エルボージェット[8]

性力のためその曲面を曲がりきれず分離が行われる、というものである。サブミクロンまでの微粒子の分離が可能である。

　風力選別は乾式処理の代表的なものであるが、一般に各粒子間の相互作用が湿式処理の場合に比べて大きいため、粒子同士の凝集や粒子の器壁への付着が起こりやすく、また、粒子の慣性力による飛散・迷い込みの危険性が大きいことに注意を要する。

(3) 重　選

　この方法は、選鉱の分野では比重選別とは分類を異にするが、ここでは比重差を利用する方法としてこの範疇で記述したい。

　密度の異なる2種類の粒子をその中間の密度を持つ液体(これを重液と呼ぶ)中に分散させれば、一方は浮き他方は沈む。こうして浮沈分離を行うのが本法の基本である。しかし、比重2以上の重液は高価あるいは毒性が強いため、工業的には、通常、50～100 μm 程度の磁鉄鉱、フェロシリコン等の重液材を水に懸濁させた擬重液を使用する．擬重液の見かけ比重を ρ_m とすれば、式(4)より、等速沈降比は、

$$\frac{D_A}{D_B} = \left(\frac{\rho_B - \rho_m}{\rho_A - \rho_m}\right)^n \cdots\cdots(6)$$

と表される．通常 $\rho_m > 1$ であるから、選別の精度は媒体が水の場合より高いと言える。

　装置としては、ドラム型、コーン型、スパイラル型等があるが、図14にはドラム型のものを示した。浮上した軽産物はオーバーフローして排出され、沈降した重産物はリフターによって掻き上げられ回収樋を通って排出される。擬重液はシックナで濃縮されたのち、通常、磁選によって回収・再利用される。

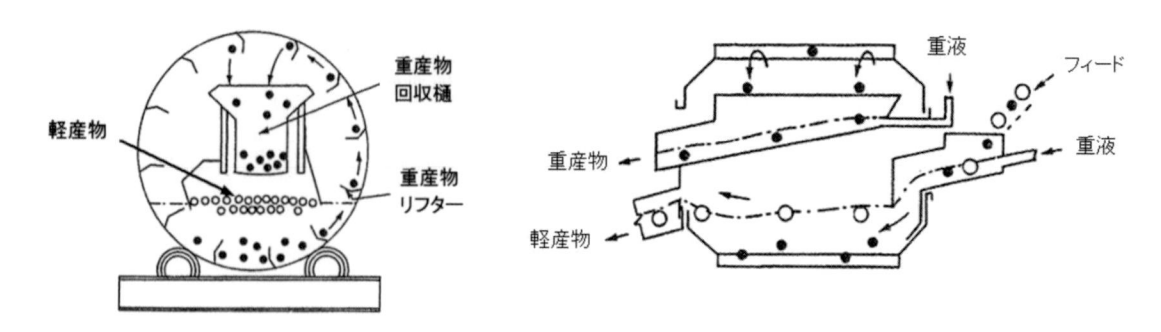

図14　Wemcoドラム型重選機[9]

(4) 磁性流体選別

　磁性流体は、液中に強磁性体微粒子を分散させたものであり、見かけ上、磁性を持った液体としてふるまう。垂直上方に向かって磁界が減少する磁場内に置かれた磁性流体は、その磁界勾配によって下方（高勾配側）に吸引されるため、その中に存在する非磁性体粒子は上方（低磁界側）に磁気的浮力を受けることになる。この力は磁性流体の粒子位置での磁化および磁界勾配に比例するため、形成磁場を変化させることにより、各種比重の粒子を相互に分離することが可能となる。対象物の比重差を利用して分離するという点では前述した重選と同様であるが、通常の重選では分離比重は高くても3程度であるのに対して、磁性流体選別では10～20程度とすることも可能であり、これまで困難であった各種金属間の比重差による相互分離を実現することができる。図15はこの選別法を具体化した装置の一例である。永久磁石をV字型に対向させることによって磁界勾配を形成し、その一方をスライドさせて磁界強度を変化させる。

　磁性流体が高価であるため、この方法の実用化は困難が予想されるが、自動車スクラップの処理等応用研究は多数行われており、将来、より安価な磁性流体製造法が開発されれば、廃棄物処理への多大な貢献が期待される。

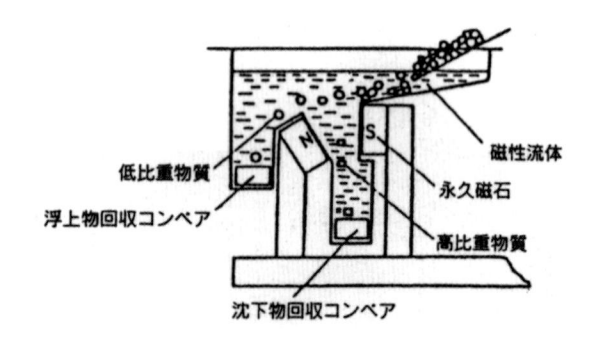

図15　磁性流体選別機[10]

(5) ジグ選別

　この方法は比重選別の中で最も古く考案されたものであり、基本的には密度の異なるパルプに上昇水流あるいは上下水流を周期的に与えることによって上下方向に成層させて分離するものである。一般に粒子が水中で沈降する場合、その初期には沈降速度は時間の関数であり、ある時間経過後にほぼ一定（終末沈降速度）となる。ジグにおける水流の周期は非常に短く設定されており（通常1s程度）、粒子の沈降に際しては、それが終末速度に達する前に上昇へと転ずる。式(5)に示したように、沈降のごく初期においては、粒子の受ける流体抵抗が非常に小さく、沈降速度は粒径の影響が少ないため、比重差を主とした選別が可能となる。

　粒子沈降中のおける運動方程式をStokes域として離散的に解き、uとtの関係をグラフに示す

と図 16 のようになる。大重粒子は小軽粒子に比べて常に沈降速度が大きいが、大軽粒子と小重粒子の挙動は複雑である。既述のように、沈降初期では、粒子径によらず密度のみで沈降速度が決まるので小重粒子は大軽粒子より早く沈降するが、時間の経過とともにその速度が逆転することがある。この場合、前者の沈降距離が後者のそれよりも大きいのは、図 16 中で（面積 OBEF）＝（面積 OCDF）となる時間 t_e 以前であり、その時間内であれば小重粒子は大軽粒子より深く沈んでいることになる。すなわち、ジグにおける水流の周期を $2t_e$ 以下に設定すれば、粒径によらず密度差による分離が可能となる。

また、粒子層が上下水流によって撹拌されるとき、比重の大きい小粒子はその下層にある大粒子の間隙を通って下降する現象（滴下沈積）が起きるため、沈降速度に多少の粒度の影響が加わっても、この現象よりその影響が相殺される可能性も高い。ジグ選別における異なる粒度・密度の粒子の配列をまとめて図 17 に示した。

図 18 は、多成分系ジグ選別によって得られるジグベッド内の粒子配列を示している。この結果は、同粒度・異密度粒子に対するコンピュータシミュレーションにより得られたもの[12]である。ジグベッドの高さごとに異なる比重の粒子がその大小によって成層することが分かる。

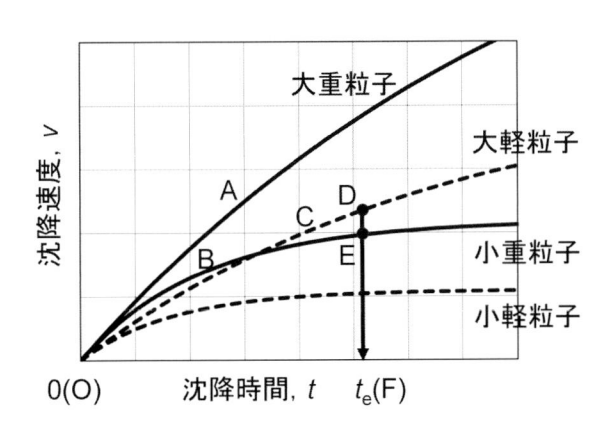

図 16　ジグ選別における各種粒子の沈降速度と時間の関係

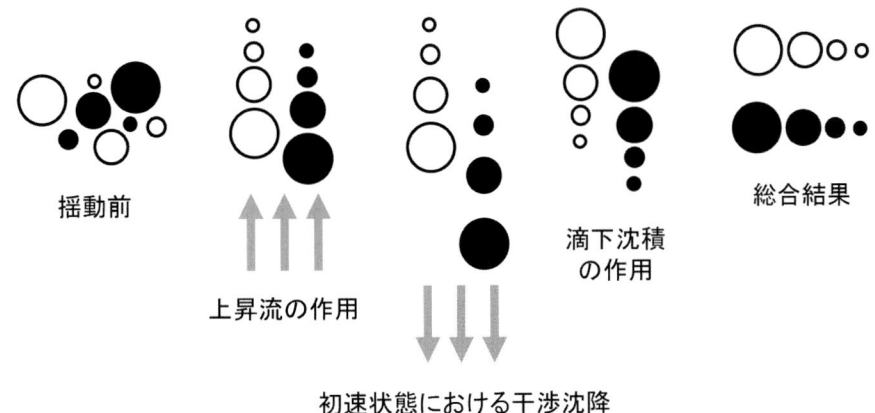

図 17　ジグ選別における粒子径・密度の効果

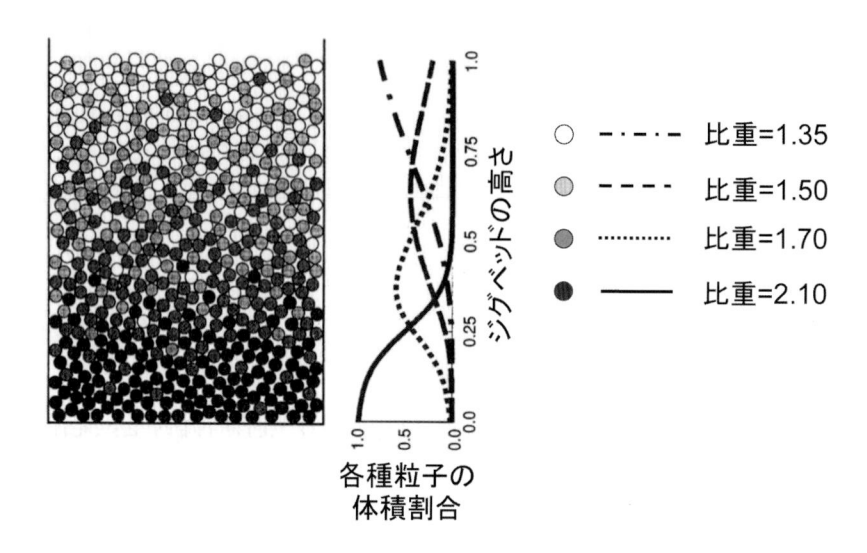

図18 多成分系ジグ選別における各種粒子の配列の一例[11]

最近よく用いられる空気動式のBatac (Tacub) ジグの構造を図19に示した。この図では、6つのセルが左から直列に並んでおり、パルプは右方向に流れながら上下動を繰り返し分離が行われる。前半3つのセルが粗選であり、後半の3つは精選となる。各セルでは、その下段中央にある空気室から送られる空気によって安定した水流の上下動が得られ、近年、廃棄物処理や選炭に盛んに利用されている。このジグの特徴は送気の精密制御が可能でかつ水流の応答が早く均一であることにあり、他の方式のジグよりも効率の高い分離が期待できる。このほか、従来広く使われているU字管型のダイヤフラム式ジグ、廃棄物中の非鉄金属回収を目的とするメタル用ジグ等がある。

(6) 薄流選別

1) ライケルト・コーン選別機

粒子層が水流によって上下・水平方向に成層する現象を利用する選別法としては、ライケルト・コーン、ハンフレー・スパイラル選別機などがある。前者は、多段のコーンからなり、中心部から連続的にフィードされた粒子群は薄流をなして流れ落ちるが、コーン上を中心部に向かって流れる際はその層厚が増し、重粒子が下に軽粒子が上に成層する。この重粒子群はコーンの底に設けられたスロットから回収され、軽粒子はオーバーフローして中心軸付近から回収される（図20参照）。操業中の同選別機の様子を図21に示した。

図19 Batac (Tacub) ジグ

3 固相分離のための科学

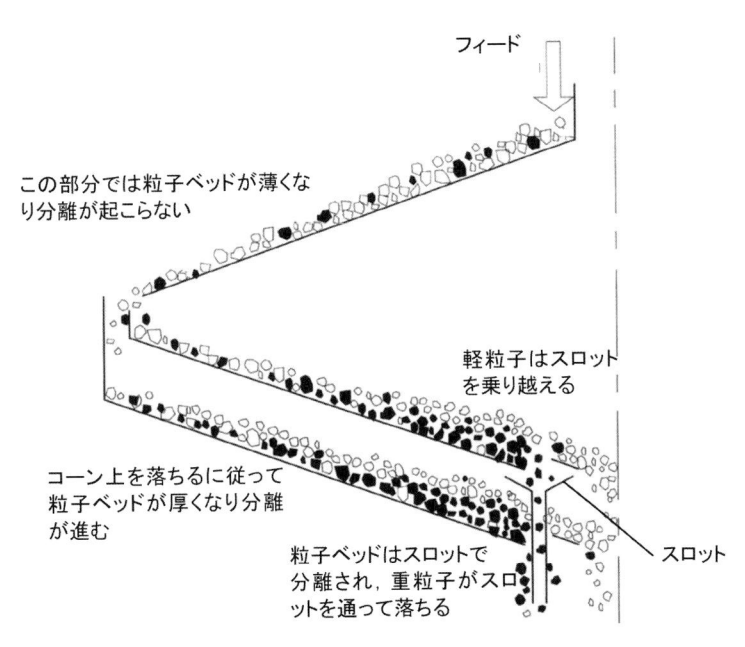

図20 ライケルト・コーンの分離機構[12]

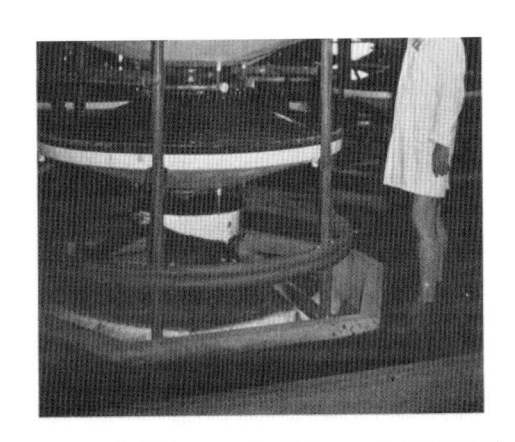

図21 操業中のライコルトコーン選別機[13]

2) スパイラル選別機

ハンフレー・スパイラル選別機は、垂直軸の回りに螺旋状に組まれた樋の内壁上を粒子群が流れ落ちる際に、軽粒子が外周部に押し出されることを利用した装置である（図22参照）。樋の途中、内周部にはいくつか重粒子取り出し口がついており、最後まで樋上を流れたものが軽産物となる。樋の傾斜を緩くすれば比重差の小さい粒子同士の選別が可能となり、急にすればその差の大きいものを大処理量で選別することができる。その操業中の様子を図23に示した。

コーン型・スパイラル型いずれの選別法も装置には可動部がなく、重力によって傾斜面を落下す

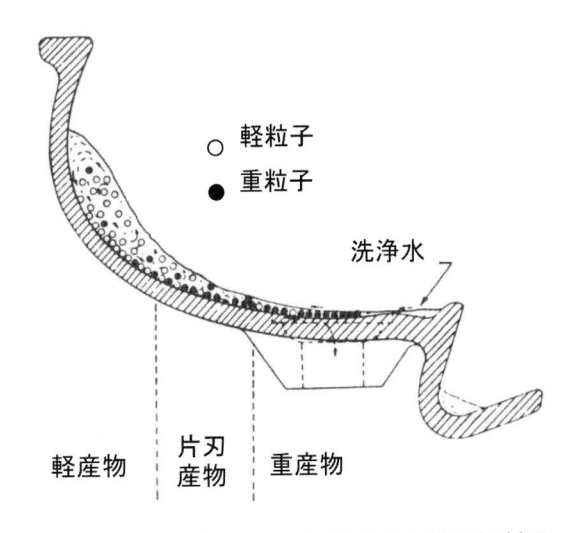

図22 ハンフレー・スパイラル選別機の樋断面における粒子配列[14]

図 23　操業中のスパイラル選別機[15]

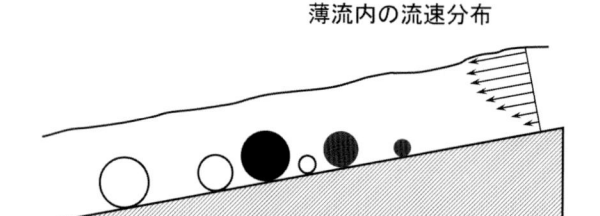

図 24　薄流選別における粒子配列

るため、分離効率に比較して運転費が低廉ですむなどことが特徴である。

3) テーブル選別機

ごく僅かに傾斜している平板上に比重の異なる粒子を置いて水の薄流を形成させると、軽粒子は重粒子よりも水の力をより強く受けて遠方へ運ばれ、また、薄流の速度は床付近よりも水流表面付近で大きいので、その流速分布に従って大粒子は小粒子よりも遠方に運ばれる。つまり、上流側には小重粒子が、下流側には大軽粒子が位置することになる（図 24 参照）。この原理と、機械的運動を組み合わせた選別法としてテーブル選別がある。3～7°程度傾斜した平板テーブル上に上部より水流をほぼ均一に流して薄流を形成させ、この水流と直角の方向からテーブル全体を振動（揺動）させると、傾斜方向には図 24 のような粒子配列ができるが、揺動前進方向には、粒子の盤面上での摩擦力の差により重粒子がより大きく移動し、両者の選別序列が組み合わさって、盤面上での粒子配列は図 25 のようになる。また、このテー

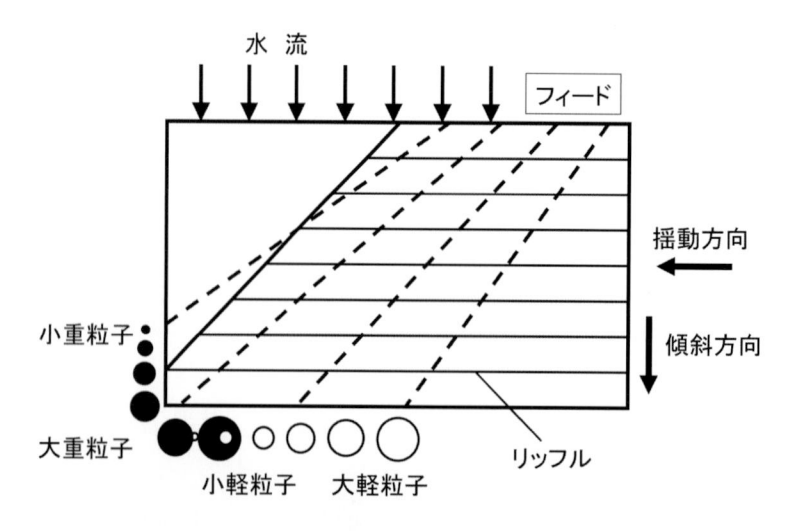

図 25　テーブル選別における各種粒子配列[16]

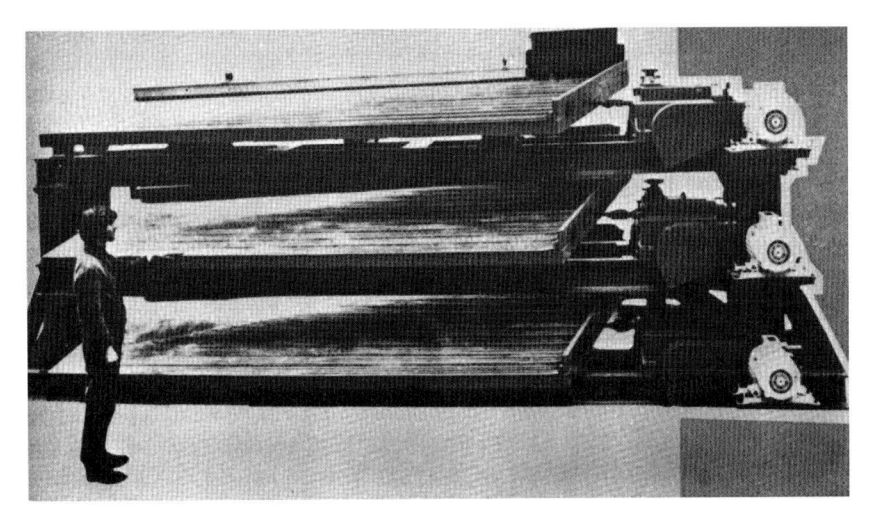

図 26　3 段式テーブル選別機[17]

ブル盤面上には、水流と直角方向にリッフルと呼ばれる突起した板が貼られており、その間にできる粒子層中では小重粒子が下に大軽粒子が上に成層する。したがって、上部にある大軽粒子には水流の影響が大きく、下部にある小重粒子には揺動の影響が大きくなり、図24の粒子配列がより確実なものとなる。3段式のテーブル選別機の写真を図26に示した。

4　磁　選

(1) 磁選の原理

ある不均一な磁界内 H に置かれた質量 m なる微小粒子に作用する磁力 F は、

$$F = m\chi\left(H\frac{\partial H}{\partial x}\right) = mI\left(\frac{\partial H}{\partial x}\right) \cdots\cdots(7)$$

と与えられる。ここに、χ：粒子の比磁化率、I：粒子の磁化、x：磁界内の位置、である。この式より、磁力 F は磁界 H と磁界勾配 $\partial H/\partial x$ に比例し、$\chi > 0$ の場合、粒子は高磁界側に磁気的に吸引されることが分かる。磁力を増大させるには、強力な磁石を使用して磁界 H を大きくするとともに、磁界勾配 $\partial H/\partial x$ の大きな磁場を形成させることが重要となる（図27参照）。

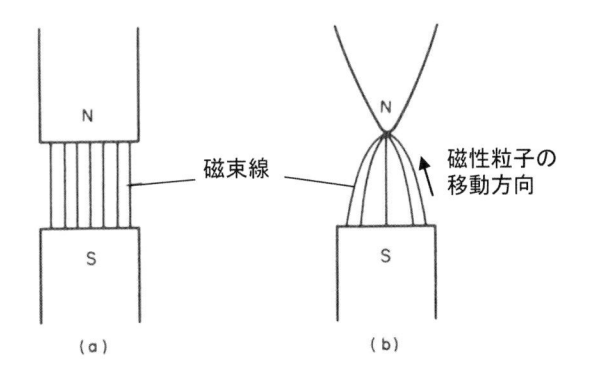

図 27　均一磁場 (a) と不均一磁場 (b)

(2) 磁選機の分類

磁選機には乾式用と湿式用があり、ここでは主として湿式用について記述するが、分類等にあたっては乾式用も含めることにする。

磁選機は、選別部での磁界の強さによって弱磁界型、中磁界型、強磁界型に、また、強磁界型は磁界勾配の大小によってさらに強磁界型と高勾配型とに分類される。中磁界型とは、主としてSmCo、NdFeB 等の高エネルギー積を持つ希土類永久磁石を用いるものに対応する。各分類の代表的磁選機における磁界、磁界勾配および両者の積を示すと表3のようである。

表3　各種磁選機とその能力[18]

分類	磁気分離機	磁界の強さ H (kA/m)	磁界の勾配 $\partial H/\partial x$ (MA/m²)	磁界条件 $H(\partial H/\partial x)$ (10^{13}A²/m³)
従来型弱磁界分離機 (conventional low intensity)	ドラム型分離機 (Drum separator)	40	4	0.16
	デービス試験機 (Davis tube tester)	320	32	10
中磁界分離機 (medium intensity)	Rare earth drum or roll separator	360〜720	10〜100	3.6〜72
強磁界分離機 (high intensity) — 強磁界型 (high intensity)	Frantz ferrofilter	800	800	640
	NY type drum separator	1600	440	700
	Jones separator	1600	1600	2560
	DESCOS	2550	10〜50	25〜130
強磁界分離機 — 高勾配型 (high gradient)	Solenoid separator (Kolm-Marston)	1600	16000〜160000	25600〜256000
	Superconducting HGMS	4000	16000〜200000	64000〜800000

　弱磁界型および中磁界型磁選機は、通常、フェロあるいはフェリ磁性体（いわゆる強磁性体）の磁着に使用され、試料の搬送方法によりそれぞれベルト型、ドラム型等に分類される。

1) 弱磁界ドラム型磁選機

　弱磁界型磁選機である Grondal ドラム型磁選機は、最も古く考案された磁選機の一つであるが、湿式磁選の特徴が理解しやすいのでここに紹介する（図28参照）。パルプは槽 a1 にフィードされるが、この槽には下部より上昇水流が送り込まれており、これによりパルプは回転ドラム近傍に送られて磁性粒子は磁着される機会を得る。回転ドラム中には固定された電磁石が設置されており、磁着粒子はドラムの回転に従って輸送され、磁石の一端でシャワーによって掻き落とされて磁着産物として回収される。非磁性粒子は上昇水流に乗って槽 a2 に移動しその下部より排出される。現状では、電磁石より永久磁石を用いる、また、パルプを直接ドラム表面にフィードする場合が多いが、ドラム型磁選機の基本的な構造はほぼ同様である。

2) 高勾配型磁選機

　コイルの内部磁場中にマトリクスとしてエクスパンドメタル、スチールウール等を充填してその内部に高い磁界勾配を発生させるものであり、磁化率の比較的小さいパラ（常）磁性（いわゆる弱磁性）微粒子の磁着も可能である。この磁界勾配は、マトリクス細線の（磁化／線径）に比例すると言われている。図29にはその構造の概要を示した。フィードされた試料のうち磁着されたものはマトリクスに吸引され、洗浄水で付着物が落

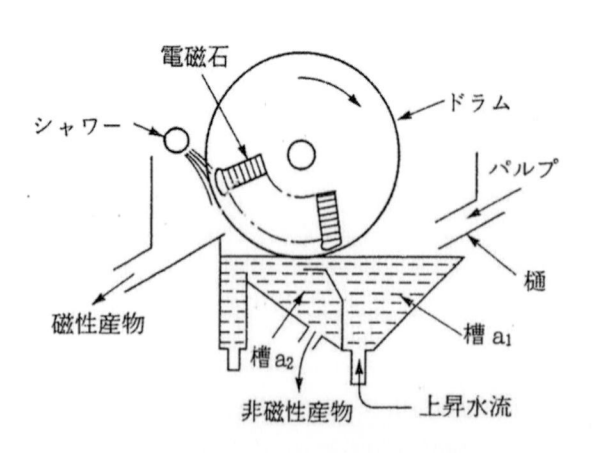

図28　Grondal ドラム型磁選機[19]

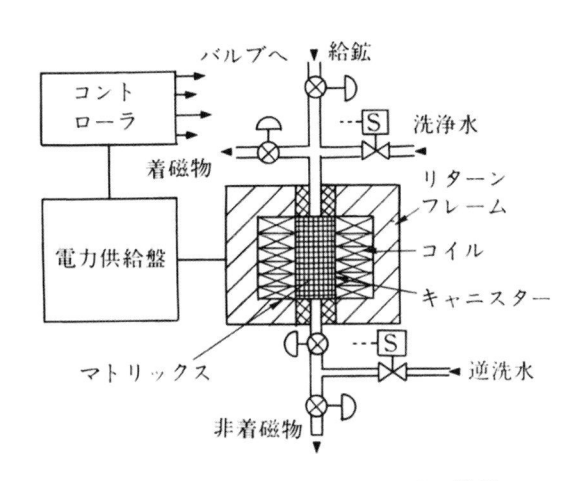

図29 バッチ式 Sala 高勾配磁選機[20]

とされたのちに逆流水によって回収される。また、半連続式の選別を可能にしたカローセル型のものも開発されている（図30）。

この方法は、鉱物処理とともに、スラッジ中の重金属の回収、廃水中の浮遊微粒子の除去等、廃棄物・廃水処理へも応用されている。高勾配磁選機の特徴を挙げれば、以下のようである。①磁界方向と処理物の流れの方向が同一のため磁着物による閉塞が少ない、②水封した状態で選別ができるので気泡による磁着の妨害が少ない、③マトリクスの空間率が90%程度と大きいため非磁性粒子が通過しやすく圧力損失も少ない、④原料物性に合わせたマトリクスの選定が可能である、⑤マトリクスの表面積が大きいので磁着物の大量処理が可能である。

3）超伝導磁選機

高勾配型磁選機については、近年、超伝導コイルの使用も盛んである。これらの装置は、従来、高価な液体ヘリウムの使用が不可欠であったが、最近の高温超伝導体の開発および冷凍機の進歩によりその問題は解決されつつあり、今後、適用範囲のさらなる拡大が予想される。

図31には、Eriez Magnetics の冷凍機利用超伝導磁選機 "Powerflux" の断面図を示した。断面左図が従来型の高勾配磁選機であり、右図が"Powerflux"である。この装置では、超伝導材としてニオブ3スズが使用され、冷凍機での冷却によって超伝導状態が得られるのでヘリウム冷媒

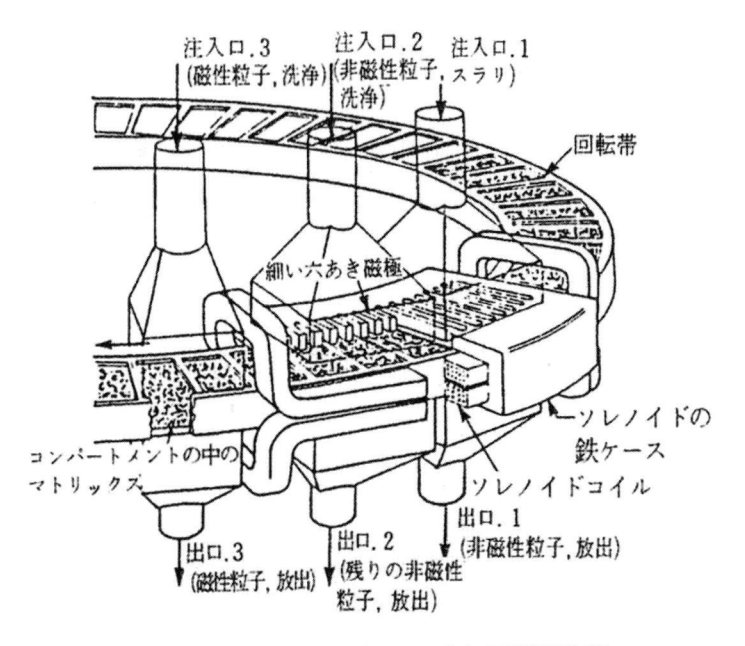

図30 カローセル式 Sala 高勾配磁選機[21]

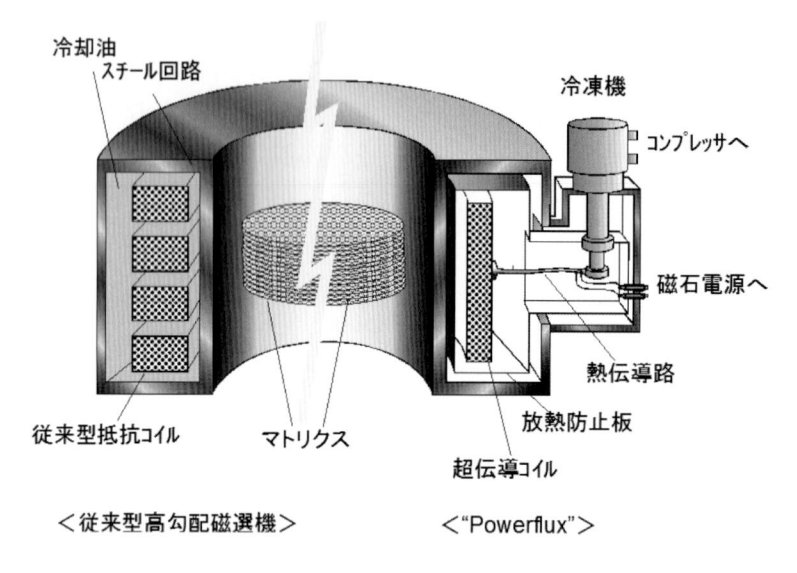

図31 冷凍機を用いた Eriez 超伝導磁選機 "Powerflux" [22]
（従来型高勾配磁選機との比較）

が基本的に不要である。また、短時間で冷却可能なタイプの冷凍機を導入しており、これまでの超伝導磁選機に比べて、運転費の大幅な削減と診断・分析・処理効率の高さが特徴となっている。カオリナイトの脱鉄などに広く適用されている。

5 渦電流選別

導電性の物質に変化磁界を作用させると、電磁誘導によりその物質中に渦電流が発生し、作用させた変化磁界との間に渦電流力（反発力）を生ずる。この力は原理的には、物質の電気伝導率、体積、および磁界の変化速度に比例し、磁束密度の2乗に比例する．一方、物質の質量はその体積と密度の積であるから、物質固有の性質に関する分離容易性の指標としては電気伝導率と密度の比がこの渦電流力に比例する値として挙げられる[24]。表4に各種非鉄金属のこの値を示した。プラスチック、ガラス等はこの値がほぼ0であるから、基本的にはこれら金属との分離、また非鉄金属間の相互分離も可能である。しかし、実際の選別においては、対象物の形状、試料搬送方法等が大きく影響するため、この方法は、現在、専らアルミニウムと非金属類との選別に適用されている。現在の選別最小粒度は5 mm程度であるが、今後、より強力な永久磁石の開発、あるいは電磁石式装置の改良が進めば、その適用範囲はさらに細粒にまで広がり、また、電気伝導率の異なる非鉄金属間の選別も可能となることが期待される。

渦電流を発生させるには、基本的には磁界、対象物の位置のどちらかが時間的、空間的に変化すればよく、それに応じて、傾斜板式、直交型ベルトコンベア式、回転円筒式など様々な選別方式があるが、現在最も一般的に使用されているのは回転磁石式である（図32参照）。ステンレスキャンおよび磁極の回転速度はそれぞれ10, 1000～3000 rpm程度であり、導電性粒子のみが回転磁極と反発して選別が達成される。渦電流選別では、強磁性体が混入するとベルト上に磁着するばかりか、磁界変化の大きい装置では高熱を発するため、これらの物質は事前に磁選等にて除去することが必要である。

表4 各種金属の渦電流選別に関係する特性[23]

金属	電気伝導率, σ (×10^6 S m^{-1})	密度, ρ (×10^3 kg m^{-3})	σ/ρ (×10^3 S m^2 kg^{-1})
Al	35.4	2.70	13
Mg	23.0	1.74	13
Cu	59.1	8.93	6.6
Ag	68.1	10.49	6.5
Zn	17.4	6.92	2.5
Sn	8.8	7.29	1.2
Pb	5.0	11.34	0.45

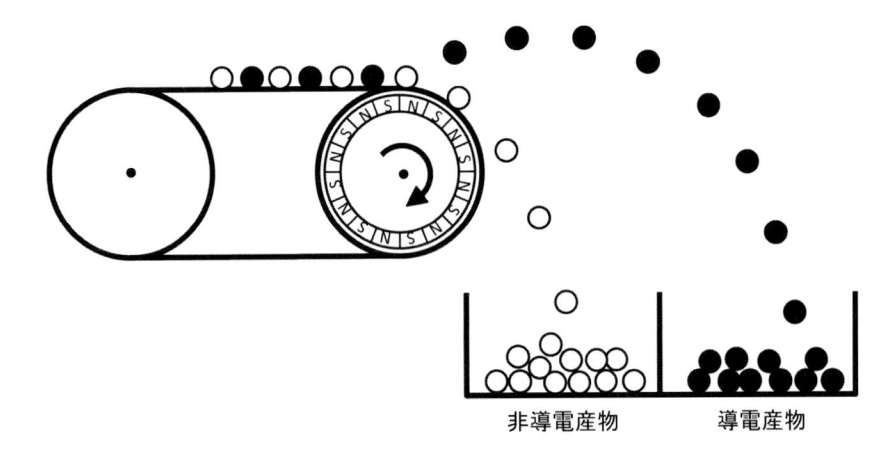

図32 回転磁石式渦電流選別機

6 静電選別

　粒子を静電界内に置いたとき、その粒子に働く電気的な力は、粒子の帯電量と電界強度の積で与えられる。静電選別の基本は、この力の違いを利用することである。粒子を帯電させる方法は、静電誘導、イオン・電子などの粒子への衝突、摩擦電気、焦電効果、光電効果の利用等種々あるが、一般的な前3者を利用する選別法について以下にその原理の概要を述べる。

　いま、図33のように、2枚の平板電極を平行に置き、接地した平板電極面上に整粒した粒子を置いて徐々に電圧をかけてゆく過程を考える。良導体粒子は比較的低い電界強度で跳躍し始めるが、不良導体粒子は高い電界強度にならないと跳躍しない、あるいはまったく跳躍せずにむしろ接地電極に吸引される。この現象を利用して両者の分離が可能となる。電場中に置かれた粒子は静電誘導により分極するが、これが良導体であればその負電荷を接地電極（相対的に正に帯電）に放出して粒子には正電荷のみが残る。このため粒子は接地電極と反発、他方の負電極へ吸引されて跳躍が起こる。また、図34のように、高圧電極を平板でなく細線あるいは針状とすると、その回りに強い電界密度が発生し、回りの気体分子がイオン化されて（コロナ放電界の形成）負イオンのみが正の接地電極上へ降り注ぐ。このとき同時に粒子にもその負イオンが衝突する。粒子が良導体であ

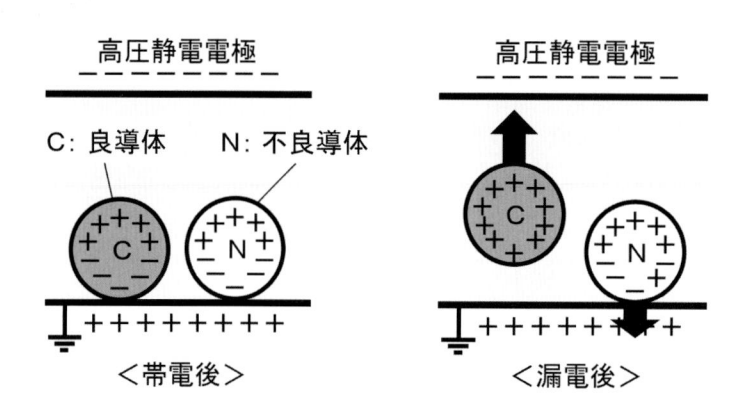

図33　静電誘導による粒子挙動

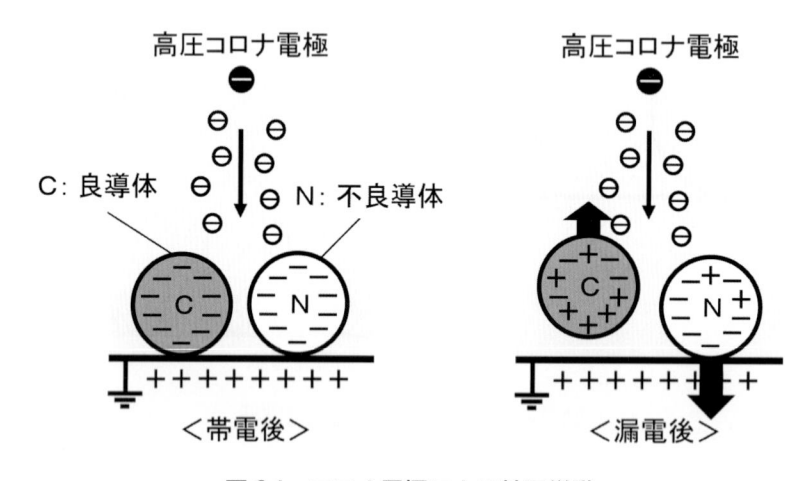

図34　コロナ電極による粒子挙動

れば衝突した負イオンはその表面を伝わって接地電極に吸収されるが、不良導体では負イオンがそのまま粒子表面に残り、粒子は負に帯電して接地電極に強く吸引されることとなる。

　この選別法は、各物質の電気伝導性の差を利用した興味ある方法であるが、分離の指標となるのは主に各物質固有（バルクとして）の電気伝導性ではなく、表面伝導性であるため、湿度、ダスト等回りの雰囲気に影響される欠点があるので注意が必要となる。湿度対策としてはフィード板下部に熱板を設置することなどが行われている。

　実用化されている静電選別機は、粒子の帯電方法により、静電誘導式、コロナ放電式、両者の併用式、および摩擦帯電式の4つに分類される。

静電誘導式：　ロール型選別機が一般的であり、回転するシリンダ状のロール（接地ロール）と平行に丸い棒状の高圧電極（通常こちらを負極とする）がセットされ、この両者の間に静電場が形成される．前述の原理に従って、良導体粒子は接地ロールから高圧電極側に飛び出し、不良導体粒子はそのまま自由落下あるいは接地ロールに付着して回転によって電界の外に出た時点でロールより落下する．また、接地電極が板状あるいはスクリーン状に加工されたタイプのものもあり、電界が広

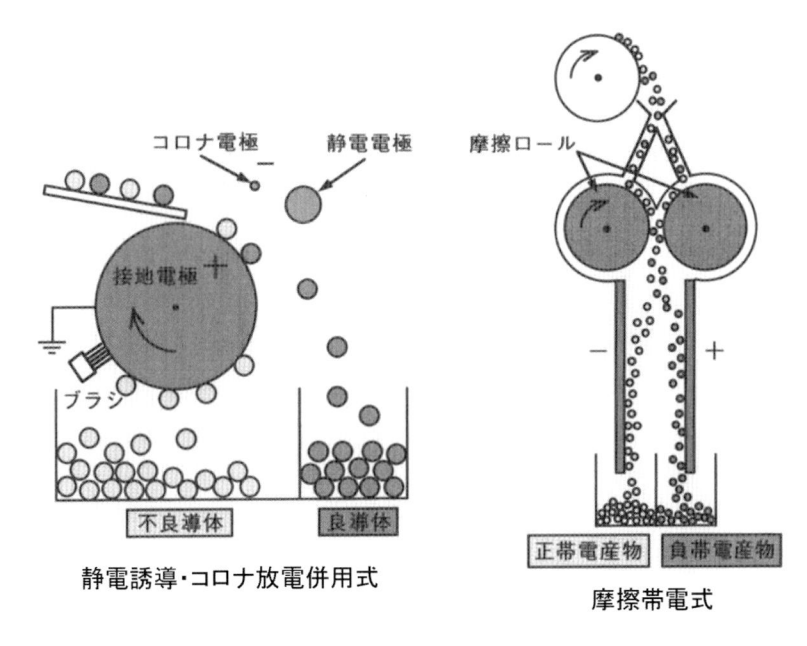

図35 各種静電選別機

くとれる点で有利とされている。通常、板状のものは試料中に良導体粒子の割合が多い場合に、スクリーン状のものは不良導体粒子が多い場合に使用される。

コロナ放電式： これもロール型が一般的である。高圧電極が細線あるいは針状に加工されており、ここでコロナ放電が起こる。前述の原理から容易に理解されるように、この場合、不良導体粒子は接地ロール上に強く吸引されてブラシで掻き落とされるまで落下しない。

静電誘導・コロナ放電併用式： 静電電極とコロナ電極を併用したものであり、良導体粒子が高圧電極側に飛び出すとともに、不良導体粒子は接地ロールに強く吸引されて両者の分離がより効果的となる（図35参照）。

摩擦帯電式： 粒子を帯電させるのに摩擦を利用する方式である。フィードされた粒子は不良導体で作られた摩擦ロールを通過する際に物質により異なった符号に帯電し、下方の静電界内にてそれぞれ異符号の電極側に吸引されて分離される（図35参照）。各種物質はそれぞれ固有の仕事関数(表面から電子1つを取り出すに要するエネルギー)を持ち（表5参照）、異種物質を接触させた場合、この値の大きいものは小さいものに比べて正に帯電する傾向を持つ。この方法では、目的とする成分を如何に選択的に帯電させるかが重要であり、回転羽根に繰り返し衝突させる方法、銅製のインラインミキサーに気圧差によって強制的に衝突させる方法なども開発されている。近年、各種プラスチック類の相互分離がこの方法によって達成できることが実験的に確かめられている。

7　浮　選

(1) 固体表面のぬれ性

固体粒子表面の水に対するぬれ性の差を利用して選別する方法である。パルプ中に気泡を導入し、疎水性粒子を気泡に付着させて気泡とともにオーバーフローさせ、親水性粒子をパルプ中に残存させて相互分離を行う。浮選がこれまで述べてきた選別法と大きく異なるのは、ぬれ性という固体表

表5　各種物質の仕事関数[24)]

物　質	仕事関数(eV)	物　質	仕事関数(eV)	物　質	仕事関数(eV)
Zn	3.63	BaO	1.10	ポリエチレンLDSR*)	5.24±0.24
C(graphite)	4.00	CaO	1.60±0.20	ポリエチレンLDNSR*)	6.04±.047
Al	4.06-4.26	Y2O3	2.00	ポリプロピレンSR*)	5.43±0.16
Cu	4.25	Nd2O3	2.30	ポリプロピレンNSR*)	5.49±.034
Ti	4.33	ThO2	2.54	ポリスチレン	4.77±0.20
Cr	4.50	Sm2O3	2.80	ポリ塩化ビニル	4.86±0.73
Ag	4.52-4.74	UO2	3.15	ポリカーボネート	3.85±0.82
Si	4.60-4.91	FeO	3.85	アクリル	4.30±0.29
Fe	4.67-4.81	SiO2	5.00	テフロン	6.71±0.26
Co	5.00	Al2O3	4.70	ポリイミド	4.36±0.06
Ni	5.04-5.35	MgO	4.70	ポリエチレンテレフタレート	4.25±0.10
Pt	5.12-5.93	ZrO2	5.80	ナイロン66	4.08±0.06
Au	5.31-5.47	TiO2	6.21	パイレックス7740	4.84±0.21

*) LDSR: Low Density, Stress Relieved, LDNSR: Low Density, Not Stress Relieved
SR: Stress Relieved, NSR: Not Stress Relieved

面の性質を利用することである。このため、各種薬剤の添加によりその表面ぬれ性を比較的容易に制御することができ、この選別法による選択性の幅は非常に大きい。

ぬれ性の定量的な指標としては、古くから接触角が知られている。固体の平滑な水平表面に水滴を置くと、固／液／気3界面が釣り合う平衡状態が生まれ、そこにおける液体成分のなす角を接触角 θ と呼ぶ（図36参照）。いま、固／気、固／液、液／気間の界面張力をそれぞれ γ_{SG}、γ_{SL}、γ_{LG}、とおくと、平衡状態においては、次式に示すYoungの式が成り立つ。

$$\gamma_{SG} = \gamma_{SL} + \gamma_{LG} \cos\theta \cdots\cdots(8)$$

固体と水との付着仕事 W_{SL}（固体表面から水膜を引きはがすに要する仕事）はDupreの式から、

$$W_{SL} = \gamma_{SG} + \gamma_{LG} - \gamma_{SL} \cdots\cdots(9)$$

と与えられるから、両式より、

$$W_{SL} = \gamma_{LG}(1 + \cos\theta) \cdots\cdots(10)$$

が得られ、ここに W_{SL} が γ_{LG} と θ との関数として与えられる。γ_{LG} はここに示された3界面張力の中で唯一測定可能であり、浮選系ではこの値はほぼ一定と考えられるので、θ は W_{SL} の良き指標となる。すなわち、θ が大きいほど、W_{SL} は小さく固体表面は水にぬれにくい、すなわち気泡に付着して浮上しやすいと言うことができる。

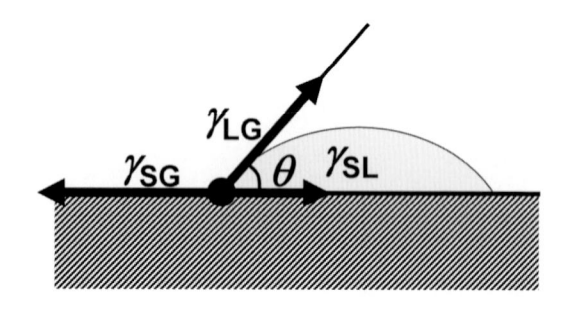

図36　固体表面での3界面張力の釣り合い

(2) 浮選剤

一般に、浮選における浮上現象は次の3つの事象の組み合わせと考えることができる。すなわち、粒子が、①気泡と衝突し、②気泡に付着し、

③オーバーフローするまで気泡と脱着しない。それぞれの確率を、P_c, P_a, $(1-P_d)$ とすると、浮選確率 $P_{Flot.}$ は、

$$P_{Flot.} = P_c \times P_a \times (1-P_d) \cdots (11)$$

と書くことができる。P_c は浮選セル内の流体力学的な解析により粒子径および気泡径の関数として表されるが、P_a および $(1-P_d)$ は固体粒子表面のぬれ性に直接関わる項目である。

浮選に用いられる薬剤を総称して浮選剤と呼び、これらは以下のように分類することができる。

捕収剤：　疎水基を持ち、粒子表面に吸着して疎水性皮膜を形成し、その粒子を疎水化させて気泡に付着しやすくする。

条件剤：　着目粒子に捕収剤が吸着しやすいように粒子の表面改質および溶液の調節を行う活性剤、逆に捕収剤を吸着しにくくする抑制剤のほか、pH 調節剤、分散剤、凝集剤などの総称である。

起泡剤：　浮選機に導入された気泡の安定化・分散を図るとともに、浮選セル上部に形成されるフロス層（疎水化された粒子と気泡が集合した層）の安定化を図る。

浮選においては、これらの薬剤を適当に組み合わせることにより望みの分離を達成させることができる。

(3) 浮選機

1) 機械撹拌式浮選機

パルプをインペラで機械的に撹拌する形式のものであり、その撹拌によって生ずる負圧により空気を吸い込んで気泡を生ずるものと、外部から強制的に空気を送り込むものがある。

図 37 は、Denver Sub-A 浮選機の概略図である。通常、浮選機は数台を直列に並べて使用され、各浮選機が隔壁によって仕切られている Cell to Cell 型と、隔壁がなくパルプが浮選機間を自由に移動できる Free flow 型とがあるが、この浮選機は前者の代表的なものである。パルプはウェアを溢流する形で次の浮選セルに送られるが、粗粒は隔壁下部に設けられたバイパスを通ることができる。これらは次の浮選機にて再度インペラの撹拌を受けて気泡と接触させられる。疎水化され気泡に付着した粒子はパルプ中を上昇してフロス層を形成し、ここで、機械的に抱き込まれた親水性粒子がオーバーフローされる前にパルプ中に戻ってゆく。その意味でこのフロス層の安定は重要である。

図 38 は、Denver D-R 浮選機である。Free flow 型の浮選機であり、大量処理が可能で修理

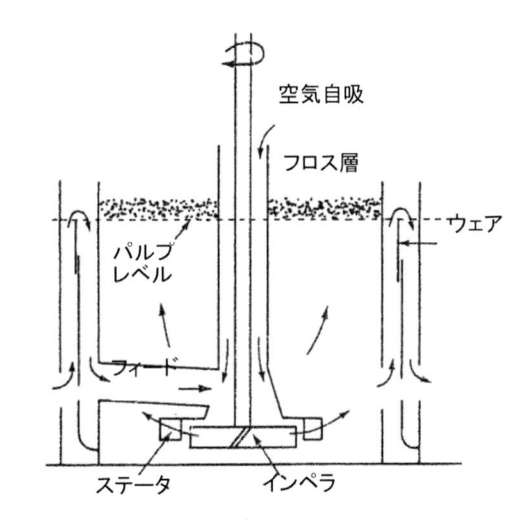

図 37　Denver sub-A 浮選機（Cell to Cell 型） [25]

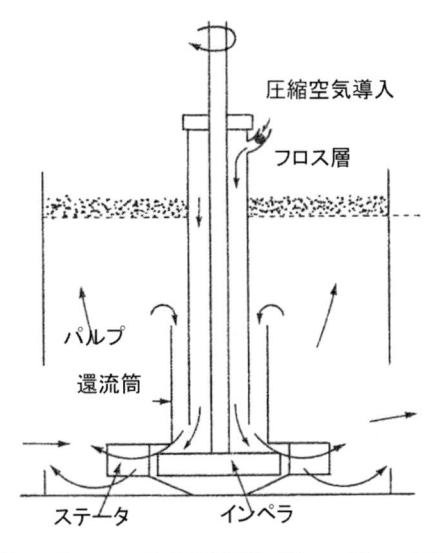

図 38　Denver D-R 浮選機（Free Flow 型） [25]

が容易であるなどの特徴がある。空気は外部よりブロアにより強制的に導入される。

このタイプの浮選機としては、ほかに Wemco Fagergren 浮選機、Galigher Agitair 浮選機などがあり、容量としては、従来、一つの浮選セルで 1 〜数 m³ 程度であったが、最近は大型化が進み、大きなものは 100 m³ 程度の容量を持つようになっている。

2）空気吹き込み（カラム）式浮選機

パイプやフィルタ、ノズルなどを通して外部より強制的に空気を吹き込むことにより多量の気泡を発生させ、その気泡自体の流れによりパルプ内の撹拌をも同時に行う方式である。機械的な撹拌によらないため、疎水性粒子の付着した気泡の破壊確率（式 (25) 中の P_d）が低く、機械撹拌式よりも効率が高いと言われる。

図 39 は、一般的なカラム浮選機の概略図である。この種の浮選機のセルは比較的背の高い円筒カラムであり、大きいものでは、内径 2 〜 3m、高さ 10 数 m にも及ぶ。空気はカラムの下部より、フィードは中央部あるいはやや上部より導入される。粒子と気泡は捕収ゾーンにて向流的に接触し、疎水性粒子はフロス層内（精選ゾーン）で洗浄水のシャワーを受け精選されてオーバーフローし、親水性粒子はカラム下部より排出される。機械撹拌式に比べて微粒子に対して効果的であり、また、建設費、運転費が低廉で自動制御への適用性も高いことから最近よく用いられ、気泡の微細化、フィードと気泡の接触の効率化等を考慮したものが多数発表されている。

浮選が廃棄物処理に応用されている例としては、まずは古紙の脱墨が挙げられる。機械撹拌式のものも使用される場合が多いが、カラム浮選機のように撹拌機構のないものが好まれており、この分野で独自に開発された浮選機も数多くある。また、プラスチック類もその種類によって表面の疎水化度や諸特性が異なるので浮選分離が検討されている。その他、廃水処理における油水分離、重金属イオンの除去（イオン浮選の適用）等、様々な応用がなされている。

5　分離結果の評価方法

1　総合分離効率

上記各章では、種々の固相分離法の原理と装置について述べてきたが、ここではそれらによって得られる分離結果の評価法について述べる。

いま、図 40 のような分離装置を考える。ここに、大文字は処理量（あるいは流量）、小文字はある着目成分の各産物中での品位（重量割合）を示している。

処理対象の全成分および着目成分のマテリアルバランスから、以下の 2 式が成り立つ。

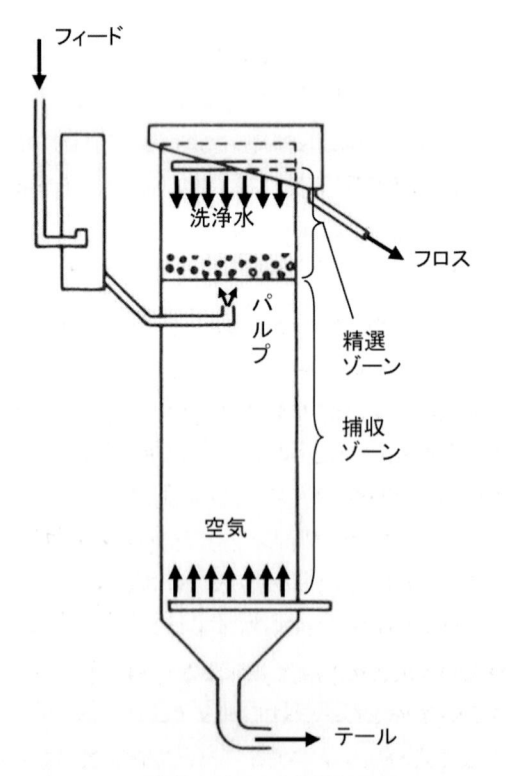

図 39　一般的なカラム浮選機の概略図[26]

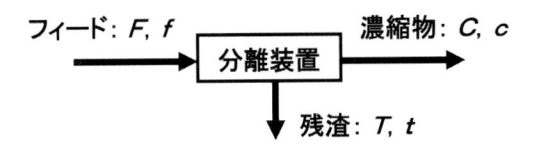

図40 分離装置に関する説明図

$$F = C + T \cdots (12)$$
$$Ff = Cc + Tt \cdots (13)$$

ここに、濃縮物の歩留まりY、着目成分回収率R、非着目成分混入率Wは、それぞれ以下のように定義され、式(12)、(13)と組み合わせることにより、いずれも各産物の着目成分品位の関数として表すことができる。この種の各プラントでは品位による管理行われる場合が多く、各産物の品位のみから分離の評価を行うことが重要となる。

$$Y = \frac{C}{F} = \frac{f-t}{c-t} \cdots (14)$$
$$R = \frac{Cc}{Ff} = \frac{c(f-t)}{f(c-t)} \cdots (15)$$
$$W = \frac{C(1-c)}{F(1-f)} = \frac{(1-c)(f-t)}{(1-f)(c-t)} \cdots (16)$$

総合分離効率（Newton効率）ηは、$\eta = R-W$と定義され、以下のように表される。

$$\eta = R - W = \frac{(c-f)(f-t)}{f(1-f)(c-t)} \cdots (17)$$

ηの物理的意味は、全処理量のうち理想分離（濃縮物中の着目成分品位、その回収率ともに1）が達成された割合であり、残りの$(1-\eta)$は、濃縮物・残渣ともに品位の変化がなく単に分割された分の割合となる。

2 部分分離効率曲線

より詳細に分離結果を分析する場合によく用いられるのは、部分分離効率（比重選別の場合は特にTromp配分率と呼ばれる）$\Delta\eta$である。$\Delta\eta$は、フィードを構成する各固体粒子群の着目する特性（分級の場合は粒度、比重選別の場合は比重、等）をいくつかの階級に分け、各階級内の粒子群が分離後に濃縮物として回収される重量割合である。ここに、各階級の代表値を横軸に、$\Delta\eta$を縦軸にとってヒストグラムを作成し、曲線近似したものを部分分離効率曲線と呼び、この形状によって、分離精度を知ることができる。ここでは分級を例として挙げ、ある粒度以上の粒子（大粒子）を着目成分として説明する。

理想分離の場合、部分分離効率曲線は図41左側のようであり、ある粒径を境にそれ以上の粒群で$\Delta\eta=1$、それ以下で$\Delta\eta=0$となる。しかし、実際の分離では部分分離効率曲線は図40右側のようになだらかであり、フィードの粒度分布fに$\Delta\eta$を乗ずることにより着目成分濃縮物の粒度分布が得られる。

一般的に、部分分離効率曲線の立ち上がりが急であるほど分離の精度が高く、分級点が明確になる。この特性を利用して、以下のような分離精度の指標が提案されている。

テラ指数： $$E_p = \frac{d_{75} - d_{25}}{2} \cdots (18)$$

不完全度： $$I = \frac{E_p}{d_{50}} \cdots (19)$$ あるいは

$$I^* = \frac{E_p}{(d_{75}+d_{25})/2} = \frac{d_{75}-d_{25}}{d_{75}+d_{25}} \cdots (20)$$

テラ指数は粒径の次元を持っているので、それを代表径（Iではd_{50}、I^*では$(d_{75}+d_{25})/2$）で除して無次元化したのが不完全度である。これらの指標では、いずれも数値が小さいほど分離精度が高いことになる。また、部分分離効率曲線上の$\Delta\eta=0.5$における勾配： G_{50}
$\Delta\eta=0.25, 0.75$の2点を結ぶ直線の勾配： $G_{25\text{-}75}$
なども分離精度の指標として提案されており、これらはその数値が大きいほど分離精度が高いことを示す（図42参照）。

分級点としては以下のような定義が採用されることが多い。

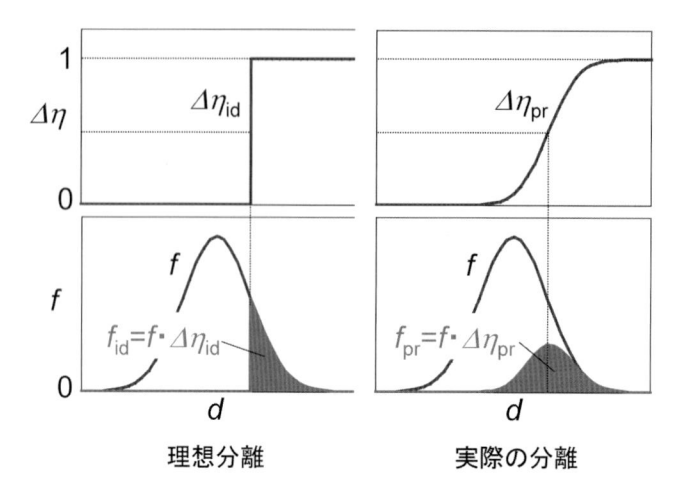

図 41　理想分離と実際の分離の部分分離効率曲線

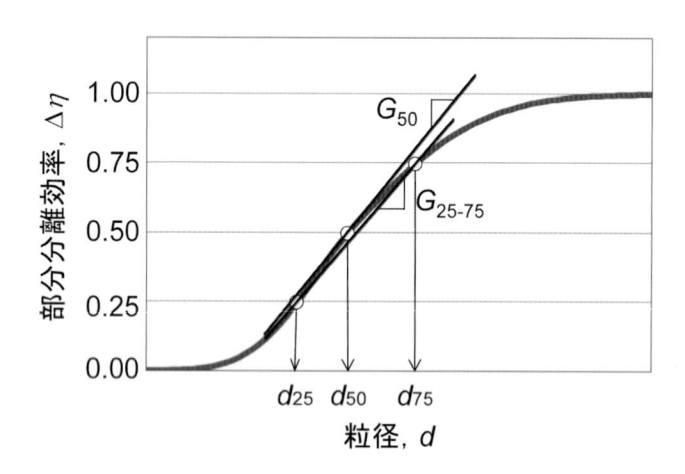

図 42　部分分離効率曲線に関する分離評価指標説明図

50％粒径、平衡粒径、$\dfrac{d_{75}+d_{25}}{2}$

ここに、平衡粒径とは、濃縮物中に混入する非着目（小粒子）成分の質量（流量）と残渣中に損失する着目（大粒子）成分のそれが等しくなる粒径である。

ここでは、分級を例にとって結果の評価法について説明したが、他の分離法においても、得られた各産物について選別に直接関わる特性を詳細に分析することにより、同様の評価を行うことが可能である。

参考文献
1) 大和田秀二、伊藤真由美、楢木健、武田邦義、黒川和成、大宮隆之： 異相境界面優先破壊を考慮した単体分離モデルおよびその実験的検証–マテリアルリサイクル促進のための定量的指標の確立を目指して–、資源と素材、vol.121, no.1, pp.28-33, (2005)
2) 大和田秀二： 粉砕・選別技術総論、J.MMIJ（資源と素材）、製錬・リサイクリング大特集号、vol.123, no.1, pp.575-581, (2007)
3) 大和田秀二： アルミニウムリサイクリングの新プロセス開発、ＮＥＤＯ 省エネルギー技術フォーラム2010（東京国際交流館プラザ平成）、pp.1-22, 2010
4) E.Abe and H.Hirosue: J. Chem. Eng., Jap., vol.15, p.323-328, (1982)
5) 茂呂端生、岩田博行、大矢仁史：固体粒子の形状分離

技術に関する調査研究、公害資源研究所報告書、(1989)
6) 井伊谷鋼一、三輪茂雄：化学工学通論II、朝倉書店、p.101-102, (2001)
7) 日本粉体工業協会編：「分級装置技術便覧」、産業技術センター、240-243, (1978)
8) 松井敏行、阿川節雄、中西康二：資源・素材学会秋季大会、E-3, 9-12, (1990)
9) 中廣吉孝：比重選別、粉体工学会誌、vol.28, no.9, 575-578, (1991)
10) 中塚勝人、下飯坂潤三：鉄と鋼、vol.73, no.1, 55-63, (1987)
11) R.P.King: "Modeling & Simulation of Mineral Processing Systems", Butterworth Heinemann, p.251, (2001)
12) R.P.King: "Modeling & Simulation of Mineral Processing Systems", Butterworth Heinemann, p.257, (2001)
13) B.A.Wills and T.J.Napier-Munn: "Mineral Processing Technology", 7th Ed., Butterworth Heinemann, p.235, (2006)
14) B.A.Wills and T.J.Napier-Munn: "Mineral Processing Technology", 7th Ed., Butterworth Heinemann, p.233-238, (2006)
15) B.A.Wills and T.J.Napier-Munn: "Mineral Processing Technology", 7th Ed., Butterworth Heinemann, p.237, (2006)
16) 資源・素材学会、資源リサイクリング部門委員会編：資源リサイクリング、日刊工業新聞社、pp.227-231, (1991)
17) B.A.Wills and T.J.Napier-Munn: "Mineral Processing Technology", 7th Ed., Butterworth Heinemann, p.241, (2006)
18) 八嶋三郎、藤田豊久：粉体工学会誌、vol.28, no.5, 318-328, (1991)
19) 資源・素材学会、資源リサイクリング部門委員会編：資源リサイクリング、日刊工業新聞社、p.233, (1991)
20) 資源・素材学会、資源リサイクリング部門委員会編：資源リサイクリング、日刊工業新聞社、p.215, (1991)
21) J.A.Oberteuffer and I.Wechsler: Proc. Int. Symp. Fine Particles Processing, Las Vegas, p.1203, (1980)
22) 日本エリーズマグネチックス㈱、http://eriez.co.jp/、提供、2003
23) E. Schloemann: Inter. Conf. Ferrites, Japan, pp.867-873, (1980)
24) 静電気学会編：静電気ハンドブック、p.1239, (1998)
25) 若松貴英：粉体工学会誌、vol.28, no.8, 33-38, (1991)
26) B.A.Wills and T.J.Napier-Munn: "Mineral Processing Technology", 7th Ed., Butterworth Heinemann, p.306, (2006)

（大和田秀二）

4　化学分離のための科学

はじめに

　リサイクルの具体的工程は分離工程が中心である。したがって、金属リサイクルにおける精製の科学は、本質的には金属製錬の科学と同じと考えてよい。そこで本章は、金属製錬の科学を多少リサイクルにアレンジしながらまとめることとする。また、基礎科学の本質的な理解は時間が必要である。その内容も非常に深く、本章ですべてを記述することは到底できないので、ここでは主に「リサイクルにおける精製の科学」として何を学べばよいかのガイドブックのつもりでまとめる。本来その内容は、化学熱力学、反応速度、移動現象論、電気化学などになるが、それらには多くの教科書が存在する。ここでは紙面の都合上、もっとも基礎となる化学熱力学については多少詳細に、その他の基礎学問については、どのような部分にその基礎学問が必要かを示し、プロセスに直接的に利用できるより工学的な解説を行なう。以下に本章の構成を示す。

1．化学反応を利用した分離の本質　基礎としての化学熱力学
2．湿式分離の科学
3．乾式精製の科学

1　化学反応を利用した分離

　リサイクルの操作は分離である。化学反応を分離に利用する目的は、分離対象の元素を化学反応によってリサイクル対照物質から分離することにある。特に最も効果的なのは、リサイクル対象から分離できる異相に変えることである。例えば、相手が溶融している金属であったら、まったく別の凝集相（スラグやマットなど）かガス相に変化させることによって分離が可能となる。そのためには、分離対象となる元素がどのような状態になるのが安定であるのか、また、そのような状態を作り出すのにどのような条件が必要なのかを知る必要がある。そのことをもっともよく知るために化学熱力学という学問が存在する。この学問は、多くの元素が交じり合った"物質"がどのような状態になったら化学的に安定かを指し示すことが可能である。ただ、その結果は、あくまでも平衡状態になった際に安定であることを忘れてはいけない。現実には、その最終の平衡段階に行く課程で化学反応速度や物質移動の問題で、状態が変化しなくなることは現実にいくらでも存在する。また、反応速度が遅いことを利用して、化学平衡では共存できない状態を実際の反応場で共存することもありえる。現実の化学的分離操作は、平衡論的検討を最低限行い、最後の安定状況がどのようになるかを見定めて、いかにそこに到達しやすくなるかを検討することがポイントである。そのことを理解した上で、以後話を進める。

従来熱力学は、熱機関の効率的運用を知るために発展した。そのために温度（T）、熱容量（エンタルピーΔH）やエントロピー（ΔS）などが定義され、その間の関係式も明確になった。詳細は略すが、それぞれ定圧で考える場合と定容で考える場合が存在し、我々が生活している状況ではほぼ使いやすいので定圧で定義される関数が用いられる。具体的には、エンタルピー、エントロピー、定圧比熱（Cp）であり、状態量といわれるのを理解する必要がある。本稿で化学熱力学の内容をすべて記述することはできないので、それらの理解は、別にお願いしたい。ただ、基礎的な部分を本稿の付録として最後に記述する。

湿式分離の化学 [1] [2]

スクラップ中の大部分の金属は蛍光管やブラウン管のように金属元素が酸化物として存在するか、小型モータ、プリント配線基板、ブリキのように単体金属として存在する。これらの金属成分を湿式法で処理する場合の最初の工程は水溶液中へイオンとして溶出させる浸出工程である。その後の処理では、イオンを分離する操作が行なわれる。それにも多くの手法があり、その後有効に利用するために元素によって種々の化合物もしくは、金属まで還元することもある。そのための操作は図2にあるような操作になる。そこには多くの基礎科学が含まれる。中心は、電気化学であるが、その他にも反応速度論、移動現象論、界面化学などが複雑に関係し、図には、分離と析出過程が分けて記述したが、当然同時に起ることを利用する技術も多い。

まず、液体特に水溶液を利用する意味を考えたい。一般に物質はイオン状態で安定になりにくい。しかし、水溶液中では、多くの金属イオンが安定に存在できる。その理由は、水の誘電率が大きく、水和反応で周りをアコイオンで囲まれるからである。この現象があるために水は種々の金属イオンを溶解できる。この水の溶媒としての性質

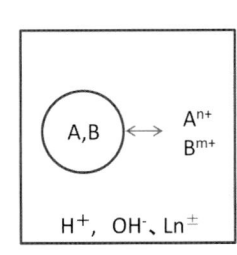

浸出工程
Ln$^{\pm}$は配位子
技術としては
浸出

基礎科学として
電気化学
反応速度論
移動現象論

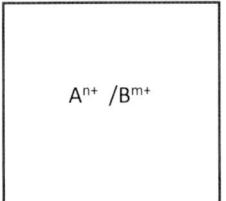

AイオンとBイオンの分離工程

析出
イオン交換
溶媒抽出

基礎科学として
電気化学
反応速度論
移動現象論
界面化学

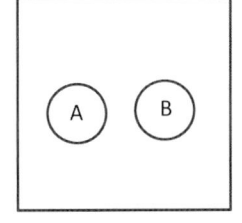

化合物もしくは金属としての回収

電解析出
還元析出
沈殿析出

基礎科学として
電気化学
反応速度論
移動現象論

図1　湿式分離の考え方

があるために我々は、常温で金属をイオン状態でとり扱うことができ、湿式プロセスは比較的低エネルギー消費型のプロセスを組むことが可能である。また、その溶解には種々の配位子（例えば塩素イオンやアンモニアイオン）が関与し、特定の溶解度を示す。これらの性質を理解することが水溶液を利用した湿式分離の基礎となる。また、この分野を勉強するには、分析化学を理解することが効果的である。特に古いタイプの分析化学は、元素をいかに水溶液中で分離するかを研究した成果をまとめたものであり、非常に有効である。

その基本は、まずはpHである。定義は pH＝－log[H+] (1-1)である。常温で水の溶解度積 [H+]・[OH-]=10-14 であることから中性が丁度pH= 7となる。正確に言えば、イオンの活量の絶対値は測定できないが、ガラス電極を用い、実用上はまったく問題ない精度で測定が可能である。pHが小さいのは[H+]が多いことを意味し、酸性である。逆にpHが大きいのは[OH-]が多く、アルカリ性である。いわゆる水溶液中の酸 - 塩基反応の基礎である。例えば、金属の水酸化物の溶解度は(1-2)式で表せるようにpHと関係がある。

Mn+ + nH₂O = M(OH)n + nH+ log a Mn+
　　　　　　　　　　　　　= -npH + C　　　　(1-2)

したがって、水溶液中の金属水酸化物の溶解度は、-pHに比例し、傾きは酸化数と等しくなる。そのデータを図2に示す。

これから、鉄の3価イオンは、比較的酸性で沈殿し、2価イオンは中性からアルカリ性にならないと沈殿しないことがわかる。また、Mg(OH)₂が沈殿するのは、かなり高アルカリ側でないと起らない。このように金属イオンによって沈殿するpHが異なるため、pHを調整することで、水溶液から選択的に分離析出が可能である。ただし、金属特有の溶解度積は変えることができないため、この順番を変えることはできない。したがって、この境界線が近い金属イオンは水酸化物の析出現象を利用して分離することはできない。

さらにこの3価の鉄がかなりの酸性側で沈殿を作る性質を利用し、鉄を沈殿させる場合、同時にこの図でまだ析出沈殿しない金属イオンを一緒に沈殿させてしまう共沈という現象がある。これは、平衡論的には、析出しないが沈殿する鉄の酸化の水酸化物に巻き込まれる（一部吸着）ように溶液中から除かれる現象をさし、廃水処理などに用いられる。また、析出沈殿で溶液から金属を分離する場合、析出した水酸化物の結晶性によって水切れの状況が大きく変わり、ろ過特性がまったく異

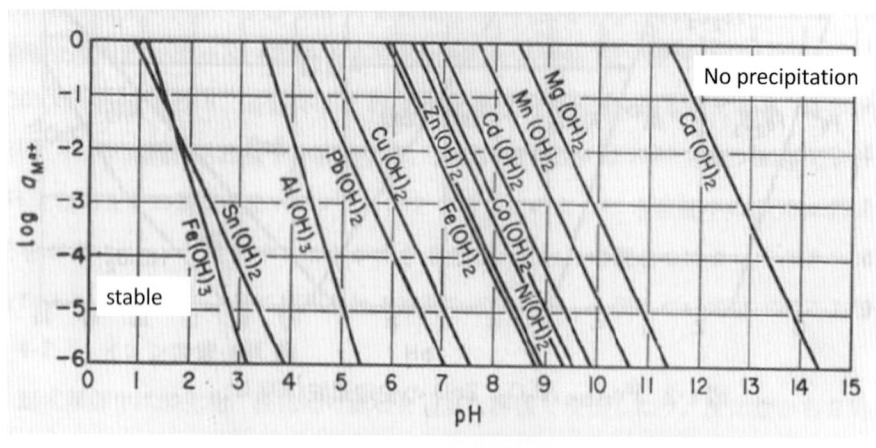

日本金属学会　非鉄金属精錬より

図2　各種金属水酸化物の安定領域（298K）

なることが多い。したがって、どのような析出の仕方を行なうかは非常に重要な制御要素である。水溶液でプロセスを考える場合、pHは非常に重要なパラメータであるが、もう一つ重要なパラメータが存在する。金属酸化物ならびに金属の溶解反応は次の式で表すことができる。

$$MO + 2H^+ = M^{2+} + H_2O \quad (1\text{-}3)$$
$$M = M^{2+} + 2e^- \quad (1\text{-}4)$$

上の式からわかるように、金属酸化物の酸浸出反応（酸－塩基反応）では酸素の始末のため水素イオンが必要である。すなわち金属がイオンとして溶解する際、酸化物中の酸素は水として始末される。一方、金属の溶解反応（酸化－還元反応）では金属から電子を受け取り、金属をイオンとして水溶液中に溶出させる酸化剤が必要である。このように金属酸化物と金属の水溶液中への溶解反応の化学は基本的に異なる。ところで、Nerstにより

$$\Delta G = -n FE \quad (1\text{-}5)$$

n：電気化学反応の電子数
F：ファラディ定数　E：電位

の式が発見され、自由エネルギー変化と電極反応の電位が結び付けられた。これにより、具体的に金属の電極反応が電位で表現できることになった。具体的には、水素の単極反応

$H_2 = 2H^+ + 2e^-$ の平衡電位をゼロと定め、後は、その比較で実測し、決定されている。その結果を表1に示す。

マイナスの電位を持っている金属は、水素より析出しにくいことを意味する。いわゆるイオン化傾向が大きい。アルカリ金属はマイナスが大きく、水に溶けると析出させるために大きな電位が必要であることを意味する。金や銀はプラスの値を持ち、水溶液からの還元が容易であることを意味している。

ところで、水溶液のプロセスを取り扱う場合に地図の役割を果たす手法がある。Pourbaix[3]によって提案されたもので電位‐pH図、もしくはそのままPourbaix diagramとも言われる。これは、金属イオンの状態を電位とpHの2軸上の図に記載したもので、水溶液に関する溶解、析出を熱力学的観点からできる。この図は縦軸に酸化－還元反応を支配する電位を、また横軸には酸－塩基反応を支配するpHを取り、各化学種の安定領域を示した図である。例として図3に溶存化学種の活量を1と設定して描いた温度25℃におけるAs‐水系の電位－pH図を示す。Asのかなりの部分が、電位が卑な（プラス）領域は、陰イオンの形態で存在している。中央部にAs$_2$O$_3$の固体が存在し、当然電位の貴な（マイナス）領域は金属Asであり、さらに貴な電位では水素化物が安定になる。この図で①のラインは酸素発生反

表1　金属元素の標準単極電位

元素	標準単極電位	元素	標準単極電位	元素	標準単極電位
Li	-3.04	Zn	-0.762	Pb	-0.1262
K	-2.93	Cr	-0.744	(H)	0.00
Ca	-2.76	Fe	-0.447	Cu	+0.342
Na	-2.71	Cd	-0.403	Hg	+0.851
Mg	-1.55	Co	-0.28	Ag	+0.800
Al	-1.662	Ni	-0.257	Pt	+1.118
Mn	-1.185	Sn	-0.138	Au	+1.498

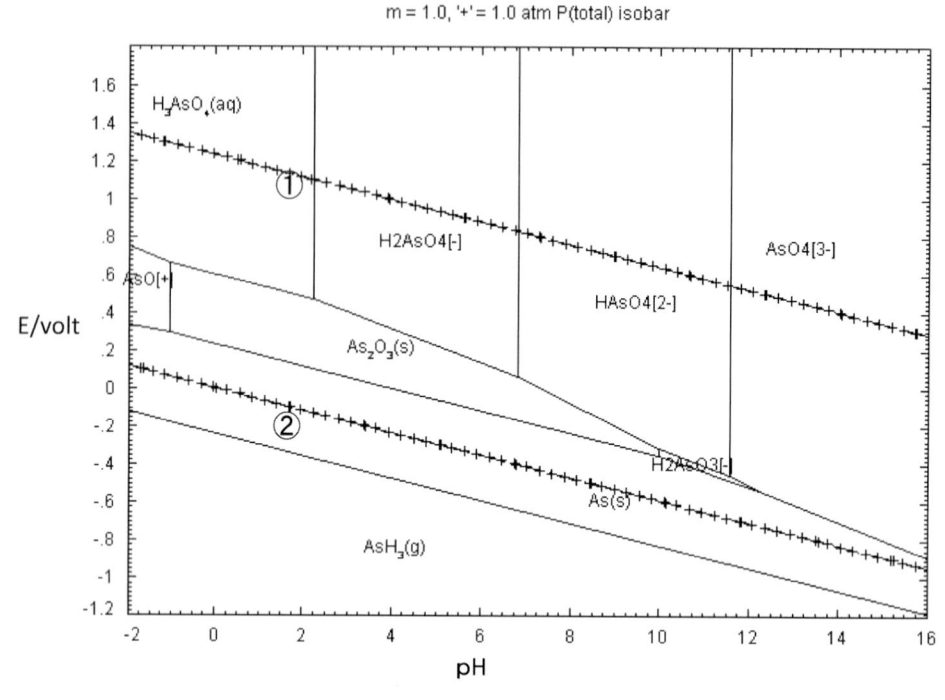

$$m = 1.0, \ '+' = 1.0 \text{ atm } P(\text{total}) \text{ isobar}$$

図3　Zn-Fe-H₂O系の電位 - pH図

応（4 OH⁻ = 2H₂O + O₂ + 4 e⁻）のラインで、②は水素発生反応（2H⁺ + 2e⁻ = H₂）のラインである。したがって、この二つのラインに囲まれている間が水の安定な領域でこの電位を外れるといわゆる水の電気分解が起る。したがって、平衡論的にはこの範囲で考えるのが一般的であるが、実際の電極反応には反応速度の問題があり、場合によってはこの範囲外でも①、②の反応が抑えられて、酸素の発生、水素の発生が抑えられる。このことを利用して、亜鉛の水溶液電解採取などの実プロセスが作動している。まさにこの現象は反応速度の問題であり、現実のプロセスを理解するには平衡論だけでは不十分である。

その他、図1に示したように湿式工程には多くの基礎科学ならびに技術が関係するが、紙面の都合上ここでは、記述しない。今回は、まったく言及しないが、基礎科学として化学反応を律速する移動現象論が大きな役割を示し、また溶媒抽出には界面化学、また抽出剤の設計には有機化合物の

設計ならびに合成技術が必要である。このように本当に幅広い科学技術によって支えられていることを理解する必要がある。

乾式精製の科学

乾式精製は、本質的にリサイクルというよりも一次原料のいわゆる製錬技術で使用される。あまりリサイクルに直接利用されることは少ない。しかしながら、多くのレアメタルが既存の非鉄製錬プロセスの副産物として回収されていることから簡単に解説を行なう。

乾式プロセスの理解も本質的には湿式プロセスと同じである。浸出の代わりに、バイ焼、分離の部分は、溶融金属とスラグやマットなどの高温で溶融している凝縮相間の分配平衡、もちろん反応速度や移動現象も湿式同様非常に重要である。また、金属還元には、炭素還元、水素還元、溶融塩

電解など多くの手法があり、その説明をすべて行なうのはこの紙面では無理であり、ここではバイ焼反応を例に取り、説明を行なう。

　焙焼の熱力学といっても特別の熱力学はなく、基本的には、いわゆる化学熱力学を焙焼反応に応用することになる。化学熱力学に関してはここで解説する必要もなく、多くの成書が出版されている。ここではその中からポテンシャル状態図について、あまり日常的に使用しない方を対象として簡単に解説する。なお、詳細は増子の解説を参照されたい[4]。

　状態図は"熱力学的示強変数でもって物質の相関係を視覚的に示す"ものであり、通常の状態図は示強変数に濃度と温度を採る。一方ポテンシャル状態図は、濃度の代わりに化学ポテンシャルを使用するだけで基本的には同じものである。ただし、視覚的に状態図は一つの組成が線、複数の組成が面、ポテンシャル状態図は化学反応式のような複数の相が存在している場合、線や点、単一相が面で表される。したがってプロセス過程の考察や制御には、単一相の存在状況を実際の操作のパラメータである温度や化学ポテンシャルで表すことができるポテンシャル状態図が便利である。

1　エリンガム図

　正確にはポテンシャル状態図の中には入れにくいが、基本的には同じ意味を持つものにエリンガム図がある。その代表として酸化物のものを図4に示す[5]。これは純金属が酸化物に変化するときの自由エネルギー変化(酸素1モルの反応として)を温度に対しプロットしたものである。多くの元素は右上がり(酸化によりエントロピー減少)であるが、Cの酸化反応は、COの生成は右下がり、CO_2の生成は温度にほぼ平行であることが知られている。この線より上側は金属元素が安定、下側は酸化物が安定である。人工資源の場合、対象が金属であることが多く、金属の酸化焙焼では、平衡論的にはこの図を見ると様子が分かることに

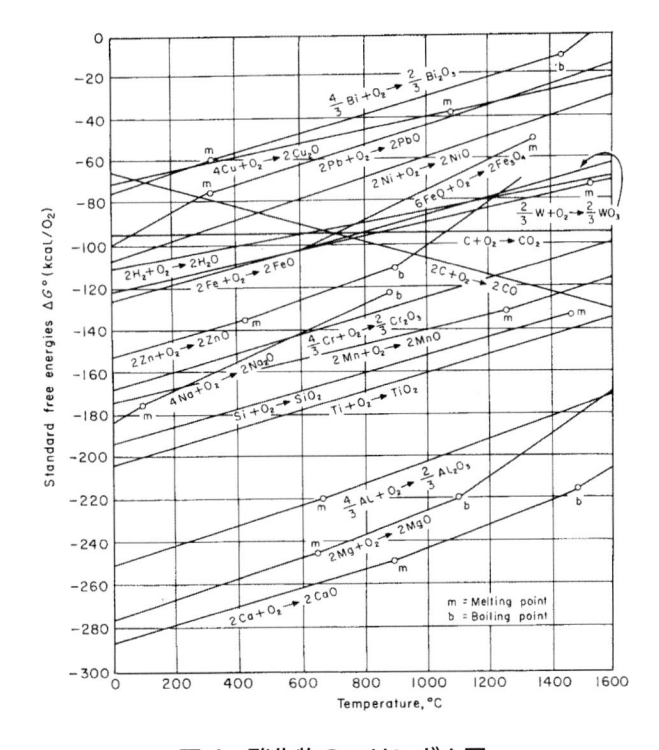

図4　酸化物のエリンガム図

なる。

　例えば、銅と鉄のスクラップが存在している場合、銅を金属状態にして鉄のみを酸化できるかどうか、定性的には一目で判断がつく。ただし、どの程度の温度でどの程度の酸素ポテンシャルにするかは、データを用いた計算か、ポテンシャル状態図によらなければならない。

2　ポテンシャル状態図

　前節のエリンガム状態図は、1つの化学ポテンシャルしか使用できないが、現実の化学反応を考慮する場合は、2つ以上のポテンシャルが存在するのが普通である。そこで、いわゆるポテンシャル状態図が使用される。これを製錬プロセスの解析に利用したのは、Kellog[6]でその後、矢澤[7]により発展させられた。

　図5にその代表的な図を示す。この図は、非鉄製錬の概略を説明することに使用されるもので、1300Kの一定温度で$\log O_2, \log S_2$、つまり酸素ポテンシャルを縦軸に、硫黄ポテンシャルを縦軸にFe,Ni,Zn,Pb,Cuの元素についてそれぞれ記載されている。Feは、酸化数が異なる酸化物が3つあるので、多少複雑であるが、基本は、左下方に金属状態が損ざし、左上部に酸化物、右下方に硫化物が安定であることがわかる。各金属でそれぞれ、金属、酸化物、硫化物の存在状況が異なるので、点線で左上方に延びているP_{SO_2}一定のライン上で酸素分圧を挙げていくと、Cu,Pbは硫化物から金属状態を通過して酸化物の相へ移動し、その他の金属は、硫化物から酸化物へ移行することがわかる。この現象を利用して銅と鉄の複合硫化物から銅は硫化物もしくは金属状態で残し、鉄は酸化して別の凝縮相にできることがわかる。乾式反応炉を検討する場合は、ともかくこのタイプの図を作成し、概略を検討することは第一段階として非常に有効である。

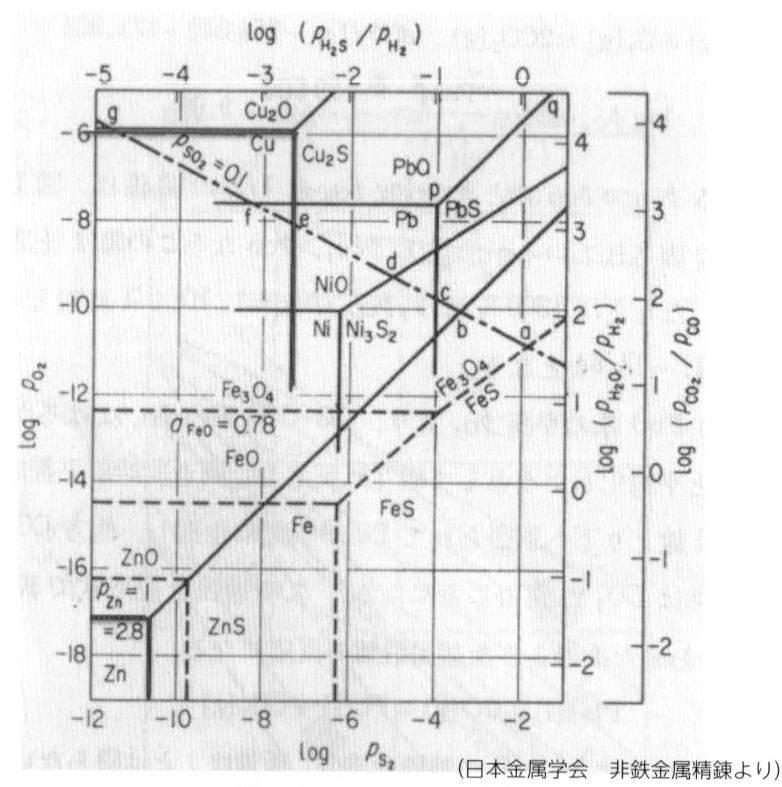

（日本金属学会　非鉄金属精錬より）

図5　M-S-O 系硫黄 - 酸素ポテンシャル図（1300K）

3 多成分系の平衡計算

 化学熱力学の平衡計算で達成できない反応は、決して起ることはない。したがって、反応の平衡状態は、実際のプロセスで到達することはあまりないが、到達点であるので、まず始めに知らなくてはいけない情報である。この平衡計算は、元素数が少ない場合は、手計算で解析的に解けるが、実際のプロセスのように、非常に多数の元素を取り扱うことが必要な場合、方程式は立てることができても実際に解析的に解くことが難しい場合が多い。近年、計算機の発達により、多成分系の平衡計算を数値的に解くことができるようになった。手法は等温、等圧の下で、成分の元素を反応させ、生成すると予想されるすべての化合物相について、物質バランスをとりながら、系の自由エネルギーが最小になるように数値計算を行わせるものである。その多くは、計算の基となる各種の熱力学的データをパックにしている。ここで、その詳細を述べることはしないが、複数の市販ソフトが販売されている。

 基本的には多くのガス相が共存する場合に威力を発揮する手法で、凝縮相が多数ある場合、それらの間の熱力学的データ(特に凝縮相中の成分の活量)が不足していることが多く、信頼性に欠けることがある。さらに凝縮相が多数の場合、計算ソフトは、単に数学的に系の自由エネルギー最小となるように数値計算をしているだけであるために、本質的に化学平衡が成立しない状態でも計算結果を出す場合もあるので注意が必要である。

 このように、この手法は実験しにくい系について熱力学的に検討し、予想を立てるような使い方には大きな効果がある。しかしながら、これも熱力学的データが信頼できる場合に限ることを忘れてはならない。

4 焙焼プロセスの速度論

 現実の焙焼プロセスでは、前述の平衡論では不十分で、どちらかというと速度論的解析の方が重要となる。鉱石、特に硫化精鉱は流動焙焼炉を用い、十分な固-気界面積が確保され、十分な気体の流速により瞬間的に反応が進むとされている。しかしながら、人工資源を対象とした焙焼では鉱石のような微粉末の状態を想定するわけにもいかない。本来、速度論は一般的な解析ができにくく、その対象となる系(物質と形態)が決まって、その反応のメカニズムを明確にしたうえで律速段階を決定し、解析を進めるのが通常の手法である。したがって、人工資源の焙焼に対する速度を、一般論として十分に展開することはできない。ただ、焙焼であるからには、固-気反応であるので、一般的な固-気反応の解析手法を金属の酸化を例に簡単に紹介する。金属酸化反応の(1)式の模擬的進行状態図を図6に示す。

$$\mathrm{M\ (s)} + \frac{1}{2}\cdot \mathrm{O_2} = \mathrm{MO\ (s)} \qquad (1\text{-}6)$$

 反応過程を考えると、ガス境膜での酸素の拡散、酸化膜中の酸素もしくは金属の拡散、固体M上での酸化反応の3つの過程が考えられる。ここで、

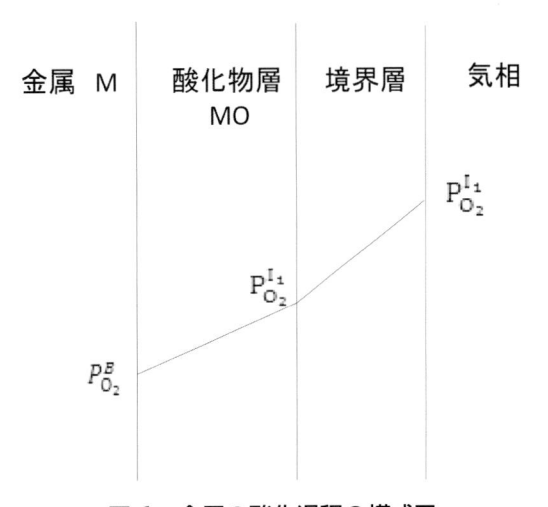

図6 金属の酸化過程の模式図

記号を次のように定義する。

J：酸素の供給速度
K_f：境膜物質移動係数
$P_{O_2}^B$：気相の酸素分圧
$P_{O_2}^{I_1}$：酸化物 MO 表面の酸素分圧
$P_{O_2}^{I_1}$：金属と酸化物の平衡酸素分圧

ガス境膜での酸素の拡散

J は (1-7) 式で表される。

$$J = K_f (P_{O_2}^B - P_{O_2}^{I_1}) \tag{1-7}$$

具体的には、どんなガスによって酸素が供給されるかで大きく異なる。ガスの拡散係数とバルクの気体の流れ方が問題となる。Kf は無次元数で表現され、単一固体粒子については

$$Sh = a + b (Rep)^m \cdot (Sc)^n \tag{1-8}$$

が適用される。
ここで

$Sh = K_f d_p/D$, $Rep = d_p u \rho/\mu$, $Sc = \mu/\rho D$
d_p：粒子の径、D：拡散係数、ρ：ガスの密度
u：ガス流速、μ：ガスの粘度
である。

酸化膜中の酸素もしくは金属の拡散

J は (1-9) 式で表される。

$$J = D \frac{\partial P_{O_2}}{\partial X} \text{ or } D \frac{\partial C}{\partial X} \tag{1-9}$$

この中の現象はさらに複雑で、酸化膜にどのような形の物が生成するかでまったく異なる。例えば、ポーラスな酸化物なら、通常の分子拡散で、細孔が分子の自由行程より小さくなるとクヌーセン拡散となり、さらに緻密なら、純酸化物固体中の M-O の相互拡散となる。ここでは分子拡散とクヌーセン拡散の式を示す。
分子拡散の場合、Ds（粒子内拡散係数）を使用

$$Ds = \varepsilon \xi D \tag{1-10}$$

ここで、ε：気効率、ξ：迷宮度である。
クヌーセン拡散の場合、D_k（クヌーセン拡散係数）を使用

$$D_k = 9700 \gamma_p (T/Mo_2)^{\frac{1}{2}} \tag{1-11}$$

ここで、γ_p：細孔担当系、T：温度、Mo_2：16 酸素の分子量である。

固体 M 上での酸化反応

いわゆる化学反応で一般的には、Arrhenius 型の活性化エネルギーを持つことが多い。金属の酸化では、酸化反応のため発熱するので、反応そのものが律速的になることはほとんどない。

以上の議論では界面積について述べていないが、実際は形状に応じ、それぞれの界面積の変化が加わる。一般的に最も律速になるのは酸化膜中の拡散であるが、現実的にはそのつど検討しなくてはならない。

以上非常に概略的な速度解析の初歩を概略的に記載したが、ともかく速度論的解析は、そのつど具体的な対象に応じてそれぞれ検討するしかなく、最終的には実験で決定される。ここで一般的には高温反応ではあまり化学反応が律速することはなく、反応層中の元素（ガスも含む）の拡散律速になる場合が多い。

4 付録：化学熱力学の基礎

化学反応がどのような方向に進むのかを知る。化学反応プロセスの基本設計に必要。

その基礎は化学ポテンシャル

通常我々は P 一定の世界に住み、生活しているので G が重要。

		定義	微分形	対応するMaxwellの式
U	U(S,V)		$dU=TdS-pdV$	$\left(\frac{\partial T}{\partial V}\right)_S = -\left(\frac{\partial P}{\partial S}\right)_V$
H	H(S,P)	$H=U+PV$	$dH=TdS+Vdp$	$\left(\frac{\partial T}{\partial P}\right)_S = -\left(\frac{\partial V}{\partial S}\right)_P$
F	F(T,V)	$F=U-TS$	$dF=-SdT-pdV$	$\left(\frac{\partial S}{\partial V}\right)_T = -\left(\frac{\partial P}{\partial T}\right)_V$
G	G(T,P)	$G=H-TS$	$dG=-SdT+Vdp$	$\left(\frac{\partial S}{\partial P}\right)_T = -\left(\frac{\partial V}{\partial T}\right)_P$

$$\underline{A+B} = \underline{C+D}$$
反応系　　　生成系

　　$\Delta G<0$　で生成系へ進む　　(1-13)

熱力学的に平衡している場合には　$dS=0$
自然に起こる現象については　$dS>0$
である。
　ここで
　$F=U-TS$　∴$dF=dU-TdS-SdT$
　　　　　　　　　　　　　　　(1-14)
第1法則より
　$dQ=dU+pdV$　また$dS\geqq dQ/T$
　　　　　　　　　　　　　　　(1-15)
　∴　$dF=dQ-PdV-TdS-SdT$
　　　　　　　　　　　　　　　(1-16)
　　これで$dT=0$
ここで一定温度定積反応とすると
$dT=dV=0$　∴$dS\geqq dQ/T$より
$dF\leqq 0$
∴定積反応で熱力学的に平衡している場合
　　　　　　　　　　　　$dF=0$
　自然に起こる現象については　$dF<0$
同様に
$G=H-TS$　$dG=dH-TdS-SdT$
　　　　　　　　　　　　　　　(1-17)

$H=U+PV$より　$dH=dU+pdV+VdP$
　　　　　　　　　　　　　　　(1-18)
$dQ=dU+pdV$　∴$dH=dQ+Vdp$

∴$dG=dQ+Vdp-TdS-SdT$　(1-19)

等温反応では　$dT=0$　$dS\geqq dQ/T$
∴$dG\leqq TdS+Vdp-TdS\leqq 0$　(1-20)
∴等圧変化があれば
　　平衡状態は　　　　　　$dG=0$
　　自然に起こる現象では　$dG<0$

1 化学反応における自由エネルギーの意味

　たとえば　A，B，C，D　と物質が存在し、閉じられた空間で　$A+B=C+D$　という化学式に従いながら存在している。
　このときABCDがどのように存在するかを系の自由エネルギーを知ることで分かる。

　$\Delta G=0$ならば平衡　始め混合したとき　$\Delta G<0$で$\Delta G=0$でないなら、$\Delta G=0$となるまで反応が進む
　∴化学反応の進行にはΔGの計算が非常に重要、つまりΔGは反応が起こる傾向の尺度である。

$$\Delta G = \Delta H - T\Delta S \quad (1\text{-}21)$$

と表現できる。

ΔH：熱エネルギー　→これを最小とし

ΔS：エントロピー　→これを最大へとする方向へ進む。自由度は大きい方がよい。

また、上記の化学反応の平衡定数をKとすると反応系の自由エネルギー変化は、

$$\Delta G = \Delta G^\circ - RT \ln K \quad (1\text{-}22)$$
$$K = N_C \cdot N_D / N_A \cdot N_B \quad (1\text{-}23)$$

で表現される。ΔG° は、反応の標準自由エネルギー変化と言われるもので、多くの化学反応で具体的な数値として利用できる。N_A, N_B, N_C, N_D はそれぞれ物質 A,B,C,D の濃度（正確には後述の活量）である。これによって、反応がどのように進行するかが理解できる。

2　化学ポテンシャル

平衡もしくは自発的現象は　閉じた系で

$(dF)_{T,V} \leq 0$

$(dG)_{T,P} \leq 0$ 　　　　　　　である。

ところで現実には反応容器の中では質量が移動していく場合が多い。

開いた系においては、質量の変化がある。

⇒　内部エネルギーが異なる。

ここで閉じた系では　$U = U(S,V)$ 　(1-24)

ここで開いた系では　$U = U(S, V, n_1 \cdots n_\nu)$
$$(1\text{-}25)$$

ここで

$$dU = \left(\frac{\partial U}{\partial V}\right)_{S, n_i \cdots n_r} dV + \left(\frac{\partial U}{\partial S}\right)_{V, n_i \cdots n_r} dS$$
$$+ \sum_{i=1}^{r} \left(\frac{\partial U}{\partial n_i}\right)_{S, V, n_i \cdots n_{i-1}, n_{i+1} \cdots n_r} dn_i \bigg|_{n_1 \neq i}$$
$$(1\text{-}26)$$

ここで

$\left(\frac{\partial U}{\partial V}\right)_{S, n_i \cdots n_r} = T$、 $\left(\frac{\partial U}{\partial S}\right)_{V, n_i \cdots n_r} = -P$

なので

$$dU = TdS - PdV + \sum_{i=1}^{r} \left(\frac{\partial U}{\partial n_i}\right)_{S, V, n_i \cdots n_{i-1}, n_{i+1} \cdots n_r} dn_i \quad (1\text{-}27)$$

ここで

$$\mu_i = \left(\frac{\partial U}{\partial n_i}\right)_{S, V, n_i \cdots n_{i-1}, n_{i+1} \cdots n_r}$$

とおくと

$$dU = TdS - pdV + \Sigma \mu_i dn_i \quad (1\text{-}28)$$

開いた系では閉じた系の場合に $\Sigma \mu_i dn_i$ が加わる。

$dH = dU + dpV + Vdp$ なので

開いた系では

$$dH = TdS + Vdp + \sum_{i=1}^{r} \mu_i dn_i$$

となる。 $(1\text{-}29)$

この場合、

$$\mu_i = \left(\frac{\partial H}{\partial n_i}\right)_{S, P, n_i \cdots n_{i-1}, n_{i+1} \cdots n_r}$$

となる。

以下同文で

$$dF = -SdT - pdV + \sum_{i=1}^{r} \mu_i dn_i$$
$$(1\text{-}30)$$
$$\mu_i = \left(\frac{\partial F}{\partial n_i}\right)_{T, V, n_i \cdots n_{i-1}, n_{i+1} \cdots n_r}$$
$$(1\text{-}30')$$
$$dG = -SdT + pdV + \sum_{i=1}^{r} \mu_i dn_i$$
$$(1\text{-}31)$$
$$\mu_i = \left(\frac{\partial G}{\partial n_i}\right)_{T, P, n_i \cdots n_{i-1}, n_{i+1} \cdots n_r}$$
$$(1\text{-}31')$$

まとめると開いた系では

$$\mu_i = \left(\frac{\partial U}{\partial n_i}\right)_{S, V, n_i} = \left(\frac{\partial H}{\partial n_i}\right)_{S, P, n_i}$$
$$= \left(\frac{\partial F}{\partial n_i}\right)_{T, V, n_i} = \left(\frac{\partial G}{\partial n_i}\right)_{T, P, n_i}$$

を考えなくてはならない。

これを化学ポテンシャルと呼び、Gibbs が定義した。

ここで自発的に起こる過程について、Gを用いて表現すると

$$dG = -SdT - Vdp + \sum_{i=1}^{r} \mu_i dn_i$$
$$(1\text{-}32)$$

dG＜0なので
(dG)$_{T,P,ni}$≦0　なので
(dG)$_{TP}$＝Σμdni
(dG)$_{T,P,ni}$＝(dG)$_{T,P}$－$\sum_{i=1}^{r}$μidni
(1-33)

∴(dG)$_{T,P}$－$\sum_{i=1}^{r}$μidni≦0
である。　　　　　　　　　　　　(1-34)

化学ポテンシャルは示強変数
　どれだけ変化できるか　その可能性を表現している。
　μi＝$\left(\frac{\partial G}{\partial ni}\right)_{T,P,n...}$　なので

　一定温度、圧力の単一物質では　μ＝$\frac{dG}{dn}$

∴　dG＝μdn　　　　(1-35)
　　↑　　　↑
示量変数　ポテンシャル　　　　示量変数（モル数等）
エネルギー　ケミカルポテンシャル

この差があると質量が移動する元になる

Gを考える
dG＝Vdp－SdT＋Σμidni　(1-36)

dG＝0で平衡　変化なし
dG＜0　なら　G＝0まで自然と変化
　dp→圧力の変化はある
　dT→温度の変化はある

dG＝0で平衡　変化なし
dG＜0なら　dG＝0まで自然と変化
この場合、
　dp　圧力による変化
　dT　温度による変化
　μidni　⇔　質量の移動も起こる
つまり考えている系が安定かどうかは関与する物質の質量移動を考慮したdGを使う必要あり
∴　Vdp－SdT＜Σμidni　　(1-37)
μiは電気における電位に等しい

ところで　G（T, P, ni・・・nr）で
Gが示量変数で熱力学的関数であるのでオイラー定理より
G＝$\sum_{i=1}^{r}$ni$\left(\frac{\partial G}{\partial ni}\right)_{T,P,ni(\neq 1)}$＝$\sum_{i=1}^{r}$niμi
(1-38)
となる。
　そこで　Gの全微分をとると
　dG＝$\sum_{i=1}^{r}$nidni＋$\sum_{i=1}^{r}$μidni
　dG＝－SdT＋Vdp＋$\sum_{i=1}^{r}$μidni
だから
◎　SdT－VdP＋Σnidμi＝0　(1-39)
となる。
　これをGibbs－Duhemの式という。
　SdT－VdP＝0なら　Σnidμi＝0

　これから理解されることは

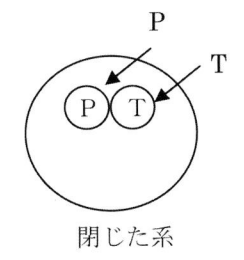

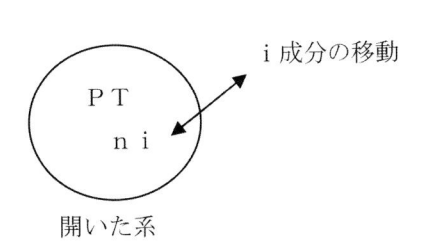

図7　熱力学的に閉じた系と開いた系の平衡を考える概念図

成分の数がrの場合、系の熱力学的関数は r＋2 の変数が存在するが、必ず Gibbs－Duhem の式が存在するので独立変数の数が1つ減少することを示している。
⇓
すべてを変数にできない

3 活量（activity）

(1) 反応性を表す尺度

1成分系では活量を考える必要がない。常に1と考えてよい。

（純物質）⇒但し、実際での純物質は非常に少ない。

∴ 活量を考えるには2成分系以上となる。

(2) 多成分系での活量

定義 $a_i = P_i / P_i°$ (1-40)

P_i：i 成分のある状態での蒸気圧
$P_i°$：i 成分のある標準状態蒸気圧

∴活量とは相対的な値である。→あくまでも相対的な反応性を示す（次元がない）

∴どこを基準に取るかが重要な問題。同じ状態でも基準をどこに取るかで値が変わる。

Ex.
i 成分が P_i の蒸気圧を持っている。
$P_i°$ もしくは $P_i°'$ を標準状態にとると

$$a_i = \frac{P_i}{P_i°}$$

$$A_i' = \frac{P_i}{P_i°'}$$

となり、状態は同じでも値が違う。

(3) 気体の活量

理想気体の活量はそのまま分圧と考えてよい。
Ex. A, B, C, D のガス種 P_A, P_B, P_C, P_D とあると

$P_T = P_A, P_B, P_C, P_D$ となり

$$a_A = P_A = \frac{P_A}{P_T}$$ (1-41)

その他も同様、互いに相互作用があるような非理想気体では

$a_A = P^*_A = f \cdot P_A$ (1-42)

P^*_A：逃散能 Fugacity
f：活動係数 activity coefficient

但し、一般の熱力学的考察を行う場合ほとんど理想気体として取り扱う。

(4) 個体の活量

一般に蒸気圧が高くなく、平衡の成立に時間がかかるために測定が困難である。固体の活量の取り扱いは難しい。個体は純粋物質が得やすいので活量の基準としてよく使われる。物質の状態図は活量、熱力学そのもの。絶対ではないが、金属組織が異なるということはそれを構成する成分の活量が異なるということである。

したがって固体反応、たとえば拡散、析出、等を解析する時は正確には活量を使う必要がある。しかし測定が難しく、実用上濃度で取り扱っているの場合が多い。

(5) 液体の活量

取扱いが進んでいる。→固体と違い濃度を反応性の尺度としては使えない。つまり非理想の場合が多い。

理想溶液 $a_i = N_i = \frac{P_i}{P_i°}$

N_i は濃度であるが、その取り方はいろいろ考えられる。

一般、非理想溶液 $a_i = \gamma_i N_i = \frac{P_i}{P_i°}$ (1-43)

γ_i：活量係数（前と同じ）溶液の場合γと書くことが多い。

γ＞1　正に偏倚
理想　Result の法則が成立
γ＜1　負に偏倚　定義から当たり前

成分1の端　→　純物質となると　1となる

Result 基準　　$\lim_{N_i \to 1} a_i = N_i$　　　(1-44)

　非理想溶液の活量を表現するために使用する活量係数 γ は、理想からのどのくらい外れているかをあらわす指標であり、理想状態からの化学ポテンシャル差を表現している。

（東北大学　中村崇）

4編 個別リサイクル技術事例

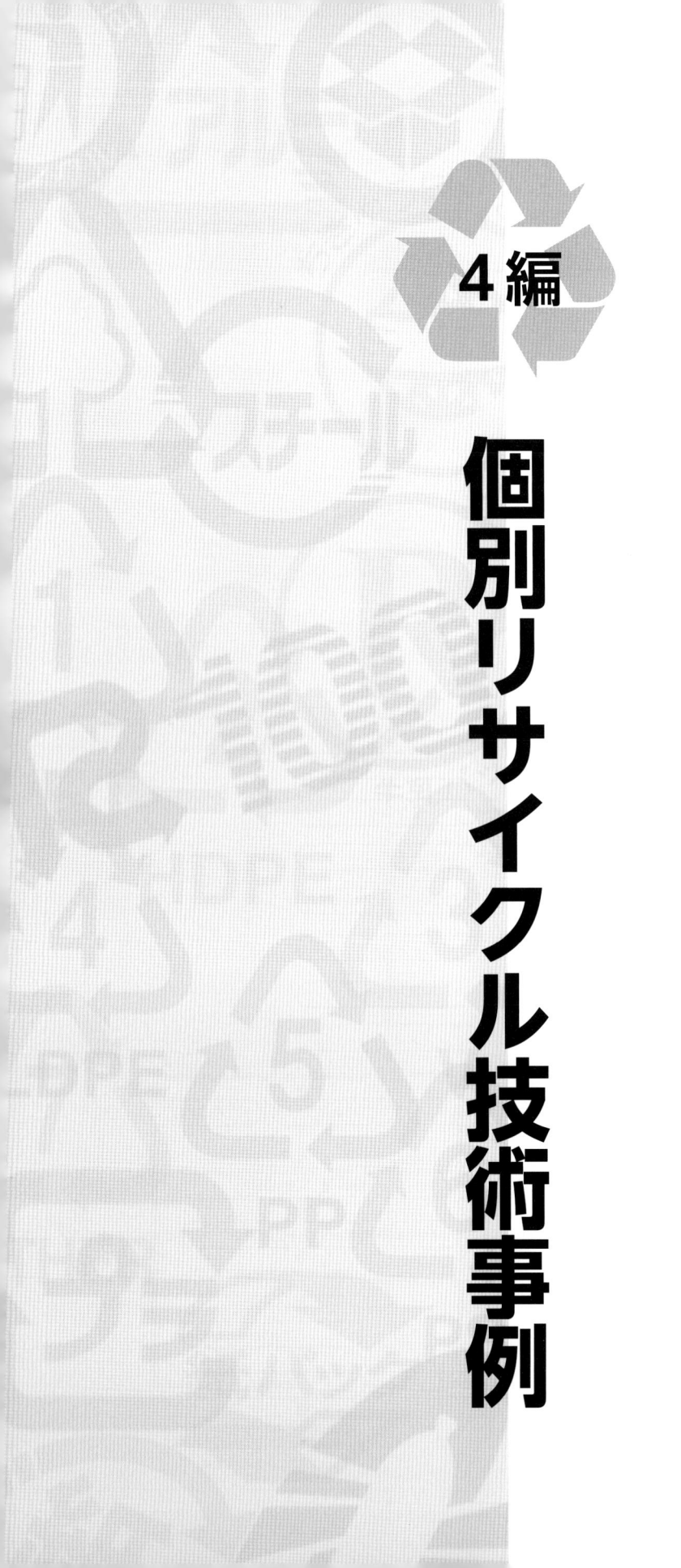

生物系の個別リサイクル 1

廃棄チップのリサイクル敷料製品化

● 受け入れ対象物とその量
　(主に住宅解体物等から発生する)木屑

● 技術概要・プロセス紹介
　リサイクル原料は様々な素材、形状形態で搬入されるため、処理フローは状況で変化をさせる。
　過程としては、木屑を一次破砕の後にスクリーンを通し、50mmを超える物はリターンをかけて50mm以下までサイズダウンを施しラインに乗せる。

　磁力選別、金検選別、風力選別、比重選別を経て徹底した不純物の除去作業を行った後に、二次破砕を施しサイズを6mmに揃え、集塵サイクロンを通して、製品として完成する。
　家畜の呼吸器官に配慮し、微細な木粉も製品に含まれない。2回の破砕工程を通し、チクチクしない丸みのある肌触りに仕上げているのが特徴。
　選別工程において取り除かれた様々な素材は、更に自社内外のリサイクル工程により徹底した再資源化を施している。

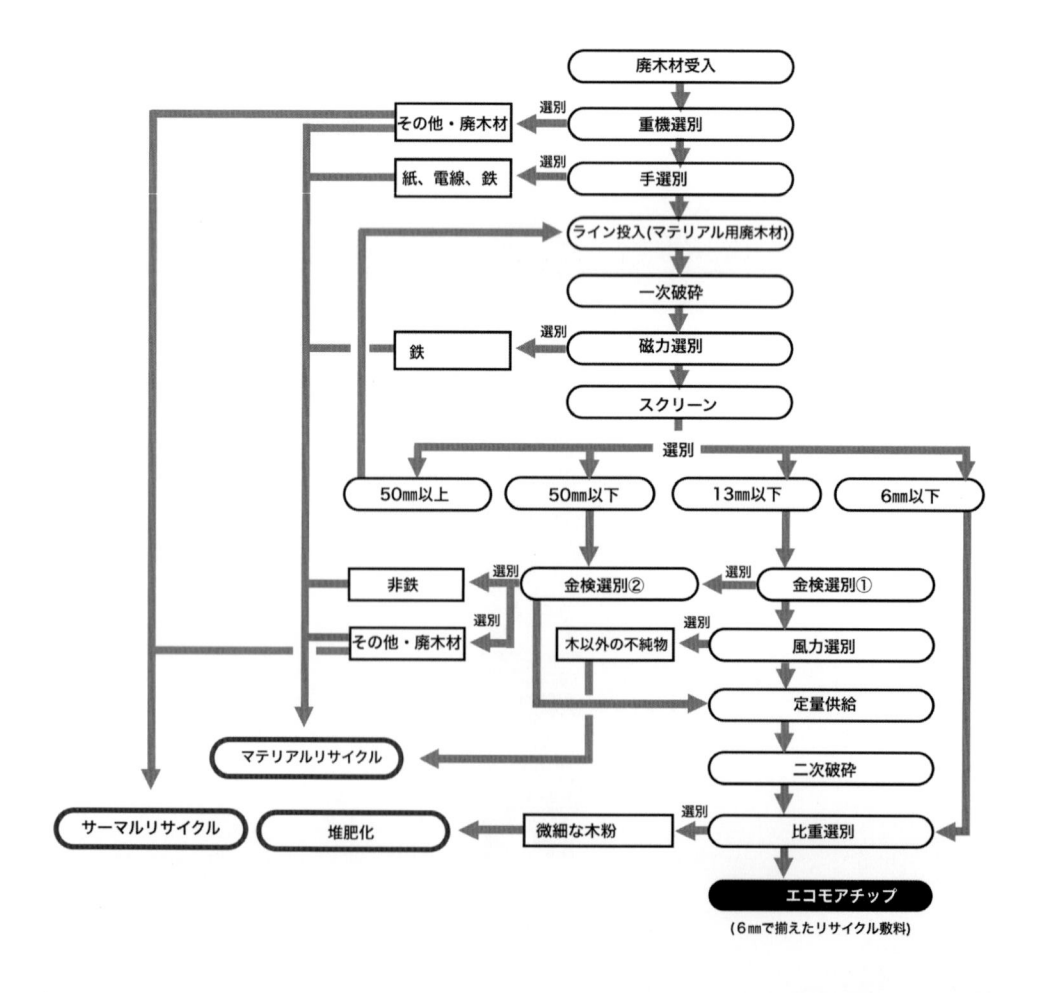

```
廃木材受入
  ↓ 選別 → その他・廃木材
重機選別
  ↓ 選別 → 紙、電線、鉄
手選別
  ↓
ライン投入(マテリアル用廃木材)
  ↓
一次破砕
  ↓ 選別 → 鉄
磁力選別
  ↓
スクリーン
  ↓ 選別
50mm以上 / 50mm以下 / 13mm以下 / 6mm以下
  ↓                    ↓           ↓
         金検選別②  ← 選別 ← 金検選別①
         ↓ 選別 → 非鉄           ↓ 選別
         ↓ 選別 → その他・廃木材   風力選別
         ↓ 選別 → 木以外の不純物   ↓
                    定量供給
                    ↓
                    二次破砕
                    ↓ 選別 → 微細な木粉
                    比重選別
                    ↓
                 エコモアチップ
              (6mmで揃えたリサイクル敷料)

マテリアルリサイクル
サーマルリサイクル  堆肥化
```

● 再資源化物の販売先

養鶏場、養豚場、牧場、乗馬スクール、ガーデニング業者、他

＊当社チップ製品の売上の一部は「くぬぎの森再生プロジェクト」に使用されており、社会貢献活動としても一躍を担っている。

● 技術のPR

　当社のチッププラント施設では、木屑の種類や分別状態により6等級に区分し受入れている。木屑の種類や分別状態によりリサイクルの用途が異なるため、等級区分に応じストックや設備機器の運転手順を変えている。

　角材50％以上の上質系の木屑は、段ボールやボード用の原料としてマテリアルリサイクル、合板物や付着物が多いものは、サーマルリサイクルとして分別分級処理している。木屑に含まれている金属類は、金属選別機ですべて回収し有価物として再利用。

　他社では、一次破砕した後の13mmアンダーの木屑は、サーマルリサイクルとして燃料用に転用しているが、当社では更に表面の刺を丸くする2次破砕機で加工処理し、比重差選別を通し6mmに揃えたものを、家畜用の高級敷料として製品化。粉砕加工することで付加価値の高い再生製品にしている。

　当社では、質の高いリサイクル製品の生産とともに、環境に配慮した作業工程を実践している。

　工場施設は全天候型建屋にて配置し、近隣周辺への粉塵・騒音対策において徹底管理を行っている。

　チッププラント内においては、約14,000㎥/分の大型集塵機を2台配置し、浮遊する微細木粉による当社他製品への混入を防止している。破砕機は防音ALCで囲い地下に埋設してあり、生産工程の騒音対策を施してある。

エコモアチップ

エコモアチップ拡大写真

使用例「牛舎の敷藁」

（石坂産業株式会社）

生物系の個別リサイクル 2
生ごみのリサイクル

● 受け入れ対象物とその量

　生ごみ、草、剪定枝
　平成21年度実績　生ごみ　2,700 t
　　　　　　　　　草、剪定枝　600 t

● 技術概要・プロセス紹介

　原料は生ごみ、草、剪定枝の3種類で草、剪定枝は破砕し細かくする。甲賀市からの委託業務で生ごみの処理を行っており、家庭でバケツを使い、生ごみと種堆肥をサンドウィッチにしてもらっている。

　1次発酵槽で約18日、2次発酵槽で約40日間かけ、合計約2ヶ月で堆肥が出来上がる。

　不純物は最後の袋詰めのときに、ふるいにかけて除去する。

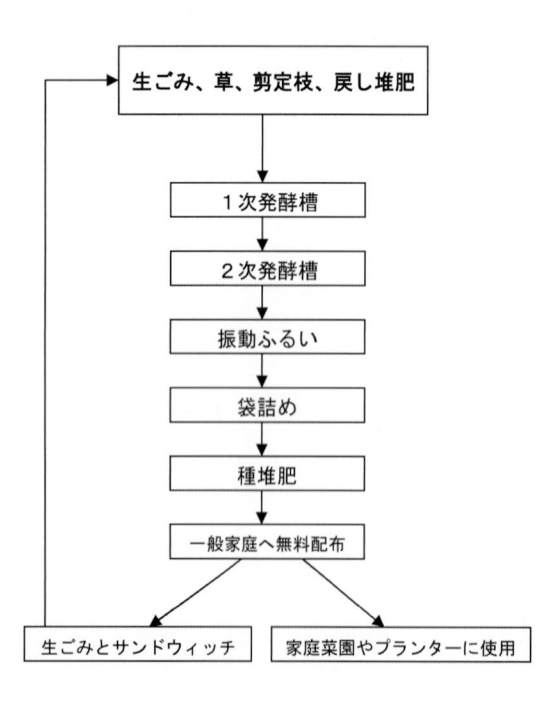

　できた堆肥は種堆肥として、家庭に無料配布し、生ごみとのサンドウィッチに使用したり、余った分は家庭菜園などに使用してもらっている。

● 再資源化物の販売先

　生成した堆肥はすべて市民の方に無料配布しており、余剰堆肥は発生していないため販売はしていない。

● 技術のPR

　生ごみ堆肥化における最大のネックである悪臭問題と堆肥の流通問題を解決し、これまで大きなトラブルもなく順調にリサイクルしている。

　将来は農業使用も視野に入れているため、堆肥の成分分析や作付け実験も行っているがこちらについても問題ない。

　尚、本システムは当社が特許取得済みである。（特許第3809782号）

（株式会社水口テクノス）

```
生ごみ、草、剪定枝、戻し堆肥
        ↓
    1次発酵槽
        ↓
    2次発酵槽
        ↓
    振動ふるい
        ↓
     袋詰め
        ↓
     種堆肥
        ↓
  一般家庭へ無料配布
    ↙        ↘
生ごみとサンドウィッチ　家庭菜園やプランターに使用
```

生物系の個別リサイクル 3

木質バイオマスの高度循環利用

● 受け入れ対象物とその量

　木質バイオマス全般（家屋解体材・柱・梁・内装材・梱包資材・パレット・ベニヤ・木ぎれ・製材端材・木屑 など）

● 技術概要・プロセス紹介

　下記図参照。

● 再資源化物の販売先

　約25％が紙として活用され、約25％がMDFなどの木質繊維ボードとして、残る50％は化石資源に代わる新エネルギーとして近年カーボンニュートラルなその特性がバイオマス燃料として脚光を浴びている。

● 技術のPR

　各工場に搬入される木質バイオマスは、その素材としての観点においては確かに廃棄物と呼ばれているが、その組成や化学構造は森林に立つ樹木と何ら変わりない。したがって、一旦住宅や木製家具などとしての命を終えただけの資源から、カスケード利用の次の段階へ原料加工することが当社の主たる事業になる。木質バイオマスの高度循環利用を通して森林資源保護ならびに地球環境保全に貢献する。

（フルハシEPO株式会社）

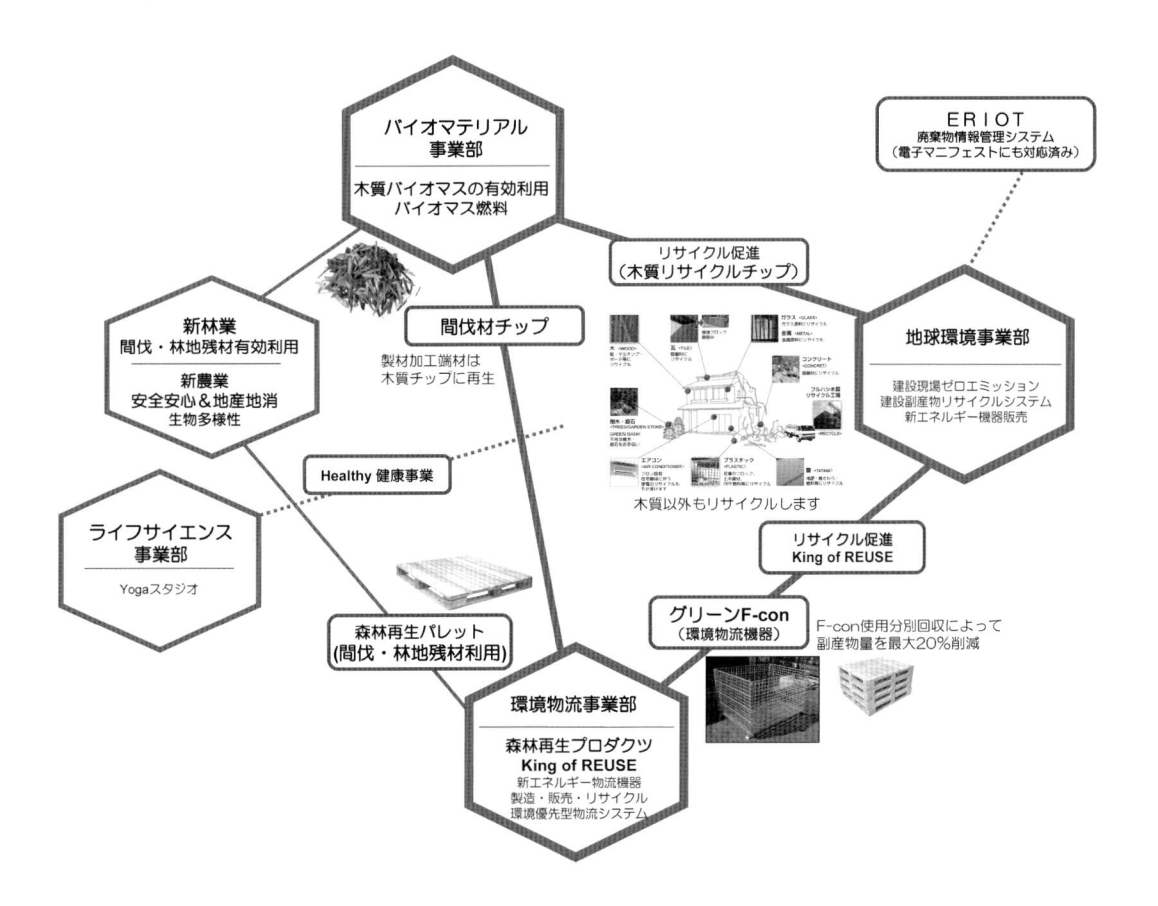

生物系の個別リサイクル 4

バイオマスのガス化による水素・電気・熱製造（ブルータワー）

● **受け入れ対象物とその量**

主に木質バイオマス（間伐材、剪定枝、製材廃材、その他）

開発中のバイオマス（脱水下水汚泥、畜産排せつ物乾燥品）

いずれも、乾燥重量基準で10～60t/日を標準としている。

● **技術概要・プロセス紹介**

主要機器：予熱器、改質器、熱分解器、熱風発生器、チャー分離機

オプション：水素製造の場合は水素ガス精製設備

電気・熱の場合はコジェネレーション設備

● **技術のPR**

ブルータワー技術を用いて作るバイオマス由来の水素（バイオ水素）を、『ブルー水素』と呼んでいる（商標登録済）。環境にやさしいエネルギーとして期待されている水素をバイオマスから作ることで、二酸化炭素の排出削減に大きな効果をもたらし、温室効果ガスの削減に貢献する力を持っている。発電も同様である。

（株式会社日本計画機構）

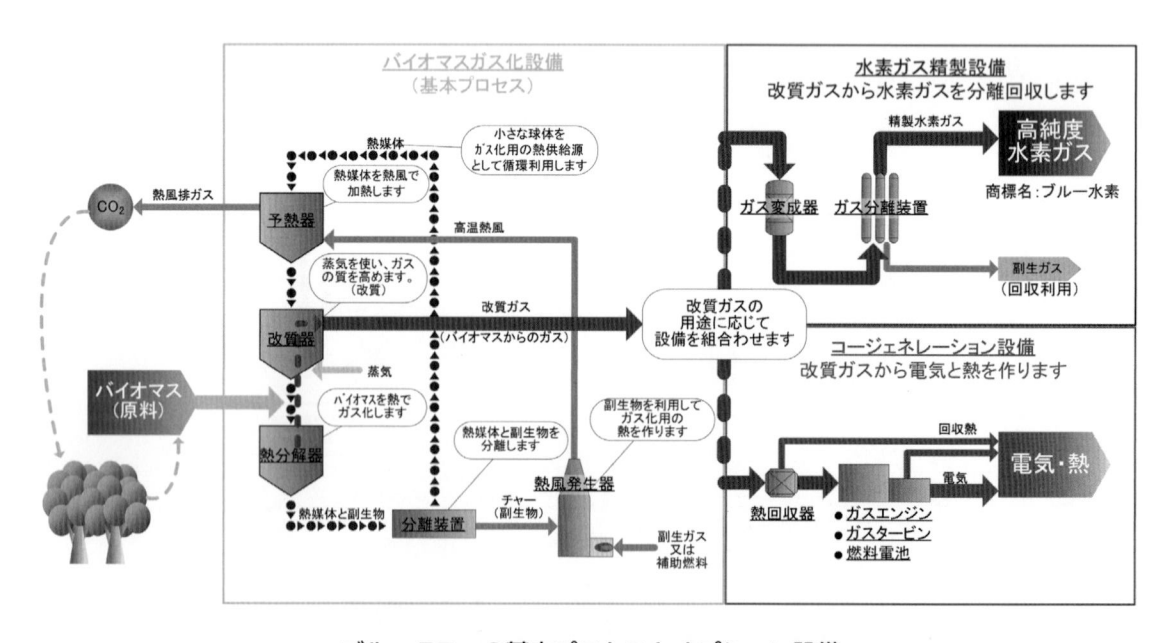

ブルータワーの基本プロセスとオプション設備

プラスチック系の個別リサイクル 1

廃プラスチックのリサイクル

● 受け入れ対象物とその量

　ポリエチレン、ポリプロピレンおよびその複合材料。例えば、使用済みのフィルムやバンドなどの梱包資材や荷役パレット、製造・流通工程のから排出された廃棄プラスチックくずなど。

● 技術概要・プロセス紹介

　ポリエチレンおよびポリプロピレンを一定の割合で配合し、粉砕する。

　溶融混練後、ペレットを経由せずに製品をダイレクトに成形する。

　製造工程で発生するロスは、原料として利用するためロス率はゼロ。

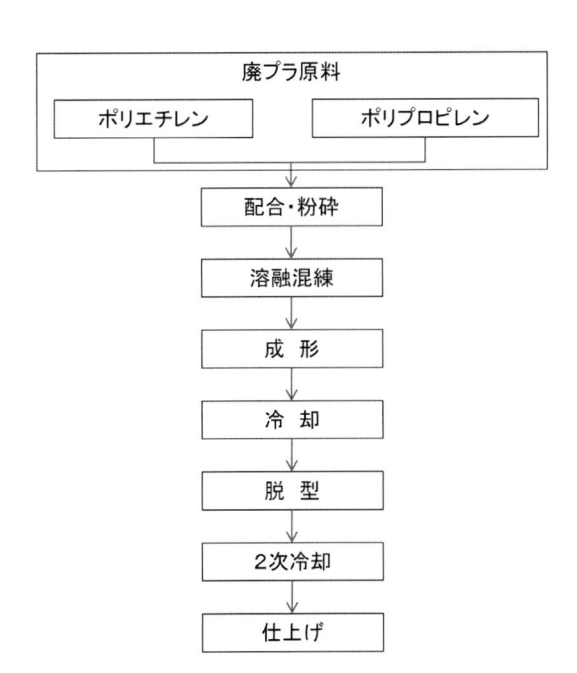

標識くい

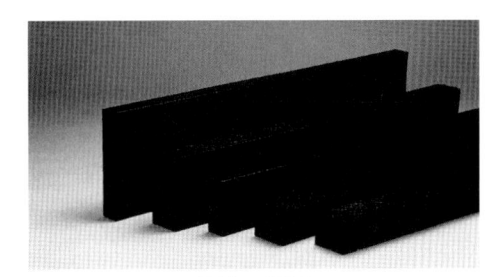

角材・板材

● 再資源化物の販売先

　主要製品である標識くいは、地籍調査用品として全国市町村役場。角材・板材などの農業資材はホームセンター。丸くいは、地盤補強材として住宅メーカーへ販売している。

● 技術のPR

　当社は創業以来、廃プラのリサイクルに取組み、独自の成形技術で品質をコントロールしている。くいの性能要求である折れにくく、曲がりにくい性能を安価で実現するために混合材料を使用している。また、ペレットを経由しない製品のダイレクト成形技術により、省エネでCO_2排出量の少ない製品づくりに努めています。

（株式会社リプロ）

```
廃プラ原料
├ ポリエチレン
└ ポリプロピレン
    ↓
  配合・粉砕
    ↓
  溶融混練
    ↓
   成　形
    ↓
   冷　却
    ↓
   脱　型
    ↓
  2次冷却
    ↓
  仕上げ
```

プラスチック系の個別リサイクル 2
使用済みプラスチック製容器のマテリアル・リサイクル

● **受け入れ対象物とその量**
　当社製造、販売製品が使用済みになったもの
　中間処理量　800Ton/年

● **技術概要・プロセス紹介**
　下図参照。

● **再資源化物の販売先**
　・廃プラスチック原料等の再生加工会社に販売
　・プラスチック製パレット、建築用部品等

● **技術のPR**
　当社は環境省認定の広域認定制度に基づき、使用済みプラスチック製容器を、日本全国から回収し、2処理施設(千葉県、山口県)で中間処理(破砕処理)、ペレット加工(千葉県)を行っている。

　この処理施設では、材質別(PE:PP)、内容物別(潤滑油、建築用塗料等)に破砕(洗浄粉砕)後比重分離槽にて付着物を除去、高速脱水機により乾燥後、更に造粒加工し高品質なプラスチック原料に再生している。

　このプラスチック原料は、当社が製造し販売した使用済み容器のみを回収するクローズド・リサイクル材のため、品質が担保されており、現在、リサイクル材を活用したプラスチック製容器の製品化に着手している。

(株式会社前田製作所)

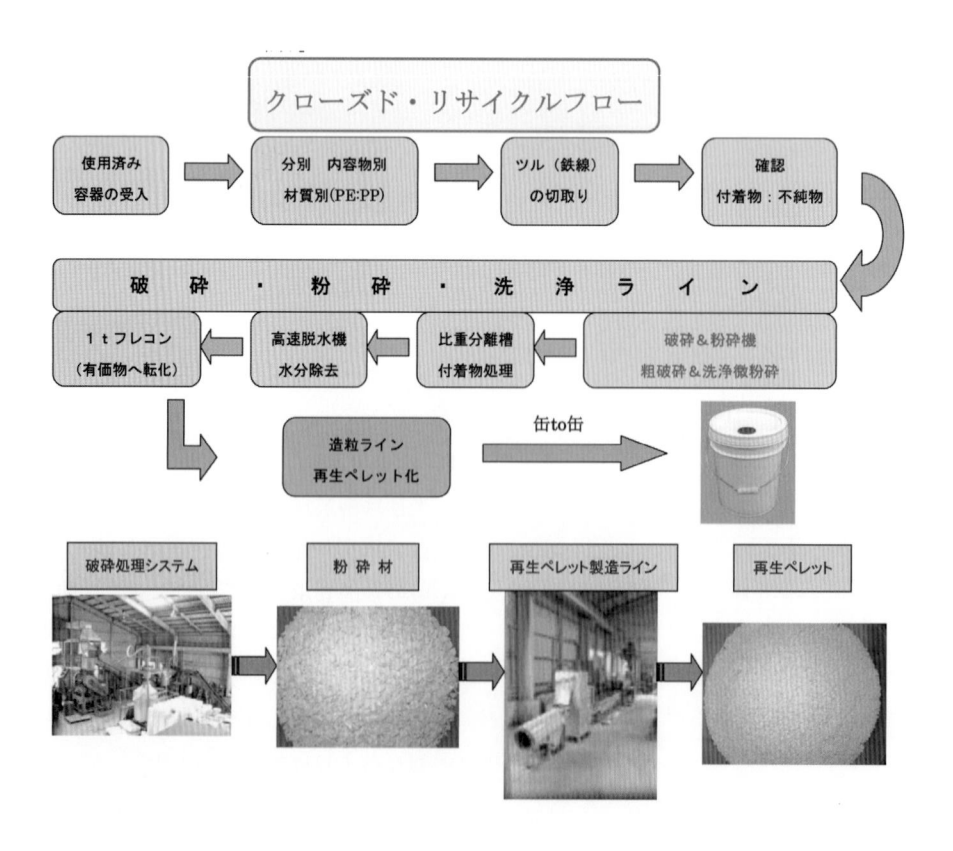

クローズド・リサイクルフロー

使用済み容器の受入 → 分別　内容物別　材質別(PE:PP) → ツル(鉄線)の切取り → 確認　付着物：不純物

破砕・粉砕・洗浄ライン

1tフレコン(有価物へ転化) ← 高速脱水機　水分除去 ← 比重分離槽　付着物処理 ← 破砕＆粉砕機　粗破砕＆洗浄微粉砕

↓

造粒ライン　再生ペレット化 →（缶to缶）

破砕処理システム → 粉砕材 → 再生ペレット製造ライン → 再生ペレット

プラスチック系の個別リサイクル 3
使用済み家電製品樹脂のリサイクル化（1）

● 受け入れ対象物とその量

　テレビ、洗濯機、冷蔵庫、エアコンに使用される樹脂〔再生処理能力500トン／月〕
　ポリプロピレン、ポリエチレン、ポリスチレン、ABS、PC、PVC、PA 等

● 技術概要・プロセス紹介

　下図参照。

● 再資源化物の販売先

射出成形メーカー：建築資材、自動車、家電、物流資材（パレットなど）、雑貨（うちわ など）
押出成形メーカー：養生シート、文具ファイル など

● 技術のPR

1．当社は設立以来25年間樹脂の材料リサイクル一筋に活動して来た。現在稼働中の設備は全て「物性確保とトータルコストダウン」のための自社仕様又は改造機である。

2．全樹脂の再生フレークをベースに経時変化で劣化した物性を独自に確立した処方により、バージン材同等にグレードアップしてユーザーに提供している。また、使用済みの製品を引取りプラスチック部品を回収し再度材料化する事によりエンドレスの資源循環型社会を目指している。

3．KES 環境マネジメントシステム認証取得（登録No Ⅰ-7-0037号）
　環境改善目標を設定し、毎年見直し、資源の有効活用・汚染の予防に努めている。

（東和ケミカル株式会社）

解体・仕分け、樹脂別仕分け　　モーター、ブラウン管、電線、ネジ、大型部位（樹脂別）
　↓　　　　　　　　　　　　　　小型樹脂部品などに分類する際、PVCを除去
樹脂部品粉砕　　　　　　　　　大型部位は個別粉砕、小型部位は一括粉砕（ミックスプラ）
　↓
ミックスプラの分別　　　　　　比重分離（水浸漬、風力）、静電気分別、磁力線金属除去、
　↓　　　　　　　　　　　　　　赤外線分析分離⇒　これら分離・分別法の組み合わせ
洗浄・乾燥　　　　　　　　　　空気洗浄、水洗、遠心分離、乾燥、
　↓　　　　　　　　　　　　　　（排水処理技術：ろ過、活性汚泥処理、水質分析）
配合・造粒（コンパウンド）　　配合技術：着色剤、老化防止剤、強化材〔エラストマー、繊維〕
　↓　　　　　　　　　　　　　アンダーウォーター、コールドストランドカット方式
物性評価・品質管理技術　　　　密度、強度（引張、曲げ）、伸び率、衝撃強度、メルトインデックス
　↓
販売技術　　　　　　　　　　　物性・価格に見合った用途・ユーザーの選別

プラスチック系の個別リサイクル 4
使用済み家電製品樹脂のリサイクル化（2）

● 受け入れ対象物とその量

タンタル粉、タンタル廃材、タンタル合金屑、その他タンタルを含有するガラス、コンデンサ等

● 技術概要・プロセス紹介

下図参照。

● 再資源化物の販売先

入手したタンタル含有物は全て当社にて高純度酸化タンタル・炭化タンタルに再生し販売される。

● 技術のPR

当社は酸化タンタル／酸化ニオブの日本国内最大の製造メーカであり、リサイクルを積極的に導入して、原料の有効活用と製品の安定供給を行っている。

・高純度酸化タンタル：
　Ta; >99.99%, Fe,Cr,Ni,Mn,Nb; <1ppm, Si; <2ppm

・一般用酸化タンタル：
　Ta; >99.9%, Fe,Cr,Ni,Mn; <5ppm, Si; <50ppm, Nb; <300ppm

・炭化タンタル：
　TaC; >99.5%, Fe;<0.05%, Si,Al,Ti; <0.02%, O;<0.3%

（東和ケミカル株式会社）

```
タンタル含有原料
    ↓
 ┌─焼成 ⇄ 粉砕─┐
 │   ×        │
 └酸処理 ⇄ アルカリ処理┘
    ↓
 タンタル溶解
    ↓
 溶媒抽出
    ↓
 中和沈殿
    ↓
  焼成
    ↓
  分級 → 炭化
    ↓      ↓
酸化タンタル(製品)  炭化タンタル
純度 (>99.9%)     (製品)
```

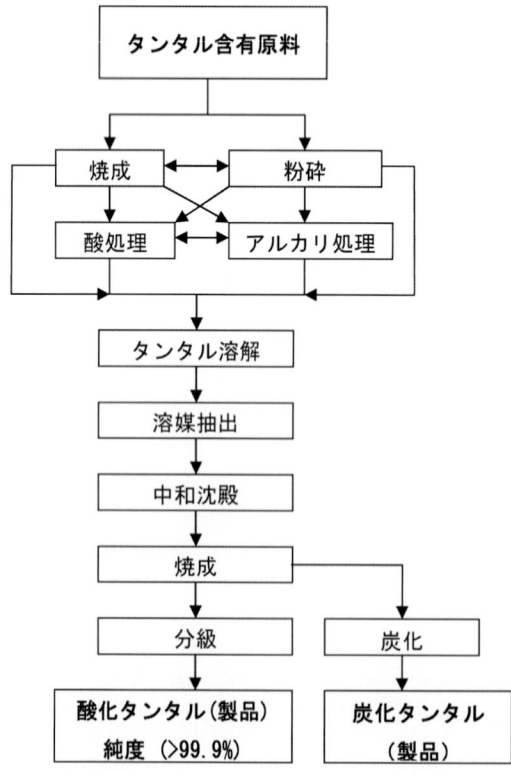

リサイクル原料は、様々な形態・組成が有る為、処理フローは一定ではない。
大きな形状のものは粉砕する。材料によっては焼成処理を行う。
また、酸処理/アルカリ処理により不純物を可能な限り除去した後に弗酸を用いてタンタルを溶解する。

最終的には溶媒抽出技術を用いて微量不純物を分離除去し、高純度のタンタル溶液とし、これを用いて酸化タンタル粉や炭化タンタル粉が製造される。

プラスチック系の個別リサイクル 5
ポリカーボネート樹脂、PC／PETアロイ等のリサイクル

● 受け入れ対象物とその量
ポリカーボネート樹脂成型ロスやスプルーランナー、シート端材等。

● 技術概要・プロセス紹介
プラスチック成型工場で発生する成型ロス、端材の回収活動を1979年4月から実施している。

プラスチック成型ロス・端材の回収は現在の法律・ガイドラインでは義務付けられていないが、当社はエンジニアリングプラスチックのリサイクルメーカーとして全国に先駆けて取り組んだ。

回収の実施に当たっては主にポリカーボネート樹脂を原料として加工する成型工場や石油化学メーカー等と検討を重ね、最適な回収システムを構築するとともに、廃棄物の発生・排出削減に努めている。

又、回収したプラスチック端材等からの再生対象品を原材料利材として、リサイクルに関する技術と品質基準を独自に確立し、家電・自動車・日用雑貨・文具等の分野における樹脂成型品の成型材料としてポリカーボネート樹脂「APEX」の商品化を実現した。

当初のリサイクル量は1,000トン／年だったが、毎年着実に量を増やし、現在では6,000トン／年になった。

それから日本容器包装リサイクル協会ルートで再商品化されたＰＥＴボトルフレークと再生ポリカーボネート樹脂を混練した高機能性樹脂PC/PETアロイ「PETCARBO®」も開発し、新たな分野への商品化を推進している。

更に、エンジニアリングプラスチックリサイクルを推進して行くために、リサイクル工場の見学会やイベント会場での出展を行っている。

再生ポリカーボネート樹脂「APEX」

PC/PET ポリマーアロイ樹脂「PETCARBO®」

● 再資源化物の販売先
回収したプラスチック端材等からの再生対象品を原材料利材として、リサイクルに関する技術と品質基準を独自に確立し、家電・自動車・日用雑貨・文具等の分野における樹脂成型品の成型材料として販売されている。

● 技術のPR
当社はエンジニアリングプラスチックのリサイクルメーカーとして、最適な回収システムを構築するとともに、リサイクルに関する技術と品質基準を確立させ安定供給を行っている。

（株式会社エーペックスジャパン）

プラスチック系の個別リサイクル 6
プラスチック製容器包装のマテリアルリサイクルにおける単一樹脂選別

● 受け入れ対象物とその量

受け入れ対象物は、容器包装リサイクル法に基づくプラスチック製容器包装のその他プラスチックである。プラスチック製容器包装のその他プラスチックとは、家庭から分別排出されたプラスチック製容器包装類の中で、PETボトルを除くプラスチックであり、公益財団法人日本容器包装リサイクル協会を通じて自治体より回収している。受入量は、2009年度実績で1.6万トン、2010年度は1.3万トンを予定している。

● 技術概要・プロセス紹介

ベール状で受け入れるプラスチック製容器包装を解梱・選別し、自動選別機でポリエチレン（以下、PE）及びポリプロピレン（以下、PP）をそれぞれ選別・回収する。その後、破砕・洗浄・乾燥を経て、ペレタイザーによりペレットを製造している。(図1参照)

● 再資源化物の販売先

再資源化物であるリサイクルペレットは成型メーカーやコンパウンドメーカーに販売している。最終的に、ウッド調デッキ材(図2)や雨水貯留槽(図3)などの建築資材、苗ポットなどの農業用資材、日用品などに成型されている。

● 技術のPR

プラスチック製容器包装のマテリアルリサイクル業界において、数少ないリサイクル技術である単一樹脂への選別を実施している。自動選別機を2段階で導入することにより、PE及びPPを選別することが可能となり、これまでPE及びPPの混合樹脂としてしか扱えなかったプラスチック製容器包装の利用用途の拡大が可能となった。

(株式会社グリーンループ)

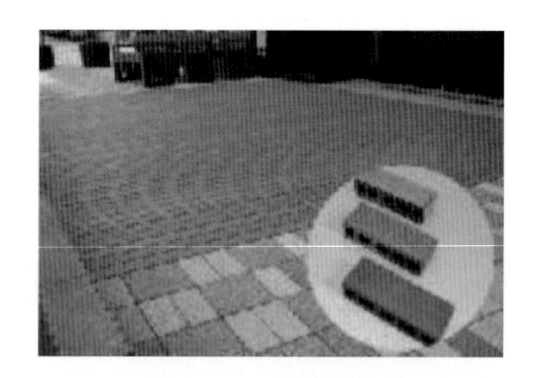

図2　ウッド調デッキ材

図3　雨水貯留槽

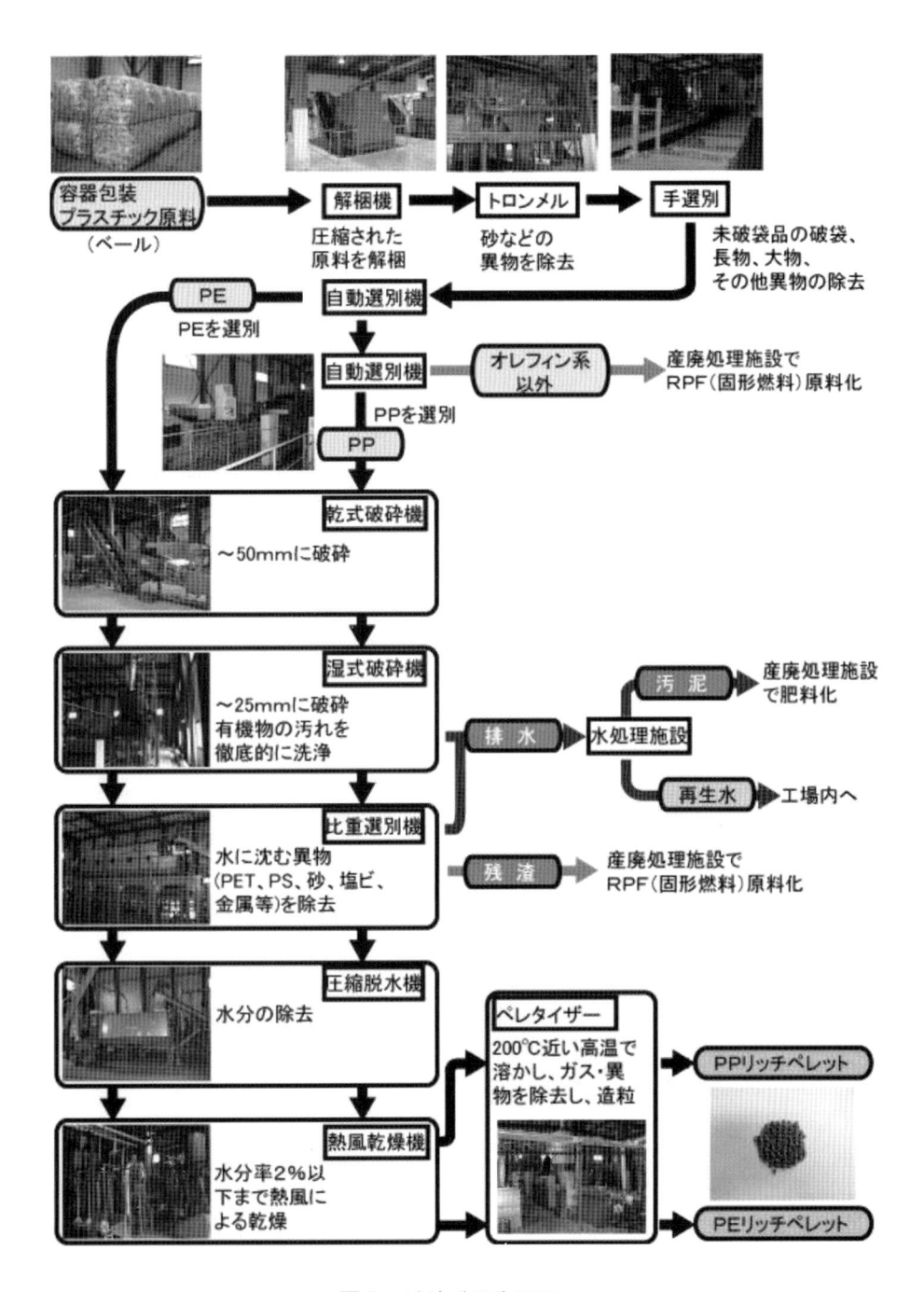

2　プラスチック系の個別リサイクル

図1　リサイクルフロー

プラスチック系の個別リサイクル 7
その他プラスチック製容器包装の単品選別と洗浄

● 受け入れ対象物とその量
容器包装プラスチック(その他プラ)
受け入れ量　5,000t／年

● 技術概要・プロセス紹介
下記工程フロー図参照。

● 再資源化物の販売先
コンパウンド業者及び製造メーカー
建築用資材・農業用資材

● 技術のPR
1．選別工程(手選別→機械選別→機械選別→手選別)により徹底した異物除去を行った後、徹底した洗浄工程(洗浄→洗浄→比重選別・洗浄)により良質の再生原料(ペレット)を製造する。
2．販売先の要望に応じ機械の設定を変更し、単一素材ペレットから、複合素材のペレットを製造する。

(田中石灰工業株式会社)

ペレット他製品製造フロー図

平成21年9月8日
田中石灰工業株式会社

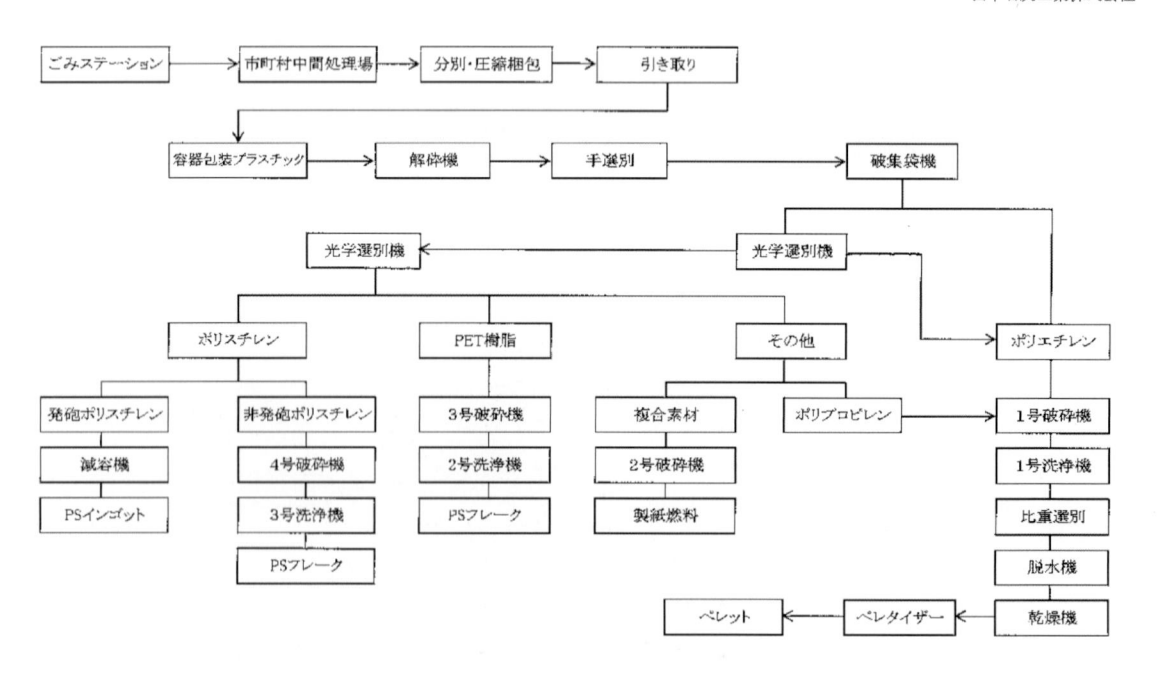

```
ごみステーション → 市町村中間処理場 → 分別・圧縮梱包 → 引き取り
                                                         ↓
容器包装プラスチック → 解砕機 → 手選別 → 破集袋機
                                              ↓
          光学選別機 ←――――――――――― 光学選別機
          ↓                                   ↓
  ポリスチレン    PET樹脂    その他    → ポリエチレン
    ↓    ↓        ↓        ↓              ↓
発砲   非発砲    3号破砕機  複合素材  ポリプロピレン  1号破砕機
ポリ   ポリ       ↓         ↓                       ↓
スチ   スチ    2号洗浄機  2号破砕機              1号洗浄機
レン   レン       ↓         ↓                       ↓
  ↓    ↓      PSフレーク  製紙燃料               比重選別
減容機 4号破砕機                                     ↓
  ↓    ↓                                          脱水機
PSインゴット 3号洗浄機                                ↓
        ↓                                         乾燥機
      PSフレーク                                    ↓
                      ペレット ← ペレタイザー ←――
```

プラスチック系の個別リサイクル 8

タイルカーペットのリサイクル

● 受け入れ対象物とその量

　使用済み塩ビタイルカーペットを収集し、繊維と塩ビ層と分離することで繊維及び塩ビを再生原料として使用し販売している。

　廃カーペット回収量：15,000t／年
　再生製品販売量：12,000t／年

● 技術概要・プロセス紹介

　下図参照。

● 再資源化物の販売先

(1) タイルカーペットの塩ビ層は、塩ビコンパウンドで回収され再度タイルカーペットの原料として使用されている。

● 技術のPR

(1) タイルカーペット裏地に使用されている塩ビ層のみを右図の特殊な切削粉砕装置によって精密に削り取り、粉体として塩ビコンパウンドを回収し再利用する。

(2) 塩ビ層に含まれている可塑剤や充填材も同時に回収されが、これらすべての材料がタイルカーペットの原料として使用できる。

(3) この技術の開発と事業化によって、タイルカーペットtoタイルカーペットのリサイクルが促進された。

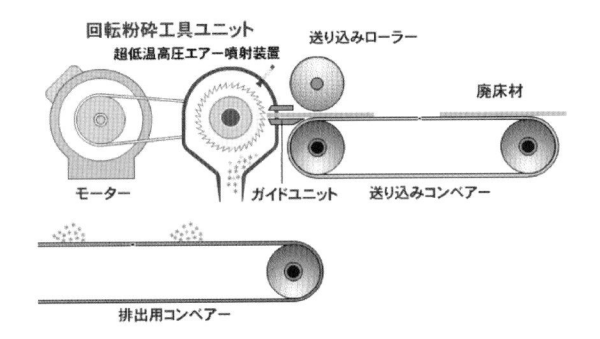

（リファインバース株式会社）

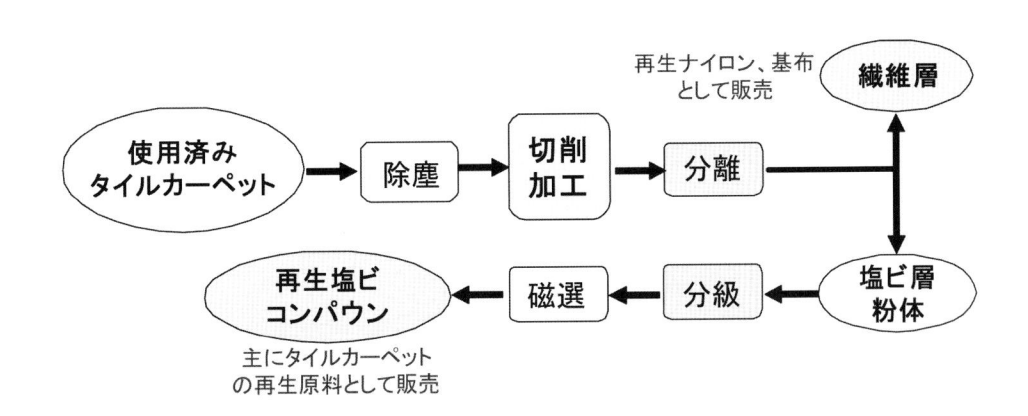

プラスチック系の個別リサイクル 9
農業用塩ビフィルム（農ビ）のリサイクル

● 受け入れ対象物とその量

　使用済み農ビを農家から収集いたものを再生処理施設で異物除去、洗浄などの処理を行い、床材などの再生塩ビ樹脂として製品出荷している。

　使用済み農ビの投入量：30,000t／年

　出荷量は投入量ベースで国内向け、輸出およそ半々と推定。

● 技術概要・プロセス紹介

　破砕、水洗、比重分離によって泥やその他の異物を除去することで塩ビ樹脂に再生され主に床材などの塩ビ原料として再利用される。下図参照。

● 再資源化物の販売先

　国内では主に床材の塩ビの原料として販売され再利用されている。

　また、約半分程度が輸出され軟質塩ビ製品の原料として使用されている。

● 技術のPR

(1) 農ビのリサイクルは取組みの歴史も長く、農家、農業団体、地方自治体等の関係者で構成される協議会によって組織的に行なわれリサイクル率も高く、国内全排出量の約71％がマテリアルリサイクルされている。

(2) 主な国内向け処理設備は全国に6カ所あり、排出量の多い地域に偏在している。

（農業用フィルムリサイクル促進協会）

使用済み農ビ → 粗破砕 → 異物除去 → 水洗 → 粉破砕 → 水洗 → 比重分離 → 脱水乾燥 → 顆粒化 → 再生塩ビ樹脂

プラスチック系の個別リサイクル 10

ビニル系床材のリサイクル

● 受け入れ対象物とその量

(1) 受入廃材

ビニル床シート、クッションフロア、ホモジニアスタイル、置敷きビニル床タイルの施工端材と使用済みの置敷きビニル床タイル：400 t／年

(2) 製品販売量

ビニル系床材製品全体：160千 t／年

● 技術概要・プロセス紹介

下図参照。

2003年産業廃棄物の処理及び清掃に関する法律に基づく「広域再生利用指定」の許可を受けて、ビニル系床材の収集運搬を直接行なうことでマテリアルリサイクルを推進してきた。現在は、同法律の「広域認定」を2008年10月に再取得してマテリアルリサイクルを進めている。施工現場での施工者がおよそ0.1 m³程度のＰＥ製の袋の廃棄物を入れたものを工業会が収集し、指定の破砕処理工場に運搬する。処理工場は金属などの異物を除去した後粉砕し、床材メーカーに原料として販売している。

● 再資源化物の販売先

回収されたリサイクル材は、工業会所属の床材メーカーでビニル系床材の原料として使用されマテリアルリサイクルされる。

● 技術のPR

環境省の「広域認定」を得て、工業会が大手ゼネコンなどと契約をしてリサイクルを推進している。

一連のリサイクルは床材メーカーの協力を基に行なっており、建築現場からの収集と運搬、更には再利用するための破砕等の処理を行った後、原料として床材メーカーへ再生材として納入ししいる。床材メーカーはこの再生材を利用してビニル系床材を生産している。

（インテリアフロア工業会）

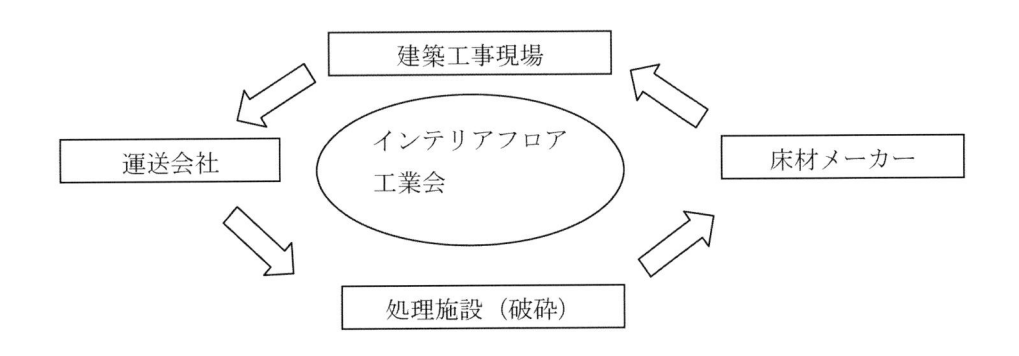

プラスチック系の個別リサイクル 11

塩ビ壁紙の叩解分離方式によるリサイクル

● 受け入れ対象物とその量
○対象物：塩ビ壁紙工場廃材、新築リニューアル時の施工残材 3000 t／年
○製品出荷量：塩ビコンパウンド 1800 t／年
　塩ビバイオマスコンパウンド（バイオマスマーク取得）900 t／年
　パルプファイバー　300 t／年

● 技術概要・プロセス紹介

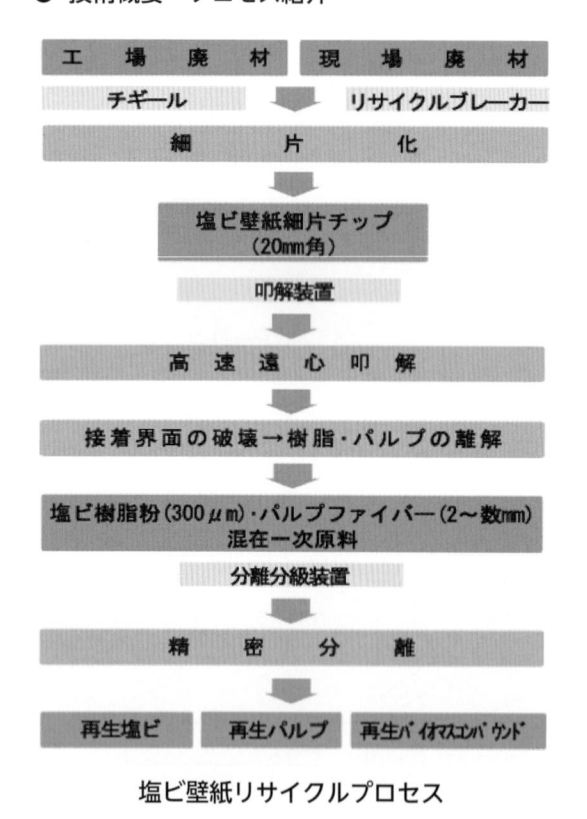

塩ビ壁紙リサイクルプロセス

あらかじめ細片化工程で10mm程度にちぎられた壁紙細片（図1）を、微粉化工程で高速遠心叩解装置（図2・図3）により強力な遠心叩解力を与え微細化し、紙と樹脂のそれぞれを離解させる。

分離回収工程（図4）で紙と樹脂が離解はしているが存在は混合している紙と樹脂の混合粉を円形ネット回転分離装置（図5）にて分離し、パルプ分はサイクロン型回収装置で分離回収する。一方の樹脂分は、タワー型風力分離装置（図6）、分級装置により、わずかに混在しているパルプ分を除去し99％以上の純度で回収する仕組みとなっている。

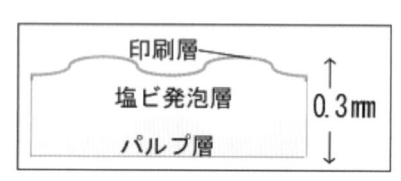

図1　塩ビ壁紙断面図

図2　叩解装置

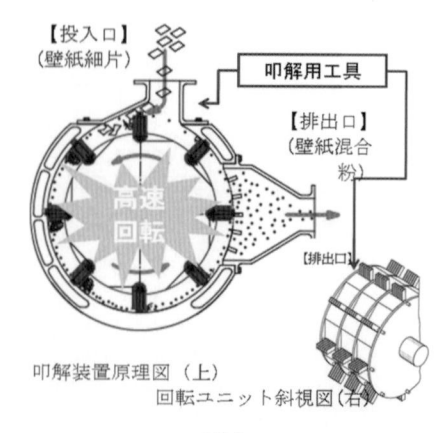

叩解装置原理図（上）
回転ユニット斜視図（右）

図3

2 プラスチック系の個別リサイクル

図4 分離回収ライン

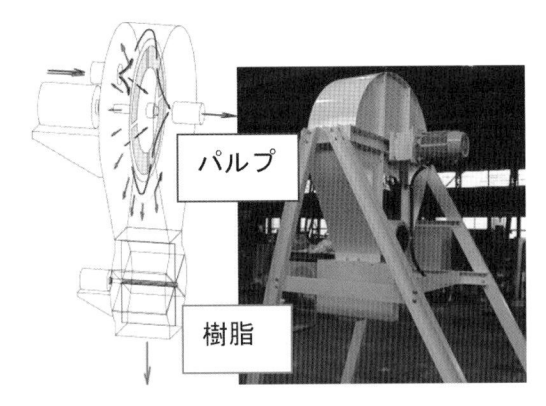

図5 円形ネット分離装置

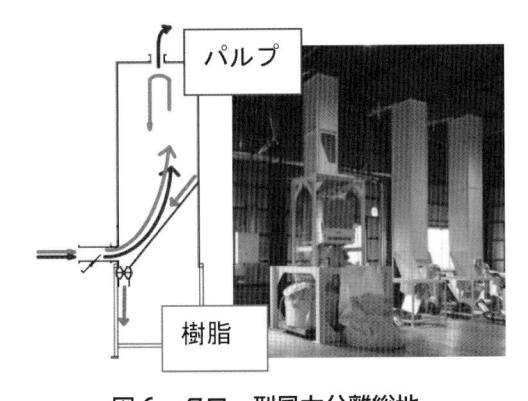

図6 タワー型風力分離総地

図7 再生製品

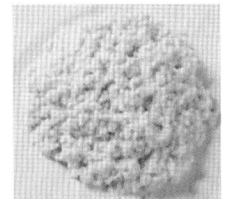

図8 （左図）再生塩ビコンパウンド
　　（右図）再生パルプ

● 実用上の効果

このように、遠心高速叩解法による微細化と独創的な複合分離方法の開発、量産化の実現によって、従来難しかった、塩ビ壁紙の本格的マテリアルリサイクルが可能となり、樹脂粉は、床材、建材、雑貨等(図6)の原材料として再利用され、パルプは、壁紙の裏打紙に再利用される。また、様々な樹脂成形装置での加工が可能な、紙と樹脂のの混合粉(500μm以下)は、(社)日本有機資源協会のバイオマスマークの認定をうけている。リサイクルの実現は、廃棄物の削減のみならず、これら、リサイクル原料(図7)の活用により、CO_2の削減などに寄与することとなる。

（アールインバーサテック株式会社）

【再生原料】

品番	外観	色相*	樹脂含量 軟質塩ビ %	粒度 mm	ファイバー含量 パルプ %	繊維長 mm
VWP-1000	粉体	白色系*	99%	0.8以下	1%	
VWP-1300	粉体	白色系*	99.7%	0.3以下	0.3%	
VWP-2000	粉体	混色系*	99%	0.8以下	1%	
VWP-2300	粉体	混色系*	99.7%	0.3以下	0.3%	
VWP-9000	粉体	白色系*	99.7%	0.1以下	0.3%	
VWX-1010	粉体	白色系*	75%	0.8以下	25%	0.8以下
VWX-1020	粉体	白色系*	75%	0.5以下	25%	0.5以下
VWF-1000	綿状	生成色	1%		99%	約2.0
VWF-1010	粉体	生成色	1%		99%	約1.0
VWF-1020	粉体	生成色	1%		99%	約0.5

プラスチック系の個別リサイクル 12
使用済み硬質塩化ビニル管・継手のリサイクル

● **受け入れ対象物とその量**

使用済みの硬質塩化ビニル管、継手類
概算の量
　　リサイクル材料受入量：19.6千トン/年
　　リサイクル塩ビ管出荷量：2.7千トン/年
　　（平成21年度実績）

● **技術概要・プロセス紹介** （下図参照）

1. 前処理品の受入拠点

前処理(選別・泥落し)された使用済塩ビ管・継手の受入拠点として、全国に配備した「中間受入場」と、協会と協力してリサイクルに取組む「リサイクル協力会社」を設置。

2. 未処理品の受入拠点

管に付着した泥を工事現場で落とすのは困難という声には、未処理の使用済塩ビ管・継手を受入れる拠点として、協会と契約した「契約中間処理会社」を設置。

● **再資源化物の販売先**

受入れたリサイクル材を使用して、リサイクル塩ビ管を製造・販売している。

● **技術のPR**

当協会は塩化ビニル管・継手を製造・販売する正会員会社12社からなり、平成10年からリサイクルシステムを構築し運用している。

塩ビ樹脂は再生利用が容易であり、リサイクル塩ビ管として以前から製造・販売されているが、リサイクル材の品質を高めることで、リサイクル塩ビ管は排水・通気用途の配管材としてグリーン購入法に認定され、また、ＪＩＳ規格化されたことにより、更に安心して利用いただけるようになった。

ただし、リサイクル塩ビ管は、リサイクル材を使用しているということで、無圧管用途に限定している。

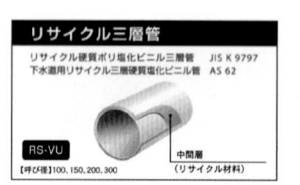

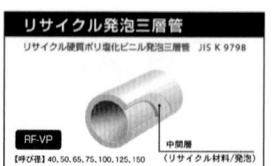

（塩化ビニル管・継手協会）

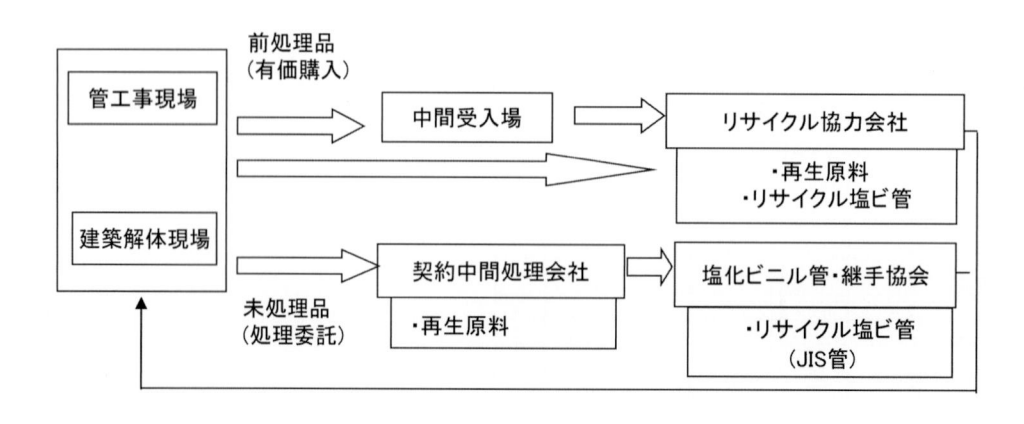

プラスチック系の個別リサイクル 13

硬質塩ビのリサイクル

● 受け入れ対象物とその量

硬質塩ビ押出成形品(特に塩ビ管)
Aランク品 ①品名が識別でき、汚れ等がないもの ②パイプメーカーからの未使用品（不良品を含む）③加工メーカーからの端材品(シール、接着剤等がないもの)
Bランク品 ①微量の汚れ、拭けば取れるもの ②パイプメーカー品、品名が識別できるもの（汚れ、拭けば取れるもの）（使用済み品、未使用品）（シール、接着剤等が無いもの）
上記対象品で有れば、600 t / 月以上も可能

● 技術概要・プロセス紹介

下図参照。

● 再資源化物の販売先

異形押出成形メーカー（塩ビパイプ・建築資材等）
射出成形メーカー（電器設備・建築資材等）

● 技術のPR

各種リサイクル原料を健全に回収、資源として有効活用し、循環型社会をサポートするリサイクルメーカーである。グループ全体のリサイクル製品販売数量は、実に年間約8000トンにものぼり国内最大のリサイクルメーカーとなった。

今後、益々必要とされるリサイクル技術を私達は、世の中に資源循環型社会への貢献を理念として活動する。

私達はリサイクルネットワークを作り各社得意分野での協力を仰ぎ資源循環型に貢献する。

（株式会社照和樹脂）

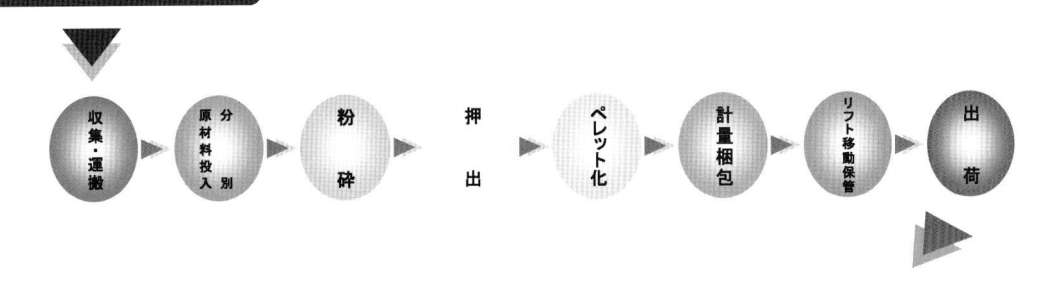

お客様（排出事業者）
→ 収集・運搬 → 原材料投入 → 分別 → 粉砕 → 押出 → ペレット化 → 計量梱包 → リフト移動保管 → 出荷

生まれ変わった高品質な製品をお届け

プラスチック系の個別リサイクル 14
塩ビ管・継手のリサイクル

● 受け入れ対象物とその量

使用済み硬質ポリ塩化ビニル管・継手。受入に際しての量や管の長さに対する制約はなし。有価にて買い取る。

● 技術概要・プロセス紹介

下図参照。

● 再資源化物の販売先

回収された使用済み塩ビ管は全て自社でリサイクル塩ビ管に再生し販売される。

タイスイRスーパーVU (JIS K6741)：下水道用本管・取付管や宅地内排水管等に広く使用。

タイスイRスーパーVP (JIS K6741)：排水管やユニットバスの部品などに広く使用。

タイスイ Ⓣ VU (AS58)：塩化ビニル管・継手協会のREP規格品。無圧排水管として使用。

タイスイ ライトカン：薄肉軽量で取り扱いが楽で、安価な雑排水用塩ビ管として使用。

● 技術のPR

タイスイRスーパーVU・VPはリサイクル率98％を達成（塩ビ原料としては100％リサイクル材料を使用し、バージン樹脂は一切使用していない。）しながらも、JIS K6741「硬質ポリ塩化ビニル管」の表示認証を取得している。タイスイ Ⓣ VUも同様にリサイクル率98％を達成している。バージン管を1kg製造するまでに排出されるCO_2 1.485kgに対して、リサイクル管では0.483kg（出典：「PVC FACT BOOK」塩ビ工業・環境協会）であり、資源の有効利用のみならず温暖化ガスの削減にも貢献できる。タイスRスーパーVU・VP及びタイスイ Ⓣ VUはどちらもグリーン購入法の特定調達品目対象製品である。

（大水産業株式会社）

```
使用済み塩ビ管受入  ← 使用済み塩ビ管・継手を有価物として購入。
      ↓
    選 別        ← JIS K6741認証品である「タイスイRスーパーVU・VP」用の原料として
      ↓           は、汚れや劣化の少ない塩ビ管を使用。汚れや劣化の多い塩ビ管や継手は、
    粉 砕          強度をあまり必要とされない製品の原料として使用する。
      ↓
   微粉砕        ← 粉に近い状態まで微粉砕し、安定剤等の添加剤を加え混合する。
      ↓
   配混合
      ↓
    造 粒        ← 製品強度を確保するためにパイプに成形する前にペレットにする。
      ↓
    成 形        ← ペレットからリサイクル塩ビ管を製造する。
```

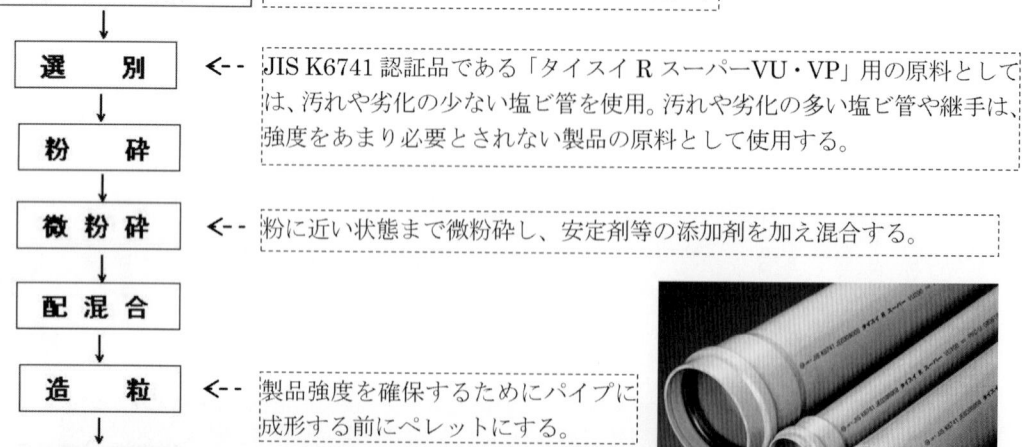

プラスチック系の個別リサイクル 15

その他プラスチック製容器包装のパレット化

● 受け入れ対象物とその量

　ペットボトルを除くその他プラスチック製容器包装（処理能力245 t／日）
　平成21年度受入実績　36,767 t

● 技術概要・プロセス紹介

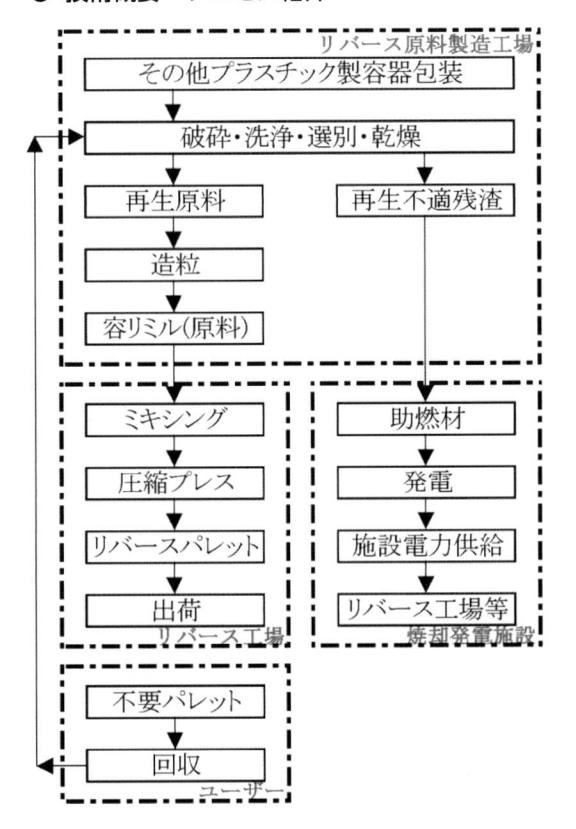

```
リバース原料製造工場
　その他プラスチック製容器包装
　　　↓
　破砕・洗浄・選別・乾燥
　　↓　　　　　↓
　再生原料　　再生不適残渣
　　↓
　造粒
　　↓
　容リミル(原料)

リバース工場
　ミキシング　　　　助燃材
　　↓　　　　　　　↓
　圧縮プレス　　　　発電
　　↓　　　　　　　↓
　リバースパレット　施設電力供給
　　↓　　　　　　　↓
　出荷　　　　　　リバース工場等
　　　　　　　　焼却発電施設

ユーザー
　不要パレット
　　↓
　回収
```

　㈱富山環境整備／吉谷事業所では収集運搬業・中間処理業・最終処分業・リサイクル業を展開している。
　当該処理に関連するリバース原料製造工場・リバース工場・発電焼却施設はいずれも隣接しており、輸送効率、生産効率も高く、処理物が滞ることはない。

　材料リサイクルの処理フローは、異物の手選別、破砕、洗浄、湿式比重選別、脱水、乾燥、造粒で、工場排水は生物処理後循環利用している。原料リサイクルできない処理残さは、自社の廃棄物発電施設の助燃材として有効利用することで、廃棄物を外部に出さない完結型一極集中リサイクルシステムとなっている。
　製造した再生原料は隣接するリバース工場で成型加工し、リバースパレットとして販売している。この流れは独自のリサイクルシステムでリバースシステムと称している。販売したリバースパレットは不要になれば回収し、再破砕することで再びリバース原料となる。

● 再資源化物の販売先

　物流用パレット（リバースパレット）

● 技術のPR

　当社は2001年からその他プラ容器包装の再商品化事業を開始し、設備の改良・経費削減を経て、現在は国内最大規模のマテリアル再商品化事業者へと発展した。現在製造しているリバースパレットは、他材料を混合しない容リプラ100％製品であり、エコマーク認定、富山県リサイクル製品認定、パレット等認定を受けている。企業としては富山市処分業許可の優良基準の適合を受け、リバース工場ではISO9001，ISO14001の取得により、品質・環境管理に重点を置き、容器包装リサイクルの外部への環境教育を積極的に展開している。

（株式会社富山環境整備）

プラスチック系の個別リサイクル 16

医療系廃プラスチックの液化リサイクル

● 受け入れ対象物とその量

PE、PP、PS等の廃プラスチック、感染性医療廃棄物

秋田事業所（2008年より稼働中）
　10T/日処理規模

長野事業所
　（2011年稼働予定）6T/日処理規模
　（2012年稼働予定）40T/日処理規模

● 技術概要・プロセス紹介

近年医療器具はプラスチック材料の適用拡大にともない、排出物はより多種多様のものとなってきている。多種多様なプラスチック類から資源を安全に回収する技術が望まれている。

ここに紹介する熱分解による液化がその方法としては最も有効と考えられる。医療廃棄物に関しては従来から必要としている滅菌技術（熱利用）があり、乾留（無酸素）による熱分解技術と融合させることによって本システムを確立した。

生成する分解油ばかりでなく、残渣やオフガスからの資源・エネルギー回収も今後進めていく予定である。

● 再資源化物の販売先

軽質油（A重油相当）：自家利用及び製油会社へ販売

重質油（C重油相当）：発電、ボイラー等の燃料用に販売

残さ：発電所、ボイラー、セメント工場等の燃料用RPFの代替品として販売

● 技術のPR

我が国の国策となっている資源大国の実現、循環型社会育成等の一環として当社は廃プラスチックの総資源化（都市油田開発）に取り組んでいる。医療用器具を製造・販売する(株)オリンパスの静脈系をになうグループ会社としての取り組みでもある。

秋田事業所　液化装置

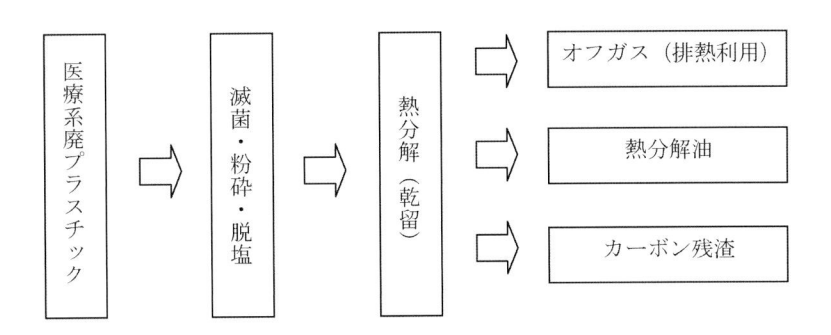

```
医療系廃プラスチック → 滅菌・粉砕・脱塩 → 熱分解（乾留） → オフガス（排熱利用）
                                                          → 熱分解油
                                                          → カーボン残渣
```

処理の流れ

　プラスチックの液化リサイクル技術は従来広汎に行われてきたリサイクル手法に比し、低炭素化・資源節減の特長をもつ。熱分解技術の近年の進歩・成熟と相まって付加価値の高いリサイクル品(分解油)の製造が可能となっている。生成される分解油やカーボン残渣についてはその活用法の自由度、貯留性について有利であり、多種の産業分野においての適用が可能である。また生成時の環境負荷が小さいことからそれらの生成物を利用する企業側の環境対策としても期待が高まる。

　当社は医療系廃棄物に限らず、食品残渣の乾燥処理等、熱利用施設との併用による合理化に積極的に取り組んでいる。

（株式会社アルティス）

プラスチック系の個別リサイクル 17
家電リサイクル樹脂の燃料化
（断熱材ウレタン燃料化）

● 受け入れ対象物とその量

冷蔵庫処理から回収される断熱材ウレタン。

● 技術概要・プロセス紹介

使用済み冷庫から回収したウレタンは細かく破砕されて発泡に用いられたフロンガスを抜くことをされているが、さらに熱と圧力を加えて塩素を抜き、直径約5mm、長さ20~30mm程度の円柱状に圧縮加工する。ウレタン中の残留塩素濃度は03％以下、かさ比重は約0.5を確保できるため、ボイラー等の燃料代替として活用が可能。

● 再資源化物の販売先

製紙工場、セメント工場他における石炭代替燃料として。

● 技術のPR

燃料として使用されるために最も重要視されている塩素濃度を低く抑えることができるとともに、樹脂系廃棄物が常に問題となる輸送効率もかさ比重を約0.5とできたことによって大きく改善されている。

（中部エコテクノロジー株式会社）

設備外観写真

燃料化したペレット

プラスチック系の個別リサイクル 18
産業廃棄物由来の固形燃料（RPF）の生産・リサイクル

● **受け入れ対象物とその量**

産業廃棄物（廃プラスチック類、紙くず、木くず、繊維くず、ゴムくず）

● **技術概要・プロセス紹介**

受け入れた産業廃棄物（廃プラスチック、紙くず）は、一軸破砕機で破砕した後、定量供給装置に輸送する。その後、ペレットミルにて廃プラスチックと紙くずを7対3の割合で混合しペレット状にする。

ペレット状になったRPFは、80℃～100℃と高温になっているので、強制空冷式の冷却機にて20℃程度の常温まで下げてから製品積込シュートへ輸送する。

出荷形態はハンドリングの良さ等を考慮し、フレコンパック詰めで行っている。

また、消防上の対策として各プラントに熱センサー・炎感知器・スプリンクラー等を設置し、事務所内からでも工場内部を確認できるようWebカメラを設置し監視している。

● **再資源化物の販売先**

製紙会社へ化石燃料の代替としてボイラー燃料に使用されるものとして販売される。

● **技術のPR**

当社は良質のRPF製造を心がけている。2010年から始まった固形化燃料（RPF）のJIS認証制度（JIS Z 7311）の取得に向けて取り組んでおり、2011年度を目処に認証取得を予定している。

JIS Z 7311 （RPF-A）

高位発熱量(MJ/Kg)　25以上
水分　質量分率(%)　5以下
灰分　質量分率(%)　10以下
全塩素分　質量分率(%)　0.3以下

（株式会社アイデックス）

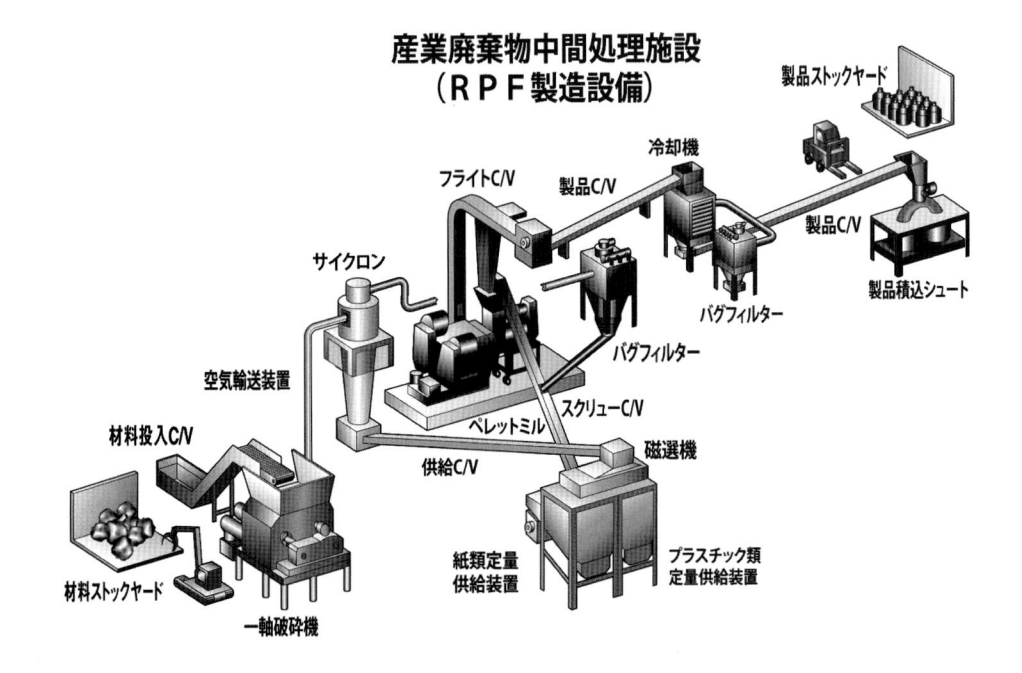

産業廃棄物中間処理施設（RPF製造設備）

プラスチック系の個別リサイクル 19

使用済みプラスチックの高炉でのリサイクル

● 受け入れ対象物とその量

使用済みプラスチック製容器包装
落札実績(2010年度)　32,000t
　　　　（日本容器包装リサイクル協会）

● 技術概要・プロセス紹介

　使用済みプラスチック製容器包装の圧縮固縛品（ベール品）を解砕した後、種類選別機でフィルム系と固形系に分ける。フィルム系は磁選機で金属異物を除去し、破砕機で破砕した後、遠心式比重選別機で塩ビ等の高比重プラスチックを分離し、造粒機で成型する。一方、固形系は手選別、磁選機・風選機によって異物を除去した後、破砕機で所定粒径に破砕する。両者を混合した再生プラスチック粒を吹き込み装置で、高炉下部の羽口（高炉への熱風吹き込み部）から高炉内に吹き込む。プラスチック中の炭素と水素分は直ちに、COとH₂の還元性ガスに分解され、鉄鉱石中の酸素と反応し、銑鉄に還元する。

● 再資源化物の販売先

　JFEグループ企業で加工した再生プラスチック粒を東日本製鉄所京浜地区および西日本製鉄所福山地区の高炉において、鉄鉱石の還元材であるコークスの代替原料として利用する。

● 技術のPR

・コークスの代替となるため、コークスの使用量が削減でき、貴重な原料炭資源の保存に寄与する。
・プラスチック中の水素分も還元に寄与することの他、プラスチック焼却時に排出されるCO_2が削減できるため、LCA評価の結果、高炉でのベール1tの利用で約3tのCO_2の削減効果が達成できる注）。
・吹き込まれたプラスチックの全てが還元材および所内燃料ガス（発電所等）として有効利用される。
・高炉内は2000℃以上の高温還元雰囲気であるため、吹き込まれたプラスチックは完全無害化され、CO_2以外の二次的な環境負荷物質（ダイオキシン類等）の発生はない。

注）"プラスチック製容器包装再商品化手法に関する環境負荷等の検討"、(財) 日本容器包装リサイクル協会、2007.6

（JFEスチール株式会社）

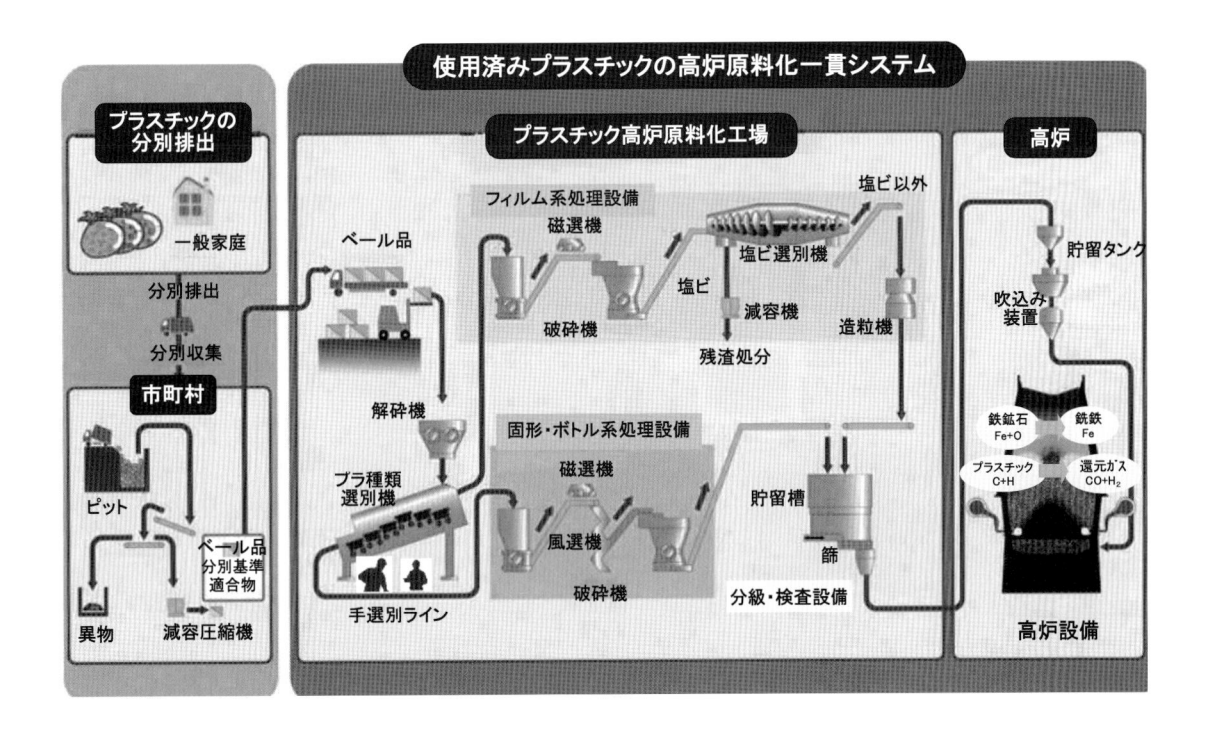

2 プラスチック系の個別リサイクル

使用済みプラスチックの高炉原料化一貫システム

- プラスチックの分別排出
  - 一般家庭
  - 分別排出
  - 分別収集
- 市町村
  - ピット
  - 異物
  - 減容圧縮機
  - ベール品（分別基準適合物）
- プラスチック高炉原料化工場
  - ベール品
  - 解砕機
  - プラ種類選別機
  - 手選別ライン
  - フィルム系処理設備
    - 磁選機
    - 破砕機
    - 塩ビ選別機
    - 塩ビ
    - 塩ビ以外
    - 減容機
    - 造粒機
    - 残渣処分
  - 固形・ボトル系処理設備
    - 磁選機
    - 風選機
    - 破砕機
  - 貯留槽
  - 篩
  - 分級・検査設備
- 高炉
  - 貯留タンク
  - 吹込み装置
  - 高炉設備
  - 鉄鉱石 Fe+O
  - 銑鉄 Fe
  - プラスチック C+H
  - 還元ガス CO+H_2

プラスチック系の個別リサイクル 20

小型プラスチック油化装置

● 受け入れ対象物とその量

用途例

ポリエチレン：農業用フィルム、ストレッチフィルム、コンテナ

ポリプロピレン：食品用フィルムやシート、PPバンド、パレット

ポリスチレン：魚箱、梱包緩衝材、食品用トレイ

● 技術概要・プロセス紹介

図1、図2参照。

● 再資源化物の販売先

農家や工場のバーナー用燃料代替品として販売される。

● 技術のPR

地域の産業によって排出されるプラスチックは多種多様で、排出量にも地域性が考えられる。

油化処理するプラスチックの材質と処理量に合わせた装置の運転と、生成油の利用方法を利用者にアドバイスすることで、地域に根ざしたプラスチックの油化事業を行っている。

(株式会社最上機工)

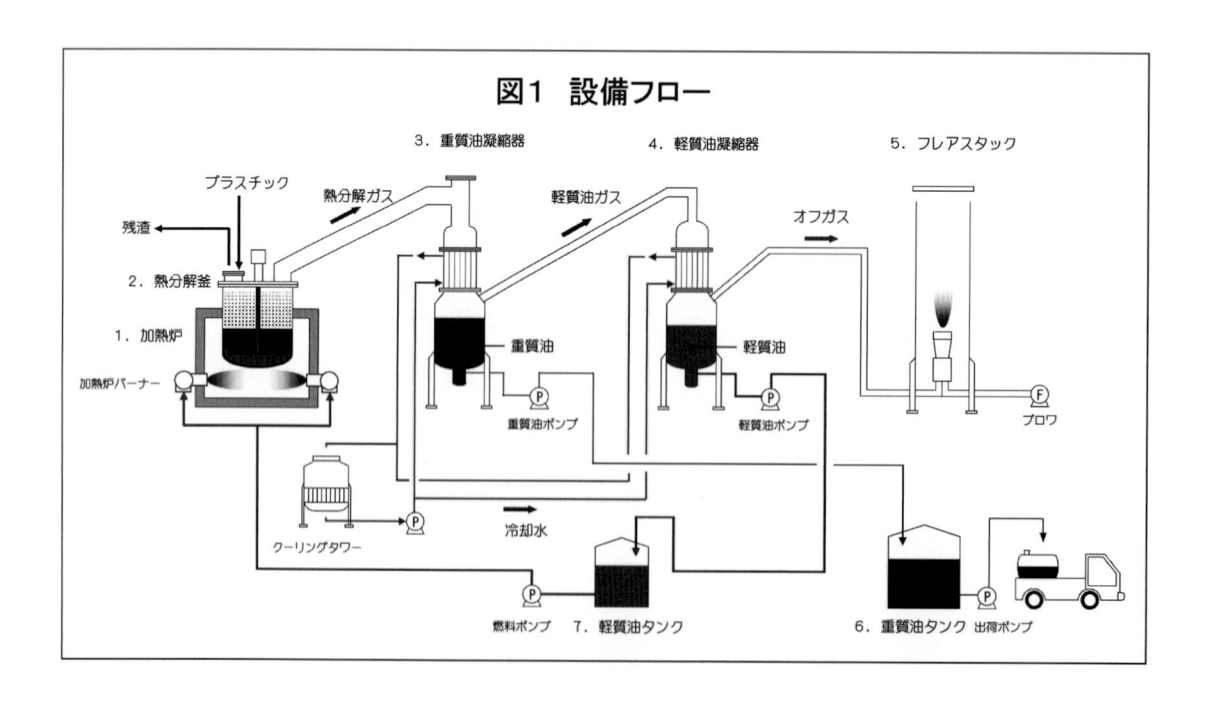

図1　設備フロー

図2 処理フロー

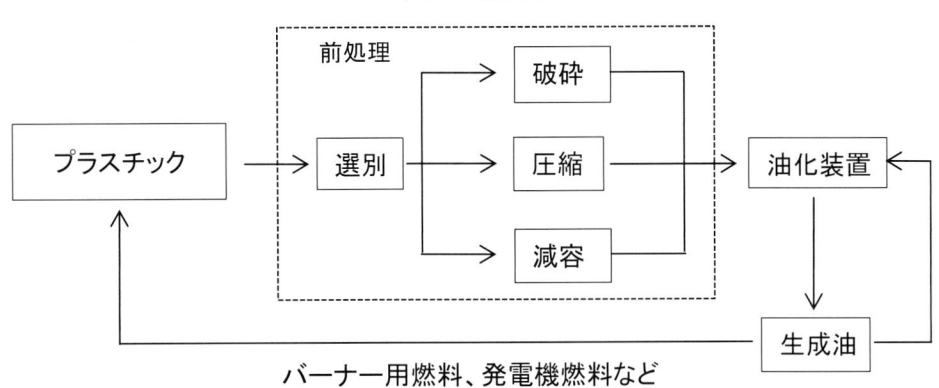

```
                    ┌─────前処理──────────────────┐
                    │         ┌→[破砕]──┐         │
[プラスチック]──→──│→[選別]─┼→[圧縮]─┼─────→[油化装置]←──┐
      ↑             │         └→[減容]──┘         │            │
      │             └──────────────────────────────┘            ↓
      └──────────バーナー用燃料、発電機燃料など────────[生成油]
```

1. 搬入された性状に合わせて前処理を行い、嵩密度を大きくして熱分解釜への充填量を確保する。

2. 生成油の一部を熱分解釜の加熱用バーナー燃料として使用する。

3. 余剰分の生成油を地元地域の方々へ出荷する。

プラスチック系の個別リサイクル 21
コークス炉化学原料化法によるプラスチックリサイクル

● 受け入れ対象物とその量

容器包装プラスチック（その他プラスチック）、ペットボトル、トレイ、繊維製品（事前裁断必要）、製品プラスチック類（材質、形状は相談）

取扱い量：全国5ヶ所（室蘭、君津、名古屋、八幡、大分）の製鉄所で約20万t／年

● 技術概要・プロセス紹介

○プラスチック類を破砕して異物を除去してサイズを整える（造粒物）
○コークス炉で熱分解（無酸素状態で乾留）：炭化水素油、コークス、ガスに物質転換
○油分はプラスチック化学原料、コークスは製鉄原料、ガスはCH_4,H_2等のコークス炉ガスに再生

● 再資源化物の販売先

入手したプラスチック類は全て当社において事前処理（造粒物化）後コークス炉を用いて熱分解し、炭化水素油、コークス、CH_4,H_2等のコークス炉ガスに再生して、グループ会社での精製工程を経由して化学原料などとして販売される。

● 技術のPR

様々な種類の雑多なプラスチック類をコークス炉内1200℃で熱分解して、炭化水素油（40％）、コークス（20％）、CH_4,H_2等のコークス炉ガス（40％）に100％再利用して、それぞれプラスチック製品等の化学原料、製鉄原料および発電用エネルギーや水素として利用される。油からできたプラスチックを油等の上流の化学原料に戻すため資源効率、CO_2削減等の環境負荷低減効果に優れた手法。

（新日本製鐵株式会社）

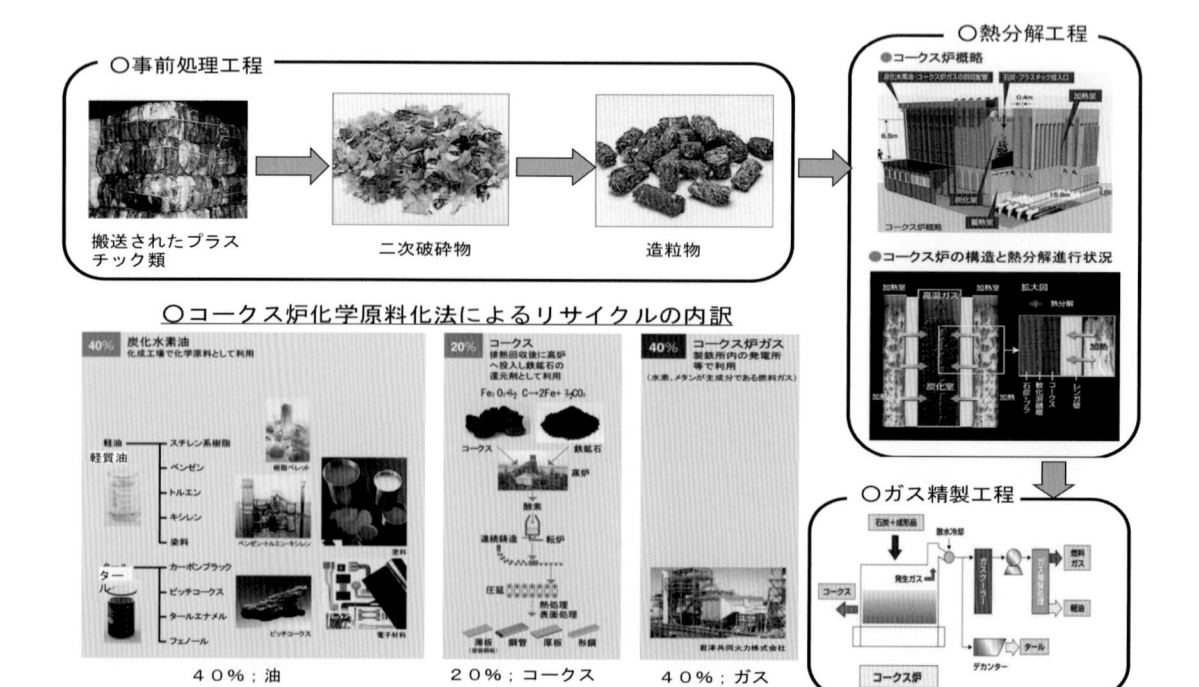

プラスチック系の個別リサイクル 22

産業廃棄物の精密選別とRPFの製造

● 受け入れ対象物とその量

　産業廃棄物（廃プラスチック類、紙くず、木くず、繊維くず、ゴムくず、金属くず、ガラスくず等、がれき類、汚泥）

● 技術概要・プロセス紹介

　混合の廃棄物から固形燃料の材料を選び出すとともに、有価物となる金属類、プラスチック類、石類なども回収してリサイクル原料として販売する。

　プラントへ搬入した廃棄物はAラインで選別後、機械選別を主としたCラインを経て、RPFに使用できる廃プラスチック類、紙くず、木くず、繊維くず、ゴムくずの5品目を逃さず回収し、BラインでRPFを製造する。不適物のみが最終処分される。

● 再資源化物の販売先

　当社で製造したRPFは、製紙工場、鉄鋼工場等へボイラーの燃料として販売している。CO_2削減と資源の有効利用に貢献している。

● 技術のPR

　高精度の設備を用いて廃棄物を選別することによりリサイクル率を向上させている。RPF製造については、国内最大級の成型機を予備機含めて3台保有している。また、経済産業大臣、環境大臣よりＡＳＲ再資源化施設として認定を受けている。

（山本商事株式会社）

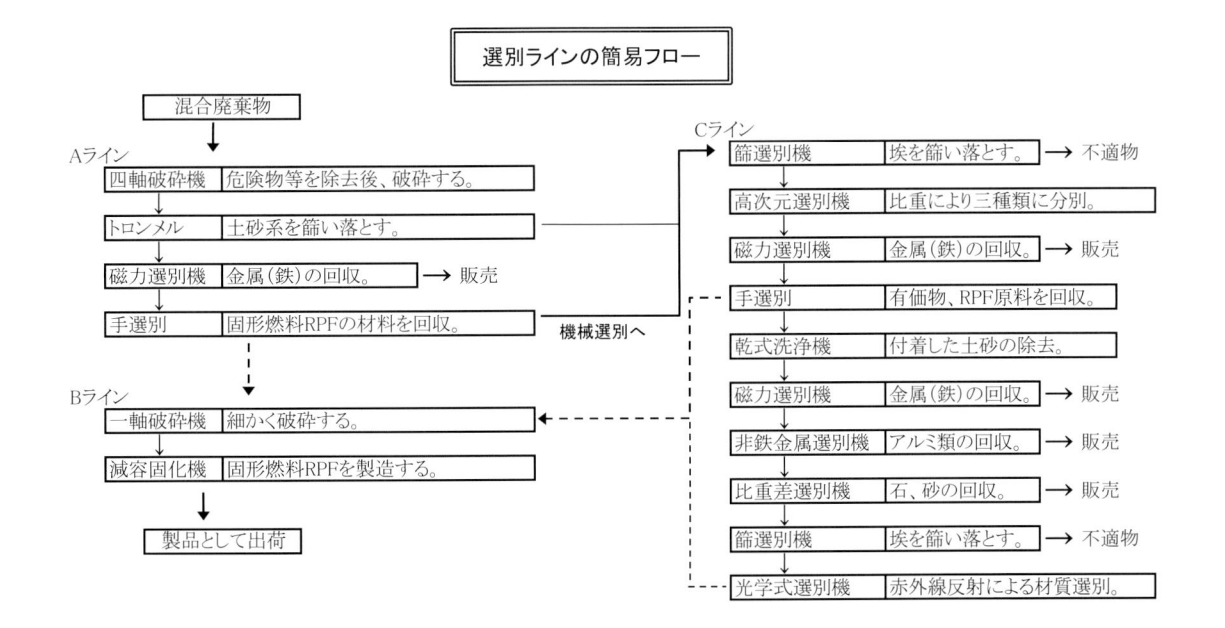

選別ラインの簡易フロー

Aライン
- 四軸破砕機　危険物等を除去後、破砕する。
- トロンメル　土砂系を篩い落とす。
- 磁力選別機　金属（鉄）の回収。→ 販売
- 手選別　固形燃料RPFの材料を回収。

Bライン
- 一軸破砕機　細かく破砕する。
- 減容固化機　固形燃料RPFを製造する。
- 製品として出荷

Cライン
- 篩選別機　埃を篩い落とす。→ 不適物
- 高次元選別機　比重により三種類に分別。
- 磁力選別機　金属（鉄）の回収。→ 販売
- 手選別　有価物、RPF原料を回収。
- 乾式洗浄機　付着した土砂の除去。
- 磁力選別機　金属（鉄）の回収。→ 販売
- 非鉄金属選別機　アルミ類の回収。→ 販売
- 比重差選別機　石、砂の回収。→ 販売
- 篩選別機　埃を篩い落とす。→ 不適物
- 光学式選別機　赤外線反射による材質選別。

プラスチック系の個別リサイクル 23

RPFによるエネルギーリカバリー

● 受け入れ対象物とその量

　主に産業系廃棄物のうち、マテリアルリサイクルが困難な古紙及び廃プラスチック類を受け入れる。当社の受入能力は、7,500トン/月。

● 技術概要・プロセス紹介

　RPFは、紙くずや木くず等のバイオマス由来のものと、基本的にマテリアルリサイクルが困難で従来焼却や埋め立て処分されていた廃プラスチックを適切に破砕・混合・成形し石炭やコークスなどの化石燃料相当に発熱量を調整した燃料である。

　当社の製造プロセスは、原材料選別とRPF製造とに大別される。

　原材料選別ラインは、原材料を選別に適したサイズに粗破砕し、回転式篩選別機（トロンメル）でガラスや土砂、金属付プラスチック等の異物を除去する。その後、磁気選別機により磁性物を除去し、手選別コンベアにて目視による異物を除去します。最後に、燃料の品位を高めるために、光学式選別機で塩ビ類を除去する。RPF製造ラインは、エプロンコンベヤに原料投入後、1軸式破砕機で適正サイズに破砕する。破砕された原料は、磁気選別機により磁性物を除去した後、品質の安定した形状の良いRPFを製造するために、定量供給機により破砕物を混合して成形機に運ばれる。成形されたRPFは冷却後、ストックヤードへと運ばれ、常温確認後に出荷される。

● 再資源化物の販売先

　RPFは、大手製紙会社、石灰会社、化学会社など多くの産業向けに、石炭やコークスの代替燃料として販売されている。

● 技術のPR

　当社はRPFのパイオニアかつ日本最大生産量を誇るRPF専業メーカーである。早くから日本RPF工業会を組織してRPFの品質基準値を定め、RPF市場の信頼要求に応えてきた。また、RPFのさらなる普及のためRPFのJIS規格（JISZ7311:2010）「廃棄物由来の紙、プラスチックなど固形燃料（RPF）」の制定にも積極的かつ中心的に参画してきた。

（株式会社関商店）

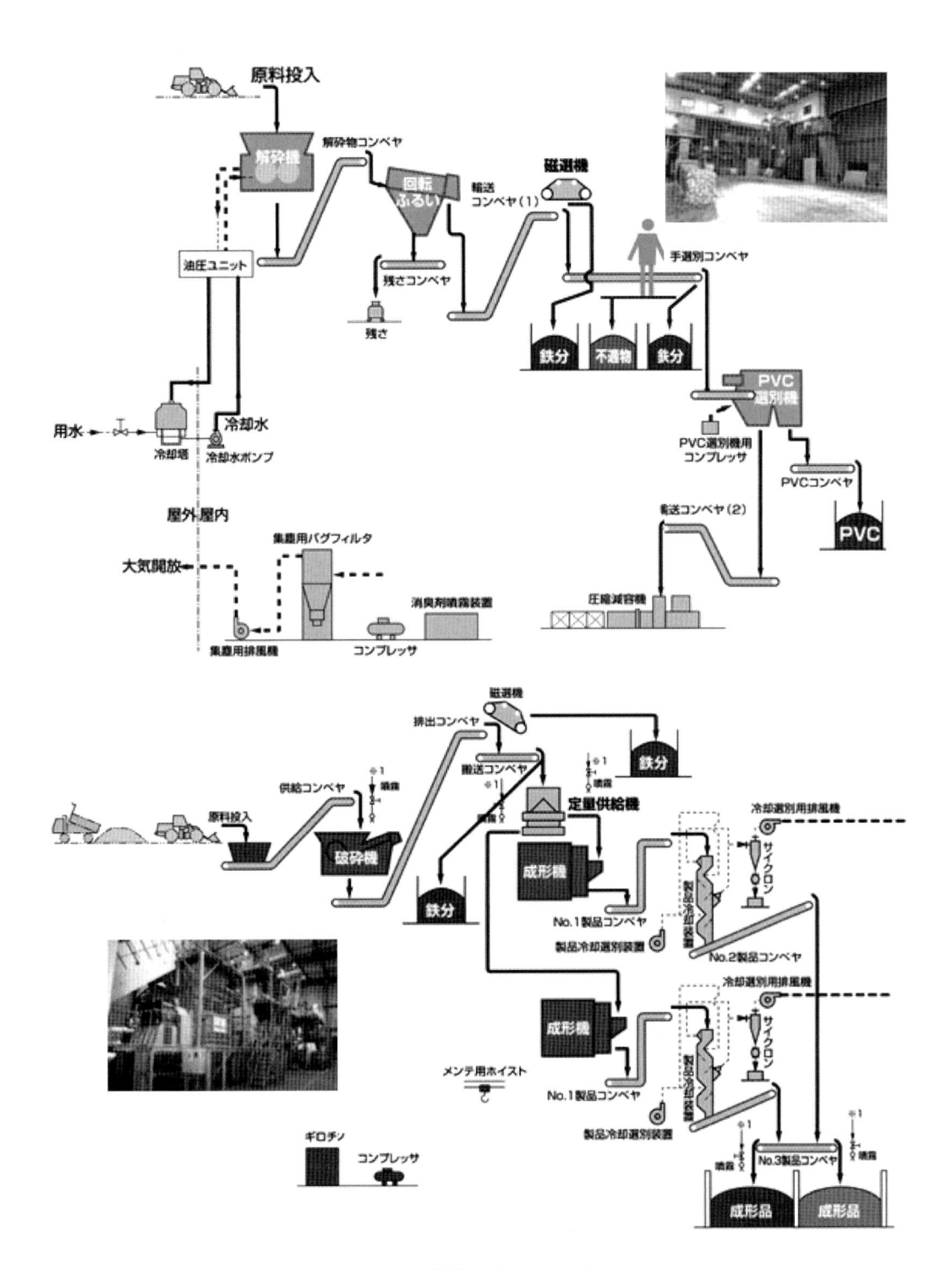

2 プラスチック系の個別リサイクル

RPF の製造工程フロー図
（上段：原料選別ライン　下段：RPF 製造ライン）

プラスチック系の個別リサイクル 24
セメント製造工程での廃プラスチック類の
サーマル・マテリアル利用

● **受け入れ対象物とその量**

廃プラスチック類、その他可燃性固形廃棄物(以下廃プラ等と記す) 125,000t／年

● **技術概要・プロセス紹介**

最大サイズ1,600mmまで受け入れ可能。塩素分の多い廃プラ等は受け入れないが、それ以外は軟質、硬質、フィルム状、塊状、複合材料等の区別なく受け入れる。受け入れた廃プラ等を破砕機、篩および異物除去機に通しフラフ状・粒状に加工しセメントキルンに吹込みサーマル・マテリアル利用する(図1)。原燃料の代替物であることからセメント製造工程、品質に悪影響を及ぼす異物や有害元素が多量に混入しないよう受け入れ品質基準を設定し、異物除去対策を講じている。

当社は、大量の廃プラ等を安定的に処理すべく1999年から破砕設備および燃焼設備を段階的に整備してきた。これら複数の設備により様々な形態、品質の廃プラをセメント焼成工程、品質に影響を与えることなく利用できるようになった。

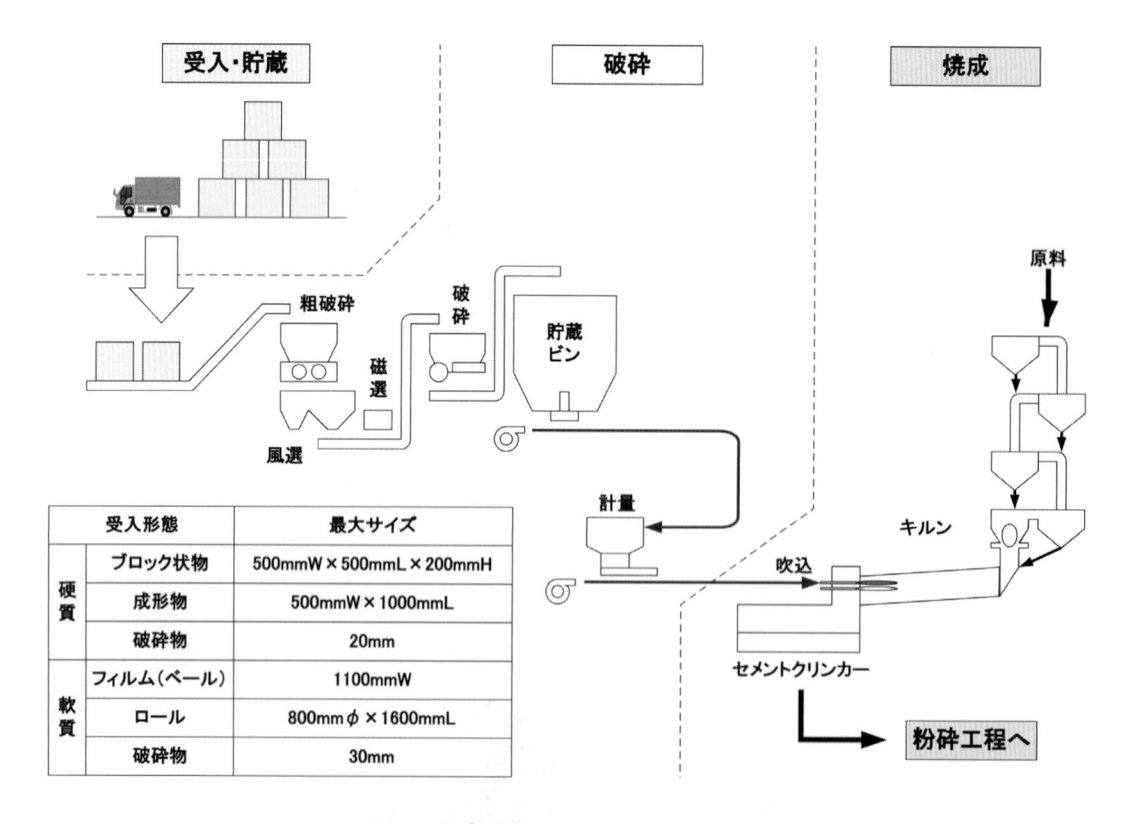

	受入形態	最大サイズ
硬質	ブロック状物	500mmW × 500mmL × 200mmH
	成形物	500mmW × 1000mmL
	破砕物	20mm
軟質	フィルム（ベール）	1100mmW
	ロール	800mmφ × 1600mmL
	破砕物	30mm

図1　廃プラ等のリサイクルフロー例

● 再資源化物の販売先

受け入れた廃プラ等は、全て当社にて規定サイズに破砕され、セメントキルンにおいてサーマル・マテリアル利用される。最終的には汎用セメントに生まれ変わる。

● 技術のPR

当社の廃プラ等リサイクル技術の特徴は、大量の廃プラ等を形態に合わせて破砕する設備を複数有する点、高温のキルン部分に吹き込み、形態、熱量、成分の異なる廃プラ等を＜多量に安定的に燃焼させる技術＞を他社に先駆けて確立させた点にある。燃焼方式の違いと最適形状、流速等の概念を図示した(図2)。

(株式会社トクヤマ)

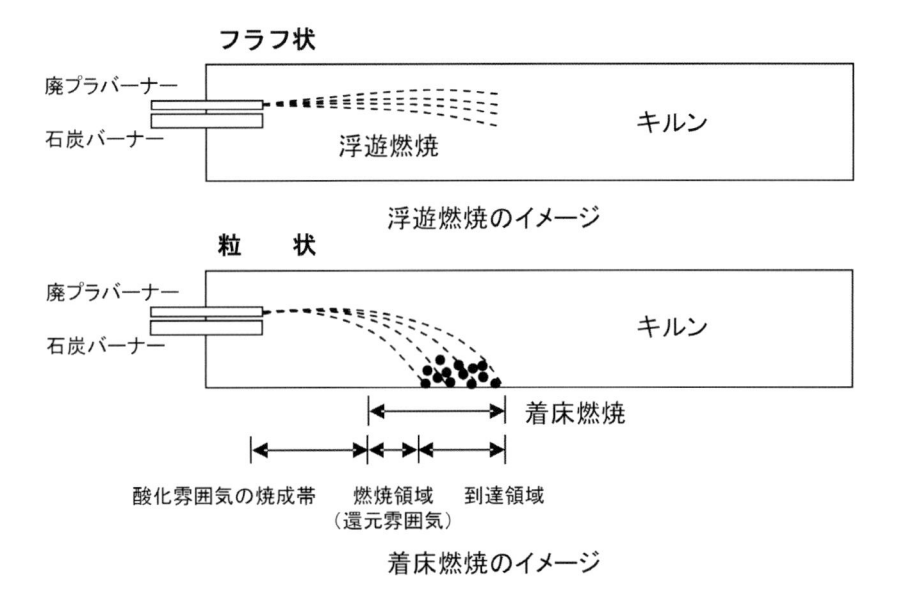

図2 廃プラの燃焼方式と形態、雰囲気の概念図

プラスチック系の個別リサイクル 25

廃プラスチック類の燃料化リサイクル

● 受け入れ対象物とその量

	鵜飼（広島）	岡山	仙台（宮城）
廃プラスチック類、木くず、紙くず、繊維くず	56 t	72 t	69 t
稼働率（H 22上期）	90%	54%	48%

● 技術概要・プロセス紹介

　従来、埋立や単純焼却などの処理を行っていた廃プラスチック類、木くず、紙くず、繊維くずを破砕し、熱を加えて圧縮固化にて成形（造粒）する。石炭などの代替燃料としてバイオマスボイラーなどで燃焼され発電などに利用される。これらの燃料は、ＲＰＦアールピーエフと呼ばれ、Refuse Paper&Plastic Fuel（廃棄物由来の紙・プラスチック燃料）の略である。

　廃棄物を利用する性質上、金属などの異物混入除去や利用するボイラーに影響を与えないように複数の品質項目を管理する事が求められている。現在ではJIS基準も定められており、出来上がった燃料のJIS認定を受ける事も可能である。

ＲＰＦ燃料

● 再資源化物の販売先

　製紙工場やセメント工場などでのボイラー燃料としての利用が大半を占めるが、小規模ではあるが農業関係の温室ハウス用のボイラーなどにも一部利用されている。

● 技術のPR

　成形（造粒）する機種の違いにもよるが、塩素を含まない多種のプラスチックが利用できる。かさ密度も0.4強であり、保管や運搬時のハンドリング性が向上する。また燃料として利用した場合のCO_2排出量が、石炭よりも少なく温暖化抑制にも貢献できる。

（株式会社オガワエコノス）

破砕設備

金属系の個別リサイクル 1

廃電気・電子機器基板の減容化

● 受け入れ対象物とその量

含Au、Ag、実装基板、打ち抜き基板、ピンボード、コネクタ、フィルム基板、リレー屑　等。
処理量：1,440 t／年(フル操業時)

● 技術概要・プロセス紹介

金、銀、銅、パラジウム等を含む基板屑、フィルム屑などの銅屑は、乾留ガス化炉にて250℃〜300℃で乾留減容化して有価金属を濃縮し、銅製錬所へ送っている。
表1参照。

● 再資源化物の販売先

PPC日比製錬所

● 技術のPR

原料廃基板を破砕しなくても焼却できる。バッチ式で、ロット全量を焼却後にサンプルを採取するので、原料分析値の精度が高い。

参考文献
田中正幸／三井串木野鉱山㈱における金・銀製錬／Journal of MMIJ ／ VOL.123 NO.12 ／ P675<111>-P677<113>／2007年12月

（三井串木野鉱山株式会社）

工程と設備概要

工程名	設備名
キンセイ炉工程	乾留ガス化炉（2基） 排ガス処理設備一式、燃焼塔、冷却炉、冷却塔、バグフィルター、誘引ファン 75N m³/min、消石灰・活性炭供給装置　他

金属系の個別リサイクル 2
電子基板のリサイクル

● 受け入れ対象物とその量

対象物：電子基板類、電子部品類

取扱量：20,000t/年（使用済み電子基板類、電子部品類）

取扱例：デスクトップパソコン基板　Au240g/t、Ag1,200g/t、Cu18%

　　　　パソコン搭載用メモリ類　Au750g/t、Ag2,000g/t、Cu24%

　　　　電話回線通信用モデム基板　Au160g/t、Ag800g/t、Cu20%

　　　　携帯電話　Au400g/t、Ag1,500g/t、Cu10%

その他IC、コピー機、ゲーム機、交換機等の基板類、これらの製造工程端材

※上記品位は例示である。貴金属含有量は個体差が大きく、取引においては個別評価による。

● 技術概要・プロセス紹介

2008年から稼動したTSL炉（Top Submerged Lance炉）では微粉炭と酸素を用いて原料を1,300℃まで加熱して溶融するとともに、酸化還元雰囲気のコントロールを行っている。溶融した銅分とともに金、銀、白金族金属を抜き出して精製を行っている。さらにTSL炉の排ガス中に分配される鉛や亜鉛成分も同所内の鉛製錬系統および亜鉛製錬所での回収を行うことができる。従来の精鉱製錬では、基本反応である硫黄の酸化反応を用いるために精鉱の一部をリサイクル原料で代替する程度に限られたが、この反応によらずに製錬を行うため幅広い組成の原料装入設計に適用できる。

多種多様な構成をされる使用済み電子基板では、処理プロセスとは別に含有価値を評価するためのプロセスが必要である。小坂製錬株式会社では、標準粒度20mm以下までの破砕を行って、約3%量（＞50kg）を一次サンプルとして自動採取した上で、マット溶解試料調整－乾式試金法によって金、銀評価を行っており、より正確な評価による購買を実現している。

一方で、ハロゲン（PVC被覆線など）を多量に含有するものや溶剤を含むもの、防水用の封止材で固められているものなどは、破砕および製錬工程へは投入できない。このような場合は、隣接する関連工場での分解、選別、前処理焼却等のオプションを設けて原料化に対応している。

● 再資源化物の販売先

電気金（めっき試薬、宝飾品など）

電気銀（電子部品用銀粉、導電ペースト、電池用酸化銀粉など）

電気銅（電線、伸銅品など）

電気鉛（バッテリー、染料など）

電気ビスマス（伸銅添加剤、電子部品、薬品）

● 技術のPR

精鉱に頼らない新しい製錬形態である。

E-Scrapを中心に高まるリサイクルのニーズに対して、解体、選別、破砕、焼却といった前処理を近隣の関係会社の処理技術を併せて一貫して行うことができる。

（小坂製錬株式会社）

3 金属系の個別リサイクル

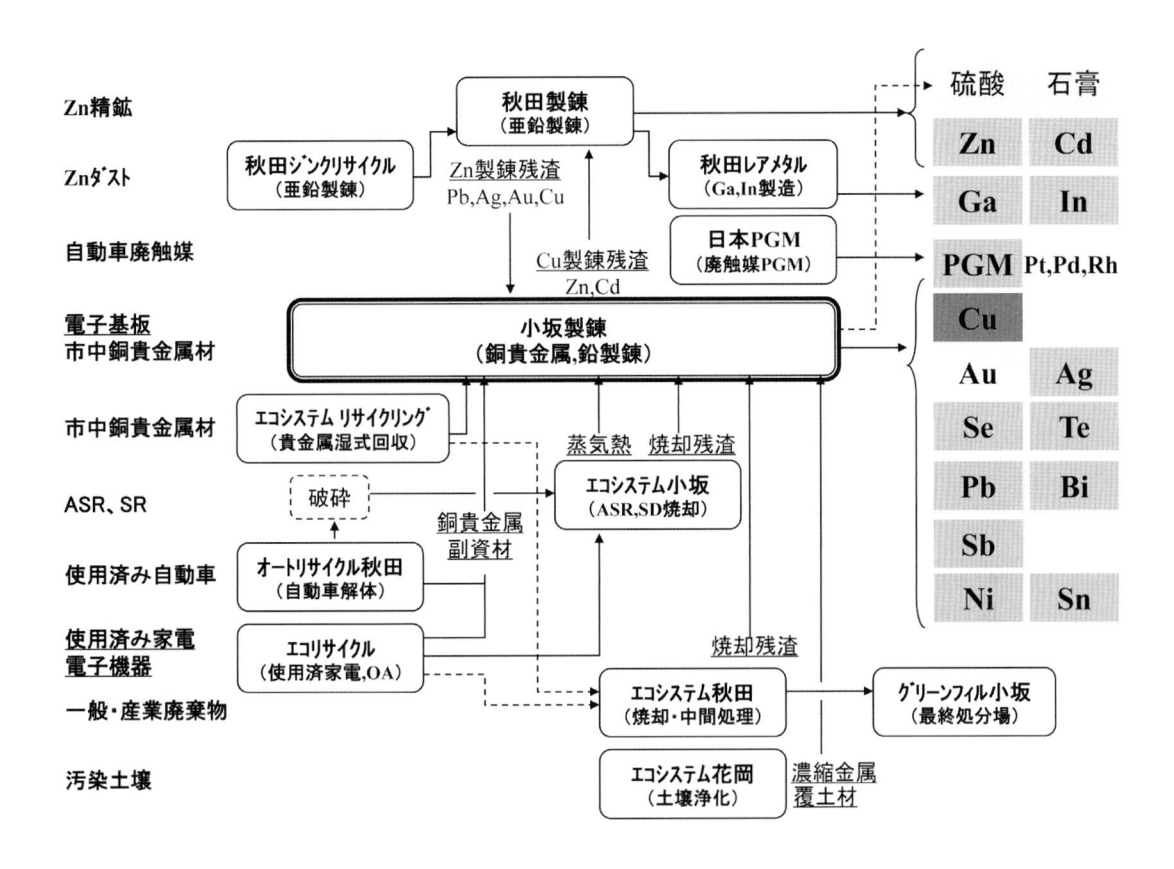

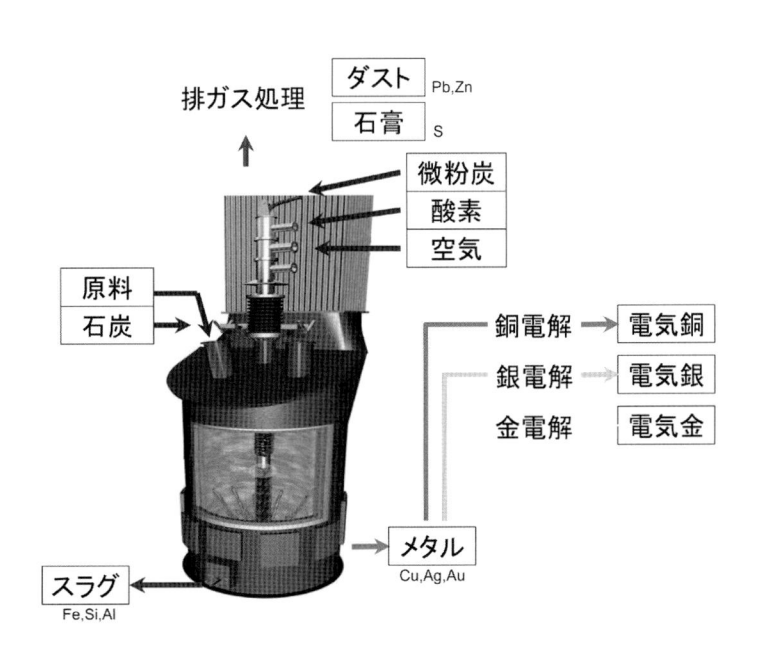

金属系の個別リサイクル 3

廃家電基板の再資源化 (1)

● 受け入れ対象物とその量

リサイクル原料(携帯電話、電子機器部品、廃家電製品の基板等)

● 技術概要・プロセス紹介

携帯電話、パソコン等の廃OA機器を解体・選別・破砕して、マテリアルリサイクルを行っている。貴金属を含む基板類はプラスチック等を含有していることから、焼却処理し、銅、貴金等を濃縮してJX日鉱日石金属㈱へ原料として売却している。

● 再資源化物の販売先

・銅、貴金属等の有価金属含有物はJX日鉱日石金属㈱に売却
・鉄、アルミ屑はリサイクル原料として再生メーカーに原料として売却

● 技術のPR

①JX日鉱日石金属グループの高度な金属製錬技術と長年にわたって培ってきたリサイクル・再資源化技術を軸とした産業廃棄物処理の技術と経験を活かして、効率的に銅、貴金属等を濃縮している。
②プラスチック等の焼却／熱分解に、定置炉／キルン炉／油化設備を有し、廃OA機器の特性に応じた解体・選別・焼却処理を行って、銅、貴金属等を濃縮している。
③全国より廃酸・廃アルカリ・廃油等の産業廃棄物を集荷し、焼却・中和の無害化と再資源化を行うことにより、ゼロエミッション推進に努めている。

(JX金属敦賀リサイクル株式会社)

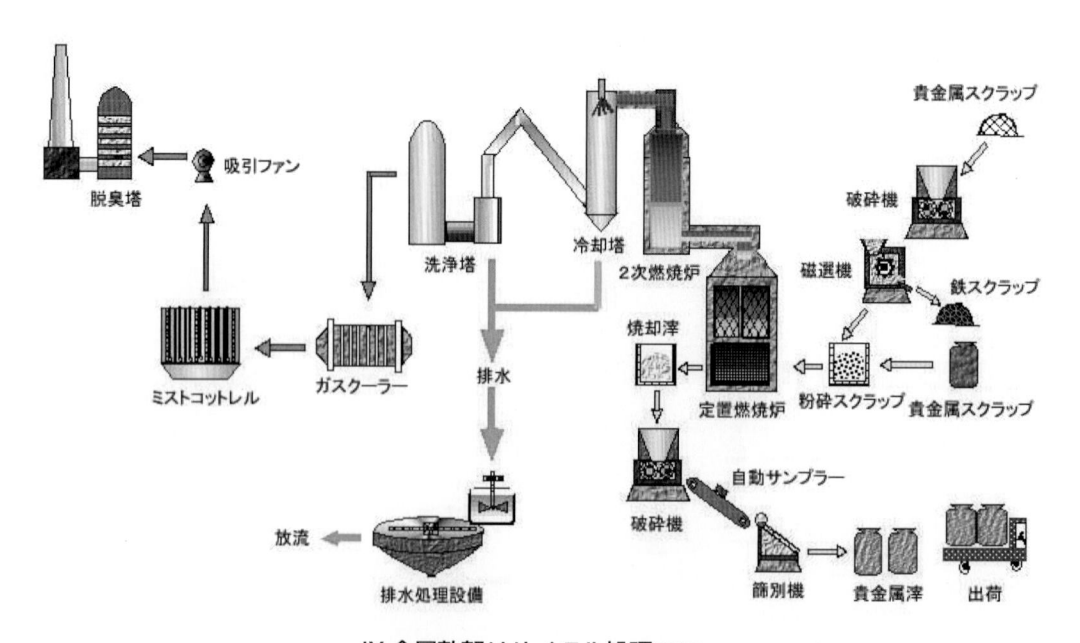

JX金属敦賀リサイクル処理フロー

金属系の個別リサイクル 4

廃家電基板の再資源化 (2)

● 受け入れ対象物とその量

　リサイクル原料(電子機器部品、廃家電製品の基板等)

● 技術概要・プロセス紹介

　電子機器部品、廃家電製品の基板等は、「焙焼」、「粉砕」、「篩別」により、銅、貴金属等の有価金属を濃縮した後、JX日鉱日石金属㈱へ原料として売却している。

● 再資源化物の販売先

・銅、貴金属等の有価金属含有物はJX日鉱日石金属㈱に原料として売却
・鉄、アルミ屑はリサイクル原料として再生メーカーに売却

● 技術のPR

①JX日鉱日石金属グループの高度な金属製錬技術と長年にわたって培ってきたリサイクル・再資源化技術を軸とした産業廃棄物処理の技術と経験を活かして、効率的に銅、貴金属等を濃縮している。

②50mロータリーキルン及び湿式処理設備により、産業廃棄物から特別管理産業廃棄物まで幅広く無害化処理を行っている。また、焼却残渣はセメント原料としてリサイクルしており、ゼロエミッション推進にも努めている。

(JX金属苫小牧ケミカル株式会社)

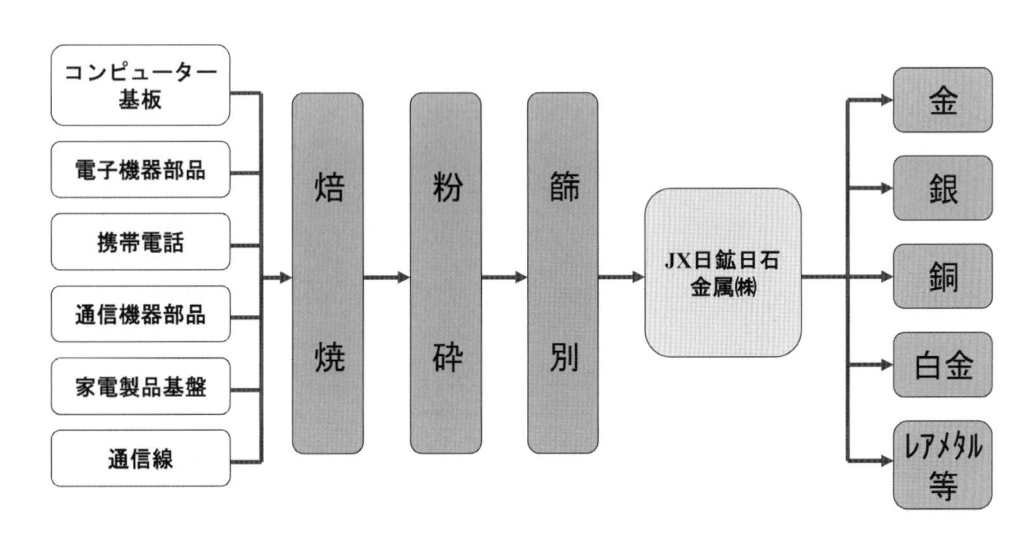

JX金属苫小牧ケミカル処理フロー

金属系の個別リサイクル 5

シュレッダーダストの再資源化

● 受け入れ対象物とその量
・廃自動車シュレッダーダスト(ASR)他

● 技術概要・プロセス紹介
　シュレッダーダスト等は、ガス化溶融炉で熱分解し、焼却残渣として回収後、篩別・磁選機により銅、アルミの濃縮した非鉄金属と鉄スクラップに分別回収する。

● 再資源化物の販売先
①非鉄金属類・JX日鉱日石金属㈱に原料として売却
②鉄スクラップ・リサイクル原料として再生メーカーに売却

● 技術のPR
　流動床式ガス化溶融炉により、シュレッダーダスト等を熱分解し、有価金属を分離回収している。また、生成する可燃性ガスの燃焼熱を利用して、固形廃棄物・廃液等を高温で溶融分解してスラグ化、無害化処理を行い、ゼロエミッション推進にも努めている。

(JX金属三日市リサイクル株式会社)

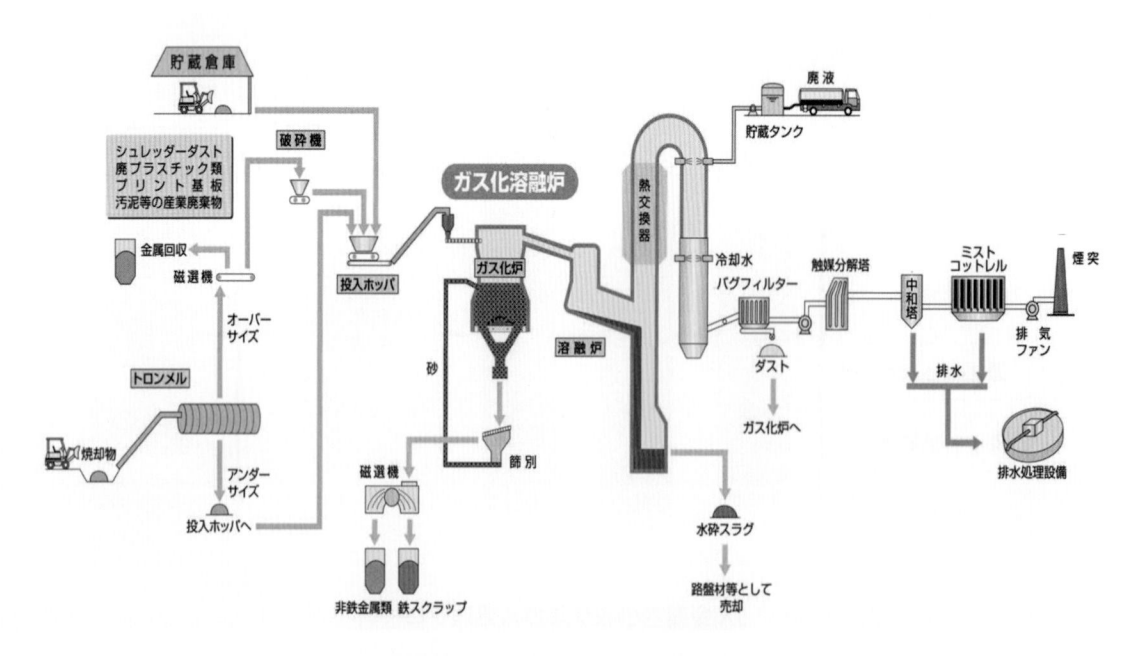

JX金属三日市リサイクル処理フロー

金属系の個別リサイクル 6

シュレッダーダスト、廃電子部品等の再資源化

● 受け入れ対象物とその量
・産業廃棄物(廃液、廃油、汚泥、シュレッダーダスト等)
・リサイクル原料(故銅、銅滓、貴金属滓、廃電子部品等)

● 技術概要・プロセス紹介
　焼却炉でシュレッダーダスト等を焼却し焼却灰とする。焼却灰は独自に開発した銅回収炉で銅をブラックカッパーに濃縮する。ブラックカッパーは酸化精製炉で鉄を除去し、JX日鉱日石金属㈱に売却する。

● 再資源化物の販売先
　JX日鉱日石金属

● 技術のPR
　焼却炉(高温熱分解法)、溶融炉(高温溶解法)、銅回収炉(還元溶融法)を有し、これら3つの炉の特徴を活かして、効率的に銅を濃縮し、回収している。副産物として発生したスラグはケーソン充填材等として資源リサイクルしており、ゼロエミッション推進にも努めている。

（JX金属環境株式会社）

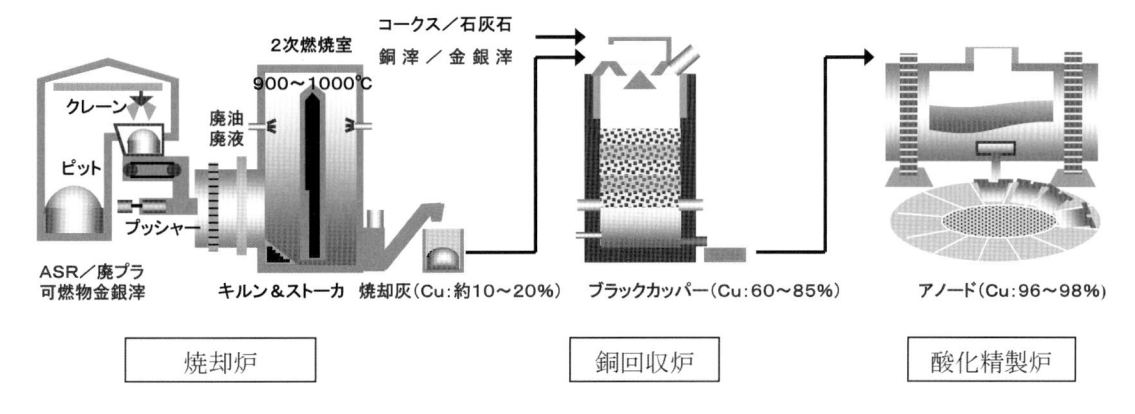

JX金属環境フロー図

金属系の個別リサイクル 7

シュレッダーダストのリサイクル

● 受け入れ対象物とその量

対象物：使用済製品(自動車、複写機、電子機器等)、産業廃棄物等のシュレッダーダスト

受入量：月間1,500トン

● 技術概要・プロセス紹介

下図参照

● 再資源化物の販売先

1 リサイクル原料：非鉄製錬会社、アルミ2次合金製造会社

2 リサイクル燃料：製紙会社、石灰製造会社、石油精製会社、製鐵会社

● 技術のPR

自社開発　特許2006-181464の比重液選別システムを中心とした高度な選別ラインを構成している。風力選別装置、ECS、比重液選別装置、乾式比重選別装置、カラー選別装置、電磁選別装置等を、素材、粒度別にシステム構成することで、高度な選別システムを構築し、商業ベースに乗る大容量なリサイクル製品の製造を可能にしている。

(株式会社エコネコル)

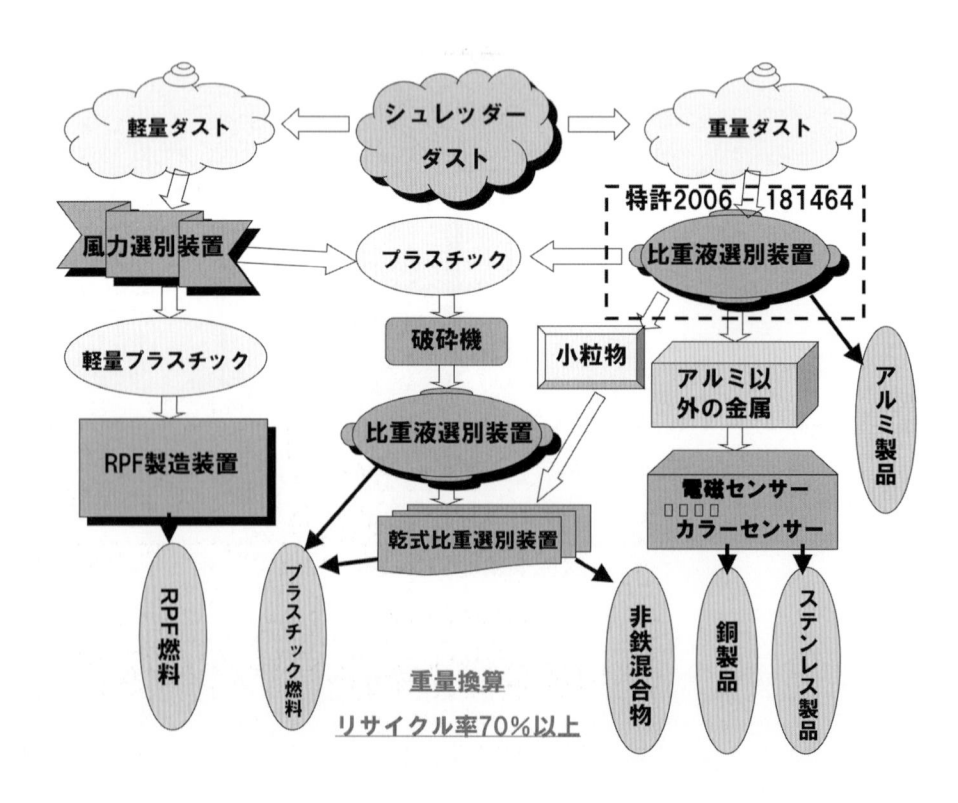

重量換算 リサイクル率70%以上

金属系の個別リサイクル 8

銅製錬副産物などの再資源化

● 受け入れ対象物とその量
・ニッケルNi　40 t /月
・亜鉛　60 t /月
・鉛　100 t /月
・錫　40 t /月
・インジウム　1 t /月
・銅　500 t/月　等

● 技術概要・プロセス紹介
　難処理物・低品位リサイクル原料から銅、亜鉛、鉛等のベースメタルを製錬、精製する。PGMを含む貴金属を効率的に濃縮、精製する。原料等に微量に含まれるレアメタルを乾式製錬工程で濃縮し、湿式製錬工程で分離、精製する。

● 再資源化物の販売先
・各金属を使用する金属加工メーカー

● 技術のPR
　銅、亜鉛、鉛等の製錬技術と最先端の湿式精製技術をコンパクトに組み合わせた独自のゼロエミッション型複合製錬・精製プロセスにより、多岐にわたるリサイクル原料からレアメタルも含む多様な金属を効率的、経済的に回収している。

（ＪＸ日鉱日石金属株式会社）

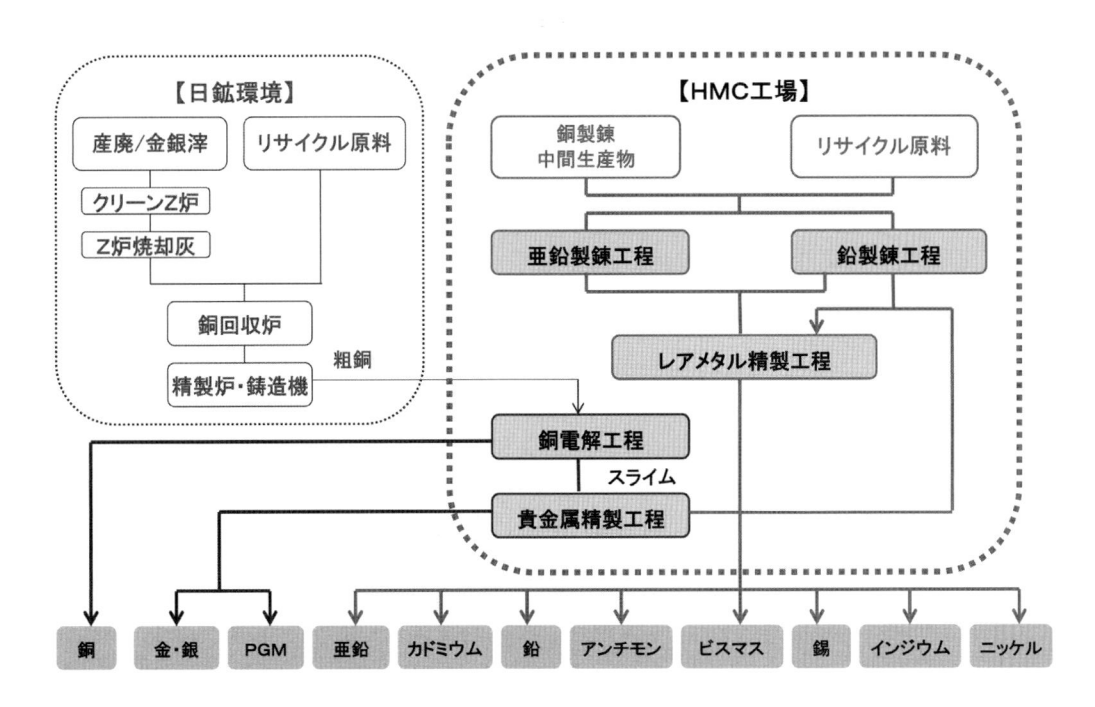

HMC製造部プロセス

金属系の個別リサイクル 9

鉛バッテリーのリサイクル

● 受け入れ対象物とその量

鉛廃バッテリー（自動車用バッテリー、産業用バッテリー、小型シールドバッテリー）

バッテリー処理量35,000 t／年

鉛地金生産量21,000 t／年 ※2009年度実績

● 技術概要・プロセス紹介

フロー参照。

1．鉛廃バッテリーの破砕・選別

鉛廃バッテリーは廃酸を抜いた後、破砕機で破砕しケースと鉛電極板に分離選別する。

廃酸は中和処理して無害化し、ケースはプラスチック材料として再生する。

2．熔鉱炉での鉛製錬

電極板は鉛原料として燃料のコークスとともに熔鉱炉内に供用し、炉の下部から風を吹き込み溶融還元して、純度98％の粗鉛を生産する。

3．電解精製による鉛高純度化

電解精製工場で粗鉛を陽極にして電気分解を行い、高純度鉛から製造した陰極の表面に鉛を析出させて純度99.99％の電気鉛地金として鋳造し出荷する。

4．有価金属の回収

鉛廃バッテリーの他に有価金属を含む熔鉱炉原料として電子機器類の廃基板を処理している。

鉛電解工場で陽極表面に残ったスライムに金、銀、Pt、Pdなどの有価金属が含まれるので、酸化精製処理を行い有価貴金属の回収を行っている。

● 再資源化物の販売先

電気鉛地金はバッテリー製造メーカーで鉛バッテリーの電極板原料に再使用される。

● 技術のPR

1．バッテリーの破砕からプラスチック製ケースと鉛電極の分離までを機械化している。人手による解体分別に比べ、効率的に多量のバッテリーを処理することが出来る。

2．手解体が困難な小型シールドバッテリーの破砕分別ラインがあり処理が可能である。

3．副産物として有価金属を分離するインフラと技術を持ち、電子基板や携帯電話の処理による貴金属の回収が可能である。

（神岡鉱業株式会社）

3 金属系の個別リサイクル

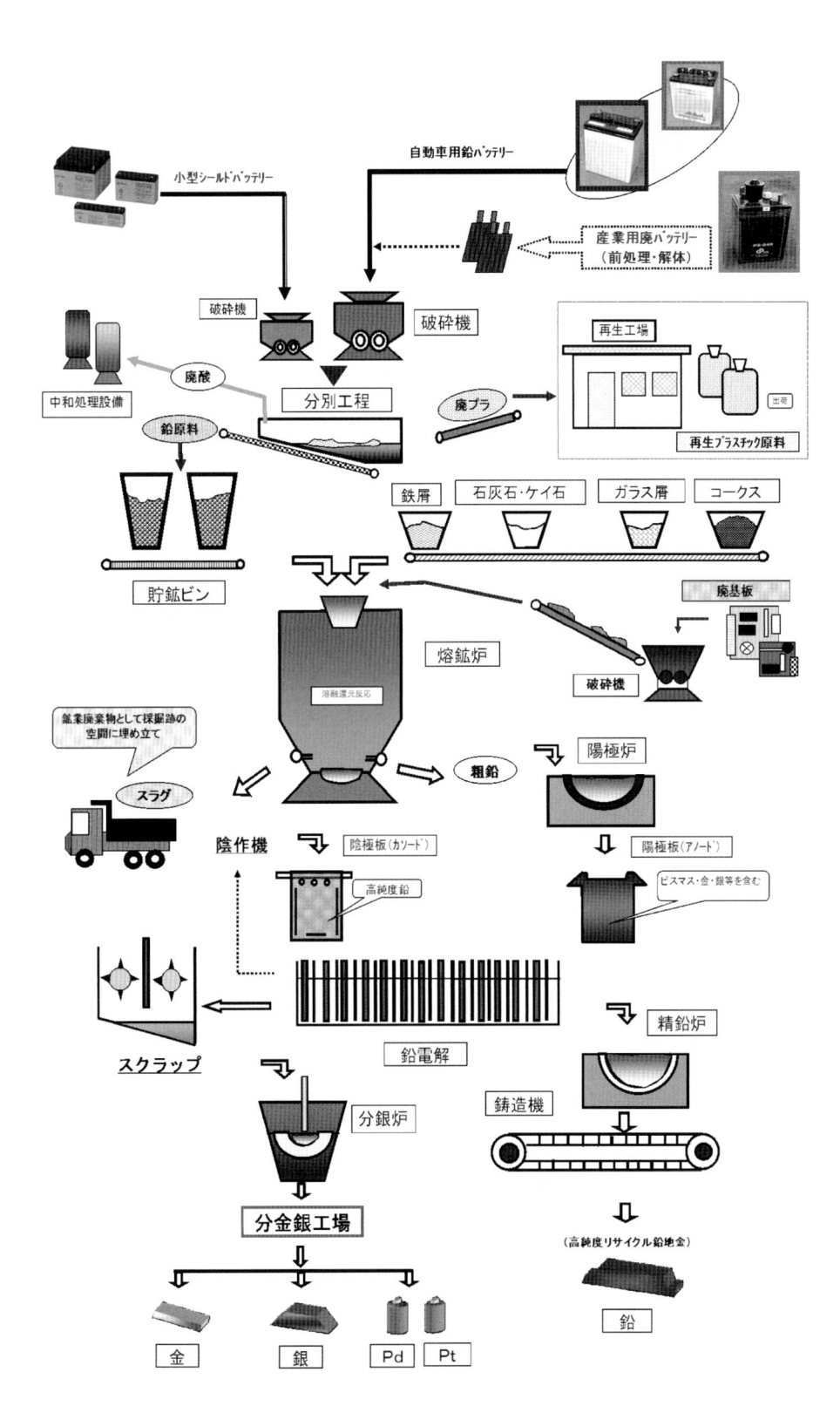

鉛リサイクル工場工程フロー

金属系の個別リサイクル 10

非鉄製錬プロセスにおけるリサイクル

<製錬技術を活かし、新たな廃棄物処理に挑戦>

　銅は、電線をはじめエアコン等の家電製品、半導体用リードフレーム、自動車の端子コネクター等の用途に使われる、生活に不可欠な金属である。当社銅事業は古く、1873年に岡山県の吉岡鉱山を入手して以来、一世紀を超えて常に事業変革を重ねてきた。1966年には電気伝導を極限まで高める「無酸素銅及び銅合金」の量産化技術を確立し、半導体事業の飛躍的発展を今に至るまで支えている。1991年からは海外銅鉱山への投融資を推進し、銅精鉱を低コストかつ世界規模で長期安定供給できる体制を築いている。現在、鉱石確保―製錬―加工のグローバル展開に加え、循環型社会を支えるリサイクル事業に注力し、特に自動車のシュレッダーダストを製錬技術に応用し再資源化を図るとともに、社内にセメント部門を併せ持つ「日本唯一」の強みを活かし、製錬で生産している銅スラグや石こう等をセメント原料に再利用している。

（三菱マテリアル株式会社）

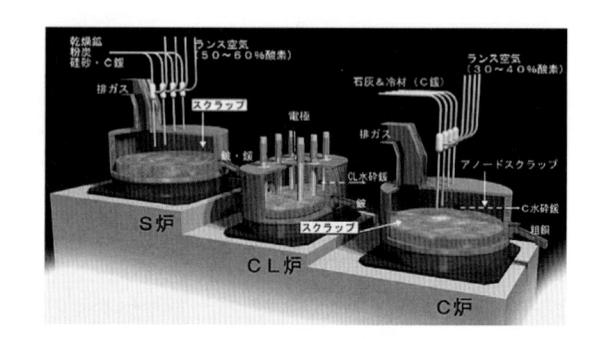

三菱連続製銅法

■ 総合系統図　General Flow Sheet of Naoshima Smelter & Refinery

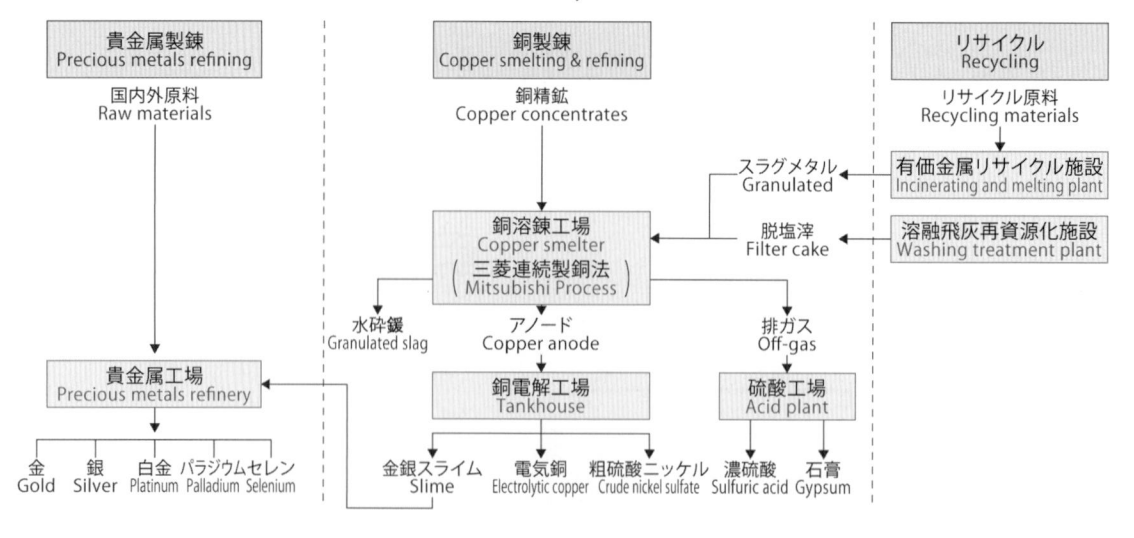

金属系の個別リサイクル 11
製鋼煙灰と飛灰のリサイクル

● 受け入れ対象物とその量
- 製鋼煙灰 ： 60,000 t／年
- 溶融飛灰 ： 45,000 t／年
- 亜鉛含有滓類 ： 30,000 t／年

● 技術概要・プロセス紹介
　下図参照。

● 再資源化物の販売先
- 粗酸化亜鉛 ： 三井金属グループの亜鉛製錬所にて亜鉛・鉛原料として供用。
- マット ： 銅製錬所にて銅原料として供用。
- スラグ ： セメント原料、コンクリート骨材などに使用。

● 技術のPR
　三井式亜鉛半溶鉱炉を主体とする産業廃棄物、特別管理産業廃棄物を無害化し再資源化可能なシステムである。多種多様の原料に対応が可能で、粗酸化亜鉛、マット、スラグの3成分に分離しリサイクルする。

（三池製錬株式会社）

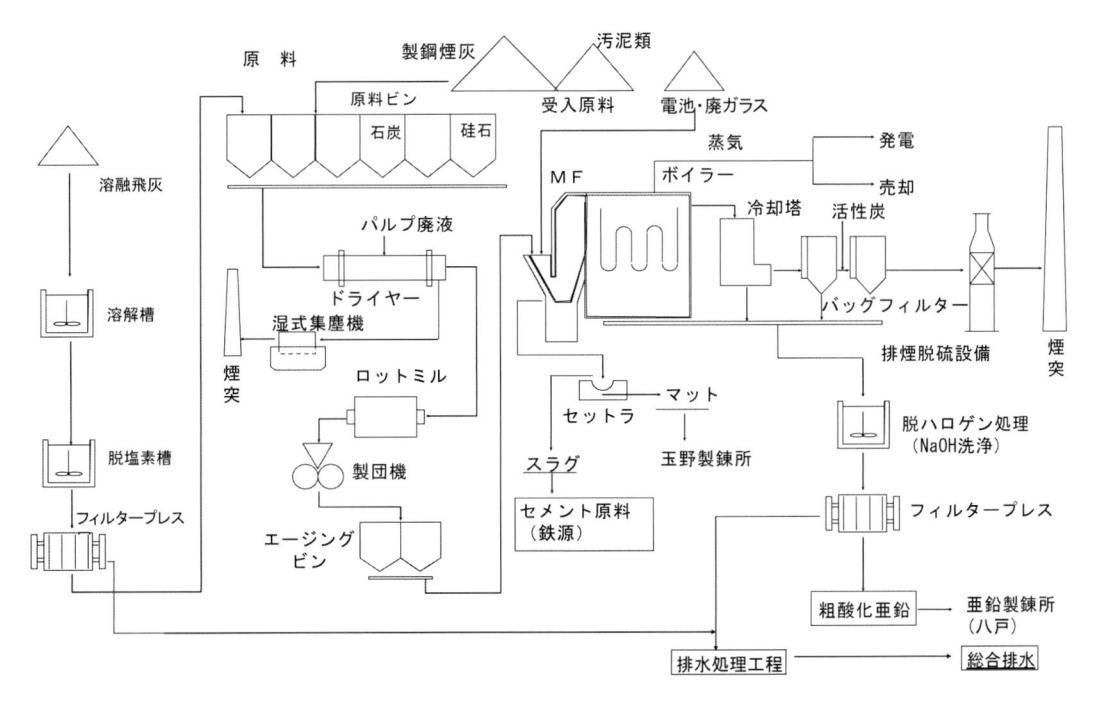

三池製錬での処理フローシート

金属系の個別リサイクル 12

亜鉛ダストのりサイクル

● 受け入れ対象物とその量

下表参照。

● 技術概要・プロセス紹介

1.製錬所概要

八戸製錬所は昭和43年に設立し、ISP（Imperial Smelting Process）と呼ばれる、熔鉱炉を用いて亜鉛と鉛を同時に製錬するプロセスを採用した製錬所である。操業開始以来、硫化鉱を中心に操業を行ってきたが、近年の環境保全・リサイクルの機運を重要視し、リサイクル原料比率を４０％まで高めてきた。

亜鉛のリサイクルは、亜鉛・鉛精鉱とともにリサイクル原料を焼結・製団工程から供用し、熔鉱工程で亜鉛を回収後、精製工程にて鋳造することで行っている。焼結と製団に区分する基準として、硫化物やカドミウムを含む原料は焼結工程で必ず処理し、それ以外は、焼結工程、製団工程各々に都度振り分けられ処理される。

2.各工程の概要

2-1.焼結工程

精鉱とバルク鉱、リサイクル原料は返鉱とともに混合造粒して上向通風連続式のドワイトーロイド焼結機にて脱硫焼結し、焼結鉱を製造する。焼結鉱は熔鉱炉装入物の約90％を占める。

2-2.製団工程

粗酸化亜鉛や亜鉛滓等のリサイクル原料の一部は、熔鉱炉ドロスと混合し、ロータリーキルンで加熱し、高温状態でロールプレス式の製団機で加圧成形して製団鉱（ホットブリケット）を製造する。

2-3.熔錬工程

焼結鉱および製団鉱は、約750℃に予熱したコークスとともに熔鉱炉へ層状に装入し、羽口先から1,000℃まで加熱した熱風を吹き込む。亜鉛は炉内で還元揮発しコンデンサーに入り、溶融鉛のスプラッシュにより急冷・凝縮し鉛中に溶解する。亜鉛を溶解した鉛をポンプでクーリングロンダーに送り、約430℃まで冷却し、温度降下による

受け入れ対象物とその量

対象物	Zn(%)	08年度実績	9年度実績	10年度見込
亜鉛・金属粉	>80	4,700	11,000	13,000
亜鉛滓	40～90	22,000	22,000	19,500
粗酸化亜鉛	40～80	18,600	15,350	19,700
ダスト	30～90	900	900	1,600
ドロス	50～95	2,000	1,800	1,700
その他	10～99	56,500	54,000	55,000
合　計		104,700	105,050	110,500

（単位：t）

溶解度差により亜鉛と鉛を分離し、粗亜鉛として回収する。亜鉛を分離した鉛は再びコンデンサーに戻し循環使用する。

2-4. 精製工程

分離・回収した粗亜鉛は微量不純物を除去後、自動鋳造機にて純度98.5%の蒸留亜鉛として鋳造する。粗亜鉛の一部は、New Jersey方式の精留塔により精製し、亜鉛純度99.997%の精留亜鉛とする。

● 再資源化物の販売先
 1. 鉄鋼、メッキ各社(亜鉛メッキ用)
 2. ダイカストメーカー（亜鉛ダイカスト用）

● 技術のPR
1. 亜鉛、鉛、銅、金、銀、カドミウム、ビスマスなど多くの金属をリサイクル・回収できる。
2. フッ素、塩素、カドミウムを始めとした各種不純物への対応能力が高いため、様々な原料、産業廃棄物を処理できる。

（八戸製錬株式会社）

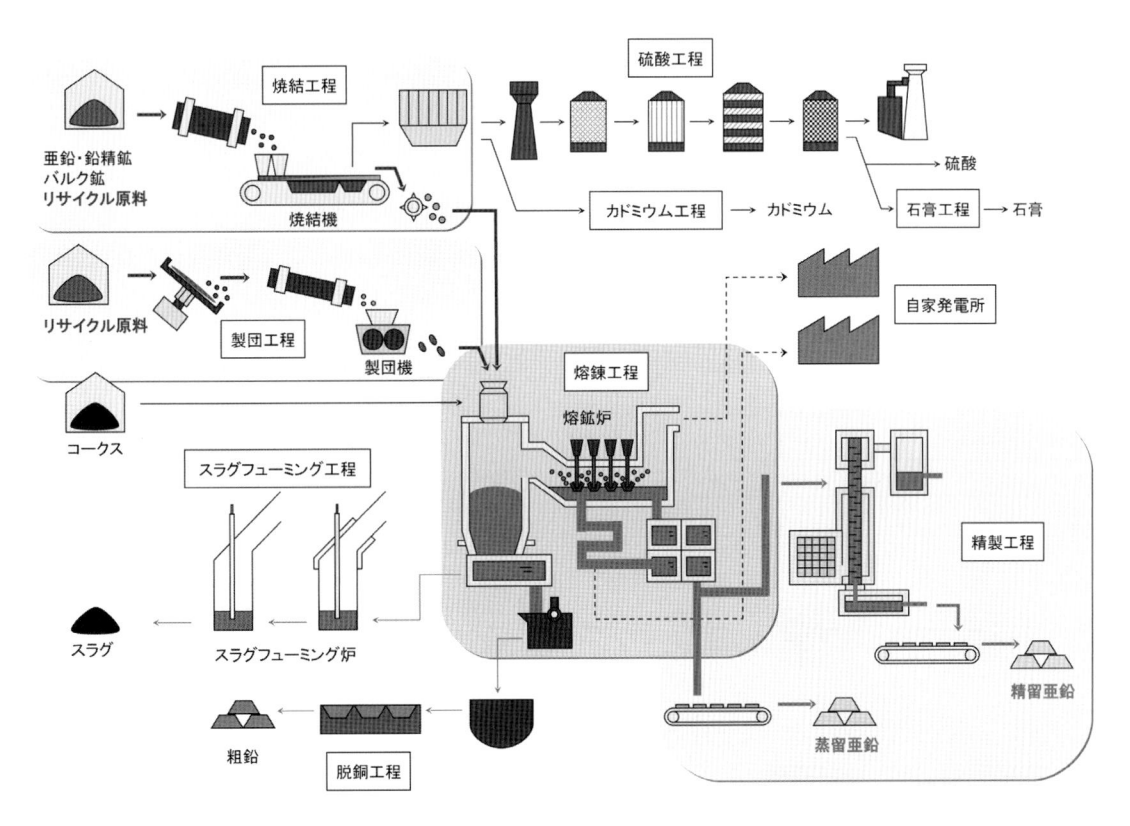

八戸製錬所工程フロー

金属系の個別リサイクル 13

廃電線のリサイクル

● 受け入れ対象物とその量

　各電力会社殿、NTT殿から撤去された種々の廃電線や市中発生電線屑等

● 技術概要・プロセス紹介

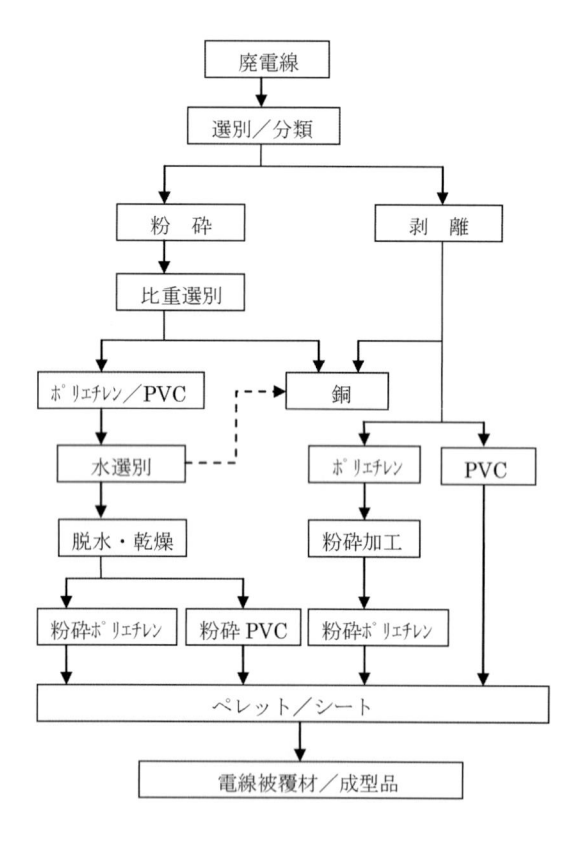

```
          廃電線
            ↓
         選別/分類
         ↓      ↓
        粉砕    剥離
         ↓      
       比重選別
       ↓    ↓
ポリエチレン/PVC  銅
    ↓    ┆   ↓     ↓
   水選別 ┄┄┘ ポリエチレン  PVC
    ↓            ↓
  脱水・乾燥      粉砕加工
    ↓    ↓         ↓
 粉砕ポリエチレン 粉砕PVC 粉砕ポリエチレン
         ↓    ↓    ↓
       ペレット/シート
            ↓
       電線被覆材/成型品
```

1．電線から銅を回収する方法は2種類ある
　(1) 粉砕加工；細物電線に適用
　　電線を直接粉砕機にかけて導体と被覆材を一緒に粉砕した混合物を比重選別機にかけ銅と被覆材に分離する方法。
　(2) 剥離加工；太物電線に適用
　　剥線機にて電線を半割りにし銅と被覆材を別々に回収する方法。
2．被覆材のリサイクル
　(1) 粉砕の場合；ポリエチレン、PVC混合品が発生するので、連続水比重選別機にて99％以上の純度で回収している。また、お客様のご要求に応じて脱水、乾燥処理も行っている。
　(2) 剥離の場合；被覆材のポリエチレンやPVCはほぼ100％の状態で回収されるので、フィルムや糸屑を除去後粉砕し製品化する。

　銅、ポリエチレン、PVC樹脂以外にアルミ、鉛、鉄などの金属も同時に発生するのでこれらも高純度でリサイクルしている。

● 再資源化物の販売先

　銅；回収した銅は加工委託先の電線会社に戻し、再び電線に利用される。
　再生樹脂類；グレードに応じて高品質(高純度)のものは電線の被覆材として再利用されている。しかし大方はプラスチック製品成型会社に販売している。また、一部は社内で成型品に使用している。

● 技術のPR

　当社のナゲット銅(特銅)の純度は９９．５％以上と高濃度を維持している。
　ポリエチレン、PVCも純度が高く成型品用として広く利用されている。

(株式会社オオハシ)

金属系の個別リサイクル 14

リチウムイオン二次電池のリサイクル

● 受け入れ対象物とその量

廃リチウムイオン二次電池：1,000t/年
製品出荷量：炭酸リチウム　20t/年
　　　　　　コバルト・ニッケル滓）500t/年

● 技術概要・プロセス紹介

リチウムイオン電池は、正極に使われている物質により種類分けされている。主に、コバルト系、コバルト・マンガン・ニッケル三元系（以下、三元系）、コバルト・ニッケルがほとんど含まれていないマンガン系が実用化されている。

高価なコバルトやニッケルが含まれているコバルト系と三元系に関してリサイクルが行われている。自動車用に開発されているマンガン系（一部ニッケル、コバルトの少ない三元系もある）は、リサイクルしても、資源としての価値が低いため、廃棄物処理を行う。この図のフローは、コバルト・ニッケルを濃縮し、炭酸リチウムを回収する工程のものである。この工程を用いて、コバルト系と三元系のリサイクルが可能である。

● 再資源化物の販売先

コバルト・ニッケル滓は、製錬原料として、製錬所に販売される。また、炭酸リチウムは、ガラス原料や電池原料に使用することができる。

● 技術のPR

当社のリサイクルプロセスから回収される炭酸リチウムは、純度が９９％以上あるので、カスケード化しない原料用途に用いることが可能である。

（DOWAエコシステム株式会社）

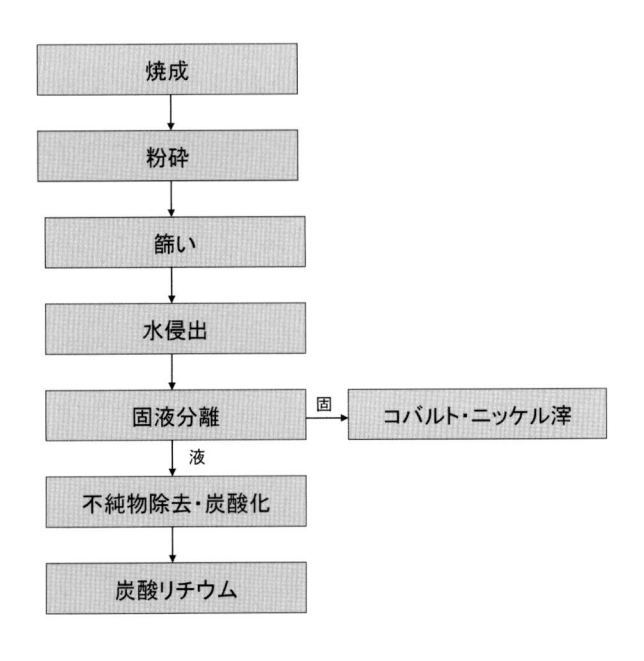

```
焼成
 ↓
粉砕
 ↓
篩い
 ↓
水浸出
 ↓
固液分離 ──固──→ コバルト・ニッケル滓
 ↓液
不純物除去・炭酸化
 ↓
炭酸リチウム
```

金属系の個別リサイクル 15

アルミニウムドロスの再資源化

● 受け入れ対象物とその量

アルミ精錬工場及び鋳造工場から発生するアルミニウムドロスを年間2万トン受け入れし、鉄鋼用精錬材製品に加工され年間24,000トンを出荷している。

● 技術概要・プロセス紹介

次頁参照。

● 再資源化物の販売先

鉄鋼用精錬材製品の販売先は、95％は、国内の製鉄メーカー(高炉・普通鋼特殊鋼・ステンレ鋼)に販売し、主な用途では鉄鋼精錬時の脱酸剤、スラグ改質剤、脱硫促進等の用途に利用されている。5％は輸出され、海外のレアメタル精錬工場で還元剤として利用されている。弊社の取扱量は国内需要約15％に相当する。

● 技術のPR

当社は、非鉄金属、貴金属、レアメタル、鉱物類等の高度な金属資源リサイクルを行っている。当社の研究開発センターでは、成分分析・試験研究やリサイクルの多様性、再利用の可能性を追求し新事業・新技術・新商品を形にしていく新事業開発に努めている。最近では、EV搭載の大型リチウムイオン電池を当社の独自技術で含有レアメタル($Mn・Ni・Co$)を地金回収するリサイクルシステムを確立させた。

(株式会社 シンコーフレックス)

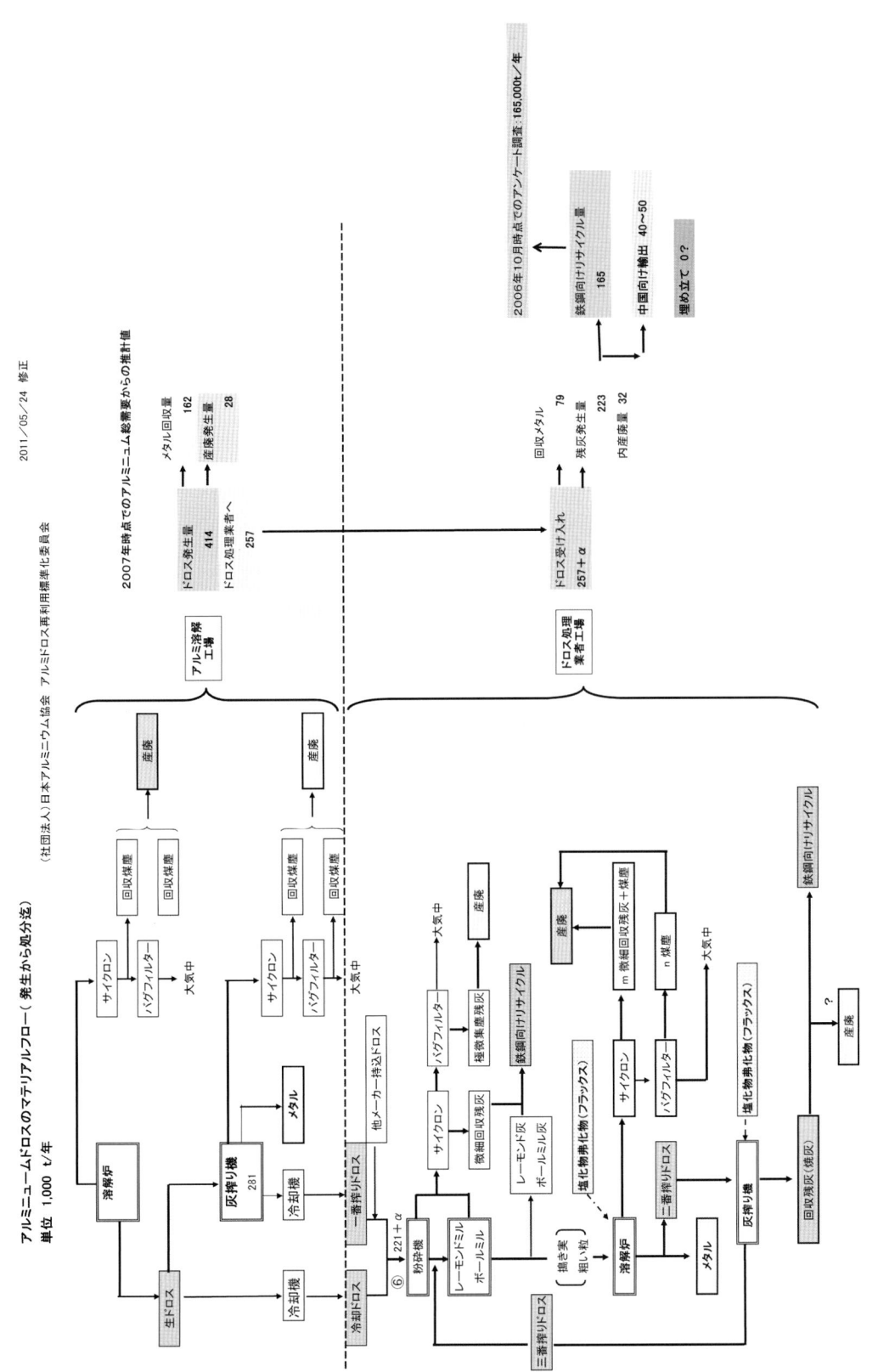

3 金属系の個別リサイクル 359

アルミニュームドロスのマテリアルフロー（発生から処分迄）
単位 1,000 t/年

2011/05/24 修正

(社団法人) 日本アルミニウム協会 アルミドロス再利用標準化委員会

2007年時点でのアルミニュウム総需要からの推計値

ドロス発生量 414 → メタル回収量 162
ドロス処理業者へ 257 → 産廃発生量 28

2006年10月時点でのアンケート調査：165,000t／年

ドロス受け入れ 257+α → 回収メタル 79
残灰発生量 223
内産廃量 32

鉄鋼向けリサイクル量 165
中国向け輸出 0?
埋め立て 0?

注：ドロスの特性の1つとして温度を上げる毎に、アルミの酸化増大に伴う重量増という現象があるので単純な加減算的量バランスは成り立たない。

参考文献
1. 大西、南波　軽金属 53　2003. 4　軽金属学会
2. 「アルミニュウムドロスの処理とリサイクルに関する調査研究報告書 平成8年3月　社団法人 軽金属協会　pp126

金属系の個別リサイクル 16

使用済み飲料アルミ缶一貫処理システム

● 受け入れ対象物とその量

　使用済み飲料アルミ缶（ＵＢＣ；Used Beverage Can）

● 技術概要・プロセス紹介

　プレスされたＵＢＣを受入れて、解砕・異物選別・溶解から缶材用スラブ鋳造までを一貫して処理する日本初のリサイクルシステム。ＵＢＣ再生技術と高度の品質レベルを要求される缶材用スラブ鋳造技術を融合し、集約効果として省エネ及び環境負荷低減を図る。

● 再資源化物の販売先

　鋳造したスラブは圧延、製缶工程、飲料メーカーを経てアルミ缶容器として市場で消費され、再びリサイクルされる。

● 技術のPR

　工程の集約と合わせ、高効率設備の導入と工程の見直しにより、エネルギー使用量及び環境負荷物質排出量の30％以上の削減のみならず、歩留向上などその他の経済効果も大きいものとなる。長年培ってきたリサイクル技術の成果と言える。

（三菱アルミニウム株式会社）

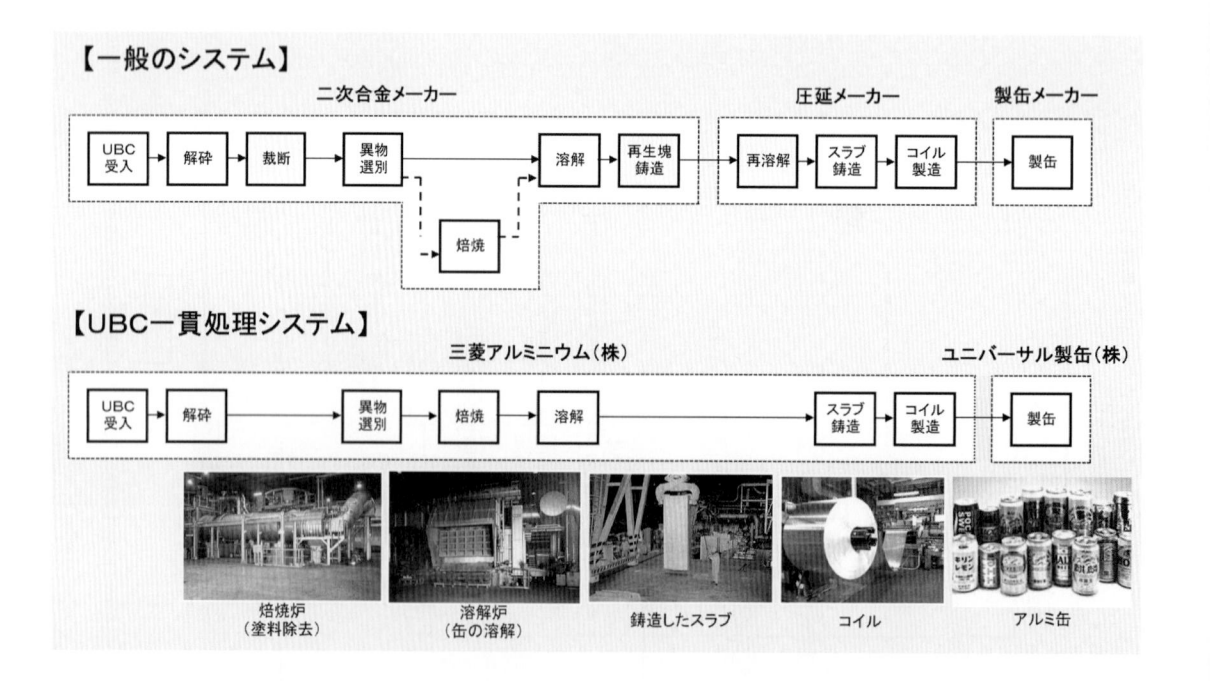

【一般のシステム】
二次合金メーカー：UBC受入 → 解砕 → 裁断 → 異物選別 → 溶解 → 再生塊鋳造（焙焼）
圧延メーカー：再溶解 → スラブ鋳造 → コイル製造
製缶メーカー：製缶

【UBC一貫処理システム】
三菱アルミニウム（株）：UBC受入 → 解砕 → 異物選別 → 焙焼 → 溶解 → スラブ鋳造 → コイル製造
ユニバーサル製缶（株）：製缶

焙焼炉（塗料除去）　溶解炉（缶の溶解）　鋳造したスラブ　コイル　アルミ缶

金属系の個別リサイクル 17

鉄・亜鉛の再資源化

● 受け入れ対象物とその量

2010年度　産業廃棄物処理実績

種類	処理量(wet-ton)
汚泥	63482
ばいじん	9598
燃えがら他	7162
合計	80242

2010年度　特別管理産業廃棄物処理実績

種類	処理量(wet-ton)
ばいじん(有害)	32869
合計	32869

● 技術概要・プロセス紹介

図参照。

● 再資源化物の販売先

還元鉄は、製鉄用原料として製鉄会社に販売

粗酸化亜鉛は、亜鉛精錬原料として、亜鉛精錬会社へ販売

● 技術のPR

当社のリサイクルシステムは、ロータリーキルン(RC 資源循環炉)を使用し、製鉄所内で発生する鉄・亜鉛を含んだ集塵ダスト及び外部から処理委託された産業廃棄物を原料として、鉄と亜鉛に分離し、各々を有価金属として回収し、製鉄所と亜鉛精錬所に売却している。又、このリサイクルシステムからは、二次廃棄物が一切発生しない為、最終処分地が不要である。

（鹿島選鉱株式会社）

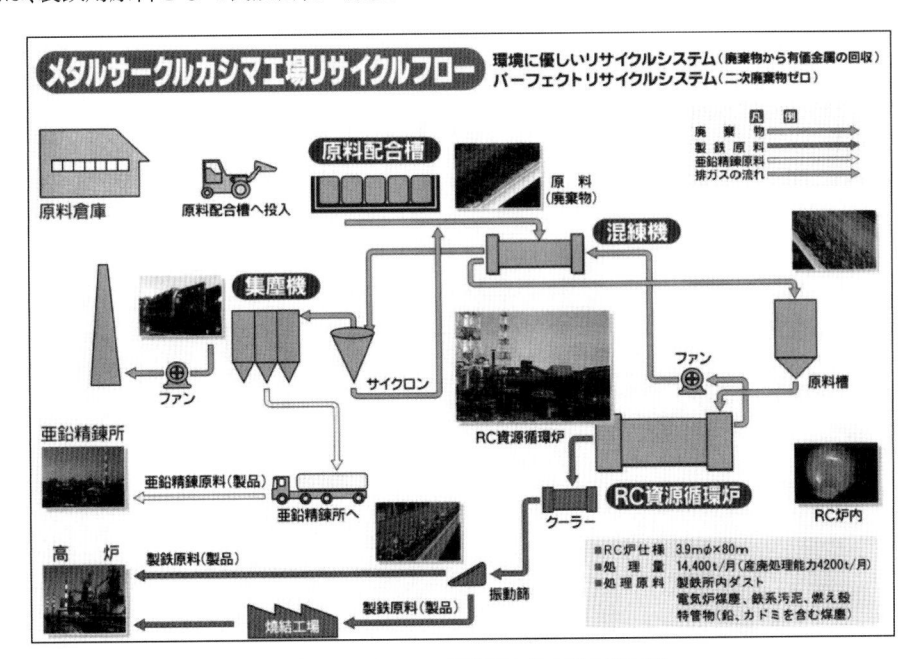

メタルサークルカシマの設備能力(RC炉2基体制)

項目		能力(t/y)
ダスト処理能力	製鉄所内	270,000
	外部産廃物	130,000
	合計	400,000
還元鉄製造能力		220,000
粗酸化亜鉛製造能力		18,000

金属系の個別リサイクル 18

回転炉床式還元炉（RHF）による製鉄ダスト再資源化

● 受け入れ対象物とその量

対象物： 製鉄所内で発生する鉄分含有ダスト・スラッジ類

処理量： 当該設備1基当たり年間15～30万トン

再資源化量： 還元ペレットとして1基当たり年間10～20万トン生産

● 技術概要・プロセス紹介

　所内で発生する鉄分含有ダストの再資源化においては、亜鉛やアルカリ等、高炉等の操業制約となる有害成分も含まれ、必然的に直接全量再利用することが困難であり、余剰分については埋め立て処分等を行っていた。この課題に対し、回転炉床式還元炉(RHF)を応用し、制約成分である亜鉛等を除去し、かつ高炉で直接使用し得る高品質の還元鉄を製造する技術を開発・実機化した。

● 再資源化物の販売先

　当該設備では、還元ペレットが製造され、高炉やその他溶解炉等の原料として再資源化される。

図2　RHF設備の写真

● 技術のPR

・RHFによる高炉にて直接使用し得る高品位還元鉄製造技術は世界初

・本再資源化技術にて産廃処分量削減、資源有効活用、省エネを達成

・本技術は平成21年度大河内記念生産賞を受賞

（新日本製鐵株式会社）

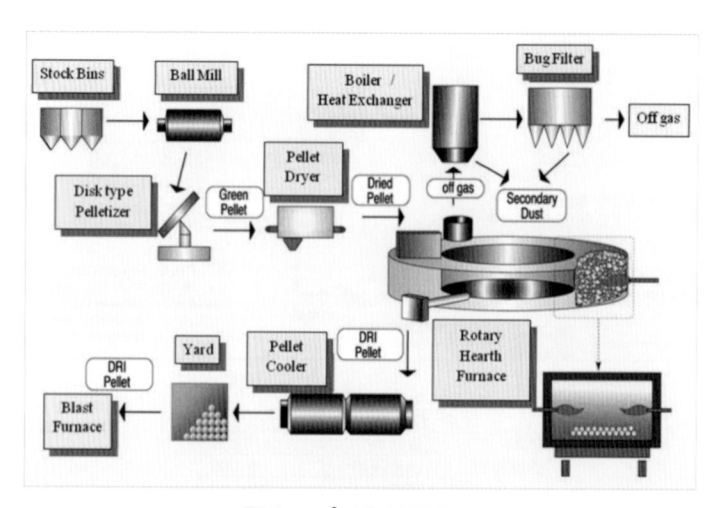

図1　プロセスフロー

金属系の個別リサイクル 19

アルミ再資源化

● 受け入れ対象物と原材料に占める比率

ホイールスクラップ：２％〜４％
エンジンスクラップ：２％〜４％
切粉：５％〜８％
建築廃材(アルミサッシ等)：７％〜１２％
アルミ缶：０％〜１％
印刷板：１％〜３％
その他

● 技術概要・プロセス紹介

下図参照。

● 再資源化物の販売先

自動車メーカーならびに部品メーカーに自動車のアルミ鋳物部品用として、販売している。

● 技術のPR

汎用合金のみならず、顧客ニーズに対応した開発合金を広範囲に製造している。

(日軽エムシーアルミ株式会社)

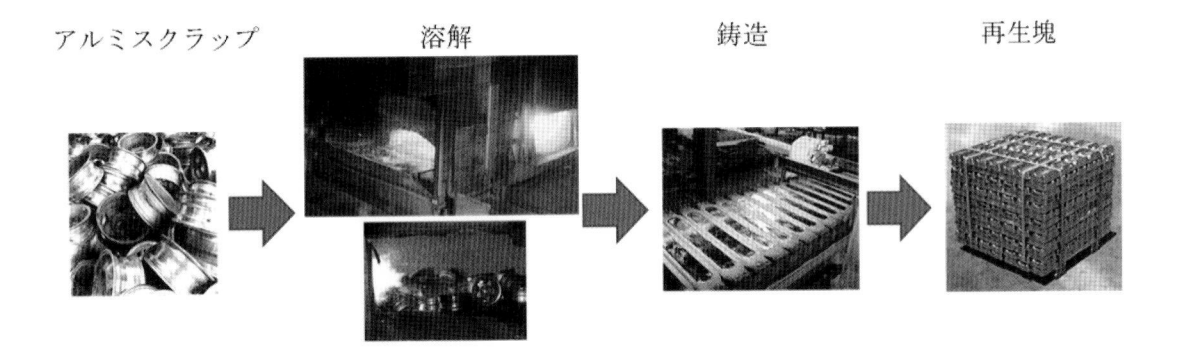

アルミスクラップ → 溶解 → 鋳造 → 再生塊

金属系の個別リサイクル 20
鉛・銅・貴金属を中心とするマテリアルリサイクル

● 竹原製錬所　金属工場の事業概要

鉛・銅・貴金属を中心とするマテリアルリサイクル。
①OA機器・廃家電等の基板からAu, Ag, Pt, Pd等の貴金属を回収。
②付随するPb, Cu, Sn, Sb等の有用重金属も回収。
③廃バッテリー、廃ブラウン管のリサイクルによる循環型社会の形成に貢献。

● 受け入れ対象物とその量

- 廃バッテリー（Pb極板）　300t/月
- 以下合計で1,600t/月
- 鉛ガラス屑/廃ブラウン管
- 重金属含有廃棄物（鉛滓など）
- 重金属付着廃棄物（使用済フレコン、バグフィルターなど）
- 貴金属リサイクル原料（廃基板、スラッジなど）
- その他

● 技術概要・プロセス紹介

従来から竹原製錬所は三井金属グループで発生する鉛原料や貴金属原料を処理し、製品化する役割を担ってきた。

近年、貴金属リサイクル原料や重金属含有産廃の処理を積極的に実施し、更なる発展と社会貢献を目指している。

竹原製錬所ではリサイクル原料や産業廃棄物など多種多様な原料を処理し、鉛・銅・貴金属、有用重金属など、幅広い製品を製造している。

● 技術のPR

竹原製錬所は溶鉱炉と貴金属回収工程の組み合わせにより、貴金属を高い採収率で回収できるのが特徴。

また錫、アンチモン等の回収設備も有しており、他社では処理しにくい不純物を含んだ原料の処理も可能。

（三井金属鉱業株式会社）

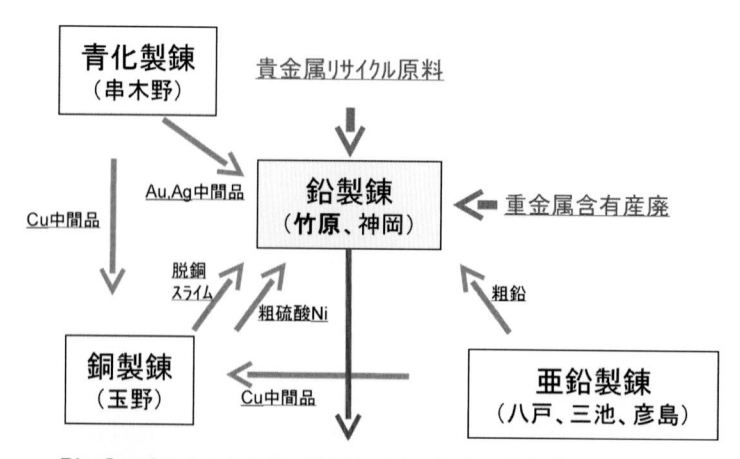

三井金属グループの貴金属・非鉄金属リサイクルシステム

3 金属系の個別リサイクル

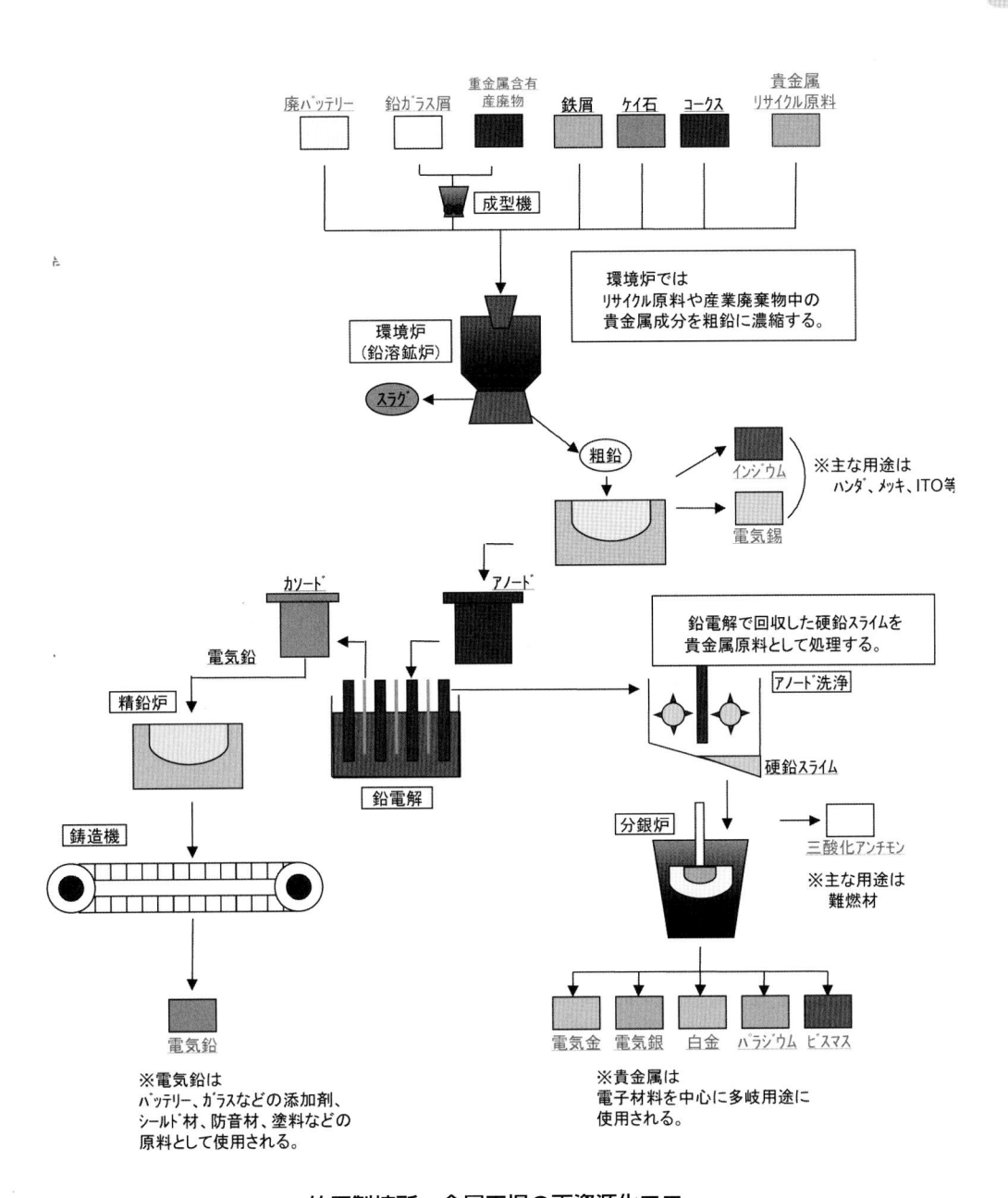

竹原製錬所　金属工場の再資源化フロー

（フロー図中のラベル）

- 廃バッテリー
- 鉛ガラス屑
- 重金属含有産廃物
- 鉄屑
- ケイ石
- コークス
- 貴金属リサイクル原料
- 成型機
- 環境炉（鉛溶鉱炉）：環境炉ではリサイクル原料や産業廃棄物中の貴金属成分を粗鉛に濃縮する。
- スラグ
- 粗鉛 → インジウム、電気錫　※主な用途はハンダ、メッキ、ITO等
- カソード／アノード
- 電気鉛
- 精鉛炉
- 鋳造機
- 鉛電解
- アノード洗浄：鉛電解で回収した硬鉛スライムを貴金属原料として処理する。
- 硬鉛スライム
- 分銀炉
- 三酸化アンチモン　※主な用途は難燃材
- 電気鉛　※電気鉛はバッテリー、ガラスなどの添加剤、シールド材、防音材、塗料などの原料として使用される。
- 電気金、電気銀、白金、パラジウム、ビスマス　※貴金属は電子材料を中心に多岐用途に使用される。

金属系の個別リサイクル 21

シアンを使用した貴金属のリサイクル

● 受け入れ対象物とその量

　金付テープ、金付セラミック、金銀付42Niフレーム、樹脂付42、金付42Ni屑、金付ウエハ、ハンダ付42、Agクラッドコバール、金線、イオン交換樹脂（レジン）、活性炭、メッキ廃液、金銀スラッジ類、2009年度回収実績、金量0.5 t、銀量22 t

● 技術概要・プロセス紹介

1. 取扱原料

　取り扱うリサイクル原料は、固形原料と液体原料に大別される。固形原料は貴金属スクラップ、ICチップ、液晶に代表されるガラス類、各種リードフレーム、セラミック部品などである。液体原料は含金銀めっき廃液、酸・アルカリ廃液などである。

2. 処理工程

2-1 破砕・前処理

　破砕による前処理が必要な原料は、樹脂でモールドされたICやリードフレームなどで、高速剪断破砕機で-15mmとし、磁選機で銅系樹脂付品と鉄・ニッケル系素材を選別する。さらにそれぞれの原料は必要に応じて三段ロール破砕機で二次破砕を行い、樹脂と分離する。連続してつながった長尺状態で入荷するリードフレームなどは、次工程で支障が出ないように、あらかじめ20～50mmにカットする。

2-3 金銀剥離工程

　金・銀が表面に出ている高品位メッキ原料等は、シアン液によって金・銀を剥離溶解する。適

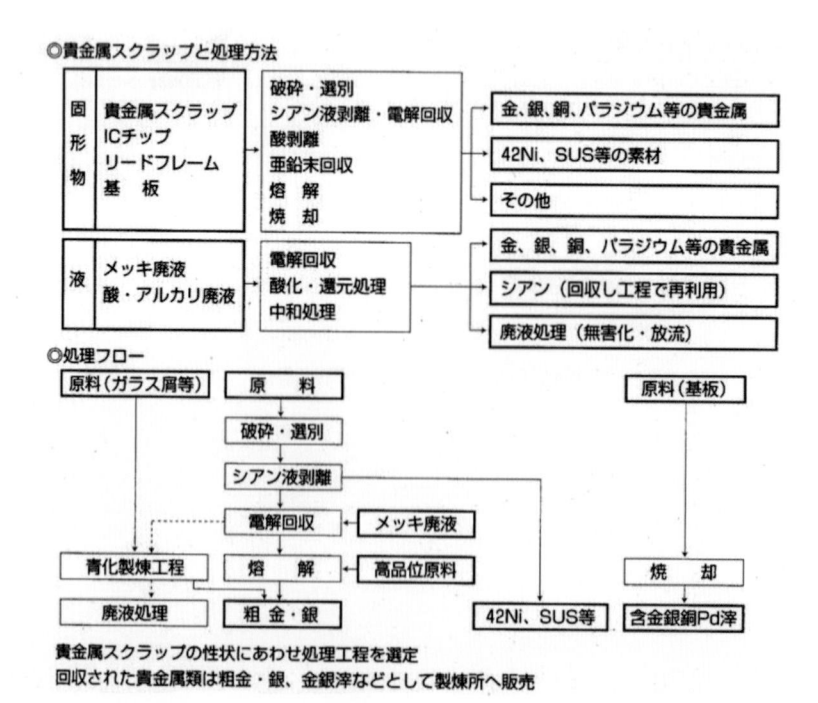

処理フロー

用する溶解設備は原料の性状、形状によって異なり、以下の4種類の設備を使い分けている。

　1　回転篭式溶解設備
　2　ミキサー式溶解設備
　3　バレル式溶解設備
　4　エアレーション溶解設備

2-4 金銀電解工程

　メッキ工場から排出されるシアン含有の金銀廃液は、金液、銀液に分けるか、金銀混合のまま電解回収される。前述の金銀剥離工程で溶解した金銀液も、この工程で電解回収される。貴金属を回収した後の電解廃液は青化製錬工程へ送られる。洗浄液やろ過液といった低濃度のシアン液は、廃液処理工場へ送られて無害化されたあと工場外へ排出する。

2-5 アルカリ電解工程

　主にメッキされた素材のリードフレーム等から、金属の剥離溶解、電解回収を同時に行う。剥離された母材はメーカーで原料として再使用される。この工程は、剥離溶解と電解回収を同時に行うことで、素材にとって不純物である金属の溶解に必要な薬品の使用量が少なくて済むという利点があるが、原料によっては電圧が高くなる場合があるので、操業のコントロールには注意が必要である。

2-6 酸処理工程

　シアンを使用しない工程も存在する。硝酸で金銀を溶解剥離・濃縮する工程である。原料はニッケルの多層メッキされた蒸着金銀屑や、フィルム状のもの等である。金銀が高品位であるため、ニッケルを溶解した後の残渣を、次項目で述べる精金所工程で全量乾式溶解し、均一化されたメタルから分析値を確定する。

　また、酸性液やパラジウムを含有した液は、亜鉛末置換もしくは薬品を用いて金、銀、パラジウムを沈澱物として回収する。

リサイクル工程主要設備

主要工程名	設備名
1 破砕前処理工程	高速剪断破砕機
	ヘリカルクラッシャー
	三段ロール、磁選器 他
2 金銀剥離工程、 溶解工程 アルカリ電解工程	回転篭式溶解設備
	バレル式溶解設備
	ミキサー型溶解装置
	サンプリング設備
	電解剥離設備、貯液槽、ろ過槽、計量器、秤量器
	整流器×7台
3 酸処理溶解工程	加圧脱水機 他
4 金銀電解回収工程	電解回収設備
	整流器×9台
	化学還元処理設備
	反応槽、ろ過槽

● **再資源化物の販売先**

　回収品はすべて中間品として、三井金属グループの事業所にて最終製品となるか、副原料として利用される。

● **技術のPR**

　弊社の処理設備は、一部を除きいずれも基本的にシアンの使用とそれを応用する湿式処理で、原料の形状、性状、品種の多様化に対応し、多品種少量の原料にも対応できる。金鉱石を処理する青化製錬工程を有効利用している。

　特徴をまとめると、

1 原料の形状・性状に合わせた多様なプロセスを備えている。
2 廃棄物が出ない。
3 小口ロットでの分析・処理に対応できる。
4 廃水処理工程でシアンを回収、再利用する。
5 シアンで目的貴金属を剥離溶解し、母材をリサイクルする。

参考文献

田中正幸／三井串木野鉱山㈱における金・銀製錬／Journal of MMIJ ／ VOL.123 NO.12 ／ P675<111>-P677<113>／2007年12月

（三井串木野鉱山株式会社）

金属系の個別リサイクル 22

湿式法金回収・リサイクル

● 受け入れ対象物とその量

　当社は、主に電子部品製造メーカーから発生する貴金属を高品位で含有した廃電子部品を原料とし、湿式処理法により、金、銀、白金族金属(PGM)を回収している。この内、金の原料として、当社での受入対象物の種類と金品位を表1に、受入対象物の代表例を写真1に示す。

表1　受入対象物の種類と金品位

	金品位	湿式処理工程
金めっきスクラップ	500g/t〜	シアン剥離
金めっき廃液	1g/L〜	電解採取
金付き樹脂	10kg/t〜	王水溶解
金付きセラミックス	1kg/t〜	王水溶解

● 技術概要・プロセス紹介

　当社の金回収プロセスを図1に示す。当社の金の回収プロセスは、シアン、王水による金の剥離・溶解とその後の精製工程からなり、原料の形状、金の存在状態、主成分等に応じ、最適な処理法を選択して金を回収している。特に金めっきスクラップの様に材料の表面だけに金が存在する様な原料は、シアンを使用し、表面の金めっき層だけを剥離・溶解し、母材である剥離残材は、当社グループ会社の小坂製錬において銅分を回収する。また、廃電子部品の内部にも金が存在する場合は、破砕処理後、王水を用いて全量を溶解する。金溶解液は、それぞれ溶解ロット毎に計量・サンプリングし、貴金属量を評価した後、最終的に電解精製を経て純度99.99％以上の高純度の電着金とする。この電着金を原料として、当社ではめっき薬品のシアン化金カリウムを製造し、めっきメーカーへ販売する。

　当社のプロセスは、シアン・王水処理ともに、原料の入荷ロット単位で全量バッチ処理を行い、ロット単位毎の金抽出液を分析するため、信頼性の高い含有量評価を特長としている。

金めっきスクラップ

写真1　受入対象物の代表例

3 金属系の個別リサイクル

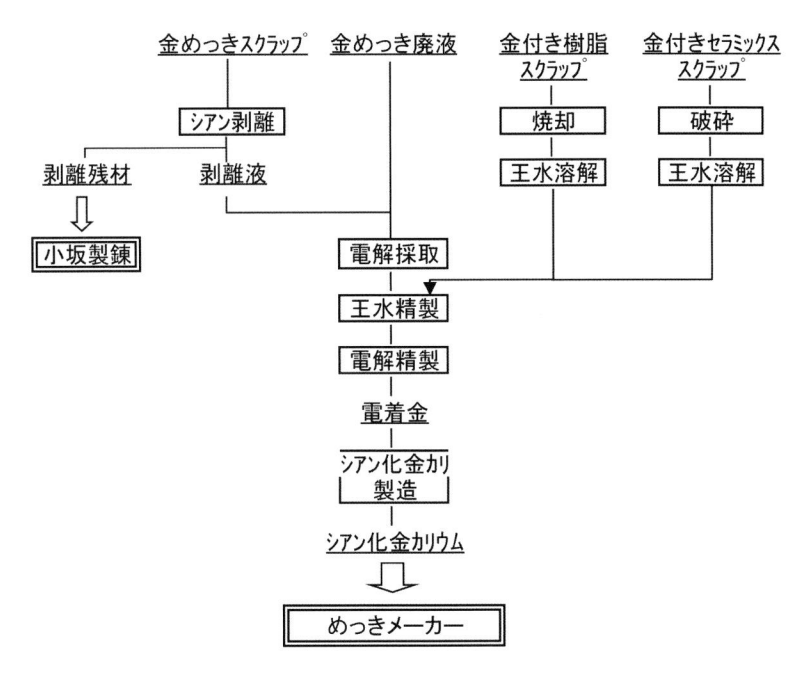

図1 エコシステムリサイクリングの金回収プロセス

● 再資源化物の販売先
  ・シアン化金カリウム・・・めっきメーカー
  ・金地金・・・宝飾品・電子材料メーカーなど

● 技術のPR
当社の湿式処理技術の特長として
①原料ロット単位での全量バッチ処理のため、貴金属含有量の信頼性が高い
②回収期間が短い(1ヶ月以内)
③多様な種類の原料に対応できる
④小ロット対応が可能である。
等の特長を有している。

（エコシステムリサイクリング株式会社）

金属系の個別リサイクル 23

湿式法 Ru 回収・リサイクル

● 受け入れ対象物とその量

　Ruは白金族金属(PGM)の一つであり、南アフリカなどのPt鉱山からPtを製錬する際の副産物として産出される。このRuはハードディスクの記録層や電子回路用の抵抗体に使用され、ここ数年で需要が大幅に伸びた元素である。このRuの鉱山からの産出は年間30 t程度に過ぎず、需要の大幅な伸びに対応するためスクラップからのRu回収への期待が高まっていた。

　しかし、Ruはその特異な化学的性質の点でスクラップからの分離・回収は技術的に難しく、経済的に成り立たなかったため、廃Ruターゲット材の様な高純度のスクラップを除いては貴金属であるにもかかわらず長年廃棄されていた元素であった。

　従来、Ruの精製法は四酸化ルテニウム(RuO_4)などの蒸気圧の高い化合物を用いた蒸留法が主流であるが、RuO_4は有毒性や爆発性の性質を有しており、少量・低品位のスクラップからのRu回収に対して、経済的に有効な手段ではなかった。そこで当社では、安全性かつ経済性の観点から独自に湿式回収技術を開発し、低品位からのRu回収を可能とした。

表1　Ruスクラップの受入対象物と品位

	受入対象物	主要成分と品位 [%]
抵抗ペースト系	廃抵抗ペースト	Ag:1〜 Pd:0.1〜 Ru:0.05〜
ハードディスク系	廃ターゲット	Ru:99〜
	廃ブラスト粉	Pt:0.1〜 Ru:0.1〜
	廃防着板	Ru:10〜

当社で受入対象としているRu含有スクラップを表1に示す。

● 技術概要・プロセス紹介

　当社のRu回収プロセスを図1に示す。廃抵抗ペーストにはRuの他にAg、Pdが含有されている場合が多いため、あらかじめ硝酸を使用してAg、Pdを溶解分離する。硝酸溶解後のRu含有残渣中のRuは$PbRuO_3$などの酸・アルカリに対して安定な化合物となっている。この化合物を分解するために、炭素を添加して加熱還元し、$PbRuO_3$をRuとPbを分解する。その後、酸浸出をすることでRuを濃縮し、精製原料とする。RuはKOHなどのアルカリ剤と加熱熔融することで、水溶性の化合物(K_2RuO_4)が形成される性質があり、この性質を利用した精製法を当社では採用している。つまり、精製原料をアルカリとともに数百度で加熱し、均質な融体とし、この融体を冷却後、水で浸出する。水浸出後の浸出液は固液分離後、還元剤として水素化ホウ素ナトリウム(SBH)を使用し、水酸化ルテニウムに還元する。この時、還元条件を厳密に制御することで不純物が除去される。次に、この水酸化ルテニウムを水素還元し、99.95%以上のRuメタルとする。またハードディスク製造メーカーから排出される廃ブラスト粉は、磁選・分級などの物理選別を利用し、Pt・Ruを濃縮する。その後、王水等の酸を利用して、Ptを分離し、Ruを残渣として濃縮する。濃縮後のRu残渣を精製原料として、前述の方法で精製する。

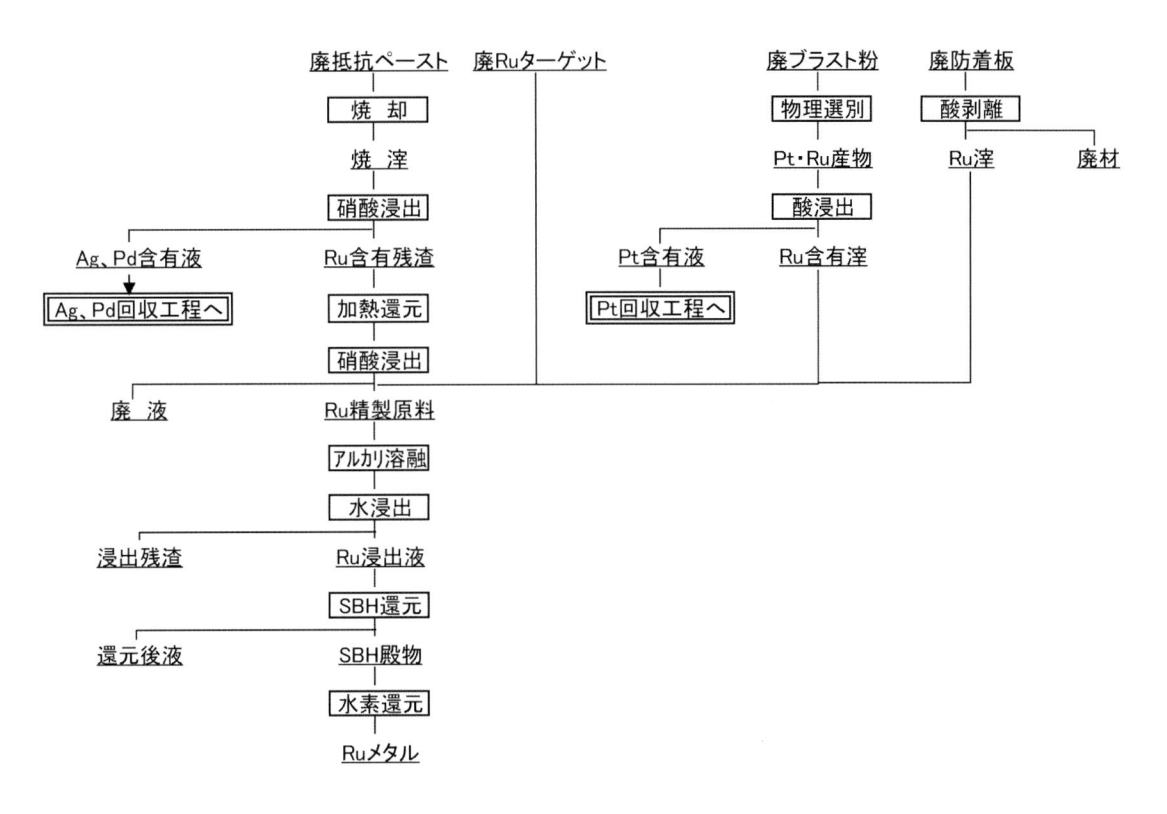

図1 エコシステムリサイクリングのRu回収プロセス

● 再資源化物の販売先

抵抗ペースト製造メーカー、ターゲット製造メーカー

● 技術のPR

当社のRu回収技術の特長として、以下の点があげられる。

①回収期間が短い(1ヶ月以内)。

②蒸留法と比較し、アルカリ溶融法では四酸化ルテニウム等の毒性のある化合物が生成せず安全な方法である。

③多様な種類の原料に対応できる。

④小ロット対応が可能である。

(エコシステムリサイクリング株式会社)

金属系の個別リサイクル 24

インプラントリサイクル

● 受け入れ対象物とその量

　タンタル粉、タンタル廃材、タンタル合金屑、その他タンタルを含有するガラス、コンデンサ等

● 技術概要・プロセス紹介

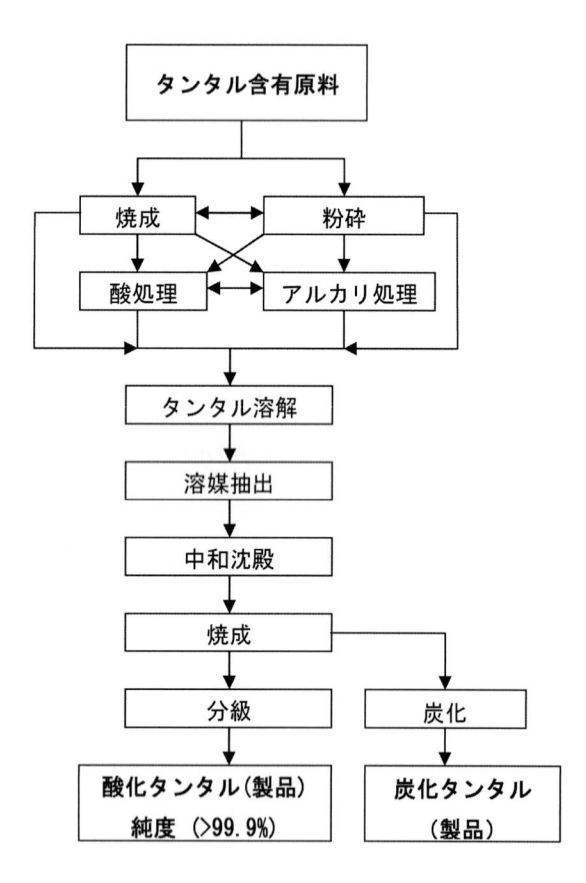

```
タンタル含有原料
   ↓
焼成 ⇄ 粉砕
 ⇅     ⇅
酸処理 ⇄ アルカリ処理
   ↓
タンタル溶解
   ↓
溶媒抽出
   ↓
中和沈殿
   ↓
焼成
   ↓        ↓
分級       炭化
   ↓        ↓
酸化タンタル(製品)  炭化タンタル
純度(>99.9%)      (製品)
```

● 再資源化物の販売先

　入手したタンタル含有物は全て当社にて高純度酸化タンタル・炭化タンタルに再生し販売される。

● 技術のPR

　当社は酸化タンタル／酸化ニオブの日本国内最大の製造メーカであり、リサイクルを積極的に導入して、原料の有効活用と製品の安定供給を行っている。

・高純度酸化タンタル：Ta; >99.99%, Fe,Cr,Ni,Mn,Nb; <1ppm, Si; <2ppm

・一般用酸化タンタル：Ta; >99.9%, Fe,Cr,Ni,Mn; <5ppm, Si; <50ppm, Nb; <300ppm

・炭化タンタル：　TaC; >99.5%, Fe;<0.05%, Si,Al,Ti; <0.02%, O;<0.3%

（三井金属鉱業株式会社）

金属系の個別リサイクル 25

使用済み自動車触媒再資源化

● 受け入れ対象物とその量

使用済み自動車触媒、使用済み化学工業触媒等からの白金族金属回収

● 技術概要・プロセス紹介

下図参照。

● 再資源化物の販売先

回収された白金族金属は自動車触媒はじめ各種工業製品、宝飾品等に販売されている。

● 技術のPR

㈱日本ピージーエムは使用済み触媒等を専門的に処理する国内で最大級の工場である。

専用のサンプリング設備で、信頼性の高い正確・公平なサンプリングを行う。処理工程は当社独自技術の「ROSE プロセス」で短期間・高効率の白金族金属の回収を行っている。

(株式会社日本ピージーエム)

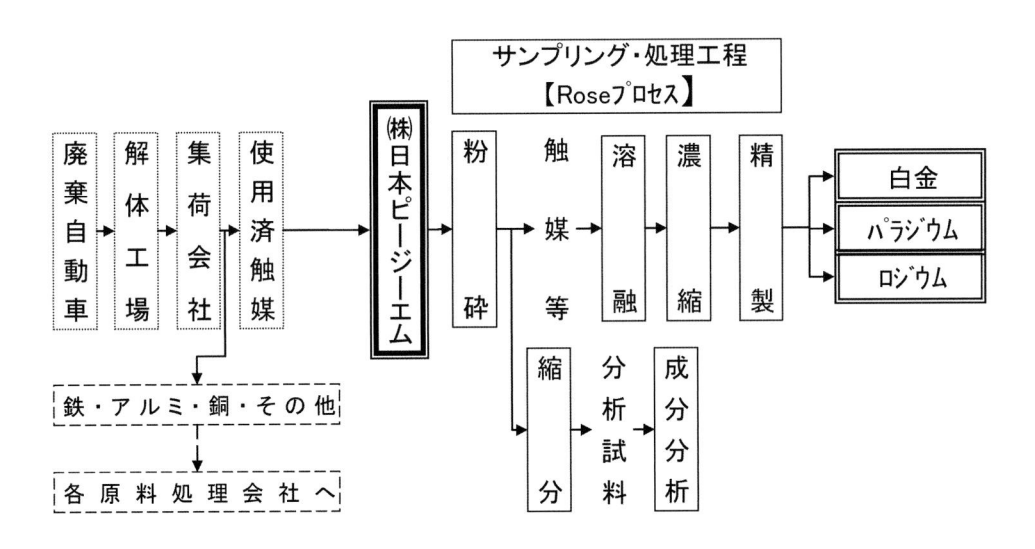

使用済み触媒サンプリング・処理プロセス

金属系の個別リサイクル 26
電子回路基板製造工程で発生する廃アルカリ・廃酸等の削減と資源回収

製造工程で発生する廃アルカリ液や廃酸等について、内部処理施設を新たに導入・設置して排出量の大幅削減と効果金額を生み出した。山形工場がメイコーグループの牽引役を果たし、水平展開を図り宮城工場では2年間の短期間で、山形工場の約2倍以上の効果を生み出した。下記の内容は、山形工場での改善内容を代表事例として記した。

1. 山形工場での環境改善（年間約1億5,000万円の純利益に貢献）

山形工場は、電子回路基板製造に関する廃アルカリ液や廃酸などの　廃棄物排出量を7年間で80％削減に成功し、電子回路基板の生産量に対比した原単位として86％を削減した。固形廃棄物のみならず水質改善や電力使用量削減も合わせて実現して、年間約1億5,000万円を上回る環境費用削減を実現し利益拡大に貢献した。山形工場でのゼロエミッションの成功体験と技術はグループの各工場に技術移転し展開を図った。（図表1）

2. 主な改善事例と水平展開

2-1 廃アルカリ内部処理施設の導入と効果

全廃棄物量の60％を占める廃アルカリ液（1,000㌧/月発生）の中で、90％を占めている回路形成ラインの現像廃液や剥離廃液また液レジストラインの現像廃液を、2004年に加圧浮上方式の処理施設を導入して、廃アルカリの90％の減量化に成功した。従来の処理方式では、樹脂状スラリーは酸性タール状になり脱水処理が極めて困難であった。改善プロセスとして樹脂分の中性付近で析出する特殊処理剤を採用した。また中性処理装置の為、分離脱水装置は耐酸性素材の使用も必要なく設備費用も安価にできた。水平展開として2007年に宮城工場に施設導入した。（図表2-1）

2-2 濃厚酸内部処理施設の導入と効果

濃厚酸廃液は、ｐＨ0.15の過酸化水素と硫酸の混合廃液であり、特別産業廃棄物である。従来の処理方式では、濃厚廃アルカリと濃厚酸廃液の混合させる処理方法で、危険性が伴い自動化するには高額の設備費用となり、また処理で発生するス

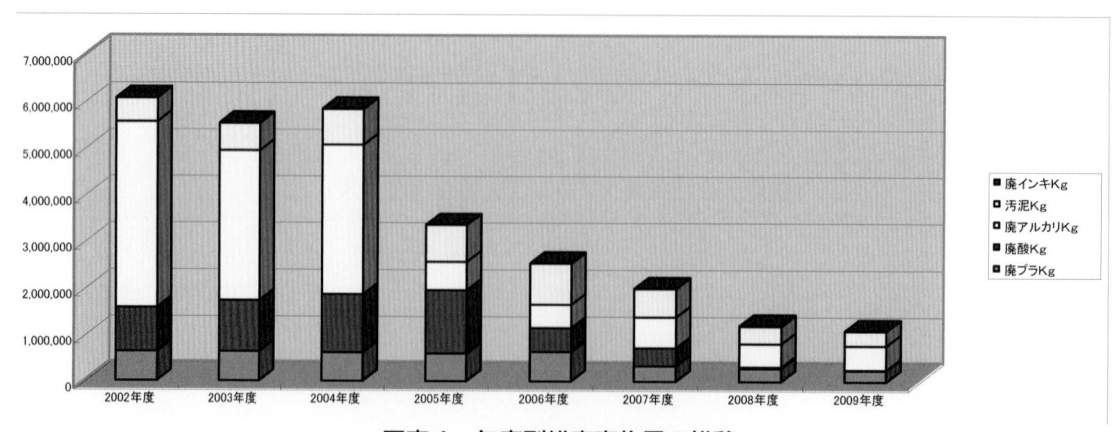

図表1　年度別総廃棄物量の推移

ラッジは銅と樹脂分が混合している為再資源化は困難であった。改善プロセスでは、過酸化水素を安定させる添加物を採用した。中和槽では有機系生成物を活性炭に吸着させ過酸化水素の分解を早めた。脱水ケーキに含有されている水酸化銅が40％以上の含有量となり有価物として最終処理業者に売却している。これは最終的には純銅として回収される。水平展開として2009年に宮城工場に施設導入した。(図表2-2)

(株式会社メイコー)

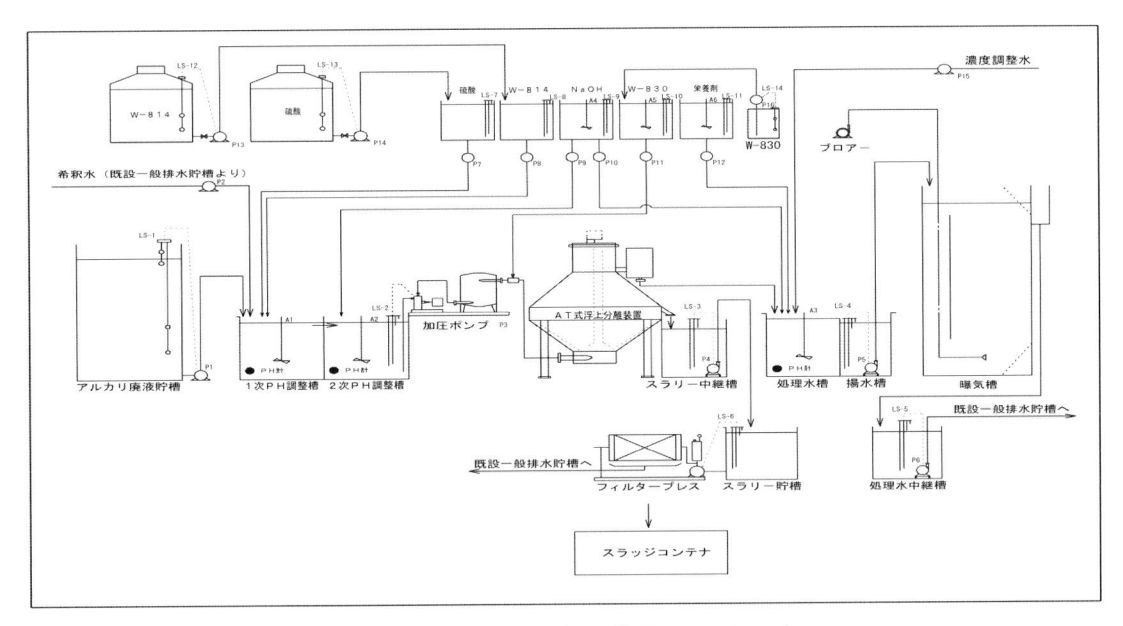

図表 2-1　アルカリ処理施設フローシート

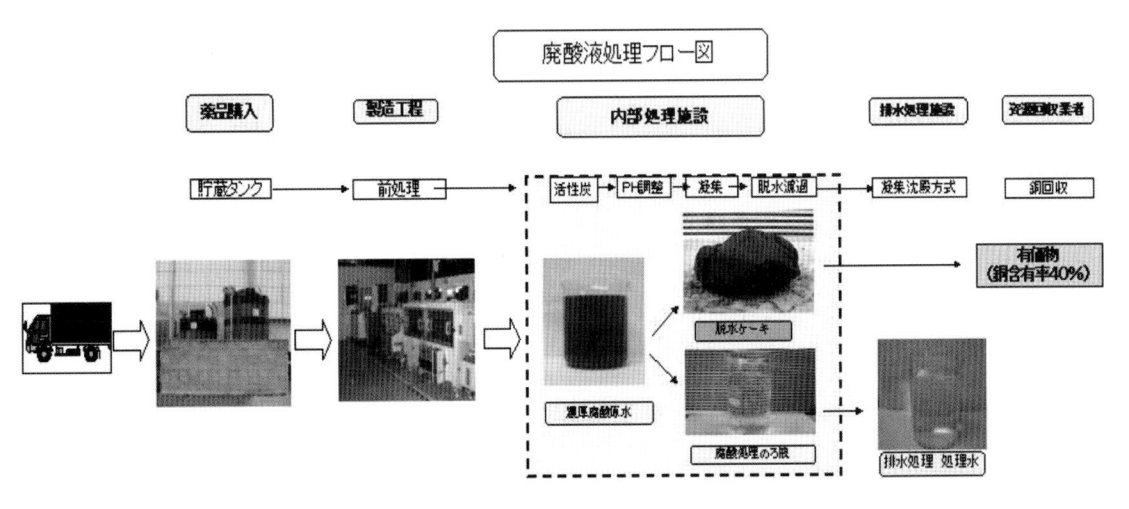

図表 2-2　廃酸液処理フロー図

金属系の個別リサイクル 27

使用済み蛍光灯のリサイクル

● 受け入れ対象物とその量

使用済み蛍光灯
受入量】：8,500 t／年

● 技術概要・プロセス紹介

使用済み蛍光灯は全国各地から未破砕か専用の破砕機で破砕され200リットルのドラム缶に梱包された状態で処理工場に送られてくる。未破砕で受入れた蛍光灯は専用の破砕機で両端を切断し口金部とガラス部を分離した後にガラスを破砕する。破砕された蛍光灯はトロンメルや湿式洗浄機にてガラスから水銀と蛍光体の分離回収を行い乾燥する。ガラスから水銀や蛍光体を洗い流した洗浄水は薬剤添加後攪拌し、強制濾過後に水銀吸着塔を通過させ再度洗浄水に使用されるため外部への排出水が全く無いクローズドシステムを採用している。この時に回収された水銀は焙焼、及び精製工程を経てリサイクルされる。洗浄されたガラスに混入している異物は磁力や形状、並びに光学的手法を用いて除去しフレコンバックに詰めガラスメーカーに出荷する。

この工程については全てフードで覆い粉塵、及び水銀が環境中に拡散しないようバグフィルターや水銀吸着装置で回収する。

● 再資源化物の販売先

当社にて回収された水銀は再度蛍光灯や電池用に使用される。また、ガラスについてはグラスウールや蛍光灯用のガラスに再利用され金属類は各素材化原料としてリサイクルされる。

● 技術のPR

当社は水銀の回収・販売を行っている国内唯一のメーカーである。使用済み蛍光灯以外に水銀を使用、又は水銀に汚染された廃棄物等から水銀を回収し廃棄物のリサイクルに務めている。

（野村興産株式会社）

3 金属系の個別リサイクル

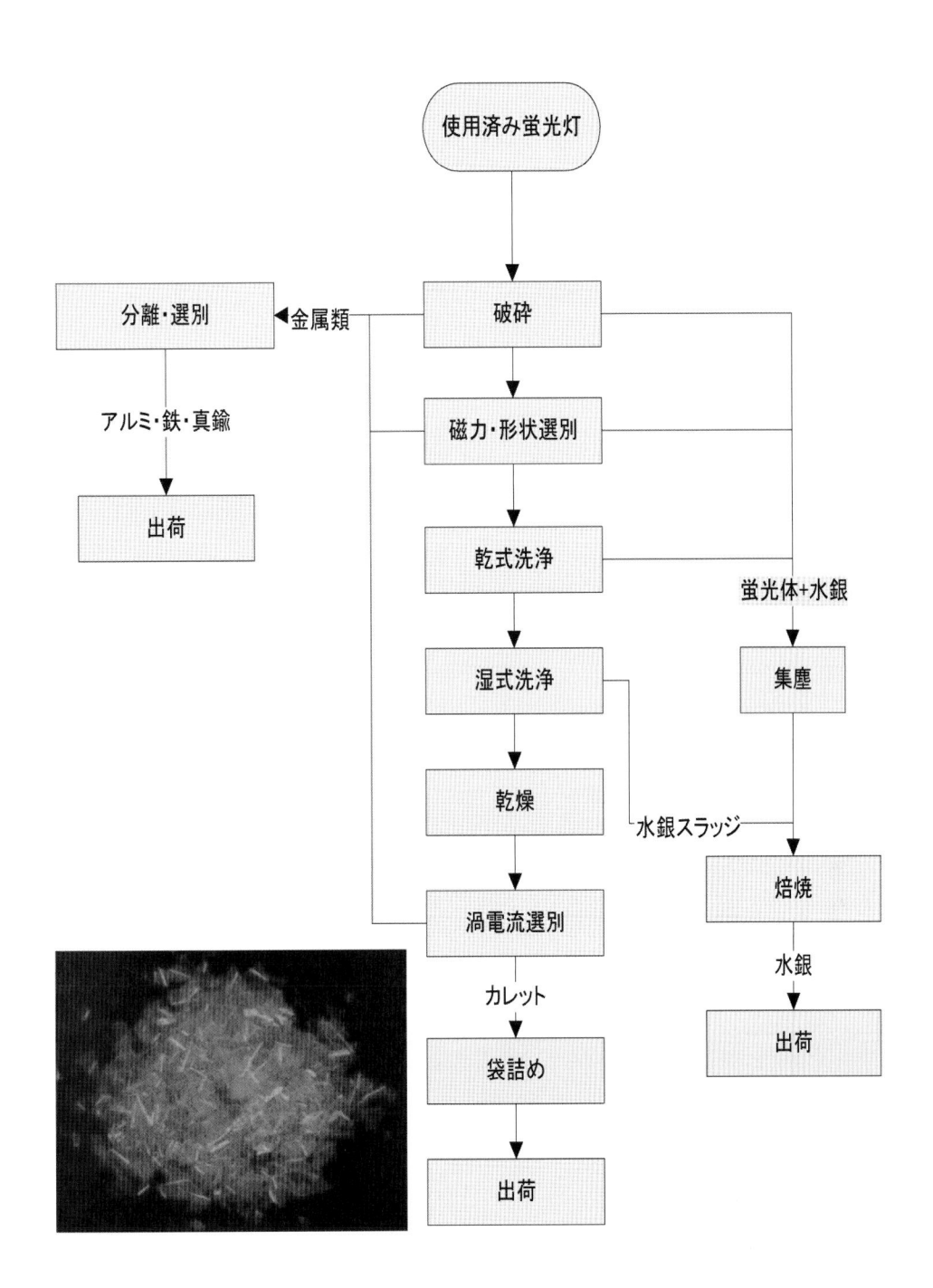

```
                        使用済み蛍光灯
                              ↓
   分離・選別 ◀──金属類── 破砕 ─────────────┐
        ↓                    ↓             │
    アルミ・鉄・真鍮       磁力・形状選別    │
        ↓                    ↓             │
       出荷                乾式洗浄 ──蛍光体+水銀──┐
                             ↓                    ↓
                          湿式洗浄               集塵
                             ↓                    │
                           乾燥 ──水銀スラッジ──┐ │
                             ↓                  ↓ │
                          渦電流選別           焙焼
                             ↓                    ↓
                          カレット             水銀
                             ↓                    ↓
                          袋詰め               出荷
                             ↓
                           出荷
```

金属系の個別リサイクル 28

CCFL用蛍光体からのレアアース回収

● 受け入れ対象物とその量

　ＣＣＦＬメーカの製造工程で排出されるＣＣＦＬ用蛍光体

　概算量　原料受入量：2～5トン／月
　　　　　回収量：200～500kg／年

● 技術概要・プロセス紹介

　ＣＣＦＬ蛍光体に含まれる赤色蛍光体（$Y_2O_3:Eu$）は溶媒抽出工程にてＹ、Ｅｕを精製する。精製されたレアアース溶液は晶出、焼成を経て高純度酸化レアアースとなる。

● 再資源化物の販売先

　受け入れたＣＣＦＬ蛍光体中のレアアースは高純度酸化レアアースとして販売される。

● 技術のPR

　当社は溶媒抽出による分離精製設備を有する、国内最大のレアアース製造メーカである。リサイクルではＣＣＦＬ蛍光体からのレアアースの回収の他、マグネットスクラップからのレアアースの回収も行っている。製品は高純度品であるとともに、ユーザーのニーズにあった物性のものを供給している。

・酸化イットリウム：純度　3Ｎ～6Ｎ
・酸化テルビウム　：純度　3Ｎ～4Ｎ

（信越化学工業株式会社）

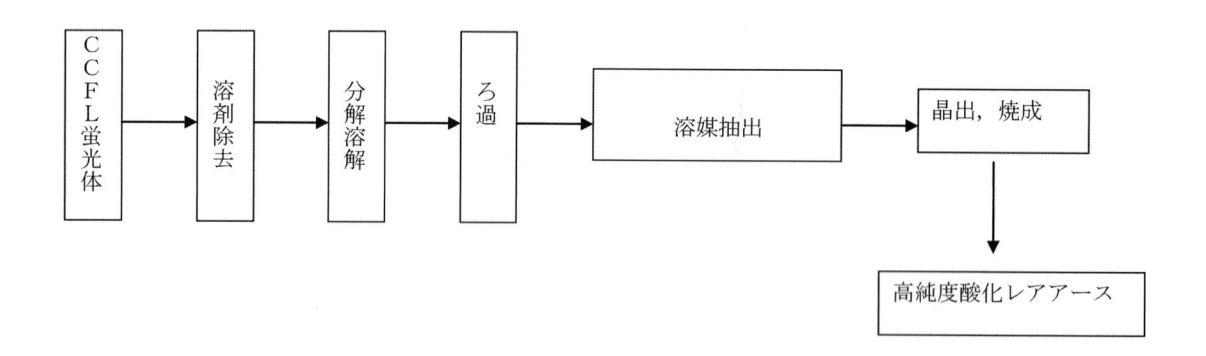

```
CCFL蛍光体 → 溶剤除去 → 分解溶解 → ろ過 → 溶媒抽出 → 晶出, 焼成 → 高純度酸化レアアース
```

金属系の個別リサイクル 29
製鋼スラグ加圧式蒸気エージング設備

● 受け入れ対象物とその量
・製鉄過程で発生する製鋼スラグ
・日本国内で約10百万t発生、主に道路用・土木用に使用されている。

● 技術概要・プロセス紹介
　製鋼スラグには、未消化のままの遊離石灰（f-CaO）が一部残り、その状態で路盤材等として使用した場合、膨張する恐れがある。本設備は製鋼スラグを蒸気圧により強制的に水和反応させ、膨張を抑制させる世界で初めての設備であり、住友金属工業株式会社和歌山製鉄所にて1995年より稼働している。

● 再資源化物の販売先
　エージングされた製鋼スラグは路盤材や土木用材等として販売されている。

● 技術のPR
・オートクレーブ方式により品質が安定（従来は配管による大気圧での蒸気エージング）
・エージング（膨張抑制）処理が3時間で可能となり、従来（1週間）より大幅に短縮
・蒸気原単位の削減（従来200kg/スラグt ⇒ 85kg/スラグt）

（住友金属工業株式会社）

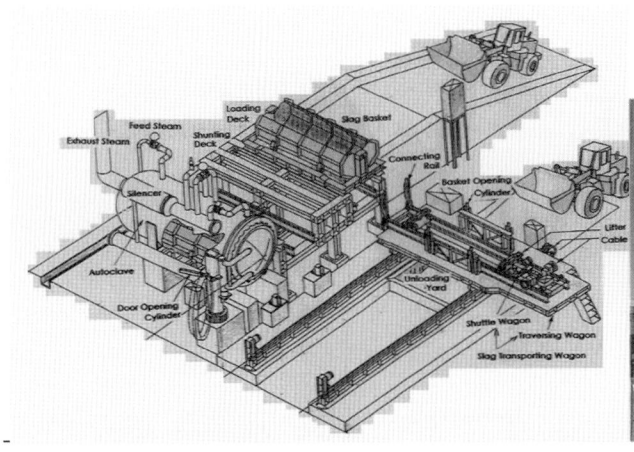

無機系の個別リサイクル 1

下水汚泥のセメント資源化

● 受け入れ対象物とその量

　水分80％前後に脱水された下水汚泥（脱水ケーキ）を九州、関東、東北地区のセメント工場で受け入れている。2010年度には、年間約14万tの脱水ケーキをセメント原燃料として再資源化した。

● 技術概要・プロセス紹介

　脱水ケーキを密閉式の車輌で搬送して、直接、ホッパーに投入する。投入された脱水ケーキは、パイプラインでセメント焼成キルンの後方部（窯尻）に投入され、約1,000℃の高温雰囲気で瞬時に分解される。炭化水素は熱エネルギーとして、CaO、SiO_2、Al_2O_3 等はセメント原料として再資源化される。また、汚泥中のアンモニアは、窒素酸化物（NOx）をN_2とH_2Oに分解するので、排ガス中のNOx濃度低減に役立つ。

$$4NO + 4NH_3 + O_2 \rightarrow 4N_2 + 6H_2O$$

● 再資源化物の販売先

　脱水ケーキはセメントの原料・石炭等代替として資源化される。セメントは、土木建築物のコンクリートの構成材料として利用される。

● 技術のPR

　セメント工場における廃棄物処理では、二次廃棄物が発生しないこと、悪臭なども高温で瞬時に分解できることなどの特長を有し、下水汚泥など様々な廃棄物を大量に安定的に資源化できるシステムである。

（三菱マテリアル株式会社）

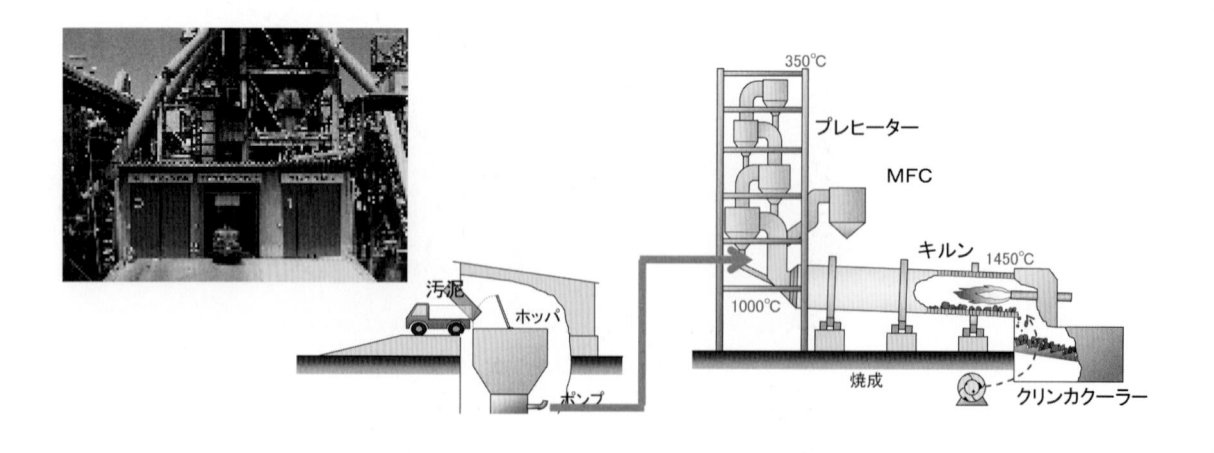

無機系の個別リサイクル 2

都市ごみ焼却残渣のセメント資源化システム

● 受け入れ対象物とその量

都市ごみ焼却灰（主灰・飛灰）

● 技術概要・プロセス紹介

　焼却残渣中に含まれるダイオキシン類は、1450℃以上の高温焼成で安全に分解される。

　焼却残渣の内、焼却灰は混入している金属や異物を前処理設備で除去、ばいじんについては、含まれる塩素を水洗設備で除去した後、セメント原料に使用する。排水処理にキルン排ガスの一部を利用して重金属を除去する太平洋セメント独自の排水処理技術を採用している。

● 再資源化物の販売先

　セメント工場へ持ち込まれた焼却灰は、セメント原料として使用している。

● 技術のPR

　家庭からでる都市ごみを清掃工場で焼却した際に発生する焼却残渣（焼却灰とばいじん）を既存のセメント工場でセメント原料として利用するシステムである。

　都市ごみ焼却残渣をリサイクルすることにより、最終処分量が削減され、最終処分場の延命化がはかれる。

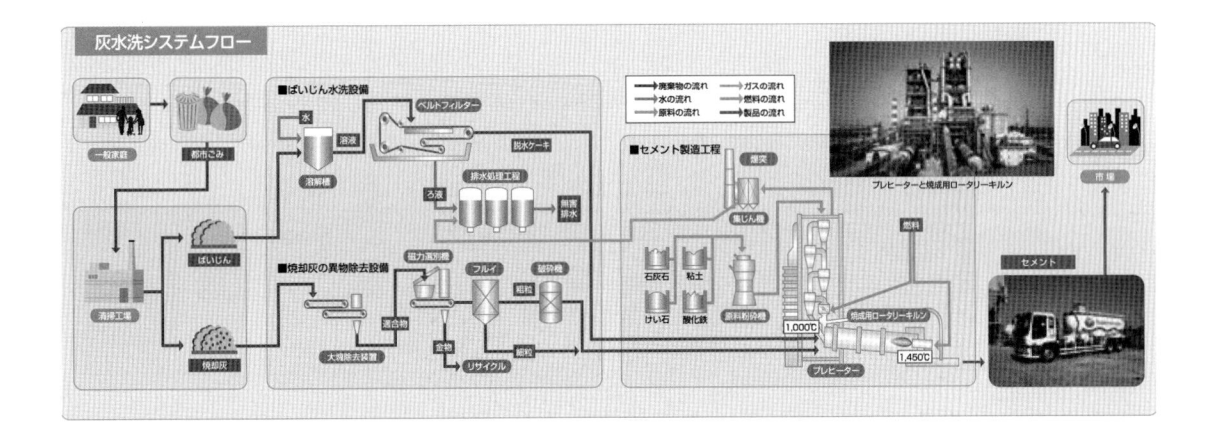

（太平洋セメント株式会社）

無機系の個別リサイクル 3

AK（アプライド・キルン）システム

● **受け入れ対象物とその量**

家庭から排出された都市ごみ(生ごみ)、事業系一般ごみ

● **技術概要・プロセス紹介**

ごみ収集車で回収された都市ごみを直接セメント工場に持ち込む。(自治体運営の清掃工場が不要となる)持ち込まれたごみは、ごみ資源化キルンで3日間程度の日数をかけて生分解反応(発酵)され、都市ごみ資源化物として、無害で安全なセメント用原燃料として生まれ変わる。

都市ごみ資源化物を1450℃以上の高温焼成することにより、ダイオキシン類の発生は抑えられ、工程上の悪臭も発生しない衛生的なシステムである。

● **再資源化物の販売先**

セメント原燃料として使用される。

● **技術のPR**

家庭から排出されるごみ等をキルンに投入し、低速回転するうちに混合される。さらに好気性発酵により、有機物は分解され、安全で衛生的な都市ごみ資源化物に生まれ変わる。都市ごみ資源化物の可燃分はセメント焼成燃料として利用され、燃焼時に発生する灰分はセメント原料として利用される。

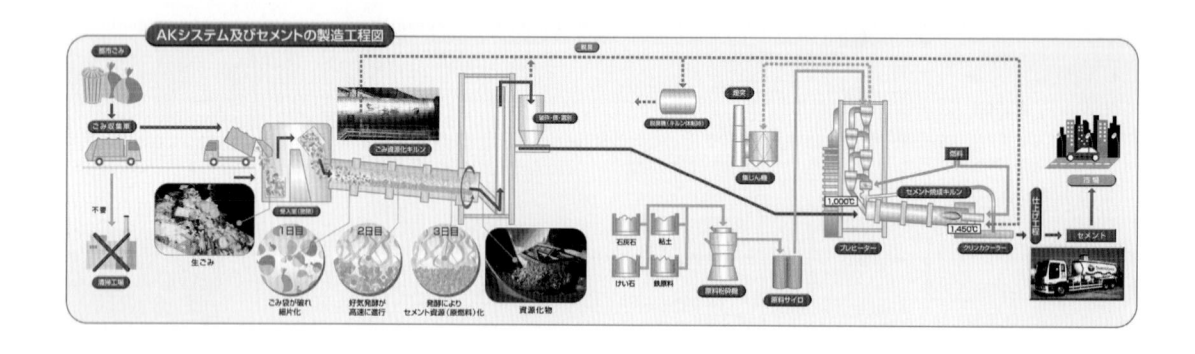

（太平洋セメント株式会社）

AKシステム及びセメントの製造工程図

無機系の個別リサイクル 4

エコセメントシステム

● 受け入れ対象物とその量

都市ごみ焼却灰（主灰・飛灰）

● 技術概要・プロセス紹介

焼却残渣中に含まれるダイオキシン類は、1350℃以上の高温焼成で安全に分解される。焼却残渣中に含まれる重金属類は付設の装置で回収・リサイクルされる。

普通セメントと同等の品質を持つ「普通エコセメント」を製造する事が出来る。

● 再資源化物の販売先

エコセメント工場へ持ち込まれた焼却灰は、エコセメントの原料として使用される。

● 技術のPR

都市ごみを清掃工場で焼却した際に発生する焼却残渣（焼却灰とばいじん）をセメント1トンあたり500kg以上使用し、「エコセメント」にリサイクルするシステムです。2001年 千葉県市原市で市原エコセメント㈱が稼働、2006年 東京多摩地域で東京たまエコセメント化施設（事業主：東京たま広域資源循環組合）が稼働し、自治体から発生する都市ごみ焼却残渣をエコセメントにリサイクルし、最終処分場の延命に大きく貢献している。

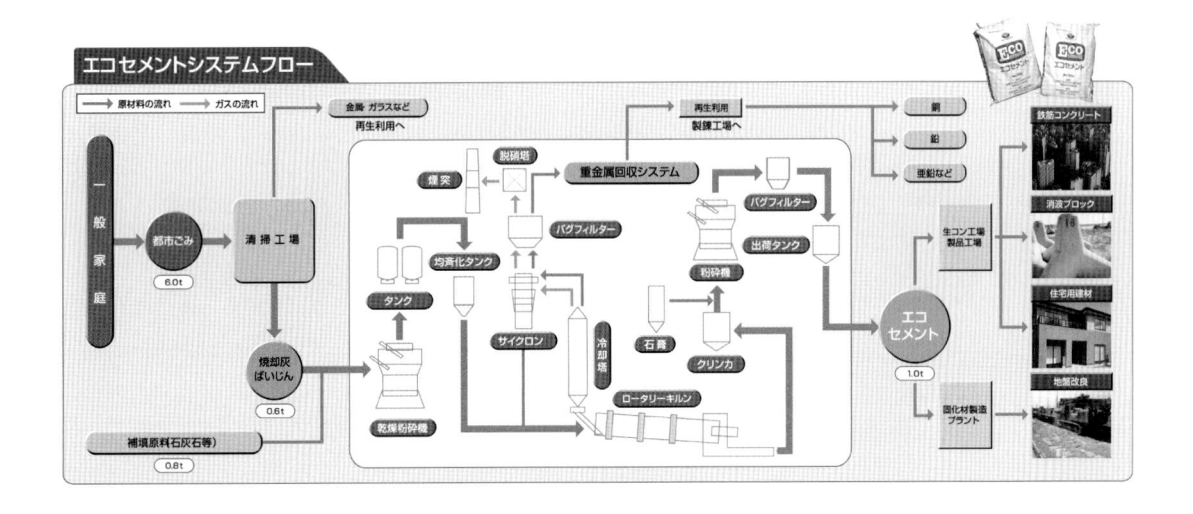

（太平洋セメント株式会社）

無機系の個別リサイクル 5
下水汚泥のセメント資源化システム

● 受け入れ対象物とその量

下水汚泥焼却灰（乾灰・湿灰）、下水汚泥脱水ケーキ

● 技術概要・プロセス紹介

下水汚泥の脱水ケーキ、或いは焼却灰の性状に応じた受入設備を備え、セメント原料の一部である粘土代替として、調合し受入を行っている。

● 再資源化物の販売先

セメント工場へ持ち込まれた下水汚泥は、セメント原料として使用される。

● 技術のPR

下水汚泥焼却灰或いは下水汚泥脱水ケーキの性状に応じた受入設備に備え、永年のセメント製造技術と廃棄物利用技術を生かし、安全かつ安定的にセメント原料として有効利用する事ができる。

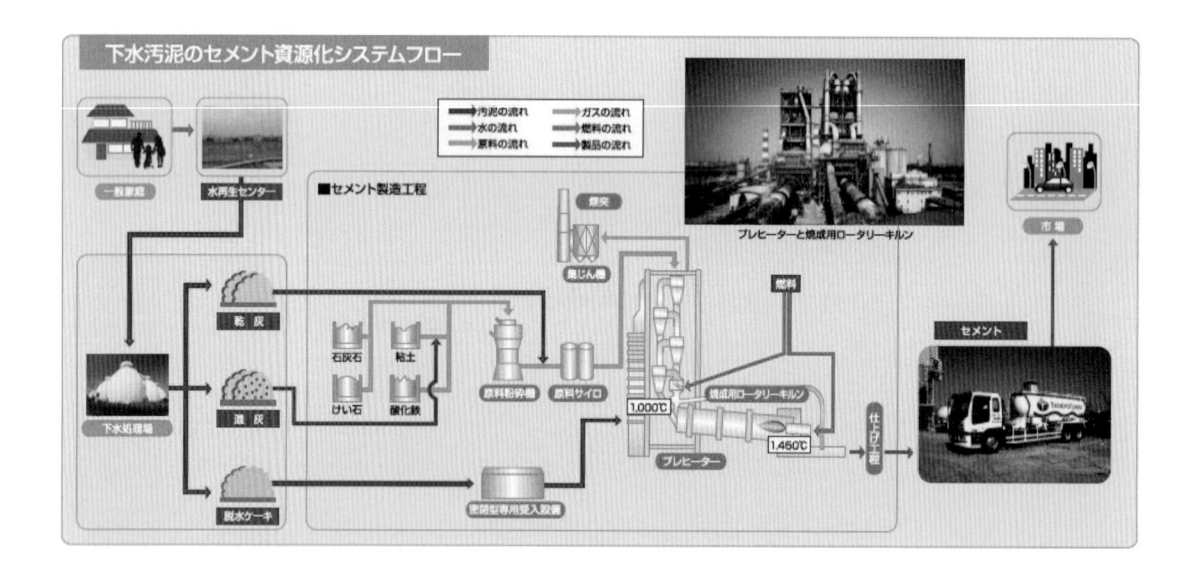

（太平洋セメント株式会社）

下水汚泥のセメント資源化システムフロー

無機系の個別リサイクル 6
セメント燃料代替としての廃油系燃料化

● 受け入れ対象物とその量
　高粘性の処理困難廃油(廃油スラッジ、廃塗料、廃グリス)、木くず、廃畳等

● 技術概要・プロセス紹介
　バイオマス(木くず・廃畳等)に処理困難な廃油類(スラッジ状～固体状)を混合・含浸させた「バイオマス系複合燃料」であり、セメント工場の仮焼炉燃料として利用する。

● 再資源化物の販売先
　セメント工場へ持ち込まれた廃油類、木屑等を混合した固体燃料は、セメント燃料代替として使用される。

● 技術のPR
　これまで焼却処分されリサイクル率の低かった高粘性の処理困難廃油や汚泥を太平洋セメント工場内(藤原、大船渡等)に設置した中間処理設備で廃畳や木屑等と混合処理し、代替燃料(BOF)として活用している。

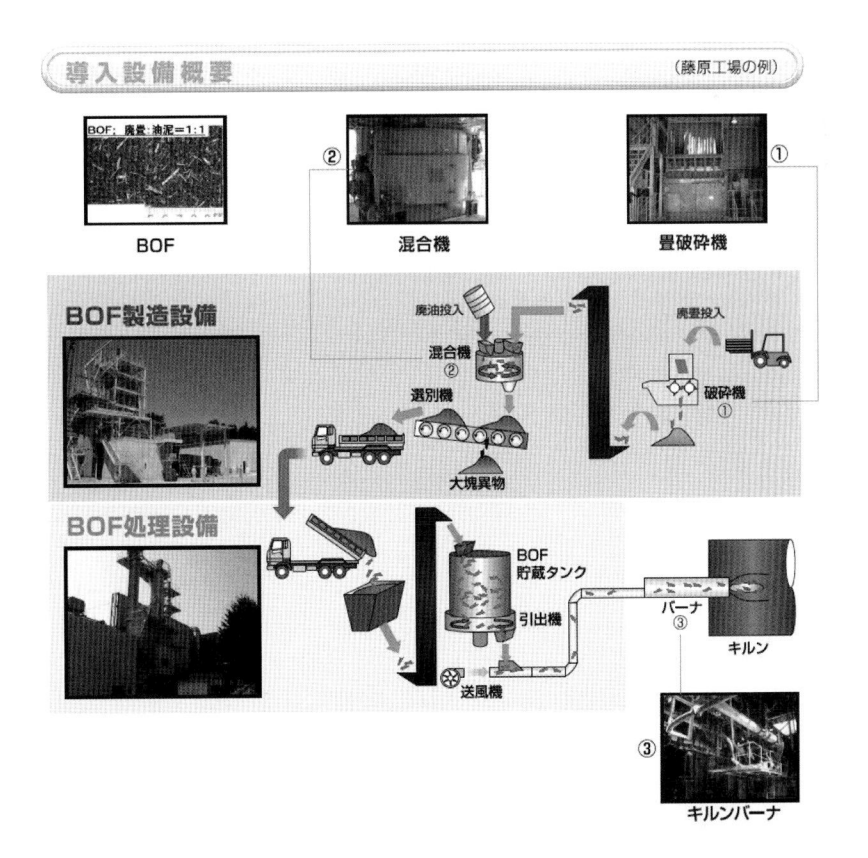

(太平洋セメント株式会社)

無機系の個別リサイクル 7

ごみ焼却灰・煤塵のセメントリサイクル

● 受け入れ対象物

ごみ焼却灰・煤塵（一般廃棄物）

● 技術概要・プロセス紹介

①循環型社会の形成を目指して

　セメント産業は、社会インフラ整備に欠かせない基礎資材（セメント）を供給する動脈産業としての役割に加え、現在では、資源リサイクルを担う静脈産業としても、社会的に大きな役割を果たしている。本事業は、ごみ焼却灰・ばいじんをセメント原料化することで、リサイクル資源として有効活用ができ、また埋立処分場の延命といった環境負荷低減に繋がるものであり、循環型社会の構築に貢献できる事業である。今回の事業の実施により、当社としては、さらなる地域社会への貢献と循環型社会の構築に寄与していきたいと考えている。

　セメント焼成炉は非常に規模が大きく、大量の廃棄物のリサイクルが可能で、回転窯内部は約1,450℃に達するため、ダイオキシンなどの有害物質の発生が極めて少なく、安全で安定的な処理が可能。更には、廃棄物を焼成した後の残渣もすべてセメントの中間製品であるクリンカーに取り込まれるため、二次廃棄物の発生がなく、完全なリサイクルが可能である点が、セメント産業独自の大きなメリットであるといえる。

②赤穂工場におけるごみ焼却灰・ばいじんのセメントリサイクル事業について当社は財団法人ひょうご環境創造協会と共同で、ごみ焼却灰・ばいじんの前処理施設の建設。前処理されたごみ焼却灰・ばいじんは、全量を当社赤穂工場にてセメント原料として再資源化。2010年8月からセメントリサイクル事業を開始している。

1) 前処理施設工程

　市町のごみ焼却施設から排出された焼却灰・ばいじんを、セメント原料としての受入基準に適合するよう、粗砕、異物除去、除塩処理を行う工程であり、赤穂工場の隣接地に前処理施設を新設。なお、ここでいう除塩処理とは、セメントの品質や製造工程の支障となる塩化物を水洗によって取り除く処理である。

2) セメント製造工程

　前処理工程を経て改質された焼却灰・ばいじんは、全量を赤穂工場のセメント製造工程において、セメント原料として使用。なお、セメント製造工程においては、従来から多くの産業廃棄物をリサイクル原燃料として使用してる。

3) 処理能力（一般廃棄物）

　① 焼却灰 26,000 t／年
　② ばいじん 6,000 t／年

4) その他　高知工場及び八戸セメント（関係会社）でもごみ焼却灰・煤塵のセメントリサイクルを実施中。

（住友大阪セメント株式会社）

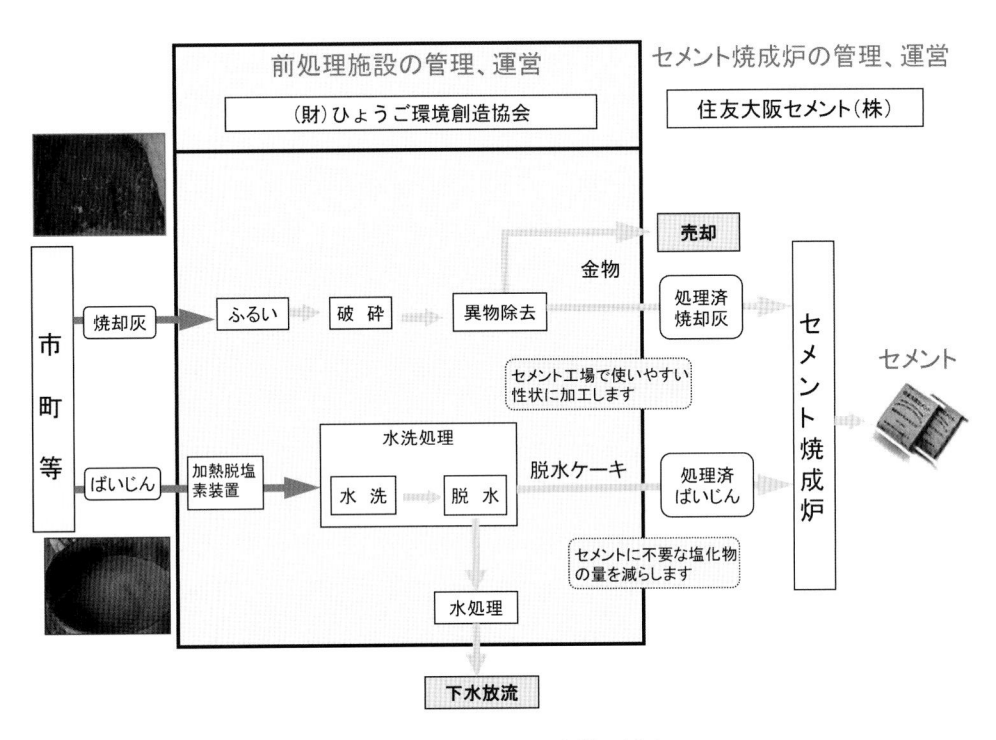

4　無機系の個別リサイクル

セメントリサイクル事業の流れ

前処理施設の管理、運営　　セメント焼成炉の管理、運営
(財)ひょうご環境創造協会　　住友大阪セメント(株)

市町等 → 焼却灰 → ふるい → 破砕 → 異物除去 → 金物（売却）
異物除去 → 処理済焼却灰 → セメント焼成炉 → セメント

セメント工場で使いやすい性状に加工します

市町等 → ばいじん → 加熱脱塩素装置 → 水洗処理（水洗・脱水）→ 脱水ケーキ → 処理済ばいじん → セメント焼成炉

セメントに不要な塩化物の量を減らします

水処理 → 下水放流

無機系の個別リサイクル 8

廃石こうボードのリサイクル

● 受け入れ対象物とその量

受け入れ対象物：廃石こうボード類
受け入れ可能量：年間14,000t

当社では石こうボードリサイクルの他、廃プラスチックを活用したRPF製造や木くずリサイクルも行っています。

● 技術概要・プロセス紹介

下図参照。

● 再資源化物の販売先

商社を経由して主としてセメント会社に販売。天然石こうの代替物として利用。

● 技術のPR

東日本で流通している石こうボードにはフッ素が含まれているため、廃石こうボードは、石こうボードにリサイクルする以外の活用が難しかった。当社では、廃石こうボードから無水石こうを製造する技術を導入し、これら諸問題を解決するとともに天然石こうの代替材として利用できるようにした。

（仙台環境開発株式会社）

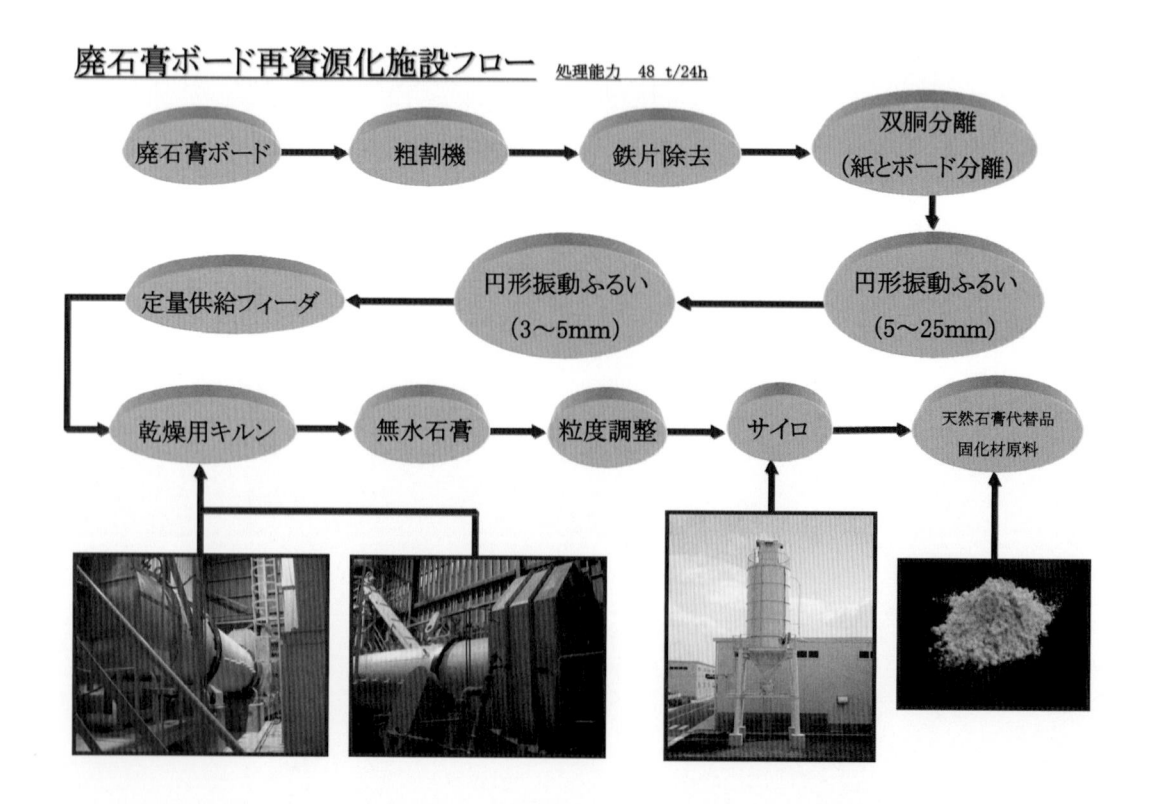

廃石膏ボード再資源化施設フロー　処理能力 48 t/24h

廃石膏ボード → 粗割機 → 鉄片除去 → 双胴分離（紙とボード分離） → 円形振動ふるい（5〜25mm） → 円形振動ふるい（3〜5mm） → 定量供給フィーダ → 乾燥用キルン → 無水石膏 → 粒度調整 → サイロ → 天然石膏代替品 固化材原料

無機系の個別リサイクル 9

アスベストのリサイクル

● 受け入れ対象物とその量

飛散性廃石綿、非飛散性石綿含有建材、非飛散性石綿含有製品（パッキン、フランジ等）

● 技術概要・プロセス紹介

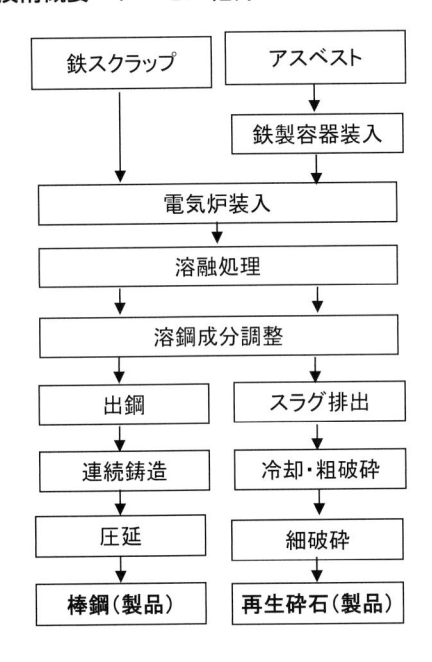

```
鉄スクラップ     アスベスト
                    ↓
                鉄製容器装入
      ↓             ↓
          電気炉装入
              ↓
           溶融処理
              ↓
          溶鋼成分調整
      ↓             ↓
    出鋼           スラグ排出
      ↓             ↓
   連続鋳造       冷却・粗破砕
      ↓             ↓
    圧延           細破砕
      ↓             ↓
  棒鋼（製品）   再生砕石（製品）
```

廃石綿は、建物解体工事現場等で除去作業後ビニール製の二重袋に封入され、ドラム缶又はフレコンバッグ等に詰められて当社に搬入される。フレコンバッグで搬入された場合、当社にてドラム缶等の鉄製容器に詰め替えられる。非飛散性の石綿含有製品や、小片の石綿含有建材（Ｐタイル等）も同様に搬入される。

リサイクル方法は、70トン電気炉設備に主原料である鉄スクラップを装入する際、廃石綿等も同時に装入する。この際、廃石綿等は、必ず鉄製容器に詰め込むことがポイントとなる。

鉄スクラップは電気炉内で、Max50,000kwの電気エネルギーにより昇温し、1,530℃に達すると溶融され、液状になる。

電気炉は更に昇温を続け、炉内は1,600℃以上の溶鋼となる。

このとき廃石綿が入った鉄製容器も同様に昇温・溶融する中で、容器内の廃石綿は溶鋼中で無害化される。

最も溶解点の高いクリソタイル（白石綿）の溶解温度1,521℃を越える当社の1,600℃の電気炉設備により、あらゆる廃石綿等は確実に溶融・無害化される。

溶融処理工程において、定期的にアスベストの濃度測定を実施する。電気炉設備周辺及び事業所敷地境界の空気中濃度を始め、スラグ及びばいじんの含有分析を行い無害化の確認をしている。

● 再資源化物の販売先

棒鋼は土木・建築用資材としてゼネコン等に販売する。又、スラグは提携先の砕石業者により40mm以下に細破砕後、道路舗装工事の下層路盤材等に使用される。

● 技術のPR

当社は平成6年から製鋼用電気炉設備を活用した廃棄物のリサイクル事業を行っており、長年の技術の蓄積により、感染性廃棄物や廃石綿等の処理困難物を安全・確実にリサイクルを行っている国内有数の鉄鋼製造メーカである。

事業所内には他に、大型破砕設備・非鉄選別設備・廃プラ炭化炉設備・廃プラ再資源化設備・ＲＰＦ製造設備や冷媒・断熱フロン回収設備等、様々なリサイクル設備を備えており、これらの設備を総合的に活用し、廃家電や廃自動車及び様々な廃棄物のリサイクルを効率よく行っている。

(東京鉄鋼株式会社)

無機系の個別リサイクル 10

廃石膏ボードのリサイクル

* 年間総排出量と当社での取扱搬入量　　　　　　　　　☆年間総排出量は、（社）石膏ボード工業会資料による

	2005	2006	2007	2008	2009
年間総排出量	1,380,000 t	1,450,000 t	1,520,000 t	1,610,000 t	1,670,000 t
ギプロ取扱量	25,000 t	33,000 t	31,000 t	31,000 t	39,000 t

● 受け入れ対象物とその量

* 廃石膏ボード（新築系・解体系）⇒ ビス・タッカー・クロス・岩綿吸音板・多少の水濡れ等受入可。

* 年間総排出量と当社での取扱搬入量
　上表参照。

● 技術概要・プロセス紹介

　右図参照。

　廃石膏ボードの処理には、様々な処理方法があり、再利用先の用途によって決められてくる。

　当社では、石膏ボードの原料として再利用できるよう、石膏ボードメーカーの品質基準に合わせる必要がある。

　石膏ボードの石膏と紙を分離させる際、石膏に紙粉が入らないよう配慮する必要があり、又　紙から石膏を極力剥がす必要もある。

　設備の種類及び組合せによって能力が大きく変わり、又石膏の性質を熟知する事によって石膏ボードの処理技術も大きく向上するといえる。

　尚、作業環境の面から、搬送は密閉式を採用し、集塵装置は大型4基で作業場を浄化している。

● 再資源化物の販売先

* 搬入された廃棄物は、様々な技術を用いた設備で処理され、処理後は90％を石膏粉の製品として石膏ボードメーカーへ納入、残りの紙を同じく製品として製紙会社へ納入。

● 技術のPR

*当社は、200t／日の処理能力を持ち、廃石膏ボードの単品処理工場としては日本でも最大規模の設備を有する。

　投入口は、No,1（15t／h）、No,2（5t／h）を持ち、濡れボードにも対応でき、二次破砕機より下流はA・B・Cラインの3系列で処理を行なっている。これは、機械に異常がおきた場合でも、設備全停止という最悪のパターンを避けるためである。受入が滞ることのないよう、万全を期している。

（株式会社ギプロ）

4　無機系の個別リサイクル

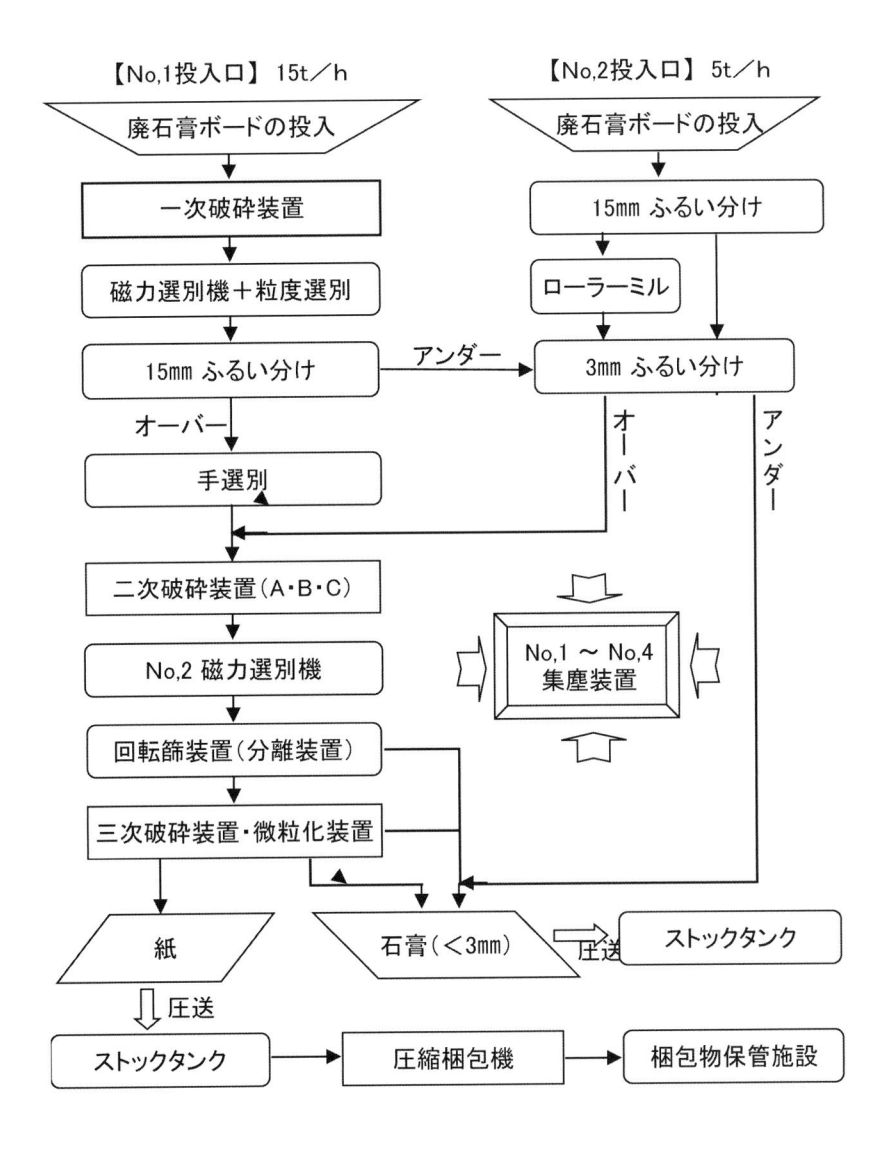

```
【No,1投入口】15t／h              【No,2投入口】5t／h
  廃石膏ボードの投入              廃石膏ボードの投入
        ↓                              ↓
   一次破砕装置                    15mm ふるい分け
        ↓                         ↓            ↓
 磁力選別機＋粒度選別          ローラーミル      │
        ↓          アンダー        ↓            │
   15mm ふるい分け ─────────→ 3mm ふるい分け
        │ オーバー                  │ オーバー   │ アンダー
        ↓                           │            │
      手選別 ←──────────────────────┘            │
        ↓                                        │
  二次破砕装置（A・B・C）                         │
        ↓                     ┌──────────────┐  │
  No,2 磁力選別機              │ No,1 ～ No,4 │  │
        ↓                     │   集塵装置    │  │
  回転篩装置（分離装置）────┐  └──────────────┘  │
        ↓                  │                     │
 三次破砕装置・微粒化装置──┤                     │
        ↓                  ↓                     │
       紙              石膏（＜3mm） ⇒圧送 ストックタンク
        ⇓ 圧送
   ストックタンク → 圧縮梱包機 → 梱包物保管施設
```

無機系の個別リサイクル 11
下水汚泥焼却灰を原料とする りん酸肥料化（P − ACE）

● 受け入れ対象物とその量

下水汚泥焼却灰、ドロマイト、ニッケル鉱滓スラグ、鶏糞灰、硅砂、その他カルシウム・ケイ酸を含有する廃棄物等

概算の量（リン酸肥料製造量を年間9,000トンとした場合）

原料受入量：下水汚泥焼却灰：7,800t/年、軽焼ドロマイト：2,700t/年、コークス：200t/年

製品出荷量：リン酸肥料：9,000t/年、リン鉄：800t/年

● 技術概要・プロセス紹介

下水汚泥焼却灰中の主要成分は、P_2O_5、K_2O、MgO、CaO、SiO_2等の肥効成分と、Fe_2O_3やAl_2O_3等が含まれている。

この下水汚泥焼却灰を主原料として、不足するCaOやMgO成分を添加し任意の成分比に事前に調整し、還元剤としてコークスを加えて、電気抵抗炉を用いて1,400℃程度で溶融・水砕することで、ガラス質のリン酸肥料を製造する。この技術により製造されたリン酸肥料は、熔成汚泥灰複合肥料として平成16年に肥料取締法公定規格が制定されており、市販の熔成リン肥や熔成ケイ酸リン肥と同程度の肥効を有する。この肥料に含まれるリン酸は、ほとんどがク溶性で、主に水稲等に用いられる緩効性肥料の一種である。

● 再資源化物の販売先

製造した熔成汚泥灰複合肥料は、そのまま肥料として使用できる他、リン酸肥料原料としても利用されるため、農業資材メーカ・商社を通じて農家に販売されるほか、肥料製造メーカへ原料として販売する。

● 技術のPR

本技術では、焼却灰に含まれるP_2O_5・K_2O・MgO・CaO・SiO_2の全てを肥料原料として利用することや、溶融メタルはリン鉄（FeP、Fe_2P）として工業原料となることから、二次廃棄物の非常に少ないリサイクル技術である。

下水汚泥焼却灰に含まれる重金属類などは、還元溶融することで溶融メタルや排ガス側に移行するため、製品となるリン酸肥料中の含有量は非常に低濃度となる。

（三機工業株式会社）

4　無機系の個別リサイクル

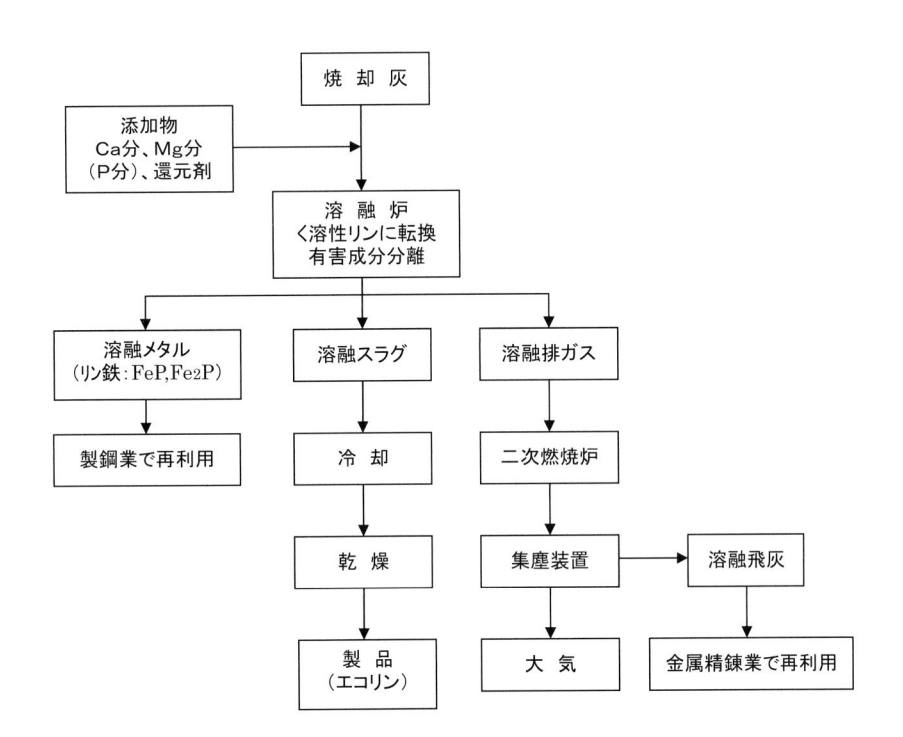

```
                    ┌─────────┐
                    │ 焼 却 灰 │
┌─────────────┐     └────┬────┘
│ 添加物        │          │
│ Ca分、Mg分、  │─────────▶│
│（P分）、還元剤│     ┌────▼──────────┐
└─────────────┘     │ 溶 融 炉       │
                    │ く溶性リンに転換│
                    │ 有害成分分離    │
                    └┬──────┬──────┬┘
        ┌────────────┘      │      └────────────┐
┌───────▼────────┐   ┌──────▼──────┐    ┌───────▼──────┐
│ 溶融メタル      │   │ 溶融スラグ  │    │ 溶融排ガス    │
│（リン鉄：FeP,Fe2P）│  └──────┬──────┘    └───────┬──────┘
└───────┬────────┘          │                    │
┌───────▼────────┐   ┌──────▼──────┐    ┌───────▼──────┐
│ 製鋼業で再利用  │   │   冷 却      │    │ 二次燃焼炉    │
└────────────────┘   └──────┬──────┘    └───────┬──────┘
                            │                    │
                     ┌──────▼──────┐    ┌───────▼──────┐    ┌──────────┐
                     │   乾 燥      │    │  集塵装置     │───▶│ 溶融飛灰  │
                     └──────┬──────┘    └───────┬──────┘    └─────┬────┘
                     ┌──────▼──────┐    ┌───────▼──────┐    ┌─────▼──────────┐
                     │   製 品      │    │   大 気       │    │ 金属精錬業で再利用│
                     │（エコリン）  │    └───────────────┘    └────────────────┘
                     └─────────────┘
```

熔成汚泥灰複合肥料製造設備概略フロー

その他のリサイクル 1
使用済み家電等からの資源回収

　当社は、DOWAグループと家電メーカーの出資により、特定家庭用機器再商品化法（通称「家電リサイクル法」、以後、通称で表現）に基づく使用済み家電と、パソコン等の情報機器等の解体・選別を行なう会社として1999年に設立された。当社の特徴は、グループ内で、解体・選別後の使用済み家電より得られる有価物等をマテリアル＆サーマルリサイクル、廃棄物およびフロンガス等を環境に配慮した適正処理を行っていることである。

手分解工場

破砕選別設備

● 受け入れ対象物とその量

　当社が受け入れしている対象物は、家電リサイクル法に基づく使用済み家電（テレビ、洗濯機、冷蔵庫、エアコン）と、パソコン等の情報機器や関連機器等である。使用済み家電は、秋田県・青森県・岩手県で回収されたものである。

　1年間の受入量は、2008年ベースでエアコン　7千台、冷蔵庫　44千台、洗濯機　37千台、テレビ　76千台である。他方、情報機器等は、年間15千セットである。

● 技術概要・プロセス紹介

　受け入れした家電等は、秤量後、手分解工程、機械破砕工程、選別工程等を経て、鉄・アルミニウム・プラスチック・電子基板等を回収している。冷蔵庫を例に具体的に説明する。

　第一工程として受入・秤量後、冷媒フロンガスの種類毎に仕分けを行なう。フロンガスの仕分けは、回収したフロンガスを液化してボンベに保管するために安全上、必須の作業である。その理由は、冷媒の種類により液体密度が異なるからである。

　第二工程として野菜室等のプラスチックを材質毎に回収する。ここで、重要なことは、同じ材質毎に回収することである。材質が異なったプラスチックが混入すると、プラスチック原料として使えなくなるからである。回収したプラスチック部材は、専用破砕機で数ミリに破砕・洗浄・乾燥後、梱包して市場に出荷している。

　第三工程として手分解によりドアパッキン、コンプレッサーおよび電子基板等を回収する。最後に残った筐体は、破砕機により、50〜150mm程度に破砕する。断熱材に含まれるフロンガスは、破砕機

内を負圧になるように吸引することで大気中に拡散させずに回収している。破砕機から排出された破砕物は、磁力選別、非鉄選別装置の選別により磁着物(鉄)、非鉄金属を回収している。選別で残ったプラスチック類は、エコシステム秋田㈱の焼却炉の熱源として活用している。図に、回収物の流れを示す。小坂製錬㈱、エコシステム秋田㈱、エコシステム花岡㈱は、いずれもDOWAグループである。

● 再資源化物の販売先

再資源化しているものは、鉄、銅、アルミニウム、電子基板類、プラスチック、ブラウン管ガラス等である。これらは、すべて非鉄製錬原料あるいはプラスチック原料等の中間原料である。

銅、電子基板等は、グループ会社の小坂製錬㈱に非鉄金属(製錬)原料として販売している。鉄も小坂製錬㈱に非鉄製錬工程の還元剤として売却している。

ブラウン管ガラスのうちパネルガラスは、ガラス繊維用原料として販売している。鉛を含有するファンネルガラスは、小坂製錬㈱に出荷し、非鉄製錬のスラグ用フラックスとして使用すると同時に鉛の原料としている。

プラスチックは、プラスチックのペレット原料として概ね国内の顧客に販売している。

● 技術のPR

リサイクルを行なう場合、留意しなければならないのは、安全面と環境面への配慮である。当社では、安全面への配慮として、冷蔵庫およびエアコンに含まれるフロンガスを完全回収するシステムとしている。具体的には、冷蔵庫の断熱材に含まれる断熱材フロンは、破砕機にて破砕時に放出されるので、全量吸引してエコシステム秋田㈱の焼却炉に送っている。近年、冷蔵庫の断熱材は、特定フロンの代替として可燃ガスが用いられているので、破砕機内での爆発の危険性がある。当社でのシステムは、可燃ガスを爆発限界以下に制御しながら破砕を行ない、全量回収して分解を行なっている。一般に、断熱材フロンは活性炭吸着・熱離脱・液化により回収しているが、当社のシステムは、ガスのまま焼却炉に送り破壊するので、熱離脱用の熱源が不要であり、投下エネルギーの少ないシステムとなっている。冷蔵庫等からフロンガスと一緒に吸引して分離したコンプレッサーオイルには冷媒フロンが溶解しているので、加熱吸引を行ない、揮発させて分離し、断熱材フロンガスと一緒にガスのままエコシステム秋田㈱の焼却炉に送り、破壊処理している。

(株式会社エコリサイクル)

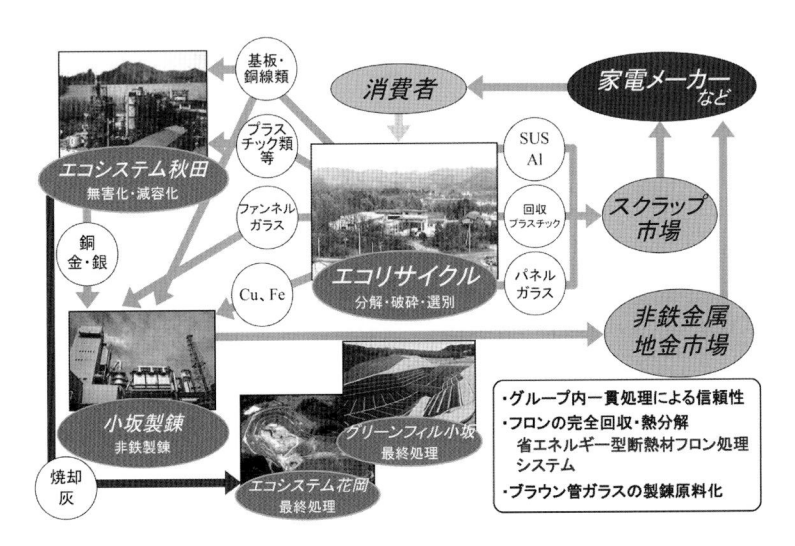

リサイクルの流れ

その他のリサイクル 2
廃棄物の総合リサイクルシステム

● 受け入れ対象物とその量

◆株式会社青南商事

鉄・非鉄スクラップ、使用済み自動車、各種産業廃棄物(廃プラスチック類、木くず、タイヤなど)

◆青森リニューアブル・エナジー・リサイクリング株式会社

各種産業廃棄物(廃プラスチック類、金属くず、動植物性残渣、自動車等破砕物、汚泥、廃油など)

および特別管理産業廃棄物(感染性産業廃棄物、汚泥など)

● 技術概要・プロセス紹介(各図参照)

● 再資源化物の販売先

鉄スクラップ…国内外の高炉メーカー・電気炉メーカーへ

非鉄金属スクラップ…非鉄製錬、二次合金メーカーへ

自動車リサイクル部品…自動車整備事業者へ

PETフレークなどの再商品化製品…再商品化製品利用事業者へ

ガス化溶融炉にて発電した余剰電力…近隣施設使用し余剰電力を電力会社へ

● 技術のPR

自動車から産業廃棄物処理まで総合リサイクル事業を担っている青南商事。その最大の特徴は、取り扱う廃棄物を一度も外部に委託することなく、自社内で処理を完結させる先進的なシステムにある。

たとえば廃自動車のリサイクルは、引取りから解体、破砕・選別、ガス化溶融発電施設におけるASR(シュレッダーダスト)のサーマルリサイクルまで、一貫して自社内で処理をおこなっており、そのリサイクル率は、既に100%近くを達成している。さらに、長年培ってきたシュレッダーや選別プラントの高い技術力とノウハウにより、さまざまな形態の廃棄物から付加価値の高い製品を生み出すことを実現している。

(株式会社青南商事)

■PETボトル再商品化プラントフローシステム

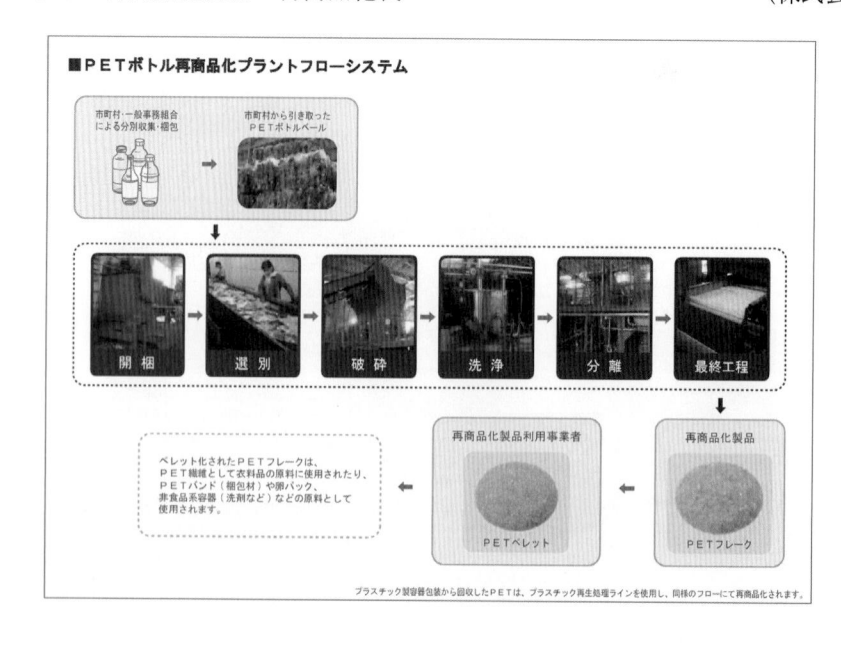

5 その他のリサイクル

■プラスチック製容器包装商品化プラントフローシステム

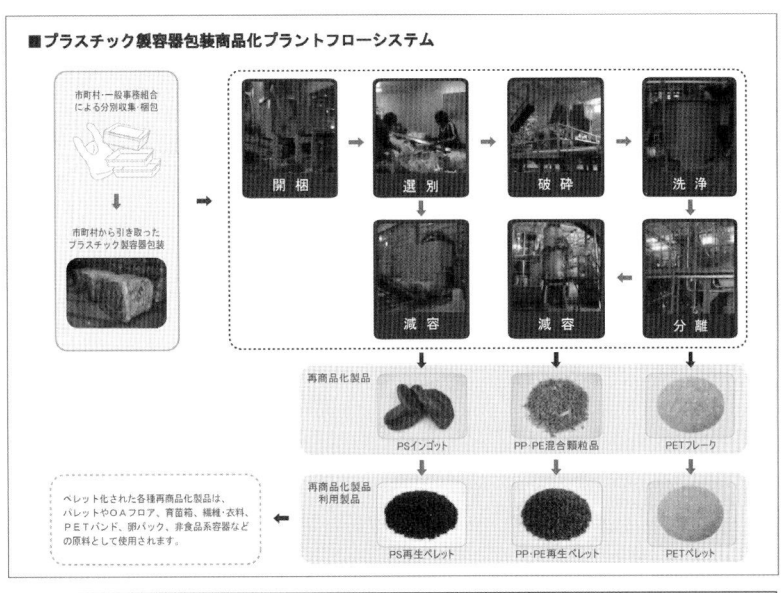

市町村・一般事務組合による分別収集・梱包

↓

市町村から引き取ったプラスチック製容器包装

→ 開梱 → 選別 → 破砕 → 洗浄
→ 減容 → 減容 ← 分離

再商品化製品：PSインゴット、PP・PE混合顆粒品、PETフレーク

再商品化製品利用製品：PS再生ペレット、PP・PE再生ペレット、PETペレット

ペレット化された各種再商品化製品は、パレットやOAフロア、育苗箱、繊維、衣料、PETバンド、卵パック、非食品系容器などの原料として使用されます。

■アルトレックシステムフロー

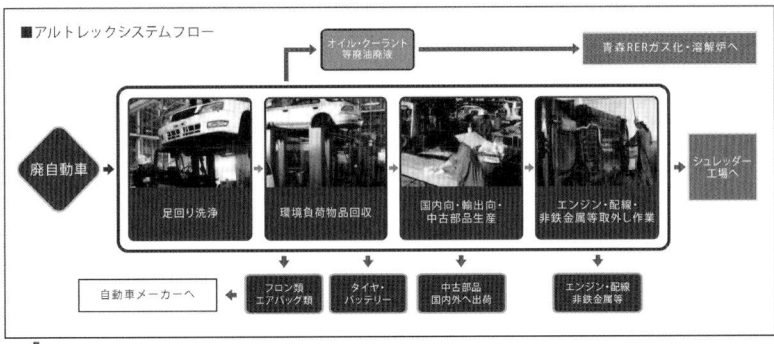

廃自動車 → 足回り洗浄 → 環境負荷物品回収 → 国内向・輸出向中古部品生産 → エンジン・配線・非鉄金属等取外し作業 → シュレッダー工場へ

オイル・クーラント等廃油廃液 → 青森RERガス化・溶解炉へ

自動車メーカーへ：フロン類・エアバッグ類、タイヤ・バッテリー、中古部品国内外へ出荷、エンジン・配線・非鉄金属等

■シュレッダープラントシステムフロー

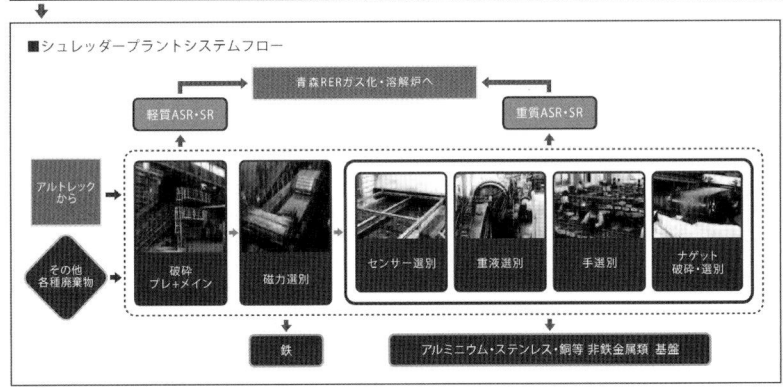

アルトレックから、その他各種廃棄物 → 破砕プレ+メイン → 磁力選別 → センサー選別 → 重液選別 → 手選別 → ナゲット破砕・選別

軽質ASR・SR、重質ASR・SR → 青森RERガス化・溶解炉へ

鉄、アルミニウム・ステンレス・銅等 非鉄金属類 基盤

■青森RER（ガス化溶融炉）システムフロー

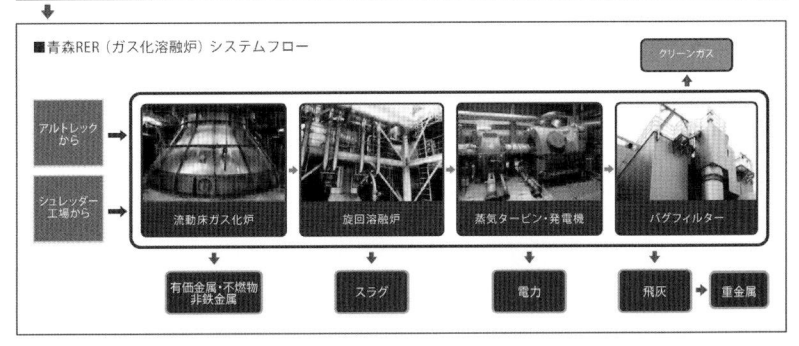

アルトレックから、シュレッダー工場から → 流動床ガス化炉 → 旋回溶融炉 → 蒸気タービン・発電機 → バグフィルター → クリーンガス

有価金属・不燃物・非鉄金属、スラグ、電力、飛灰 → 重金属

その他のリサイクル 3
電子電気機器類・情報機器のリサイクル

● 受け入れ対象物とその量

品目：

品目	詳細
OA機器類	パソコン、サーバー、プリンター、複写機、携帯電話、音楽プレーヤー、ケーブル、ルーター、無停電電源装置など
家電類	ビデオデッキ、オーディオ、電子レンジ、扇風機など（家電リサイクル法対象品目を除く）
電気機器類	自動販売機全般、自動発券機、業務用エアコン、業務用冷蔵庫、配電盤、ATM、遊技機など
機械類	製造装置、コンベア、看板、工場発生品、計測器など
什器類	机、椅子、キャビネット、パーティションなど
その他	その他金属系（オートバイ、自転車など）

搬出入物量：(単位：トン、2009年8月～2010年7月までの実績)

工場	東京工場					水戸工場				
区分	入荷		出荷			入荷		出荷		
品目	処理物	有価買取	小計	有価売却	処理委託	小計	処理物	有価買取	小計	有価売却	処理委託	小計
合計	7,885	5,061	12,946	9,869	1,906	11,775	10,058	15,011	25,069	24,020	665	24,685

● 技術概要・プロセス紹介

　東京工場は、東京都のスーパーエコタウン内にあり、使用済鉄系複合材及び電気電子機器類・情報通信機器類の処理を行なっている。製品は有害物や破砕・選別工程に適さないものは予め手選別にて外される。破砕・選別工程で回収された非鉄金属混合物は水戸工場にてより細やかな処理が施される。

　水戸工場では、金属複合物を処理する破砕・選別工程の他に、手選別・手解体の処理工程と、鉄系製品を扱う工程とで構成されており、相互に連携して最適な処理を行なっている。

● 再資源化物の販売先

　破砕選別工程に投入されたものは、両工場ともすべてリサイクルされ、各回収物は図1、2に示した出荷先にてリサイクルされる。

● 技術のPR

　東京工場の破砕・選別工程は、鉄系複合物からの鉄回収を得意とし、自動販売機全般やATMなどの大きさのものを直接投入することが可能であり、回収した鉄は十数cm程度の大きさで回収される。

　水戸工場の破砕・選別工程は、非鉄金属の回収

処理能力：

工場	東京工場		水戸工場	
設備	破砕機		破砕機	切断機
品目	廃プラスチック類	混合物	混合物	鉄
t/日	432	864	37.8	80.0

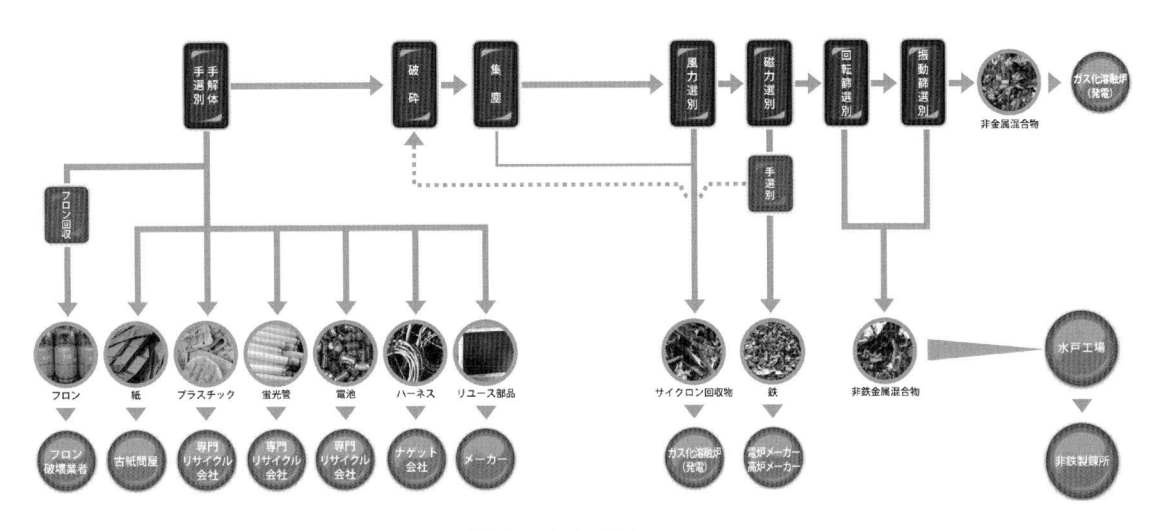

図1　東京工場フロー

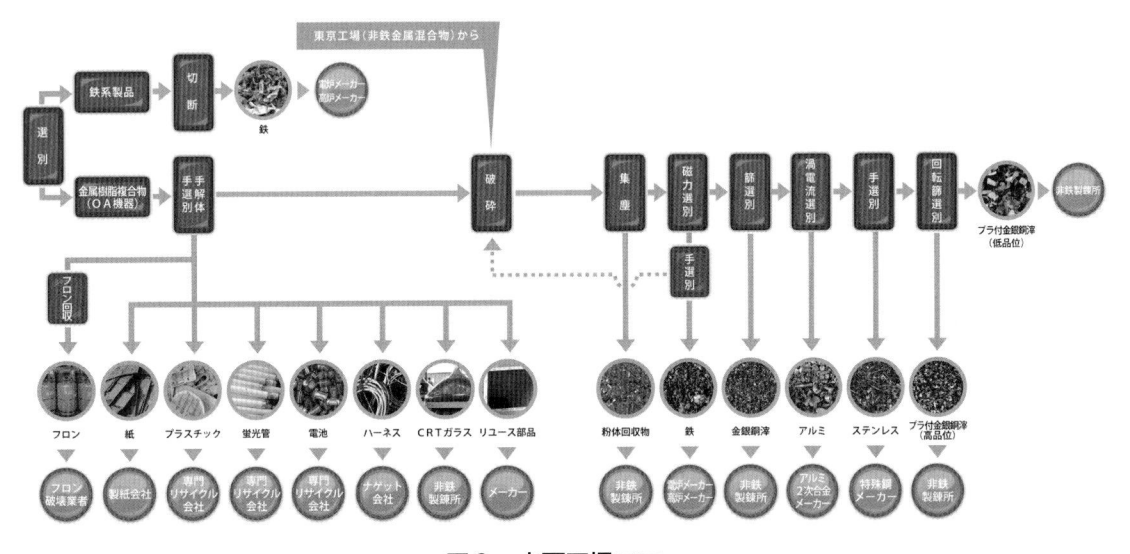

図2　水戸工場フロー

を得意とし、特殊シュレッダーによりモーターから銅の回収や電気電子機器類から非鉄金属の回収を行なえる破砕・選別工程になっている。

(株式会社リーテム)

その他のリサイクル 4

家電製品のリサイクル

● 概要

　民生用電子・電気機器の多くは、プリント基板を有しており、金、銀、銅の貴金属やパラジウムなどのレアメタルが回収可能な素材である一方、ハンダに含まれる鉛(有害物)を拡散させない為にも適正処理が必要。

　最終処理は精錬工場に運ばれ金属回収されるが、その前工程として一定粒度に粉砕する。当社では、この一定粒度に粉砕する工程を内製化し、付加価値を高め、更に省人などの合理化を行ったのでここに紹介する。

(株式会社 ハイパーサイクルシステムズ)

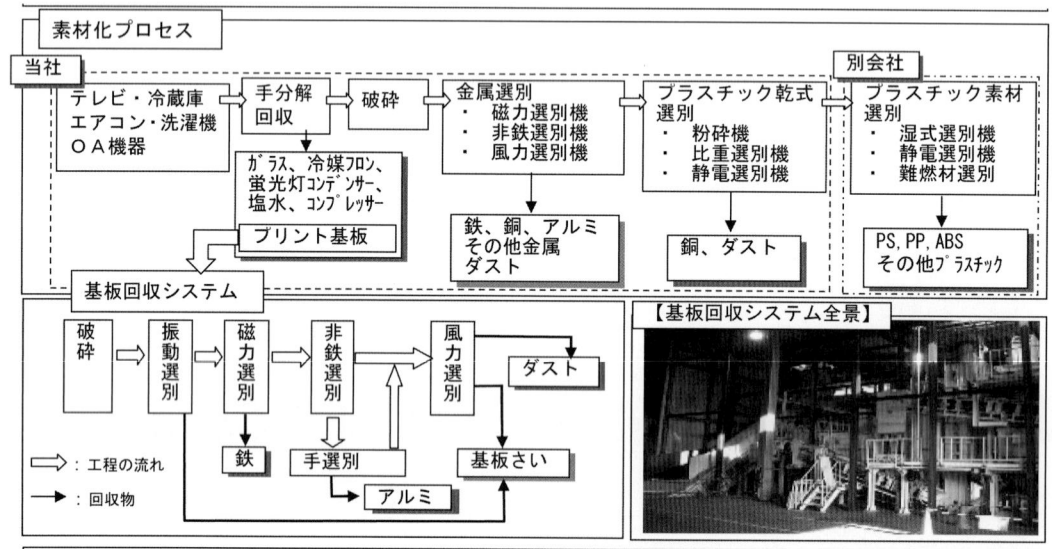

【素材化プロセス】

当社：テレビ・冷蔵庫 エアコン・洗濯機 OA機器 → 手分解回収 → 破砕 → 金属選別(磁力選別機・非鉄選別機・風力選別機) → プラスチック乾式選別(粉砕機・比重選別機・静電選別機)

別会社：プラスチック素材選別(湿式選別機・静電選別機・難燃材選別)

手分解回収：ガラス、冷媒フロン、蛍光灯コンデンサー、塩水、コンプレッサー、プリント基板

金属選別回収物：鉄、銅、アルミその他金属ダスト
プラスチック乾式選別回収物：銅、ダスト
プラスチック素材選別回収物：PS, PP, ABS その他プラスチック

【基板回収システム】
破砕 → 振動選別 → 磁力選別 → 非鉄選別 → 風力選別 → ダスト
磁力選別 → 鉄
非鉄選別 → 手選別 → アルミ
風力選別 → 基板さい

⇒：工程の流れ
→：回収物

【基板回収システム全景】

【本システム導入の目的】
　精錬工程での利用価値での少ない金属類を取り除き、粉砕により一定粒度以下にするという精錬の事前工程を取り込むことで付加価値を向上。
　(ハードディスクは破砕することでデータ破壊を完全なものとし、セキュリティーを万全にする。)
①機械化により手解体処理工数を削減し、人件費低減。
②接着などで分離が困難なアルミ(放熱板)を回収し有効資源化。
③減容化、出荷品目削減による省スペース、手続き等の合理化と運送費削減。

【本システムの特徴】
①基板には鉄、アルミ(筐体や放熱板など)など、精錬では有効活用困難な金属が含まれる。そこでこれらを事前に回収するため、破砕機の機能に粒度をそろえる機能のほか、銅線の切断機能、基板と基板上部品の剥離機能をもたせている。
②破砕機の振動伝播を防止するために、防振装置を取り付けている。基礎工事期間の大幅短縮もできた。
③鉛粉塵を拡散させないため集塵を強化し、システム全体を防音室に設置。内部を無人化し、粉塵の拡散防止を図り環境に配慮している。

【処理前基板】 
【回収物：基板さい】 
【回収物：アルミ】 
【回収物：鉄】

その他のリサイクル 5

ネットワークを活用した総合リサイクルシステム

● 技術概要・プロセス紹介

　銅製錬、鉛製錬、亜鉛製錬では、従前から残渣・ダストなどを相互にやりとりすることで目的金属を効率的に回収するシステムが存在する。

　DOWAグループでは、銅製錬・鉛製錬をあわせ持つ小坂製錬所と、亜鉛製錬である飯島製錬所の連携によって多様な金属を回収するシステムが存在する。さらに小坂製錬所では銅製錬に硫化物鉱石を必要としないリサイクル原料対応型新炉であるTSL（Top Submerged Lance）炉を活用しているため、多彩なリサイクル原料に対応することができる。

　下図のように、リサイクル原料の処理では前処理によって製錬忌避元素を分離、他者売却資源を選別している。また貴金属・化成品などでは単独プロセスでのリサイクルを実現している。

（DOWAエコシステム株式会社）

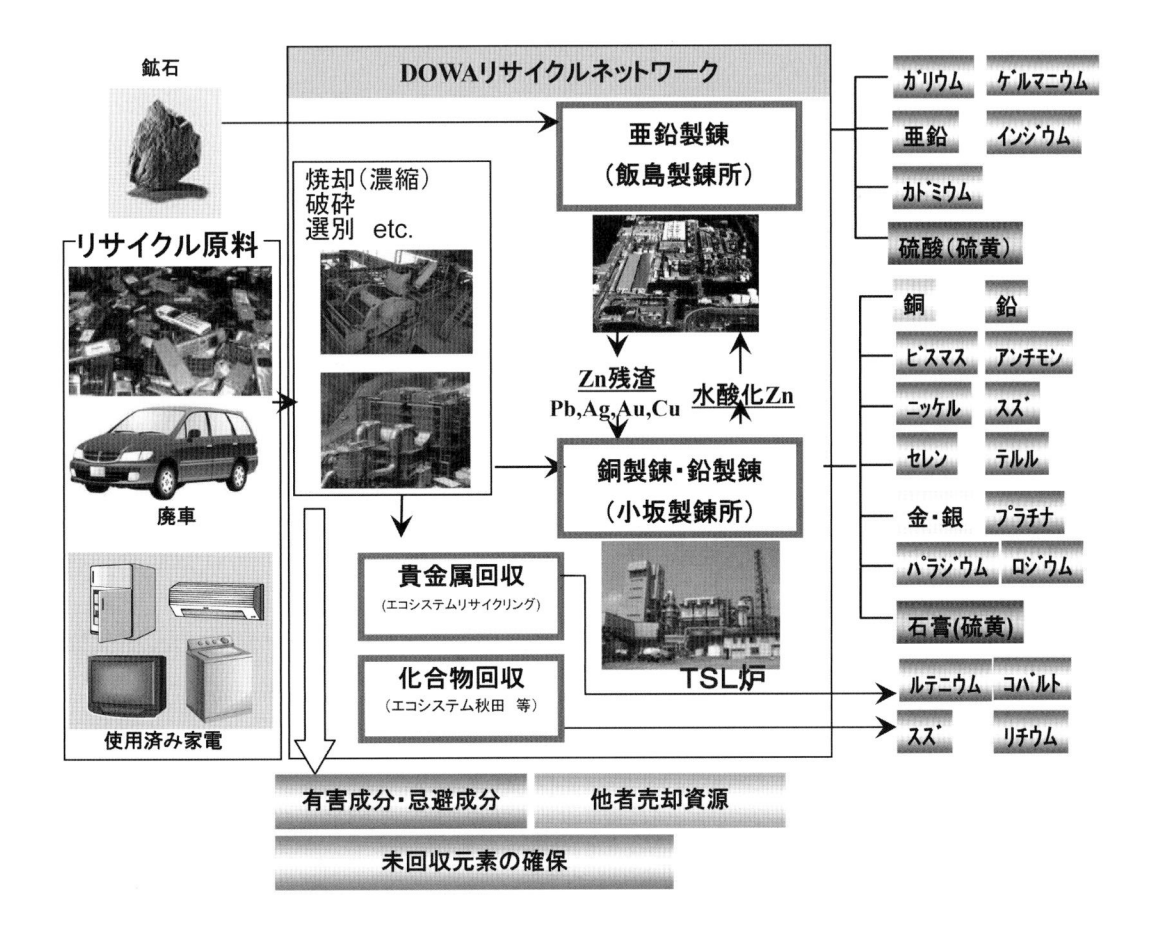

その他のリサイクル 6
産業廃棄物のリサイクル

● **受け入れ対象物とその量**

建設系廃棄物、工場系廃棄物、食品系廃棄物、その他廃棄物(汚泥、廃油、廃プラスチック類、紙くず、木くず、繊維くず、ゴムくず、金属くず、ガラスくず・コンクリートくず及び陶磁器くず、がれき類、動植物性残さ、廃酸、廃アルカリ、感染性廃棄物、引火性廃油、蛍光管 等) 月間2500t～3200t

● **技術概要・プロセス紹介**

受け入れた産業廃棄物は手選別にて丁寧に分別。極力細かく分別することでリサイクル可能品を増やしている。

その後、性状に応じて破砕・焼却・押出成形などの処理をしてリサイクル企業へ委託している。

● **再資源化物の販売先**

破砕した木チップは製紙会社等の燃料ボイラーに、製造したRPF(固形燃料)は製紙会社等のRPFボイラーに、蛍光管のガラスくずはガラスメーカーに、選別・破砕したプラスチック類は再生工場に、金属くずはスクラップ業者に売却。また、その他リサイクルできるものは逆有償でもリサイクルを優先している。

● **技術のPR**

弊社はリサイクル企業ではなく、産業廃棄物中間処理業者であるため受け入れた産業廃棄物を極力リサイクル出来るように分別している。また選別した産業廃棄物をよりリサイクル出来るように委託企業を随時探している。現在、受け入れた産業廃棄物の85％程度をリサイクルしている。

(加山興業株式会社)

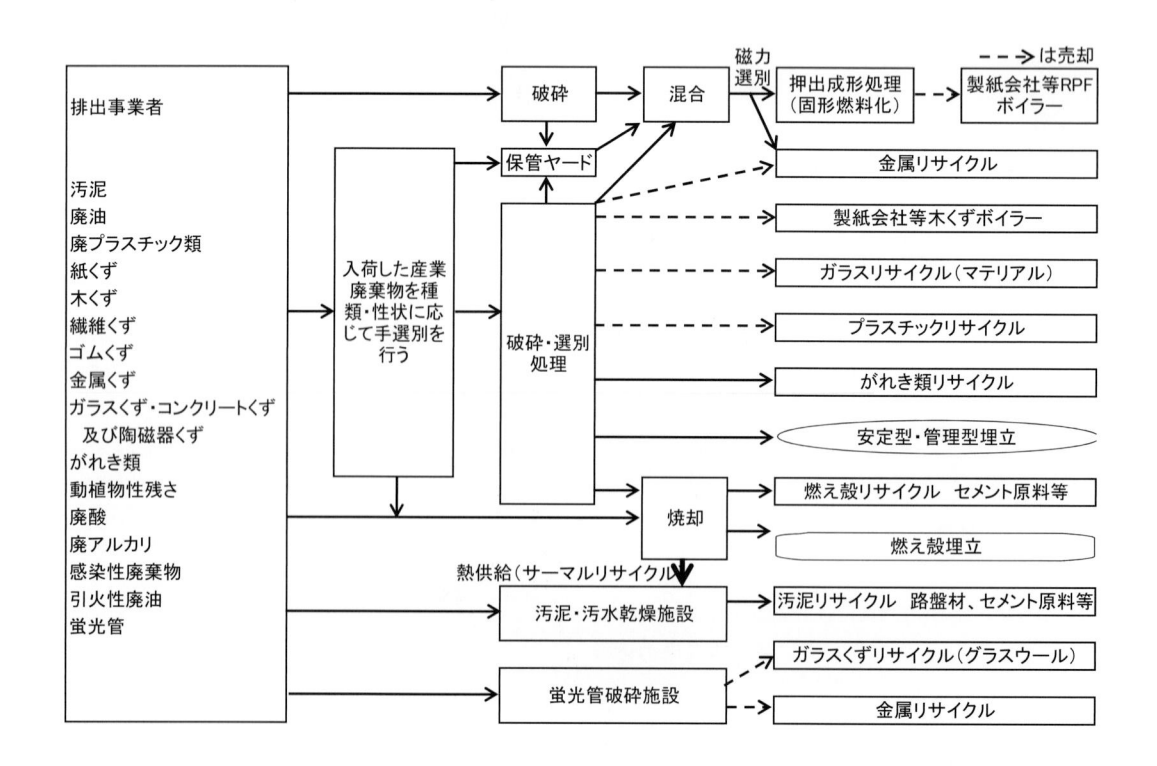

その他のリサイクル 7
硫化物法（NSプロセス）による重金属処理と有用金属回収

―硫化水素ガスセンサーを用いた硫化物法による重金属含有廃水・汚泥の処理と有用金属回収・リサイクル―

　硫化物法は原理的には非常に優れた方式であるが、悪臭とコロイド化の重大な欠点のため、これまで一般にはあまり使われていなかった。近年、著しく進歩を遂げたガスセンサー技術を用いて硫化物反応の終点を発生するガスをモニターすることによって正確に検知・制御する技術が開発され、工業規模で金属廃液処理に実施されている。今回、金属水酸化物汚泥を鉱酸に溶かし高濃度金属含有廃液とし、NS法等を用いて有用金属のCuやNiの分離回収システムも開発された。さらにNEDO研究として、生成される硫化ニッケル汚泥を常温で空気・バイオ酸化させ、硫酸ニッケルとして水に溶解させ。高濃度硫酸ニッケル電解液を得て電解析出法で金属ニッケル（純度目標値：99.8％以上）を回収する技術を開発中である。

(株式会社アクアテック)

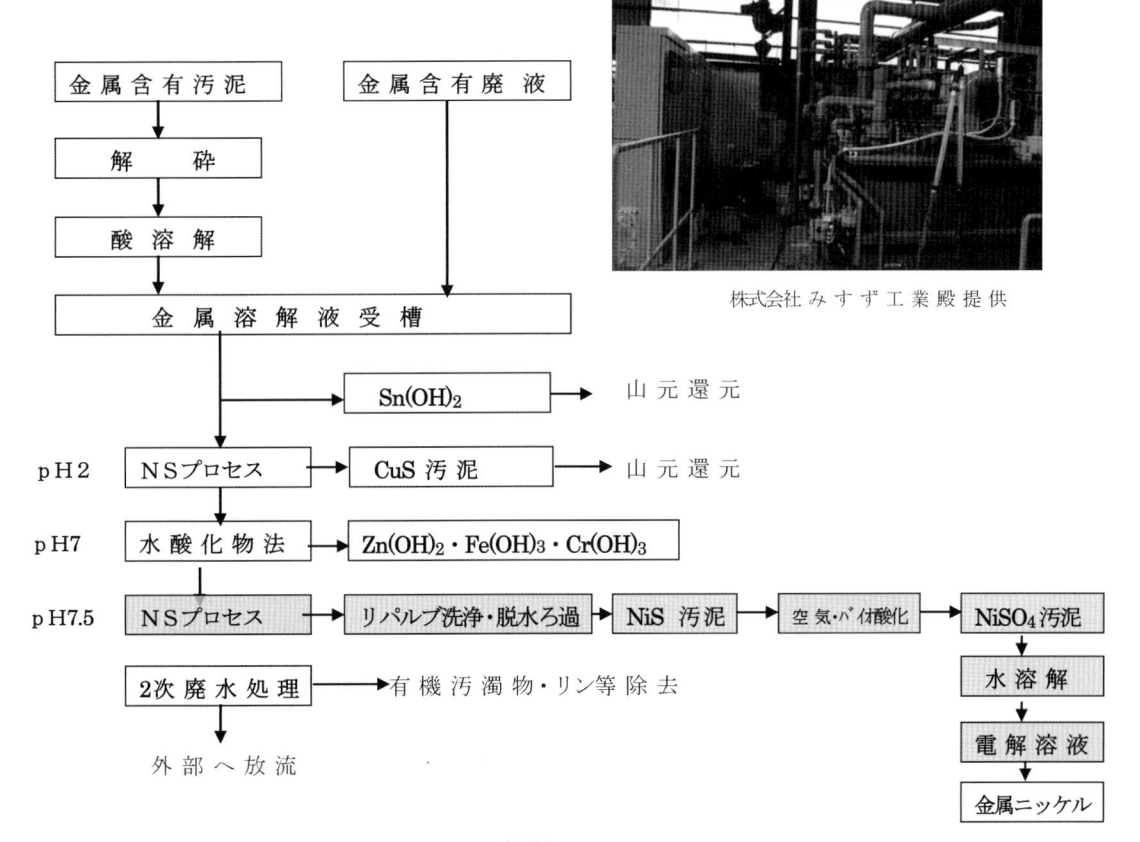

NSプロセス・硫化水素ガスセンサー・制御盤と反応槽

株式会社みすず工業殿提供

処理フロー

その他のリサイクル 8
オールメタルソーティングシステム

エコタワーソート (EcTowerSort®) は破砕くずの中からすべての有価金属を回収するために必要な様々な選別技術を1台に組み合わせたユニークなシステムである。

磁力を利用して鉄などの磁性物を分離する磁力選別機、渦電流の作用でアルミ、銅、真鍮、亜鉛などを分離する渦電流式非鉄選別機(Eddy Current Separator)、磁力選別機やECSで回収が困難な非磁性物のステンレスやハーネスなどの非鉄金属を電磁誘導センサで検知、センサと連結したソレノイドバルブによりエア噴射で分離回収する電磁誘導センサ式非鉄選別機(Induction Sensor Sorting)を重ね合わせた設計になっている。電磁誘導センサは感度を調整することにより、ステンレスを選択的に分別回収できる。

エコタワーソートは必要な数だけ選別機を積み重ねることができ、一度の投入で鉄、アルミ系ミックスメタル、ステンレス・ハーネス系ミックスメタルに分別回収できる。

何台もの選別機を積み重ねて設置することで、選別機間の搬送コンベアや振動フィーダを必要とせず、また材料がベルト上で最適に展開され、高い選別精度が得られる。建設コストや設置スペース

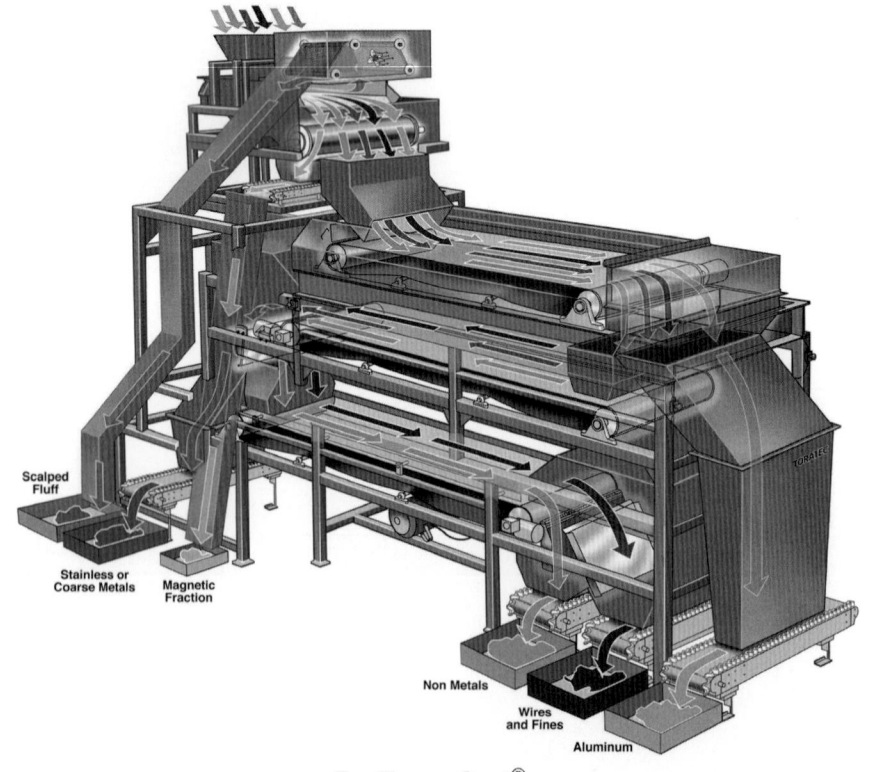

EcoTowerSort®

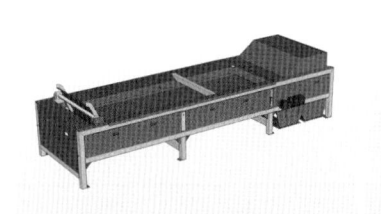

シングルデッカー
ETS Primex

ダブルデッカー
ETS Duplex

トリプルデッカー
ETS Triplex

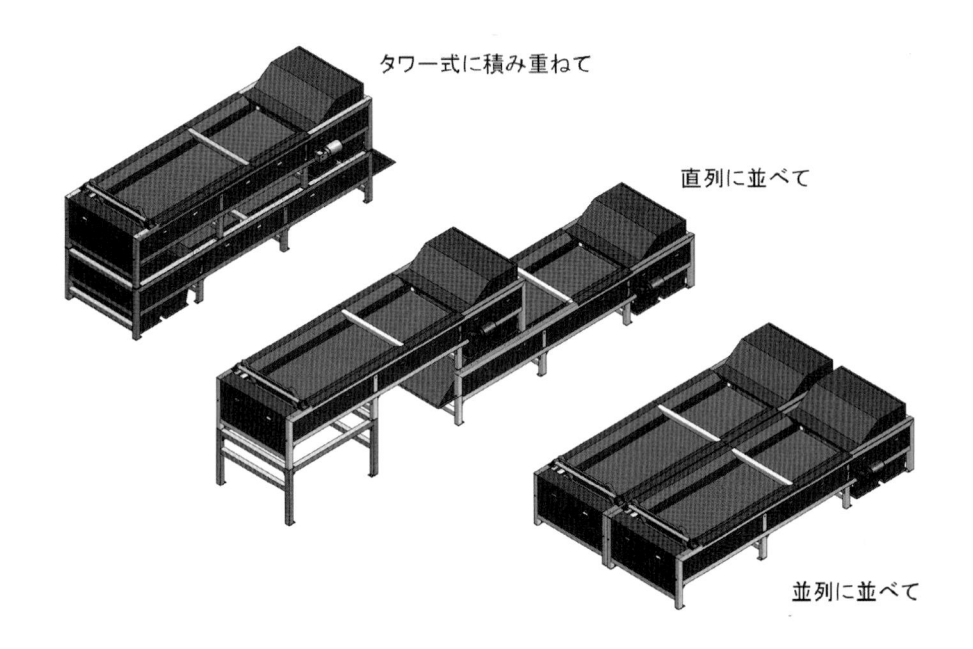

タワー式に積み重ねて

直列に並べて

並列に並べて

を大幅に節約できる。

　エコタワーソート設計の機械はシングルでもダブルでもトリプルでも必要な数だけ積み重ねて使用できる。また、積み重ねるだけでなく、使用目的に合わせて並列、直列に自由に設置できる。

　エコタワーソートは金属以外にもプラスチックの材質分別用の近赤外線(NIR)センサやカラーセンサなど他のセンサ技術も同様に重ね合わせて設計できるので、PVC、PE、PP、PSなど多種類の樹脂選別やミックスメタルの色彩選別が機械1台のスペースで設置可能になった。

　その他にも製品から異物を検出・除去する透過型X線(X-Ray Transmission)センサやレーザーセンサなども組み合わせ可能である。

（ベスト・ソーティング株式会社）

その他のリサイクル 9
蛍光X線（XRF）分析による選別

①蛍光X線（XRF）分析での材料選別

　蛍光X線（XRF）分析では、材料選別を短時間で簡単に行え、大型据え置き型～手に持てるハンドヘルド型まで世界中の市場で販売されている。ガス置換や真空雰囲気中で、大型据え置き型では蛍光X線（XRF）の減衰を抑える仕組みで使用することが多い中、ハンドヘルド型の蛍光X線分析計では、サンプルを切り出すことなく大気中で分析対象物の材料選別を行うことができる（大気中にて分析可能な元素は限られる）。その技術を活用し、ベルトコンベヤ上に小型X線管とX線検出器を配列し、ベルトコンベヤに流れてくる数cmサイズの固体（金属や非金属）を選別することに成功した（ベルトコンベヤとX線検出器の距離は7～15cm程度で、対象物により異なる）。

②蛍光X線（XRF）ソータとは

　ベルトコンベヤ上を流れる（秒速約1m～2m程度）各種スクラップ中の予め選択した元素を分析し、パドル又はエアにて選別を行うシステムである。スクラップは、ステンレス系からアルミニウム合金、銅合金などの非鉄金属、ガラスやプラスチック等の非金属まで対応が可能で、各種合金グレード選別や有害物質の検出で使用される。ヨーロッパや米国ではすでに運用が進んでおり、日本でも今後期待できる新しい自動選別技術である。

　例：アルミニウム合金の選別を自動で行う際、各種アルミニウムスクラップがフィードされ（図1）、X線検出器の下を通過するスクラップの元素スペクトル（写真3）をソフトウェア上で解析。約1%程度のCuやZn等が混入している事が確認でき、アルミニウム合金では、2000系（Al-Cu系）や7000系（Al-Mg-Zn、Al-Mg-Zn-Cu系）を比較的容易に選別可能である画期的な技術。

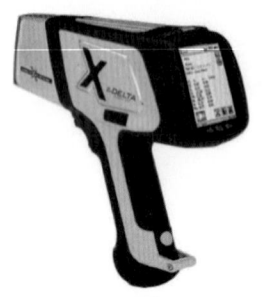

写真1　ハンドヘルド型蛍光X線分析計
（DELTA PREMIUM／米国・オリンパスイノベックス社製）

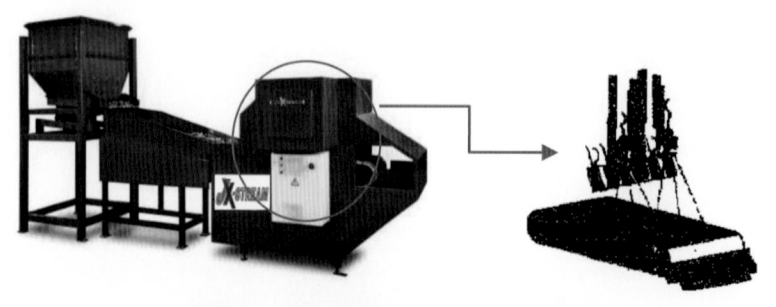

写真2　蛍光X線スクラップソータ
（X-STREAM／米国・オリンパスイノベックス社製）

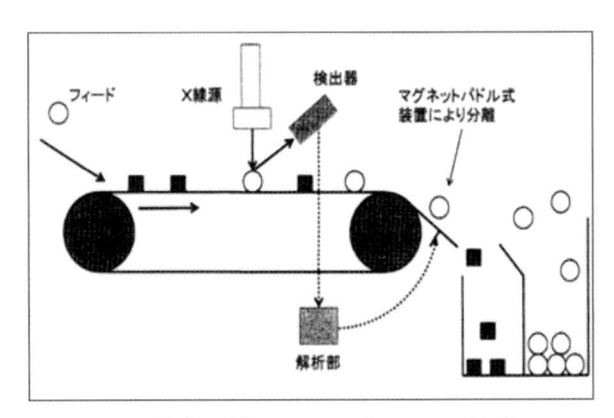

図1　蛍光X線スクラップソータの仕組み

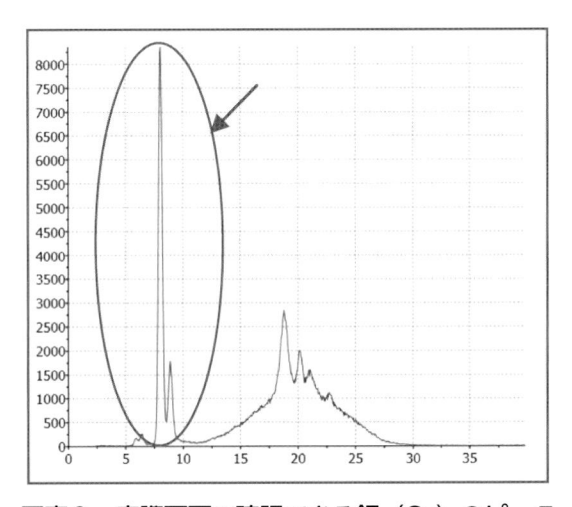

写真3　実際画面で確認できる銅（Cu）のピーク

③ターゲット市場での運用

　市場性としては、現在アルミニウム合金の選別、銅合金の選別、ステンレスのグレード選別、ガラスカレット中からの鉛ガラスや耐熱ガラスの除去（他の選別技術では現在困難）などの目的。磁力選別、渦電流選別、透過X線選別、赤外線選別、重液選別等の選別技術とは異なり、より高い品位で選別を実現するために主に最終工程での選別技術としての運用が多く、高付加価値スクラップの採取（選別）のために必須な装置である。

（ポニー工業株式会社）

その他のリサイクル 10
各種磁力選別・非鉄金属選別装置およびメタルソーター

1．吊下げ磁選機

【基本原理】磁選機本体下部に形成された磁界により鉄を回収。

【特徴】ベルトコンベヤ上に設置して使用。

【適用例】①一般ゴミ処理プラント②廃車シュレッダー処理プラント③建築廃棄物シュレッダー処理プラント、④家電廃棄物処理プラント⑤ガラスカレット処理プラント⑥鋳物砂再処理プラント⑦電子部品廃棄物処理プラント⑧廃プラスチック処理プラント⑨スラグ処理プラント当、各種廃棄物処理プラントにおける鉄の回収・除去。

【処理量】一時間あたり数トン～数十トン。

2．ドラム磁選機

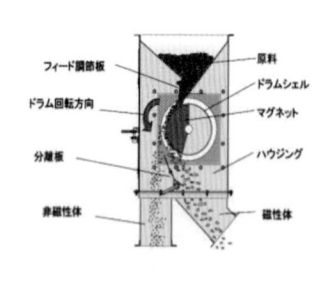

【基本原理】円筒内部に固定された永久磁石とその周囲を回転するドラムシェルの構造で鉄を回収・除去。

【特徴】永久磁石採用により省電力かつ自動運転で効率よい選別が可能。レア・アース磁石の採用で一部のステンレス選別も可。

【適用例】①一般ゴミ処理プラント②廃車シュレッダー処理プラント③建築廃棄物シュレッダー処理プラント、④家電廃棄物処理プラント⑤ガラスカレット処理プラント⑥鋳物砂再処理プラント⑦電子部品廃棄物処理プラント⑧廃プラスチック処理プラント⑨スラグ処理プラント等の鉄・ステンレスの回収・除去。

【処理量】一時間あたり最大で数十トン。

3．磁気プーリー

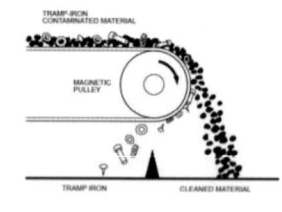

【基本原理】ベルトコンベヤのヘッドプーリーに適用。

【特徴】必要電力はコンベヤ駆動電源のみ。レア・アース磁石採用。

【適用例】①一般ゴミ処理プラント②廃車シュレッダー処理プラント③建築廃棄物シュレッダー処理プラント、④家電廃棄物処理プラント⑤ガラスカレット処理プラント⑥鋳物砂再処理プラント⑦電子部品廃棄物処理プラント⑧廃プラスチック処理プラント⑨スラグ処理プラント等の鉄・ステンレスの回収・除去。

【処理量】一時間あたり最大数十トン。

4．渦電流非鉄金属選別機

【基本原理】高サイクル磁極変化(交番磁界)で発生する導電体の渦電流による反発磁界を利用した選別装置。

【特徴】レア・アース磁石を用いた内部ローター回転数可変(～2,500rpm)のため、微細なアルミ片も効率的に分離。

【適用例】①廃車シュレッダースクラップからのアルミ・有用非鉄金属の回収②不燃ゴミからのアルミ缶の回収③電子部品廃棄物からの有用非鉄金属の回収④焼却灰からの有用非鉄金属の回収⑤ガラスカレットとアルミ・鉛等の分離⑥鋳物砂とアルミ・砲金当の分離⑦プラスチックとアルミの分離等。

【処理量】一時間あたり数トン。

5．メタルソーター（金属選別機）「PROSORT」

【基本原理】電磁センサー使用による導電体の渦電流を検出して選別する金属選別装置。

【特徴】①選別部に電磁パドル使用のため圧縮空気供給設備が不要かつダスト発生抑制②ミックスメタル中のステンレス回収も可能③一台の装置でミックスメタル・ステンレス・非金属残渣の三種類の自動選別が可能。

【適用例】①非鉄金属選別残渣からの残留金属の回収②廃車シュレッダースクラップからの金属の回収③リサイクルガラスカレット中の金属除去④ミックスプラスチックスからの金属除去⑤家電シュレッダースクラップからの金属の分離⑥廃木材スクラップからの金属の除去⑦電子機器スクラップの純度向上⑧建築廃材・コンクリート廃材中の金属除去、等。

【処理量】一時間あたり数トン。

(日本エリーズマグネチックス株式会社)

その他のリサイクル 11

垂直統合による一貫廃車システム

　当社、株式会社伸生は、廃車処理の第一段階＝解体作業及び中古部品生産と、第二段階＝鉄、非鉄加工処理（主にシュレッダー加工、もしくは破砕処理と称す）を垂直統合した一貫廃車処理システムを採用する会社である。すなわち、当社に入庫した廃車は、鉄くず、非鉄くず、各種中古部品、アルミインゴット、ASR等に完全に処理、生産される。自動車解体業を源流に持つ会社としては、シュレッダー設備を併せ持つ事は極めて珍しく、全世界を見回しても両手で事足りるのではないかと推察する。

　廃車処理を取り巻く環境を簡単に下図に纏めてあるので参照頂ければ明確であるが、一般には、第一段階では自動車解体のみの業者、中古部品を生産販売する業者、もしくは双方とも扱う業者に大まかに分けられる。主に中古部品＝国内、業販、個人向け、輸出ほか、と解体済みのボデー、もしくはプレス加工されたものを扱う。第二段階では、破砕加工処理、ギロチン加工処理、プレス加工処理など、夫々、もしくは複合施設を持つ業者に分ける事が出来る。この段階で集荷、加工処理される事に依って、次の段階での鉄鋼業界、非鉄業界に於いての原料とされる。現在では大手破砕業者が鉄源の母材としての廃車集荷並びに廃車処理を行っている事は珍しくない。

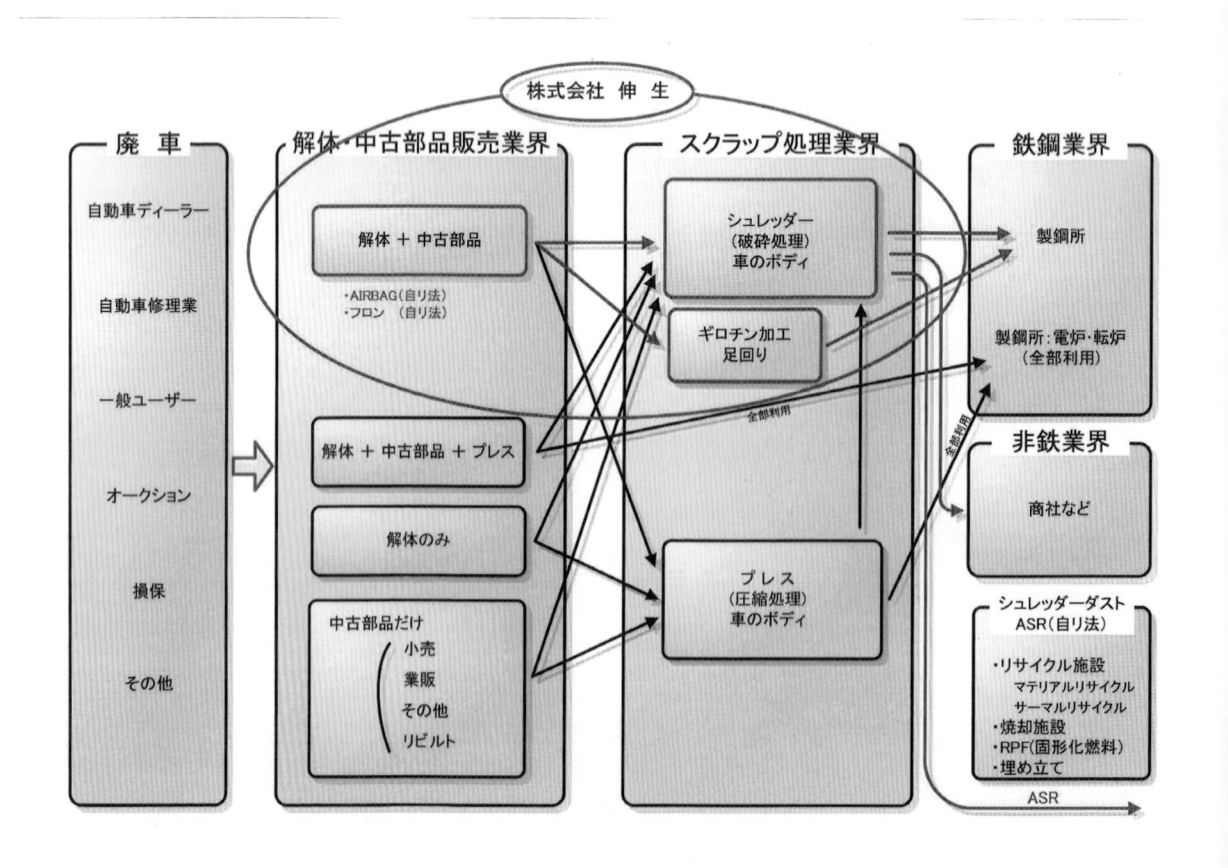

当社の大まかな流れを下図にて、ご紹介する。入庫後、廃車の状態を人によって目利きし、独自のデータベースと照らし合わせ作業を指示する。自動車解体作業は主に人の手と経験とが最重要な労働集約的な行程である。ここでパネル類、アッセンブリー、エンジン、ミッション等が生産されたあとエンジンオイル、フロン、エアバック、アンチフリーズ、ガソリンなどが個別に抜き取られる。タイヤ、バッテリーも除去されると、主に機械による破砕分別行程に移る。破砕の前行程ではニプラーに依るエンジン、ミッション、触媒、ラジエターなどの解体作業をする。更に、小型ニプラーに依るシート、ダッシュボード、ワイヤーハーネス等の細部に至る解体を行う。下ごしらえされたボデーは破砕分別され製品、原料となる。同時に分別されたASR(シュレッダーダスト）は自動車リサイクル法に則り然るべく処理される。自動車解体作業の大胆かつ繊細さや、破砕分別行程のダイナミズムは百聞は一見にしかずである故、現場を見学される事が望ましい。

（株式会社伸生）

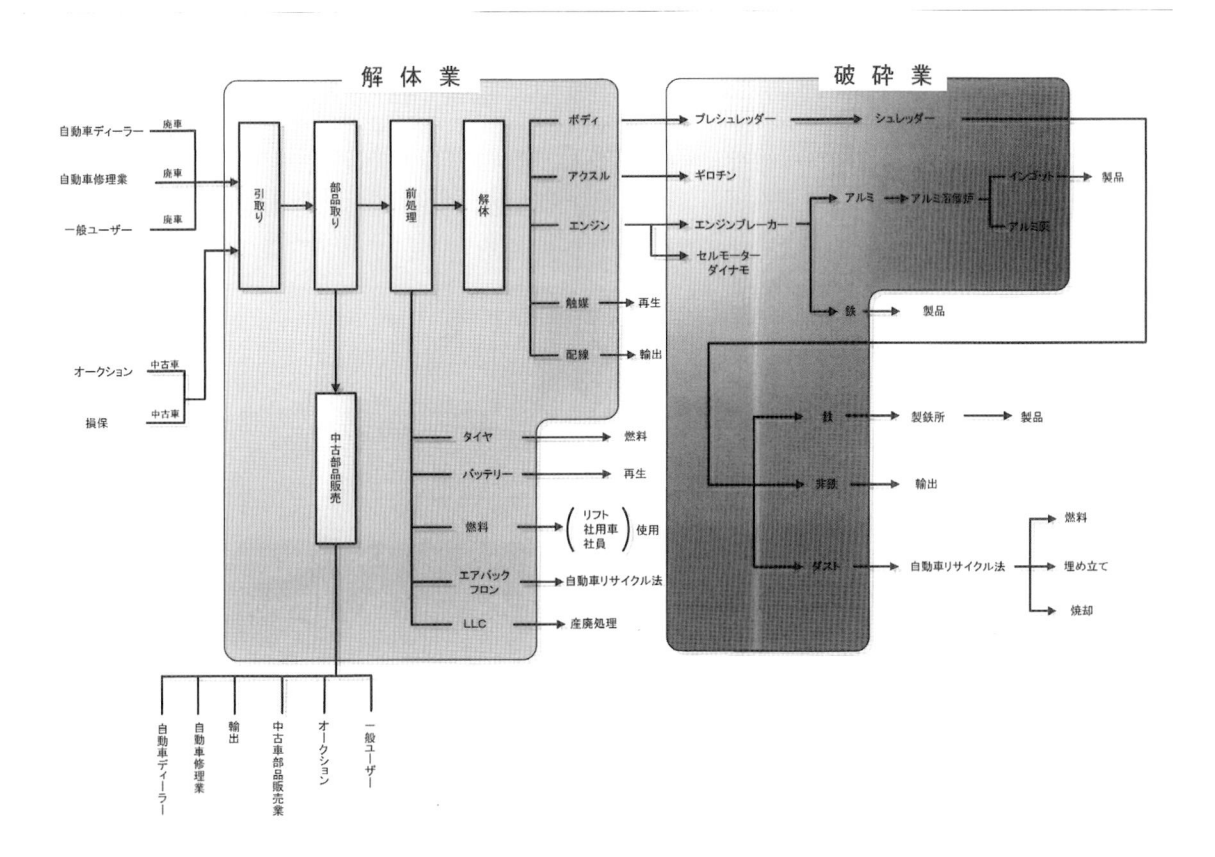

その他のリサイクル 12
高効率ジグによる廃棄物の資源化・リサイクル

● 受け入れ対象物とその量

全ての固形廃棄物。例えば、シュレッダーダスト、廃蛍光管、廃コンクリート、廃プラスチックなど。

● 技術概要・プロセス紹介

RETACジグは図1のような網下気室型湿式比重選別機であり、水中の固定網(床網)の上に選別室を、下に空気室を置き、この空気室に圧縮空気を送気すると選別室内に上昇流が、また排気すると下降流が生ずる。粒子の水中での沈降・上昇速度は比重により異なるため、選別室内の粒子に適切な波形パターンの上下する脈動水流を与えることで、比重別に粒子を床網上に成層させ分離する。

連続装置では、左端から粒子を水とともに供給し、右端から下層産物と上層産物を回収する。水に浮く物質同士を選別する場合には、選別室の上部に天網を設けたReverseジグで、この網の下に比重別に粒子を成層させ、選別する。また、比重が同じものでも、水に対する濡れ性に差があれば、床網の下から気泡を導入するHybridジグで、疎水性粒子の表面に微細気泡を付着さて見かけ比重を小さくして、選別が可能になる。

[事例1　シュレッダーダスト]

前処理では、粒度調整、風力選別、磁力選別を行う。軽比重産物として、塩素0.5wt%のプラスチックを原料フィード重量に対して約11wt%連続選別回収する。重比重産物として、アルミ、

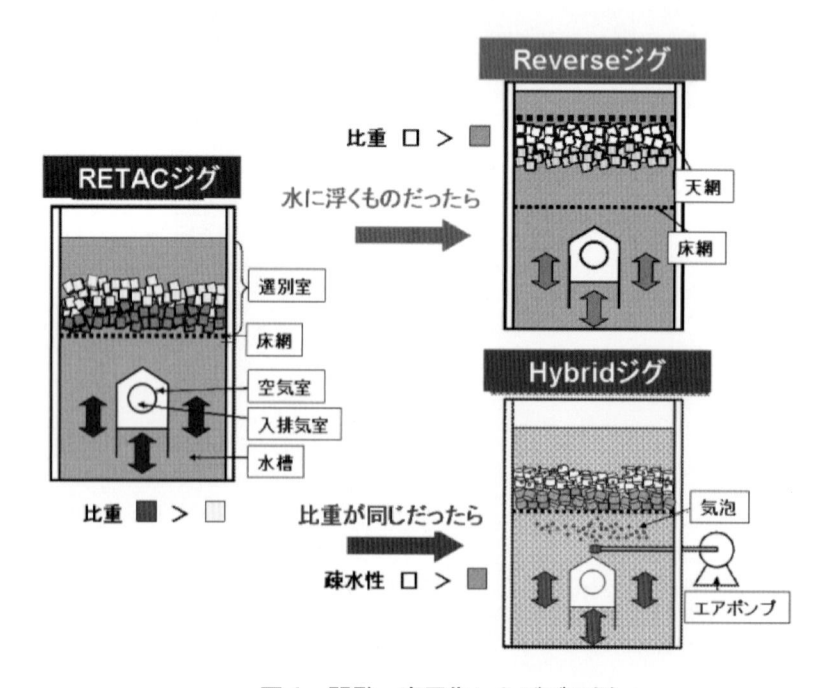

図1　開発・実用化したジグの例

SUS、真鍮、銅片を原料フィード重量に対して約7wt%連続選別回収する。

[事例2　廃蛍光管からのグラスウール原料の回収]

　前処理として、粒度調整と磁力選別を行う。軽比重産物として、鉛ガラス1wt%以下の産物を連続選別回収している。

[事例3　廃コンクリートからの骨材回収]

　前処理で、廃コンクリートの破砕、磨砕、金属除去、粒度調整を行い、RETAC JIG選別を行う。重比重産物として、下記写真の再生骨材を分別回収する。

[事例4　Reverseジグによる選別例]

　ＰＥ樹脂（比重0.95、写真：緑片）とＰＰ樹脂（比重0.90、写真：白片）の連続選別を実施している。

[事例5　Hybridジグによる選別例]

　ＰＳ樹脂とＰＯＭ樹脂の連続選別回収を行う。ペットボトルのＰＥＴ樹脂とラベル、口金の選別も高精度で連続操業が可能である。

　　　　　　（株式会社　アール・アンド・イー）

選別回収された再生骨材

ＰＥとＰＰの混合物

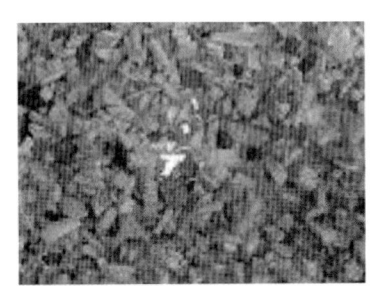

選別回収されたＰＰ

その他のリサイクル 13

塩素含有廃棄物を利用したリサイクル

● 受け入れ対象物とその量

種類		処理数量	処理実績例
廃油	①廃油	約3,000トン/月	①微量ＰＣＢ汚染絶縁油 ②塩素系有機溶剤、塩素系廃油 ③反応性廃油（クロロシラン系, イソシアネート系廃油 等） 等
廃液	①廃アルカリ ②廃酸	約11,000トン/月	①シアン廃液 ②反応性廃液 ③塩化鉄廃液、塩化銅廃液 等
固形物	①汚泥 ②燃え殻 ③廃プラ類 ④ダスト類 他	約6,000トン/月	①廃塩ビ製品 ②微量ＰＣＢ汚染廃電気機器等 ③ＤＸＮｓ含有物 ④ＰＯＰｓ廃農薬, シアン汚泥 等

● 技術概要・プロセス紹介

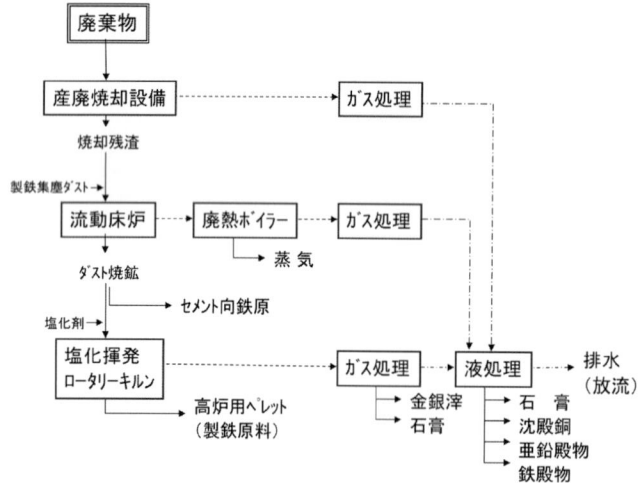

塩化揮発ロータリーキルン内で、非鉄金属類は塩化物となりガス化して分離（塩化揮発ペレット法）され、鉄分・スラグ成分は高炉用ペレット(製鉄原料)となる。

揮発ガス中の非鉄金属は金属置換反応と多段階の中和反応により、メタルや水酸化物として分別回収する。廃棄物中の鉛も同時に回収できる。

● 技術のPR

光和精鉱独自の技術である「塩化揮発ペレット法」を活用して、年間20万トンを超える産業廃棄物の適正処理を行い、埋立て処分のない完全リサイクルとゼロエミッション、非鉄金属の回収をはじめとする資源再生利用を実現している。

強酸性の塩素化合物に強い設備仕様と技術を活用した「塩素歓迎の廃棄物処理」が大きな特徴である。

（光和精鉱株式会社）

その他のリサイクル 14

廃棄物焼却におけるサーマルリサイクル

● 受け入れ対象物とその量

一般廃棄物及び産業廃棄物の中で高熱エネルギーを得られる可燃ごみ、廃プラスチック、廃油等。

● 技術概要・プロセス紹介

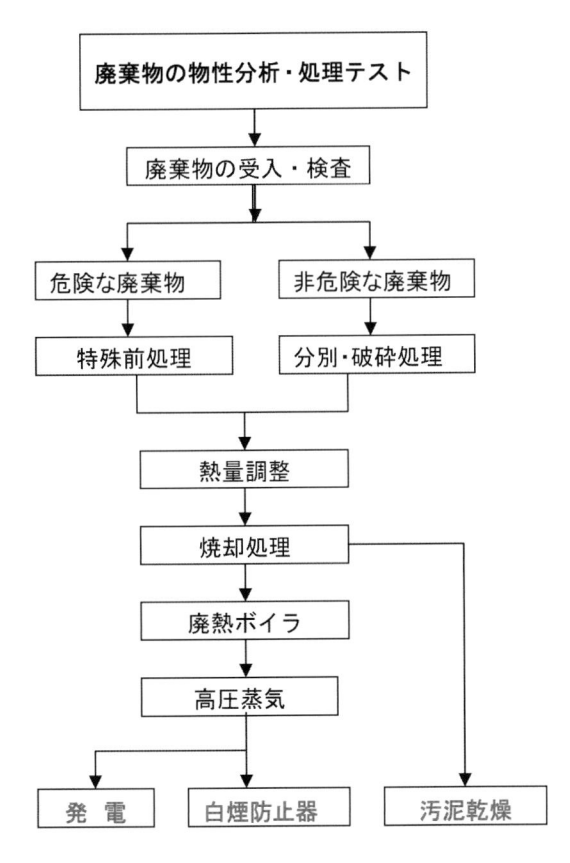

```
┌─────────────────────┐
│ 廃棄物の物性分析・処理テスト │
└──────────┬──────────┘
           ↓
┌─────────────────────┐
│   廃棄物の受入・検査    │
└────┬──────────┬─────┘
     ↓          ↓
┌─────────┐ ┌─────────┐
│危険な廃棄物│ │非危険な廃棄物│
└────┬────┘ └────┬────┘
     ↓          ↓
┌─────────┐ ┌─────────┐
│ 特殊前処理 │ │分別・破砕処理│
└────┬────┘ └────┬────┘
          ↓
     ┌─────────┐
     │ 熱量調整 │
     └────┬────┘
          ↓
     ┌─────────┐
     │ 焼却処理 │
     └────┬────┘
          ↓
     ┌─────────┐
     │ 廃熱ボイラ │
     └────┬────┘
          ↓
     ┌─────────┐
     │ 高圧蒸気 │
     └─┬──┬──┬─┘
       ↓  ↓  ↓
   ┌────┐┌──────┐┌──────┐
   │発電││白煙防止器││汚泥乾燥│
   └────┘└──────┘└──────┘
```

一般廃棄物から産業廃棄物まで多様な廃棄物があり、安全かつ効率良い燃焼を保つ為、廃棄物の性質分析及び処理テスト等が不可欠であり、その為、徹底した前処理と最適混合処理を行う必要がある。

生活ごみや粗大ごみなどの一般廃棄物や廃プラスチック類、木屑などは廃棄物の種類に応じ各々破砕機で破砕した後、また廃油や汚泥、廃酸・廃アルカリなどは前処理施設で十分な処理をした後、各供給ピットに分けられ、燃焼施設へ運ばれる。

廃棄物の物性に適した、850℃以上及び2秒以上の十分な滞留時間を持つ最新鋭のロータリーキルン及び階段式ストーカの2炉形式を持つ焼却炉で廃棄物を完全燃焼させると共に、燃焼排ガスは廃熱ボイラーで熱回収し、蒸気を発生させ、その蒸気は蒸気タービンによる所内発電及び白煙防止対策用の熱源に利用するというサーマルリサイクルを行っている。

高温度の燃焼ガスは汚泥乾燥の熱風源としても有効利用し、汚泥は水分率約40％まで乾燥した後、ストーカ炉へ投入して焼却する。

● 再資源化物の販売先

廃棄物から得られた高熱エネルギーは廃熱ボイラにより回収され、発生した蒸気は、蒸気タービンによる所内発電及び白煙防止対策用の熱源に利用する。

● 技術のPR

廃棄物の種類別に分析と選別を行うことにより燃焼効率がよく、廃棄物単独で安定的に熱エネルギー回収ができる。

（株式会社ミダックふじの宮）

その他のリサイクル 15
シュレッダーダストの
マテリアル・サーマルリサイクル

● 受け入れ対象物とその量
①自動車シュレッダーダスト：約3〜4万t／年
②産業廃棄物、特別管理産業廃棄物：約2〜3万t／年（廃プラスチック類など17品目およびアスベスト）
③事業系一般廃棄物：約1万t／年

● 技術概要・プロセス紹介
　下図参照。

● 再資源化物の販売先
①溶融メタルは「銅」の精錬原料として利用（約4,000t/年）
②溶融スラグは「天然砂」代替の土木資材として利用（約15,000t/年）

③燃焼ガスからボイラで熱回収し、蒸気タービンで「発電」（14,000kW）
　電力は北九州エコタウンの周辺企業へ売却

● 技術のPR
　「1,800℃の高温溶融」処理により銅リサイクル、アスベスト無害化を実現。
　高効率発電により「食品リサイクル法」の熱回収が可能。

（北九州エコエナジー株式会社）

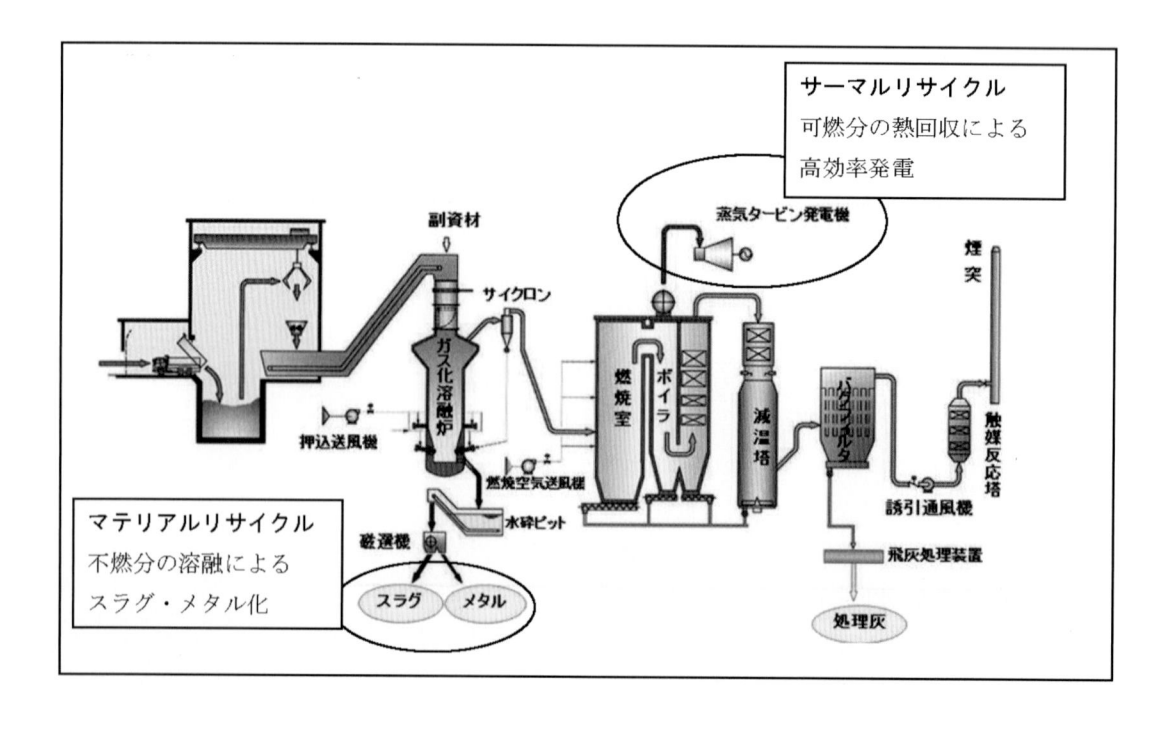

5編 近未来技術の開発と可能性

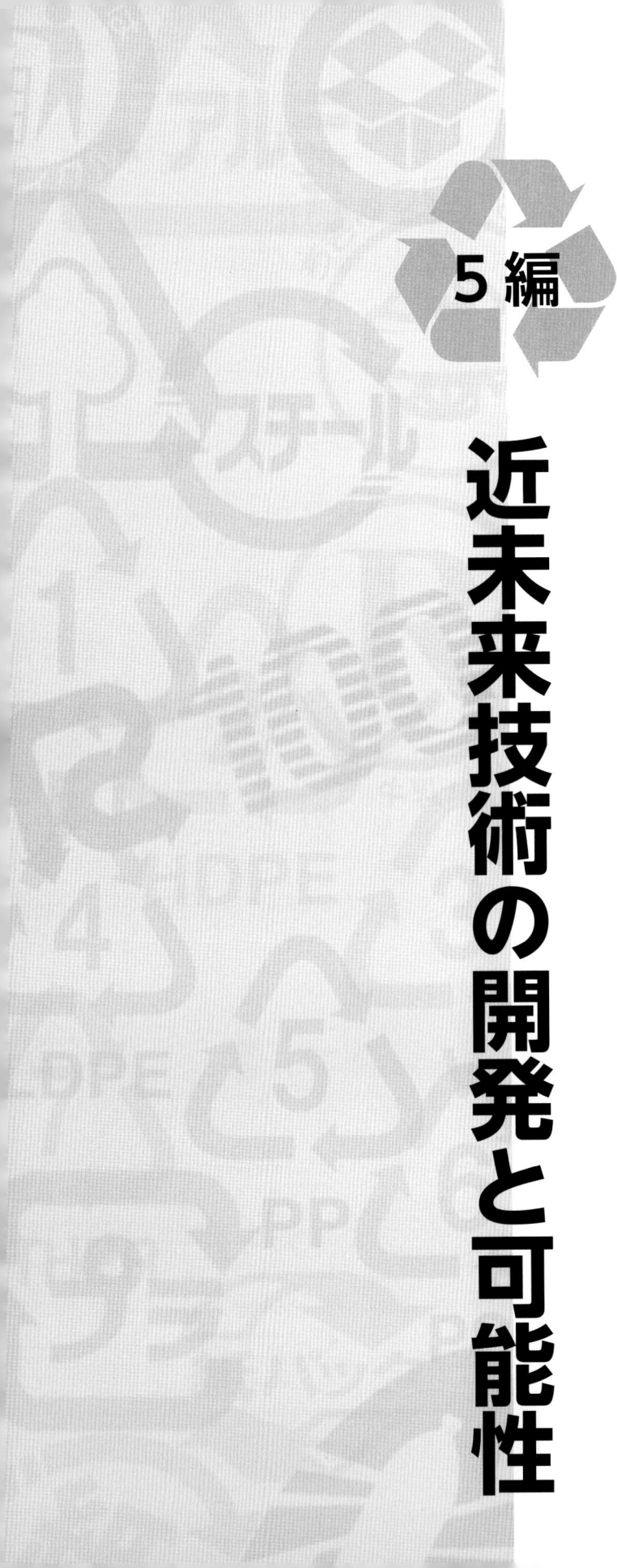

生物系を利用したリサイクル 1
微生物ゲノム科学を用いた生分解性プラスチックリサイクル

麹菌 RolA を利用した生分解性プラスチック分解システムの構築

　糸状菌(カビ)は、天然に百万種以上存在すると考えられており、その優れた固体高分子分解能により陸圏の物質循環に重要な役割を果たしている。その糸状菌の中で麹菌 (*Aspergillus oryzae*) は穀類固形物（米・麦・大豆）などの固形物の分解に適している。日本には年間 100万 t の麹菌を固体培養し得る生産設備が存在する。麹菌では全ゲノム情報、DNAマイクロアレイの利用が可能で、遺伝子工学的な育種も容易である。本稿では麹菌生産余剰設備を用いた廃棄生分解性プラスチックの大規模な分解・リサイクルシステムの構築について紹介する(図1)。これまでの生分解性プラスチックの分解研究は分解酵素に関する研究が中心であり、分解を促進する他のタンパク質性の因子に関する知見は殆ど知られていなかった。麹菌DNAマイクロアレイ[1]を利用して、生分解性プラスチックのポリブチレンコハク酸コアジペート(PBSA)を供試基質とした際に誘導されるプラスチック分解酵素[1,2]及び、酵素とは別のタンパク質性プラスチック分解促進因子の探索を行った[2]。その結果、麹菌がPBSA固体表面に生育する際に両親媒性タンパク質（ハイドロフォビン RolA[2]）を産生することを見出した。さらにこの両親媒性タンパク質が菌体より分泌され、疎水固体表面に吸着してタンパク質構造が変化した後にPBSA分解酵素クチナーゼ CutL1, CutC を特異的にリクルートし、プラスチック固体表面に分解酵素を濃縮することでプラスチック分解を促進するという、新奇分解促進機構を世界で初めて見

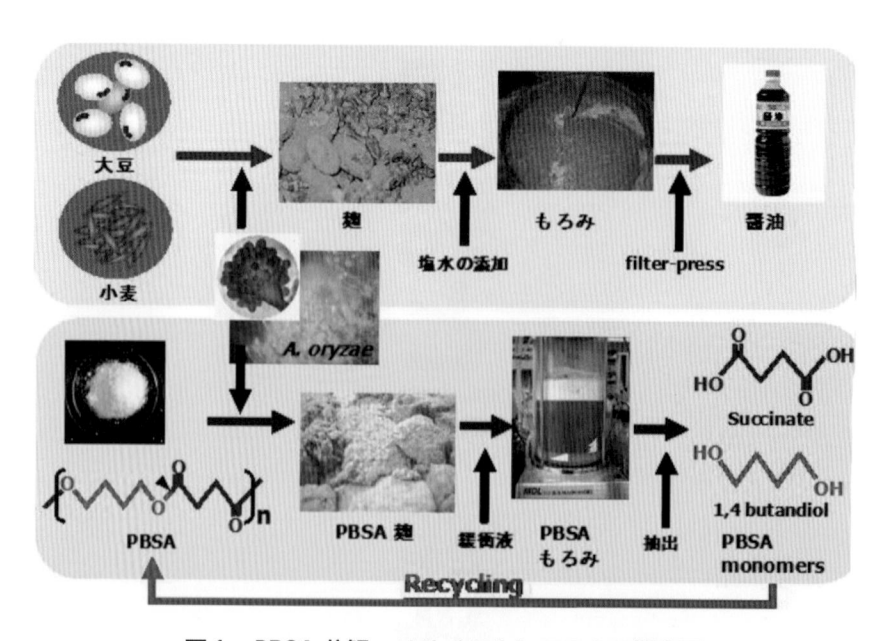

図1　PBSA 分解・リサイクルシステムの概念図

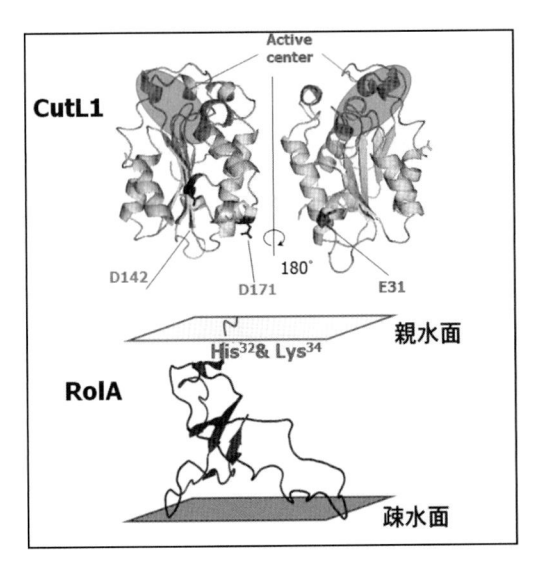

図2 CutL1 と RolA の相互作用モデル

出した(図2)[2]。CutL1, CutC 及び RolA の3種のタンパク質を高発現する組み換え麹菌を遺伝子工学的に造成し、5 kg の小規模のスケールで PBSA 固形粉砕物に CutL1-CutC / RolA 三重高発現株を生育させた。その結果、単独発現株よりも組換え麹菌が良好に生育し、そのプラスチック麹に分解用緩衝液を加えて、加水分解反応を行ったところ、96時間以内に80％以上の固形分分解が可能であった。現在、分解率の上昇、分解時間の短縮、分解物(モノマー／オリゴエステル)の回収・再合成の開発が進められている。本技術開発は生物模倣技術の観点から、天然における糸状菌の感染を工業的リサイクルに応用するものである。

参考文献
1) Abe K. et al. Aspergillus: Molecular Biology and Genomics, Caister Academic Press, pp. 199-227 (2010)
2) Takahashi T et al., Mol. Microbiol. 57:1780-1798 (2005)

(東北大学 高橋徹・阿部直樹・阿部敬悦)

生物系を利用したリサイクル 2
水熱反応(亜臨界水)による未利用バイオマスの資源化

1. 本技術開発の目的・背景

水は374℃、圧力22Mpaの超臨界点を越えると気体と液体の境がなくなり強力な溶媒作用と分解作用が発現する。これよりやや下の条件にある飽和水蒸気を亜臨界水と呼び、この条件下ではH_2Oと$H+$、$OH-$のラジカルイオンが混在し、強力な還元反応が起こる。特に温度200℃前後、圧力2Mpa前後の条件では加水分解反応が主反応として起きるため、セルロースや蛋白質等の高分子有機物はアミノ酸やオリゴ糖、単糖類にまで低分子化が進む。このため有機質廃棄物を質転換して低分子有用成分に変えたり抽出したりするエネルギー効率の高い化学工学的技術として使われるようになっている。

2. 本開発システムの特徴・革新性

有機物を酸化分解すると究極的には水とCO_2に分解されるが亜臨界水処理では有機物質の質量を維持しながら有用な物質に変換できるため種々の資源化技術として応用される。

様々な有機性廃棄物が亜臨界水反応処理を受けることにより、高効率のガス化や電気エネルギー変換の前処理ができる。例えばメタン発酵の場合、微生物で短時間に分解できない部分が発酵残渣として残り、更に処理を要することになるが、この部分もオリゴ糖やアミノ酸等の低分子化するためメタンガス発生が倍増するなど効率を大きく上げることができ、あわせて発生残渣を極小化することができる。また燃料化や高機能の飼料化、肥料化が直接製造できるなど多様なバイオマス資源を多目的再生資源に変換できるものである。図1には多様なバイオマスを多目的変換するフローを模式的に示した[1]。

3. 本技術の波及効果・将来展望

亜臨界水処理のメリットは多目的質変換が可能であるほか、オートクレーブ(滅菌器)と基本的に同じ原理であることから、①病原菌の滅菌やウィルスの分解、寄生虫卵等の殺虫ができ、②環境ホルモンや医薬品等の有害化学物質の分解無害化、③さらに重金属類はCaやSiの存在下で固化され溶出抑制ができること等の環境安全性確保に大きなメリットがある。さらに投入エネルギーは焼却技術の1/5～1/10と極めて低く、処理時間は30分～1時間と短く、かつ設備の管理操作が容易で、地域資源の再生と経済循環に寄与する技術である。このため、下水汚泥等は安定したバイオマス資源として、バイオガスによるエネルギー回収利用を高効率で行う一方、品質の安定した有機肥料化を短時間に行い(図2)、安全な高機能有機肥料や土壌改良とし再生利用することにより大きな地域経済効果を得ることができるようになり、CO_2削減効果にも貢献しうる。一方、亜臨界水処理は一種の抽出技術であるため「木酢液」や薬剤原料など有用成分の抽出商品化も行われている。図3に示されるように地域資源循環システムの整備[2]によりマテリアル利用、エネルギー利用、農業生産性の自立化を目指すことができる。

参考文献
1) Kato、Matsui、Miyashiro "A strategy of measures against global warming and for lake environmental restoration in basins by integrated resources circulation technologies"13th World Lake Conference 2009.11,
2) 加藤"亜臨界水反応技術による統合的流域環境修復と効果"第5回資源循環工学国際会議2010.3 井輸ろな

(福島大学　稲森悠平・稲森隆平、
　　(財)有機質資源再生センター　加藤善盛)

図1 実現化システムにおける中核的技術
多様な未利用バイオマスを安全な有用物に質変換し多目的利用にできる技術が不可欠。

図2 下水脱水汚泥の亜臨界水処理
都市汚水汚泥の有機肥料化

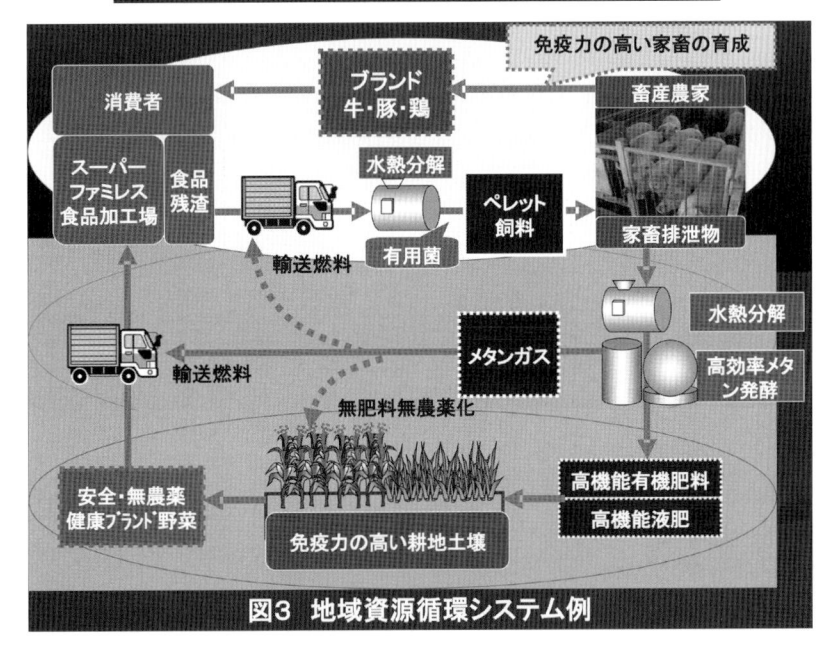

図3 地域資源循環システム例

生物系を利用したリサイクル 3
生物物理化学的排水・汚泥処理におけるリン回収・有効利用

1. 本技術開発の目的・背景

我が国では、窒素・リンを原因とした閉鎖性水域における富栄養化が依然顕在化している。一方、リンは枯渇化が懸念されている物質であり、産出国の輸入制限の動きも相まってリン鉱石輸入価格の高騰を招いている。我が国はその全量を輸入に頼っている状況にあり、リン資源をいかに安定的に確保するかということは急務の課題である。これらの現状から、閉鎖性水域の水質改善を目的とした窒素・リンの負荷削減対策とともに、リン枯渇化に対応したリン回収循環利用技術の開発と普及に期待が寄せられている。

2. 本開発システムの特徴・革新性

吸着脱リン法は、イオン交換によるリン吸着性能を有するジルコニウム系吸着剤を用い、処理水中の溶存態リンを吸着除去する方法である。本吸着剤は、様々なイオンが共存する生活排水においてもリンを選択吸着することが可能である。合併処理浄化槽にはカートリッジ形式にした吸着剤を設置することでリンの吸着除去ができ、吸着したリンは水酸化ナトリウム溶液により脱離して、脱離液を低温真空濃縮することで溶解度差を利用したリン析出・分離ができる（図1）。吸着剤は、酸に浸漬することで吸着能の再活性化を行い、再利用可能なことから、規模の大きい施設では、メリーゴーランド方式が効率的である。吸着剤を充填した槽を3槽設け、吸着・脱離・再生の各工程を順次切り替えることで、連続運転が可能なシステム構築ができる（図2）。回収リンは純度により工業薬品化と肥料化の両立を図ることが可能である。

鉄電解脱リン法は、曝気槽等の生物反応槽に浸漬した鉄板に電流を流し、陽極から鉄イオンを溶出させることで、排水中のリン酸イオンと結合させ、沈殿除去する方法である。鉄電解脱リン汚泥からは、水酸化ナトリウム等を使用し、アルカリ条件下とすることで短時間にリンを溶出することができる。リン溶出液からはカルシウム添加により、リン酸カルシウムの回収が可能であり、回収リンは、副産リン酸肥料として肥料登録の基準を満足できるものである。また、植害・肥効試験において植物の生育に異常は見られず、発芽率および収量も対照肥料と同等以上であることが確認されている（図3）。

3. 本技術の波及効果・将来展望

これらリン回収技術におけるリン資源循環利用の強化を推進し、従来の非循環型の汚泥・廃棄物へのリンの流れを資源としての流れへと変えるパラダイムシフト技術（図4）を推進することは21世紀においては極めて重要とされている。すなわち安定的なリン資源の確保等において、水処理・汚泥処理からのリン除去・回収・資源化技術の開発成果は大きな役割を果たすものと期待される。

（福島大学　稲森悠平・稲森隆平、筑波大学　鹿又真、
　　　　　（独）国立環境研究所　徐開欽）

1 生物系を利用したリサイクル

図1 低温真空濃縮法によるリン酸三ナトリウムの精製

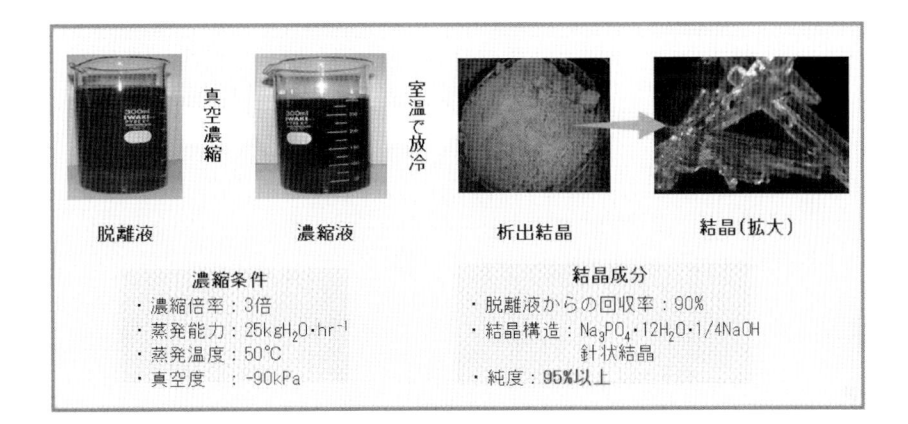

脱離液 → 真空濃縮 → 濃縮液 → 室温で放冷 → 析出結晶 → 結晶(拡大)

濃縮条件
- 濃縮倍率:3倍
- 蒸発能力:25kgH$_2$O・hr^{-1}
- 蒸発温度:50℃
- 真空度 :-90kPa

結晶成分
- 脱離液からの回収率:90%
- 結晶構造:Na$_3$PO$_4$・12H$_2$O・1/4NaOH 針状結晶
- 純度:95%以上

図2 環境低負荷,資源循環型の社会構築のための吸着脱リン・回収リサイクルシステム

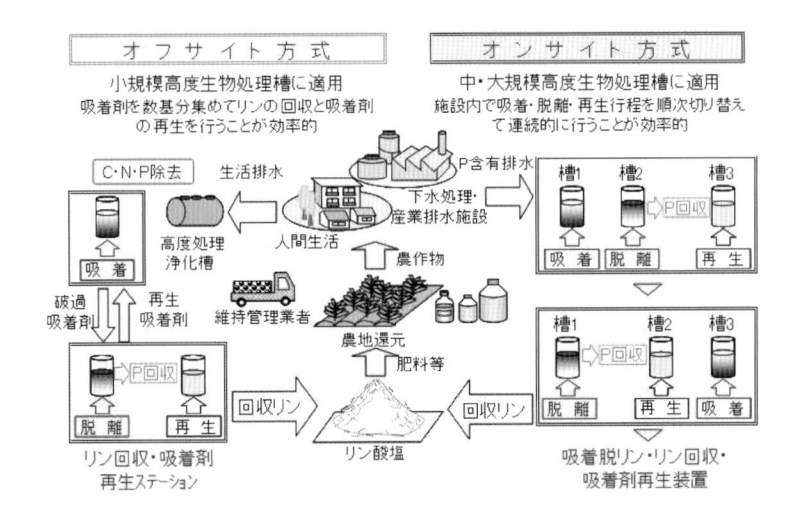

オフサイト方式
小規模高度生物処理槽に適用
吸着剤を数基分集めてリンの回収と吸着剤の再生を行うことが効率的

オンサイト方式
中・大規模高度生物処理槽に適用
施設内で吸着・脱離・再生行程を順次切り替えて連続的に行うことが効率的

C・N・P除去 / 生活排水 / P含有排水 / 下水処理・産業排水施設 / 高度処理浄化槽 / 人間生活 / 農作物 / 維持管理業者 / 農地還元 / 肥料等 / 回収リン / リン酸塩 / 回収リン / 吸着脱リン・リン回収・吸着剤再生装置 / リン回収・吸着剤再生ステーション

槽1 槽2 槽3 吸着 脱離 再生 →P回収
槽1 槽2 槽3 脱離 再生 吸着 →P回収
吸着 / 破過吸着剤 / 再生吸着剤 / 脱離 / 再生 / P回収

図3 排水処理におけるリン回収・資源化技術の構築

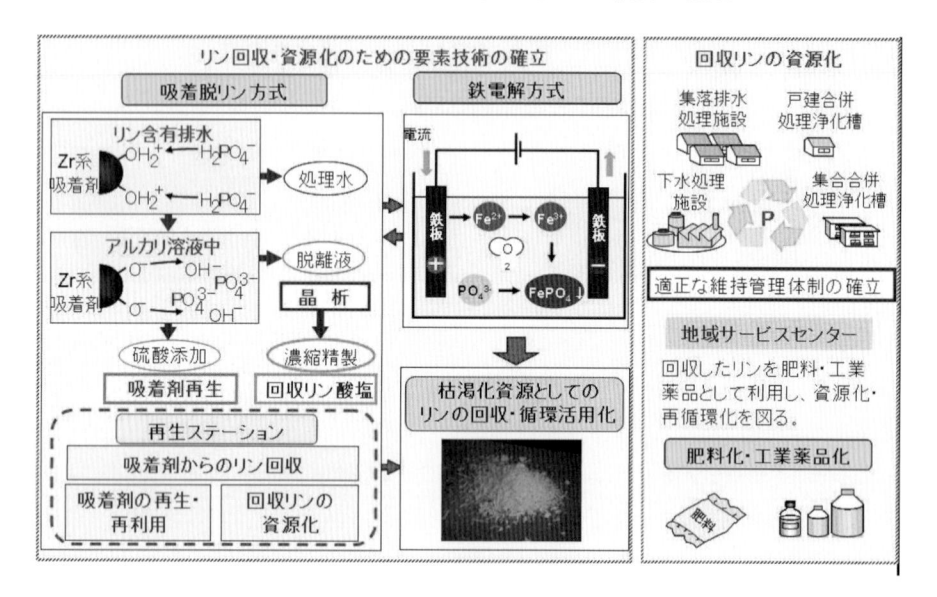

図4 リンの肥料化のための植害・肥効試験

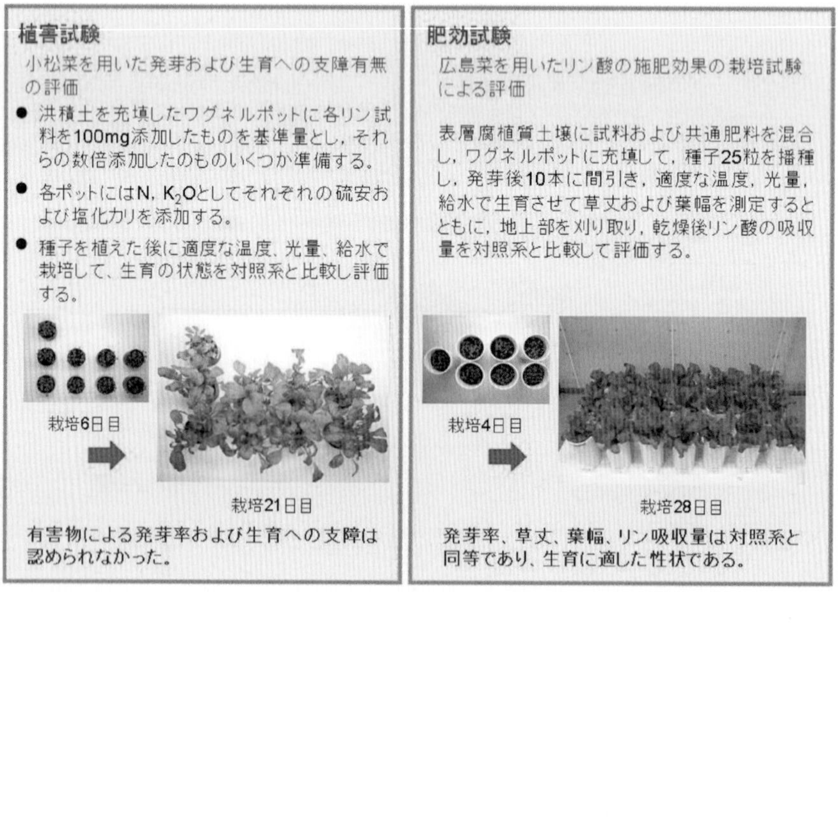

生物系を利用したリサイクル 4

放線菌 Amycolatopsis sp. K104-1 株由来のポリ乳酸分解酵素を用いたポリ乳酸 (PLA) リサイクル技術の構築

1990年代に既存のプロティナーゼKやリパーゼにPLA分解活性が認められることが報告されて以来、自然界からのPLA分解菌の単離や生態に関する報告が盛んに行われるようになったが、PLA分解酵素に関する酵素学・遺伝子レベルでの研究報告は現在でも多いと言えない。これまでに性質が解明されたPLA分解酵素の多くは、a) リパーゼ・エステラーゼタイプ、b) セリンプロテアーゼタイプのどちらかに属している。このうち、放線菌 Amycolatopsis sp. K104-1 株から見いだされたPLA分解酵素 (PldA) は、エラスターゼ様のセリンプロテアーゼであることが、精製酵素を用いた解析[1]や遺伝子配列の解析結果[2]から明らかになっている。またPldAはendo processive型にPLA加水分解を触媒し、最終産物としてL-乳酸を生成することから、廃棄PLAから原料のL-乳酸を回収するシステムへの利用が期待されている (図1)。しかし解決すべき問題点の一つとして生産菌による酵素生産量の低さが指摘されていた。この解決策として当初、大腸菌の発現系を用いて組換え酵素の生産を試みたが、大腸菌に対して毒性を示すことから成功しなかった。そこで

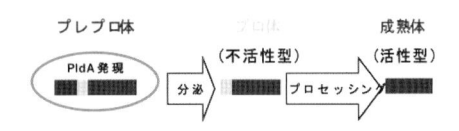

図2 ポリ乳酸分解酵素のプロセッシング

同じ高GC含量菌である Streptomyces lividans の発現系を用いた結果、精製標品として元の菌に比べ約18倍の収量増加が認められた。さらに Corynebacterium glutamicam の大量分泌発現系の構築にも成功した。この場合、本培養時間はわずか40時間 (S. lividans では120時間) であり、精製標品の収量も S. lividans に比べさらに72倍増加が認められた。またセリンプロテアーゼタイプの場合、プレプロ体酵素が培地中に分泌される際にシグナル配列が切断されてプロ体 (不活性型) となり、さらにN末端側が切断されて成熟体 (活性型) に変換するプロセス (図2) を必要とするが、C. glutamicam での組換え体酵素は正確にプロセッシングされていることが明らかにされた。今後、食糧やバイオ燃料の原料として競合することが予想されるデンプンを介さないリサイクルシステムとして、PLA分解酵素を利用したリサイクルシステムの構築が期待されている。

参考文献
1) Nakamura K., Tomita T., Abe N. and Kamio Y. : Appl. Environ. Microbiol., 67, 345 -353(2001).
2) Matsuda E., Abe N., Tamakawa H., Kaneko J. and Kamio Y. : J. Bacteriol., 187, 7333 (2005).

(東北大学　阿部直樹・高橋徹・阿部敬悦)

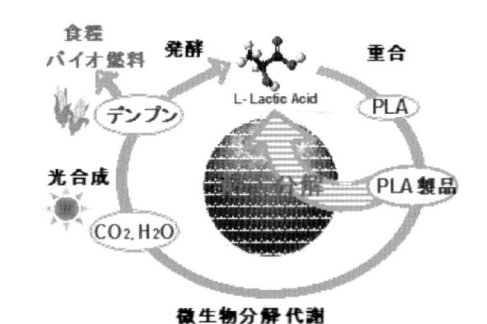

図1 ポリ乳酸分解酵素を用いたリサイクルシステムの概念図

生物系を利用したリサイクル 5
微生物酵素による生分解性プラスチックのモノマーリサイクル

　地球環境の汚染が深刻化する中、当初は「生分解性」を前面に押し出していた生分解性プラスチック（生プラ）だが、近年では植物を原料にすることによって「カーボンニュートラル」としての面が強調され、焼却処理が推奨されているような風潮がある。しかし、今後の需要増を考慮すれば、植物のみに頼った生産にはおのずと限界があり、リサイクルは避けて通れない。

　プラスチック廃棄物の再資源化技術は、物理的方法（マテリアルリサイクル）と化学的方法（ケミカルリサイクル）に大別される。このうち、ケミカルリサイクルでは、廃プラスチックを化学的にモノマーもしくはオリゴマーに分解して回収し、これを原料として新たにプラスチックを再合成するため、一次生産品と同等の製品を作ることができる。現在流通している生プラのほとんどはポリエステル系であり、有機酸やポリオールなどが、加水分解をうけやすいエステル結合でつながっているため、理論上モノマーリサイクルに適している。

　しかし、プラスチック製品は通常複数の異なるプラスチックを組み合わせて使用しており、現在の技術ではすべてのプラスチック廃棄物を、その種類ごとに分別することは不可能に近い。実際にリサイクルを考えた場合、酸やアルカリなどの一般的な加水分解ではモノマーも混合物で得られてしまい、精製コストの面できわめて不利である。

　この問題点を解決するため、筆者らはプラスチックモノマー化に酵素を用いた新プロセスを提案している。生体触媒である酵素は、反応対象となる基質を明確に選択しており、これを基質特異性と呼ぶ。そこで、特定のプラスチックに反応性を持つ酵素を複数組み合わせることによって、混合物であるプラスチック廃棄物から、分別作業を行うこと無しに、高純度のモノマーを効率よく取り出すことができる（図）。バイオプロセスはコスト的に不利であるが、分別が不要になるメリットは大きい。

　本プロセスを確立するためには、高い基質特異性を持った、強力なプラスチック分解酵素の存在が前提となる。生プラは市販の加水分解酵素でも分解を受けることが知られているが、これらは本来脂質やタンパク質を基質とするため、その分解性は極めて低い。さらに、固体である生プラを基質とした場合、反応は基質表面のみで起こるため、基質と酵素の会合の確率は水溶性基質の場合に比べて格段に低くなる。このため、分解には常識外の大量の酵素が必要になる。

　筆者らは、この問題を克服するため、様々な生

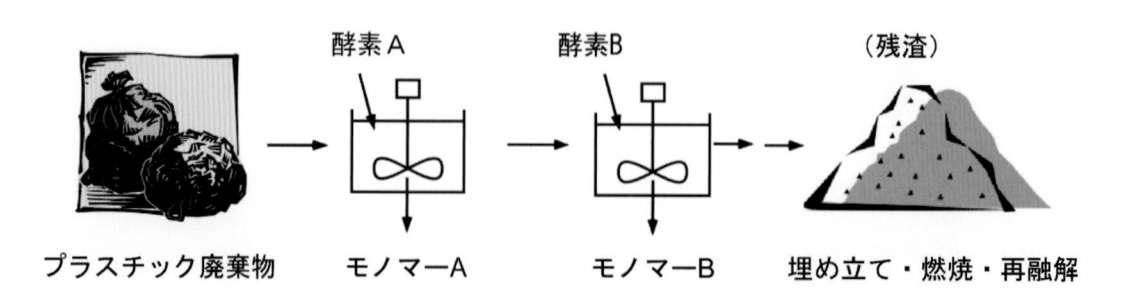

プラスチック廃棄物 → [酵素A] → モノマーA → [酵素B] → モノマーB → （残渣）埋め立て・燃焼・再融解

各種生分解性プラスチック

PBSA　　　PES　　　PCL

↓　プラスチック分解酵素（30℃，1時間）　↓

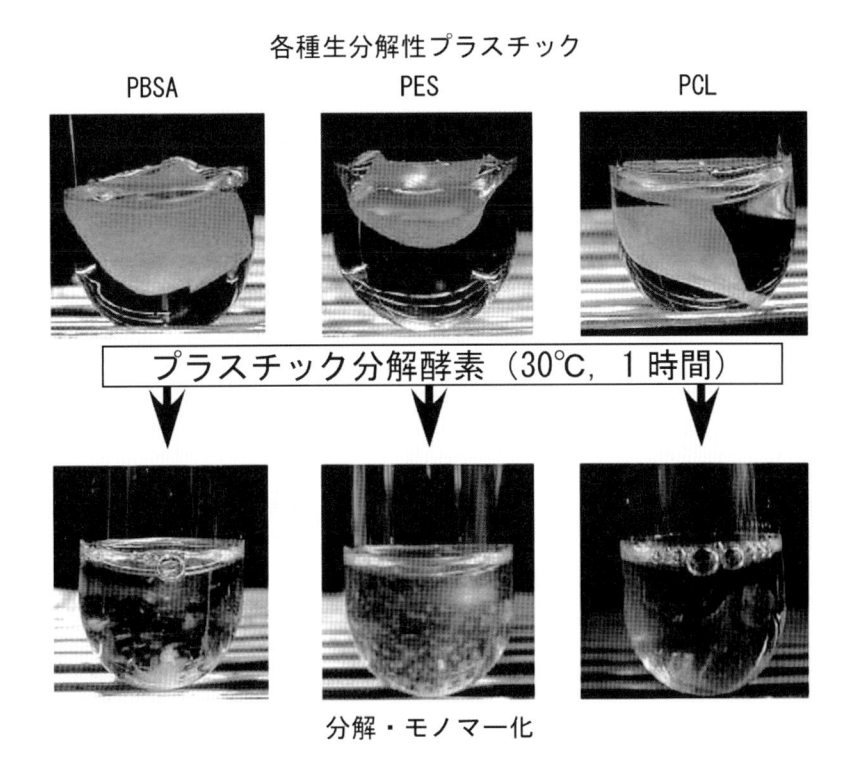

分解・モノマー化

　プラ分解菌を自然界より単離し、その分解酵素についての研究を行ってきた。その結果、固体の生プラを分解可能な酵素は、上記の問題を克服するため、酵素分子が基質に積極的に付着するための機能を持っていることを明らかにした。現在ではフィルム状の生プラを1時間程度でモノマー化可能な、強力な分解酵素を複数得ている(写真)。これらの酵素を順序良く組み合わせることにより、原理的には混合物から選択的にモノマーを取り出すことが可能である。

　現時点では酵素の生産性等、いくつかの問題があるため、直ちに実用化できるわけではないが、分解菌や酵素の研究はリサイクル以外にも生ゴミ処理機への応用、メタン発酵とカップリングさせたバイオガス生産、さらには製品の生分解性の迅速試験への適用など、その応用は多岐にわたるため、多くの企業の参入を期待したい。

（筑波大学　中島敏明）

生物系を利用したリサイクル 6
バイオマス系分離剤と人工合成系分離剤の役割分担

　バイオマスニッポン総合戦略が閣議決定されたが、依然バイオマス燃料中心の政策であり、一部の利用を除いて、必ずしもバイオマスを有効利用しているとは言えない。生物資源としてのバイオマスは多種多様で大量に生産されるため、有効成分に着目すれば金属資源回収にも寄与することが可能である。上図にレアメタル回収が可能な成分を含む主なバイオマスとその主成分を示す。大きくは多糖類とポリフェノール類の2つに分類される。上表のように、バイオマスは主に混合物であることや季節性・地域性によって成分組成が変化するために性能評価が難しい点など短所もあるが、環境的には利点が多く、小資源国でも十分な生産が期待できるため、イオン交換体のような金属分離剤としてのポテンシャルは決して低くない。

　上述のような短所をしっかり把握した上で、従来品を含めた人工合成系分離剤との棲み分けが必要である。例えば、バイオマス廃棄物系は粗分離・群分離や還元作用による金の回収などの特殊な分離系などでの使用を、従来の人工合成系では十分に実績のある系での使用を、テーラーメイド型では精密な相互分離に使用する、などである。

　見向きもされなかった元素が先端材料の原料としてある時突然使用され始め、供給不足になるかもしれない。国を上げての新旧分離剤を駆使した「全元素分離マニュアル」作成のような政策も必要かもしれない。

（佐賀大学　大渡啓介・井上勝利）

レアメタル回収が可能な成分を含む主なバイオマス廃棄物とその主成分

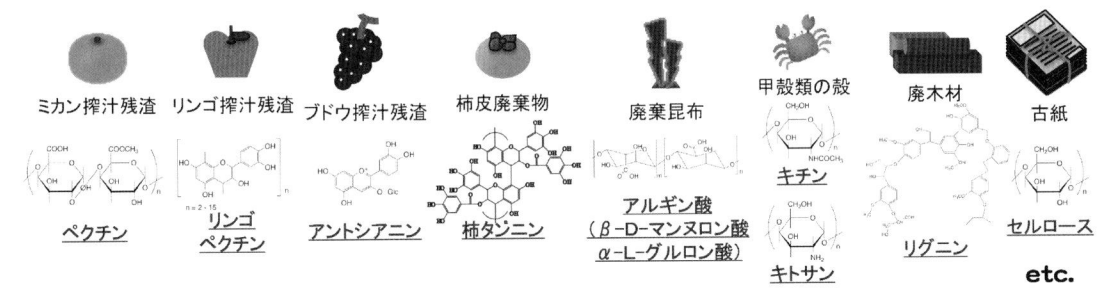

ミカン搾汁残渣	リンゴ搾汁残渣	ブドウ搾汁残渣	柿皮廃棄物	廃棄昆布	甲殻類の殻	廃木材	古紙
ペクチン	リンゴペクチン	アントシアニン	柿タンニン	アルギン酸（β-D-マンヌロン酸 α-L-グルロン酸）	キチン キトサン	リグニン	セルロース etc.

バイオマス（天然物由来）廃棄物系分離剤と人工合成系分離剤の比較

バイオマス（天然物由来）廃棄物系分離剤

長所
1. 環境に有利であり国策に見合った媒体である
   - 生分解性があり長期に環境中に残留しない
   - 二酸化炭素排出削減に寄与する
   - 使用後に廃棄しやすい　　　　　　　　　など
2. 比較的経済性がよい
3. 乾燥による収縮や湿潤に伴う膨潤などの操作ストレスに対して柔軟性がある
4. 自国で賄える資源であり、他の小資源国でも利用可能である

短所
1. 混合物であることが多く性能評価しづらい、
2. 季節・地域性によりロット組成が一定でない
3. 生産や排出の季節が限定されており、年間を通しての安定供給が困難である　　　など

人工合成系分離剤

長所
1. 純品（単一組成）であり性能評価しやすい
2. 従来品では、合成法や分離に使用実績がある
3. テーラーメイド型分離剤では、ターゲットに対して特化した分離性能が期待できる
　　　　　　　　　　　　　　　　　　　　　など

短所
1. 従来品では、分離の不十分な系がある
2. 石油枯渇により将来的には生産が困難になる可能性がある
3. テーラーメイド型分離剤は高コストである
4. テーラーメイド型分離剤は開発（合成）に時間がかかり、長期展望での開発を要する
5. テーラーメイド型分離剤は毒性などの確認が不十分である　　　　　　　　　　　　など

生物系を利用したリサイクル 7
藍藻由来巨大多糖類「サクラン」による
レアアースメタル回収

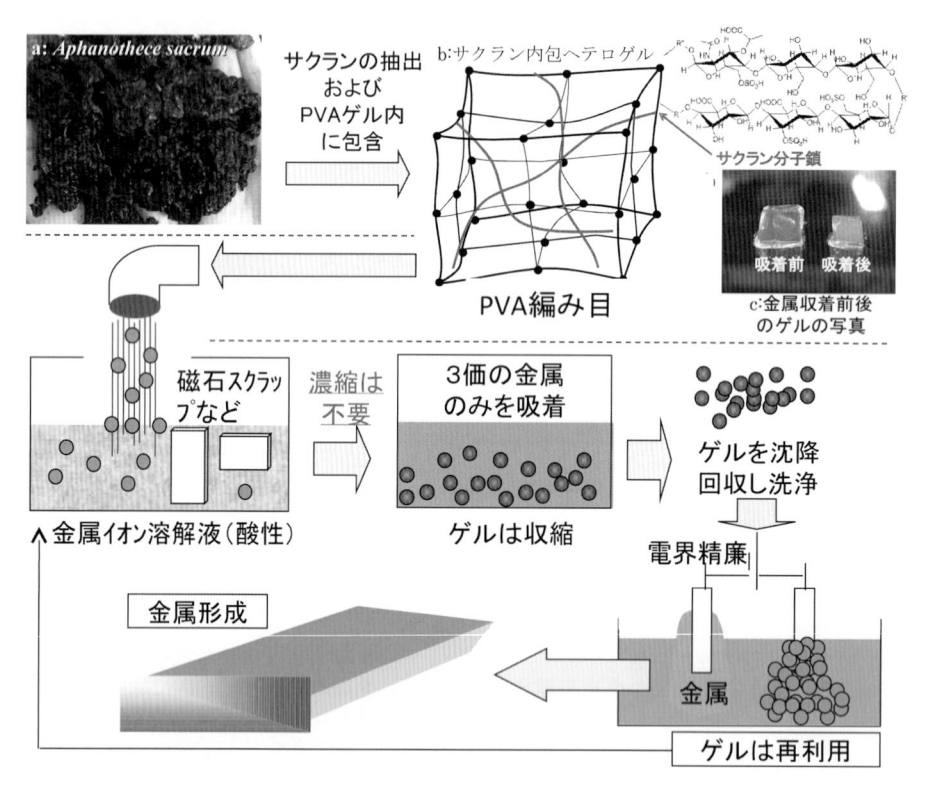

図 サクランゲルからの金属回収

1. *Aphanothece sacrum*（スイゼンジノリ）とサクランについて

Aphanothece sacrum（図a.スイゼンジノリ）は、絶滅危惧種でありながら一方で屋外大量養殖に成功している世界でも非常に珍しい寒天性藍藻（日本固有種）である。この微生物は金属吸着性の多糖類（サクラン）を細胞外に分泌する。サクランは分子量が1000万を超える超巨大分子であり糖鎖中にカルボン酸基と硫酸基をおよそ33%有するアニオン性の多糖類である。つまり、サクラン1本鎖には3万個ものアニオン性基が結合している計算となる。この数はアルギン酸1本鎖に結合しているアニオン性基が1000個であることを考えると、非常に多いことが分かる。この微生物は生息環境である淡水中のCaやFeイオンをサクランに吸着させることでゲル状の細胞外マトリックスを形成する。

2. サクランを用いた3価イオンの吸着特性

サクラン水溶液をNd^{3+}やIn^{3+}等3価の金属イオン水溶液に滴下すると、4×10^{-3}Mという非常に希薄なイオン濃度溶液中で強固なゲルを形成した。一方でCa^{2+}や$Fe(II)^{2+}$水溶液中においてはこの濃度においてゲルの形成は見られなかった。サ

クランと同じアニオン性多糖類であるアルギン酸においても同条件でゲル形成は見られなかった。これらの結果よりサクランは3価の金属イオンに対し吸着特異性を有するものと推測した。

3. サクランゲルを用いたレアアースメタル回収技術

3-1. サクランゲルの調製

サクランに効率よく金属イオンを吸着させる目的で、サクラン存在下でポリビニルアルコールを架橋しサクラン包含ヘテロゲルを調整した（図b）。これによりサクランの金属イオンによる瞬時の凝集体形成を防ぎ、サクランを固定化した状態で金属イオンとの相互作用が可能であると考えた。

3-2. サクランゲルへのNd^{3+}等3価金属イオンの収着

サクランゲルを3価金属イオン水溶液中に一定時間浸漬するとゲルは金属イオンを収着し収縮した（図c）。ゲル中の金属イオン濃度と溶液中の残存イオン濃度を比較した所、これらの金属イオンがゲル中に濃縮されている事が分かった。また金属イオン濃度が高まれば高まるほどこの濃縮率も高い値を示した。この現象の理由として、サクラン分子鎖中の硫酸基に金属イオンは引き寄せられる一方、結合することは無いためサクランは常に負電荷を帯びることが出来る。このため、正電荷のイオンを効率よく集積したものと推測している。またサクランゲルはpH1～pH3の酸性状態においても収着能力を保持することも分かった。

3-3. サクランゲルに収着した金属イオンの回収

サクランゲル中に収着された3価金属イオンは図の右下の模式図に示すように電極を直接ゲルに接触させ電場を印加することで、金属イオンは陰極に移動し還元され、サクランは陽極に移動し回収・再利用出来ると考え現在この技術を開発中である。

以上の方法を用いることで、従来の大量のエネルギーを必要とする溶融塩電解回収法とは異なり、環境低負荷型のバイオマスを利用した非常にマイルドな希少金属のリサイクル技術の提案を行うことが出来る。

(北陸先端科学技術大学院大学

岡島麻衣子・金子達雄)

生物系を利用したリサイクル 8
バイオボラタリゼーションによるセレンの回収

1. 微生物とセレン

　微生物は、古くから酒や納豆といった主に食品の分野において、広く親しまれてきた生き物である。微生物は、地球上で最も存在量が多い生き物である一方で、我々人類が確認している割合は3％にも満たないとも言われている。未だ発見されていない微生物の中には、予想を超える機能が隠れている。ここでは、生物によるレアメタルの特異的回収の例として、まずレアメタルの1鉱種であるセレン(Se)を、特異的に還元し、バイオミネラリゼーションを行う微生物を紹介する。

　バイオミネラリゼーションとは、生物が金属類を不溶化し金属類結晶・鉱床を形成する作用である。Seは、工業的にも重要な金属資源で、硝子の着色および脱色剤や半導体原料などに利用されている。生物にとっても必須微量元素であり、体内でセレン含有アミノ酸の合成に利用される。一方で、水中での存在形態であるオキサニオン（酸化物イオン）のセレン酸塩(SeO_4^{2-}:Se(VI))や亜セレン酸(SeO_3^{2-}:Se(IV))は、生物に対して慢性・急性の毒性を有することから、排出基準が厳しく定められており、環境中に排出する際には0.1 mg/L (ppm) 以下まで浄化することが義務付けられている。現在は電気・化学還元や凝集沈殿・吸着剤法にて浄化が行われているものの、高コストであり、含量が低いことからSeを資源として回収する事は難しい。

2. セレン酸還元微生物によるセレン回収技術開発

　現状の物理化学的Se含有排水処理技術の有するエネルギー・資源の大量消費、高コストなどの問題点を解決する新たな処理方法として、排水中に存在するSeオキサニオンを微生物により還元し、無毒・固形の元素態セレン(Se(0))に変換する方法が考えられる。こういったコンセプトから、分離・取得された微生物が、今回紹介する好気的セレン酸塩還元細菌*Pseudomonas stutzeri* NT-I株である[1]。

　NT-I株は、酸素が存在する条件下でセレン酸を還元し元素態Se(0)を生成することができる珍しいセレン酸塩還元細菌である。高いSe(VI)還元能力を有し、高濃度のSe(VI)還元が可能であるうえ、Se(IV)からSe(0)への還元もスムースであ

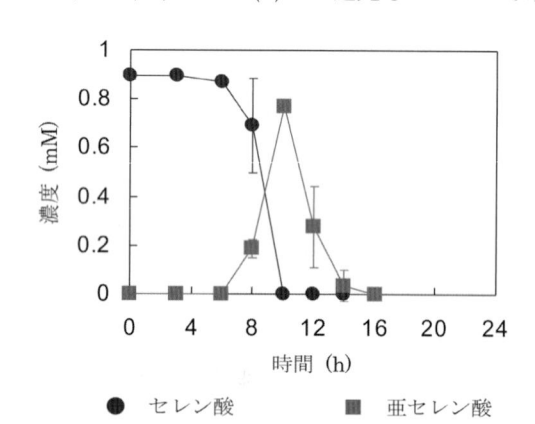

図1 *Pseudomonas stutzeri* NT-I によるSe オキサニオンの還元

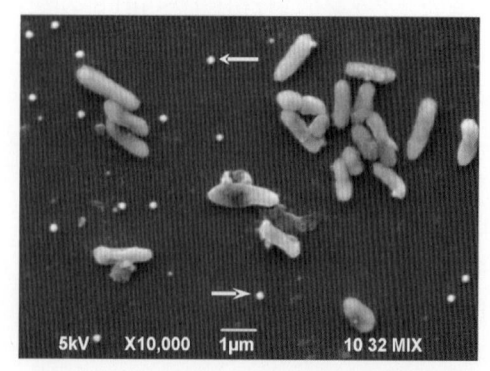

図2 *P. stutzeri* NT-I の電子顕微鏡写真

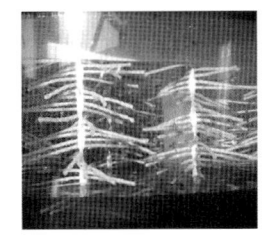

図3 *P. stutzeri* NT-I を用いた連続回分式
Se 含有排水処理プロセスの外観

り、水溶性Se除去の効率は世界で最も高いと言える（図1）。また、図2に見るように水溶性Se還元の産物であるSe(0)は、矢印で示したような約200 nm径の微粒子として微生物の細胞外に赤色アモルファスの状態で蓄積される。つまり、水溶性のSeオキサニオンをミネラリゼーションにより固体化する作用を持っているのである。このとき沈殿から回収されるSe濃度は約70％以上と非常に高く、排水からのSe資源回収プロセスへと発展するポテンシャルを秘めている。

実際に高濃度の精錬排水を対象とした実験も行われている。実容積500 Lのパイロットスケールのリアクターを構築し、NT-I株を接種して培養を行った。菌体はリアクター内に設置した生物付着担体に保持し、精錬排水と栄養源を投入した。リアクターの外観を図3に示している。実際の処理では、60〜70ppmのSe（VI）、30ppmのSe（IV）のどちらについても5日間程度で0.1〜1ppmの低濃度まで回収する事ができている（図4）。

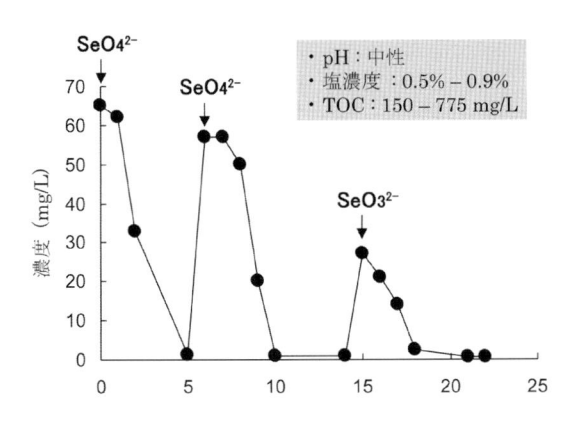

3. バイオボラタリゼーションの可能性

さらにNT-I株は特異的な性質を持つ事が明らかになってきた。セレン酸の還元が進み元素態Seが析出してきた後も培養を続けると、今度は元素態Seによって赤くなっていた培養液の色が消失する。培養液の気相を採取し、測定したところ、メチル化したSeが検出された。つまり、このNT-I株は、溶液中のセレン酸を固体の元素態Seにするというミネラリゼーションだけでなく、さらに固体の元素態Seから気体のメチル化Seにすることで、水中などの金属類を揮発化する作用であるボラタリゼーションを行っていることがわかった。通常、固体化したSeを回収する場合は、その汚泥を脱水し、燃焼させ、スクラバからSeを精製する必要がある。しかし、NT-I株は気化をすることで、高純度に気体としてSeを放出するので、これをうまくトラップしてやれば、ワンステップで高濃度のSeを回収できる可能性がある。気相中においては、夾雑物が少なく、培養汚泥に比べ、Seが非常に高い純度を持っている。これは、Seを回収するうえでは、非常に大きなメリットとなる。

現在、NT-I株の特性を生かし、実用化に向けて、Seを気化により回収するための大量培養の条件を検討しながら、新たな気化によるレアメタルの回収技術を開発している。

参考文献
1) 池道彦ら／メタルバイオテクノロジーによる環境保全と資源回収／CMC出版／日本／2009

図4 *P. stutzeri* NT-I を用いた
Se 含有排水連続回分処理

（芝浦工業大学　成田尚宣・山下光雄）

生物系を利用したリサイクル 9
バイオマス廃棄物を用いた貴金属の回収

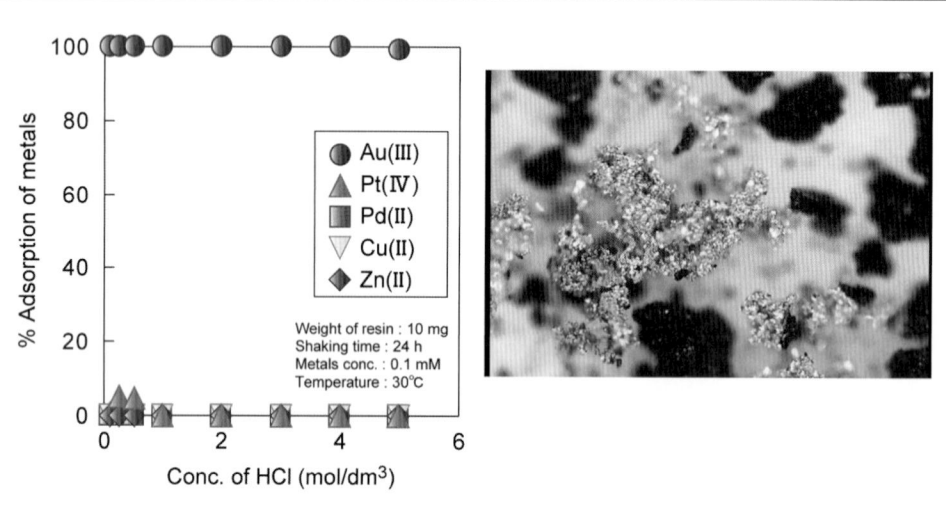

左図　ミカンジュースカスで調製したバイオマス廃棄物による金の回収
右図　還元された金の粒子の顕微鏡写真

　バイオマス廃棄物は、身近に存在する材料であり、その再利用は環境負荷にも繋がる。我々は、このバイオマス廃棄物を利用した貴金属の回収技術の開発を行ってきた。特に、果物廃棄物あるいは古紙を用いて吸着剤を調製し、貴金属の回収を行ってきた。果実廃棄物(ここでは、柿、ミカン、栗、ブドウなど)には、フェノール成分が存在する。この果実廃棄物を直接濃硫酸に供すると、黒色の物体が生成する。これを塩酸雰囲気下の金溶液に入れると、金イオンが還元されて金粒子を生成することを見出した(右図)。また、塩酸雰囲気下の溶液中に金以外の金属が溶解していても、金のみが選択的に還元されて回収できることを明らかにした(左図)。これは、ポリフェノール成分が金イオンに対してのみ選択的に電子を供与するためである。一方、古紙の廃棄物では、古紙中に存在するセルロースに着目し、そのセルロース骨格にアミノ基を導入して貴金属の回収材料に使用した。すると、塩酸濃度を変化させても、金、白金、およびパラジウムイオンを選択的に回収することができた。金イオンは還元されて金粒子となり、また白金およびパラジウムイオンは、イオン的な相互作用によってアミノ基に吸着することを見出している。さらに連続的な貴金属の回収を行うために、筒状のカラムにバイオマス廃棄物から調製した吸着剤を充填して貴金属含有廃液を通液すると、それらの貴金属を連続的に回収できることも見出している。還元あるいは吸着した貴金属は、チオ尿素＋塩酸溶液を用いると定量的に溶離できる。また、金イオンを還元した後に、バイオマス廃棄物＋金を燃焼すると、バイオマス廃棄物のみが燃焼され、金のみを回収できることも明らかにした。実廃液として、電子・電気部品を塩酸溶液に溶解させた溶液をバイオマス廃棄物の吸着剤と接触させると、上記の実験系と同様に貴金属を回収できることを明らかにした。

(佐賀大学　川喜田英孝)

生物系を利用したリサイクル 10
細胞表層工学によるレアメタル・レアアース選別・集積・回収バイオアーミング

1. メタルバイオテクノロジー：日本発信の新しい環境バイオテクノロジー

バイオ技術は従来の細胞内に金属イオンをより多くため込ませようとする試みが中心となっており、細胞内に蓄積させた重金属イオンをどのように取り出して有効利用していくかが、課題になっている。そのため、細胞表層で吸着させようとする考え方が急速に広まるとともに、生物の細胞表層デザインを可能にしたアーミング技術（細胞表層工学技術）が確立されてきたことによって、バイオレメディエーションの新技術として細胞表層をデザインした新しいバイオアドソーベントが開発されつつある。細胞表層を使った新しい金属イオン吸着システムは、有害重金属の吸着・回収だけでなく、レアメタルの回収にも威力を発揮し、「メタルバイオテクノロジー」隆起の発火点となり、未来型社会の先導的バイオ技術として期待されてきている。

2. 新たな金属吸着に向けたバイオ・アーミング技術（細胞表層工学）

細胞表層に様々な機能性タンパク質・ペプチドをアンカリングさせることによって集積提示（分子ディスプレイ）を行い、細胞表層をデザインする「細胞表層工学」という新しいバイオ技術の確立によって、これまでにない新たな機能を付与したアーミング細胞が作製されてきている。我々の開発してきたこの技術では、細胞表層に局在するタンパク質の分子情報を基に、これを提示させる目的のタンパク質に融合させることによって、細胞表層への集積提示を行う(図1)。細胞表層工学によるバイオアドソーベントの創製では、微生物を金属イオン吸着分子の生産者としてだけではなく吸着分子の担体として用いることによって、吸着分子の生産と担体への結合という二段階のプロセ

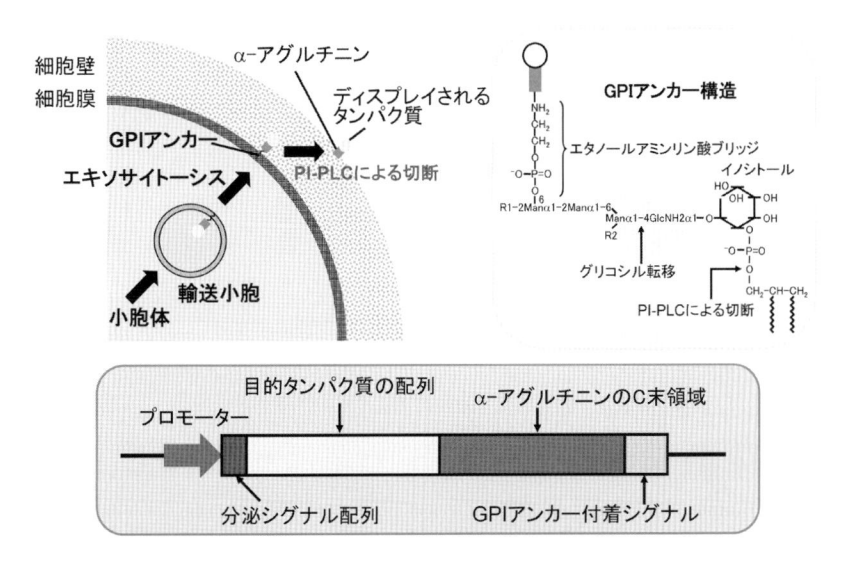

図1 酵母における金属イオン吸着タンパク質の細胞表層提示メカニズム（アーミング技術）

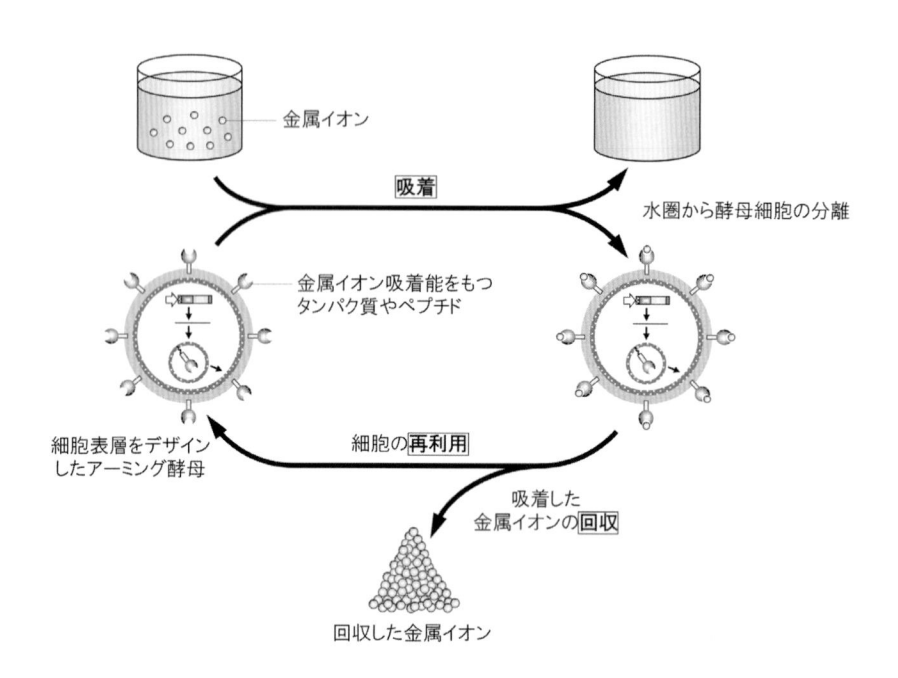

図2　細胞表層での吸着を利用した金属イオン吸着・回収システム

スを同時に行うことができる。しかも、微生物を培養するという簡便な操作だけでこれを自動的に行うことが可能である。したがって、一晩培養するだけで大量のバイオアドソーベントを用意することができ、これをそのまま金属イオン吸着に利用することができるのである。ここで、用いている酵母は真核微生物であるため、タンパク質の品質管理機構を備えており、遺伝子配列が分かっている全ての金属イオン吸着タンパク質・ペプチドを細胞表層提示させることができるといった大きな利点をもつ。そのため、金属ごとに微生物を探索・収集しなくても、様々な種類の金属イオンに特異的なバイオアドソーベントが酵母一つで創製できる（図2）。

3. 多種多様なレアメタル・レアアースへの対応技術：革新的バイオ素子創製基盤技術の展開

特異的かつ選択的に回収するバイオ素子としてのタンパク質の素材の魅力はその改変の柔軟性にある。魅力あるバイオ素子としてのタンパク質を網羅的に、最少量、かつ迅速に（ハイスループット）選択して作り出すとともに、改変できる技術は、「コンビナトリアル・バイオエンジニアリング」と呼ばれ、いわゆる「コンビナトリアルケミストリー」とは違って、増産できる生細胞を「分子ツール」として利用し、目的の分子を得るのである。すなわち、簡易で迅速に多くの組み合わせの（コンビナトリアル）タンパク質分子ライブラリーが調製され、ハイスループットに目的のタンパク質を、ここでは、個々の金属イオンを識別して捕捉できるタンパク質分子を選択して獲得できる。これにより、これまで様々な機能性タンパク質を細胞表層にディスプレイすることが可能になり、これまでにない各種金属イオンに特異的な吸着機能を付与したタンパク質分子をディスプレイしたアーミング細胞が作製されている。多様なレアメタルやレアアースに対して、この革新的なアーミング技術の柔軟性はゲノムには存在しない、それぞれのレアメタルやレアアースに選択的に対応する新しい

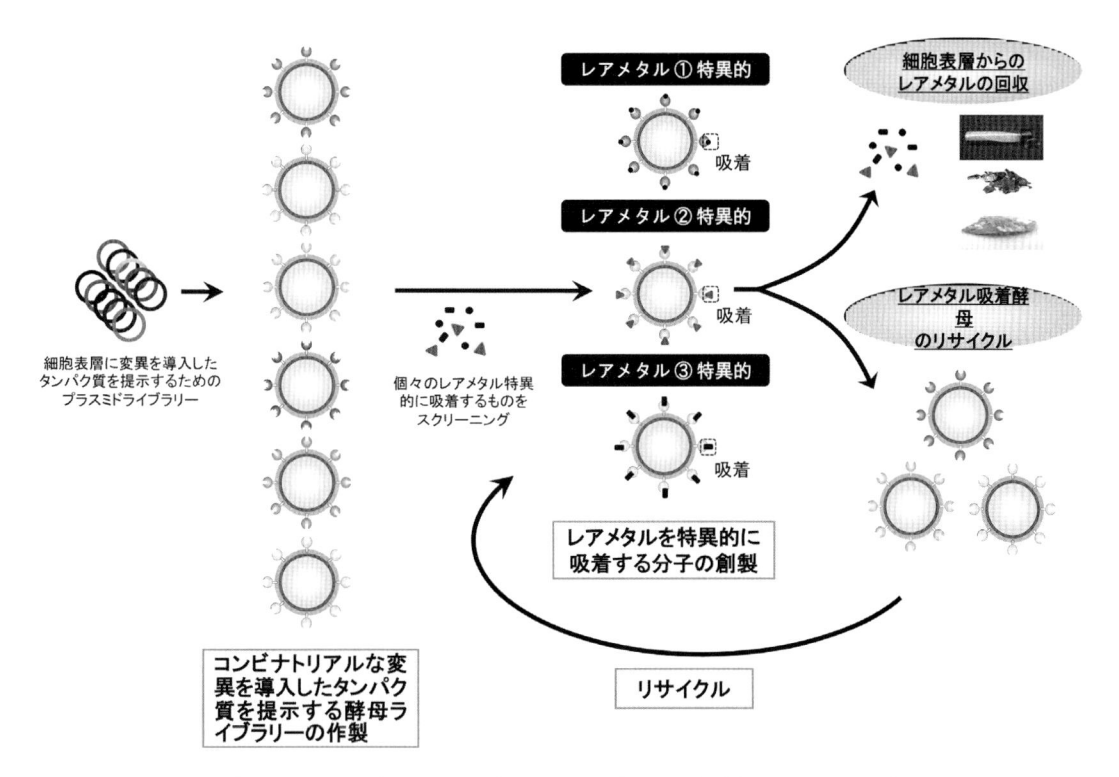

図3　コンビナトリアルバイオエンジニアリングによる多様なレアメタル種に対応する新しいタンパク質分子の創製

タンパク質分子素子の創製も可能にし、今後、分子認識システムの基礎解析と更に実用的で魅力的な未来型環境適合資源リサイクルバイオシステムがアーミング技術を基に発展していくことが期待される。

参考文献
1) 植田充美、池道彦（監修）、吉田和哉（名誉監修）、2009．メタルバイオテクノロジーによる環境保全と資源回収―新元素戦略の新しいキーテクノロジー．シーエムシー出版．
2) 植田充美、NHK教育TV(ETV)、サイエンスゼロ(2008/03/15放映)第201回「都市鉱山を生物パワーで掘りおこせ」出演解説
3) 黒田浩一、植田充美、2003．酵母によるバイオレメディエーション―重金属イオン検知・吸着・回収リサイクリングシステム．BIO INDUSTRY, 20: 34-39.
4) 黒田浩一、植田充美、細胞表層工学による新しいモリブデン回収バイオ技術とその展開．貴金属・レアメタルのリサイクル技術集成（エヌ・ティー・エス），305-313（2007）
5) 植田充美、黒田浩一、アーミング技術によるメタルバイオテクノロジー：レアメタル資源の選別回収への展開、環境バイオテクノロジー学会誌，9：17-24 (2009)

（京都大学　植田充美）

生物系を利用したリサイクル 11
微生物による金属酸化物形成を利用した資源金属の回収

近年、近代産業に不可欠なレアメタルなど希少金属資源の安定確保が大きな課題となっており、廃棄物や廃水から回収・再利用する機運が高まっている。このような背景から、微生物による金属代謝を利用した低コスト・低エネルギー型の金属回収技術の研究開発が盛んに行なわれている。本稿では、微生物が産生するマンガン酸化物が金属イオンに対して非常に高い吸着能力をもつことに注目し、そのレアメタル等の資源金属回収への適用可能性について紹介する。

1. 微生物によるMn酸化物の形成

微生物による金属元素の回収では、細胞による吸着や取込み、酸化還元反応、沈積など、金属に対して直接的に作用する生物プロセスが適用できる（図1）。一方で、例えば鉄(Fe)酸化菌やマンガン(Mn)酸化菌は細胞表面にFe・Mn酸化物を沈積するが、これらの酸化物は種々の金属イオンに対して高い吸着能力をもつ。このことから、金属酸化微生物が産生する酸化物を介して間接的に他の資源金属を回収することも可能となる。

現在では、多様な細菌や真菌がMn(II)を酸化して酸化物を産生することが知られている。*Leptothrix*属や*Pseudomomas*属などの細菌では細胞表層のMn酸化酵素がMn酸化物の沈積に関与しており、さらに真菌でも同様の酵素が見つかっている[1]。

2. Mn酸化物の特性

微生物が産生するMn酸化物はコバルト(Co)、ニッケル(Ni)、亜鉛(Zn)等の金属陽イオンに対する高い吸着容量を有する。この理由として、産生される酸化物の結晶がナノサイズであり比表面積が100〜300 m²/gと極めて大きいこと、またその構造は基本的にMn^{IV}O$_6$八面体が二次元状に配置したシート状であるが、シート構造中の6〜17％のMn^{IV}が欠陥していることが挙げられる。一つの結晶欠陥は電荷としてマイナス4価に相当するが、仮に17％の結晶欠陥として酸化物の電荷密度を計算すると約850 meq/100 gに達する。これは、代表的な粘土鉱物であるモンモリロナイトの8倍以上の値である[2]。

筆者らが行なった研究では、真菌*Acremonium* sp. KR21-2株のMn酸化物によるNi^{2+}、Zn^{2+}およびCo^{2+}の吸着はモル比で数十％に達することが示された[3]。さらにこの吸着試験は各々の金属イオンをμg/Lレベルで添加して行なわれたことから、希薄な金属イオン濃度であっても高効率で回収可能であることがわかった。またセレン(Se(IV))やクロム(Cr(III))等の無機化合物の酸化

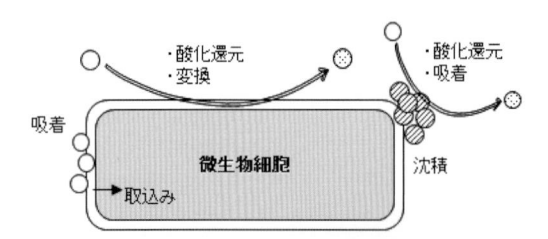

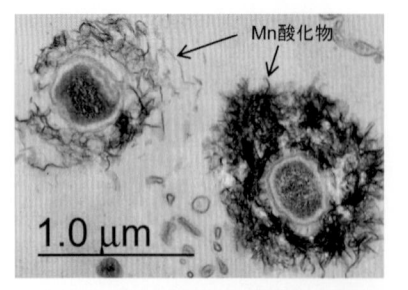

図1 （上）金属回収に適用可能な微生物反応（吸着、取込み、酸化還元、変換、沈積）
（下）Mn酸化細菌によるMn酸化物の産生

剤としてはたらき、最近では希土類元素であるセリウムについて、酸化反応(Ce(III) → Ce(IV))を伴う吸着機構が報告されている[4]。

3. Mn酸化集積培養系による微量金属イオンの回収

筆者らは実際の金属回収プロセスへの適用を鑑みて、無菌操作を行わない開放下で微生物を集積培養し、長期間安定にMn酸化物を形成する回分式バイオリアクターを作製した[5]。河川の生物膜等を植種源として比較的低濃度の培地成分と5 mg/LのMn^{2+}の添加を繰り返すことによりMn酸化細菌が集積し、添加したMnの95％以上がほぼ1日で酸化物として沈積するようになった。この培養系で微量の金属イオン(Ni^{2+}、Zn^{2+}、Co^{2+}：各濃度50〜100 μg/L)の吸着回収を検討した結果、Mn酸化物を形成させながら高い収率(70〜99％)で金属イオンを回収することができた(図2)。この培養系では、Mnを同時に添加することで絶えず新しい吸着担体(酸化物)が産生するため、微量金属イオンの高い回収率が維持される。

このリアクターは開放下でMn酸化菌を培養しながら資源金属を回収するものであるが、Mn酸化菌を別途大量に培養して対象とする金属含有廃水に添加することも可能である。この場合は、廃水中でMn酸化菌を増殖・維持する必要がなく、各廃水に適した有用菌を選択して用いることができるだろう。

以上、微生物によるMn酸化物形成の適用可能性について述べた。一方、Feでは微生物反応によりpH中性付近で正電荷をもつ酸化物が産生する。Fe酸化菌を利用して陰イオンの形態を示す金属化合物(たとえばSeやCr)の回収も可能と考えられ、今後の検討が期待される。

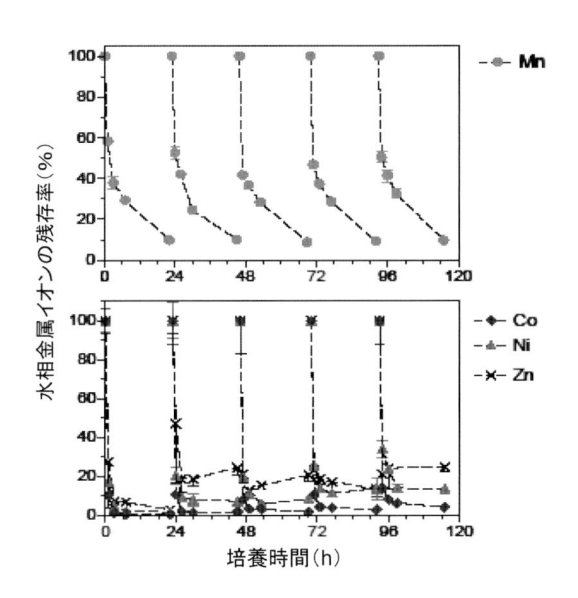

図2 Mn酸化菌の集積培養系による微量金属イオンの回収
24時間ごとに各金属を添加した(添加濃度：Mn = 5 mg/L、Co・Ni・Zn = 50 μg/L)。

参考文献
1) Miyata, N., Tani, Y., Sakata, M., and Iwahori, K.: Microbial manganese oxide formation and interaction with toxic metal ions. *J. Biosci. Bioeng.*, 104 (1), 1-8 (2007)
2) Bodei, S., Manceau, A., Geoffroy, N., Baronnet, A., and Buatier, M.: Formation of todorokite from vernadite in Ni-rich hemipelagic sediments. *Geochim. Cosmochim. Acta*, 71 (23), 5698-5716 (2007)
3) Tani, Y., Ohashi, M., Miyata, N., Seyama, H., Iwahori, K., and Soma, M.: Sorption of Co(II), Ni(II), and Zn(II) on biogenic manganese oxides produced by a Mn-oxidizing fungus, strain KR21-2. *J. Environ. Sci. Health A*, 39, 2641-2660 (2004)
4) Tanaka, K., Tani, Y., Takahashi, Y., Tanimizu, M., Suzuki, Y., Kozai, N., and Ohnuki, T.: A specific Ce oxidation process during sorption of rare earth elements on biogenic Mn oxide produced by *Acremonium* sp. strain KR21-2. *Geochim. Cosmochim. Acta*, 74 (19), 5463-5477 (2010)
5) Miyata, N., Sugiyama, D., Tani, Y., Tsuno, H., Seyama, H., Sakata, M., and Iwahori, K.: Production of biogenic manganese oxides by repeated-batch cultures of laboratory microcosms. *J. Biosci. Bioeng.*, 103 (5), 432-439 (2007)

(秋田県立大学　宮田直幸)

生物系を利用したリサイクル 12

インジウムのバイオ利用回収

　我が国では、インジウムの大半はFPD（フラットパネル ディスプレイ）の透明電極材となるITO（インジウム-スズ酸化物）を製造するために使用される。最近では、FPDの大型化と急速な市場拡大に伴い、インジウムの需要は急激に高まっている。使用済み製品からのインジウムの回収では、インジウム含有率が高いITOターゲット材に対しては100%がリサイクルされている。また、FPD工場で発生するエッチング廃液に対しては、金属粉（アルミニウム、亜鉛）を添加してインジウム塊（スズ含有）を析出・回収するセメンテーション法が開発されている。しかし、2009年に家電リサイクル法の対象品に追加された液晶パネル（テレビ）、また太陽光発電パネルを対象に、インジウムのリサイクルはほとんど実施されていない。これは、使用済み製品に含まれるインジウム濃度が低く、希薄溶液からのインジウム回収に適用できる"効率の良い経済的な分離・濃縮技術"が開発されていないためである。

　最近、"微生物（Shewanella属細菌）によるバイオソープション（バイオ収着）"を導入したインジウムの分離・濃縮・回収システムが提案され、その実用可能性が検討されている（上図）。このバイオ利用インジウム回収法には、i) 従来技術に比べて環境負荷が小さく、エネルギーと物質の消費量を大幅に削減できる点、ii) 希薄溶液（10〜100 ppm）を対象に、回分操作では10分以内の短い時間で、インジウムが微生物細胞内に分離・濃縮できる点、iii) 微生物細胞内に存在するインジウムが簡便な細胞燃焼法によって一次濃縮物（インジウム含有率40%）として回収でき、その濃縮倍率は出発溶液（100ppm）に対して1000倍以上にも達する点に特長がある。また、増殖が速く、安価な栄養源で培養できる微生物を使用するために、インジウム回収に必要な菌体量を迅速・低コストで確保できる点も、本バイオ技術の特長である。エッチング廃液を対象に本バイオ分離・濃縮法が適用できる可能性も確認されており、インジウムの新規リサイクル技術としての展開・実用化が期待できる。

（大阪府立大学　小西康裕・東あるみ）

1　生物系を利用したリサイクル

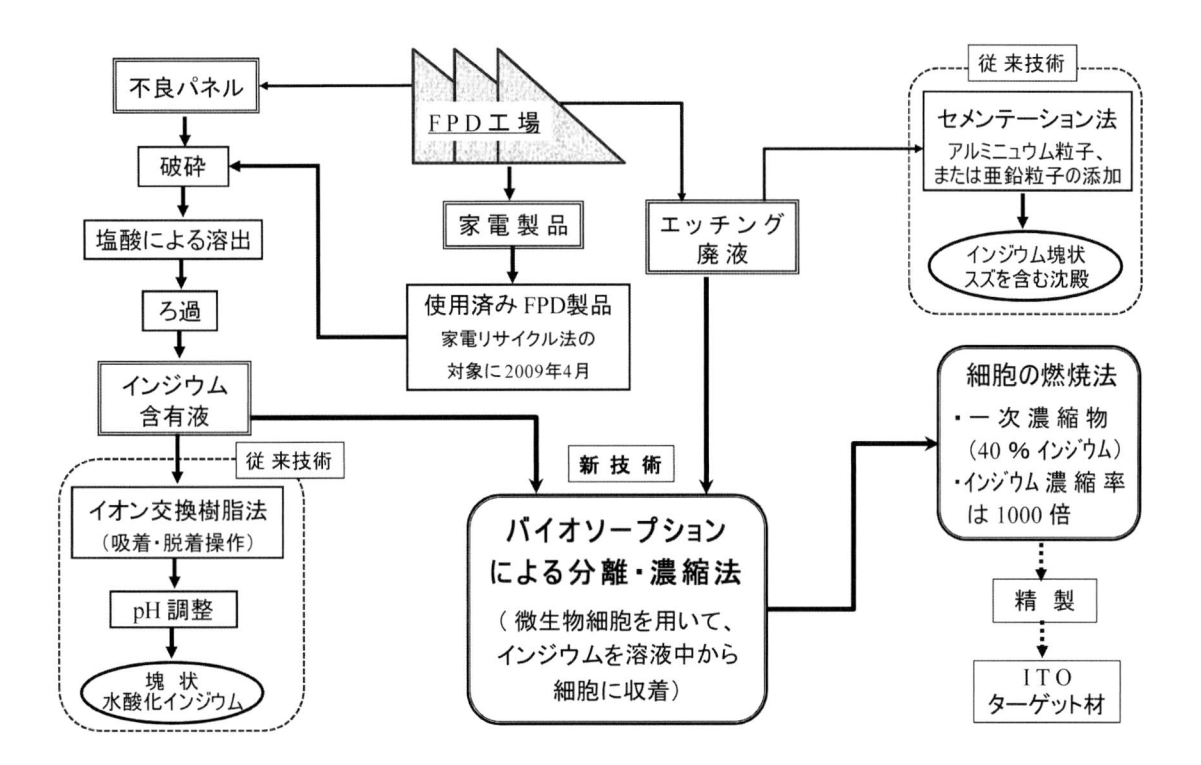

```
不良パネル ← FPD工場 → エッチング廃液 → 従来技術: セメンテーション法（アルミニウム粒子、または亜鉛粒子の添加） → インジウム塊状スズを含む沈殿
   ↓              ↓
  破砕          家電製品
   ↓              ↓
塩酸による溶出   使用済みFPD製品
   ↓           （家電リサイクル法の対象に2009年4月）
  ろ過
   ↓
インジウム含有液

従来技術:
イオン交換樹脂法（吸着・脱着操作）
   ↓
 pH調整
   ↓
塊状水酸化インジウム

新技術:
バイオソープションによる分離・濃縮法
（微生物細胞を用いて、インジウムを溶液中から細胞に収着）
   ↓
細胞の燃焼法
・一次濃縮物（40％インジウム）
・インジウム濃縮率は1000倍
   ↓
  精製
   ↓
ITOターゲット材
```

生物系を利用したリサイクル 13
小型廃電子機器からのレアメタル回収プロセスの構築を目指したバイオマス吸着素子の開発

　IT産業の生産拡大に伴って、大半の金属資源を輸入に頼っているわが国にとって、貴金属およびレアメタル含有量の多い使用済み廃電子機器は「宝の山」である。これらの廃棄物から高品位な金属資源を回収・再生するリサイクル技術の開発は、資源確保・廃棄物抑制の観点からも極めて重要であり、技術立国日本の持ち味を活かす道である。

　一方では、農林水産業から大量に発生し、現在廃棄または低レベルでの活用しか行われていない様々なバイオマス廃棄物を貴金属・レアメタルの分離材として有効活用することにより、廃棄物の資源化、環境汚染の浄化、希少金属資源のリサイクルを同時に達成する分離・回収システムの構築を目指している。現在その殆どが生ごみとして廃棄されている蟹や海老の殻から得られる「キチン・キトサン」のようなヘテロポリマーからなる高分子集合体あるいは架橋構造体は単なる材料としての機能を発現するだけでなく、複数の機能が集積した「反応場・分離場」を形成し、多種多様な機能が発現する。このようにポリマーが形成する微細構造体の界面構造、それを形成している高分子の立体構造・化学構造(生物が創る微細構造体)を巧みに利用することによって、高分子素材を基盤とする新たな特異的機能を発現する材料開発につなげることが期待される。

　現在、著者らは貴金属・レアメタルの高効率的(高選択性・高容量・高速吸着)な吸着材の開発を目指して、3次元網目構造を有するキチン・キトサンをベースにした高分子ゲルの構造形成を制御(超多孔性・貫通孔(図1))し、さらにキトサンが有するアミノ基を活用した吸着機能や、それに加えてキチン・キトサンに新たなキレート配位子を導入することにより貴金属や特定のレアメタルに高選択性を発現する新たな吸着材(図2)を開発している。さらに「分子インプリント法」をキトサン・キトサン誘導体に適用し(図3)、生体高分子の特長(大量の配位子、柔軟性)を活かした金属イオンの鋳型樹脂(PIPMC)を開発し、それが鋳型イオンのサイズや形を認識するのではなく、鋳型金属イオンが形成する錯体構造（4面体構造や8面体構造)を認識できることを明らかにした(図4)。

　本稿では、新規なキトサン誘導体と貴金属の高選択的吸着、貫通孔を有するキトサン樹脂、分子インプリント法による選択性の発現等について紹介する。

(宮崎大学　馬場由成)

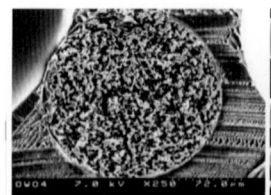

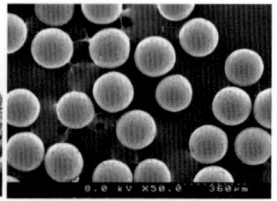

図1　貫通孔を有するキトサン微粒子のSEM

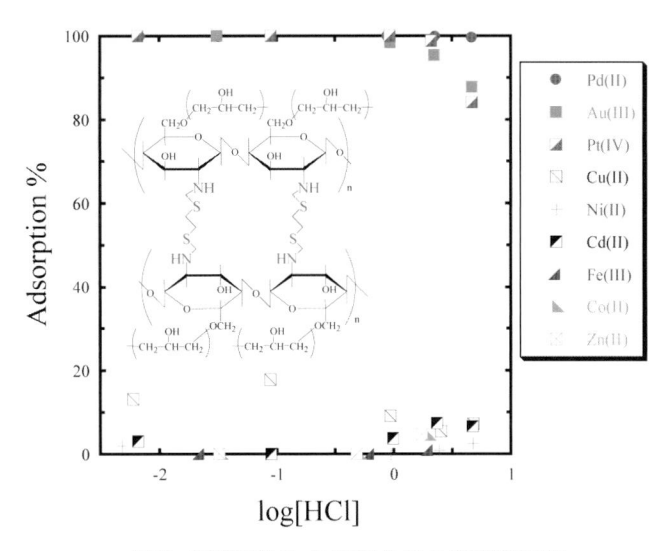

図2 塩酸溶液からの貴金属の吸着選択性

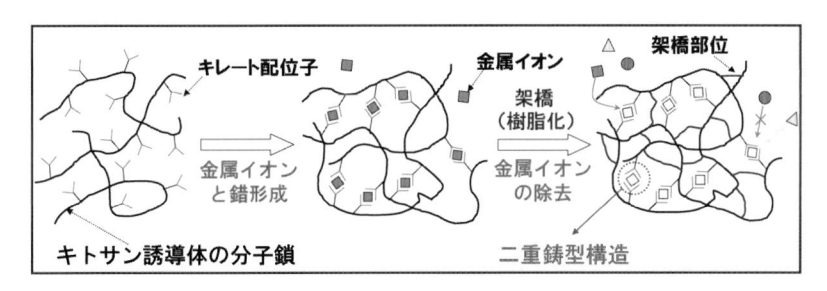

図3 分子インプリント樹脂の合成法の概念図

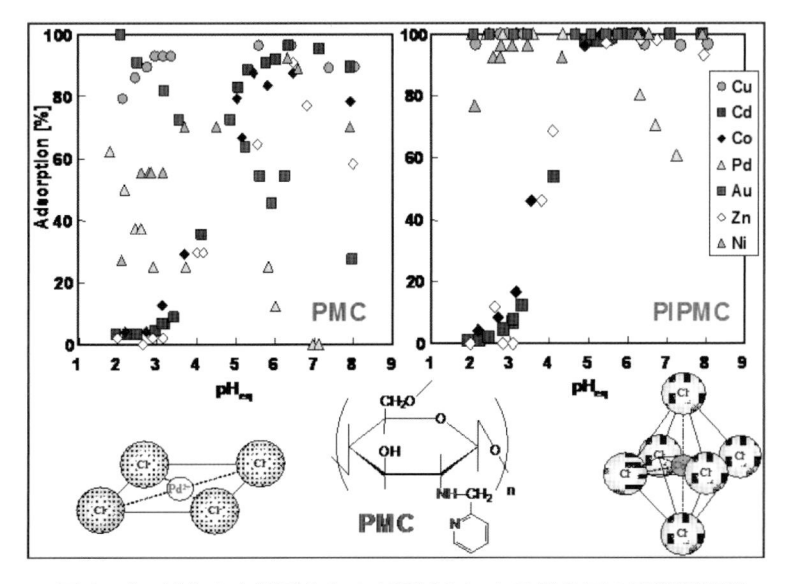

図4 パラジウムを鋳型としたPIPMCによる貴金属の吸着選択性

生物系を利用したリサイクル 14

キトサンコーティングフィルターによるインジウムの高選択的分離・回収の実用化

　現在、ITO 製造工程において、エッチング工程の際に発生する廃液(In, Sn)に含まれるインジウム濃度は 100〜300 ppm 程度の低濃度であることから、現在廃液として処分されている。

　一方、蟹や海老の殻から得られる天然多糖類であるキトサンは金属イオンに対して吸着能を有することは以前より知られており、分析化学的なカラム分離に関する研究は数多くなされているが、キトサンを活用した貴金属やレアメタルの分離・回収に関する工業的な応用はほとんどなく、未だ実用化には至っていない。

　本稿では、上記のような背景に基づき、キトサンの優れた金属吸着機能を効果的に発現するために、微量のキトサンをフィルター上にコーティングすることにより実用化技術へとつなげた。フィルターを構成するセルロース原糸の特性（高親水性・高比表面積）と構造上の特性（高い流量・流動性の良さ）をうまく融合させ、それらを最適化することによりエッチング廃液から高選択的で高効率的なインジウム分離・回収・濃縮の実用化技術の確立を行った。

【キトサンフィルターを用いた吸着・脱着システムの概要】

操作1：吸着システムを用いて In^{3+} と Sn^{4+} を架橋キトサンフィルターに吸着させる。イオン交換樹脂を用いたカラムの場合、通常流速はせいぜい SV=1〜10/h 程度であるが、この装置では流速を SV=130〜260/h まで可能である。また、圧力損失は 0.02 MPa 以下であり、低い運動圧力で、高流速での処理が可能となる。

操作2：吸着フィルターからスズだけを脱離させる。ここでは、In^{3+} は脱離しない。

操作3：吸着フィルターから酸溶液によりインジウムを脱離・濃縮する（ワンサイクルで 10 倍濃縮）。

操作4：最後は、水洗のみでカートリッジの再利用が可能であり、イオン交換樹脂等のように特別な再生処理は必要としない。

（宮崎大学　馬場由成）

1　生物系を利用したリサイクル

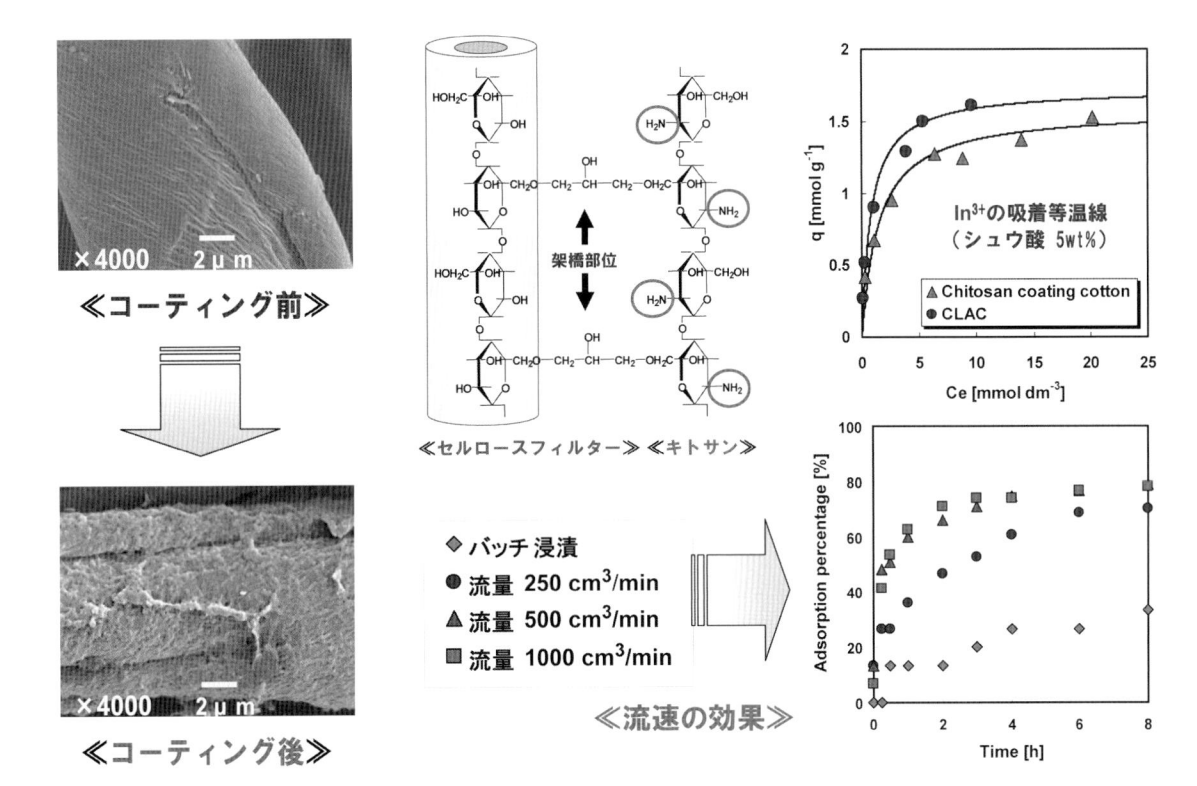

≪コーティング前≫

≪コーティング後≫

≪セルロースフィルター≫　≪キトサン≫

架橋部位

◆ バッチ浸漬
● 流量 250 cm³/min
▲ 流量 500 cm³/min
■ 流量 1000 cm³/min

≪流速の効果≫

In³⁺の吸着等温線
（シュウ酸 5wt%）

▲ Chitosan coating cotton
● CLAC

生物系を利用したリサイクル 15
下水処理場からのリン資源回収

　人間にとって必須元素でありかつ枯渇が懸念されている資源の一つとしてリンがあげられる。我が国はリン鉱石をほぼ100%輸入にたよっているが、欧米ではリンを戦略物資として位置付け輸出規制を行っている国も見られる。我が国はリン資源をリン鉱石だけでなく肥料、農作物、海産物等の形態で輸入しているが、リン資源輸出国からの供給が十分でなくなる事態が生じれば、即座にわが国の社会、経済及び個人生活に甚大な影響を与えることになる。輸入されるリンの多くは最終的に人間が摂取するべき食物を生産するために使用される。人が食したリンはその2／3以上がし尿として下水道放流され、下水処理場にて活性汚泥処理等の排水処理プロセスを経た後に、その大部分が下水汚泥中に濃縮される。下水汚泥に濃縮されなかったリンは下水放流されるが、そのリンは、水域、海域において水環境汚染物質として作用するため、下水放流水中リン負荷量が多くなると場合によっては富栄養化等の環境悪化を招くことにもなりかねない。リンが水環境に与える富栄養化負荷はCODの140倍以上、窒素の7倍以上に及ぶと言われており、水環境保全の観点から下水汚泥中のリン含率は今後益々高まることが予想される。

　下水汚泥は有料で処分される廃棄物でありその割合は年間で処分される廃棄物中で最も大きい。この下水汚泥からリンを全量回収することができれば我が国の輸入リン資源の2～3割を賄えるという試算がある。下水汚泥からリンを回収する技術は20年以上前から様々考案されているが、処理コストが高いため広く普及するには至っていない。著者らは、下水汚泥の嫌気性消化処理を採用している汚泥中のリンをなるべく安価にStruvite ($MgNH_4PO_4 \cdot 6H_2O$) の形態で回収することを目指している。現在まで、現場試験により既存の下水消化汚泥中に自然発生したStruviteは、図の「振動ふるい、4インチハイドロサイクロン、2インチハイドロサイクロン、MGS (Multi-Gravity Separator)」を用いた湿式選別プロセスにより、90%以上の回収率で回収することが可能であることを明らかにしている。また回収したStruviteは、肥料取締法に基づく重金属などの規制値をクリアしており、遅効性の肥料として利用可能である。

参考文献
　荻野隆生、平島剛、下水汚泥からのリン回収プロセスの開発、環境資源工学会、第52巻、pp.172-182, 2005.11.

（九州大学　平島剛）

1 生物系を利用したリサイクル

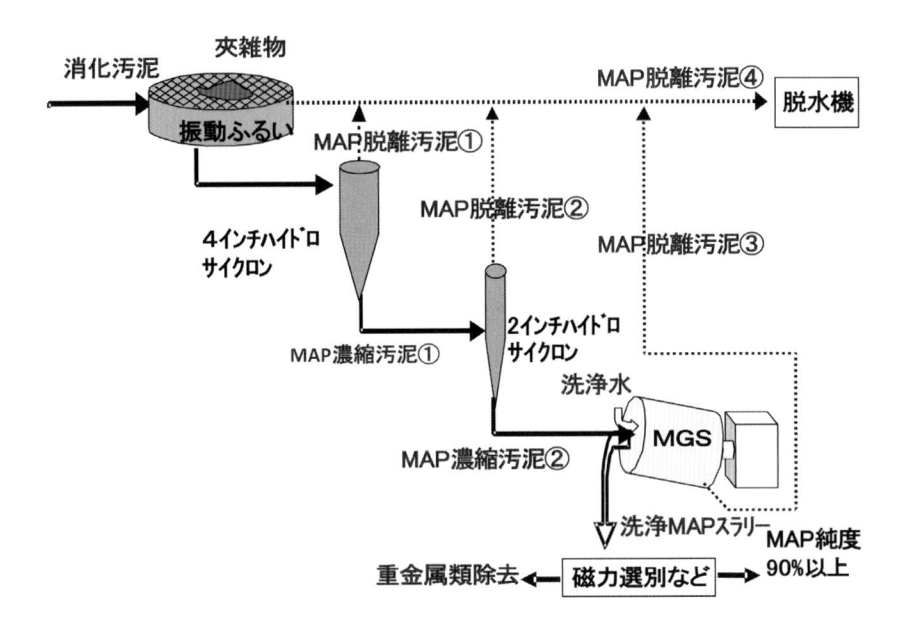

下水汚泥からのリン回収プロセス

生物系を利用したリサイクル 16

タンパク質を用いた貴金属リサイクル

　生物体内では、タンパク質や糖類などの生体分子が様々な金属イオンを特異的に認識し、生体機能に役立てている。筆者らはタンパク質に着目し、タンパク質を貴金属のリサイクルに利用可能ではないかと考えた。タンパク質は様々なバイオマスに含まれており、特に農水産物、畜産物や食品には多量に含まれている。仮にタンパク質が貴金属イオンの吸着剤として利用可能であれば、食べられずに捨てられてしまう農水産物・畜産物が貴金属のリサイクル材料として利用可能であることを意味する。

　筆者らは、まず各種精製タンパク質が貴金属イオンと本当に相互作用があるのかどうかを調べた。3種の精製タンパク質（牛血清アルブミン（BSA）、オボアルブミン、リゾチーム）を吸着剤として用いたところ、どのタンパク質も銅、ニッケルなどの卑金属イオン共存下において金イオンおよびパラジウムイオンが選択的にタンパク質に吸着することがわかった（図1a）。個別の金属イオン吸着実験では、例えばBSA一分子あたり25個の金イオン、65個ものパラジウムイオンを吸着した。合成ペプチドや金属イオンの脱着試験の結果、タンパク質中に含まれるある種のペプチド鎖やある種のアミノ酸が重要であることが示唆された。[1]

　精製タンパク質は比較的安価なBSAでも1gあたり¥100程度し、BSA 1 gで吸着可能な金イオンはおよそ50 mg、金の価格にしてたった¥130程度である。そこでタンパク質を多く含む安価なバイオマスを同じように検討した。大豆タンパク、卵殻膜、明太子の皮を用いて前述の金属イオンの競争吸着実験を行ってみた。すると、どのバイオマスも精製タンパク質同様に、金イオンおよびパラジウムイオンを吸着した（図1b）。また卵殻膜と明太子の皮は、白金イオンも吸着した。なお今回用いたバイオマスは、80〜95 wt%程度のタンパク質含量であり、価格も数百円〜2千円/kgと安価である。

　実際にこれら貴金属イオンを含むメッキ廃液および金属精錬液を用いて、バイオマス(卵殻膜)による貴金属回収着実験を行った。この吸着後の卵殻膜を燃焼させ、吸着した金属イオンの再可溶化を王水で行ったところ、卵殻膜1 kgによりメッキ廃液から金30 g、白金100 g、パラジウム1600 g、また金属精錬液から金160 g程度回収することに成功した。つまり数千円のバイオマスで、数万〜数十万円の貴金属を回収できたことになる。

　既に貴金属イオンの回収・再利用方法としては、イオン交換樹脂法や沈殿法、選択的浸出による回収が行われている。しかしながら「持続可能な社会」が叫ばれる中、再生可能な枯渇する心配のない資源を利用した製品・システムが求められるようになってきている。そのような意味で、筆者らが取り組んでいるタンパク質高含有バイオマスを用いた貴金属のリサイクル(図2)が近い将来実現するかもしれない。

参考文献
1) Maruyama et al., Environ. Sci. Technol. 41, 1359 (2007).

（神戸大学　丸山達生）

図1 a) 精製タンパク質による金属イオンの競争吸着（タンパク質濃度 0.2 g/l）、b) 高タンパク性バイオマスによる金属イオンの競争吸着（タンパク質濃度 2 g/l）。水溶液は、各10 ppmの金属および0.1 M塩酸を含む。大豆タンパクの場合だけ、pH 4に調節した。

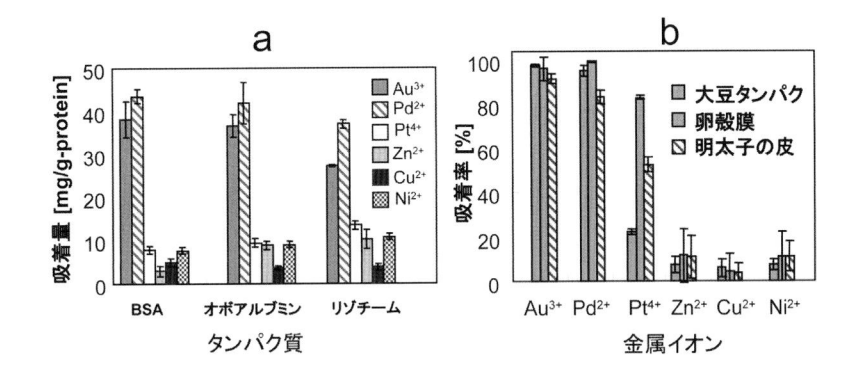

図2 タンパク質高含有バイオマスを用いた貴金属リサイクルのイメージ

プラスチック系の個別リサイクル 1
混合廃プラスチックの処理

世界のプラスチック生産量は年間約2億tであり、40数億t生産される石油の5%程度に過ぎない。にもかかわらず、廃プラスチックの処理問題が声高に叫ばれるのは石油枯渇の問題からではなく、嵩密度の低い（約0.1t/m^3）廃プラスチックが廃棄されて大容量の山となるためである。その意味で、一部の環境学者が「廃プラスチックの処理に多量のエネルギーが使用されるためリサイクルすべきではない」と唱えるのは、的を射ていない。

目前に積もった廃プラスチックの山を消し去るため、再資源化、熱エネルギー回収、長寿命化など様々な検討がなされており、事業者ごとに特定品種が高濃度で廃棄される産業廃プラスチックや分別回収されるPETボトルなどについては、既に一部が実用化されている。さらに、生分解性や光分解性などを有するプラスチックの研究開発が進められている。一方、多品種プラスチックが不特定量混在する一般廃棄物や、所定の物性を発現するために加えられたヘテロ元素や変換された特殊構造を持つプラスチックの後処理については、個々の成分や濃度が特定出来ず相互作用が複雑なため、詳細な検討がなされていない。

今日、一般廃棄物中の容器包装リサイクル法対象廃プラスチックは、重量では8%程度に過ぎないが容積は1/3以上を占め、処理費用も全体の1/3に及ぶと言われている。著者らは、一般廃棄物中に混在する汎用プラスチックとPVC、PETの共処理を想定し、PE、PP、PS、PVC、PETの共液化について検討を行ってきた。これらのプラスチックは熱分解温度が異なるにもかかわらず、混在すると有機塩素化合物やテレフタル酸などの昇華性物質を生成するため、単純に焼却処理することは出来ない。また、PVCとPETは密度が類似しているため、事前に分離することも難しい。そこで、触媒を用いた低温塩素脱離とテレフタル酸分解法の研究を進めているが、これでは一般廃棄物からプラスチック分離〜低温塩素脱離〜テレフタル酸分解と高温液化と多段のプロセスが必要になり、まだ実用化の目途は立っていない。

プラスチックは要求される機能性から今後ますます多様化し、使用後は様々な場所で混在して廃棄されると考えられる。個々の廃プラスチックについては処理方法や処理品の用途開発が進められており、回収プロセス、経済性、需給バランスなどが議論されているが、廃プラスチック処理の本来の目的は「山を消し去る」ことである。今後は上記のような複雑系にも目を背けることなく、これらを上手に消し去る検討を進める必要があると思われる。

（日本大学　平野勝巳）

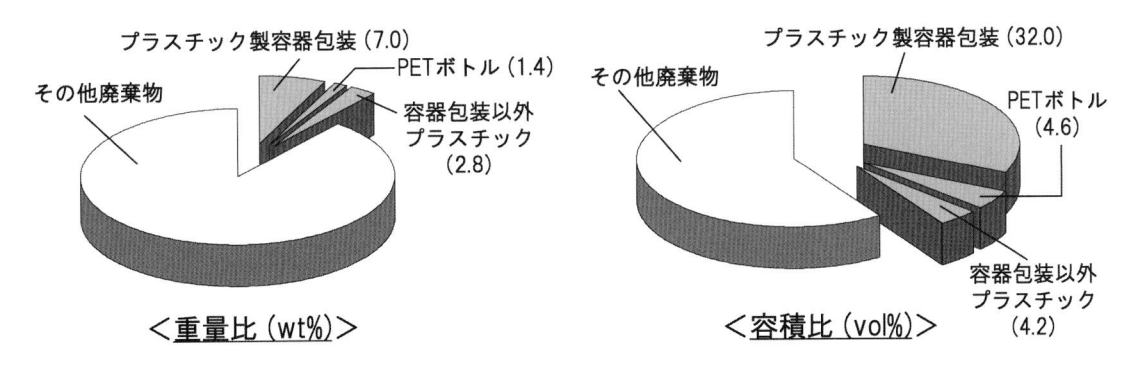

2 プラスチック系の個別リサイクル

一般廃棄物中の廃プラスチックの割合

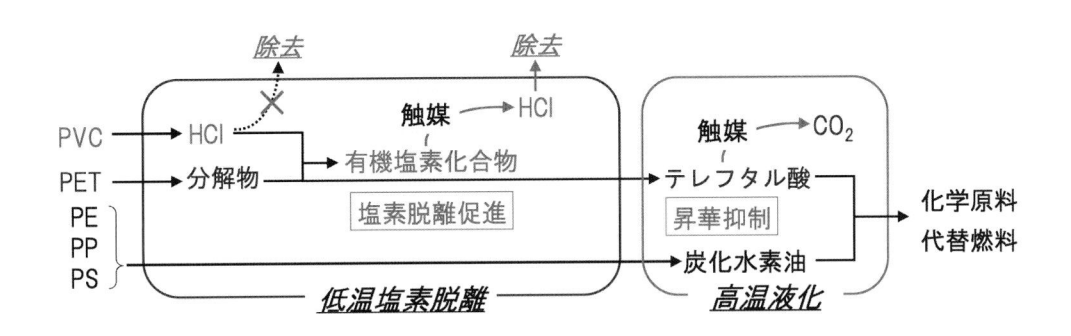

〈重量比 (wt%)〉
- その他廃棄物
- プラスチック製容器包装 (7.0)
- PETボトル (1.4)
- 容器包装以外プラスチック (2.8)

〈容積比 (vol%)〉
- その他廃棄物
- プラスチック製容器包装 (32.0)
- PETボトル (4.6)
- 容器包装以外プラスチック (4.2)

触媒を用いた低温塩素脱離とテレフタル酸分解法

PVC → HCl → 除去 ✗
PET → 分解物 → 有機塩素化合物
触媒 → HCl 除去
塩素脱離促進
PE, PP, PS

触媒 → CO_2
テレフタル酸
炭化水素油
昇華抑制

低温塩素脱離 / 高温液化 → 化学原料・代替燃料

プラスチック系の個別リサイクル 2
静電選別法による混合プラスチックの分離

1. はじめに

プラスチックは、比重など、特性の違いがわずかであるため、選別が困難とされている。それに対して、プラスチックの帯電特性の違いを利用した静電選別法が混合プラスチックの選別手法として注目されている。静電選別法は他の選別法に比べて、選別精度が高いことが利点であるが、近年では、さらに高い選別精度が望まれるようになっている。それを実現できる方法として振動を利用した静電選別法が開発されている。

2. 振動型静電選別装置

振動型選別装置は、図1に示すように、2枚の電極板が地面に対して傾けて振動台に固定された選別装置である。今、選別対象であるプラスチックA、Bを正と負に摩擦帯電させ、それを電極間に投入すると、負に帯電したBは上部電極方向への静電気力を受け、傾斜角θにより、下部電極からすぐに、すべり落ちる。一方、正に帯電したAは下部電極側への静電気力を受けるため、下部電極からすぐに落ちることなく、振動輸送される。その結果、回収位置が異なることから、2種類のプラスチックが選別できる。一方、3種類のプラスチックを摩擦帯電させると、1種類のプラスチックが他とは異なる極性に帯電することから、同様な装置で選別が可能となる(図2参照)。

3. 選別精度

表1、2は、それぞれ、2種類と3種類のプラスチック混合物の選別結果である。振動を利用していることで、個々の粒子の付着が防止され、従来にない選別精度が達成されている。

表1 PS と ABS の選別結果 [1]

	純度	回収率
PS	99.7~100 %	98.7~99.5 %
ABS	99.6~100 %	95.7~98.7 %

表2 PVC と PET、PE の選別結果 [2]

	純度	回収率
PVC	98.8~99.4 %	91.0~95.4 %
混合物	99.1~99.6 %	96.2~96.9 %

参考文献
1) 佐伯ら、機論、74-742 C (2008)、pp. 1402~1408.
2) 佐伯、機論、71-707 C (2005)、pp. 2180~2186.

(芝浦工業大学 佐伯暢人)

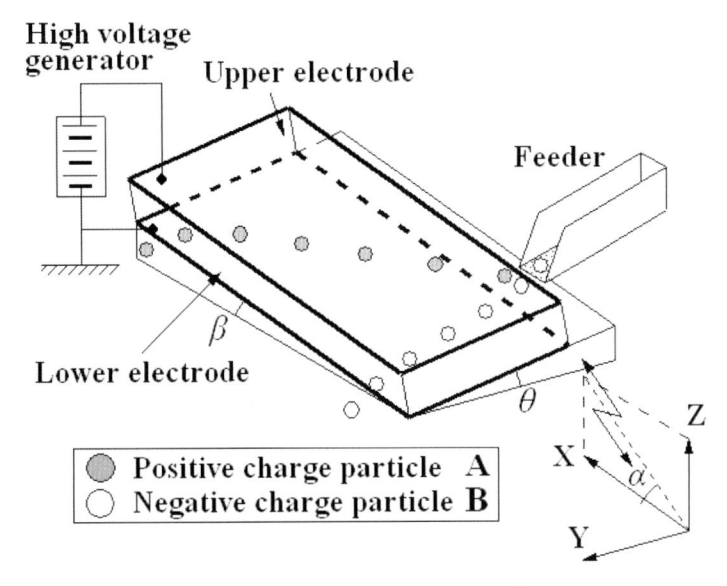

2 プラスチック系の個別リサイクル

図1 振動型静電選別装置[1]

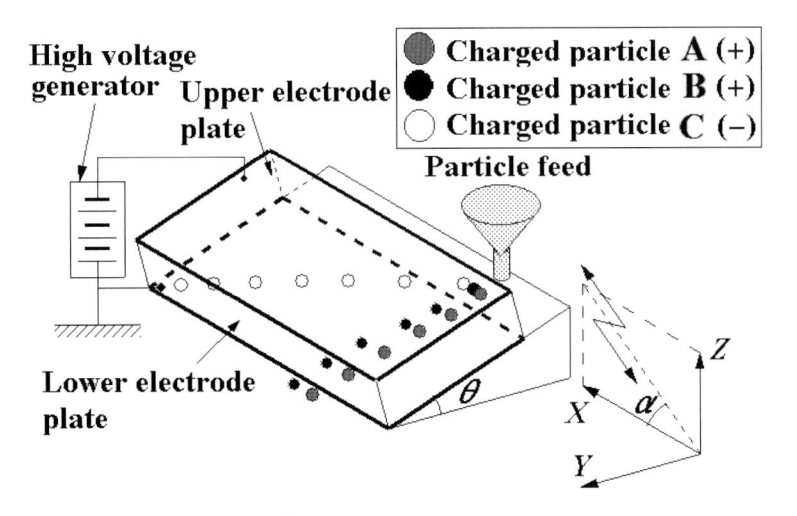

図2 3種類の混合物を選別する場合[2]

プラスチック系の個別リサイクル 3
オゾンによる選択的表面酸化
——浮遊選別によるポリ塩化ビニルの分離

1. 技術開発背景

　プラスチックのリサイクルなどにおける加熱や燃焼の工程において、塩化ビニル(PVC)は塩化水素ガスなどを発生させて問題となるため分離が望まれる場合が多く、これはPVCのリサイクルにも繋がる。PVCは高比重のプラスチック(高比重プラ)であるから、ポリエチレン(PE)など低比重のプラスチックから比重分離が可能であるが、高比重プラの混合物からPVCを分離することは困難である。そこで、物質表面の親水・疎水性に基づく気泡の付着性の違いにより選別する浮遊選別法を利用した技術に着目し、我々はPVCが他のプラスチックに比べオゾンにより親水化されやすいことを見出し、これを浮遊選別法と組み合わせてPVCを分離する技術を開発した(図1)。

2. 実施例

　図2には、オゾン処理前後における親水性の指標である接触角の変化を示す。ここでは軟質および硬質のPVCの他に、高比重プラであるPET(ポリエチレンテレフタレート)、PC(ポリカーボネート)、PMMA(ポリメタクリル酸メチル)を対象とした。5〜10mm角の各プラスチックのペレットを直径5cm円筒容器中の水に分散させ、オゾン含有酸素で曝気することで親水化処理を行なった。オゾン処理によるPVC以外のプラスチックの減少、すなわち親水化は微少である一方で、二種のPVCの接触角は3割程度減少し、オゾンが選択的にPVCを親水化できることがわかる。このPVC表面の親水化は、官能基解析などから塩素基がカルボキシル基等の親水性官能基への変化するためであることが分かっている。

　図3にはオゾン処理前後の浮遊選別試験の結果を示す。浮遊選別はオゾン処理と同じ装置中で窒素ガスによる曝気により行ったが、適度な攪拌を加えてプラスチックへの泡の付着と剥離を拮抗させ、親水性の差を引き出している。本条件においては、オゾン処理を施すことでPVC以外の高比重プラをすべて浮上させながら二種のPVCの大部分を沈降できることが分かり、分離技術としての可能性を見出した。

（広島大学　奥田哲士・西嶋渉・岡田光正）

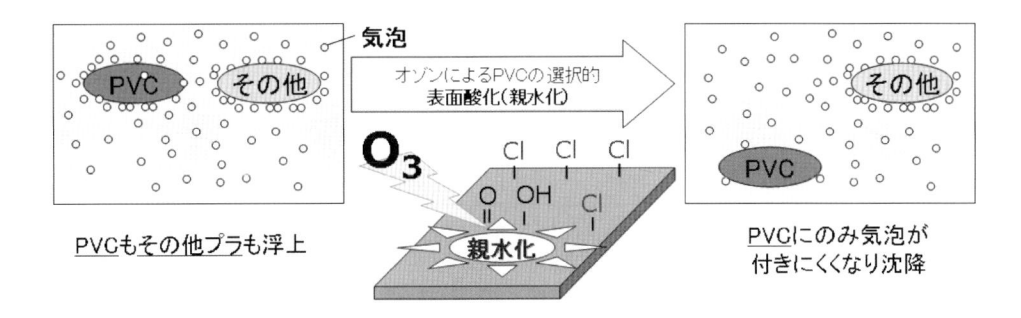

図1 PVCの選択的親水化前後のプラスチックの浮遊選別イメージ

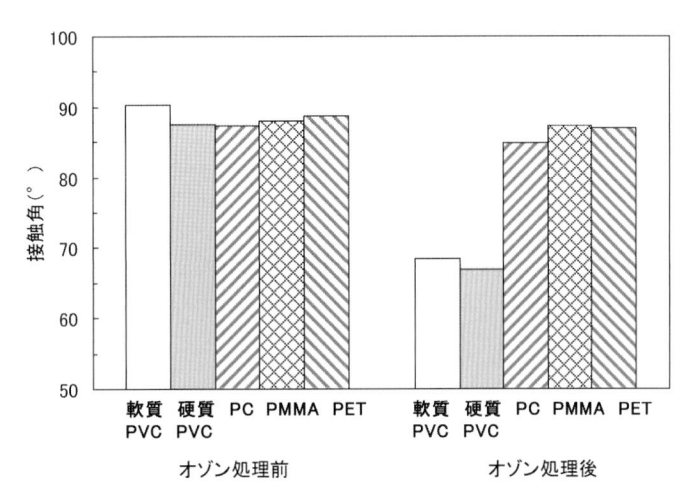

図2 オゾン処理による各種プラスチックの親水化
(曝気：約150mg-O3/L, 100mL/min, 10分)

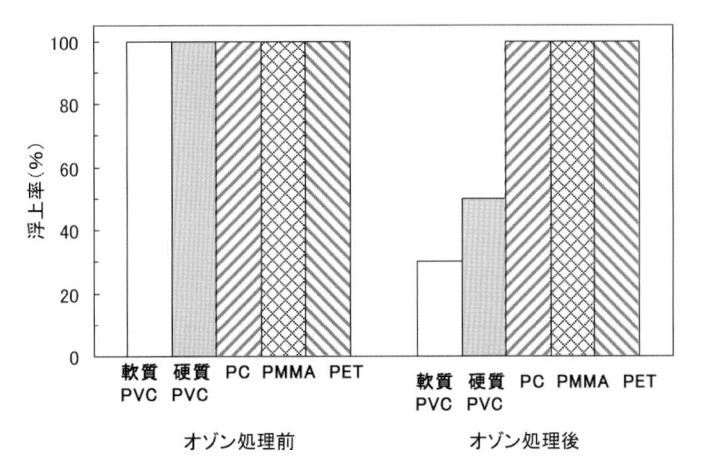

図3 オゾン処理前後の各種プラスチックの浮沈
(曝気：100mL/min, 含起泡剤；攪拌：約150rpm)

プラスチック系の個別リサイクル 4
水を用いた廃プラスチック熱分解油中の塩素と窒素の除去

1. 緒言

現在、容器包装リサイクル法廃プラスチックの熱分解で生産される油は、例えばA重油相当留分の中質油で30〜60 ppmの塩素と1000〜1200 ppmの窒素を含有し、燃焼時にはダイオキシン等の環境汚染物質を生成するため、その利用には大幅な制限がある。ここでは、水特にNaOH水溶液を用いた標記の改質技術[1]について報告する。

2. 原料油と改質装置

原料油：歴世礦油（株）産中質油；沸点109.5~502.0 ℃；塩素 62 ppm；窒素 1150 ppm；安息香酸1100 ppm；フタル酸 210 ppm；ε-カプロラクタム 238 ppm；ベンゾニトリル 1607ppm。改質装置：SUS316SS管（外径1/2 in.、内容積5~20 cm^3、2 mm Raschig ring充填）を反応管とした高圧流通式改質装置。水の飽和蒸気圧より0.5 MPa高い液相反応系で改質を実施した。

3. 改質結果
3.1 油中塩素と窒素の挙動

改質結果を図1および2に示した。水も有効であるが、NaOH水溶液はさらに有効であり、特に0.10N NaOHを滞留時間5.50分で用いたとき、325℃で油の塩素および窒素含有量は各々0.5および55 ppmに低下した。除去率は各々99.2および95.2%である。250〜325℃の改質条件下で、原料油は水やNaOH水溶液と相溶しており、油中の有機塩素はNaClとして、有機窒素はNH$_3$として各々除去される。改質油中にはアルカリ金属イオンは残留しない。

3.2 原料油に含まれる低分子有機化合物の挙動

回分式反応管を用いた表1の改質結果によると、原料油中の低分子有機化合物は水相に抽出されて油から除去される。ベンゾニトリルや有機酸は加水分解や脱炭酸反応が進行する。

3.3 燃料油特性

改質によって密度、動粘度および引火点が低下した（表2）。

参考文献
1) 秋元正道；プラスチックの化学再資源化技術, pp.263~269, シーエムーシー出版（2005）。

（新潟工科大学　秋元正道）

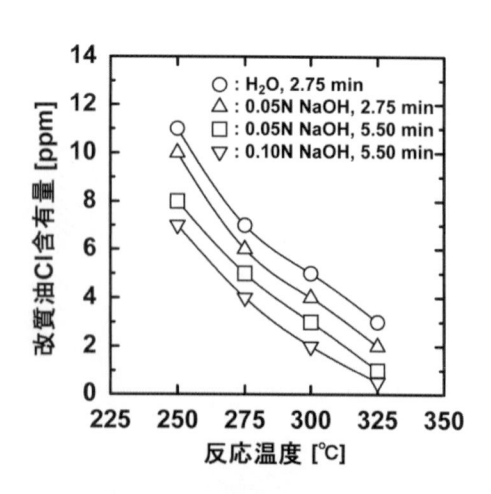

図1　油塩素含有量の挙動
(aq.NaOH/油供給比 = 1/1(w/w)。
図中の時間は滞留時間。)

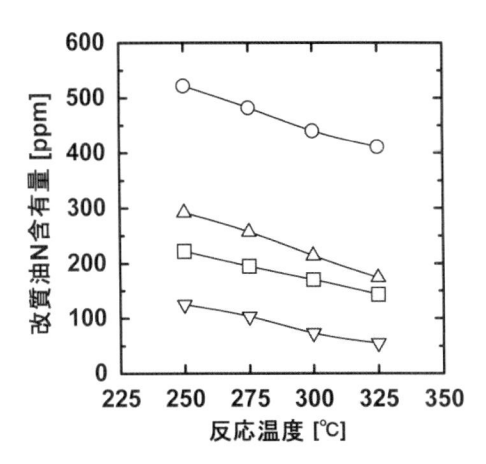

2 プラスチック系の個別リサイクル

図2 油窒素含有量の挙動
(改質条件と記号は図1に同じ。)

表1 改質後の水相に含まれる低分子有機化合物（× 10⁴ mmol）[a]

改質条件	フェノール	安息香酸	フタル酸	ベンツアミド	ε-カプロラクタム	ベンゾニトリル
H_2O,25℃/30分	4.9	100	13	0	21	156
0.05N LiOH,250℃/30分	6.7	126	10	108	8.8	0
0.05N LiOH,350℃/30分	7.0	193	0	13	8.2	0
0.10N NaOH,375℃/60分	5.7	189	0	0	12	0

[a] SUS316SS 反応管(外径 1/2 in.,内容積 4.0 cm³)；水 or アルカリ水溶液 1 g / 油 1 g。

表2 燃料油特性の比較[a]

特性	改質前	改質後
密度 at 15℃ [g/cm³]	0.8384	0.8368
動粘度 at 30℃ [cSt]	2.370	2.327
流動点 [℃]	−27.5	−27.5
引火点 [℃]	82.0	80.0
窒素含有量 [ppm]	927	73
塩素含有量 [ppm]	27	3

[a] 札幌プラスチックリサイクル(株)産中質油；0.05N NaOH/油供給比= 1/1(w/w)；275℃/4.0 分。

プラスチック系の個別リサイクル 5
ジグを用いた廃プラスチック混合物の高度選別

　自動車や家電・電子機器類など、我々が利用する工業製品の多くはプラスチックを用いており、リサイクルの際にはその選別が重要な課題になる。廃自動車、家電、自動車、パソコンなどでは回収・運搬・解体による有価物回収の後、残渣物は破砕される。この破砕物からも各種金属やプラスチックが有価物として回収されるが、プラスチックはPP、PVC、ABSなど様々な種類の混合物であることが多く、それらの大部分は埋立処分、焼却処分されるか、低品質燃料として利用されているのが現状である。プラスチックの混合物を種類ごとに選別できれば、高品質燃料やマテリアルリサイクルに有効活用できる。

　筆者らは、プラスチック混合物の相互選別にジグ(jig)を応用することを研究してきた。ジグは、水中での粒子の沈降あるいは上昇運動が粒子の比重によって異なることを利用して、上下に脈動する水流の中で粒子を比重別に成層させて選別する方法である。そのシンプルな原理ゆえに、ジグは相対的に比重差のある広範な対象物に適用可能であり、プラスチック混合物の選別にも高い成績を示す。

　たとえば、網下気室型ジグを用いて実際にコピー機に使用されている3種類のプラスチック(PS、ABS、PET)の破砕物に対して2段階のジグ選別を適用したところ、適切な運転条件の下、低比重(比重1.03)のPS、中間比重のABS(比重1.21)、高比重(比重1.71)のPETをそれぞれ品位99％以上の産物として回収できた[1]。

　通常のジグでは、相互の比重差が0.01以下のプラスチックや、比重が水よりも小さいプラスチックを選別することは難しいが、これらの対象に適用可能なHybrid jig(一方の試料に選択的に気泡を付着させて見かけ比重差を大きくして選別する方法)やReverse jig(比重1以下の試料を選別室上部に固定した網の下で選別する方法)も開発している。

参考文献
1) M. Tsunekawa, B. Naoi, S. Ogawa, K. Hori, N. Hiroyoshi, M. Ito and T. Hirajima: International Jounal of Mineral Processing, 76(2005), pp.67-74.

（北海道大学　広吉直樹・伊藤真由美）

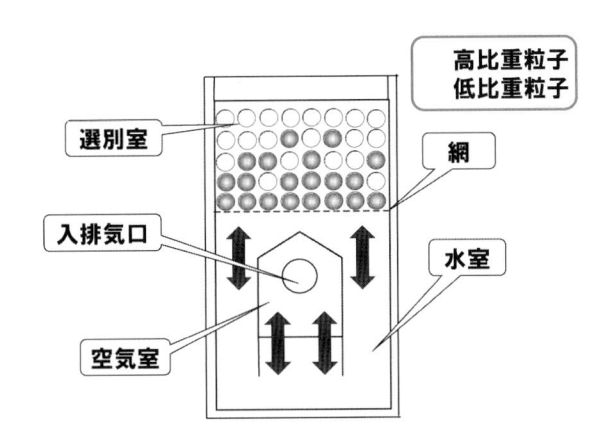

2 プラスチック系の個別リサイクル

網室気室型ジグの仕組み

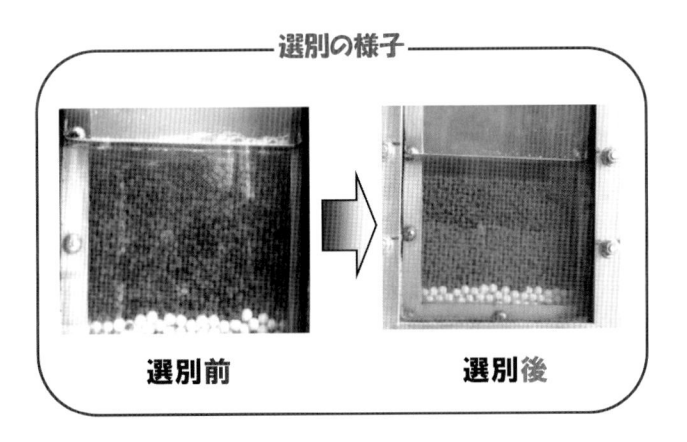

ジグによるプラスチック選別の様子

プラスチック系の個別リサイクル 6
リサイクルを目的としたアミン硬化エポキシ樹脂の硝酸による分解

　我々は、樹脂劣化の見地から耐食性の高い樹脂の劣化を研究する中で、逆転の発想として硝酸環境下のアミン硬化エポキシ樹脂が激しい分解を示すことを用いて、ケミカルリサイクルを検討している.

　アミン硬化樹脂を硝酸水溶液に浸漬すると表面から分解して完全に溶解する（図1）.このとき、分解が進み過ぎるとピクリン酸の結晶が増えるが、4M、80℃（非常にマイルドな条件を使用）で100~200hr程度であれば、溶解した水溶液から有機溶剤で抽出することで、図2に示すように分解成分が元の樹脂重量基準で50％から条件により80％相当得ることができる（高い回収効率）.この成分をSECで分子量分布を取ると、図3に示すような4つ程度のピークが認められ、ビスフェノール骨格を残した分解物になっている可能性が示唆された.

　そこでこの分解物を、バージンのBPA型エポキシへ混合したところ、アミンでは硬化しないが酸無水物で硬化することができた.このとき無水フタル酸を用いた例では、驚くべきことに図4に示すように分解物の添加量を増すと強度は増加し、25％程度添加するとバージン材の約150％の曲げ強度、引張りでは400％近くが得られる.実は分解物に酸無水物による硬化反応を触媒する効果があり、一般的な触媒として使われる3級アミンを加えた場合の強度に近付いていると考える事が出来る.実際硬化速度も加速し、25％以上添加した場合にはポットライフが短すぎて成形が困難となった.

　分子量分布における4つのピークを別々に分取して(図5)、それぞれを添加したリサイクル材を成形し、その強度を比較したところ図6に示すように高分子量の成分（ピーク3, 4）は強度を増すが、低分子量成分（ピーク1, 2）はむしろバージン材より低い.このことから、分解をある程度の範囲に抑制しつつ（質の高いリサイクル）、総合的な分解速度を上げる（量を得るリサイクル）必要がある.我々はこれを連続プロセスとすることで解決すべく展開を図っている.

（東京工業大学　久保内昌敏）

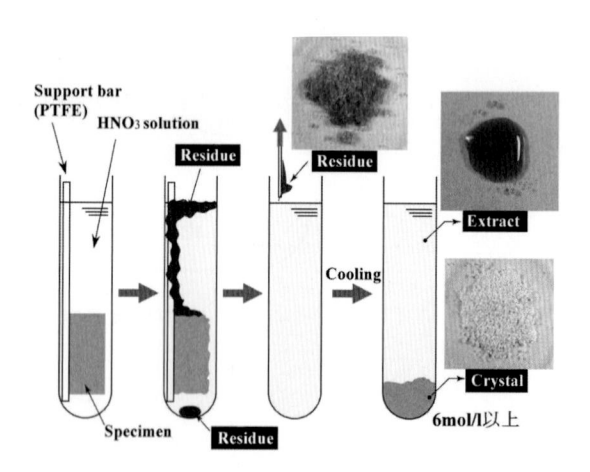

図1　硝酸によるアミン硬化エポキシ樹脂の分解挙動

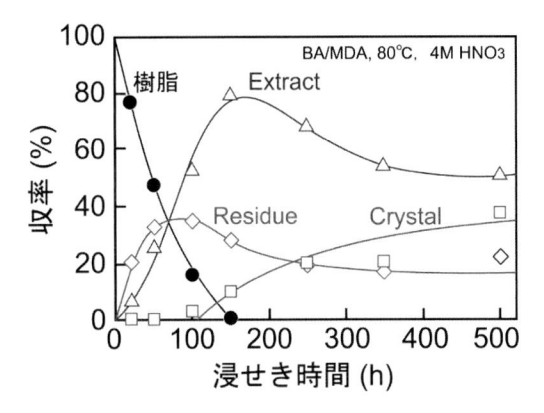

図2　硝酸によるアミン硬化エポキシ樹脂の分解挙動

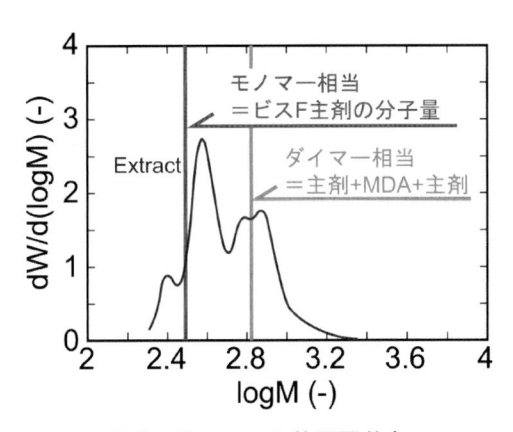

図3　Extractの分子量分布

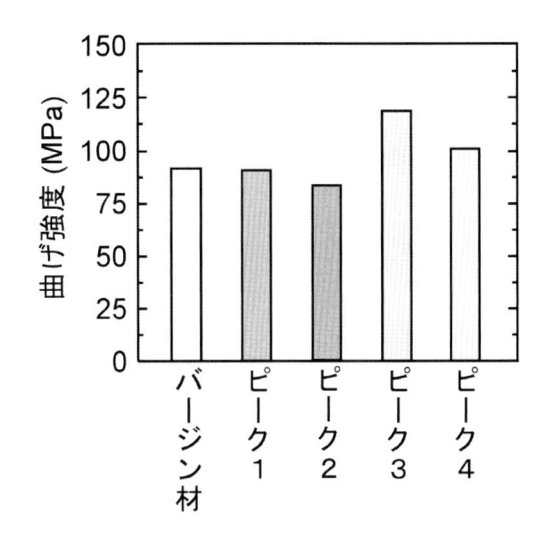

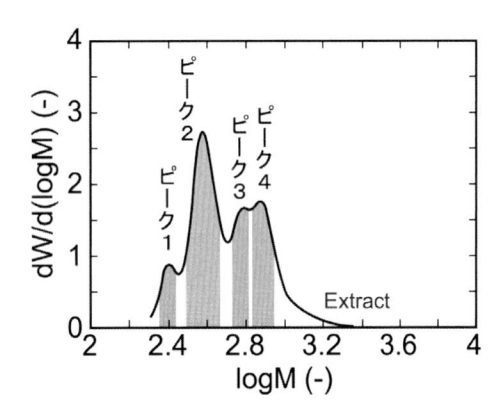

図5・6　Extractの分取と各ピークの特性

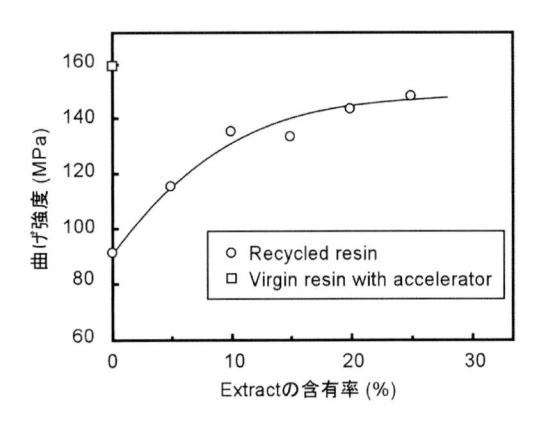

図4　Extractを主剤の代用としてリサイクル→曲げ強度について

プラスチック系の個別リサイクル 7
超臨界流体を用いる CFRP のリサイクル

炭素繊維強化プラスチック(CFRP)は樹脂と炭素繊維からなる複合材料で、軽さと強さとしなやかさを併せ持っていることから軽量化に不可欠な材料である。そのために釣竿などのレジャー用品、飛行機や人工衛星の部品などの航空・宇宙材料、X線装置などの医療機器、風力発電用ブレードなどのエネルギー関連材料など、幅広い分野で用いられている。CFRPはマトリックス樹脂として熱硬化性エポキシ樹脂を使用しているケースが多いことから、リサイクルが難しい材料である。そのため現在は大部分が埋立て処理されているが、炭素繊維は高価であることから、CFRPから炭素繊維の回収・再利用が望まれている。そのため、私達は超臨界流体を用いたCFRPのリサイクル技術の研究開発を行っている。[1]

図1に、超臨界メタノール(239℃の臨界温度以上、8.1MPaの臨界圧力以上のメタノール)を用いたCFRPリサイクル技術の流れを示す。本技術では、超臨界メタノールによってCFRP中のエポキシ樹脂の主鎖はそのままで架橋点のみを選択的に切断してメタノールに溶解することで炭素繊維を分離・回収する。更にメタノールに溶解した樹脂は再硬化して再び熱硬化性樹脂として利用するという完全リサイクル技術の開発を目指している。

ビスフェノールA型エポキシ樹脂をマトリックス樹脂としたCFRPを超臨界メタノールで分解する場合、270℃、10MPa、60分の処理条件でエポキシ樹脂を完全にメタノールに溶解でき、写真のような樹脂回収物を得ることができた。さらに樹脂回収物とバージンのエポキシ樹脂を様々な割合で調合し、硬化剤を添加して熱硬化処理を行うことで、再硬化樹脂を得ることができた。一方この時回収した炭素繊維の単繊維の引っ張り強度はバージンの炭素繊維に比べて約7%低い程度だった。現在、[2]の写真に示す半流通型ベンチプラントを用いた実際のCFRP廃棄物の分解・リサイクルの実証試験を行っており、炭素繊維とマトリックス樹脂の完全リサイクル技術の実用化の目途が立ったところである。

参考文献
1) NEDOプレスリリース「炭素繊維強化プラスチック(CFRP)のリサイクル技術を開発【産技助成Vol.96】」http://app3.infoc.nedo.go.jp/informations/koubo/presslist

(静岡大学　岡島いづみ・佐古猛)

2 プラスチック系の個別リサイクル 463

[1] CFRPサンプル

[2] 超臨界アルコールによる反応

[3] 樹脂と繊維の回収

回収樹脂

[4] 回収樹脂の再硬化

再硬化樹脂

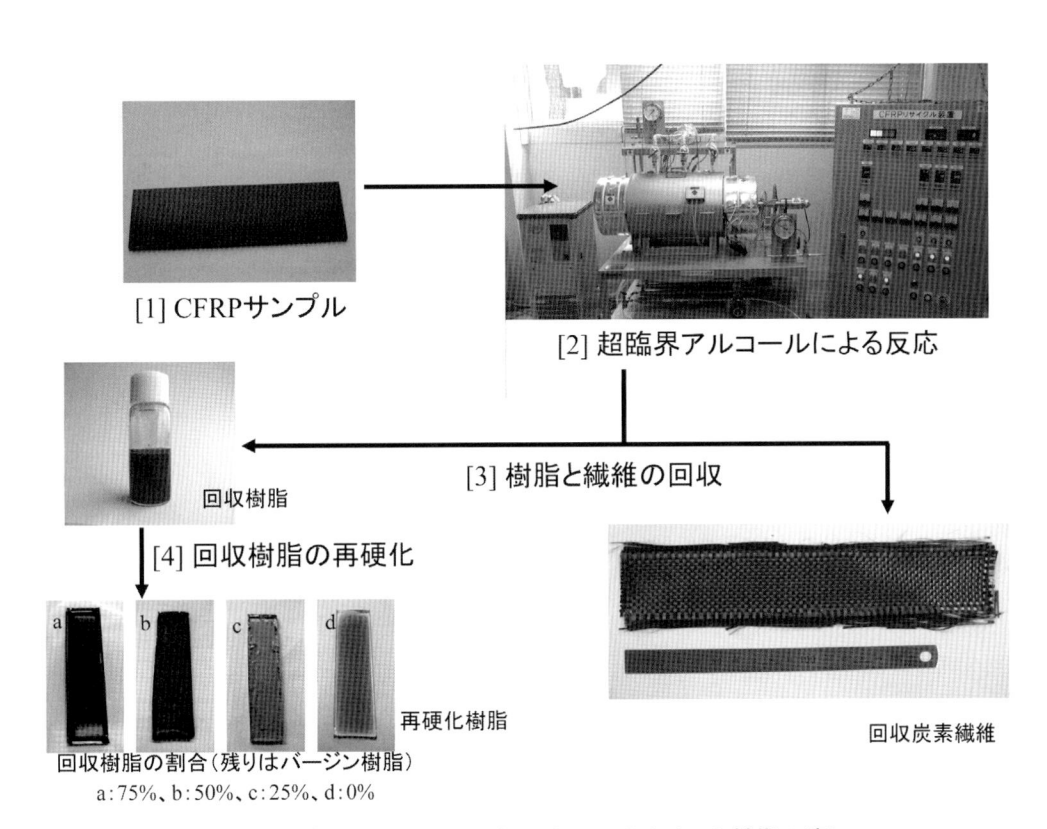

回収樹脂の割合(残りはバージン樹脂)
a:75%、b:50%、c:25%、d:0%

回収炭素繊維

図1 超臨界アルコールによるCFRPリサイクル技術の流れ

プラスチック系の個別リサイクル 8
廃ポリオレフィンから精密化学品生成

プラスチックのケミカルリサイクルでは、ポリマー主鎖のC-C結合を切断して低分子化するのに熱エネルギーを用いることが多かったが、我々は超臨界二酸化炭素(scCO$_2$)中で二酸化窒素(NO$_2$)を酸化剤に用いてポリエチレンの主鎖を切断し、アジピン酸のような小分子を得る反応を開発した。この反応を立体規則性高分子で現在ポリプロピレンとして流通しているアイソタクチックポリプロピレンに適用したところ、立体選択的にsyn-2,4-ジメチルグルタル酸などがタクティシティーの保持された状態で容易に得られることを見出した(図参照)。このカルボン酸はマクロライド合成など医薬品開発研究に用いられるような付加価値が高い化合物であるが、これまで立体選択的な合成法はなく立体異性体分離工程を経なければ得ることができなかった。

これらのジカルボン酸の立体化学の源泉はもちろん立体規則的に重合したポリプロピレンにあるが、このようなポリプロピレンはチーグラー・ナッタ触媒の分子認識能により得られるもので、光学異性体の一方を作り分ける不斉合成反応と同様の分子認識能であり、立体規則性ポリプロピレンの製造技術は有機合成化学的価値が非常に高い。このポリプロピレンは現在ポリエチレンと同等の価格で生産され、汎用プラスチックとして大量に使われていることは生産技術研究者の努力にほかならない。しかし、安価に使われることで有機合成化学的価値の認識が希薄となり、使用後のポリプロピレンの取り扱いにおいて、その価値を考慮したリサイクル技術はほとんど検討されてこなかったものと考えられる。我々も立体規則性ポリプロピレンを酸化してその価値を改めて認識した。

プラスチックは機能性の低い小分子を重合反応により高機能な材料となったもので、使用後にエネルギーをかけて付加価値のより低い原料に変換しても、経済的に合わないのは当然である。しかし、立体規則性ポリプロピレンのように廃プラとなっても有機合成化学的価値は低減するものではないので、この価値を利用した付加価値の高い化合物に変換できるならばエネルギー的にも経済的にも見合うリサイクルが可能になると考える。

そもそも有機合成化学は小分子をつなぎ合わせて目的の化合物を構築するため、C-C結合生成反応は特に重要な反応で、選択的で高効率が追求されている。これに対して、高分子合成なかでもオレフィンの付加重合は非常に効率のよいC-C結合生成反応であり、ポリプロピレンに限らずともポリオレフィンにも有機合成化学的価値が存在する。そうするとこれらの価値から、ポリマーを原料にして必要な大きさに切断して組み立てるような有機合成があってもいいのではないか。それは従来のパッチワーク型の有機合成に対して、あたかも衣類を作るときに大きな服地を裁断して縫い上げていくような裁断型の効率のよい新たな有機合成となり、付加価値の高い新たな材料が誕生するようになるかもしれない。

(宇都宮大学　蓲田真昭)

2 プラスチック系の個別リサイクル

金属系の個別リサイクル 1

リサイクル性の高い製品設計の促進方策

　素材のリサイクルには、加工時に発生するプレコンシューマ材のリサイクルと、使用済み製品から回収されるポストコンシューマ材のリサイクルがある。前者は、材の素性も分かりやすく、単一素材で発生することが多いことから、多くの素材でリサイクルされている。一方、後者は、他素材と組み合わされて使用済み製品として排出されるため、素材リサイクルのためには、素材を単体分離することが望まれる。素材が単体分離しやすいかどうかは、製品の設計に大きく依存する。そこで、易解体設計（Design for Disassembly: DfD）の促進が望まれている。DfDを含む環境適合設計（Design for Environment: DfE）に関しては、ISO/TR 14062:2002やIEC Guide 114として、考慮すべき項目が良く整理されている。DfEのうち、特にリサイクル性に着目すると、先のDfDの他に、適切な材料選択、使用材料の統一、リサイクル方法関連情報の表示、リサイクル材料の採用などの項目が製品設計において考えられる[1]。リサイクル材の採用は、採用した製品自体のリサイクル性に直接関連しないものの、同種の製品から再生された素材を利用する分かりやすい場合や、そうでなくとも一般にリサイクル材の販路の確保という面で、巡り巡って当該製品のリサイクル性につながるとの概念であり、素材のライフサイクルは複数の製品ライフサイクルをまたいでいることを良く表わしている。

　EPR(extended producer responsibility)に則った法制度としての家電リサイクル法や自動車リサイクル法の施行に伴って、法整備の対象となっている製品では、リサイクル性の高い製品設計への移行することでリサイクル料金が引き下げられるため、導入のインセンティブがある。一方、他の製品においては、各社独自の取組でしかなく、副次効果として製造コストが下がれば良いが、そうでない場合は、各社のCSRレポートにおいてアピールしているのが実情であろう。

　一方、現在わが国のタイプIエコラベルであるエコマークにおいては、「複写機」に対する基準[2]で3R設計を要求している。構造と結合技術について8項目、材料の選択およびマーキングについて7項目、長期使用化について3項目の要求事項が実現されなくては、同基準のもとでのエコマークの認定を受けることができない。このような認定制度は、DfD設計を実施している事業者に対する評価だけでなく、未実施の事業者に対して、その基準を読むことによる啓発効果ならびに普及促進効果が大いに望めると考えられる。啓発効果という面では、「まほうびん」に対する基準[3]で、認定の要件ではないが配慮することが望ましい配慮事項として、リサイクル性の高い構成素材や設計であることが具体例をもって記載されている。

　リサイクル性が高いとは、1つには製品の解体と各素材への分離が容易であることである。もう1つには、実際に回収した資源を原料とし再度素材を生産するプロセスにおいて、回収物にプロセスで阻害となる不純物が付随していないことが望まれる。例えば、鉄鋼スクラップにアルミニウムが付随しても、スラグとして分離されるので、鉄鋼材の品質という面からは問題がない。一方で、銅が付随するとトランプエレメントとして、鉄鋼中に残るため、濃度によってはリサイクルの阻害要因となる。これらの混入元素の挙動は、熱力学的に所与の特性である。つまり、現行の精錬プロセ

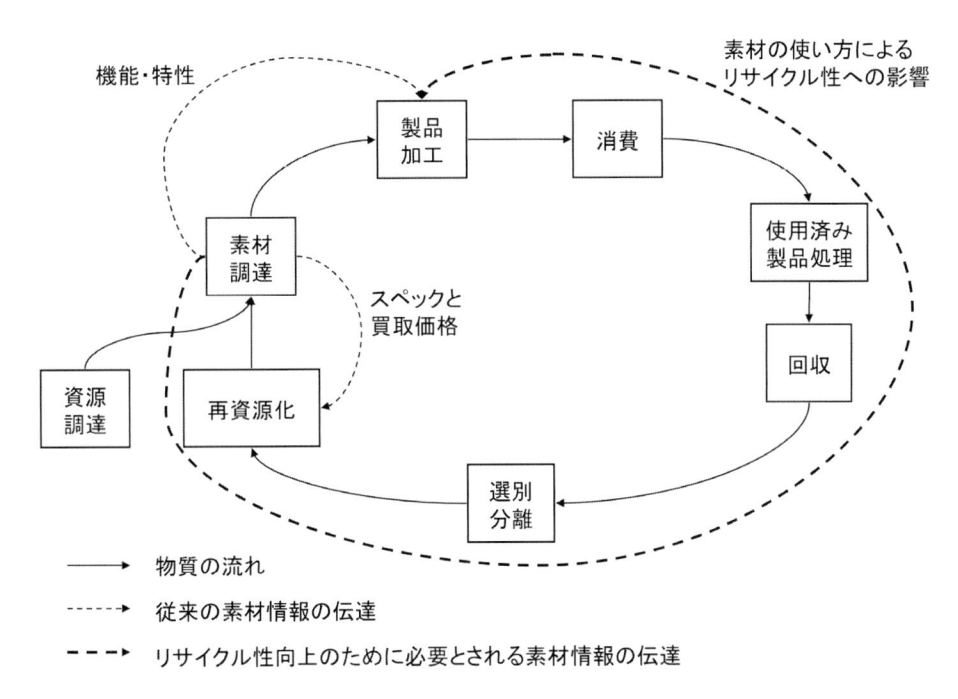

製品ライフサイクルにおける物質フローと素材情報フロー

ス（例えば、鉄鋼スクラップを用いる電気炉は酸化精錬）が変わらない限り、混入元素の相性は変わらない。金属以外の素材においても、ポリエチレンにおいてポリプロピレン以外の異種のポリマの混入や、ガラスにおける金属粉の混入や他の色つきガラスの混入などが挙げられる。

現状では、このような素材製造における技術的制約に関する情報が、製品の設計者に伝わっていない。これには問題点が2つあり、1つにはリサイクル時の技術的制約の情報について、製品設計者が、技術的予備知識なしに読んで理解できる情報として整備されていないことである。もう1つは、情報を伝達するチャネルがないことである。素材メーカから製品設計者へ渡る情報は、従来は素材の持つ機能や特性情報でしかなかった。つまり、上図に示すように製品ライフサイクルにおいて物質のフローと同じ下流側への情報伝達でしかなかった。リサイクル性を高めるために、必要とされているのは、その逆で上流への情報伝達であり、物質のフローと逆流するという点と、消費者の使用段階を跨ぐという点で、情報伝達が難しいとも考えられる。しかし、この問題に対して、先に紹介したエコマークの認定基準は、大きな役割を果たすと考えている。また、前者の問題に対しては、研究者による情報提供が試みられている[4,5]。

参考文献
1) 市川 芳明 編著：環境適合設計の実際．オーム社, 東京, 2001, 106-110.
2) （財）日本環境協会エコマーク事務局：エコマーク商品類型No.117複写機Version 2.8, 2010
3) （財）日本環境協会エコマーク事務局：エコマーク商品類型No.146まごうびんVersion 1.0, 2010
4) M.A. Reuter, K. Heiskanen, U. Boin, A. van Schaik, E. Verhoef, Y. Yang, G. Georgalli: The metrics of material and metal ecology, Series editor: B.A.Wills, Developments in minerals processing 16, Elsevier, Netherland, pp.706 (2005)
5) Nakajima K., Takeda O., Miki T., Nagasaka T. (2009) Evaluation method of metal resource recyclability based on thermodynamic analysis. Mater.Trans., 50 (3), 453-460

（東京大学　醍醐市朗）

金属系の個別リサイクル 2
廃車シュレッダー処理で発生する非鉄金属スクラップの自動ソーティング

1. 背景・目的

廃自動車等の破砕処理で発生する銅やアルミ等の非鉄金属スクラップの多くは、最終的に手選別やコストを要する重液選別によって回収されている。また、アルミスクラップについては、ほぼ全てが不純物許容量の大きな鋳造材に再生されているため、今後、燃費改善のために自動車のボディ等に展伸材の使用が急増すると、これらを鋳造材から分離して展伸材として再生しないとスクラップが余剰となる可能性がある。

2. 研究内容

新開発したレーザ3次元形状計測器と重量計を組み合わせた自動ソーティングシステムにより、展伸アルミ、鋳造アルミ、マグネシウム、銅のスクラップを90％以上の精度で分離可能。本システムでは、ニューラルネットワークを用いた材質識別アルゴリズムにより、使用回数に応じて識別精度が向上するという、ユニークな特徴がある。また、スクラップ表面の塗装や汚れに影響されることなく高速選別が可能であり、従来のエックス線を用いたスクラップ選別装置と比べて安全、安価なシステムを構築できるメリットがある。

3. 開発技術の用途

廃車、廃家電の破砕・選別処理施設における非鉄金属スクラップの選別。識別用データベースを適宜変更すれば、小型電子機器や電子部品などの選別、プラスチック、ガラス部材の選別など、幅広い応用が期待できる。

((独)産業技術総合研究所　古屋仲茂樹)

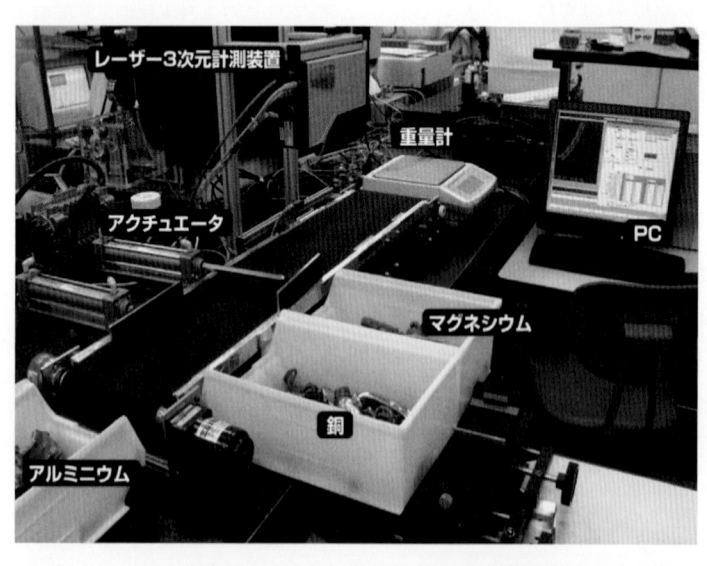

ベルトコンベアで移動するスクラップの3次元形状と重量を計測、独自の演算プログラムに入力することにより、スクラップの材質を自動識別し、その結果に基づきアクチュエータによって分離する

図1　新開発した自動ソーティングシステム

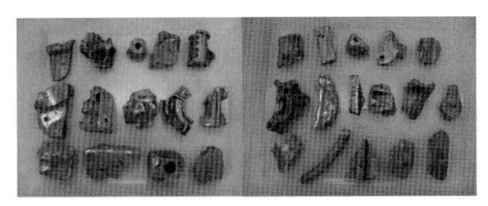

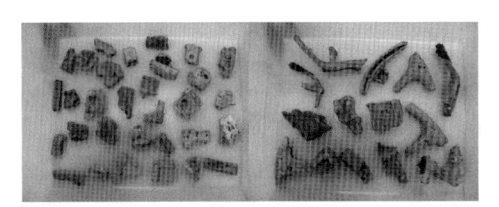

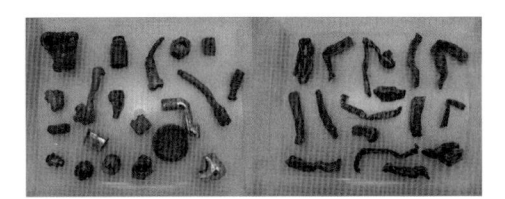

3　金属系の個別リサイクル

図2　研究対象とした非鉄スクラップの例

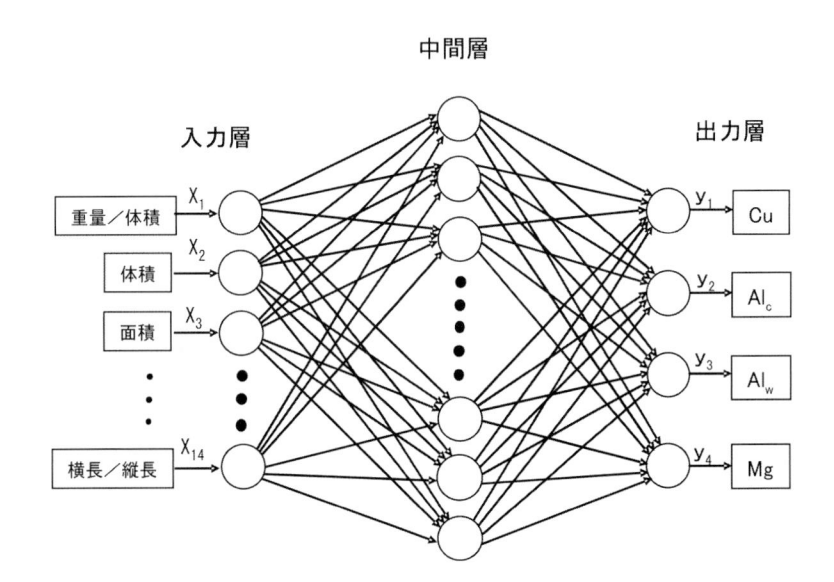

図3　材質識別に用いるニューラルネットワークの例

金属系の個別リサイクル 3
あらゆる微粉体を分離できる超伝導を含めた磁力選別

例：焼却灰からのチタン化合物の磁着

リサイクル技術として鉄の磁力選別がいち早く開始され、磁石の応用は高勾配磁力選別、交流磁力選別、渦電流選別と飽和磁化の大きい希土類磁石、冷却機の発達による超伝導磁石により大きく発展した。物質は磁化の大きさから強磁性体、常磁性体、反磁性体に大きく分類され、磁気力は x 方向に磁界Hが作用している粒子（体積V）に作用するおよその磁気力Fは粒子の磁化率をχ_p、液体の磁化率をχ_fとして次式となる。

$$F = (\chi_p - \chi_f) V H \cdot H/dx$$

磁気力に対抗する粒子に作用する力として重力および流体抵抗力があり、その和よりも磁気力が大きければ粒子は磁着する。強磁性ワイヤを磁極間に配置すればH/dxは大きく高磁界勾配となり、$(\chi_p - \chi_f) > 0$での磁着は常磁性体および強磁性体粒子の磁着でワイヤの磁力線方向に磁着し、$(\chi_p - \chi_f) < 0$で液体の磁化を大きくすると反磁性粒子および液体より磁化が低い粒子は、ワイヤの磁力線と垂直方向に磁着する。媒体である液体χ_fの磁化率を変化させることにより、粒子の磁着を自由にコントロールできる。χ_fを大きくして反磁性粒子を強く捕捉するには水に常磁性塩類（$FeCl_2$、$MnCl_2$など）や水ベース磁性流体を添加することで可能となる。一方、磁化率の異なる常磁性体粒子を一方のみを磁着させて相互に分離することも可能である。このように、媒体の磁化率は磁気分離に非常に重要で、磁界強度が大きい超電導磁石を用いた磁力選別ではより磁着の差が明確となる。このようにしてあらゆる粒子が磁着可能となりリサイクルにおける微分体の分離に応用が期待される。飽和磁化が同じ強磁性体でヒステリシスが異なれば、交流磁界で一方の粒子を跳躍させて分離することも可能である。(a) に超伝導磁石、これを用いて焼却灰に含まれるチタン化合物の磁着結果を (b) に示す。常磁性体であるが、水溶液の磁化を増やすことによりTiO_2をより磁着できる。

参考文献
伊藤亮嗣ほか、資源と素材、vol.123, No.6,7(2007) pp.342-350.

（東京大学　藤田豊久）

3 金属系の個別リサイクル

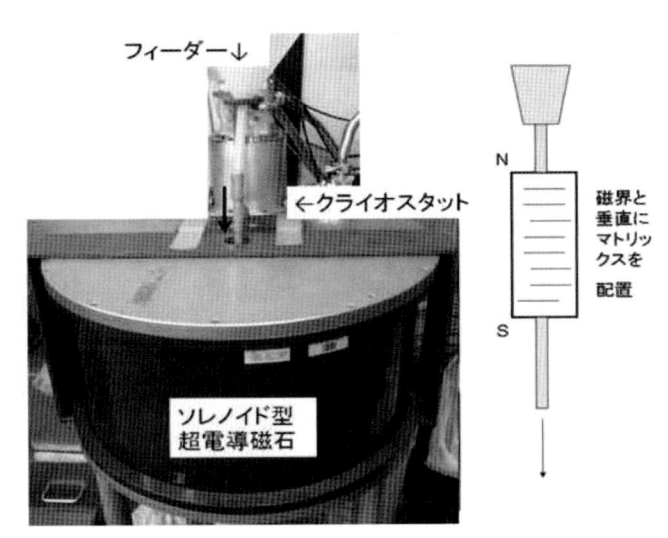

図 超伝導磁力選別装置(a)

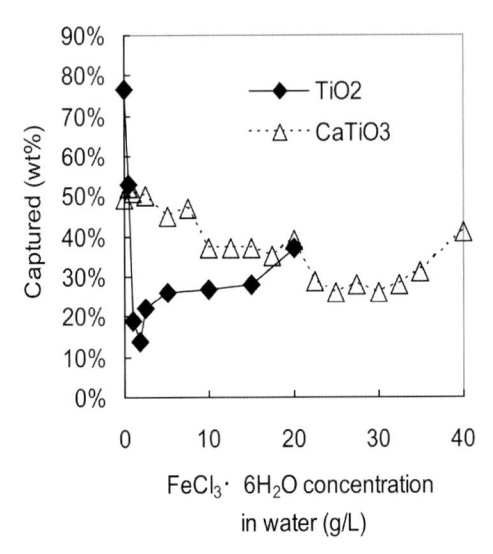

液体調整による4Tでのチタン化合物の磁着(b)

金属系の個別リサイクル 4
晶析技術による排水中の有価物イオンの回収

1. 環境分野に晶析技術を展開させる意義

　晶析技術は、希望品質の結晶を自在に創る技術である。結晶とは、分子、原子が規則正しく配列した固体であり、不純物の取り込みを抑止でき、また品質の安定性も高いので、工業製品の多くは結晶状態になっていることが多い。このように、世の中で必要な結晶製品の供給に大きく貢献しているが、筆者は1978年ごろから、晶析技術と環境分野の境界領域に着目し、研究開発を進めてきている。20世紀は、排水中の成分を一括して、沈殿物にして処分してきたが、21世紀になり、旧来の手法から、目的成分を選択的に除去回収するとともに、利用しうる水を供給する時代に変遷しつつある。さらには、資源価格の高騰や、特定の国による資源の寡占化なども背景となり、排水中の有害とされる成分も、有用な資源であり、希少な資源ともいうことができ、環境浄化と合わせて、資源も回収する戦略的手法が注目されてきている。筆者の進めてきた「晶析技術による排水中の有価物イオンの回収」手法は、このようなニーズに応える技術であり、適用対象成分も広がりを見せており、研究開発、実用化が進んできた。

2. 晶析技術の排水処理への適用

　排水への適用の可能性を検討する上では、固液平衡関係（状態図、溶解度など）を入手する必要があり、おおまかには便覧、文献などで理解できるが、実際の対象排水には、種々雑多の不純物が存在し、これらが固液平衡関係に著しい影響を与える場合もあるので、溶解度などは、実際に排水で実測することが望ましい。これにより、冷却や、蒸発操作により、析出する結晶の種類と結晶析出量が

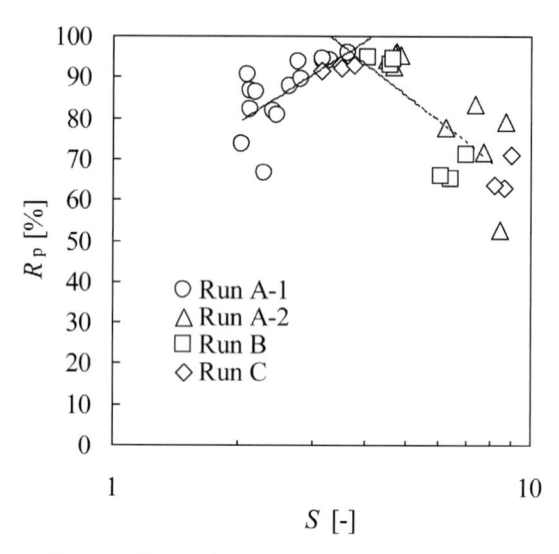

図1　Effect of the supersaturation ratio on the phosphorus recovery ratio

推算できる。操作方法や装置の大きさを設計するには、結晶化速度、たとえば核発生速度（結晶のもとになる結晶核が発生する速度）や、結晶成長速度（結晶の大きさの増加速度）を測定することが望ましい。基本は、必要な結晶核を生成させ、それを許容できる最大速度で成長させ、希望の大きさの結晶を得ることにある。溶解度の低い結晶を対象にするので、微結晶が流出しやすくm回収率が低下するので、図1のようなデータを入手し、過飽和度比（溶液濃度と飽和溶解度の比）を適切に保ちつつ、装置内に溶質や微結晶を固定するのに十分な量（表面積：図2）の結晶（種）を存在させることが重要である。成長速度が過度に早いと、結晶内部に母液を取り込んだり、凝集を促進したり、微結晶の付着を増加し、純度などの品質に悪影響を及ぼす。また、不純物は、核発生速度や成長速度に影響を及ぼすので、実際の排水で、速度データを入手

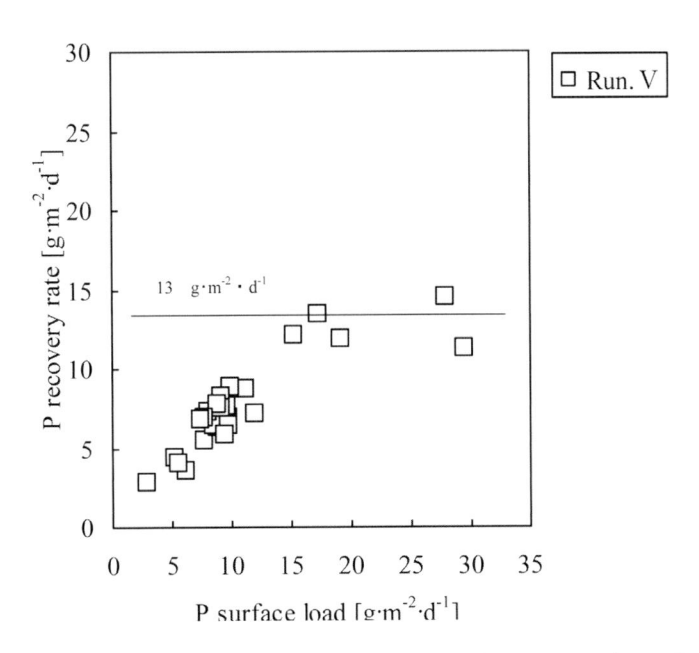

図2 Phosphate recover rate per unit surface area of seeds and Phosphate inflow rate per unit surface area of seeds

する必要がある。この結果に基づいて、最適な晶析操作条件を選定することになるが、重大な悪影響を及ぼす不純物が存在する場合、晶析の前工程で、不純物を除去するか、不純物が混入しないように排水を調整することがなされる。

3. 晶析技術を適用する長所

2項で述べたように、排水の濃度を安定的に、かつ低く保ちたいので、難溶解性の固体を生成させることになるが、単に反応させるだけでは、微細な非結晶質固体(沈澱)が生成し、水や不純物を大量に含有するものとなる。このような汚泥は、脱水が難しく、埋め立て処分を要する、しかし、晶析技術をうまく適用できると、フッ素イオンの資源化では、図3のように、粒径が多く、緻密な結晶が得られ、資源化が容易になる。処理工程は図4のようになり、機械的固液体分離、沈澱工程が不要になるので、装置に要する敷地面積も削減できる。また、リン酸イオンを資源化した実用化試験では、表1に示す純度の良いMAP(リン酸マグネシウムアンモニウム)結晶が回収できている。適用化事例

としては、フッ素含有廃水を対象に、晶析技術を適用した7機の装置が稼働し、フッ素資源の一部が循環されている。

図3 Grown CaF$_2$ crystals l(Crystal size 2-3mm, Seed size 0.2mm)

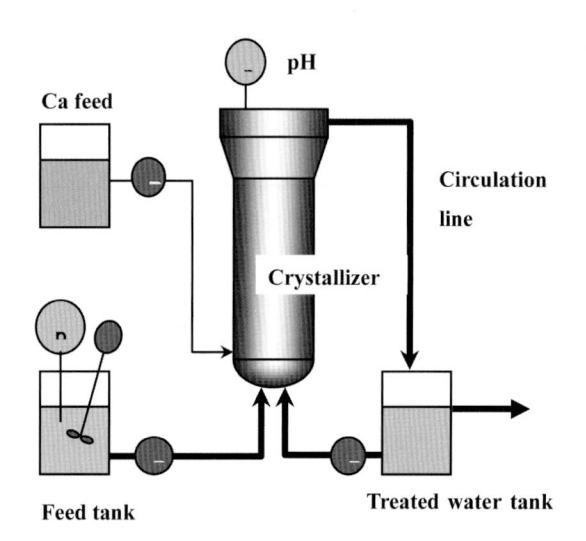

図4 Fluoride recovery system by crystallization method

表1 Properties of recovered MAP crystals

P	wt%	12.5
Mg	wt%	9.9
N	wt%	5.5
K	wt%	0.026
Cu	mg·Kg^{-1}	<10
Zn	mg·Kg^{-1}	<10
As	mg·Kg^{-1}	<1
Cd	mg·Kg^{-1}	<1
Hg	mg·Kg^{-1}	<1
Ni	mg·Kg^{-1}	<10
Cr	mg·Kg^{-1}	<10
Pb	mg·Kg^{-1}	<10

4．回収物の貯留と流通、品質保証センターの提案

　資源のない日本において、物質循環型社会を推進するためには、晶析技術で回収したものに限らず、いわゆる回収物の品質を適正にして、かつ保管貯留し、それを国内に流通させる仕組みを早急に構築する必要がある。

参考文献
伊藤秀章監修、地球環境シリーズ　工業排水・廃材からの資源回収技術、68-77P、(2010)

（早稲田大学　平沢泉）

金属系の個別リサイクル 5

テーラーメイド型新規分離剤の開発について

　Tailar-made は本来「注文仕立ての」や「あつらえの」意味で使用されてきた紳士服作りに由来する言葉である。先端材料の開発にはさまざまな元素が用いられ製品化され、使用後の廃製品には微量に含まれる元素も少なくない。貧資源国の日本にとってこのような微量成分でさえ無視できない時代が来ている。より高度な相互分離が望まれる社会にとって、「あつらえの」分離剤開発は急務である。開発のためには依頼者の要望を確認し、分子や材料の設計をしなければならない。依頼の用途に沿って材料形状（デザイン）、素材（服地）とサイズ、さらに修飾部（襟やボタンなど）を決定し、仕立てる。テーラーメイド型分離剤の分子設計に最も重要なことは、その分子を用いる意義を把握し最大限に引き出すことである。分離剤分子が分離に関わる因子は多いが、最も重要なのは構造効果（素材・サイズ選定）と官能基効果（修飾部選定の一部）である。（ここでは構造効果をサイズ認識に特化する。）特定の配位空間を備えた大環状化合物のような分子の構造効果を引き出すためには、この2つの効果を相乗することが必要不可欠である。構造効果と官能基効果のミスマッチな組み合わせは、不等号が合わずに相殺し、せっかくの構造効果は分離阻害に働く。

　テーラーメイド型分離剤の問題の一つは価格と開発に要する時間である。長期展望がないがしろにされれば、「仕立ての」注文は減り、田舎の仕立屋は店をたたんでしまうだろう。

（佐賀大学　大渡啓介）

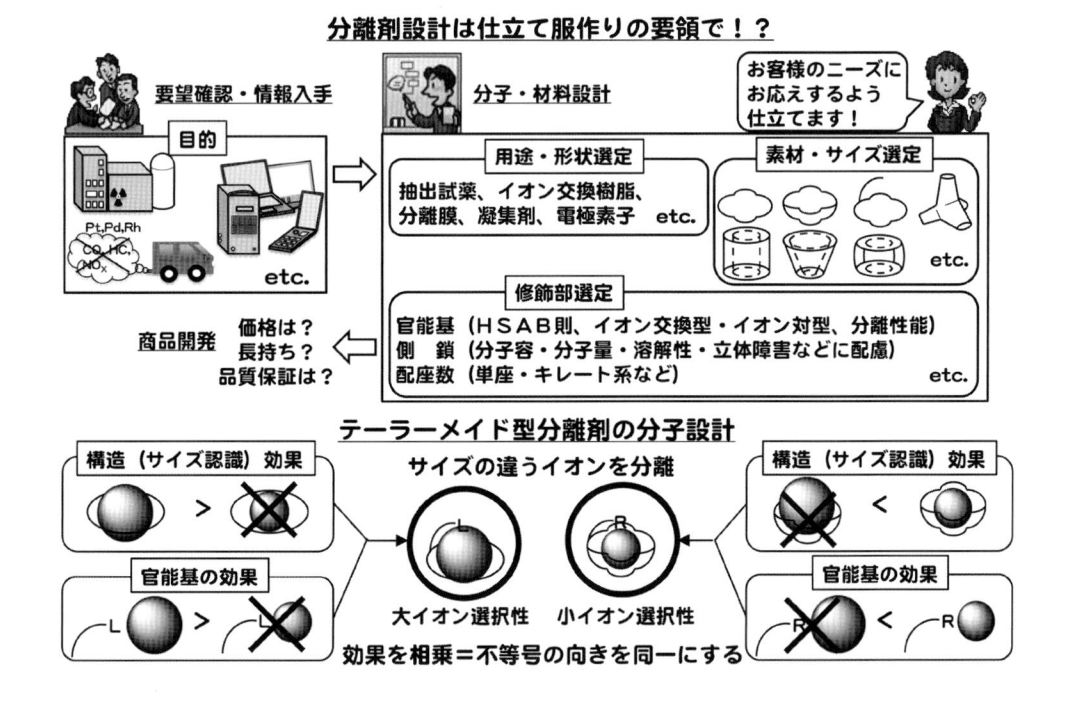

金属系の個別リサイクル 6

高分子ゲルを用いた重金属の回収と再資源化

　高分子ゲルを用いて、化学系廃液中の重金属を高能率で吸着除去し、吸着した重金属を高能率で脱着回収するリサイクル技術を紹介する。高分子ゲルは繰り返し使用可能であり、廃液から回収した重金属は資源として再利用することが可能となる。

　高分子ゲル（ハイドロゲル）は、ナノスケールのポアサイズを有する3次元網目構造（ネットワーク）と、網目中に存在する溶媒（水）により構成される。両者の接触面積が著しく大きい為、錯形成が容易となる。ポリアクリル酸ナトリウム/アクリルアミド(SA/AA)共重合ゲルを重金属水溶液に浸すと、SA中のカルボキシル基($-COO^-$)と重金属イオンが錯形成する。この錯形成により、溶液中の重金属イオンがポリSA/AAゲルに捕捉吸着されることになる[1,2]。

　吸着能は、金属イオンの種類によって異なる。銅イオン(Cu^{II})の場合、実験室ではポリSA/AAゲル1グラムあたり12ミリグラム吸着された[3,4]。これは、ゲルの乾燥重量1トンあたり200キログラムに相当する。金属イオンとしては、ニッケル(Ni^{II})や亜鉛(Zn^{II})、鉄(Fe^{III})などで同様の効果を確認しており[1-4]、加えて鉄(Fe^{II})、コバルト(Co^{II})などの遷移金属イオンの捕捉吸着が可能である。

　一方、六価クロムの様に、重金属がオキソ酸陰イオン($Cr_2O_7^{2-}$やCrO_4^{2-})を形成する場合、ポリジメチルアミノプロピルアクリルアミド/アクリルアミド(DMAPAA/AA)共重合ゲルが有効である[2-6]。筆者らは、DMAPAA/AAゲルが、含水ゲル1グラムあたり34ミリグラムという高濃度の六価クロムを吸着する事を確認している。

　再資源化の観点から、吸着除去した重金属の回収技術が極めて重要となる[3,4,6]。高分子ゲルを用いた重金属の回収と再資源化は、クロムや鉄、コバルト、ニッケル、銅などの遷移金属のみならず、昨今国際問題となっている希土類（レアアース）でも有効であろう。高分子ゲルから重金属を回収する場合は、塩酸や水酸化ナトリウムなど安価な薬品を用いた簡便な操作で済む。高分子ゲルは再処理後繰り返し使用可能であり、回収した重金属は限りある資源として化学系工場等で再利用することが出来る。

参考文献
1) 原 一広, 西田哲明, 環境浄化技術, 6, 28-32 (2007).
2) 原 一広, 西田哲明, 未来材料, 8, 18-24 (2008).
3) 原 一広, 西田哲明,「工業廃水・廃材からの資源回収技術」, シーエムシー, pp. 79-88 (2010).
4) K. Hara, S. Yoshioka and T. Nishida, Trans, Mater. Res. Soc. Jpn., 35(3), 449-454 (2010).
5) 西田哲明, 原 一広,「有害陰イオン吸着有機高分子ゲル」特許第4441625号 (2010).
6) 西田哲明, 原 一広, 久島大悟,「有害イオンの回収方法」特開2008-200651(2008).

（近畿大学　西田哲明、九州大学　原一広）

3 金属系の個別リサイクル

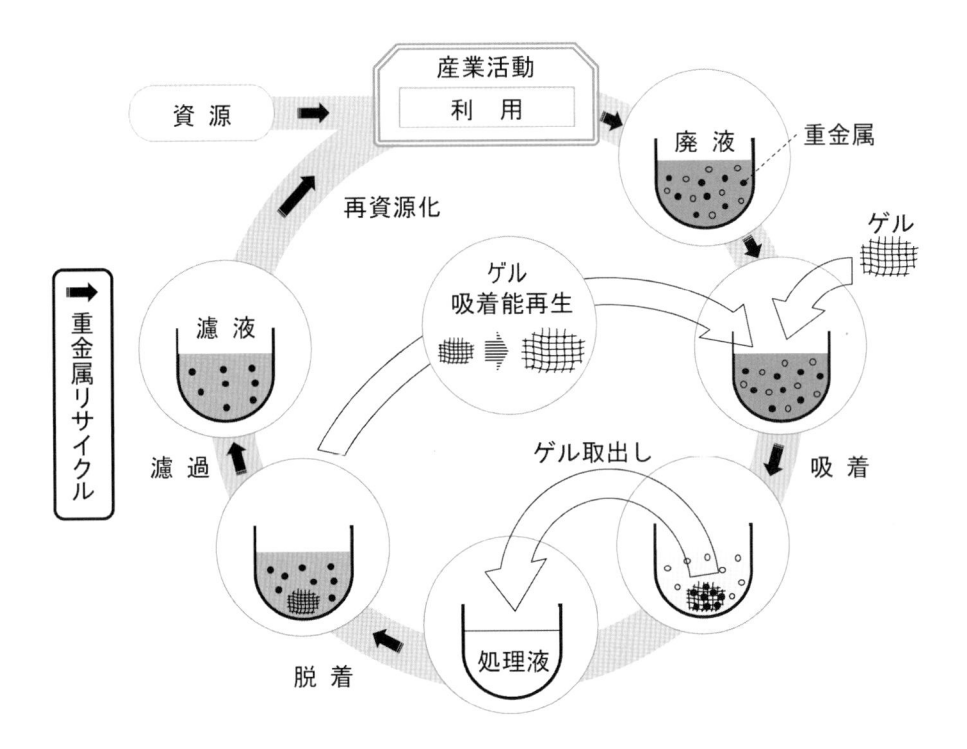

金属系の個別リサイクル 7
資源リサイクルにおける流動層式乾式比重分離技術の適用

1. 背景

　資源が乏しい我が国では、資源有効利用の観点から廃棄物のリサイクルが国策として推進されている。廃棄物は様々なものの混合物であるために、リサイクルするためには各素材に分離しなければならない。分離技術として、液体中での物体浮沈現象を利用した湿式比重分離技術が存在するが、廃液処理工程や乾燥工程が必要、分離装置からの液漏れ、液体比重調整剤の高コストなどの問題を抱えており、代替法として乾式比重分離技術が求められている。

2. 流動層式乾式比重分離技術

　以上の背景の下、これまでに著者らは、流動層を用いた乾式比重分離技術の開発を行ってきた。流動層とは、粉体を下部からの送風により流動化させたものを言い、密度や粘度など液体に類似した性質を持つ。したがって、図1に示すように、固気流動層に物体を投入すると、密度の小さな物体は層内で浮揚し、密度の大きな物体は沈降するために、両物体を乾式で浮沈分離することができる。層内での物体浮沈は、粉体の流動化状態の激しさの影響を大きく受けるため、その激しさを如何に抑制するかがキーポイントであり、種々の基礎的検討によりこの課題をクリアしている。また、本原理を実用的に利用するためには、浮沈した物体を回収し層外に排出しなければならない。そこで、図2に示すように、回収機構の異なる分離装置をこれまでに開発し、自動車や家電のシュレッダーダストの素材分離が可能であることを見出した。以上の大学における基礎から応用に至る一連の成果が実を結び、図3に示す実用化装置を永田エンジニアリング㈱と平林金属㈱と共に開発した。現在、同装置は廃非鉄金属および廃プラスチックの素材分離用として稼動している。

図1　固気流動層内での物体浮沈

（岡山大学　押谷潤）

3 金属系の個別リサイクル

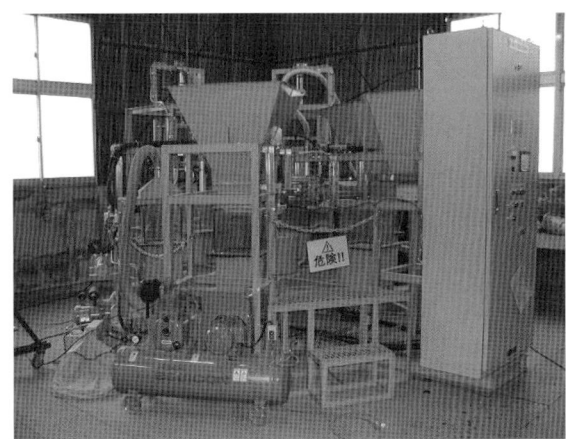

図2 浮沈物体の回収機構を備えた分離装置

図3 永田エンジニアリング㈱と平林金属㈱と共に開発した実用化装置
（左：廃非鉄金属処理用・右：廃プラスチック処理用）

金属系の個別リサイクル 8
イオン液体を用いる液膜分離法によるレアメタルのリサイクル

都市鉱山と言われる使用済み製品や産業廃棄物からレアメタルを再資源化する技術の一つとして、溶媒抽出法の利用が考えられる。スクラップを分解、選別したのち、湿式法では金属を酸などの溶液に溶かし出す。しかし、このような原料液の中には多種、多量の金属不純物が含まれるため、抽出によってこの中から目的金属のみを回収するのは容易ではない。我々はこれら金属の分離回収に溶媒抽出をさらに効率化した液膜法の利用を検討している。図1に示すように液膜法では薄膜状の高分子多孔質支持体に、目的金属のみと化学的に結合する試薬（キャリア）を含む溶媒を含浸させ、これを原料相と回収相の間に挟む。原料相側はキャリアによる抽出反応が、回収相側は逆抽出反応が起こる条件にすると、目的金属は1ステップで原料相から回収相に分離される。液膜分離の成功は、用いるキャリアの抽出、分離能力と液膜の安定性にかかっている。有機溶媒を液膜相とした場合には、溶媒の水への漏出等によって安定な膜が得られず、これまでに実用化された液膜はほとんどない。

そこで我々は、最近第三の溶媒として注目されているイオン液体に着目した。イオン液体は、陽イオンと陰イオンのみからなる室温付近で液体の溶融塩である。蒸気圧がほとんどなく、熱安定性に優れているなどの特徴から環境に優しい溶媒と言われている。最大の魅力は両イオンの組み合わせにより、その物性が調整できる点である。図2に示す疎水性のイオン液体に、希土類選択的なキャリア（ジオクチルジグリコールアミド酸[1]）を溶解した液膜によって、希土類金属（Y^{3+}、Eu^{3+}）のみを選択的に回収相に輸送し、不純物金属Zn^{2+}から分離することに成功した[2]。これらの金属はCRTテレビの廃蛍光体の主成分であり、液膜がレアメタルのリサイクル技術となり得ることを示している。現在、イオン液体の中でキャリアとしてうまく機能する工業用抽出剤はほとんどないため、イオン液体を活用するには、本系のようにイオン液体の選択とこれに適したキャリア分子の設計が必要である。

参考文献
1) K. Shimojo, H. Naganawa, J. Noro, F. Kubota, M. Goto, Anal. Sci. 23, 1427-1430 (2007).
2) F. Kubota, Y. Shimobori, Y. Koyanagi, K. Shimojo, N. Kamiya, M. Goto, Anal. Sci. 26, 289-290 (2010).

（九州大学　後藤雅宏・久保田富生子）

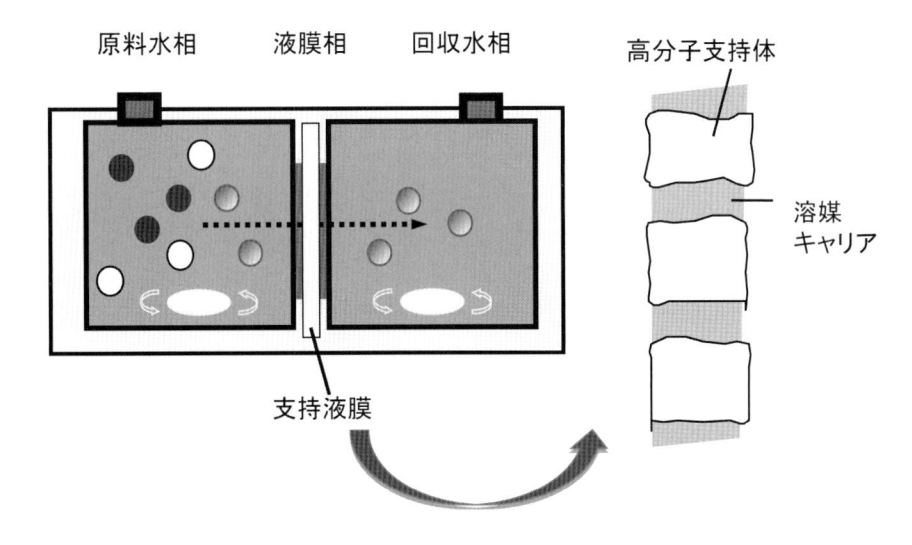

図1 液膜の概念図

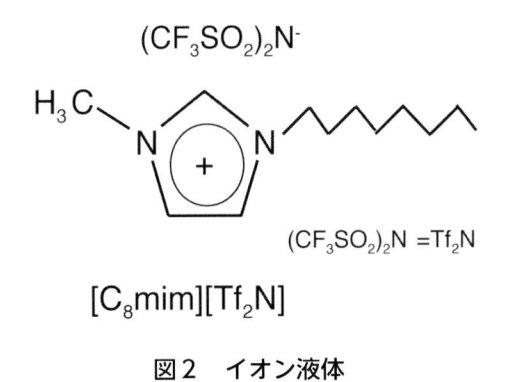

図2 イオン液体

[C_8mim][Tf_2N]

金属系の個別リサイクル 9

マイクロ～ナノ粒子の微粒子分離技術

1. はじめに

近年、資源リサイクリング意識の高まりにより、従来技術では処理困難であった微粒子を分離回収しようとする動きが少なくない。特に昨今の資源高騰の時代において、貴金属、レアメタル、レアアース等を含有する廃棄物を再利用、有効利用あるいは資源リサイクルするにあたり、省資源・省エネルギー型分離法によって有用成分を含有する微粒子を乾式あるいは湿式製錬工程に供する前にできるだけ高品位にアップグレードしたいというニーズは高い。また最近では、環境規制の更なる強化により、従来の凝集沈殿法やろ過法（フィルタープレスや全量ろ過など）ではクリアしていた基準値がろ過の目を通過してしまった超微粒懸濁物質が原因で規制を満たせず、やむなく資源とエネルギーを投下して高度処理を施さざるを得ない状況になりつつある。したがって、このコロイド状の懸濁物質を効率よく除去したいというニーズも高まりつつある。

物理的手法で処理困難な微粒子を分離する方法として浮遊選鉱法（浮遊選別法、以下浮選と略記する）が発展しているが、通常のミリメートルサイズの泡（バブル）を利用した浮選においては処理する粒子の粒子径が10 μm程度以下になると浮上が困難となる。それを克服するため、マイクロメートルサイズの微細な泡を利用する「マイクロバブル浮選」が発展してきているが、マイクロバブル浮選においては粒子の捕収メカニズムや分離最適化などについては不明な点が多く、安定操業に対して障害となっている。

本稿においては、微粒子を回収するための物理化学的あるいは界面化学的分離技術の基本事項の一部を紹介し、そのミクロン～ナノ粒子回収への応用とその際の問題について紹介したい。

2. 微粒子の分離について

ここでは、微粒子の分離がなぜ物理的あるいは物理化学的手法で分離困難であるかについて、そのアウトラインを紹介したい。

分離セル中のパルプ（懸濁液）中において、詳述を避けるが、粒径D_pの固体粒子を粒径D_mの「球状分離媒体」（泡、油滴、担体粒子等）を用いて分離する場合の分離速度定数（k）について次の比例関係式が知られている[1]。

$$k \propto \frac{D_p^2}{D_m^3} \qquad (1)$$

(1)式から分かるように、D_pが1/10小さくなるとkは1/100になるが、その一方でD_mを1/4.6にするだけでkは約100倍増大する。この(1)式は、分離媒体の径を小さくすると微粒子分離に著しく効果があることの一つの拠り所となっているように思われる。

3. 液－液抽出法による微粒子の回収について

微粒子分離法の概要について簡単に紹介したが、ここでは界面化学的な微粒子分離法のひとつである「液－液抽出法（liquid-liquid extraction）」によるサブミクロンシリカ微粒子の回収について、分離挙動の基礎的な特徴について紹介したい。

液－液抽出法は、図1のようにお互いに混じり合わない二液（通常は水と油）間の微粒子の分配現象を利用する方法であるが、熱力学的な観点から多くのケースにおいて水相から油/水界面領域へ微粒子が移行する。液－液抽出法が多油浮選

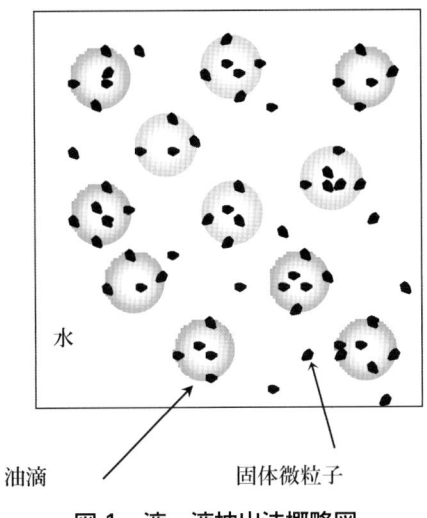

図1 液-液抽出法概略図

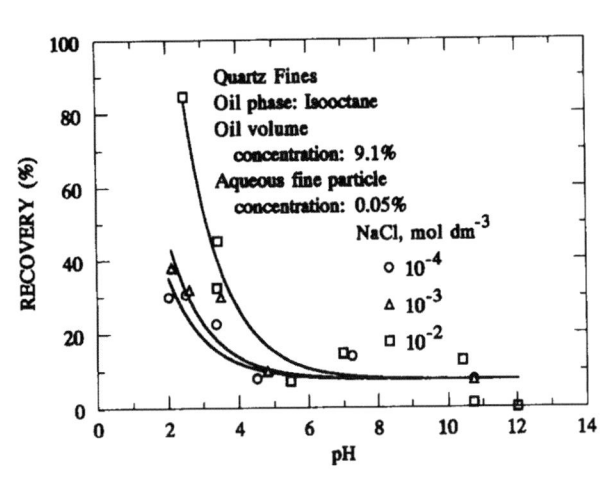

図2 シリカ微粒子の液-液抽出回収率とpHの関係（捕収剤無添加）

(oil bulk flotation)あるいは二液浮選(two-liquid flotation)などとも称される理由である。微小な分離媒体を比較的低エネルギーで大量に発生させることができ、かつ、水中における油-固体間相互作用が空気-固体間のそれよりも大きいことから、超微粒子の分離技術として注目されている。

図2は、捕収剤（界面活性剤）を用いない場合のサブミクロンシリカ微粒子（平均径0.24 μm）の液-液抽出回収率（油-水界面または油中に捕収されたシリカ粒子重量％）とpHの関係を、NaCl濃度を種々変化させて検討した結果を示す[2]。なお、用いた油相はイソオクタンである。図に示されているように、捕収剤を用いなくても、pHが4以下の酸性になるにしたがって液-液抽出回収率は増大する。この傾向はNaCl濃度が高いほど顕著であることも分かる。本実験で用いたシリカの等電点はpH < 2、油滴の等電点はpH 2.5付近であることから、サブミクロンシリカと油滴の静電的斥力の低下が液-液抽出回収率の増大に寄与していると考えられる。また、NaCl濃度を増加させると回収率も増加することから、電気二重層の圧縮に伴う静電的斥力の低下も寄与することを示唆している。この効果は電解質の種類をNaCl、$CaCl_2$および$LaCl_3$と変えても同様の結論が導き出されるのは興味深い結果となっている[2]。

以上、サブミクロンシリカは液-液抽出法により捕収剤を用いなくても油滴に回収できることを指摘したが、捕収剤（界面活性剤）を用いた場合の液-液抽出挙動の特徴について次に紹介する。

図3は、セチルトリメチルアンモニウム塩化物塩(CTAC)を捕収剤として用いた場合、シリカ（平均粒径約2 μm）の液-液抽出回収率とpHの関係を示す[3]。5 μMの低濃度の添加によって広いpH範囲で高い回収率が得られる。中性～アルカリ

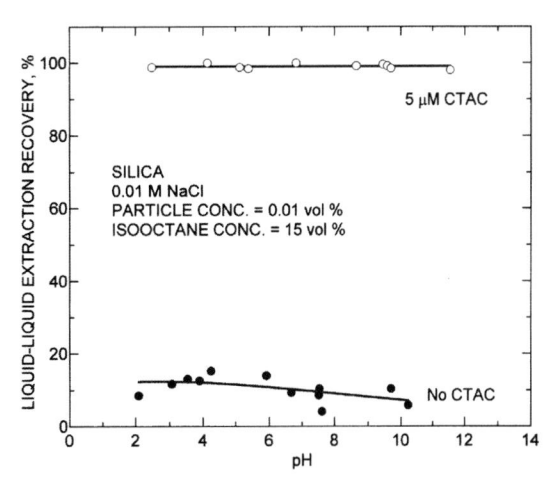

図3 シリカ微粒子の液-液抽出回収率とpHの関係（捕収剤：CTAC 5 μM）

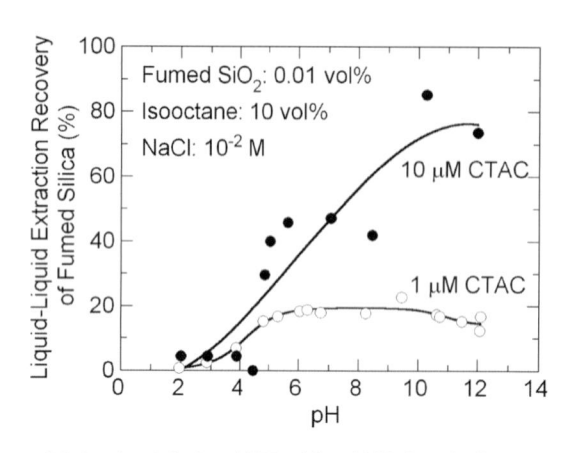

図4 シリカナノ粒子の液－液抽出回収率とpHの関係（捕収剤CTAC）

性のpH領域で負のシリカに界面活性剤陽イオンの吸着が進行し、シリカの親油化に寄与していることが考えられる。ところが一方で、シリカの粒径がnmサイズになると、酸性側のpH領域では液－液抽出回収率が著しく低下する（図4、この場合のシリカ平均径は約20 nm）。この現象は、先ほどμmオーダーのシリカでは認められなかった現象で、シリカ以外のナノサイズのチタニアを用いた液－液抽出試験でも確認されている。したがって、図3で認められた広いpH範囲での高い液－液抽出回収率曲線は、低pH側の静電的斥力が低下したことによるピークと吸着した捕収剤の疎水基に起因する強い引力ポテンシャルによるピークが重畳したものであると考えることができる。一方、シリカナノ粒子の回収率が酸性側で低下するのは、衝突確率の低下や熱運動に対して静電斥力の低下では打ち勝てないためと思われる。以上のことなどから、シリカナノ粒子を液－液抽出法のような界面化学的な手法で回収するためには、静電的な寄与だけでは不十分で、疎水性相互作用のような強い引力ポテンシャルの助けが必要になってくると云える。

以上液－液抽出法の概要とそのシリカ微粒子への適用可能性についてシリカの粒度別にその分離挙動の特徴を概説してみた。簡単にまとめると、ミクロン～ナノ粒子の回収のために考慮すべき因子とそれらに基づく界面化学的分離方法（ここでは単語の紹介のみにする）を、粒径の境界値は用いる粒子の種類や溶液条件により多少前後するが粒度別に列挙してみると下記のようになると思われる。

<u>粗粒子（10 μm～）</u>…体積力（重力、浮力、etc.）、強い面積力（強い疎水性相互作用）： 通常浮選

<u>微粒子（50 nm～10 μm）</u>…面積力（静電的相互作用、van der Waals相互作用、疎水性相互作用など）、流体力学的な衝突確率： マイクロバブル浮選（カラム浮選）、担体浮選、凝集浮選、

<u>ナノ粒子（～50 nm）</u>…強い面積力（疎水性相互作用など）、流体力学的な衝突確率、熱運動： 液－液抽出法、エマルション浮選法、マイクロバブル浮選（カラム浮選）

4．液－液抽出法の貴金属等疎水性固体微粒子回収への展開について

最後のトピックスになるが、貴金属微粒子に対する適用可能性について検討してみたい。

図5に比較的自然疎水性の強い方鉛鉱（PbS）および親水性のシリカ（SiO_2）の液－液抽出回収率と水中における用いた有機相の固体表面への付着過程の自由エネルギー変化（ΔG_{ad}, surface free energy change per unit area, mJ m^{-2}）の関係を示す[4]。高級アルコール（n-デシルアルコール）のような例外が認められるものの、概してこのΔG_{ad}が小さくなるほど液－液抽出回収率は増大する傾向が認めら、水中における油の濡れが進行しやすい系において高い液－液抽出回収率が得られることが分かる。

古来より金などの金属単体鉱物はある種タール類、水銀によく収着・吸着することが知られ、金や貴金属の前近代的製錬技術を支えてきたが、貴金属表面は油との親和性が非常に高いことがうかがえる。疎水性表面を有する貴金属類である場合、

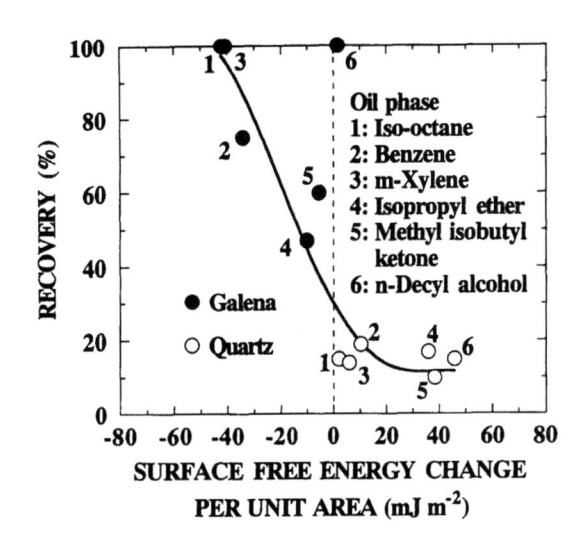

図5 方鉛鉱（Galena）とシリカ粒子の液－液抽出回収率と自由エネルギー変化との関係

このような水-油の選択的な濡れの現象を利用することにより、油との親和性の高い貴金属粒子を効率良く油中あるいは油-水界面へ移行させることが可能と思われる。実際、このような原理に基づき、筆者らは微粉砕した廃自動車触媒から触媒貴金属粒子の液－液抽出法による回収を試みたところ、捕収剤を全く添加しなくても富鉱比が1.2～1.3程度（品位上昇率で20～30％）の産物を得ることができ、ある程度回収可能であることを確かめている。大きな品位上昇率を得られなかった原因は、粉砕における単体分離度が不十分であったことが考えられ今後の課題となっている。しかし、適用した液－液抽出法の界面科学的諸問題とは別次元のものであることを付記する。

5．最後に

本稿において、サブミクロン微粒子を回収する界面化学的微粒子分離技術の一つである液－液抽出法についてシリカを用いた場合の分離挙動の特徴を紹介した。その主となる相互作用力について、粒径が異なると分離に影響を及ぼす因子が異なり、サブミクロンとナノ粒子の分離の挙動が異なる可能性があることを指摘した。また、貴金属等疎水性微粒子に対する液－液抽出法の適用可能性について、水-油間の置換濡れの現象を巧みに利用することにより、その粒子が分離回収できる可能性があることについての検討を行った。

以上微粒子分離を適用とする際の参考にしていただければ幸いである。

参考文献

1) R.-H. YOON: Minerals Engineering, 6, pp.619-630 (1993)
2) E. Kusaka, Y. Nakahiro, T. Wakamatsu: Int. J. Miner. Process., 41, pp.257-269 (1994)
3) E. Kusaka, Y. Kamata, Y. Fukunaka, Y. Nakahiro: Colloids and Surfaces, A: Physicochemical and Engineering Aspects, 139, pp.155-162 (1998)
4) E. KUSAKA, Y. ARIMOTO, Y. NAKAHIRO and T. WAKAMATSU: Minerals Engineering, 7, pp.39-48 (1994)

（京都大学　日下英史）

金属系の個別リサイクル 10
アルミニウム合金分別
～カスケードリサイクルから水平リサイクルへ～

1. はじめに

　天然原料であるボーキサイトからアルミニウム地金を製造するのに対し、回収したアルミニウムから再生地金を製造する場合の製造エネルギーは約3%とされ[1]、省エネルギーの観点から、アルミニウムのリサイクルは重要です。アルミ缶のリサイクルでは、Can to Canを高い割合で実現しています[2]が、その他の製品については、回収したアルミニウム製品を分別することなく粉砕、溶融し、鋳物材として再利用するカスケードリサイクルが現状の主流となっています。近い将来、鋳物材の余剰も予測されており[3]、今後は、少なくとも含有金属成分の上限値が低い高品位の展伸材を合金系（1000系～7000系）ごと、さらには合金種ごとに分別し、不純物や介在物の混入を防ぎながら、展伸材から同じ展伸材への水平リサイクルをおこなうことが重要となってきます。

2. レーザを用いた分別技術

　そこで、アルミニウム合金を固体状態で分別するための技術開発を行ってきました。その中で、レーザをアルミニウム合金表面に照射し、合金表面をわずかに溶融させることで、その溶融形態から合金種（系）を判別できることを明らかにしました。溶融形態の一例を図1に示します。1000系～7000系の系毎に代表的な合金を選定し、適切な同じ条件でレーザを照射したところ、明らかに溶融している部分のサイズや表面状態、表面の色合いなどに違いが現れることがわかりました[4]。これは、各合金種（系）により含有元素の種類や量が異なり、また熱伝導率などの物性値が異なることから、このような違いによるものと考えられます。例えば、各合金の熱伝導率と溶融面積の関係を図2に示しますが、熱伝導率と溶融面積によい一致がみられています。したがって、合金種（系）ごとにレーザによる典型的な溶融形態をデータベース化しておくことで、例えばパターンマッチングの手法を用い、データベースと実際に得られた溶融形態を照合することで、アルミニウム合金の種類（系）を判別することが可能となります。実際にデータベース化するための画像認識技術についても開発をおこない、基本的な溶融形態のデータベースを構築し、判定をおこなったところ高い確率で判別できることを証明しました。アルミニウムの表面状態の影響についても塗装されている場合を除いては、データベース化することで判別することが可能であることがわかっています。このようなに合金種（系）を判別することができれば、あとはソート技術と組み合わせることで、完全に分別することが可能となります。

参考文献
1) 山本龍太郎：アルトピア，Vol. 30, No. 10 (2000), 105.
2) アルミ缶リサイクル協会ホームページ：http://www.alumi-can.or.jp/
3) 谷口尚司、高橋功一：まてりあ，Vol. 41, No. 11 (2002), 792.
4) H. Nishikawa, K. Seo, S. Katayama and T. Takemoto: Materials Transactions, Vol. 46, No. 12 (2005), 2641.

（大阪大学　西川宏）

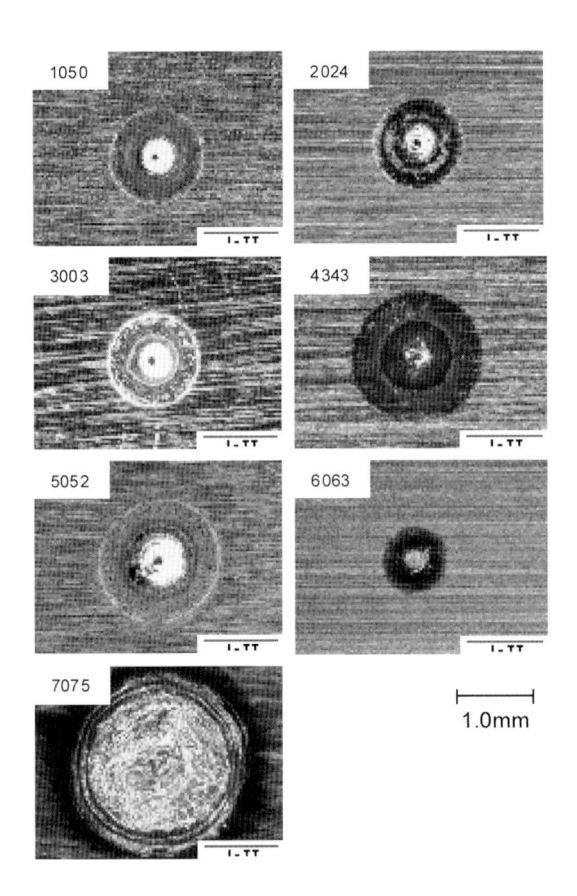

図1　レーザ照射後の各種アルミニウム合金の表面溶融形態 [4]

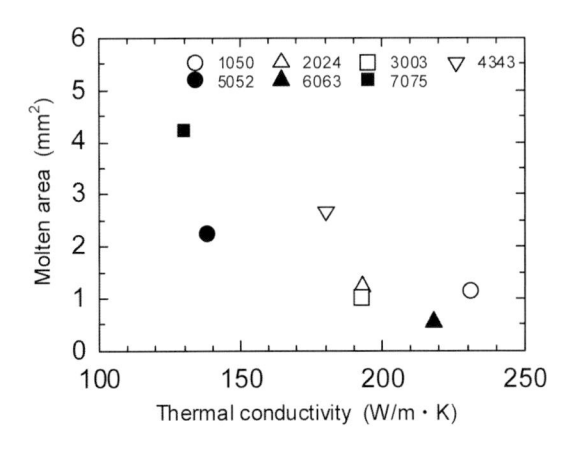

図2　アルミニウム合金の熱伝導率とレーザ照射による溶融面積の関係 [4]

金属系の個別リサイクル 11
パラジウム、白金などのレアメタルの高付加価値化バイオ回収

　白金族金属は、触媒、電子機器などの製造に必須元素である。湿式法による都市鉱山（使用済み触媒、電子部品等）からの白金族金属リサイクルにおいて、浸出液からの白金族金属の分離・濃縮に関する従来技術としては溶媒抽出法や吸着法が一般的である。溶媒抽出法では、有機相への白金族金属の抽出が極めて遅く、抽出速度と選択性を改善する必要がある。特に、ロジウムを対象に工業的に使用できる抽出試薬は開発されていない。有機溶剤を大量に使用する溶媒抽出法は、本質的に環境負荷が大きい技術である。一方、吸着法では、白金族金属を対象に分子認識配位子を有する吸着樹脂が開発されているが、実用化に向けては樹脂コストの大幅な削減、吸着容量の増大などの課題がある。

　最近、"金属イオン還元細菌によるバイオミネラリゼーション"を導入したバイオ湿式リサイクル法が提案されている（上図）。特定の還元細菌は、有機酸塩（乳酸塩、ギ酸塩など）を酸化すると同時に、発生する電子も用いて白金族金属イオン（パラジウム(II)、白金(IV)、ロジウム(III)）を迅速に還元し、金属粒子を析出するバイオミネラリゼーション機能をもっている。この微生物機能を使えば、電子供与体にギ酸塩を用いた場合（室温、中性溶液）には、初濃度500 ppm のパラジウム(II)イオンの還元・析出が10 分以内に完了し、金属ナノ粒子がペリプラズム空間（細胞の外膜と内膜の間）に生成する。

　現行プロセスにおける物質フローと比較すると、還元細菌を利用するリサイクル法は、浸出液のpH調整と電子供与体の添加が必要となるが、希薄溶液からの白金族金属の分離・濃縮からナノ粒子調製に至る多段階工程をワンステップで達成できる統合プロセスとなる。一般的に微生物処理は非常に遅いという短所があるが、本バイオ技術は白金族金属イオンの還元・析出を室温で、迅速(回分操作で30 分以内）に完了できる特長をもつ。従来の湿式技術に比べて、還元細菌の機能を活用するバイオ技術は、環境低負荷型・省エネルギー型の分離・濃縮・回収法であるとともに、白金族金属ナノ粒子の室温合成法でもある。このため、この新バイオ技術は環境低負荷型ナノ技術としても捉えることもでき、レアメタルの高付加価値化リサイクル技術としての展開・実用化が期待できる。

（大阪府立大学　小西康裕・玉置洸司郎）

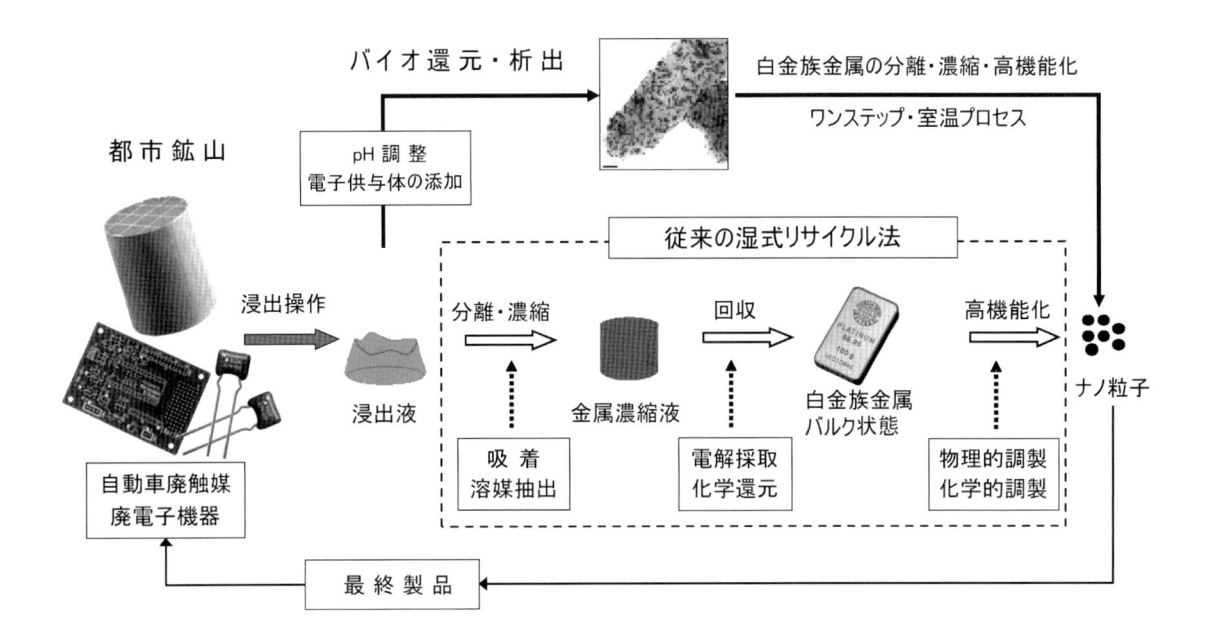

3　金属系の個別リサイクル　489

金属系の個別リサイクル 12

ネオジム磁石スクラップからの希土類元素のリサイクル

　希土類永久磁石の一種であるネオジム磁石は、現在では電気自動車(EV)の駆動用モータや発電機用モータとしての用途が主流になっており、従来主流であった電子機器用途とあわせて日本のハイテク産業に欠かせない存在である。しかし、ネオジム磁石の原料となるネオジム(Nd)やジスプロシウム(Dy)などの希土類元素の生産は中国に一極化しており、2004年以降の中国政府による輸出規制強化の影響をうけて希土類製品の価格は重希土類を中心に高騰している。日本のようにハイテク製品を生産する先進国にとっては、新たな鉱山開発や資源のリサイクルによって、希土類元素の長期的な安定供給源を確保することが、資源セキュリティ上非常に重要である。

　ネオジム磁石から希土類元素を回収するプロセスに関する研究には様々なものがあるが、循環型社会の構築という観点からは、宇田らの塩素循環型プロセスや、竹田らの多種の廃棄物を組み合わせたプロセスなどがある[1]。最近著者らは、塩化物やヨウ化物などのハライド塩を抽出剤として利用し、磁石合金中の希土類元素を回収することに成功している（図1）。この新しいタイプのリサイクルプロセスでは、まず磁石合金を溶融塩に浸漬することで、希土類元素のみを選択的に塩化またはヨウ化して浸出し、合金中の鉄やホウ素を固体として分離する。得られた混合塩は真空蒸留に供することにより、抽出剤と希土類化合物が分離される。このリサイクルプロセスでは、スクラップに鉄、アルミニウム、銅、ニッケルなどが混入していても、希土類元素のみを選択的に抽出することが可能である上に、蒸気圧の差を利用した希土類ハライド塩同士の相互分離も可能である。このため、複雑な形状を有する製品スクラップに対しても、気相を介してハロゲン化物を供給し、希土類ハライド塩を抽出すると同時に分離回収でき、図2のような新しいプロセスの構築が原理的に可能である。

　産業のビタミンともいわれる希土類金属の用途や需要は、今後も拡大を続け、その重要性はいっそう高まるだろう。前述した要素技術は現時点では基礎研究の域を出ないが、革新的なリサイクルプロセスが構築された場合、図3に示すように、現在廃棄されているスクラップが希土類元素の資源として再生利用できる。今後増大が予想されるEVなどの製品スクラップから、希土類元素の供給と循環利用ができる安定した資源ルートを確立し、信頼性の高い資源バッファを築き上げることは、循環資源立国を目指す日本にとって重要な課題である。資源小国の日本が、付加価値の高いレアメタルを国内で循環生産することによって、ハイテク技術や生産プロセスの分野において今後も世界に貢献し続ける可能性は高いと期待する。

参考文献
1) 白山栄、岡部徹／希土類磁石の現状と乾式リサイクル技術／溶融塩および高温化学／Vol. 52, No. 2／pp. 71-82／2009.

((株)IHI　白山栄、東京大学　岡部徹)

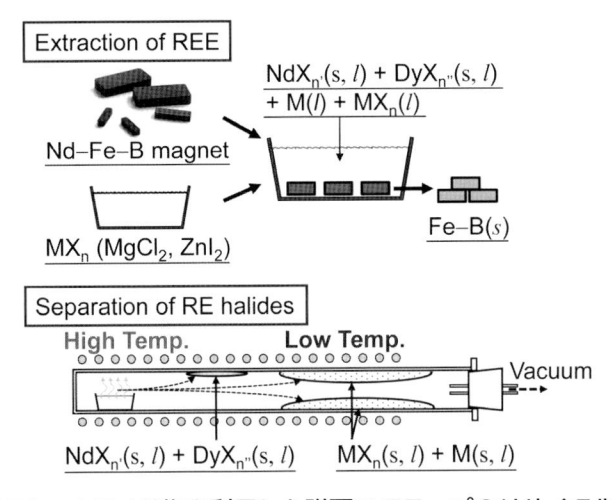

図1 ハライド塩を利用した磁石スクラップのリサイクル

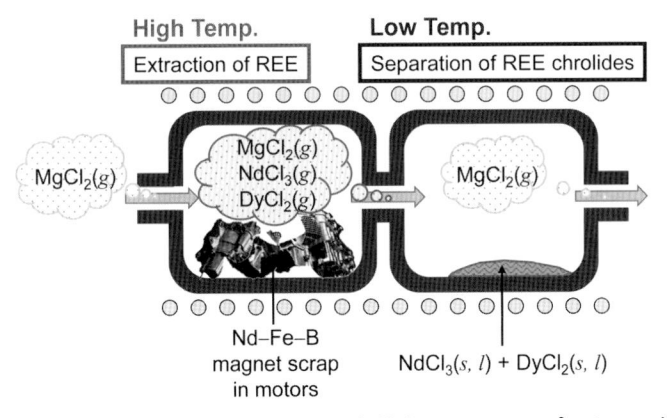

図2 気相を介した反応を利用する高効率リサイクルプロセスの提案

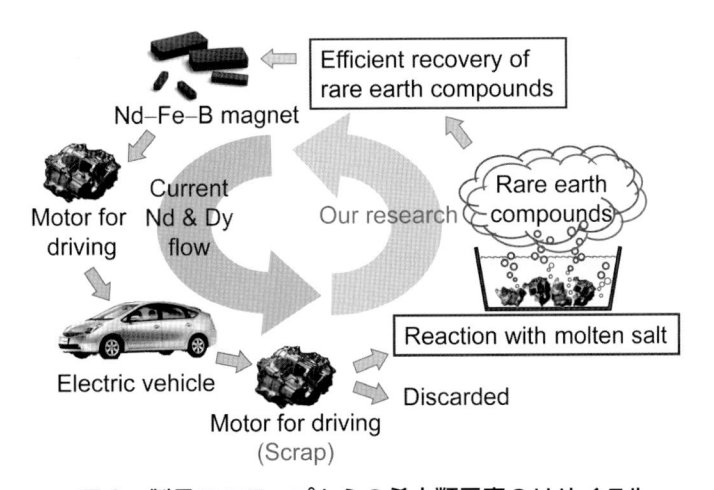

図3 製品スクラップからの希土類元素のリサイクル
（現在の希土類元素の流れと、研究が目指す将来像）

金属系の個別リサイクル 13

マイクロ波処理による製鋼スラグの資源回収

1. はじめに

マイクロ波加熱は、電子レンジとして日常生活に深く根付くとともに、工業的には木材やプラスチックの乾燥工程、医療用品の無菌化、ゴムの加硫処理などに広く利用されている。物質自体の発熱を利用するため外熱式よりも効率が高く、特にバッチ式、密閉性(安全性)を要求されるプロセスには優れた加熱法である。

製鉄プロセスにおいて年間1000万t以上副生する製鋼スラグは、セメント原料など比較的有用に再利用されている高炉スラグに較べて用途制約も多く、多量に含まれている鉄、未利用の石灰分、りん等の不純物は資源として有効活用されているとは言い難い。そこで、著者らがマイクロ波炭素熱還元プロセスを利用して製鋼スラグ中の資源である鉄とりんの回収を試みた研究例を紹介する。[1,2]

2. 製鋼スラグのマイクロ波炭素熱還元によるFe-C-P合金の生成

製鋼スラグにグラファイト粉を還元剤として添加しマイクロ波を照射したところ、グラファイト(導電性物質)の表面のジュール熱により、スラグは急速に加熱溶融し、実験後のスラグ下部にFe-C-P合金が還元生成することが確認された。(図1) 還元生成される鉄およびりんの回収率は添加C量の増加に共に向上し、C当量(被還元酸素に対する炭素のモル比)1.5ではほぼ95%の鉄が還元回収され(図2)、C当量約1.25以上で55〜60%のりんが還元され合金中に移行した。また、一部のりんは、局所的に高温になるグラファイト表面との反応により還元され、気化散逸する。

3. 還元生成した合金からのりんの回収

上記でマイクロ波処理により還元回収されたFe-C-P合金を溶融し、炭酸塩フラックス(Na_2CO_3およびK_2CO_3)を添加してりんの抽出試験を行った際の残留スラグ重量、合金中りん濃度およびフラックス中りん濃度の経時変化を図3に示す。いずれの場合も10分以下の処理で合金中のりん濃度は大きく減少し、フラックス中のりん濃度は急激に上昇した。生成した高濃度(最大16 mass%)のりん酸塩を含むフラックスはりん肥資源となり得る。

4. おわりに

以上のように、マイクロ波熱炭素還元による製鋼スラグの資源(鉄、りん)回収の可能性が示唆された。

近年では、ダイオキシン等有害物質の分解や土壌汚染の改質等にマイクロ波を用いた環境技術が研究開発されているが、今後は、製鉄プロセスで発生するダスト・スラッジ・スラグからの資源回収においてもマイクロ波技術が適用され、各処理プロセスの高効率化が大いに期待される。

参考文献
1) K.Morita, M.Guo, Y.Miyazaki and N.Sano:ISIJ International, 41(2001), 716
2) K.Morita, M.Guo, N.Oka and N.Sano: J. Mater. Cycles Waste Management, 4(2002), 93

(東京大学　森田一樹)

図1 マイクロ波処理により製鋼スラグ中に還元生成した Fe-C-P 合金（C 等量 1.5、照射時間 7 分）

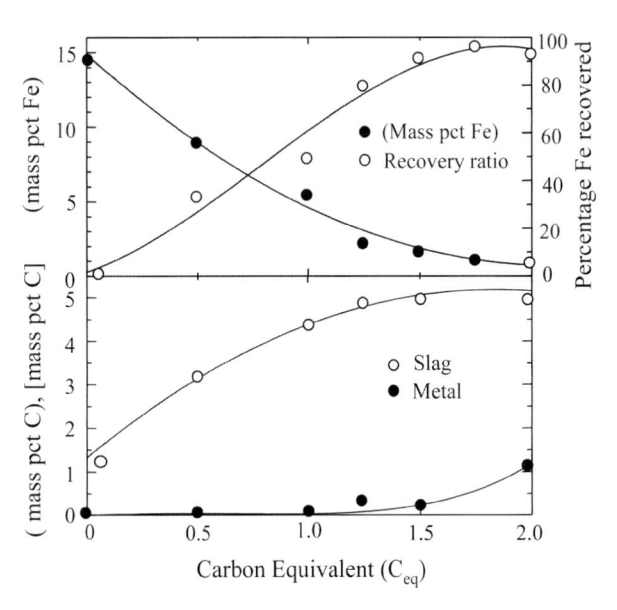

図2 製鋼スラグの鉄の還元挙動に及ぼす C 等量の影響

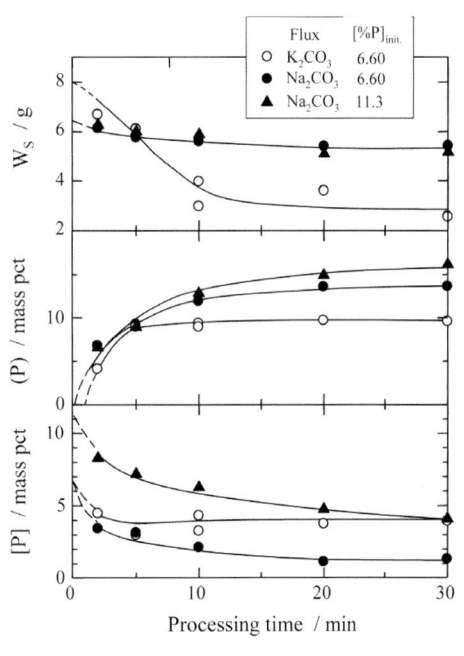

図3 添加フラックスおよび溶融合金中のりん濃度の経時変化

金属系の個別リサイクル 14

リチウムイオン電池のリサイクル

　リチウムイオン電池はパソコン、携帯電話以外に電気自動車やハイブリッド車に用いられるので、その使用量と廃棄量は増加する。

　焼成―粉砕の工程で、手作業を使うのではなく、機械的に鉄ケース、Al箔、Cu箔などの金属成分とCoやLiを含む正極材料とを分離することが重要である。たとえば、1mmの目開きのふるい上には磁力選別や比重選別を適用し、ふるい下には湿式処理を行う。どのようなタイプの粉砕機を用いるかが重要である。

　18650型リチウムイオン電池1個の質量は39.7gであり、この中にCoは10.3g、Liは1.38g含まれている。Coの含有量から考えて、回収する価値は高い。

　いくつかの粉砕機による焼成電池の粉砕と分級と磁選を行ったときの粉砕産物中の各成分の回収率と品位が図2に示されている。CoやLiの高い回収率と品位が得られていることがわかる。

　ふるい下の湿式処理では、水酸化物沈殿法や溶媒抽出法を組み合わせることによってCo、Mn、Ni、Liなどを高い回収率と純度で回収することができる。

　今後、乾式と湿式分離について、さらなる情報とデータを蓄積してゆく予定である。

（関西大学　芝田隼次）

表1　リチウムイオン電池の組成

Part	Mass [g]
Steel case	6.01
Cathode	15.6
Anode	12.0
Separator	3.75
Battery electrolyte	1.27
Insulator	0.274
Other	0.780
Total	39.7

3 金属系の個別リサイクル

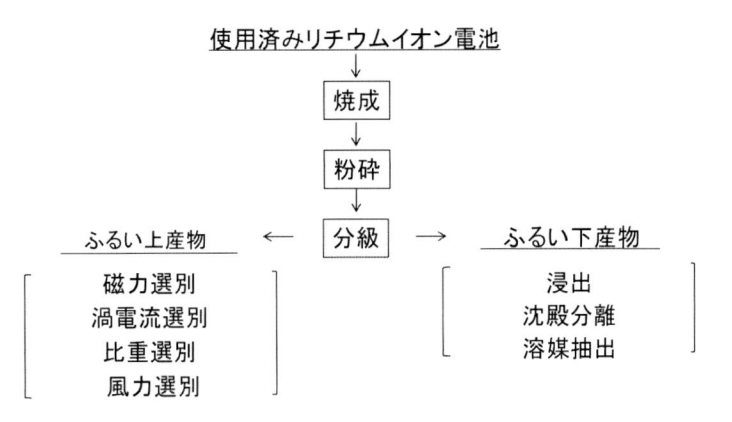

```
使用済みリチウムイオン電池
      ↓
    [焼成]
      ↓
    [粉砕]
      ↓
ふるい上産物 ← [分級] → ふるい下産物
  ┌ 磁力選別 ┐        ┌ 浸出    ┐
  │ 渦電流選別 │        │ 沈殿分離 │
  │ 比重選別 │        └ 溶媒抽出 ┘
  └ 風力選別 ┘
```

図1 リチウムイオン電池の再資源化プロセス

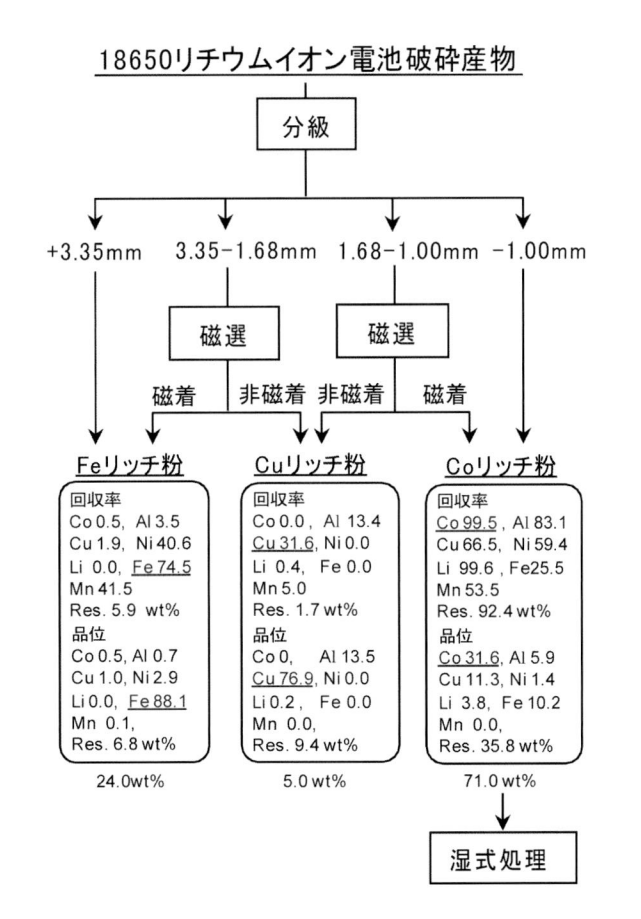

```
        18650リチウムイオン電池破砕産物
                    ↓
                  [分級]
      ┌───────┬─────────┬──────────┐
   +3.35mm  3.35-1.68mm  1.68-1.00mm  -1.00mm
      ↓         ↓           ↓          ↓
              [磁選]       [磁選]
           磁着  非磁着  非磁着  磁着
             ↓     ↓      ↓     ↓
           Feリッチ粉   Cuリッチ粉   Coリッチ粉
```

Feリッチ粉
回収率
Co 0.5, Al 3.5
Cu 1.9, Ni 40.6
Li 0.0, Fe 74.5
Mn 41.5
Res. 5.9 wt%
品位
Co 0.5, Al 0.7
Cu 1.0, Ni 2.9
Li 0.0, Fe 88.1
Mn 0.1,
Res. 6.8 wt%

24.0 wt%

Cuリッチ粉
回収率
Co 0.0, Al 13.4
Cu 31.6, Ni 0.0
Li 0.4, Fe 0.0
Mn 5.0
Res. 1.7 wt%
品位
Co 0,   Al 13.5
Cu 76.9, Ni 0.0
Li 0.2, Fe 0.0
Mn 0.0,
Res. 9.4 wt%

5.0 wt%

Coリッチ粉
回収率
Co 99.5, Al 83.1
Cu 66.5, Ni 59.4
Li 99.6, Fe 25.5
Mn 53.5
Res. 92.4 wt%
品位
Co 31.6, Al 5.9
Cu 11.3, Ni 1.4
Li 3.8, Fe 10.2
Res. 35.8 wt%

71.0 wt%
↓
[湿式処理]

図2 リチウムイオン電池の物理選別フロー

金属系の個別リサイクル 15
キレート繊維による重金属、レアメタルの分離濃縮

1. はじめに

　有用金属の回収や有害金属の除去あるいは微量金属の分離濃縮に利用されている溶媒抽出法に加えて、近年固相抽出法が注目されている。固相抽出法は、有機溶媒を使用せず、高い濃縮率の達成、オンライン化の可能性などの特長を有している。これまでに様々な吸着材が開発されており、それらの吸着性能や応用については総説[1]に紹介されている。吸着材の吸着特性、安定性、使いやすさなどは、基材や官能基によって異なる。ここでは再生セルロース繊維を基材としたキレート繊維のキレストファイバーIRY（キレスト社製、IRYと略す）および類似のキレート繊維による重金属の固相抽出について簡単に紹介する。

　植物繊維は、セルロース成分でできているため有害性はなく、またセルロースには多くの水酸基が含まれているため、親水性に優れ、これを基材としたキレート繊維は水溶液中の金属イオンを迅速に吸着できる。このような理由でセルロース繊維を原料とした吸着材の開発とその利用が注目されている[2-6]。なお、セルロース繊維のみでは、金属イオンが吸着されないのでキレート剤を化学修飾したキレート繊維が、吸着材として用いられる。

2. キレート繊維

　再生セルロース繊維に様々なキレート官能基を

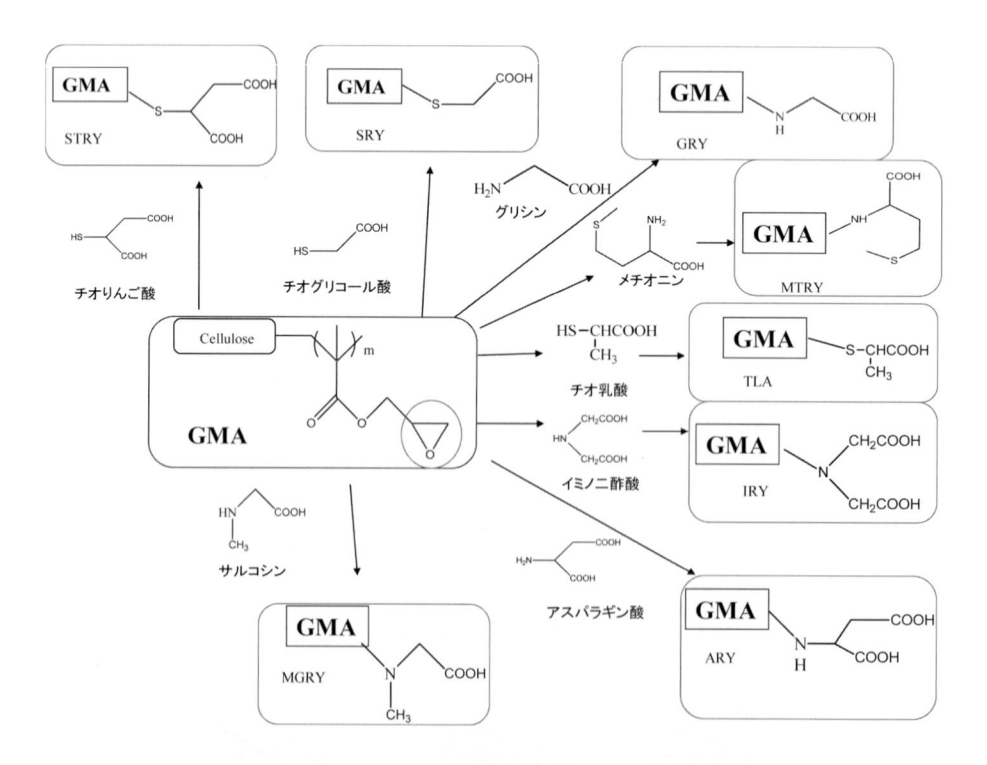

図1　再生セルロース繊維を基材とした各種吸着材

結合させた吸着材の構造を図1に示した。

イミノ二酢酸が代表的なキレート官能基であるが、他のキレート剤を化学修飾することにより、金属イオンに対する吸着特性を変えることができる。

3. キレストファイバー IRY (IRY)

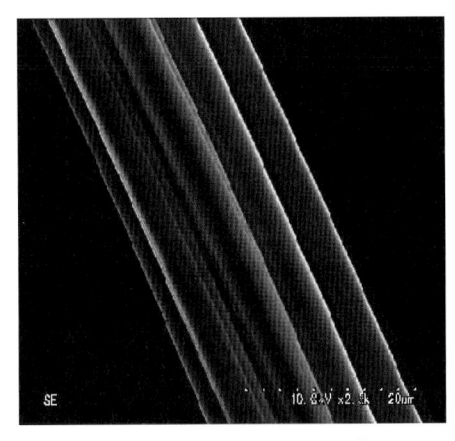

図2　IRY の顕微鏡写真[5]

様々な基材にイミノ二酢酸を化学修飾した吸着材が開発されているが、再生セルロース繊維にイミノ二酢酸を化学修飾したキレート繊維がキレストファイバーIRY（長さ0.5mm、太さ30~40μm、IRYと略）である。図2、にIRYの顕微鏡写真を示した。IRYは、水溶液系で合成され取り扱い安く、安定で繰り返し使用が可能である。また、セルロースを基材としているため、親水性に優れ、迅速な金属イオンの吸着が達成でき、廃棄したときに環境への負荷が小さい。さらに耐熱性が高く、有機溶剤にも適用できるなどの特長を持つ。用途としてはメッキ液の精製、有機溶媒の精製（重金属除去）、上水道中の鉛の除去、海塩の精製、水溶液試料中微量重金属の分離濃縮などが挙げられる。

銅に対する吸着容量は約1mmol/gである。IRYと構造は同じであるが、吸着容量が2倍のIRY-Hが、最近合成されている。

4. IRY、IRY-金属錯体のIRスペクトル

金属イオンが、キレート官能基のカルボキシル基に結合していることは、IRYおよびIRY-金属錯体のIRスペクトルを比較することによって確認できる。図3にIRY-Ni錯体のIRスペクトルを示した。

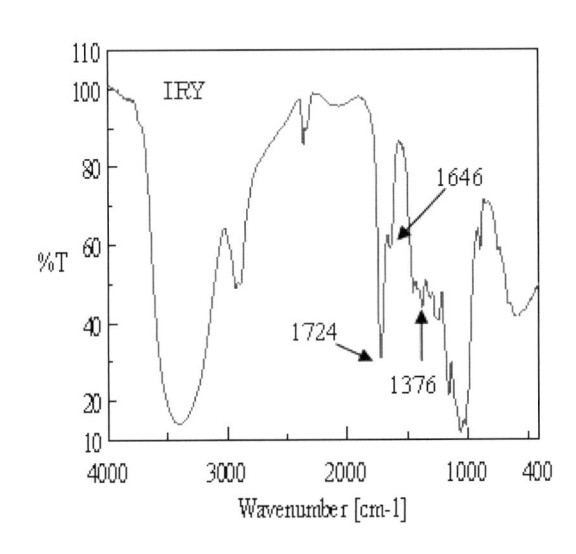

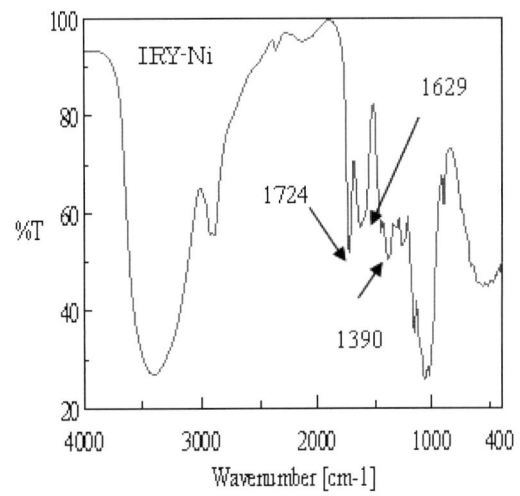

IRYおよびIRY-Ni錯体のIRスペクトルに認められる1724cm^{-1}のピークはC=Oの伸縮振動に帰属される。1646cm^{-1}(IRY)および1629cm^{-1}(IRY-Ni)付近のピークはCO_2^-の逆対称伸縮振動に、1376cm^{-1}および1390cm^{-1}のピークは

図3　IRY および IRY-Ni 錯体の IR スペクトル[6]

CO_2^- の対称伸縮振動に帰属される。IRY と IRY-Ni 錯体の IR スペクトルの比較において、錯体の 1629 cm^{-1} および 1390 cm^{-1} のピーク強度が増し、1724 cm^{-1} のピークが弱くなっているのは、-COOH 基と金属が結合していることを示している。他の金属錯体も IRY-Ni 錯体と同様な IR スペクトルを示している。

5. 金属イオンの固相抽出

IRY は、酸性領域から塩基性領域にかけて微量金属イオンを定量的に吸着でき、多量に吸着した場合は、水溶液中のイオンの色が反映される。

特に Cu^{2+} は幅広い pH 領域で抽出される。金属イオンを含む水溶液に吸着材を入れ、所定の pH に調整して撹拌すれば短時間で吸着分離できる。

また、吸着材をカラムに詰めてそこに試料溶液を連続的に通液することで大量の試料を処理できる。吸着した金属を、少量の希塩酸や希硝酸溶液で脱着すれば、吸着材は繰り返し使用できる。IRY の Cu^{2+}、Pb^{2+}、Ni^{2+}、Cd^{2+}、Co^{2+} に対する選択性は Cu > Pb > Ni,Cd > Co 順であり、二価の金属に対する吸着容量は約 1 mmol/g である。レアメタルの一つである In^{3+} では約 0.4 mmol/g である。図4 には新規に合成された吸着材 IRY-H 0.2 g を用い pH 値を変化させながら 300 μg の In^{3+} を固相抽出した際の抽出率を示した。これから、幅広い pH 領域において In^{3+} が抽出できることが分かる。

図1 に示したように、IRY 以外の吸着材も種々合成され、金属イオンの分離濃縮に利用されている。その中で、硫黄原子を含んだチオリンゴ酸 (HOOCCH$_2$CH(SH)COOH) を官能基とするキレート繊維 (STRY) は、塩酸酸性溶液において Cu^{2+} をほとんど吸着しないが、Pd^{2+} に対して選択的な吸着特性を示す。STRY ではキレート官能基に軟らかい塩基の硫黄原子が含まれており、それが Pd^{2+}（軟らかい酸）の吸着に強く関与していることが分かる。

6. おわりに

セルロースは、地球上で大量に生産されている環境にやさしいバイオマスで、その有効利用が期待されている。本稿は再生セルロース繊維にキレート剤を化学修飾したキレート繊維による幾つかの金属イオンの吸着について述べた。化学修飾も比較的容易で、キレート剤を代えることである程度金属イオンに対して選択性を持たせることが可能である。応用として、水溶液中微量重金属の

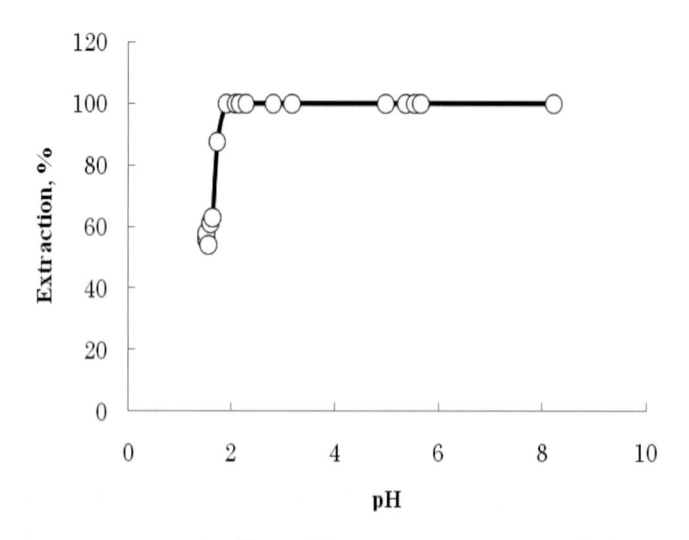

図4 IRY-H による In^{3+} の固相抽出における pH と吸着率の関係

前濃縮、高濃度塩中の微量重金属の除去などに有効利用できる。

　レアメタルは、日本のハイテク産業に欠くことのできない素材であり、その回収・リサイクル技術の開発、代替材料の研究開発あるいは探鉱開発は極めて重要な課題である。経済産業省や環境省により、回収・リサイクルにおける法的体制を整備し、回収技術の確立を目指すという考えが示されているが、尖閣問題によって発生した資源のチャイナリスクを回避し中長期的に安定供給を確保するための戦略的な対応が必要である。

参考文献

1) 大下浩二、本水昌二、キレート樹脂の開発とその分離・濃縮性能, 分析化学, 57, 291-311（2008）.
2) キレスト(株), 中部キレスト(株)：公開特許広報(A), 特開2000-248467（P2000-248467A）(2000.9.12).
3) G.I.Tsysin, I.V.Mikhura, A.A.Formanovsky, Y.A. Zolotov, Cellulose Fibrous Sorbents with Conformationally Flexible Aminocarboxylic Groups for Preconcentration of Metals, Mikrochim. Acta [Wien] III, 53-60 (1991).
4) Y. Akama, K. Yamada, O. Itoh, Solid phase extraction of lead by Chelest Fiber Iry (aminopolycarboxylic acid-type cellulose), Anal. Chim. Acta, 485, 19-24 (2003).
5) 赤間美文, 山田孝二, 伊藤 治, キレート繊維によるインジウムの吸着, 海水誌, 58, 52-56（2004）.
6) 安藤 巧, 槻木智史, 伊藤 治, 赤間美文, チオ乳酸を化学修飾したキレート繊維によるニッケル, カドミウムの固相抽出, 分析化学, 57, 1027-1032(2008).

（明星大学　赤間美文）

金属系の個別リサイクル 16

ナノ粒子からミクロ粒子混合物まで分離できる液液分離

例：希土類蛍光粉のリサイクルのための相互分離

微粒子混合物を分離する場合、水溶液中の微粒子は10μm以上であれば適当な界面活性剤を用いて粒子の表面電位および粒子表面での化学反応性を用いて一方の粒子を疎水性にして他方の粒子を親水性にした後、気泡を吹き込み、疎水性の粒子のみを気泡につけて浮遊させて分離する通常の浮選分離が行われる。しかし、粒子が数μm以下からナノ粒子になると気泡との接触確率が減少し、また、一方の粒子が正、他方の粒子が負に荷電しているとヘテロ凝集を生じ、分離が困難となる。ここで効果的に分離可能とする技術が液液分離(抽出)である。図に示すように親水性溶媒の中に界面活性剤を添加し、一方の粒子のみを界面活性剤で被覆して疎水性とし、親水性溶媒と混合しない疎水性溶媒を入れ充分攪拌すると、疎水性溶媒に疎水性粒子は移動し、親水性溶媒(通常は水)に親水性粒子が残り分離ができる。

例として3色蛍光粉(緑、赤、青)の液液分離を紹介する。疎水性溶媒としてn-ヘプタン、親水性溶媒としてN,Nジメチルホルムアミド（以下、DMF)）を用いる。まず、DMFに3色蛍光粉混合物を入れ、界面活性剤性剤（ドデシルアミン酢酸塩）を適量添加後n-ヘプタンと攪拌混合すると、La_2O_3を含む緑粉が親水性のままでDMF中に残り、溶媒を分離し回収される。ついでn-ヘプタン相に抽出された赤と青混合粉はろ過後、エタノールで表面を洗浄した後、DMF中に入れ、別の界面活性剤（1-オクタンスルホン酸ナトリウム）を適量添加後、n-ヘプタンと攪拌混合すると、Y_2O_3を含む赤粉が疎水性となりDMF中に入る。各粉は溶媒を分離し、ろ過後回収乾燥され、選別後の品位と実収率を表に掲げる。3種類の微細な蛍光体粉混合物を90％以上の品位、回収率でそれぞれ分離できた。同様に各種の超微粒子混合物の分離が研究されている。

参考文献
A. Otsuki et al., J.J. Applied Physics, Vol.47, No.6, (2008) pp.5093-5099

（東京大学　藤田豊久）

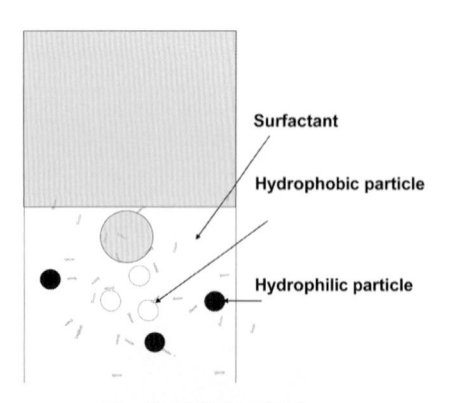

図　液液分離の概念図

表　三色蛍光粉（緑、青、赤）の液液分離による分離結果

	First product (Green)		Second product (Blue)		Third product (Red)	
	Grade (%)	Recovery (%)	Grade (%)	Recovery (%)	Grade (%)	Recovery (%)
	90.0	95.2	92.2	91.8	95.3	90.9

金属系の個別リサイクル 17

銅鉄スクラップからの銅と鉄の分離回収

1．なにが問題なっているのか

銅濃度の高い銅鉄スクラップは、現在国内においては銅製錬工程に戻し処理され、銅が回収されています。しかしながら、ごみ焼却処理施設やシュレッダーダストの焼却施設等で発生している数百万トン/年という規模の10～20％銅を含有する鉄系の銅鉄スクラップは、一部が油圧ショベルなどの建設用機械のカウンターウェイト（重り）として再利用されていますが、銅濃度が低いためその多くは埋め立て処理されています。

2．リサイクルが進まない理由

鉄に0.2mass％以上の銅が含まれると、薄板などに処理する際に割れを生じるため鉄の原料として利用できません。また、鉄からの銅を除去することは極めて困難であり、工業的な方法は未だ確立されていません。一方、銅からの鉄の除去は比較的容易ですが、銅濃度が低いため、効率が悪く、銅の原料としては利用していません。

3．研究の概略

Fe-Cu-X（X=C、P）系は溶融状態で、鉄が富化した溶鉄相と銅が富化した溶銅相の2液相に分離します。この現象を利用し、溶融状態で銅鉄スクラップ中の銅と鉄を濃縮、分離し、銅や貴金属などの有価金属を回収する技術を開発しました。

4．研究成果

炭素飽和下でCu-Fe-C系合金を1180℃で保持後、急冷した試料の鉛直方向の断面写真を図1に掲げます。図に示されるように、Cu-Fe-C系合金は、密度差で鉄が富化したFe-Cu-C系の溶鉄相と銅が富化したCu-Fe系の溶銅相が上下に相分離することが分かります。

この現象を利用すると、低濃度の銅を含む鉄スクラップを炭材共存下でスクラップを溶解するという簡単な方法で銅と鉄を分離できます。回収される銅濃度は95％程度で銅スクラップとして販売できます。また、金や銀などが銅鉄スクラップ中に含まれる場合、これらの貴金属は溶鉄相に比べ、溶銅相に100倍以上濃縮され、銅に回収することが可能です。

参考文献

1) 山口勉功、武田要一／Fe-Cu-C系2液相分離による低品位銅スクラップからの銅の濃縮／Journal of MMIJ／113／1110-114／1997
2) K.Yamaguchi, T.Ohara, S.Ueda, Y.Takeda／Copper Enrichment of Iron-Base Alloy Scraps be Phase Separation in Liquid Fe-Cu-P and Fe-Cu-P-C System／Mater. Trans.／47(7)／1864-1868／2006

（岩手大学　山口勉功）

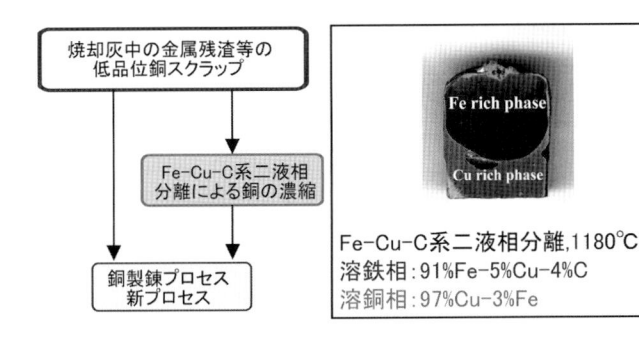

Fe-Cu-C系二液相分離,1180℃
溶鉄相：91%Fe-5%Cu-4%C
溶銅相：97%Cu-3%Fe

低品位の銅を含有する鉄スクラップからの銅の濃縮プロセス

金属系の個別リサイクル 18
使用済みナトリウム－硫黄二次電池からのナトリウム精製

　ナトリウムは、活性な金属であり、化学反応の触媒や電池の材料として用いられている。しかし、現在日本では、金属ナトリウムは製造されていないため、全てを輸入に依存している状況にある。私共の研究室では、金属ナトリウムが多く使われている製品の一つであるナトリウム－硫黄二次電池(以下、Na-S二次電池)を対象として、その使用済みのNa-S二次電池から金属ナトリウムを回収し、精製して再び電池の材料としてリサイクルするナトリウム循環プロセスを開発中である。

　このリサイクルフローを図1に示す。使用済みのNa-S二次電池は解体され、金属ナトリウムの部分と多硫化ナトリウムの部分に分離される。ナトリウムは電解精製によって高純度化され、電池の原料として再び用いることで輸入品のナトリウムの使用量を少なくすることができる。電解精製のイメージ図を図2に示す。ナトリウムの電解精製は、陽極(アノード)に不純物を含有するナトリウムを設置し、そこからナトリウムだけを電解液にイオンとして溶解させ、そのナトリウムイオンを陰極(カソード)で還元することで、ナトリウムのみが陰極で回収できるプロセスである。アノードでは、長い期間電解行うと不純物が蓄積するため、あるタイミングでアノードの交換をすることになる。不純物の多くが硫黄であれば、後述する重金属除去剤に利用できることになる。

　図1の右側の部分の多硫化ナトリウムについては、重金属と反応し硫化物を形成しやすいため、重金属を選択的に回収する除去剤としての利用が期待できる。電池において多硫化ナトリウムが形成される部分では、集電体としての炭素繊維も存在している。この炭素繊維については、表面積を広くし、活性の高い表面が形成されれば、多硫化ナトリウムの持つ沈殿性能と炭素材料の持つ活性により、高性能な重金属除去剤が期待できる。また、それを製造するための原料が、電池から排出される廃棄物であるため、低コスト化の点でも有利であると予想される。重金属除去剤は、工場排水や土壌改質、ごみ焼却炉への利用が主な用途になると考えられる。

　リサイクルの研究は、低コスト化という問題が解決されなければ、実用化に到達できない。しかし、使用済みNa-S二次電池をリサイクルせずに単純に焼却して処分するにもエネルギーが必要である。著者は、そのエネルギーに少しエネルギーを加えれば、電解精製のためのエネルギーとなり、廃棄される金属ナトリウムは、再び金属ナトリウムとして利用することができると考えている。また高純度まで必要のない分野へは、電気を使わない簡易的な精製方法により、低コストで一般流通レベルの金属ナトリウムを供給できるものと考え研究をすすめている。

(北海道大学　上田幹人)

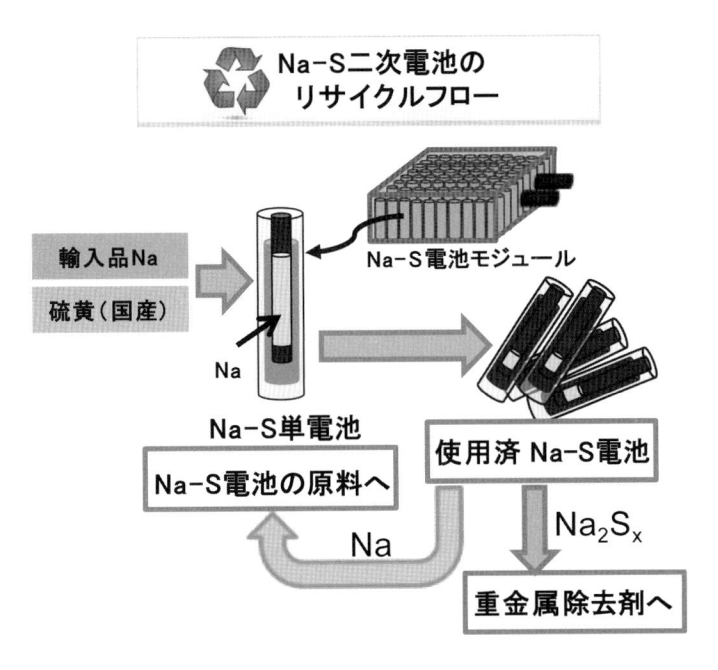

図1　Na-S 二次電池のリサイクルプロセスの概念図

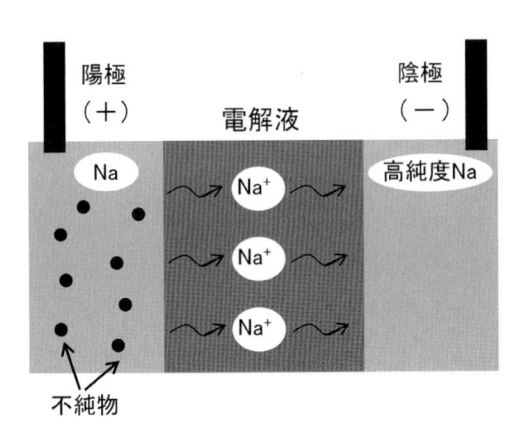

図2　電解精製のイメージ図

金属系の個別リサイクル 19

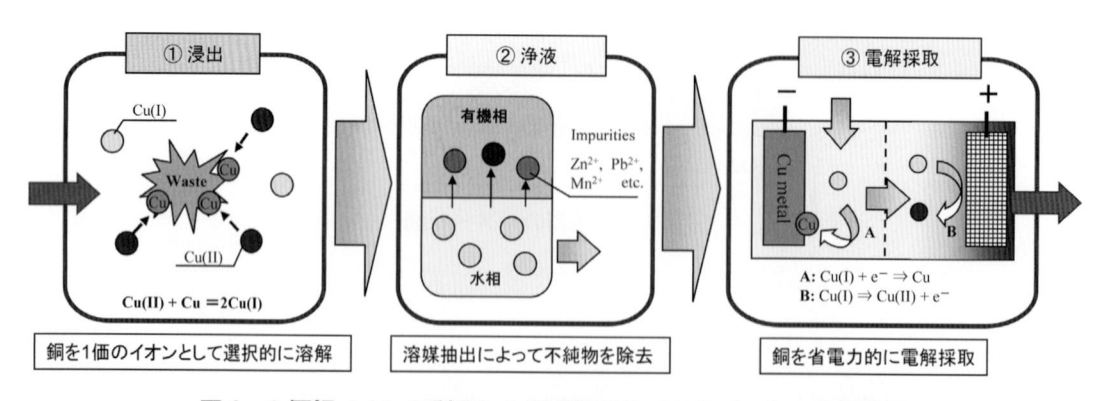

1価銅イオンを利用した湿式銅リサイクルプロセス

1. はじめに

　パソコンや電子機器類に含まれるプリント配線基板等を対象とした銅のリサイクルは、銅製錬所での乾式処理が現在の主流であるが、湿式による処理も一定の利点があり、リサイクル率の向上には両者を対象物や状況によって適宜使い分けることが重要である。しかし、湿式による銅リサイクルはいくつかの研究例が見られる程度で実用化には至っておらず、その原因の一つに消費電力が挙げられる。湿式法では銅を始めとした目的金属を水溶液に溶解(浸出と呼ぶ)したのち、不純物と目的金属を溶媒抽出や沈澱法といった技術により分離し、最終的に電解や還元剤によって目的金属を得るのが一般的であるが、銅を電解で回収する(電解採取と呼ぶ)際の消費電力が高く、電気料金の高い日本においては特に大きな障害となる。そこで著者らの研究グループでは、省電力型の湿式銅リサイクルプロセスとして1価銅イオンを利用した手法を検討している。

2. 銅リサイクルプロセスの概要

　著者らの研究グループで検討している銅リサイクルプロセスの模式図を図1に示す。これは、アンモニア-アルカリ性の水溶液中で①2価銅イオンを酸化剤として廃棄物に含まれる金属銅を酸化し、1価銅イオンとして浸出する浸出工程、②溶媒抽出法によって浸出液中の不純物を除去する浄液工程、③電解槽において陰極(マイナス極)で銅を還元析出させ、陽極(プラス極)で2価銅イオンを再生する電解採取工程、の3工程からなり、電解採取工程で得られた2価銅イオンは最初の浸出工程で再利用する。後述するように、このプロセスの主な特徴は電解採取時の省電力化が期待できる点[1]、浸出時の選択性および溶媒抽出の利用によって高純度銅の直接回収が見込める点である[2]。また、溶液を循環利用することで、湿式法全般に共通する課題である廃液を減らせる点も重要である。

① 浸出　Cu(II) + Cu = 2Cu(I)
銅を1価のイオンとして選択的に溶解

② 浄液　Impurities Zn²⁺, Pb²⁺, Mn²⁺ etc.
溶媒抽出によって不純物を除去

③ 電解採取
A: Cu(I) + e⁻ ⇒ Cu
B: Cu(I) ⇒ Cu(II) + e⁻
銅を省電力的に電解採取

図1　1価銅イオンを利用した湿式銅リサイクルプロセスの概念図

3. 消費電力の削減

従来の銅電解採取では硫酸–硫酸銅からなる水溶液を用いており、銅の湿式製錬等で広く採用されている。その際の陰極および陽極における反応は以下のようになる。

陰極： $Cu^{2+} + 2e^- \Rightarrow Cu$

陽極： $H_2O \Rightarrow 1/2O_2 + 2H^+ + 2e^-$

ここで銅1原子を得るために必要な電子は2個である。また、電解に最低限必要な電圧(理論分解電圧という)は0.9 Vと計算される。一方、図1に示したプロセスの陰極および陽極の反応は以下のようになる。

陰極： $Cu(I) + e^- \Rightarrow Cu$

陽極： $Cu(I) \Rightarrow Cu(II) + e^-$

Cu(I)およびCu(II)はそれぞれ1価および2価の銅イオンとアンモニアからなる錯体を示している。こちらの場合、銅1原子を得るために必要な電子は1個であり、理論分解電圧は0.2 Vである。したがって、本プロセスで単位重量の金属銅を得るのに理論上必要な電力は、従来法の1/9である。実際にはここまでの省電力化には至っていないが、従来法の実操業での一般的な値と比較して1/4程度までは削減できることが実験により確認されている。

4. 不純物の挙動と回収される銅の純度

本プロセスでは弱アルカリ性(pH=9~10)のアンモニア水溶液を用いている。これは一般的に金属が溶解しにくい条件だが、銅イオンはアンモニアと安定な錯体を作って溶解するため、結果的に選択的な銅浸出が可能となる。図2に、実際の廃棄物としてプリント配線基板の破砕品を用いて浸出を行った際の浸出液中の各金属イオン濃度を示した。銅からニッケルまでは基板中での含有率の高い順に並べているが、銅を選択的に溶解する一方で主要な不純物であるスズ、鉄、アルミ等はほとんど溶解しないことが見て取れる。一方、亜鉛を始めとしたいくつかの金属は溶解したため、これらを溶媒抽出により除去した。不純物除去後の溶液から電解によって採取した銅板の写真および不純物分析結果を図3に示す。析出物は密着性が良く平滑であり、通常の金属銅と同じ色合いを示していた。また、鉛が1ppmw程度含まれていたが

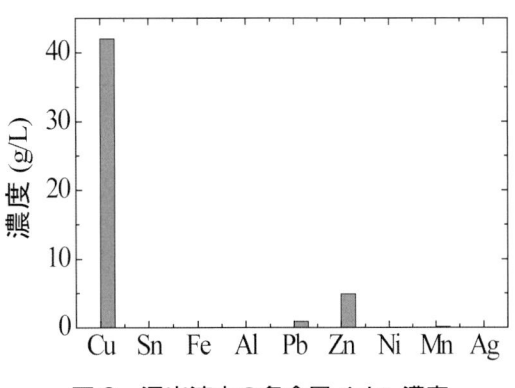

図2　浸出液中の各金属イオン濃度

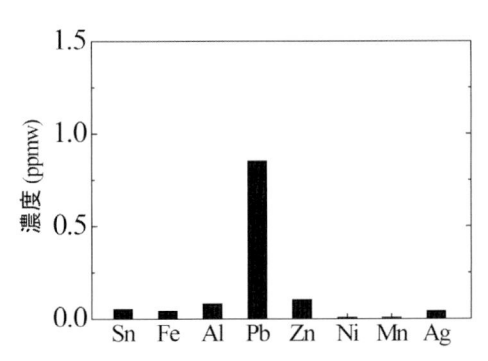

図3　回収された銅の写真(左)と不純物濃度の分析結果(右)

他の金属不純物はいずれも0.1ppmw以下の値であり、本プロセスでは廃棄物等から高純度な銅を直接回収できる可能性が示された。

5.まとめと今後の展開

本プロセスは省電力および高純度の銅回収という特徴を持ち、新しい湿式リサイクルプロセスとして期待できる。一方で、アンモニアを用いること、1価銅イオンが空気中で容易に酸化されるといったことから、不活性雰囲気あるいは気密性の高い反応容器が必要などの問題点もある。また、リサイクル技術という性質上、経済性や環境負荷の視点から評価することも重要である。現在、プロセスの簡略化を始めとした技術開発に加えて経済性等を評価する研究も並行して進めている。

参考文献

1) 小山和也、田中幹也、小林幹男、廃プリント基板からの金属の回収、金属、Vol.73 (7)、667-672、2003.
2) T. Oishi, K. Koyama, S. Alam, M. Tanaka and J.-C. Lee., Recovery of high purity copper cathode from printed circuit boards using ammoniacal sulfate or chloride solutions, Hydrometallurgy, Vol. 89, 82-88, 2007.

((独)産業技術総合研究所

大石哲雄、小山和也、田中幹也)

金属系の個別リサイクル 20
廃棄物からの乾式法による選択的インジウム回収プロセスの研究

　レアメタル（希少金属）は、資源の安定確保の面で大きな不安のある資源であり、リサイクル技術の確立が緊急の課題になってきている。筆者らは、従来、各種レアメタルの新規リサイクルプロセスの研究を行っており、本稿では、そのうちのインジウム(In)の乾式回収プロセスの研究を紹介する。

　インジウムは、液晶パネル内透明電極材料のインジウムスズ酸化物（Indium Tin Oxide、ITO）等に用いられ、液晶ディスプレイの生産と普及に伴い消費の拡大が見込まれている。我が国ではインジウムの全量を輸入に頼っており、安定な資源確保や資源安全保障の観点から、使用済み製品からのインジウム回収技術の開発が強く望まれる。特に、廃棄液晶材料は重要なインジウム資源であり、近年、メーカーにより、廃棄液晶材料を酸洗浄後、インジウムを錯塩として回収する湿式法によるリサイクルプロセスが開発された。しかし、湿式プロセスでは大量の酸廃液の処理コストが小さくない。一方、乾式法では廃液が生じず、かつ廃棄物処理のスケールアップも容易に行える点で魅力がある。ただし、通常の乾式法は高温処理（1000℃以上）が多く、エネルギーコストに加え、排ガス処理の問題がある。

　筆者らが研究を進めている廃棄物からのインジウム回収プロセスは、乾式法の利点を生かし、かつ、比較的低温でのプロセスの開発を目指している。この研究では、ITO など化合物中インジウムの塩化アンモニウムによる塩化反応と生成物の揮発を利用することにより、400℃程度の比較的低温において廃棄物からインジウム塩化物を選択的に回収する。これまで、歯科用リサイクルスラッジを対象にした研究から、スラッジの複雑な組成にも係わらず In の選択的回収が可能であり、NH_4Cl を用いた乾式塩化揮発法の実用化の可能性は高いことを示した。さらに、液晶パネル用透明電極ガラスからの In 回収について研究を実施しており、透明電極ガラスからも In の選択的回収が可能であることを明らかにしている。今後、簡便でエネルギーコストの小さなインジウム回収プロセスとして実用化することを目指し、研究を進めているところである。

（名古屋大学　平澤政廣）

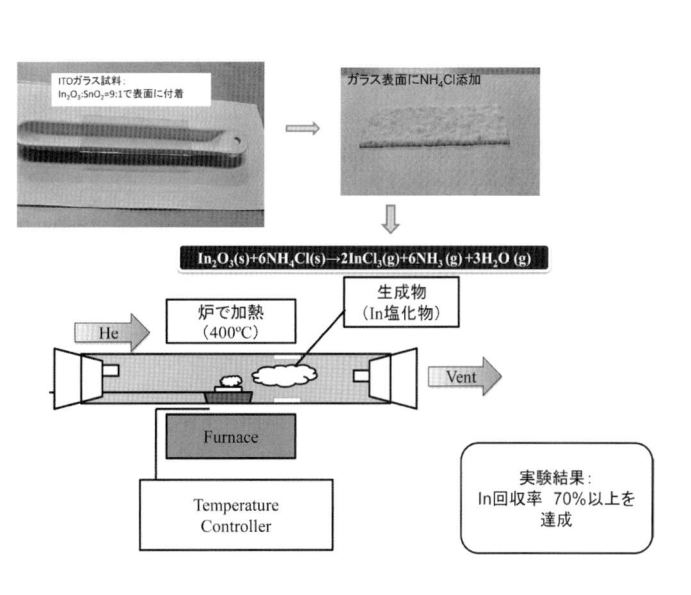

プロセス（と実験）の概念図

金属系の個別リサイクル 21
溶媒抽出法によるリチウムイオン二次電池からのコバルトとリチウムの分離回収プロセス

1. はじめに

　リチウムイオン二次電池はノートパソコンや携帯電話などのバッテリーとして幅広く使用されており、最近では電気自動車の電源など低炭素社会実現のキーデバイスとして更なる開発が進められている。今日使用されているリチウムイオン二次電池は、銅箔にグラファイトがコーティングされたものを負極板として、アルミニウム箔にコバルト酸リチウム($LiCoO_2$)がコーティングされたものを正極板として使用している場合が多く、使用済みリチウムイオン二次電池の中に含まれるこれらの金属成分は酸による浸出過程を経た後に分離回収されることになる。本稿では、金属の分離技術の一つである溶媒抽出法を取り上げ、混合溶媒抽出による金属分離効率の向上に焦点を当てる。混合溶媒抽出のメカニズムを概説し、混合溶媒抽出を用いたリチウムイオン二次電池からのコバルトとリチウムの分離回収プロセスを提案する。

2. 溶媒抽出法の概要と特徴

　溶媒抽出法は互いにほとんど交じり合わない水相と有機相に金属が分配する現象を利用した抽出法である。有機相には、親水部と疎水部から構成される抽出剤分子がケロシンなどで希釈された状態で存在し、金属イオンと中性の抽出分子を形成することにより金属イオンを有機相中に抽出する。溶媒抽出法の特徴としては、抽出剤の濃度を調節することにより高濃度の金属を含む浸出液を処理することが可能であること、連続操作に適していること、選択的抽出能力に優れており高い純度の抽出精製物が得られること、そして複数の抽出剤を混合する事によって金属分離性を向上させることができることなどが挙げられ、これらの利点から溶媒抽出法は廃棄物などの二次資源からのレアメタルの分離回収に幅広く使われている。

3. 混合溶媒抽出による金属分離性の向上

　金属イオンの抽出率には、抽出剤と金属の相互作用はもちろんのこと、水和数、中性抽出種の分子サイズなど多くの因子が関与している。また、複数の抽出剤を混合した混合抽出剤を用いた場合は、抽出剤同士の相互作用も金属イオンの抽出率に影響を及ぼし、その結果、単独の抽出剤で得られる分離性よりも高い分離性が得られることがある。図1には酸性抽出剤の2-ethylhexylphosphonic acid mono-2-ethylhexyl ester (EHPNA)に塩基性抽出剤のtri-n-octylamine (TOA)を第2の抽出剤として加えた時に得られるコバルトとリチウムの分離性向上の例を示す。TOAを加えることにより、コバルトおよびリチウムの両方で抽出率の低下が起こっているが、抽出妨害がリチウムに対してより顕著であるため、結果としてpH = 5.0 ～ 6.5の範囲ではコバルトとリチウムの分離性が向上していることがわかる。塩基性抽出剤であるTOAは単独では正電荷を持つコバルトイオンやリチウムイオンを抽出しない。よって、TOAを加えることによる分離性の向上は、塩基性官能基を有するTOA分子と酸性官能基を有するEHPNA分子が電気的相互作用をした結果EHPNAの抽出能力が低下し、その抽出能力の低下がリチウムに対してより大きいためと解釈することができる。この他にも、中性抽出種を溶媒和して疎水性を高めることで抽出率および分離性を向上することを目的とした中性抽出剤の混合など、混合溶媒抽出は溶媒

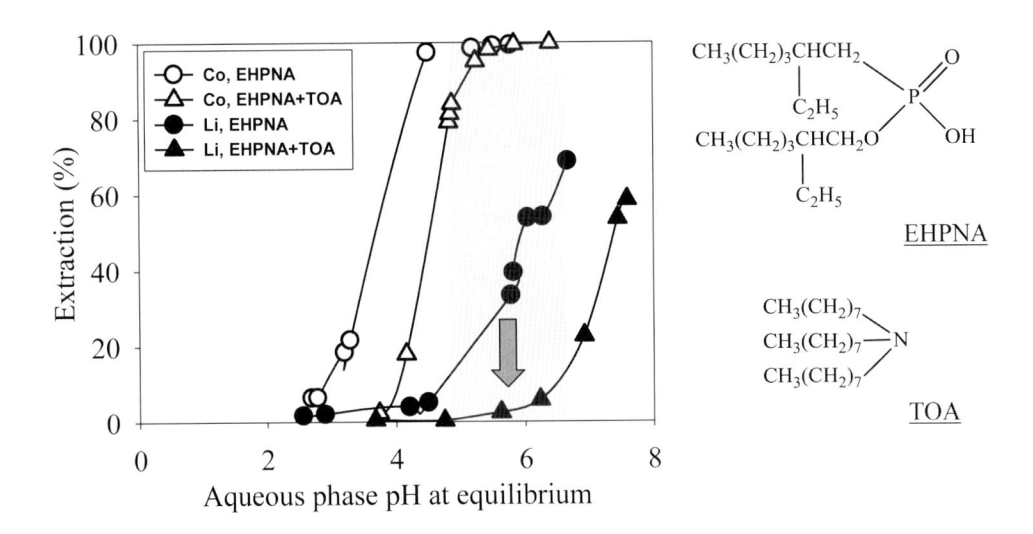

図1 塩化物系溶液においてTOAがEHPNAのコバルトとリチウムの抽出率に与える影響
実験条件：金属の初期水相濃度：2.0×10^{-3} mol/dm^3, 塩化ナトリウム濃度：0.2 mol/dm^3, 希釈剤：ケロシン, O/A = 1, EHPNA 濃度：0.3 mol/dm^3, TOA 濃度：0.12 mol/dm^3, 抽出温度：25 ℃

抽出法の特徴の一つとして現在でも多くの研究がなされている。

4. 溶媒抽出法によるリチウムイオン二次電池からのコバルトとリチウムの分離回収プロセス

リチウムイオン二次電池に含まれるアルミニウム、銅、コバルト、リチウムは溶媒抽出法を用いて次のようなプロセスで分離回収することができる。まず、強酸性条件下でEHPNAなどの酸性抽出剤を用いてアルミニウムを選択的に抽出する。そして、銅への選択性が優れているオキシム系抽出剤で銅を抽出した後に、水相に残ったコバルトとリチウムをEHPNAとTOAの混合抽出剤で分離する。このように、様々な種類の抽出剤と水相pHなどの抽出条件を組み合わせることで、選択的化学沈殿分離法やイオン交換およびキレート樹脂を用いることなくコバルトとリチウムを分離回収することができる。今後はLiCoO$_2$だけではなく、LiNiO$_2$、LiMn$_2$O$_4$、LiCoNiMnO$_2$などの様々な正極材が普及することが予想されるため、コバルトとリチウムだけではなくニッケルを含むより多くの種類のレアメタルを能率よく分離回収することが可能な溶媒抽出プロセスの開発が必要である。

参考文献
1) 田中元治：溶媒抽出の化学，共立出版，東京，1977
2) 新苗正和, 鈴木祐麻, 中村友紀, 芝田隼次：環境資源工学, 第57巻, 第4号, 141-145頁, 2010

（山口大学　新苗正和・鈴木祐麻）

金属系の個別リサイクル 22
大気圧プラズマによる廃液晶からのインジウム回収

インジウムは液晶テレビや携帯電話などの液晶ディスプレイ中に含まれる透明電極のITO (Indium Tin Oxide) として広く用いられている。透明電極用のITOターゲット材の需要が急速に伸びていることに伴って、今後の買い替え需要から生じる廃液晶パネルからインジウムを回収する技術が求められている。

廃液晶パネルからのインジウムのリサイクルに関しては、現在は湿式プロセスを中心としてインジウムの回収技術が検討されている。湿式プロセスではインジウムを酸に溶出させ、分離、抽出、電解精錬等によってインジウムの回収を行うため、プロセスの多段化や廃薬品等の問題がある。

廃液晶パネルからインジウムのリサイクルを促進させるためには、プロセスの単純化と環境負荷を低減する技術の発展が必要であり、その解決策として乾式プロセスが検討されている。一般的な金属の分離回収としては、揮発しやすい塩化物の蒸気圧の差を利用して分離あるいは精錬を行う揮発精錬があるが、廃液晶パネルからのインジウム回収プロセスにおいては、現在のところ優れた乾式プロセスが見当たらないのが現状である。このような背景から、大気圧非平衡プラズマを用いた新しい乾式プロセスとして、インジウムを回収する方法が検討されている。

大気圧プラズマは、アーク放電のような高温の熱プラズマと、グロー放電のような非平衡プラズマに大別できる。熱プラズマはイオンやラジカルの温度がほぼ電子温度と等しく1万度以上の高温のプラズマである。一方、非平衡プラズマはイオンや分子の温度が低く、電子温度のみが高いプラズマである。短パルス電圧の印加によってプラズマを発生するので、イオンや分子の加熱を避けることができるためにエネルギー効率が高いことが特長である。

大気圧プラズマでは多量の高活性な化学種の発生が期待できることから、処理物質の対象を広げることができる。さらに、迅速なプロセスのスタートアップやシャットダウンが可能であること、ガスの使用量が少ないので排ガスシステムへの負担が小さいこと、選択的な物質の処理が可能であることから、リサイクルプロセッシングに適していると考えられる。

液晶パネルからインジウムを回収するための実験装置の概略図を図1に示す。液晶パネルは2枚のガラス基板が重なった構造をしており、その間に各種材料が含まれている。試料のガラス基板は誘電体として使用できるので、プラズマを発生する平行平板電極の下部電極として用いることができ、効果的なリサイクルプロセッシングができる。液晶パネル上のインジウムの除去には、ストリーマ放電のほうが局所的なエネルギー密度が高いことから、インジウムを効率的に回収できる。

このようなストリーマ放電を用いることによって、窒素、乾燥空気、アルゴン中の放電処理でインジウムの高い除去率が得られている。図2に示すように、窒素と乾燥空気によるインジウムの除去率が特に高く、窒素では75%程度、乾燥空気では70%程度の除去率である。除去率の経時変化においては、窒素より乾燥空気のほうが短時間で上昇し、1分でほぼ70%を達成する。これらのインジウム除去では、平行平板電極の上部には金属、下部にはガラス基板そのものを電極としているが、両方の電極に誘電体を設置すると除去率は大幅に

減少している。これは誘電体が挿入されたことによって、試料基板上での強いストリーマ放電の発生が抑制されたためである。

廃液晶からのインジウム回収以外にも、大気圧非平衡プラズマを用いることによって、様々な廃棄物処理やリサイクルプロセッシングへの展開が可能である。例えば、大気圧非平衡プラズマ中に存在している活性種を活用した新しいプロセッシングとして、プラスチックのリサイクルプロセッシングがある。最近は熱プラズマを利用した廃棄物処理の産業応用も進んでいるが、従来の技術と同様に、プラズマを単に高温熱源として扱っている例がほとんどである。今後は大気圧プラズマ中に存在している高活性な化学種を活用することによって、工業技術につながるリサイクルプロセッシングの新たな展開を拓くことを期待する。

(東京工業大学　渡辺隆行)

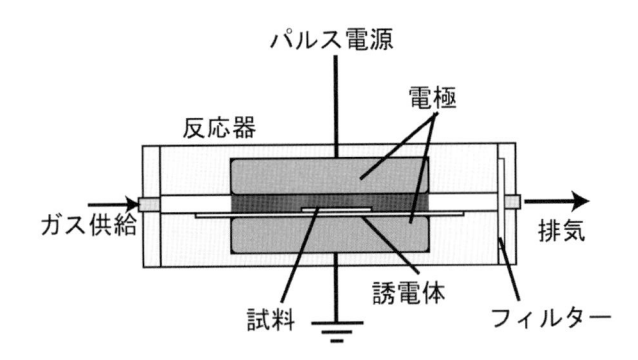

図1　大気圧プラズマによる廃液晶からのインジウム回収装置

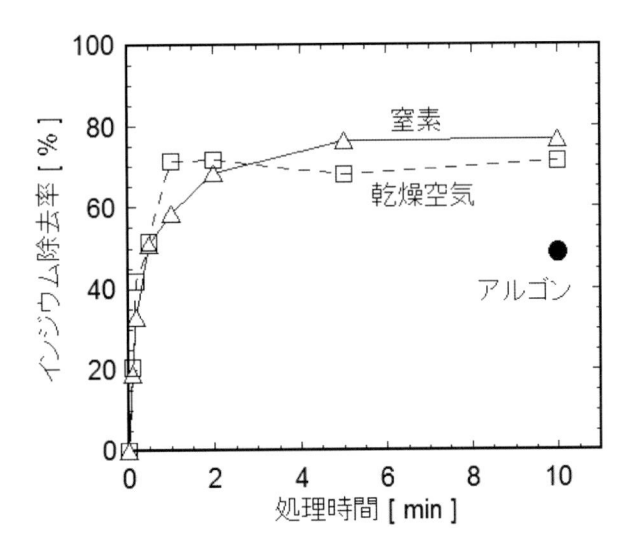

図2　乾燥空気、窒素、アルゴンの大気圧非平衡プラズマによる廃液晶からのインジウムの除去率

金属系の個別リサイクル 23
キレート洗浄技術による廃棄物の資源化と有用金属の回収

　都市ゴミ焼却廃棄物の溶融飛灰及び焼却飛灰は、年間数百万トンが最終処分場に埋め立てられている。溶融飛灰及び焼却飛灰には、アンチモン、スズ、ゲルマニウム、パラジウム、ガリウム等の有用金属が国内需要量に対してパーセントオーダー相当で埋蔵されており、将来の都市鉱山の一つとなる可能性がある1)。これら金属を資源として有効利用するためには、廃棄物中に分散した低濃度の金属を回収したり濃縮する技術が必要である。現在実施されている方法を挙げると、飛灰を酸に浸して重金属を抽出除去する酸抽出法や溶融固化中の揮発性金属塩化物を回収する山元還元では、主要成分であるPb, Zn等のリサイクルが可能である。一方、水による廃棄物の洗浄では、安価なコストで、アルカリ金属、アルカリ土類金属、塩化物イオン等の主要塩類を溶解することができるが、多くの有用金属は飛灰中に残存するため取り出すことができない。

　水洗浄において難溶な有用金属の溶解を促進する手法として、キレート洗浄技術の発展が期待されている。キレート剤は、各種金属イオンと錯体を形成する能力を有する有機配位子で、分子内に金属イオンと配位する原子を2つ以上有する多座配位子である。分子内に配位できる原子を1つしか持たない単座配位子と比べると、キレート剤は金属イオンと安定な錯体を形成する。家庭・工業用途の分野において、金属除去剤や洗浄剤、安定剤等に使用されており、特にエチレンジアミン四酢酸（EDTA）はその優れたコストパフォーマンスからキレート剤の代表として用いられている。

　実は、廃棄物処理法において飛灰に対する中間処理法の一つに指定されている薬剤混練法でもキレート剤は使用されている。その際に用いられるジチオカルバミン酸系キレート剤は、金属イオ

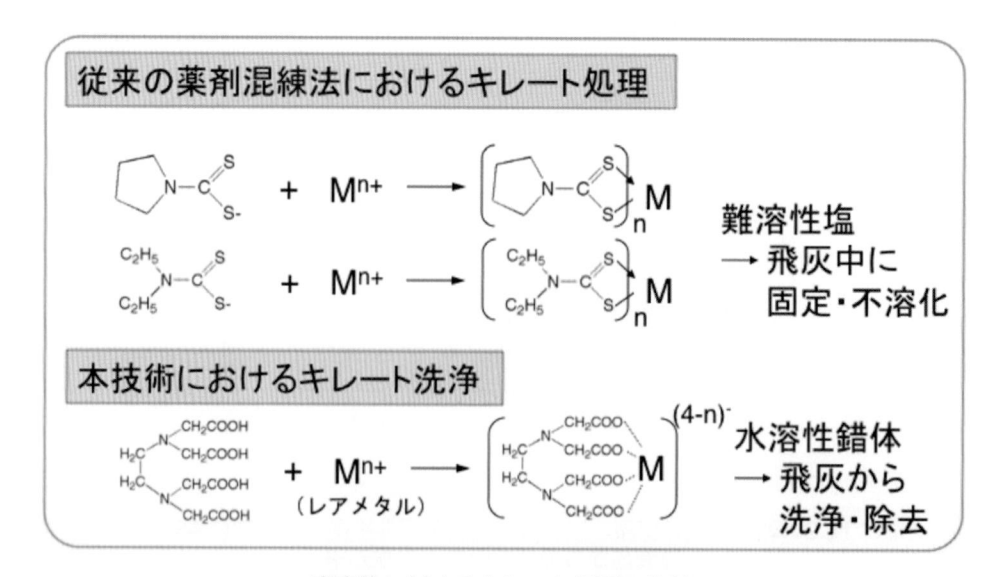

廃棄物に対するキレート処理の比較

ンと錯生成して水に難溶性の錯体を形成する（図参照）。したがって、飛灰にジチオカルバミン酸系キレート剤を混合すると、金属の溶出を抑制・安定化して飛灰全体を無害化することができるが、金属の回収やリサイクル利用は困難になる。一方、キレート洗浄には、イミノ二酢酸系キレート剤（EDTAも含まれる）等の水溶性キレート剤が適している。これらのキレート剤は、目的金属と錯生成して電荷を有する錯イオンを形成するため、水に難溶な金属化合物を強力に溶存態にする（図参照）。キレート剤による洗浄・抽出は、酸抽出とは異なり、中性からアルカリ性領域においても高い効果が期待できる。また、キレート洗浄剤に抽出された金属を更に化学分離する手法については、超分子作用に基づく固相抽出剤が有用であることが報告されている。

ところで、廃棄物のキレート洗浄では、洗浄後に残存したキレート剤が環境中に放出される可能性を十分に考慮する必要がある。現在、様々な製品に広く利用されているEDTAは、環境中で分解しにくく、自然水中への蓄積が微量元素の物質循環に影響していることが報告されている2)。これらの懸念を解決するのが、生分解性キレート剤の利用である。従来使用されてきたEDTAに代わる生分解性キレート剤として、アスパラギン酸系キレート剤のS,S-エチレンジアミン二コハク酸（EDDS）、3-ヒドロキシ-2,2'-イミノ二コハク酸（HIDS）、イミノ二コハク酸（IDS）、L-グルタミン酸二酢酸（GLDA）、メチルグリシン二酢酸（MGDA）が候補として挙げられる。生分解性キレート剤は、環境中において分解菌が馴化すれば次第に炭酸、水、窒素分子に分解するため、残留・蓄積することはほとんどない。

キレート洗浄技術は、危険な酸廃液が発生せず、化石燃料の使用量も少ないので、処理に要するコストとエネルギー量を低減することが可能である。環境対策技術において、エネルギー・コストの低減は実用化や普及促進につながる重要な因子であり、経済的にも効率改善を見込むことが期待できる。また、キレート洗浄の基本原理は、都市ゴミ焼却飛灰以外の廃棄物に対して適用可能である。レアメタル等を分離した廃棄物は、土木資材としての有効利用が期待でき、最終処分量の削減と資源利用量の節約につながる。将来的には、本技術は、安全性が高く低コストに金属を回収する要素技術として、廃棄物中における有用金属の回収、廃棄物最終処分場の再生等に貢献する潜在性がある。

参考文献
1) 大迫政浩, 肴倉宏史, 将来の循環型社会像からみた溶融飛灰・溶融メタルの山元還元の意義, in 溶融飛灰の資源化技術, pp.1-10, 日本機械学会(2009)
2) B. Nowack, Environmental chemistry of aminopolycarboxylate chelating agents. Environ. Sci. Technol., 36, 4009–4016 (2002)

（金沢大学　長谷川浩／大阪市立大学　水谷聡）

金属系の個別リサイクル 24
レアメタルの高効率リサイクルを目指した技術創成

～レアメタルリサイクルに向けた新規物理化学選別への期待と製錬プロセスへの技術融合～

レアメタルのリサイクルは、原料がどこから、どういう手順を経て発生したかによって回収のし易さや必要とされる技術レベルが異なる。著者がイメージするリサイクル原料は市中品、いわゆる最終消費者から発生する使用済み電子機器製品や自動車等に積載された基板類、モータ等を原料と仮定し、近い将来の技術開発ならびに効率的なリサイクルプロセスの確立に期待を込めて話を進めたい。

まず図に示すのは、既存技術と新たな物理選別あるいは化学抽出工程、さらに特殊製錬を含めた製錬プロセスとの融合による技術システムの概念である。

リサイクルにとって重要な破砕および剥離工程は、コンデンサー類や基板上に実装された素子部品類の単体分離を前提とし、選択性を持たせた破砕技術が主役になると考えられる。次いで物理選

レアメタルのリサイクルを目的とした物理化学選別と製錬プロセスの技術融合
－システム概念図

別の出番となる。ここは2段の選別工程を考えたい。第一段目の選別工程(選別工程A)は既存技術をフルに活用し、従来通り鉄・アルミ系を中心とする金属と樹脂類を一次的に選別する。続く二段目の選別工程(選別工程B)では、新たにレアメタルの選択分離性を高めた高機能の物理選別装置が位置づけられ、微量検出や分離精度、選択性を高めた選別技術が求められる。例えば、欧州で誕生後、研究例が飛躍的に増えたソーティング技術が最有力であろう。現時点では、粒径適用性、選別精度、処理量などに課題はあるものの、物理選別では最も可能性を秘めた装置であり、現在の検出能力から見て、将来の高度化に期待したい技術である。

次いで既存の製錬施設を積極的に使う金属リサイクルと、湿式回収法に注目した新たな技術開発である。また、その中間に位置する技術として、塩化揮発など新たにプロセス化した特殊製錬の開発である。今後の技術開発に期待が寄せられるが、意図としては、既存プロセスでは回収が困難なレアメタルを対象に、乾式製錬との組み合わせによって回収できるレアメタルを増やし、各工程の強みを活かしてリンク(融合)させることが必要だと考えられる。また、特殊製錬を考えると次に述べる湿式工程との結びつきも不可欠である。

化学抽出プロセスを考えると、技術的には湿式処理法に期待が寄せられる。特に最近では、レアメタルを含む溶液からの分離回収技術として、分子認識性を有するクラウンエーテルやその誘導体、イオン液体、特定のレアメタルに対し高選択性をもつように分子設計された試薬が多数開発されており、樹脂担持させた材料、吸着剤など新しい回収法が提案されている。大量生産や低価格化、耐用性、回収金属の拡大などに課題はあるものの、今後の開発如何によっては、選択性に優れた、新しい分離回収システムの構築と実用化が期待される技術である。

以上述べたリサイクル技術は、何かしらの形で研究開発が進められ、全て実用化に至っている訳ではない。ただ、このような要素技術が開発され、既存技術との組み合わせ、あるいはレアメタル回収の専科工程として誕生させることができれば、レアメタルリサイクルの技術的な限界を一気に超え、新たなリサイクルプロセスとして大きな役割を果たすことが期待できる。

(秋田大学　柴山敦)

金属系の個別リサイクル 25
溶融アルカリ浴による廃電子基板からのレアメタル回収：タンタルを例として

1. 背景

電子基板には貴金属やタンタルなどのレアメタルが含まれており、その濃度は鉱石中濃度と比較しても高いことから、廃電子基板からのレアメタル回収プロセスの開発は極めて重要である。このうち、タンタル(Ta)はコンデンサとして用いられているが、その原料粉末は、現在全量を輸入に頼っている。世界のTa生産の上位5カ国で90%以上を占めている点や、需要が限られていることから、価格・需要・生産の変動が激しく、投機の対象となることもあり、生産財として流通したコンデンサや他のタンタル製品も含めたリサイクルが望まれるものの、進んでいないのが現状である[1]。これは、Taを酸溶解するにあたって、フッ化水素酸以外には溶解しないために、一般的な湿式法を適用しにくいことも大きな要因であると考えられる。

2. 溶融アルカリ処理によるコンデンサ被覆樹脂の再資源化・タンタル回収プロセス

筆者らは、Taがアルカリに可溶であることに着目し、溶融アルカリに水蒸気を吹き込むことにより、コンデンサ被覆樹脂を選択的にアルコールに転換すると同時にTaについては水酸化物の形で溶出し、後段は従来のTa精製工程につなげるというプロセスを検討している（図1）。本プロセスは、Taのような難処理性のレアメタルの回収だけでなく、素子を被覆する樹脂、さらには基板の主成分であるプラスチックの再資源化も同時に可能である点が特徴である。樹脂の加水分解の研究に

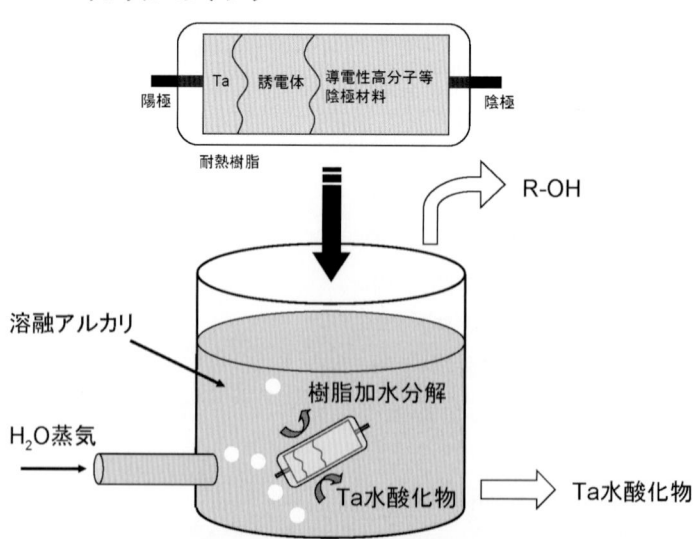

図1 タンタルコンデンサからのタンタル抽出とコンデンサ被覆樹脂のアルコール転換をねらった同時処理プロセスの概略図

ついては現在進行中であるため、その内容については別に譲ることにして、本節では、溶融アルカリ浴を用いたタンタルコンデンサからのタンタル回収に絞って、最近の研究結果を紹介する。特に、共晶組成付近の混合塩を用いることによって、比較的低温(～300℃)での溶出の可能性について、反応温度と反応時間変化におけるTaの浸出挙動を検討した。

3. 実験手法と結果

ディップ型タンタルコンデンサ(DAEWOO社製TBM1E105BECE)をモデル物質として用いた。試料コンデンサについて、あらかじめ横型電気炉において800℃、10minの空気酸化の前処理を行った後に、アルカリ浴処理実験に供した。アルカリ浴は、水酸化ナトリウム(NaOH)と水酸化カリウム(KOH)を乳鉢で粉砕したのち、重量比1:1となるようにジルコニウムるつぼに量りとり、ステンレス製反応容器内に設置し、縦型電気炉で所定の温度に加熱することでこれを調製した。所定温度到達後、反応管上部から試料をアルカリ溶融体に投入し、反応を行った。

反応温度及び反応時間を変化させて実験を行い、Ta溶出量の経時変化を調査した結果を図2に示す。反応時間が長くなるにつれてTa溶出量は増加することが分かる。また、反応温度を300℃から400℃に高くすると、比較的短時間で7mg近傍の一定値に近づくことが分かる。

4. 今後の展望

溶融アルカリへの浸漬処理によって、300℃程度の温度で、タンタルを融解させることが可能であることがわかった。ここでは結果を示していないが、共存するマンガンや鉄、銅なども溶出しているので、これらの分離プロセスを検討することが今後の課題である。また、今回用いたNaOH-KOH系の共晶温度は180℃付近であり、より低温での処理が可能であれば、リサイクルプロセスにおけるエネルギー消費の観点から有利である。このために、溶融アルカリ中の成分活量の影響や反応速度論的検討が今後必要である。

将来的には、溶融アルカリ処理によるタンタル回収と樹脂の処理の同時進行プロセスの確立を念頭においているため、樹脂の分解が同時進行することのコンデンサ中Ta成分の溶出挙動への影響の調べる必要がある。

参考文献
1) 独立行政法人石油天然ガス・金属鉱物資源機構：鉱物資源マテリアルフロー2008，pp.155-160；金属資源レポート，Vol.37, No.5, (2008)，pp.79-84.

(名古屋大学　寺門修)

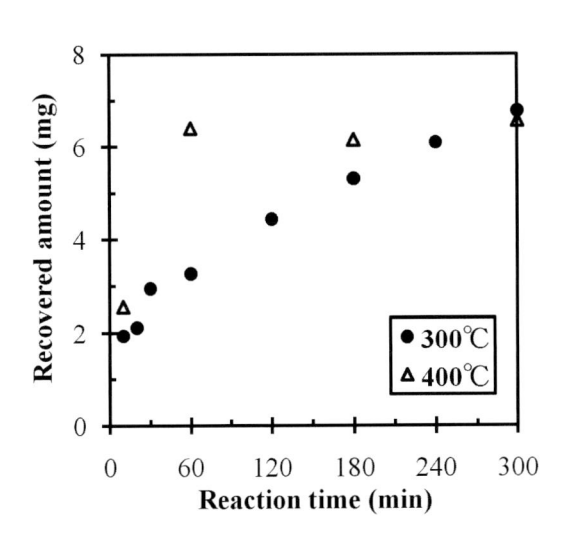

図2　反応時間と反応温度，Ta溶出量の関係

金属系の個別リサイクル 26
有価廃棄物からのレアメタルの分離回収プロセス

　小型家電や携帯電話に含まれるリチウム二次電池の正極活物質としては、コバルト酸リチウムが多く用いられており、将来的にはニッケル酸リチウムやマンガン酸リチウムが使われ、コバルト、ニッケル、マンガンおよびリチウムのリサイクルが重要な課題である。また、負極剤や電解液中にもリチウムが存在しており、電池全体からのリチウム回収も必要である。現在のリチウム二次電池のリサイクル率は35％に留まっており、更なるリサイクル率の向上が必須である。既往の分離回収プロセスは、電池を放電→分離選別→粉砕→酸浸出→ろ過→アルカリ沈殿によるコバルトの分離回収→膜分離によるリチウムの濃縮回収の順で行われている。しかしながら、このプロセスでのコバルトやリチウムの回収率は60％程度に留まっており、また、ニッケル系やマンガン系のリチウム二次電池が混在した場合の選択的分離法は確立していない。

　一方、自動車排ガス触媒は、コーディライト担体に白金族金属（パラジウム、白金、ロジウム）を担持した三元触媒が用いられているが、これらに加えて、希土類金属（ランタン、セリウム、ネオジム、プラセオジム）が助触媒として使われている。現在の自動車触媒のリサイクルプロセスは金属銅を用いた乾式精錬法あり、白金族金属以外の金属成分は全量、溶融スラグへ移行し埋め立て処分されている。加えて乾式法は、高エネルギー消費プロセスであるため、環境負荷が大きい。

　我々の研究室では、上記2種類の有価廃棄物から回収された微粉末からレアメタルを効率的に抽出するプロセスと抽出溶液から個々のレアメタルを高純度で分離回収するプロセスを統合連携したシステムの開発を行っているが、廃自動車触媒からのレアメタルの分離回収プロセスを一例として紹介する。

　普通乗用ガソリン車のマフラーには500gの触媒2個が備わっており、合計1kgの廃触媒から白金族金属をほぼ100％（平均で、パラジウム21g、白金0.5g、ロジウム1g）を抽出することができる操作条件（5 mol/L塩酸、70℃）を見出した。一方、レアアースについては、5 mol/L塩酸、70℃の操作条件では、1kgの廃触媒からランタン2g、セリウム32g、ネオジム10g、プラセオジム5gを抽出することができた。

　図1に廃自動車触媒からのレアメタルの分離回収プロセスの概略を示しているが、廃触媒の抽出液を3本の分離カラムを直列で通液しレアメタルを選択的に分離濃縮するプロセスである。初めに硫黄系抽出剤の含浸樹脂カラムによりパラジウムを分離濃縮、続いて陰イオン交換樹脂カラムにより白金とロジウムを分離濃縮、最後にリン酸系抽出剤の含浸樹脂カラムにより希土類金属を分離濃縮することができる。

　我々が提案するリチウム二次電池や自動車触媒などの有価廃棄物からのレアメタルの分離回収システムは、一貫して湿式冶金法を用いており、省エネルギー型で、かつ、環境負荷が小さく、既往の回収プロセスでリサイクルされていないレアメタルも回収できる特長を有する。加えて、種々のレアメタルが混在した廃棄物中からも吸着分離法による選択的分離を行い、「レアメタルの山元還元」を達成することができる。

（北九州市立大学　吉塚和治・西浜章平）

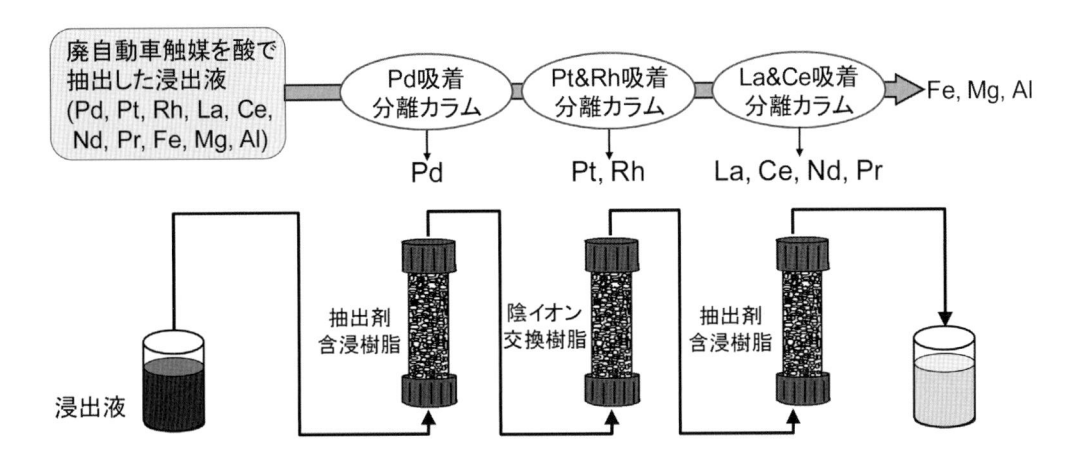

図1　廃自動車触媒からのレアメタルの分離回収プロセス

金属系の個別リサイクル 27
新規白金族分離精製プロセス構築のための高性能抽出剤の開発

白金族金属(PGM)リサイクルにおいて、PGMの分離精製は主として溶媒抽出法によって行われているが、塩酸溶液中のロジウムに対し有用な抽出剤が存在しないために、他の金属が分離された後に抽出残液より回収されている[1]。高価なロジウムが長時間滞留することは、経済性の面でもデメリットが大きいことから、ロジウム新規抽出剤開発の必要性は高い。

塩酸溶液中のPGMの抽出を考慮する際には、配位型抽出とイオン対型抽出の2種類に分別すると理解し易い。配位型抽出は、金属抽出時に抽出剤のドナー原子が金属イオンの内圏に存在（直接配位）しているもの、一方イオン対型抽出は、金属イオンの内圏構造は水相、有機相で同じであり、抽出剤は直接配位せずプロトン化等により金属イオン錯体の電荷を中和する役割を担っているものを指す。

ロジウムは比較的高濃度の塩酸溶液中では非常に安定なクロロアニオン種で存在していることから、プロトン化し易い抽出剤によるイオン対抽出が考えられる。しかし従来型抽出剤でロジウムに対し十分な抽出率が得られるものはなく、抽出率を向上させるにはイオン対抽出にプラスアルファが必要と考えられる。

我々は典型的なイオン対型抽出剤である3級アミンにアミド基を2個プラスしたN-n-hexyl-bis(Nmethyl-N-n-octyl-ethylamide) amine (HBMOEAA)が、ロジウムに対して優れた抽出特性を有することを見出した(図1)[2]。塩酸濃度1～3 mol/Lにおけるロジウム抽出率(~80%)は、高塩酸濃度([HCl] ≥ 1mol/L)において得られたものとしては今までになく高い値である。また、パラジウム及び白金に対しても広範囲の塩酸濃度において高い抽出率を示すが、塩酸濃度10 mol/L付近ではロジウムをほとんど抽出しない。そこで、塩酸濃度2 mol/L付近でロジウム、パラジウム及び白金を同時に抽出し、10 mol/Lの塩酸溶液を用いて逆抽出操作を行ったところ、ロジウムのみが選択的に回収された。このようなHBMOEAAの抽出特性に基づくと、ロジウムを最後に回収していた従来のPGM分離精製プロセスに代わり、ロジウムを最初に回収可能な新規プロセスの構築が可能なる(図1)。

参考文献
1) 芝田、奥田/貴金属のリサイクル技術/資源と素材/118/1-8/2002
2) H. Narita, K. Morisaku, M. Tanaka/Chem. Commun./5921-5923/2008

((独)産業技術総合研究所　成田弘一)

3 金属系の個別リサイクル

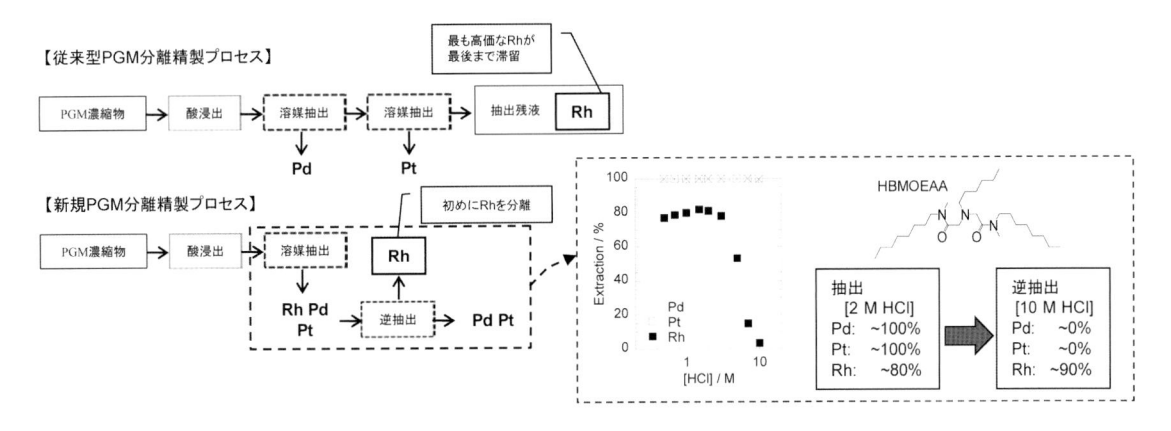

図1　従来型PGM分離精製プロセス及び新規ロジウム抽出剤を用いた分離精製プロセス

金属系の個別リサイクル 28
炭酸アンモニウムを用いた EAF ダストからの塩基性炭酸亜鉛の回収

1 はじめに

近年、電炉(EAF)ダストは、電気炉粗鋼の生産量の増加に伴って増大し、環境の立場からその無害化と有効利用が重要視されている。ZnおよびFeを主成分とするEAFダストの処理は、ロータリーキルン、MF炉や回転炉底法などの乾式法により、Zn成分をカーボン還元したZnを蒸発しZnOとして回収し残渣を製鋼電気炉に戻しているが、EAFダスト中に含まれるハロゲン成分による炉の劣化が問題となっている。

一方、湿式法によるZnの選択浸出は、EAFダスト中に存在する$ZnFe_2O_4$が難溶であるため浸出率の増大が課題である。$(NH_4)_2CO_3$水溶液は選択的にZn成分をアンミン錯イオンとして浸出し、Zn(II)を溶解した$(NH_4)_2CO_3$浸出液は加熱蒸発によりCO_2ガスおよびNH_3を系外に除去することで、Zn成分を加水分解して晶析させることができる。また、蒸発したCO_2ガスおよびNH_3は浸出剤として再利用でき、クローズドな回収システムが可能となる。しかし、$(NH_4)_2CO_3$の適用は、従来、その可能性が指摘されている[1]が、いまだ実用化にはいたっていない。

本題では、$(NH_4)_2CO_3$水溶液を用いたEAFダストからのZnの選択的浸出、不純物分離および蒸発濃縮法による塩基性炭酸亜鉛の晶析回収に関する実験検討結果をまとめた。

2 EAFダスト

EAFダストの組成は、電炉鋼の製造条件によりいくらか変化するが、表1に示すように、ZnおよびFeを主成分としPb、Cu、Ca、CdおよびMn等を少量含む。Zn成分は主としてZnO、$ZnFe_2O_4$および$Zn_5(OH)_8Cl_2$であり、Fe成分はFe_3O_4および$ZnFe_2O_4$などのフェライトとして存在していることが、図1のX線回折結果から確認される。また、本実験で使用したダスト中のZnOの含有量は、NH_3-NH_4Cl溶液による選択的溶解[2]の結果から、Zn総量の約47%であり、$Zn_5(OH)_8Cl_2$のそれは、Cl量から算出して約15%と推定できる。

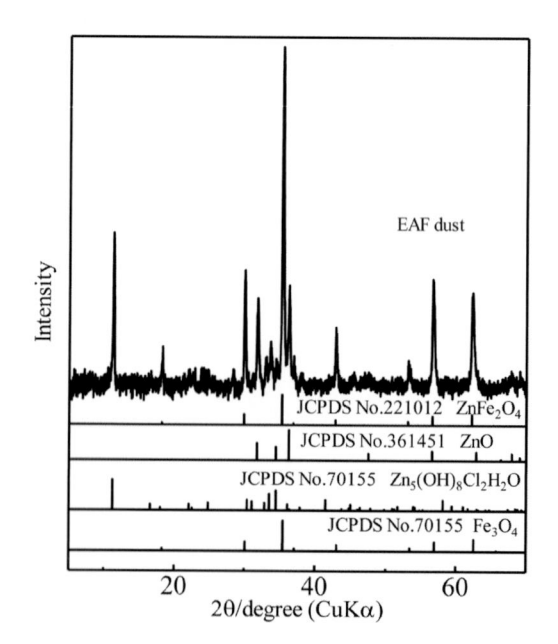

図1 EAFダストのXRD図

表1 EAFダストの組成

	Zn	Fe	CaO	Pb	MnO	Cd	Cl	F
Mass%	27～33	23～29	2.3～2.5	1.2～2.1	2.4～2.7	0.05～0.07	4.2～5.4	0.1

3 (NH₄)₂CO₃水溶液を用いたEAFダストの浸出

3-1 浸出速度

EAFダストは微粒子であり、Zn、Feなどの浸出速度は比較的速く、浸出時間2h程度でほぼ一定の浸出率を示す。しかし、Pbの浸出率は一旦増大し、時間の経過に伴い再沈殿して減少するが3h程度で一定になる。

3-2 (NH₄)₂CO₃濃度

図2は1.2、2.4、3.6および4.8mol/lの(NH₄)₂CO₃水溶液を用いて温度323Kで浸出した場合のZn、FeおよびPbの浸出率である。Znの浸出率は1.2mol/l (NH₄)₂CO₃水溶液で、63%を示し、これはZnOと塩化物が溶解した値にほぼ相当する。(NH₄)₂CO₃濃度の増大に伴い、Znの浸出率は増大し、ダスト中のZnFe₂O₄のいくらかが溶解したことが示唆される。FeおよびPbの溶出は、Fe(Ⅲ)およびPbのアンミン錯イオンの報告がないことを考慮すると、Fe(Ⅱ)のアンミン錯イオン、FeやPbのアコ錯イオンとして溶出しているものと考えられる。(NH₄)₂CO₃濃度を4.8mol/lに増大すると、Zn、FeおよびPbの浸出率はそれぞれ79、5および93%であった。また、Cd、CuおよびCaの浸出率は60、40、および0.6%であり、アンミン錯イオンを生成するCdおよびCuの浸出率は高い。

3-3 浸出温度

図3は浸出温度を298、323、333および353Kに変化させ、3.6mol/lの(NH₄)₂CO₃水溶液を用いた場合の浸出率を示す。ZnおよびFeは温度の上昇に伴いわずかに増加する。Pbは温度の上昇に伴い86から46%へと減少した。

3-4 ダスト濃度

図4は浸出温度323K、(NH₄)₂CO₃濃度1.2、2.0および3.6mol/lとし、ダスト濃度を20、40、60、

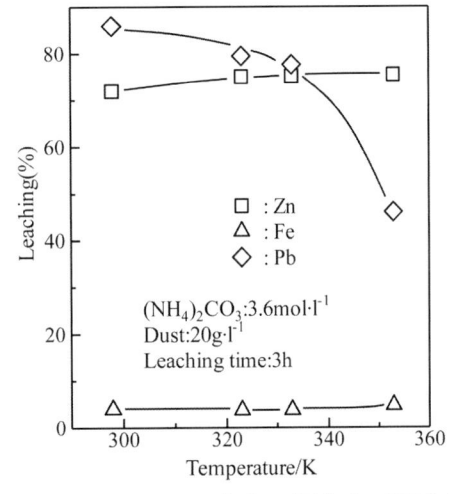

図3 Zn,FeおよびPbの浸出率に及ぼす浸出温度の影響

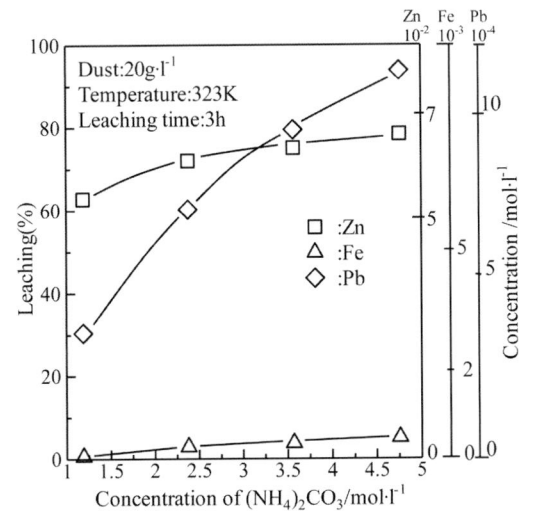

図2 種々の濃度の(NH₄)₂CO₃水溶液を用いたEAFダストからのZn,FeおよびPb成分の浸出

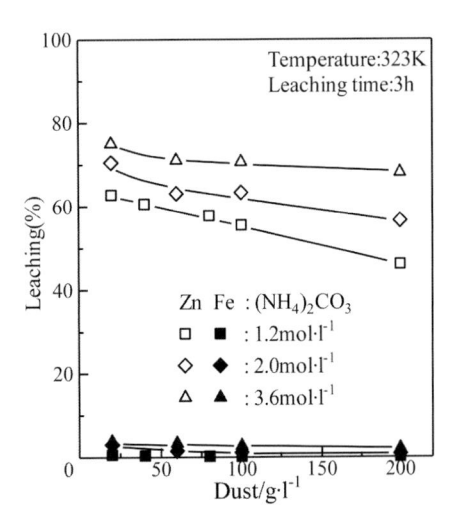

図4 ZnおよびFeの浸出率に及ぼすダスト濃度の影響

100および200g/lと変化させたときのダスト濃度とZn、FeおよびPbの浸出率の関係を示したものである。いずれの$(NH_4)_2CO_3$濃度でもダスト濃度の増加に伴い、Zn、FeおよびPbの浸出率は減少するが、$(NH_4)_2CO_3$濃度が増大する程、浸出率の低下は小さい。

4 浸出液中の不純物除去

4-1 高温加水分解

$(NH_4)_2CO_3$濃度2.0mol/l、温度323K、ダスト濃度100g/lの条件で得られた浸出液を、密閉容器中で高温加圧下に保つことにより、加水分解による不純物除去を試みた。表2には浸出液組成を、表3には423K、3h保持した後の組成を示した。アンミン錯イオンを形成しないFe、Pb、CaおよびMn成分は大きく減少し、沈殿除去が可能である。

一方、アンミン錯イオンを形成するCuおよびCd成分は除去できない。

4-2 Zn粉末を用いたセメンテーション

加水分解沈殿除去後の浸出液にZn粉末を投入した。表4は得られた浸出液の組成である。浸出液中のCu、CdおよびPb成分は、適量のZn粉末投入によりZnと置換し、ほぼ完全に析出除去することができる。

5 $(NH_4)_2CO_3$浸出液からの塩基性酸化亜鉛の晶析

上述の不純物分離後の浸出液を蒸留器に入れ、蒸発・濃縮することにより、H_2O, CO_2およびNH_3が蒸発し沈殿が析出した。晶析物は$Zn_4(OH)_6CO_3 \cdot H_2O$であることが図5のXRD結果から明らかである。

表2 不純物分離に用いた浸出液 (2.0mol・l^{-1} $(NH_4)_2CO_3$, 温度323K, ダスト濃度100g) の組成

Zn	Fe	Pb	Cu	Ca	Cd	Mn
0.3	5.0×10^{-3}	1.6×10^{-3}	1.4×10^{-3}	7.4×10^{-4}	5.6×10^{-4}	1.9×10^{-4}

Concentration/mol・l^{-1}

表3 高温加水分解 (密閉条件下, 423K, 3h) による不純物除去後の浸出液の組成

Zn	Fe	Pb	Cu	Ca	Cd	Mn
0.3	1.4×10^{-4}	7.4×10^{-4}	1.4×10^{-3}	1.7×10^{-4}	5.4×10^{-4}	1.1×10^{-5}

Concentration/mol・l^{-1}

表4 Zn粉末によるセメンテーション後 (303K, 20min) の浸出液の組成

Added Zn	Zn	Fe	Pb	Cu	Ca	Cd	Mn
2.5g・l^{-1}	0.31	1.4×10^{-4}	4.5×10^{-5}	2.6×10^{-5}	1.7×10^{-4}	3.2×10^{-5}	1.1×10^{-5}
5.0g・l^{-1}	0.314	1.4×10^{-4}	–	–	1.7×10^{-4}	–	1.1×10^{-5}

Concentration/mol・l^{-1}

表5 晶析後の残液 (蒸発率58%) の分析

Zn	Fe	Pb	Cu	Ca	Cd	Mn	Cl
0.9	–	–	–	0.138	–	0.005	600

Concentration/ppm

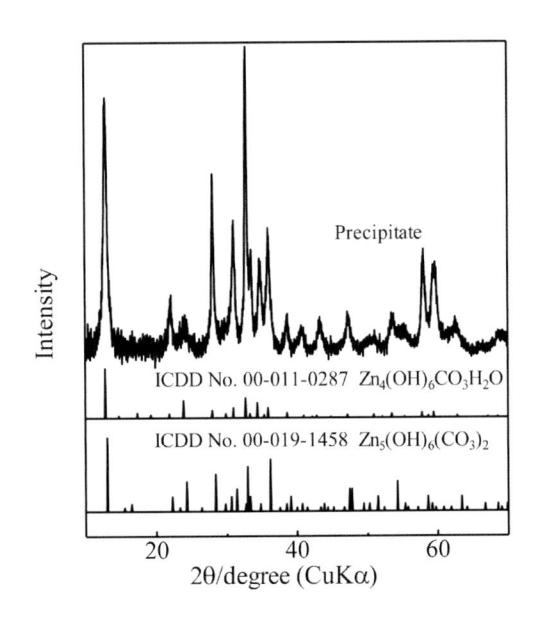

図5 (NH₄)₂CO₃ 浸出液から得られた晶析物のXRD図

また、蒸発率58%のZn²⁺が0.9ppm残留する溶液中には、表5に示すように、不純物除去が不十分であったFe、CaおよびMnイオンの残留量は少なく、晶析物への汚染が懸念される。一方、Clイオンの残留が見られる。このClイオンの残留は、予備処理としてNa₂CO₃水溶液による脱ハロゲンを行ったダストを用いた場合に大きく減少する。したがって、浸出液のリサイクルには予備処理が有効であろう。

6 おわりに

(NH₄)₂CO₃水溶液はEAFダスト中のZn成分を選択的に浸出し、Fe成分の多くを残渣中に残すことができる。Znの浸出量はダスト中のZnOおよびZn₅(OH)₈Cl₂の全量が溶出した量より多く、ZnFe₂O₄の一部が溶出すると考えられるが、さらにZnFe₂O₄からのZnの完全溶出に関する検討が必要である。

一方、浸出液中には、数%のFeとダストの微量成分Fe、Pb、Cu、Ca、CdおよびMnの一部が溶出し、それらの不純物分離が必要である。得られた浸出液を密閉容器中で373から423Kに加熱することでFe、Pb、CaおよびMnを除去することができたが、完全除去は難しく、酸素加圧下等の条件の検討が必要であろう。Zn粉を用いるセメンテーションによりCu、CdおよびPb成分はほぼ完全にZnと置換し沈殿除去できる。

浸出液は蒸発・濃縮することにより、Zn成分をZn₄(OH)₆CO₃・H₂Oとして容易に回収できる。

参考文献

1) Cscar Ruiz, Carmen Clemente, Manuel Alonso and Francisco Lose Alguacil : Recycling of an electric arc furnace flue dust to obtain high grade ZnO, Journal of Hazardous Materials, 141,33-36(2007)
2) F.Elgersma, G.J.Witkamp and van Rosmalen : Kinetics and mechanism of reductive dissolution of Zinc Ferrite in H2O and D2O, Hydrometallurgy, 33, 165-176(1993)

(富山大学　佐貫須美子)

金属系の個別リサイクル 29
産業排水の資源回収を目指した適切処理技術：水熱鉱化排水処理

　表1に示す元素群は、水中で安定かつ有害なオキソ酸陰イオンを形成する。このため、排水中に含まれるこれらのオキソ酸陰イオンを取り除き、浄化することは非常に難しい。現在は、大量の凝集沈殿剤を投入する方法(凝集沈殿法)により処理されているが、処理により排出される有害汚泥の処理の問題を伴う。一方で、これらの元素はすべて工業的に有用な元素であり、現在すべて輸入に頼っているのが実情である。したがって、再利用の困難な汚泥を大量排出する現行の処理法では、資源の有効利用という観点に反する。著者らはこの資源回収と無害化に対する要望を同時に満たす手法として、水熱鉱化排水処理法を提案し、いくつかのモデル的な系でこの方法が有効であることを実証している(表1)。本手法では、地球の鉱物生成機構の一つである水熱鉱化機構を模倣することで、低環境負荷型処理を実現している。この手法の特徴は、(1)生成沈殿がすべて天然鉱物であること、(2)処理後濃度が初期濃度に依存しないこと、(3)元素の価数に寄らないことであり、従来の処理方法とは一線画する画期的な手法である。これをより汎用性の高い技術とするために、図1に示すような疑似流通型処理装置を用いたホウ素含有排水の処理を行った結果、図1中に示すように、長時間破過することのない安定な処理が実現できることを明らかにした。しかし、ホウ素の関しては海域以外への排出基準以下にホウ素濃度を低減することはできなかった。また、この疑似流通装置では生成沈殿の回収は、反応容器を冷やさなければならない。水熱鉱化処理で生成された多くの鉱物は、室温付近で高い水への溶解度を示す。実用化に向けてはこれらの問題(特に装置的な問題)を解決する必要がある。

　これらの問題点を解決するためのシステム構成図を図2に示す。このシステムでは、海域以外への排水を可能にするために、陰イオン交換カラムを水熱鉱化処理装置の後段に配置した。これにより基準値以下に濃度を低減するとともに、資源回収率の向上を実現可能である。さらに鉱物回収のためのシステムの組み込みを見込んでいるが、このシステムの構築にはエンジニアの協力が必要不可欠であり、本処理法に興味のある方にはぜひご協力いただきたい。

(島根大学　笹井亮)

表1　水熱鉱化排水処理による各元素含有排水の最適条件下での処理結果

	ホウ素	フッ素	リン			クロム	ヒ素		セレン	
価数			I	III	V	VI	III	VI	IV	VI
鉱化剤	Ca(OH)₂	Ca(OH)₂ or CaCl₂	Ca(OH)₂			CaCl₂	Ca(OH)₂		BaCl₂	
到達濃度	4〜30	0.1	0.1	3.0	10	0.03	0.02	0.02	0.5	0.5
生成鉱物	ホウ酸カルシウム	フッ化カルシウム	リン酸カルシウム			クロム酸カルシウム	ヒ酸カルシウム		セレン酸バリウム	
排水基準	10	8	16			0.1	0.1		0.1	

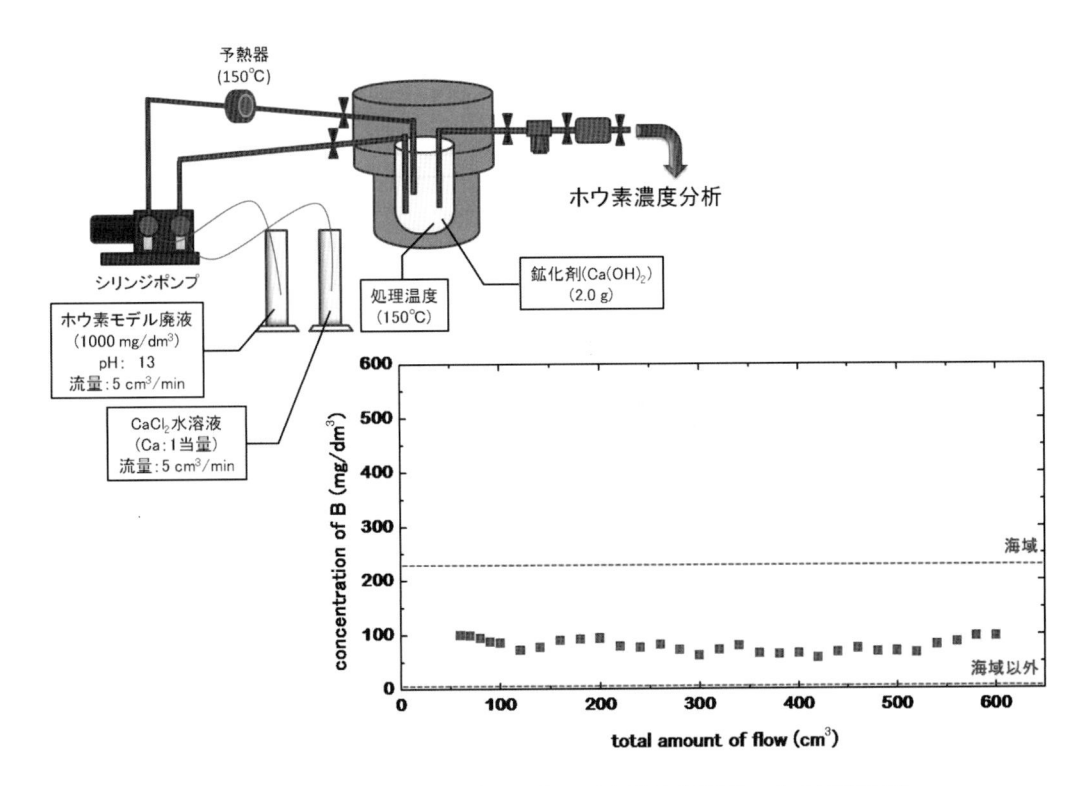

図1 ホウ素モデル排水の疑似流通型水熱鉱化装置による処理事例

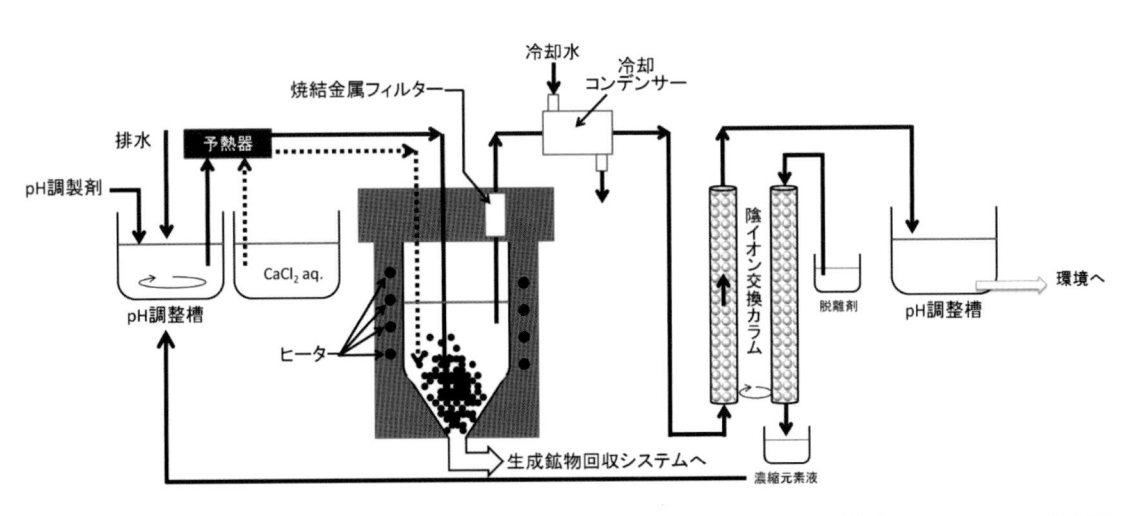

図2 水熱鉱化技術を用いた有害・有価陰イオン含有廃水の資源回収可能な適切処理システムの想定図

金属系の個別リサイクル 30
溶融飛灰等に含まれる重金属の塩化揮発による乾式分離回収

1. はじめに

現在、一般廃棄物などは減容化および無害化のために焼却あるいは溶融処理されるが、この過程で生成する飛灰には様々な金属が含まれているにもかかわらず、その多くは金属の溶出防止を施した後、最終的には管理型処分場等で廃棄されている。表1に、都市ごみ焼却灰および溶融飛灰中に含まれる各種成分の一例を示した。この中には金属資源として可採年数の少ない金属も含まれている。具体的には、鉛を例に挙げると溶融飛灰中に鉛は平均2 wt%含まれている。この鉛含有量は鉛鉱石と比較しても約3倍高い値となっている。さらに日本で排出される焼却灰(主灰、飛灰)すべてを溶融したときに発生する溶融飛灰から全ての鉛および亜鉛を山元還元するものと仮定すると、その年間の再生量は亜鉛で約22,000 t/年、鉛で約9,000 t/年となり[1]、鉛、亜鉛の国内内需の約2%に匹敵する量となる。このことより、これらの溶融飛灰を一種の鉱山とみなすことができ、最近では焼却灰から金属を資源として回収する試みが行われている。金属資源のほとんどを海外からの輸入に頼っている我が国において、金属資源の再利用と環境負荷低減を考慮しつつ、資源循環社会を構築するためにはこのような廃棄物からの金属の効率的なリサイクルシステムの確立が求められる。

2. 融飛灰からの重金属回収方法

溶融飛灰から重金属を分離・再資源化する方法は、従来から非鉄製錬分野で用いられてきた既存のプロセスを適用することが考えられている。非鉄製錬技術のプロセスは、電気化学を基礎とする湿式プロセスと化学熱力学を基礎とする乾式プロセスに大別される。乾式プロセスには還元揮発、熱プラズマ、真空揮発および塩化揮発などの方法が検討されている。このうち、塩化揮発法は高沸点の金属を低沸点の金属塩化物として揮発除去できるため、比較的低温度かつ低エネルギ負荷で重金属分離が可能となること、さらには粗鋼中のCu、Zn、Cdなどの重金属成分の分離に用いられてきた実績のある金属分離技術[2]である。

本稿では、塩化揮発法を溶融飛灰に含まれる重金属の分離回収への可能性を示す。一般に、溶融飛灰中には金属類は複雑な化学的形態で存在し[3]、そのほか溶融飛灰には多種の無機化合物が含まれていることなどを考慮した実験的検討が必要となる。図1に、焼却灰などに含まれる重金属類の塩化揮発による分離回収の模式図を示す。

表1 溶融飛灰および焼却飛灰の含有元素の一例

Ash composition [mg/kg]		溶融飛灰	焼却飛灰
	Pb	16,000	2,100
	Zn	20,000	8,000
	Cu	2,700	200
	Fe	800	11,000
	Cd	120	100
	Ca	130,000	264,000
	Na	166,000	21,000
	K	77,000	30,000
	Si	1,200	66,600
	Al	400	33,200
	Cl⁻	268,000	163,000

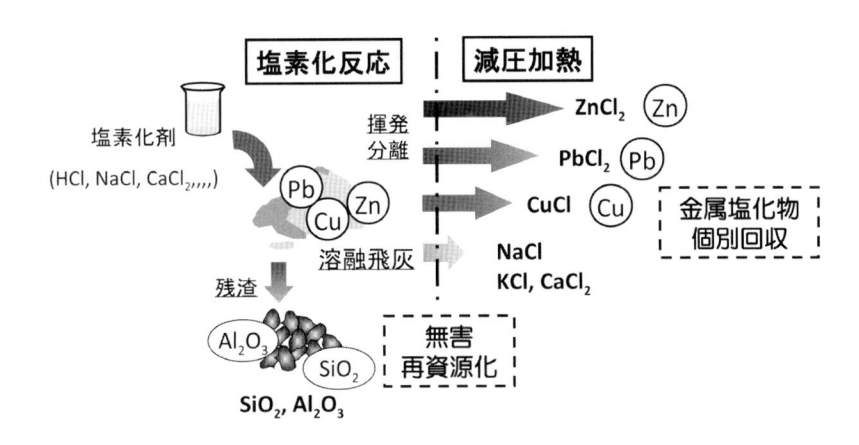

図1　焼却残渣中に含まれる金属化合物の塩化揮発分離

3. 溶融飛灰中の各種重金属の塩化揮発特性[4]

実験は、実験室規模の石英ガラス製のガス流通式反応器内に模擬溶融飛灰あるいは実溶融飛灰を装填した後、所定濃度に調整したHCl-N_2混合ガスを流入させ、反応器を40 K/minの昇温速度で1173 Kまで加熱した。その後、反応管温度を1173 Kの一定温度に一定時間保持した。この間に揮発した重金属は反応器出口部で石英ウールによって捕集した。一部、石英ウールを通過した重金属ガスは5%硝酸溶液にて完全に捕集した。各種重金属の揮発率は以下の関係から求めた。

$$V_M = 100 \times \{(M_W + M_H) / (M_R + M_W + M_H)\} \quad (1)$$

ここに、V_Mは重金属の揮発割合（wt%）、M_Rは試料に残渣する重金属量（mg）、M_Wは捕集用石英ウールで回収された重金属量（mg）、M_Hは5%硝酸溶液中の重金属(mg)である。

実験には、市販の重金属酸化物特級試薬ならびにSiO_2、Al_2O_3、$Ca(OH)_2$の特級試薬を都市ごみ溶融飛灰中の灰組成比と同じになるように混合するとともに、一般に溶融飛灰および都市ごみ焼却飛灰にはNaClおよびKClが存在することを考慮して、NaClおよびKClを単体金属換算の重量比Na:K=47：53で単体金属換算の含有量（Na+K）として22.0 %を添加したものを模擬飛灰として用いた。塩素化剤としては窒素ベースのHClガス（1.5、14、30 vol％）を用い、反応器内にガスを流量500 ml/minで流通させた。

図2に、保持時間120 minに保持したときの都市ごみ焼却灰からの重金属の揮発に及ぼすHCl濃度の影響を示した。図2中には同じく都市ごみ焼却飛灰を用いた武田ら[5]の結果（反応温度1173 K、反応時間120 min、HCl濃度5 vol％）も示した。本結果より、鉛、亜鉛はHCl濃度1.5 vol％で約98 ％以上が揮発し、鉄についても約90 ％程度が揮発することが分かった。銅についてはHCl濃度にほぼ比例して揮発率の増加が認められた。一方、銅については、HCl濃度 0 vol％においても都市ごみ焼却飛灰からの揮発率は約12 ％を示した。これは飛灰中にもともと塩化銅などの低沸点化合物が含まれていたためと推測される。しかしながら、鉛および亜鉛と比べて銅はHCl濃度30 vol％でも十分な揮発率は得られなかった。この原因として、本研究のようにN_2ベースのHClガスを用いたO_2濃度が低い雰囲気下では、銅酸化物および銅単体金属はHClガスとの反応によって塩化物を生成しにくいことが指摘されている[5]。

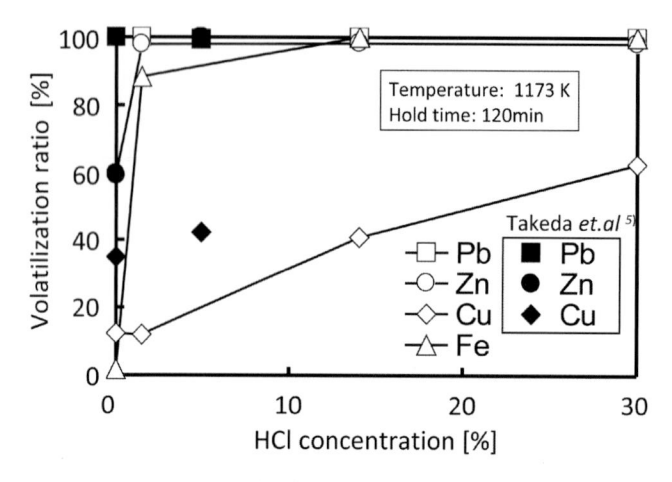

図2　都市ごみ焼却飛灰中の重金属の
揮発割合 HCl 濃度の関係

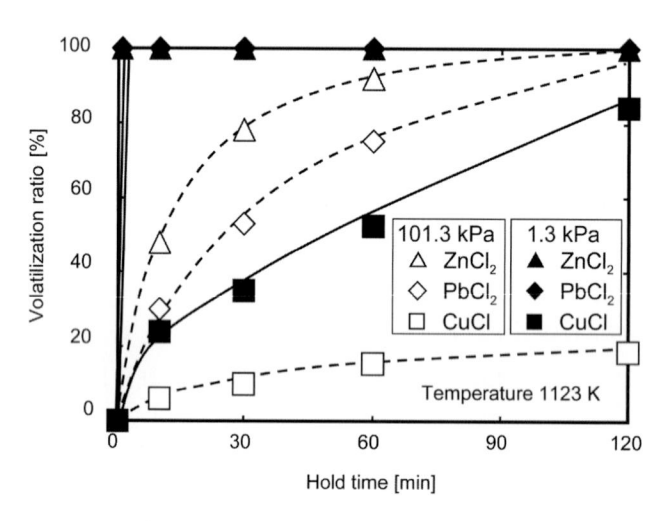

図3　各種重金属塩化物の揮発に対する減圧の影響

4．減圧加熱による重金属塩化物の揮発挙動[6]

図3に、溶融飛灰の塩化揮発-減圧加熱の組み合わせによる重金属の揮発挙動を示した。具体的には、1123 Kの加熱温度において常圧（101.3 kPa）および減圧（1.3 kPa）下における塩化亜鉛、塩化鉛、塩化銅の揮発率の経時変化を調べた。本図より、101.3 kPaおよび1.3 kPaのいずれの圧力条件においてもすべての重金属塩化物の揮発率は保持時間の経過とともに増大することが認められた。このとき、塩化亜鉛および塩化鉛は1.3 kPa、1123 Kでは保持時間1 minでほぼ100 ％近く揮発している。さらに、塩化銅は、常圧下、973 K、保持時間120 minにおいて10 ％程度の揮発率であったが、圧力を1.3 kPaまで下げることによって1123 Kでは揮発率は80 ％まで増加した。蒸気圧線図から求めた$PbCl_2$、$ZnCl_2$、$CuCl$の1123 Kでの飽和蒸気圧はそれぞれ約35 kPa、101.3 kPa、6.5 kPaであることから、飛灰を減圧加熱することによって重金属塩化物の揮発は促進されたと言える。

参考文献

1) 長崎英範；「溶融飛灰の山元還元」について，都市清掃，Vol.51, No.227, pp.605-610 (1998)
2) 光和精鉱（株）：光和精鉱におけるリサイクル事業，資源と素材，Vol.113, No.12, pp.1165-1166 (1997)
3) 高岡昌輝，蔵本康宏，武田信生，藤原健史；逐次抽出法による飛灰中亜鉛、鉛、銅およびカドミウムの化学形態推定，土木学会論文集，No.685, pp.79-90 (2001)
4) 中山勝也、山本政英、田中誠基、小澤祥二、松田仁樹、高田 満；飛灰に含有される重金属のハロゲン化反応による乾式分離特性、廃棄物学会論文誌，Vol.13, No.5, pp.271-278 (2002)
5) 武田信生，岡島重伸，長澤松太郎，峯勝之：塩化揮発法による飛灰中の重金属の分離に関する基礎的研究，環境衛生工学研究，第8巻，第3号，pp.185-190(1994)
6) 水野賀夫，中山勝也、河地貴浩，小島義弘、渡辺藤雄、松田仁樹、高田 満；減圧条件下での溶融飛灰からの亜鉛、鉛、銅の塩化揮発促進、化学工学論文集，Vol.32, No.1, pp.99-102 (2006)

（名古屋大学　松田仁樹）

金属系の個別リサイクル 31
溶媒抽出法による使用済み無電解ニッケルめっき液からのニッケル回収

無電解めっきは、電気を用いないめっき法であり、非導電性物質や複雑な形状を持つ物質の表面にも均一な皮膜を形成させることができ、今日の産業を支える重要な表面処理技術である。なかでも無電解ニッケルめっきは最も多用される。ところが無電解ニッケルめっき液は、ニッケル供給源である硫酸ニッケルや還元剤を補充しながら繰り返し使用するうちに、めっき反応の副生成物や、めっき対象物から溶出する亜鉛や鉄などが液中に蓄積することにより析出速度や皮膜特性が低下し劣化していく。このため、ある程度まで使用しためっき液は使用済みとしてほとんどが廃棄処分されている。使用済み液からニッケルを回収し再利用することができれば、めっき工場におけるニッケル試薬コストの削減、廃水処理の負荷軽減に役立てることができる。

溶媒抽出法は、有機溶媒相と水溶液相、2相間の物質の分配の違いを利用する分離方法で、比較的高濃度の金属イオンを迅速に分離するのに有利であり、金属製錬分野でしばしば用いられている。我々は、このような溶媒抽出法の利点に着目し、めっき会社と共同で、同法を利用した使用済み液からのニッケルリサイクルプロセスを開発した。

図1はそのフローシートである。ニッケルの抽出にはキレート系の抽出剤を使用するが、それを単独で用いたのでは抽出、逆抽出とも遅いので、加速触媒として酸性有機リン系抽出剤を少量加えている。図2にはニッケル抽出の時間変化に及ぼす触媒の影響を示している。この加速現象を見出したことにより、連続操作における抽出率および逆抽出率が大きく向上し、本プロセスをめっき工場にて稼働させることができた。

筆者は、溶媒抽出法は、無電解ニッケルめっきに限らず、各種の表面処理工程廃液中の有価金属の回収に適用可能性を秘めていると考えている。

参考文献
田中幹也、成田弘一、齋木幸則：溶媒抽出法を用いた使用済み無電解ニッケルめっき液からのニッケルリサイクルに関する研究、化学工学論文集、第36巻、201-206 (2010)

((独)産業技術総合研究所　田中幹也)

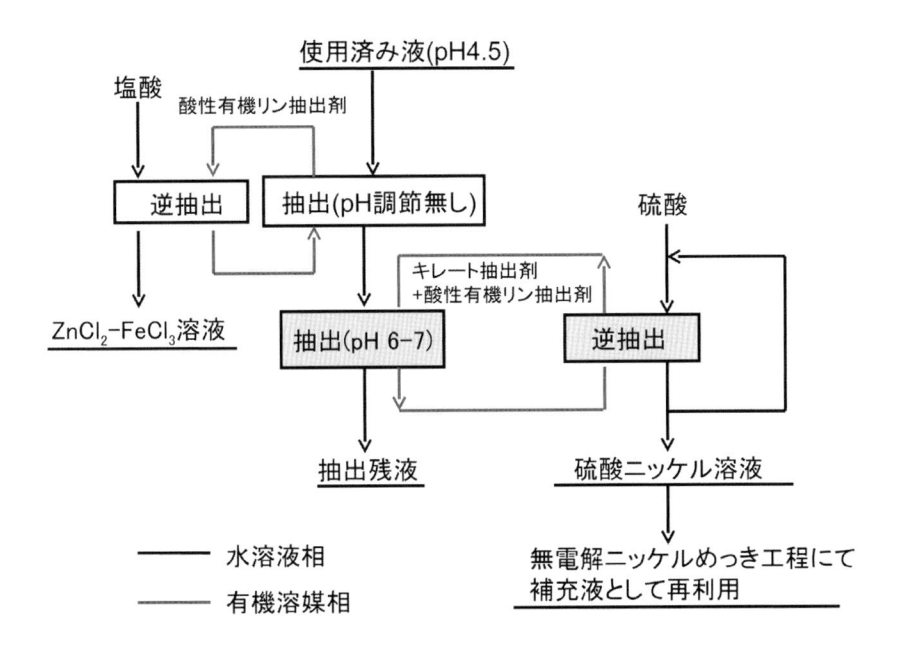

図1 使用済みめっき液からのニッケル回収フローシート

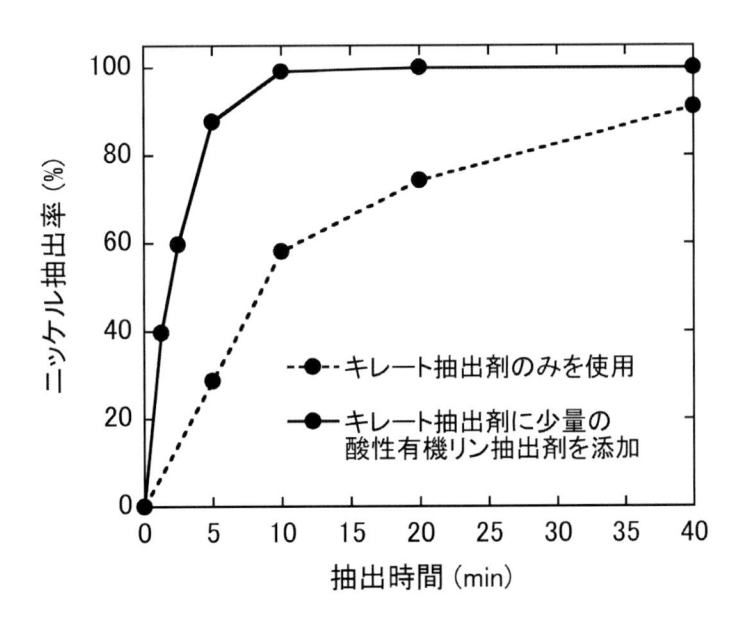

図2 ニッケル抽出率の時間依存性
（模擬使用済みめっき液を使用した実験）

金属系の個別リサイクル 32

鉄鋼に添加された合金元素の行方

　鉄鋼材料は各種金属元素の合金化により特性を発現させている事はいうまでもないが、我が国の鉄鋼産業が付加価値の高い高級鋼にシフトする戦略を採っている中で、合金元素の持つ意味は大きくなっている。かつて、合金元素を多量に使用する鉄鋼材料は、ステンレス鋼や耐熱鋼などに代表される特殊鋼であり、添加量も数パーセントから十数パーセントであった。これが現在では、普通鋼にも様々な合金が微量添加されるようになっている。例えば、自動車用鋼板では、使用部位によって必要とされる特性が異なるため、それに呼応して鋼材毎に様々な合金元素が、10-2 パーセントから数パーセントの濃度で添加されている。図1は各種非鉄金属元素の鉄鋼添加用としての国内消費量（メッキ材料も含む）と、その国内消費量全体に対する割合を示すが、多くの非鉄金属が主に鉄鋼添加元素として用いられていることがわかる。また、図2はNb、Vの国内供給量の推移を示すが、年々増加の一途をたどっている。このように、鉄鋼材料の非鉄金属への依存度は益々高くなっており、逆に言えば、鉄鋼材料は合金元素としての非鉄金属の活躍の場であるとも言える。

　一方、鉄鋼材料はリサイクル率が高い材料の1つであり、スクラップを電気炉で溶解することで原理的には全量を再利用することができる。しかし、一般には、高級鋼と称される、高純度で合金元素濃度や金属組織を精密に制御した材料は、鉄鉱石を出発点とした高炉・転炉法で製造され、スクラップ、特に、材料寿命を終えた後のスクラップで製造されるものは、あまりグレードの高くない鉄鋼材料になっている。このため、スクラップにおける合金元素の価値は反映されず、よりグレードの低い鉄鋼製品としてカスケード利用されるに過ぎない。この意味では鉄鋼は前記の「活躍の場」であるとともに「合金元素の墓場」でもある（図3）。合金元素は、鉱石、又は、フェロアロイとして、ほぼ全量を輸入に頼っているが、図1に示した鉄鋼で良く使用される合金元素のうち、Ni,Cr,Mo,Co,Mn,V は国家備蓄元素となっている。現在、これらの元素の中で、リサイクルができているのは、オーステナイト系ステンレス鋼に添加された場合の合金元素（Ni,Cr,Mo）とメッキ鋼板に用いられる Zn だけであり、他の元素は、いわば使い捨て状態となっている。

　鉄鋼の資源問題というと、鉄鉱石や原料炭の価格高騰が耳目を浴びており、これを引き起こしたのは東アジアを中心とした旺盛な鉄鋼需要である。この需要は、現在は土木建築用資材としてのものであるが、近い将来、それが輸送機械や電気機器等に用いられる高級鋼へとシフトすることは自明である。その時には、合金元素の資源確保が問題となってくることは避けられず、それに備えて、鉄鋼添加元素のリサイクル技術を開発し始める必要がある。そしてこれは、非鉄金属産業の問題であるとともに、鉄鋼産業の問題であり、かつ、高級鋼を必要とする日本の産業界全体の問題と考えるべきである。

　尚、本稿で用いた統計値は独立行政法人石油天然ガス・金属鉱物資源機構ホームページ (http://www.jogmec.go.jp/mric_web/jouhou/material_flow_frame.html)、財務省貿易統計 (http://www.customs.go.jp/toukei/srch/index.htm?M=77&P=0)を参考とした。

（東北大学　北村信也）

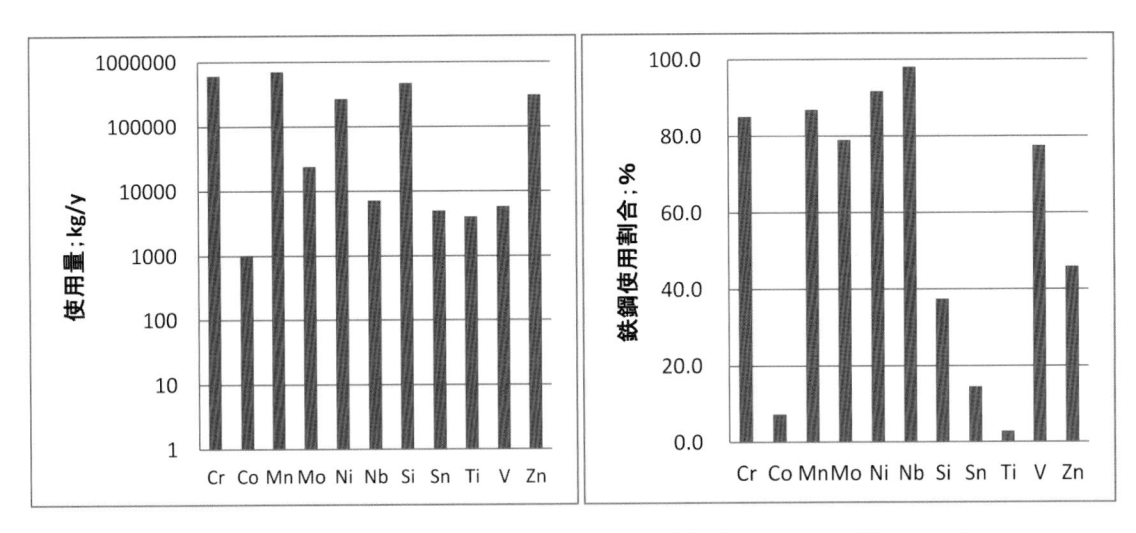

図1　各種非鉄金属元素の鉄鋼添加用としての国内消費量（メッキ材料も含む）と、その国内消費量全体に対する割合

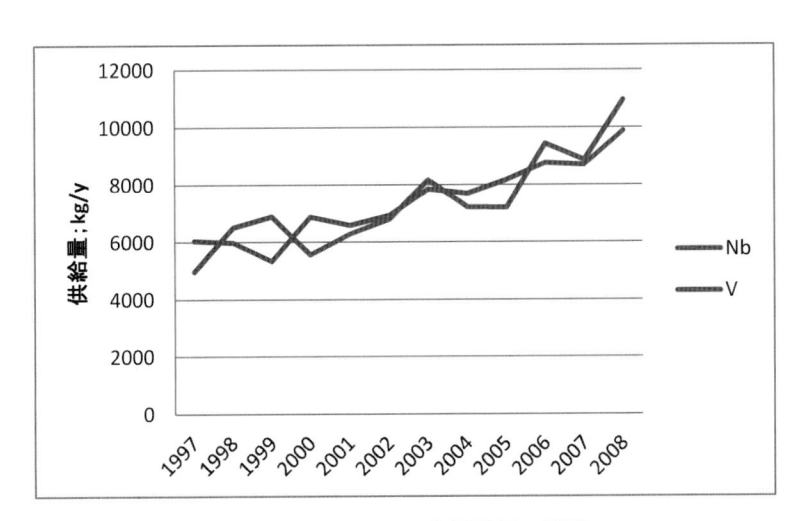

図2　Nb、Vの国内供給量の推移

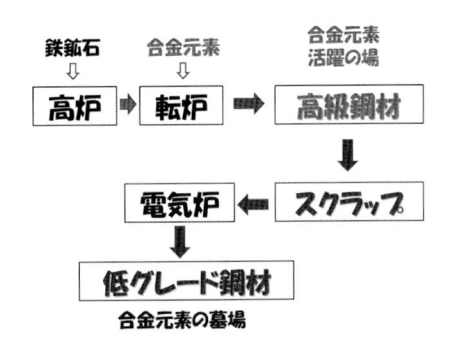

図3　鉄鋼に添加された合金元素の行方

金属系の個別リサイクル 33

溶融塩電解および合金隔膜を用いた廃棄物からの希土類金属分離・回収プロセス

1-1 はじめに

希土類金属は、希土類磁石や水素吸蔵合金、触媒材料、蛍光体をはじめとして様々な産業分野に不可欠な元素であるが、資源の偏在性が高く、元素によっては埋蔵量も非常に限られているなどの理由から、レアメタルの中でも特に供給障害リスクの高い金属と認識されている。そのため、廃棄物からの分離・回収が重要であることは論を待たないが、現状では工程内廃棄物等を対象に一部で行われているに過ぎない。その原因として、使用済み廃棄物の収集が困難であることが挙げられるが、技術的な課題も多く残っている。例えば、希土類磁石の主流となっているNd-Fe-B磁石には高温での磁力低下を防ぐためにDyなどが少量加えられており、Dyの添加量が多いほど高温耐性は向上するが、資源量が少なく高価であることなどから添加量は用途に応じて調整されている。そのため、リサイクルする際はDyとNdを相互分離することが望ましいが、これら希土類金属は化学的性質が類似していることから相互分離は困難である。したがって、現状で工程内廃棄物を処理する際には、DyとNdの濃度を管理して簡易的な処理を行い上工程に戻す、あるいは多段の溶媒抽出により相互分離するといった対応が取られている。後者の溶媒抽出等を利用したプロセス[1,2]はいくつか提案され、希土類金属の相互分離や不純物の除去が可能であるが、工程が複雑で高コストである。一方、組成が不明で不純物等も多いと予想される使用済み製品のリサイクルを想定した場合、希土類金属の濃度管理はほぼ不可能であり、溶媒抽出を利用した上述のプロセスを適用する場合も現状より更に複雑で高コストにならざるを得ない。

このような背景から、溶媒抽出技術のさらなる開発が進められる一方で、様々な新しい分離・回収技術も提案されている[3-6]。しかし、工業的には問題点も多く、開発が十分進んでいないといった理由から、現時点で適切なリサイクルプロセスが確立しているとは言い難い。そこで、筆者らは、簡便かつ効率的な希土類金属の分離・回収プロセスとして、溶融塩電解および合金隔膜を用いた新規な希土類金属分離・回収技術を提案した[7,8]。

1-2 溶融塩電解および合金隔膜を用いた新プロセスの原理

溶融塩電解および合金隔膜を用いた新プロセスの概念図を図1に示す。まず、希土類金属を含有する廃棄物を陽極に使用し、希土類金属を陽極溶解させる。あるいは、他の手法で得た低品位の希土類化合物を添加する方法も考えられる。これらにより生成した希土類金属イオンを合金隔膜の陽極室側(陰極として作用する)で次式により還元し、希土類合金を形成させるとともに隔膜中に拡散させる。

$$RE(III) + 3e^- + M \rightarrow RE\text{-}M \quad (1\text{-}1)$$

ここで、REは希土類金属で溶融塩中では3価のイオンとして存在すると仮定しており、MはRE以外の隔膜の構成元素で主に遷移金属である。合金隔膜内の希土類金属は拡散透過して陰極室側表面(陽極として作用する)にて再び陽極溶解する。

$$RE\text{-}M \rightarrow RE(III) + 3e^- + M \quad (1\text{-}2)$$

最終的に、陰極室中のRE(III)イオンを陰極上で希土類金属単体又は鉄等との合金として析出させる。このプロセスの特徴は、希土類合金をバイ

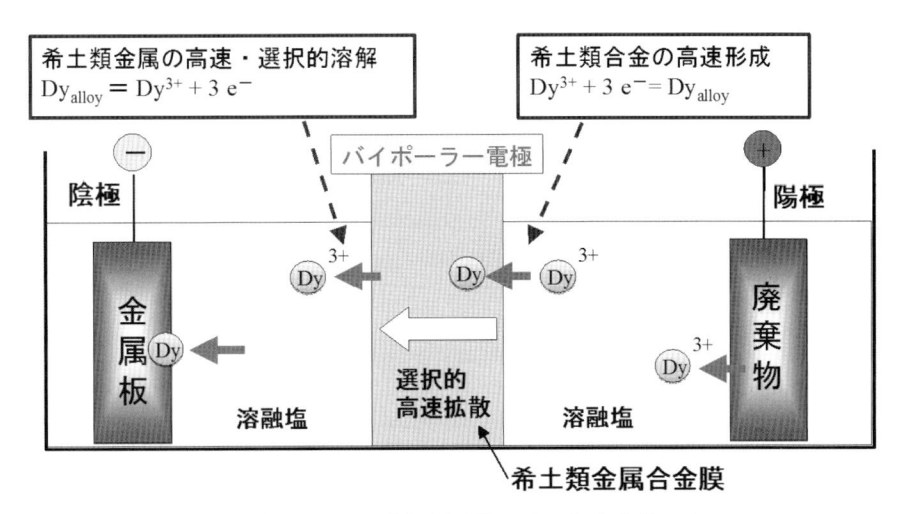

図1 溶融塩電解および合金隔膜を用いた廃棄物からの希土類金属分離・回収プロセスの原理図

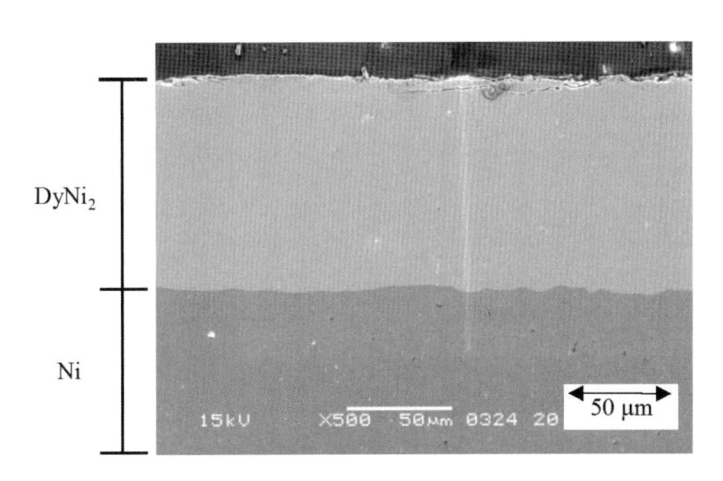

図2 溶融 LiCl-KCl-DyCl$_3$-LaCl$_3$ 中において 0.48 V、2 時間の定電位電解により作成した試料の断面 SEM 像[7]。温度：723 K

ポーラー型電解隔膜に用い、希土類金属イオンを選択的に透過させることである。機能としてはイオン交換膜に類似しているが、合金化とそれからの選択溶解を利用していることから、原理的に全く異なる概念のプロセスである。類似の機構による分離プロセスとしてはPd等の水素吸蔵金属/合金を利用した水素透過膜が挙げられるが、上記手法は電気化学反応を伴う点でこれとも異なっている。また、固体の合金を利用した分離プロセスは筆者らの知る限りこれまで検討された例は無い。これは、固体内金属の拡散速度が通常は低く、分離プロセスとして十分な処理速度が見込めなかったためと推測される。一方で、筆者らはこれまで溶融塩電解による希土類合金の形成を系統的に研究しており、ある条件下において特定のRE-M合金相(例えばRENi$_2$)が10〜100 μm/hの高い速度で形成する現象を見出している[9,10]。この際の拡散速度は、同じ温度域における通常の固体内拡散に比べ2桁程度高いうえ、電位による速度制御が可能であるといった特異な特徴があり、筆者らはこの現象を電気化学インプランテーションと呼んでいる。また、一度形成した希土類-

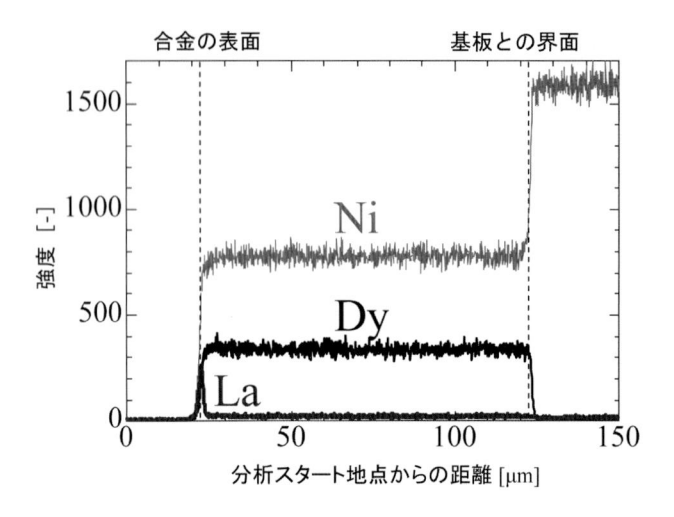

図3 溶融 LiCl-KCl-DyCl$_3$-LaCl$_3$ 中において 0.48 V、2 時間の定電位電解により作成した試料の EPMA ライン分析の深さ方向の濃度プロファイル 7)。温度：723 K

遷移金属合金を陽分極した場合、希土類金属のみを高速かつ選択的に陽極溶解できることも確認されており[9]、これらの特性を活かせば図1に示したプロセスが原理的にも速度的にも実現可能と考えられる。この場合、提案した新プロセスでは希土類金属と遷移金属の分離が可能であるうえ、希土類金属の相互分離にも期待が持てる。すなわち、上記の電気化学インプランテーションは特定の合金相に限られる現象であるうえ、その合金相の形成電位および合金形成速度や陽極溶解速度の電位依存性も希土類および遷移金属の組み合わせによって大きく異なることから、比較的高い自由度で各元素の透過速度を制御でき、この速度差を利用することで希土類金属の相互分離が可能と考えられる。さらに、熱力学的に必要な電圧は電解精製と同様にほぼゼロであることから、消費電力も比較的低いと推測される。このように、提案した新プロセスは希土類金属を簡便かつ効率的に分離・回収できる可能性があり、これらの特性が良好であれば廃棄物からの希土類金属回収への応用も期待できる。

1－3 塩化物系溶融塩における基礎試験

塩化物系溶融塩の中でも特にデータが豊富である共晶組成 LiCl-KCl 中において、資源的に貴重で過去の研究データも豊富な Dy と代表的な希土類金属の La が混在する系、また Dy と Nd が混在する系について分離実験を行ったので結果の一部を紹介する。

450℃の共晶組成 LiCl-KCl 中に DyCl$_3$ と LaCl$_3$ をいずれも 0.50 mol% 添加した系において、Ni 電極を用いて 0.48 V(vs. Li$^+$/Li)で 2 時間、電位を保持した。得られた試料を XRD により測定したところ、DyNi$_2$ の合金相のみが確認され、La-Ni 合金に帰属されるピークは見られなかった。また、同試料を樹脂埋めして断面を SEM 観察したところ、図2に示すように密着性の良い 100 μm 程度の薄膜が形成しており、EPMA による深さ方向のライン分析の結果からも薄膜が主に Dy と Ni から構成されていることが確認された(図3)。一方、La は合金の表面付近には確認されたが、合金内部ではほとんど存在が認められなかった。このことは、Dy が La よりも遙かに高速で Ni 基板中を拡散し、合金化したことを示している。これらの結果から、少なくとも Dy と La に関しては合金を形

成する段階で一定の分離が可能と判断される。

さらに、DyCl₃とNdCl₃をいずれも0.50 mol%添加した共晶組成LiCl-KCl中において、Ni電極を用いて電位を保持し作製した合金を溶解、ICP測定することにより各元素の析出量を算出した。その結果、0.65 Vで1時間、電位を保持し得られた合金試料中のDy/Ndの質量比は約72となり、Ndがほとんど析出（合金化）していないことがわかった。以上の結果から、Dyのみが析出（合金化）する電位を明らかにし、DyとNdの高精度な相互分離の可能性を示した。

1－4　おわりに

筆者らは過去の研究データが豊富な塩化物系の溶融塩を用いたが、実際の希土類金属製錬プロセスではフッ化物系溶融塩が多くの場合用いられ、本プロセスの工業的利用を考えた際にもメリットが多いと考えられる。そのため、塩化物系に加えてフッ化物系溶融塩での研究も重要であり、現在、DyとNdの電気化学的挙動および合金形成条件を調査している。また、廃棄物を用いた実証試験を可能とするため、希土類金属イオンを選択透過する合金隔膜としてNi薄膜で作製した試験装置を用いて、模擬条件においてDyとNdを拡散透過させる実験を行い、成功している[7]。今後、他の希土類金属間の分離もある程度可能と思われるが、実験条件によっては合金化する電位が近いなどの理由から相互分離が困難な元素の組み合わせも予想される。このような組み合わせに対し、電解条件を最適化して分離性を向上させる研究や、陽極室内に濃縮あるいは合金隔膜の陽極室側表面に析出する元素の回収または除去方法の開発など、検討すべき点も多いが、新プロセスを確立することができれば、現在多段かつ複雑な工程を必要としている希土類磁石切削くず、蛍光材料、電極材料からの希土類金属回収（工程内リサイクル）を大幅に簡略化することもできるため、大きな技術革新となる。

参考文献

1) N. Takahashi, S. Asano and K. Kudou, "Recovery Process for Rare-Earth Elements (Kidoruigennso no kaisyuu houhou)", Japanese Patent Disclosure H05-287405 (1993).
2) K. Yamamoto, "Recovery Process of Valuable Elements from Rare-Earth-Iron Alloys (Kidorui-tetsukei goukinn karano yuuyougennso no kaisyuuhouhou)", Japanese Patent Disclosure H09-217132 (1997).
3) A. Asada, "Recovery of Reusable Compounds Containing Rare-Earth Elements (Sairiyoukanouna kidoruigannyuu kagoubutu no kaisyuuhouhou)", Japanese Patent Disclosure H09-2157769 (1997).
4) M. Matsumiya, K. Tokuraku, H. Matsuura, K, Hinoue, "Enrichment of Rare Earth and Alkaline-Earth Elements by Countercurrent Electromigration in Room Temperature Molten Salts", Electrochem. Commun., 7(4), 370-376 (2005).
5) S. Shirayama and T. H. Okabe, "Current Status of Rare Earth Alloy Magnet and Pyrometallurgical Recycling Technology"(in Japanese), Molten Salts, 52(2), 71-82 (2009).
6) O. Takeda, K. Nakano and Y. Sato, "Resource Recovery from Wastes of Rare Earth Magnet by Utilizing Fluoride Molten Salts"(in Japanese), Molten Salts, 52(2), 63-70 (2009).
7) T. Oishi, H. Konishi, T. Nohira, M. Tanaka and T. Usui, "Separation and Recovery of Rare Earth Metals by Molten Salt Electrolysis using Alloy Diaphragm"(in Japanese), Kagaku Kogaku Ronbunshu, 36(4), 299-303 (2010).
8) T. Oishi, T. Nohira and H. Konishi, "Recovery Process of Rare Earth Metals (Kidoruikinzoku no kaisyuu houhou)", Japanese Patent Disclosure 2009-111503 (2009).
9) H. Konishi, T. Nohira and Y. Ito, "Formation and Phase Control of Dy Alloy Films by Electrochemical Implantation and Displantation", J. Electrochem. Soc., 148(7), C506-C511 (2001).
10) T. Nohira and Y. Ito, "Formation of Rare Earth Alloys by Molten Salt Electrochemical Process" (in Japanese), Molten Salts, 47(1), 5-12 (2004).

（大阪大学　小西宏和、（独）産業技術総合研究所　大石哲雄、京都大学　野平俊之）

無機系の個別リサイクル 1
産業副産物および地域未利用資源を有効利用した資源循環型機能性コンクリートの開発

本技術開発のコンセプト

　本技術開発のコンセプトは、種々の廃棄物問題、資源問題、環境問題を個別に解決しようとするのではなく、これらの問題をリンクさせ同時に解決しようとする点にある。そのキーワードは「機能化(Wise Use)」であり、その方向は二つある。

　第一は産業副産物や地域未利用資源を有効かつ大量に使用できる用途開発を目指すことであり、図1に示す「生物易付着性エココンクリート(B-CON)」はその事例である。B-CONは産業副産物である火力発電所から大量に排出されるフライアッシュ（FA：石炭灰）、クリンカーアッシュ(CL：石炭殻)、鋳物排砂(鉄分は18％含有)と地域未利用資源である低品質ゼオライト(大量にあるが低品質のため用途が少ない)を利用し、コンクリートに藻場回復・造成機能を付与し水産資源の涵養を出口として開発したものである。この背景にはFA・CLの廃棄問題、用途がなければ廃棄物となる地域未利用資源問題、コンクリートの骨材の枯渇問題、さらに将来的な食糧危機への対応のための水産資源涵養の必要性がある。B-CONはFA・CLを代替骨材に使用し、これに大型藻類の着生・成長に必須である鉄分を含む鋳物排砂、有機物・栄養塩吸着能力がある低品質ゼオライトを配合し藻場回復・造成機能を付与することにより、上記の複数の問題の解決を目指したものである。

　第二は資源の循環利用を図るため、製造の段階から製品にクラスター型（多面的・多段階的）の再利用機能を組み込むことであり、図2に示す「リン吸着型エココンクリート（P-CON）」はその事例である。P-CONはクラスター型の再利用機能を付与するため、上記の産業副産物や地域未利用資源に加えてリン吸着機能を有する機能性無機材料であるハイドロタルサイト等を配合している。P-CONはまず河川や水路に設置しハイドロタルサイト等による水質浄化機能(リン吸着機能)を発揮させ、経年使用後は吸着したリンや有機物を有効利用が図れる藻場造成や植生基盤への転用、また解体して骨材を回収した後、残った細粒や微粉末を土壌改良材(肥料担持型)として利用する等、多段階・多面的な再利用が可能である。B-CONにも水質浄化機能はあり同様の再利用が可能であるが、複数の資源・環境問題の解決に主眼を置き、藻場造成機能に特化して開発したものであり、P-CONは資源循環型に主眼を置き、さらにその機能や再利用性を高めたものである。

　B-CONおよびP-CONは、も産学連携によりコンクリート工学、無機材料工学、水産科学を専門とするチームにより開発したものであり、E-PRC(Eco-Perfect-Recycle-Concrete)と総称している。図3、図4はそのコンセプトおよび特徴をまとめて示したものである。

　今後、上記の事例のように廃棄物(産業副産物・地域未利用資源)問題、資源枯渇問題、環境問題をリンクさせ、資源循環技術の開発により解決しようとする方向は、資源が乏しい我が国だけではなく世界的にも重要であり着実に強まると予測される。

（島根大学　佐藤利夫）

図1 環境修復・資源循環型エココンクリート
生物易付着性エココンクリート（B-CON）

沿岸の岩礁域の藻場は、ウニ・アワビ、魚類等の多様な生物に生息空間を提供すると同時に、地球温暖化の原因であるCO_2を吸収する重要な役割を担っている。しかし近年、沿岸海域の埋立て、海岸線の人工化、土砂の流入等により、藻場は急速に減少している。

現在、藻場を再生し、生物の多様性および水産資源を回復させるための様々な取り組みが行われているが、栄養分等が不足する海域等では、大型藻類の着生・成長が難しいという問題がある。

B-CONは、上記の沿岸海域における資源・環境問題と廃棄物・地域未利用資源問題をリンクし、同時に解決するために開発した。

B-CONは、火力発電所から廃棄物として多量に排出される石炭灰・石炭殻および海藻類の着生・成長に必要な鉄分を多く含む鋳物廃砂、さらに地域未利用資源でありイオン交換能力・吸着能力を有する天然ゼオライトをコンクリートに複合的に利用することにより、藻場回復・造成に大きな効果を上げている。

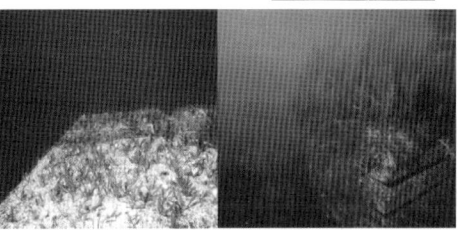

普通コンクリート（沈設4ヶ月後）　　普通コンクリート（沈設1年9ヶ月後）

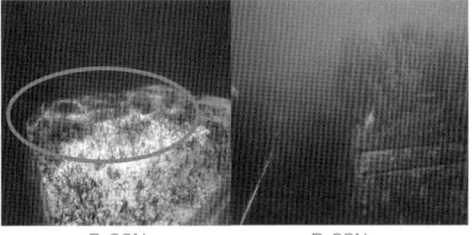

B-CON（沈設4ヶ月後）　　B-CON（沈設1年9ヶ月後）

図2 水環境保全修復・資源循環型エココンクリート
リン吸着型エココンクリート（P-CON）

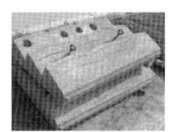

近年、コンクリート業界は「持続可能な循環型社会」を実現するために、省資源および資源の循環利用が求められている。現在、火力発電所や製鉄所から発生する石炭灰や高炉スラグ等の産業副産物は、コンクリート材料の代替材として積極的に有効利用されているが、これらの廃棄物利用コンクリートは、産業副産物を単にコンクリートに混入しているだけであり、経年後に多段階・多面的な利用が不可能であるため、再び廃棄物となり、資源循環へ寄与していない。

この問題を解決するため、P-CONを開発した。P-CONは、無機機能性材料であり高いリン吸着能力を有する「ハイドロタルサイト」をコンクリートに複合利用することにより、富栄養化の原因物資であるが、肥料成分として枯渇が懸念される資源でもあるリンを吸着除去し、水環境の保全修復に効果を発揮する製品である。また、経年後は多段階・多面的に再利用でき、最終的には骨材・リンの回収も可能な製品である。

最上部分のHTのリン吸着量

図3 E-PRC（Eco-Perfect-Recycle-Concrete）のコンセプト

E-PRCは、生活圏から発生する廃棄物・地域未利用資源・機能性材料をコンクリートに複合利用し機能化することにより、特殊な性能を発揮させるだけではなく、使用後に様々な用途に再利用できる。

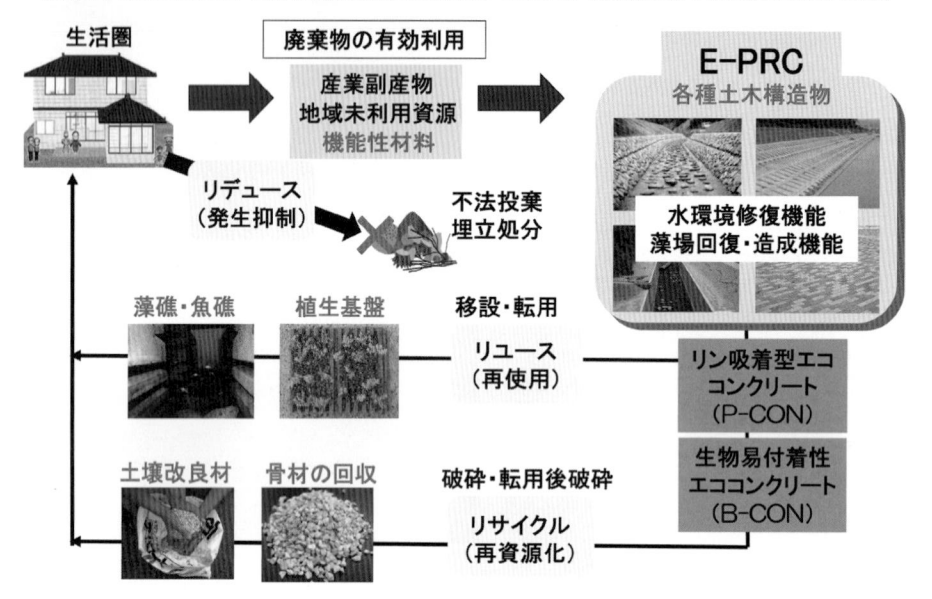

図4 E-PRCの特徴　－資源循環型社会を実現するまったく新しいシステム－

1. 廃棄物（産業副産物・地域未利用資源）の有効利用
現在まで、廃棄物は埋立て処分が基本であり、一部は不法投棄され問題視されてきた。本システムは、これらの廃棄物を有効利用(Wise Use)し、コンクリートを機能化することにより、資源循環を図るものである。

2. 水環境を保全・修復する機能
近年、人間の生活様式の変化や産業の発展に伴い、水環境の悪化（特に富栄養化）が進み、生活環境や水産資源環境を悪化させている。本システムは、コンクリートに機能性材料を複合利用し、富栄養化の原因である栄養塩を吸着除去する機能等を付与することにより、水環境の保全・修復に効果を発揮させる製品のシステムである。

3. 農林水産業の振興に貢献する機能
沿岸海域の藻場は大きな生産能力を有することが知られているが、近年、埋立てや磯焼けより藻場は激減している。本システムは、コンクリートに機能性材料を複合利用し、藻類の早期着生と成長を図る機能を付与することにより、藻場の回復に効果を発揮させる製品のシステムである。

4. 資源を低エネルギーで回収・再利用
21世紀は、種々の資源の枯渇化が懸念されている。本システムでは、水環境の保全・修復に使用したコンクリートから低エネルギーで骨材資源を回収可能であり、また富栄養化の原因物質であるが、三大肥料成分の一つで枯渇が懸念されているリンの回収・再利用も可能である。

本システムは廃棄物（産業副産物・地域未利用資源）と機能性無機材料を複合利用し、コンクリートを機能化することにより、コンクリートの多段階・多面的利用と資源の回収・循環利用を実現するシステムである。

無機系の個別リサイクル 2
無機系固体廃棄物の再利用と有害物質の安定化原理・評価

1. はじめに

　無機系固体廃棄物は、焼却灰やスラグ、ダスト等、対象や種類は非常に多岐にわたる。それらに対する再利用技術が開発されてきてはいるものの、多くが最終処分されているのが現状である。ここでは、有害な重金属を含有する都市ごみ焼却飛灰(以下、飛灰と略す)を一例として取り上げ、再利用する際の基礎技術として、塩化揮発法による重金属の分離・除去技術の有効性を簡単に述べ、塩化揮発法では分離が出来ない重金属に対する安定鉱物化技術について原理と有効性を詳述する。

2. 塩化揮発法による焼却灰中重金属の分離・除去

　飛灰の主成分はCa化合物であり、塩化物を多く含むのが特徴である。Ca化合物は、ごみ焼却処理時に脱塩化水素、脱硫黄酸化物処理のため中和剤として噴霧している消石灰に由来するものと考えられる。塩化物は$CaCl_2$、$NaCl$、KClなどを含有する。重金属類はZn、Pbをそれぞれ0.1〜1 mass%程度、Cr、Cdをそれぞれ100 mass ppm程度含んでおり、主に酸化物形態で存在しているものと考えられる。なお、土壌の環境基準から有害性を評価すると、Pbが溶出量および含有量ともに環境基準を超過することがある。

　塩化物の多くは蒸気圧が高いため、酸化物形態の重金属類を塩化することにより蒸気圧を著しく上昇させられ揮発分離が可能となる。熱力学的検討により、飛灰中に含有する塩化物のうち$CaCl_2$が塩化材として適しており、塩化反応により生成するCaOの活量を低下させるSiO_2を添加することで効果的に塩化揮発反応を進められる[1]。結果の一例として、乾燥させた実飛灰を1273 K、窒素流通下で2時間処理したものの各元素の除去率を図1に示す。PbとCdは飛灰単独処理でもほぼ全量を分離・除去できるが、Zn、Snについては十分でなく、Crはほとんど揮発分離できない。そこで、SiO_2試薬だけでなく、SiO_2分を多く含有する無機系固体廃棄物の建設汚泥やコンクリートがらを添加して処理を行うと、Zn、Snまでほぼ全量を分離・除去できる。この様に、廃棄物の

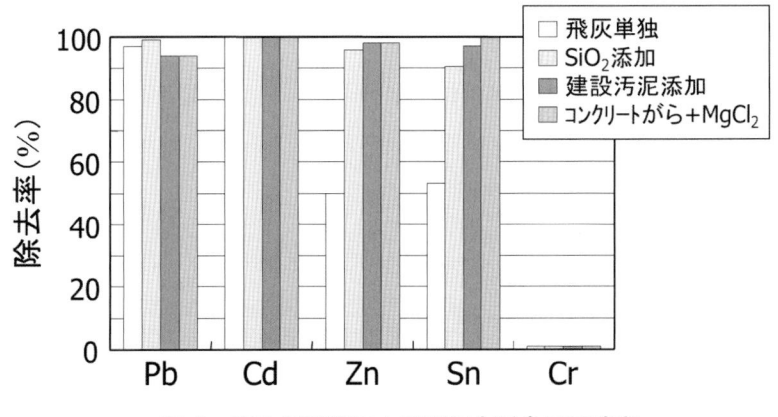

図1　塩化揮発法による飛灰中重金属の除去

有効利用という観点を含めて、塩化揮発分離処理による飛灰からの重金属の分離・除去の有効性が分かる。ただし、飛灰の再利用を考えた場合は、後述するように残留するCrの安定化が必要である。

3．安定鉱物化によるクロムの安定化原理・評価

塩化揮発法により、ほとんどの有害な重金属類を分離・除去できるが、Crは残留する恐れがある。例え処理後残渣が環境基準を満足したとしても、再利用の際には、この様な残留した有害成分を安全・安心のため無害化(安定化)する必要がある。安定化方法は、セメント固化や薬剤処理など[2]があるが、これらは概ね有害成分を"閉じ込める"処理であり、有害成分の溶出を完全には抑制できない。しかも、安定化処理物は大きな塊状や水との混合物であり、処理物の再利用を念頭に置いた安定化法としては適当でない。一方、自然界の土壌中に元々存在する形態であれば、安定性、さらには安全性も高いとの概念に立脚した"天然鉱物＋結晶化"による安定鉱物化処理は、"閉じ込める"のではなく、天然鉱物と同じ状態に変換することにより安全・安心化を図るものである。また、安定鉱物化処理は処理対象の物理的な状態を大きく変化させる方法ではないため、例えば、塩化揮発処理後の飛灰残渣は粉体状であることから、再利用を念頭においた場合の安定化処理法としても適している。

塩化揮発処理後残渣中のCrの安定鉱物化を図る際の指針を、高温処理時の高温酸化反応(式(1))と再利用時の水への溶出反応 (式(2)) の二つから考える。なお、実際にはいくつかの素反応を経るが、ここでは総括的に表す。

$$Cr^{3+} + 3/4\, O_2 + 5/2\, O^{2-} = CrO_4^{2-} \quad (1)$$
$$Cr_2O_3 + 5H_2O = 2CrO_4^{2-} + 10H^+ + 6e^- \quad (2)$$

Crは6価になると有害であり、かつ溶出が進行する。上記の二つの反応は共に右に進行するとCrは3価から6価になるため、反応を右に進行させないことがCrの溶出抑止につながる。つまり、以下の方策が安定鉱物化処理に必要となる。①3価Crの活量低下、②高温処理時に低塩基性の確保 (O^{2-}活量の低下)、③処理雰囲気の還元性 (低P_{O_2})、④溶出時に溶出液のpHを低く維持できる組成、とすることである。このうち、①は安定鉱物化処理そのものを意味し、③は処理時の雰囲気制御で達成できる。②の高温処理時に低塩基性を確保するためには、SiO_2などの酸性酸化物の添加が有効である。この組成制御は、飛灰中に多量に存在するCa系の塩基性成分を中和することも意味し、再資源化時に溶出環境に曝された場合、溶出液のpH上昇を抑制させる作用(④)も併せ持つ。

この様なことから、Crの安定化対象天然鉱物はケイ酸鉱物から選定するのが望ましい。図2に1623KにおけるCr₂O₃ − SiO₂ − CaO系状態図[3]を示す。この状態図中の化合物のうち、$Ca_3Cr_2(SiO_4)_3$の組成を持つUvarovite (灰クロムざくろ石) は、Crの主要鉱石であるクロム鉄鉱 (Cr_2FeO_4) に附随して産出される天然鉱物であり、安定鉱物の候補と言える。ところで、前述の塩化揮発処理ではSiO_2添加により重金属除去の

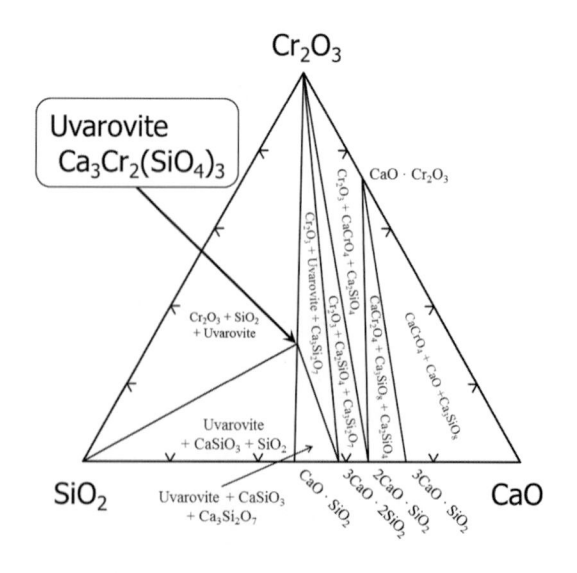

図2　Cr₂O₃ − SiO₂ − CaO 系状態図(1623 K)

効果が上がる。Cr の安定鉱物化処理においても SiO$_2$ 添加が必要であることから、これらの処理は同時処理できることを意味し、処理条件としては非常に望ましい。

市販の試薬を用いて Cr$_2$O$_3$-CaO-SiO$_2$ 系の模擬試料を調製し、安定鉱物化の効果を検討したところ、Uvarovite が存在できる組成にすることで、Uvarovite の合成が認められ、溶出試験においても pH が 4〜12 の範囲で Cr^{6+} の溶出が非常に低く抑えられた[1]。そこで、実飛灰に SiO$_2$ を 25 mass% 添加し Uvarovite の安定組成にした試料、及び飛灰のみの試料に対し、1273 K、Ar 雰囲気にて 2 時間保持し、環告 46 号準拠及び pH 固定の溶出試験（液固比 100、3 時間撹拌）を行った結果を図 3 に示す。低 pH の条件では Cr^{6+} の溶出は認められない。一方、pH 12 では飛灰のみでは Cr^{6+} が溶出するが、SiO$_2$ を添加して安定鉱物化処理を施すと Cr^{6+} は溶出しなくなる。したがって、飛灰に SiO$_2$ を添加し Uvarovite 安定領域組成にする Cr の安定鉱物化処理の有効性が認められた。なお、安定鉱物化処理後試料を土壌汚染対策法に基づいて評価したところ、Cr 以外の重金属類は塩化揮発除去され、Cr については安定鉱物化したことにより、溶出量及び含有量について環境基準を満たした。

4．おわりに

無機系固体廃棄物を再利用する際に問題となる重金属類の除去および安定化の方法として、都市ごみ焼却飛灰を例に示した。無機系固体廃棄物は多岐にわたるが、廃棄物の性状を把握することにより、本稿で示した方法の適用を図れる可能性は高い[4]。近年では焼却灰の溶融処理の普及など、無機系廃棄物の再資源化への道は拡がっているが、再利用の更なる拡大のためには、機能性付与といった差別化を図ること[5]や、処理物の材料特性安定化のための基礎研究を進める、などの方策が必要である。

参考文献
1) 佐野浩行、藤澤敏治、工業排水・廃材からの資源回収技術、伊藤秀章監修、シーエムシー出版、(2010)、p.129-137
2) 田中信壽、松藤敏彦、角田芳忠、東條安匡、廃棄物工学の基礎知識、技報堂出版、(2003)
3) F. P. Glasser and E. F. Osborn, J. Am. Ceram. Soc., Vol.41, (1958), p.358-367
4) H. Sano, H. Kodama and T. Fujisawa, Proc. of the Sohn Int. Symp. on Advanced Processing of Metals and Materials, Vol.5, (2006), p.521-530
5) M. Oida, H. Maenami, N. Isu and E. H. Ishida, J. Cream. Soc. Japan, Vol.112, (2004), p.S1368-S1372

（名古屋大学　佐野浩行・藤澤敏治）

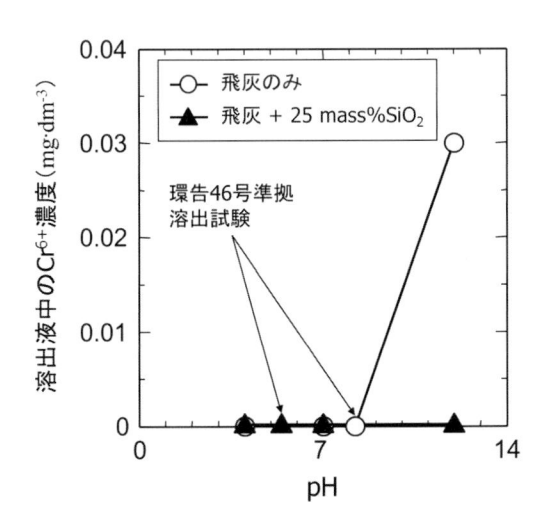

図 3　飛灰中 Cr の安定鉱物化処理後の溶出試験結果

無機系の個別リサイクル 3
無機層状イオン交換体（ハイドロタルサイト）による排水からのゼロエミッション型リン除去・回収システム

　排水処理は水質汚濁を防止し水環境を保全する上で不可欠な技術である。水質汚濁の原因は有機物と栄養塩（窒素・リン）が二大要因であるが、現在は富栄養化の原因となる栄養塩の除去、特に微量で富栄養化の原因となるリンの除去が焦点となっており、その排出源の60〜70％は生活雑排水である。排水からのリン除去技術には凝集沈殿法やリン蓄積菌を利用した生物学的除去法などいくつかの既存技術があるが、富栄養化を防止できるレベルまでリンを安定的に除去することが難しく、また大量のスラッジや汚泥が発生するため、その処分が大きな問題となっている。

　一方、リン鉱石は可採量が約160億t、年間約1.6億tが採掘されており（2009年）、約80〜100年程度で枯渇すると予測される資源である。日本にはリン資源が皆無で100％輸入に依存しており、年間約90万tが輸入され80％が農業用肥料に、20％が食品や工業用に消費されている。しかし2008年にはバイオ燃料ブームや人口増加による穀物増産から、肥料原材料であるリン鉱石の価格が5倍に高騰したことは記憶に新しく、2008年から世界第2位の産出国である中国がリン鉱石の輸出を中止し、第1位の米国は1996年から戦略物質としてリン鉱石の輸出を禁止している。リン資源の枯渇は農業生産に直結し、100％輸入に依存し食糧自給率が約40％と先進国中最も低い日本では、食料危機を回避するための穀物増産、また持続的な農業生産はもちろん工業製品の生産を行う上でも、将来的なリン資源の確保が極めて重要な問題である。

　資源的観点から見ると、生活雑排水や畜産排水等はリンのストックヤードと見ることができ、これらの排水処理系からリンを回収できれば日本の年間輸入量の約10％程度は確保できるとされている。この排水処理系からのリン回収技術については、近年注目され種々の技術が確立されつつあるが、対象はリンが濃縮される汚泥やその焼却灰が中心であり、濃度が低い排水から直接リン除去・回収・再資源化する技術開発は進んでいなかった。排水から直接リン除去・回収・再資源化できる技術の開発とシステムの確立ができれば、富栄養化問題とリン資源の問題を同時に解決でき、そのメリットは非常に大きい。

　本技術は、上記のシステムを確立するため、排水中のリン酸イオンに対し高い選択性と大交換容量を有する層状無機イオン交換体（図1 HT：ハイドロタルサイト化合物）の開発、次いでシステム化のためそのリン吸着能力を十分に発揮させエンジニアリングも容易な繊維成形体（図2 HTCF：Hydrotalcite Carring Fiber・重量比で90％のHTを繊維中に担持させた成形体）を開発し、排水から直接リン除去・回収・再資源化するシステムの確立を目指したものである。

　本システムは、イオン交換を原理とし選択的に排水中から大量のリン酸イオンを吸着できることから、排水から高度にリン除去ができるだけではなく、イオン態でリンを除去することから汚泥の発生もなく、また吸着したリン酸イオンは脱離液と再生液を用いる2液再生法により、容易にリン酸カルシウム（HAP）として回収・再資源化が可能であり、さらに吸着材の再生も同時に行えるシステムである（図3,4）。また2液再生法はHAPとしてリンを回収することにより脱離液からリン酸イオンが除去され、また再生液のカルシウム

4 無機系の個別リサイクル

図1 無機層状イオン交換体(Mg-Al-Cl型ハイドロタルサイト：HT)とリンの吸着機構

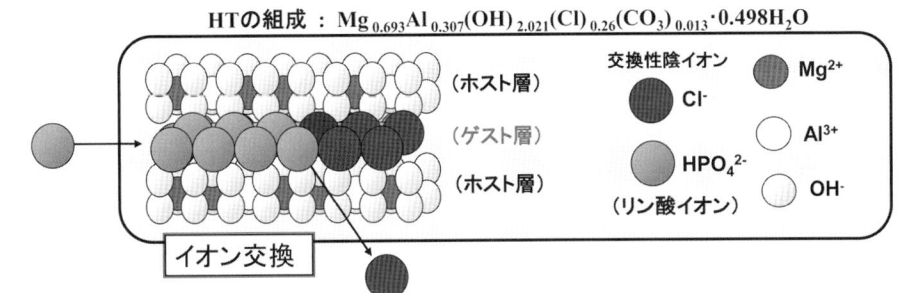

HTの組成：$Mg_{0.693}Al_{0.307}(OH)_{2.021}(Cl)_{0.26}(CO_3)_{0.013}\cdot 0.498H_2O$

交換性陰イオン：Cl^-、HPO_4^{2-}（リン酸イオン）
Mg^{2+}、Al^{3+}、OH^-

（ホスト層）／（ゲスト層）／（ホスト層）
イオン交換

HT（粉体）

【HTの特徴】
① リン酸イオンに対し高い選択性を有する
　選択系列：$CO_3^{2-} > HPO_4^{2-} \gg SO_4^{2-} \gg Cl^- \gg NO_3^-$
　→ 低～高濃度まで速い吸着速度
② 層状構造が積層している（交換容量が大きい）
　→ 大量のリン酸イオンを吸着可能（60mg-P/g）
③ 原理がイオン交換（イオン態でリンを吸着）
　→ 吸着能力の再生、リンの再資源化が容易
　→ pH調整等の必要なし、汚泥等の発生なし

図2 HTCF (*Hydrotalcite Carring Fiber*) の構造と特徴

■繊維中にマクロボイド構造を形成させ，添着剤なしで重量の90％のHTを担持
■マクロボイド構造の隔壁・表面スキン層は、ナノオーダー細孔による連通構造
　→ 高い透水性・速い拡散速度を実現
■種々の形状に成形可能（長繊維・ストランド・球状形）　→ 良好な固液分離性

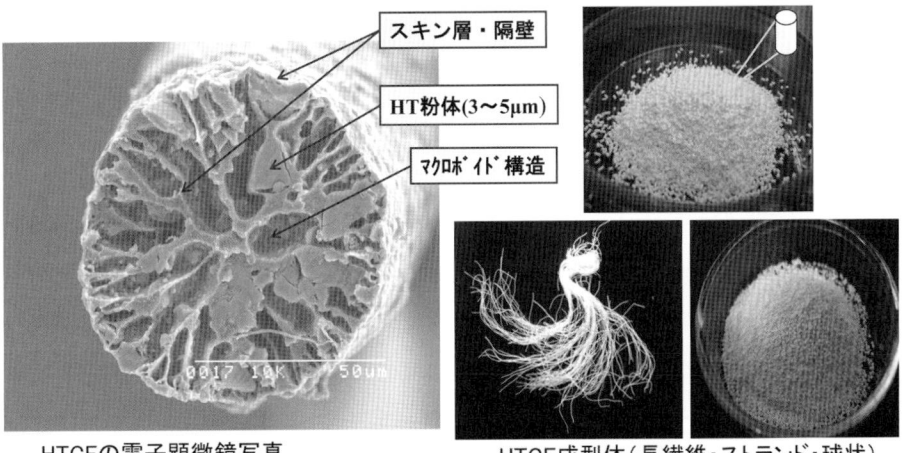

スキン層・隔壁
HT粉体（3～5μm）
マクロボイド構造

HTCFの電子顕微鏡写真　　HTCF成型体（長繊維・ストランド・球状）

図3 HTCFを使用したリン吸着除去装置とフロー（例：中小規模施設用）

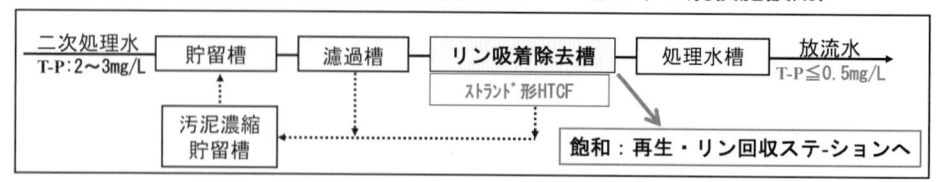

```
二次処理水 ─→ 貯留槽 ─→ 濾過槽 ─→ リン吸着除去槽 ─→ 処理水槽 ─→ 放流水
T-P:2～3mg/L           ↓              ストランド形HTCF              T-P≦0.5mg/L
                    汚泥濃縮                    ↓
                    貯留槽              飽和：再生・リン回収ステーションへ
```

①リン吸着除去装置
・除去槽数：2基（流量：常用50m³/日）
・HTCF量：150kg/基（ストランドタイプ）
・通水方法：下降流 34.7 L·min⁻¹
・逆洗方法：空気+水

（リン吸着除去槽）　1.5m　Φ0.8m

（飽和したリン吸着除去槽の搬出）

図4 2液再生法によるリン吸着除去槽の再生とリン回収フロー（ゼロエミッション型）

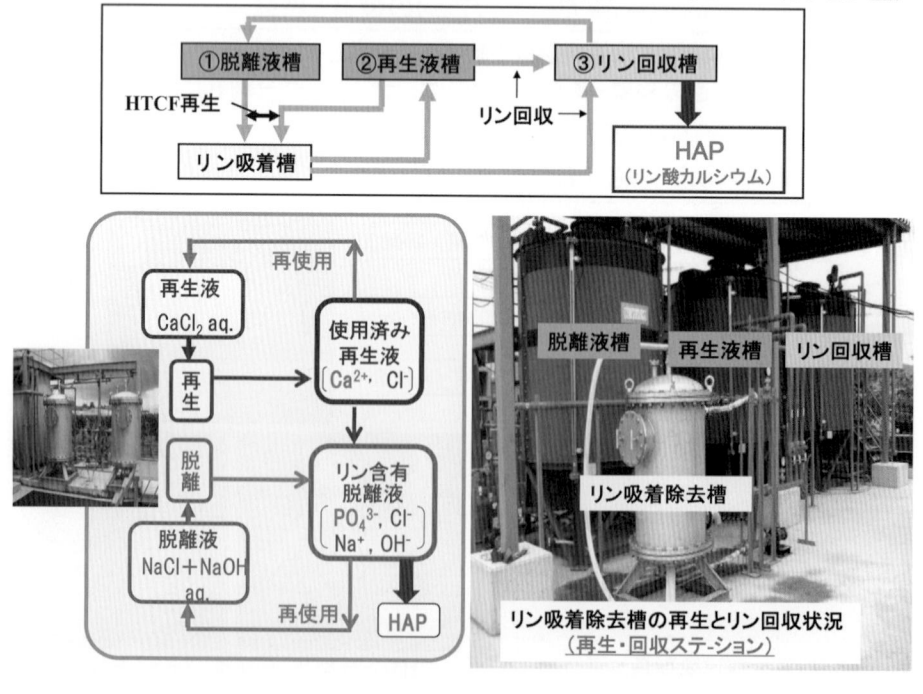

①脱離液槽　②再生液槽　③リン回収槽
HTCF再生　　　リン回収→　　HAP（リン酸カルシウム）
リン吸着槽

再生液 CaCl₂ aq. → 再生 → 使用済み再生液（Ca²⁺, Cl⁻）→ 再使用
脱離液 NaCl+NaOH aq. → 脱離 → リン含有脱離液（PO₄³⁻, Cl⁻, Na⁺, OH⁻）→ HAP
再使用

脱離液槽　再生液槽　リン回収槽
リン吸着除去槽

リン吸着除去槽の再生とリン回収状況
（再生・回収ステーション）

図5 リン回収システムの構築

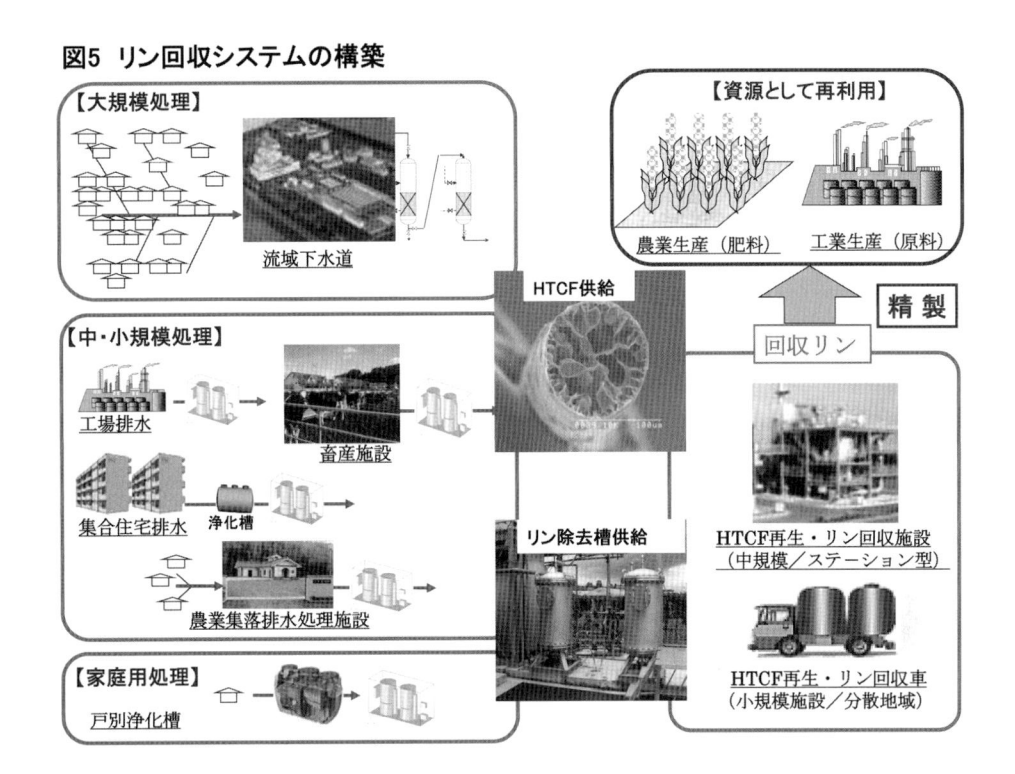

(Ca)分を利用しHAPを生成させるので、消費されたカルシウム分を補うことにより、両液とも再使用が可能となる方法である。すなわち、本システムは、HTCFの選択的リン酸イオン吸着能力と2液再生法を組み合わせることにより、廃液等をまったく出さず、さらに吸着材の再生・再使用も同時に行えるゼロエミッション型のリン除去・回収システムである。

　本システムはコンパクトで維持管理も容易であることから、戸別浄化槽や農業集落排水等の中小規模排水処理施設にも適用可能であり、このような地域ではリン除去槽の供給と再生・リン回収ステ-ションによるリン回収システムの構築が最も効果的と考えられる。また流域下水道等の大規模処理施設では、施設内に再生・リン回収ステ-ションの設置が可能であるので、HTCFの供給による完結型のリン回収システムの構築が可能である（図5）。

（島根大学　佐藤利夫）

無機系の個別リサイクル 4
廃石膏ボードなどの建設廃棄物のリサイクルに必要なしくみ・技術

　石膏ボードはその高い耐火性、加工性などを活かし、建築物の内壁材として広く利用されている建材である。建築物がその寿命を終えて解体されると、石膏ボードは木材等と共に建設廃棄物となる。平成12年の建設リサイクル法制定以来、木材やコンクリート等の特定建設資材はそのリサイクル率が向上したが、廃石膏ボードは経済的・技術的に確立されたリサイクル技術がないことから、そのリサイクル率は向上していない。

　石膏ボードの原料は海外から輸入される天然石膏、火力発電所などの排煙脱硫プロセス、リン酸製造などから副生される副生石膏、そして古紙のリサイクルにより製造されたボード原紙であり、石膏ボード工業は多くの産業から副生される未利用資源を活用したリサイクル産業であると言われている。廃石膏ボードのリサイクル技術は、単なる建設リサイクルの観点のみならず、種々の産業の未利用資源を活用してきた石膏ボード工業にとっても重要な課題であるといえる。すでに石膏ボードメーカーでは、製造時や新築工事において発生する端材のリサイクルを進めているが、解体工事に伴って発生する廃石膏ボードリサイクルについては、喫緊の課題となっている。

　環境省が平成20、21年におこなった調査（廃石膏ボードの再資源化促進方策検討業務）によると、石膏ボードのリサイクル技術として、近年軟弱地盤や建設汚泥の固化材といった土木資材としての利用に関心が高まっていることが示されている。これは、石膏の水硬性や、セメント等の添加材としての性質を利用することにより、軟弱地盤の強化、建設汚泥を固化して再生土を得るものである。これら技術の推進のため、土木工学や、リサイクル業界などが中心となり全国で廃石膏ボードリサイクルを推進する協議会が組織されている。またグランドの白線材として利用されている石灰の代替として廃石膏ボードから回収された石膏粉を用いる技術も関心が高い。

　しかしながら、石膏ボードに使われている副生石膏には、原料物質に起因する化学物質が含まれており、土壌汚染のリスクを回避するため土木資材への活用においてはこれら化学物質に注意を払う必要がある。特に化学物質の中でフッ素化合物は図1に示すように、種々の石膏からの溶出量が土壌環境基準である0.8 mg/Lを上回ることから、その対策が必須となる。

　著者らはこれまで、石膏ボードの土木資材へのリサイクルの際に課題となる石膏中フッ素化合物の制御技術の開発を進めてきた。そのなかで、リン酸カルシウムの一種であるリン酸水素カルシウム二水和物（DCPD）が微量のフッ化物イオンと反応して安定なフッ素アパタイト（FAp）を生成することを見いだした。これは虫歯予防で行われる「フッ素塗布」で生じる反応からヒントを得たものであり、DCPDの反応性向上、石膏のフッ素不溶化技術、さらにフッ素廃水処理技術の開発を民間企業十数社との連携により進めてきた。

　そのなかで、石膏ボードリサイクルに携わる全国の現場に足を運び、担当者と意見を共有している。そのなかで、研究室では見いだすことができない技術課題をいくつか抽出してきた。石膏ボードの土木資材へのリサイクルにおいては、廃棄物を収集・中間処理する企業に加え、土木資材を製造するメーカー、施工する建設業者、商社などが関わることとなる。バージン材料ではない廃石膏

ボードを原料とする際、常に変動するフッ素化合物等の不純物量や溶出量を把握し、制御する技術に加え、これらの安全性データを異業種で共有できるしくみ作りが重要となる。これらの事業を行う企業の多くがいわゆる中小企業であることから、通常専門的な知識と技術を必要とするフッ素分析技術に替わる、簡便で迅速に石膏中のフッ素化合物量や、石膏からのフッ素溶出量を評価できる技術の必要性に言及する企業担当者が多く見られた。それらの背景を受け、著者らはイオン交換樹脂を浸漬させた水を用いて5分以内で石膏を溶解させる技術を構築し、残存したフッ化物イオンの濃度を測定することにより石膏中のフッ素化合物量を30分以内で評価できることを明らかにしている。

一方、リサイクルを技術だけではなくビジネスとして成功させるためには、事業に携わる企業体のすべてのキャストが健全な企業活動により、共に利益を得ることができるビジネスモデルの構築も必須であると考えられる。全国の一つの失敗事例が全国のリサイクル推進にブレーキをかけることになりかねないことから、通常の企業活動以上に、高い倫理観を持った企業活動が重要であると考えられる。

現在石膏ボードリサイクルで優れた事業を展開している事業者を調査しているが、そのいずれも高い倫理的活動を行っていることが見いだされている。石膏ボードに限らず、廃棄物を有用な資源として活用する動きが全国で広がっているが、単なる利益のためではなく、社会に貢献する高い倫理観を持った企業が連携し、産学官連携で新しい技術を構築しながら新しい産業を社会に還元できるビジネスモデルの構築、共有が今後必要となると考えられる。

（富山高等専門学校　袋布昌幹）

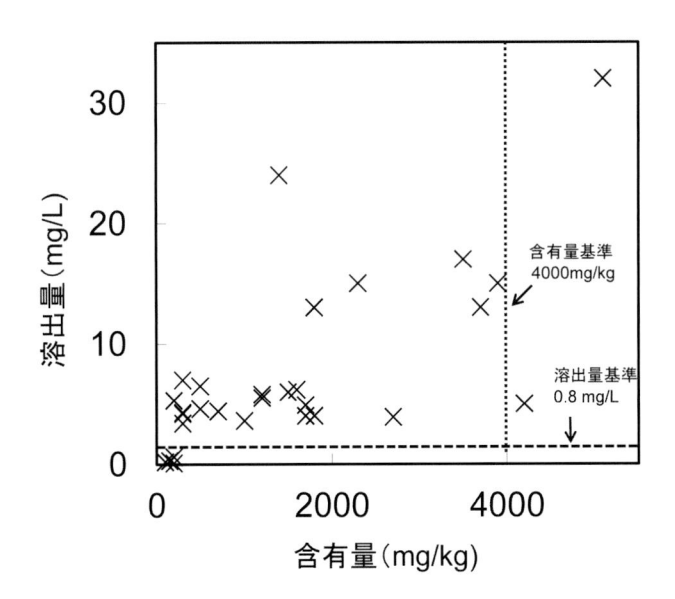

図1　各種廃石膏試料中のフッ素化合物含有量（横軸）と石膏からのフッ素化合物溶出量（縦軸）
（（社）石膏ボード工業会，NEDO技術開発機構の調査報告のデータから作成）

無機系の個別リサイクル 5
賦活・水熱処理による石炭灰の再資源化技術

石炭は安定したエネルギー源であるが、その使用により約900万t／年の石炭灰が国内の火力発電所等から排出されている。石炭灰の大半は建設資材として再利用されているが、石炭灰中の未燃炭素分が約6 mass%以上になると、それが再資源化の障害となるため埋め立て処分されている。そこで、我々は、埋め立て処分されている石炭灰（未燃炭素分約6－20 mass%）の再資源化を図1に示す方法、すなわち未燃炭素分を活性炭に、灰分（SiO_2、Al_2O_3成分）をゼオライトに変換した複合材料に再資源化する方法を開発した。

石炭灰1 gとNaOH 2 gとを混合後、N_2雰囲気下750 ℃、1時間賦活処理を行った。賦活処理後、12－30 mlのイオン交換水を加え（NaOH濃度約4－1.7 Mに対応）、室温で2時間撹拌後、80 ℃、24時間水熱処理を行った。図2に賦活処理および賦活処理後12 mlのイオン交換水を加え、水熱処理した石炭灰のX線回折（XRD）図を示す。賦活処理により石炭灰の結晶相（α-石英、ムライト）は非晶質となった。非晶質を水熱処理することにより、高結晶性のゼオライトXを主結晶相、ゼオライトAとソーダライトを副結晶相とする生成物が得られた。図3に石炭灰、賦活処理試料、賦活・水熱処理試料のN_2吸脱着等温線を示す。N_2吸着特性は賦活処理により向上し、炭素成分だけの比表面積は約515 m^2/gと見積もられた。水熱処理によりN_2吸着特性はさらに向上した。これらの結果より、本プロセスにより石炭灰をゼオライトと活性炭との複合材料へ変換できることが分かった。さらに、添加水量(NaOHの濃度)が生成物に及ぼす影響を検討した。添加水量の増加（12 ml → 30 ml；NaOH濃度の減少）と共に、ゼオライトXによるXRDピーク強度が減少し、ゼオライトAによるXRDピーク強度が増加した。添加水量30 mlで、生成結晶相はゼオライトAのみとなった。

次に、添加水量12 mlで合成した複合試料の重金属イオン（Ni^{2+}、Cd^{2+}、Pb^{2+}）に対する除去特性を検討した。その結果、複合試料の吸着除去は主にイオン交換反応により進行していると考えられた。測定した吸着等温線はLangmuir型に適しており、吸着除去量の序列は$Pb^{2+} \gg Cd^{2+} > Ni^{2+}$となった。

以上の結果、未燃炭素含有石炭灰にNaOH賦活処理と水熱処理を施すことにより、重金属イオン除去性能を有するゼオライトと活性炭との複合材料に再資源化することができた。

（岡山大学　三宅通博）

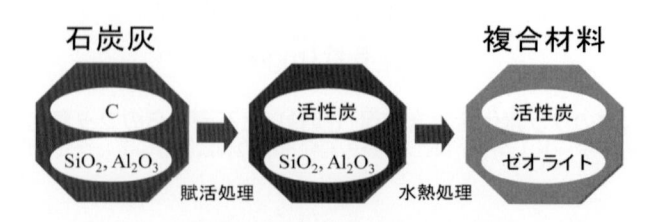

図1　未燃炭素含有石炭灰の再資源化プロセス

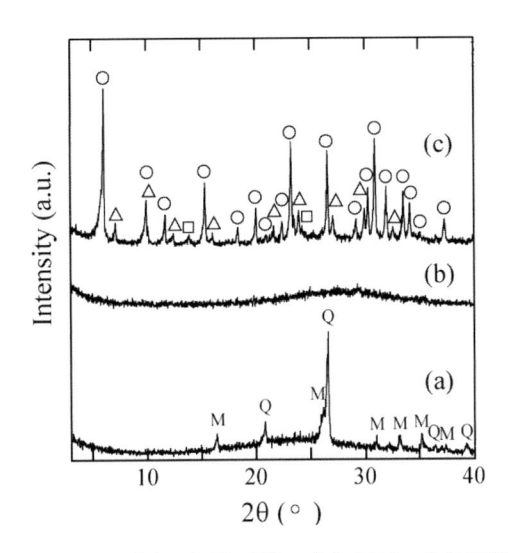

(a) 処理前、(b) 賦活処理後、(c) 賦活・水熱処理後
M；ムライト、Q；α-石英、○；ゼオライトX、△；ゼオライトA、□；ソーダライト

図2　賦活処理、水熱処理前後の石炭灰のXRD図

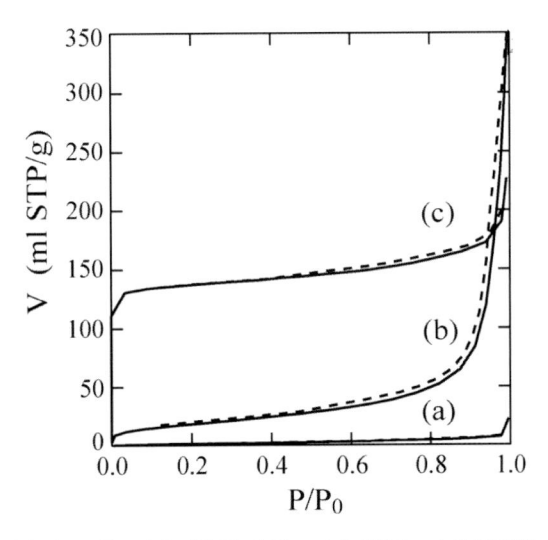

(a) 処理前、(b) 賦活処理後、(c) 賦活・水熱処理後

図3　賦活処理、水熱処理前後の石炭灰のN₂吸脱着等温線

無機系の個別リサイクル 6

石炭飛灰からの中空球形粒子の回収

　石炭火力発電所などにおいて、微粉砕した石炭（微粉炭）が燃焼する際に発生する石炭灰は、産業廃棄物の一つである。我が国においては、従来、その80％以上がフライアッシュ（ｆｌｙ　ａｓｈ：飛灰）として回収されて有効利用が図られている。回収されたフライアッシュは、主にセメント製造用粘土の代替品として利用され、また、一部がセメント混和剤などとして利用されているが、近年、セメント原材料以外の分野への有効利用を検討するために、フライアッシュ中に含まれる低比重の中空粒子が注目されている。中空粒子は、セノスフェア（ｃｅｎｏｓｐｈｅｒｅ：浮灰）と称され、フライアッシュ中に微量に存在するシリカ、アルミナを主成分とする球形、中空の微粒子であって、強度が高く、また、中空構造のため低比重（比重1以下）であり、断熱性にも優れることから、建材などの分野において、高機能（軽量、高強度、耐熱性、高断熱性）セラミック材料として、商品化されている。フライアッシュ中に含まれるセノスフェアは、低比重であるがゆえに水に浮くことから、一般には、フライアッシュが投棄された灰捨て池の水面に浮いてきた粒子を回収することによって生産することができる。環境規制が厳しい我が国にあっては、このような生産方法を採用するのは困難であることなどから、従来セノスフェアの工業的な規模での生産は行われていなかった。石炭灰の発生量は年々増加しており、今後も石炭灰の発生量の増加傾向は続くことが予想されるなかで、高付加価値のセノスフェアを工業的な規模で生産する技術の開発が望まれている。

　著者らは、原料となる石炭灰を乾式分級することで、当該石炭灰中に含まれる低比重中空粒子を濃集し、湿式比重分離に処すべきフライアッシュを大幅に減量化することができることを見出すとともに、湿式サイクロン、MGS (Multi-Gravity Separator)、浮選を組み合わせた適切な回収プロセスを提案している。本プロセスにより、湿式比重分離装置の大型化や、脱水・乾燥に必要なエネルギーの増大を有効に回避しつつ、微粉炭が燃焼する際に発生する石炭灰を原料として、高付加価値の低比重中空粒子を効率よく量産することが可能となることが期待される。また、未燃カーボンや粗大フライアッシュも除去できることから利用量の多いJIS I、II種灰の回収率も増加することが期待される。

参考文献

1) Tsuyoshi Hirajima, H.T.B.M. Petrus, Yuji Oosako, Moriyasu Nonaka, Keiko Sasaki, Takashi Ando, Recovery of Cenosphere from coal fly ash using a dry separation process: Separation estimation and potential application, International Journal of Mineral Processing, Vol. 95, 18-24, 2010
2) 平島剛，大迫雄司，野中壮泰，H. T. B. M. PETRUS，笹木圭子，安藤隆，湿式選別法を用いた石炭燃焼灰からの中空球形粒子の回収,Journal of MMIJ,Vol.124, No.12, pp.878-884,2008.12.

（九州大学　平島剛）

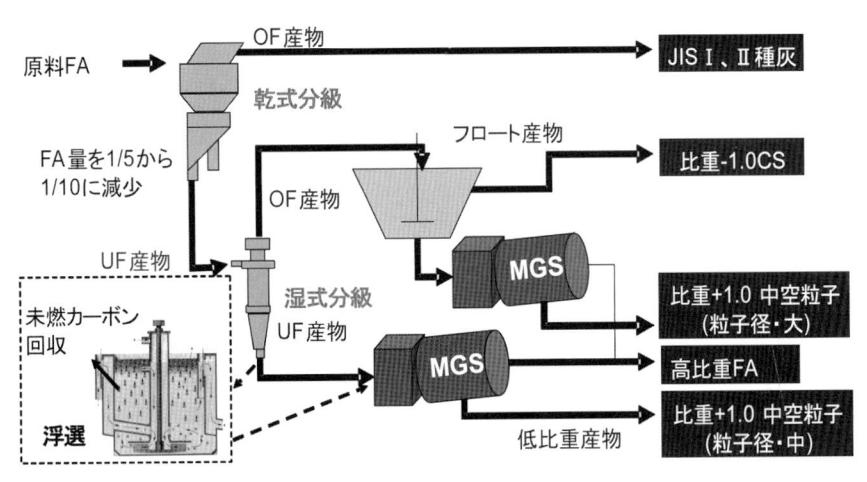

図1 セノスフェア（中空球形粒子）の回収プロセス

図2 セノスフェア（CS）の断面写真

無機系の個別リサイクル 7
石膏の還元分解で生成した CaS の金属廃液処理への適用

1. はじめに

著者らはCO, H_2, 固体炭素などによってよる石膏の還元分解特性[1-4]について検討するとともに、石膏還元分解で生成したCaOの脱硫剤としての可能性[5]、あるいは同様に石膏還元分解で生成するCaSの金属硫化剤としての可能性[6]を検討している。本稿では石膏ボードなどの石膏廃材を還元分解処理して得られる硫化カルシウム（CaS）の金属廃液の硫化処理剤としての検討を行うとともに、廃石膏と金属資源の組み合わせリサイクル処理を提案する。周知のように、金属資源は2000年以降、中国を中心にアジア市場におけるステンレスなどのめっき製品の需要の増加にともない世界的に亜鉛、銅ならびにレアメタルの価格は高騰し、さらに将来的には供給不足に陥ることが危惧されている。そのため、これらの金属は可能な限りリサイクルによって再資源化することが重要となる

一般に、金属廃液の処理には金属イオンをイオン交換、あるいは不溶化して沈殿分離することによって金属を廃液中から除去している。このとき、おもな金属は金属硫化物に変化することによって水への溶解度が下がることから[7]、硫化カルシウムによる金属の沈殿分離除去が可能と考え

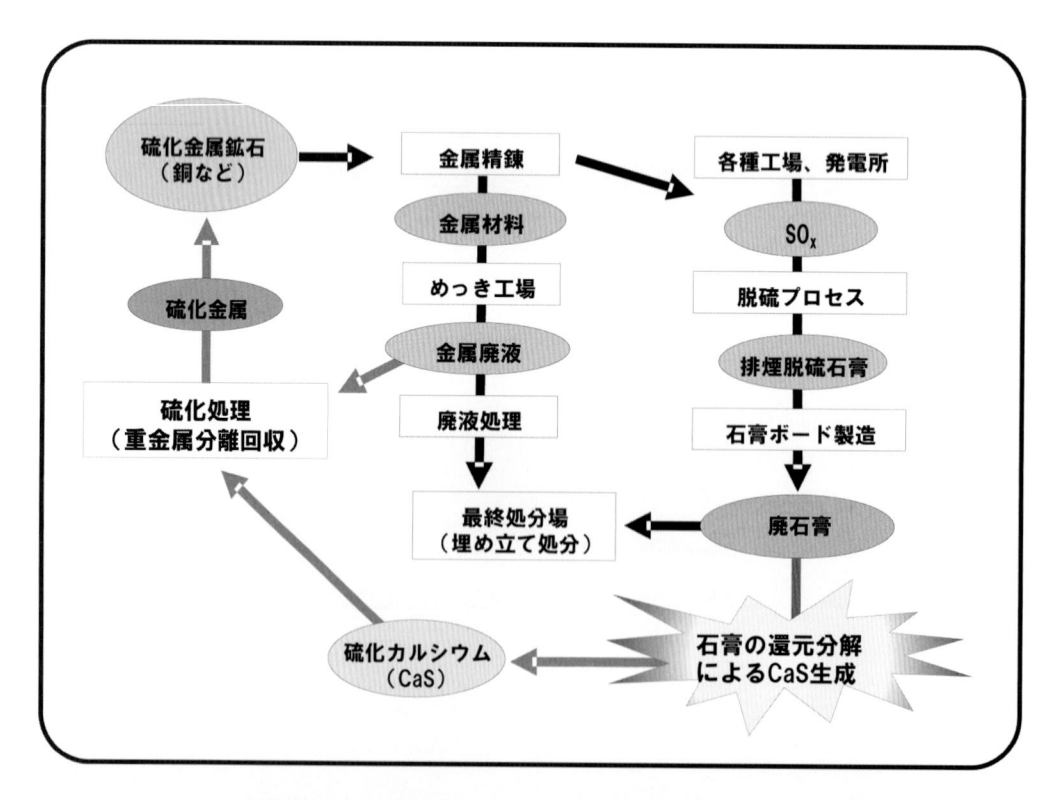

図1　石膏の還元分解で再生したCaSの金属廃液再資源化への適用

られる。本稿では、図1に示す石膏の還元分解で再生したCaSの金属廃液再資源化を実用化するための基礎段階として、石膏の還元分解で得られるCaSのめっき廃液中の銅、亜鉛、ニッケルの硫化反応特性と金属回収の可能性を検討した。

2. CaSの金属硫化反応特性

金属めっき浴に多く用いられる$NiSO_4 \cdot 6H_2O$、$ZnSO_4 \cdot 7H_2O$、$CuSO_4 \cdot 5H_2O$の試薬をイオン交換水に溶解させ、100mg-Me/dm^{3}に調整した模擬めっき廃液を作成して硫化実験用の試料に供した。硫化剤としては試薬CaSならびに石膏試薬を還元分解して得られたCaS（純度＝約80%）を用いた。

図2に、Cu、Zn、Niの各種金属溶液にCaSを加えることによって得られた濾液の金属濃度および溶液pHとCaS添加量との関係を示す[6]。本図より、Ni、Znの模擬廃液ではともにCaSを約1.1 mol/mol-Me以上添加したとき、溶液中の金属濃度は1mg-Me/dm^{3}以下まで低減することができた。このとき生成した沈殿ケークのXRD分析より、NiおよびZnの化合物はそれぞれNiS、ZnSであった。NiまたはZnの単一金属溶液にCaSを添加した場合、金属の硫化反応は以下のように進むと考えられる[8]。

$CaS + Me^{2+} \rightarrow Ca^{2+} + MeS$ (1)
$2CaS + 2H_2O \rightarrow Ca^{2+} + 2HS^- + Ca(OH)_2$ (2)
$HS^- \Leftrightarrow H^+ + S^{2-}$ (3)
$HS^- + Me^{2+} \rightarrow MeS + H^+$ (4)
$S^{2+} + Me^{2+} \rightarrow MeS$ (5)

図2において、CaSを1 mol/mol-Meまで入れてもpHはほとんど変化しないが、これは(2)式で生成する水酸化物と(4)式で生成する水素イオンが反応して中和するためと考えられる。一方、1 mol/mol-Me以上のCaSを添加するとpHが急激に上昇する原因としては、溶液中の金属イオンが硫化反応によって全て除去され(4)式の反応が進まなくなったためと考えられる。

CuのCaSによる硫化反応はNi、Znの硫化反応と同様に(1)～(5)式で示されるが、298Kにおける(1)式の反応の自由エネルギー変化はNiで-134.3 kJ、Znで-138.9 kJ、Cuで-204.3 kJとなる。また、(5)式の反応の自由エネルギー変化はNiで-134.8 kJ、Znで-139.4 kJ、Cuで-204.8 kJとなる。このことより、CuはNi、Znに比べて硫化反応は有利に進むことが考えられ

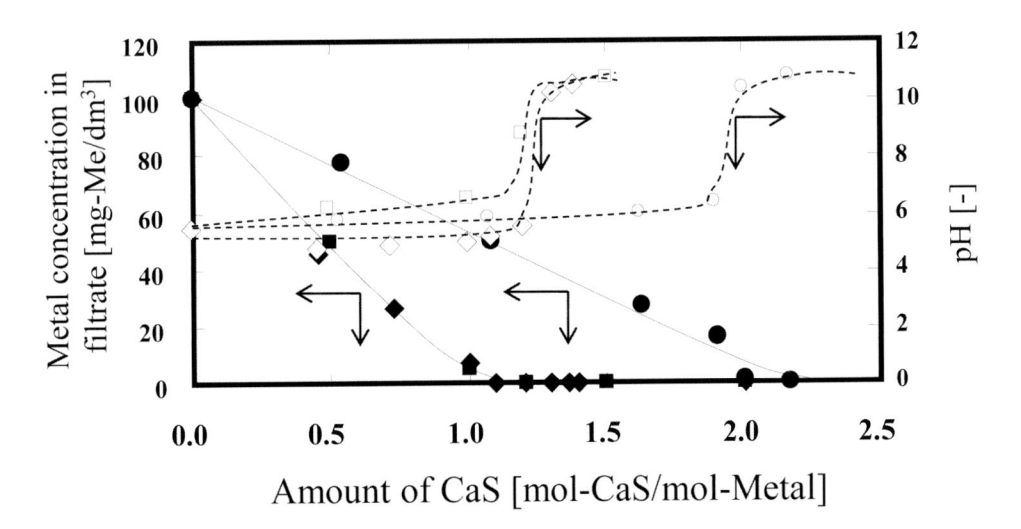

図2 ろ液中のCu, Zn, Ni濃度とCaS添加量の関係
● ○：Cu, ◆ ◇：Zn, ■ □：Ni

る。それにもかかわらず、図2においてCuの硫化がNi、Znと比べて進みにくい理由としては、添加したCaSがCu溶液中で完全に分解される前に、生成したCuSによって覆われ、CuSと共に沈殿したものと考えられる。

3. Cu-Ni混合液のCaSによる選択硫化

Ni、CuをCaSで硫化処理する際に、これらの金属硫化物の生成特性はpHによって異なることを利用して、Cu-Ni混合金属廃水中のCu, Niの選択硫化を検討した。具体的には、試料溶液は100mg-Cu/dm^3、100mg-Ni/dm^{3}の混合溶液とし、溶液のpHはpH=1.8-2.0とし、Cuの選択硫化による沈殿分離を試みた。図3に、上記条件でCaSを加えたときの濾液中のCu、Ni濃度変化を示す。Cu-Ni混合溶液に対して1 mol/mol-CuのCaS添加によって濾液中の金属初期濃度は16 mg-Cu/dm^{3}および93 mg-Ni/dm^3、さらに1.4

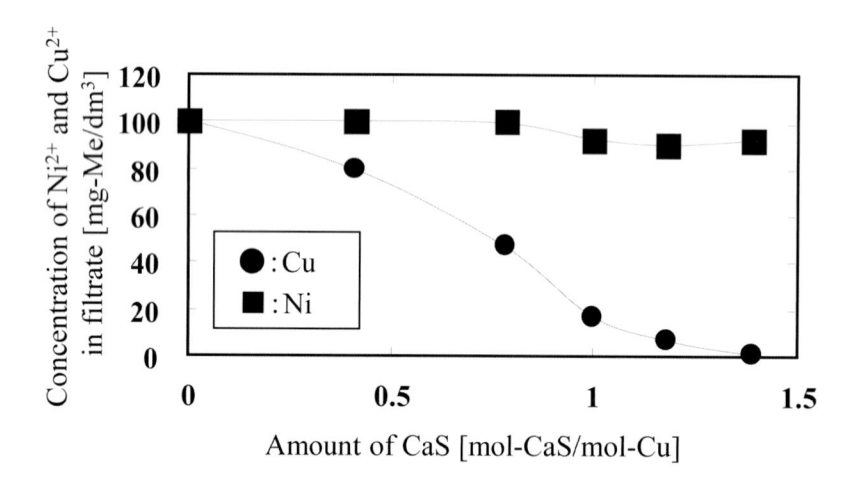

図3 Cu-Ni混合液のCaSによるCuの選択硫化 (pH=1.8 ~ 2.0)

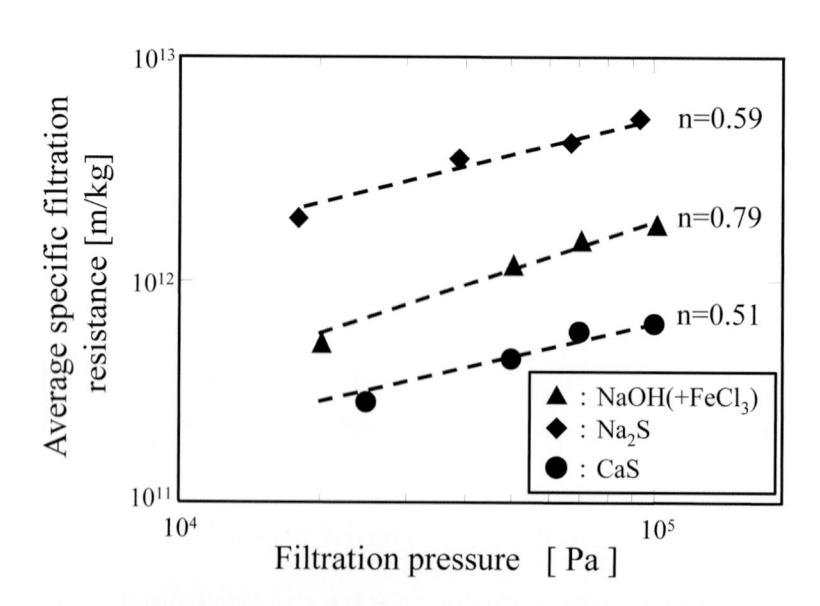

図4 各種硫化剤によって生成したNiスラリーの平均ろ過比抵抗

mol/mol-CuのCaS添加では1 mg-Cu/dm^3、93 mg-Ni/dm^{3}となった。このときのCuの硫化率は約93％となり、Cu-Ni混合金属廃液のCaSによる硫化によってCuは90％以上の選択率で回収可能であることが認められた。

4. CaS硫化処理によって生成したNiスラリーのろ過特性評価

つぎに、CaSを用いて硫化処理した金属スラリーのろ過特性を検討するために、スラリーの平均ろ過比抵抗を測定した。さらに、NaOHによる水酸化物化法、およびNa$_2$S水溶液による硫化物化法で得られた金属スラリーの平均ろ過比抵抗も測定し、これらのスラリーのろ過特性を比較した。図4に、各金属スラリーの平均ろ過比抵抗を示す。図にはろ過比抵抗から算出した各金属スラリーの圧縮性指数も併せて示した。本結果より、NaOHを用いた水酸化物化法で生成した金属スラリーよりもCaSによる硫化物化法で生成した金属スラリーはろ過比抵抗が小さくなることが認められた。また、Na$_2$SよりもCaSを用いた方が、金属スラリーのろ過比抵抗は小さくなった。また、3種類の金属スラリーのうちCaS硫化剤を用いて生成した金属スラリーは圧縮性指数が最も小さいことから、CaSを用いて得られた金属スラリーはろ過特性においてきわめて優れていることが認められた。

参考文献

1) S. Okumura, N. Mihara, K. Kamiya, S. Ozawa, M.S. Onyango, Y. Kojima, H. Matsuda, Kyaw Kyaw, Y. Goto, T. Iwashita; Recovery of CaO by Reductive Decomposition of Spent Gypsum in CO-CO2-N2 Atmosphere, Ind. Eng. Chem. Res., Vol.42, No.24, pp.6046-6052(2003)
2) 三原直人，奥村 諭，小澤祥二，小島義弘，松田仁樹，K. Kyaw，岩下哲志，後藤義巳，池原真也，具島 昭；廃セッコウのCO-CO$_2$-N$_2$ およびH$_2$-CO$_2$-N$_2$ 雰囲気下の還元分解特性，J. Soc. Inorg. Mater. Japan, Vol. 11, No.312, pp.266-271(2004)
3) 征矢勝秀，三原直人，池原眞也，窪田光宏，松田仁樹；固体還元剤を用いる廃セッコウの還元分解特性，無機マテリアル学会誌，Vol. 16, No.341, pp.225-231(2009)
4) 三原直人，征矢勝秀，池原眞也，M. S. Onyango，窪田光宏，松田仁樹；炭素，水素系還元剤によるセッコウの分解特性，無機マテリアル学会誌，Vol. 17, No.345, pp.89-95(2010)
5) 三原直人、奥村 諭、小澤祥二、小島義弘、松田仁樹、K. Kyaw、岩下哲志、後藤義巳；COおよびH$_2$雰囲気下でのセッコウの還元熱分解により再生したCaOのSO$_2$吸収反応特性，J. Soc. Inorg. Mater. Japan, Vol. 11, No.312, pp.272-278(2004)
6) 征矢勝秀，三原直人，D. Kuchar，窪田光宏，松田仁樹，福田 正，柳下幸一；硫化カルシウムを用いた模擬めっき廃液中の銅，亜鉛，ニッケルの硫化反応特性，表面技術誌，Vol. 59, No.7, pp.465-469 (2008)
7) 理化学辞典 第5版，岩波書店 (1998)
8) B. M. Kim; Treatment of Metal Containing Wastewater with Calcium Sulfide, AIChE Symposium Series, WATER, Vol. 77, No.209, pp.39-48 (1980)

（名古屋大学　松田仁樹）

無機系の個別リサイクル 8
セラミックス系資源の循環利用を考慮した高機能性材料の合成

　近い将来に構築される循環型社会において、従来型のものつくり観に加え、これまでとは異なる新しいものつくり観の導入が必要とされるであろう。例えば、資源の枯渇問題を考慮すると、クラーク数の高い元素からなるセラミックス系資源を用いた機能性材料の開発は、新しいものつくり観の構築に対して重要な役割を果たす。

　我々は、これまでに未利用であるセラミックス系資源の有効活用に注目している。例えば、採石場において埋め戻されている微細採石や、河川の氾濫に起因する川底の沈積泥砂、焼結処理される下水汚泥等はシリカが主成分であることから、セラミックス系資源として非常に適している。これらを資源として使用できれば、運搬や処理によるエネルギーの削減や埋立地不足の解消に貢献できる。

　ものつくりにおける環境負荷を低減するためには、低温での反応により機能性材料を合成するべきである。水熱反応とは、200℃以下の水、もしくは、水蒸気と材料の反応であることから、従来のセラミックス合成プロセスである高温での焼結反応と比較し、二酸化炭素排出量を大きく低減できる可能性を持つものである。

　図1に示すような未利用資源の循環利用を考えている。出発物質として、未利用セラミックス系資源を用いて成型体を作製し、飽和水蒸気圧下での水熱処理により固化体を合成する。成型体中の出発物質の粒子間に、反応生成物が充填することにより、メソ細孔を形成させることができる。また、同時にマクロ細孔特性を制御することが可能となる。このようなメソ細孔を持つ多孔質材料を調湿材料として応用することにより、湿度変動を大きく抑制することができる。廃棄時には、未利用資源と混合し水熱反応を施し再利用することで、循環利用を考えるものである。

　クラーク数の高い元素で構築される未利用セラミックス資源を有効利用することができれば、環境負荷を低減するとともに、資源問題も解決する一つの手段と考え研究を行っている。

（東北大学　前田浩孝・石田秀輝）

4 無機系の個別リサイクル

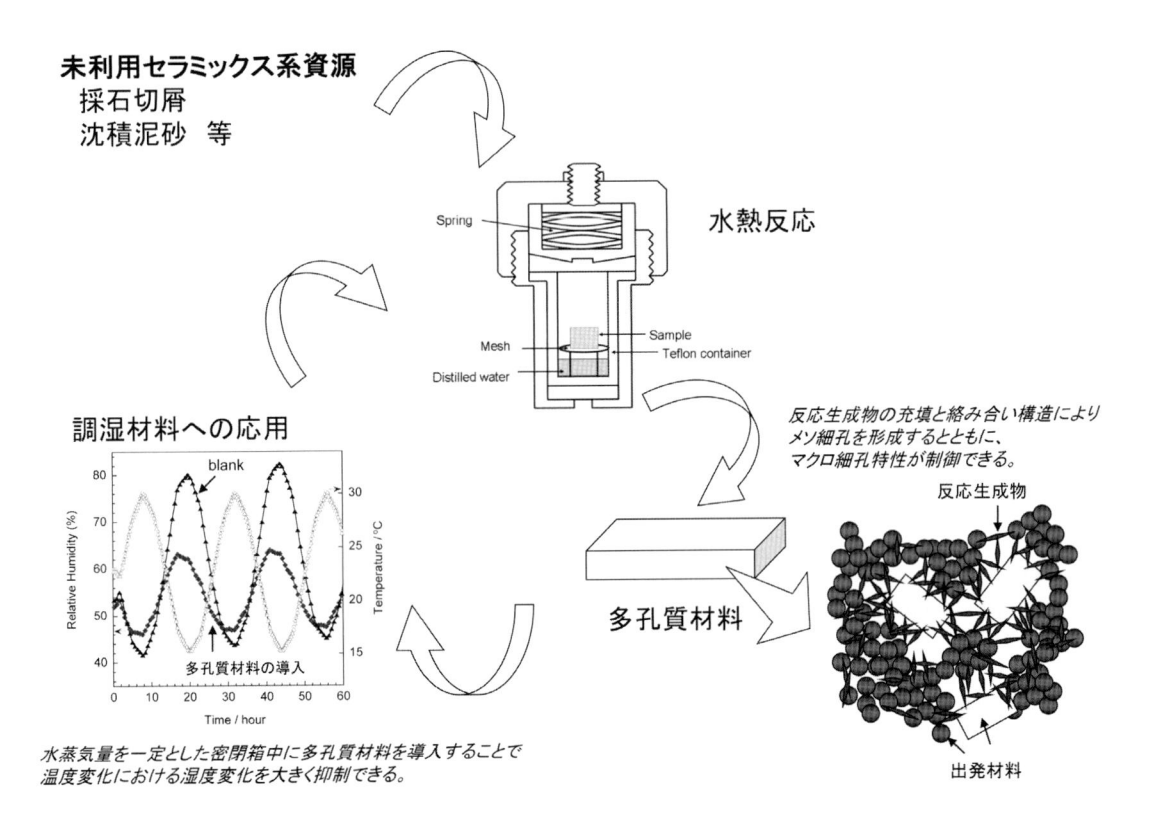

未利用セラミックス系資源
　採石切屑
　沈積泥砂　等

水熱反応

調湿材料への応用

多孔質材料

反応生成物の充填と絡み合い構造によりメソ細孔を形成するとともに、マクロ細孔特性が制御できる。

反応生成物

出発材料

水蒸気量を一定とした密閉箱中に多孔質材料を導入することで温度変化における湿度変化を大きく抑制できる。

無機系の個別リサイクル 9
石炭灰とガラス瓶のリサイクルにより作成した多孔質セラミックと水質浄化

石炭灰(フライアッシュまたはボトムアッシュ)または炭(木炭や竹炭など)とガラスビンを十分に粉砕後、よく混合し、800℃以上の温度で加熱すると、ナノメートルサイズの孔がトンネル状に連結した多孔質セラミックになる。これに水をかけると、瞬時に水を吸う。生活排水や各種廃液に活性汚泥を加えて「曝気」すると無数の孔の表面で微生物が繁殖し、汚れた水がきれいになる。

例えば、石炭灰とガラスびんをよく粉砕し、質量比が5：2になるように秤量し、よく混合して鉄製の容器に入れ、950℃に設定しておいた電気炉中で60分間加熱する。加熱後、容器ごと電気炉の外へ取り出し、室温付近まで放冷する[1-3]。同様に石炭灰とガラスびんの質量比が5：1になるように秤量し、混合してアルミナシリカ製の容器に入れ、1150℃に設定しておいたガス炉中で60分間加熱し、その後、ガス炉内で常温付近まで放冷する[1-3]。一連の多孔質セラミック中の細孔の直径は製造条件にもよるが、多くは数nm～80nm程度である。石炭灰とガラスの質量比(組成)と加熱温度、加熱時間、加熱雰囲気を変えることにより孔のサイズや強度を容易に設計・制御することができる。

石炭灰とガラスの重量比を5：1から1：5の範囲で変えると、多孔質セラミックの製造に必要な温度は900～1200℃程度である。炭の原料としては、フライアッシュの他に木炭や竹炭[4]、ボトムアッシュ[5]の利用が可能であり、フライアッシュを原料として作成した多孔質セラミックの場合と同等以上の水質浄化が可能となる。これら多孔質セラミックは吸水力と保水力に優れており、吸収された水が蒸発するときには多孔質セラミック周辺から気化熱が奪われる。このため、ビル壁や屋上、床、道路などの冷却効果(ヒートアイランド現象の解決)にも期待が持てる。

＜具体例＞

写真に浄化実験の様子を示す。実験1日目の水槽は牛乳で白くなっているが、2～3日後には牛乳が微生物によって分解され、牛乳による白濁が次第に少なくなっている。やがて水槽の裏側に書いた「水質浄化中」の文字が鮮明に見えるようになる。

Fig. 1にBODの測定結果を示す。BODの値は実験当初740～800 mg/ℓ程度であったが、日数と共に減少することから、模擬排水中の牛乳(有機物)が分解されていることが分かる。西田研究室で作成した多孔質セラミック(●)では、BODは15日後には2.6 mg/ℓまで減少し、浄化率は99.7％となった。▲で示した多孔質セラミック(荒木窯業株式会社製造)ではBODは7.5 mg/ℓとなり、浄化率は99.0％であった。炭含有多孔質セラミック[4]を用いた浄化実験(◆)では浄化率99.4％となり、比較のため料亭の生簀で使われている天然サンゴを用いた実験(■)では浄化率は99.6％であった[2,3]。

同様の実験を多孔質セラミック抜き(活性汚泥のみ)で行ったBOD浄化率(×)は95％であった。このとき化学的酸素要求量(COD)から求めた浄化率は約81％となり、多孔質セラミックを用いた時に得られたCOD浄化率、94.3～97.8％には遠く及ばないものであった[2,3]。このように、多孔質セラミックは活性汚泥(微生物)と組み合わせることにより、より効率的な水質浄化が可能となる

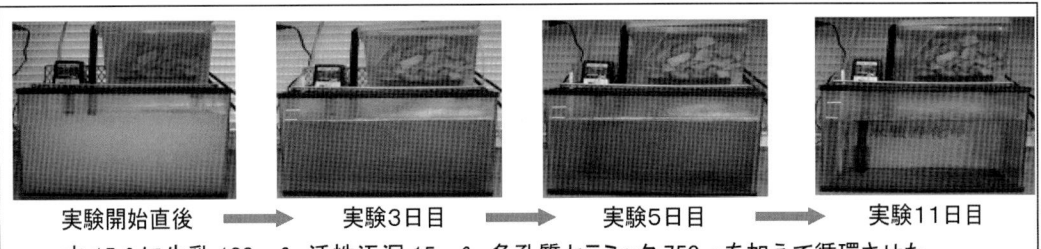

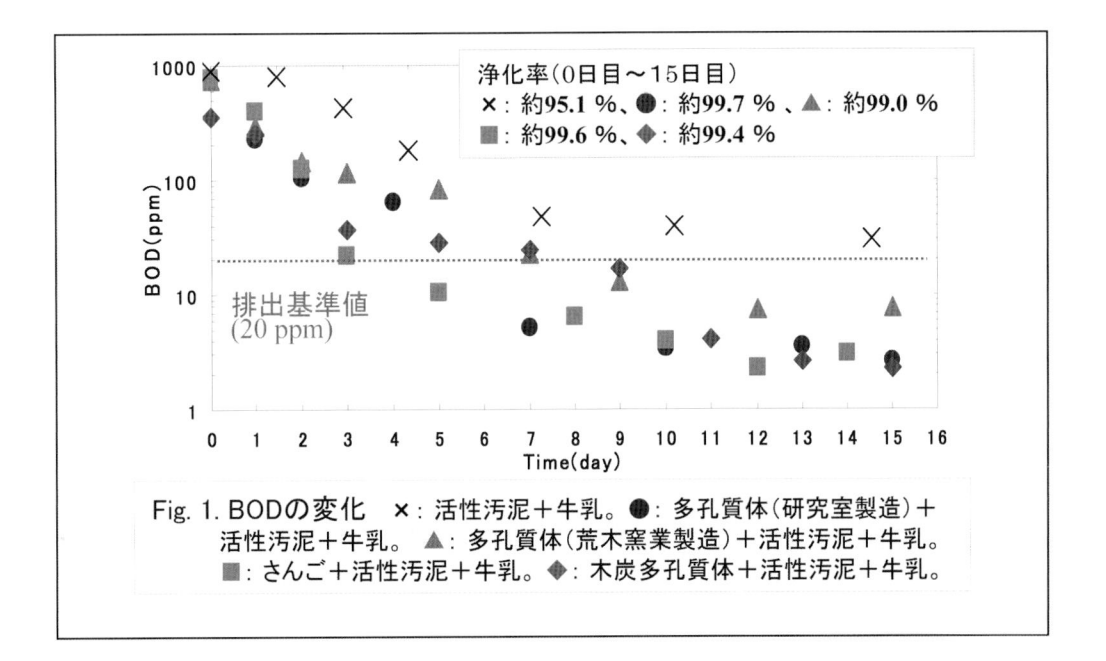

実験開始直後 → 実験3日目 → 実験5日目 → 実験11日目

水15ℓに牛乳100mℓ，活性汚泥15mℓ，多孔質セラミック750gを加えて循環させた。

浄化率(0日目～15日目)
×：約95.1 %、●：約99.7 %、▲：約99.0 %
■：約99.6 %、◆：約99.4 %

排出基準値 (20 ppm)

Fig. 1. BODの変化　×：活性汚泥＋牛乳。●：多孔質体(研究室製造)＋活性汚泥＋牛乳。▲：多孔質体(荒木窯業製造)＋活性汚泥＋牛乳。■：さんご＋活性汚泥＋牛乳。◆：木炭多孔質体＋活性汚泥＋牛乳。

参考文献
1) 西田哲明、特許第4269011号「石炭灰、金属精錬炉からのダスト等を原料とする多孔質ガラスセラミックスの製造方法」
2) 玉城淳，久冨木志郎，西田哲明，近畿大学産業理工学部研究報告, 5, 7-12 (2006)
3) 西田哲明，環境管理((財)九州環境管理協会)，Vol. 38, pp. 3-7 (2009)
4) 西田哲明、特開2007-238336「炭含有多孔質ガラスセラミックス及びその製造方法」
5) 西田哲明、三浦隆史、安原正晃、特開2009-7233「セラミック多孔質体及びその製造方法」

(近畿大学　西田哲明)

無機系の個別リサイクル 10
アルミドロスを原料とする陰イオン交換体の製造

アルミニウム製品の加工工程やアルミスクラップの再生工程から、アルミドロス（以下ドロス）やアルミ残灰、ダストなどのアルミニウムを主成分とする副産物や廃棄物が発生する。ドロスは主に鉄鋼用脱酸剤として再利用されているが、潜在的需要には限界があるため、新たな有効利用技術の開発が求められている。ドロスを埋立て処理した場合、化学反応による有害ガスや悪臭の発生、自然発火を引き起こす可能性があるため、概して取り扱いに手間のかかる廃棄物であると考えられる。

著者らは、層状複水酸化物（Layered double hydroxide、以下LDH）の一種であるハイドロタルサイト様化合物（Hydrotalcite-like compound、以下HT）の原料として、上述の副産物や廃棄物を利用する方法を独自に開発した。HTは既知の無機化合物であり、主に制酸剤やプラスチック添加剤として製品化されている。HTは、$[Mg^{2+}_{1-x}Al^{3+}_x(OH)_2]^{x+} \cdot [(A^{n-})_{x/n} \cdot mH_2O]^{x-}$の一般式で示される。式中のAn-はn価の陰イオンである。図1のように、複水酸化物層（ホスト層）と陰イオンおよび水からなる層（ゲスト層）とが交互に積層した構造を示している。ブルーサイト（$Mg(OH)_2$）構造中のMg^{2+}の一部がAl^{3+}と置換されたものをHTの水酸化物層と見なすことができ、Al^{3+}部位に生じる正電荷を中和するために陰イオンが層間に取り込まれている。したがって、HTは無機イオン交換体の一つである。

HTを合成する簡単な方法として、共沈法とよばれるものがある。図2に示すように、Mg^{2+}とAl^{3+}を含む水溶液（単味系および混合系、酸性およびアルカリ性のいずれも可）を調製し、アルカリ条件下で共沈反応を行うことにより、HTを合成することができる。たとえば、ドロスを塩酸浸出して得た溶液がHTのAl^{3+}源として利用できる。実際には、ドロスの組成や性状に応じて適当な浸出剤や浸出条件を決定すればよい。酸浸出時に溶け

ハイドロタルサイト様化合物
 ホスト層：0.48nm
 層間隙：0.3nm（陰イオンの種類によって変化する）

一般式
 $[Mg_{1-x}Al_x(OH)_2]^{x+}[(A^{n-})_{x/n} \cdot mH_2O]^{x-}$
 （$0.2 \leq x \leq 0.33$, Mg:Al=2:1~4:1）

用途
 制酸剤, プラスチック添加剤, 難燃剤, 陰イオン交換体など

合成法
 共沈法, 水熱法など

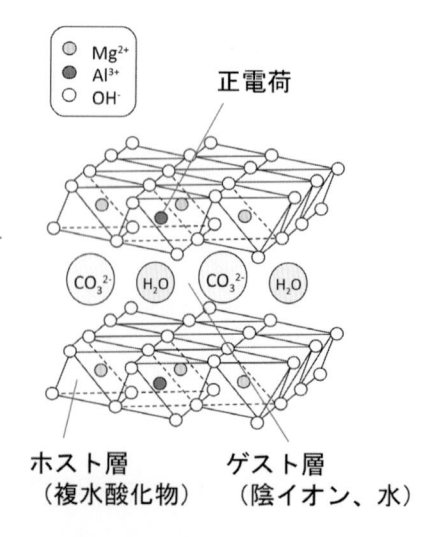

図1 ハイドロタルサイト様化合物の概要

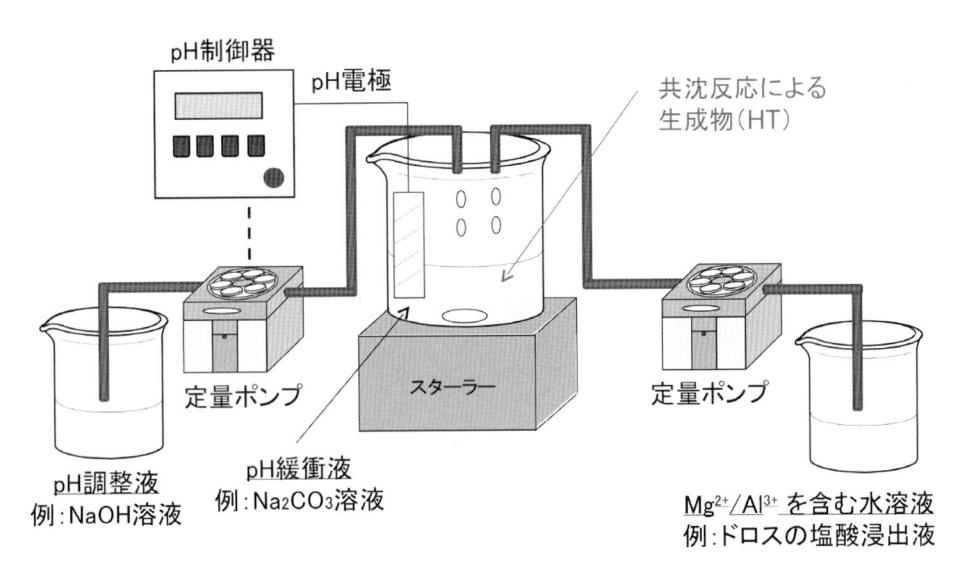

図2　共沈法によるHT合成の一例

残るドロスの浸出残渣は無害なものであり、その組成にもよるが、セメント原料などに利用できる可能性がある。一方、アルミニウムの再生工程では、アルミニウム溶融物の成分調整の過程で粗製$MgCl_2$溶液が副生する場合があり、Mg^{2+}源も同じ工程から入手できることがある。具体的なHTの合成方法は、著者らの特許(特開2006-151744)を参照されたい。

これまでの研究結果から、上記の副産物や廃棄物から合成されたHTはドロス浸出時に同時に溶解された微量の金属(Ca、Fe、Siなど)を含んでいるが、試薬から合成されたHTと物性面でほとんど変わらないことがわかっている。この方法は、安価なHTの製造方法という点でも工学的価値がある。廃棄物由来の製品であるため、用途がいくらか限定されるが、ヒ素やクロム、セレンなどの有害陰イオン種の除去や固定化、あるいは難燃剤などに適用可能である。副産物や廃棄物をHTやLDHの原料に適用する考え方は、スラグ等の鉱工業廃棄物にも適用できるであろう。

(関西大学　村山憲弘・芝田隼次)

無機系の個別リサイクル 11

石炭ガス化発電スラグの溶融挙動の検討

1. はじめに

　CO_2回収型次世代石炭ガス化発電プロセスが注目されている。石炭ガス化発電プロセスにおいて、燃焼後の灰成分はガス化炉内部で溶融してスラグ状となり、ガス化炉下部から排出される。ガス化炉の運転時には、スラグが連続的に効率良く排出される必要があるため、石炭灰の溶融過程と溶融スラグの高温挙動を把握することが重要である。これまで石炭灰及び溶融スラグのガス化炉内での高温挙動はわかっておらず、石炭灰の溶融過程を直接観察する研究はほとんどなされていないのが現状である。本研究では、高温での試料の状態変化を直接観察可能なホットサーモカップル法[1]を用い、種々の石炭灰及びスラグの溶融挙動を理解することを目的とした。

2. 実験方法

2-1　ホットサーモカップル法

　ホットサーモカップル法とは、通常温度測定に用いる熱電対にヒーターと試料保持の役割を兼ね備え、温度に伴う試料の状態変化を実体顕微鏡で直接観察する方法である[1]。用いる熱電対は白金−13%ロジウム／白金線（R熱電対）である。本方法の温度測定の精度は±2~3℃であった。

2-2　石炭灰の調製と溶融挙動の直接観察

　各種石炭をJIS規格M8812灰分定量方法に従い、大気中815℃で5時間保持することで灰化を行った[2]。調製した石炭灰粉末試料は、エタノールと混合しペースト状にした後熱電対に付着させた。試料量は約20mgである。室温から約980℃までは1~2分で速やかに昇温させた後、試料温度が安定になるまでに約2~3分等温保持を行った。その後1000~1700℃の昇温過程において、20℃毎に2分間等温保持した後、試料の状態をコンピュータ制御のCCDカメラにて撮影した。

3. 石炭灰の溶融挙動

　図1に代表例として、大同炭灰の溶融過程の実体顕微鏡写真を示す。まず1000~1360℃において、昇温とともに試料の内部に亀裂が発生している。これは試料粉体の焼結が進行したためである。1380℃において、熱電対の先端付近（図中の○部）で試料の一部が溶融していることが観察される。さらに昇温とともに熱電対に接している箇所から溶融部の割合が増加しており、1500℃では溶融部が試料の外周を覆った状態になっている（図1 (d)）。このとき試料の内部には未溶融部分と気泡を含んでいる。1520~1600℃では昇温とともに内部の気泡が合体・成長し、脱泡が起こるとともに、試料の内部で対流が発生し、試料の均質化が進んだ。脱泡は1620℃でほぼ終了し、この温度以上に加熱しても試料の形状にはほとんど変化は認められなかった。1620℃の試料（図1 (f)）では、1500℃と1520℃（図1 (d)、(e)）において試料の中央部に見られた黒色部分（未溶解部）が消滅し、試料全体がほぼ均一な融体になっていることが知られる。

　以上をまとめると、ホットサーモカップル法で観察した結果、大同炭灰粉末では昇温過程において、(1) 焼結（1000~1360℃）、(2) 溶融開始（1360~1380℃）、(3) 固／液相共存状態（1380~1500℃）、(4) 脱泡及び内部の対流（1500~1620℃）及び (5) 均一融体の形成（1620℃）、という一連の溶融過程が明らかとなっ

た。

表1は同一条件(815℃、6時間、大気中)で灰化した石炭灰(4種類)について、ホットサーモカップル法で求めた均一融体の形成温度である。大同炭及びツグヌイ炭の灰は1600℃以上で均一な溶融スラグを形成するのに対し、マリナウ炭とアダロ炭の灰は比較的低温の1500℃以下で均一な溶融スラグを形成することがわかった。

4. おわりに

ホットサーモカップル法を用いて大気中における石炭灰の溶融過程と均一溶融スラグの形成過程を観察した。均一融体の形成温度は石炭灰の種類で異なり、本研究で用いた試料では、≧1600℃の大同炭及びツグヌイ炭と≦1500℃のアダロ炭及びマリナウ炭の2種類に分類された。本方法は、対象物の溶融挙動を比較的簡便に把握し、溶融温度を基礎データとして集積するための実験手法のひとつであり、廃棄物や各種スラグの乾式リサイクルプロセスにおいても適用可能である。

参考文献

1) 太田能生, 森永健次, 柳ヶ瀬勉, "ホットサーモカップル法の高温化学への応用", 日本金属学会報, 19 [4], 239-245 (1980)
2) W. Song, L. Tang, X. Zhu, Y. Wu, Y. Rong, Z. Xhu, S. Koyama, "Fusibility and Flow Properties of Coal Ash and Slag", Fuel, 88, 297-304 (2009).
3) H. J. Hurst, F. Novak, J. H. Patterson, "Viscosity Measurements and Empirical Predictions for Fluxed Australian Bituminous Coal Ashes", Fuel, 78, 1831-1840 (1999).

謝辞

本研究はNEDOゼロエミッション石炭火力技術開発プロジェクト／革新的ガス化技術に関する基盤研究事業の一部として行われた。

(愛媛大学　武部博倫・上田康)

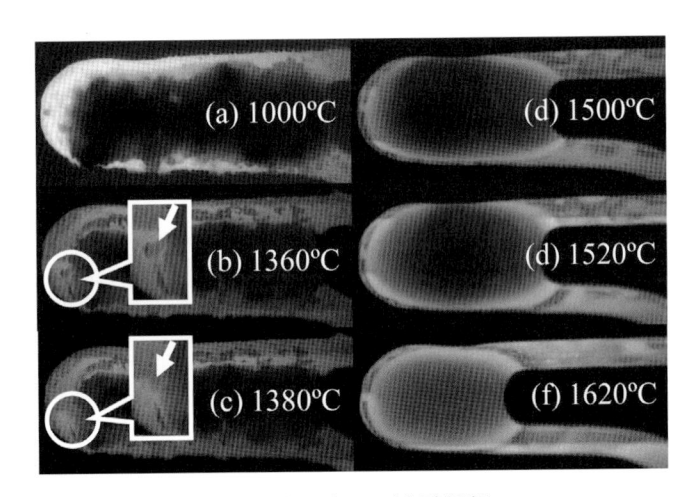

図1　大同炭灰の溶融過程

表1　ホットサーモカップル法で求めた各種石炭灰の均一融体形成温度
(試料量：20mg, 各温度で2分保持)

石炭灰	大同炭	アダロ炭	マリナウ炭	ツグヌイ炭
均一融体形成温度	1620℃	1480℃	1500℃	1680℃

無機系の個別リサイクル 12

アスベスト廃棄物の高効率溶融無害化処理法

　アスベスト（石綿）は極めて細い繊維状の天然鉱物の総称で、これまでの使用量が最大であるクリソタイル（白石綿）の直径は0.02〜0.08μm程度と髪の毛の千分の一以下である。安価で耐熱性、電気絶縁性などに優れるため、「奇跡の鉱物」と呼ばれて我が国でも広く使用されてきた。しかし、1970年代に肺癌や中皮腫など呼吸器系疾患の原因となることがわかり、2006年にはアスベストを含む製品の製造が一部を除き、原則禁止になった。同時に、壁や天井面への吹付け材として使用されてきた飛散性アスベストを主体とする廃棄物について、高温溶融等による無害化処理が進められている。

　アスベスト鉱物の中にはクリソタイルなど完全溶融温度が1800℃を超えるものがあり、また、他の材料と複合化して使用されたケースが多いため、アスベスト含有廃棄物の化学組成には大きなばらつきが存在する。このため、溶融無害化処理を行う条件は、個々のアスベスト廃棄物の性状によって大きく変化する。不適切な操業条件はスラグ化不良の主たる原因となり、溶融炉の燃料比増加、耐火物損傷、稼働率低下に直結するので、省資源・省エネルギー、二酸化炭素排出量削減の見地からも、溶融炉の効率的な操業技術の確立が望まれている。

　アスベスト廃棄物の大部分は建築資材として使用されたものであり、モルタル等との混合でCaO成分が多い傾向にある。これを1400℃程度で安定に溶融するためには、図1に示すようにSiO_2とAl_2O_3成分濃度を的確に誘導し、変動を的確にコントロールする必要がある。一方、埋立て処分場の減少に伴い、廃棄物焼却灰に対しても、溶融処理による減容化、資源化が求められている。一般的な廃棄物焼却灰のSiO_2濃度は比較的高いため、アスベスト廃棄物との混合処理が提案されており、最小の溶材添加量で安定した溶融無害化処理法として期待されている。この場合、溶材としては、安価な山砂や消石灰などが使用でき、処理現場に容易に適用可能な生成スラグの高温流動性状測定法（図2）、および測定結果を整理したデータベース（図3：スラグの溶融状態と適合フラックスの例）を活用した溶融炉操業マニュアルが提案されており、現在、実用化に向けた検討が行われている。

（東北大学　葛西栄輝）

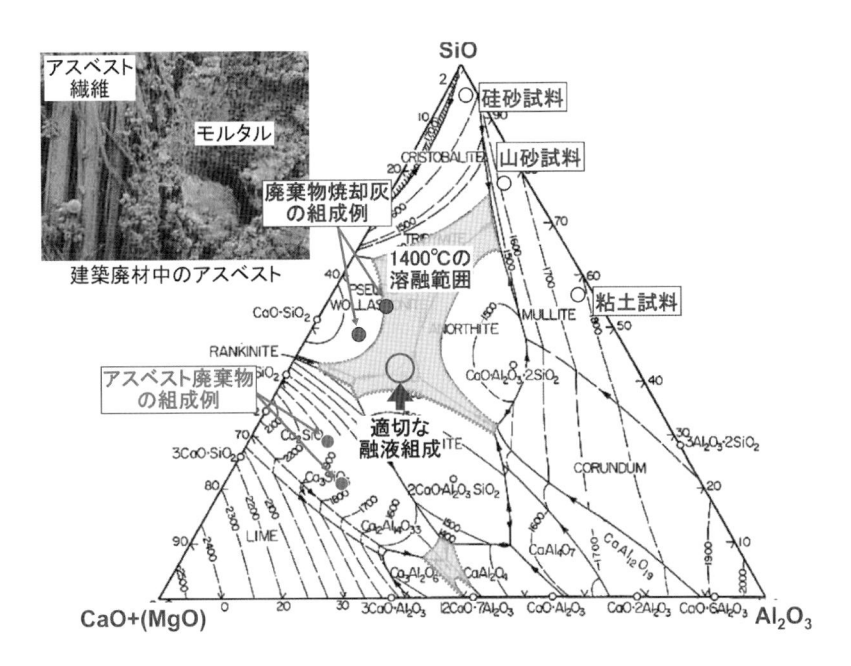

図1 典型的なアスベスト廃棄物と廃棄物焼却灰の組成と溶融範囲

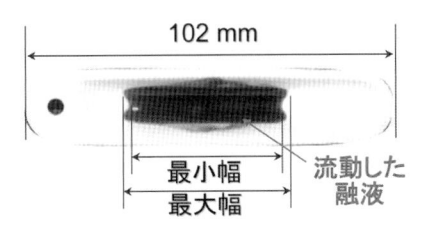

図2 生成したスラグの流動性評価

図3 スラグの溶融状態と適合フラックス例

無機系の個別リサイクル 13

湿式ボールミル法による鉛ガラスの非加熱脱鉛処理

　液晶TVの出現とその普及に伴い、近年ブラウン管型TVの廃棄量が増加してきたが、2011年7月のアナログ放送から地上波デジタル放送への移行がこの廃棄量の増加をさらに助長している(2011年には約5,000万台の排出が予想)。ブラウン管には鉛ガラスが含まれており、大量廃棄に伴う有害な鉛を含む鉛ガラスの高度処理に対する要望が大きくなっている。しかし既存の処理法や現在研究されている多くの研究では、鉛ガラス中の鉛が非常に安定に存在する点を考慮し、高熱溶解により鉛を蒸気として分離したり、熱処理の低温化のために高度な真空加熱揮発させたりなど、加熱処理を基本としたものである。したがって消費エネルギーコストが高く、排出されるすべての鉛ガラスの処理のためには不十分である。著者らは、この鉛ガラスを非加熱で脱鉛するための手法として、粉体製造に用いられ、最近ではメカニカルアロイングなどで注目を集めているボールミル法と安定な水溶性化合物を形成することが知られているキレート剤による鉛抽出法を組み合わせた方法による鉛ガラスの脱鉛処理を検討した。図1に試料として放射線防護用鉛ガラスを用いたボールミル脱鉛処理の実施例を示す。実施例に示すように時間はかかるものの、非加熱で鉛ガラス中の鉛の98％以上を安定な水溶性鉛化合物として分離除去できることを明らかにした。鉛分離後のガラス質の有効利用を考えると、さらなる鉛除去のための条件探索は必要となるが、世界で初めて鉛ガラスからの非加熱脱鉛を実現した。

　さらに著者らは、水溶性鉛化合物から原料利用可能な化学形態での鉛の回収とキレート剤の再生についても検討を行い、"配位子変換"を効率的に行うことで鉛を硫酸鉛として、キレート剤を再利用可能な形で回収できることを明らかにした。これらの実証結果を鑑みると図2に示すような鉛ガラスの処理システムを提案することができる。

　今後、処理により得られるシリカガラス分の有効利用法ならびに硫酸鉛の処置を決定する必要があるが、すべて再利用可能な形態の元素ならびに化合物を非加熱で回収できる本手法は2011年以降に大量に排出されるブラウン管の処理問題を解決する一助になれるものと確信している。

（島根大学　笹井亮）

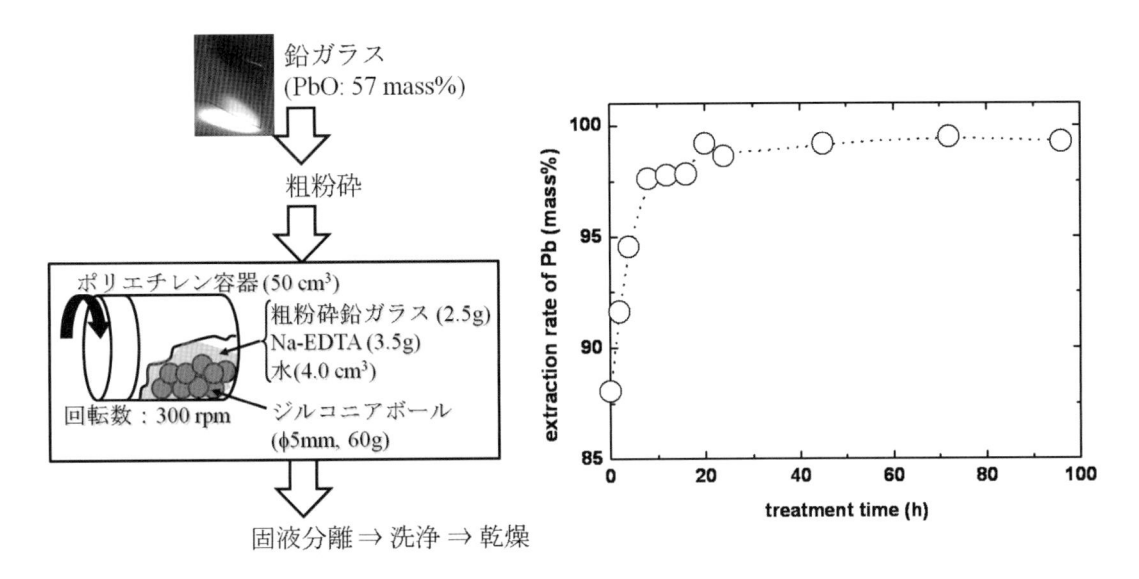

図1　湿式ボールミル法による鉛ガラスからの脱塩実験の実証例

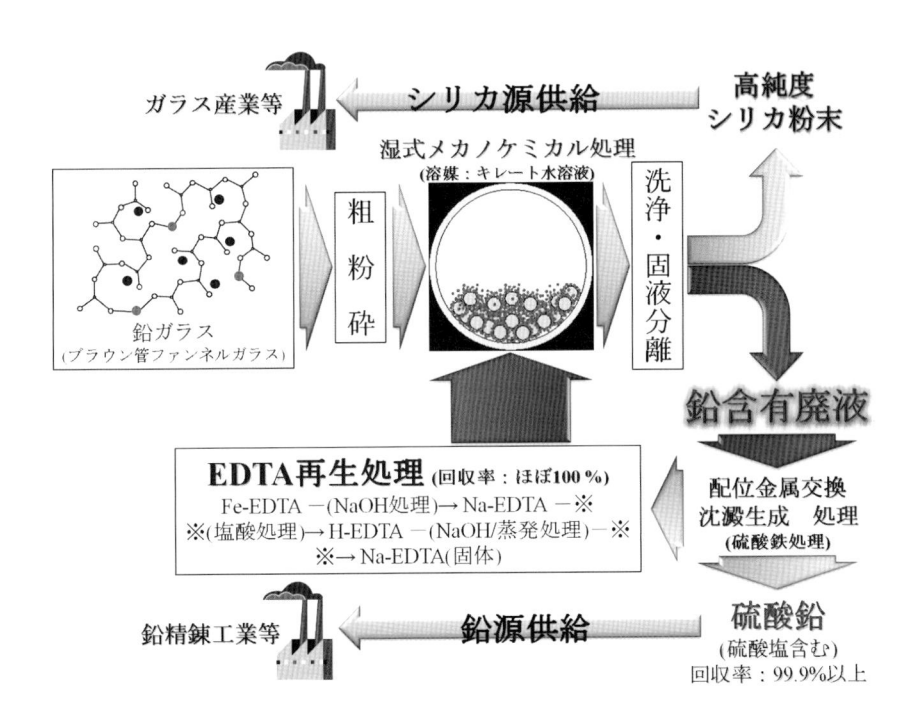

図2　耐酸性・耐候性コーティングが施された超硬工具チップの水熱酸化処理実験の結果

無機系の個別リサイクル 14

リサイクルコンクリートによるカーボンニュートラル化

　リサイクルコンクリートは、供用を終えたコンクリート構造物が解体・処理される段階で、従前であれば産業廃棄物となるコンクリート塊が、再び建材として有効利用される仕組みそのものを築いてきたといえよう。次世代においては、リサイクルコンクリートを中心に、使用したコンクリート構造物の製造・施工段階における建設行為（材料の製造、資材の輸送、構造体の施工ほか）により、地球温暖化を始めとする種々の環境への影響が生じないようにするための、コンクリート処理の技術的方策について考える必要がある。

　さて、従前の「資源環境」に着眼したシステムでは、資源利用量(Input)と最終処分場残余容量(Output)の関係からリサイクルコンクリートの資源循環に関わる条件が決められる傾向があるため、InputとOutput以外の技術的要素を自律的に調整する動機が乏しくなる。これに対して、「地球環境」に着眼するということは、「地球温暖化」をはじめ、「酸性化」や「砂漠化」などの地域環境影響を生じさせる環境インパクトについても考慮するため、CO_2中心に、NOx、SOxなど、環境負荷物質の特定とその影響度を評価する必要性が生じるようになる[1]。

　表1に、コンクリートおよびコンクリート構造物の製造・施工に関わるCO_2削減対策の分類例を4つに区分して示すが、このような分類により、建設活動の直接の担い手が、主に原燃料の燃焼・使用に伴い発生するCO_2排出量をどのような目的で取り扱うのかを整理することができ、CO_2排出による地球環境への影響について考えるきっかけとなる。

　続いて、製造・施工段階におけるCO_2排出量の削減対策が定まった後、CO_2排出量の評価を行うためのシステム境界を設定する必要がある[2]。システム境界(Systemboundary)は、ISO 14044 Environmental managementにその考え方が示されており、Life cyclestages, Processes, Inputs or outputsの要因分析が重要となる。

　表2に、コンクリートの製造・施工段階に関するCO_2削減対策のシステム境界の枠組みを示す。ここでは、建設活動が、ISO14000の組織活動を対象とした環境マネジメントと相違する特有の条件も踏まえ、システム境界条件をA〜Gの項目に分類し、各項目ごとに境界条件の事例の記述を試みた。その結果、製造・施工段階におけるシステム境界は、複数の条件における複数の範囲があることが理解でき、その条件を踏まえて、コンクリートの製造・施工に関するプロセス系統図（直接行為、間接行為、資材の種類を区分）を図示することが可能となる。

　建設物のライフサイクル各段階に関わる担い手は、ともすると自らが直接関与する対象の建設行為だけを意識する状況に陥りがちである。

　今後は、ライフサイクル全体の炭素循環を視野に、リサイクルコンクリートを含めたコンクリートおよびコンクリート構造物に関する直接的・間接的な建設行為を細かく分析し、結果的に生ずるCO_2排出量のバランスがカーボンニュートラルになるように、保有する環境性能を適切に評価していく必要がある。

参考文献
1) 日本建築学会：鉄筋コンクリート造建築物の環境配慮型施工指針(案)・同解説, 2008
2) ISO 14044:2006 Environmental management - Life cycle assessment - Requirements and guidelines, 2006

（工学院大学　田村雅紀）

4 無機系の個別リサイクル

表1 コンクリートおよびコンクリート構造物の製造・施工に関わるCO₂削減対策の分類例

対策	主な内容
a)カーボンリダクション	同一のライフサイクル段階において、既存の技術・システムと比較し、新たに導入した技術・システムにおける原燃料の燃焼・分解に伴い排出されるCO2が、比較基準よりも削減されていること
b)カーボンニュートラル	同一のライフサイクル段階において、新たに導入した技術・システムにより、主に原燃料の燃焼・分解に伴い排出されるCO2が生じるものの、別のCO2の固定・吸収作用による削減効果により、結果的に気体として大気中に放出されるCO2量が同程度となること。なお、厳密には対象物のライフサイクル全体におけるCO2の排出量と吸収量の同等性により、カーボンニュートラルが説明可能となることから、コンクリート構造物に関しては、全ライフサイクルの過程を評価する必要がある。
c)カーボンフリー	同一のライフサイクル段階において、バイオ燃料等の再生可能なエネルギーを積極的に使用しつつ、CO2の固定・吸収作用による排出量の削減効果を保持した結果(カーボンポジティブ)、製造・施工段階において、気体として大気中に放出されるCO2量が限りなくゼロに近くなる状態を指す。ゼロカーボンと同義。
d)カーボンオフセット	カーボンニュートラルを実現する技術・システムの導入が困難な場合、建設活動以外の環境保全活動(植林・森林育成等)により、同一のライフサイクル段階で発生したCO2の排出量を相殺する効果を計上することで、大気中に放出されるCO2量を間接的に削減すること。

備考)本表におけるカーボンとは主に化石燃料由来の原燃料の消費に伴い生じるCO2に含まれるものをさす

表2 コンクリートおよびコンクリート構造物の製造・施工に関わる CO₂削減対策のシステム境界の枠組み

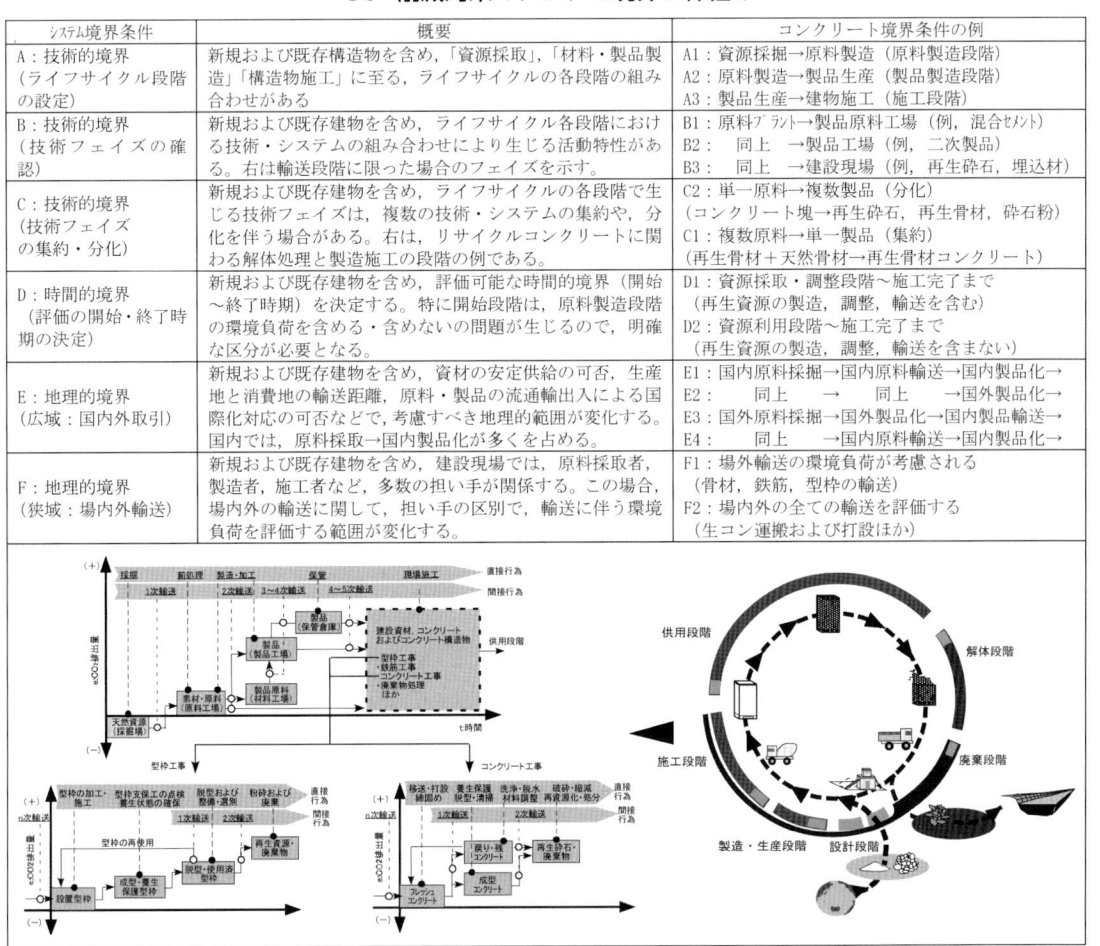

システム境界条件	概要	コンクリート境界条件の例
A:技術的境界(ライフサイクル段階の設定)	新規および既存構造物を含め、「資源採取」、「材料・製品製造」「構造物施工」に至る、ライフサイクルの各段階の組み合わせがある	A1:資源採掘→原料製造(原料製造段階) A2:原料製造→製品生産(製品製造段階) A3:製品生産→建物施工(施工段階)
B:技術的境界(技術フェイズの確認)	新規および既存建物を含め、ライフサイクル各段階における技術・システムの組み合わせにより生じる活動特性がある。右は輸送段階に限った場合のフェイズを示す。	B1:原料プラント→製品原料工場(例、混合セメント) B2: 同上 →製品工場(例、二次製品) B3: 同上 →建設現場(例、再生砕石、埋込材)
C:技術的境界(技術フェイズの集約・分化)	新規および既存建物を含め、ライフサイクルの各段階で生じる技術フェイズは、複数の技術・システムの集約や、分化を伴う場合がある。右は、リサイクルコンクリートに関わる解体処理と製造施工の段階の例である。	C2:単一原料→複数製品(分化) (コンクリート塊→再生砕石、再生骨材、砕石粉) C1:複数原料→単一製品(集約) (再生骨材+天然骨材→再生骨材コンクリート)
D:時間的境界(評価の開始・終了時期の決定)	新規および既存建物を含め、評価可能な時間的境界(開始〜終了時期)を決定する。特に開始段階は、原料製造段階の環境負荷を含める・含めないの問題が生じるので、明確な区分が必要となる。	D1:資源採取・調整段階〜施工完了まで(再生資源の製造、調整、輸送を含む) D2:資源利用段階〜施工完了まで(再生資源の製造、調整、輸送を含まない)
E:地理的境界(広域:国内外取引)	新規および既存建物を含め、資材の安定供給の可否、生産地と消費地の輸送距離、原料・製品の流通輸出入による国際化対応の可否などで、考慮すべき地理的範囲が変化する。国内では、原料採取→国内製品化が多くを占める。	E1:国内原料採掘→国内原料輸送→国内製品化→ E2: 同上 → 同上 →国外製品化→ E3:国外原料採掘→国外製品化→国内製品輸送→ E4: 同上 →国内原料輸送→国外製品化→
F:地理的境界(狭域:場内外輸送)	新規および既存建物を含め、建設現場では、原料採取者、製造者、施工者など、多数の担い手が関係する。この場合、場内外の輸送に関して、担い手の区別で、輸送に伴う環境負荷を評価する範囲が変化する。	F1:場外輸送の環境負荷が考慮される(骨材、鉄筋、型枠の輸送) F2:場内外の全ての輸送を評価する(生コン運搬および打設ほか)

その他 1
有機溶剤等 VOC 排出抑制、処理、回収、リサイクル、エネルギー利用

1　VOC の排出抑制の基本的考え方

　VOC の排出規制が2006年の4月から開始された。わが国は欧米に比べて固定発生源からの排出割合が大きく、2010年には2000年を基準として3割程度削減するとしている。この規制に対応するためには、VOC を利用している工程、特に全体の4割に及ぶ塗装や印刷での非VOC 溶剤の開発や空気管理が必要であり、発生するVOC の分解・吸着・回収装置が必要となる。

　VOC は様々な材料から発生しており、ほとんどの物質は気化して空気中に微量存在し、呼吸によって人体に取り込まれて悪影響を及ぼす。この影響は

- 目や鼻、肌、舌などに刺激をするもの。
- 麻酔性、麻痺性を有するもの
- 異臭として不快な臭気を持つもの
- 他の臭気成分と複合して異臭となるもの
- 無臭でも神経系に影響して疾患を誘発するもの

などである。この他に軽微であるが、香水や除香剤などでも個人的に異臭となるものもある。

　このVOC は光化学オキシダント生成誘導物質として問題になると同時に、温暖化指数の高い物質が多く含まれている。さらに、合成建材、接着剤、防虫剤、防アリ剤、防カビ剤などの中にはいわゆる環境ホルモンとして注意しなければならないものが多く含まれ、ビルや家屋を新築したり改装したときに、床や畳、壁から建材や塗料中に残留している有機燐酸化合物やホルムアルデヒドなどが揮発し、その微量な化学物質による室内化学汚染やハウスシック(スクールシック、オフィスシック)症候群が問題となっている。

　VOC の排出の大半が塗装作業から出るものであり、この中には約10% の自動車の塗装が含まれる。この塗装は屋外と屋内の工程がほぼ1/2 である。また、塗装に続いて洗浄、接着、印刷となっている。また、排出の成分としてはトルエン、キシレンがほとんどである。これに続きベンゼン、エチレン、オキシエチレン(エーテル)、アルデヒドなどである。排出物の半量である低沸点のVVOC やVOC であるトルエンやキシレン、塩化メチレンなどは大気に排出され、残りの大部分であるトルエンなどは回収される。しかし、数%になる水溶性のハロゲン化塩は海や川に流出し、わずか(1%以下といわれている)だがアルデヒドやグリコール、ベンゼン、スチレンは下水道や土壌に吸収されているというデータ[1]が環境省のPRTR のデータとして公開されている。IT 汚染として米国、日本の半導体工場からの排水が問題となってきた。

　これらのVOC は炭化水素を主構造とした、リン酸、アンモニア、亜硫酸化合物であり、化学活性も弱くはない。また、一部の高沸点VOC は空気の温度によって微細なミスト(有機SPM)となり、呼吸によって容易に肺の深部まで到達する。また、大気中のVOC を含む有機化合物と窒素酸化物の混合系が、光化学オキシダントを生成する。このRO2 は、いわゆる活性酸素を作り出して、VOC を酸化すると同時に、窒素酸化物を硝酸塩R-NO$_3$ や五酸化二窒素N$_2$O$_5$ とし、硫黄酸化物を硫酸塩R-SO$_4$ として、空気中のアンモニアなどから硫(硝)酸アンモニウムの微粒子(無機SPM) を作り出す。

　VOC の発生源は正確な計測が定まってから統計データが採取されたものであり、最近のものの

みであり昔からあったであろうと言うVOCの発生に関しては確認できていない。また、この測定方法にしても木材や植物油を源とする自然源のものと人為的な発生源を区別することにも明確な判断がなく、規制の裾切りという基準も影響してまだまだ、信頼できる統計資料は多くないのが現状である。

1.1 VOCの排出抑制・処理技術の特徴とその比較評価

揮発性有機化合物(VOC)は、光化学オキシダント及び浮遊粒子状物質(SPM)の二次生成粒子の原因物質とされている。このうち、光化学オキシダントは、大気中のVOCを含む有機化合物と窒素酸化物の混合系が、太陽光に含まれる紫外線の照射を受けて反応して生成する。SPMの二次生成粒子は、大気中のVOCの比較的炭素数の大きなVOC(SVOC)が化学反応して蒸気圧が低い反応生成物ができる。これらが気化せずに凝縮・凝集することにより粒子となり、既存の塵や炭素粒子に吸着・吸収して粒子径を成長させる。

この反応にはオゾンが関与しており、VOCの存在はこれら無機化合物由来の二次生成粒子の生成にも関与している。さらに、光化学オキシダントの生成には、ほとんど全てのVOCが関与する。

VOC発生抑制ためにこれらの化学反応システムを停止させるには、多くの選択肢があるのではなく、次のように比較的単純な選択肢である。

1. 放出・発生量を抑制する。
   貯油所やタンク、工場の室内などからの漏洩、塗装や建材からの発生抑制技術。容器や取り扱う部屋の密閉度の強化、換気の方法改善、取り扱い技術などの環境対策マニュアルの完備と徹底。接着、塗装用にVOC以外の代替溶剤の開発。
2. 発生したVOCを分解して無害な物質に換える。
   燃焼や化学反応によって分解する方法。酸化触媒や光触媒でVOCを酸化する方法。
3. VOCを吸着・吸収によって凝集する。
   活性炭や磁気吸着剤の利用。
4. VOCから二次的に反応して生成する時働く活性酸素、オゾンを吸収・吸着して反応を停止する。

それぞれの発生抑制の技術には多くの細かいノウハウが必要であり、また、微量な成分を扱うための技術的困難もある。

この技術はVOCの発生機構に対応して開発されるべきであり、VOCはその発生原因から発生する時間経過パターンがさまざまに考えられる。発生原因となる事柄が起った時点を起点として空気中のVOC濃度の経過時間変化を模式的に次に示したように

(A) ある作業とともに増加し、一定の濃度で持続する

(B) (A)と同じであるが時間遅れをもつ場合

(C) ある作業直後に増加するが急激に濃度が現象する

(D) (C)と同じであるが時間遅れをもつ場合

を代表的な例とする。

発生源が測定場所の近くにあり、揮発速度の大きな物質では時間に遅れることなく(A)や(C)のように濃度が変化する。

この揮発性の物質の量が少ないか、換気や吸収・吸着などの対策が機能している場合は、VOC放出後に急激に濃度が減少するが、処理速度が初期の発生速度に対して遅いときにはピークをもつ事になる。

一方、発生源が測定場所から離れていたり、加熱によって発生する物質が徐々に加熱されたり、化学反応を経て二次的に生成されて発生するなどの場合には、(B)や(D)のように時間遅れをもつ発生パターンとなる。このケースの場合、距離が離れるなど拡散が進んでいるとパターンのピークは小さくなり、緩かに長い時間発生することになるが、反応や熱などの因子で遅くなる場合には、この

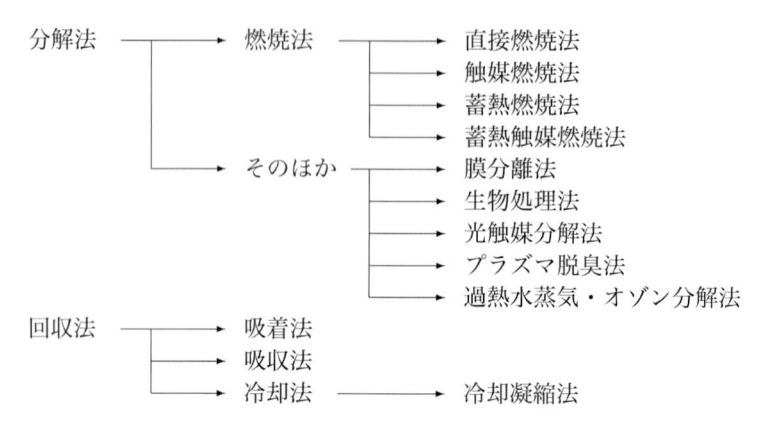

図1　VOCの処理方法の分類

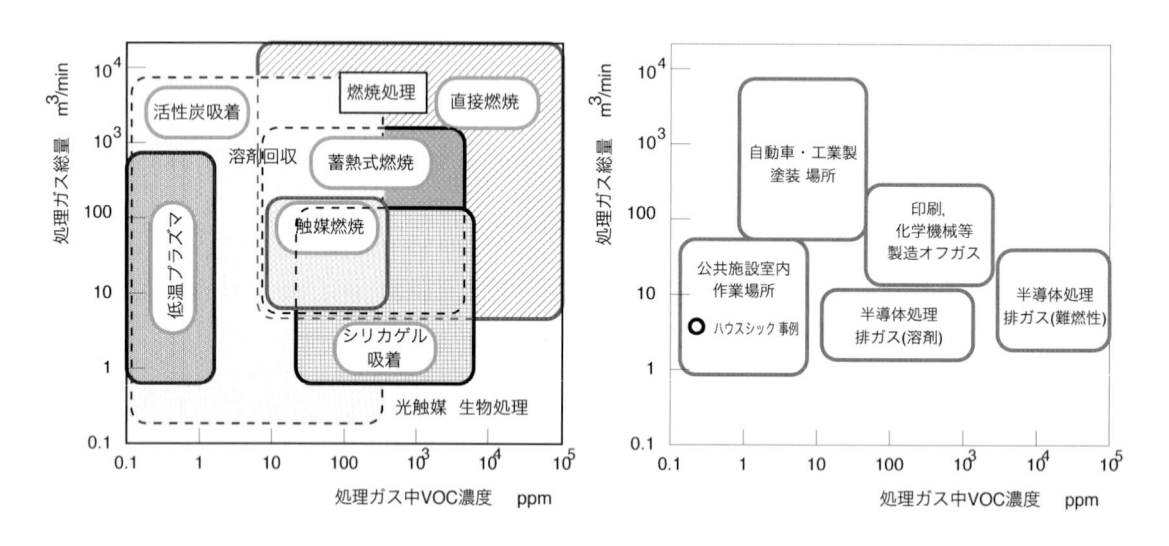

```
分解法 ─┬─ 燃焼法 ─┬─ 直接燃焼法
        │          ├─ 触媒燃焼法
        │          ├─ 蓄熱燃焼法
        │          └─ 蓄熱触媒燃焼法
        └─ そのほか ─┬─ 膜分離法
                    ├─ 生物処理法
                    ├─ 光触媒分解法
                    ├─ プラズマ脱臭法
                    └─ 過熱水蒸気・オゾン分解法

回収法 ─┬─ 吸着法
        ├─ 吸収法
        └─ 冷却法 ─── 冷却凝縮法
```

図2　VOCの処理方法と濃度・流量の関係

因子の速度で決る発生パターンとなる。

このように時間とともに変化するVOC濃度から、対策の方法を選択することができる。

2　VOC処理技術

VOCの処理装置は、その処理に基づき回収装置と分解装置に大別できる。この処理方法は処理すべきガスの流量、VOCの種類と濃度で適切に選択されるべきものであり、燃焼を利用する処理のほとんどは分解装置となる。

図1のように処理方法を分類した。

これらの技術の詳細は割愛するが、発生濃度と気体量によって適応する技術を選定することになる。

3　状況にあった排出抑制・処理システムの選定法

VOCの濃度と処理方法で図2のように分類できる。この分類は現在の開発状況に合わせてあるが、今後の技術改良で変っていくマップである。図2の右上に向かうと大量の処理が必要となり、現状では回収処理よりも分解処理が優先されている。極めて低い濃度のVOCを効率よく処理す

ることは困難であるが、単位時間当たりの処理量（処理ガス量処理濃度）の小さいものは吸着速度がそれほど大きくなくても対応していることがわかる。

活性炭吸着法では、交換型と回収型がある。

4 終わりに

現在の削減技術は、発生させない技術と発生VOC分解・回収に分けられる。発生したVOCの除去に関することに力点を置く紹介文となった。

一方、中国の工業的台頭により中国が排出するVOC及び派生物質の日本への影響が懸念され、処理技術はますます重要となっている。現在、VOC含有の塗料や溶剤を利用している現場では塗装技術の改善、例えば水溶剤の採用による塗着強度や塗着率への技術改善の必要性や、有機溶剤含有量を減じた高粘度塗料の分散性や表面張力の変化に対応した塗装技術改良などが発生していると考えられる。

参考文献
1) 環境省．PRTRインフォーメーション広場．
http://www.prtr-info.jp/prtrinfo/index.html.

(国士舘大学　岸本健)

その他 2
コリオリの力が拓く マルチチャンネル高精度粒子選別

1. 金属リサイクルと粒子選別技術

　金属のリサイクルにおいてコストや環境負荷を低減するには、使用済み製品を粉砕・粒子選別して、高品位の粉末原料とするプロセスが不可欠である。当研究室では、選択粉砕や各種の選別技術を駆使した貴金属やレアメタルの選別プロセスの開発を手がけており、中でも、サブミクロン〜センチオーダーに至る粒子の比重選別、分級技術の開発に力を傾注してきた。

　1980年代以降、欧米の資源国を中心に、主として10〜150μmの粒子を対象とした多数の新型湿式比重選別装置が開発されてきた。しかし、いずれも従来機に高遠心場を付与したタイプであり、細粒子に対する分離速度は改善されたものの、分離精度は必ずしも高くない。また、いずれも2〜3成分分離であり、多数の成分が混在するリサイクルへの利用では、選別プロセスの肥大化が懸念される。

2. コリオリの力を利用した新規粒子選別技術

　当研究室では、遠心場で水中の粒子に作用する"コリオリの力"を顕在化させる機構を開発した(図1)。コリオリの力は粒子速度の関数であるため、その利用により、遠心場を移動する粒子の速度に応じて粒子の軌道を変えることに成功した。粒子速度の違いを同一軸線上に展開して分離する従来機と異なり、粒子は速度に応じた固有の湾曲軌道を描くため(図2)、極めて精度の良い選別が可能となる(図3、分級された8粒群中の3粒群の顕微鏡写真)。また、円周上に多数の回収ポケットを配置すれば、通常、遠心場では2チャンネルにしか粒子分離できなかったが、マルチチャンネル(多成分同時)に分離することが可能となる。

　現在は、実験装置段階だが、研究用装置としての実用化、工業化に向けた検討を行っている。現在、150μm以下の粒子に含有する貴金属やレアメタルの粒子選別による濃縮は、ほとんど実施されていないが、本装置の開発により、これらに対する多成分同時・高選択性濃縮の実現が期待される。

((独)産業技術総合研究所　大木達也)

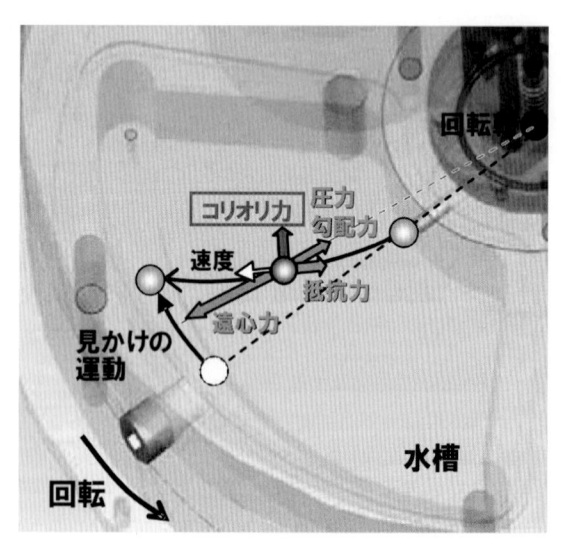

図1　コリオリ力の顕在化

5　その他

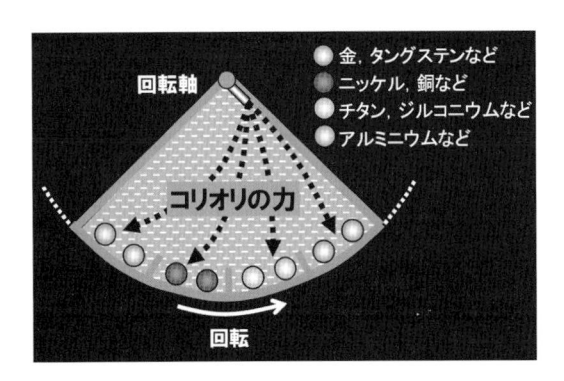

図2　コリオリ力によるマルチチャンネル選別イメージ

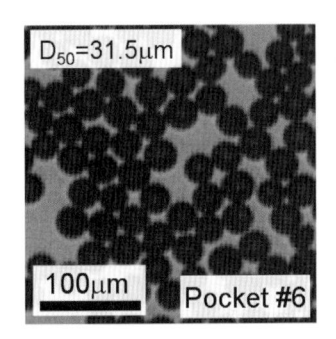

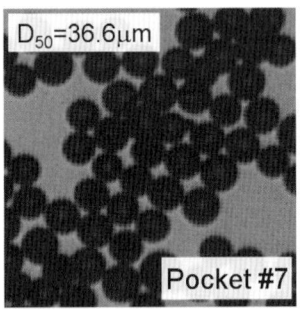

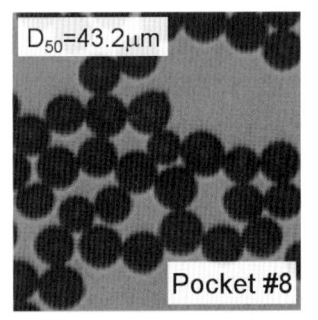

図3　ジルコニアビーズの分級例

その他 3
リサイクル型自己組織化反応による ナノハイブリッドの創製

1. 有機−無機ナノ複合体

少なくともどちらかがナノレベルである有機化合物と無機化合物との複合体である有機−無機ナノレベル複合体では、有機化合物あるいは無機化合物単独では得られない機能の発現が期待できると同時に、ナノレベルの特異な構造から誘導される機能も着目されている。

本技術においては、金属水酸化物と有機化合物から、自己組織的に有機−無機の二次元ナノ分子複合体が得られることを見出している[1]が、これら有機−無機複合材料は、組織化、吸着、分解などの機能的変化を通し、生体に対しても多様な応用が可能であり、医療等各種技術への貢献も期待される。

2. 自己組織化反応による有機−無機ナノハイブリッドの創製

粘土のような二次元層状化合物の層間に有機化合物を取り込ませることで、有機−無機複合体の創製が可能であるが、有機化合物の種類や、反応量には制限がある。一方、本技術は、アモルファス状の無機化合物と有機化合物との自己組織化反応を利用して複合体を創製するものである。

この自己組織化反応では、1種類もしくは数種

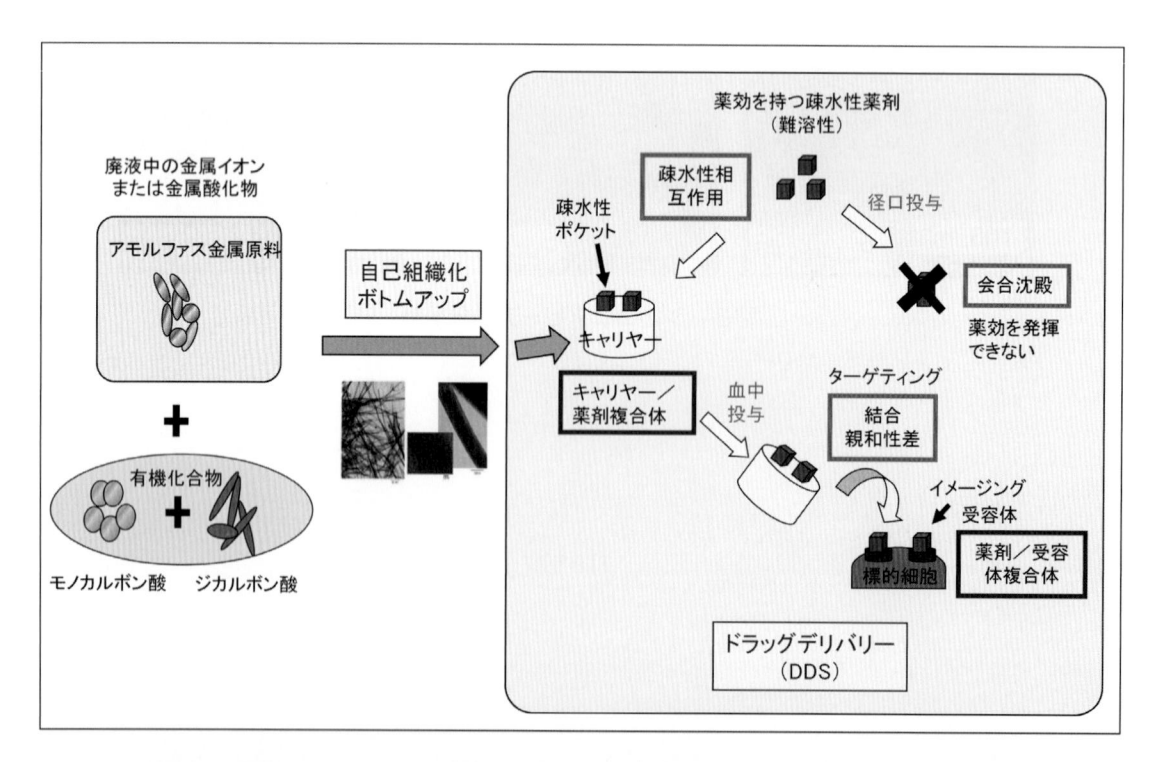

廃液中の金属からの有機−無機複合材料の構造制御創製とナノメディシンへの応用

類の無秩序な構成単位から多彩な組織体が構築されることから反応する有機化合物の種類が大幅に増えまた反応量の制御によって、複合体の形態制御も可能になる[2,3]。

実際、自然界において多様な機能を有し、反応方向や反応量、そして異なる濃度分布を有する複雑な三次元構造体の多くが、このような自己組織化反応によって創製されている。

3. 廃液中からの金属の回収

本自己組織化反応においては、金属イオンの種類によって有機化合物との反応性が異なり、選択的に有機誘導体である複合体を回収することが可能である。結果的に、廃液中からの金属イオンまたは金属酸化物の回収を行い、さらに得られた複合体の応用が期待される。

4. ナノメディシンへの応用

ナノメディシンとは、ナノレベル化合物の制御性を活用し、ナノテクノロジーとバイオロジーをベースにした創薬・医学・医療である。自然科学の分野で、物質科学と生命科学の境界に位置し、現在最も成長している研究分野のひとつである。

トップダウンにより製造される微細機能材料のサイズは、2000年にはその加工限界である50〜100nmに達し、21世紀に入ってからはボトムアップナノテクが注目を集めるようになった。ボトムアップナノテクは自己組織化であり、ナノテクによって細胞の中の構造の制御も可能となり、このナノレベルの制御性を活用した創薬・医学・医療が出現したことになる。

実用の観点で最も進んでいるのがドラッグデリバリーシステム（ＤＤＳ）とイメージングであるが、ＤＤＳは、必要なときに、必要な場所に（ターゲティング）、必要な量の薬を供給する（コントロールドリリース）技術であり、イメージングは、その選択的局所輸送において、ターゲティングと技術的に共通する。

ＤＤＳを可能とするキャリヤーとして（１）天然あるいは合成高分子、（２）高分子ミセル、（３）ナノゲル、（４）リポソーム、（５）エマルジョン、および（６）ミクロスフェアーの６種類が知られているが、本技術は、物質科学における革新的材料技術の発展を応用したナノメディシンと位置付けられる。

参考文献

1) S. Ogata, Y. Tasaka, H. Tagaya, J. Kadokawa, K. Chiba, Preparation of New Fibrous Layered Compound by the Reaction of Zinc Hydroxide with Organic Compounds, Chem. Lett., 237-238 (1998). S. Ogata, I. Miyazaki, Y. Tasaka, H. Tagaya, J. Kadokawa, K. Chiba, Preparation Method for Organic-inorganic Layered Compounds Including Fibrous Materials by the Reaction of Zn(OH)2 with Organic Compounds, J. Mater. Chem., 8, 2813-2817 (1998). S. Ogata, H. Tagaya, M. Karasu, J. Kadokawa, New Preparation Method for Organic-inorganic Layered Compounds by Organo-derivatization Reaction of Zn(OH)2 with Carboxylic Acids, J. Mater. Chem., 10, 321-327 (2000).
2) 多賀谷英幸, 新規有機誘導体型複合体の創製, 機能材料, 18, 33-44 (1998).
3) 多賀谷英幸, インターカレーション法による有機−無機ハイブリッド材料, ナノテク, 22-23 (2005).

（山形大学　多賀谷英幸）

その他 4
下水汚泥からのバイオマス資源セルロースの回収

　下水処理施設から発生する汚泥は産業廃棄物の約50％を占め、タンパク質や脂質、炭水化物、粗繊維（セルロース）などの種々の成分が含まれている。著者らは、汚泥中に存在するセルロースに着目し、その回収と有効利用について検討してきた。

　汚泥中のセルロースの定量には、セルロース成分を損なわずに夾雑成分を溶解することが重要である。著者らは、紙・パルプ対象のJIS法と食品用の粗繊維定量法を組み合わせた方法で抽出し、フェノール硫酸法でセルロース含量を定量する方法（改良法）を提案した[1]。改良法を用いて、静岡県内にある11カ所の下水処理施設で実態調査を行ったところ、表1に示す結果が得られ、初沈汚泥にセルロースが多く蓄積していることがわかった。排除方式で比較すると、合流式下水道よりも分流式下水道にセルロースが蓄積されている傾向にある。分流式下水道の初沈汚泥には、MLSS基準の平均値で約17w/w％のセルロースが含まれ、効率的にセルロースが回収でき、またα-セルロースやトイレットペーパーなどの標品と生下水・汚泥の抽出物を比較すると、抽出物はトイレットペーパー由来であると判断できる。下水道統計（1998年版）によると、初沈汚泥の総発生量は約166百万m^3/年と推定され、上記の17w/w％と平均MLSS濃度14,000mg/lから、汚泥中に潜在的に存在しているセルロース量が1年間に約40

表1　実下水処理施設におけるセルロースの実態調査結果[2]

排除方式		合流式下水道	分流式下水道	全体
生下水	施設数	3	7	10
	範囲 平均値 標準偏差	1.3～4.3　（1.7～8.1） 2.4　　　　（5.0） 1.7　　　　（3.2）	1.2～23.7　（1.6～26.3） 7.6　　　　（9.9） 8.7　　　　（10.0）	1.2～23.7　（1.6～26.3） 6.1　　　　（8.4） 7.5　　　　（8.6）
初沈汚泥	施設数	2	7	9
	範囲 平均値 標準偏差	1.6～21.2　（1.9～23.3） 11.4　　　　（12.6） 13.9　　　　（15.1）	1.2～38.9　（1.4～43.2） 16.7　　　　（19.3） 12.3　　　　（13.7）	1.2～38.9　（1.4～43.2） 15.6　　　　（17.8） 12.0　　　　（13.4）
終沈汚泥	施設数	2	7	9
	範囲 平均値 標準偏差	0.1～1.1　（0.2～2.3） 0.6　　　　（1.3） 0.7　　　　（1.5）	0.1～1.9　（0.2～2.2） 0.9　　　　（1.1） 0.6　　　　（0.7）	0.1～1.9　（0.2～2.3） 0.8　　　　（1.2） 0.6　　　　（0.8）
混合汚泥	施設数	1	1	2
	範囲 平均値 標準偏差	― 14.7　　　　（25.3） ―	― 24.2　　　　（27.2） ―	14.7～24.2　（25.3～27.2） 19.5　　　　（26.3） 6.7　　　　（1.3）

注）・施設数以外の単位はSS基準の［w/w％］である。なお、括弧内はVSS基準で換算した。
　　・最初沈殿池・最終沈殿池由来の各汚泥を"初沈汚泥"と"終沈汚泥"と略した。また、施設の構造から返送汚泥と余剰汚泥を"終沈汚泥"と見なした場合や、初沈汚泥または終沈汚泥を採取できず、両者を貯留している濃縮槽の汚泥（混合汚泥）を採取した場合もある。

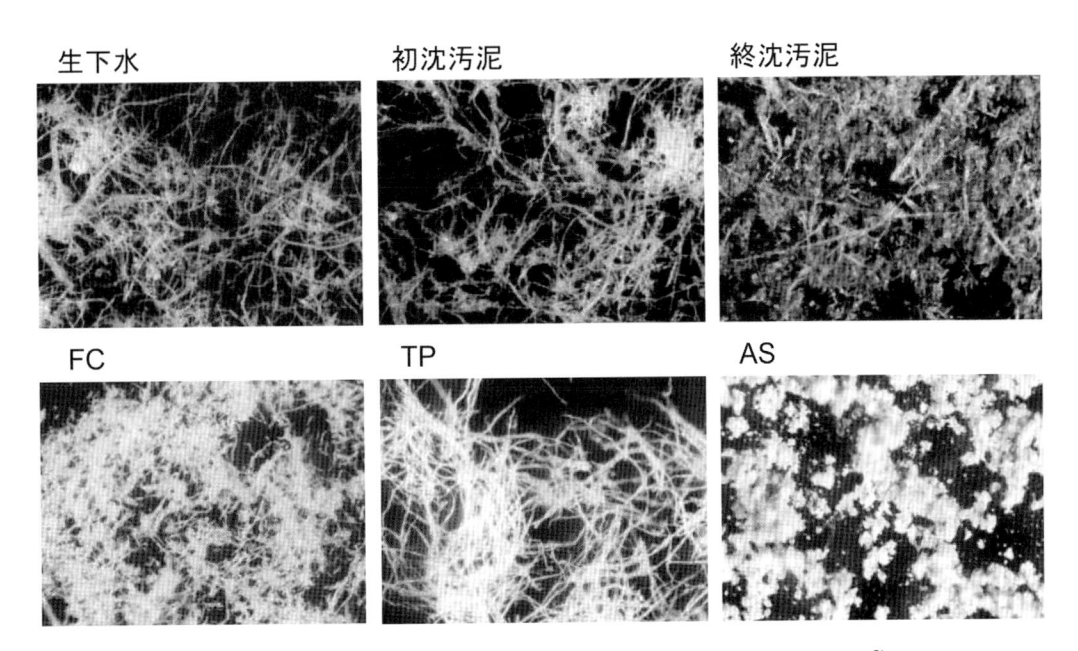

写真1　生下水と初沈・終沈両汚泥の抽出物の実態顕微鏡写真[2]
(FC：α-セルロース、TP：トイレットペーパー、AS：活性汚泥)

万トンであると試算される。

　改良法による抽出は煩雑で実用的ではないため、木質系バイオマス利用技術における「希硫酸による加圧・加熱処理法（オートクレーブ処理法）」に着目した。初沈汚泥にオートクレーブ法を適用したところ、セルロース含量が20w/w％以上では、セルロース純度が65w/w％以上で、効率的にセルロースが回収できることが確認された[3]。実体顕微鏡による観察でも、夾雑成分が効率的に分解・除去され、セルロース成分が残存していた。

　以上のことから、下水汚泥にはバイオマス資源・セルロースが存在し、その回収・有効利用システムを下水処理施設に組み込むことで、汚泥処理の新たな展望が可能で、汚泥による環境負荷の低減に役立つと期待される。

参考文献
1) 岩堀恵祐、佐野裕美、本多俊一、宮田直幸：生下水・汚泥からのセルロース定量に関する実験的検討、下水道協会誌論文集、37(451)、121-127(2000)
2) Honda, S., Miyata, N., and Iwahori, K. : A survey of cellulose profiles in actual wastewater treatment plants, Japanese J. Wat. Treat. Biol., 36(1), 9-14(2000)
3) Honda, S., Miyata, N., and Iwahori, K. : Recovery of biomass cellulose from waste sewage sludge, J. Mater. Cycles Waste Manag., 4(1), 46-50(2002)

（静岡県立大学　岩堀恵祐）

その他 5
熱プラズマによるゴミからの水素製造

　水素エネルギー社会への期待を実現するために、天然ガス等の化石燃料の改質、再生可能エネルギー由来の電力による水電解、電力を利用せずにバイオマス等からの水素製造の技術が実用化を目指して研究が続けられている。環境問題の解決のためには、再生可能エネルギーによる水素製造が望ましいが、インフラ整備や技術的な課題があることから、水素エネルギー社会の構築には、製造コストの点から有利である副生水素の利用、特に鉄鋼プロセス（コークス炉ガス、高炉ガス、転炉ガス）の副生ガス、石油精製の余剰水素、ソーダ電解の副生水素が期待されている。

　現在は水蒸気を用いて天然ガスの主成分であるメタンから水素を製造する水蒸気改質法、水蒸気と炭素分を反応させて水素を製造する水性ガス反応、一酸化炭素と水蒸気から水素を製造する水性ガスシフト反応などの熱化学プロセスが実用化されている。水素の需要は燃料電池をはじめとして急激に増大しているが、そのための基盤となる水素の効率的な製造技術の確立は十分ではない。

　廃棄物由来の副生水素の利用技術は、その製造源の可能性を広げるという観点からも意味がある。大量に発生する廃家電リサイクルプラントから発生するリサイクル残さの廃プラスチック、自動車リサイクルで発生するシュレッダーダスト、廃タイヤ、その他食品や木質の有機系廃棄物をガス化して水素を製造する技術として、高温熱分解技術がある。廃棄物からの水素を製造して利用する社会形成は、資源循環や脱温暖化のための手段として考えられている。

　最近、熱プラズマを用いる廃棄物からの副生水素の製造が検討されている。これは図1に示すよ

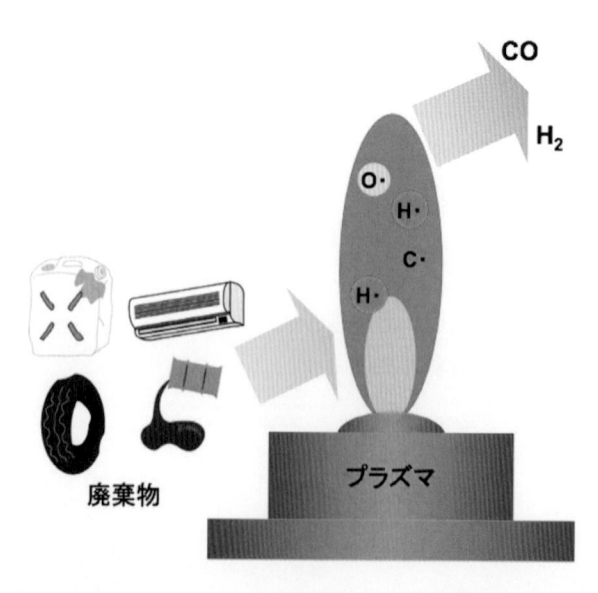

図1　熱プラズマによって廃棄物から水素を製造する方法

うに廃棄物中に含まれる炭素成分を部分的に還元剤として用い、高エネルギー密度の熱プラズマによって水素を取り出すプロセスである。さらなる効率化に加えて、システム全体の小型化や迅速なスタートアップやシャットダウンが望まれているが、熱プラズマは容易に高温を達成することが可能であり、原料の自由度が高いという利点を有することから、反応速度や律速段階の改善が可能となり、水素製造プロセスにおけるブレークスルーが期待できる。

熱プラズマを有機系廃棄物のガス化処理に適用するメリットは、1万度程度の高温場により有害有機系廃棄物を完全無害化できること、雰囲気の制御が可能なので、燃焼炎を用いる有機系廃棄物のガス化よりも理論的に有利であること、高減容効果が期待できること、廃棄物処理に伴って発生するダイオキシン等の有害生成物も、高温場での無害化が可能であること、高エネルギー密度および高温によって廃棄物の分解速度を速くできること、プロセスの迅速なスタートアップやシャットダウンが可能であること、ガスの使用量が少ないので排ガスシステムへの負担が小さいこと、などがあげられる。加えて熱プラズマによる廃棄物処理では、廃棄物に含まれている金属を回収してリサイクルするシステムへの展開も可能である。

最近は、水を用いた熱プラズマ（図2）の発生に関する研究が進んでいる。水プラズマを用いてプラスチックやバイオマスなどの有機系廃棄物を高温でガス化し、水素や一酸化炭素から成る合成ガスを製造するシステムが提案されているが、このプロセスでは水プラズマそのものからも水素を得ることができるので、廃棄物を処理して副生水素を製造できるプロセスは実現の可能性がある。なお、一部の研究のなかには有価な物質をプラズマで分解して水素を製造することを目的とした研究例がいくつか見られるが、有価の対象物質をプラズマで分解して水素を製造しても、システム全体としてのエネルギー収支はマイナスになるので全

図2 水を用いて発生した熱プラズマ

く意味がない。プラズマで水素を製造する場合にシステム全体として意味があるのは、あくまでも廃棄物からの副生水素の製造に限られる。一次エネルギーから電力に直接変換して利用するという現在の電力システムに比べて、水素利用システムでは、電力を利用してプラズマを発生し、一次エネルギーから水素へ変換して、燃料電池で電力に変換するという複雑なプロセスを必要とするので、総合的な効率は低くなる可能性がある。

（東京工業大学　渡辺隆行）

その他 6
有機性廃棄物への凍結乾燥処理の導入

廃棄物処理の基本が減容化であることは論を待たない。その主たる工程は濃縮・脱水・乾燥・焼却であるが、焼却工程で発生する副生成物は二次的な環境汚染問題を惹起し、また下水処理施設での返流水や乾燥・焼却に伴う臭気の問題などが指摘されている。

減容化技術の一つとして、著者は凍結処理法に着目してきた。凍結処理法は副生成物や臭気成分を発生させず、また未利用資源の回収を目的とした場合、含有成分を損なわない利点がある。しかし、凍結には費用がかかるとの指摘もあり、付加価値の高い食品産業のような凍結法の普及は、汚泥処理を除き、環境分野では進展しなかった。

著者ら[1]は、凍結処理法の有機性廃棄物への適用をはかるため、凍結乾燥装置（図1）を試作した。本装置は、冷気噴射(-20℃)により凍結を促進させ、凍結完了後に冷気温度(4℃)を高めて昇華させることで水分を除去する方式である。下水汚泥および生ごみで性能評価を行ったところ、試料を変性させることなく、含水率80〜99w/w％から12w/w％程度まで乾燥可能であった。熱処理による有機性廃棄物の複雑な酸化反応とは逆に、試料の特性をそのまま保存しながら効率的に水分を分離・回収でき、しかも有害な副生成物も発生しないことから、有機性廃棄物中の有価物回収にも適した処理法として期待される。

処理コストが割高であるとの指摘に鑑み、著者は液化天然ガス（LNG）の廃冷熱を冷媒として利用することを推奨したい。日本には27箇所のLNG受入基地があるので、今後の都市計画の一つとして位置づければ、廃冷熱の環境分野への適用も夢ではない。試作装置のスケールアップや効率化、さらに冷媒としてのLNG廃冷熱の利用により処理コストを押さえることができ、また装置を可

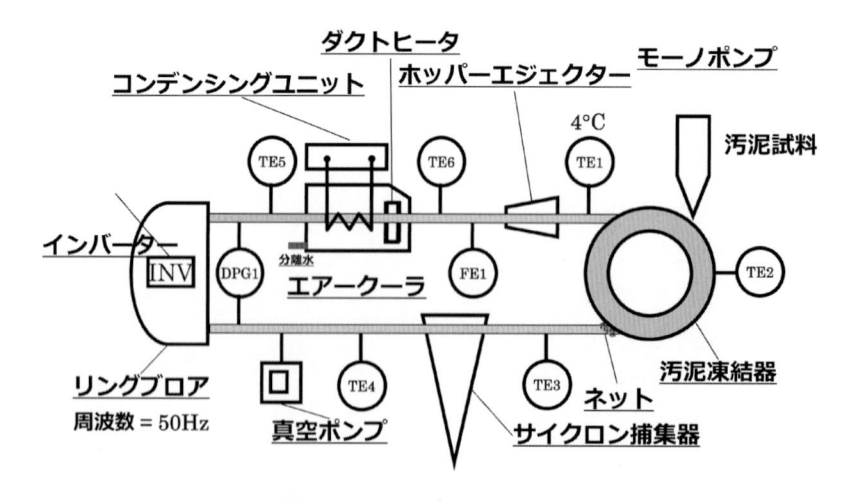

TE: 温度計　　FE: 流量計　　DPG: 圧力損失計

図1　凍結乾燥装置の模式図

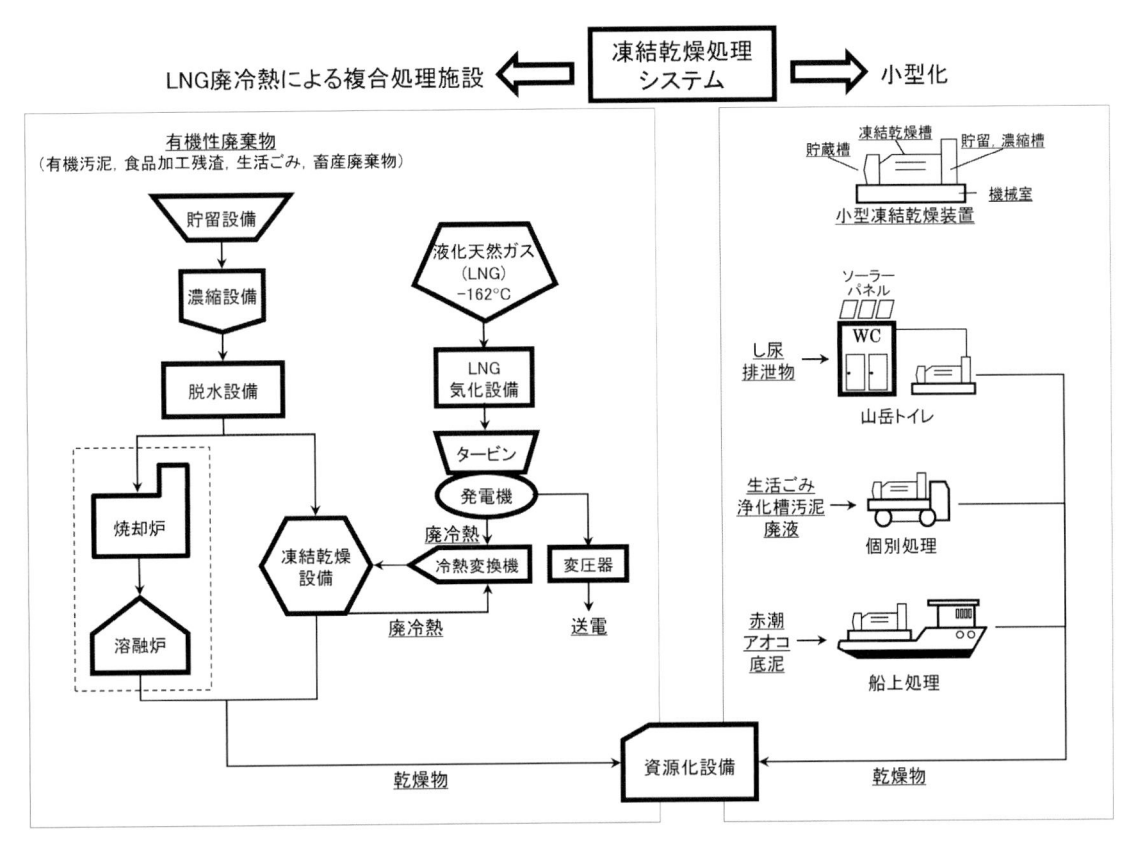

図2 有機性廃棄物凍結乾燥処理システム[2]

搬・小型化することで、山岳トイレや特殊な有機性廃棄物の個別処理、船上処理など、様々な分野での応用が展望できる(図2)。

参考文献
1) Iwahori, K. and Honda, S.：Treatment of sewage sludge by cold circulation freeze-dry equipment - with a view to recovering biomass resources, J. Environ. Syst. Eng., JSCE, No.734/Ⅶ-27, 167-174 (2003)
2) 岩堀恵祐、本多俊一：有機性廃棄物の凍結乾燥処理、用水と廃水、45(8)、78-84(2003)

(静岡県立大学　岩堀恵祐)

循環型社会の将来展望 1
家庭における排水・廃棄物の低炭素・適正処理と資源循環

　温室効果ガス排出量の削減は地球規模での喫緊の課題である。これは国家レベルの問題ではあるが、一般家庭での活動が重要な因子になっていることは論を待たない。当研究グループが対象としている液状廃棄物分野においては、生活排水処理や家庭生ごみの処理などの寄与率が高い。国や地域レベルでの研究としては、エコシティー、地域循環圏等の名称で様々な廃棄物資源の循環利用等の検討が進められているが、その原単位となる一般家庭については十分な研究がなされていない。また、エネルギー分野では家庭向けのコジェネレーションシステム（CGS）や地区レベルのスマートグリッドなどが検討されているが、どうしても家電や給湯等の動脈フローに目がいきがちである。

　しかし、静脈フローである排水・廃棄物処理（静脈）に目を向けると更なる効率化が望めるのではないかと考えている。例えば、一般家庭でのCGSは、現在、動脈フローの低炭素化を担う技術として注目されているが、総合効率の律速は熱需要であると言われている。この熱需要を家庭内の静脈フローにも展開し、電力需要と熱需要をバランスさせることができれば、CGSの総合効率はさらに向上出来る可能性がある。当研究グループでは、一般家庭における電力、熱、水、廃棄物(資源)の質・量を踏まえた、動脈・静脈一体となった低炭素化のための効率化について検討するとともに、それを達成させるための複数の環境技術を導入したシステム構築を検討している(図1)。

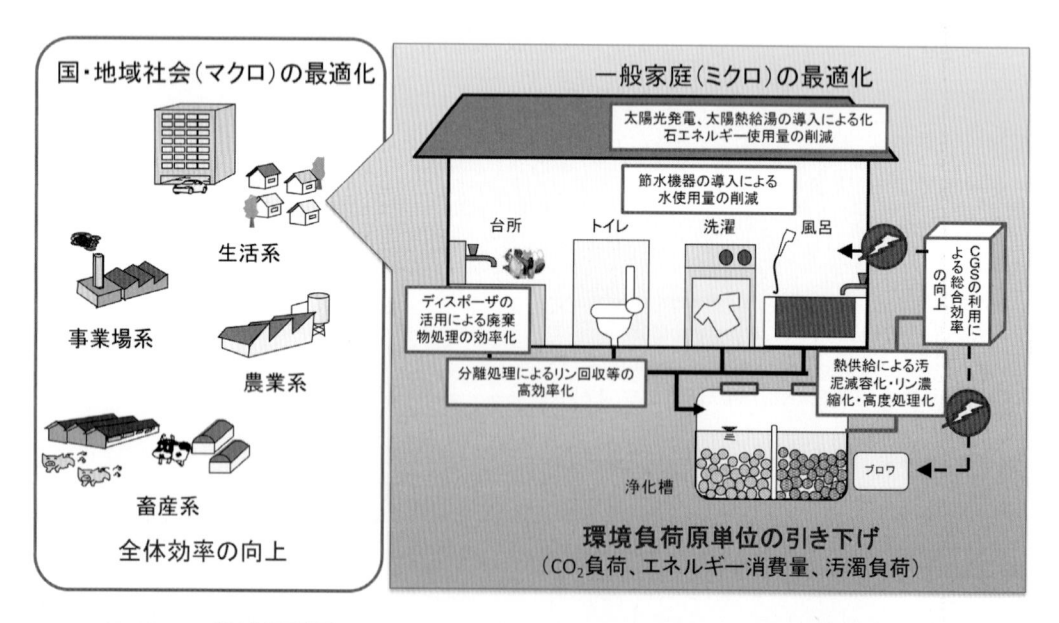

図1　地域レベルの最適化に対応した一般家庭の環境負荷原単位の削減

CGSの総合効率向上としては、例えば、分散型の生活排水処理システムとしての浄化槽への熱利用がある。一般にCGSでは、家屋内での熱電比（熱需要量を電力需要量で割った値）が低いため、総合効率を高く維持するためには発電量を低くしなければならない（住宅での必要電気量に対し、40〜60%しか発電できない）。一方で、排水処理システムの処理性能は水温に大きく影響を受けることから、CGSの廃熱を排水処理に利用することで、環境負荷の削減を図りつつ、制限因子となっている熱供給量を必要電気量とバランスさせることでCGSの総合効率を向上できる可能性がある。さらに、浄化槽から排出される汚泥は年間で約1,500万m^3存在しており、そのほとんどは直接利用が出来ていないことから、廃熱利用により発生源である排水処理システムにおいて汚泥発生量を低減することできれば、環境負荷および社会コストの削減に繋がることが期待できる。

資源循環の一例としては、排水中に含まれるリン資源の回収がある。リンは他の元素では代替が不可能な資源であり、肥料としての農業利用をはじめとして、様々な分野において利用されている。残念ながら、我が国にはリン鉱石が存在せず、全量を輸入に頼っているのが実情であり、近年の世界

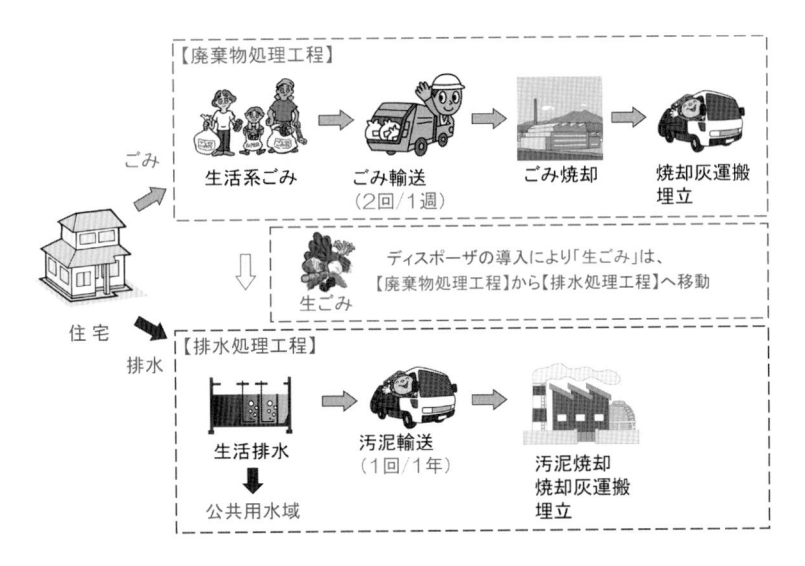

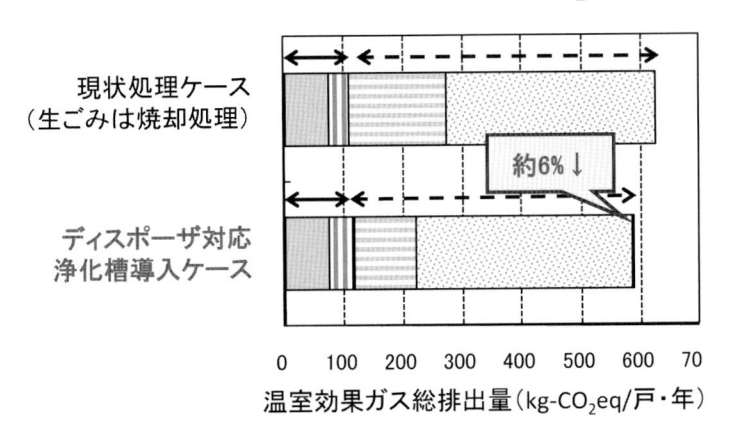

図2　ディスポーザの活用による家庭生ごみの低炭素型処理システム

的なリン資源の高騰により、国内の肥料価格が1年間に2度も改訂されたのは記憶に新しいところである。当研究グループでは、生活排水を対象としたリン資源リサイクル技術を開発し、再び肥料として利用可能であることを示した。大規模な下水道においては、吸着法による高純度・高効率なリン回収方法[1]を、小規模な浄化槽においては、鉄電解法による効果的なリン回収法[2]を提案してきている。さらに、前述のCGS廃熱を浄化槽に利用する場合、汚泥の減容化と微生物の活性化を同時に図ることで汚泥中のリン濃度が高まり、リン回収の効率化が望めるとともにCO_2排出量を削減するという、複数のベネフィットを有する効率的な環境技術となり得る。

また、家庭生ごみは含水率が80%程度と高いため、収集・焼却には適していない。ここにディスポーザを導入し、排水と一緒にオンサイトで適切に処理、もしくはバイオマス資源として回収することにより、従来、燃えるごみとして焼却処分されていた家庭生ごみの収集・焼却にかかるコストおよびCO_2排出が削減され、社会的（マクロ）にも大きな影響を及ぼすものと考えられる。実際、浄化槽へのディスポーザ排水の導入について、実験的検討を行い、ライフサイクルCO_2を試算した結果、排水処理工程のGHGs排出量は増加するが、廃棄物処理工程での減少はそれを上回り、全体として排出量を削減できる可能性が示唆されている[3]。

このように、廃棄物を資源として捉えるとともに電力、熱、水、廃棄物（資源）の質・量を把握し、動脈・静脈のバウンダリーにとらわれず、様々な環境技術を組み合わせて最適化することで、家庭における環境負荷原単位の削減を図るとともに、地域のマクロな最適化にも資するよう廃棄物ストリームを見極めた発生源（家庭）における環境技術システムの開発が重要な位置づけにある。

参考文献

1) Y. Ebie et al.: Recovery Oriented Phosphorus Adsorption Process in Decentralized Advanced Johkasou, Wat. Sci. and Technol., 57(12), 1977?1981, 2008.
2) 近藤貴志、他：水処理システムにおける電解脱リン法とジルコニウム吸着剤によるリン回収技術、共著「汚泥の処理とリサイクル技術」、pp.157-176、（株）エヌ・ティー・エス、東京、2010.
3) 山崎宏史、他：ディスポーザ対応浄化槽の高度処理化とLCCO2評価、日本水処理生物学会誌、46(2)、99-107、2010

((独)国立環境研究所　蛯江美孝)

循環型社会の将来展望 2

資源リサイクルと環境

　今後、国内の産業を維持して空洞化を防ぐためには、電子・電気機器に必要不可欠なベースメタルやその他の有価金属を国内で製錬して供給する必要がある。国内では鉱石等の資源を賄う事が出来ない状況であり、海外からの資源確保においては激しい競争にさらされている。今後一段と、廃電子・電気機器等のリサイクル原料を国内で有効に循環させて、非鉄製錬プロセスを利用して銅、鉛、亜鉛やその他の有価金属を回収処理する必要がある。

　そこで講義では、ベースメタル(銅、鉛、亜鉛)製錬プロセスの基礎を解説し、製錬プロセスを利用したリサイクル原料の処理方法、また、それらの種類と市中からの原料回収状況を説明する。さらに、銅、鉛、亜鉛以外の有価金属に関して、ベースメタル製錬所における回収技術、また、鉱石やリサイクル原料に含有される環境汚染物質の処理・安定化技術に関しても説明する。その他、有効な金属資源循環に必要不可欠な、製錬所で発生する中間生成物のやりとり等の各製錬プロセスの有機的なリンクと必要な社会システムや技術課題に関しても説明する。

(東北大学　柴田悦郎)

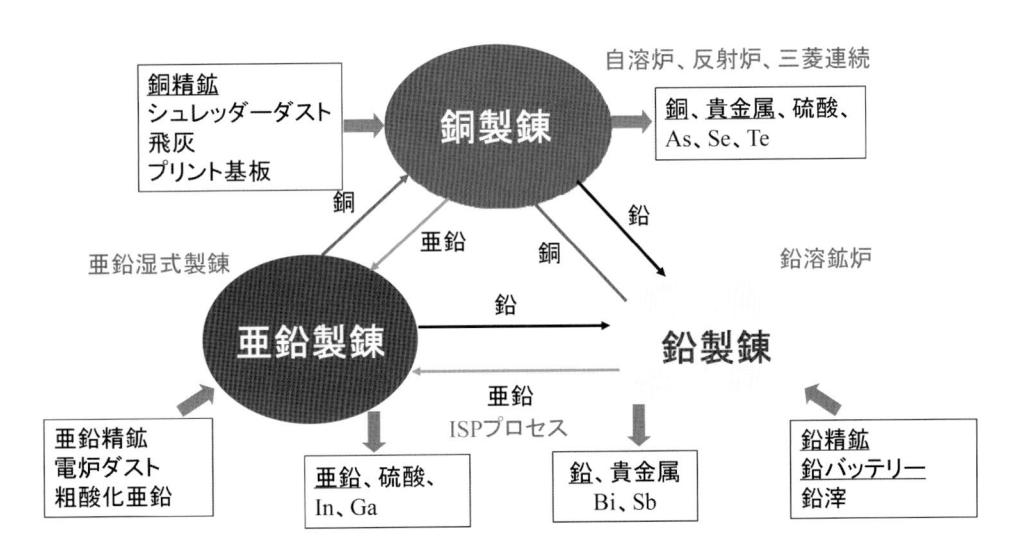

図　銅、亜鉛、鉛製錬における原料と各元素の流れと回収元素

循環型社会の将来展望　3

スマートリサイクル（情報技術を用いた資源管理）

　工業製品は多種類の物質から作られ、社会に広く普及している。これらを回収分別して再び単一の原料へ戻すリサイクルは、エントロピーが増大する方向へ進む自然現象とは逆で、例えば砂漠にこぼした砂粒を回収する様に新たにエネルギーを投入しても困難で効率の悪いプロセスである。しかし個々の砂粒に識別コードが付加されていれば、容易にこぼれた砂粒を回収することが可能になる。

　識別コードとしては、1952年に米国で開発されバーコードが最も広く普及し、製造、流通、販売に利用されている。バーコードは安価であるが、データの容量が小さく読み取り時間が長いなどの欠点も多い。その後、データの容量が最大数キロバイトにもなる二次元コードや、タグに世界で唯一の番号を付与し、離れた場所から電波で同時に複数の対象物を個体識別できるICタグなども開発された。

　最近、医療や情報分野から排出される廃棄物の不法投棄や情報漏洩を防ぐために、偽造防止や個体識別および追跡に優れたICタグを用いた管理システムの試験的な運用が開始された。

　識別コードの利用法としては、識別コードにデータを直接書き込むだけではなく、必要なデータが掲載されているホームページアドレスを表示する方法や、製品を個体識別し追跡する方法が検討されている。識別コードを用いて製品毎に使用されている物質の種類や含有量のデータが容易に取得できれば、使用中は消費者に安心・安全を提供することになり、使用後は自動解体機による効率的な資源回収が可能となる。自動車などの耐久消費財では、個々の製品の使用状況が分かれば修理、再生利用、中古部品の活用などが容易になり、資源やエネルギーを有効に利用することができる。情報技術を利用すると個々の製品の製造、流通、販売、回収、再生を追跡することが容易になり、いわゆる「揺りカゴから揺りカゴまでの資源管理」が可能となる。情報技術を駆使して物質とエネルギーを管理するスマートリサイクルは、資源やエネルギーを最適に利用するための有望な未来技術と言える。

((独)産業技術総合研究所　加茂徹)

6　循環型社会の将来展望

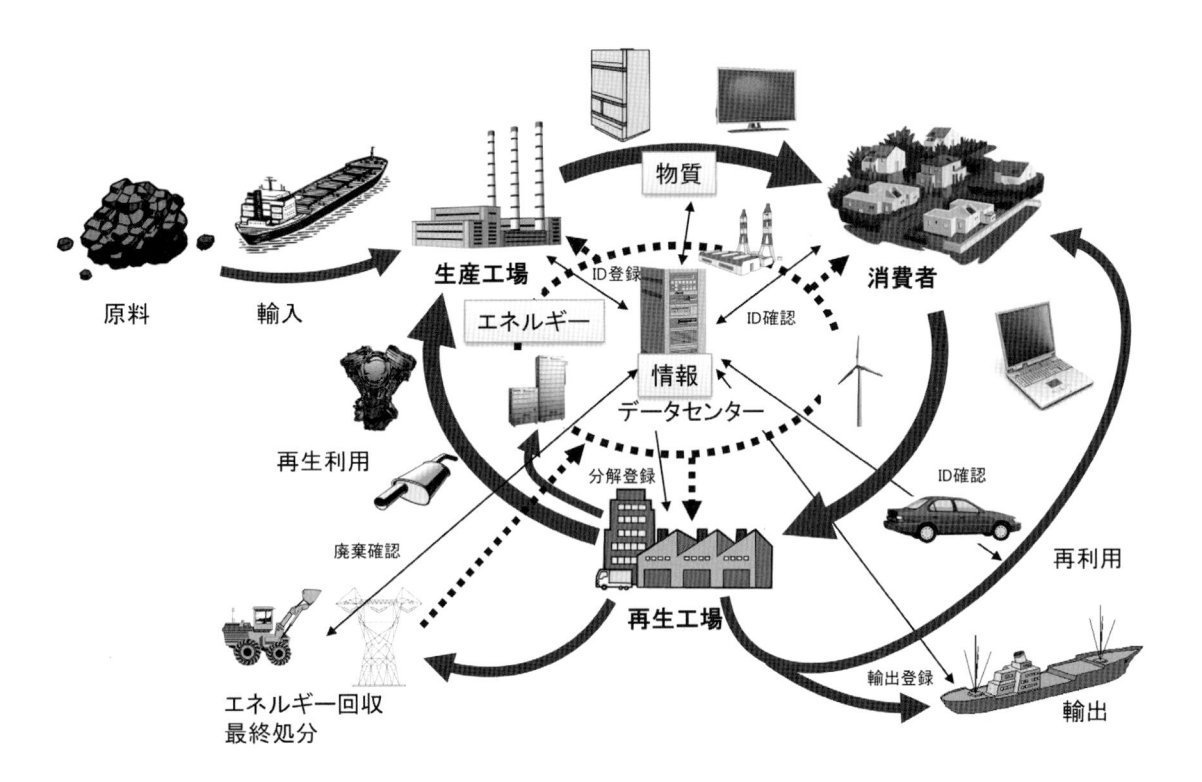

循環型社会の将来展望 4
リン資源リサイクルの全体像

　現在、一年間にわが国に持ち込まれるリン量は、食飼料の形で入る約17万トン、鉄鉱石やコークスに含まれて持ち込まれる約15万トン、化学工業分野へリン鉱石や化学基礎品として持ち込まれる約26万トンおよび肥料として持ち込まれる約14万トンの合計約72万トンある。この内、食飼料および鉄鉱石やコークスに含まれる年間約32万トンは、日本の食糧輸入と製鉄業が続く限り間接的に持ち込まれる。したがって、リン鉱石またはリン製品として直接輸入する必要があるリン量は、年間約40万トンと推定される。一方、リサイクルの対象となるのは、化学原料として工業分野で使われるリン約8万トン、下水等に排出される約5万トン、製鋼スラグとして製鉄プロセスから出てくる約10万トンの合計約23万トンである。海外から国内に持ち込まれるリンの全量に対するリサイクル可能率は約32%（23万トン/72万トン）であるが、リン鉱石またはリン製品として輸入されるリン量に対しては、約58%（23万トン/40万トン）になる。肥料として農地に散布されるリン量は年間約40万トンあるが、その内約10%に相当する4万トン程度しか農作物として回収されていない。

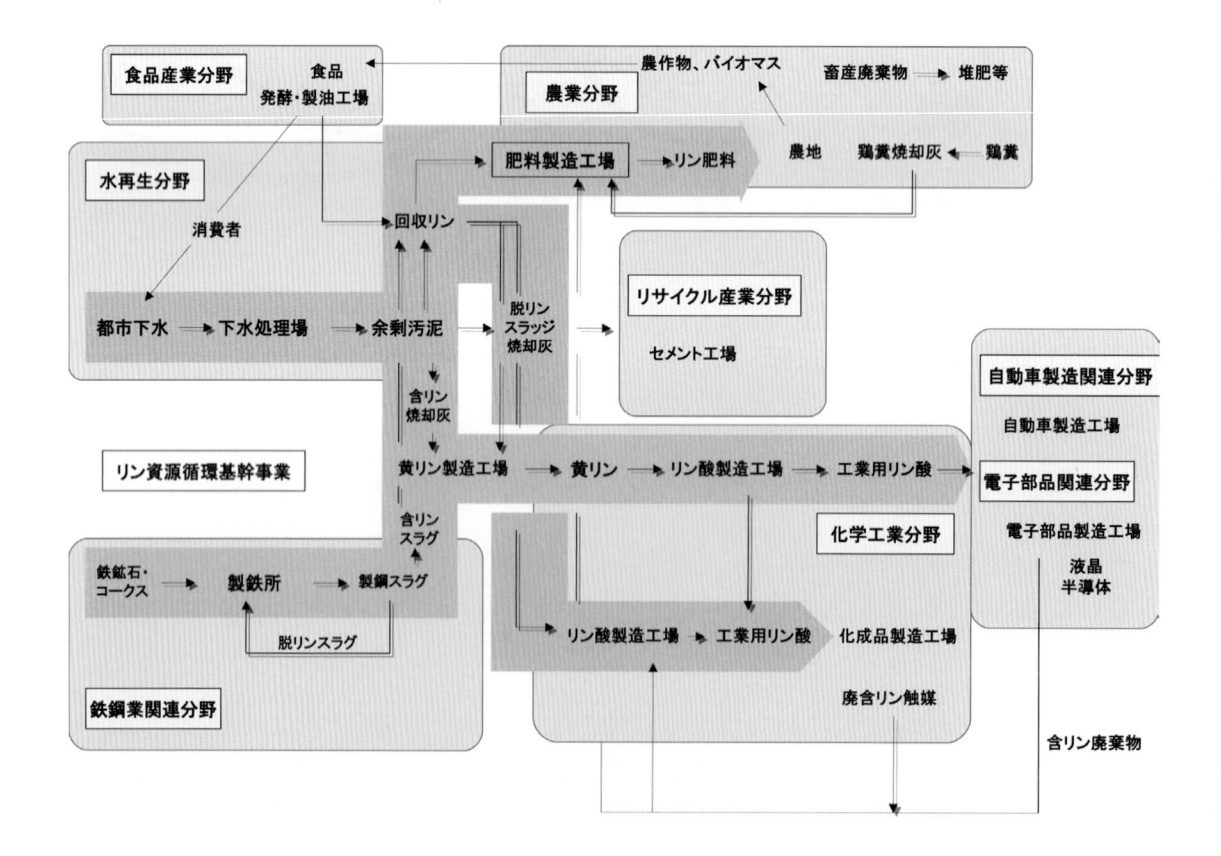

農林水産省では、肥料価格の高騰に対処する目的もあって、農地へのリン投入量を今後約20％削減する政策を発表している。もし、リン肥料の使用量が20％削減されれば、肥料として農地に投入されるリン量は、年間約32万トンで済むことになる。その大半はリサイクル不能であるが、リン肥料の使用量が20％削減された上に産業廃棄物、製鋼スラグおよび下水からリンの回収とリサイクルが行われれば、リン鉱石またはリン製品として輸入されるリン量に対して、最大72％（23万トン/32万トン）ものリンのリサイクルが可能となる。

わが国で検討されているリン資源リサイクルの全体スキームを図に示す。まず、下水中のリンは下水処理場で除去され余剰汚泥に濃縮されて水処理工程から取り出される。もし、余剰汚泥から効率的にリンを取り出すことができれば、回収したリンを肥料製造工場へ送るか、工業用リン酸の原料としてリン酸製造工場へ送ることができる。一方、余剰汚泥の焼却灰は、適度にリンとケイ酸を含んでいて黄リン製造のためのよい原料になる。黄リンは、高品質の工業用リン酸の原料として重要である。黄リンから製造されたリン酸は、自動車産業、電子部品産業や化学産業などにおいて、工業用原料として広く利用される。利用後の含リン廃棄物は黄リン製造の原料として再利用されるべきであるが、わが国には黄リン製造プラントが一つも存在していない。自動車、半導体や液晶製造などのハイテク産業における需要を考えれば、黄リン製造による回収リンのリサイクルシステムを早期に確立すべきである。一方、リンがセメント原料に多く含まれると、セメントが固まりにくくなりコンクリート建造物の強度が低下する。リンを取り除いた余剰汚泥や焼却灰は、セメントの原料としてセメント工場へ送りリサイクルすることが可能である。

鉄鋼分野に持ち込まれるリンのほとんどが、製鋼工程で発生するスラグに濃縮される。スラグ中ではリンと鉄が異なる相に存在しており、冷却後に破砕したスラグから強磁場を利用して両者を分離できる。製鋼スラグは細かく砕かれ、リンを多く含む部分はリン肥料の原料として肥料製造工場へ送られ、リンを含まない部分は製鉄原料として再び製鋼工程へ戻すことができる。畜産廃棄物中のリンの多くは堆肥等への利用がなされていると言われているが、鶏糞焼却灰は未利用リン資源として注目されている。とくに水分含有率の低い鶏糞は自燃可能であり、ボイラー燃料の一部として利用できるばかりか、焼却灰にはリン、カリや石灰などが豊富に含まれ良質な肥料原料になる。その他、液晶や半導体工場の基板処理廃液もリンを含んでおり、そこからリンを回収することができる。発酵食品製造プロセスや食用油精製工程などから出る廃液には、重金属類などの有害物質が含まれていないから、非常に高品質のリンが回収できる可能性があり、排出量も多いので注目に値する。また、化成品製造工場ではリン系触媒が使われており、廃液に凝集剤を添加するなどしてリンの除去がなされる。廃油などにリンが含まれる場合は、焼却後に焼却灰からリンを回収し再利用することも可能である。

（大阪大学　大竹久夫）

循環型社会の将来展望 5
人工資源の埋蔵量を増加させる社会システム─分別・収集＝都市鉱山採掘の効率化

　表1を見て頂きたい。金属について、天然資源と人工資源のアナロジーを示してみたものである。本書の2章は人工資源の探査とも言える研究の結果を整理したものであるが、「そこに○○が××トンある」と言うだけの情報が示しているものは、資源で言う埋蔵量ではない。それはただの存在量である。金属資源で言う埋蔵量とは、技術・経済的に回収可能な物質の量を指す。天然資源で言えば表で示しているように、採鉱→選鉱→製錬というプロセスをたどり天然資源は金属素材へと変化していくわけだが、これを人工資源について言うならば、分別・収集→一次選別→製錬等のリサイクルプロセスとなる。ここで、大きな違いを産むのは、実は採鉱＝分別・収集である。

　人工資源の内、特に昨今話題に上っているような小型家電などの耐久消費財については、いかに集めるかが重要な問題である。つまり社会インフラとして、どのステークホルダーがそのどれだけを担当するかが問題である。

　例えば拡大生産者責任(EPR)に基づき、製品を製造した事業者が回収の費用から責任を持つ、というのは一つの在り方であろう。しかし、例えば携帯電話の現在の回収システムを考えてみよう。携帯電話は事業者の自主的な努力によってモバイル・リサイクル・ネットワーク(MRN)と言うシステムを構築し、回収しているのだが、そこには携帯電話という商品の特性が大きく影響している。

　携帯電話の場合、既に普及が進んでいることもあり、全くの新規需要よりは買い換え・買い増しといった需要が大きい。とすると、新しい携帯電話を購入する際には、その前の携帯電話、すなわち今まさに人工資源になろうとしているものを店頭へ持ってきている場合が非常に多いことになる。とすれば、携帯電話販売店でこれを回収することが出来れば、その販売店は自動的に携帯電話の人工鉱床となることが出来る。他方で、携帯電話のように小さな耐久消費財は、そのシステム構築を誤ると、「タンスケータイ」のように、自宅へ退蔵されかねない。それは退蔵することのデメリットが少ないからに他ならない。

　逆に、携帯電話がどれだけ高濃度にレアメタルを含有しているとしても、それぞれが消費者の家で眠っており、これを誰かが明示的な費用をかけて回収するのであれば、費用便益的な側面からこれは人工資源の鉱床とは呼びがたい。携帯電話としての濃度が高くとも、鉱床としての濃度が低すぎるのである。

　これは製品の特質故、比較的負担が少ない形で回収が行われる可能性のある一例であり、例えばエアコンを買い換える際に古いエアコンを販売店へ持ち込む消費者は少なかろう。しかしこの費用が非常に大きいために、どのように集めるための社会システムを構築するかが非常に大きな問題である。逆に下取りという形で集めることも可能であろう。

　リサイクル技術の開発は常に必要であるが、「集める」という新しい採掘のための社会システムを上手く設計し、その社会的な費用を軽減することが、人工資源の埋蔵量を増加し、より効率的な循環型社会を作ることは間違いないのである。

（東京大学　村上進亮）

表1　天然資源と人工資源のアナロジー

		天然金属資源	人工金属資源
モノ	鉱山 mine	都市鉱山 urban mine
	粗鉱 crude ore	回収されたもの crude secondary resources
	精鉱 concentrates	一次選別済み循環資源（スクラップ）upgraded secondary resources
	素材 material	素材(この時点で代替) materials
プロセス	探査 exploration	マテリアルストック勘定と簡易評価 MSA
	鉱区獲得 acquisition	インセンティブ有りの回収
	採鉱 mining	分別収集 collection and transportation
	選鉱 mineral processing	一次選別 rough separation
	製錬 smelting	狭義のリサイクルプロセス (製錬の場合もあり) material recovery
業	鉱山(採鉱・選鉱) mining industry (include. processing)	収集・運搬業 collection and transp. スクラップ問屋(一次選別) scrap dealers
	製錬 smelters	狭義のリサイクル業 （時として天然資源の場合と共通）material recovery industry

循環型社会の将来展望 6

「Depo-Land」開発への挑戦

　30年前までほとんど注目されていなかった「ごみ捨て場」は空気が自然流入するメカニズムが発見(準好気埋立構造)され「処理」機能が付加され、あたかも「生命」を与えられたかのように活性化した。

　浸出水を集め排水する管は、まさに「血管」にも相当する機能を発揮し、浸出水の循環ポンプの付加によって、埋立地は「心臓」をいただいたかのごとく「制御」が可能なシステムへと進化している。更に、これまで余り注目されなかった覆土に機能を付加した、「活性化覆土」の併用は、覆土に人間の臓器のような機能を付加する事でもある。即ち、老廃物を解毒する「肝臓」や濾過能力を有する「腎臓」の機能を埋立地に移植することは、埋立地の機能をより「人体」の機能へ近づける技術とも考えることができる。しかし、生き物である以上、限界があるのは言うまでもない。「食べ過ぎ」「飲みすぎ」「有害物」「毒物」等に対する施策は重要で、技術開発と併せて3Rの社会システムの構築が必須である。

　周知のように、リサイクルは、廃棄物の問題を軽減する1つの方法であるが、「解決策」ではない。更に、資源のないわが国が立国する限り、廃棄物量は確実に増え続け、かつ質的にも複雑になるのは必至である。

　こうした中では、21世紀の最終処分場は、国民の1人でも多くが、ごみや潜在的なごみ予備軍をよく観察して「自然に戻すべきか、再利用に回すべきか、捨ててはならないものか、あるいは、生産過程で判断すべきものか、また保存すべきか」の立場で、「物」を見る社会システム作りが重要であろう。廃棄物の中間処理技術の遷移をみると、中間処理から資源化への比重も大きくなっている。このため、埋め立てられる廃棄物の性状も大きく変化し、これに対応すべく埋立地の機能も「捨て場」から「処理場」そして「貯留・保管・備蓄場」へと進化するであろう。レアメタル等、即ち潜在資源の貯留・保管・備蓄機能を有する新しい埋立地「デポ・ランド(Depo-Land):Deposit Landfill」の開発はこの延長上にある。

　今後、進化する「埋立地の機能」を十分に理解し、我々が埋立地の賢い「頭脳」となって埋立地の維持管理を適切に行い、埋立地の役割と寿命を全うすることが求められている。古い概念の「ごみ捨て場」「埋立地」から「デポランド(Depo-Land)」開発への挑戦は、持続可能な埋め立て技術創生への道でもある。

（福岡大学　松藤康司）

6 循環型社会の将来展望

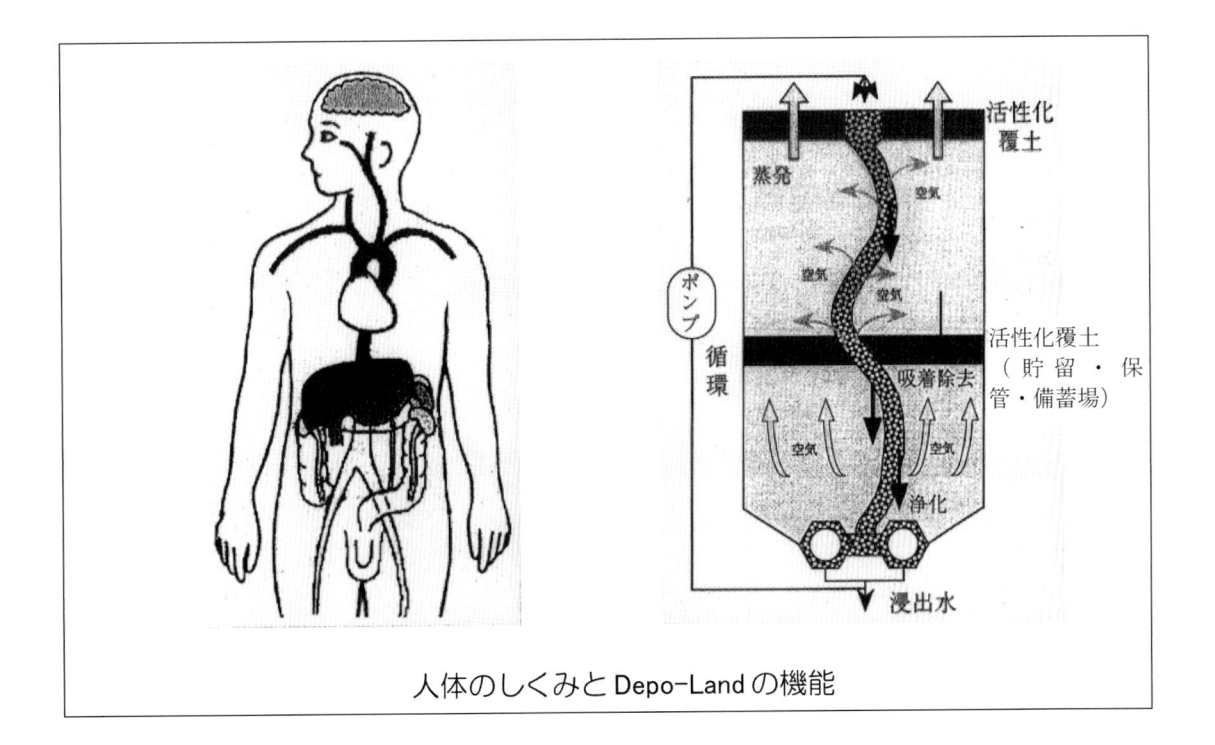

人体のしくみとDepo-Landの機能

リサイクル・廃棄物処理に役立つ

各社の製品紹介編

目　次

コベルコ建機の金属リサイクル機械　　　　　　　　　　　　コベルコ建機株式会社 1

ドイツ　リープヘル社製　マテリアルハンドラー／イタリア　エムジー社製　ナゲットマシン
　　　　　　　　　　　　　　　　　　　　　　　　　　　　株式会社シャトル 2

一軸せん断式破砕機　マルチロータ PRO　　　　　　　　　株式会社アーステクニカ 3

フランソン社製（スウェーデン）　一軸式破砕機／破砕機（整粒機）
　　　　　　　　　　　　　　　　　　　　　　　　　　　　ドケックスジャパン株式会社 4

BITEX（バイテックス）　3軸粉砕機〔SCシリーズ〕／2軸破砕機〔SHシリーズ〕
　　　　　　　　　　　　　　　　　　　　　　　　　　　　ホロン精工株式会社 5

一軸粉砕機（PETボトル等プラの粉砕）／一軸破砕機（ダンゴ状廃プラ等の破砕）／
二軸破砕機（硬質プラ・木屑等の破砕）　　　　　　　　　新南株式会社 6

廃プラスチックリサイクル装置　プラショリ　　　　　　　株式会社タナカ 7

CD/DVD　リサイクルシステム　蛍光管破砕機　　　　　有限会社 K&S インターナショナル 8

破袋・除袋機 "フクロトロン-Ⅱ" シリーズ　　　　　　　　テクニカマシナリー株式会社 9

ハイバウンドスクリーン／フィンガースクリーン　　　　太洋マシナリー株式会社 10

密閉循環式　風力選別機　　　　　　　　　　　　　　　　日本専機株式会社 11

SH型・SHB型　比重差選別機　　　　　　　　　　　　　原田産業株式会社 12

非鉄選別機／風力選別機／比重選別機　　　　　　　　　ドケックスジャパン株式会社 13

非鉄金属分別機／電磁選別機／永磁選別機　　　　　　　株式会社イー・エム・エス 14

WN-800型　湿式ナゲットプラント　　　　　　　　　　　三立機械工業株式会社 15

連続式遠心分離機　　　　　　　　　　　　　　　　　　　タナベウィルテック株式会社 16

ヒートポンプ式減圧蒸発濃縮装置　エコプリマ　　　　　日鉄環境エンジニアリング株式会社 17

多機能伝熱乾燥機　フリーアングルドライヤ　　　　　　株式会社大和三光製作所 18

マルチ圧縮梱包機：SX-V6040／縦型圧縮梱包機：X-シリーズ／
半自動横型ベーラー：S-147/1010／分離型プレスコンテナ：SPプレス＋コンテナ
　　　　　　　　　　　　　　　　　　　　　　　　　　　　サンモア株式会社 19

発泡スチロールリサイクル処理機
エコロボエースシリーズ／ハイメルターシリーズ／クリーンヒートパッカーシリーズ
　　　　　　　　　　　　　　　　　　　　　　　　　　　　株式会社パナ・ケミカル 20

DOKEX減容圧縮成形機：RPF製造機／DOKEXスクリュープレス
　　　　　　　　　　　　　　　　　　　　　　　　　　　　ドケックスジャパン株式会社 21

エアゾール缶廃棄・リサイクル装置　簡易型 Aerosolv® アエロソルブ／自動機 Super 800J
　　　　　　　　　　　　　　　　　　　　　　　　　　　　大洋液化ガス株式会社 22

投入コンベヤ付き　スプレー缶穴あけ圧縮機　　　　　　新富士理工株式会社 23

バイオマスボイラシステム　　　　　　　　　　　　　　　株式会社大川原製作所 24

クラボウ　流動層バイオマスボイラ　　　　　　　　　　　倉敷紡績株式会社 25

バグフィルター	株式会社 J・P・S	26
クレステル® フィルター／高温用高性能フィルター	泉株式会社／株式会社フジコー	27
パラ・エコ・リサイクリングシステム	ラサ商事株式会社	28
ヒートポンプ式減圧蒸発濃縮装置　エコプリマ	日鉄環境エンジニアリング株式会社	29
薄膜蒸発濃縮乾燥装置　ハイエバオレーター	株式会社櫻製作所	30
溶剤回収装置	株式会社 E&E テクノサービス	31
発泡スチロールリサイクル　ECOLOBO-ACE ペレット化システム	株式会社名濃	32
基板リサイクル装置	株式会社マシンテック中澤	33
生ゴミ処理システム	株式会社フロム工業	34
有機物処理プラント　ECOPOT	エコポット株式会社	35
発酵堆肥化プラント　オープン式攪拌装置　堆肥化自動送風制御システム	日環エンジニアリング 株式会社	36
みのり菌体飼肥料製造機	みのり産業有限会社	37
生ごみ・水中高分解処理装置　メルチャン　MEL-CHANG	エステック株式会社	38
ネクストソイル（人工腐植土）	国土防災技術株式会社	39
洗車排水リサイクルシステム　ウォーターシャイン	株式会社オスモ	40
PETボトルリサイクルシステム	エレマジャパン株式会社	41
環境リサイクル事業	JX 日鉱日石金属株式会社	42
リサイクル事業	三菱マテリアル株式会社	44
ICP 発光分光分析装置／蛍光 X 線分析装置／赤外分光光度計	株式会社島津製作所	45
ラマン分光計／Niton 携帯型成分分析計	株式会社リガク	46
イオンクロマトグラフィーシステム　IC-2010	東ソー株式会社	48
熱交換器・燃焼装置	熱研産業株式会社	49
負圧監視装置	長野計器株式会社	50
ウォール ウェッター®（WW）　WW蒸発プラス・WW蒸留プラス	関西化学機械製作株式会社	51
IK 式完全防雨ルーバー	消音技研株式会社	52
ミストによる粉塵対策・静電気対策・防火対策・熱中症対策・消臭対策	グリーン株式会社	53
産廃クリーン	株式会社プレシオ	54

会社名索引

あ

株式会社アーステクニカ 3
株式会社 E&E テクノサービス 31
株式会社イー・エム・エス 14
泉株式会社／株式会社フジコー 27
エコポット株式会社 35
エステック株式会社 38
エレマジャパン株式会社 41
株式会社大川原製作所 24
株式会社オスモ 40

か

関西化学機械製作株式会社 51
倉敷紡績株式会社 25
グリーン株式会社 53
有限会社 K&S インターナショナル 8
国土防災技術株式会社 39
コベルコ建機株式会社 1

さ

株式会社櫻製作所 30
サンモア株式会社 19
三立機械工業株式会社 15
JX日鉱日石金属株式会社 42,43
株式会社 J・P・S 26
株式会社島津製作所 45
株式会社シャトル 2
消音技研株式会社 52
新南株式会社 6
新富士理工株式会社 23

た

大洋液化ガス株式会社 22
太洋マシナリー株式会社 10
株式会社タナカ 7
タナベウィルテック株式会社 16
テクニカマシナリー株式会社 9
東ソー株式会社 48
ドケックスジャパン株式会社 4,13,21

な

長野計器株式会社 50
日環エンジニアリング 株式会社 36
日鉄環境エンジニアリング株式会社 17,29
日本専機株式会社 11
熱研産業株式会社 49

は

株式会社パナ・ケミカル 20
原田産業株式会社 12
株式会社プレシオ 54
株式会社フロム工業 34
ホロン精工株式会社 5

ま

株式会社マシンテック中澤 33
三菱マテリアル株式会社 44
みのり産業有限会社 37
株式会社名濃 32

や

株式会社大和三光製作所 18

ら

ラサ商事株式会社 28
株式会社リガク 46,47

コベルコ建機の金属リサイクル機械

コベルコ建機株式会社

東京本社：〒141-8626
東京都品川区東五反田 2-17-1
TEL：03-5789-2111
URL：http://www.kobelco-kenki.co.jp

複合廃棄物の付加価値を高める微細分別機。
資源セパレータ

解体対象を廃自動車に絞り込んだ専用機。
自動車解体専用機

自動車解体、エンジン解体、仕分け作業などマルチに活躍。
マルチ解体機

スクラップハンドリング作業で機動力を発揮。
ホイール式スクラップローダ

スクラップの積み降ろし作業などを効率化。
クローラ式スクラップローダ

長尺物などのハンドリング作業を容易に。
回転フォーク仕様機

磁力を利用して鉄スクラップをハンドリング。
マグネット仕様機

鉄スクラップの選別、積み降ろし、減容化に。
マグネエース仕様機

金属リサイクルをフロー全体で考えるコベルコ。

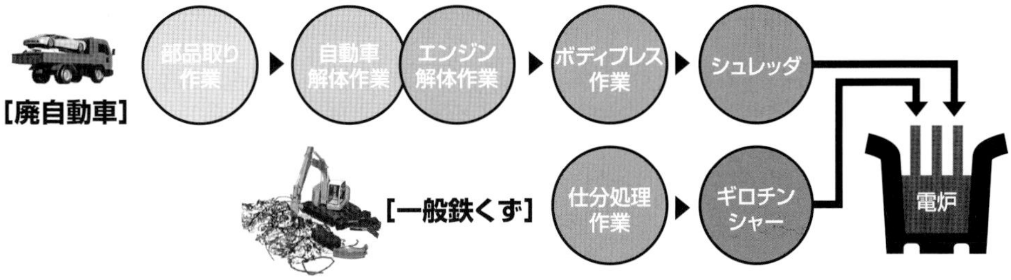

[廃自動車] → 部品取り作業 → 自動車解体作業 → エンジン解体作業 → ボディプレス作業 → シュレッダ → 電炉

[一般鉄くず] → 仕分処理作業 → ギロチンシャー → 電炉

1979年に自動車解体機を発表して以来、スクラップ処理の機械化に努力してきたコベルコ。ここ数年は、環境保全や資源保護の視点から金属リサイクルマシンのラインナップをさらに拡充。現在では各マシンがそれぞれ適材適所に活躍し、生産性向上、安全確保、快適化に貢献しています。すべての工程を効率化しなければ、リサイクルの輪はスムーズに機能しない。そう考える私たちはコベルコ建機です。

ドイツ　リープヘル社製
マテリアルハンドラー
イタリア　エムジー社製
ナゲットマシン

株式会社シャトル

〒135-0064
東京都江東区青海 2-7-4 the SOHO 1301
TEL：03-6457-1772　FAX：03-5530-0330
http://www.shuttle-inc.jp

リサイクル先進諸国の最新機器を、トータルにご提案できるのはシャトルだけです。

LIEBHERR （ドイツ・リープヘル社）
スピード・耐久性・能力、どれも絶対に負けません。世界No.1の実力がここにあります。

タイヤ走行型マテリアルハンドラー　A904 C HD
建屋中・外兼用のコンパクト設計。ナンバー取得可能。

タイヤ走行型マテリアルハンドラー　A934 C
マテリアルハンドラーでは最も人気のあるタイプ。

タイヤ走行型マテリアルハンドラー　A954 C
船積み荷役作業分野で、世界中で使用されています。

クローラー型掘削機　R916 C
速度を落とさず、走行・旋回・荷揚を同時に行えます。

クローラー型掘削機　R954 C
操作性重視で設計された、扱いやすいマシンです。

クローラー型掘削機　R996
1台で3台分の仕事をこなす、大型現場に最適のマシン。

スラグハンドラー　LR 634 STM
1100℃の耐熱性能。作業効率及び安全性はNo.1です。

フォークリフト型ハンドラー　TL 435-10
フォーク作業、高所作業、コンテナ積み作業の1台3役。

クローラー型デモリッション　R 944 C
最高のスピードと作業性を誇るビル解体機。

MG Recycling （イタリア・エムジー社）
製品の品質を最高級にするのは、乾式ナゲットプラント・マシンのMGだけです。

ナゲットプラント　MATRIX400
400kg/hourの処理能力を誇る乾式ナゲットプラント。

ナゲットマシン　220T
どこにでも移動させることができます。
200kg/hourの処理能力を誇るコンパクトマシン。

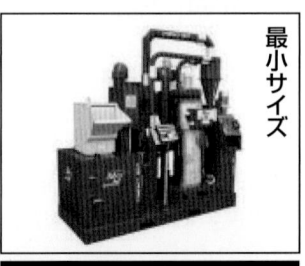

ナゲットマシン　150T
最小サイズ
150kg/hourの処理能力を誇るコンパクトマシン。

一軸せん断式破砕機 マルチロータ PRO

株式会社アーステクニカ
住所：東京都千代田区神田神保町 2-4
TEL：03-3230-7154
FAX：03-3230-7158
MAIL：ETCL@earthtechnica.co.jp

従来機から機械構造を大幅にブラッシュアップ！
破砕効率、メンテナンス性能が大幅に向上しました！

最新鋭一軸せん断式破砕機『マルチロータPRO』

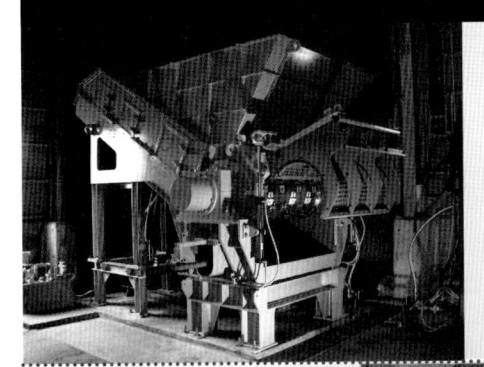

川崎重工当時よりご好評を頂いていたマルチロータシリーズが大幅にブラッシュアップしました。
大型機や24時間稼動設備への多くの納入実績で培われたノウハウを凝縮し、機械構造を刷新！
「プロ」も認める最新鋭機として生まれ変わりました。

1　楽々メンテナンス

プッシャ下部のケーシングにメンテナンスハッチを設けることで、最も交換頻度の高い回転刃や固定刃が破砕室に入らずに交換することが可能です。

- 回転刃は下から
- 固定刃も下から 
- プッシャー周りは横から 

2　プッシャ無段階制御

破砕機の負荷を常時フィードバックし、最適な速度、押込力でプッシャを制御します。この無段階制御により、負荷率を100％へ近づけ、機械のムダな時間を抑制し今までにない高効率破砕が実現しました。

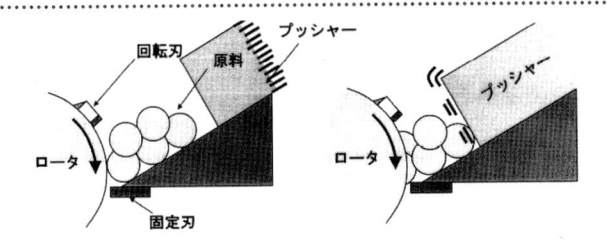

破砕機の負荷が小さい時は、高速で大きな力で原料を押し込みます。
破砕機の負荷が大きい時は、低速で小さな力で原料を押し込みます。

3　セルフクーリングシステム

ロータ構造は独自の多角形構造を採用。
一般的な一軸せん段式破砕機とは異なり、ロータと原料間の接触を"線"とすることで、摩擦による発熱を抑え、原料の溶融を防ぎます。これにより、安定操業が可能となり、長期稼動を実現します。

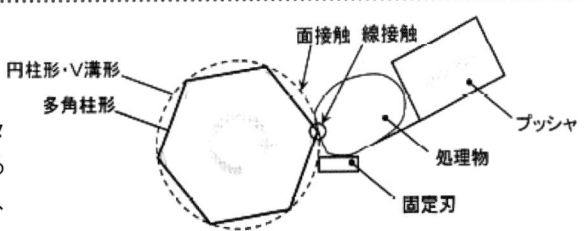

（円柱形・V溝形：面接触／多角柱形：線接触／プッシャ／処理物／固定刃）

フランソン社製（スウェーデン）一軸式破砕機／破砕機（整粒機）

ドケックスジャパン株式会社
〒100-6162 東京都千代田区永田町2丁目11-1
山王パークタワー 3F
TEL03-6205-3317　FAX03-6205-3100
http://www.dokexjapan.com

フランソン社製一軸式破砕機は回転刃、固定刃に特徴があり、薄物類がすり抜けない設計です。また、油圧式プッシャーやフランソン社独自の四角刃と凹凸式ローターの組合せが破砕効率を向上させます。

フランソン社製（スウェーデン）一軸式破砕機

FRANSSONS Recycling machines

特徴

- シリーズは7タイプ（91型、141型、153型、181型、203型、251型）目的に応じた機種選びが可能。
- スクリーンサイズはお客様のご要望に応じたサイズ、形状が可能。
- 噛み込みが良く、ロール状のプラスチックも問題なく処理。
- 過負荷防止制御、プッシャー自動制御等、安全対策設計。
- 独自の四角刃により、長物のすりぬけや、破砕ロスをなくします。
- スイングアーム式油圧プッシャーにより投入物を効率的に破砕します。

FRANSSONS Recycling machines　FRP251型

破砕機（整粒機）：MC-Crusher

KM

【用途】
カーシュレッダー、電気廃材等の一次破砕処理に最適。

【特徴】
軟質系廃棄物から金属類まで原料の種類を選ばず、粒度を均一にすることができます。

情報－4

資源リサイクルに！
BITEX（バイテックス）
3軸粉砕機〔SCシリーズ〕
2軸破砕機〔SHシリーズ〕

ホロン精工株式会社

〒389-0822　長野県千曲市上山田3813-191
TEL 026-276-0323　FAX 026-275-6284
E-mail : holon@nyc.odn.ne.jp
URL : http://www.holon-seiko.co.jp

リサイクル資源の破砕はお任せください。
1坪破砕工場！
建設予算100万円から　工期1ヶ月

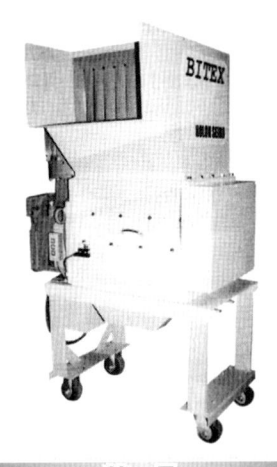

シュレッダー式破砕刃

特　長

1. 容器・家電リサイクルに最適
大きさ700ミリ程度までのプラスチック容器、非鉄金属を含む家電製品、プラスチック形成不良品などの資源をリサイクルするのに適した粉砕機です。

2. コンパクト設計
シンプルかつコンパクトに設計されていますからスペースを取りません。移動も簡単です。

3. 均一な粉砕粒
1台の中にシュレッダー式破砕刃と櫛歯型粉砕刃を組み込むことにより、きれいなカット面を持った6～16ミリ角の均一な粉砕粒が得られます。

4. SH型破砕機
SH型はSC型に粉砕刃を組み込まない、減容を目的とした2軸破砕機です。20～40ミリ角の破砕物が得られます。

粉砕実績例
プラスチック容器／ガラス容器／自動車内装品／プラスチックバンパー／家電プラスチック部品／プリント基板／木材家具端材／石膏ボード／塩ビパイプ／剪定枝／海藻(乾燥)

仕　様

型式	ギヤドモーター (3相200V)	破砕刃回転数 50/60Hz (rpm)	粉砕刃回転数 50/60Hz (rpm)	粉砕刃寸法 (オプション)	重量 (Kg)
SC 250-22	2.2Kw	18/22	50/60	10×8 (6×7)	350
SC 500-22	2.2Kw	18/22	50/60	10×8 (6×7)	460
SC 500-55	5.5Kw	32/39	70/85	10×8(6×7,15×12)	550
SC 500-110	11Kw	53/64	116/140	10×8(6×7,15×12)	580
SC 700-150	15Kw	53/64	125/150	12×9(6×7,16×12)	1260
SH 250-22	2.2Kw	18/22			335
SH 500-22	2.2Kw	18/22			440
SH 500-55	5.5Kw	32/39			530
SH 500-110	11Kw	53/64			550
SH 700-150	15Kw	53/64			1200

一軸粉砕機（PETボトル等プラの粉砕）
一軸破砕機（ダンゴ状廃プラ等の破砕）
二軸破砕機（硬質プラ・木屑等の破砕）

新南株式会社

東京都品川区上大崎 4-5-33
Tel:03-5740-5331　Fax:03-5740-5332
info@shin-nan.co.jp　http://shin-nan.co.jp

① 一軸粉砕機 SNC-600N, 900N

処理対象：
ＰＥＴボトルや
硬質プラスチック類
など
（成形ロス品等）

刃物が高速回転する構造です。スクリーンを交換することにより製品粒度の変更ができます。

② 一軸破砕機 SNC1-600/800.

処理対象：
廃プラ、紙屑、木屑など、さまざまな塊状のもの

中速回転式のダイス型刃物によるプッシャー付き破砕機です。

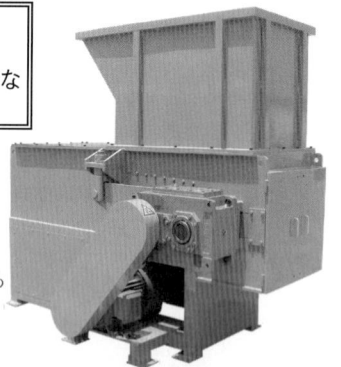

③ 二軸破砕機 SNC2-600/800/1000/1200/1600

処理対象：
廃プラ、
木屑、
紙屑等

プッシャー付きモデル

低速回転の２軸破砕刃により、多様な形状のものを破砕します。ホッパの形状も、処理対象物に合わせて受注時に設計対応しています。

※噛込みにくいため破砕に時間がかかりがちな円形・球形等の形状の破砕には、プッシャー付モデルが適しています。

④ 塩ビ管専用粉砕機 SNC-500P/700P

処理対象：
塩ビ管等
長尺プラスチック類

長尺ものを手投入して処理することに特化した粉砕機です。

⑤ 横型圧縮梱包機・縦型梱包機

粉砕・破砕処理前および処理後の対象物の輸送コスト、保管スペース削減のための減容処理として威力を発揮します。

※新南株式会社は、環境機械の開発・製造・販売とともに、環境に配慮する循環型社会の実現に貢献すべく、ＰＥＴボトルをはじめとする廃プラスチック・マテリアルリサイクルを推進しています。

廃プラスチックリサイクル装置 プラショリ

株式会社タナカ

〒578-0935　大阪府東大阪市若江東町 6-3-32
TEL 06-6728-4800　FAX 06-6724-0489
http://www.kk-tanaka.co.jp

湿式粉砕・洗浄・脱水処理まで、
低コストで容易に廃プラスチックを無公害処理し、再資源化。
低騒音で低粉塵。社内リサイクルに最適です。

プラショリの特長

1. プラショリは湿式粉砕機と洗浄脱水機で構成されており、少量の水で水洗いしながら連続して粉砕し、高速洗浄付スクリューで擦り、叩き合わせて付着した汚れや粉塵を効率よく分離、脱水を連続で処理します。
2. 湿式粉砕機と洗浄脱水機の接粒部はすべてステンレス製(SUS304)で防錆性に優れ、安心して長期間使用できます。
3. 独自の軸受構造と防水シールで長寿化がはかられており、合理化とコストダウンを共に実現しています。
4. カートリッジ刃の採用によりシャープな切れ味とメンテナンス性が格段に向上。
5. 機掃を容易に行える自動開閉装置(粉砕機)、リフトアップ装置(脱水機)、(オプション)があります。
6. 低騒音、低粉塵で作業環境をクリーンに保つ事ができます。

用途

- 化学薬品・医療・食品のボトル容器
- 工業部品・自動車部品・事務機部品・家電部品・建築材料等のプラスチック部分
- 電線皮膜材・その他廃プラスチック

その他

- 高速連続洗浄機(ラベル剥離装置)
  廃プラ・廃ボトル等に等に付いた強固な汚れ、異物を粉砕後、速やかに連続で剥離し、リサイクルの品質をアップします。
- 湿式比重分離装置(ハイドロサイクロン)
- プラスチック異種分離機設計・設計いたします。

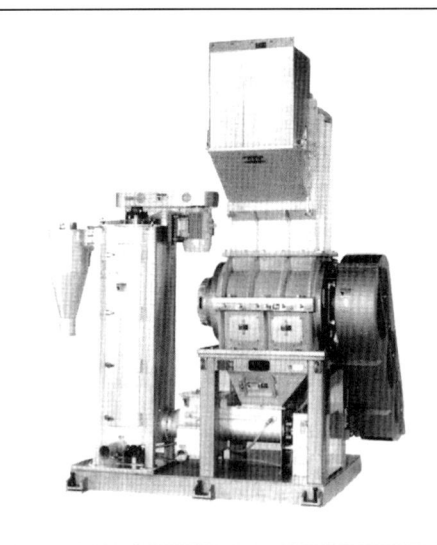

仕様

形式	処理量 (kg/h)	給水量 (ℓ/min)	粉砕機 形式	粉砕機 共通仕様	洗浄脱水機 形式	洗浄脱水機 共通仕様
PR 55-770 S-1000	500～1000	30～50	MF 55-770	接粒部 SUS 304製 (酸洗仕上) 軸受部 防水シール 構造 スクリーン φ8～φ15mm	ML-1000	接粒部 SUS 304製 (酸洗仕上) 洗浄部 スクリュー式 沈殿槽付
PR 45-770 S-1000	400～850	20～40	MF 45-700		ML-1000	
PR 45-560 S-1200	350～700	15～30	MF 45-560		MML-1200	
PR 35-720 S-1200	300～500	20～30	MF 35-720		MML-1200	
PR 35-560 S-1200	200～400	15～30	MF 35-560		MML-1200	
PR 30-360 S-800	100～250	10～20	MF 30-360		MM-800	
PR 25-360 S-600	70～200	10～20	MF 25-360		MS-600	
PR 25-240 S-600S	50～150	5～10	MF 25-240		SR-600	

共通架台　SS400製塗装仕上　　操作盤　標準(防滴型)

関連製品

ボトル用粉砕機
ペットボトルや廃プラスチック等も強力かつスピーディーに粉砕。

洗浄脱水機
廃プラスチックの「洗浄・ゴミ取り」から「脱水」「排出」まで抜群の能力を発揮します。

CD/DVD リサイクルシステム
蛍光管破砕機

有限会社 K&S インターナショナル

〒344-0067　埼玉県春日部市中央 1-57-12
　　　　　　永島第ニビル　403号
TEL：048-733-1828　　FAX：048-733-0878
　　MAIL world@kandsint.co.jp
　　URL　http://www.kandsint.co.jp

安心、安全でクリーンが弊社の願いです。

CD/DVD リサイクルシステム

本システムは用済みのCD/DVDの表面を削り落とし、記録データを破壊して情報の機密を守ります。その後、CD本体を一定のサイズに破砕してポリカーボネート材料としてリサイクルします。

処理能力

モデル	CD40	40枚/分
モデル	CD120	120枚/分

表面を削り落とした状態　　破砕後

蛍光管破砕機

直管、環状管、電球型蛍光管などほとんどすべての蛍光管を安全にかつ能率的に破砕します。破砕時に出るパウダーや水銀蒸気はフィルターが吸着して外部に漏えいしません。

製品：蛍光管破砕機
モデル：K-203　（K-202Nのデラックス版）
処理対象管：直管、環状管、電球型蛍光管
処理能力：1000本/時間（直管は2000本/時間）
電源電圧：100V　単相

　その他にも環境保全のために廃棄物のリサイクルをテーマに環境機器やシステムのご提案を致しております。
※詳しくはお気軽にお問い合わせ下さい！
　　　→ world@kandsint.co.jp

情報－8

進化しつづける！
破袋・除袋機
"フクロトロン-Ⅱ" シリーズ

テクニカマシナリー株式会社

〒578-0935 大阪府東大阪市若江東町3-2-52
TEL：06-6725-5348　FAX：06-6725-3663
URL：http://www.temco.net
E-mail：info@temco.net

缶類・ペットボトル・びん類・容器包装プラスチックなどの入った収集袋を
破り・除くことで、より良き選別の前処理機として活躍しています。
豊富なラインナップ・蓄積されたノウハウにより
ベストソリューションをご提供いたします。

破袋・除袋機（HJR型）
2軸ロータ式で、ごみ入り収集袋を破り(破袋)、内容物と破袋片を分離(除袋)します。
容リプラ処理時は、破袋後に硬質物と軟質フィルム類とに分離排出します。
特長
- 循環破袋システムで多重袋や小袋も強力に破袋します。
- コンパクトサイズで大量処理が可能です。
- 異物混入にも強く、ライントラブルが少ない。
- プラベール品解砕後のラインでは、軟質フィルム類を高効率に分離します。
- 構造がシンプルでメンテナンスが容易です。

破袋・除袋機（HJR型）

破袋機（HR型）
1軸ロータ式で、ごみ入り収集袋を破ります。
特長
- 多重袋や小袋も強力に破袋します。
- コンパクトサイズで大量処理が可能です。
- 異物混入にも強く、ライントラブルが少ない。
- プラベール品解砕後の小袋破袋と、小塊のほぐし用として有効です。
- 構造がシンプルでメンテナンスが容易です。

破袋機（HR型）

除袋機（JR型）
破袋処理後の手選別コンベヤ上に設置し、硬質物はそのまま通過させ、フィルム
類などの軟質物のみを特殊爪で掻き揚げ、分離(除袋)します。
特長
- 既存コンベヤラインに容易に設置、大幅な省人化が可能です。
- プラベール品解砕後のソーターの前処理機として最適です。
- 特殊な構造で、長いフィルムやPPバンドなども巻付きません。
- 作業者の負担を軽減し、手選別の精度を向上させます。
- 構造がシンプルでメンテナンスが容易です。

除袋機（JR型）

小型破袋機（SCH-7型）
スクリュー式で、ごみ入り収集袋を破ります。
作業台やコンベヤの側にコンパクトに設置でき、可搬式で場所を選びません。
特長
- 脈動少ない定量排出に加え、回転数制御により手選別コンベヤの層厚調整が
  容易になります。
- 混合ごみでは、びん割れが僅少です。
- 手投入・コンベヤ投入・ホッパ投入が可能です。
- 構造がシンプルでメンテナンスが容易です。

小型破袋機（SCH-7型）

小袋破袋機（SCH-mini型）
スクリュー式で、従来の大型機では破ることができない小袋を破ります。
特長
- スクリュー式なので、軽いプラでも呑み込みがよい。
- 可搬式で場所を選びません。
- プラベール品解砕後の小塊のほぐし用として有効です。
- 構造がシンプルでメンテナンスが容易です。

小袋破袋機
（SCH-mini型）

情報-9

ハイバウンドスクリーン
フィンガースクリーン

太洋マシナリー株式会社

本社・工場：〒551-0023 大阪府大阪市大正区鶴町4-1-7
TEL.06-6556-1601(代)　FAX. 06-6556-1222
E-mail：info@omco-taiyo.co.jp
URL：http://www.omco-taiyo.co.jp

現場処理用可搬式振動選別機
脱着式コンテナ車載型/トラック積載型

ハイバウンドスクリーン
フィンガースクリーン

【特長】
1. 高含水物でも目詰まりしにくい
2. コンガラ等重量物にも対応（フィンガースクリーン）
3. 細土砂分離の細目対応（ハイバウンドスクリーン）
4. 高振幅による材料ほぐし効果が高い
5. 耐磨耗・剛性があり、簡易メンテナンス
6. 脱着式コンテナ車1台で現場設置可能

脱着式コンテナ車載時

【用途例】
- 震災がれきの土砂選別
- 掘削廃棄物の土砂選別
- 不法投棄や掘起こしゴミの土砂選別
- 解体系廃棄物の土砂分級
- 建設混合廃棄物の残渣分級
- 再生土砂の細粒分級
- その他各種粒度選別、分級

現地設置稼動時

< ハイバウンドスクリーン >

スクリーン　：1200W×4500L(5mm細目)
処理能力　：10～30m³/Hr
必要電力　：10 KW

< フィンガースクリーン >

スクリーン　：1590W×4210L
処理能力　：30～50m³/Hr
必要電力　：10 KW

OMCO®
太洋マシナリー株式会社

●本社・工場：
　〒551-0023 大阪市大正区鶴町4丁目1番7号
　TEL.(06)6556-1601(代)／FAX.(06)6556-1222
　E-mail info@omco-taiyo.co.jp

●西部営業部　〒532-0005 大阪市淀川区三国本町2丁目18番43号
　TEL.(06)6394-1101 FAX.(06)6394-0011
●東部営業部　〒108-0014 東京都港区芝5丁目1番9号(豊前屋ビル3F)
　TEL.(03)5445-2771 FAX.(03)5445-2775
●中部営業部　〒454-0996 名古屋市中川区伏屋2丁目412番地
　TEL.(052)301-2611 FAX.(052)301-2622
●広島営業所　〒733-0013 広島市西区横川新町8番25号(広島県鋳物会館ビル)
　TEL.(082)292-1966 FAX.(082)291-1391

http://www.omco-taiyo.co.jp

密閉循環式 風力選別機

日本専機株式会社

〒561-0858　大阪府豊中市服部西町 5-15-2
TEL：06-6865-0020
FAX：06-6865-0787
URL　http://www.nihonsenki.com

特 徴

- 本機は、内蔵されたシロッコファンよって作られた空気流を利用し、原料を『重量物』と、『軽量物』を選別します。
- 内部循環型のため、大掛りな集塵設備などを必要としません。
- 風力調整もインバーター操作で簡単に行えます。
- シンプルな構造でコストパフォーマンスとランニングコストを追求した機構です。

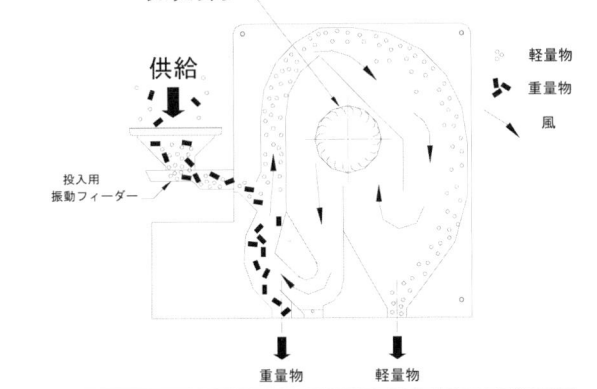

選別ワーク例

選別ワーク	処理能力	重量物	軽量物
廃プラスチック	700kg/h	金属	プラ
建設廃材	1.5t/h	不燃物	可燃物
ガラスカレット	1t/h	ガラス	ラベル
PETボトル	600kg/h	PETフレーク	ラベル
一般ゴミ	1.2t/h	不燃物	可燃物
木材チップ	800kg/h	石、非鉄金属	木材チップ
etc…			

機器仕様

形式	L-750型	L-1500型	L-2000型
重量 (kg)	500	800	1,200
全高 (mm)	1,600	1,600	2,400
全幅 (mm)	870	1,670	2,170
全長 (mm)	1,780	1,780	1,865
動力 (kw)	1.7	2.5	3.7

＊各種選別機（比重選別機／ふるい機／トロンメル 等）も製作していますので、詳細はホームページを御確認下さい。

SH 型・SHB 型 比重差選別機

原田産業株式会社

営業本部
〒362-0061　埼玉県上尾市藤波2丁目198番地
TEL：048-786-5555　FAX：048-786-5554
E-mail　eigyo@haradasangyo.co.jp

瓦礫の処理に最適：瓦礫残渣、廃木材チップ
付帯設備：集塵設備一式
移送機器一式：その他選別機器

比重差選別機・SH-25 標準型参考写真

機種		SH-4型	SH-10型 SHB-25型		SH-25型 SHB-25型	
仕様《標準仕様》		ブロアー内臓型	ブロアー内臓型	ブロアー外付型	ブロアー内臓型	ブロアー外付型
寸法（本体）	幅	930	1680	1680	2640	2640
	奥行き	1850	2800	2800	2800	2800
	高さ	2350	3510	3700	3510	3700
電動機	振動部	0.75Kw	2.2Kw		5.5Kw	
	送風部	0.75Kw	3.7Kw	外部	7.5Kw	外部
最大送風量(min)		60㎥	120㎥	150㎥	240㎥	300㎥
静荷重		700Kg	1,300Kg	1,400Kg	2,600Kg	2,800Kg
動荷重		1,100Kg	2,000Kg	2,100Kg	4,200Kg	4,400Kg
特別機能		重量物シャッター、遮蔽版、エアーノズル、デッキ角度調整、インバータ、他				

SH型・SHB型　比重差選別機の特徴

選別対象物を、重量物、軽量物、重量微細物に高精度選別する機械です。

1. 傾斜したデッキの振動と風力を利用し、比重差を巧みに操った廃棄物処理用選別機です。
2. 選別網の研究開発により、選別精度及び単位処理量を大きく高めました。
3. 送風機内蔵型及び送風機外付型とも、安定した風速でエアーを供給する事が可能となり、より広い分野で廃棄物処理用選別機として注目されています。
4. 重量物排出口にシャッターを付ける事で、より多様な選別が可能となりました。また、送風機構及び振動機構はインバータによる制御を行い、繊細で大胆な選別が可能となりました。
5. デッキ角度の変更が可能です。
6. 網の詰まりに対して、研究し尽くしています。網は詰まる物との発想から、極めて容易に交換が出来るよう工夫しています。（比重差選別機SH-25型で、1台/20分程度で交換可能）
7. 集塵密閉タイプです、愕くほど粉塵が低減されました。

選別対象物

1. 瓦礫のトロンメル残渣

● トロンメル残渣：
砕石、砂再利用(50mm以下、水分含有率15%以下)
（ヤード選別や手選別に不適な細粒物の安定型処分と軽量物の燃料化）

● 木材チップ：
石、砂、金属除去(ボード用木材チップ、燃料用木材チップ、炭化用木材チップ)
（1.0mm程度の砂等、除去の可能性が有ります。製紙及び繊維板の原料に）

2. 廃棄物全般

RDF原料選別、廃プラスチック全般、金属分別、工場清掃ごみゼロエミッションその他
（数値は一般的なものです、状況により異なります。）

単位処理能力

比重差選別機　SHB-25型

● 瓦礫のトロンメル残渣；
10㎥／時間（50mm以下、水分含有率15%以下）

● 瓦礫中の木材チップ；
50㎥／時間（40mm以下、水分含有率30%以下）

（数値は、状況により異なります。また、複数台並立設置する事でご希望の処理量にお応えします）

非鉄選別機
風力選別機
比重選別機

ドケックスジャパン株式会社

〒100-6162 東京都千代田区永田町2丁目11-1
山王パークタワー 3F
TEL03-6205-3317　FAX03-6205-3100
http://www.dokexjapan.com

組み合わせにより、あらゆる金属類、プラスチック類を選別できます。

非鉄選別機：Eddy-current & Drum Magnet

GOUDSMIT MAGNETIC SYSTEMS

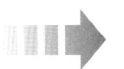

【用途】
電気廃材、スラッジ、PVC等から
非鉄（アルミ）を分離。
Drum Magnetを組み合わせることで鉄類の除去も可能。

→ 非鉄金属（アルミ、銅等）
→ その他（金属類、プラスチック類等）

風力選別機：Air Sorter／Sorting Table

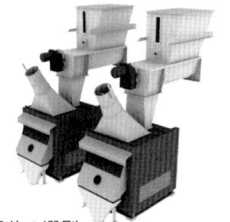

TRENNSO-TECHNIK
Rohstoffe zurückgewinnen - Qualität sichern

Air Sorter

→ 軽量物
→ 重量物

【用途】
・プラスチックの重量物、軽量物の選別。
・電気廃材、シュレッダーダスト等の重量物、軽量物の選別。
・非鉄選別機（Eddy-Curent）の前処理に最適。

Sorting Table

→ 軽量物
→ 重量物

比重選別機：Starscreen

Lubo Systems
SCREENING & RECYCLING

→ オーバー品
→ アンダー品

【用途】廃プラスチック、建設廃材、シュレッダーダスト等の選別。
【特徴】土砂ガラス等を星型ゴム（スター）により、目詰まりや混合を避け、振るい落とし選別します。

非鉄金属分別機
電磁選別機
永磁選別機

株式会社イー・エム・エス

横浜支社：〒230-0051 神奈川県横浜市鶴見区
鶴見中央 3-26-18-102
TEL：045-507-2861　FAX：045-506-5441
http://www.ems-mag.jp　info@ems-mag.jp
本社・工場：〒386-1544　長野県上田市仁古田1222-2

確かな技術でクリーンな環境作りに貢献します。

特 長

- ローターは高磁力の希土類磁石の使用により、強力な分別能力を発揮します。
- 原料搬送用コンベヤは原料の種類と処理量によりベルト速度を可変できます。
- 消費電力は駆動用モーターのみです。

非鉄金属分別機

用 途
- 空缶リサイクルラインにおいてアルミ缶の分別に使用。
- カーシュレッダーからの非鉄金属の分別回収に使用。
- 各種粗大ゴミの破砕ラインにおいて非鉄金属の分別回収に使用。

形式	ベルト幅	出力(kw) ローター軸	出力(kw) プーリー軸	質量(kg)
NMS2850	600	2.2	1.5	1400
NMS2860	750	3.7	1.5	1500
NMS2875	900	3.7	1.5	1800
NMS2890	1050	3.7	1.5	2000

電磁選別機

用 途
- ベルトコンベヤ上に吊下げ、または据付けた状態で原料中の鉄片を吸引し自動的に排出。
- 空缶選別、ゴミ処理、鉱石、鋳物砂、パルプチップ、肥料などの除鉄に使用。
- マグネットプーリーと併用すれば、除鉄効果も上がります。

形式	ベルト幅	対応コンベヤベルト幅 クロスライン	対応コンベヤベルト幅 インライン	質量(kg)
FBS500	500	400	500	850
FBS600	600	500	600	1100
FBS750	750	600	750	1600
FBS900	900	750	900	2100
FBS1050	1050	900	1050	3100

永磁選別機

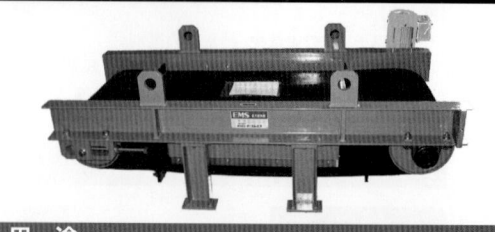

用 途
- 食品、化学薬品、飼料等の原料中の除鉄に使用。

形式	ベルト幅	対応コンベヤベルト幅 クロスライン	対応コンベヤベルト幅 インライン	質量(kg)
FPS050	500	500	500	540
FPS060	600	600	600	650
FPS075	750	750	750	900
FPS090	900	900	900	1100
FPS0105	1050	1050	1050	1250

その他製品

ドラム磁選機、永磁ドラム、永磁プレート、永磁プーリー、高磁力永磁プーリー、マグネット応用機器

廃電線　粉砕・選別プラント
WN-800型
湿式ナゲットプラント

三立機械工業株式会社

〒263-0002 千葉市稲毛区長沼原町335
TEL043-304-7511　FAX043-304-7512
URL : http://www.sanritsu-machine.com
E-MAIL : info@sanritsu-machine.com

電力線はもちろん、ハーネス等の雑線でも銅回収率98％以上を誇る
湿式比重選別方式の廃電線リサイクルプラント

製品の特長

ナゲットプラントは廃電線を米粒大に粉砕して、銅と被覆を比重選別する廃電線リサイクルプラントです。主に剥線機では処理の出来ない細い電線の処理に適しています。「WN-800型」はナゲット処理の基本性能をコンパクトにまとめ、原料を投入してから粉砕⇒選別⇒乾燥のプロセスを自動化しています。振動と水流を利用した湿式比重選別方式を採用しており、電力電線からの赤ナゲット(高品位な銅ナゲット)回収はもちろんのこと、ハーネス等の細線・雑線に対しても98％以上の高い銅回収率を誇ります。既に30セットを超える販売実績があり、特に処理難易度の高い"自動車ハーネス"や"家電系の電源コード"を対象とした導入事例も豊富です。

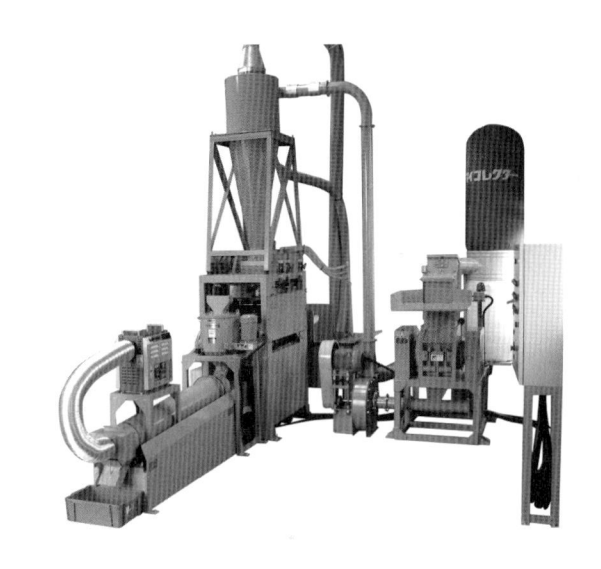

処理フロー

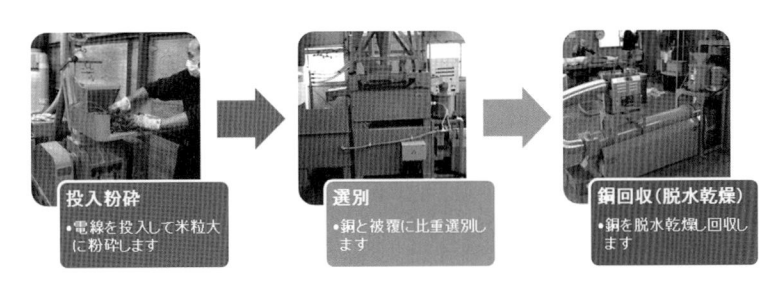

投入粉砕 → **選別** → **銅回収(脱水乾燥)**
・電線を投入して米粒大に粉砕します
・銅と被覆に比重選別します
・銅を脱水乾燥し回収します

処理例　自動車ハーネス
自動車ハーネス → 銅 / 被覆

処理例　Fケーブル
Fケーブル → 銅 / 被覆

連続式遠心分離機

タナベウィルテック株式会社

大阪営業　大阪府大阪市東淀川区菅原 2-2-97
　　　　　TEL:06-6321-5825 FAX:06-6321-5826
東京支店　東京都墨田区菊川 2-18-8 イーダ菊川ビル2階
　　　　　TEL:03-3846-0841 FAX:03-3846-0842
　　　　　http://www.tanabewilltec.co.jp/

下水汚泥の肥料化からペットボトル処理まで、
各種リサイクルプラントで多方面に用途をもち、
分離工程の省力化に貢献する連続式遠心分離機

横軸回転式ろ過機：SHC・MSC 型

- 50μm以上の粒径の固形分に適用し、高濃度スラリにも対応可能。
- 特殊製法により長いスクリーン寿命確保。
- 分離能力向上を目的とした多段式も製作可能。
- スクリーンの上の残留ケーキ層が少ない為、小さな設置面積で大きな処理能力を発揮。
- 共通ベッドと防振ゴムの採用でアンカー不要。
- 密閉環境が要求される処理物にも対応可能。

＜採用処理物例＞
ペットボトルリサイクル・下水汚泥の肥料化
塩・砂糖・硫酸鉄・硫酸銅・各種樹脂 etc...

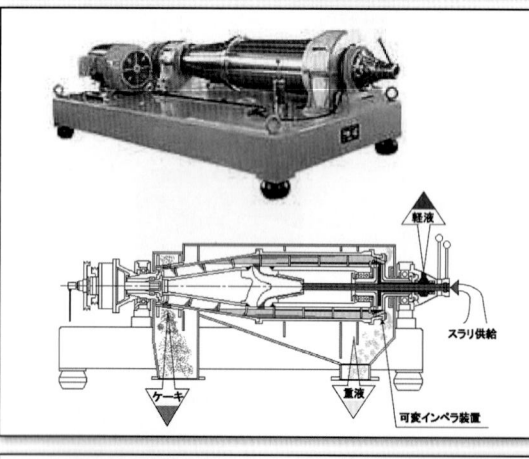

横軸回転式沈降機：デカンタ型

- 固-液、液-液、固-液-液を比重差と高遠心力により、瞬時に分離排出。
- 小さな設置面積で大きな処理能力を発揮。
- 共通ベッドと防振ゴムの採用でアンカー不要。
- 弊社独自の機構である可変インペラ装置は分離運転中でも任意の堰板径に調整でき、状態を確認しながらの分離調整が可能。
- 密閉環境が要求される処理物にも対応可能。

＜採用処理物例＞
下水汚泥の肥料化・廃棄物からの金属回収
廃油リサイクル・植物WAX・各動物油・各植物油 etc.…

縦軸回転式ろ過機：VP 型

- 処理物、処理量に応じた操作が簡単にできる。
- 小型で据付面積が小さい為、限られたスペースで大きな処理能力を発揮できる。
- 処理物はバスケット上部より押出排出され、ケーシング内より下部へ排出される。(上部排出型も対応可能)
- 上部より処理物を投入するだけで良いので、粒子径が比較的大きく流動性の無いものでも処理が可能。

＜採用処理物例＞
廃ビニール・金属切削チップの脱油・石灰岩 etc...

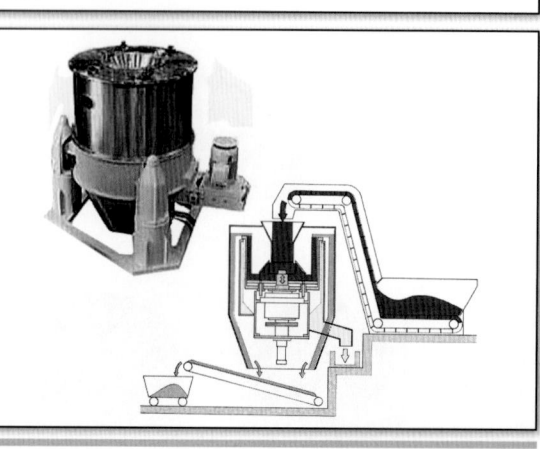

コンパクトで低コストな
汚泥・廃液乾燥機「カラカラDD」

日鉄環境エンジニアリング株式会社

水ソリューション事業本部
東京都千代田区東神田1-9-8
TEL：03-3862-2190
URL：http://www.nske.co.jp

1. はじめに

カラカラDDは汚泥・廃液の減量化を目的とした乾燥機です。脱水機と組み合わせて、脱水汚泥を直接カラカラDDのドラム上に落とし込むことで、コンパクトな脱水・乾燥システムを構成することができます。(図-1)

汚泥・廃液・野菜くず等幅広い廃棄物の乾燥が可能で、廃棄物の回収・リサイクルにも利用できます。

型番	ドラム構造	ドラム寸法(mm)	設置基準寸法(mm)	処理対象物	処理能力の目安(有機系耐水方式ケーキ対象の例)
DD-310C	水平並列2ドラム式	φ300×L1000	W1000×L2200×H750	有機系(無機系)廃液・汚泥	20～40kg/時間
DD-510C	水平並列2ドラム式	φ500×L1000	W1300×L2200×H750	有機系(無機系)廃液・汚泥	40～60kg/時間
DD-515C	水平並列2ドラム式	φ500×L1500	W1300×L2700×H750	有機系(無機系)廃液・汚泥	60～100kg/時間
DD-810C	水平並列2ドラム式	φ800×L1000	W2000×L2000×H1000	有機系(無機系)廃液・汚泥	100～150kg/時間
DD-815C	水平並列2ドラム式	φ500×L1500	W2000×L2000×H1000	有機系(無機系)廃液・汚泥	150～250kg/時間
DD-820A	水平並列2ドラム式	φ800×L2000	W2000×L3200×H1000	有機系(無機系)廃液・汚泥	200～300kg/時間
DD-12520A	水平並列2ドラム式	φ1250×L2000	W2900×L3400×H1600	有機系(無機系)廃液・汚泥	300～500kg/時間
MDD-4310C	多段4ドラム式	φ300×L1000	W1000×L2550×H1450	廃液・無機系汚泥	処理対象物の乾燥減量試験により決定
MDD-4315C	多段4ドラム式	φ300×L1500	W1000×L2750×H1450	廃液・無機系汚泥	同上
MDD-4320C	多段4ドラム式	φ300×L2000	W1000×L2900×H1450	廃液・無機系汚泥	同上
MDD-4415C	多段4ドラム式	φ400×L1500	W1250×L2750×H1600	廃液・無機系汚泥	同上

※適用機種は、処理対象物の発生量、乾燥減量試験結果、及びユーザーの装置稼動可能時間の要素により決定。

■オプション装置
・ドラム自動洗浄装置　・表面処理(クロームメッキ)ドラム　・汚泥分散装置　・集泥コンベア　・液状汚泥供給装置

表-1　カラカラDD＆MDDシリーズの概要

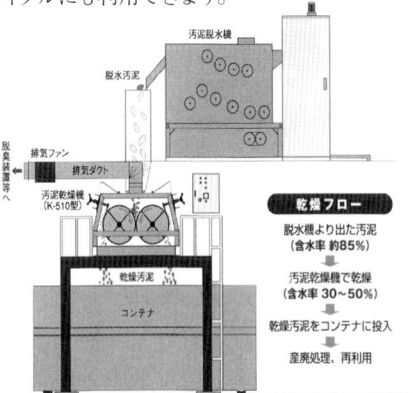

図-1　汚泥処理フロー図

乾燥フロー
脱水機より出た汚泥
(含水率 約85％)
↓
汚泥乾燥機で乾燥
(含水率 30～50％)
↓
乾燥汚泥をコンテナに投入
↓
産廃処理、再利用

2. カラカラの特長

1) 構造がシンプルで操作が簡単。ボタン1つで運転開始できる。
2) 故障が少なく、メンテナンスも容易。
3) 既存の脱水機に簡単にセットができ、省スペースである。
4) 設備費が低廉で、短期間で償却可能。
5) 廃蒸気の利用で極めて低ランニングコスト。
6) 廃棄物リサイクル・回収に適用可能。

3. 脱水、乾燥システムフロー

脱水機で脱水した汚泥をカラカラのドラム上に落とし、対になったドラムの隙間に脱水汚泥を挟み込み、ドラム表面に薄膜状に貼り付けます。対になったドラムは蒸気で加熱し、薄膜状の汚泥はドラムに張り付いたまま瞬時に乾燥します。乾燥した汚泥はスクレーパーで掻き取り、コンテナーに落とします。ドラム部はステンレス製のカバーで覆われており、蒸発した汚泥の水分は集められて、排気ダクトから外部に排出します。

臭気の強い汚泥の場合は、排気ダクトのあとに脱臭装置を設けます。また、汚泥を脱水する前に酸素酸系の消臭剤「デスメル」を添加することで、脱臭装置を付けないことも可能です。十分に好気的な状態におかれた汚泥であれば、特に脱臭対策の不要なケースも多くあります。

写真-1　カラカラDD本体

写真-2　設置例

液状物で水分の多い処理対象物の場合はドラムを縦に複数個並べた、多段式ドラム乾燥機「カラカラMDD」が適しています。メッキ廃液等の有価金属を含む廃液の場合は、カラカラMDDで粉末状にまで乾燥することで、有価物としての処理が可能となります。

4. 乾燥対象物

1) 脱水汚泥
食品工業、醸造、酒類、飲料、化学工業、製薬、紙パルプ、畜産、下水、集落排水、めっき工業、金属表面処理、写真工業

2) 廃液
焼酎廃液、調味廃液、回収飲料廃液、めっき廃液、現像廃液

3) 固形物
野菜くず、もやし、おから、茶がら、コーヒー粕

多機能伝熱乾燥機
フリーアングルドライヤ
Free Angle Dryer

株式会社大和三光製作所

本　　　社　〒104-0031　東京都中央区京橋3-1-2
　　　　　　　TEL.03-3281-5300（代）　FAX.03-3281-6183
東京　支社　〒332-0016　埼玉県川口市幸町3-10-3
　　　　　　　TEL.048-241-8820（代）　FAX.048-241-8831
福島　工場　〒969-0287　福島県西白河郡矢吹町堰の上351
　　　　　　　TEL.0248-42-5601　　　　FAX.0248-42-5602
大阪出張所　〒669-1133　兵庫県西宮市東山台4-13-13
　　　　　　　TEL.／FAX.0797-62-0500
＊ご用命は 東京支社 営業企画部 までお願い致します。

物性に合わせ角度を変えられる多機能な乾燥機

フロシート例（スタート蒸気で定常温水運転）

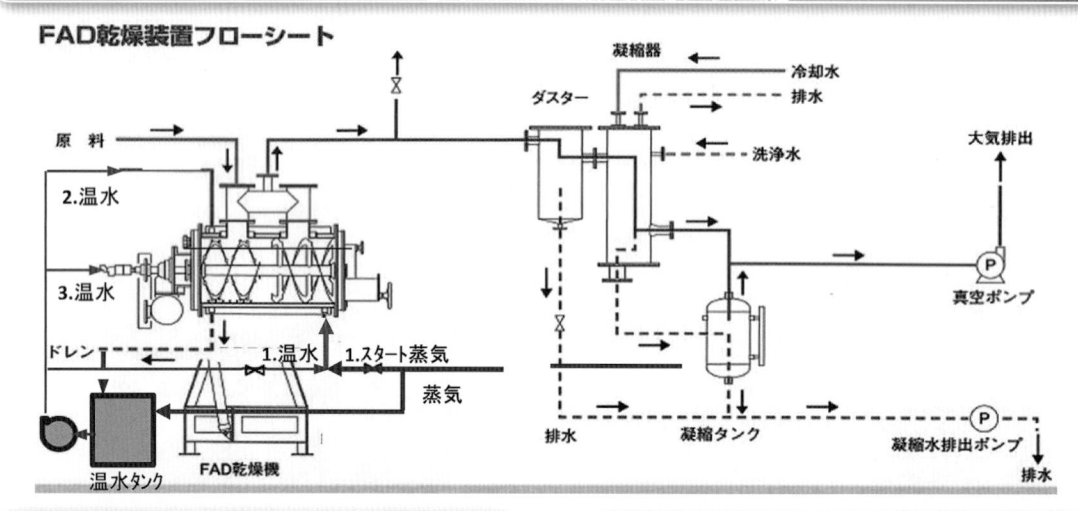

FAD乾燥装置フローシート

概　要

　本体外部にジャケットを有する円筒型で内部には、可変速可能な撹拌羽根を有した乾燥機。
　乾燥機は撹拌羽根を回転させながら、左右に揺動可能な構造で水平を基準に左右の傾斜で運転が可能です。
　この構造を利用して各種処理物に合わせた運転が可能となりました。左に破砕機構、右に撹拌機構を配置して乾燥過程で団子状になるような処理物は破砕機構が活躍します。縦型伝熱乾燥機で難しかった処理物も処理可能となりました。乾燥機本体を軸に平行に分割し、軸を残して開閉可能な構造になりメンテナンス・クリーニングし易い構造となっています。ジャケット及び機内撹拌軸に蒸気又は熱媒体を通し、被乾燥物と接触させる伝導伝熱方式の乾燥機です。蒸気・温水選択可能で温水に切り替えて運転時もジャケットを揺動する事により温水が上下混合されて効率よく熱伝導されます。排気量も少なく、臭気処理装置も小型で済みます。液状・スラリー状から粒状・固体まで広範囲な処理物に対応できます。

低温乾燥機

　FAD乾燥機は真空乾燥機で容器内の圧力を下げることにより沸点を低下させ、低温度で水分を蒸発させる原理を応用したものです。（例えば-0.084MPa(130torr)に減圧すると約57℃で沸騰します。）減圧により蒸発温度が下がるので処理物への予熱温度が低くても乾燥ができます。処理物へのダメージを軽減できる乾燥方式です。

凝縮液の再利用

　蒸発した気体は真空ポンプで吸引されて凝縮器で凝縮液となり回収できます。乾燥品はもとより凝縮液の再利用も可能なシステムです。

①投入・メンテは水平

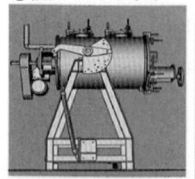

②初期破砕乾燥

③後期撹拌乾燥・排出

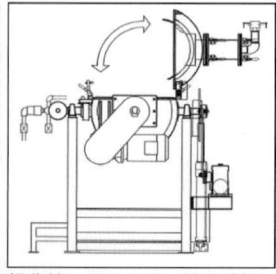

操作性・サニタリー性を重視
フルオープン！

マルチ圧縮梱包機：SX-V6040
縦型圧縮梱包機：X-シリーズ
半自動横型ベーラー：S-147/1010
分離型プレスコンテナ：
SPプレス＋コンテナ

サンモア株式会社

〒651-1431　兵庫県西宮市山口町
阪神流通センター1-74
TEL078-903-0825　FAX078-903-2593
http://www.sunmore.net

廃棄物の処理にあたり、拠点間の輸送は必然です。
圧縮梱包・圧縮運搬は、特別な訓練無しに様々なコストの大幅削減に貢献します。

マルチ圧縮梱包機：SX-V6040

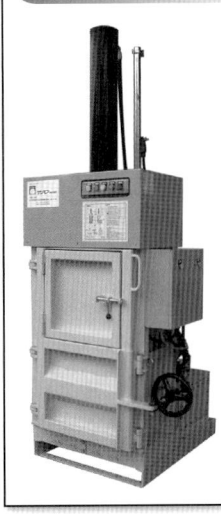

- 少量多品種の処理が必要な業者様向け。
- 飲料缶、PETボトル、紙類、プラスチック類等、1台で様々なものを約1/10に減容できます。(素材によって異なります。)
- 簡単操作。誰でも使用できます。
- 出来上がりサイズは、容リ法に従った400×600×高さとコンパクト。
- 出来上がり重量も6~25kgで、取り回しも楽々。

縦型圧縮梱包機：X-シリーズ

- 1日あたり1～2トンの処理が必要な業者様向け。
- 紙類、軟質プラスチック類、布類等の圧縮梱包に適します。
- 場所をとらずに強力圧縮。
- 出来上がりベールは、コンテナ積みやトラック積載にちょうどいいサイズ。(重ね積みできます)
- EU安全基準に適合しています。
- 圧縮力別に、16 / 25 / 30 / 50トンの4機種をラインアップ。

半自動横型ベーラー：S-147/1010

- 1日あたり6～8トンの処理が必要な業者様向け。
- 硬質軟質プラスチック、紙類、布類、アルミ缶の圧縮梱包に適します。
- セット換えが容易なので、圧縮品目が複数の場合、特に威力を発揮します。
- 出来上がりベールは、コンテナ積みやトラック積載にちょうどいいサイズ。(重ね積みできます)

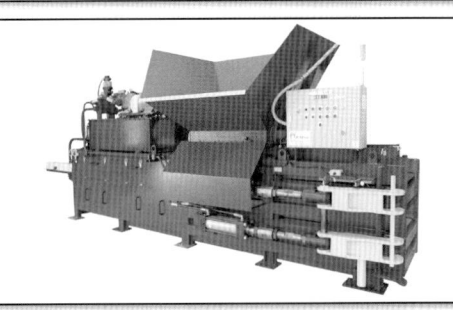

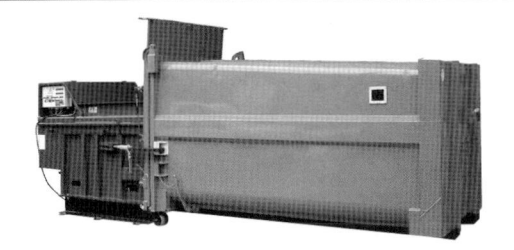

分離型プレスコンテナ：SPプレス＋コンテナ

- 1日2トン以上の排出業者様向け。
- 誰でも使えます。
- 梱包の必要がありません。
- 排気ガスが出ないので、環境にやさしい。
- 密閉式コンテナなので、飛散防止・悪臭対策に有効です。

その他、金属プレス・自動ベーラー・結束用ストラップなど
減容に関する様々な商品を取り揃えております。
詳しくはホームページ「 http://www.sunmore.net 」をご覧ください。

発泡スチロールリサイクル処理機
エコロボエースシリーズ／
ハイメルターシリーズ／
クリーンヒートパッカーシリーズ

株式会社パナ・ケミカル

東京都杉並区上高井戸1-8-3 エーム館
TEL.03-3302-7531/FAX.03-3306-0096/
http://www.panachemical.co.jp/
support@panachemical.co.jp

発泡スチロールリサイクルのパイオニア
36年の実績、納入実績全国2500ヶ所

エコロボエースシリーズ

大型 400kg/h

- 処理能力50kgから最大400kg/Hと大量一括処理が可能なうえ、処理ラインが自動供給・自動処理のため省エネ化されています。
- 加熱することなく摩擦熱により処理するため、ヒーターなどの熱源を使用いたしません。
- 処理温度が120℃と低温のため、臭い．煙などの発生がありません。

[実績] 中央卸売市場・廃棄物処理業者・スーパー・全国水産市場・自治体など500箇所以上

ハイメルターシリーズ

- RE-E502を中心として処理能力20〜120kg/H多機種取り揃えています。
- コンパクトなボディに破砕工程、減容行程、ブロック成型工程を内蔵し電気ヒーター方式で発泡スチロールを減容する処理機です。
- 溶融温度が170℃と低いため安全で経済的です。

[実績] 全国大手メーカー工場、産廃処理業者、地方卸売市場など全国500箇所以上

クリーンヒートパッカーシリーズ

- 処理能力10〜180kg/H、多機種取り揃えています。
- コンパクト設計
- 騒音もないためスーパー・百貨店などのゴミ処理場などに設置することができます。
- 受箱の交換以外は運転管理者が不要で、ゴミ箱のようにお使いいただけます。

[実績] スーパー、デパートなど1000箇所以上

小型 10kg/h

処理された再生ブロックの買取実績・業界シェア80%
月間3000トン回収　詳しくはホームページまで。

DOKEX減容圧縮成形機：RPF製造機／DOKEXスクリュープレス

ドケックスジャパン株式会社

〒100-6162 東京都千代田区永田町2丁目11-1
山王パークタワー 3F
TEL03-6205-3317 FAX03-6205-3100
http://www.dokexjapan.com

スイスで開発されたDOKEX減容圧縮成形機は、これまでにない特別な圧縮技術と成形技術により様々な廃棄物のリサイクル化を可能としました。環境を最優先するリサイクルの推進に欠かす事のできない最適な機器です。

DOKEX減容圧縮成形機：RPF製造機／DOKEXスクリュープレス

- 加熱ヒーター不要
- 強力混練
- 低温処理

特徴

DOKEX（ドケックス）減容圧縮成形機は、2軸式スクリューによる圧縮力だけを使い、様々な廃棄物から、RPFや棒状の成形品を作ることができます。圧縮過程における摩擦熱を利用しているため、成形の際に加熱用ヒーター等を利用しておりません。

また、特許技術であるシャフトレススクリューは、DOKEX減容成形機の主な特徴です。またメンテナンス性に優れ、ランニングコストを抑えた設計です。

最近では製紙会社のパルパー粕・スラッジ等の脱水処理に用いられております。

対象

プラスチック類、廃木材類、シュレッターダスト、パルパー粕、スラッジ類、紙くず類、etc.

- RPF類（25mm～50mm）
- 工業用資材として 
- 廃プラ、ASR、スラッジ類の固形 
- スラッジのスクリュープレス後（脱水率：60%→37%）

エアゾール缶廃棄・リサイクル装置
簡易型 Aerosolv® アエロソルブ
自動機 Super 800J
使い捨てライターにも対応（Super800J）

大洋液化ガス株式会社

開発事業部
東京都中央区日本橋堀留町 1-3-21 〒103-0012
TEL 03-3667-5203　FAX 03-3667-5206
TAIYO PETROLEUM GAS CO., LTD.
http://www.taiyolpg.com
E-mail gas.email@taiyolpg.com

エアゾール缶に穴をあけ、安全に残留原液を回収する装置。
原液は産廃処理され、缶は有価物としてリサイクルされる。
日本で唯一のエアゾール噴射剤専業メーカー
大洋液化ガス株式会社がお勧めする、信頼性の高い装置。

概　要

機能	穴あけ	原液回収	ガス吸着	減容	能力 缶/時
Aerosolv®	○	○	○	×	150
Super800J	○	○	○	○	800

共通の特長

原液・ガスの残留したエアゾール缶（スプレー製品）に、安全に穴をあけ、原液をドラム缶に回収する装置です。特殊材質の穴あけピンを採用しているので、火花が出ず、穴あけ時の引火事故を防ぎます。
内容物のうち、原液は周囲に飛び散ることなく、ドラム缶に回収されますので、作業者への被害を起こしません。また適切な産廃処理によって、環境汚染を防ぎます。
ガス（噴射剤）は、活性炭でVOC物質と臭いを取り除いて放出され、作業者の有機物暴露を防ぎます。

Aerosolv®

EPAリサイクル機器認定第1号を取得し、世界中で5万台以上の実績を誇るエアゾール缶リサイクル装置のベストセラーです。
日本でも120台以上の実績があり、国内のエアゾール充填工場の半数に設置されているだけでなく、2009年には環境省・経産省のご指導のもと、全国都市清掃会議(全都清)殿とエアゾール関連業界団タンの集まり、エアゾール製品処理対策協議会(エアー対協)殿が合意した「簡易型エアゾール缶処理機」に採用されています。

特　長

ドラム缶(世界共通)の上部に本体とフィルタを取り付け、アースを取り、火気のない場所で安全に作業することができます。電気も高価な窒素ガスも不要です。

処理方法

エアゾール缶をさかさまに差し込み、ハンドルを押し下げて穴をあけ、ハンドルをゆっくり戻すと中身が安全に放出されます。
缶のサイズにあったガスケットを使用することで、原液の飛散を防ぎます。
＊ 消耗品はガスケットとフィルタのみです。

Super800J

USAで実績のあるSuper800(TeeMark社)の輸入をきっかけに、日本国内に行ける製造権を当社が取得し、「1缶ずつ穴あけ減容処理する」「空気で急速希釈する」コンセプトを継承しながら、日本国内で設計・製作した信頼性の高い国産機です。
他のバッチ式処理装置とは異なり、1缶ずつ処理することで、内容物の有無にかかわらず、安定した処理能力を誇ります。使い捨てライターも処理可能です。

特　長

残留内容物の量/種類にかかわらず、最大800缶/時間の処理能力があります。
ユーティリティーは、電気とエアーだけで、高価な窒素ガス発生装置が不要です。
サイクロンにより、空気と急速混合することにより、可燃性ガス濃度を安全な範囲に希釈します。
1缶ずつ処理することで、処理室を最小化しているので、清掃・メンテナンスが簡単です。
油圧により缶を10mm程度のコイン状に押しつぶします。

処理方法

エアゾール缶を処理室に1缶ずつ立てて置き、スタートスイッチを押すだけです。
数秒で、穴あけ・原液排出・ガス吸引・缶減容が完了します。
＊ 消耗品はバグフィルタと活性炭のみです。

投入コンベヤ付き スプレー缶穴あけ圧縮機

新富士理工株式会社

住所：〒353-0007　埼玉県志木市柏町4-4-3
TEL：048-473-0417　FAX：048-473-0472
URL：http://www.shinfujirikou.co.jp
Mail：shinfuji@shinfujirikou.co.jp

中身が残っているスプレー缶に穴をあけて、入っているガスを100パーセント放出させた後圧縮できる機械です。これに、圧縮作業に併せた安定供給が可能なコンベヤとガスの排気・吸気システムを使用すれば安全な作業が可能です。

機械の特長

① 電気制御を少なくした単純構造になっておりますので故障が少なく又カバーを開ければ部品の点検が容易に行えます。
② 高速穴あけと圧縮が同時にできるので時間当たり約3千本とスピード処理が可能です。
③ 電源スイッチは、圧縮室とは別の仕切られた場所に設置することにより、防爆仕様が不要となります。
④ 作業者は圧縮室に留まることなく作業できるので、労働衛生上安全です。
⑤ 運転の音は、静かで振動も殆どありません。
⑥ 容器と中身の液は、別々の容器に分けて収納できます。

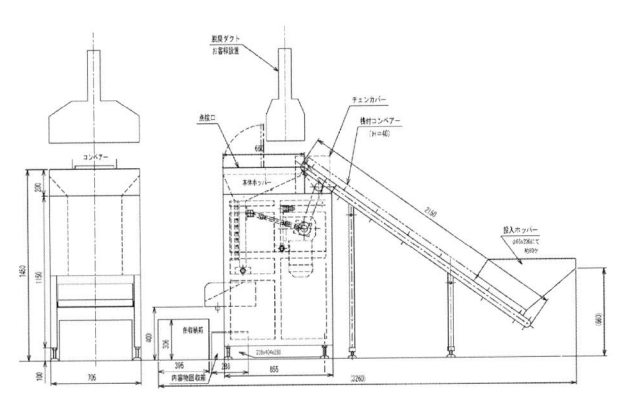

主な仕様

- ●用　途　金属製スプレー缶
- ●電　源　3相AC200V、50/60Hz
　　　　　1.5KW　耐圧防爆型モータ
- ●外形寸法　幅705×奥行き855×高1350mm
- ●コンベヤ　幅300×長さ2000mm
　　　　　長さは変更出来ます。
　　　　　駆動は、圧縮機モータの動力を伝達することによって行います。

CO₂ 削減と
廃棄物のリサイクル利用を同時に実現

バイオマスボイラシステム

株式会社大川原製作所

〒140-0014　東京都品川区大井1-6-3
TEL：03-5743-7461
FAX：03-5743-7460
URL：http://www.okawara.co.jp

「バイオマス」は動植物から生まれた再生可能な有機性資源です。
当社は、乾燥・燃焼の卓越した技術的ノウハウを生かし、
地球温暖化防止と、バイオマス資源の有効利用を目的として、
バイオマスボイラシステムを商品化いたしました。

バイオマスの価値ある利用に挑むオーカワラ

有機資源（バイオマ）を熱エネルギーへ転換し、蒸気や温水として有効利用します。

概要

バイオマスボイラーは様々なバイオマス資源を燃料として蒸気を発生させる設備です。当社ではバイオ資源の発生量や、水分、発熱量、性状、を総合的に検証し、お客様のニーズに適した設備を、ご提供いたします。「多数の空気噴出ノズルを備えた炉床に珪砂を入れ、バーナーで加熱しながら空気を噴出させると珪砂は浮き上がって、液体が沸騰しているかのような「流動層」が形成されます。この流動状態の珪砂を、燃焼可能な温度まで加熱し、対象物を順次投入すると、熱せられた砂が全部・細部に至り接触し、瞬時に「乾燥・燃焼」が行われます。

CO₂ 削減

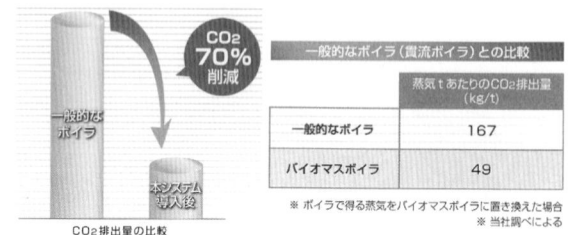

CO₂ 70% 削減

CO₂排出量の比較

一般的なボイラ（貫流ボイラ）との比較

	蒸気tあたりのCO₂排出量 (kg/t)
一般的なボイラ	167
バイオマスボイラ	49

※ ボイラで得る蒸気をバイオマスボイラに置き換えた場合
※ 当社調べによる

流動床式燃焼炉

珪砂を用いた流動層を熱媒体とするためバイオマスへの熱伝導率が高く乾燥・燃焼を極めて短時間に行うことが出来ます。また炉内には駆動部がないため、故障が少なく堅牢です。

排熱回収ボイラ

熱エネルギーを蒸気または温水で回収します。

バイオマスのリサイクル利用

- 畜産資源　鶏糞・畜糞
- 飲料資源　コーヒー・茶滓
- 汚泥燃料　汚泥炭化品　乾燥汚泥
- 林業資源　木屑
- 食品資源　キノコ培地　堆肥（コンポスト）

→ 熱エネルギーとして有効利用

フローシート

流動する高温の珪砂を熱媒体とする「流動床式燃焼炉」を採用することで、リサイクル利用が難しい高水分、泥状物、液状物のバイオマスでも安定した燃焼を行うことができ、効率よく熱エネルギーに変換することができます。

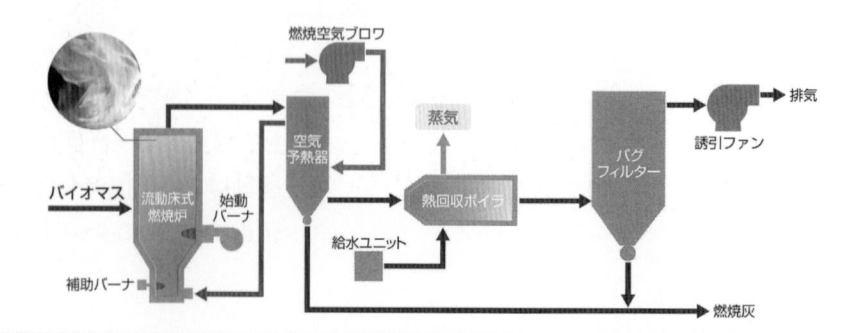

バイオマス → 流動床式燃焼炉（始動バーナ／補助バーナ）→ 燃焼空気ブロワ／空気予熱器 → 蒸気／熱回収ボイラ（給水ユニット）→ バグフィルター → 誘引ファン → 排気／燃焼灰

バイオマスエネルギー利活用システム
クラボウ　流動層バイオマスボイラ

倉敷紡績株式会社

エンジニアリング事業部
〒572-0823　大阪府寝屋川市下木田町 14-41
TEL 072-820-7511　FAX 072-820-7515
http://www.kurabo.co.jp
お問い合わせ　eng_info@kurabo.co.jp

優れた経済性で速やかに燃焼する流動層燃焼システム
豊富な廃棄物の燃焼実績に基づく、独自の「混焼システム」で多様なニーズに対応
あらゆる廃棄物を燃料として活用できるサーマルリサイクルシステムを提供します

特徴
- 廃棄物処理を主体とした焼却炉型運転と燃料ボイラ型運転の双方のニーズに対応します
- 永年培った環境対策の独自技術を活用した地球に優しいシステムを提供します

システムの特長
「クラボウ流動層ボイラ」は、媒体である硅砂を高温の流動状態に保ち、この中に廃棄物(燃料)を投入して瞬時に完全燃焼させ、その熱を蒸気に回収するシステムです。回収蒸気は、プロセス蒸気として工場へ送気するほか、蒸気タービンを用いて発電も可能です。

本システムの特長は、廃棄物処理を主体とした焼却炉型運転方法と廃棄物を燃料として蒸気圧力を制御するボイラ型運転方法の双方を選択でき、層内熱回収プロセス、二段燃焼プロセスなどを組み込んだシステム構成となっております。

また無触媒脱硝・高効率集塵・脱硫・脱塩・触媒脱硝等　環境規制に対応した装置を独自技術で対応でき、お客機のニーズに合わせた地球に優しいシステム構築を可能としております。

納入実績

B工場
燃料：50ton/日
　建築廃材　35ton/日
　汚泥　他　7ton/日
　廃プラ　8ton/日
蒸気発生量 8ton/H(蒸気タービン)

A工場
燃料：150ton/日
　建築廃材 80ton/日
　汚泥　他 60ton/日
　廃プラ 10ton/日
発生蒸気 15～20ton/h

C工場
燃料：115ton/日
　木質バイオマス
　　森林系　60%
　　建築廃材　40%
発生蒸気：18ton/H
燃料貯留庫：640m² 350ton

焼却施設に不可欠な
バグフィルター

株式会社 J・P・S

〒371-0857 群馬県前橋市高井町 1-18-3
TEL：027-212-6607
FAX：027-212-6608

J・P・Sでは、お客様の使用目的に伴い焼却炉の設計、制作から築炉工事、メンテナンスまで一貫しておこなっております。長年培ってきた焼却炉技術とノウハウで、省エネ・エコをモットーにご納得とご安心できる施工を行い多様なニーズにお応えし、各種焼却炉を通じ社会に貢献してまいります。

各種プラント 設計・制作	環境機器 設計・制作	省力機器 設計・制作
築炉窯業 設計・制作	システム 設計・制作	プラント改修 設計・管理

機器メンテナンスもおこなっております。お気軽にお問い合わせください

CO対策について

現在、地球温暖化の原因として削減対策に着目されるCO/CO2ですが、現在ダイオキシン類対策特別措置法にて排出基準が100ppm(1時間平均)以下とされていますが、新・ダイオキシン類発生防止ガイドラインの規制強化にて30ppm(4時間平均)以下とする方向が有力になっています。
また、排出基準値をオーバーし、行政指導にて稼働停止命令を受けた施設も少なくありません。
J・P・Sでは、そんな施設のCO削減対策も実施しております。

環境対策について

ISOや環境マネジメント・環境アセスメントといった環境に対する規制や自社基準による環境負荷の軽減近隣との調和や苦情の原因対策として、J・P・Sでは、防音・防振・防臭・排ガス処理・排水処理などの提案施工を行っています。

保守工事について

焼却施設に不可欠なバグフィルターですが本体ケーシングの消耗に比べてバグトップの清浄室がかなり腐食し消耗したバグフィルターをよく見掛けますが、これは耐酸対策が不十分なために発生する酸の影響によるものです。J・P・Sでは、焼却から発生する排ガスに対して耐酸施工を施し、バグフィルターの耐久性を向上させます。

焼却施設保守

● バグフィルター
　設計・制作・改造・補修・ろ布販売・ろ布交換・
　ろ布延命工事・診断
● 冷却塔
　冷却能力不足の改修・湿式冷却塔のノンドレン化・
　ボイラー式冷却塔の水漏れ改修
● 焼却炉
　耐火物補修・水冷部補修・燃焼状態診断・
　CO排出の抑制
● 投入装置
　動作不良の改造・消耗部品の交換・
　排ガス漏れの改造
● 排煙塔
　ダクト類の製作交換・材質変更・補強・塗装
● 焼却施設全般
　施設診断／能力／構造／消耗／基準不適合の原因調査

一般保守

食品工場・生コン施設・搬送機器・省力機器
ブロアー類販売／修理／設置　ポンプ類販売／修理／設置　回転機器・駆動機器／補修／設置
重量機器／搬入搬出・設置・解体・撤去

お問い合わせ

当社のサービス、ホームページに関するご質問ございましたらお気軽にお問い合わせください
TEL：027-212-6607　　FAX：027-212-6608

販売元：泉 株式会社
〒530-0005 大阪市北区中之島 3-3-3
中之島三井ビルディング
TEL: 06-6448-5388

製造元：株式会社フジコー
〒664-8615 兵庫県伊丹市行基町 1-5
TEL: 072-772-1101

クレステル® フィルター
高温用高性能フィルター

クレステル®フィルター

- 特殊無機繊維(シリカ繊維)を使用し、各種フィルター材にブレンドすることにより、優れた熱安定性、高い捕集効率を実現するクレステル®フィルターを開発しました。

- クレステル®フィルターは各種フィルターへ加工が可能であり、幅広分野で使用が可能であり、高機能なフィルター性能を一段と高めるものです。
《製品例 ·PTFEクレステルフィルター ·P84クレステルフィルター ·PPSクレステルフィルター等》

- 特に、焼却用、ボイラー発電用、ダストリサイクル、煙道集塵等、高温集塵分野で、幅広く使用でき、性能を発揮します。

高温用高性能フィルター

その他、数多くの高温集塵用高性能フィルターを取り揃えています。

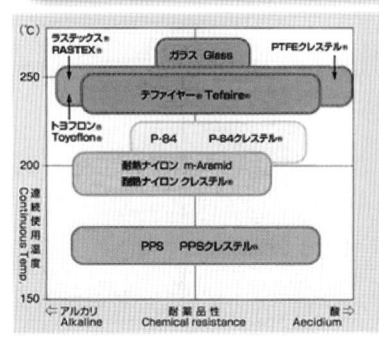

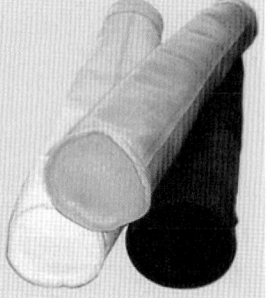

テファイヤー®
テフロン繊維とガラス繊維をブレンドしてニードルパンチしたものです。日本の焼却場でもっとも多く使用されている不織布です。

テファイヤー®HG
米国デュポン社新開発のHGテクノロジーにより極細ガラスのブレンド量を従来型テファイヤー®から大幅に増加させ、バランスよく性能を向上させています。

トヨフロン®
4弗化のフッ素繊維(PTFEファイバー)で構成された不織布です。あらゆる有機繊維の中でもっとも耐薬品性に優れ、耐熱性(連続使用温度240℃)についても厳しい条件の中で使用できます。

ラステックス®
4弗化のフッ素繊維(PTFEフィルムスリットヤーン)で構成された不織布です。化学的にも温度的にも優れ、ダスト剥離性にも優れているため、目詰まりしにくく、フィルターの長寿命が可能です。

PPS
ポリフェレニン·サルファイドを繊維にした高性能繊維で、耐薬品性に優れています。最高使用温度190℃、連続使用温度は170℃です。

ポリイミド(P-84)
芳香族ポリイミド繊維で、耐熱性が高く、240℃までの連続使用に耐えます。ファイバーが畏異形断面のため、フェルト加工した場合、綴密な構造となり高い捕集効率が実現します。

耐熱ナイロン
メタアラミド繊維で各種の高温炉材用として多くの分野で使用されております。また、特殊樹脂加工をすることにより耐酸性をアップすることもできます。

触媒フィルター
ダイオキシン類などの有害物質を触媒作用を用いて分解させます。触媒方法は·活性炭が不要となり、それに伴い吹き込み装置が不要となるため捕集ダスト量が激減します。

ごみ焼却灰の無害再資源化システム
パラ・エコ・リサイクリングシステム
電気抵抗式還元溶融法

ラサ商事株式会社

〒103-0015　東京都中央区日本橋箱崎町 8-1
　　　　　　ヤマタネ青木ビル
TEL 03-3668-8231 (代)　FAX 03-3669-1729
http://www.rasaco.co.jp

焼却灰を無害な石に変えるパラ・エコ・リサイクリングシステム

特 長

焼却灰の無害再資源化
スラグ中の重金属類、有害不純物を除去し(ガラス質の中に封じ込めるのではなく)、無害化されたスラグを製造します。メタルおよび溶融飛灰からは有用な金属を回収することができます。

還元・溶融→結晶化スラグの生成
パラ・エコ・リサイクリングシステムは還元剤としてのコークス、スラグの流動化促進と結晶化促進の為、マグネシア(MgO)を含む成分調整剤(ドロマイト、ニッケルスラグ等)を添加します。コークスの還元作用により金属類は合金鉄(メタル)となります。MgOの流動性促進作用により、スラグはガラス質から結晶質へと変化し、天然岩石に匹敵する性能を有する資材となります。

廃棄物の自区内処理・消費が可能
パラ・エコ・リサイクリングシステムで製造される人口の岩石、砂利および砂は天然資材に匹敵するもので、アスファルトや生コンクリートの骨材および玉石・護岸材・漁礁等として消費することができ、自区内での完全なリサイクルが可能となります。

最終処分場が不要
天然岩石と同じ取り扱いが可能となりますので、最終処分施設が不要となります。

溶融炉の運転制御が簡単で安定操業
溶融炉は電気抵抗式を採用しており、電流および電極の簡単な制御で安定した操業ができます。
また、灰の溶融は電気抵抗式によりますので、ごみ発電の電気を直接利用できます。

成分代表例

パラ・エコ・リサイクリングシステムにより生産される人口砂利の粗骨材としての諸性能

		砕 石			細 砂		
		規 定		実績	規 定		実績
		コンクリート用砕石 JIS A 5005	高炉スラグ粗骨材A JIS A 5011	パラ・エコ・リサイクリングシステム人口砂利	コンクリート用砕砂 JIS A 5005	高炉スラグ細骨材 JIS A 5011	パラ・エコ・リサイクリングシステム人口砂
比重試験	表乾	—	—	2.86	—	—	2.82
	絶乾	2.5以上	2.2以上	2.83	2.5以上	2.5以上	2.81
吸水率	(%)	3.0以下	6.0以下	1.03	3.0以下	3.5以下	0.42
単位容積質量(kg/ℓ)	標準	—	1.25以上	1.69	—	1.45以上	1.73
	軽装	—	—	1.56	—	—	—
骨材の洗い試験	(%)	1.0以下	—	0.02	7.0以下	—	—
安定性試験	(%)	12以下	—	5.7	1.0以下	—	1.2
すりへり試験	(%)	4.0以下	—	12.9	—	—	—

パラ・エコ・リサイクリングシステムの無害・再資源化

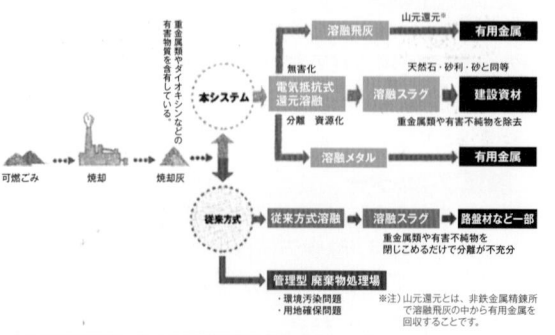

(実証設備　溶融電気炉)

※注) 山元還元とは、非鉄金属精錬炉で溶融飛灰の中から有用金属を回収することです。

ヒートポンプ式減圧蒸発濃縮装置
エコプリマ

日鉄環境エンジニアリング株式会社

水ソリューション事業本部
東京都千代田区東神田 1-9-8
TEL03-3862-2190
URL http://www.nske.co.jp

有価物の回収・廃液の濃縮減量化に最適です

概 要
エコプリマはエネルギー効率の良い冷媒型ヒートポンプを採用した減圧蒸発濃縮機です。
有価物の濃縮回収、廃液の減量化に威力を発揮します。
ヒートポンプ加熱式ですから蒸気等の外部熱源が不要で、省エネです。
処理対象液を減圧下で低温蒸発（60℃程度）させます。
この蒸気の凝縮熱をヒートポンプで回収して液の加熱に再利用するため熱ロスがありません。

処理フロー

特 徴

1. 極めて省エネ
100kwhの電力で1m³の水を蒸発できます。

2. コンパクトなユニット装置
液のINとOUTの配管と1次電源のつなぎ込みだけで運転開始できます。

3. 蒸気も冷却水も不要
ヒートポンプで熱を回収循環使用するため蒸気も冷却水も不要です。

4. 構造がシンプルで運転管理容易
運転操作はエアコンと変わりなく、24時間運転可能です。

5. 濃縮完了は比重センサーで検出
セミバッチ運転の終点を液比重で検出して液の流入・排出を無人・自動運転で行います。

6. 高温で変質する物質の濃縮が可能
蒸発温度が40～60℃と低温で蒸発操作を行うため、熱変性・コゲ付きの心配がありません。

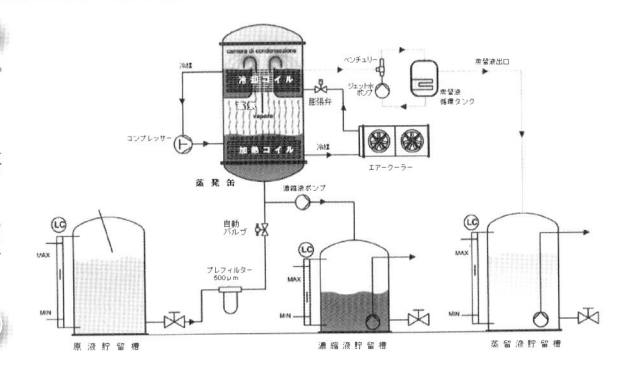

能力と寸法
エコプリマは豊富な品揃で、最適な装置を選択できます。

用 途

1. 有価物の回収
・メッキ液　・エッチング液　・リン酸　・硫酸
・硝酸　・硫酸アンモニウム　・切削油
・植物エキス　・乳清（ホエー）　・乾燥工程前処理
・生理活性物質含有液　・親水ポリマー

2. 廃液の減量化
・煮汁　・調味液　・写真廃液　・スラリー
・活性剤含有廃液　・醸造廃液　・無電解メッキ廃液

型式	蒸発能力 (m³/日)	蒸発能力 (L/Hr)	蒸発動力 (kw/m³)	寸法 (L×W×H m)	重量 (t)
150-K	0.15	6	150	1.4×0.75×1.6	0.2
200-K	0.2	8	140	1.4×0.75×1.7	0.2
250-K	0.25	10	140	1.4×0.85×1.8	0.2
350-K	0.35	15	130	1.5×0.8×1.85	0.3
500-K	0.5	21	130	1.6×0.9×2	0.4
750-K	0.75	31	130	2.1×1.1×2.1	0.6
1000-K	1	42	130	2.1×1.1×2.25	0.8
1250-K	1.25	52	120	2.2×1.1×2.25	0.8
1500-K	1.5	63	120	2.6×1.2×2	0.9
2000-K	2	83	120	2.6×1.2×2.3	1.1
2500-K	2.5	104	120	2.6×1.2×2.5	1.3
3000-K	3	125	120	2.6×1.2×2.5	1.4
4000-K	4	167	120	2.6×1.4×2.5	1.8
5000-K	5	208	110	2.8×1.5×2.7	2.1
6000-K	6	250	110	2.8×1.7×2.7	2.3
7000-K	7	292	110	2.9×1.9×3	3.2
8000-K	8	333	110	2.9×1.9×3	3.7
10000-K	10	417	110	3×2×3	4.0
12000-K	12	500	100	3.1×2.1×3	4.2

エコプリマ 500-K 　　エコプリマ 3000-K

薄膜蒸発濃縮乾燥装置
ハイエバオレーター

株式会社櫻製作所
本社・工場 〒532-0022 大阪府大阪市淀川区野中南2-7-12
　　　　　TEL.06-6302-5321〜6　FAX.06-6302-5320(本社)
　　　　　TEL.06-6304-7561〜3　FAX.06-6302-5357(工場)
東京営業所 〒101-0044 東京都千代田区鍛冶町2-10-8 信和ビル6F
　　　　　TEL.03-3256-7244〜6　FAX.03-3266-7247
URL:http://www.sakuraseisakusho.co.jp

廃液を遠心力で薄膜化し、One-Pass加熱で瞬時に蒸発し、液分と溶質分を粉末化分離する全密閉連続装置である。溶剤・有価物回収、減容化に効果が大である。第18回優秀公害防止装置として中小企業庁長官賞を受賞。

概 要

本装置は廃液を遠心力で薄膜化し、One-Pass加熱で瞬時に蒸発し、液分と溶質成分とを粉末化分離する連続式全密閉装置である。特に自動車の塗装ラインで発生する洗浄廃液の処理には、悪臭防止、溶剤回収率向上、廃液残渣の減容化等の効果が大であり、作業効率を大幅に向上することが出来た。

特 徴

- 高濃縮ができるので、溶剤回収率が高く且つ残渣は減容化できる。
- 処理時間が短いので熱影響を受けにくい。
- 濃縮機、乾燥機の2役をこなす。
- 縦型なので場所を取らない。
- 高付加価値物質の回収、リサイクルに最適。
- 薬品不要、省力化、安全、衛生的である。

用 途

- 塗装用洗滌廃液溶剤回収
- 樹脂、ポリマーからの溶剤、ポリマーの分離回収
- 合成繊維原料より、PE・溶剤の分離回収
- 排ガス洗浄液からの塩類の回収
- 有害重金属又は金属性物質の濃縮粉末化回収
- 汚泥残渣の高濃度減容化
- 原子力放射能廃液の濃縮減容化
- 染色用廃液の染料、糊分、油分の分離回収
- 有機廃液処理
- 芒硝メタノール廃液の分離粉末化
- 皮革廃液からDMF、DMACの濃縮回収
- セラミック、アルミ酸ナトリウム、酸化鉄の回収
- 農薬、染料、薬品の濃縮乾燥粉末化
- 樹脂、高分子液からの脱溶媒

フローシート

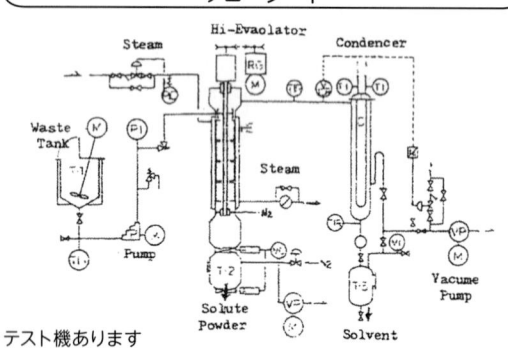

テスト機あります

自動車塗装洗浄廃液処理装置

第18回優秀公害防止装置、中小企業庁長官賞受賞

染色高濃度廃液処理ハイエバオレーター

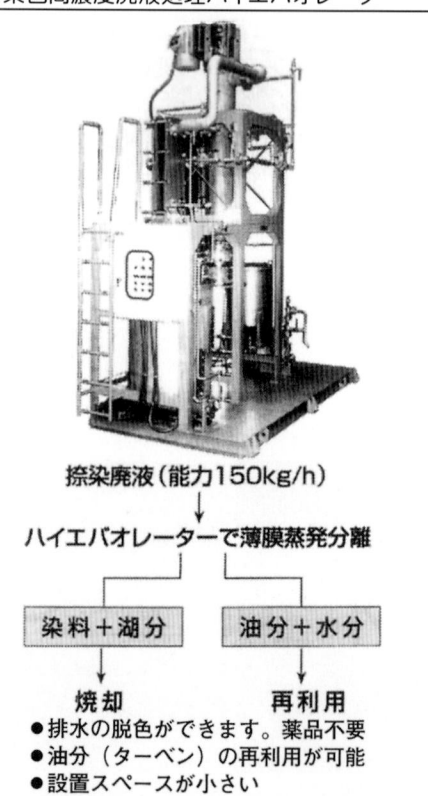

捺染廃液（能力150kg/h）
↓
ハイエバオレーターで薄膜蒸発分離
↓
染料＋糊分 → 焼却
油分＋水分 → 再利用

- 排水の脱色ができます。薬品不要
- 油分（ターベン）の再利用が可能
- 設置スペースが小さい

溶剤回収装置

株式会社 E&E テクノサービス

住所：〒312-0003　茨城県ひたちなか市
　　　足崎西原1476-19
TEL：029-219-5187　FAX：029-219-5189
URL：http://www.e-ets.co.jp
Mail：eigyou@e-ets.co.jp

原子力施設の除染、解体撤去、放射性廃棄物の処理などに加え、環境保全・エネルギーの有効利用などの設備機器のエンジニアリング及び設計製作を行い、環境とエネルギーに技術で貢献します。

E&Eテクノサービスでは、溶剤回収装置として、溶剤液の回収・リサイクル装置及び溶剤ガスの回収装置を施設設備状況に応じて、設計製作し、販売しております。

溶剤液の回収

溶剤液の回収及びリサイクル装置として、ドイツフォルメコ社の回収装置を販売しております。また、フォルメコ社以外にもカスタム設計による溶剤回収及びリサイクル装置を設計製作致します。

適用溶剤例

トルエン,キシレン,アセトン,メチルアルコール,エチルアルコール,MEK,IPA,MIBK,酢酸ブチル,塩化メチレン,パークレン,メチレンクロライド,ベンゼン,リモネン,炭化水素系洗浄液,各種アルコール,シンナーなど

特徴

廃液の再利用により新規溶剤購入費用の大幅な削減が可能となります！
回収装置により廃液の蒸留、再利用するため、廃液排出量が激減します！
回収運転は、全て自動で行われるため効率的！
各種小型から大型まで取りそろえており、また、施設設備に応じた装置製作も行います！

溶剤ガスの回収

溶剤ガスの回収については、回収対象ガスを冷却し、凝縮させて液化する装置です。
本装置の特徴は、多種の有機溶剤に対応でき、共沸混合剤の回収に適しています。

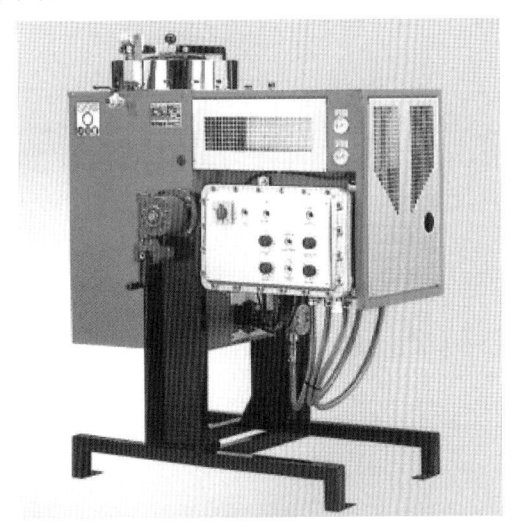

小型～大型まで　（フォルメコ製）

防爆対応も可能であり、濃度の高いガスや水分の多いガスにも対応できます。また、回収後の溶剤の劣化が少なく、溶剤のリサイクルが可能です。

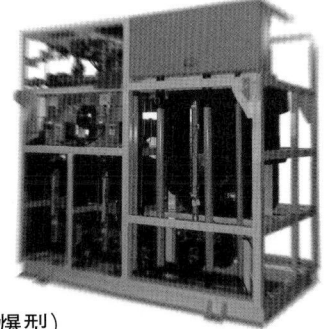

深冷却式溶剤回収装置(防爆型)

発泡スチロールリサイクル
ECOLOBO-ACE
ペレット化システム

株式会社名濃
住所：名古屋市南区岩戸町 14-22
TEL：052-821-8808
FAX：052-821-8800
HP：http://www.meino.co.jp/

ECOLOBO-ACE ペレット化システムは、
発泡スチロールを減容することなく、
そのまま高付加価値のペレットに加工できるシステムです。

システムは、破砕機とペレット化装置及びストックタンク（オプション）によって構成されます。破砕機は3軸式の発泡スチロール専用破砕機で短時間に破砕し、ストックタンクに貯留します。ストックタンクに貯留された材料は、自動的にペレット化装置へと送られます。ペレット化装置の押出機には二枚のスクリーンを交互に使用するスクリーンチェンジャーを備え、原料中の異物を除去します。押出された樹脂は特殊ローラーでシート状に成形され、ペレタイザーでカットされます。

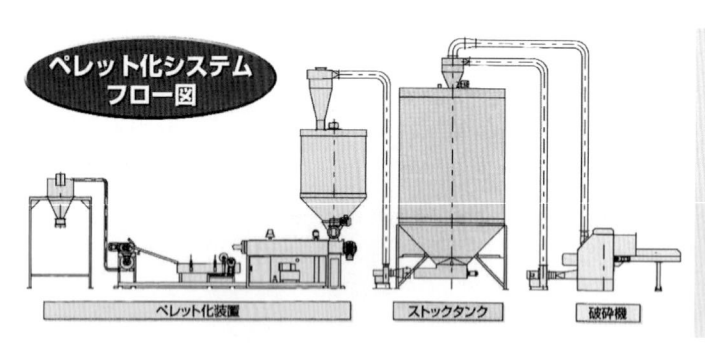

ペレット化システム フロー図

ペレット化装置　ストックタンク　破砕機

特長

1. 蒸気抜きベントにより水濡れ材料の処理も可能。
2. シート状に成形するため、材料の発泡倍率の変動に効果的に対応します。
3. 運転を止めることなく、スクリーンの交換ができます。

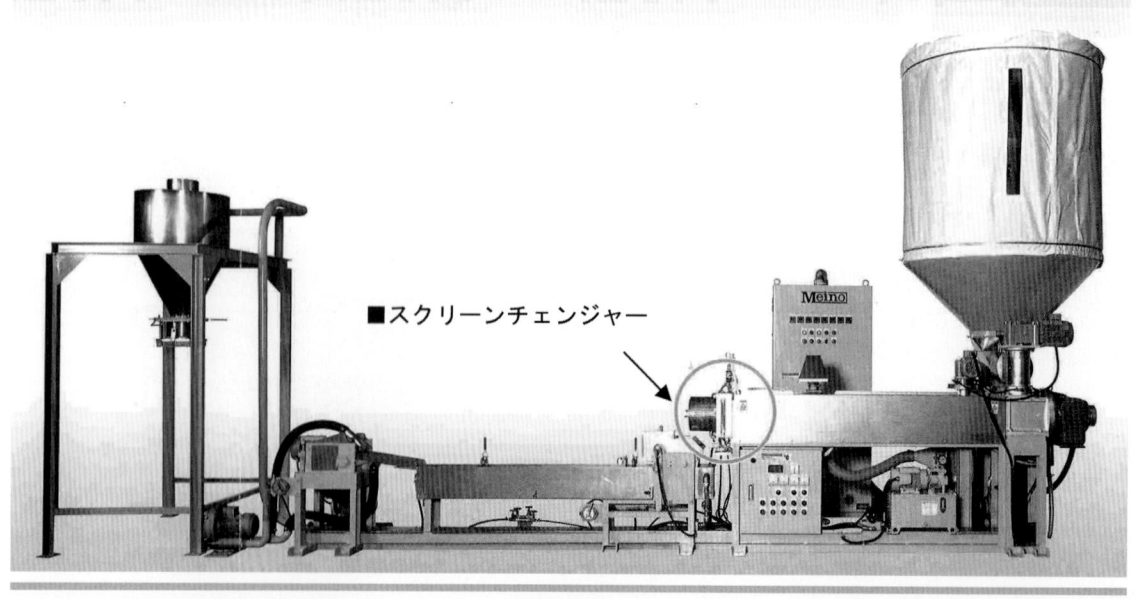

■スクリーンチェンジャー

基板リサイクル装置

株式会社マシンテック中澤

柏支店 工場　千葉県柏市藤が谷 1195
TEL:04-7193-2073　FAX：04-7193-2083
本社　千葉県船橋市松ヶ丘 4-29-56
藤が谷倉庫　千葉県柏市泉字狭間 2034

基板の処理に金属と樹脂類に分離し高価値品にします。
本方式は基板を粉砕し、回収した金属と樹脂を
再利用かつ高価値品に生まれ変わらせます。

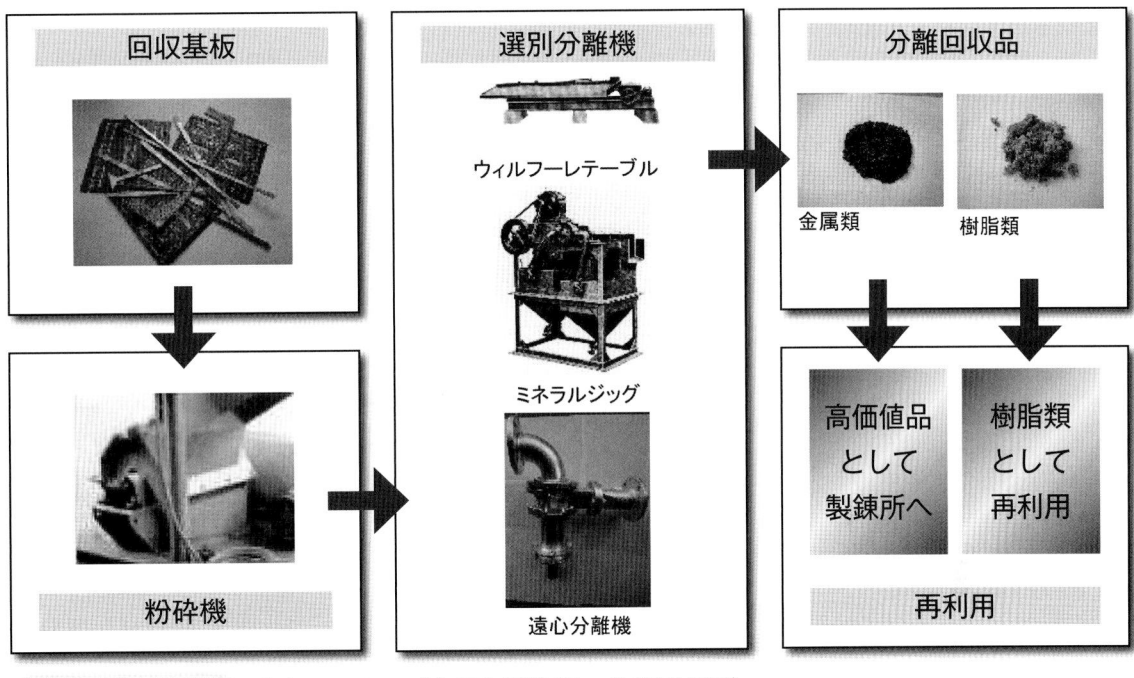

回収基板 → **粉砕機** → **選別分離機**（ウィルフーレテーブル／ミネラルジッグ／遠心分離機） → **分離回収品**（金属類／樹脂類） → **再利用**（高価値品として製錬所へ／樹脂類として再利用）

用途　基板リサイクル(金属と樹脂類の分離再利用)

特徴
1. 基板を金属と樹脂類に分離する為、素材として再利用が可能
2. 分離回収した金属は、樹脂類を含まないため高価格で販売可能
3. 分離回収した樹脂類は他の用途に再利用が可能

その他リサイクル装置

1. 異種プラスチックとプラスチックの分離リサイクル装置
2. 生コンミキサー車洗浄廃水中の細砂回収リサイクル装置
3. その他の分離リサイクル装置

缶タンプレス(空缶圧縮減容器)

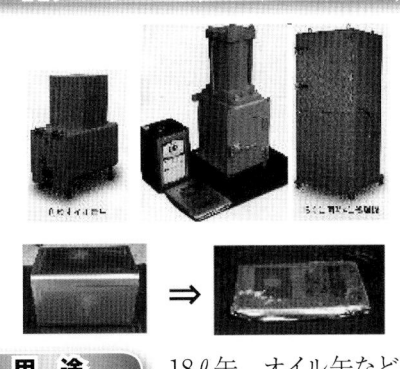

用途　18ℓ缶、オイル缶などの減容

フロム工業の生ゴミ処理システム

株式会社フロム工業

住所：〒809-0003　福岡県中間市上底井野422-5
TEL：093-244-2061　FAX：093-244-2281
E-mail：frominfo@joy.ocn.ne.jp
http://www.frominfo.com

生ゴミ消滅？

(社) 日本下水道協会「下水道のためのディスポーザ排水処理システム性能基準(案)」の性能評価システムが可能にしました。

ディスポーザ排水処理システムは、厨房から発生する生ゴミをディスポーザによって粉砕し、スラリーとなった生ゴミを排水処理槽で浄化し、下水道に放流します。粉砕された生ゴミスラリーのみを排水処理する場合と、厨房排水も同時に排水処理する場合があります。

(社) 日本下水道協会では、ディスポーザ排水処理システムの普及の実態を考慮し、今後においてもディスポーザ排水処理システムを下水道に接続する適切な排水設備として確認する目的で、ディスポーザ排水処理システムの性能および評価の基準を「下水道のためのディスポーザ排水処理システム性能基準(案)」としてまとめ、第三者機関による評価を実施することになりました。この第三者機関の業務用ディスポーザ排水処理システムの性能評価を受け、適合評価製品となりました。

下水道に全て放流する消滅タイプと、コンポストとして回収するリサイクルシステムがあります。

フロム工業は、40年以上にわたる納入実績から得られたノウハウを進化させ、生ゴミの処理から、排水処理まで含めたリサイクルシステムを提案します。適合評価合格品で、各種規制をクリアします。

排水処理槽は、地上据え置き型と地中埋設型とあります。

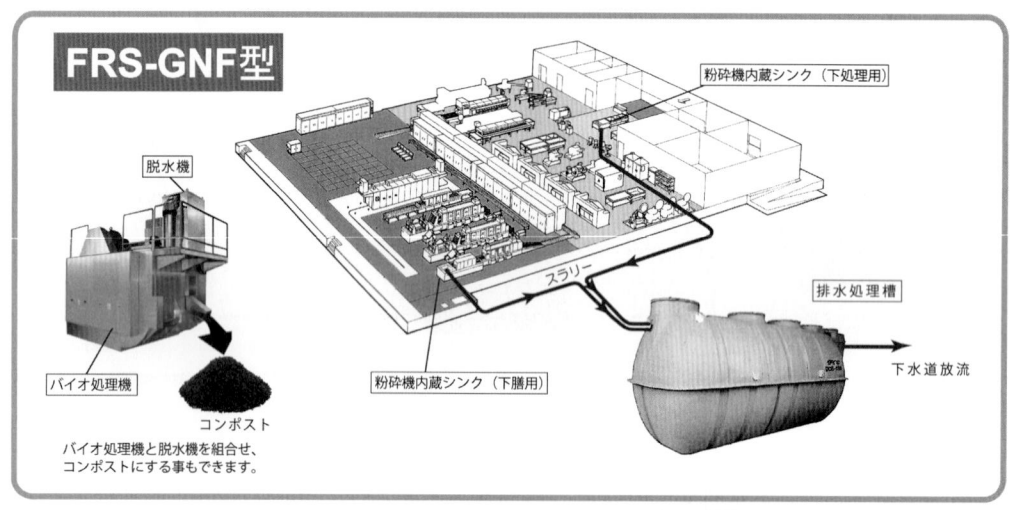

～フロム工業の生ゴミ処理用機器～

家庭用ディスポーザ
- YS-8000：ブラシレスモータ採用の全自動タイプ。集合住宅向けディスポーザ。中国、韓国特許取得済
- YS-5000NB：連続投入式ディスポーザ。

船舶用ディスポーザ
国土交通省型式承認取得済。
日本船舶用品検定協会〔HK〕合格品。 
- YS-08FC (1.0kW)
- YS-15FC (1.5kW)
- YS-22FC (2.2kW)

病院、給食センター、自衛隊 等の厨芥処理システム
粉砕機内蔵シンク
シンク内にディスポーザとポンプを内蔵しています。

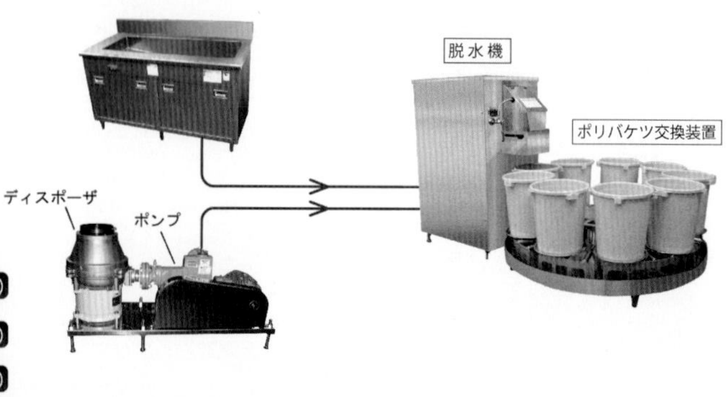

有機物処理プラント「ECOPOT」

エコポット株式会社

〒699-0631 島根県出雲市斐川町直江4985
TEL：0853-72-0064
FAX：0853-72-8271

新システムの「酵素分解」という手法の「燃えない消却炉」

循環処理システム

水質汚染、大気汚染、ダイオキシンの発生が無く、臭いを出さず有機物を処理します。

処理機の動きについて

生ゴミ投入口へ生ゴミを入れると、生ゴミは攪拌翼によってバイオ資材と混ざり合いながら矢印の方向へゆっくりと移動しジョイント部へ進入し後ろ側の処理槽へ運ばれていきます。後ろ側の処理槽へ運ばれた生ゴミは更に攪拌翼によってバイオ資材と混ざり合い、徐々に分解処理されジョイント部を通過し更に処理槽内部をエンドレスで循環します。

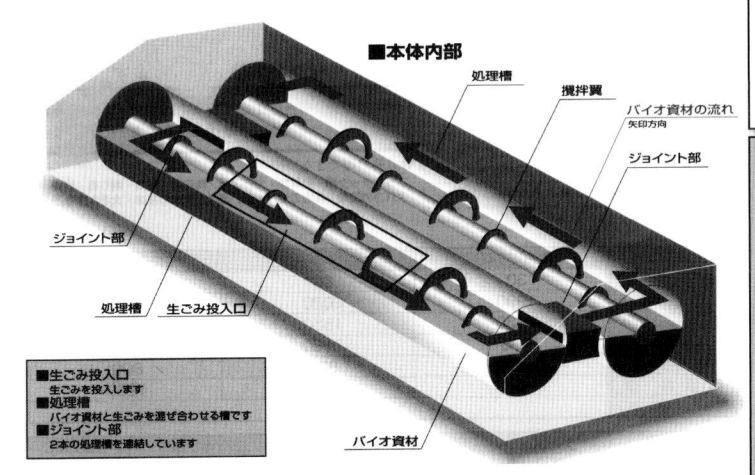

■本体内部
- 処理槽
- 攪拌翼
- バイオ資材の流れ矢印方向
- ジョイント部
- 生ごみ投入口
- バイオ資材

■ 生ごみ投入口
　生ごみを投入します
■ 処理槽
　バイオ資材と生ごみを混ぜ合わせる槽です
■ ジョイント部
　2本の処理槽を連結しています

攪拌翼
シリンダー内で生ごみとバイオ資材を効率よく混合させながら、横方向へ送り出す当社独自の形状です。

オプション

自動投入装置
- 大型機には標準装備。
- 自動定量投入装置。
- 自動破砕分別機。

脱臭装置
- 大型機には標準装備。
- 二重，三重の対策で万全です

大型処理プラント

処理能力は必要に応じてユニットを増設することで増やすことができます。
毎日24時間連続稼動ができます。
結露水以外は分解処理による排水は出ません。
肥料成分や豊富なミネラルは堆肥として有効利用できます。

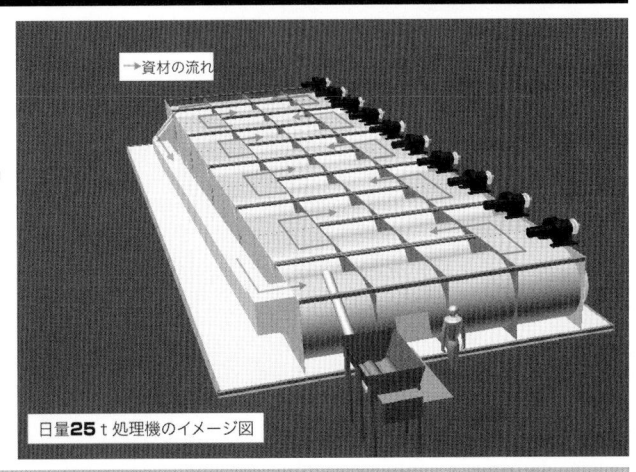

→資材の流れ

日量**25**t 処理機のイメージ図

発酵堆肥化プラント
オープン式攪拌装置
堆肥化自動送風制御システム

日環エンジニアリング 株式会社

本店：〒989-6233　宮城県大崎市
古川桜ノ目字新沢目134
TEL：0229-28-2334　FAX：0229-28-2335
支店：〒363-0017　埼玉県桶川市西2丁目8-6
TEL：048-773-4485　FAX：048-773-4429
http://www.nikkan-ks.com/

はじめに

弊社は1977年（昭和52年）設立から、長年にわたり有機性廃棄物の再資源化・適正活用をするために、施設や機器の納入、国内外約900台のお手伝いをさせていただいております。基本構想からスタートし、調査・プランニング・製作・稼働・管理・保全と一貫してお客様と共に、夢への実現に向けての創造性をお手伝いさせていただいております。

私たちのサービス

- バイオマスタウン構想のコーディネート及び支援
- 堆肥化施設のトータルプランニング
- 堆肥化機器、施設・設備の管理支援、分析、メンテナンス、保守点検

ハード（主な取扱商品）

- 有機性廃棄物発酵処理施設
  （設計、製作、施工、管理、回収、保全）
- 発酵処理機械
  （オープン、直線、エンドレス、円形旋回式、密閉）
- 付帯設備
  （脱臭設備、消臭設備、破砕、選別、混合、乾燥、送風、脱水、及び関連機器）
- 製品出荷設備（自動、半自動袋詰機）
- 省エネ制御装置

ソフト（主な環境関連保有資格）

- コンポスト生産管理者
- バイオマスタウンアドバイザー
- 畜産環境アドバイザー
- 環境社会検定（ECO検定）

堆肥化をお考えなら

法改正や二酸化炭素排出規制に伴い、有機性廃棄物の排出または、処理を行っている事業者にとって私たちのノウハウは大きく役立ちます。効率的な堆肥化、環境にやさしい堆肥化プラントのみならず、販路拡大や経費削減につながるご提案まで、堆肥化に関するすべてのコンサルティングする力が私たちにはあります。

オープン式攪拌機

発酵管理が常にでき、良質堆肥を生産します！

オープン式発酵攪拌機（特許製品）は、従来のさまざまな発酵攪拌機の欠点を解決するため、管理・作業・発酵のメカニズムなど、堆肥化の原点に戻り開発された日環エンジニアリングが自信を持っておすすめしている攪拌機です。

- 低コストタイプ、発酵状況を見て水分調整可能。
- 不定量、不定期の投入、取り出し。発酵槽のどこからでも作業可能
- 発酵状況に合わせた攪拌回数設定で、良質な堆肥生産ができます。
- 電気代が他機種と比較して非常に安価です。

堆肥化 自動送風制御システム

帯広畜産大学との共同研究開発
低コストで堆肥製造　電気料金6割カット！

1．堆肥化の省エネルギー化

堆肥舎のランニングコストの約90％は送風機の電気料金ですが、発酵状況に応じて送風機を自動制御することで、省エネ化を実現します。

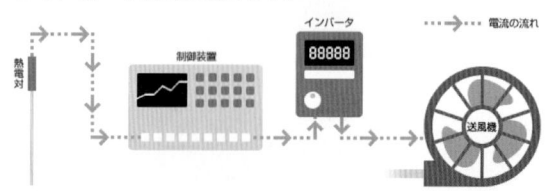

2．堆肥化から発生する温室効果ガスの排出量削減

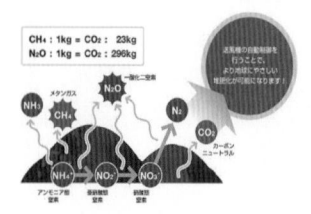

堆肥化過程では、強力な地球温暖化ガスである亜酸化窒素（N2O）やメタン（CH4）が大量に発生します。送風機の自動制御によって、必要以上の発酵を抑えつつ、温室効果ガスの排出も抑制します。

3．温室効果ガス排出量取引の導入

省エネ化による二酸化炭素排出量の削減や、堆肥化からの温室効果ガス排出量の削減を実現することで、排出取引に利用可能なクレジットを創出することができます。国内クレジット制度などの活用により「環境と経済の好循環」を実現します

みのり菌体飼肥料製造機

みのり産業有限会社

〒311-2111　茨城県鉾田市上沢1062
TEL:0291-39-6888　FAX:0291-39-8541
E-メール:minori080319@mtj.biglobe.ne.jp

発売以来、40年余、生ごみ（食品廃棄物）をエサにする
資源リサイクルへの最新鋭機
1台5役（粉砕・乾燥・殺菌・撹拌・発酵）の万能機

もったいないと思う気持ちがなにかをつくる

農・食品残査の大部分が捨てられるか焼却されているのが現状です。
弊社ではこれらを牛、豚、鶏に再利用して飼料代＝0（ゼロ）の畜産に挑んでおり、
その効果は今、全国で実績を挙げております。

特許：第3136404号　　実用新案登録：第3166404号

M-30型（1トン用／バッチ式）	￥3,570,000（税込）
M-20型（500kg用、バッチ式）	￥2,268,000（税込）
M-10S型（300kg用、バッチ式）	￥1,659,000（税込）

魚アラ、死亡鶏・野菜クズ、大根、いも・残飯、パン菓子、弁当・豆腐及び豆腐かす・ラーメン、うどん、そばなど
→ 加熱・殺菌・ミノラーゼ添加
→ 発酵（1～2日） 
→ 薬品や添加物のない新鮮な安全・安心の有性卵と自然肉

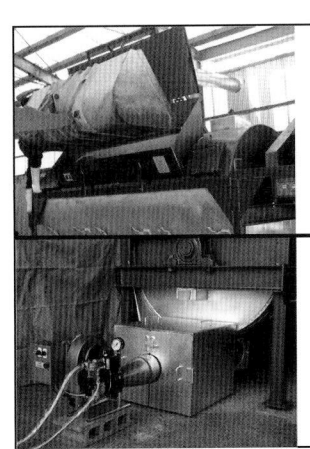

ショベルローダーで、材料を投入

機械内部。T字型の粉砕刃で、さつまいも丸ごと処理、7時間ほどで粉末に。

バーナー（灯油またはA重油にて）と燃料高騰対策として、薪（まき）用火炉（オプション）￥57,000-

薪用火炉使用時、バーナーからはエアーのみ送風

生ごみ・水中高分解処理装置
メルチャン　MEL-CHANG

エステック株式会社
横浜営業所
〒231-0015 横浜市中区尾上町3-43
横浜エクセレント関内7F-A
TEL：045-228-7810　　FAX：045-641-4017
E-mail tokutome@esu-tech.com

効率が良く、安全性の高い水中高分解無臭処理システム

Point 1
システムを熱の閉サイクルとして熱回収を計っています。

Point 2
負圧システムの開発により、ポンプを使用しないでエアーリフトによる濃縮水の移送や微生物への酸素供給を行います。

Point 3
加熱装置の動力を低減し、常温運転を行います。

Point 4
最終残さの乾燥にも供給空気を利用し、二次元的に酸素供給も行います。

Point 5
発泡現象に対応した消泡気水分離装置を常備。

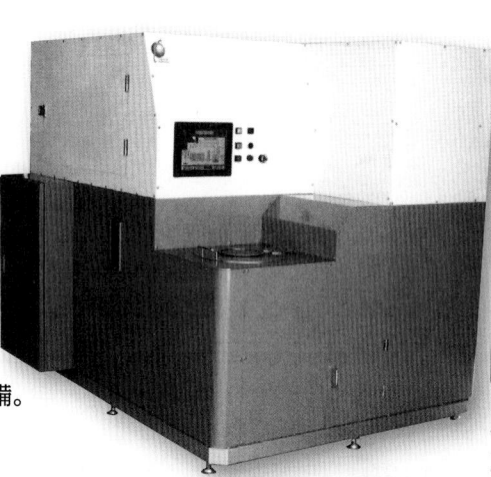

驚異的な減量効果
投入した生ごみ量の約3％が乾燥残さとして排出されます。
減量率：投入生ごみ比97％

排水不要
装置からの排水は一切ありません。
機器系統の廃熱利用による濃縮プロセスと、蒸散・乾燥による効果。

危険ガス無排出・無臭処理
好気性微生物最大のパフォーマンスの導入と、系統内負圧制御システムにより漏えいを完全に阻止します。
生ごみ処理だからこそ完全無臭！

乾燥物の多用途性
微生物は米国の食品医薬品局（FDA）が定めたGRAS対応菌を使用しており人畜無害です。
乾燥飼料・餌料・微生物資材・肥料、土壌改良剤・pH調整剤など多用途にリサイクル可能です。

フローシート

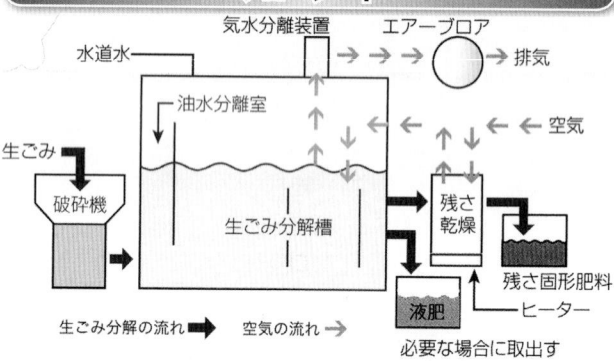

装置仕様　負圧式水中分解・微生物による好気性処理方式

形式	KG-50	KG-100	KG-200	KG-300
処理量（kg/day）	50	100	200	300
電源	AC 200V　三相			
乾燥残渣量	生ごみ投入量の2.0～3.0％			
破砕機等	生ごみ破砕機は標準装備、連続投入装置はオプション			
液肥取出し	液肥取出し装置が必要な場合はオプション			
外径寸法（W×L×H）	1600×2100×1900	2150×2800×2250	2400×3500×2450	2400×4500×2450
本体重量（kg）	650	1100	2000	2900
消費電力（kw/H）	3.5	7.0	14.0	21.0

◇生ごみ発熱量は平均1000Kcal/Kg以下とします。　◇処理量に指定があれば別途対応します。　◇製品デザイン・仕様は予告なく変更する場合があります。

ネクストソイル
（人工腐植土）

国土防災技術株式会社

緑環境事業部
E-メール　k-t@jce.co.jp
〒105-0001 東京都港区虎ノ門3-18-5青葉ビル
Tel:03-3432-3567　Fax:03-3432-3576

未分解の有機物を利用した、腐植成分増強有機質資材『ネクストソイル』

　地すべりや崩壊、地震災害等のストレスや森林が伐採され裸地のまま放置されると、それまで長い年月をかけて形成されてきた腐植土壌が雨によって流れ、栄養分をほとんど含まない無機土壌層が表面に露出するので植生による自然復元が著しく遅くなります。

　このような状況を改善するために、バーク系資材を用いた緑化手法が行われてきましたが、森林の腐植土壌に近い特性を持たせるためにピートモス等の海外の採掘資源を使っていたことから、国内の緑化資材の自給的資源開発と有機質資材の性能向上が望まれてきました。

　ネクストソイルは、そのような要望に応えて木質チップ等の未分解資材を自然由来の溶液に浸透処理することで、自然界では1cm形成するのに100年の時間を要していた腐植土壌の形成を短期間で実現しています。

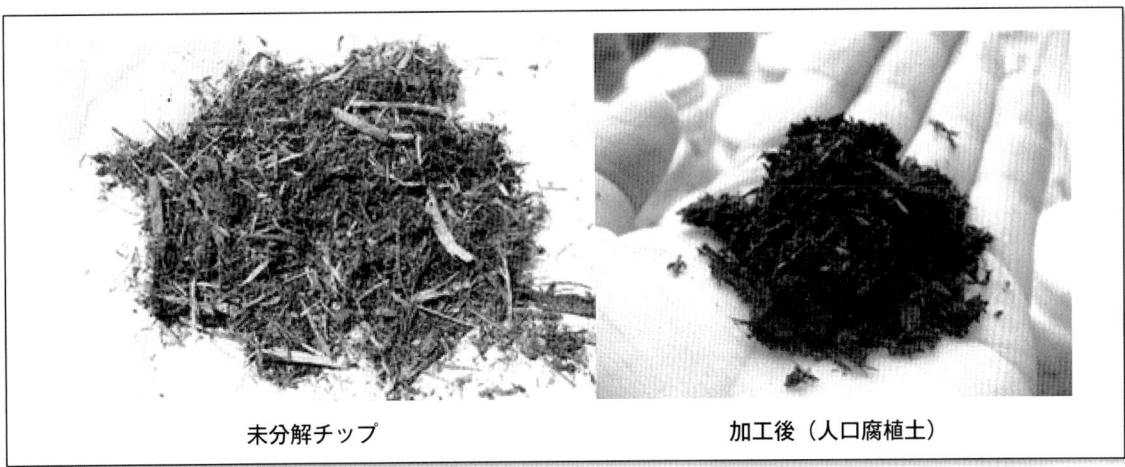

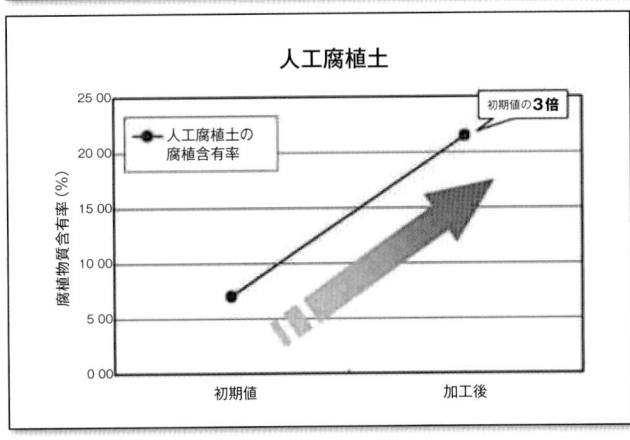

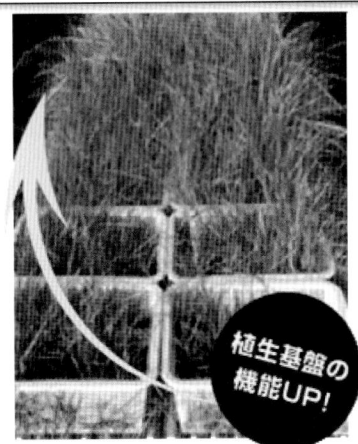

未分解チップ　　　　　加工後（人口腐植土）

人工腐植土（グラフ：初期値の3倍）

植生基盤の機能UP!

ネクストソイルの特徴

- 森林の腐植土壌に近い特性があることから、短期的に集積して作成されたバーク系資材と比較すると分解が緩やかに進行するので機能を長期的に維持
- 養分保持能力が高く、土壌水を保つ機能が高い
- バーク系資材に混合することで、資材の特性を更に引き出すことが可能

洗車排水リサイクルシステム
～ ウォーターシャイン ～
（特許申請中）

株式会社オスモ

川崎市麻生区栗木2丁目6番7号
TEL: 044(981)3332
FAX: 044(981)5051

◇ガソリンスタンド、洗車場のオーナー様に朗報◇
洗車排水の処理問題・洗車の節水問題
ウォーターシャインが一挙に解決致します！

特 徴

- ウォーターシャインは、洗車機などからの洗車排水をろ過・除菌し、再び洗車用水として利用するシステムです。このシステムによって、運転実績で最大75％の節水を実現しました。
- 洗車排水には、泥・砂・油分・洗剤成分などの不純物が含まれています。
前処理を行うバグフィルター、及びソフトセラミックスフィルターでは泥・砂・油分を取り除きます。
特殊ろ過装置では、2種類のろ過助剤で細かい泥・砂・油分・洗浄成分などを取り除きます。
この3種類のろ過によって、洗車可能な水質となります。
- 特殊ろ過装置は逆洗機構によって、自動で汚れを排出・洗浄します。
- ろ過水は、光触媒で除菌する事によって、腐敗による異臭を防ぎます。

独自の光触媒システム

従来の洗車排水リサイクルシステムでは、ろ過水が腐敗してしまうため、異臭トラブルを引き起こしたり、殺菌剤による車体への影響が懸念されていました。
当社の洗車排水リサイクルシステム≪ウォーターシャイン≫は、この問題を光触媒で解決しました。光触媒で除菌した処理水は数週間放置しても菌は繁殖せず、異臭トラブルも発生しません。

処理水水質

洗車機用水分析項目	原水	処理水	水道水[※]
外観	黒い浮遊物質	無色透明	無色透明
pH	6.9	7.3	7.7
濁度(度)	66	1	1未満
CODMn(mg/L)	100	10	1
ヘキサン抽出物質(mg/L)	12	0	0
全硬度(mg/L)	73	68	65
硫酸イオン(mg/L)	23	22.3	22.6
塩化物イオン(mg/L)	12	11.9	9.7
鉄(mg/L)	8.7	0.04	0.02
全シリカ(mg/L)	180	28	23

[※]横浜市

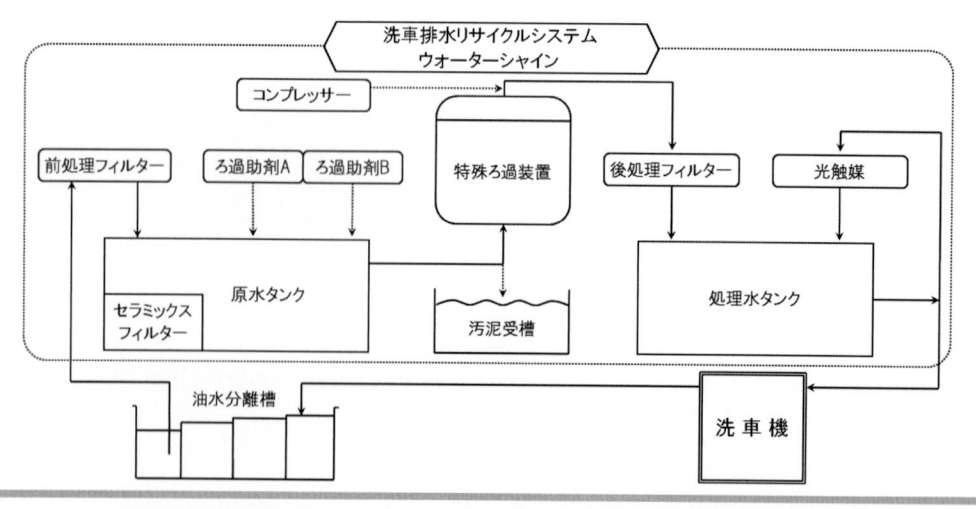

PETボトルリサイクルシステム

エレマジャパン株式会社

横浜市西区北幸 2-15-1 東武横浜第 2 ビル 8F
TEL. 045-317-2801
FAX. 045-317-2803

世界で最初にPETボトルB to B（ボトルからボトルへの再使用）の
米国FDA認可を取得したプラント。
世界中に約100プラントの実績があります。
高真空下での材料処理で食品使用上人体に影響のある異物は高度に除去されます。

特　徴

ボトルフレークの状態での異物除去を行うため、業界最小のエネルギー消費量でのペレット化を実現。高真空下での異物除去後のペレット化なので色目の変化も最小限で済みます。

バクレマー 3機種（ベーシック・アドバンス・プライム）

仕　様

押出量120 〜 2500kg /hまでの10機種

ベーシック：
リアクターのみ1段処理　　　 IV値　-0.05 〜 0

アドバンス：
リアクター2段処理　　　　　 IV値　 0 〜＋0.05

プライム ：
リアクター2段（前段2槽式） IV値　＋0.05 〜＋0.1

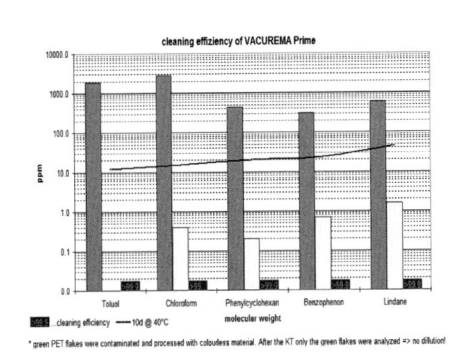

バクレマーチャレンジテスト異物残留グラフ

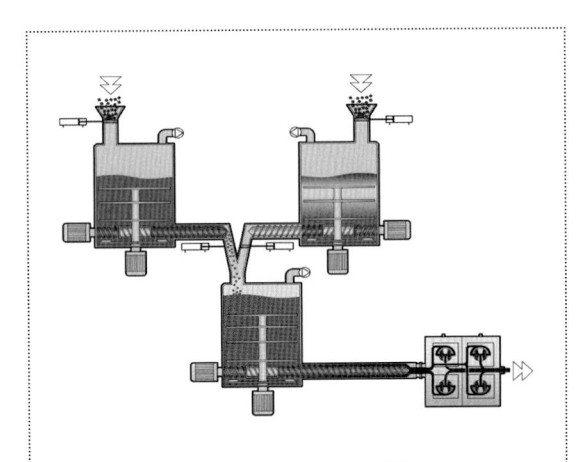

バクレマープライムフロー図

上段のリアクター内高真空下で異物除去された材料はさらに2段目のリアクターで高真空異物除去＋IVコントロールされる

JX日鉱日石金属株式会社の環境リサイクル事業

「ゼロエミッション」を事業の基本とし、「資源循環型社会の構築に貢献する」

環境リサイクル事業本部
〒100-8164 東京都千代田区大手町二丁目6番3号
総括室　TEL: 03-5299-7163　FAX: 03-5299-7347
企画部　TEL: 03-5299-7163　FAX: 03-5299-7347
営業部　TEL: 03-5299-7175　FAX: 03-5299-7347
技術部　TEL: 03-5299-7163　FAX: 03-5299-7347
www.nmm.jx-group.co.jp

JX エネルギー・資源・素材のX(みらい)を。
JX日鉱日石金属株式会社

JX日鉱日石金属は国内銅製錬業のトップランナーとして、非鉄金属資源の安定供給に努めてまいりました。現在では、パンパシフィック・カッパー社、韓国のLSニッコー・カッパー社などのグループ会社と合わせ、世界で2番目に大きな電気銅生産能力を持つグループに成長しています。

環境リサイクル事業は、リサイクル原料から多種類の非鉄金属を回収する「リサイクル事業」と、産業廃棄物を無害化して非鉄金属を回収する「環境事業」を行っています。「リサイクル事業」では銅製錬工程を活用し、電子部品などに含まれる微量の非鉄金属を効率的に回収しています。また、「環境事業」では処理が難しい廃棄物も処理できる体制を整え、「リサイクル事業」とのシナジー効果をあげています。

当事業本部および環境グループ4社が展開する全国ネットワークにより、地球環境の保護と資源リサイクルを推進しています。

また、当社グループは全国各地に物流拠点を有し、購入したリサイクル原料を収集運搬し、佐賀関製錬所、環境グループ4社、HMCで効率的に処理する体制を取っています。

特長・強み

1　独自の技術
非鉄金属製錬事業で長年培ってきた溶錬・電解および分析技術を基盤として、乾式・湿式を組み合わせた当社独自のプロセス技術を保有

2　設備の充実
世界有数の規模の高効率な銅製錬工程を有する、佐賀関製錬所の設備を活用

3　立地条件
「都市鉱山」として大量のリサイクル原料が存在する首都圏に隣接する、HMC（茨城県日立市）における非鉄金属リサイクル

4　集荷ネットワーク
全国的なネットワークに加え、台湾にもリサイクル原料集荷拠点を保有

5　処理ネットワーク
環境グループ4社を活用した充実した前処理能力（難処理原料にも対応）

6　JX日鉱日石金属のグループ力
銅製錬、電材加工事業とのシナジーおよびJX日鉱日石金属グループ関連会社のネットワークを活用

取り扱う主なリサイクル原料・産業廃棄物

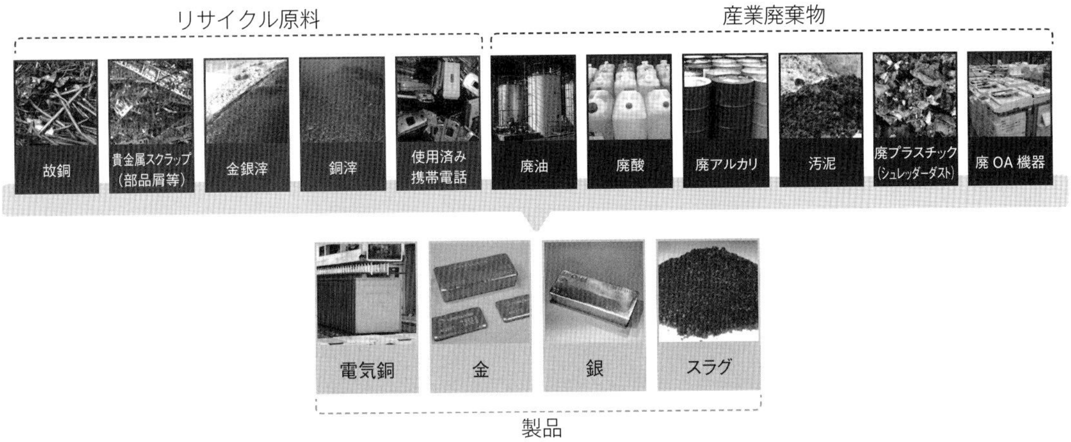

リサイクル原料: 故銅、貴金属スクラップ（部品屑等）、金銀滓、銅滓、使用済み携帯電話

産業廃棄物: 廃油、廃酸、廃アルカリ、汚泥、廃プラスチック（シュレッダーダスト）、廃OA機器

製品: 電気銅、金、銀、スラグ

リサイクル事業

佐賀関製錬所
- 投入: 銅精鉱、故銅、銅滓、貴金属スクラップ、金銀滓、粗銅、銅マット 
- 産出: 電気銅・硫酸・貴金属 → 市場 ／ スラグ → セメント工場等

日立事業所 HMC 製造部
- 投入: 銅滓、貴金属スクラップ、金銀滓、鉛滓、亜鉛滓、ニッケル滓 
- 産出: 電気銅・貴金属・レアメタル → 市場

環境グループ4社

JX金属環境（株）
- 投入: 廃油、廃酸、廃アルカリ、廃プリント基板、汚泥類、その他廃石綿等 
- 産出: 銅マット ／ スラグ → セメント工場等

JX金属三日市リサイクル（株）
- 投入: 廃酸、廃アルカリ、汚泥、シュレッダーダスト、廃プラスチック、廃プリント基板、銅滓 
- 産出: 粗銅、鉄・非鉄金属類 → 再資源化 ／ スラグ → 路盤材等

JX金属苫小牧ケミカル（株）
- 投入: 廃油、廃酸、廃アルカリ、汚泥、廃OA機器、医療系廃棄物、貴金属スクラップ、廃バッテリー 
- 産出: 処理済み貴金属スクラップ ／ 燃え殻等 → セメント工場

JX金属敦賀リサイクル（株）
- 投入: 廃油、廃酸、廃アルカリ、汚泥、貴金属スクラップ、廃OA機器、その他煤塵等 
- 産出: 燃え殻・中和滓 → セメント工場 ／ 金銀滓類 ／ 鉄スクラップ → 再資源化

情報 - 43

リサイクル事業

三菱マテリアル株式会社

東京都千代田区大手町 1-3-2
TEL:03-5252-5218
FAX:03-5252-5317

> 三菱マテリアルは、
> 様々な廃棄物を人類が生み出した都会の資源として社会に還流していきます。

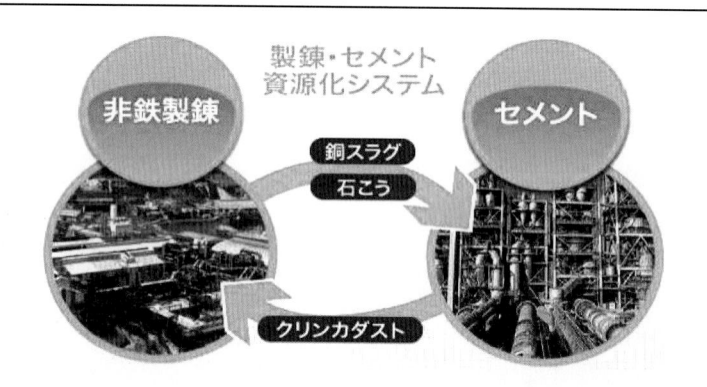

製錬・セメント資源化システム

非鉄製錬 ⇔ セメント
銅スラグ
石こう
クリンカダスト

三菱マテリアルは、廃棄物問題に持てる力を結集し取り組んでいます。当社は、素材を生み出す国内でも屈指の事業群を持っています。当社が目指す資源循環型社会とは、廃棄物を都会の鉱山と考え、有用な資源に生まれ変わらせることにより、ゴミの減量と天然資源の温存を可能にする社会です。

製錬・セメント資源化システム

銅製錬所とセメント工場を有する国内唯一の企業として、処理が難しい廃棄物を再資源化する「製錬技術」と、大量で臭気性の廃棄物を無害化処理し原燃料として有効活用する「セメント技術」を保有しています。さらに、銅製錬所で発生する石こうや銅スラグをセメント工場で原料として利用したり、セメント工場で発生するクリンカダストを製錬所で資源化する技術で最終処分場を必要としないような循環型社会の構築に貢献しています。

非鉄製錬

銅は、電線をはじめエアコン等の家電製品、建築部材、半導体用リードフレーム、自動車の端子コネクター等の用途に使われる、生活に不可欠な金属です。現在、鉱石確保-製錬―加工のグローバル展開に加え、循環型社会を支えるリサイクル事業に注力し、特に自動車のシュレッダーダストや飛灰などを製錬技術によって再資源化を図っています。

セメント

建設汚泥、石炭灰、スラグなど廃棄物の多くは、元素構成がセメント製造に使用する天然原料に近い特性があります。プラスチック、廃タイヤなどは、石炭等代替としても再利用することができます。当社グループのセメント製造工場は1450度の高温焼成プロセスを有しており、この工程でこれら処理が困難な廃棄物を無害化処理し、セメント原料及びエネルギー代替に有効利用しています。

その他

三菱マテリアは、当社の企業文化として培われてきた鉱山・選鉱技術を基板にして、家電メーカーと共同で家電リサイクル事業を全国展開していきます。現在は5社6工場(北海道、宮城県、茨城県、三重県、大阪府)で操業を行っており、非鉄金属製錬所、セメント工場とのネットワークを重視して、循環型社会の構築に貢献しています。

また、グループ内で製缶、回収、溶解、鋳造、圧延を繰り返す「CAN TO CAN」をUBC一貫処理システムによって構築するアルミ缶事業のアルミリサイクル、製錬技術・システムを活用し、使用済となった自動車用鉛バッテリーから鉛製錬を行う鉛バッテリーリサイクル、及び超硬工具の主原料となる希少金属のタングステンの回収・再利用なども行っています。

ICP 発光分光分析装置
蛍光 X 線分析装置
赤外分光光度計

株式会社島津製作所
分析計測事業部

本　社	〒604-8511	京都府京都市中京区西ノ京桑原町1
		TEL.075-823-1195
東京支社	〒101-8448	東京都千代田区神田錦町1-3
		TEL.03-3219-5685
関西支社	〒530-0012	大阪府大阪市北区芝田1-1-14
	阪急ターミナルビル14階	TEL.06-6373-6551

金属やプラスチックのリサイクル成分、
不純物の分析に島津製作所の分析装置がお役に立ちします。

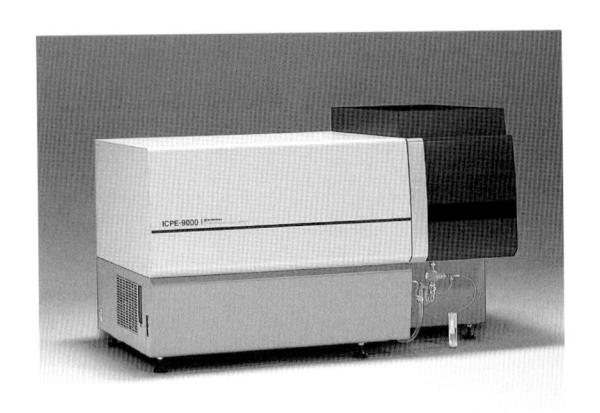

マルチタイプICP発光分光分析装置
ICPE-9000

ハイスループットと簡単分析を両立しました。従来のマルチ型ICPで問題だったスペクトル線選択などの大量データ処理が不要です。各種アシスタント機能により、誰でも、短時間に正確な分析が可能です。

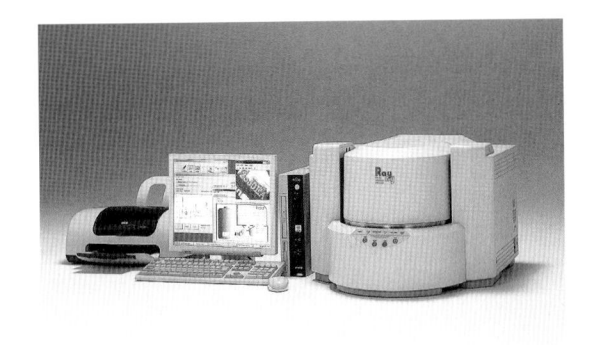

エネルギー分散型 蛍光X線分析装置
EDX-720

卓上形でコンパクトな本体でありながら、全自動開閉による大形試料室を装備。固体、粉体、液体、ディスク、薄膜等のあらゆる試料形態に対応。
16/8試料交換、真空/He雰囲気、4種コリメータ、CCDカメラによる試料観察など拡張性も万全です。

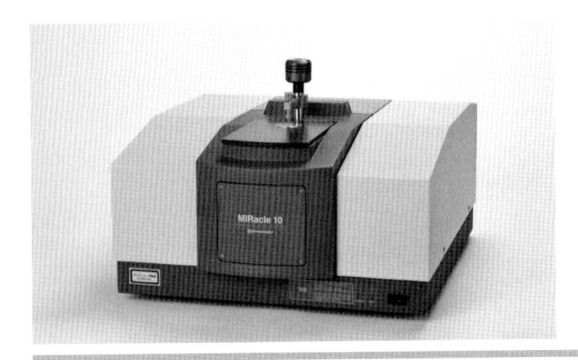

フーリエ変換赤外分光光度計
IRAffinity + Miracle10

ダイナミックアライメント機構により常時最適な干渉状態が保たれ、オートドライヤー内臓でEasyメンテナンス化を達成しました。一回反射ATRは試料を密着させるだけで測定が可能で、MIRacle10では大きな試料を切断せず、そのまま測定できます。

株式会社リガク

ラマン分光計

東京都渋谷区千駄ヶ谷 4-14-4SK ビル千駄ヶ谷
TEL: 03-3479-3065　FAX: 03-3479-6171
E-mail : raman@rigaku.co.jp

**携帯型ラマン分光計の決定版！　測りたい場所で材料判定が可能
ガラス瓶中の試料もOK、軽量・堅牢の現場仕様
励起レーザー1064nmで、妨害蛍光の除去！**

これまで民間企業・公的機関を問わず、研究所内での分析が主な測定場所であったラマン分光の原理を携帯型に集約しました。測りたい場所に搬送し、その場で結果を求めることができます。

リサイクル・廃棄物の分野では、対象物の迅速な判別が要求されます。これまでは近赤外反射吸収スペクトルによる判別法が大半を占めていましたが、ラマンスペクトルはプラスチック種固有のシャープなピークを数多く有しているので、プラスチック種の判別を行なうのに有利です。

今回リガクのご紹介する米国BaySpec社製ラマン分光計 FirstGuardとXantusは、励起レーザーの波長が532nm,785nm,1064nmの3種類、もしくはこれらのうちから2種類の波長の任意の組み合わせで対象物を照射することができます。このため着色されたプラスチックなどでも、測定の妨害要因になる蛍光の発生を抑え、より精度の高い判定を行なうことができます。お客様によるライブラリの新規登録も簡単です。

プラスチック以外には油の判定にも有効で、ガラス容器に入ったままのサンプルを直接分析できます。揮発油、灯油、機械油、食用油などの判別が可能です。容器に入ったまま測定できるので、取り扱いに注意が必要な物質が含まれている場合にも有効です。例えば、ベンゼンのような特定有害廃棄物、トルエンのような消防法で危険物に指定されている薬液なども簡単に判別できます。

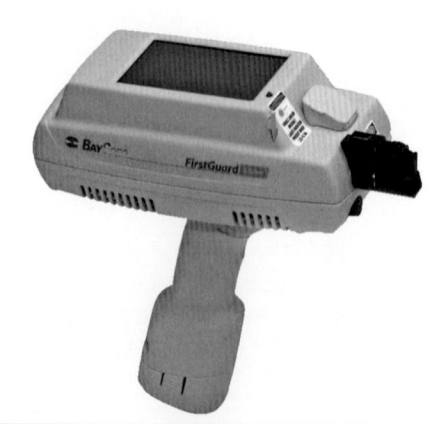

数秒から十数秒で物質名を表示

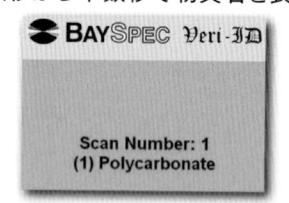

スペクトルで確認することも可能

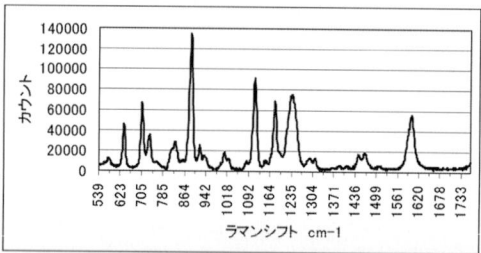

測定例

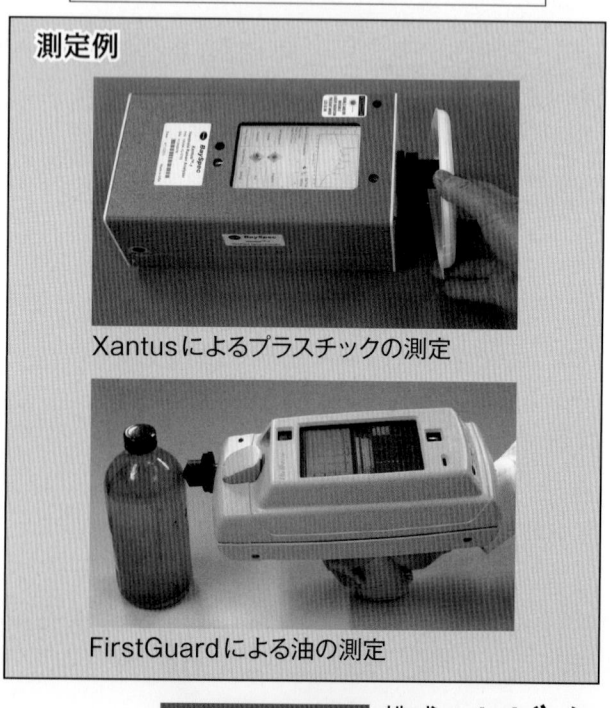

XantusによるプラスチックのⅣ測定

FirstGuardによる油の測定

Rigaku 株式会社リガク

Niton 携帯型成分分析計

株式会社リガク

東京都渋谷区千駄ヶ谷 4-14-4SK ビル千駄ヶ谷
TEL: 03-3479-3065　FAX: 03-3479-6171
E-mail : niton@rigaku.co.jp

金属リサイクルの決定版！　測りたい場所でリアルタイムの材質チェックが可能
試料形状は問わず（液体不可）、防塵・防滴処理の現場仕様
国内完全修理体制・代替機などサポートも充実

Niton携帯型成分分析計 XL2/XL3t シリーズは、金属リサイクルを中心に日本国内で累計1200台以上、ご利用頂いております。
主な用途は下記のとおりです。
- 合金・純金属の種別判定
- スラグや焼却灰中の有価金属元素・有害元素のスクリーニング
- RPF中の塩素濃度測定
- RoHS規制対応やハロゲン規制対応のスクリーニング

また最新モデルでは、マグネシウムやアルミニウムといった軽元素も、真空ポンプやガス充填無しで測定できるようになり、さらに用途が広がりました。

主な測定対象の金属材料
- 鉄ベース:ステンレス、Cr/Mo鋼、低合金鋼
- ニッケルベース:Ni合金、Ni/Co超合金鋼
- コバルトベース
- チタンベース
- アルミ合金
- 銅ベース:ブラス、ブロンズ、Cu/Ni合金
- その他：耐熱鋼（Mo,W合金など）、純金属、貴金属、レアメタル

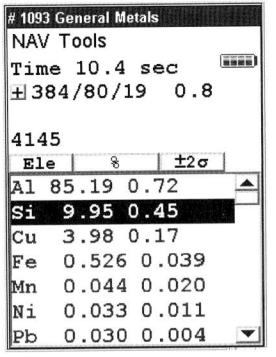

軽元素も簡単測定
アルミ合金 ADC12

RPF中のCl測定
固形再生燃料（RPF）

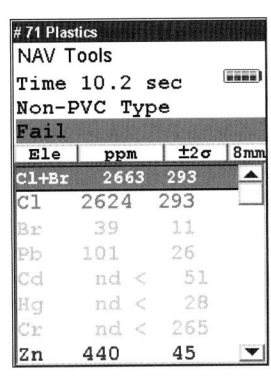

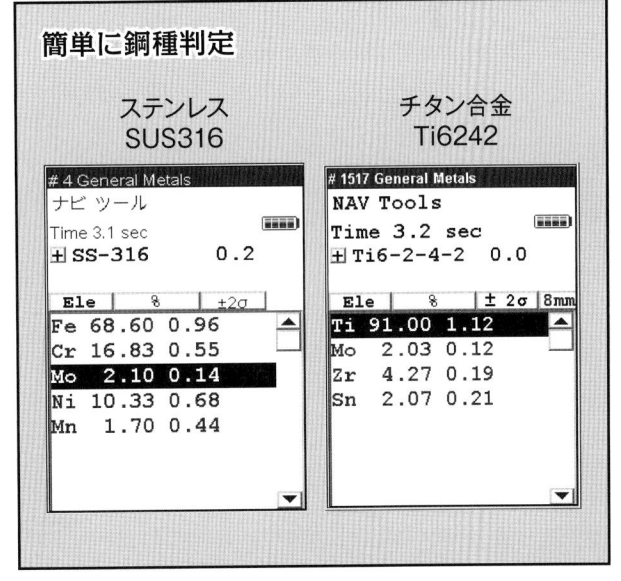

簡単に鋼種判定
ステンレス SUS316

チタン合金 Ti6242

イオンクロマトグラフィーシステム IC-2010

東ソー株式会社
バイオサイエンス事業部
〒105-8623　東京都港区芝 3-8-2
TEL 03-5427-5180　FAX 03-5427-5220
http://www.separations.asia.
tosohbioscience.com

IC-2001で大好評のゲルサプレッサとコンパクトなオールインワンシステムを継承
新技術・新機構による1test"5分"の高速・高分離で
IC分析のハイスループット化を実現
自動希釈機能とグラジエント機能を標準搭載で更に分析効率アップ

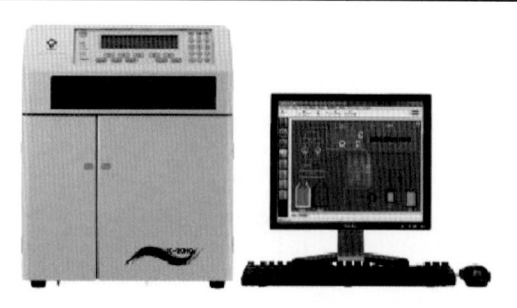

仕様

測定モード	: サプレッサ方式 / ノンサプレッサ方式
グラジエント	: 2液低圧ステップグラジエント　流量グラジエント
脱気部	: 真空脱気方式
送液部	（デュアルポンプ）
流量範囲	: 0.1～2.00mL/min
耐圧	: 35MPa
試料注入部	（オートサンプラー）
方式	: ループ注入、500μLまでの可変量注入
試料点数	: 150点　（50点×3ラック）
カラムオーブン部	
方式	: アルミブロック温調
温調範囲	: 25～45℃
サプレッサ部	: 3ポート、サプレッサゲル交換方式
CM検出器	: 4極電極法　（カラムオーブンで温調）
ノイズ	: 0.2nS/cm以下
外形寸法	: 400(W)×500(H)×450(D)
質量	: 35Kg
電源	: AC100～240V　50/60Hz　200VA
その他	: 水道GLPサポート機能搭載
UV検出器	: 195～350nm
（オプション）	: デュアルビーム／重水素ランプ

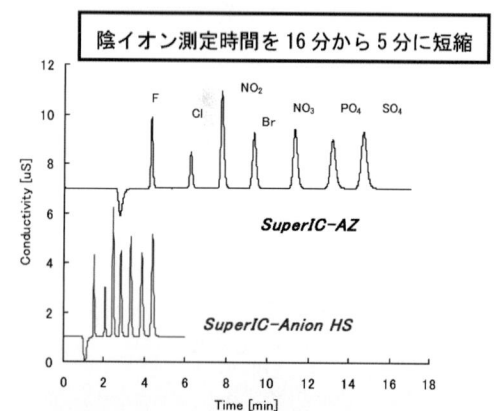

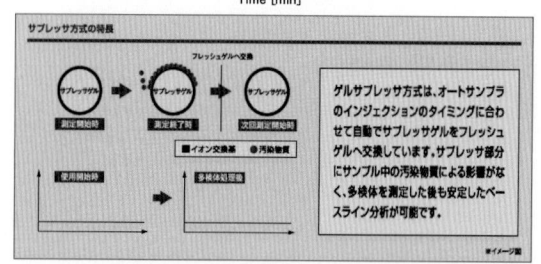

概要

イオンクロマトグラフィーシステムは環境・化学・食品・医薬品・電子材料などの幅広い分野で用いられ、もちろん廃棄物処理後の残留成分の濃度チェック等でも今や欠かせない分析項目となっております。
今から約10年前、東ソーはHPLC分野で蓄積した技術をベースに、ゲルサプレッサー方式を採用した高感度のイオンクロマトグラフィーシステムIC-2001を開発致しました。今回、前身のIC-2001で好評を頂いておりますコンパクト性や汚染物質の蓄積の無いゲルサプレッサー機構はそのままに、更に高性能かつ高機能で、より使い易くなった新商品IC-2010をご紹介致します。

IC-2010の特長

高速多検体連続処理

専用の高速分離用カラムを用い陰イオン・陽イオンどちらも1検体5分以内の高速分析で測定時間を大幅に短縮できます。

高機能仕様

100倍までの6段階の自動希釈機能を標準搭載し、希釈再現性のCV1%以内を実現。
手希釈等の煩わしい前処理操作を軽減できます。
グラジエント機能を標準搭載で更に測定時間の短縮が可能。

高感度安定測定

自動交換型ゲルサプレッサ機能を搭載。
サンプル中の汚染物質の蓄積が無く、サプレッサが常にフレッシュな状態で分析が可能。連続処理中に検出感度が低下する事無く常に一定の為、検量線を再度構築し再計算をする必要がありません。

陰イオン測定時間を16分から5分に短縮

情報 - 48

熱交換器・燃焼装置

熱研産業株式会社

本社：〒532-0011　大阪府大阪市淀川区
西中島 4-2-26　天神第一ビル
TEL：06-6304-0188 (代)　FAX：06-6304-0454
URL：http://www.nekken-sangyo.co.jp
Mail：info@nekken-sangyo.co.jp

- 低温～高温（1000℃超）まで対応可。
- ダストが詰まりにくいエレメントの採用。
- 高効率チューブの採用。
- ダスト掻き落し装置（特許取得済）によるダスト対策。

都市ゴミ・産廃焼却設備向
「ダスト掻き落し装置」付熱交換器

都市ゴミ灰溶融設備向　輻射式熱交換器

間接式熱風発生装置(リサイクル式)

特徴

当社の熱交換器は、排ガス中にダストを含む場合も流路隙間を自由に設計可能であるため清掃性に優れています。焼却設備等においては、排ガス中にダストが多量に含まれる場合は伝熱部への付着や堆積は避けられず、頻繁に開放点検・清掃を行わなければなりません。「ダスト掻き落し装置」はこの様な状況を回避するために開発された製品であり、装置の働きによって以下のメリットがあります。

「ダスト掻き落し装置」のメリット
- 安定した性能確保
- 圧損増加の回避
- 腐食進行の軽減
- 作業者への負荷軽減
- ダイオキシンの再合成の抑制

熱交換器は1000℃を超える高温域から低温域の幅広い温度域、種々雑多なダストを含む排ガス処理に対応した豊富な実績・経験を生かし、設備用途及び温度域に適用した機種を多数取りそろえています。
燃焼装置は直火、間接熱風発生機等の単純燃焼装置から、特殊ガスの燃焼炉まで独自の技術と実績により、各々の分野で評価を頂いています。

適用分野

都市ゴミ産廃焼却設備	土壌改良設備
炭化設備	バイオマスプラント
都市ゴミ灰溶融設備	直燃脱臭設備
ダイオキシン処理設備	触媒脱臭設備
し尿・汚泥焼却設備	塗装乾燥設備
白煙防止設備	熱風発生機
温水発生設備	他

最適な熱交換器を選定させて頂きます。まずはお問い合わせください。

負圧監視装置

長野計器株式会社

〒143-8544 東京都大田区東馬込1-30-4
TEL.03-3776-5326　FAX.03-3776-5322
URL：http://www.naganokeiki.co.jp

概　要

アスベストやダイオキシンを除去する隔離室などの負圧を監視するのに最適です。極微圧（±50Pa）の室間差圧を高精度に測定、小形・軽量・電池式で現場設置が容易です。
また、負圧異常を知らせる警報と室内圧のデータ記録機能を標準装備しています。

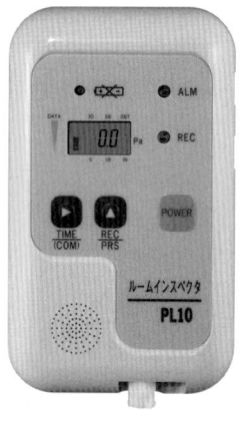

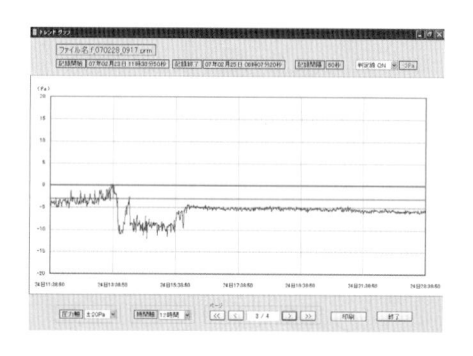

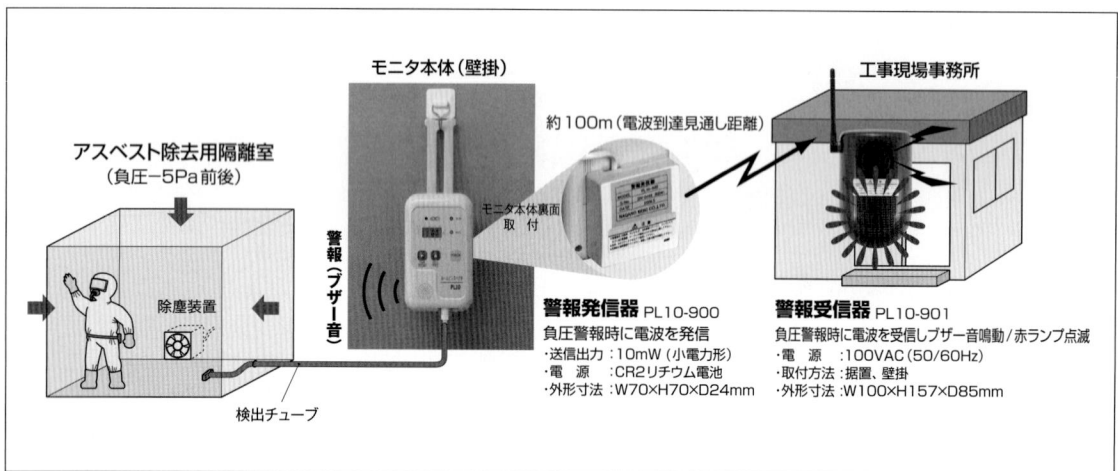

モニタ本体（壁掛）
工事現場事務所
約100m（電波到達見通し距離）

アスベスト除去用隔離室
（負圧-5Pa前後）
除塵装置
検出チューブ
警報（ブザー音）

警報発信器 PL10-900
負圧警報時に電波を発信
・送信出力：10mW（小電力形）
・電　源：CR2リチウム電池
・外形寸法：W70×H70×D24mm

警報受信器 PL10-901
負圧警報時に電波を受信しブザー音鳴動／赤ランプ点滅
・電　源：100VAC（50/60Hz）
・取付方法：据置、壁掛
・外形寸法：W100×H157×D85mm

仕　様

項　目	内　容
差圧センサ	レンジ：±50Pa
電　源	単3アルカリ乾電池×4本
負圧警報	負圧異常時 赤ランプ点滅、ブザー音鳴動 （ワイヤレス遠隔警報発受信器はオプション）

項　目	内　容
付属品	パソコン管理ソフト（トレンドグラフ） RS-232C通信ケーブル付
外形寸法	W95×H158×D40mm（突起物除く）
記録間隔	5秒、10秒、30秒、60秒選択
質　量	約300g

情報-50

ウォール ウェッター® (WW)
WW蒸発プラス・WW蒸留プラス

関西化学機械製作株式会社

〒660-0053　兵庫県尼崎市南七松町2-9-7
TEL06(6419)7121　／FAX06(6419)7126
お問い合わせメール：technical@kce.co.jp

**回分蒸発および蒸留で運転時間短縮により電力削減および省エネルギーが可能
既存の釜に取り付け可能！　今すぐ対応可能！**

緒言

東日本大震災以降、日本全国で消費電力削減は急務である。バッチ操作において、ウォール ウェッター（以後WWと称す。）を使用することで、運転時間の削減が可能になるケースが多々ある。現在お持ちのバッチ蒸発釜やバッチ蒸留装置にWWを取り付けると加熱面を常時有効に使用でき、運転時間の短縮と省エネルギーが可能になる。従来の装置であれば蒸発速度が下降するが、WWを取り付けると蒸発速度が一定になることで運転時間が短縮でき、短縮された時間分の節電および省エネルギーになる。

システムの概要

図1のようにWWを既設の蒸発釜の攪拌機に取り付けると、釜内の液を内部で循環し、液を伝熱面の上部に散布できる。それにより、液面がどの位置にあっても蒸発速度が維持されるので運転時間が短縮される。その上、加熱面が常に濡れることでコゲ付きが防げるため、現場の清掃作業が楽になったとの声が多数寄せられた。この蒸発システムをWW蒸発プラスと名づけた。

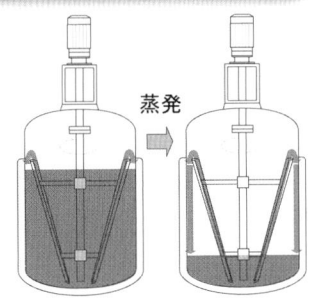

図1　ウォール ウェッターの運転状況

時間短縮の実施例

図2に実容積50Lのテスト装置でWW装着と通常のタービン翼での水の蒸発実験結果を示す。50%蒸発時点でWWの蒸発時間42分に対してタービン翼では50分であった。WWの方が8分（16%）の短縮となった。90%まで蒸発を行った場合にはタービン翼の152分に対してWWは77分で蒸発しているので、75分運転時間を短縮し、ほぼ50%の時間短縮ができた。図2からWWの蒸発速度は90%の蒸発までほぼ一定で伝熱面が100%有効に使われていることが分かる。

他の装置とのコラボレーション

WW蒸発プラスの蒸発速度がほぼ一定という性能を通常の蒸留塔と組合せたWW蒸留プラスはバッチ蒸留の蒸発釜にて特長を最大限生かすことができる。図3に示したように、蒸発量は常に一定であるので、蒸留塔は最後まで最適運転が可能でよい製品が得られる。その結果、蒸気使用量が少なくて済み、10%以上の省エネルギーになったケースもある。WW蒸発プラスと同様に運転時間の短縮が図れるので、電気の使用時間が短縮できる。また、釜残液量を少なくでき、収率の向上に寄与できる。

まとめ

ウォール ウェッターを用いれば蒸発時間の短縮ができる。また、伝熱面が常に濡れていることにより加熱面への焼付・コゲ付きが少なくなる。ゆえに洗浄も楽になり、洗浄時間も短縮できる。WWを既設の蒸発釜に取り付けるだけで節電対策となる。運転時間の短縮により工場全体の電力削減に寄与する。レンタルでも対応する。

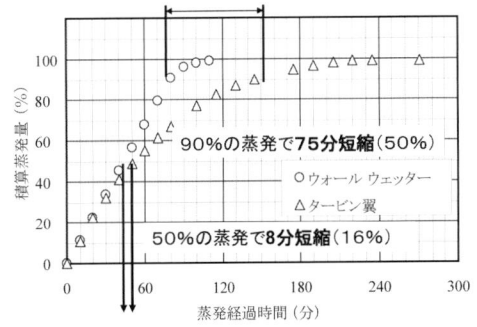

図2　蒸発時間の比較(使用流体：水、温度差 △T=20℃)

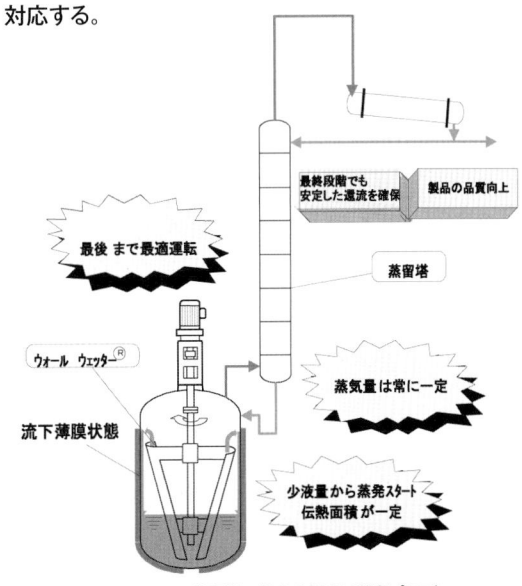

図3　WWと蒸留塔の組合せ(WW蒸留プラス)

"100%節電"の換気システム
IK式完全防雨ルーバー

消音技研株式会社

〒359-0044
埼玉県所沢市松葉町17-2 浅野ビル2F
TEL 04-2997-5556 FAX 04-2997-5551

"電力不要"の換気システム
駐車場、作業場の壁面全域を150%開口率とする1Kルーバー
自然の風力を利用し、場内を換気用ファレを用いず換気をする仕組み

節電が求められる中、エコとコスト削減を実現します

自然の風は、365日24時間の平均でも風速:2m/sあります。
壁のない自然環境ではアトピーや花粉症、ハウスダストによるアレルギー等は起こりません。
それならば、もしも雨や騒音も防ぎ、視覚的な密閉性も守りながら、
壁がないのと同じ状況を実現できれば……
消音技研では、一般住居向けでも実績を積み上げてきたこの技術を応用し、元々専門である防音技術も駆使して壁面の開口率を高めた工場、作業場の新しい環境対策を提案いたします。
自然の力を活かした、電力を必要としないエコなシステムです。

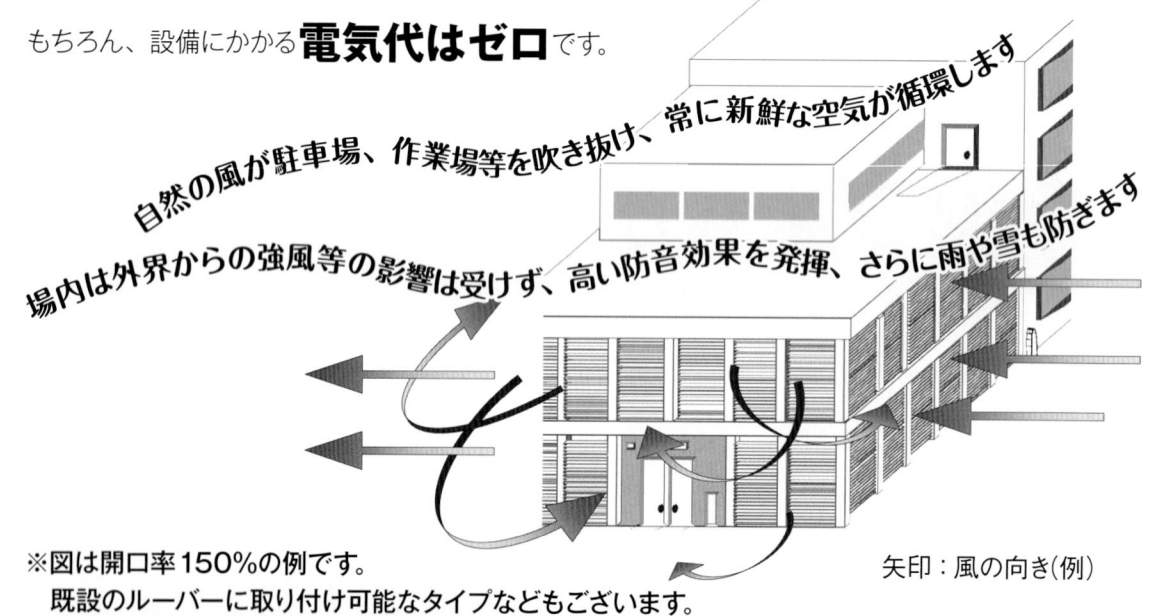

もちろん、設備にかかる**電気代はゼロ**です。

自然の風が駐車場、作業場等を吹き抜け、常に新鮮な空気が循環します
場内は外界からの強風等の影響は受けず、高い防音効果を発揮、さらに雨や雪も防ぎます

矢印:風の向き(例)

※図は開口率150%の例です。
既設のルーバーに取り付け可能なタイプなどもございます。
まずはご相談ください。

防音技術を極めた消音技研の全般技術

遮音	軽量遮音工法(壁、扉、間仕切等)
吸音	吸音筒式遮吸音パネル(低周波向き)
消音	IK式ノイズフィルター、IK式サイレンサー IK式パルスマフラー、消音換気クン
音響遮断	ピアノグラム、 回転機器の等固体伝播音遮断
防振	優れた防振技術

消音対策38年の実績

企業様ごとに異なる設備、環境に対しまして
様々な製品、施工例がご覧頂けます。
まずは、弊社ホームページをご覧ください。

http://www.showon.co.jp/

情報 - 52

ミストによる粉塵対策・静電気対策・防火対策・熱中症対策・消臭対策

グリーン株式会社

〒302-0105 茨城県守谷市薬師台5-22-1
TEL：0297-46-1194　FAX：0297-21-7018
Eメール：sasaya@green-gr.co.jp

当社では、業務用小型噴霧器ミストプールやスポットミスト、消臭剤、除菌洗浄剤など、環境と衛生に関する製品を取り扱っています。

労働環境の整備がはじめの一歩

国内外の厳しい経済状況の昨今で、私たちの取り巻く労働環境は日々悪化の道を辿っているように思えます。一人一人の働く環境が良くなければ、どのような製品であれ、サービスであれクオリティーの低下に繋がります。しかし、だからと言って労働環境を改善することは簡単ではなく経営者含め社員全員が一致団結して考えなければならない問題となっているのです。難しい目標ばかりではなく「今できることから進んで行う」ということが最終的な難しい目標をクリアできる第一歩ではないでしょうか。私たちはそのような企業の各課題に対し、衛生管理や除菌・消臭対策、冷却対策、防塵対策、などの分野でお手伝いが出来ればと思っております。

製品一覧

業務用小型噴霧器 MISTPOOL

卓上簡易型ミスト器 スポットミスト

今ある工場扇を有効活用！簡単取り付け！すぐ活用！

お使いの扇風機にミストノズルを装着することで、扇風機がミスト器へ。水道直結なので給水の手間もいりません。また、他社の扇風機タイプミスト装置と違い、扇風機を取り付け可能な場所なら、壁、天井など、設置場所を問いません。

スピード冷却で熱中症対策

ミストプール1台で広範囲の冷却と、スポットミストでスポット的な冷却を簡単解決。夏場の40度近い工場内でも3～5℃はたった10分で下がります。首ふり扇風機に取り付けすれば広範囲に有効です。

粉塵・静電気・消臭対策にも効果

粉塵や静電気、不快な悪臭の抑制に最適。消臭剤や除菌材を噴霧することで、各施設で利用されています。

主な利用施設
・産業廃棄物処理施設　・古紙リサイクル施設
・プラスチック成型施設　・畜産施設　・農産物栽培施設

消臭液「エフニカ解臭液」

消臭を超えた解臭力と、液体、塗料、粉体、顆粒の総合的な解臭システム。主成分は、人体に害の無い硫酸鉄系で、その上中性なので、手荒れし肌荒れもありません。

消臭液「アミスティー」

農林水産省受託実績検査機関で検証済。ウィルスや数多くの有害細菌にも、タバコ・トイレの悪臭にも素早く効いて、あとに何も残さない。人や環境にも優しい。スギ花粉やダニのアレルゲンも分解。

デンネツ殺菌エアータオル

熱風と紫外線除菌灯で強力に除菌する上、電子放射方式によって発生した大量のマイナスイオンと自然界の極微量オゾンとの混合エアで、部屋の空気を除菌・脱臭して清浄にし、かつ健康的で快適な状態に保つ空気除菌脱臭器も搭載。

ノロウィルス対策「イーフレックス」

肌にやさしい弱酸性　やさしいのにしっかり除菌
業界初のお肌と同じ弱酸性の除菌手洗い洗剤。ウィルスだってしっかり除菌。
食品添加物だからとってもやさしい。各種の菌やウィルスに対する100%不活性化効果のデータ付き。
安全性の面でも、世界で最も厳しいとされる基準のひとつである、アメリカ「AOAC基準」に合格。

『産廃クリーン』
産業廃棄物を取り扱う収集運搬業者、中間処分業者向けに開発されたASP(クラウド)システム

株式会社プレシオ

●大阪本社
〒541-0045 大阪市中央区道修町1-2-4 大和道修町ビル 2F
TEL：06-6233-6380　FAX：06-6233-6381
●東京オフィス
〒104-0061 東京都中央区銀座2-12-3 ライトビル 5F
TEL：03-3547-5349　FAX：03-3547-5187
URL：http://www.presio.jp/　E-mail：info@presio.jp

業界初のASP（クラウド）のシステムのため、複数拠点や複数のパソコンでのご利用もスピーディに安価にご利用頂けます。提供する機能も見積、売上、配車管理や契約書管理からマニフェスト管理まで収集運搬業者、中間処分業者の企業で必要な機能を網羅しています。

製品の特徴

①業界初のASP(クラウド)での統合システム

通常の産廃業者向けソフトは、1拠点向けのシステムで完結しているソフトが多く、例えば、東京本社と大阪支店といった支店間や経理と営業など部署間での情報共有を図ろうとすると多大なサーバなどのコストと開発期間が発生します。
当社のシステム『産廃クリーン』は、業界初のASP(クラウド）のシステムのため、低コストで複数拠点や複数のパソコンのデータも一元管理可能。顧客、売上、配車情報をリアルタイムに把握することができます。

②導入コストの低減

当社はソフトウェアを購入して頂くのではなく、レンタル契約でご利用可能です。レンタル契約なので途中で解約することも可能です。リース契約のように長期にわたる支払い債務は発生しません。また、複数のパソコンでご利用の場合でも、利用料は同じ。ハードウエアも サーバの購入する必要なし。パソコンがあれば運用可能です。従来のクライアント・サーバシステムに比べて安価でご利用頂けます。

③御社にあったシステムを導入（カスタマイズ可能）

産廃業者様の業務に必要な売上管理、マニフェスト管理、契約書管理、配車管理など標準機能が備わっています。御社の業務に応じたカスタマイズも承ります。システム開発費の低減、開発期間を短縮することができます。

便利な機能

- 顧客毎に販売単価を設定できるため、簡単に請求書を作成することができます。
- 1次マニフェストと2次マニフェストの関連付け機能により、月次帳簿の作成が簡単に行えます。
- 未請求や未入金などは、アラートで警告表示するため、請求漏れや未回収を防止することができます。
- 直行用、積替用、建廃用のマニフェストに完全対応しています。

■産廃クリーンのホームページ
http://sanpai-c.jp/

□売上管理
受注登録、作業指示書出力、一次マニフェスト連携、受注一覧、条件検索、CSV出力
□請求管理
請求書入力、請求一覧、請求明細、請求書参照、請求書一括発行、未請求アラート機能、未請求一覧、条件検索
□入金管理
入金登録、入金一覧、入金情報参照、未入金アラート機能、未入金一覧、条件検索
□仕入（排出）管理
仕入（排出）登録、仕入（排出）一覧、条件検索、CSV出力
□集計・分析
売上集計(m3表示、kg表示)、売上集計(現金、売掛など決済種別)、産業廃棄物管理票交付等状況報告書出力、実績報告書出力、顧客別売上ランキング、月別顧客売上ランキンググラフ、顧客別仕入(排出)ランキング、月別顧客別仕入(排出ランキンググラフ)、廃棄物(商品別)集計
□顧客管理
顧客基本情報、顧客別販売単価登録、顧客別仕入(排出)単価登録、顧客別受注履歴、顧客別請求履歴、顧客別入金履歴、顧客別見積履歴
□見積管理
見積登録、見積一覧、条件検索、見積から受注連携
□配車管理
配車表(2週間)表示、配車表(1日)表示、配車登録(貸切、仮予約等)、車両番号登録、運転手用指示書出力、売上登録と連携、定期配車登録
□契約書管理
契約書登録、契約書一覧、契約書有効期限切れアラート機能、契約書更新間近一覧、条件検索、CSV出力
□マニフェスト管理
1次マニフェスト登録、2次マニフェスト登録、1次・2次マニフェスト関連付け機能、直行用、積替用、建廃用登録、マニフェスト送付期限アラート機能
マニフェスト送付期日一覧、条件検索、CSV出力
□セキュリティ機能
役職設定、権限設定、パスワード発行、アクセス操作履歴

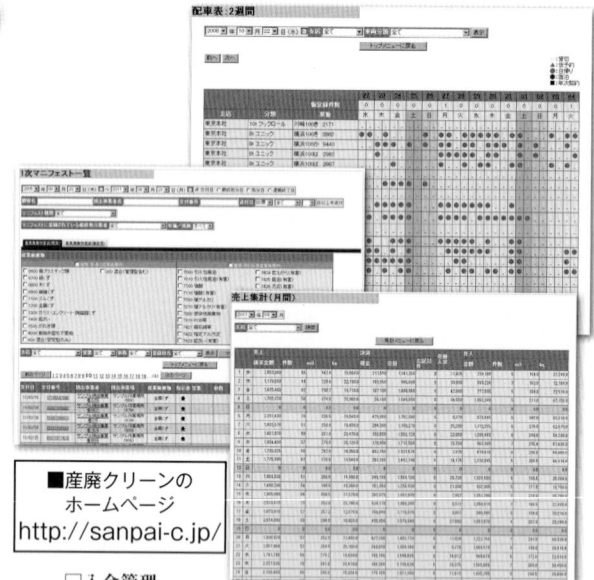

リサイクル・廃棄物事典

発　　　行	2014年4月20日

編　　　集	リサイクル・廃棄物事典 編集委員会
発 行 者	平野 陽三
発 行 元	産業調査会　事典出版センター
	〒169-0074 東京都新宿区北新宿 3-14-8
	TEL.03(3363)9221 FAX.03(3366)3503
発 売 元	株式会社 ガイアブックス

©2014 SANGYO CHOSAKAI Printed and bound in China.
ISBN 978-4-88282-580-7 C3560

落丁本、乱丁本はお取り替えいたします。不許複製・禁無断転載